Harry Garms:
Fauna Europas
Ein Bestimmungslexikon

Unter Mitarbeit von Dr. Leo Borm
Wissenschaftliche Beratung von
Prof. Dr. Otto v. Frisch
Prof. Dr. Friedrich Schaller
Farbige Tierzeichnungen
von Wilhelm Eigener

Deutscher
Taschenbuch
Verlag

dtv

Von Harry Garms
ist im Deutschen Taschenbuch Verlag erschienen:
Pflanzen und Tiere Europas. Ein Bestimmungsbuch (3013)

Ungekürzte Ausgabe
Mai 1982
Deutscher Taschenbuch Verlag GmbH & Co. KG, München

ISBN 3-14-15 0941-7
Umschlaggestaltung: Celestino Piatti
Gesamtherstellung: westermann druck, Braunschweig
ISBN 3-423-03 010-0

Vorwort

Mit diesem neuen Bestimmungslexikon der Fauna Europas legen wir ein Werk vor, das sich durch Konzeption, Ausstattung und Inhalt sowohl an den interessierten Laien als auch an den Biologiestudenten und Wissenschaftler wendet.
Reich bebildert durch farbige Fotos und Zeichnungen werden die Tiere Europas in einer nach systematischen Kategorien geordneten Übersicht vorgestellt. Eine ausführliche Einleitung, Übersichtstabellen und prägnante Bestimmungstexte erleichtern den Zugang.
Die selbstverständlich auf den neuesten wissenschaftlichen Stand gebrachten Darstellungen repräsentativer Vertreter der einzelnen Tiergruppen, die Angaben zur Verbreitung, Ökologie, Fortpflanzungsbiologie und Systematik, lassen dieses Werk zum übersichtlichen und handlichen Bestimmungs- und Nachschlagewerk werden.
Natürlich mußten wir für ein solches Buch auswählen, denn nach neuesten Schätzungen gibt es auf der Erde rund 1,2 Millionen b e k a n n t e Tierarten, wovon etwa 1 Million auf die Insekten entfallen. Allein in Europa schätzt man deren Artenzahl auf über 50 000. Die Gesamtzahl der Tierarten auf der Erde ist noch wesentlich größer; sie wird mit etwa 2 Millionen angenommen. Diese Zahlen lassen das Problem der Auswahl deutlich werden. Wir haben es gelöst, indem wir bei Säugetieren und Vögeln weitgehende Vollständigkeit angestrebt haben. Bei den Kriechtieren, Lurchen und Fischen umfaßt die Auswahl alle bekannteren Arten. Bei den Wirbellosen beschränkt sie sich auf Arten, denen man mit einiger Wahrscheinlichkeit in der Natur begegnet.
Im allgemeinen Teil der „Fauna Europas" VII–XXXVI findet der Leser Erläuterungen zum Aufbau des Buches und zu den Verbreitungskarten. Außerdem werden wichtige Bestimmungsmerkmale der verschiedenen Tierklassen herausgestellt: Färbung, Form, Beschilderung, Beflossung, Flügeladerung, Gehäuse und Schalen mit ihren Baueigentümlichkeiten, Koloniebildung usw. . . .
Die Systemtafel auf den Seiten XXXV und XXXVI zeigt eine Gesamtübersicht über die hier vorgestellten Tiergruppen.
Auf den Bestimmungsteil folgt ein umfangreiches Literaturverzeichnis und ein 10 000 Stichwörter umfassendes Register.
Unser umfassendes Bestimmungslexikon wird ergänzt durch anatomische Zeichnungen (Seite XXXIII und XXXIV), die zusätzlich Auskunft über den inneren Bau der wichtigsten Tiergruppen geben.
Herrn Dr. Leo Borm danke ich für seine Mitarbeit an den beschreibenden Texten, den Herren Prof. Otto v. Frisch und Prof. Friedrich Schaller für ihre wissenschaftliche Beratung und kritische Durchsicht des Manuskriptes. Herrn Dr. Fritz Sandrock und Frau Ingeborg Kassner vom Lektorat sowie Herrn Dirk v. Lüderitz von der Herstellungsabteilung danke ich für die vielseitige Betreuung der „Fauna Europas" im Verlag. Die Zeichnungen wurden im wesentlichen von Herrn Wilhelm Eigener, Frau Löhmer-Eigener, Herrn August Eigener und Herrn Istvan Szasz angefertigt.

Dr. Harry Garms

Inhalt

Vorspann .... VII–XXXVI

Tierreich, systematische Übersicht 2

Chordatiere 4

Wirbeltiere 4

Säugetiere 5
Insektenfresser 7
Spitzmäuse 8
Igel 11
Maulwürfe 11
Flattertiere 13
Hufeisennasen 14
Glattnasen 16
Herrentiere 23
Hasentiere 24
Nagetiere 27
Stachelschweinähnliche 28
Hörnchenähnliche 28
Mäuseähnliche 31
Wale 44
Bartenwale 45
Zahnwale 47
Raubtiere 52
Hundeartige 54
Katzenartige 61
Flossenfüßer 63
Unpaarhufer 66
Paarhufer 67
Nichtwiederkäuer 69
Wiederkäuer 69

Vögel 77
Hühnervögel 79
Kranichvögel 85
Rallen 86
Kraniche 89
Kampfwachteln 89
Trappen 90
Wat- und Möwenvögel 91
Watvögel oder Schnepfenähnliche Vögel 92
Möwenvögel 105
Alkenvögel 113
Gänsevögel 116
Schwäne 116
Gänse 117
Schwimmenten 120
Glanzenten 123
Tauchenten 123
Eiderenten 125
Ruderenten 127
Säger 128
Flamingos 130
Schreitvögel 130
Ibisse 130
Störche 131
Reiher 132
Greifvögel 135
Falkenvögel 136
Ruderfüßer 148
Tölpel 149
Pelikane 149
Kormorane 150
Röhrennasen 151
Sturmschwalben 151
Sturmvögel 152
Steißfüße 154
Lappentaucher 154
Seetaucher 156
Kuckucksvögel 158
Taubenvögel 159
Tauben 159
Flughühner 161
Eulen 162
Nachtschwalben 166
Rackenvögel 167
Racken 167
Eisvögel 167
Bienenfresser 168
Hopfe 168
Seglerartige 169
Spechtvögel 170
Sperlingsvögel 174
Fliegenschnäpperverwandte 176
Lerchen 201
Meisenartige und Honigvögel 204
Schwalben 210
Würgerartige 212
Rabenverwandte 214
Pirolartige 218
Weber- und Finkenvögel 218

Kriechtiere 232
Schildkröten 232
Sumpfschildkröten 234
Landschildkröten 235
Seeschildkröten 236
Lederschildkröten 237
Schuppenkriechtiere 237
Echsen 238
Haftzeher 238
Agamen 239
Chamäleons 240
Halsbandeidechsen 241
Glattechsen 245
Schleichen 246
Ringelechsen 247
Doppelschleichen 247
Schlangen 248
Blindschlangen 248
Riesenschlangen 249
Nattern 249
Ottern oder Vipern 255
Grubenottern 256

Lurche 257
Schwanzlurche 258
Winkelzahnmolche 258
Molche und Salamander 258
Lungenlose Molche 263
Olme 263
Froschlurche 264
Scheibenzüngler 264
Krötenfrösche 265
Echte Frösche 266
Kröten 268
Laubfrösche 270

Fische 272
Knorpelfische 274
Haie 274
Altertümliche Haie 274
Grauhaie 274
Heringshaie 274
Blauhaie 275
Katzenhaie 276
Dornhaie 276
Rochen 277
Echte Rochen 277
Stechrochenartige 278
Knochenfische 278
Störe 279
Echte Knochenfische 280
Aalartige Fische 280
Heringsfische 281
Lachsfische 282
Karpfenfische 287
Schmerlen 296
Welse 297
Ährenfische 298
Dorschfische 300
Armflosser 305
Petersfische 306
Stichlingsfische 306
Stichlingsartige 306
Seenadeln und Verwandte 307
Panzerwangen 309
Panzerwangen i. e. S. 309
Groppen 312
Barschartige Fische 314
Barschfische 314
Meeräschen 319
Lippfische 319
Drachenfische 320
Schleimfischartige 321
Sandaale 323
Spinnenfische 324
Grundelartige 324
Makrelenartige 326
Plattfische 327
Schollenartige 327
Zungenartige 330
Kugelfischverwandte 331

Rundmäuler 332
Schleimfische 332
Neunaugen 332

Schädellose 333

Manteltiere 333
Geschwänzte Manteltiere 334
Salpen und Feuerwalzen 334
Seescheiden 334
Aplousobranchia 334
Phlebobranchiata 334
Stolidobranchiata 335

Vorchordatiere 336
Eichelwürmer 336

Stachelhäuter 337
Gestielte Stachelhäuter 338
Seelilien 338
Freibewegliche Stachelhäuter 338
Seegurken und Seewalzen 338
Seeigel 339
Seesterne 342
Schlangensterne 344

Kranzfühler 345

Gliedertiere 346

Insekten 346
Sackkiefler 348
Springschwänze 348
Freikiefler 348
Silberfischchen 348
Libellen 349
Eintagsfliegen 352
Ohrwürmer 353
Fangschrecken 354
Schaben 354
Springschrecken 355
Grillen 355
Laubheuschrecken 356
Feldheuschrecken 357
Gespenstschrecken 359
Staubläuse 360
Flechtlinge 360
Tierläuse 360
Schnabelkerfe 360
Wanzen 361
Pflanzensauger 364
Blattläuse 364
Zikaden 365
Netzflügler 366
Hautflügler 366
Bienen 366
Grabwespen 370
Papierwespen 370
Ameisen 372
Gallwespen 374
Schlupfwespen 374
Pflanzenwespen 375
Blattwespen 375
Holzwespen 375
Käfer 376
Sandlaufkäfer 376

Laufkäfer ... 377
Schwimmkäfer ... 378
Taumelkäfer ... 380
Kurzflügler ... 380
Aaskäfer ... 380
Stutzkäfer ... 381
Kolbenwasserkäfer ... 381
Hirschkäfer ... 382
Mist- und Laubkäfer ... 383
Leuchtkäfer ... 386
Schnellkäfer ... 386
Speckkäfer ... 387
Diebskäfer ... 388
Schwarzkäfer ... 388
Ölkäfer ... 389
Marienkäfer ... 389
Blattkäfer ... 390
Bockkäfer ... 390
Borkenkäfer ... 391
Rüsselkäfer ... 392
Köcherfliegen ... 394
Schmetterlinge ... 396
Echte Motten ... 397
Gespinstmotten ... 397
Glasflügler ... 398
Holzbohrer ... 398
Federgeistchen ... 399
Wickler ... 399
Blutströpfchen ... 400
Augenspinner ... 400
Glucken ... 401
Prozessionsspinner ... 401
Zahnspinner ... 402
Schwammspinner ... 402
Bärenspinner ... 403
Ordensbänder ... 404
Spanner ... 405
Schwärmer ... 406
Tagfalter ... 410
Ritter ... 410
Weißlinge ... 411
Celtisfalter ... 414
Edelfalter ... 415
Augenfalter ... 419
Bläulinge ... 421
Flöhe ... 423
Zweiflügler ... 423
Schnaken ... 424
Stechmücken ... 424
Kriebelmücken ... 425
Gallmücken ... 425
Fliegen ... 426
Bremsen ... 426
Schwebfliegen ... 427
Magenbremsen ... 427
Blumenfliegen ... 427
Echte Fliegen ... 428
Dasselfliegen ... 428
Raupenfliegen ... 429
Aasfliegen ... 429
Schmeißfliegen ... 429

Tausendfüßler ... 430
Skolopender ... 430
Schnurfüßler ... 431
Saftkugler ... 431

Krebstiere ... 432
Blattfußkrebse ... 432
Kiemenfüße ... 432
Salinenkrebschen ... 432
Blattfußkrebse ... 433
Kiefenfüße ... 433
Fischläuse ... 433
Rankenfüßer ... 434
Entenmuscheln ... 434
Seepocken ... 434
Höhere Krebse ... 435
Fangschreckenkrebse ... 435
Zehnfüßer ... 435
Springkrebse ... 439
Kurzschwanzkrebse ... 440
Schwimmkrabben ... 442
Schwebegarnelen ... 444
Asseln ... 444
Flohkrebse ... 445

Spinnentiere ... 447
Skorpione ... 448
Moos- oder Afterskorpione ... 448
Weberknechte ... 449
Webspinnen ... 449
Milben ... 452

Ringelwürmer ... 453
Vielborster ... 454
Freilebende Vielborster ... 454
Seßhafte Vielborster ... 455
Gürtelwürmer ... 459
Wenigborster ... 459
Egel ... 461

Igelwürmer ... 462

Weichtiere ... 464

Käferschnecken ... 464

Schnecken ... 465
Vorderkiemer ... 466
Urschnecken ... 466
Paarkiemer ... 466
Napfschnecken ... 467
Kreiselschnecken ... 468
Kammkiemer ... 469
Altschnecken ... 469
Urbreitzüngler ... 469
Federkiemenschnecken ... 469
Strandschnecken ... 470
Rissoen ... 471
Deckelschnecken ... 471
Turmschnecken ... 471
Wendeltreppen ... 472
Haubenschnecken ... 473
Flügelschnecken ... 473
Porzellanschnecken ... 474
Nabelschnecken ... 474
Faßschnecken ... 475
Neuschnecken ... 476
Purpurschnecken ... 476
Hörner ... 477
Pfeilzüngler ... 479
Wasserlungenschnecken ... 480
Schlammschnecken ... 480
Landlungenschnecken ... 483
Bernsteinschnecken ... 483
Windelschnecken ... 484
Schließmundschnecken ... 484
Scheiben- und Wegschnecken ... 484
Glas- und Egelschnecken ... 485
Schnirkelschnecken ... 486
Breitfußschnecken ... 488
Schlundsackschnecken ... 488

Röhrenschaler, Grabfüßer ... 488

Muscheln ... 489
Gleichzähner ... 490
Nußmuscheln ... 490
Archenmuscheln ... 491
Zahnlose ... 493
Miesmuscheln ... 493
Steckmuscheln ... 494
Kammuscheln ... 494
Zwiebelmuscheln ... 495
Austern ... 495
Echte Blattkiemer ... 496
Verschiedenzähner ... 496
Perlmuscheln ... 496
Ungleichzähner ... 498
Astarte-Muscheln ... 498
Kugelmuscheln ... 498
Dreikantmuscheln ... 499
Linsenmuscheln ... 499
Lappenmuscheln ... 500
Herzmuscheln ... 500
Ochsenherzen ... 501
Islandmuscheln ... 501
Venusmuscheln ... 502
Engelsflügel ... 504
Tellmuscheln ... 504
Schloßplattlose ... 507
Scheidenmuscheln ... 507
Trogmuscheln ... 508
Felsenbohrer ... 509
Klaffmuscheln ... 509
Bohrmuscheln ... 510

Tintenfische ... 512
Zehnarmer ... 513
Eigentliche Tintenfische ... 513
Schließaugenkalmare ... 514
Riesenkalmare ... 515
Kraken ... 516
Papierbootartige Kraken ... 516

Plattwürmer ... 517

Strudelwürmer
Planarien ... 517

Saugwürmer ... 517

Bandwürmer ... 517

Nesseltiere ... 518

Blumentiere ... 518
Zylinderrosen ... 518
Seeanemonen ... 519
Lederkorallen ... 521

Medusen
Stielquallen ... 522
Fahnenmundquallen ... 522
Wurzelmundquallen ... 523

Hydrozoen ... 524
Hydroidpolypen ... 524
Trachylina ... 528
Staatsquallen ... 528

Rippenquallen ... 529

Schwämme ... 530

Aufbau des Buches

Ein Beispiel: Die zunächst wichtigste Aufgabe bei der „Bestimmung" und Beschreibung eines Tieres ist die Feststellung seiner **Artzugehörigkeit.** Die Arten sind mehr oder weniger gut, oft aber auch schwer definierbare und differenzierbare Typen innerhalb einer Gattung. Gattungen wiederum lassen sich einer **Familie** zuordnen.
Bei den Tierfamilien wird in diesem Buch in der Regel die Zahl der zugehörigen Gattungen, für die Gattungen die Zahl der zugehörigen in Europa vorkommenden Arten angeführt (s. u.). Bei sehr gattungs- und artenreichen Familien können weder alle Gattungen noch alle Arten berücksichtigt werden. Es werden dann nur wenige typische Arten vorgestellt. Das gilt besonders für die wirbellosen Tiere, z. B. für die Insekten, von denen auf der Welt bisher über 1 Million Arten bekannt sind, mehr als die aller übrigen Tierarten zusammen.

Alle vorgestellten **Arten** sind farbig abgebildet. Name, Bestimmungstext und Beschreibung bilden einen zweispaltigen Block. Wie die Abbildung VII. 1 zeigt, stehen in der linken Spalte jeweils der deutsche und der wissenschaftliche Name, das farbige Bild (Zeichnung oder Foto) und der **Bestimmungstext.** Dieser ist meist kurz gehalten, da er nur die Aufgabe hat, auf einige im Bild sichtbare **Erkennungsmerkmale** noch besonders hinzuweisen oder auf Abweichungen (Spielarten) aufmerksam zu machen. Für jede Art wird die **Größe** in cm oder (bei großen Tieren) in m angegeben. Bei stärker variierenden Individuen einer Art werden untere und obere Größen angeführt. Das gilt auch dort, wo (z. B. bei Säugetieren) Körperlänge und Schwanzlänge getrennt genannt werden, wobei die erste der beiden fettgedruckten Zahlen jeweils die Körper-, die zweite die Schwanzlänge angibt; die hinter diesen Zahlen in Klammern stehenden Angaben nennt man die Variationsbreite.

III. Unterordnung: Hörnchenähnliche

1. Familie: Hörnchen *(Sciúridae);* mittelgroß bis groß, mit behaartem (buschigem) Schwanz, vorwiegend Tagtiere; Vorderfüße mit 4, Hinterfüße mit 5 Zehen; Zähne: 22, Zahnformel: $\frac{1\,0\,2\,3}{1\,0\,1\,3}$; in Europa 4 Gattungen:

Gattung: Hörnchen *(Sciúrus);* Klettertiere mit langem buschigem Schwanz; in Europa 2 Arten:

Grauhörnchen
Sciúrus carolinénsis Gmelin

Oberseite grau, Unterseite weißlich; Ohren immer ohne Haarpinsel; Schwanz buschig; **27 cm** *(24,5–30 cm)* + **22 cm** *(19,5–25 cm).*

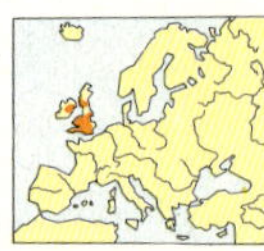

Verbreitung: Großbritannien (aus Nordamerika eingeführt). **Lebensraum** und **Lebensweise:** Laubwälder; Nester in Baumhöhlen, weniger auf Bäumen; kein Winterschlaf. **Nahrung:** wie Eichhörnchen. **Fortpflanzung:** *Brunstzeit* Januar–Juli; *Tragzeit* 44 Tage; wirft von Februar–August 2mal je 2–4 (1–5) *Junge* (Augen 37 Tage geschlossen), die 35–42 Tage *gesäugt,* nach 49 bis 56 Tagen *selbständig,* nach 12 Monaten *geschlechtsreif* werden. **Lebensdauer:** 8–10 Jahre.

Eichhörnchen
Sciúrus vulgáris Linné

Oberseite rotbraun, zuweilen schwarz (besonders bei Gebirgstieren), Unterseite weiß; Ohren im Winter mit Haarpinseln; **24 cm** *(19,5 bis 28 cm)* + **19 cm** *(14–24 cm).*

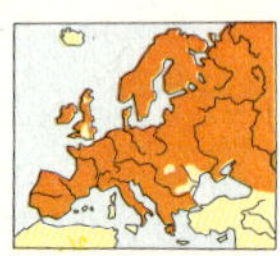

Verbreitung: fast ganz Europa; *fehlt:* Island, Mittelmeerinseln; *lokal:* England. **Lebensraum** und **Lebensweise:** Wälder, Parkanlagen, Gärten; am Tage tätig; guter Kletterer und Springer; baut aus Reisig mehrere kugelförmige Nester in den oberen Baumregionen, die als Versteck und „Wochenstube" dienen; kein durchgehender Winterschlaf. **Nahrung:** Baumsamen, Pilze, Nüsse, Beeren, Eier, Jungvögel. **Fortpflanzung:** *Brunstzeit* Januar–Juli; *Tragzeit* 38 Tage; wirft von Februar–August 2–5mal 3–7 *Junge* (Augen 31 Tage geschlossen), die 35–42 Tage *gesäugt,* nach 49–56 Tagen *selbständig,* nach 12 Monaten *geschlechtsreif* werden. **Lebensdauer:** 8–10 Jahre.

VII. 1 **Aufbau des Buches:** ein Beispiel

Nomenklatur

Um einen Überblick über das Tierreich zu bekommen, ordnet man alle Tierarten nach ihrer mehr oder weniger großen Ähnlichkeit und gemäß ihrer stammesgeschichtlichen Verwandtschaft in das natürliche System der Tiere ein. Ähnliche Arten werden zu Gattungen, ähnliche Gattungen zu Familien, ähnliche Familien zu Ordnungen, ähnliche Ordnungen zu Klassen, ähnliche Klassen zu Stämmen zusammengefaßt. Jede bekannte und beschriebene Art bekommt nach festgelegten Regeln einen wissenschaftlichen Namen, der sie eindeutig definiert. Er wird in allen Sprachen verwendet, wodurch die Verständigung und internationale Zusammenarbeit der Wissenschaftler in der Zoologie und Botanik erst möglich wird. In der sogenannten binären Nomenklatur hat jede Tier- und Pflanzenart zwei wissenschaftliche Namen.

Wissenschaftliche Doppelnamen für die Arten (binäre Nomenklatur)

In der **binären Nomenklatur** heißt das **Eichhörnchen** z. B. *Sciúrus vulgáris* (*Sciúrus* gr. *skia* Schatten, *ura* Schwanz; der Schwanz kann den Körper beschatten; *vulgáris* lat. *vulgáris* gemein, weit verbreitet). Die wissenschaftlichen Bezeichnungen werden, wie das Beispiel vom Eichhörnchen zeigt, überwiegend aus der griechischen und lateinischen Sprache genommen. Der erste Name aus der wissenschaftlich festgelegten Benennung gibt immer die Gattung, der zweite die Art an. Das **Grauhörnchen** gehört zur selben Gattung wie das Eichhörnchen und heißt *Sciúrus carolinénsis*.

Benennung der Unterarten durch drei Namen (ternäre Nomenklatur)

Von den meisten Arten, besonders solchen mit weiter Verbreitung, gibt es geographische Abänderungen (Variationen), die man Unterarten, Subspecies oder geographische Rassen nennt. Das gilt auch vom Eichhörnchen (Tabelle VIII. 1), das in Schweden etwas anders aussieht als in Deutschland. Tiere in Frankreich und in England weichen in anderer Weise von der schwedischen Form ab als das deutsche Eichhörnchen. Alle erkennt auch der Laie in der Regel als zur Art Eichhörnchen gehörig. Beim englischen Eichhörnchen allerdings, das im Frühjahr einen fast weißen Schwanz hat, könnte man schon im Zweifel sein, ob es wirklich noch der Art Eichhörnchen zuzuordnen ist. Tatsächlich ist es eine Unterart des Eichhörnchens, der man drei Namen gibt (ternäre Bezeichnung). Das erste Eichhörnchen wurde in Schweden beschrieben und erhielt damals den Namen *Sciúrus vulgáris*. Als Unterart hat es jetzt den Namen *Sciúrus vulgáris vulgáris*. Sie ist die **Nominatrasse** oder **Nominatform** und enthält den Artnamen der binären Bezeichnung zweimal. Der dritte Name ist der Unterartname. Name und Unterartname stimmen bei der Nominatrasse überein. Abgekürzt schreibt man *Sciúrus v. vulgáris*. Von den vielen anderen Unterarten des Eichhörnchens seien einige genannt (Tabelle VIII. 1).

Ähnliche **Rassenbildungen** hat man bei sehr vielen Tieren beobachtet. Ein gutes Beispiel

VIII. 1 **Arten und Rassen:** Beispiel Bachstelzen; a **Bachstelze** *Motacílla álba álba*, b **Trauerbachstelze** *Motacílla álba yaréllii*, c **Gebirgsbachstelze** *Motacílla cinéra cinéra*, d **Schafstelze** *Motacílla fláva fláva*, e **Englische Schafstelze** *Motacílla fláva flavíssima*

Gattungsname	Artname	Unterartname	Unterart
Sciúrus	*vulgáris*	*vulgáris*	**Schwedische**
Sciúrus	*vulgáris*	*fuscátor*	**Deutsche**
Sciúrus	*vulgáris*	*rúscus*	**Französische**
Sciúrus	*vulgáris*	*leucóurus*	**Englische**

Tabelle VIII. 1 Eichhörnchen *(Sciúrus):* Unterarten (geographische Rassen)

bietet die Bachstelze, von der es zwei gut zu unterscheidende Unterarten gibt (VIII. 1 a, b). In der Regel wurde in diesem Buch nur die binäre Bezeichnung angegeben, womit dann meistens auch die Nominatform gemeint ist. Man muß sich also immer vergegenwärtigen, daß es zu dieser Art zwei oder mehrere Unterarten geben kann.

Autorennamen

Hinter jedem wissenschaftlichen Namen von Pflanzen- und Tierarten steht der Name des Erstbeschreibers (der Autorenname). Von ihm stammt der letzte der zwei bzw. drei wissenschaftlichen Bezeichnungen.
Die **Bachstelze** heißt
Motacílla álba álba Linné,
die **Trauerbachstelze**
Motacílla álba yaréllii Gould.
Der Artname *álba* stammt von Linné, der auch als Autor für den ternären Namen *Motacílla álba álba* gilt. Gould hat die Trauerbachstelze nach dem Engländer Yarrel benannt und ihr den Unterartnamen *yaréllii* gegeben.
Steht der Autorenname hinter einem Artnamen oder Unterartnamen in Klammern, so hatte die Art bei diesem Autor einen anderen Gattungsnamen als jetzt. *Pásser doméstícus* (Linné) z. B. besagt, daß bei Linné der Haussperling einen anderen Gattungsnamen hatte; er hieß damals *Fringílla doméstícus*.

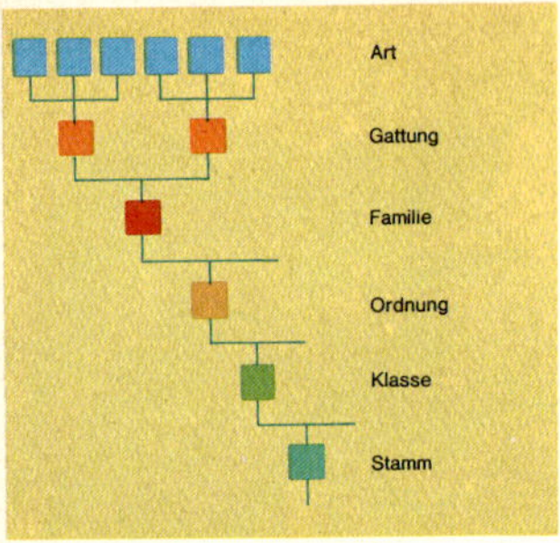

IX. 1 **Systematik-Tafel:** Farben der systematischen Kategorien

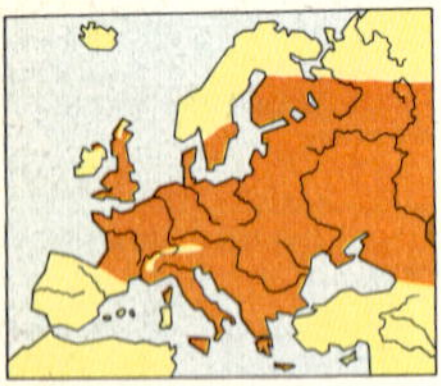

IX. 2 **Verbreitungsgebiete:** Beispiel Feldhase

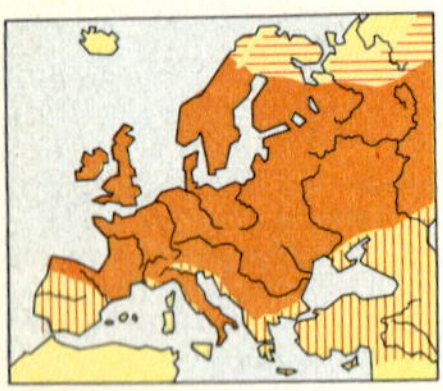

IX. 3 **Verbreitungsgebiete:** Teilzieher; Beispiel Goldammer

Systematik-Tafeln

In diesem Buch werden die Klassen und Ordnungen kurz charakterisiert und vielfach in systematischen Bildübersichten **(Systematik-Tafeln)** anschaulich dargestellt. Im speziellen Teil werden bestimmte systematische Einheiten mit verschiedenfarbigen Lettern hervorgehoben:
Rote Schrift bezeichnet immer die Familie, orange die Gattung und blau die Art (vgl. Abb. VII. 1). Für die übrigen systematischen Kategorien gilt: Ordnungen, Überordnungen und Unterordnungen werden fortlaufend durch römische Zahlen, alle übrigen systematischen Kategorien durch arabische Zahlen numeriert.
In den Systematik-Tafeln werden diese Kategorien, soweit sie dort Aufnahme finden, durch **Farben kenntlich gemacht,** wie sie in Abb. IX. 1 veranschaulicht sind.

Für die Ordnung und die höheren systematischen Einheiten benutzt man als wissenschaftliche Namen meist einfache Hauptwörter; die Namen der Ordnungen enden bei manchen Systematikern immer auf . . . . . . *formes.* Der wissenschaftliche Name

der **Unterfamilien**	endet auf	*inae*
der **Familien**	endet auf	*idae*
der **Überfamilen**	endet auf	*óidae*
der **Unterordnungen**	endet auf	*oídea.*

Verbreitung und Verbreitungskarten

Die Beschreibung der Arten (rechte Spalte VII. 1) beginnt mit Angaben über ihre Verbreitung. Sie wird außerdem in Verbreitungskarten (Vignetten) veranschaulicht. Als Beispiel für ein **Säugetier** sei auf den Feldhasen verwiesen (IX. 2). Das Gebiet der in diesem Buch behandelten Arten umfaßt Europa vom Uralgebirge und dem Westzipfel des Kaspischen Meeres westwärts; die Türkei und Nordafrika werden in der Regel nicht berücksichtigt. Land wird in gelblicher, Wasser in hellblauer Farbe gezeichnet. Verbreitungsgebiete mit stationären Aufenthalten der Tiere werden in **oranger Farbe** angelegt (IX. 2). Dies gilt auch für **Jahresvögel,** die bekanntlich ihre Gebiete im Winter nicht verlassen (Standvögel; Brutgebiet und Winterquartiere fallen zusammen). **Zugvögel** halten sich in der Regel nur in der wärmeren Jahreszeit in ihren Brutgebieten auf; man nennt sie daher auch Sommervögel; sie überwintern im Süden außerhalb Europas. Ihre Sommeraufenthalte werden dann waagerecht orange gestrichelt.
Teilzieher hingegen verlassen alle oder doch zum Teil die nördlichen Bezirke ihres Brutgebietes, verweilen in manchen Teilen das ganze Jahr über oder ziehen weiter in bestimmte Wintergebiete, wie es am Beispiel der Abbildung IX. 3 für die Goldammer gezeigt sei. Gebiete, in denen ein Teilzieher nur als Brutvogel vorkommt, werden dann waagerecht, Winteraufenthalte senkrecht gestrichelt und Landstriche, in denen der Vogel das ganze Jahr hindurch zu beobachten ist, erhalten Vollton Orange. Im Text zur Verbreitung der Vögel in Europa werden in der Regel nur die Brutgebiete angeführt, bei den Teilziehern also Sommer- und Jahresaufenthalte, nicht aber die Wintergebiete und auch nicht die Differenzierung in Sommer- und Jahresgebiete; sie sind (wie auch manche lokale Vorkommen) den Vignetten zu entnehmen. Im Text zur Verbreitung ist das Wort *„fehlt"* daher in Gedanken zu ergänzen durch *„fehlt als Brutvogel".* Leere Vignetten zeigen an, daß keine genauen Angaben über die Verbreitung vorliegen.

Wichtige Bestimmungsmerkmale

Für die Bestimmung eines unbekannten, in der freien Natur lebend beobachteten, dort tot aufgefundenen oder bereits ausgestopften oder anderweitig konservierten Tieres wird man in der Regel ohne weiteres erkennen, zu welcher Klasse bzw. welchem Stamm es gehört (ob Säugetier, Vogel, Kriechtier, Lurch oder Fisch, Stachelhäuter, Weichtier oder Insekt usw.). Meist wird man auch wissen, in welche Ordnung oder Familie das zu bestimmende Tier einzuordnen

ist. Fledermäuse, Nagetiere, Raubtiere und Huftiere sind meist unschwer zu unterscheiden. Schwierig wird die Bestimmung bei manchen Kleinsäugern, einander sehr ähnlichen Vögeln oder fast gleich aussehenden Insektenarten. Hier muß man sehr genau auf feine Unterschiede achten. In den Abbildungen sowie im Text dieses Buches wird ausgedrückt, worauf man zu achten hat.
Einige besonders wichtige Kennzeichen werden hier im allgemeinen Teil angesprochen, wie z. B. Größe, Färbung, Schädelmerkmale, Körperbedeckung, Befiederung bei Vögeln, Beschilderung bei Kriechtieren, Beschuppung bei Fischen, Bau der Beine und Aderung der Flügel bei Insekten usw. Auch können für die Unterscheidung der Arten Angaben über ihren Lebensraum und ihre Verbreitung dienlich sein. Nachfolgend werden für einzelne systematische Tiergruppen kennzeichnende Merkmale beschrieben; auch werden Hinweise gegeben, wie man bestimmte Merkmale untersucht.

X. 1 **Etruskerspitzmaus:** das kleinste Säugetier der Welt

X. 2 **Elch (♂):** Das größte europäische Landsäugetier

Säugetiere *(Mammalia)*
Größe und Gewicht

Die Abbildung X. 1 zeigt das kleinste Säugetier der Welt, die **Etruskerspitzmaus,** die Abbildung X. 2 das größte europäische Landsäugetier, den **Elch** (♂).
Die Etruskerspitzmaus hat eine Kopf-Rumpflänge von 3,6–5,1 cm, eine Schwanzlänge von 2,4–3,0 cm, ist also knapp halb so groß wie die Hausmaus. Das Gewicht der Etruskerspitzmaus liegt zwischen 1,5–2,0 g. Der Elch (♂) wird bis 2,90 m lang (Kopf-Rumpflänge), hat eine Widerristhöhe bis zu 2,10 m und erreicht ein Gewicht von 375 kg, ist also rund 187 500mal so schwer wie die Etruskerspitzmaus. Der **Wisent** ist zwar etwas kleiner als der Elch (Kopf-Rumpflänge etwa 2,70 m, Widerristhöhe bis 1,95 m), erreicht aber ein Gewicht bis 900 kg und wird somit bis 450 000mal schwerer als das kleinste Säugetier.

X. 3 **Hausmaus:** Messung der Gesamtlänge

X. 4 **Hausmaus:** Messung der Schwanzlänge

Messungen

Bei Säugetieren setzt sich die Gesamtlänge aus der Kopf-Rumpflänge und der Schwanzlänge zusammen. Wie sie bei kleineren Tieren gemessen werden, zeigen die Abbildungen X. 3 und X. 4.
Zum Messen der **Gesamtlänge** (X. 3) eines kleinen Säugetieres legt man es gestreckt (nicht gereckt) auf den Rücken. Dann mißt man von der Nasen- bis zur Schwanzspitze, wobei die über das Schwanzende hinausragenden Haarspitzen nicht mitgerechnet werden.
Die **Schwanzlänge** (X. 4) mißt man von der Schwanzwurzel bis zur Schwanzspitze. Die Differenz zwischen der Gesamtlänge des Körpers und der Länge des Schwanzes ist die **Kopf-Rumpflänge**. In diesem Buch werden für jedes Säugetier die Kopf-Rumpflänge und die Schwanzlänge in einfacher Weise angegeben, für die Hausmaus z. B. **9 cm** (7,5–10,3 cm) + **9 cm** (7,2– 10,2 cm), wobei die in Klammern vor dem Pluszeichen stehenden Zahlen immer die Variationsbreite der Kopf-Rumpflänge, die hinter ihm stehenden die der Schwanzlänge angeben (Vergleich vieler Einzeltiere).
Zusätzlich wird in der Regel die Größe einer Art zu einer sehr bekannten Art in Beziehung gesetzt. Zu diesen als bekannt vorausgesetzten Arten gehören bei den Säugetieren:

Hausmaus	7,5– 10,3 cm +	7,2–10,2 cm
Maulwurf	11,5– 15,0 cm +	2,0– 3,4 cm

Hausratte	15,8– 23,5 cm + 11,5–14,6 cm
Eichhörnchen	19,5– 28,0 cm + 14,0–24,0 cm
Wildkaninchen	34,0– 45,5 cm + 4,0– 8,0 cm
Feldhase	48,5– 67,5 cm + 7,0–11,0 cm
Fuchs	58,0– 72,0 cm + 32,0–48,0 cm
Wolf	110,0–140,0 cm + 30,0–40,0 cm
Hirsch	165,0–250,0 cm + 12,0–15,0 cm

Bei manchen Arten werden auch die Widerrist- oder Schulterhöhe sowie die Fuß- und die Ohrlänge gemessen (Abb. XI. 1 und XI. 2). Für die Bestimmung der Schädel ist die Schädellänge wichtig (XI. 3).

XI. 1 **Messen der Fußlänge bei einem Säugetier**

Die **Hinterfußlänge** (XI. 1) spielt vor allem bei der Unterscheidung der oft recht ähnlichen Kleinsäuger eine Rolle. Man mißt sie beim frischen Fuß von der Ferse bis zum Ansatz der Krallen an der Mittelzehe (die in der Regel die längste ist). Im Bestimmungstext wurde die Hinterfußlänge nur vermerkt, wenn die übrigen Merkmale zur Kennzeichnung nicht ausreichten.

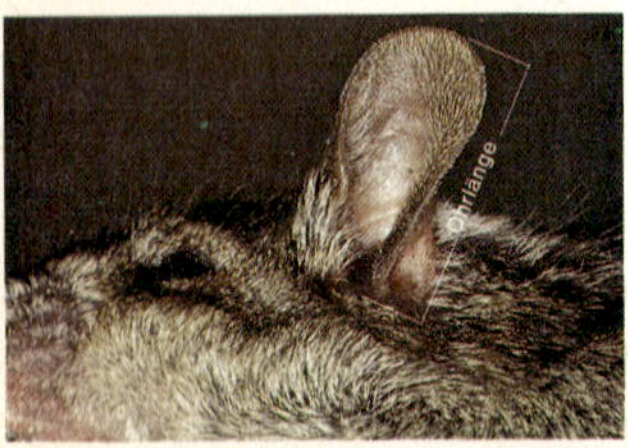

XI. 2 **Messen der Ohrlänge bei einem Säugetier**

Die **Ohrlänge** (XI. 2) ist der Abstand zwischen dem Unterrand der Ohröffnung und der Ohrspitze. Das Ohr muß während der Messung gestreckt sein (es darf weder gefaltet noch umgebogen sein). Ohrlängen werden bei frischen Tieren gemessen.

XI. 3 **Messen der Schädellänge**

Die **Schädellänge** (XI. 3) mißt man vom Hinterrand der Hinterhaupts-Gelenkhöcker (Hinterhaupts-Condylen) bis zum vorderen Ansatz der Schneidezähne. Am besten nimmt man die Schädellänge mit einer Schublehre ab.

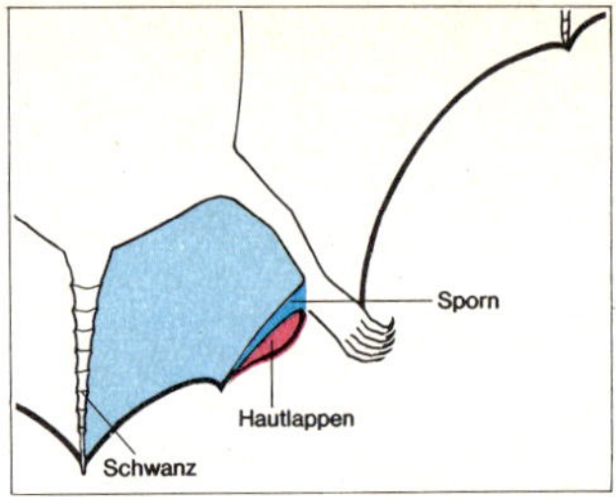

XI. 4 **Hautlappen am Sporn einer Fledermaus**

Wichtiges Kennzeichen bestimmter Fledermausarten ist das Vorhandensein eines **Hautlappens am Sporn** (XI. 4). Auch spielen die Größe dieses Hautlappens und die Länge des Sporns eine Rolle bei der Unterscheidung mancher Arten. Bei fast allen heimischen Fledermäusen ist der Schwanz ganz oder doch fast ganz (bis auf einige Endwirbel) in die Flughaut einbezogen.

Vögel (*Áves*)
Äußere Merkmale (Topographie) eines Vogels

Interessierte Laien unter den Vogelliebhabern können unschwer einen Storch, eine Ente, einen Greifvogel, eine Eule oder auch eine Möwe erkennen. Auch einen Singvogel werden sie von einer Taube, einem Fasan oder einem Austernfischer unterscheiden können. Schwieriger wird es, wenn sie einander mehr oder weniger ähnliche Singvögel wie etwa Wacholder-, Mistel- und Singdrossel oder gar den Grünen, den Berg- und den Nordischen Laubsänger identifizieren wollen. Dazu müssen sie eine Reihe von äußeren Merkmalen des Vogels kennen, wie sie aus den Abbildungen XI. 5 und XII. 1 abzulesen sind.

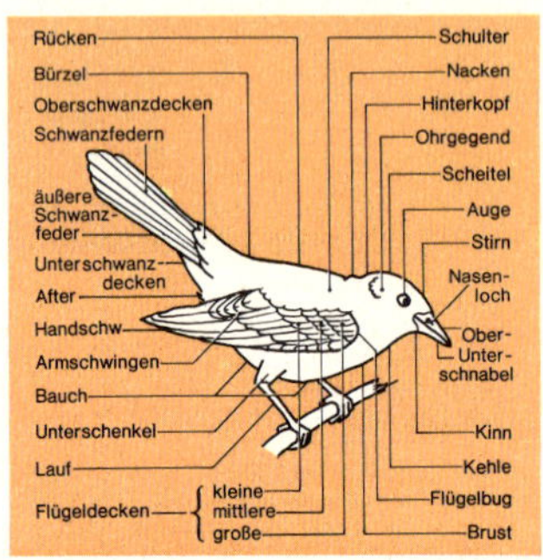

XI. 5 **Äußere Merkmale** (Topographie) **eines Vogels**

Körperfärbung

Für den Eichelhäher (XII. 2) kann die Beschreibung etwa lauten: Körper rötlichbraun, Bürzel

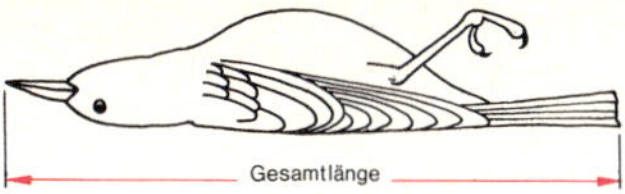

XII. 1 **Wie man die Länge eines Vogels mißt** (angegeben wird immer die Gesamtlänge)

weiß, vom schwarzen Schwanz scharf abgesetzt; Flügeldecken fein blauschwarz gebändert, weißer Flügelfleck (auf den schwarzen Armschwingen) stark auffallend; Kinn und Kehle weiß, schwarzer Bartstreif; Kopf mit aufrichtbarer Haube (Holle) aus schwarzweiß gestreiften Federn. Zusammen mit der Größe (34 cm) genügen zur Kennzeichnung des Eichelhähers auch weit weniger Merkmale, zumal dieser Vogel mit anderen kaum verwechselt werden kann.

XII. 2 **Eichelhäher:** Topographie; vor allem auch Farbmerkmale

Kopfzeichnung

Bei aufmerksamer Beobachtung und unter Verwendung eines guten Fernglases, lassen sich die feinen Unterschiede in der Kopffärbung, die besonders bei den Singvögeln zur Unterscheidung ähnlicher Arten wichtig sind, auch im Freiland (feldornithologisch) erkennen. Auffällig und leicht wahrzunehmen ist die schwarzweiß-rote Kopfzeichnung des Stieglitzes oder Distelfinken (XII. 3 c). Die beiden heimischen Goldhähnchenarten (XII. 3 a, b) hingegen sehen sich so ähnlich, daß man das einzige Merkmal, woran man sie auch feldornithologisch sicher unterscheiden kann, herausfinden muß: das Sommergoldhähnchen (a) hat einen deutlich ausgeprägten weißen Überaugenstreif, das Wintergoldhähnchen nicht. Auffällige Augenstreifen (weiße, schwarze oder andersfarbige) können sich über oder unter dem Auge hinziehen, können aber auch durch das Auge verlaufen. Oft spielen auch auffallend gefärbte Augen, Augenränder (XII. 3 c) oder Bartstreifen (XII. 2) eine Rolle bei der Bestimmung.

XII. 3 **Goldhähnchen (a und b) und Distelfink (c):** Kopfzeichnungen

Schwanzformen

Schwänze der Vögel können sehr lang (z. B. Bachstelze; XII. 4 a), sehr kurz (z. B. Zaunkönig (XII. 4 b), Schwanz aufrecht gestellt, „gestelzt") oder „normal" lang sein, z. B. Buchfink (XII. 4 c). Nach der Form des Schwanzes unterscheidet man tiefgegabelte wie bei der Rauchschwalbe (XII. 5 a), eingekerbte wie beim Hänfling (XII. 5 b), gerade abgestutzte wie beim Star (XII. 5 c), gerundete wie beim Kuckuck (XII 5 d) und keilförmige wie beim Kolkraben (XII. 5 e).

XII. 4 **Schwanzlängen:** Bachstelze (a), Zaunkönig (b) und Buchfink (c)

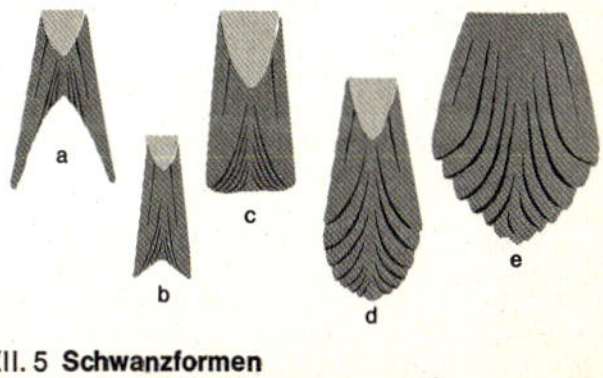

XII. 5 **Schwanzformen**

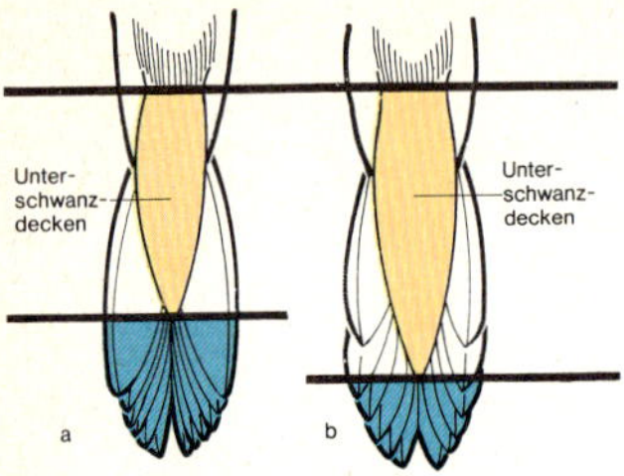

XIII. 1 **Schilfrohrsänger (a) und Feldschwirl (b):** Schwanz von unten

Bei sehr ähnlichen Arten, wie z. B. beim Feldschwirl und Schilfrohrsänger, müssen zuweilen sehr feine unterschiedliche morphologische Merkmale verglichen werden: Beim Schilfrohrsänger sind die Unterschwanzdecken kürzer als die mittleren Schwanzfedern (XIII. 1 a), beim Feldschwirl hingegen so lang wie diese (XIII. 1 b).

XIII. 2 **Schwanzmuster**

Schwanzmuster

Auffällige Schwanzmuster sind z. B. weiße Außenkanten wie beim Buchfinken und bei der Bachstelze (XIII. 2), eine weiße Schwanzspitze wie beim Kernbeißer oder weiße Seitenflecken wie beim Braunkehlchen und beim Steinschmätzer.

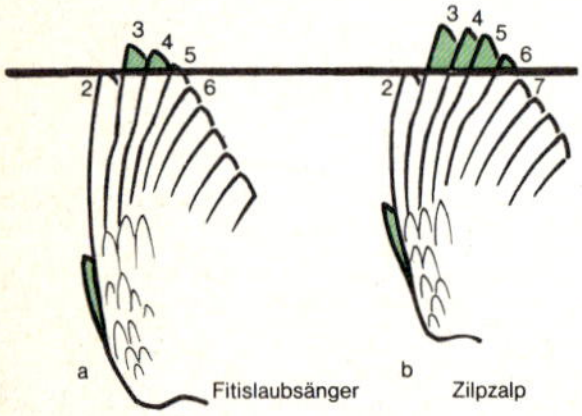

XIII. 3 **Schwingenverhältnis:** Fitislaubsänger und Zilpzalp

Schwingenverhältnis

Ähnliches wie bei den Unterschwanzdecken gilt beim Vergleich des sogenannten Schwingenverhältnisses, wie es in der Abb. XIII. 3 beispielhaft für den Fitislaubsänger und den Zilpzalp oder Weidenlaubvogel dargestellt ist.

Kriechtiere *(Reptilia)*
Verbreitung

Kriechtiere sind wärmeliebende Tiere. Sie haben wechselwarmes Blut und sind infolgedessen in ihren Aktivitäten, besonders in der Beweglichkeit, sehr auf die Außentemperatur angewiesen. Ihr Hauptvorkommen liegt daher in den südlichen Bereichen unseres Gebietes. Nur einige Eidechsen und Schlangen dringen bis nach Nordeuropa vor. Landschildkröten gibt es nur in Südeuropa und südlicher. Krokodile kommen in Europa nicht vor (XIII. 4).

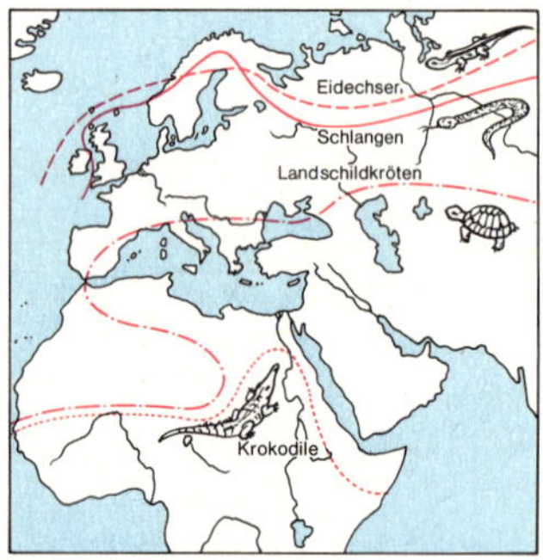

XIII. 4 **Reptilien:** Verbreitungsgrenzen

Die **Wärmebedürftigkeit** der Reptilien ist von Art zu Art verschieden; einige Arten sind mehr oder weniger kälteresistent, andere nicht. Jedoch erträgt kein Reptil längere Zeit Temperaturen unter 0,7 °C; die Säfte in den Körpergeweben gefrieren dann, was meist tödlich wirkt. Den Winter verbringen die Reptilien unseres Gebietes in der Regel in Winterstarre, oft viele Individuen einer Art (z. B. die Ringelnatter) gesellig in frostfreien Verstecken unter Wurzeln, in Höhlen, unter zusammengewehtem Laub oder auch im Schlamm der Gewässer. In warmen (frostfreien) Gegenden ist die Winterstarre sehr kurz oder sie fällt ganz aus. In Europa ist die Möglichkeit, Reptilien in der freien Natur zu beobachten, also auf die warme Jahreszeit beschränkt.

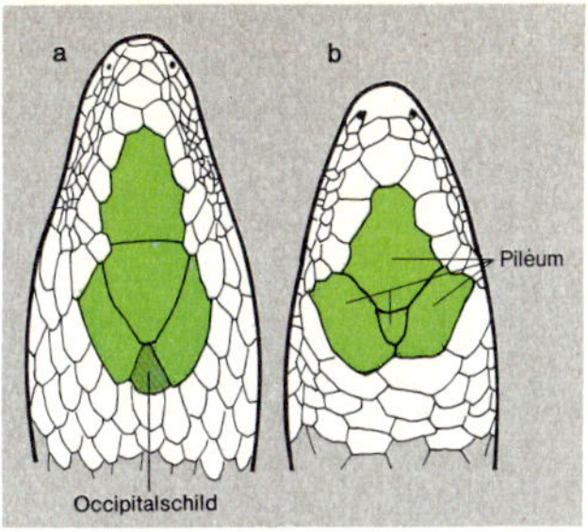

XIV. 1 a **Blindschleiche** *(Ánguis frágilis):* Kopf von oben; b **Erzschleiche** *(Chálcides chálcides):* Kopf von oben

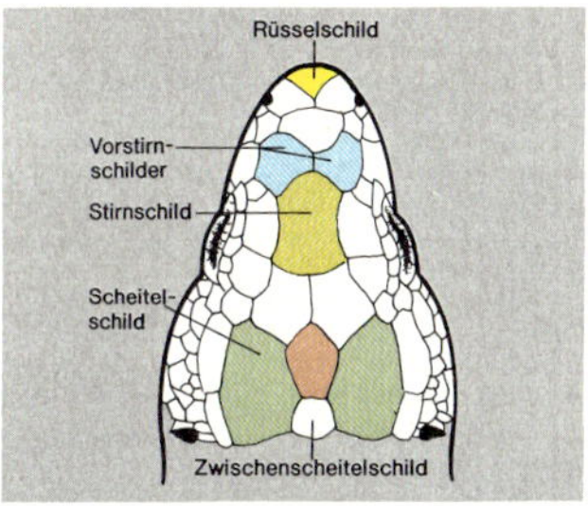

XIV. 2 **Zauneidechse** *(Lacérta ágilis):* Kopf von oben

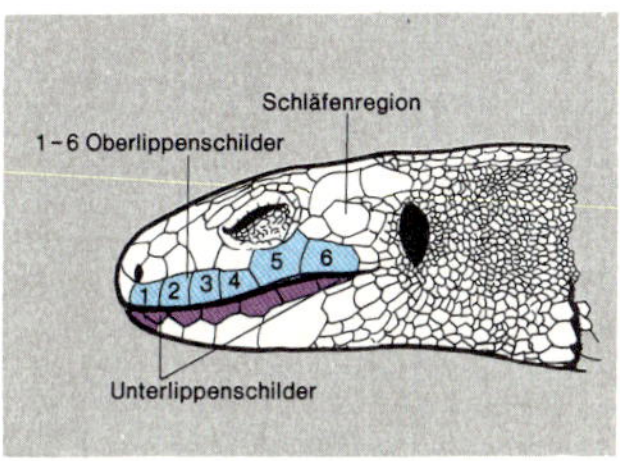

XIV. 3 **Zauneidechse** *(Lacérta ágilis):* Kopf von der Seite

Hautschuppen und Hautschilder

Echsen *(Sáuria)*

Bei den Echsen und Schlangen spielen Form und Verteilung der Hautschuppen, besonders am Kopf und hier wiederum die mit großen Schildern bedeckte Fläche auf dem Kopf (das **Pileum;** XV. 2) bei der Bestimmung eine wichtige Rolle. Kennzeichnend für die Blindschleiche z. B. ist das unpaare Occipitalschild (XIV. 1 a; *Occiput,* anatomisch Hinterhaupt; lat. von *ob* gegenüber, *cáput* Schädel), das bei der Erzschleiche (XIV. 1 b) fehlt.
Besonders reich ist die Kopfbeschilderung bei anderen Eidechsen und den Schlangen gegliedert, wie es zunächst für die Eidechsengattung *Lacérta* gezeigt sei, zu der unsere Zauneidechse gehört (XIV. 2 und XIV. 3). Von den Kopfschildern sind Lage und Form des Rüssel-, Stirn- und Zwischenscheitelschildes sowie der paarigen Vorstirn- und Scheitelschilder für die Bestimmung wichtig. In der Seitenansicht ist das Augenmerk auf die Ober- und Unterlippenschilder sowie auf die Schläfenregion zu richten.

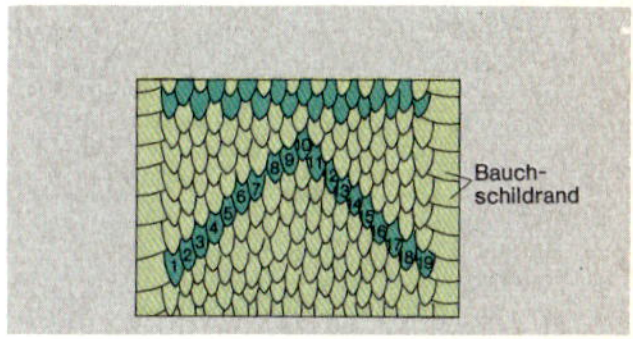

XIV. 4 **Zählen der Rückenschuppen:** Schlange

Schlangen *(Serpéntes)*

Abbildung XIV. 4 zeigt, wie man bei einer Schlange die Rückenschuppen (stets an der Rumpfmitte) zählt; meist sind es 19 oder mehr, selten nur 17 oder 15 (stets unpaare) Schuppenreihen.

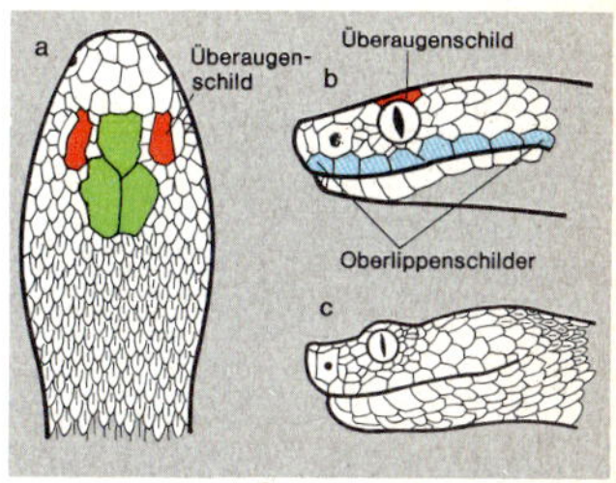

XIV. 5 **Kreuzotter** *(Vípera bérus):* a Kopf von oben, b von der Seite; c **Aspisviper** *(Vipera áspis):* Kopf von der Seite

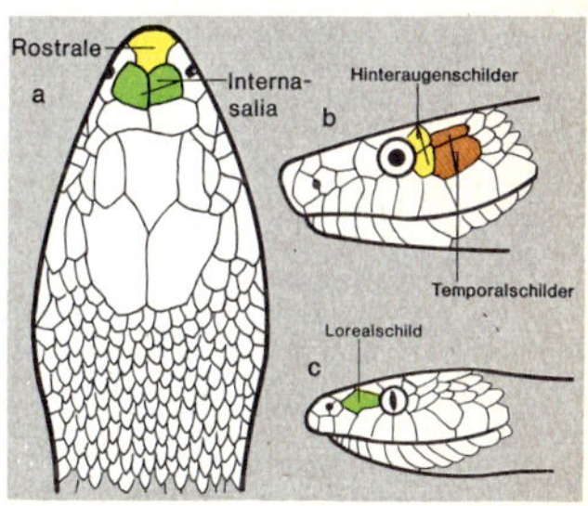

XIV. 6 **Treppennatter** *(Élaphe scaláris);* a Kopf von oben, b von der Seite, c **Europäische Katzenschlange** *(Teléscopus fállax):* Kopf von der Seite

Von großer Bedeutung für die Unterscheidung der Arten ist die Beschilderung des Kopfes.

Vipern *(Vipéridae)* z. B. haben auf der Oberseite des Kopfes neben 5 oder weniger (zuweilen gar keinen) großen Schildern zahlreiche kleine, unregelmäßig stehende Schuppen (XIV. 5 a). Der untere Augenrand wird durch kleine Schilder von den Oberlippenschildern *(Supralabiália;* lat. *súper* über, lat. *lábium*, Mehrz. *lábia* Lippe) getrennt (XIV. 5 b). Bei der Aspisviper *(Vípera áspis*; XIV. 5 c) ist die Schnauzenspitze deutlich aufgebogen.

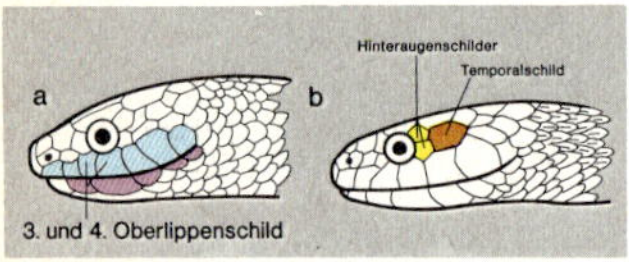

XV. 1 a **Glattnatter** *(Coronélla austríaca)*, Kopf von der Seite, b **Vipernatter** *(Nátrix maūra)*; Kopf von der Seite

Bei der Glattnatter *(Coronélla austríaca;* XV. 1 a) grenzen das 3. und 4. Oberlippenschild an den unteren Augenrand (bei der Girondischen Glattnatter sind es das 4. und 5. Oberlippenschild).

Die Vipernatter *(Nátrix maūra;* XV. 1 b) unterscheidet sich von anderen Natrixarten dadurch, daß sie nur 2 Hinteraugenschilder und 1 Temporalschild besitzt.

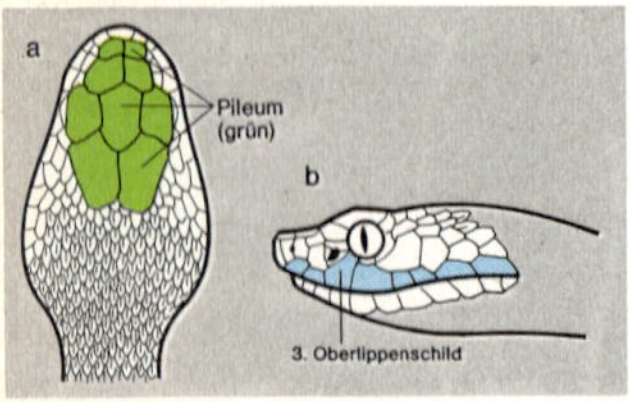

XV. 2 **Halys-Grubenotter** *(Agkístrodon hálys)*: a Kopf von oben, b von der Seite

Bei den **Grubenottern** *(Crotálidae)* ist die Oberseite des Kopfes ganz mit 9 großen Schildern bedeckt, wie die Abbildung XV. 2 a es von der Halys-Grubenotter zeigt. Das 3. Oberlippenschild (XV. 2 b) grenzt unmittelbar an den unteren Augenrand. Die **Europäische Katzenschlange** (XIV. 6 c) ist an ihrem Lorealschild, das vom Nasenschild bis zum vorderen Augenrand reicht, zu erkennen. Bei der **Treppennatter** (XIV. 6 b) grenzt der untere Augenrand unmittelbar an die Oberlippenschilder und das Rostrale schiebt sich zwischen die Internasalia ein, so daß diese vorne voneinander getrennt werden (XIV. 6 a).

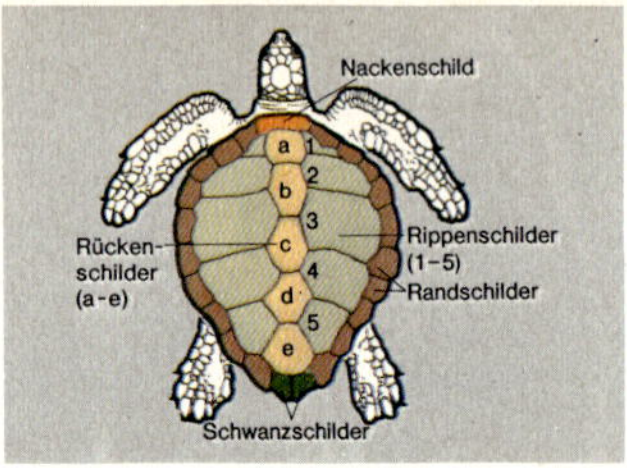

XV. 3 **Unechte Karettschildkröte** *(Carétta carétta)*: Beschilderung der Rückenseite

Schildkröten *(Testúdines)*

Wichtige Bestimmungsmerkmale der Schildkröten sind die Umrisse des Rücken- und Bauchpanzers (z. B. elliptisch, stromlinienförmig) sowie Anzahl, Form und Größe ihrer Hornplatten (XV. 3–5)
So kann z. B. die Zahl der Rippenschilder (Costalschilder) 4 Paare wie bei der **Suppenschildkröte** *(Chelónia mýdas)* bzw. 5 oder mehr Paare umfassen, wie z. B. bei der Unechten Karettschildkröte (XV. 3)
Die Zahl der Vorstirnschilder (Praefrontal-Schilder) beträgt bei der Echten Karettschildkröte 2 Paare (XV. 5), bei der Suppenschildkröte *(Chelónia mýdas)* nur 1 Paar.

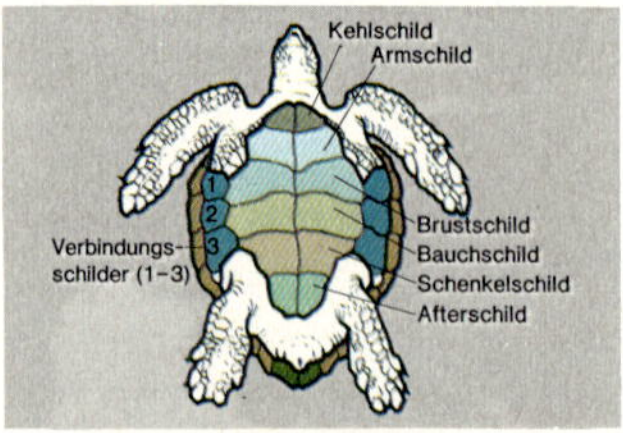

XV. 4 **Unechte Karettschildkröte** *(Carétta carétta)*: Beschilderung der Bauchseite

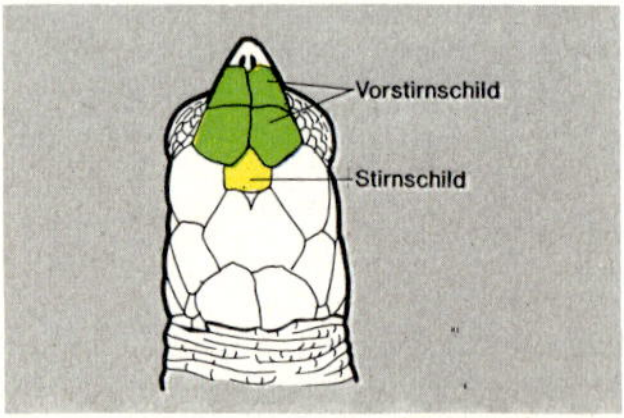

XV. 5 **Echte Karettschildkröte** *(Eretmóchelys imbricáta)*: Kopf von oben

Die Zahl der Verbindungsschilder (Inframarginalschilder) in der seitlichen Brücke zwischen Rücken- und Bauchpanzer kann verschieden sein; sie beträgt bei der Unechten Karettschildkröte (XV. 4) z. B. 3 Schilder, die sowohl mit den Randschildern des Rückenpanzers (XV. 3) als

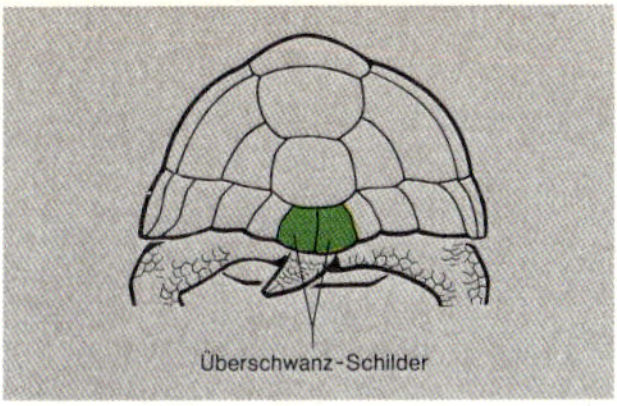

XVI. 1 **Griechische Landschildkröte** *(Testúdo hermánni):* von hinten

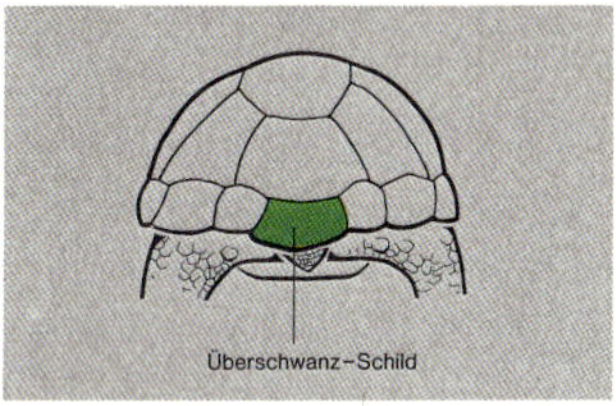

XVI. 2 **Maurische Landschildkröte** *(Testúdo graeca):* von hinten

auch mit den Bauchschildern (XV. 4) in Verbindung stehen. Bei der Bastardschildkröte *(Lepidochélys olivácea)* beträgt die Zahl dieser Verbindungsschilder 4, die Zahl der Rippenschilder meist 6–9 Paare.
Die Griechische Landschildkröte (XVI. 1) und die sehr ähnliche Maurische Landschildkröte (XVI. 2) kann man an der Zahl der Überschwanz-Schilder (Supracaudal-Schilder) unterscheiden. Sie beträgt bei ersterer in der Regel zwei, bei letzterer nur eins.

Lurche *(Amphibia)*

Lurche gehören entweder zu den Schwanzlurchen *(Caudáta;* lat. *caudátus* geschwänzt; XVI. 3) oder den Froschlurchen *(Ecaudáta;* lat. e-Verneinung, *caudátus* geschwänzt; schwanzlose Lurche, XVI. 5).

Schwanzlurche *(Caudáta)*

Erwachsene Schwanzlurche sind langgestreckt und haben einen wohlausgebildeten Schwanz; ihre Hinterbeine sind kaum länger als die vorderen und bei den Larven entwickeln sich die Vorderbeine zuerst. Olme *(Protéidae;* gr. Próteus-Meergott mit wechselnder Gestalt; der Olm wird unter dem Einfluß des Lichts dunkel) haben einen aalähnlich verlängerten Körper mit nur je drei Fingern und Zehen; bei den Winkelzahnmolchen *(Hynobiidae)* hingegen haben die Hinterbeine in der Regel je 4, bei den Salamandern und Molchen je 4 oder 5 Zehen.

XVI. 3 **Schwanzlurch: Kammolch** *(Tritúrus cristátus);* ♂ und ♀ im Brutkleid

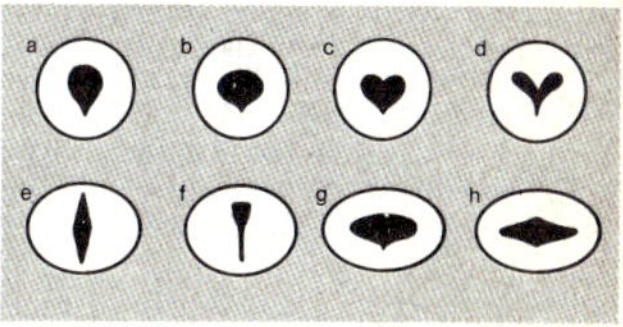

XVI. 4 **Pupillen bei Froschlurchen:** a–f Unken, e Geburtshelferkröten, f Schaufelkröten, g Frösche, h Echte Kröten

Froschlurche *(Ecaudáta)*

Den Froschlurchen fehlt der Schwanz; ihr Körper ist gedrungen, und die Hinterbeine sind häufig zum Springen eingerichtet. Bei den Larven wachsen die Hinterbeine zuerst. Die grünen Laubfrösche (Wetterfrösche) erkennt man leicht an den runden Haftscheiben, zu welchen sich die Spitzen der Finger und Zehen erweitern. Alle anderen Froschlurche haben keine endständigen Haftscheiben an den Fingern und Zehen.

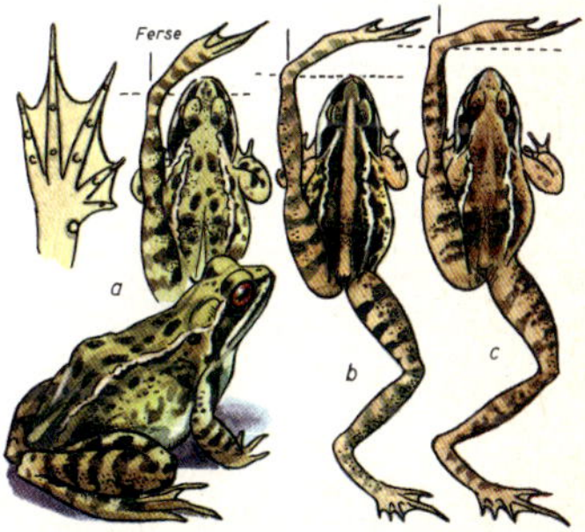

XVI. 5 **Froschlurche:** a Gras- oder Taufrosch *(Rána temporária),* b Moorfrosch *(Rána arvális)* und c Springfrosch *(Rána dalmatina)*

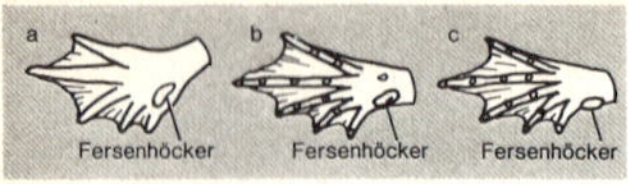

XVII. 1 **Fersenhöcker bei Froschlurchen:** a Knoblauchkröte, b Teichfrosch, c Seefrosch

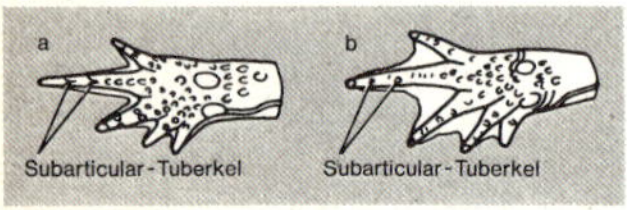

XVII. 2 **Subarticular-Tuberkel:** Hinterfuß a von der Wechselkröte, b von der Erdkröte

Wichtige Bestimmungsmerkmale sind die **Pupillen der Froschlurche.** Sie sind herz- oder dreieckförmig mit nach unten gerichteter Spitze bei den Unken (XVI. 4 a–d; *Bombina),* senkrecht-elliptisch (e bzw. f) bei den Geburtshelferkröten (e; *Alýtes*) und den Schaufelkröten (f; *Pelobátes),* waagerecht elliptisch bei den Fröschen (g; *Ránidae)* und Echten Kröten (h; *Bufónidae).* Zur Unterscheidung ähnlicher Arten werden bei den Froschlurchen oft auch Fersenhöcker (XVII. 1) und sogenannte Subarticular-Tuberkel (XVII. 2) herangezogen.

Fische *(Pisces)*

Körpermaße

Man unterscheidet (XVII. 6): Körperlänge (Gesamtlänge), Rumpflänge, Schwanzlänge, Kopflänge, Länge des Schwanzstieles und Körperhöhe.

Körperöffnungen

Man unterscheidet (XVII. 6): Maulöffnung, Nasenlöcher, Kiemenspalten, Afteröffnung und Poren der Seitenlinie. Das Maul kann end-, ober- oder unterständig sein (XVIII. 1). Bei den Rundmäulern, Haien und Rochen münden die Kiemenspalten frei an der Oberfläche, bei den übrigen Fischen werden sie durch Kiemendeckel geschützt; das sind dünne Knochenplatten, die zuweilen mit Stacheln und Dornen bestückt sind (als Bestimmungsmerkmale von Bedeutung). Bei den Kiemendeckeln unterscheidet man in der Regel Vorderkiemendeckel, Unterkiemendeckel und Zwischenkiemendeckel.

XVII. 3 **Karpfen,** Beflossung

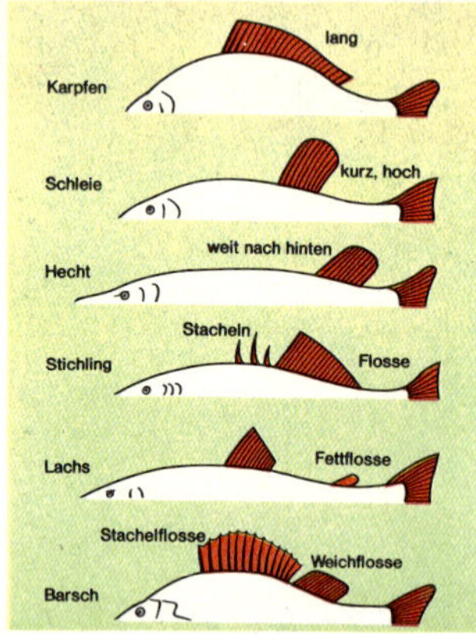

XVII. 4 **Rückenflossen:** Zahl, Lage und Form

Die **Seitenlinie** verläuft in der Regel vom Kopf bis zur Schwanzflosse, kann aber auch kürzer sein oder (selten) ganz fehlen. Sie besteht aus lauter Löchern, die zu Sinnesknospen führen (Seitenlinienorgan). Der Verlauf der Seitenlinie liefert wichtige Bestimmungsmerkmale.

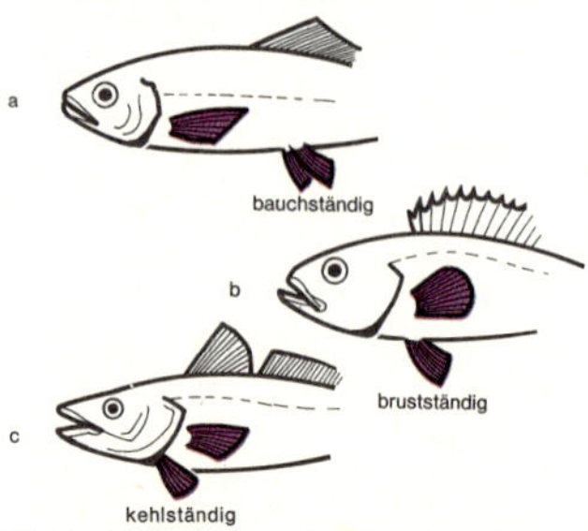

XVII. 5 **Fische:** Stellung der Bauchflossen

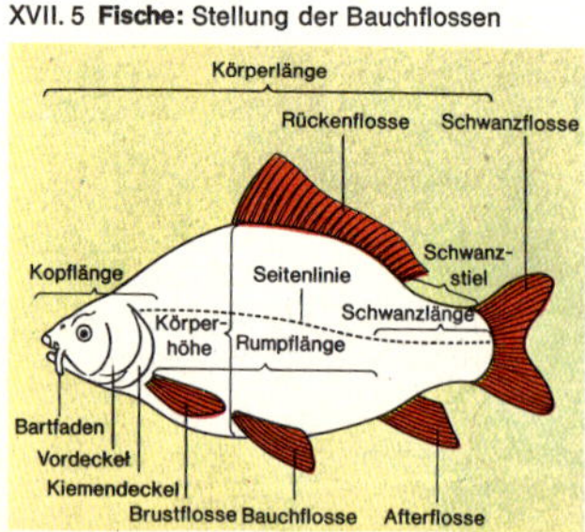

XVII. 6 **Fisch:** Beflossung, Körpermaße, Kopfanhänge und Kiemendeckel

Beflossung

Die Form und die Stellung der Flossen variiert bei den Fischgruppen sehr stark und bietet daher wichtige Merkmale bei der Klassifizierung.
Zu den **paarigen Flossen** gehören die Brustflossen (linke und rechte Brustflosse) und die Bauchflossen (linke und rechte Bauchflosse); diese paarigen Flossen entsprechen den Vorder- und Hintergliedmaßen der Lurche, Kriechtiere, Vögel und Säuger (also der höheren Wirbeltiere).
Unpaare Flossen sind Rückenflosse, Schwanzflosse und Afterflosse. Ihre Zahl, Lage und Größe variiert sehr stark; Rückenflossen (XVII. 4) z. B. können einfach oder geteilt, lang oder kurz, in der Mitte des Körpers oder weit nach hinten eingesetzt sein. Sie spannen sich ähnlich den paarigen Flossen wie Segel über ein Gerüst von Flossenstrahlen aus. Diese können hart wie Stacheln (Stachelstrahlen) oder weich und biegsam sein (Weichstrahlen). Die Flossenstrahlen sind in der Regel gelenkig in die Haut eingesenkt und können mit Hilfe von Muskeln aufgerichtet und zusammengelegt werden.
Die **Schwanzflosse** kann gerade abgeschnitten, abgerundet oder mehr oder weniger tief gegabelt sein; dabei können die beiden Teile gleich lang (symmetrisch) oder unsymmetrisch sein, wobei sowohl der obere als auch der untere Teil länger bzw. kürzer sein kann.
Die **Brustflossen** stehen ziemlich regelmäßig dicht hinter dem Kopf; die Bauchflossen hingegen sitzen bei den Fischarten an sehr verschiedenen Stellen (XVII. 5): weit hinten am Bauch (a), mehr oder weniger dicht unter den Brustflossen (b) oder sogar vor diesen (c).

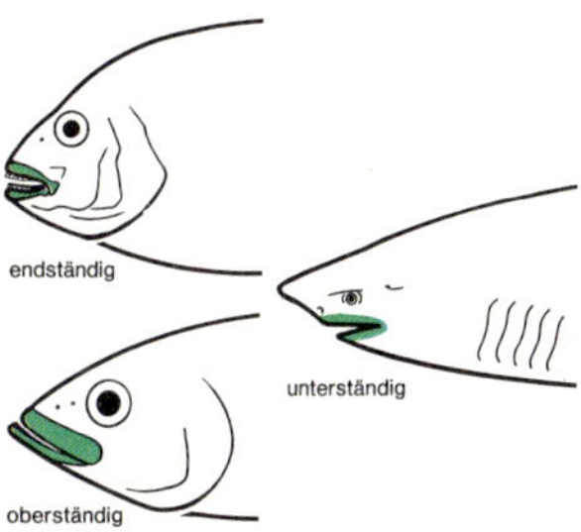

XVIII. 1 **Maulstellung bei Fischen**

Beschuppung

Wie bei den Reptilien die Hornplatten, so spielen bei den Fischen die Schuppen nach Art, Zahl und Größe sowie nach ihrer Anordnung eine wichtige Rolle bei der Bestimmung. Zur Unterscheidung der Arten und zu ihrer Einordnung in das System wird die Zahl der Schuppen in der Seitenlinie sowie die Zahl der Längsreihen oberhalb und unterhalb der Seitenlinie gezählt (XVIII. 3).

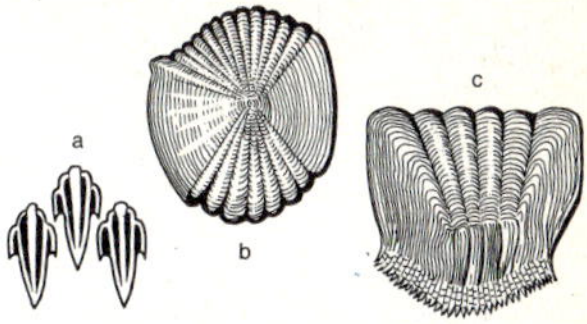

XVIII. 2 **Fischschuppen:** a Hautzähnchen (Placoidschuppen), b Rundschuppe (Cycloidschuppe), c Kammschuppe (Ctenoidschuppe)

Altersbestimmung der Fische

Bei den in Europa vorkommenden Fischarten unterscheidet man 2 Typen von Hautschuppen:
1. Die **Hautzähnchen** oder Placoidschuppen der Knorpelfische (XVIII. 2 a);
2. die **Rundschuppen** (Cycloidschuppen) und die **Kammschuppen** (Ctenoidschuppen) bei den Knochenfischen (XVIII. 2 b–c).

Besonders bei den unter Punkt 2 genannten Schuppen der Knochenfische spielen die konzentrischen Leisten auf den Schuppen eine wichtige Rolle für die Altersbestimmung. Ähnlich den Jahresringen auf dem Stammquerschnitt der Bäume liegen auf den Rund- und Kammschuppen konzentrische Ringleisten; die im Sommer angelegten haben infolge des schnelleren Wachstums einen größeren Abstand voneinander als die im Winter gebildeten, so daß man die dadurch entstehenden Grenzlinien deutlich erkennen und zählen kann (Altersbestimmung).

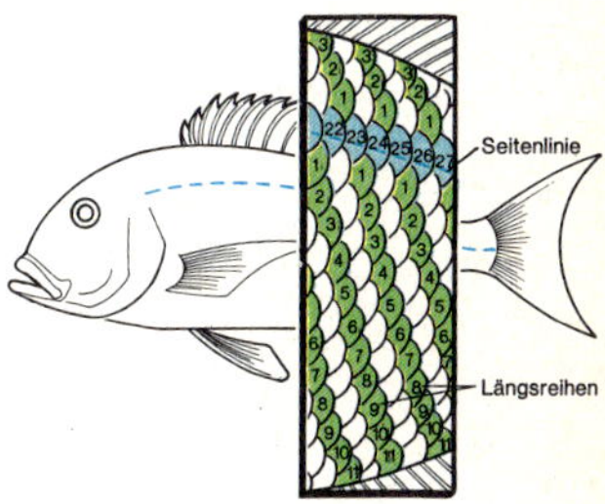

XVIII. 3 **Beschuppung:** Stellung und Zählweise der Schuppen

Schwimmen

Die meisten Fische schwimmen vor allem durch die kräftigen Schläge der Schwanzflosse durch das Wasser (XIX. 1 a, b). Die Brust- und Bauchflossen dienen im wesentlichen zum Steuern (Höhen- und Seitensteuer). Manche ursprünglich landlebenden Wirbeltiere haben sich an das Wasserleben angepaßt, indem ihre Gliedmaßen zu Flossen umgestaltet wurden und ihr Körper die **torpedoförmige Gestalt** vieler schnellschwimmender Fische annahm. Beispiele dafür gibt es bei den Reptilien (z. B. den Fisch-

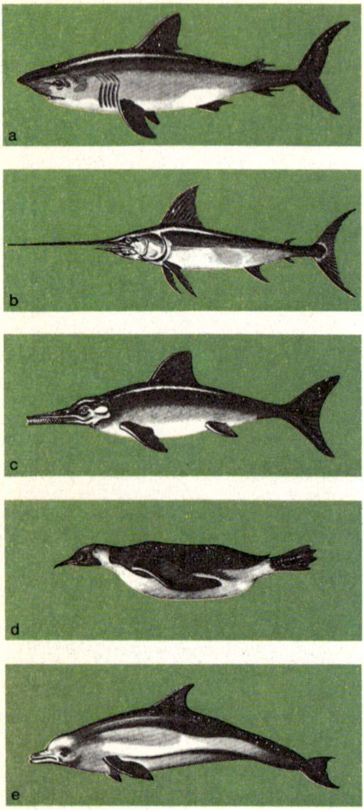

XIX. 1 **Flossenbewegung:** a Knorpelfisch (Hai), b Knochenfisch (Schwertfisch), c Reptil (Fischsaurier), d Vogel (Pinguin), e Säugetier (Delphin)

sauriern; XIX. 1 c), den Vögeln (z. B. den Pinguinen; XIX. 1 d) und den Säugetieren (z. B. den Walen; XIX. 1 e).

Auffällig ist, daß die an das Wasserleben angepaßten Landwirbeltiere eine Form angenommen haben, die der der Fische ähnelt und damit Eigenschaften zeigt, die äußerst **strömungsgünstig** sind. Durch Experimente (Strömungsversuche) kann man nachweisen, daß diese Körperform für sehr schnelle Bewegungen (notwendig bei der Beutejagd und der Flucht vor Feinden) im Wasser optimal ist.

Viele Fische allerdings haben eine von der Torpedoform abweichende Gestalt. Sie sind zwar schlechte Schwimmer, haben aber anderweitige Anpassungen entwickelt, wie z. B. die **Plattfische** und **Rochen.** Ihr Körper ist stark abgeplattet. Sie leben am Boden und können sich im Sand verstecken und farblich an ihn anpassen. **Seepferdchen** haben äußerlich kaum Ähnlichkeit mit Fischen und schwimmen vorwiegend senkrecht im Wasser.

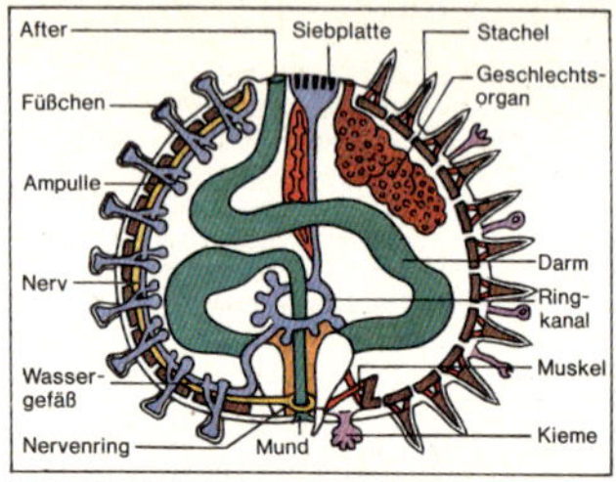

XIX. 2 **Seeigel:** Bauplan (Längsschnitt)

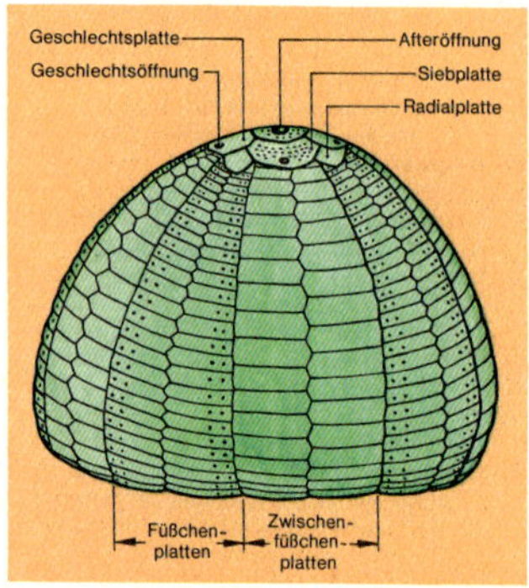

XIX. 3 **Seeigel:** abrasiert

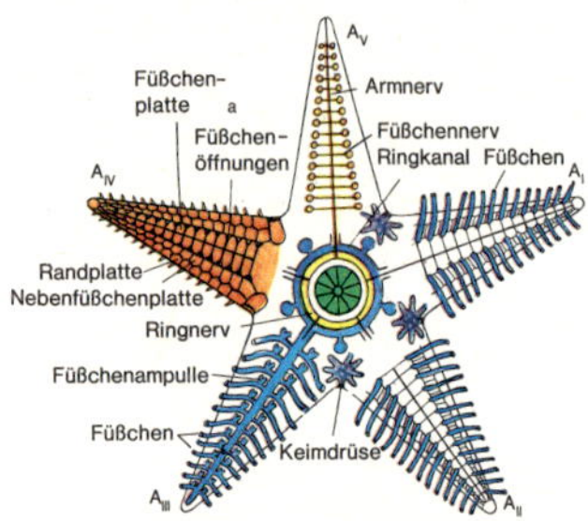

XIX. 4 **Seestern:** Äußerer und innerer Bau; die Arme A_{I} und A_{II} zeigen die Unterseite mit den Füßchen, A_{III} zeigt das Wassergefäßsystem, A_{IV} die Skelettplatten und A_{V} das Nervensystem

Stachelhäuter *(Echinodermáta)*
Beispiel: Seeigel

Von den 5 Klassen der Stachelhäuter (Seelilien oder Haarsterne, Seegurken oder Seewalzen, Seeigel, Seesterne und Schlangensterne) seien die wichtigsten Baumerkmale hier an den beiden bekanntesten, den Seeigeln und den Seesternen, vorgeführt.

Strahlige Symmetrie

Stachelhäuter haben im erwachsenen Zustand einen eigentümlichen, von der Körperform anderer Tiere abweichenden strahlig-symmetrischen Bau. Infolgedessen können sie nach allen Richtungen kriechen, ohne den Körper zu wenden. Langsam gleiten die „starren" Seeigel mit ihren schlangenartig beweglichen „Füßchen" über die Steine und Felsen dahin.

Stacheln und Füßchen

Der kugelige, unten abgeflachte Körper des Gemeinen Seeigels ist ringsum mit spitzen, durch Muskeln und Gelenkbänder beweglichen Kalknadeln, den Stacheln, bewaffnet (XIX. 2). Sie sitzen auf einem festen Panzer, der sich aus vielen Kalkplatten zusammensetzt und die inneren Organe schützend einschließt. Außer mit seinen Füßchen kommt der Seeigel mittels dieser Stacheln voran. Es sieht aus, als ob er auf vielen Stelzen liefe.
Wenn man alle Stacheln entfernt, erkennt man, wie die Kalkplatten angeordnet sind (XIX. 3).

Je zwei Reihen von Platten – insgesamt sind es fünf Doppelreihen – sind von feinen Löchern durchbohrt, durch welche die „Füßchen" hindurchgesteckt werden; sie heißen deshalb Füßchenplatten und entsprechen den Armen der Seesterne (XIX. 4). Zwischen diesen „Armen" sitzen Doppelreihen von Kalkplatten ohne Löcher, die Zwischenfüßchenplatten (XIX. 3).

Rückenseite

Am Rücken des Kalkpanzers sind regelmäßig mehrere große Platten angeordnet. Die Mitte nimmt die Afterplatte ein, so genannt nach der in ihr liegenden Afteröffnung. Um diese Afterplatte herum liegen fünf große Platten mit je einer Geschlechtsöffnung. Die eine dieser Platten ist wie ein feines Sieb durchlöchert und heißt Siebplatte; die übrigen fünf Platten sind die Endstücke (Radialplatten) der Füßchenplatten.

Bauchseite

Die abgeflachte Bauchseite des Gemeinen Seeigels trägt in ihrer Mitte die Mundöffnung, welche von fünf ringförmig angeordneten Zähnen umsäut wird. Diese bilden zusammen mit weiteren Kalkplatten einen komplizierten Kauapparat, der ähnlich einer Laterne geformt ist und „Laterne des Aristoteles" heißt. Kräftige Kaumuskeln bewegen die Zähne, wenn sie Pflanzen und Tiere vom Meeresboden „abweiden". Mit kleinen, gestielten Greifzangen, die sich über die Oberfläche verteilen, greift der Seeigel auch bewegliche Tiere an und führt sie der Mundöffnung zu. Ähnlich gebaute Putzzangen säubern die Oberfläche; „Giftzangen" wehren Feinde ab.

Beispiel: Seesterne

Der Bau eines Seesternes läßt sich mit dem eines Seeigels vergleichen: breitet man die Arme des Seeigels flach aus und läßt die Zwischenarmstücke fort, so erhält man einen Körper, der etwa dem des Bildes XIX. 4 entspricht. Die meisten der oben erwähnten Baumerkmale spielen bei der Untersuchung und Bestimmung der Stachelhäuter eine Rolle.

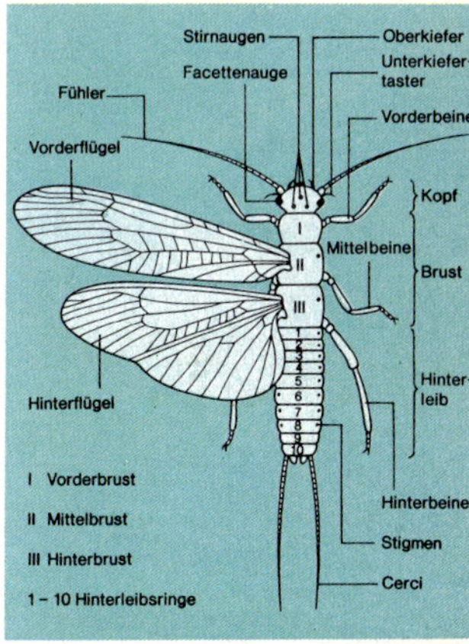

XX. 1 **Äußere Gliederung des Insektenkörpers:** I Vorderbrust, II Mittelbrust, III Hinterbrust

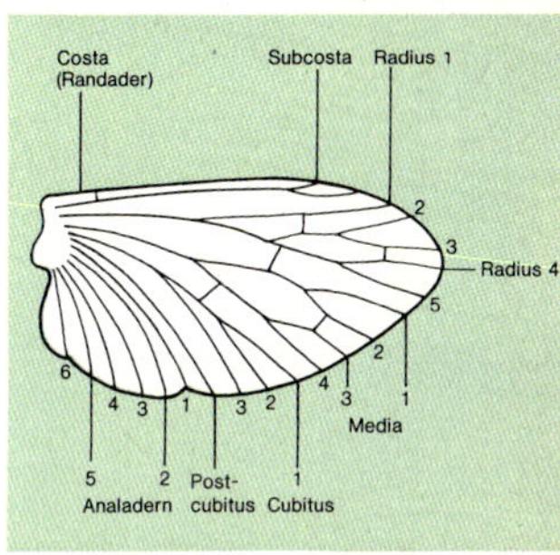

XX. 2 **Flügeladerung:** Längsadern

Insekten *(Hexapóda* oder *Inséсta)*
Gliederung des ganzen Körpers

Ein Insekt, sei es eine Fliege, eine Libelle, ein Käfer oder ein Schmetterling, gliedert sich in der Regel in drei Abschnitte, den Kopf, die Brust und den Hinterleib.
Die Abbildung XX. 1 zeigt eine Steinfliege, an welcher man besonders deutlich sehen kann, wie Einschnürungen den Körper in einzelne Ringe (Segmente) unterteilen.

Kopf

Wie man stammesgeschichtlich nachweisen kann, bestand auch der Kopf ursprünglich aus einer ganzen Reihe solcher Segmente: sie sind im Laufe der Entwicklung zu einer einheitlichen Kapsel verschmolzen.
Am Kopfe sitzen die großen Netzaugen (Fazettenaugen), die, mit der Lupe betrachtet, eine sechseckige Felderung erkennen lassen. Außerdem haben viele Insekten noch kleine Einzelaugen, die Punkt- oder Stirnaugen heißen. Häufig sind diese wie bei unserer Steinfliege in einem Dreieck angeordnet. Alle anderen Kopfanhänge, die Fühler und die Mundgliedmaßen, sind, wie man aus einem Vergleich mit den Beinen der Krebse ableiten kann, umgewandelte Beine.

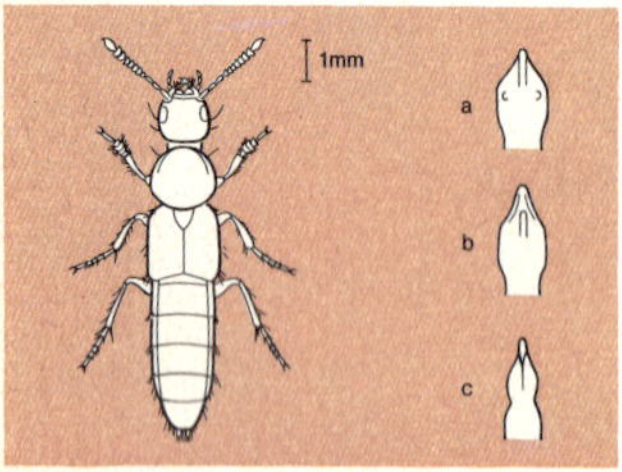

XXI. 1 **Drei verschiedene Käfer von gleicher Gestalt aus der Familie der Kurzflügler,** Gattung *Quedius* (nur einmal abgebildet), nur zu bestimmen an den Genitalorganen, hier an einem konstanten Merkmal der Penis-Spitze: a *Quédius mesomelinus mesomelinus* (Marsham), b *Q mesomelinus skoraséwskyi* (Korge), c *Q maurus* (Sahlberg)

XXI. 2 **Kohlschnake, ein Zweiflügler:** die langgestielten Schwingkölbchen sind sichtbar

Brustabschnitt

Die „eigentlichen" Laufbeine sitzen an den drei Brustabschnitten, und zwar an der Vorder-, Mittel- und Hinterbrust je ein Paar. Insgesamt sind also sechs Beine vorhanden; man nennt die Insekten daher auch **Hexapoden,** was wörtlich übersetzt „Sechsfüßler" heißt. Die Flügel sind gelenkig in die Rückendecke des zweiten und dritten Brustringes eingesetzt, in die Mittelbrust das Vorderflügelpaar, in die Hinterbrust ein Hinterflügelpaar. Bei den Urinsekten entwickeln sich keine Flügel, bei anderen Insekten finden wir nur die Vorderflügel ausgebildet (Zweiflügler; XXI. 2); bei diesen läßt sich aber nachweisen, daß das zweite Flügelpaar zu Sinnesorganen, den sogenannten Schwingkölbchen, umgewandelt ist (XXI. 2).

Hinterleib

Die Hinterleibsabschnitte, deren Zahl bei den verschiedenen Arten sehr schwankt, höchstens aber elf sein kann, tragen in der Regel keine Gliedmaßen. Nur bei sehr ursprünglichen Formen und bei manchen Larven bilden sich auch am Hinterleib beinartige Anhänge aus. Als solche sind auch die beiden langen Fortsätze (Cerci) am letzten Hinterleibsring der Steinfliege zu deuten.

Flügeladerung

Für viele Insektenarten ist die Flügeladerung sehr charakteristisch. Sie spielt daher bei der Bestimmung eine wichtige Rolle. Besonders oft werden die Längsadern herangezogen (sie können zur Flügelspitze hin ein- oder mehrfach gegabelt sein); sie werden dann fortlaufend numeriert; XX. 2: Ähnliches gilt auch für die Felder, die durch Queradern auf dem Flügel entstehen und als **Zellen** bezeichnet werden. Die Zellen benennt man nach den Längsadern, die sie vorn begrenzen, z. B. Radialzelle, Medialzelle usw. (vgl. die Flügeladerung bei Tagschmetterlingen auf S. XXIII).

Geschlechtsorgane (Genitalorgane)

Viele Insektenarten lassen sich nur am Bau ihrer Geschlechtsorgane unterscheiden, wofür die Abb. XXI. 1 ein Beispiel gibt. Auch der Spezialist findet bei den Imagines (den erwachsenen Tieren) dieser drei Insektenarten keine äußerlich sichtbaren besonderen Kennzeichen. Die Genitalorgane hingegen zeigen ganz bestimmte, mit dem Mikroskop nachweisbare konstante Baumerkmale, nach denen man die drei Insekten ihrer Art bzw. Unterart zuordnen kann. Solche Merkmale wurden in diesem Buch nicht verwendet.

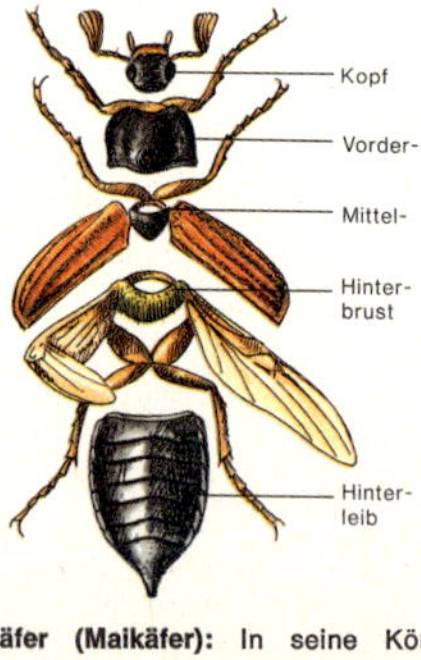

XXI. 3 **Käfer (Maikäfer):** In seine Körperabschnitte zerlegt

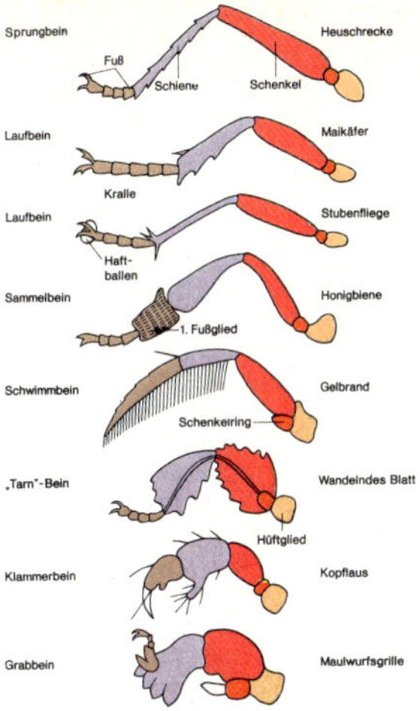

XXII. 1 **Gliedmaßen:** Beine von Insekten

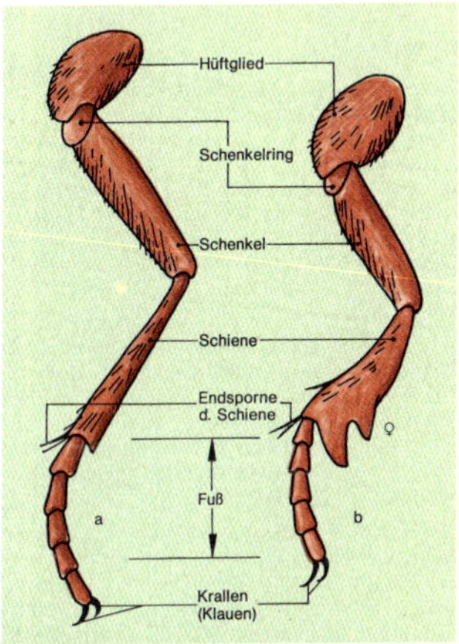

XXII. 2 **Insektenbein:** Gliederung

Beispiel: Käfer
Sehr gut kann man den Bauplan eines Insekts an Käfern studieren, etwa an einem Maikäfer. Insekten sind in einen festen Panzer gehüllt, der aus Chitin besteht (Hautskelett). Der Panzer ist durch Einkerbungen (Name Kerbtier; Fremdwort: Insekt) in Abschnitte unterteilt. Mit Nadel und Schere zerlegt man einen Käfer in drei Körperabschnitte, die man Kopf, Brust und

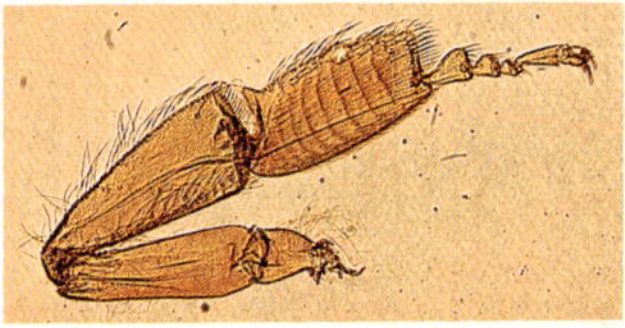

XXII. 3 **Sammelbein:** Honigbiene

Hinterleib nennt. Diese Dreiteilung ist typisch für die Insekten (vgl. Abb. XX. 1).

Kopf

Am Kopf des Maikäfers (XXI. 3) erkennen wir die Augen, die Fühler und die Mundwerkzeuge. Mit der Lupe sehen wir, daß die Augen wie ein Netz mit vielen (etwa 6000) sechseckigen Feldern aussehen (Netzauge oder Facettenauge). Jedes Feld stellt ein Einzelauge dar. Die Blättchen der Fühler sind die sehr empfindliche „Nase" des Maikäfers. Auf jedem Fühlerblatt sitzen zahlreiche Riechgruben (beim Männchen etwa 50 000). Der Geruchssinn führt die Käfer zu ihrer Nahrung (Weiden, Ahorne, Birken, Buchen, Pappeln, Linden), die Männchen zu den Weibchen.

Brustabschnitt

An jedem Abschnitt der Brust sitzt ein Beinpaar; an der Mittelbrust sind außerdem die chitinigen Vorder- oder Deckflügel eingelenkt, an der Hinterbrust die häutigen Hinterflügel.

Insektenbeine

Die Beine der Insekten sind winkelstellig gegliedert (XXII. 1–3). Man unterscheidet fünf Glieder: das Hüftglied, den Schenkelring, den Oberschenkel oder Schenkel, die Schiene und den Fuß. Alle Abschnitte bis auf den Fuß bestehen aus je einem Stück, sind durch weiche Chitinhäute miteinander verbunden und gegeneinander beweglich. Der Fuß setzt sich bei den meisten Insekten aus mehreren Gliedern zusammen, beim Maikäfer z. B. aus fünf. Das letzte Glied ist meist mit zwei hakigen Klauen ausgerüstet, die zum Festklammern dienen, z. B. beim Klettern im Laubwerk (Kletterfüße). Die Schenkel sind kräftig entwickelt, die Schienen und der Fuß sehr lang; dadurch werden die Beine zum Laufen befähigt (Laufbeine). Beim Maikäferweibchen sind die Schienen der Vorderbeine schaufelförmig verbreitert und als Grabwerkzeuge beim Ausheben der Eigrube zu verwenden.
Alle Glieder der Insektenbeine können Spezialausbildungen erhalten (XXII. 1), sei es als Lauf-, Sprung-, Sammel-, Schwimmbein usw., so daß auch die Beine der Insekten zur Bestimmung der Arten herangezogen werden können.

XXIII. 1 a **Schmetterling (Fuchs) beim Nektarsaugen; b Flügelschuppen,** vergrößert, **c Flügelschuppen** (Schemazeichnung)

XXIII. 2 **Baumweißling:** Sammlungspräparat

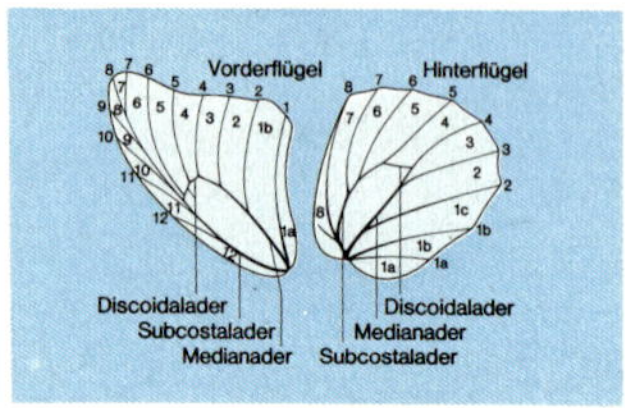

XXIII. 3 **Schmetterlingsflügel:** Aderung und Felderung

Schmetterlinge
Flügelschuppen

Auch bei den Schmetterlingen bieten die Flügel die wichtigsten Bestimmungsmerkmale. Diese seien hier daher gesondert vorgeführt. Kennzeichnend für alle Schmetterlinge sind die Flügelschuppen (Name Schuppenflügler!). Wer zum ersten Male ein Stückchen eines Schmetterlingsflügels unter dem Mikroskop sieht, ist überrascht, wie zart und zierlich, wie regelmäßig in Reihen geordnet, wie form- und farbschön zahlreiche Schüppchen die Flügelfläche bedecken (XXIII. 1 b). Jede Schuppe sitzt mit einem Stiel in einem Schuppenbalg (XXIII. 1 c). Ein Haltering klemmt den Stiel fest. Jedoch lassen sich die Schuppen leicht aus dem Balg herauslösen, wie jeder weiß, der von einem Schmetterlingsflügel bunt betupfte Finger bekam.

Duftschuppen

Zwischen den gewöhnlichen Flügelschuppen sitzen besonders gestaltete Duftschuppen. Sie senden Duftstoffe aus, die dazu dienen, die Geschlechtspartner anzulocken. Bei vielen Arten sind die Duftschuppen der Männchen auf bestimmte Flügelstellen beschränkt. Solche Duftschuppenflecke sind dann nach Lage und Form wichtige Bestimmungsmerkmale.
Durch die Anordnung der Farbschuppen wird das Farbmuster der Flügel bestimmt, das für jede Schmetterlingsart charakteristisch ist. Oft werden die Farben durch Brechung des Lichtes im Feinbau der Schuppen erzeugt; das ist z. B. bei den sogenannten Schillerfarben und den blauen und roten Flügelfärbungen vieler Bläulinge der Fall.

Flügeladerung

Die Abbildungen XXIII. 2 und 3 zeigen die Flügeladern bei Tagschmetterlingen, 2 im Foto beim Baumweißling, 3 bei einem Weißling. Der Verlauf der Adern ist besonders deutlich an der Unterseite der Flügel zu erkennen. Treten sie nicht genau genug hervor, braucht man nur etwas Benzin oder Alkohol auf die Flügelfläche zu tropfen; die Adern werden dann solange gut sichtbar, bis die Flüssigkeit verdunstet ist.

In beiden Flügeln (Vorder- und Hinterflügel) fällt zunächst eine große, auf allen Seiten von Adern eingerahmte Fläche auf, die man **Diskoidalzelle** oder kurz **Zelle** nennt. Sie wird nach vorne von der Subkostal-, nach hinten von der Median- und nach außen von der Diskoidalader begrenzt.

Als Zellen bezeichnet man auch alle Felder, die von den übrigen Flügeladern gebildet werden. Diese numeriert man wie in Abbildung XXIII. 3 im Vorderflügel von 1–12, im Hinterflügel von 1–8, jeweils am Innenrand beginnend. Von diesem Schema gibt es allerdings Ausnahmen; bei den Bläulingen fehlen auf den Vorderflügeln die Adern 7, 8 oder 9; zuweilen fehlen auch 2 von diesen, so daß insgesamt nur 10 oder 11 Adern vorhanden sein können. Sind mehrere Adern derselben Nummer ausgebildet, werden sie mit a, b usw. bezeichnet, z. B. 1 a und 1 b im Hinterflügel der Abbildung XXIII. 3. Die zu den Adern gehörigen Zellen werden entsprechend beziffert: Zelle 2 z. B. liegt oberhalb der Ader 2, also zwischen 2 und 3, Zelle 3 oberhalb der Ader 3 usw.

XXIV. 1 **Flußkrebs:** ein Zehnfußkrebs

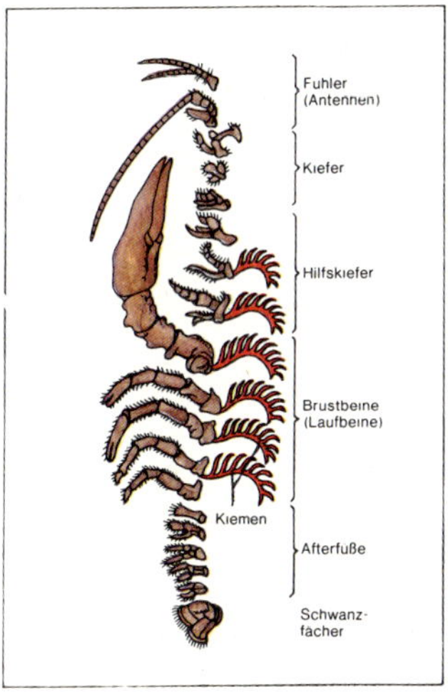

XXIV. 2 **Zehnfußkrebs:** Gliedmaßen der rechten Seite

Krebse *(Crustácea)*
Gliederung des Körpers

Der Körper der Krebse sei am Beispiel eines Zehnfußkrebses (XXIV. 3) beschrieben. Er ist in der Regel deutlich in zwei Abschnitte gegliedert: in das Kopfbruststück und den Hinterleib. Am Kopfbruststück deutet eine tiefe Furche die Grenze zwischen Kopf und Brust an. Nach vorne läuft es in eine spitze „Krebsnase", das Rostrum, aus. Am Grunde der Krebsnase ragen zwei gestielte Facettenaugen aus dem Krebspanzer hervor. Sie sind nach allen Seiten drehbar.
Die große Zahl der Brustbeine, der Mundwerkzeuge und der Antennen deutet darauf hin, daß das Kopfbruststück aus vielen Ringen verwachsen ist, an denen bei diesen Krebsen meistens je ein Gliedmaßenpaar sitzt.
Den Hinterleib des Flußkrebses nennt man auch „Krebsschwanz". Er ist wesentlich schmaler als das Kopfbruststück und in sechs Ringe unterteilt, die gegeneinander beweglich sind und je ein Beinpaar tragen.

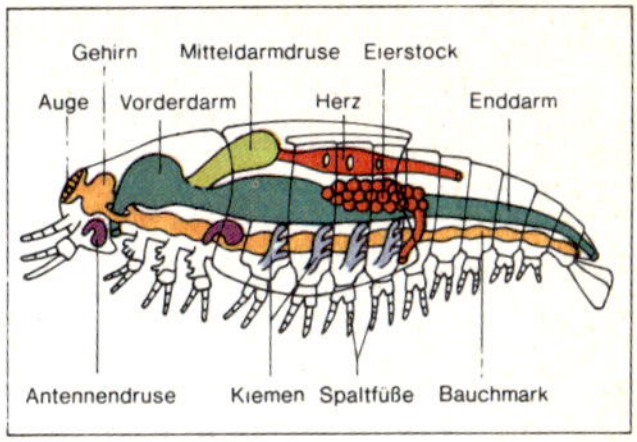

XXIV. 3 **Bau eines Krebses:** Schema

Krebspanzer

Wie die Insekten sind die Krebse durch ein festes Außenskelett geschützt. Bei Krebsen nennt man dieses Skelett Krebspanzer. Seine Grundmasse besteht aus Chitin. Legt man den Panzer in verdünnte Salzsäure, so läßt sich nachweisen, daß auch kohlensaurer Kalk darin eingelagert ist. Die Säure löst unter Aufbrausen den Kalk auf und es bleibt nur das Chitinskelett übrig. Wenn der Panzer zu eng wird, häutet sich der Krebs, was oft nur 5 Minuten, zuweilen aber bis zu 24 Stunden dauert. Die Kalkmengen, die er zum Aufbau der neuen, größeren Schale braucht, speichert er in zwei linsenförmigen Steinen, den „Krebssteinen" oder „Krebsaugen", die in der Seitenwand des Magens liegen. Sie werden nach der Häutung aufgelöst, und der Kalk wird mit dem Blutstrom an die Haut getragen. In der Zwischenzeit ist die Haut weich und ungeschützt. Der Krebs heißt dann „Butterkrebs". Er hält sich in seiner Höhle so lange verborgen, bis der Panzer wieder hart ist.

Gliedmaßen (XXIV. 2)

Insgesamt besitzen die Zehnfußkrebse **19 Gliedmaßenpaare.** Alle lassen sich von einer Grundform, dem Spaltfuß, ableiten. Die beiden ersten „Gliedmaßen" sind die Fühler. Krebse haben in der Regel im Gegensatz zu den Insekten 2 Fühlerpaare, ein erstes Paar mit je 2 kurzen Ästen und ein weiteres Paar mit je einem langen Ast.
An den Fühlern sitzen Riechsinnesorgane. Sie nehmen Geruchsstoffe wahr, die mit dem Wasserstrom durch die Kiemen geschleust werden (siehe unten).
Drei Kieferpaare halten die Nahrung fest und zerkleinern sie, wobei sie von den folgenden drei Beinpaaren, den Kieferfüßen oder Hilfskiefern, unterstützt werden.
Von den **5 Brustbeinpaaren** stammt der Name „Zehnfußkrebse". Das erste ist mit je einer kräftigen Schere bewaffnet, die durch den innen sitzenden, beweglichen Scherenfinger und

den spitzen Fortsatz des vorletzten Fußgliedes gebildet wird. Die beiden Scheren ergreifen und zerstückeln die Beute; sie dienen außerdem zur Verteidigung. Die beiden folgenden Brustbeinpaare sind mit kleinen Scheren ausgestattet. Diese können, im Gegensatz zu den Scheren des ersten Brustbeinpaares, den Mund erreichen und den Mundwerkzeugen die Nahrungsbrocken zuführen. Auf den Brustbeinen stelzt der Krebs langsam dahin, wobei die beiden großen Scheren meist tastend umhersuchen.
Schließlich folgen noch 5 Paar kleine Spaltbeine, die **Afterfüße** (14–18; an jedem Hinterleibsring ein Paar), und ein letztes Spaltfußpaar (19), das sehr stark verbreiterte Äste besitzt und als **Schwanzflosse** dient. Diese schlägt der Krebs bei Gefahr zusammen mit dem Hinterleib kräftig nach unten und vorn, wodurch das Tier sich schnell rückwärts bewegt (Rückstoßbewegung).

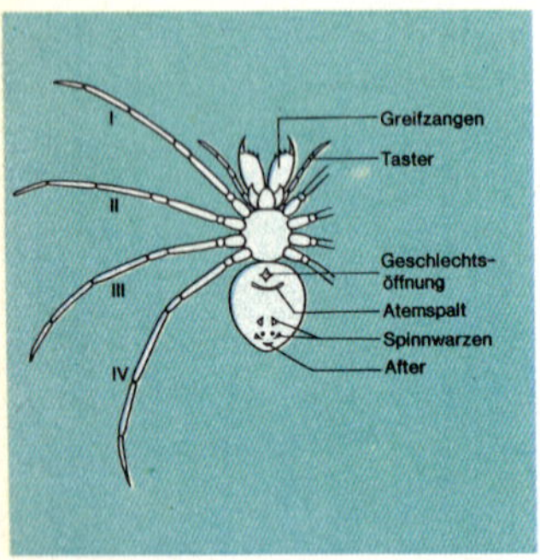

XXV. 1 **Körperbau der Spinnen:** I bis IV die vier Beinpaare

Spinnentiere *(Arachnida)*
Körperbau

Spinnen unterscheiden sich von den Insekten dadurch, daß ihr Körper nur aus zwei Abschnitten besteht, dem Kopfbruststück *(Cephalothórax; kephalé* = Kopf; *thórax* = Brustharnisch) und dem Hinterleib oder Abdomen (Abdomen = Bauch). Kopf und Brust sind zu einem einheitlichen, meist recht ansehnlichen Körperteil verschmolzen. Statt der sechs Beine bei den Insekten *(Hexápoda; hex* = sechs; *Pus, podo's* = Fuß) trägt das Kopfbruststück acht Beine *(Octópoda; okto* = acht; XXV. 1).

Spinneinrichtungen

Netzspinnen weben Netze zum Fangen ihrer Beutetiere. Die Spinnwarzen liefern den Spinnstoff, die Beine sind die Werkzeuge, mit denen die Spinne webt (XXV. 2). Die beiden Vorderbeinpaare dienen zum Tasten und Messen. Aus den Spinnwarzen XXV. 2 fließt der Spinn-

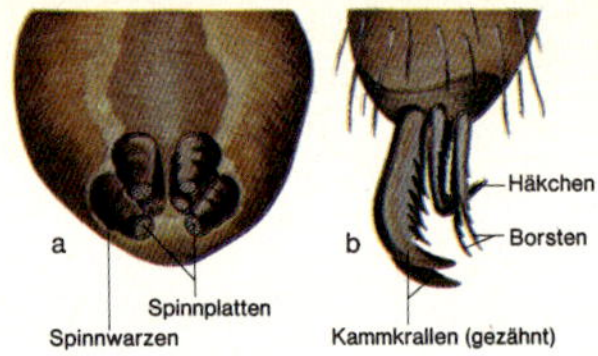

XXV. 2 **Kreuzspinne:** a Hinterleib mit den 6 beweglichen Spinnwarzen, b letztes Fußglied

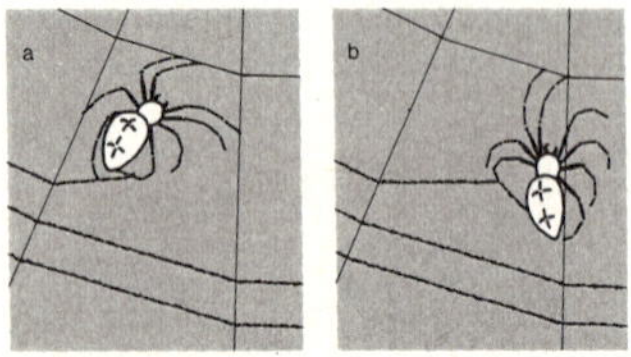

XXV. 3 **Kreuzspinne:** Bau des Fangnetzes

stoff. Das sind sechs kleine Erhebungen am Ende des Hinterleibes. In die Spinnwarzen, die von zahlreichen feinen Röhrchen durchsetzt sind, münden mächtige Spinndrüsen des (meist sehr großen aber trotzdem wendigen) Hinterleibes, die den zähflüssigen Spinnstoff liefern. Aus etwa 600 Spinnröhrchen verläßt dieser Stoff die Warzen, vergleichbar dem Austritt der Wasserstrahlen aus einer Brause; an der Luft verkleben die feinen Spinnfäden und erhärten zu dem dickeren, sehr widerstandsfähigen Netzfaden, den wir mit bloßem Auge erkennen können.
Die **Spinnröhrchen** sind verschieden gebaut; neben wenigen großen sitzen zahlreiche kleine. Klebefäden liefern nur die drei großen Spinnröhren in der Mitte der hinteren Spinnwarzen. Der Spinnstoff der kleinen Röhren dient vor allem dazu, die Netzfäden festzuheften und gefangene Opfer einzuspinnen. Bau und Lage der Spinnwarzen, vor allem aber die Form der Netze, sind neben der morphologischen Gestaltung der Spinnen wichtige Bestimmungsmerkmale.

Fangnetze

Fangnetze der Spinnen werden aus klebrigen Spinnfäden gebaut. Unermüdlich turnt die Spinne von Speiche zu Speiche, nimmt abwechselnd mit Hilfe besonderer Einrichtungen an den beiden Hinterbeinen (XXV. 3 a) den klebrigen Faden von den Spinnwarzen ab und heftet ihn in ziemlich gleichmäßigen Abständen an die Speichen (XXV. 3 b). Dann drückt die Kammkralle (Klaue) des einen Fußes den Klebefaden gegen die Speiche, während der andere Fuß den Faden etwas nach unten ausweitet (XXV. 3 b). So kommt es, daß die Spirale nicht straff gespannt, sondern locker zwischen den Radspeichen liegt. Die Hilfsspirale wird in dem Maße, wie das Fangnetz wächst, wieder abgebaut.

XXVI. 1 **Regenwurm**

Ringelwürmer *(Annelides)*
Beispiel Regenwurm
Systematische Stellung

Mit dem Wort „Würmer" verbindet der Laie eine recht unklare Vorstellung. Gewürm ist ihm alles, was von niederen Tieren langgestreckt, in Ringe gegliedert und beinlos ist. So erklärt es sich, daß man volkstümlich manche Insektenlarven als Würmer anspricht, wie z. B. den Mehlwurm, den Drahtwurm und die Fliegenmade. Aber auch wissenschaftlich war es nicht leicht, die Würmer richtig zu umgrenzen. Daher ist es verständlich, daß die Forscher zunächst manche niedere Tiergruppe, die sie nicht unterzubringen wußten, den Würmern zugesellten. Bis vor einiger Zeit vereinigte man unter anderem auch noch die Plattwürmer und die Schlauchwürmer mit den Ringelwürmern zu einem Tierstamm. Ringelwürmer sind aber viel höher „organisiert" als die Platt- und Schlauchwürmer und stehen den Gliederfüßlern viel näher, weshalb man ihnen jetzt einen eigenen Tierstamm einräumt und sie oft sogar mit den **Gliederfüßlern** zum Stamm der **Gliedertiere** vereinigt, wie es in diesem Buch geschehen ist.

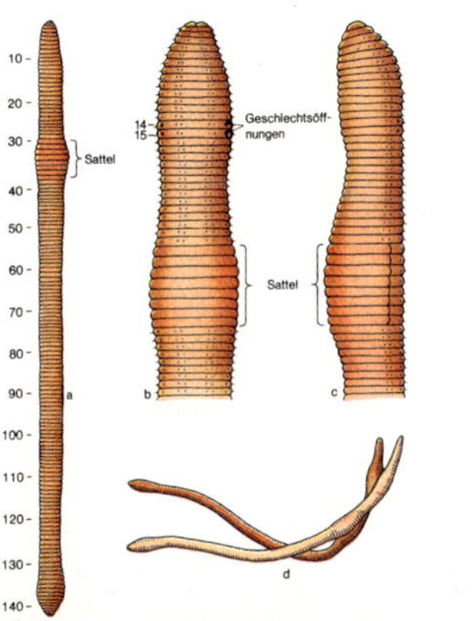

XXVI. 2 **Regenwurm:** a von oben, b von unten, c von der Seite gesehen, d Paarung

Bau und Fortbewegung

Der langgestreckte, walzenförmige, rotbraune und weiche Körper des Regenwurms (XXVI. 1) besteht aus vielen hintereinanderliegenden Ringen (XXVI. 2 a). Sein Vorderende ist etwas zugespitzt und wirkt wie ein „Bohrer". Unter einem kleinen Kopflappen liegt die Mundöffnung. Jeder Körperring ist mit vier starren Borstenpaaren ausgestattet. Die Haut ist weich, nackt und etwas feucht; gegen Hitze und Trockenheit ist sie ziemlich ungeschützt. Aus zahlreichen Drüsen scheidet die Haut viel Schleim ab, der die Reibung beim Kriechen in der Erde verringert.
Wie ein Querschnitt durch den Wurm zeigt (XXVI. 4), besitzt dieser einen **Hautmuskelschlauch,** der aus einer äußeren Ringmuskelschicht und einer inneren Längsmuskulatur besteht. Wenn sich die Ringmuskeln zusammenziehen, schiebt sich der Körper lang voraus, wobei die hinteren Ringe ihn mit den Borsten am Boden verankern. Anschließend verkürzt sich der Wurm, indem er seine Längsmuskeln zusammenzieht. Gleichzeitig lassen die hinteren Borsten los, und es haken sich dafür die vorderen fest, so daß der Hinterkörper nachgezogen wird.

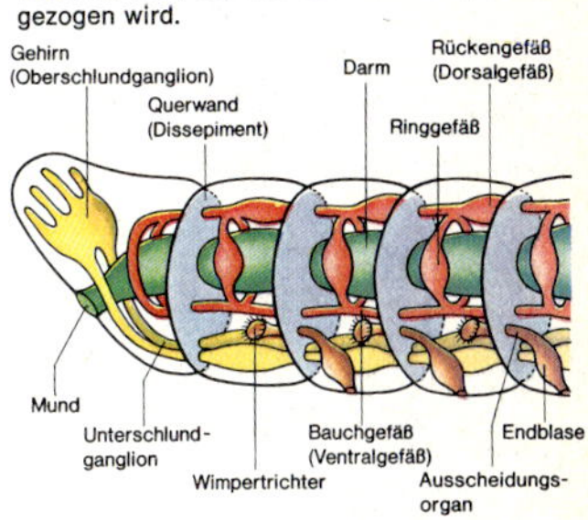

XXVI. 3 **Ringelwurm:** Längsschnitt (Schema)

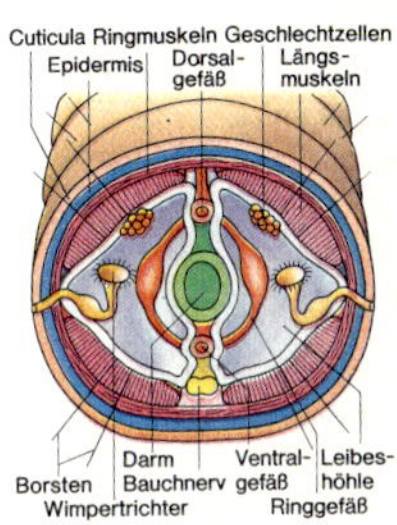

XXVI. 4 **Ringelwurm:** Querschnitt (Schema)

Das Clitellum

Auffällig dick sind die Ringe 32–37; sie bilden den sogenannten Sattel (Gürtel oder das Clitellum, XXVI. 2, b u. c; **Gürtelwürmer**). Der Gürtel spielt bei der Eiablage eine Rolle.

Innerer Bau

Durch die Rückenhaut des Regenwurms hindurch sieht man eine kräftige Ader, die rotes Blut führt. Sie ist das Rückengefäß, das zahlreiche feinste Blutäderchen in die Haut entsendet, in welcher der Gasaustausch stattfindet **(Hautatmung).** Durch die immer feuchte Haut dringt aus der Luft Sauerstoff in das Blut, das seinerseits sein überschüssiges Kohlendioxid an die Luft abgibt. Ein Längsschnitt durch den Regenwurm zeigt, daß auch das Innere durch senkrechte Wände in hintereinanderliegende Abschnitte gekammert ist, die man **Segmente nennt** (XXVI. 3).

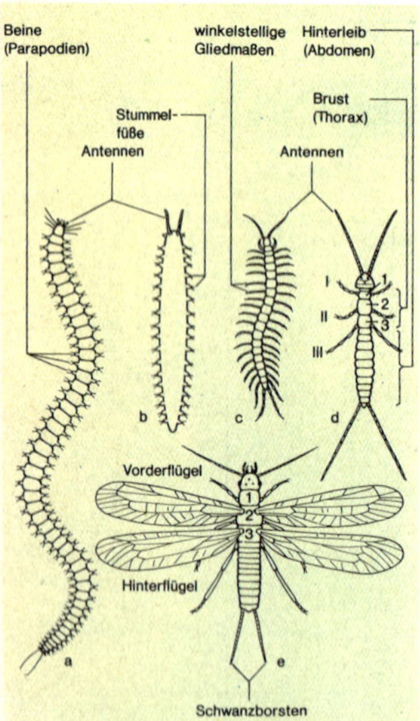

XXVII. 1 **Gegliederte Tiere mit Beinen:** a) Ringelwurm, b) Peripatus, c) Tausendfüßler, d) flügelloses Insekt, e) geflügeltes Insekt.

Beispiel: Seeringelwürmer *(Neréidae)*

Meeresringelwürmer gehören zu den Vielborstlern *(Polychæta).* Bei ihnen treten erstmalig im Tierreich (stammesgeschichtlich gesehen) echte Beine auf; denn als solche muß man die vielen Körperanhänge auffassen (XXVII. 1 a). Meeresringelwürmer leiten damit über zu den Tieren mit winkelstelligen Gliedmaßen (XXVII. 1), wie sie bei Tausendfüßlern, Spinnen, Krebsen und Insekten regelmäßig vorhanden sind.
Die Abbildung XXVII. 1 macht deutlich, warum die Wissenschaftler äußerlich so verschiedene Tiere (wie etwa Meeresringelwürmer und Schmetterlinge) zu einem Tierstamm vereinigen. In dieser Entwicklungsreihe stellt der Peripatus (XXVII. 1 b) mit seinen Stummelfüßen eine Übergangsform von den Hautatmern zu den Tracheenatmern dar.

Beispiel: Tausendfüßler *(Myriópoda)*

Tausendfüßler (Myriópoda; XXVII. 1 c) bilden zusammen mit den Insekten den Unterstamm der Tracheenatmer. Systematisch sind also diese beiden Gruppen gleichwertig; ihre Artenzahl hingegen ist sehr verschieden: rund 10 000 Tausendfüßlerarten stehen etwa 1 Million Insektenarten gegenüber.
Mit den Insekten (XXVII. 1 d ein ungeflügeltes, e ein geflügeltes Insekt) haben die Tausendfüßler den Chitinpanzer, die Tracheenatmung und das Strickleiternervensystem gemeinsam, außerdem besitzen sie nur ein Fühlerpaar (im Gegensatz zu den Krebstieren mit zwei Fühlerpaaren). Doch besteht der Körper der Tausendfüßler nur aus zwei Teilen, dem Kopf und einem Rumpf, der sich aus vielen gleichartigen Ringen aufbaut. Nach der Zahl der Beinpaare unterteilt man die Tausendfüßler in die Einpaarfüßler oder **Hundertfüßler** *(Chilópoda)* mit einem Beinpaar und in Zweipaarfüßler oder **Doppelfüßler** *(Diplópoda)* mit zwei Beinpaaren an jedem Körperring (XXVII. 2).

XXVII. 2 **Tausendfüßler:** a Körperring eines Hundertfüßlers (Chilópoda), b eines Doppelfüßlers (Diplópoda)

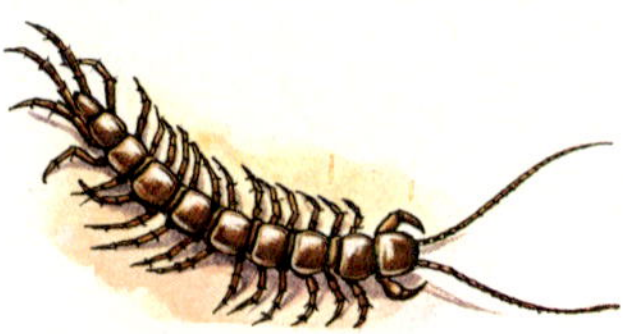

XXVII. 3 **Steinkriecher** *(Lithóbius):* ein Hundertfüßler

XXVII. 4 **Sandschnurfüßler** *(Júlus):* ein Doppelfüßler

Ein bekannter **Hundertfüßler** ist der **Steinkriecher** *(Lithóbius forficátus;* XXVII. 3). Er läuft behende auf seinen 15 Beinpaaren und packt mit dem zu kräftigen Beißzangen umgewandelten ersten Beinpaar seine Beute. An der Spitze der dolchartigen Endklaue der beiden Beißzangen mündet je eine Giftdrüse, deren Gift das Opfer lähmt. In wärmeren Ländern gibt es wesentlich größere Hundertfüßler, wie z. B. die Skolopender, deren Giftdrüsen beim Biß erhebliche Mengen Gift abgeben.

Zu den **Doppelfüßlern** gehören Tiere mit in der Regel drehrundem Körper, wie z. B. der Sandschnurfüßler (XXVII. 4) und der Gerandete Saftkugler oder Kugeltausendfuß. Bei Gefahr laufen diese Tiere nicht davon, sondern rollen sich zu einer Spirale bzw. zu einer Kugel zusammen. Infolge der Einlagerung von Kalk in die Chitinhaut sind die eingerollten Tiere weitgehend unverletzbar, da an dem sehr harten und äußerst glatten Panzer die Zähne der Verfolger abgleiten. Selbst unter den Füßen schwerer Säuger und des Menschen bleiben diese Doppelfüßler meistens unverletzt.

XXVIII. 1 **a Weinbergschnecke:** Gehäuse und sichtbare Weichteile; **b Wegschnecke:** rote Form

Weichtiere *(Mollúsca)*

Der Stamm der Weichtiere umfaßt außer den Urmollusken vier Klassen: Schnecken, Grabfüßler, Muscheln und Kopffüßler, die alle zum Unterstamm der Schalenträger gehören. Sie haben einen weichen und meist plumpen Körper, sind aber in der Regel durch eine feste Kalkschale geschützt (XXVIII. 1 a).

Schnecken *(Gastrópoda)*
Die Schneckenschale (Gehäuse)

Das wichtigste Kennzeichen vieler Schnecken ist ihr Gehäuse. Alle Schneckenschalen bestehen aus einem Stück. Im Gegensatz zu den zweiklappigen Schalen der Muscheln nennt man die Schneckenschalen daher **Gehäuse.** Bei einigen Schnecken ist das Gehäuse napfförmig gebaut, bei den meisten aber ist es gewunden

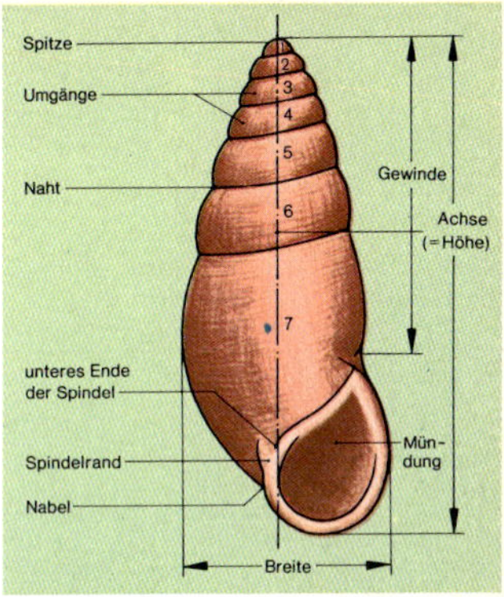

XXVIII. 2 **Schneckenschale (Gehäuse):** Bezeichnung ihrer Teile

wie bei der Weinbergschnecke. Nimmt man das Gehäuse einer Schnecke in die Hand, hält die Spitze nach oben und die Mündung sich zugewendet (XXVIII. 2), so liegt diese in der Regel auf der rechten Seite; das Gehäuse ist rechts gewunden. Bei einigen Gehäuseschnecken liegt die Mündung auf der linken Seite. Sie sind links gewunden. Wie man die Teile eines Schneckengehäuses nennt, zeigt die Abbildung XXVIII. 2.

Legt man ein Schneckengehäuse in verdünnte Salzsäure, so wird es unter lebhaftem Aufbrausen aufgelöst. Nur ein zartes, braunes Häutchen bleibt zurück. Dieses Häutchen besteht aus einem dem Chitin ähnlichen Stoff, dem **Conchiolin,** das gegen Säuren beständig ist. Daraus kann man schließen, daß die Schale größtenteils (bis zu etwa 98 %) aus **kohlensaurem Kalk** aufgebaut ist, den außen ein dünnes Schutzhäutchen überzieht.

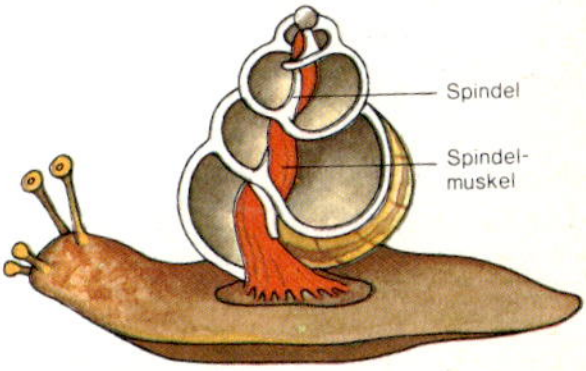

XXVIII. 3 **Schneckengehäuse, längsaufgeschnitten:** Verlauf des Spindelmuskels

Bei den gewundenen Gehäusen legen die Windungen sich um eine zentrale **Spindel** herum (XXVIII. 3). Das Gehäuse wächst in regelmäßigen Zeitabständen (periodisch). Weinbergschnecken bauen alljährlich einen Zuwachsstreifen. Jeder neue Streifen erweitert das Gehäuse. Bei Gefahr ziehen sich Gehäuseschnecken in ihr Ge-

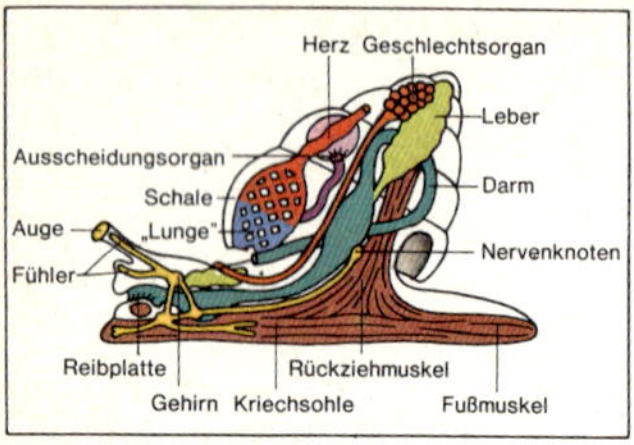

XXIX. 1 **Schnecke:** innerer Bau

häuse zurück. Dazu dient der kräftige Spindelmuskel, der sich in den Windungen der Spindel bis zur Spitze hinzieht (XXVIII. 3).
Sobald der ganze Weichkörper im Gehäuse verschwunden ist, legt sich bei den Deckelschnecken ein gut passender **Deckel,** der hinten auf dem Fuße getragen wird, über die Öffnung. Schnecken ohne einen solchen fertigen Deckel dichten die Mündung mit erhärtendem Schleim oder mit Kalk ab (Weinbergschnecken, Schnirkelschnecken).

Weichteile der Schnecken

Von den Weichteilen einer Schnecke ragen in der Regel nur Fuß und Kopf aus dem gewundenen Gehäuse heraus (XXVIII. 1 a). Der Fuß erweitert sich nach unten und plattet sich zur Kriechsohle ab. Der Kopf setzt sich meist nur wenig vom Rumpf ab; er trägt die Mundöffnung und oft zwei Fühlerpaare, ein langes und ein kurzes Paar. Bei den Landlungenschnecken sitzt auf den langen Fühlern an der Spitze je ein Auge (stieläugige Schnecken). Bei Gefahr ziehen sich die Fühler handschuhfingerförmig ein, so daß die empfindlichen Augen in das geschützte Innere rücken. Die beiden kürzeren Fühler tragen Tast- und Riechorgane.
Auf dem Rücken der Tiere liegt der **Mantel,** ein Hautschild, der bei den Nacktschnecken frei zu sehen ist (XXVIII. 1 b), bei den Gehäuseschnecken das Gehäuse bildet und trägt. Unter dem Schalengehäuse schauen dann oft nur die Ränder des Mantels hervor. Im Mantelrand liegt das **Atemloch,** eine Öffnung, die in die Mantel- oder Atemhöhle führt (XXIX. 1).

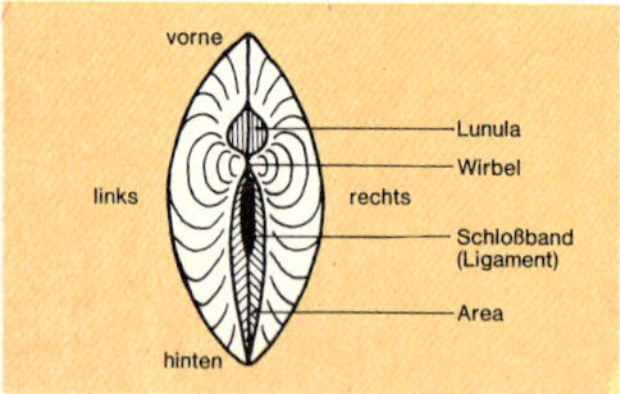

XXIX. 2 **Muschel:** Rückenansicht (Dorsalansicht), schematisiert

Muscheln *(Lamellibranchiáta)*
Die Muschelschale

Anders als bei den Schnecken, bei denen das Gehäuse immer aus einem Stück besteht, baut sich die Muschelschale aus zwei Stücken auf, die man **Klappen** nennt. Sie umhüllen und schützen den weichen Leib der Muschel.
Am Rücken hängen die Klappen durch ein **Schloß** mit elastischem Schloßband zusammen (XXIX. 2). Das Schloß besteht aus Zähnen und Leisten, die in entsprechende Vertiefungen der anderen Klappe greifen und so die beiden Schalenhälften unverschiebbar miteinander verbinden. Das Schloßband klemmt sich als hornige, elastisch-federnde Masse zwischen die Schalenhälften und dehnt sich wie ein Stück Kautschuk aus. Es öffnet also die Schale, sobald die Muschel sie nicht durch zwei sehr kräftige Muskeln schließt **(Schließmuskeln).** Diese spannen sich zwischen den Klappen aus und ziehen sie bei Gefahr so fest zusammen, daß es nur mit erheblichem Kraftaufwand gelingt, die Muschel zu öffnen. Die Ansatzstellen der Schließmuskeln kann man an den Innenflächen der Klappen als kleine Vertiefungen erkennen (XXIX. 3, 4). Der Wirbel ist eine erhöhte Stelle am Rücken der Klappen und stellt den ältesten Teil der Schale dar, um den bandartig die Zuwachsstreifen verlaufen. Nach ihrer Zahl (in der Regel wird jährlich ein Streifen angelegt) kann man das Lebensalter der Muscheln bestimmen.

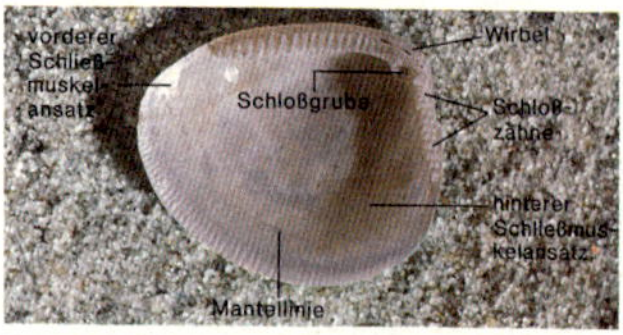

XXIX. 3 **Glänzende Nußmuschel:** Innerer Bau der Klappe

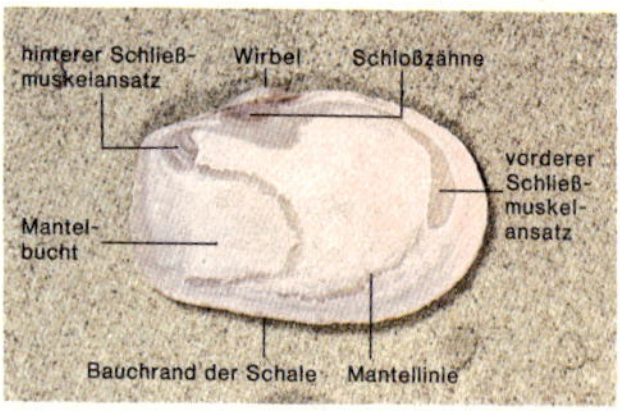

XXIX. 4 **Abgestutzte Klaffmuschel:** Innerer Bau der Klappe

Weichteile der Muscheln

Mit dem kräftigen, muskulösen Fuß graben sich die meisten Muschelarten in den Boden ihrer Wohngewässer ein, das Vorderende nach unten,

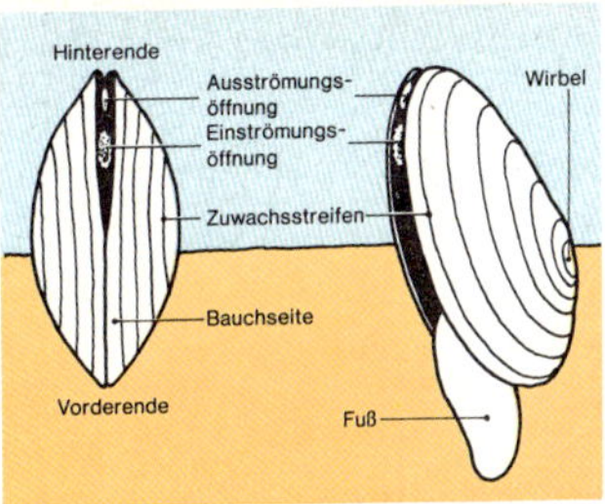

XXX. 1 **Teichmuscheln** im Boden eines Gewässers

das Hinterende nach oben und in der Regel aus dem Schlamm herausragend. Die Abbildung XXX. 1 zeigt die zuweilen eigentümlich beil- und pflugscharförmige Gestalt des Fußes. Er entspricht der Kriechsohle der Schnecken, und mit ihm können sich Muscheln langsam durch den Grund weiterfurchen; viele verharren aber oft tagelang – scheinbar völlig untätig – an derselben Stelle.

Am spitzen Hinterende der Muschel sitzen zwei Röhrchen (Siphonen), das eine oft mit einem gefransten, das andere meist mit einem glatten Rand. Die gefranste Öffnung heißt auch Einströmungsöffnung. Siphonen sind bei manchen Muschelarten sehr lang. In die Einströmungsöffnung werden durch die Flimmertätigkeit der Kiemen Wasser und mit ihm kleine schwebende Teilchen, niedere Tiere und Pflanzen aller Art, eingestrudelt. Aus dem Wasser entnehmen die Kiemen Sauerstoff zum Atmen; mit Hilfe der Mundsegel werden der Mundöffnung verdauliche Stoffe zugeführt. Das Wasser fließt aus der anderen Öffnung, der Ausströmungsöffnung, wieder ab. Tiere, die durch Flimmertätigkeit ihre Nahrung herbeistrudeln, heißen Strudler. Besteht die Nahrung aus Plankton, so nennt man diese Strudler Planktonfresser.

Der Bau der Schaleninnenseiten

Die meisten Muscheln bestimmt man allein nach dem Bau ihrer Klappen. Besonders ihre Innenseiten sind für jede Art charakteristisch. Meist ist eine sogenannte Mantellinie vorhanden. Sie verläuft parallel zum ventralen (bauchseitigen) Klappenrand und verbindet die beiden Schließmuskeleindrücke miteinander. Bei den Arten, die eine Mantelbucht haben, kann man an deren Lage leicht das Hinter- und Vorderende feststellen. Die Mantelbucht entsteht dort, wo die Rückziehmuskeln für die Siphonen ansetzen, also am Hinterende.

Sehr wichtig für die Bestimmung der Muschelarten ist das Schloß, insbesondere die Zahl und der Bau der Zähne. Am Schloß lassen sich die *Taxondónta* (mit vielen gleichartigen Zähnen; XXIX. 3) und die *Heterodónta* (mit wenigen verschieden geformten Zähnen; XXIX. 4) unterscheiden.

Hohltiere *(Coelenteráta)*

Die Grundform der Hohltiere ist der Polyp. Polypen haben im einfachsten Falle einen sackförmigen, oft schlauchartig langgezogenen Körper, der mit dem Fußende festsitzt und am Mundpol eine Öffnung hat (XXX. 2 a). Der Körper bildet einen Hohlraum mit einer Wandung, die aus 2 Zellagen besteht, aus der Hautschicht (Ektoderm) und der Darmschicht (Entoderm; XXX. 2 b). Die beiden Schichten werden durch eine dünne Mittellamelle getrennt, in der unter anderem Nervenzellen liegen. Die Mundöffnung wird von einem Kranz aus Fangarmen oder Tentakeln umsäumt. Sie tragen dicht an dicht kleine Knötchen, welche wie das Ektoderm mit gefährlichen Waffen, den Nesselkapseln, ausgestattet sind. Bei Berührung mit einem Beutetier explodieren die Nesselkapseln und spritzen ein Gift aus, das die Beute lähmt.

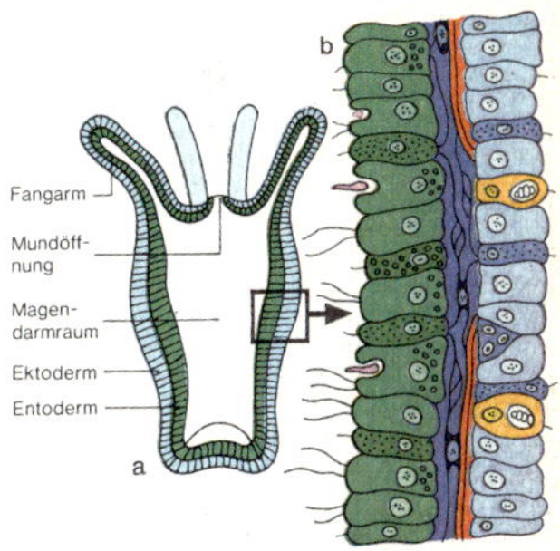

XXX. 2 **Polyp** (Schema): a Längsschnitt, b Schnitt durch die Wand (vergrößert)

Blumen- oder Korallentiere *(Anthozóa)*

Blumentiere sind kleine bis sehr große Polypen von kompliziertem Bau, die einzeln leben oder Tierstöcke bilden. Sie sitzen in der Regel mit einer Fußplatte fest. Ihr Magendarmraum ist – anders als beim Süßwasserpolypen – stets durch Scheidewände *(Septen)* unterteilt (XXXI. 1), bei den Achtstrahligen *(Octocorállia)* mit 4, 8 oder einem mehrfachen von 8 (XXXI. 1 a), bei den Sechsstrahligen mit 6 oder einem mehrfachen von 6 Scheidewänden *(Hexacorállia;* XXXI. 1 b; zuweilen auch von 8 oder 10).

Zu den Hexacorallen gehören die Seerosen und Seeanemonen. Wichtige Bestimmungsmerkmale sind Zahl und Länge der Tentakeln, Körperfarbe usw.

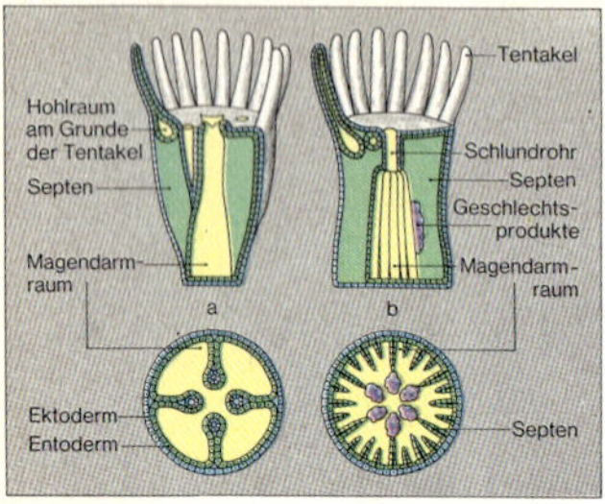

XXXI. 1 **Blumenpolypen:** a Achtstrahliger Blumenpolyp, b Sechsstrahliger Blumenpolyp

Medusen oder Scheibenquallen *(Scyphozóa)*

Medusen sind oft nur durch ihre Geschlechtstiere bekannt; das sind in der Regel große, glockenförmige Quallen, die am Schirmrand Lappen (Randlappen) tragen. Die zugehörigen Polypenformen sind meist sehr unscheinbar (wie z. B. bei der Ohrenqualle, XXXI. 2) und man bekommt sie nur selten zu Gesicht. Scheibenquallen sind aus dem Spülsaum der Meeresküsten als unansehnliche Gallertmassen bekannt. Im freien Wasser schwimmen diese Tiere rückstoßend dahin (durch Öffnen und Schließen der „Glocke"). Farbe, Form, Art der Bewegung und Größe (die größten erreichen einen Ø von 2 m) sind wichtige Bestimmungsmerkmale.

XXXI. 2 **Ohrenqualle** *(Aurélia aurita):* a Larve, die sich aus einem Ei entwickelt hat; b festgesetzte Larve, die c Hydraform annimmt (Becherpolyp), durch Querteilung (Strobilation; d) und sich ablösende Scheiben (e und f; Scheibenquallen) Medusen bildet, die zu Ohrenquallen heranwachsen (g).

Hydrozoen *(Hydrozóa)*

Hydrozonen bilden sowohl polypen- als auch (bei manchen Arten) medusenförmige Tiere aus (XXXI. 3). Ein sehr einfach gebautes Tier dieser Gruppe ist der Süßwasserpolyp. Er bildet durch Knospung Tochtertiere, die sich bald vom Muttertier ablösen. Ei- und Samenzellen entstehen in der Leibeswand. Befruchtete Eizellen entwickeln sich zu Süßwasserpolypen. Die meisten Hydrozoen entwickeln sich in der Regel zu vielgestaltigen Tierstöcken; Medusen sind die freischwimmenden Geschlechtstiere, die sich von den Polypenstöcken abtrennen (XXXI. 3). Die Gestalt der Einzelpolypen (z. B. die Zahl ihrer Tentakeln), die Verzweigung des Polypenstockes, die Entwicklung und die Form der Medusen sind wichtige Bestimmungsmerkmale.

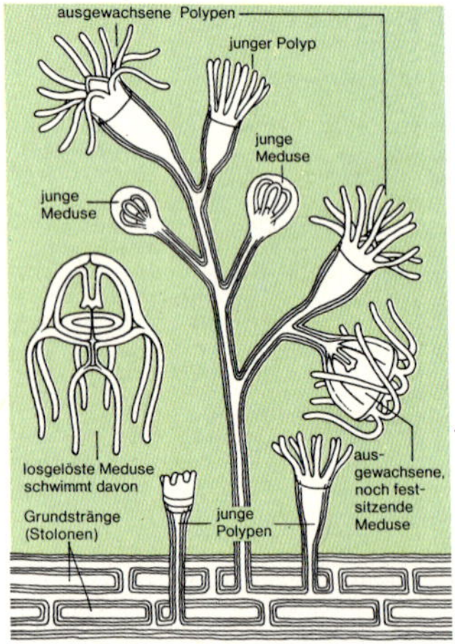

XXXI. 3 **Polypenstock:** mit Polypen, mit noch festsitzenden Medusen auf verschiedenen Entwicklungsstufen sowie mit einer freischwimmenden Meduse.

Schwämme *(Porífera)*

Schwämme bilden sehr verschieden geformte und gefärbte, auf einer Unterlage festhaftende Körper. An ihrer Oberfläche sitzen viele mikroskopisch kleine Einströmungsöffnungen und wenige große Ausfuhröffnungen (XXXII. 1 a).
Schwammkörper sind sehr einfach gebaut; sie bestehen aus einer Hautschicht mit plattenförmigen Zellen (Hautlager) und einer Darmschicht mit sogenannten Kragengeißelzellen (Darmlager). Die Kragengeißelzellen erzeugen mit ihren Geißeln einen Wasserstrom, aus dem die Zellen Nahrungspartikel entnehmen. Das Wasser wird durch die Einströmungsöffnungen eingesogen und durch die Ausströmungsöffnungen wieder ausgetrieben.
Zwischen beiden Hautschichten liegt eine umfangreiche Mittelschicht (XXXII. 1 b). Sie baut sich aus Zellen auf, die sich amöboid bewegen und als Nährzellen und als Fortpflanzungszellen fungieren können. Amöboide Skelettzellen bilden Skelettnadeln, die aus Kieselsäure (bei Kieselschwämmen), aus kohlensaurem Kalk (bei

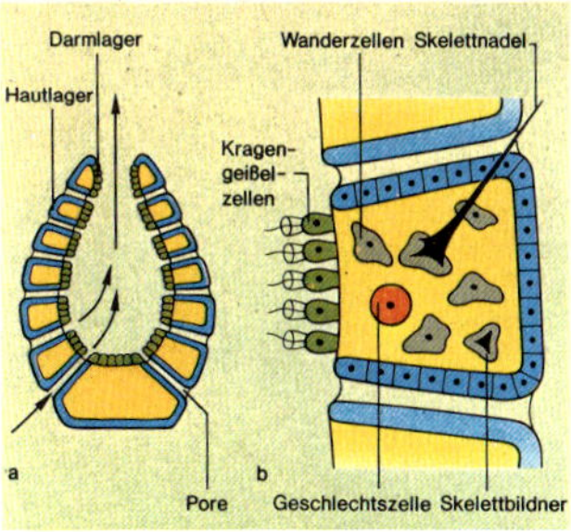

XXXII. 1 **Schwamm** (Schema): a Bauplan, b Schnitt durch den Körper

Kalkschwämmen) oder aus Horn oder Spongin (bei Hornschwämmen) bestehen. Die Formen dieser Nadeln sind für viele Schwämme charakteristisch und geben wichtige Bestimmungsmerkmale.

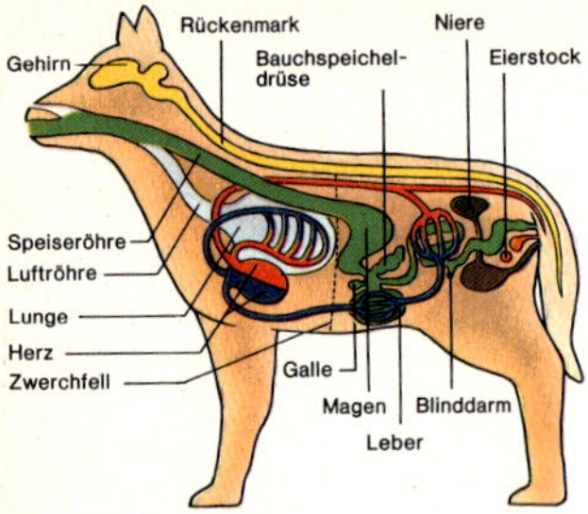

a) Klasse: **Säugetiere** (Unterstamm der Wirbeltiere); Haarkleid (Wärmeschutz); Lungenatmer; 2 Vor- und 2 Herzkammern; Blutkreislauf geschlossen; Warmblüter; knöchernes Innenskelett; Extremitäten als Laufbeine oder Flossen, vordere Extremitäten zuweilen als Flügel ausgebildet; Nervensystem dorsal; getrenntgeschlechtlich.

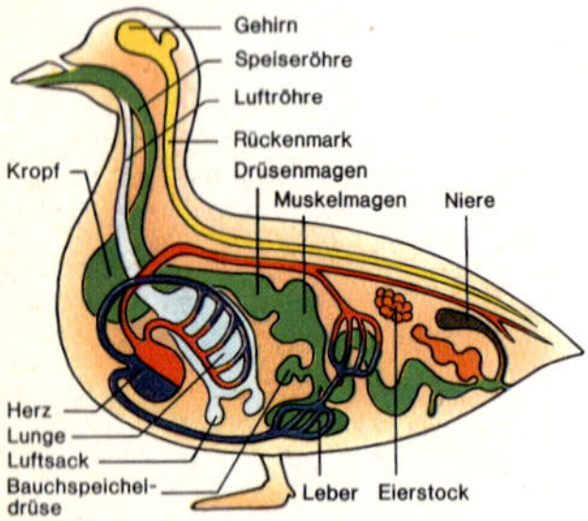

b) Klasse: **Vögel** (Unterstamm der Wirbeltiere); Federkleid (Wärmeschutz); Lungenatmer; 2 Vor-, 2 Herzkammern; venöse und arterielle Seite des Herzens getrennt; Blutkreislauf geschlossen; Warmblüter; knöchernes Innenskelett; vordere Extremitäten als Flügel ausgebildet; Nervensystem dorsal; getrenntgeschlechtlich.

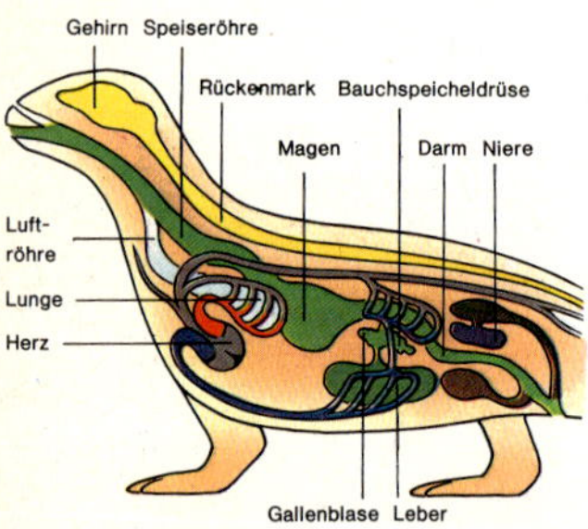

c) Klasse: **Kriechtiere** (Unterstamm der Wirbeltiere); Körper mit Hornschuppen bedeckt; Häutungen notwendig; Lungenatmer; 2 Vor-, 2 Herzkammern; letztere nicht vollkommen voneinander getrennt; daher geringe Vermischung von venösem mit arteriellem Blut; wechselwarm; knöchernes Innenskelett; Nervensystem dorsal; getrenntgeschlechtlich.

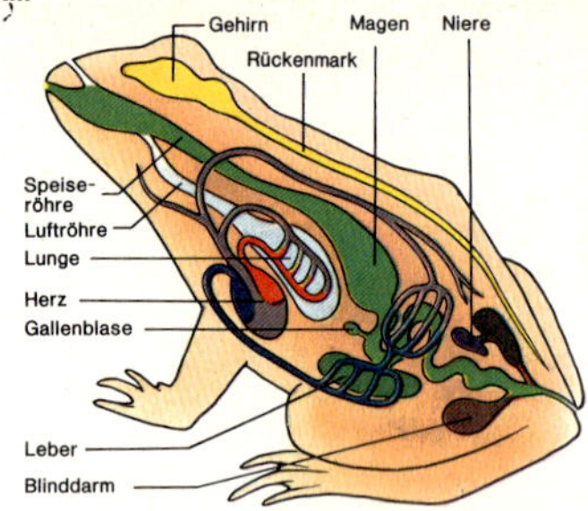

d) Klasse: **Lurche** (Unterstamm der Wirbeltiere); Haut weich und drüsenreich; Larven atmen durch Kiemen, erwachsene Tiere durch Lungen; 2 Vor-, 1 Herzkammer, daher Blut gemischt. Blutkreislauf geschlossen; wechselwarm, knöchernes Innenskelett; Nervensystem dorsal; getrenntgeschlechtlich.

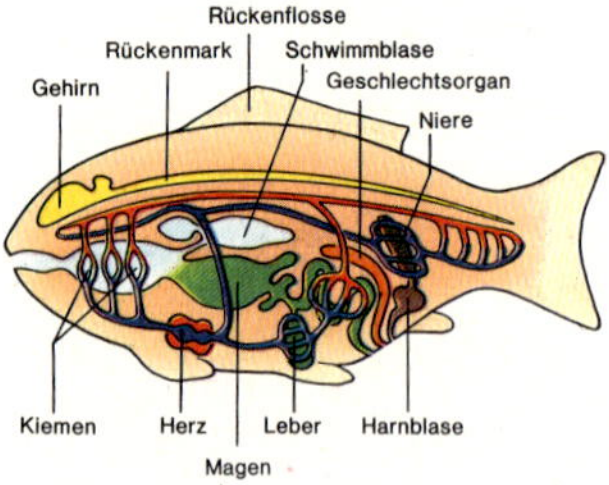

e) Klasse: **Fische** (Unterstamm der Wirbeltiere); Haut schleimig, mit eingelagerten Schuppen; Kiemenatmung; 1 Vor-, 1 Herzkammer; Blut venös (venöses Herz); Blutkreislauf geschlossen; wechselwarm; paarige Brust- und Bauchflossen sind die Vorläufer der paarigen Gliedmaßen der höheren Wirbeltiere; Nervensystem dorsal (als Rückenmark im Wirbelsäulenkanal); getrenntgeschlechtlich.

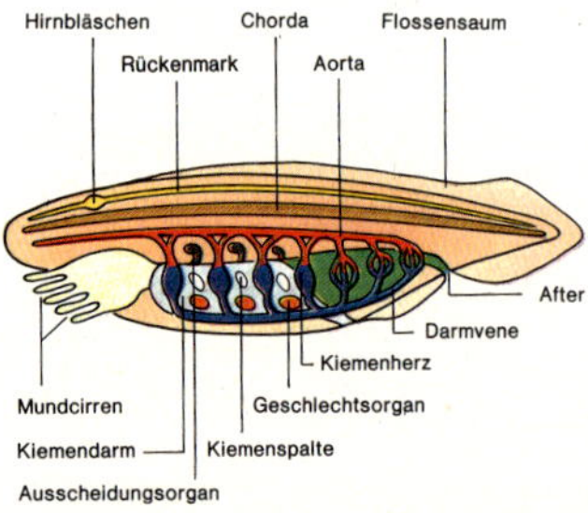

f) Unterstamm: **Schädellose** (Stamm der Chordatiere); Haut weich, drüsenreich; Rückensaite (Chorda) gilt als Vorläufer der Wirbelsäule; Kiemenatmung; mehrere venöse Kiemenherzen; Blutkreislauf geschlossen; wechselwarm; Nervensystem verläuft dorsal (über der Chorda); getrenntgeschlechtlich.

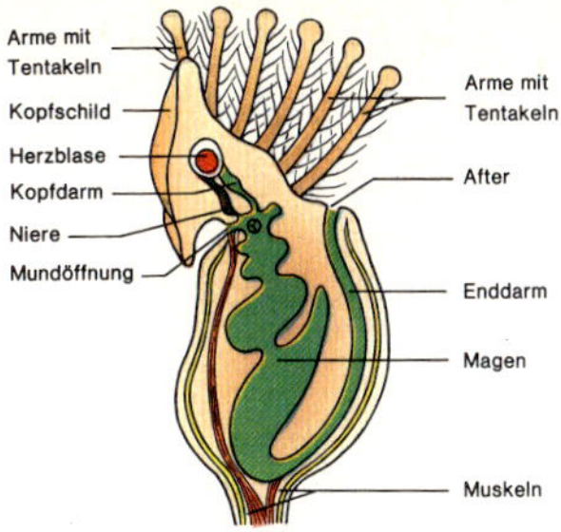

g) Klasse: **Eichelwürmer** (Stamm Kragentiere und Armträger); Haut weich, drüsenreich; keine Skelettbildungen; Kiemenatmung; Herz einkammerig; offener Blutkreislauf; wechselwarm; Nervensystem verläuft am Rücken (Rückenmarktier) und am Bauch in je einem Hauptstamm; getrenntgeschlechtlich.

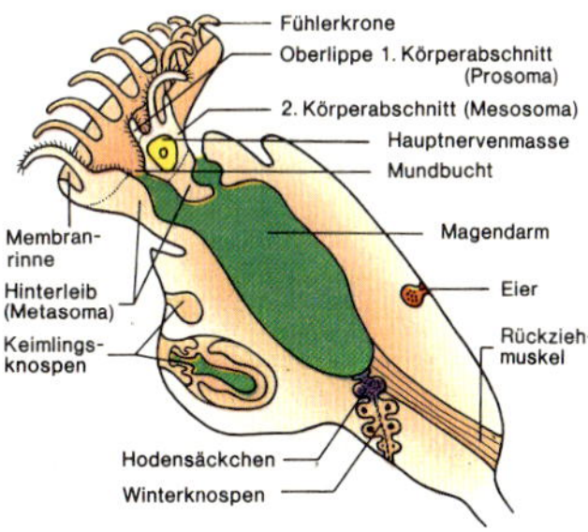

h) Klasse: **Moostierchen** (Stamm Kranzfühler); Haut weich, aus einer Zellschicht bestehend; Tiere meist in Kolonien (Flustra foliacea mit bis zu 1 Million Einzeltieren, je in einer chintinversteiften Kapsel); ohne Sinnesorgane; Umweltreize werden durch einzelne Sinneszellen unterhalb der Haut aufgenommen; Nervenknoten am Rücken des Schlundes; fast ausschl. Zwitter.

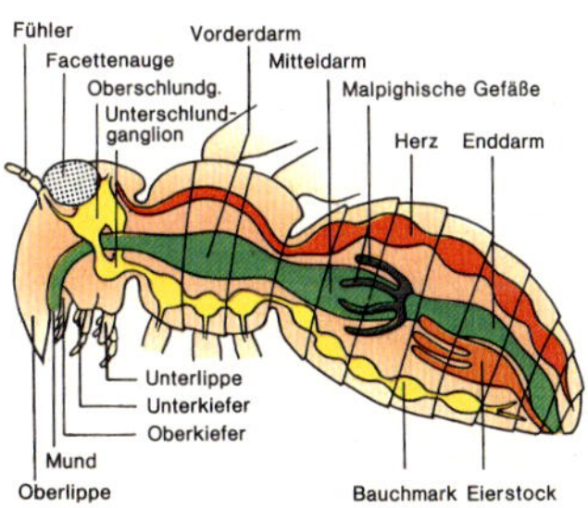

j) Klasse: **Insekten** (Stamm der Gliedertiere); Außenskelett aus Chitin; Tracheenatmung; wechselwarm; dorsal liegendes Herz; offener Blutkreislauf; keine roten Blutkörperchen; Strickleiternervensystem bauchseitig (ventral) liegend; getrenntgeschlechtlich.

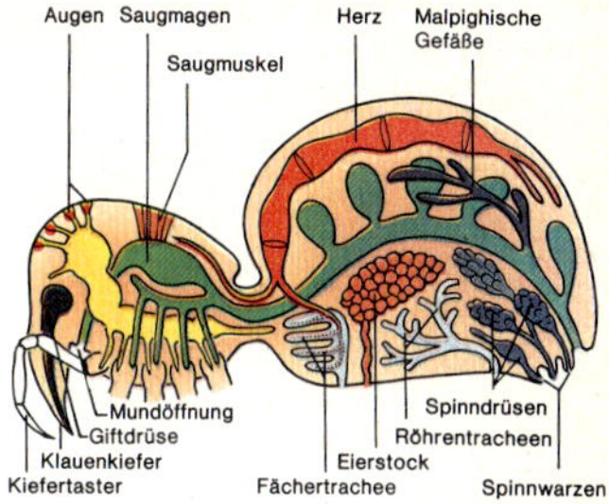

k) Klasse: **Spinnentiere** (Stamm der Gliedertiere); Außenskelett aus Chitin; Atmung durch sogenannte Fächer- oder Tracheenlungen; wechselwarm; dorsal liegendes Herz; offener Blutkreislauf; Nervensystem ventral verlaufend; vorwiegend getrenntgeschlechtlich.

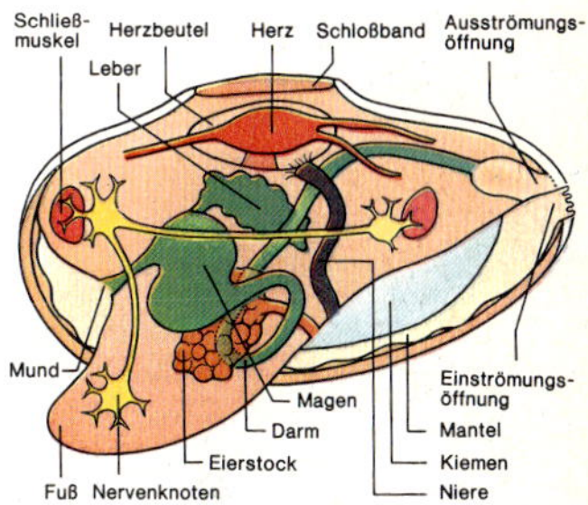

l) Klasse: **Muscheln** (Stamm der Weichtiere); linke Klappe entfernt; Haut weich und drüsenreich; in der Regel mit zweiklappiger Schale; Kiemenatmung; wechselwarm; Herz in Hautbeutel; offener Blutkreislauf; Nerven von mehreren Nervenknoten ausgehend; Zwitter.

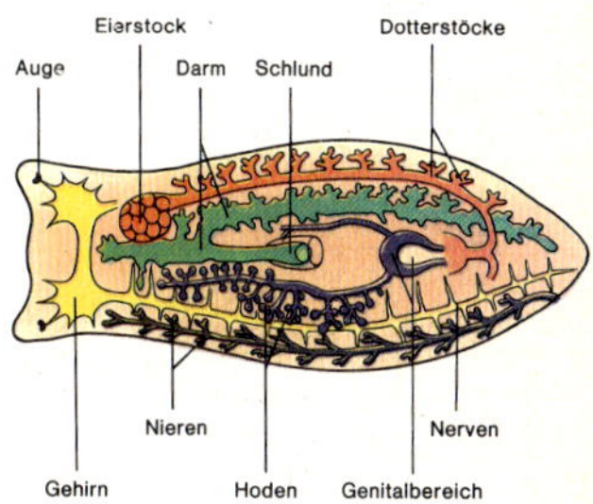

m) Klasse: **Strudelwürmer** (Stamm der Plattwürmer); Haut weich und drüsenreich, bewimpert; Hautatmung; wechselwarm; weder Herz noch Blutgefäßsystem; Darm mehr oder weniger stark verzweigt; übernimmt Verteilung der Nahrung; Nervensystem in 2 seitlichen Strängen; Zwitter.

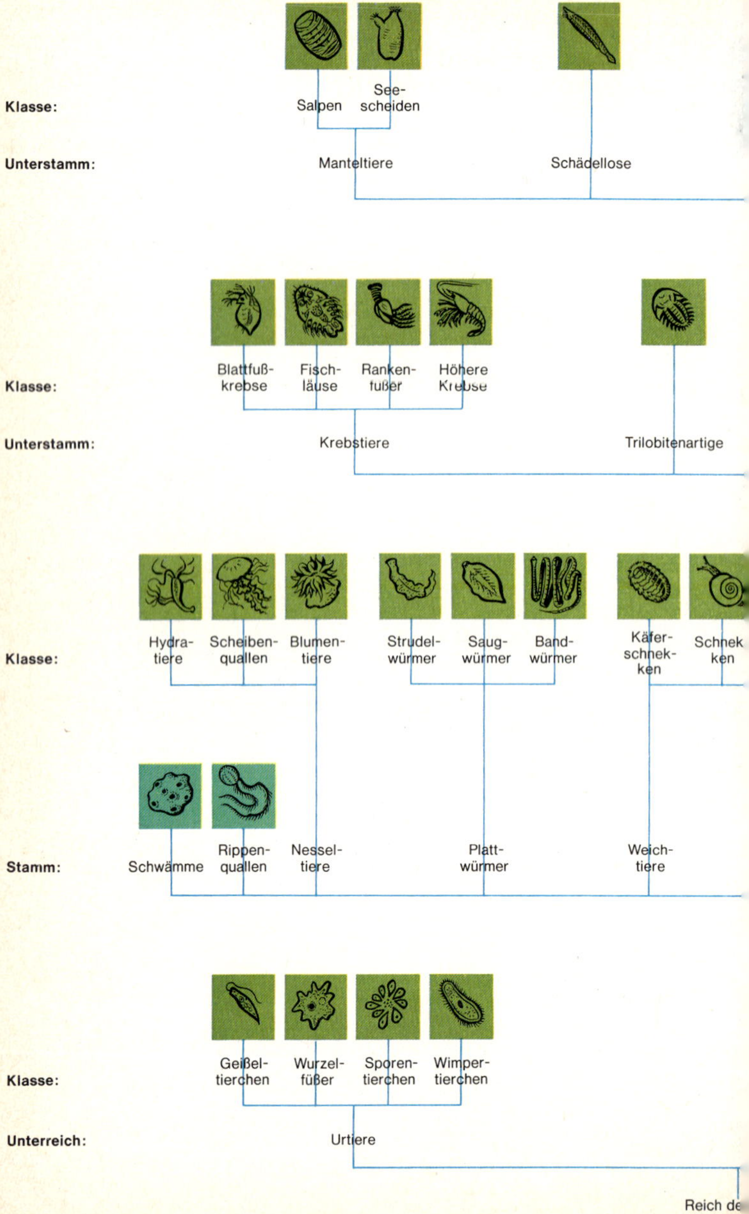
Klasse:
Salpen
See-scheiden
Unterstamm:
Manteltiere
Schädellose
Klasse:
Blattfuß-krebse
Fisch-läuse
Ranken-fußer
Höhere Krebse
Unterstamm:
Krebstiere
Trilobitenartige
Klasse:
Hydra-tiere
Scheiben-quallen
Blumen-tiere
Strudel-würmer
Saug-würmer
Band-würmer
Käfer-schnek-ken
Schnek-ken
Stamm:
Schwämme
Rippen-quallen
Nessel-tiere
Platt-würmer
Weich-tiere
Klasse:
Geißel-tierchen
Wurzel-füßer
Sporen-tierchen
Wimper-tierchen
Unterreich:
Urtiere
Reich de

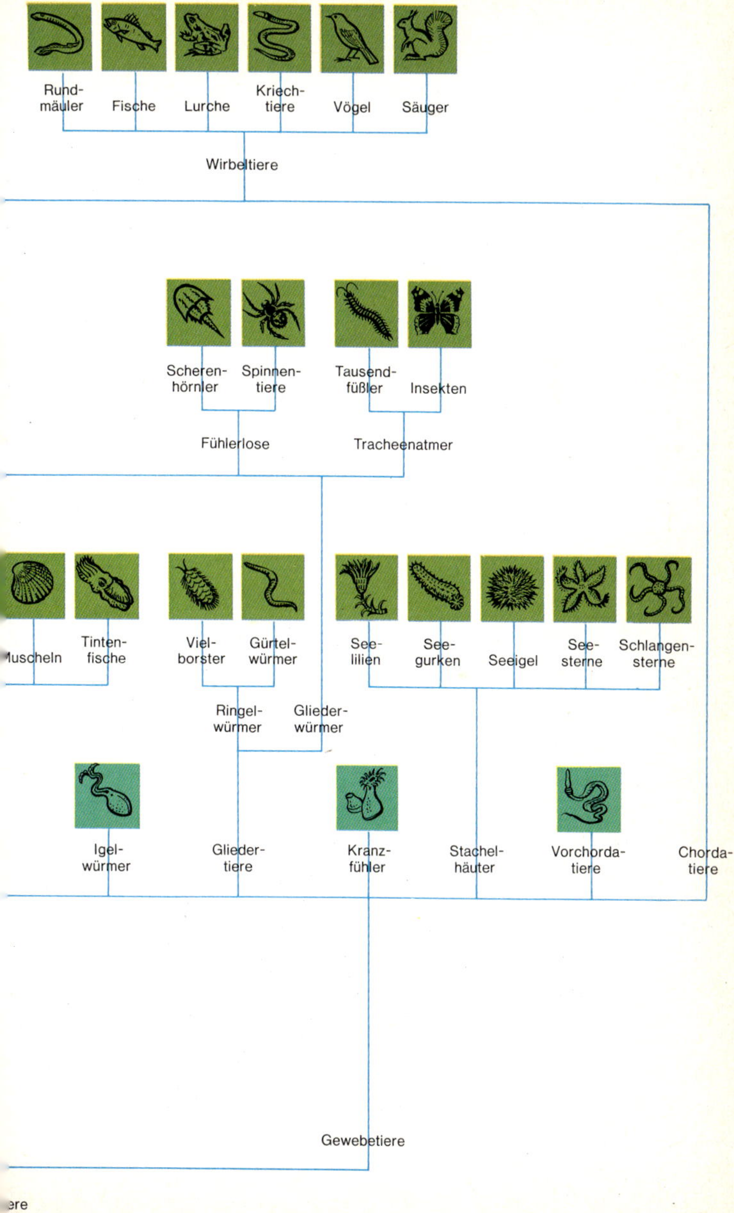
Rund-
mäuler
Fische
Lurche
Kriech-
tiere
Vögel
Säuger
Wirbeltiere
Scheren-
hörnler
Spinnen-
tiere
Tausend-
füßler
Insekten
Fühlerlose
Tracheenatmer
Muscheln
Tinten-
fische
Viel-
borster
Gürtel-
würmer
See-
lilien
See-
gurken
Seeigel
See-
sterne
Schlangen-
sterne
Ringel-
würmer
Glieder-
würmer
Igel-
würmer
Glieder-
tiere
Kranz-
fühler
Stachel-
häuter
Vorchorda-
tiere
Chorda-
tiere
Gewebetiere

1.1 Fuchs: Elterntier mit Jungen vor dem Bau

1.2 Kanadagänse: Eltern mit Jungen; Kontaktverhalten

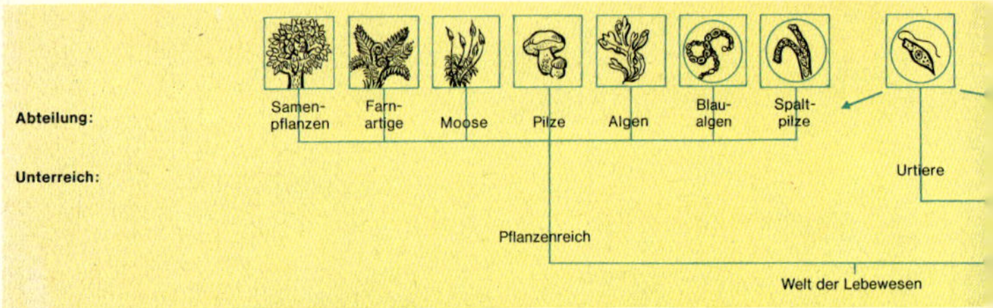

2.1 Pflanzen- und Tierreich: Wichtigste Abteilungen und Stämme

Die Welt der Lebewesen.

Die Lebewesen der Erde ordnet man entweder dem **Pflanzenreich** oder dem **Tierreich** zu. Bei manchen niederen Organismen ist es zuweilen nicht leicht zu entscheiden, ob sie Tiere oder Pflanzen sind. Das gilt z. B. für das Grüne Augentierchen (*Eugléna viridis* EHRENBERG). Oft werden solche Lebewesen dann in beiden Reichen behandelt. Für die meisten der hier aufgeführten Stämme sowie für viele Klassen und Familien werden die systematischen Zusammenhänge in Sonderübersichten näher erläutert. In diesem Band soll das Tierreich dargestellt werden.

Tierreich

1. **Unterreich: Urtiere** *(Protozóa);* sehr kleine Tiere, selten größer als 1 mm, meist nur mit dem Mikroskop sichtbar; aus 1 Zelle bestehend; 4 Stämme; hier nicht berücksichtigt.

2. **Unterreich: Gewebetiere** *(Metazóa);* in der Regel größer als 1 mm; aus mehreren bis sehr vielen Zellen bestehend; von den insgesamt 20 Stämmen mit z. T. nur wenigen Arten werden in der folgenden Übersicht nur die 11 bekanntesten berücksichtigt (vgl. Abb. 2.1):

1. **Stamm: Chordatiere** *(Chordata);* Beispiel: **Waldmaus.**
Tiere mit *Innenskelett,* das als Rückenstab (Chorda) oder Wirbelsäule ausgebildet ist. **S. 4**

2. **Stamm: Vorchordatiere** *(Stomatochordáta);* Beispiel: **Eichelwurm.**
Meerestiere; Körper mit auffälliger Dreigliederung. **S. 336**

3. **Stamm: Stachelhäuter** *(Echinodermata);* Beispiel: **Strandseeigel.**
Körper strahlig-symmetrisch, mit *Wassergefäßsystem;* Oberfläche oft mit mehr oder weniger langen *Stacheln* aus Kalk. **S. 338**

4. **Stamm: Kranzfühler** *(Tentaculata);* Beispiel: **Blättermoostierchen.**
Seßhafte Tiere in stehenden und fließenden Gewässern, koloniebildend; Einzeltiere mit *Tentakelkranz.* **S. 345**

5. **Stamm: Gliedertiere** *(Articuláta);* Beispiel: **Rosenkäfer.**
Körper in Abschnitte gegliedert, meistens mit *Gliedmaßen;* Körperwand als Chitinskelett ausgebildet *(Außenskelett).* **S. 346**

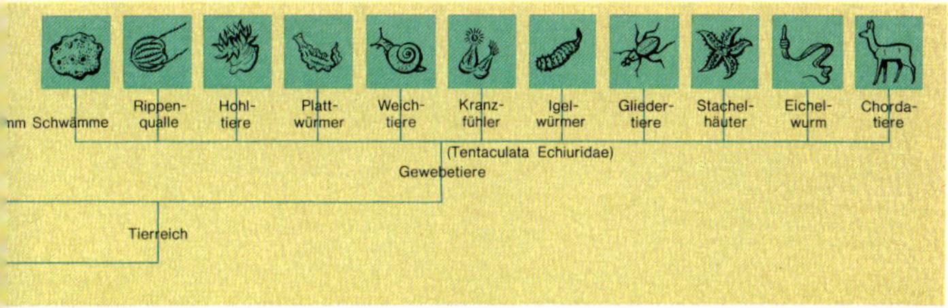

6. Stamm: Igelwürmer *(Echiúrida);* Beispiel: **Quappwurm.**
Körper gedrungen, meist wurmförmig, ungegliedert, vor dem Mund ein Kopflappen. **S. 462**

7. Stamm: Weichtiere *(Mollusca);* Beispiel: **Weinbergschnecke.**
Körper *nackt* oder mit *Kalkschale,* nur wenig gegliedert. Kalkschale aus einem Stück bestehend (Schnecken, Tintenfische) oder zweiklappig (Muscheln). **S. 464**

8. Stamm: Plattwürmer *(Plathelminthes);* Beispiel: **Milchweiße Planarie.**
Körper *flachgedrückt,* ungegliedert (zuweilen aber aus vielen gleichartigen, hintereinanderliegenden Teilen bestehend), ohne feste Teile; freilebend oder parasitisch. **S. 517**

9. Stamm: Nesseltiere *(Cnidária);* Beispiel: **Süßwasserpolyp.**
Einzeltiere mit unbewimperten *Fangarmen (Tentakeln),* die mit *Nesselkapseln* bestückt sind; Körper der Einzeltiere schlauchförmig; meist viele Tiere zu verzweigten *Tierstöcken* vereinigt. **S. 518**

10. Stamm: Rippenquallen *(Ctenóphora):* Beispiel: **Birnförmige Rippenqualle.**
Meerestiere; Körper durchsichtig; bewegen sich mit 8 Längsreihen von Wimperplättchen fort. **S. 529**

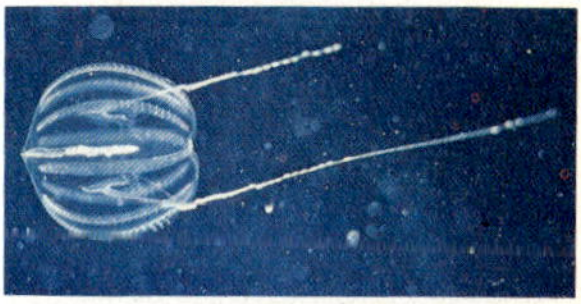

11. Stamm Schwämme *(Spóngiae);* Beispiel: **See-Süßwasserschwamm.**
Viele Einzeltiere sind zu knollen-, krusten- oder geweihförmiger Gestalt vereinigt; *keine Tentakeln.* **S. 530**

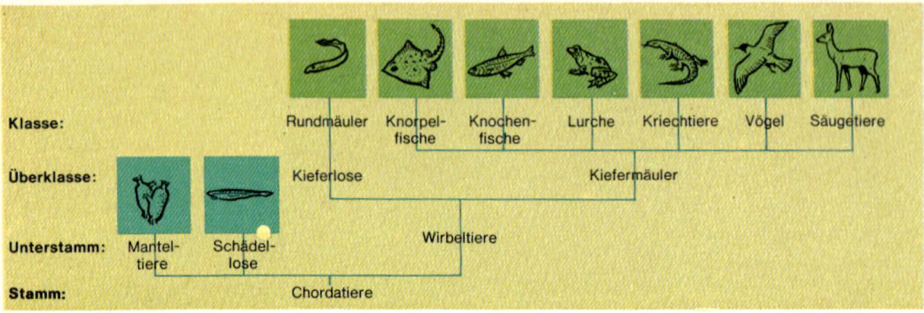

4.1 System der Chordatiere

Stamm: Chordatiere *(Chórdata)*

Zu den *Chordatieren* gehören solche Arten, die eine *Chorda (Rückenstab)* besitzen. Bei den Manteltieren, Schädellosen und Rundmäulern besteht die Chorda aus einem festen, gallertigen Strang, wie man ihn besonders gut beim *Lanzettfischchen* (einem Schädellosen) studieren kann. Die *Chorda* zieht sich unter dem Rückenmark hin und hat die Aufgabe, den *Körper zu stützen.* Bei den Wirbeltieren wird die Chorda durch die *Wirbelsäule* ersetzt, die in der Regel aus vielen *knöchernen Wirbeln* besteht. Wir wollen uns zunächst mit dem Unterstamm der *Wirbeltiere* beschäftigen.

Unterstamm: Wirbeltiere *(Vertebrata)*

Von den rund 2 000 000 bekannten Tierarten gehören etwa 70 000 zu den Wirbeltieren. Man unterscheidet *7 Klassen* von Wirbeltieren: *Rundmäuler, Knorpelfische, Fische, Lurche, Kriechtiere, Vögel* und *Säugetiere* (Abb. 4.1). Die höchstentwickelten Fische sind die Lungenfische, zu denen auch der Quastenflosser gehört. Er leitet zu den Ur-Lurchen über, deren Skelett Merkmale aufweist, die schon bei den ausgestorbenen Panzerlurchen vorkommen. Von den Ur-Lurchen lassen sich sowohl die heutigen *Lurche* als auch die Ur-Kriechtiere ableiten. Die Nachkommen der Ur-Kriechtiere sind die heutigen Kriechtiere, die Vögel und die Säuger. Vorläufer der rezenten Vögel waren die Echsenvögel, der rezenten Säuger die säugetierähnlichen Kriechtiere.

Klasse: Säugetiere *(Mammália)*

Säugetiere sind durch einige Besonderheiten von allen anderen Tieren zu unterscheiden:

1. **Sie besitzen ein Haarkleid.**
2. **Sie bringen (mit Ausnahme der Ursäuger) lebende Junge zur Welt.**
3. **Sie ziehen ihre Jungen mit Milch (ein nährstoffreiches Sekret der Milchdrüsen) groß.**
4. **Bei den Höheren Säugern wird die Milch aus Zitzen gesogen.**

Die *Haare* der Säugetiere bestehen aus *Hornstoff (Keratin).* Das *Haarkleid* ist bei den Säugetierarten sehr verschieden und kann daher wichtige Bestimmungsmerkmale liefern. Oft ist es stark reduziert; bei manchen Arten sind die Haare durch *Schuppen* oder *Stacheln* ersetzt.

Nach den *Milchdrüsen* (*mámma* Zitze) hat die Klasse der Säugetiere den Namen *Mammália* erhalten. Milchdrüsen sind nur bei den ♀♀ voll entwickelt. Sie wachsen während der Geschlechtsreife heran, ver-

4.2 System der Säugetiere

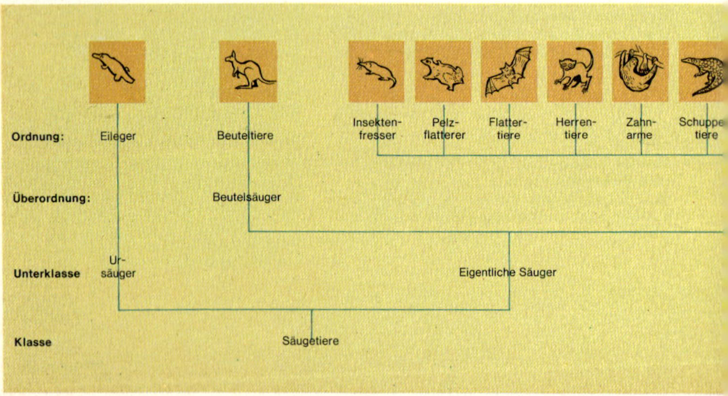

größern sich während der Schwangerschaft und sondern nach der Geburt der Jungen *Milch* ab. Die Zahl und die Anordnung der *Zitzen* ist bei den Säugetierarten sehr verschieden. Auch schwankt die *Zahl der Jungen* pro Wurf. Arten mit großen Würfen haben in der Regel viele Zitzen und umgekehrt. Auch ist der *Entwicklungszustand* der Neugeborenen von Art zu Art sehr verschieden.

Die meisten Säugetierjungen sind *Nesthocker (Lagerjunge)*, wie z. B. die der Nagetiere und Raubtiere. Nesthocker haben die Augen nach der Geburt meist längere Zeit geschlossen und verlassen erst nach Tagen, Wochen oder Monaten das Nest.

In wenigen Ordnungen sind die Jungen aller (oder doch fast aller) Arten *Nestflüchter (Standjunge)*, wie z. B. bei Unpaarhufern und vielen Paarhufern. Nestflüchter können bald nach der Geburt sehen, aufstehen und den Eltern folgen. In diesem Buch werden, soweit bekannt, bei jeder Art Brunst-, Trag- und Wurfzeit, Zahl der Würfe pro Jahr und Zahl der Jungen pro Wurf angegeben. Außerdem werden Aussagen darüber gemacht, wie lange die Augen geschlossen bleiben, wie lange die Jungen gesäugt, wann sie selbständig und wann sie geschlechtsreif werden. Auch wird die Lebensdauer angeführt.

Systematische Übersicht über die Klasse der Säugetiere (vgl. Abb. 4.2); in Europa 178 Arten:

1. Klasse: Säugetiere *(Mammália)*

1. Unterklasse: Ursäuger *(Protothéria);* eierlegende Säugetiere; zeigen in ihrer Fortpflanzung noch manche Ähnlichkeit mit den Reptilien; nur 1 Ordnung:

I. Ordnung: Eileger *(Monotremáta);* besitzen Kloake und paarigen Geschlechtsapparat; Eier pergamenthäutig, werden bis zum Schlüpfen im Erdbau gehalten (Schnabeltiere) oder in einem Hautbeutel getragen (Schnabeligel); keine Zitzen; Milch sickert aus Drüsenfeldern an der Bauchseite aus und wird von den Jungen abgelutscht.

2. Unterklasse: Säuger *(Théria);* lebendgebärend; keine Kloake.

I. Überordnung: Beutelsäuger *(Metathéria);* Junge bei der Geburt noch sehr unentwickelt; leben in Hautbeutel an der Bauchseite der Mutter; nur 1 Ordnung:

I. Ordnung: Beuteltiere *(Marsupiália);* etwa 240 rezente Arten; nur in Australien sowie Mittel- und Südamerika beheimatet, einige Beutelratten auch in Nordamerika; Gebärmutter und Scheide paarig.

II. Überordnung: Eigentliche Säuger *(Euthéria);* Jungtiere bei der Geburt schon mehr oder weniger weit entwickelt; Milchdrüsen münden in Zitzen; Scheide unpaar; Mutterkuchen (Placenta) vorhanden; 17 Ordnungen:

I. Ordnung: Insektenfresser *(Insectívora);* Landtiere mit Laufbeinen; Finger und Zehen mit Krallen; Zähne alle scharfspitzig, nicht alle gleichartig; keine Reißzähne; Fleischfresser; meist fünfzehig. **S. 7**

II. Ordnung: Pelzflatterer *(Dermóptera);* Körper mit behaarten Flughäuten; Finger nicht verlängert.

III. Ordnung: Flattertiere *(Chiróptera);* Körper mit meist nackten Flughäuten; Finger stark verlängert; gute Flieger. **S. 13**

IV. Ordnung: Herrentiere *(Primátes);* Finger und Zehen mit meist platten Nägeln; fünfzehig; Daumen gegenüberstellbar; Augenhöhlen nach vorn gerichtet. **S. 23**

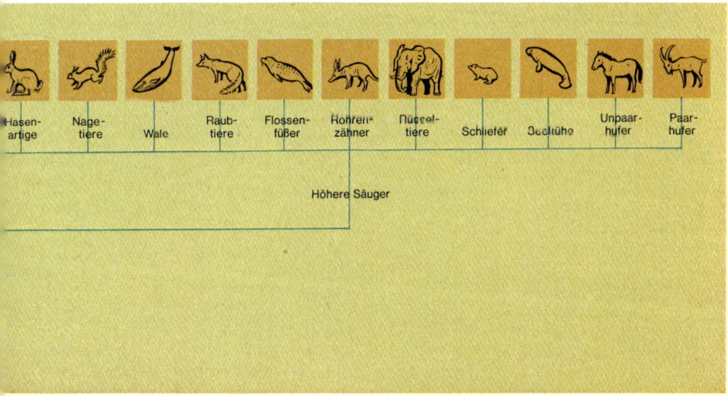

V. Ordnung: Zahnarme *(Edentáta);* Zähne fehlen ganz oder sind zahlreich und mehr oder weniger gleichartig (nicht differenziert); Gürteltiere, Ameisenfresser und Faultiere.

VI. Ordnung: Schuppentiere *(Pholióta);* Haut an der Oberseite des Körpers mit großen, plattenförmigen, sich dachziegelartig deckenden Hornschuppen bedeckt; Zunge wurmförmig.

VII. Ordnung: Hasentiere *(Lagomórpha);* Ober- und Unterkiefer mit je 1 Paar großen Schneidezähnen (Nagezähnen), hinter denen im Oberkiefer je ein kleiner Stiftzahn steht; Schwanz kurz; Unterkiefer in Querrichtung beweglich. **S. 24**

VIII. Ordnung: Nagetiere *(Rodéntia);* Gebiß ähnlich dem der Hasentiere, aber keine Stiftzähne; Schwanz meist lang; Querbewegungen des Unterkiefers nur in geringem Maß möglich. **S. 27**

IX. Ordnung: Wale *(Cetácea);* Meerestiere; Vordergliedmaßen zu Flossen umgestaltet; Hintergliedmaßen rückgebildet; Schwanz als waagerecht liegende Flosse ausgebildet; Rückenflosse vorhanden; Haarkleid gewöhnlich rückgebildet; Körper fischförmig. **S. 44**

X. Ordnung: Raubtiere *(Carnivora);* Finger und Zehen mit Krallen; Zähne mehr oder weniger scharfspitzig; letzter Vorbackenzahn *(Prämolar)* im Oberkiefer und erster Backenzahn *(Molar)* im Unterkiefer als Reißzahn ausgebildet. **S. 52**

XI. Ordnung: Flossenfüßer *(Pinnipédia);* Vorder- und Hintergliedmaßen zu Flossen ausgebildet. **S. 63**

XII. Ordnung: Röhrenzähner *(Tubulidentáta);* Zähne säulenförmig, im Innern mit zahlreichen senkrechten, unten offenen, mit Mark gefüllten Röhren; Grabkrallen sehen wie Hufe aus; Schnauze lang ausgezogen; spärlich behaart.

XIII. Ordnung: Rüsseltiere *(Proboscidea);* Nase zu einem sehr langen Rüssel verlängert; obere Schneidezähne zu Stoßzähnen umgebildet; groß; plump.

XIV. Ordnung: Klipp-Schliefer *(Hyracoidea);* etwa kaninchengroß; Nägel hufartig; nur die inneren Zehen mit krallenartigem, längsgespaltenem Nagel, vorn 4zehig, hinten 3zehig.

XV. Ordnung: Seekühe *(Sirénia);* walähnliche Tiere, aber keine Rückenflosse; innerer Bau ähnlich dem der Elefanten; Pflanzenfresser.

XVI. Ordnung: Unpaarhufer *(Perissodáctyla);* nur der 3. Finger bzw. die 3. Zehe stark entwickelt; letztes Finger- und Zehenglied mit Huf umkleidet; Pflanzenfresser mit Pflanzenfressergebiß. **S. 66**

XVII. Ordnung: Paarhufer *(Artiodáctyla);* 3. und 4. Finger bzw. 3. und 4. Zehe gleich stark entwickelt; letzte Glieder der Finger mit Huf umkleidet; Pflanzenfresser oder Allesfresser. **S. 67**

6.1 Wisente mit Jungem

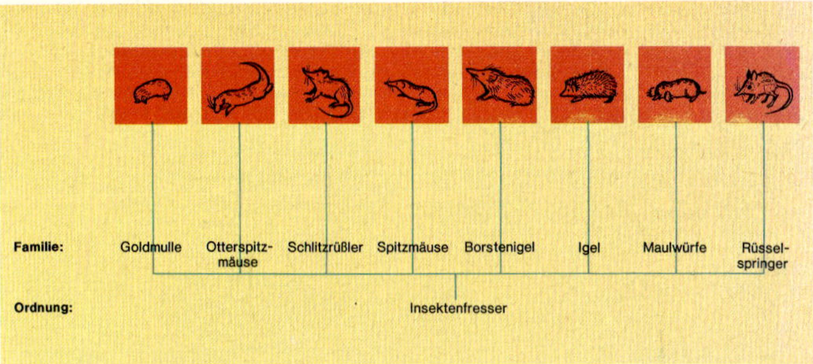

7.1 System der Insektenfresser

I. Ordnung: Insektenfresser *(Insektivora)*

Schnauze rüsselförmig vorgezogen; Vorder- und Hinterfüße mit je 5 Zehen; Gebiß scharfspitzig; erste Schneidezähne (J) vergrößert, Eckzähne (C) klein (Ausnahme: Maulwurf), Reißzähne (P_1) fehlen; vorwiegend nachts jagend; Nahrung: Kleintiere; insgesamt 8 Familien (Abb. 7.1), davon 3 in Europa:

1. **Familie: Spitzmäuse** *(Soricidae);* meist kleiner als Hausmaus; Vorderfüße nicht zu Grabschaufeln umgebildet. **S. 8**
2. **Familie: Igel** *(Erinacéidae);* etwa hamstergroß; Oberseite mit Stacheln. **S. 11**
3. **Familie: Maulwürfe** *(Tálpidae);* größer als Hausmaus, aber meist kleiner als Ratte; Vorderfüße zu Grabschaufeln umgebildet. **S. 11**

7.2 Igel

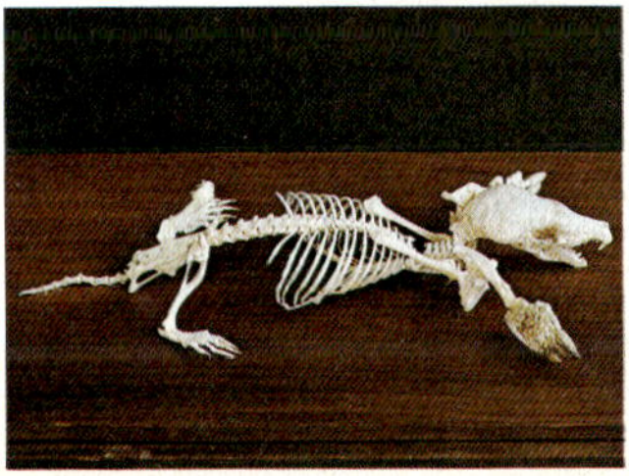

7.3 Skelett vom Maulwurf

7.4 Schädel vom Maulwurf

1. Familie: Spitzmäuse *(Soricidae);* echten Mäusen ähnlich; durch *weit vorragende Schnauze* von diesen zu unterscheiden; Ohrmuscheln vorhanden, doch häufig im Fell verborgen; Pelz dicht und *kurzhaarig,* ähnlich dem der Maulwürfe; für die Unterscheidung der oft sehr ähnlichen Arten müssen die *Zähne* untersucht werden. – Die Spitzmausmutter bildet mit ihren Jungen zuweilen eine Kette, wobei sich das jeweils nachfolgende Tier im Schwanz des vorhergehenden festbeißt (Abb. 9.1); die Angaben über die Fortpflanzung der Spitzmäuse sind nicht immer sicher belegt, aber durchweg sehr wahrscheinlich.

Gattung: Wasserspitzmäuse *(Néomys);* Zahnspitzen rot; Hinterfüße mit starren Borsten (Schwimmfüße); Zähne: 30; Zahnformel: $\frac{3\ 1\ 2\ 3}{1\ 1\ 1\ 3}$; in Europa 2 Arten:

Wasserspitzmaus
Néomys fódiens SCHREBER

Fast so groß wie Hausmaus; Hinterfüße groß, mit langen Schwimmborsten; Schwanz unten mit Haarkiel; hinter Augen und Ohren kleine weiße Flecke; Oberseite dunkel, Unterseite silberweiß oder schwarzbraun; **8,5 cm** *(7,2–9,6 cm)* + **6 cm** *(4,7–7,7 cm).*

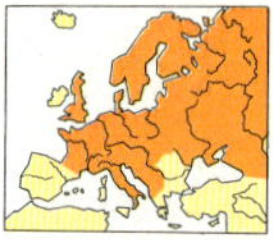

Verbreitung: fast ganz Europa; *fehlt:* Island, Irland, Pyrenäenhalbinsel, Griechenland, Rumänien, Bulgarien, Mittelmeerinseln. **Lebensraum** und **Lebensweise:** Ufer; gräbt Röhren mit Öffnung zum Wasser; guter Schwimmer und Taucher; Nest unter der Erde aus Laub, Moos, Gras. **Nahrung:** niedere Wassertiere, kleine Frösche, Fische; kann in Fischteichen Schaden anrichten. **Fortpflanzung:** *Brunstzeit* April–August; *Tragzeit* 24 Tage; wirft von Mai–November 2–3mal je 5–6 (3–9) *Junge* (Augen 15–18 Tage geschlossen), die 21 Tage *gesäugt,* nach 49 Tagen *selbständig,* nach 4–12 Monaten *geschlechtsreif* werden. **Lebensdauer:** etwa 18 Monate. **Stimme:** flötendes Zwitschern, lautes Kreischen.

Sumpfspitzmaus
Néomys anómalus CABRERA

Kleiner als Hausmaus; Hinterfüße mit kurzen Schwimmborsten; Schwanz ohne Haarkiel; Oberseite schieferfarben, Unterseite weiß; Schwanz zweifarbig; **7,5 cm** *(6,7–8,8 cm)* + **5 cm** *(4,2 bis 6,1 cm).*

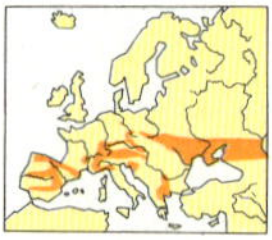

Verbreitung: Gebirge Westeuropas, Nord- und Südjugoslawien, Nordgriechenland, Südpolen, Südwesten der UdSSR. **Lebensraum** und **Lebensweise:** feuchtes Gelände mit dichtem Pflanzenwuchs, auch Häuser und Stallungen; nicht so vom Wasser abhängig wie Wasserspitzmaus. **Nahrung:** ähnlich Wasserspitzmaus. **Fortpflanzung:** *Brunstzeit* März–April; *Tragzeit* 24 Tage; wirft von April–Mai 2–3mal je 5–6 (3–11) *Junge* (Augen 15–18 Tage geschlossen), die 21 Tage *gesäugt,* nach 49 Tagen *selbständig,* nach 4–12 Monaten *geschlechtsreif* werden. **Lebensdauer:** etwa 18 Monate.

Gattung: Spitzmäuse *(Sórex);* Zahnspitzen rot; Hinterfüße ohne Schwimmborsten; Zähne: 32; Zahnformel: $\frac{3\ 1\ 3\ 3}{1\ 1\ 1\ 3}$; Europa 4 Arten:

Alpenspitzmaus
Sórex alpinus SCHINZ

Kleiner als Hausmaus; fast einfarbig dunkelschieferbraun, Bauchseite wenig heller; Schwanz so lang wie Körper; **7 cm** *(6,2–7,7 cm)* + **7 cm** *(6,3–7,5 cm).*

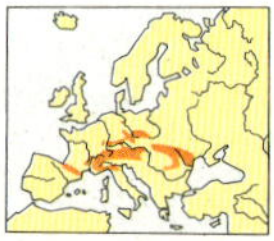

Verbreitung: Mittel- und Hochgebirge Mittel- und Südeuropas. **Lebensraum** und **Lebensweise:** feuchte, schattige Nadelwälder; kein Winterschlaf. **Nahrung:** Kerbtiere, Würmer; gelegentlich kleine Wirbeltiere. **Fortpflanzung:** *Brunstzeit* April bis August; *Tragzeit* 13–20 Tage; wirft von Mai bis August 6 (bis 8) *Junge* (Augen wahrscheinlich 15–18 Tage geschlossen), die 15 Tage *gesäugt,* nach 21 Tagen *selbständig,* nach 4–12 Monaten *geschlechtsreif* werden. **Lebensdauer:** etwa 18 Monate.

9.1 Hausspitzmaus mit Jungen in Karawane

Waldspitzmaus

Sórex aráneus LINNÉ

Kleiner als Hausmaus; Schwanz meist ziemlich kurz, in der Regel zweifarbig, kurz behaart; Oberseite dunkelbraun, Flanken hellbraun, Unterseite grauweiß; **7 cm** *(5,8–8,7 cm)* + **6 cm** *(3,2–8,7 cm)*.

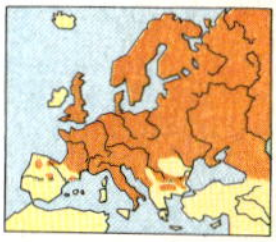

Verbreitung: fast ganz Europa; *fehlt:* Island, Irland, Mittelmeerinseln, Griechenland; Pyrenäenhalbinsel nur lokal im Norden. **Lebensraum und Lebensweise:** feuchte Wälder, Parkanlagen, Gärten; bewohnt Mäuse- und Maulwurfsröhren, gräbt auch selbst Gänge; im Winter oft in Stallungen und Häusern; kein Winterschlaf. **Nahrung:** Insekten, Spinnen, Würmer, seltener junge Mäuse, Jungvögel. **Fortpflanzung:** *Brunstzeit* April–August; *Tragzeit* 13–20 Tage; wirft von April–September 3–4mal je 5–10 *Junge* (Augen 15–18 Tage geschlossen), die 21 Tage *gesäugt,* nach 21 Tagen *selbständig,* nach 4–12 Monaten *geschlechtsreif* werden. **Lebensdauer:** etwa 18 Monate. Napfförmiges Nest aus Pflanzenmaterial unter Baumwurzeln, Steinen. **Stimme:** laut piepend.

Zwergspitzmaus

Sórex minútus LINNÉ

Halb so groß wie Hausmaus, wiegt nur 2,5–7,5 g; Füße klein, Ohrmuscheln fast ganz mit Haaren bedeckt; **5 cm** *(4,3–6,4 cm)* + **3,5 cm** *(3,1–4,6 cm)*.

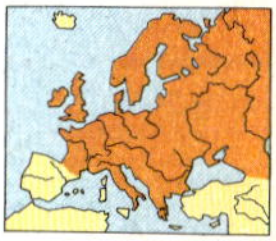

Verbreitung: Europa; *fehlt:* Island, Mittelmeerinseln, Spanien, Portugal. **Lebensraum und Lebensweise:** wie Waldspitzmaus. **Nahrung:** Insekten und deren Larven. **Fortpflanzung:** *Brunstzeit* April–August; *Tragzeit* 13–20 Tage; wirft von April–September 3–4mal je 5–8 *Junge* (Augen 15–18 Tage geschlossen), die 21 Tage *gesäugt,* nach 21 Tagen *selbständig,* nach 4–12 Monaten *geschlechtsreif* werden. Nest aus Pflanzenmaterial auf dem Boden. **Lebensdauer:** etwa 18 Monate. **Stimme:** höher und leiser piepend als Waldspitzmaus.

Maskenspitzmaus

Sórex caecútiens LAXMANN

Noch etwas kleiner als Zwergspitzmaus; ähnelt einer kleinen Waldspitzmaus; an Bauch und Kehle viel Weiß; **5,5 cm** *(4,4–6,7 cm)* + **3,5 cm** *(3,1–4,4 cm)*.

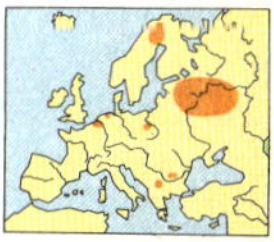

Verbreitung: *lokal:* Norden Skandinaviens, Finnlands und der UdSSR, Holland, Polen, Süden von Jugoslawien, Bulgarien. **Lebensraum und Lebensweise:** sumpfiges Gelände, Tundra, Taiga; Lebensweise wahrscheinlich wie Waldspitzmaus. **Nahrung:** Insekten und andere Kleintiere. **Fortpflanzung:** Brunstzeit Mai–Juli; *Tragzeit* 13–20 Tage; wirft von Mai–August 1–2mal je 4–10 *Junge* (Augen 15–18 Tage geschlossen), die 21 Tage *gesäugt,* nach 21 Tagen *selbständig,* nach 4–12 Monaten *geschlechtsreif* werden. **Lebensdauer:** etwa 18 Monate.

Gattung: Weißzahnspitzmäuse oder Wimperspitzmäuse *(Crocidúra);* Zahnspitzen weiß; Ohren deutlich aus dem Fell hervortretend; Zähne: 28; Zahnformel: $\frac{3\ 1\ 1\ 3}{1\ 1\ 1\ 3}$; Europa 3 Arten:

Feldspitzmaus
Crocidúra leucodon (Hermann)

Kleiner als Hausmaus; Oberseite dunkelgraubraun, Unterseite gelblichweiß, scharf gegeneinander abgesetzt; Schwanz kurz, zweifarbig; **7,5 cm** *(6,4–8,7 cm)* + **3,5 cm** *(2,8–3,9 cm).*

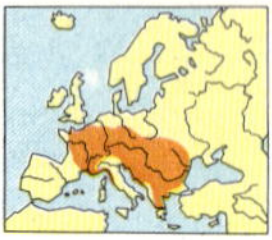

Verbreitung: Mittel- und Südeuropa; *fehlt:* Portugal, Spanien, Westfrankreich, Italien (dort nur Küstengebiete des Ligurischen Meeres), Albanien, Westgriechenland, Mittelmeerinseln; auch nicht mehr Norden BR Deutschland und DDR. **Lebensraum** und **Lebensweise:** Felder, Gärten mit Gebüsch; im Winter häufig in Stallungen, Häusern. **Nahrung:** Insekten, auch andere niedere Tiere, zuweilen kleine Wirbeltiere. **Fortpflanzung:** *Brunstzeit* meist April bis August; *Tragzeit* 31 Tage; wirft von April bis September (auch zu anderer Zeit) 2–7mal 3–9 *Junge* (Augen 13 Tage geschlossen), die 16 Tage *gesäugt,* nach 28–35 Tagen *selbständig,* nach 4–12 Monaten *geschlechtsreif* werden. Nest aus Gras über oder unter der Erde.

Hausspitzmaus
Crocidúra rússula (Hermann)

Fast so groß wie Hausmaus; 7 g und mehr; Oberseite braungrau, Unterseite gelblichgrau, nicht scharf gegeneinander abgesetzt; Schwanz lang, zweifarbig; **8 cm** *(6,4–9,5 cm)* + **4 cm** *(3,3 bis 4,6 cm).*

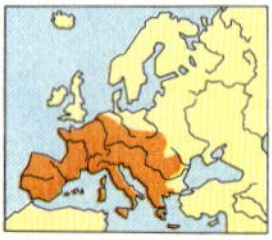

Verbreitung: Mittel- und Südeuropa, nicht mehr Norden BR Deutschland und DDR; *östliche Verbreitungsgrenze:* westliche Gebiete von Bulgarien, Rumänien, Polen. **Lebensraum** und **Lebensweise:** wie Feldspitzmaus. **Fortpflanzung:** wie Feldspitzmaus. Nest aus Blättern und Materialabfällen in Häusern und Stallungen. **Lebensdauer:** etwa 18 Monate. **Stimme:** wie bei Feldspitzmaus schrill mit anschließendem Wispern.

Gartenspitzmaus
Crocidúra suavéolens (Pallas)

Kleiner als Hausmaus; 3–6 g; Oberseite braun, grau oder rötlich, Unterseite ockerfarben; **6,5 cm** *(5,3–8,2 cm)* + **3,5 cm** *(2,4–4,4 cm).*

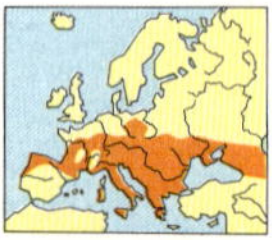

Verbreitung: Norden Spaniens und Portugals; Mittel- und Südfrankreich, Süden BR Deutschland und DDR, Südpolen, ČSSR, Schweiz, Österreich, Italien, Jugoslawien, Albanien, Griechenland, Balkanstaaten, Süden der UdSSR, Sardinien, Sizilien. **Lebensraum** und **Lebensweise:** wie Feldspitzmaus; im Winter in Gebäuden. **Nahrung:** ähnlich Feldspitzmaus. **Fortpflanzung:** wie Feldspitzmaus. **Lebensdauer:** etwa 18 Monate.

Gattung: Etruskerspitzmäuse *(Súncus);* Zähne: 30; Zahnformel: $\frac{3\ 1\ 2\ 3}{1\ 1\ 1\ 3}$; in Europa nur eine Art:

Etruskerspitzmaus
Súncus etrúscus (Savi)

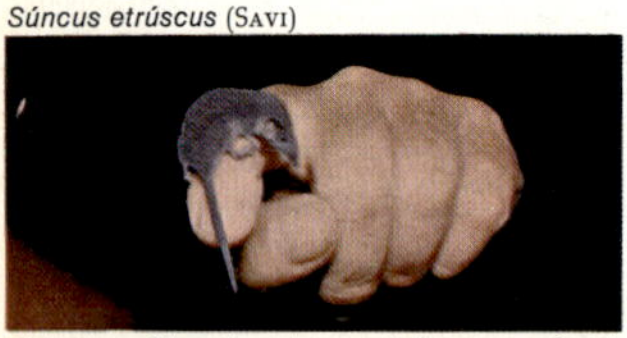

Kleinstes Säugetier; knapp halb so groß wie Hausmaus; Oberseite schokoladenfarben, Unterseite hellgrau; Ohren groß, deutlich sichtbar; Schwanz lang, zweifarbig; **4,5 cm** *(3,6–5,2 cm)* + **2,5 cm** *(2,4–2,9 cm).*

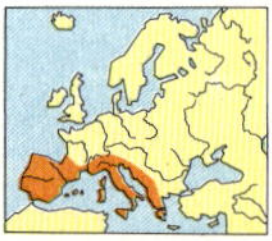

Verbreitung: Portugal, Spanien, Südwestfrankreich, Italien, Jugoslawien, Albanien, Westgriechenland, Inseln des westlichen Mittelmeeres. **Lebensraum** und **Lebensweise:** trockenes Gelände mit Buschwerk, Geröll. **Nahrung:** Insekten, andere kleine Tiere. **Fortpflanzung:** *Brunstzeit* März–August; *Tragzeit* 20 Tage; wirft von April bis August 1–2mal je 5–10 *Junge* (Augen 13 Tage geschlossen), die 14 Tage *gesäugt,* nach 21 Tagen *selbständig,* nach 4–12 Monaten *geschlechtsreif* werden. Nest unter Baumwurzeln und Gestein. **Lebensdauer:** etwa 18 Monate.

2. Familie: Igel *(Erinacéidae);* durch Stachelkleid von übrigen Säugetieren zu unterscheiden; Zähne 36; Zahnformel $\frac{3\;1\;3\;3}{2\;1\;2\;3}$; in Europa zwei Gattungen:

Gattung: Igel *(Erináceus);* in Europa nur 1 Art:

Europäischer Igel

Erináceus europaēus Linné

Rücken, Seiten und Kopf mit dunkelbraunen Stacheln bedeckt; Unterseite behaart; Schnauze spitz; **25 cm** *(22,5–27,5 cm)* + **2,5 cm** *(2–3,5 cm).*

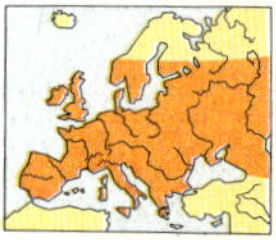

Verbreitung: Siehe Verbreitungskarte. **Lebensraum** und **Lebensweise:** Gärten, Parkanlagen, Waldränder mit Gebüsch; liebt Nähe menschlicher Siedlungen; Nahrungssuche bei Dämmerung; tagsüber unter Reisig und Laub versteckt; Winterschlaf. **Nahrung:** Insekten und deren Larven, Würmer, Schnecken, Früchte, gelegentlich kleine Wirbeltiere, Vogeleier. **Fortpflanzung:** *Brunstzeit* April–August; *Tragzeit* 35–42 Tage; wirft von Mai bis September 1–2mal je 2–10 *Junge* (Augen 14 bis 18 Tage geschlossen), die 18–20 Tage *gesäugt,* nach 40–45 Tagen *selbständig,* nach 12 Monaten *geschlechtsreif* werden. Nest aus Moos, Gras und Laub im Gebüsch. **Lebensdauer:** etwa 8–10 Jahre. **Stimme:** zirpend, grunzend und pfeifend; kann bei Gefahr laut schreien.

Gattung: Wanderigel *(Aethéchinus);* in Europa nur 1 Art:

Wanderigel

Aethéchinus algirus (Duvernoy u. Lereboullet)

Etwas kleiner als Europäischer Igel; Stacheln heller als bei voriger Art, auf dem Kopf gescheitelt; **22,5 cm** *(20–25 cm)* + **3 cm** *(2,5–4 cm).*

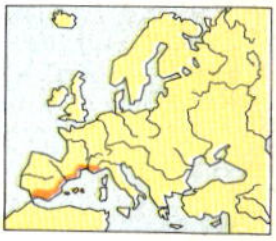

Verbreitung: Südspanien, Südfrankreich, Balearen. **Lebensraum** und **Lebensweise:** wie Europäischer Igel. **Nahrung:** ähnlich Europäischem Igel. **Fortpflanzung:** *Brunstzeit* März–August; *Tragzeit* 35–42 Tage; wirft von April–September 1–2mal je 2–4 (2–7) *Junge* (Augen 21 Tage geschlossen), die 28 Tage *gesäugt,* nach 40–45 Tagen *selbständig,* nach 12 Monaten *geschlechtsreif* werden. **Lebensdauer:** etwa 8–10 Jahre.

3. Familie: Maulwürfe *(Tálpidae);* kleiner, gedrungener Körper, kurzer Hals, kleine Augen; ohne äußere Ohrmuscheln; Vorderfüße zu Grabschaufeln umgewandelt; kein Winterschlaf; Zähne 44; Zahnformel: $\frac{3\;1\;4\;3}{3\;1\;4\;3}$; in Europa zwei Gattungen:

Gattung: Maulwürfe *(Tálpa);* Schwanz sehr kurz; Haarkleid kurz; in Europa 3 Arten.

Europäischer Maulwurf

Tálpa europaēa Linné

Oberseite fast schwarz, Unterseite etwas heller; Schwanz kurz; Vorderpfoten dunkel, mit flachen Nägeln; Rüssel kurz; **13 cm** *(11,5–15 cm)* + **2,5 cm** *(2–3,4 cm).*

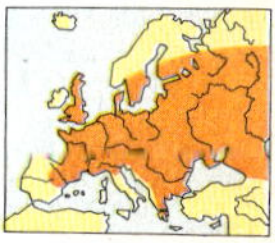

Verbreitung: siehe Verbreitungskarte. **Lebensraum** und **Lebensweise:** in lockerem Boden, der genügend Nahrung bietet; meidet Sandboden; gräbt lange Röhren unter der Erde, die zu Laufgängen und einer Nestkammer werden; aus überschüssiger Erde entstehen *„Maulwurfshaufen".* **Nahrung:** Regenwürmer, Insektenlarven, gelegentlich kleine Wirbeltiere. **Fortpflanzung:** *Brunstzeit* März–Mai; *Tragzeit* 21–28 Tage; wirft von April–Juni 2mal je 4–5 (2–7) *Junge* (Augen 21 Tage geschlossen), die 28 Tage *gesäugt,* nach 35 Tagen *selbständig,* nach 9–12 Monaten *geschlechtsreif* werden. Nest aus Gras und Laub etwa 50 cm unter der Erde. **Lebensdauer:** 3–4 Jahre. **Stimme:** piepend und leise zwitschernd; erregt: laut zeternd.

12.1 Pyrenäendesman

Blindmaulwurf
Tálpa caeca (SAVI)

Sehr ähnlich dem Europäischen Maulwurf, etwas kleiner; Vorderpfoten auffallend hell behaart; Rüssel lang; **12 cm** *(9,5–14 cm)* + **2,5 cm** *(2,1–3 cm).*

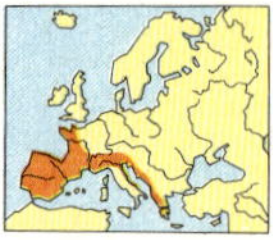

Verbreitung: Portugal, Spanien (im Norden seltener), West- und Südfrankreich, Oberitalien: Po-Ebene, Riviera, Westalpen, Mittelitalien: östlich des Apennin, Küstengebiet Jugoslawiens, Albaniens, Westgriechenlands. **Lebensraum und Lebensweise:** wie Maulwurf; bevorzugt anscheinend höher gelegene Gebiete; Erdauswurf ist nicht so hoch, Röhren nicht so tief unter der Erde wie beim Europäischen Maulwurf. **Fortpflanzung:** unbekannt.

Gattung: Desmane *(Desmána);* Schwanz lang; Haare länger als bei Maulwürfen (Talpae); in Europa 2 Arten.

Pyrenäendesman
Desmána pyrenaica E. GEOFFROY

Etwa so groß wie Europäischer Maulwurf; Oberseite dunkelbraun, Unterseite weiß; Brust rahmfarben; Rüssel 2 cm lang, beweglich; Schwanz sehr lang, rund, nackt, am Ende platt; Füße breit, mit Schwimmhäuten; **12 cm** *(11–13,5 cm)* + **14 cm** *(13–15,5 cm).*

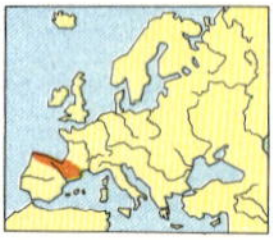

Verbreitung: Norden der Pyrenäen-Halbinsel, Pyrenäen. **Lebensraum und Lebensweise:** sumpfiges Gelände an kleinen Gewässern; verbirgt sich in Uferlöchern; gräbt wahrscheinlich auch selbst Röhren; Nahrungssuche meist nachts, hauptsächlich im Wasser. **Nahrung:** kleine Wassertiere wie Egel, Schnecken, Wasserinsekten und deren Larven. **Fortpflanzung:** *Brunstzeit* beginnt im März; *Tragzeit* 21–28 Tage; wirft von März ab 2mal *Junge* (Augen 21 Tage geschlossen), deren Anzahl nicht bekannt ist; sie werden 28 Tage *gesäugt,* nach 35 Tagen *selbständig,* nach 9–12 Monaten *geschlechtsreif.* **Lebensdauer:** etwa 3 bis 4 Jahre. **Stimme:** schwirrend.

Südrussischer Bisamrüßler
Desmána moscháta PALLAS

Etwa rattengroß; Oberseite rötlichbraun, Unterseite weißlichgrau; Rüssel lang; Ohrmuscheln klein; Schwanz lang; Pfotenenden mit Schwimmborsten; **25 cm + 17 cm.**

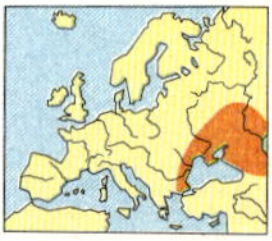

Verbreitung: Südosteuropa (vor allem im Gebiet von Wolga, Don), Asien. **Lebensraum und Lebensweise:** bevorzugt Ufer von Flüssen; geht nur ungern über Land von einem Gewässer zum anderen; gräbt lange Röhren in Uferböschungen; lebt ähnlich wie Fischotter, schwimmt und taucht z. B. vorzüglich. **Nahrung:** Würmer, Schnecken, Egel, Wasserinsekten und deren Larven. **Fortpflanzung:** wenig bekannt; doch ist starke Vermehrung wahrscheinlich, wofür die 8 Zitzen der Weibchen sprechen. **Stimme:** Pfeifen und Quieken (vor allem bei Gefahr).

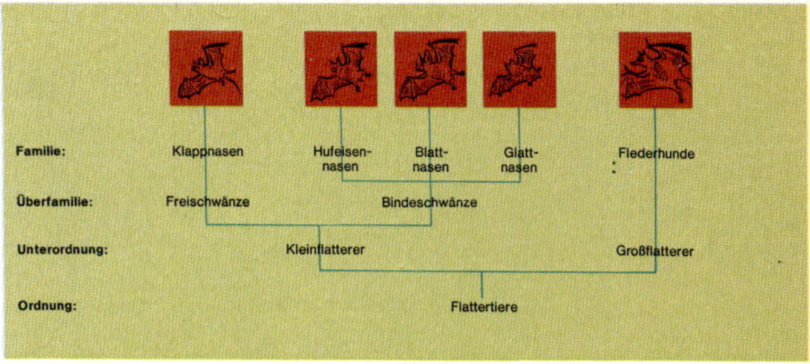

13.1 System der Flattertiere (Chiróptera)

II. Ordnung: Pelzflatterer *(Dermóptera);* in Europa keine Vertreter.

III. Ordnung: Flattertiere *(Chiróptera).*

Einzige Säugetiere, die wirklich fliegen (nicht nur gleiten) können; als Flugorgan dient *Flughaut* zwischen stark verlängerten 2. bis 5. Fingern, Hinterfüßen und (in der Regel; vgl. Abb. 13.1) Schwanz; nur 1. Finger, aber alle *Zehen bekrallt;* dienen hauptsächlich zum Anklammern, besonders in Ruhehaltung (kopfabwärts hängend); *Gebiß scharfspitzig,* Reißzähne (P_1) fehlen, Eckzähne (C) besonders groß, zum Ergreifen der Beute; alle Backenzähne (P und M) vielspitzig, ähneln denen der Spitzmäuse; Nahrung fast ausschließlich Insekten; Fledermausarten Europas halten *Winterschlaf* (in Baum- oder Felshöhlen), der nach Dauer schwankt und den manche Arten bei Tauwetter unterbrechen; während des Winterschlafes (auch beim Tagesschlaf) sinkt Körpertemperatur mehr oder weniger stark ab, bei manchen Arten im Winter bis auf – 2 °C; Hindernisse und Beutetiere werden durch Laute angepeilt (Schallortung = *Echolot*); Fledermäuse, die abends früh fliegen, halten kurzen Winterschlaf; an beringten Fledermäusen konnte man nachweisen, daß manche Arten weite *Wanderungen* (bis 750 km) zu ihren Winterquartieren und zurück zu ihren Lebensräumen machen, wobei meistens große Ortstreue eingehalten wird; einige Arten haben eine für Kleinsäuger *hohe Lebensdauer* (Große *Hufeisennase* z. B. kann 17½ Jahre alt werden).

Eigenartige (bei Säugetieren einzigartige) *Befruchtung;* Paarungszeit Herbst bis Frühjahr (unterbrochen durch Winterschlaf); bei im Herbst begatteten Weibchen werden erst im Frühjahr Eizellen befruchtet, da erst nach Erwachen aus dem Winterschlaf Eireifungen und Eibläschensprung *(Ovulation)* stattfinden (bis dahin bleiben im Herbst auf das Weibchen übertragene Samenzellen lebensfähig); bei im Frühjahr begatteten Weibchen kann Befruchtung sofort stattfinden.

Ordnung der Flattertiere (Abb. 13.1) wird in zwei Unterordnungen unterteilt: **Kleinflatterer** *(Fledermäuse)* und **Großflatterer** *(Flederhunde)*; Kleinflatterer unterteilt man in zwei Überfamilien: **Freischwänze** (Schwanz nicht in Flughaut einbezogen) und **Bindeschwänze** (Flughaut umfaßt auch Schwanz); Bindeschwänze werden nach Art ihres *Nasenaufsatzes* (hufeisenförmig, blattartig oder glatt) unterschieden; weitere Kennzeichen bestimmter Fledermausarten: Vorhandensein und Größe eines *Hautlappens am Sporn,* Länge des Sporns, Vorhandensein, Größe und Gestalt des *Ohrdeckels* (Tragus).

I. Unterordnung: Kleinflatterer *(Fledermäuse)*

1. Überfamilie: Freischwänze; Europa 1 Familie:

1. Familie: Bulldogfledermäuse *(Molóssidae);* Schwanz ragt aus Flughaut hervor (etwa ⅓ bis ½ seiner Länge); Ohrmuschel mit Ohrdeckel (Tragus); Nase ohne häutigen Aufsatz. **S. 14**

◁ **13.2 Großhufeisennase** (Porträt)

13.3 Mausohr (Porträt) ▷

2. Überfamilie: Bindeschwänze; in Europa 2 Familien:

1. Familie: Hufeisennasen *(Rhinolóphidae);* Ohrmuschel ohne Ohrdeckel; Nase mit häutigem, hufeisenförmigem Aufsatz. **S. 14**

2. Familie: Glattnasen *(Vespertiliónidae);* Schwanz (fast) ganz in Flughaut einbezogen; Ohrdeckel (Tragus) vorhanden; Nase ohne häutigen Aufsatz. **S. 16**

I. Unterordnung: Kleinflatterer *(Fledermäuse)*

1. Überfamilie: Freischwänze; in Europa 1 Familie:

1. Familie: Bulldogfledermäuse *(Molóssidae);* Schnauze runzlig, an Gesicht von Bulldogge erinnernd; Zähne 32; Zahnformel: $\frac{1\;1\;2\;3}{3\;1\;2\;3}$; Europa eine Gattung:

Gattung: Bulldogfledermäuse *(Tadarida);* Europa 1 Art:

Bulldogfledermaus
Tadarida teniótis (Rafinesque)

Etwa so groß wie Hausmaus; nach dem sehr seltenen Riesen-Abendsegler zweitgrößte europäische Fledermausart; Körper plump; Füße groß; Ohren sehr groß; **8,5 cm** *(8,2–8,7 cm)* + **5 cm** *(4,6–5,7 cm).*

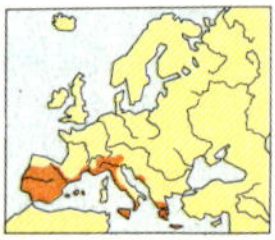

Verbreitung: Portugal, Spanien (nicht im Norden), Italien (Po-Ebene, Riviera, Westküste), Mittelmeerinseln, Ostjugoslawien, Südgriechenland. **Lebensraum** und **Lebensweise:** gebirgiges Gelände mit Höhlen, Felsspalten, menschliche Siedlungen; fliegt in großer Höhe. **Fortpflanzung:** *Brunstzeit* Winterende und Frühjahr; *Tragzeit* 77–84 Tage (von Temperatur abhängig); wirft von Mai–Juni 1mal 1 *Junges* (Augen 7 Tage geschlossen), das 21–28 Tage *gesäugt,* nach 49 bis 56 Tagen *selbständig,* nach 12 Monaten *geschlechtsreif* wird. **Lebensdauer:** etwa 10 Jahre.

2. Überfamilie: Bindeschwänze; in Europa 2 Familien:

1. Familie: Hufeisennasen *(Rhinolóphidae);* häutiger Aufsatz auf Nase in Form eines liegenden Hufeisens, mit vorspringendem Sattel, auf dem lanzettförmiger Mittelkiel sitzt (Abb. 13.2); Flug niedrig und flatternd; in hängender Haltung (Schlafstellung) schlagen Hufeisennasen die Flughäute um ihren Körper und klappen den Schwanz nach oben; Zähne 32; Zahnformel: $\frac{1\;1\;2\;3}{2\;1\;3\;3}$; in Europa nur eine Gattung:

Gattung Hufeisennasen *(Rhinólophus);* in Europa 5 Arten:

Großhufeisennase
Rhinólophus férrum-equinum (Schreber)

Kleiner als Hausmaus; Sattel des Nasenaufsatzes in oberer Hälfte bauchig gerundet, in unterer spitz; Ohren groß; Körper hellgraubraun; **6 cm** *(5,6–6,9 cm)* + **4 cm** *(3–4,3 cm).*

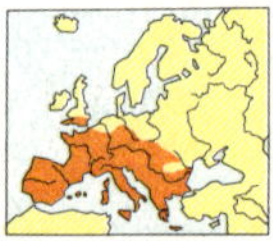

Verbreitung: Portugal, Spanien, Frankreich, Südengland, Bundesrepublik Deutschland (etwa bis zum Harz, nördlich davon nicht mehr), Italien, Schweiz, Österreich, ČSSR, Jugoslawien, Albanien, Griechenland, Westen von Bulgarien, Rumänien, Mittelmeerinseln. **Lebensraum** und **Lebensweise:** mit Bäumen und Sträuchern bewachsene Landschaften; in Felshöhlen, Ruinen, Dachböden, Kellern; Winterschlaf in Felshöhlen, Bergwerksstollen. **Nahrung:** große Insekten; geht erst bei Dunkelwerden auf Jagd. **Fortpflanzung:** *Brunstzeit* meist Herbst, seltener Frühjahr; *Tragzeit* im Durchschnitt 75 Tage (abhängig von Außentemperatur); wirft von Mai–Juli 1mal 1 *Junges* (selten zwei) (Augen 7 Tage geschlossen), das 21–28 Tage *gesäugt,* nach 49–56 Tagen *selbständig,* nach 12 Monaten *geschlechtsreif* wird. **Lebensdauer:** über 14 Jahre. **Stimme:** zirpend.

15.1 Braunes Langohr (fliegend)

Kleinhufeisennase

Rhinólophus hipposidéros (Bechstein)

Kleinste Hufeisennase, nur etwa 1/2 so groß wie Hausmaus; Nasenaufsatz verjüngt sich von unten nach oben; sonst ähnlich Großhufeisennase; **4 cm** *(3,7–4,1 cm)* + **3 cm** *(2,4–3 cm).*

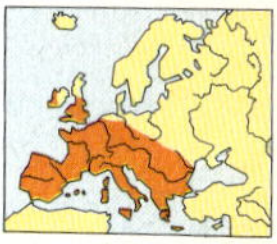

Verbreitung: wie Großhufeisennase, etwas nördlicher; auch Westirland, Mittelengland. **Lebensraum** und **Lebensweise:** wie Großhufeisennase. **Nahrung:** Mücken, andere kleine Insekten; geht erst bei Dunkelwerden auf Jagd. **Fortpflanzung:** *Brunstzeit* meist Herbst, seltener Frühjahr; *Tragzeit* im Durchschnitt 75 Tage (temperaturabhängig); wirft von Mai–Juli 1mal 1 Junges (selten zwei) (Augen 7 Tage geschlossen), das 21–28 Tage *gesäugt,* nach 42–49 Tagen *selbständig,* nach 12 Monaten *geschlechtsreif* wird. Winterschlaf in Höhlen, Felsspalten. **Lebensdauer:** etwa 10 Jahre. **Stimme:** tiefer als vorige Art.

Mittelmeer-Hufeisennase

Rhinólophus euryále Blasius

So groß wie vorige Art; 1. Glied des 4. Fingers kürzer als die Hälfte des folgenden Gliedes; Nasenaufsatz-Mittelkiel mit spitzem Oberfortsatz; Ohren klein; Körperfarbe wie Kleinhufeisennase; **5 cm** *(4,3 bis 5,8 cm)* + **3 cm** *(2,2 bis 3 cm).*

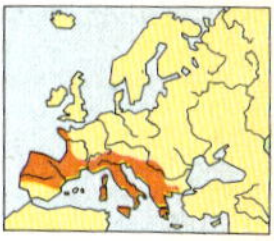

Verbreitung: Portugal, Spanien (aber nicht im Süden dieser Länder), West- und Südfrankreich, Italien, Jugoslawien, Albanien, Griechenland, Korsika, Sardinien, Sizilien. **Lebensraum** und **Lebensweise:** wie vorige Hufeisennasen. **Nahrung:** ähnlich Großhufeisennase; fliegt schon bei Dämmerung auf Nahrungssuche. **Fortpflanzung:** *Brunstzeit* meist Herbst, seltener Frühjahr; *Tragzeit* temperaturabhängig; wirft von April–Juni 1mal 1 *Junges* (selten 2) (Augen 7 Tage geschlossen), das 21–28 Tage *gesäugt,* nach 42 bis 49 Tagen *selbständig,* nach 12 Monaten *geschlechtsreif* wird. **Lebensdauer:** etwa 10 Jahre.

Mehely Hufeisennase

Rhinólophus mehélyi Matschie

Wesentlich kleiner als Hausmaus; 4. Finger wie bei voriger Art; Nasenaufsatz-Mittelkiel mit stumpf keilförmigem Fortsatz; Ohren breit und kurz; **6 cm** *(4,9–6,4 cm)* + **2,6 cm** *(2,3–2,9 cm).*

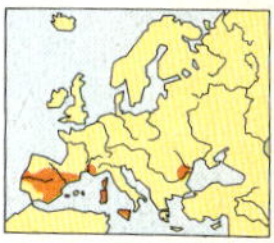

Verbreitung: Mittelportugal, Mittel- und Südostspanien bis Pyrenäen, Südfrankreich, Mündungsgebiet der Rhone, *lokal:* Korsika, Sardinien, Sizilien, Südostrumänien. **Lebensraum** und **Lebensweise:** wie vorige Hufeisennasen. **Fortpflanzung:** *Brunstzeit* meist Herbst, seltener Frühjahr. *Tragzeit* temperaturabhängig; wirft von April–Juni 1mal 1 *Junges* (selten 2) (Augen 7 Tage geschlossen), das 21–28 Tage *gesäugt,* nach 42 bis 49 Tagen *selbständig,* nach 12 Monaten *geschlechtsreif* wird. **Lebensdauer:** etwa 10 Jahre.

16.1 **Graues Langohr**

2. Familie: Glattnasen *(Vespertiliónidae).* In Europa vorkommende Fledermäuse gehören bis auf die Bulldogfledermaus und Hufeisennasen zu den Glattnasen; Unterscheidung nach Form und Größe des *Ohrdeckels* (Tragus); Europa 7 Gattungen:

Gattung: Mopsfledermäuse *(Barbastélla); Ohren* sehr *breit* (nicht auffällig lang, bis 1,5 cm), berühren sich in der Mitte; Zähne 34; Zahnformel: $\frac{2\ 1\ 2\ 3}{3\ 1\ 2\ 3}$; Europa 1 Art:

Mopsfledermaus
Barbastélla barbastéllus (Schreiber)

½ so groß wie Hausmaus; Flügel schmal; Oberseite schwarzbraun mit hellen Haarspitzen, Unterseite etwas heller; **5 cm** *(4,4–5,8 cm)* + **5 cm** *(4,1–5,4 cm).*

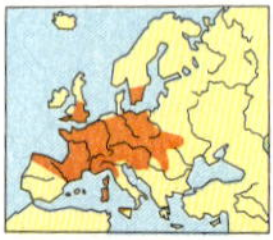

Verbreitung: Mittel-, Westeuropa, nicht mehr im Norden; Mittel-, Südengland, Südschweden; Spanien im Norden, Pyrenäen. **Lebensraum** und **Lebensweise:** Parkanlagen, Gärten, Bergwälder; am Tag in Baumlöchern, Felsspalten, Ruinen, Gebäuden; Winterschlaf in Höhlen, Kellern. **Nahrung:** kleinere Insekten. **Fortpflanzung:** *Brunstzeit* meist Herbst, seltener Frühjahr; *Tragzeit* von Außentemperatur abhängig; wirft von Mai bis Juli 1mal 1–2 *Junge* (Augen 7 Tage geschlossen), die 21–28 Tage *gesäugt,* nach 42 bis 49 Tagen *selbständig,* nach 12 Monaten *geschlechtsreif* werden. **Lebensdauer:** etwa 10 Jahre.

Gattung: Langohrfledermäuse *(Plecótus); Ohren* sehr *lang* (etwa 3 cm); Zähne 36; Zahnformel: $\frac{2\ 1\ 2\ 3}{3\ 1\ 3\ 3}$; Europa 2 Arten:

Braunes Langohr
Plecótus auritus (Linné)

Etwas kleiner als vorige Art; Hinterfüße etwa 1 cm lang; Ohren sehr lang (über 3 cm), berühren sich über dem Kopf; Oberseite grau- bis hellbraun; **5 cm** *(4,1–5,1 cm)* + **4 cm** *(3,5–5 cm).*

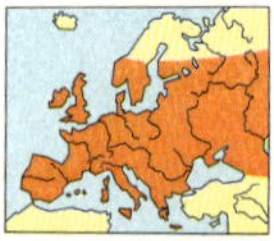

Verbreitung: fast ganz Europa; *fehlt:* Island, Norden Skandinaviens und Finnlands. **Lebensraum** und **Lebensweise:** Parkanlagen, Gärten, Waldränder mit Büschen; am Tag in Baumlöchern, Kirchtürmen, auf Dachböden; Winterschlaf in Höhlen, Stollen, Kellern. **Nahrung:** Insekten, die auf Zweigen und Blättern gefangen werden. **Fortpflanzung:** *Brunstzeit* meist Herbst, seltener Frühjahr; *Tragzeit* 50–60 Tage (temperaturabhängig); wirft von Mai–Juli 1mal 1–2 *Junge* (Augen 7 Tage geschlossen), die 21–28 Tage *gesäugt,* nach 42–49 Tagen *selbständig,* nach 12 Monaten *geschlechtsreif* werden. **Lebensdauer:** etwa 10 Jahre. **Stimme:** schrill, auch leise trillernd. – Sehr ähnlich ist das **Graue Langohr** *(Plecótus austriacus* Fischer); hat eine aschgraue Oberseite, blasig aufgetriebene Ohrkapseln, kleinere Füße als Braunes Langohr; **Verbreitung:** Mittel-, Südeuropa; in Deutschland beide Arten.

Gattung: Abendsegler *(Nýctalus);* Sporn mit *breitem* seitlichem Hautlappen (Abb. 5.6); Ohrdeckel meist kurz, mit abgerundeter Spitze, in der Mitte stark eingeschnürt; Zähne 34; Zahnformel: $\frac{2\ 1\ 2\ 3}{3\ 1\ 2\ 3}$; in Europa 3 Arten:

Kleinabendsegler
Nýctalus leisleri (KUHL)

Gut ¹/₂ so groß wie Hausmaus; Rückenhaare schwärzlich mit braunen Spitzen, also zweifarbig; Unterarm meist kürzer als 4,5 cm; Flug sehr gewandt; fliegt niedriger als die folgende Art; **6 cm** *(5,4–6,4 cm)* + **4 cm** *(3,9–4,4 cm).*

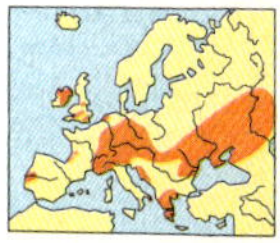

Verbreitung: Mittel- und Osteuropa, *lokal:* Irland, England, Portugal, Holland, Westfrankreich, Mittel-, Süditalien. **Lebensraum** und **Lebensweise:** Waldgebiete; am Tage in Baumhöhlen; Winterschlaf in Gebäuden, Baumhöhlen; jagt auch am Tage. **Fortpflanzung:** *Brunstzeit* meist Herbst, seltener Frühjahr; *Tragzeit* etwa 75 Tage; wirft von Mai–Juni 1mal 1–2 *Junge* (Augen 7 Tage geschlossen), die 21–28 Tage *gesäugt,* nach 49–56 Tagen *selbständig,* nach 12 Monaten *geschlechtsreif* werden. **Lebensdauer:** etwa 10 Jahre. **Stimme:** sehr laut, schrill.

Abendsegler
Nýctalus nóctula (SCHREBER)

Etwas kleiner als Hausmaus; Rückenhaare gleichmäßig braun, nicht zweifarbig; Unterarm 5–6 cm lang; Ohrdeckel kurz, nach oben verbreitert; Fellfarbe rotbraun und heller; Flügel lang und schmal; fliegt hoch und schnell (schießend); **7,5 cm** *(6,9–8,2 cm)* + **5 cm** *(4,1–5,9 cm).*

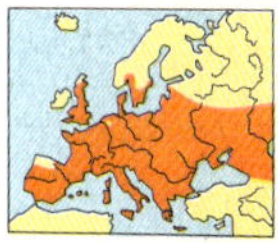

Verbreitung: fast ganz Europa; *fehlt:* im Norden, in Nordwestspanien und in Irland, kommt aber noch in England und Südschweden sowie *lokal* am Finnischen Meerbusen vor. **Lebensraum** und **Lebensweise:** Mischwälder, Parkanlagen, Gärten, offenes Gelände mit altem Baumbestand; am Tage in Baumhöhlen, Nistkästen, auf Dachböden; jagt schon vor beginnender Dämmerung; überwintert in hohlen Bäumen und Gebäudeteilen. **Nahrung:** hauptsächlich größere Insekten. **Fortpflanzung:** *Brunstzeit* meist Herbst, seltener Frühjahr; *Tragzeit* 70–73 Tage (temperaturabhängig); wirft von Mai–Juli 1mal 1–2 *Junge* (Augen 7 Tage geschlossen), die 21–28 Tage *gesäugt,* nach 49–56 Tagen *selbständig,* nach 12 Monaten *geschlechtsreif* werden. **Lebensdauer:** etwa 10 Jahre. **Stimme:** sehr laut und schrill „bick".

17.1 Großmausohr: Wochenstube

Gattung: Zweifarbfledermäuse *(Vespertilio);* Sporn mit *schmalem,* seitlichem Hautlappen; Ohrdeckel nach oben verschmälert oder sich nur allmählich verbreiternd; hinterer Ohrrand läuft bis unter die Linie der Mundspalte herab, steigt dann wieder an und endet am Mundwinkel mit einer Tasche; Zähne 32; Zahnformel: $\frac{2\ 1\ 1\ 3}{3\ 1\ 2\ 3}$; in Europa nur 1 Art:

Zweifarbfledermaus
Vespertilio murinus Linné

Gut 1/2 so groß wie Hausmaus; Oberseite schimmelig grau; Unterseite hell, Kehle gelblichweiß; Flügel schmal; Füße groß; **6 cm** *(5,5–6,3 cm)* + **4 cm** *(4–4,5 cm).*

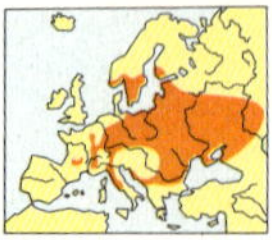

Verbreitung: Mittel- und Osteuropa, Südskandinavien, Südfinnland, Mittelitalien. **Lebensraum** und **Lebensweise:** menschliche Siedlungen, bergiges Gelände; am Tage in Felsspalten, Mauerlöchern, auf Dachböden; jagt erst bei Dunkelheit; überwintert in Felshöhlen und Mauerlöchern. **Nahrung:** Insekten. **Fortpflanzung:** *Brunstzeit* meist im Herbst, seltener Frühjahr; *Tragzeit* außentemperaturabhängig; wirft von Mai–Juli 1mal 1–2 *Junge* (Augen 7 Tage geschlossen), die 21–28 Tage *gesäugt,* nach 42 bis 49 Tagen *selbständig,* nach 12 Monaten *geschlechtsreif* werden. **Lebensdauer:** etwa 10 Jahre. **Stimme:** schrill und zwitschernd „zi-zi-zi-zi-zi".

Gattung: Zwergfledermäuse *(Pipistréllus);* Körper klein, höchstens 5,2 cm lang; Sporn und Ohrdeckel wie bei voriger Gattung; hinterer Ohrrand bleibt über Linie der Mundspalte, endet in der Regel vor Mundwinkel; Zähne: 34; Zahnformel: $\frac{2\ 1\ 2\ 3}{3\ 1\ 2\ 3}$ in Europa vier Arten:

Alpenfledermaus
Pipistréllus sávii (Bonaparte)

Etwa 1/2 so groß wie Hausmaus; Ohrdeckel sehr kurz, breit; nur letzter Schwanzwirbel frei; Körper klein; Daumen kurz; Rückenhaare mit hellen Spitzen; Unterseite weißlichgrau; **4,5 cm** *(4,3 bis 4,8 cm)* + **4 cm** *(3,4–3,9 cm).*

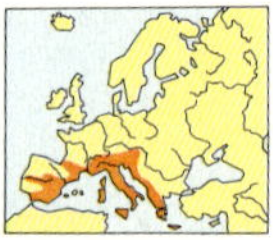

Verbreitung: Mittel-, Südspanien, Südfrankreich, Italien bis Alpen, Westküste Jugoslawiens, Albaniens, Griechenlands, Mittelmeerinseln. **Lebensraum** und **Lebensweise:** bergiges Gelände mit Baumbestand, menschliche Siedlungen; am Tage in Baumlöchern, Felsspalten, Gebäudeteilen; jagt schon bei beginnender Dämmerung; Winterschlaf in Höhlen, Felsspalten. **Fortpflanzung:** *Brunstzeit* meist Herbst, seltener Frühjahr; *Tragzeit* außentemperaturabhängig; wirft von Mai–Juli 1mal 1–3 *Junge* (Augen 7 Tage geschlossen), die 21–28 Tage *gesäugt,* nach 49–56 Tagen *selbständig,* nach 12 Monaten *geschlechtsreif* werden. **Lebensdauer:** etwa 10 Jahre.

Rauhhautfledermaus
Pipistréllus nathúsii (Kayserling u. Blasius)

Etwa 1/2 so groß wie Hausmaus; Ohrdeckel nicht auffällig kurz, erheblich länger als breit; Ohren und Flughäute schwarzbraun; 5. Finger etwa 4,6 cm lang; **5 cm** *(4,4–5,0 cm)* + **4 cm** *(3,4 bis 4,0 cm).*

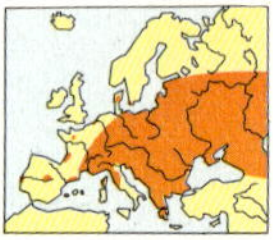

Verbreitung: von Bundesrepublik Deutschland, Südostfrankreich, Oberitalien und Korsika ab in Ost- und Südostgebieten Europas; *lokal:* Portugal, Spanien, Nordfrankreich, Holland, Dänemark. **Lebensraum** und **Lebensweise:** Parkanlagen, Gärten, lichter Waldbestand; am Tage in Felsspalten, Baumhöhlen, Gebäudeteilen; jagt in der Dämmerung; Winterschlaf in denselben Verstecken. **Fortpflanzung:** *Brunstzeit* meist Herbst, seltener Frühjahr; *Tragzeit* außentemperaturabhängig; wirft von Mai–Juli 1mal 1–3 *Junge* (Augen 7 Tage geschlossen), die 21–28 Tage *gesäugt,* nach 49–56 Tagen *selbständig,* nach 12 Monaten *geschlechtsreif* werden. **Lebensdauer:** etwa 10 Jahre.

Weißrandfledermaus

Pipistréllus kúhli (NATTERER)

Etwas kleiner als vorige Art; Ohrdeckel ähnlich voriger Art; Ohren und Flughäute in der Regel schwarz; Flughaut zwischen 5. Finger und Hinterfüßen weiß gesäumt; **4,5 cm** *(4–4,7 cm)* + **3,5 cm** *(3–4 cm)*.

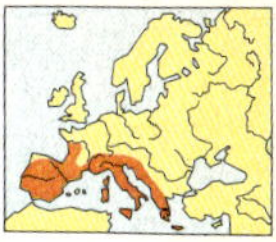

Verbreitung: Mittelmeerländer, Portugal, Westfrankreich bis Bretagne; *lokal:* Südschweiz, Südtirol. **Lebensraum und Lebensweise:** menschliche Siedlungen; jagt vor Beginn der Dämmerung, oft mit den Schwalben. **Fortpflanzung:** *Brunstzeit* meist Herbst, seltener Frühjahr; *Tragzeit* außentemperaturabhängig; wirft von Mai–Juli 1mal 1–3 *Junge* (Augen 7 Tage geschlossen), die 21–28 Tage *gesäugt,* nach 49–56 Tagen *selbständig,* nach 12 Monaten *geschlechtsreif* werden. **Lebensdauer:** etwa 10 Jahre.

Zwergfledermaus

Pipistréllus pipistréllus (SCHREBER)

Knapp ½ so groß wie Hausmaus; Ohren und Flughäute wie bei voriger Art, Flughaut aber nicht weiß gesäumt; Oberseite dunkelbraun, Unterseite heller; **4 cm** *(3,3–5,2 cm)* + **3 cm** *(2,6–3,3 cm)*.

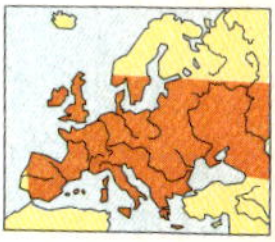

Verbreitung: fast ganz Europa, *fehlt:* Island, Mittel- und Nordskandinavien, Finnland, Norden der UdSSR. **Lebensraum und Lebensweise:** menschliche Siedlungen mit Parkanlagen, Gärten; am Tage in Gebäuden, Baumhöhlen und unter der Baumrinde; Winterschlaf in denselben Verstecken; jagt meist nach Sonnenuntergang, manchmal am Tage; Jagdreviere sind oft Straßenbeleuchtungen. **Nahrung:** Insekten, die an Lichtquellen erbeutet werden. **Fortpflanzung:** *Brunstzeit* meist Herbst, seltener Frühjahr; *Tragzeit* außentemperaturabhängig; wirft von Mai bis Juli 1mal 1–3 Junge (Augen 7 Tage geschlossen), die 21–28 Tage *gesäugt,* nach 49–56 Tagen *selbständig,* nach 12 Monaten *geschlechtsreif* werden. **Lebensdauer:** etwa 10 Jahre. **Stimme:** zirpend „zrick".

Gattung: Zwergfledermäuse *(Eptésicus);* Sporn, Ohrdeckel und unterer Ohrrand *wie vorige Gattung;* Körper aber *größer* (4–8 cm); Zähne 32; Zahnformel: $\frac{2\ 1\ 1\ 3}{3\ 1\ 2\ 3}$ in Europa zwei Arten:

Breitflügelfledermaus

Eptésicus serótinus (SCHREBER)

Körper groß (bis 8 cm), letzter und Teil des vorletzten Schwanzwirbels frei; Fell dunkelbraun; Ohrdeckel kurz und schmal; **7 cm** *(6,2–8 cm)* + **5 cm** *(4,6–5,7 cm)*.

Verbreitung: Europa, nicht im Norden; *nördlichste Grenze:* Südengland, Südosten von Dänemark, Memelgebiet. **Lebensraum und Lebensweise:** menschliche Siedlungen, Parkanlagen, Waldränder; am Tage in Baumhöhlen, Felsspalten, Mauerlöchern, Dachstühlen; hält auch dort Winterschlaf; jagt nach Sonnenuntergang. **Nahrung:** größere Insekten. **Fortpflanzung:** *Brunstzeit* meist Herbst, seltener Frühjahr; *Tragzeit* außentemperaturabhängig; wirft von Mai–Juli 1mal 1–2 *Junge* (Augen 7 Tage geschlossen), die 21–28 Tage *gesäugt,* nach 42–49 Tagen *selbständig,* nach 12 Monaten *geschlechtsreif* werden. **Lebensdauer:** etwa 10 Jahre. **Stimme:** schrill zirpend.

Nordische Fledermaus

Eptésicus nilssónii (Kayserling u. Blasius)

Körper mittelgroß; nur der letzte Schwanzwirbel frei; Rückenhaare dunkel mit gelben Spitzen; Unterseite gelblich; **5 cm** *(4,8–5,4 cm)* + **4 cm** *(3,8–4,7 cm).*

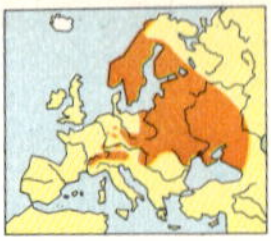

Verbreitung: Mittel-, Südskandinavien, Südfinnland, Mittel-, Südrußland, Polen, Ungarn, ČSSR, Mittelgebirge Bundesrepublik Deutschland und DDR, Alpen. **Lebensraum und Lebensweise:** Gebirgslandschaften; am Tage in Felsspalten, auf Dachböden; dort auch Winterschlaf; jagt bei beginnender Dämmerung. **Fortpflanzung:** *Brunstzeit* meist Herbst, seltener Frühjahr; *Tragzeit* außentemperaturabhängig; wirft von Mai–Juli 1mal 1–2 *Junge* (Augen 7 Tage geschlossen), die 21–28 Tage *gesäugt,* nach 49–56 Tagen *selbständig,* nach 12 Monanten *geschlechtsreif* werden. **Lebensdauer:** etwa 10 Jahre.

Gattung: Langflügelfledermäuse *(Miniópterus);* Sporn ohne oder nur mit angedeutetem Hautlappen; wenn Hautlappen angedeutet, dann Ohrdeckel spitz, Hälfte der Ohrmuschel überragend; Zähne 36; Zahnformel: $\frac{2\ 1\ 2\ 3}{3\ 1\ 3\ 3}$ Europa nur eine Art:

Langflügelfledermaus

Miniópterus schreibérsi (Kuhl)

Gut ½ so groß wie Hausmaus; Ohren kurz, wie abgeschnitten; Stirn aufgewölbt; **6 cm** *(5,2–6 cm)* + **5,5 cm** *(5–6 cm).*

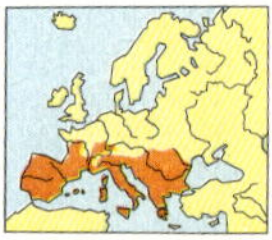

Verbreitung: Pyrenäenhalbinsel, Mittel-, Südfrankreich, Westalpen, Italien, Balkan, Mittelmeerinseln. **Lebensraum und Lebensweise:** offenes, aber auch bergiges Gelände, weniger menschliche Siedlungen; am Tag in Felsspalten, Höhlen, Stollen. **Nahrung:** kleinere Insekten. **Fortpflanzung:** *Brunstzeit* Herbst; *Tragzeit* außentemperaturabhängig; wirft von Mai–Juli 1mal 1–2 *Junge* (Augen 7 Tage geschlossen), die 21–28 Tage *gesäugt,* nach 42–49 Tagen *selbständig,* nach 12 Monaten *geschlechtsreif* werden. **Lebensdauer:** etwa 10 Jahre.

Gattung: Mausohren *(Myótis);* Sporn und Hautlappen wie bei voriger Gattung; Ohren länger als breit; Zähne 38; Zahnformel: $\frac{2\ 1\ 3\ 3}{3\ 1\ 3\ 3}$ in Europa 9 Arten:

Großmausohr

Myótis myótis (Borkhausen)

Kleiner als Hausmaus; Unterarm länger als 5 cm; sehr groß; Ohren breit; Schwanzspitze frei; Flügel breit; Oberseite graubraun, Unterseite schmutzigweiß; **7,5 cm** *(6,8–8 cm)* + **5,5 cm** *(4,8 bis 6 cm).*

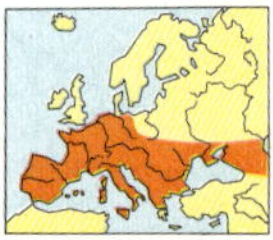

Verbreitung: Mittel- und Südeuropa; *nicht mehr:* England, Schleswig-Holstein, Polen. **Lebensraum und Lebensweise:** menschliche Siedlungen mit Parkanlagen und Gärten, lichte Waldgebiete; am Tage in Bodenräumen, Kellern; jagt nach Beginn der Dunkelheit zwischen Bäumen; Winterschlaf in Höhlen, Kellern, Stollen. **Nahrung:** Insekten, die auch auf dem Boden erbeutet werden. **Fortpflanzung:** *Brunstzeit* meist Herbst, seltener Frühjahr; *Tragzeit* 60–70 Tage (temperaturabhängig); wirft von Mai–Juli 1mal 1–2 *Junge* (Augen 7 Tage geschlossen), die 21–28 Tage *gesäugt,* nach 42–49 Tagen *selbständig,* nach 12 Monaten *geschlechtsreif* werden. **Lebensdauer:** etwa 10 bis 20 Jahre.

Kleinmausohr
Myótis oxygnáthus (MONTICELLI)

Ähnlich Großmausohr, kleiner, Ohren und Schnauze spitzer; **7 cm** *(5,9–7,4 cm)* + **5,5 cm** *(4,6–6 cm).*

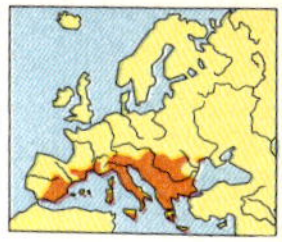

Verbreitung: Südspanien, Südfrankreich, Italien, Balkan, Mittelmeerinseln. **Lebensraum** und **Lebensweise, Nahrung** und **Fortpflanzung:** wie Großmausohr.

Bartfledermaus
Myótis mystacinus (LEISLER)

Etwa ½ so groß wie Hausmaus; Unterarm kürzer als 5 cm; Ohrdeckel verjüngt sich von unten an; Lippen bärtig; Flügel schmal; Oberseite dunkel- bis graubraun, Unterseite hellgrau; **4,5 cm** *(3,8–5 cm)* + **3,5 cm** *(3–4 cm).*

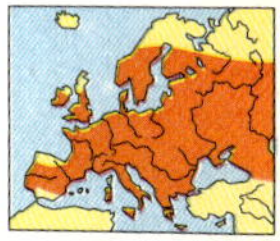

Verbreitung: fast ganz Europa; *fehlt:* Island, Nordirland, Schottland, Nordskandinavien, Nordfinnland, Nordwest-, Südspanien, Balearen, Korsika. **Lebensraum** und **Lebensweise:** Gärten, Parkanlagen, lichte Wälder; am Tage in Baum- und Mauerlöchern, Felsspalten, Dachgiebeln; jagt bei beginnender Dämmerung, oft schon früher; Winterschlaf in Höhlen, Stollen, Kellern. **Fortpflanzung:** *Brunstzeit* meist Herbst, seltener Frühjahr; *Tragzeit* 50–60 Tage; wirft von Mai bis Juli 1mal 1–2 *Junge* (Augen 7 Tage geschlossen), die 21–28 Tage *gesäugt,* nach 42–49 Tagen *selbständig,* nach 12 Monaten *geschlechtsreif* werden. **Lebensdauer:** etwa 10 Jahre.

Fransenfledermaus
Myótis nattéreri (KUHL)

Etwa ½ so groß wie Hausmaus; Schwanzflughaut reicht bis zur Spitze des Schwanzes, am Rande mit steifen Haaren; Ohr mit 5–6 Querfalten; Ohrdeckel sichelförmig; **5 cm** *(4,2–5 cm)* +**4 cm** *(3,2–4,3 cm).*

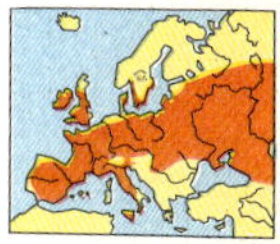

Verbreitung: fast ganz Europa; *fehlt:* Island, Schottland, Skandinavien (nur Südschweden), Finnland, Balkan, Süditalien, Korsika, Sardinien; *lokal:* Sizilien. **Lebensraum** und **Lebensweise:** bewaldetes Gelände, Parkanlagen, Gärten; am Tage in Baumlöchern, zwischen Fensterläden, in Gebäudeteilen; jagt meist bei beginnender Dunkelheit, mit Vorliebe im Laubdach der Bäume; Winterschlaf in Kellern, Höhlen, Stollen, Grotten. **Fortpflanzung:** *Brunstzeit* meist Herbst, seltener Frühjahr; *Tragzeit* 50–60 Tage; wirft von Mai bis Juli 1mal 1–2 *Junge* (Augen 7 Tage geschlossen), die 21–28 Tage *gesäugt,* nach 42–49 Tagen *selbständig,* nach 12 Monaten *geschlechtsreif* werden. **Lebensdauer:** etwa 10 Jahre.

Wimperfledermaus
Myótis emarginátus (GEOFFROY)

Ähnlich voriger Art, aber Schwanzflughaut am Rande dicht mit weißen Haaren bewimpert; Ohrdeckel halb so lang wie das Ohr; Ohrrand rechtwinklig eingebuchtet; Oberseite graubraun, Unterseite weißgrau; **5 cm** *(4,4–5 cm)* + **4 cm** *(4 bis 4,3 cm).*

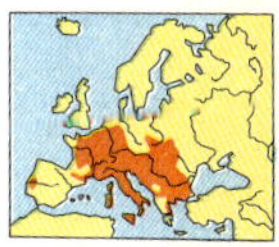

Verbreitung: Frankreich, Holland, Belgien, westl., südl. Bundesrepublik Deutschland, Schweiz, Italien, Korsika, Sardinien, Sizilien, Österreich, Ungarn, Westrumänien, Bulgarien, Ostgriechenland; *lokal:* Portugal. **Lebensraum** und **Lebensweise:** Parklandschaft mit Büschen und Bäumen, lichte Wälder; am Tage in Gebäudeteilen, Höhlen, Kellern; Winterschlaf in denselben Verstekken; jagt schon in der Dämmerung, fliegt gern über Gewässern. **Fortpflanzung:** *Brunstzeit* meist Herbst, seltener Frühjahr; *Tragzeit* 50–60 Tage; wirft von Mai–Juli 1mal 1–2 *Junge* (Augen 7 Tage geschlossen), die 21–28 Tage *gesäugt,* nach 42–49 Tagen *selbständig,* nach 12 Monaten *geschlechtsreif* werden. **Lebensdauer:** etwa 10 Jahre.

Teichfledermaus
Myótis dasycnéme (BOIE)

Größer als vorige Art; Ohr mit 4 Querfalten; Ohrdeckel überall fast gleich breit; 2. Glied des Mittelfingers größer als das 3.; Flughaut reicht nur bis zur Ferse; **6 cm** *(5,7 bis 6,1 cm)* + **5 cm** *(4,6 bis 5,1 cm).*

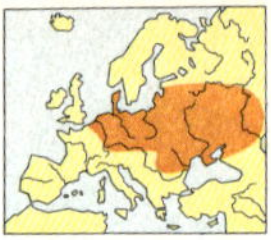

Verbreitung: Belgien, Holland, Dänemark, Deutschland, Polen, ČSSR, Ungarn, Rumänien, Mittelrußland. **Lebensraum** und **Lebensweise:** Nähe großer Wasserflächen mit Baumbestand am Ufer; am Tage in Gebäudeteilen und Baumlöchern; Winterschlaf in Felshöhlen, Stollen; jagt bei beginnender Dunkelheit über Wasserflächen. **Fortpflanzung:** *Brunstzeit* meist Herbst, seltener Frühjahr; *Tragzeit* 50–60 Tage; wirft von Mai–Juli 1mal 1–2 *Junge* (Augen 7 Tage geschlossen), die 21–28 Tage *gesäugt,* nach 49–56 Tagen *selbständig,* nach 12 Monaten *geschlechtsreif* werden. **Lebensdauer:** etwa 10 Jahre.

Wasserfledermaus
Myótis daubentóni (LEISLER)

Ähnlich voriger Art, aber Flughaut reicht bis Mitte Fußsohle; Ohren kleiner; Oberseite rötlichbraun, Unterseite schmutzigweiß bis hellgrau; Füße groß; **5 cm** *(4,1–5,1 cm)* + **3,5 cm** *(3–3,9 cm).*

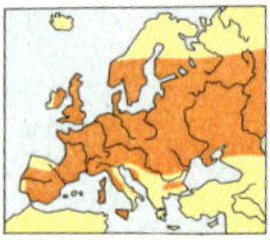

Verbreitung: fast ganz Europa; *fehlt:* Island, Mittel-, Nordskandinavien, Mittel-, Nordfinnland, Westirland, Nordspanien, Südportugal, Griechenland, Bulgarien, Mittel-, Süditalien, Küstengebiet Jugoslawien. **Lebensraum** und **Lebensweise:** wie Teichfledermaus. **Fortpflanzung:** wie Teichfledermaus. **Lebensdauer:** etwa 10 Jahre.

Langfußfledermaus
Myótis capaccinii (BONAPARTE)

Ähnlich Wasserfledermaus, aber größer und heller; Hinterbeine und umgebende Flughaut dicht flaumig behaart; Füße auffallend groß; **5 cm** *(4,7–5,3 cm)* + **4 cm** *(3,5–3,8 cm).*

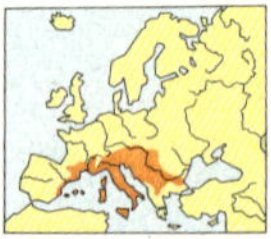

Verbreitung: Südostspanien, Südfrankreich, Italien, Österreich, Westungarn, Jugoslawien, Mittelmeerinseln; *lokal:* Osten Rumäniens, Bulgariens. **Lebensraum** und **Lebensweise:** wie Wasserfledermaus; am Tage in Felsspalten, Höhlen, Stollen, Kellern; Winterschlaf in denselben Verstecken; jagt (wie Wasserfledermaus) gern über Gewässern. **Fortpflanzung:** *Brunstzeit* meist Herbst, seltener Frühjahr; *Tragzeit* 50–60 Tage; wirft von Mai–Juli 1mal 1–2 *Junge* (Augen 7 Tage geschlossen), die 21–28 Tage *gesäugt,* nach 42–49 Tagen *selbständig,* nach 12 Monaten *geschlechtsreif* werden. **Lebensdauer:** etwa 10 Jahre.

Bechsteinfledermaus
Myótis bechsteīni (KUHL)

So groß wie vorige Art; Ohren sehr lang (bis 2,5 cm), mit 9–10 Querfalten; Ohrdeckel oben nach außen gebogen; Flughaut bis Zehenwurzel; Oberseite rötlichbraun, Unterseite weißgrau; **5 cm** *(4,6–5,3 cm)* + **4 cm** *(3,4–4,4 cm).*

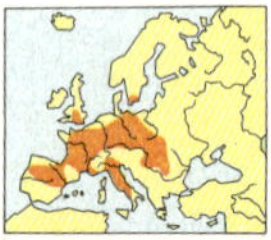

Verbreitung: Mittel-, Ostspanien, Frankreich, Bundesrepublik Deutschland (nicht mehr Schleswig-Holstein), DDR, ČSSR, Ungarn, Rumänien, Mittel-, Oberitalien; *sporadisch:* England, Südschweden. **Lebensraum** und **Lebensweise:** mit Wald und Baumgruppen bedecktes Gelände; am Tage in Baumlöchern; jagt bei Dunkelheit; Winterschlaf in Kellern, Höhlen, Stollen. **Fortpflanzung:** *Brunstzeit* meist Herbst, seltener Frühjahr; *Tragzeit* 50–60 Tage; wirft von Mai bis Juli 1mal 1–2 *Junge* (Augen 7 Tage geschlossen), die 21–28 Tage *gesäugt,* nach 42 bis 49 Tagen *selbständig,* nach 12 Monaten *geschlechtsreif* werden. **Lebensdauer:** etwa 10 Jahre.

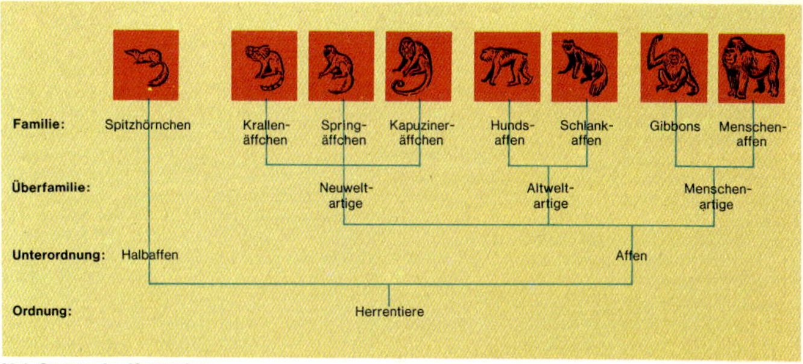

23.1 System der Herrentiere

IV. Ordnung: Herrentiere *(Primátes)*

Alle 4 Gliedmaßen mit je *5 Zehen* (Fingern), meist mit *Plattnägeln;* mit ganzer Fußsohle (Handfläche) auftretend *(Sohlengänger)*; Daumen den übrigen Zehen (Fingern) meist gegenüberstellbar; Augen mehr oder weniger nach vorn gerichtet; *Europa* nur 1 Art (Magot), sonst auf *Tropen* und *Subtropen* beschränkt.
2 Unterordnungen: *Halbaffen* und *Affen. Halbaffen* vornehmlich auf Madagaskar; mit ihrem behaarten, fuchsähnlichen Gesicht sehen sie wenig „äffisch" aus; 7 Familien (Abb. 23.1); *Affen* gliedert man in 3 Überfamilien: *Neuweltaffen, Altweltaffen* und *Menschenartige;* Neuweltaffen nur in Amerika, Altweltaffen und Menschenartige in Asien und Afrika, 1 Art, der *Magot,* auch in Europa; er gehört zur Familie der *Hundsaffen* aus der Überfamilie der Altweltaffen:

1. Familie: Hundsaffen *(Cercopithécidae);* Schwanz mehr oder weniger lang, bei Makaken, zu denen auch der Magot gehört, stark reduziert; Daumen zuweilen verkümmert; Europa nur 1 Gattung:

Gattung: Magots *(Macáca);* Zähne 32; Zahnformel: $\frac{2\ 1\ 2\ 3}{2\ 1\ 2\ 3}$; Europa nur 1 Art:

Magot
Macáca sylvána (LINNÉ)

So groß wie Foxterrier; Fell dicht, rauhhaarig; Schnauze und Ohren kurz; Schwanz fehlt; **65 cm** *(60–70 cm).*

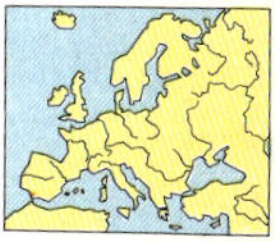

Verbreitung: in Europa nur auf Gibraltar; *beheimatet:* Gebirge Nordafrikas. **Lebensraum** und **Lebensweise:** Gebirge mit Buschwerk und niederer Vegetation; am Tage tätig; geschickter Kletterer; nachts in Höhlen und Felsspalten; lebt gesellig in Rudeln, die von alten Männchen geführt werden. **Nahrung:** Insekten, Pflanzentriebe, Wurzeln, Früchte, gelegentlich kleine Wirbeltiere. **Fortpflanzung:** *Brunstzeit* ganzes Jahr; *Tragzeit* 146 bis 180 Tage; wirft im Jahr 1mal 1 (2) *Junge,* die sofort sehen können und sich an der Mutter festklammern; sie sind nach 1 Jahr *selbständig,* mit 3–4 Jahren *geschlechtsreif.* **Lebensdauer:** über 20 Jahre. **Stimme:** keifend und schreiend.

V. Ordnung: Zahnarme *(Xenárthra);* in Europa keine Vertreter.

VI. Ordnung: Schuppentiere *(Pholéota);* in Europa keine Vertreter.

VII. Ordnung: Hasentiere *(Lagomórpha).*

Bis vor kurzem stellte man die *Hasenartigen* als Unterordnung, zuweilen auch als Familie, zu den Nagetieren. Stammesgeschichtliche Untersuchungen haben aber ergeben, daß zwischen beiden keine Bindeglieder bestehen und daß sie eine voneinander unabhängige Entwicklung hinter sich haben. Als wichtigstes Unterscheidungsmerkmal von den Nagetieren besitzen alle Hasenartigen im Oberkiefer zwei sogenannte *Stiftzähne.* Sie sitzen als kleine Schneidezähne hinter den beiden großen, den eigentlichen Nagezähnen (Abb. 24.2). In beiden Ordnungen sitzen die Schneidezähne tief im Kiefer, sind wurzellos und wachsen vom Grunde her ständig nach. Im Gegensatz zu den Nagetieren, deren Nagezähne nur an der Vorderseite mit Schmelz überzogen sind, haben sie bei Hasenartigen auch an der Hinterseite eine Schmelzschicht. Nagetiere können fast ohne Ausnahme mit den Vorderfüßen greifen und ihre Nahrung festhalten, was kein Hasenartiger kann. Hasenartige sind reine *Pflanzenfresser,* manche Nagetiere hingegen nehmen auch Fleischnahrung.

Andererseits sind die vielen *auffälligen Ähnlichkeiten* zwischen Hasenartigen und Nagetieren nicht zu übersehen. Das gilt vor allem für die Form der Zähne und ihre Anordnung im Gebiß. Bei beiden Ordnungen ist eine große *Lücke* zwischen den Nagezähnen und den Backenzähnen vorhanden. Man muß annehmen, daß hier eine *Parallelentwicklung* vorliegt, die mit ähnlicher Lebensweise und Ernährung zu erklären ist, jedenfalls kein Hinweis auf Verwandtschaft zu sein braucht.

Die Anwesenheit von Kaninchen und Hasen kann man an ihren *Losungen* und *Spuren* feststellen. Kaninchenlosung (Abb. 24.3) ist fast kugelig und deutlich kleiner als die mehr ovale Hasenlosung (Abb. 24.4). Hoppelnde Hasen (Abb. 24.6 a) stoßen sich mit den Hinterbeinen *(Sprungbeinen)* ab, landen nacheinander mit den kurzen und schwachen Vorderbeinen und schwingen dann die Sprungbeine weit nach vorne, so daß sie vor den Vorderbeinen aufsetzen (Abb. 24.5). Beim flüchtenden Hasen (Abb. 24.6 b) sind die Eindrücke auf dem Boden weit auseinandergezogen und viel schwächer als beim hoppelnden Tier.

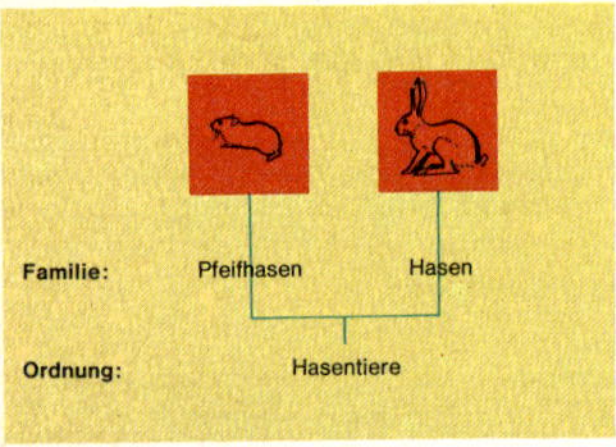

24.1 System der Hasentiere

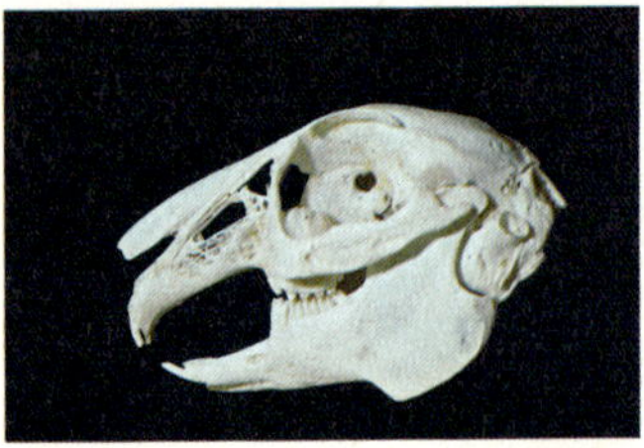

24.2 Kaninchenschädel. Der Stiftzahn hinter dem Nagezahn des Oberkiefers ist deutlich zu erkennen

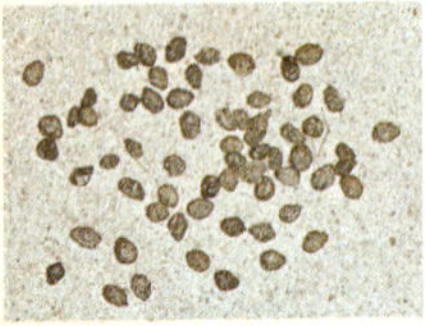

24.3 Kaninchenlosung

24.4 Hasenlosung

24.5 Entstehung der Fluchtspur beim Hasen

24.6 Hasenspuren; a) hoppelnder, b) flüchtiger Hase

Die **Pfeifhasen** vor allem in *Innerasien* und *Nordamerika*, die **Hasen** hingegen *auf der ganzen Erde* verbreitet (in Australien und Madagaskar wurden Arten eingeführt); Zähne: 28; Zahnformel: $\frac{2\,0\,3\,3}{1\,0\,2\,3}$; in Europa 2 Familien:

1. Familie: Hasen *(Lepóridae);* Ohren lang: Körper größer als Meerschweinchen; Zähne: 28; Zahnformel: $\frac{2\,0\,3\,3}{1\,0\,2\,3}$; Europa 2 Gattungen:

Gattung: Hasen *(Lépus);* Ohrspitzen schwarz; Europa 3 Arten:

Schneehase
Lépus timidus LINNÉ

Etwas kleiner als Feldhase; Fell im Sommer braun, im Winter weiß; Ohren mittellang; Hinterläufe sehr lang, länger als beim Feldhasen; Schwanz einfarbig; **53 cm** *(46–60 cm)* + **6 cm** *(4–8 cm).*

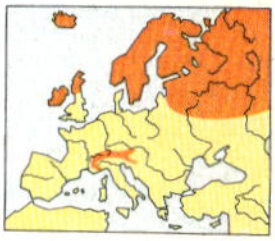

Verbreitung: Island, Irland, Schottland, Nordengland, Skandinavien, Finnland, Ostpolen, Alpengebiet, von der Ostsee ab im Norden der UdSSR. **Lebensraum** und **Lebensweise:** bewaldetes Gelände, Gebirge in Höhen über 1300 m; hauptsächlich in Morgen- und Abenddämmerung tätig; verweilt in gescharrter Mulde im Schutz von Geröll und Gebüsch; hier werden auch die Jungen geboren; entzieht sich der Verfolgung mehr durch Springen als Hakenschlagen. **Fortpflanzung:** *Brunstzeit* April–August; *Tragzeit* 45–53 Tage; wirft von Mai–August 2–3mal je 2–5 (7) *Junge,* die gleich nach der Geburt sehen können, ein Fell tragen und laufen können; *Nestflüchter;* nach 21 Tagen *selbständig,* nach 12 Monaten *geschlechtsreif.* **Lebensdauer:** 10–12 Jahre.

Feldhase
Lépus europaeus (PALLAS)

Größe bekannt; Fell im Sommer und Winter gelbbraun, Schwanz oben schwarz, unten weiß; Ohren sehr lang; Hinterläufe viel länger als Vorderläufe; **58 cm** *(48,5–67,5 cm)* + **9 cm** *(7 bis 11 cm).*

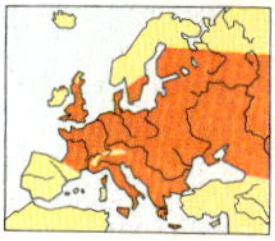

Verbreitung: fast ganz Europa; *fehlt:* Island, Norwegen, Mittel-, Nordschweden, Nordfinnland, Pyrenäenhalbinsel, Sardinien, Alpengebiet; Irland: nur Norden. **Lebensraum** und **Lebensweise:** Wiesen, Felder, Waldgebiete, Dünen; hauptsächlich bei Dämmerung und nachts tätig; verweilt in gescharrter Mulde („Sasse") im Schutz von Sträuchern, Stauden und Ackerfurchen; hier werden auch die Jungen geboren; entzieht sich der Verfolgung durch Hakenschlagen. **Fortpflanzung:** *Brunstzeit* Januar–August; *Tragzeit* 42–44 Tage; wirft von März–Oktober 3–4mal je 2–4 (1–5) *Junge,* die sofort sehen und das Nest bei Gefahr verlassen können; nach 21 Tagen *selbständig,* nach 12 Monaten *geschlechtsreif.* **Lebensdauer:** 10–12 Jahre.

Kaphase
Lépus capénsis (LINNÉ)

Viel kleiner als Feldhase; Oberseite schwarzfleckig; Ohren lang; Hinterläufe kürzer als beim Feldhasen; **47 cm** *(40–54 cm)* + **9 cm** *(8–10 cm).*

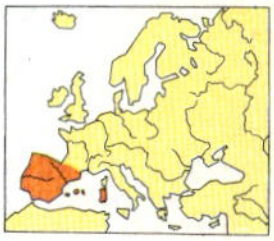

Verbreitung: Pyrenäenhalbinsel, Balearen, Sardinien. **Lebensraum** und **Lebensweise:** gebirgiges Gelände, scheut Nähe menschlicher Siedlungen nicht; Lebensweise wie Feldhase. **Fortpflanzung:** *Brunstzeit* Januar–August; *Tragzeit* 42–44 Tage; wirft von März–Oktober 3–4mal je 3–6 *Junge,* die sofort sehen und das Nest bei Gefahr verlassen können; nach 21 Tagen *selbständig,* nach 12 Monaten *geschlechtsreif.* **Lebensdauer:** 10–12 Jahre.

Gattung: Kaninchen *(Oryctólagus);* Ohrspitzen nicht schwarz; Europa 1 Art:

Wildkaninchen
Oryctólagus cuniculus (LINNÉ)

Größe bekannt; vorwiegend braungrau, an der Bauchseite grauweiß; Schwanzunterseite weiß; Hinterläufe wenig länger als Vorderläufe; **40 cm** *(34–45,5 cm)* + **6 cm** *(4–8 cm).*

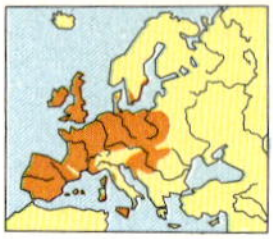

Verbreitung: Mittel-, Westeuropa; *fehlt:* Alpengebiet, Pyrenäen, Balkanländer; lokal: Südskandinavien, Dänemark, Italien. **Lebensraum** und **Lebensweise:** sandiges Gelände in Garten- und Parkanlagen, an Waldrändern, in lichten Schonungen; hauptsächlich nachts tätig; lebt in Kolonien; gräbt Brutröhren, die beim Verlassen geschlossen werden; bleibt dem Revier treu; entzieht sich der Verfolgung durch Hakenschlagen; als Pflanzenfresser durch massenhaftes Auftreten zum Schädling geworden. **Nahrung:** Gräser, Kräuter. **Fortpflanzung:** *Brunstzeit* Februar bis Oktober; *Tragzeit* 28–31 Tage; wirft von März bis November 4–5mal (sechsmal) je 5–12 nackte und blinde *Nesthocker* (Augen 10 Tage geschlossen), die 21 Tage *gesäugt,* nach 28–35 Tagen *selbständig,* nach 8–10 Monaten *geschlechtsreif* werden. **Lebensdauer:** 8–10 Jahre.

2. Familie: Pfeifhasen *(Ochotónidae);* Ohren kurz; Körper klein, so groß wie Meerschweinchen oder kleiner; Europa 1 Gattung:

Gattung: Pfeifhasen *(Ochótoma);* Europa 1 Art:

Zwergpfeifhase
Ochótoma pusilla (PALLAS)

Etwa so groß wie Maulwurf; Oberseite graubraun, Unterseite weißlich) Ohren weiß gesäumt; **14,5 cm + 1 cm.**

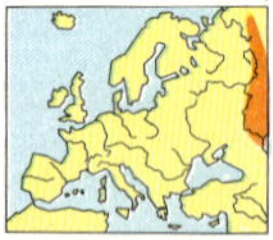

Verbreitung: Osten der UdSSR (Wolga, Ural). **Lebensraum** und **Lebensweise:** gesellig, leben in Kolonien und graben (ähnlich Wildkaninchen) Erdröhren, in der Regel zwischen Gestrüpp (als Deckung gegen die zahlreichen gefiederten Feinde); alle Röhren (meist 4–5) münden in einen Brutraum; vorwiegend nachts tätig; kein Winterschlaf. **Nahrung:** niedrige, feinblättrige Beifußarten; im Winter wird Nahrung zwischen Schneedecke und Bodenoberfläche gesucht. **Fortpflanzung:** *Brunstzeit* Mai–Juli; wahrscheinlich mehrere Würfe im Jahr. **Stimme:** pfeifend (daher der Name).

26.1 Schneehase im Winterpelz

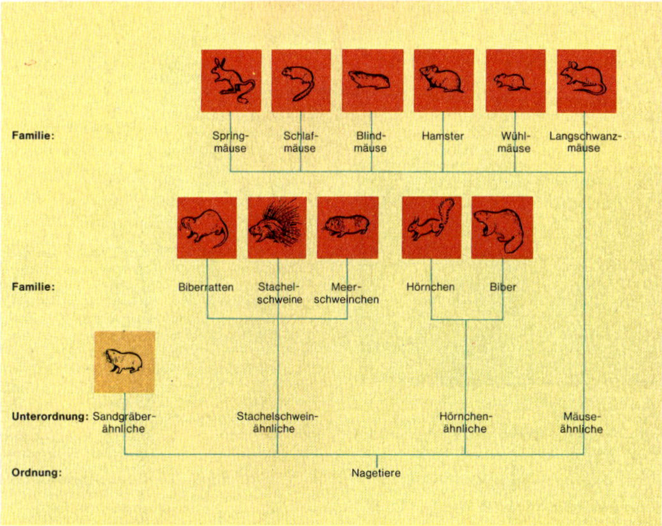

27.1 System der Nagetiere

VIII. Ordnung: Nagetiere *(Rodéntia)*

2821 Arten auf der Erde (mehr als die Hälfte aller lebenden Säugetiere); *weltweit* verbreitet. 4 Unterordnungen: *Sandgräberähnliche, Stachelschweinähnliche, Hörnchenähnliche* und *Mäuseähnliche;* jede Unterordnung aus mehreren bis vielen Familien, von denen wir die in Europa vertretenen kennenlernen wollen.

I. Unterordnung: Sandgräberähnliche; in Europa *keine Vertreter.*

II. Unterordnung: Stachelschweinähnliche; in Europa *2 Familien:*

1. Familie: Biberratten *(Myocastóridae).* **S. 28**

2. Familie: Stachelschweine *(Hystricidae);* Rücken mit langen und kurzen Stacheln. **S. 28**

III. Unterordnung: Hörnchenähnliche *(Sciuromórpha);* in Europa *2 Familien:* **S. 28**

1. Familie: Hörnchen *(Sciúridae);* Vorderfüße 4, Hinterfüße 5 Zehen; Schwanz behaart, oft buschig. **S. 28**

2. Familie: Biber *(Castóridae);* Hinterfüße mit Schwimmhäuten; Schwanz breit, platt. **S. 30**

IV. Unterordnung: Mäuseähnliche *(Myomórpha);* meist klein, Mäuse- bis Hamstergröße. **S. 31**

1. Familie: Springmäuse *(Dipódidae);* Ohren meist groß; Schwanz sehr lang, nackt oder nur schwach behaart, zuweilen mit buschiger Endquaste; Backenzähne schmelzhöckerig, im Oberkiefer jederseits 4; Hinterbeine oft viel länger als Vorderbeine, erstere oft zu mächtigen Sprungbeinen umgebildet; Augen groß. **S. 31**

2. Familie: Schlafmäuse oder Bilche *(Muscardínidae);* Ohren groß, Schwanz lang, buschig behaart. **S. 32**

3. Familie: Blindmäuse *(Spalácidae);* Ohren, Augen und Schwanz äußerlich nicht sichtbar, ganz im Fell verborgen. **S. 33**

4. Familie: Hamster *(Cricétidae);* Schwanz sehr kurz, kürzer als Kopf; Backentaschen als Füllräume beim Fressen. **S. 34**

5. Familie: Wühlmäuse *(Micrótidae;* Abb. 27.1); Schwanz länger als Kopf, aber kürzer als Rumpf; Kopf rundlich; Schnauze stumpf; Ohren klein, nicht oder nur wenig aus dem Pelz hervorragend; Backenzähne oben und unten jederseits 3, mit dreieckigen Schlingen auf den Kauflächen. **S. 35**

6. Familie: Langschwanzmäuse *(Múridae;* Abb. 27.1); Schwanz oft länger als Körper; Kopf länglich; Schnauze zugespitzt; Ohren meist groß; im Ober- und Unterkiefer je 3 Backenzähne mit Schmelzhöckern. **S. 40**

II. Unterordnung: Stachelschweinähnliche

1. Familie: Biberratten *(Myocastóridae);* in Südamerika beheimatet. Zähne: 20; Zahnformel: $\frac{1\ 0\ 1\ 3}{1\ 0\ 1\ 3}$. Die *Nutria* wurde in Pelztierfarmen gehalten, verwilderte vielerorts, z. B. in Deutschland, Europa 1 Gattung:

Gattung: Nutria oder Biberratten *(Myocástor);* in Europa 1 Art:

Nutria oder **Biberratten**
Myocástor cóypus (MOLINA)

Körper plump, etwa hasengroß; Schwanz fast nackt, drehrund; Schwimmhäute zwischen Zehen; **51 cm** *(42–60 cm)* + **37,5 cm** *(30–45 cm).*

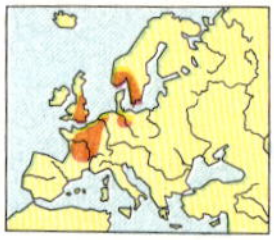

Verbreitung: Ursprungsheimat Südamerika; in Europa freilebende Tiere sind aus Gehegen entwichen; in geringer Zahl in der Bundesrepublik Deutschland (Norden und Osten), England, Skandinavien, Holland, Frankreich. **Lebensraum** und **Lebensweise:** Ufer von Gewässern mit reichlich Pflanzenwuchs; hauptsächlich am Tage tätig; guter Schwimmer; kann nicht gut tauchen; baut Wohnhöhlen in Uferböschungen mit Zugängen über dem Wasserspiegel, dadurch schädlich; lebt gesellig in kleinen Kolonien. **Nahrung:** Gras, Blätter, Getreidekörner, Wurzeln, Feldfrüchte. **Fortpflanzung:** *Brunstzeit* ganzes Jahr; *Tragzeit* 110 bis 150 Tage; wirft im Jahr 2–3mal je 5–6 (2–13) *Junge,* die sich sofort im Wasser bewegen können; nach 3 Monaten *selbständig,* nach 5–6 Monaten *geschlechtsreif.* **Lebensdauer:** 8–10 Jahre.

2. Familie: Stachelschweine *(Hystrícidae);* wahrscheinlich in Europa ursprünglich nicht heimisch, vermutlich zur Römerzeit nach Italien eingeführt; Zähne 20, Zahnformel: $\frac{1\ 0\ 1\ 3}{1\ 0\ 1\ 3}$; in Europa nur 1 Gattung:

Gattung: Stachelschweine *(Hýstrix);* in Europa 1 Art:

Stachelschwein
Hýstrix cristáta LINNÉ

Größer als Feldhase; Rücken mit langen, hell und dunkel geringelten Stacheln; **62,5 cm** *(57 bis 68 cm)* + **8,5** *(5–12 cm).*

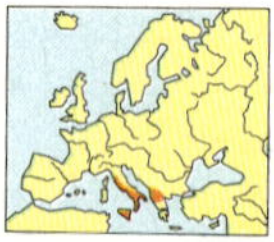

Verbreitung: Westküste Mittelitaliens, Süditalien, Sizilien, Albanien. **Lebensraum** und **Lebensweise:** mit Büschen bedecktes, trockenes, felsiges Gelände; hauptsächlich bei Dämmerung und nachts tätig; versteckt sich in natürlichen Höhlen und Felslöchern; schlägt bei Gefahr Stacheln gegeneinander, erzeugt dadurch lautes, raschelndes Geräusch; kann sich zusammenrollen. **Fortpflanzung:** *Brunstzeit* April; *Tragzeit* 63–65 Tage; wirft im Juni 1–4 *Junge,* die sofort sehen können, nach 60 Tagen *selbständig,* nach 12 Monaten *geschlechtsreif* sind. **Lebensdauer:** 10–15 Jahre.

III. Unterordnung: Hörnchenähnliche

1. Familie: Hörnchen *(Sciúridae);* mittelgroß bis groß, mit behaartem (buschigem) Schwanz, vorwiegend Tagtiere; Vorderfüße mit 4, Hinterfüße mit 5 Zehen; Zähne: 22, Zahnformel: $\frac{1\ 0\ 2\ 3}{1\ 0\ 1\ 3}$; in Europa 4 Gattungen:

Gattung: Hörnchen *(Sciúrus);* Klettertiere mit langem buschigem Schwanz; in Europa 2 Arten:

Grauhörnchen
Sciúrus carolinénsis GMELIN

Oberseite grau, Unterseite weißlich; Ohren immer ohne Haarpinsel; Schwanz buschig; **27 cm** *(24,5–30 cm)* + **22 cm** *(19,5–25 cm).*

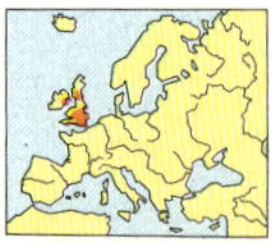

Verbreitung: Großbritannien (aus Nordamerika eingeführt). **Lebensraum** und **Lebensweise:** Laubwälder; Nester in Baumhöhlen, weniger auf Bäumen; kein Winterschlaf. **Nahrung:** wie Eichhörnchen. **Fortpflanzung:** *Brunstzeit* Januar–Juli; *Tragzeit* 44 Tage; wirft von Februar–August 2mal je 2–4 (1–5) *Junge* (Augen 37 Tage geschlossen), die 35–42 Tage *gesäugt,* nach 49 bis 56 Tagen *selbständig,* nach 12 Monaten *geschlechtsreif* werden. **Lebensdauer:** 8–10 Jahre.

Eichhörnchen
Sciúrus vulgáris Linné

Oberseite rotbraun, zuweilen schwarz (besonders bei Gebirgstieren), Unterseite weiß; Ohren im Winter mit Haarpinseln; **24 cm** *(19,5 bis 28 cm)* + **19 cm** *(14–24 cm).*

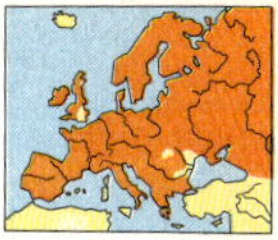

Verbreitung: fast ganz Europa; *fehlt:* Island, Mittelmeerinseln; *lokal:* England. **Lebensraum und Lebensweise:** Wälder, Parkanlagen, Gärten; am Tage tätig; guter Kletterer und Springer; baut aus Reisig mehrere kugelförmige Nester in den oberen Baumregionen, die als Versteck und „Wochenstube" dienen; kein durchgehender Winterschlaf. **Nahrung:** Baumsamen, Pilze, Nüsse, Beeren, Eier, Jungvögel. **Fortpflanzung:** *Brunstzeit* Januar–Juli; *Tragzeit* 38 Tage; wirft von Februar–August 2–5mal 3–7 *Junge* (Augen 31 Tage geschlossen), die 35–42 Tage *gesäugt,* nach 49–56 Tagen *selbständig,* nach 12 Monaten *geschlechtsreif* werden. **Lebensdauer:** 8–10 Jahre.

Gattung: Flughörnchen *(Ptéromys);* behaarte Flughaut zwischen Vorder- und Hinterbeinen; Gleitflieger; in Europa nur *1 Art:*

Flughörnchen
Ptéromys vólans (Linné)

Oberseite hellgrau; Unterseite weißlich; Ohren klein; **16 cm** *(15–17 cm)* + **11 cm** *(9,5–13 cm).*

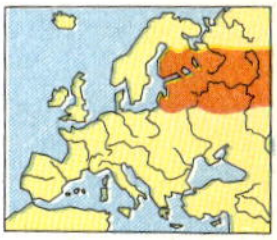

Verbreitung: Südfinnland, UdSSR. **Lebensraum und Lebensweise:** ausgedehnte Birken- und Nadelwälder. **Nahrung:** Nüsse, Beeren, Knospen. **Fortpflanzung:** *Tragzeit* 28–35 Tage; wirft im März und Juni 1–2mal je 2–4 *Junge* (Augen 16 Tage geschlossen), die 28 Tage *gesäugt,* nach 35–42 Tagen *selbständig,* nach 12 Monaten *geschlechtsreif* werden. **Lebensdauer:** 6–8 Jahre.

Gattung: Ziesel *(Citéllus);* ähnlich Murmeltier, aber kleiner; in Europa 2 Arten:

Ziesel
Citéllus citéllus (Linné)

Oberseite braungrau; gar nicht oder nur wenig gefleckt; Unterseite heller; Ohren klein; Schwanz kurz; **20,5 cm** *(19–22 cm)* + **6,5 cm** *(5,5–7,5 cm).*

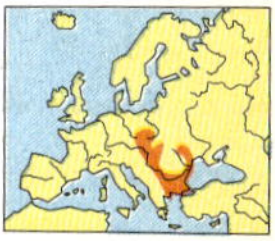

Verbreitung: südöstliche Gebiete Mitteleuropas; *nordwestliche Verbreitungsgrenze:* ČSSR, Oberschlesien, Ostsachsen. **Lebensraum und Lebensweise:** Steppengebiete; am Tage tätig; gräbt tief unter der Erde Bau mit vielen Zugängen und Fallröhre; gesellig in Kolonien; Winterschlaf; Verhalten bei Gefahr wie Murmeltier, warnt Artgenossen durch schrilles Pfeifen. **Nahrung:** Gras, Kräuter, Beeren, Getreide, gelegentlich auch junge Vögel, Mäuse. **Fortpflanzung:** *Brunstzeit* April–Mai; *Tragzeit* 25–28 Tage; wirft von April–Juni 1–2mal je 5–8 (3–9) *Junge* (Augen 28 Tage geschlossen), die 35–42 Tage *gesäugt,* nach 49–56 Tagen *selbständig,* nach 12 Monaten *geschlechtsreif* werden. **Lebensdauer:** 8–10 Jahre.

Perlziesel
Citéllus súslicus (Güldenstaedt)

Ähnlich Ziesel, aber Rücken stark weiß gefleckt; **22 cm** *(18,5 bis 26 cm)* + **4 cm** *(3,2 bis 4 cm).*

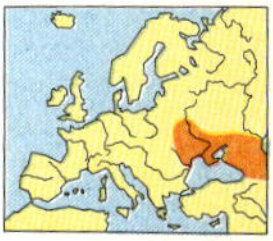

Verbreitung: UdSSR zwischen Prut und Wolga. **Lebensraum und Lebensweise:** Steppengebiete, Felder, Weiden; lebt sonst wie Ziesel; schadet Maisfeldern in UdSSR. **Fortpflanzung:** *Brunstzeit* April–Mai; *Tragzeit* 25–28 Tage; wirft von April bis Juni 1–2mal je 5–8 (3–9) *Junge* (Augen 28 Tage geschlossen), die 35–42 Tage *gesäugt,* nach 49–56 Tagen *selbständig,* nach 12 Monaten *geschlechtsreif* werden. **Lebensdauer:** 8–10 Jahre.

Gattung: Murmeltiere *(Marmóta);* groß, gedrungen (Kopf-Rumpflänge bis 57,5 cm); in Europa 2 Arten:

Alpenmurmeltier
Marmóta marmóta (Linné)

Ohren, Beine, Schwanz kurz; Oberseite braun bis schwärzlich, Unterseite heller; Schwanz am Grunde braun, sonst schwarz; **54 cm** *(50,5–57,5 cm)* + **14,5 cm** *(13–16 cm).*

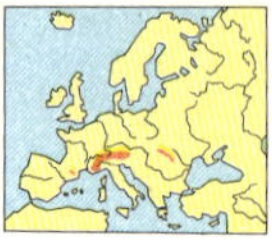

Verbreitung: Hochalpen; *lokal:* Karpaten, Pyrenäen, **Lebensraum** und **Lebensweise:** Gebirgsmatten; von Baumgrenze bis 2700 m Höhe; am Tage tätig; baut unter der Erde Höhlen mit vielen Zugängen; lebt gesellig in Kolonien; etwa 6 Monate Winterschlaf; Menschen gegenüber sehr wachsam, wenn nicht an ihn gewöhnt; warnt Artgenossen bei Gefahr durch schrilles Pfeifen. **Nahrung:** Gras, Kräuter, Wurzeln. **Fortpflanzung:** *Brunstzeit* April–Mai; *Tragzeit* 33–34 Tage; wirft von Juni–Juli 1mal 2–4 (8) *Junge* (Augen 22–25 Tage geschlossen), die 42 Tage *gesäugt,* nach 56 Tagen *selbständig* (bei den Eltern bis zum Frühjahr), nach 24 Monaten *geschlechtsreif* werden. Murmeltiere nicht jedes Jahr trächtig. **Lebensdauer:** 15–18 Jahre.

Steppenmurmeltier oder Bobak
Marmóta bóbak (Müller)

Ähnlich Alpenmurmeltier; Schwanz kürzer, fast einfarbig; **53 cm** *(49 bis 57,5 cm)* + **13 cm** *(11–14,5 cm).*

Verbreitung: Süden der UdSSR. **Lebensraum** und **Lebensweise:** Steppengebiete; baut Nestkammer unter der Erde mit mehreren Eingängen; lebt in Kolonien; Winterschlaf; Warnruf wie Alpenmurmeltier. **Fortpflanzung:** *Brunstzeit* April–Mai; *Tragzeit* 35 Tage; wirft von Juni–Juli 1mal 2–6 (8) *Junge* (Augen 28 Tage geschlossen), die 35–42 Tage *gesäugt,* nach 49–56 Tagen *selbständig* (bei den Eltern bis zum Frühjahr), nach 24 Monaten *geschlechtsreif* werden. **Lebensdauer:** 15–18 Jahre.

2. Familie: Biber *(Castóridae);* sehr groß (Kopf-Rumpflänge bis 1 m); Hinterfüße mit 5 Zehen und Schwimmhäuten; Zähne: 20; Zahnformel: $\frac{1\,0\,1\,3}{1\,0\,1\,3}$; in Europa nur 1 Gattung:

Gattung: Biber *(Cástor);* in Europa *1 Art:*

Biber
Cástor fiber Linné

Oberseite dunkelbraun, Unterseite etwas heller; Schwanz breit, platt, beschuppt; Ohren klein, Beine kurz; **89,5 cm** *(82–97 cm)* + **32,5 cm** *(31 bis 34 cm).*

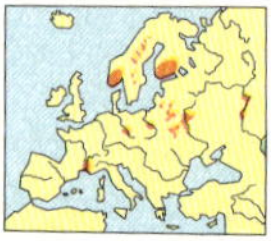

Verbreitung: nur lokal in Skandinavien, Südfinnland, Oberlauf der Elbe, Mündungsgebiet der Rhône, Polen, UdSSR. **Lebensraum** und **Lebensweise:** Gewässer in lichtem Waldbestand; hauptsächlich nachts tätig, in ruhiger Umgebung gelegentlich am Tage; schwimmt gut, kann lange tauchen; Wohnhöhle unter Uferböschungen oder Reisigburgen im Wasser mit Einschlupf unter Wasseroberfläche; staut durch Knüppel und Äste Gewässer an, wenn unbeobachteter Einschlupf durch Niedrigwasser gefährdet wird; lebt in Kolonien. **Nahrung:** Wasserpflanzen, Rinde von selbstgefällten Bäumen. **Fortpflanzung:** *Brunstzeit* Februar–März; *Tragzeit* 105–107 Tage; wirft von April–Mai 1mal 2–3 (5) *Junge* (können sofort sehen), die 56 Tage *gesäugt,* nach dieser Zeit *selbständig,* nach 3–4 Jahren *geschlechtsreif* werden; verlassen Eltern erst nach 3 Jahren. **Lebensdauer:** 15–20 Jahre.

IV. Unterordnung: Mäuseähnliche *(Myomorpha).*

1. Familie: Springmäuse *(Zapódidae);* Zähne: 18, Zahnformel: $\frac{1\ 0\ 1\ 3}{1\ 0\ 0\ 3}$; in Europa 3 Gattungen:

Gattung: Springmäuse *(Zápodus);* Hinterbeine lange Sprungbeine; Vorderbeine kurz; Schwanz mit weißer Endquaste; Ohren klein; Füße lang behaart; Europa 1 Art:

Nogai-Springmaus
Zápodus sagitta nogái (Pallas)

Etwa so groß wie Goldhamster; Fell braun, Unterseite weiß; Gesichtszeichnung weiß und braun; **17 cm + 21 cm.**

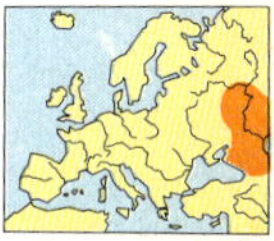

Verbreitung: zwischen Don und Wolga, ostwärts bis Innerasien. **Lebensraum** und **Lebensweise:** trockene Ebenen, Steppen, Sandwüsten; gräbt mit scharfen Krallen der Vorderfüße verzweigte Gänge in Boden; lebt gesellig, truppweise in Kolonien; verschwindet bei Gefahr mit weiten Sprüngen schnell in Erdlöchern; Tagschläfer. **Nahrung:** Gräser, Kräuter. **Fortpflanzung:** je Wurf 2–4 *Junge;* Lager mit Halmen, Haaren und anderem weichen Material ausgefüttert. **Stimme:** schwach; gibt Klopfzeichen mit Hinterpfoten.

Gattung: Pferdespringer *(Aláctaga);* Hinterbeine viel länger als Vorderbeine; Ohren so groß wie Kopf: Europa 1 Art:

Pferdespringer
Aláctaga májor (Gmelin)

So groß wie Goldhamster; Fell braun, Unterseite weiß; **18 cm + 26 cm.**

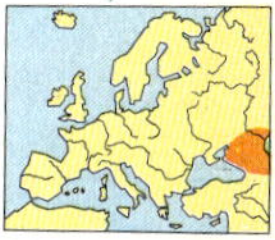

Verbreitung: Südosteuropa. **Lebensraum** und **Lebensweise:** trockenes Gelände mit lehmigem Boden; baut unter der Erde Höhlen mit vielen Zugängen; lebt darin mit Artgenossen zusammen; entzieht sich der Verfolgung durch weite Sprünge (2–3 m) wie Känguruh; Winterschlaf von September–April in gut gepolsterter Erdhöhle. **Nahrung:** Gräser, Kräuter aller Art, Zwiebeln, die aus der Erde gegraben werden (besonders Zwiebeln vom Gelbstern). **Fortpflanzung:** wirft im Sommer 3–6 (8) *Junge* (bis Herbst im elterlichen Bau).

Gattung: Birkenmäuse *(Sicista);* Hinterbeine nicht als Sprungbeine ausgebildet; Schwanz ohne Endquaste; Europa 2 Arten:

Waldbirken- oder Streifenmaus
Sicista betulina (Pallas)

Kleiner als Hausmaus; auf Rücken scharf begrenzter Aalstrich; **6 cm** *(5,2–7 cm)* + **9 cm** *(7,9 bis 10,6 cm).*

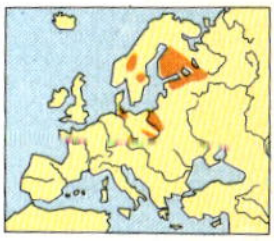

Verbreitung: Schleswig-Holstein, Bayerischer Wald, Polen (Weichselgebiet, Oberschlesien), Südfinnland; Norwegen, Schweden lokal. **Lebensraum** und **Lebensweise:** Wälder mit feuchten Wiesen, Büschen; moorige Wiesen, Haferfelder; baut im Sommer aus Gras und Moos Nest zwischen Grasbüscheln, Sträuchern; gräbt für den Winter unterirdische Höhle; kann gut klettern, benutzt dazu den Schwanz; hauptsächlich nachts tätig; Winterschlaf. **Nahrung:** Samen, Beeren, Insekten. **Fortpflanzung:** *Brunstzeit* Mai–Juni; *Tragzeit* 28 bis 35 Tage; wirft von Juni–August 1mal 2–6 *Junge* (Augen 21 Tage geschlossen), die 21 Tage *gesäugt,* nach 28 Tagen *selbständig,* nach 2–3 Monaten *geschlechtsreif* werden. **Lebensdauer:** 3 Jahre.

Steppenbirkenmaus
Sicista súbtilis (PALLAS)

Ähnlich voriger Art; Aalstrich mit hellen Seitenstreifen; **6 cm** *(5,5–6,8 cm)* + **7,5 cm** *(6,7–8,2 cm)*.

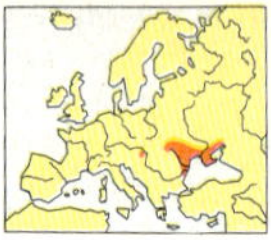

Verbreitung: Südwesten der UdSSR, *lokal:* Neusiedler See, Ungarn, Rumänien. **Lebensraum** und **Lebensweise:** Steppengebiete mit Bäumen, Büschen; baut im Sommer Nest in Felsspalten und zwischen Büschen, gräbt für den Winter unterirdische Höhle; guter Kletterer, benutzt dazu den Schwanz; hauptsächlich nachts tätig; Winterschlaf. **Fortpflanzung:** *Brunstzeit* Mai–Juni; *Tragzeit* 28–35 Tage; wirft von Juni–August 1-mal 2–6 *Junge* (Augen 21 Tage geschlossen), die 21 Tage *gesäugt,* nach 28 Tagen *selbständig,* nach 2–3 Monaten *geschlechtsreif* werden. **Lebensdauer:** 3 Jahre.

2. Familie: Schlafmäuse oder Bilche *(Muscardinidae).* Dämmerungs- und Nachttiere; man sieht sie daher selten, bemerkt jedoch bei aufmerksamer Beobachtung ihre Anwesenheit an Fraßspuren, die sie an Obst, Walnüssen oder Haselnüssen hinterlassen; von Haselmäusen angefressene Nüsse kann man an den charakteristischen Nagespuren erkennen, die anders als bei Wühl- und Langschwanzmäusen aussehen; Zähne: 20; Zahnformel: $\frac{1\ 0\ 1\ 3}{1\ 0\ 1\ 3}$; Europa 4 Gattungen:

Gattung: Siebenschläfer *(Glis);* Kopfseiten ohne schwarze Zeichnung; Körper fast rattengroß; Europa 1 Art:

Siebenschläfer
Glis glis (LINNÉ)

Etwas kleiner als Hausratte; Oberseite grau, Unterseite weiß; dunkler Augenring; **16 cm** *(13 bis 19 cm)* + **13 cm** *(11–15 cm).*

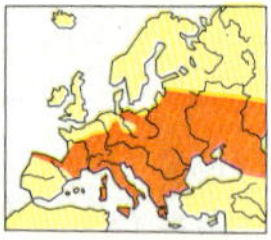

Verbreitung: ab Pyrenäen in Mittel- und Südeuropa einschließlich Süden der UdSSR; *fehlt:* Portugal, Mittel-, Südspanien, Nordfrankreich, Norden der Bundesrepublik Deutschland; Südengland lokal. **Lebensraum** und **Lebensweise:** Laubwälder, Parkanlagen, Obstgärten; bei beginnender Dämmerung und nachts tätig; baut Nester aus Wurzelfasern, Moos in Bäumen, Mauerlöchern, Felsspalten, Nistkästen; guter Springer und Kletterer; etwa 7 Monate Winterschlaf in oberirdischen Verstecken, Erdlöchern; lebt in Kolonien. **Nahrung:** Früchte, Beeren, Nüsse, Samen, Insekten, Schnecken, kleine Säuger, Jungvögel, Eier. **Fortpflanzung:** *Brunstzeit* Juli; *Tragzeit* 30–32 Tage; wirft von August bis September 1mal 3–4 (1–7) *Junge* (Augen 21–22 Tage geschlossen), die 28 Tage *gesäugt,* nach 60 Tagen *selbständig,* nach 12 Monaten *geschlechtsreif* werden. **Lebensdauer:** 9 Jahre.

Gattung: Baumschläfer *(Drýomys);* Kopfseiten mit schwarzer Zeichnung; Schwanz auf ganzer Länge buschig; Europa 1 Art:

Baumschläfer
Drýomys nitédula (PALLAS)

Etwas kleiner als Maulwurf; schwarzer Augenstreif reicht bis an das Ohr; Oberseite graubraun, Unterseite weiß; **10,5 cm** *(8–13 cm)* + **9 cm** *(8–9,5 cm).*

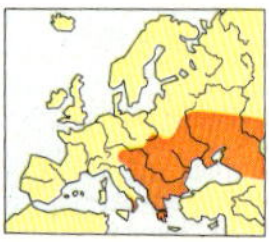

Verbreitung: Ostalpengebiet, Ungarn, Südostpolen, Balkanstaaten, Süden der UdSSR. **Lebensraum** und **Lebensweise:** Laub-, Mischwälder, Parkanlagen, Obstgärten; nachts tätig; baut Nest aus Halmen, Laub im Gebüsch, in verlassenen Vogelnestern, Baumlöchern, Gebäudeteilen; Winterschlaf in denselben Verstecken, Erdhöhlen; guter Kletterer. **Nahrung:** wie Siebenschläfer. **Fortpflanzung:** *Brunstzeit* von April bis Mai; *Tragzeit* 23–25 Tage; wirft von Mai bis Juni 1–2mal je 3–4 (1–7) *Junge* (Augen 21 Tage geschlossen), die 28 Tage *gesäugt,* nach 60 Tagen *selbständig,* nach 12 Monaten *geschlechtsreif* werden. **Lebensdauer:** 5–6 Jahre.

Gattung: Haselmäuse *(Muscardinus);* Kopfseiten ohne schwarze Zeichnung; Körper etwa mäusegroß; Europa 1 Art:

Haselmaus
Muscardinus avellanárius (LINNÉ)

Etwa so groß wie Hausmaus; Fell gelblich-fuchsrot, an Unterseite heller; Kehle, Brust weiß; **7,5 cm** *(6–9 cm)* + **6,5 cm** *(5,5–7,5 cm).*

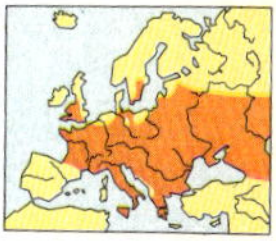

Verbreitung: hauptsächlich Mitteleuropa, *nicht mehr:* Pyrenäenhalbinsel, Irland, Nordengland, Holland, Dänemark, viele Gebiete Pommerns, Mecklenburgs; in Skandinavien: Südschweden; *fehlt:* Albanien, Westgriechenland, Inseln des westlichen Mittelmeeres. **Lebensraum** und **Lebensweise:** Park-, Buschlandschaft mit Mischwald auf lehmigem Boden; in Dämmerung und nachts tätig, seltener am Tage; baut faustgroßes, kugelförmiges Nest aus Gras, Moos, Wurzelfasern im Gebüsch, in Bäumen; Winterschlaf in Moosnestern auf Erdboden. **Nahrung:** Beeren, Knospen, Samen, Rinde, Insekten. **Fortpflanzung:** *Brunstzeit* im Juni; *Tragzeit* 20 Tage; wirft von Juli–August 1–2mal je 3–4 (1–7) *Junge* (Augen 16–18 Tage geschlossen), die 21–28 Tage *gesäugt,* nach 40 Tagen *selbständig,* nach 12 Monaten *geschlechtsreif* werden. **Lebensdauer:** 3–4 Jahre.

Gattung: Gartenschläfer *(Eliomys);* Kopfseiten mit schwarzer Zeichnung; Schwanz nur in der Endhälfte buschig behaart, sonst kurzhaarig; Europa 1 Art:

Gartenschläfer
Eliomys quercinus (LINNÉ)

Etwa so groß wie Maulwurf; Oberseite grau mit zimtbraunem Anflug; Unterseite und Flanken weiß; schwarzer Augenstreif reicht bis an den Hals; Schwanz mit schwarz-weißer Endquaste; **13,5 cm** *(10–17 cm)* + **11 cm** *(9–12,5 cm).*

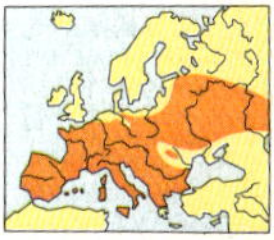

Verbreitung: fast ganz Europa; *fehlt:* im Norden, Küstengebiete der Nord- und Ostsee; Südfinnland lokal. **Lebensraum** und **Lebensweise:** Laub-, Mischwälder, Parkanlagen, Gärten; bei beginnender Dämmerung und nachts tätig; baut Nest aus Moos, Wurzelfasern in Bäumen, Sträuchern, Baumlöchern, Felsspalten, Nistkästen, verlassenen Vogelnestern; guter Kletterer; Winterschlaf in Baumlöchern, Erdhöhlen; nicht so gesellig wie Siebenschläfer. **Nahrung:** wie Siebenschläfer. **Fortpflanzung:** *Brunstzeit* von April–Mai; Tragzeit 23 *Tage;* wirft von Mai–Juni 1mal 3–4 (1–7) *Junge* (Augen 18 Tage geschlossen), die 28 Tage *gesäugt,* nach 60 Tagen *selbständig,* nach 12 Monaten *geschlechtsreif* werden. **Lebensdauer:** 5–6 Jahre.

3. Familie: Blindmäuse *(Spalácidae);* Ohren, Augen, Schwanz nicht sichtbar (im Fell verborgen); Körper walzenförmig; Nagezähne vorspringend; Zähne: 16; Zahnformel: $\frac{1\,0\,0\,3}{1\,0\,0\,3}$; Europa 1 Gattung:

Gattung: Blindmäuse *(Spálax);* in Europa 2 Arten:

Ostblindmaus
Spálax microphthálmus (GÜLDENSTAEDT)

Größer als Wanderratte; grauschwärzlich; Stirn, Hinterkopf weißlich; **27,5 cm** *(24,2–31 cm).*

Verbreitung: Südpolen, Rumänien, Süden der UdSSR; lokal Ostgriechenland. **Lebensraum** und **Lebensweise:** wie Westblindmaus. **Nahrung, Fortpflanzung** und **Stimme:** wie Westblindmaus.

Westblindmaus
Spálax leucodon NORDMANN

So groß wie Ratte; braungrau, Unterseite dunkler; **23 cm** *(18,5–27 cm).*

Verbreitung: Nord-, Ostjugoslawien, Südpolen, Rumänien, Nordbulgarien, Mittel-, Ostgriechenland, Süden der UdSSR. **Lebensraum** und **Lebensweise:** trockenes Gelände mit Feldern, Gärten; auch in Steppen; bei Dämmerung tätig, seltener am Tage; gräbt mit Zähnen unter der Erde verzweigte Gänge, legt dort auch Vorratskammern und Nestkammer an, die mit Gras ausgekleidet wird; lebt nur in Paarungszeit gesellig; Winterschlaf. **Nahrung:** Feldfrüchte, Gräser, Wurzeln. **Fortpflanzung:** *Brunstzeit* März; *Tragzeit* unbekannt; wirft im April 1mal 2–3 (1–4) *Junge* (Augen 14–21 Tage geschlossen), die 21–28 Tage *gesäugt,* nach 28–35 Tagen *selbständig; Geschlechtsreife* und *Lebensdauer* unbekannt. **Stimme:** quiekend, schnaufend.

4. Familie: Hamster *(Cricétidae).* Kleine bis mittelgroße Nagetiere von plumper Gestalt; Schwanz behaart, sehr kurz; Vorder- und Hinterfüße mit je 5 Zehen. Zähne: 16; Zahnformel: $\frac{1\ 0\ 0\ 3}{1\ 0\ 0\ 3}$. Der 1. Backenzahn (1. Molar) mit 2 Höckerreihen versehen; Hamster haben Backentaschen; Europa 3 Gattungen:

Gattung: Hamster *(Cricétus);* Europa 1 Art:

Hamster (Großhamster)
Cricétus cricétus (LINNÉ)

Etwa so groß wie Wanderratte; Fell bunt; Unterseite schwarz; mitunter ganzer Körper schwarz (seltene Spielart); **25 cm** *(21,5–28 cm)* + **4,5 cm** *(2,8–6 cm).*

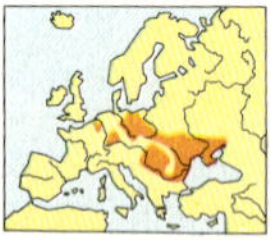

Verbreitung: hauptsächlich Mittel-, Südosteuropa; Bundesrepublik Deutschland und DDR östlich der Weser bis Odergebiet, Raum Main-Oberrhein; Belgien lokal. **Lebensraum** und **Lebensweise:** Kultursteppe mit Lehmboden, Getreidefelder; in Dämmerung und nachts tätig, zeigt sich auch am Tage; gräbt unter der Erde verzweigte Gänge mit Vorrats- und Nestkammer, senkrechten Fluchtröhren; trägt mit geräumigen Backentaschen große Wintervorräte zusammen (bis 15 kg); beide Geschlechter leben getrennt; Winterschlaf, der oft unterbrochen wird. **Nahrung:** Getreide, Feldfrüchte, Kräuter, kleine Tiere. **Fortpflanzung:** *Brunstzeit* April–Juni; *Tragzeit* 20 Tage; wirft von Mai–Juli 2–3mal je 4–10 (18) *Junge* (Augen 14 Tage geschlossen), die 18 Tage *gesäugt,* nach 25 Tagen *selbständig,* nach 90 Tagen *geschlechtsreif* werden. **Lebensdauer:** 10 Jahre. **Stimme:** quiekend, schnarchend.

Gattung: Zwerghamster: *(Cricétulus);* in Europa nur eine Art:

Zwerghamster
Cricétulus migratórius (PALLAS)

Nur wenig größer als Hausmaus; Fell nur wenig bunt, Oberseite grau, Unterseite heller; Ohren groß; Schwanz kurz; **10 cm** *(8,7 bis 11,7 cm)* + **2,5 cm** *(2,2–2,8 cm).*

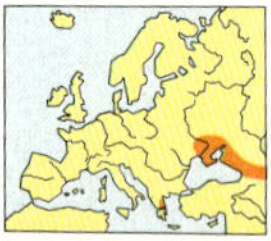

Verbreitung: Südostgriechenland, Küste des Schwarzen Meeres. **Lebensraum** und **Lebensweise:** Felder, Gärten, bewachsene Hänge in der Baumsteppe; gräbt unter der Erde Gänge mit Vorrats- und Nestkammer; kein Winterschlaf. **Fortpflanzung:** *Brunstzeit* April–Oktober; *Tragzeit* 16–19 Tage; wirft von April–Oktober 3mal je 3–10 *Junge* (Augen 12–13 Tage geschlossen), die 14–15 Tage *gesäugt,* nach 18 Tagen *selbständig,* nach 90 Tagen *geschlechtsreif* werden. **Lebensdauer:** 1,5–3 Jahre.

Gattung: Goldhamster *(Mesocricétus);* in Europa nur eine Art:

Goldhamster
Mesocricétus aurátus (WATERHOUSE)

Kleiner als Hausratte; Fell bunt, mit schwarzen Flecken; Bauch hell; Ohren groß; Schwanz sehr kurz; **11,5 cm** *(15–18 cm)* + **2 cm** *(1,5–2 cm).*

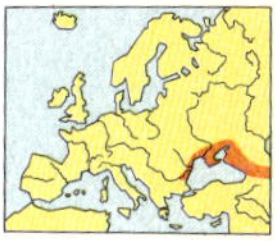

Verbreitung: Ostrumänien, Bulgarien, Süden der UdSSR (hauptsächlich Kaukasus). **Lebensraum** und **Lebensweise:** Steppengebiete mit lehmigem Boden; hauptsächlich bei Dämmerung und nachts tätig, auch am Tage; gräbt unter der Erde verzweigte Gänge mit Vorratshöhlen und Nestkammer; kann Winterschlaf halten. **Nahrung:** vorwiegend vegetabilisch, auch Insekten, Fleisch. **Fortpflanzung:** *Brunstzeit* April–Oktober; *Tragzeit* 16–19 Tage; wirft von April–Oktober 3mal je 3–13 *Junge* (Augen 12–13 Tage geschlossen), die 14–15 Tage *gesäugt,* nach 18 Tagen *selbständig,* nach 49 Tagen *geschlechtsreif* werden. **Lebensdauer:** 1,5–3 Jahre.

5. Familie: Wühlmäuse *(Micrótidae).* Unterscheiden sich von Langschwanzmäusen durch gedrungenere Körperform, rundlichen Kopf, kurze Ohren und kurzen Schwanz; Kaufläche der Backenzähne durch mehr oder weniger dreieckige Schmelzschlingen gekennzeichnet; Zähne: 16; Zahnformel: $\frac{1\,0\,0\,3}{1\,0\,0\,3}$; Vermehrungsrate sehr hoch, daher bei günstigen Lebensbedingungen zuweilen *Massenvermehrung* mit großer *Schadwirkung für Landwirtschaft;* Tragzeit in der Regel 20 Tage; *kein Winterschlaf;* Europa 8 Gattungen:

Gattung: Rötelmäuse *(Clethriónomys);* Fell rötlichbraun; in Europa 3 Arten:

Rötelmaus (Waldwühlmaus)
Clethriónomys glaréolus (SCHREBER)

Größer als Hausmaus; Oberseite rötlichbraun; Flanken grau; Unterseite gelbgrau; Schwanz lang; **10 cm** *(8,1–12,3 cm)* + **5,5 cm** *(3,6–7,2 cm).*

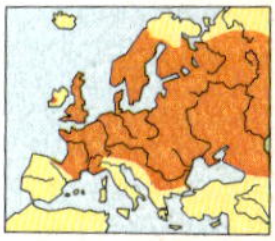

Verbreitung: fast ganz **Europa;** *fehlt:* Island, Nordskandinavien, Portugal, Spanien, Italien, Westjugoslawien, Griechenland, Mittelmeerinseln. **Lebensraum** und **Lebensweise:** Laub-, Mischwälder mit dichter Bodenvegetation; besonders am Tage tätig, aber auch nachts; gräbt verzweigte Gänge dicht unter der Erdoberfläche, baut Nest aus Moos, Blättern, Gras, sammelt Vorräte; guter Kletterer. **Nahrung:** Samen, Baumrinde, Wurzeln, Kräuter, Insekten. **Fortpflanzung:** *Brunstzeit* April–September; *Tragzeit* 18–21 Tage; wirft von Mai–Oktober 3–4mal je 3–5 (7) *Junge* (Augen 9–10 Tage geschlossen), die 14 Tage *gesäugt,* nach 21 Tagen *selbständig,* nach 8–9 Wochen *geschlechtsreif* werden. **Lebensdauer:** 2–3 Jahre. **Stimme:** knurrend, quiekend.

Polarrötelmaus
Clethriónomys rútilus (PALLAS)

Kleiner als vorige Art; Oberseite rotbraun, Unterseite braungelb (kremfarben); Schwanz kurz; **10,5 cm** *(9,8–11 cm)* + **3 cm** *(2,2–3,5 cm).*

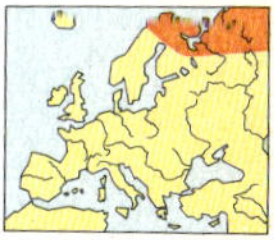

Verbreitung: Nordskandinavien, Mittel-, Nordfinnland, Norden der UdSSR. **Lebensraum** und **Lebensweise:** Birken-, Kiefernwälder; gräbt Gänge dicht unter Erdoberfläche; baut Nest aus Moos, Gras im Schutze von Wurzeln, Steinen; lebt sonst wie Rötelmaus; guter Kletterer. **Fortpflanzung:** *Brunstzeit* April–Juli; *Tragzeit* 18–21 Tage; wirft von Mai–August 3–4mal je 5–10 (12) *Junge* (Augen 9–10 Tage geschlossen), die 14 Tage *gesäugt,* nach 21 Tagen *selbständig,* nach 8–9 Wochen *geschlechtsreif* werden. **Lebensdauer:** 2–3 Jahre.

Grauröteimaus
Clethriónomys rufocánus (SUNDEVALL)

Fast so groß wie Maulwurf; Oberseite dunkelrotbraun, übriger Körper grau, besonders an Flanken; **12 cm** *(11–13 cm)* + **3,5 cm** *(2,8–4 cm).*

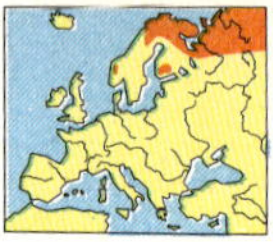

Verbreitung: Nordskandinavien, Nordfinnland, Norden der UdSSR; *lokal:* Südnorwegen, Südfinnland. **Lebensraum** und **Lebensweise:** felsiges Gelände mit Birken, Kiefern; *Lebensweise* ähnlich Polarrötelmaus. **Fortpflanzung:** *Brunstzeit* April–Juli; *Tragzeit* 18–21 Tage; wirft von Mai bis August 3–4mal je 5–10 (12) *Junge* (Augen 9–10 Tage geschlossen), die 14 Tage *gesäugt,* nach 21 Tagen *selbständig,* nach 8–9 Wochen *geschlechtsreif* werden. **Lebensdauer:** 2–3 Jahre.

Gattung: Bisamratten *(Ondátra);* größte heimische Wühlmäuse; Europa 1 Art:

Bisamratte
Ondátra zibéthica (LINNÉ)

Kleiner als Wildkaninchen; Körper plump; Schwanz lang, seitlich zusammengedrückt, schuppig; **33 cm** *(26–40 cm)* + **23 cm** *(19 bis 27,5 cm).*

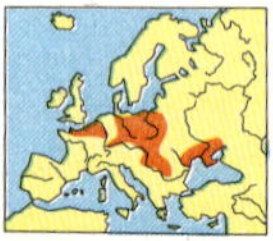

Verbreitung: Ursprungsheimat Nordamerika; seit 1905 in Europa (Böhmen); jetzt Finnland, Bundesrepublik Deutschland östlich Weser, südlich des Mains, Moseltal, Nordfrankreich, Belgien, DDR, ČSSR, Polen, Ungarn, Rumänien, Südwesten der UdSSR. **Lebensraum** und **Lebensweise** Gewässer mit Ufervegetation; am Tage und nachts tätig; kann gut schwimmen, lange tauchen; baut Wohn- und Vorratshöhlen in Uferböschungen, Dämmen, Deichen mit Zugängen unter dem Wasserspiegel, wird dadurch schädlich; in Sumpfgebieten auch Binsennest über dem Wasser beobachtet. **Nahrung:** hauptsächlich Wasserpflanzen; außerdem: Muscheln, Feldfrüchte, Kräuter, Wurzeln. **Fortpflanzung:** *Brunstzeit* April–September; *Tragzeit* 28–30 Tage; wirft von Mai–Oktober 3mal je 5–9 (14) *Junge* (Augen 11 Tage geschlossen), die 18 Tage *gesäugt,* nach 28 Tagen *selbständig,* nach 3–5 Monaten *geschlechtsreif* werden. **Lebensdauer:** 3–5 Jahre. **Stimme:** pfeifend.

Gattung: Kleinäugige Wühlmäuse *(Pitymys);* Hinterfüße kürzer als 2,5 cm, ihre Sohlen mit fünf Schwielen; Rücken grau, braungrau oder braun; Augen auffallend klein; Ohren sehr kurz; Europa 3 Arten:

Kleinwühlmaus
Pitymys subterráneus (DE SELYS-LONGCHAMPS)

So groß wie Hausmaus; Oberseite bräunlichgrau, Unterseite heller bis weißlich; Augen klein; Ohren sehr klein, fast ganz im Fell verborgen; nur zwei Paar Bauchzitzen; **9 cm** *(7,5–10,6 cm)* + **3 cm** *(2,5–3,9 cm).*

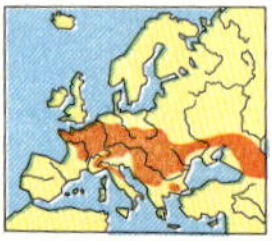

Verbreitung: Nord-, Ostfrankreich, Belgien, Bundesrepublik Deutschland, DDR, von Mittelgebirgen ab südlich, Schweiz, ČSSR, Österreich, Südpolen, Ungarn, Jugoslawien, Rumänien, Nordbulgarien, Süden der UdSSR. **Lebensraum** und **Lebensweise:** feuchte Wiesen, Felder im Mittel- und Hochgebirge; meist nachts tätig; baut verzweigte Gänge mit Vorratskammern und Wohnhöhle; sehr flink; kann schwimmen. **Fortpflanzung:** *Brunstzeit* von April–September; *Tragzeit* 21 Tage; wirft von Mai–Oktober 2–3mal je 2–3 (5) *Junge* (Augen 10–11 Tage geschlossen), die 12 Tage *gesäugt,* nach 21 Tagen *selbständig,* nach 8–9 Wochen *geschlechtsreif* werden. **Lebensdauer:** 2–4 Jahre. **Stimme:** zwitschernd, piepend.

Savi-Kleinwühlmaus
Pítymys sávii (DE SELYS-LONGCHAMPS)

Etwas größer als Hausmaus; Fell etwas heller als bei der Kleinwühlmaus; Ohren klein; Schwanz kurz; Füße größer als bei voriger Art; **9,5 cm** *(8,2 bis 10,5 cm)* + **3 cm** *(2,1–3,4 cm).*

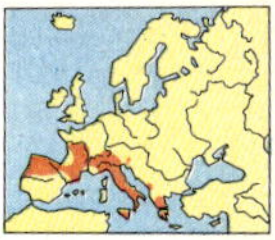

Verbreitung: Norden Portugals, Spaniens, Pyrenäen, West-, Südwestfrankreich, Südschweiz, Italien, Griechenland. **Lebensraum und Lebensweise:** bevorzugt gebirgiges Gelände. **Nahrung und Fortpflanzung:** unbekannt, wahrscheinlich ähnlich Kleinwühlmaus.

Mittelmeer-Kleinwühlmaus
Pítymys duodecimcóstatus (DE SELYS-LONGCHAMPS)

Ohren und Schwanz sehr kurz; **10 cm** *(9,3–10,7 cm)* + **2,5 cm** *(2–2,9 cm).*

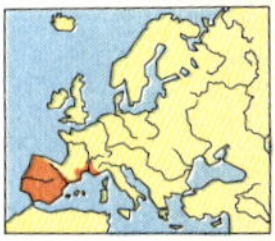

Verbreitung: Portugal, Spanien, Südfrankreich, *lokal:* Süden Jugoslawiens, Griechenlands. **Lebensraum** und **Lebensweise:** Felder, Wiesen; hauptsächlich am Tage tätig, gräbt dicht unter der Erde verzweigte Gänge, wirft dabei kleine Erdhügel auf; baut unter der Erde Vorratskammern und Wohnnest aus trockenem Laub; trägt Vorräte herbei. **Nahrung:** Wurzeln, Feldfrüchte, Kräuter, Gräser. **Fortpflanzung:** unbekannt. **Stimme:** quiekend.

Gattung: Wühlmäuse *(Micrótus);* Hinterfußsohlen mit 6 Schwielen; Europa 5 Arten:

Schneemaus
Micrótus nivális (MARTINS)

Etwa so groß wie Maulwurf; Fell hellgrau, dicht und lang, mit rötlichem Schimmer; Schwanz weißlichgrau, lang; 1. Unterkieferzahn artkennzeichnend; **13 cm** *(11,7–14 cm)* + **6 cm** *(5 bis 7,5 cm).*

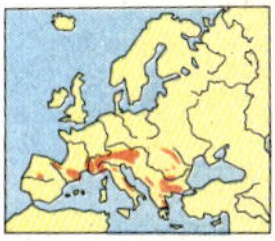

Verbreitung: Pyrenäen, Alpen, Apennin, Karpaten, Gebirge der Balkanstaaten, tiefere Lagen Südfrankreichs. **Lebensraum** und **Lebensweise:** Gebirge mit Matten, Steinhalden, Felsblöcken; lebt in Nähe von Alpenrosen; am Tag und nachts tätig; versteckt sich im Geröll, zwischen Wurzeln; gräbt Gänge; sonnt sich gern; zieht sich im Winter in Berghütten zurück; kann gut klettern; bringt Vorräte ein. **Nahrung:** Wurzeln, Kräuter, Gras, Baumrinde. **Fortpflanzung:** *Brunstzeit* Mai–Juli; *Tragzeit* 21 Tage; wirft von Juni–August 2mal je 2–7 *Junge* (Augen 13 Tage geschlossen), die 12 Tage *gesäugt,* nach 21 Tagen *selbständig,* nach 3–5 Wochen geschlechtsreif werden. **Lebensdauer:** 2–4 Jahre. **Stimme:** quiekend.

Sumpfmaus
Micrótus rátticeps (KAYSERLING u. BLASIUS)

So groß wie Maulwurf; Oberseite dunkelgraubraun bis kastanienbraun; Ohr sehr klein, fast ganz verdeckt; Schwanz lang; **13,5 cm** *(11,8 bis 14,8 cm)* + **5 cm** *(4–6,4 cm).*

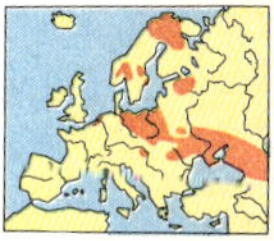

Verbreitung: Norden Skandinaviens, Finnlands; *lokal:* Südschweden, Südnorwegen, Küste Hollands, Bundesrepublik Deutschland, DDR östlich der Elbe, Ostösterreich, Polen, Süden der UdSSR. **Lebensraum** und **Lebensweise:** ähnliches Gelände wie Erdmaus; gräbt verzweigte Gänge dicht unter der Bodenvegetation, wirft dabei kleine Erdhügel auf; baut Vorratskammern; Wohnnest aus Gräsern, Moos; kann schwimmen, tauchen. **Fortpflanzung:** *Brunstzeit* Februar–Oktober; *Tragzeit* 20–23 Tage; wirft von Februar–November 3–4mal je 4–8 *Junge* (Augen 9–10 Tage geschlossen), die 12 Tage *gesäugt,* nach 21 Tagen *selbständig,* nach 3–5 Wochen *geschlechtsreif* werden. **Lebensdauer:** 2–3 Jahre. **Stimme:** ähnlich Erdmaus.

Feldmaus
Microtus arvalis (PALLAS)

Größer als Hausmaus; Schwanz kürzer als 4,5 cm; Ohrmuscheln in oberer Hälfte kurz und dicht behaart; Fell glatt, kurzhaarig; **12 cm** *(9,5 bis 12 cm)* + **4 cm** *(3–4,5 cm).*

Verbreitung: hauptsächlich Mittel- und Osteuropa; nördlichstes Verbreitungsgebiet Süddänemark, Südfinnland; westliche Grenze Ostspanien; *fehlt:* Bretagne, Südfrankreich, Italien, Mittelmeerinseln. **Lebensraum** und **Lebensweise:** Wiesen, Felder, trockener Kiefernwald; nachts und am Tage tätig; Gänge dicht unter Erdoberfläche; baut Wohn- und Vorratshöhlen; legt Vorräte an; lebt in Kolonien. **Nahrung:** Wurzeln, Feldfrüchte, Kräuter, Sämereien. **Fortpflanzung:** *Brunstzeit* Februar–September; *Tragzeit* 21 Tage; wirft von März–November 3–7mal 4–12 *Junge* (Augen 9–10 Tage geschlossen), die 12 Tage *gesäugt,* nach 21 Tagen *selbständig,* nach 15–18 Tagen *geschlechtsreif* werden. **Lebensdauer:** 2–3 Jahre. **Stimme:** schrill piepend.

Mittelmeer-Feldmaus
Micrótus guentheri (DANFORD u. ALSTON)

Größer, kräftiger als Feldmaus; Unterscheidung sicher nur am Schädel möglich; **11,5 cm** *(10,6 bis 12,5 cm)* + **3,5 cm** *(1,6–4,1 cm).*

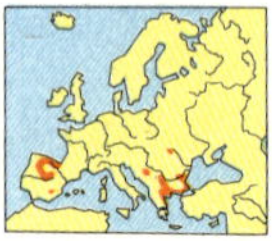

Verbreitung: *lokal:* Spanien und Balkanstaaten. **Lebensraum** und **Lebensweise:** bergiges Gelände; überwiegend nachts tätig; gräbt unter der Erde verzweigte Gänge mit Nest- und Vorratshöhlen; lebt in Kolonien. **Fortpflanzung, Lebensdauer** und **Stimme:** unbekannt.

Erdmaus
Micrótus agréstis (LINNÉ)

Kleiner als Maulwurf; Fell langhaarig, rauh; Rücken dunkelbraun, Unterseite weißlich: Ohren schwach behaart, obere Hälfte fast nackt; **11,5 cm** *(9,5–13,3 cm)* + **4 cm** *(2,7–4,6 cm).*

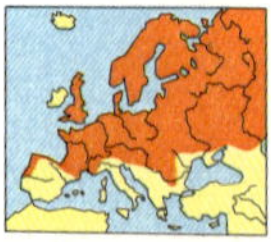

Verbreitung: Mittel-, Nordeuropa; *fehlt:* Island, Irland; *westliche Verbreitungsgrenze:* Pyrenäen; *südliche Verbreitungsgrenze:* Alpen, Nordungarn; auch Mittel-, Nordportugal. **Lebensraum** und **Lebensweise:** feuchtes Gelände mit hohem Pflanzenwuchs, Waldlichtungen, Schonungen; meist am Tage tätig; gräbt unter Gras und Moos verzweigte Gänge; baut meist über der Erde Grasnest; guter Schwimmer. **Nahrung:** Gräser, Wurzeln, Kräuter, Baumrinde; dadurch Forstschädling. **Fortpflanzung:** *Brunstzeit* Februar–September; *Tragzeit* 21 Tage; wirft von März–November 3–4mal je 4–7 *Junge* (Augen 9–10 Tage geschlossen), die 12 Tage *gesäugt,* nach 21 Tagen *selbständig,* nach 15–28 Tagen *geschlechtsreif* werden. **Lebensdauer:** 2–3 Jahre. **Stimme:** quiekend, zeternd.

Gattung: Bergmäuse *(Dólomys);* Europa 1 Art:

Bergmaus
Dólomys milleri (NEHRING)

Fell weich, chinchillaartig, sehr dicht; Schwanz lang; **12,5 cm** *(9,9–14,8 cm* + **10 cm** *(7,4–11,9 cm).*

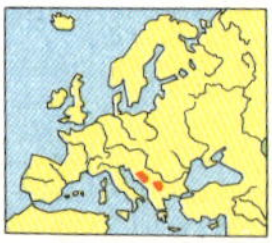

Verbreitung: Südjugoslawien. **Lebensraum** und **Lebensweise:** bevorzugt felsige Berghänge in Kalkgebirgen mit dürftigem Pflanzenwuchs, besonders im Krummholzgürtel; verbirgt sich im Geröll, in Felsspalten. **Fortpflanzung, Lebensdauer** und **Stimme:** unbekannt.

Gattung: Schermäuse *(Arvícola);* ziemlich groß (bis 22 cm), langer Schwanz (bis 14,4 cm); Hinterfüße größer als 2,7 cm mit 5 Schwielen auf Fußsohle; Europa 2 Arten:

Ostschermaus
Arvicola terréstris (LINNÉ)

Fast rattengroß; Oberseite meist dunkelbraungrau, Unterseite graugelb mit bräunlichem Anflug; Ohren klein, fast ganz im Fell verborgen; **16 cm** *(12–20 cm)* + **8 cm** *(5,6–10,4 cm).*

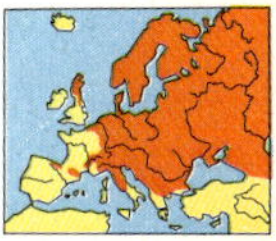

Verbreitung: fast ganz Europa; *fehlt:* Island, Irland, Südengland, Portugal, Spanien (nur Pyrenäen), Nord-West-, Südfrankreich, Mittel-, Süditalien, Griechenland, alle Mittelmeerinseln. **Lebensraum** und **Lebensweise:** feuchte, moorige Wiesen und Felder in Nähe von Gewässern; hauptsächlich am Tage tätig; guter Schwimmer und Taucher; gräbt verzweigte Röhren unter der Erdoberfläche, wirft (wie Maulwurf) kleine Erdhügel aus, baut Vorratskammern und Nestkammer. **Nahrung:** Wurzeln (dadurch oft schädlich), Getreide, Kräuter, Wasserpflanzen, Rinde; sammelt zum Winter große Vorräte an Kartoffeln, Getreide. **Fortpflanzung:** *Brunstzeit* April–September; *Tragzeit* 21 Tage; wirft von Mai–Oktober 3–4mal je 2–6 (8) *Junge* (Augen 9–10 Tage geschlossen), die 12 Tage *gesäugt,* nach 3 Wochen *selbständig,* mit 8–9 Wochen *geschlechtsreif* werden. **Lebensdauer:** 2–4 Jahre. **Stimme:** quiekend, zeternd.

Westschermaus
Arvicola amphibius (LINNÉ)

Ähnlich Ostschermaus, aber größer, Schwanz länger, Schnauze spitzer; **19 cm** *(16,2–22 cm)* + **12 cm** *(9,8–14,4 cm).*

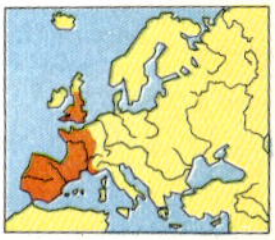

Verbreitung: Mittel-, Südengland, Pyrenäenhalbinsel, Frankreich. **Lebensraum** und **Lebensweise:** Felder, Gärten in Gewässernähe; hauptsächlich am Tage tätig; guter Schwimmer und Taucher; gräbt am Ufer von Gewässern verzweigte, unterirdische Gänge mit Eingang unter der Wasseroberfläche; baut Nestkammer. **Nahrung, Fortpflanzung** und **Lebensdauer:** wie Ostschermaus. **Stimme:** selten zu hören, meist pfeifend.

Gattung: Berglemminge *(Lémmus);* in Europa nur 1 Art:

Berglemming
Lémmus lémmus (LINNÉ)

Etwas kleiner als Goldhamster; Fell ziemlich bunt; Oberseite gelb und schwarz; Pfoten breit, gelb; Schwanz sehr kurz, gelb; **14 cm** *(13–15 cm)* + **2 cm** *(1,5–1,9 cm).*

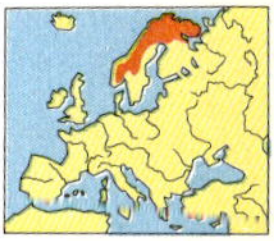

Verbreitung: Norwegen, Norden Schwedens, Finnlands. **Lebensraum** und **Lebensweise:** Hochgebirge des Nordens einschließlich der Nadel- und Birkenwaldzone; am Tage und nachts tätig; gräbt Gänge dicht unter der Erdoberfläche, baut Wohnnest unter und über der Erde; guter Schwimmer; in Jahren starker Vermehrung wandern Lemminge in großen Scharen in südlicher Richtung, gelangen zum Meer und ertrinken dort. **Nahrung:** Moose, Flechten, Wurzeln, Kräuter, Rinde. **Fortpflanzung:** *Brunstzeit* April–Oktober; *Tragzeit* 13–21 Tage; wirft von Mai bis November 2–4mal je 5–6 (3–13) *Junge* (Augen 11 Tage geschlossen), die 14–15 Tage *gesäugt,* nach 21 Tagen *selbständig,* nach 4 Monaten *geschlechtsreif* werden. **Lebensdauer:** 1½ Jahre. **Stimme:** pfeifend, quiekend.

Gattung: Waldlemminge *(Myópus);* in Europa nur 1 Art:

Waldlemming
Myópus schisticolor (Lilljeborg)

Etwa so groß wie Hausmaus; Fell dunkelgrau, im Winter heller; Rücken rotbraun; Schwanz sehr kurz; **9 cm** *(8,5–9,5 cm)* + **2 cm** *(1,5–1,9 cm).*

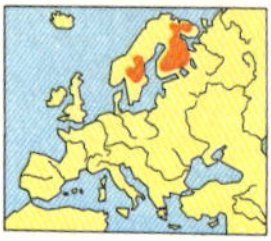

Verbreitung: Nadelwälder Mittelskandinaviens, Südfinnlands. **Lebensraum** und **Lebensweise:** Nadelwälder mit Moosboden; überwiegend bei Dämmerung und nachts tätig; gräbt verzweigte Gänge unter Moosdecke; Wandertrieb nicht so ausgeprägt wie beim Berglemming. **Fortpflanzung:** *Brunstzeit* Mai–August; *Tragzeit* 13–21 Tage; wirft von Mai–August 3–4mal je 4–8 (10) *Junge* (Augen 11–12 Tage geschlossen), die 14 bis 15 Tage *gesäugt,* nach 35 Tagen *selbständig,* nach 2 Monaten *geschlechtsreif* werden. **Lebensdauer:** 1½ Jahre.

6. Familie: Langschwanzmäuse *(Múridae).* Klein (5,8 cm) bis mittelgroß (27,3 cm); spitze Schnauze, gespaltene Oberlippe; langer bis mittellanger, dünn behaarter, deutlich geringelter Schwanz; Vorderfüße mit 4 Zehen (zuweilen die 5. angedeutet), Hinterfüße mit 5 Zehen. Zähne: 16, mit Schmelzhöckern; Zahnformel: $\frac{1\,0\,0\,3}{1\,0\,0\,3}$; kein Winterschlaf; Lebenserwartung freilebender Mäuse beträgt 1–1½ Jahre, in Gefangenschaft bis 4 Jahre (in den Einzelbeschreibungen angegebene Zahlen beziehen sich in der Regel auf in Käfigen gehaltene Tiere); Europa Vertreter aus 5 Gattungen:

Gattung: Zwergmäuse *(Micromys);* sehr klein (Kopf-Rumpflänge unter 7,5 cm); Europa 1 Art:

Zwergmaus
Micromys minútus (Pallas)

Viel kleiner als Hausmaus; Oberseite meist rehbraun, Unterseite gelbbraun; kein Rückenstreifen; Schwanz lang, beschuppt, nur schwach behaart; **7 cm** *(5,8–7,6 cm)* + **6 cm** *(5,1–7,2 cm).*

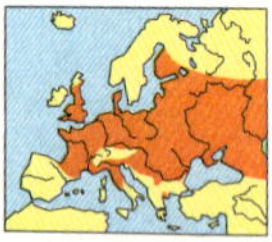

Verbreitung: fast ganz Europa; *fehlt:* Island, Irland, Schottland, Skandinavien, Nordfinnland, Alpengebiet, Pyrenäenhalbinsel, Süditalien, Westjugoslawien, Albanien, Südbulgarien, Griechenland, Mittelmeerinseln. **Lebensraum** und **Lebensweise:** Felder, Wiesen, Waldränder mit Gebüsch, verschilfte Ufer, im Winter Scheunen, Strohmieten; überwiegend am Tag tätig; kann gut klettern, benutzt dazu den Schwanz; baut im Gebüsch oder an Halmen hängendes, kugeliges Sommernest aus zerkleinerten Blättern mit seitlichem Einschlupf; „Wochenstube" größer, fester. **Nahrung:** Samen, Beeren, Knospen, Insekten. **Fortpflanzung:** *Brunstzeit* März–August; *Tragzeit* 21 Tage; wirft von April–September 2–3mal je 3–7 *Junge* (Augen 8 Tage geschlossen), die 14–15 Tage *gesäugt,* nach 21 Tagen *selbständig,* nach 6 Wochen *geschlechtsreif* werden. **Lebensdauer:** 2–4 Jahre. **Stimme:** zirpend.

Gattung: Ährenmäuse *(Mús);* größere Mäuse (Kopf-Rumpflänge über 7,8 cm); Ohren ziemlich groß; Schwanz etwa so lang wie Körper; Europa 2 Arten:

Ährenmaus
Mús músculus músculus Linné

Etwas kleiner als Hausmaus; Oberseite braungrau; Unterseite weiß; Schwanz verhältnismäßig kurz, mit 140–175 Ringen; **8 cm** *(7,2–9,6 cm)* + **6,5 cm** *(5–7,7 cm).*

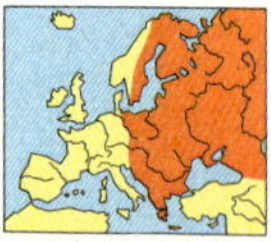

Verbreitung: ganz Osteuropa; *fehlt:* Westeuropa; *westliche Verbreitungsgrenze:* etwa auf der Linie Westschweden–Holstein–Unterlauf der Elbe–Zwickauer Mulde–München; *Stammform der Hausmaus.* **Lebensraum:** Gebäude, im Sommer auch Felder, Dünengelände. **Lebensweise, Fortpflanzung, Lebensdauer** und **Stimme:** wahrscheinlich ähnlich Hausmaus. In Südosteuropa existiert die **Südliche Ährenmaus** *(Mús músculus spicilegus),* in Südeuropa als weitere Unterart *Mús músculus sprétus.*

Hausmaus
Mús músculus doméstícus LINNÉ

Größe bekannt; Fell einfarbig bleigrau bis braungrau; Schwanz lang, mit 150–200 Ringen; **9 cm** *(7,5–10,3 cm)* + **9 cm** *(7,2–10,2 cm).*

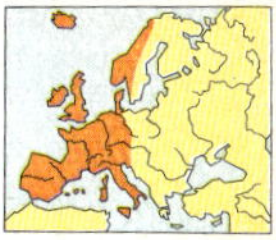

Verbreitung: von Westdeutschland beginnend im Westen Europas; *östliche Grenze:* westliche Verbreitungslinie der Ährenmaus. **Lebensraum und Lebensweise:** Felder, Gärten, Waldränder, mit Vorliebe menschliche Siedlungen; bei Dämmerung und nachts tätig; guter Kletterer und Springer; baut aus Stroh, Papier, Lumpen, anderen Abfällen großes Nest; lebt gesellig; sammelt keine Vorräte. **Nahrung:** Samen, Insekten, alle menschlichen Nahrungsmittel. **Fortpflanzung:** *Brunstzeit* das ganze Jahr; *Tragzeit* 23 Tage; wirft im Jahr 4–6mal je 4–8 *Junge* (Augen 13 Tage geschlossen), die 18 Tage *gesäugt,* nach 28 Tagen *selbständig,* nach 45 Tagen *geschlechtsreif* werden. **Lebensdauer:** 2–4 Jahre. **Stimme:** quiekend.

Gattung: Ratten *(Ráttus);* Hinterfüße über 35 mm lang; Gewicht erwachsener Tiere über 150 g; Europa 2 Arten:

Hausratte
Ráttus ráttus (LINNÉ)

Größe bekannt; braun, weiße Unterseite oder schwärzlich mit grauer Unterseite; Schwanz sehr lang, meist länger als Körper, mit mehr als 250 Ringen; Ohren groß (2,5 cm); **20 cm** *(15,8–23,5 cm)* + **22 cm** *(18,6–25,2 cm).*

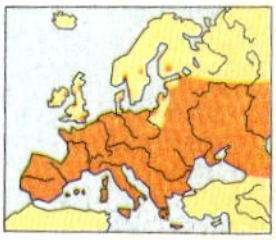

Verbreitung: fast ganz Europa; *fehlt:* Norden Skandinaviens, Finnlands; England, Irland, Dänemark, Südskandinavien, Südfinnland nur lokal. **Lebensraum und Lebensweise:** menschliche Siedlungen oder ihre Nähe; lebt in Scheunen, Ställen, auf Dachböden; in der Dämmerung und nachts tätig; guter Kletterer und Springer; lebt gesellig; baut Nest unter Fußbrettern, zwischen Verschalungen, in Mauerlöchern, im Freien unter Steinen, Mauern. **Nahrung:** Allesfresser, überwiegend vegetabilisch. **Fortpflanzung:** *Brunstzeit* das ganze Jahr; *Tragzeit* 20–24 Tage; wirft im Jahr 3–6mal je 6–10 (15) *Junge* (Augen 14–16 Tage geschlossen), die 21 Tage *gesäugt,* nach 42 Tagen *selbständig,* nach 3 Monaten *geschlechtsreif* werden. **Lebensdauer:** 7 Jahre. **Stimme:** quiekend.

Wanderratte
Ráttus norvégicus (BERKENHOUT)

Größer als Hausratte; braun oder schwärzlich mit heller Unterseite; Schwanz ziemlich dick, kürzer als Körper, mit höchstens 220 Ringen; Ohren kleiner als bei Hausratte; **24,5 cm** *(21,4 bis 27,3 cm)* + **20 cm** *(17,2–22,9 cm).*

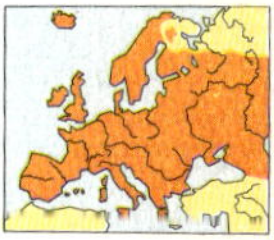

Verbreitung: fast ganz Europa. **Lebensraum und Lebensweise:** Gewässernähe, menschliche Siedlungen; gern auf Schuttplätzen, in Kanalisationsröhren, Kellern, feuchten Ställen, auf Schiffen; in der Dämmerung und bei Nacht tätig; guter Schwimmer und Taucher; angriffslustig; lebt in Rudeln; gräbt unter der Erde verzweigte Röhren mit Nest- und Vorratskammern; kann Krankheiten übertragen. **Nahrung:** Allesfresser, überwiegend animalisch; frißt auch Aas; greift bei Nahrungsmangel lebende Tiere sowie den Menschen an. **Fortpflanzung:** *Brunstzeit* März–August; *Tragzeit* 22–24 Tage; wirft von April–September 3–7mal je 6–10 (15) *Junge* (Augen 14–16 Tage geschlossen), die 21 Tage *gesäugt,* nach 42 Tagen *selbständig,* nach 2–3 Monaten *geschlechtsreif* werden. **Lebensdauer:** 7 Jahre. **Stimme:** quiekend, fauchend.

Gattung: Stachelmäuse *(Ácomys);* Rückenmitte mit stacheligen Borstenhaaren; Europa 1 Art:

Stachelmaus

Ácomys cahirinus (DESMAREST)

Größer als Hausmaus; hellbraun, Unterseite weißlich; Ohren groß; Schnurrhaare lang; **12 cm** *(9,4–12,8 cm)* + **11 cm** *(8,9–12 cm).*

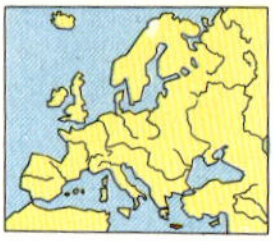

Verbreitung: Kreta, Zypern, Vorderasien, Nord-, Ostafrika. **Lebensraum und Lebensweise:** trockenes, felsiges Gelände mit geringer Vegetation; hauptsächlich nachts tätig, guter Kletterer; lebt gesellig; baut Nest unter Steinen oder in Felsspalten; zieht sich bei Kälte in Gebäude zurück. **Nahrung:** Samen, Kräuter, Schnecken, Insekten. **Fortpflanzung:** unbekannt.

Gattung: Waldmäuse *(Apodémus);* etwas größer als Hausmaus bis fast rattengroß; Rücken ohne Stachelhaare; Europa 4 Arten:

Brandmaus

Apodémus agrárius (PALLAS)

Größer als Hausmaus; Oberseite rotbraun, mit schwarzem „Aalstrich", im Winter heller; Unterseite schmutzigweiß; Schwanz kürzer als Körper, Ohren ziemlich klein; **11 cm** *(9,7–12,2 cm)* + **8 cm** *(6,6–8,8 cm).*

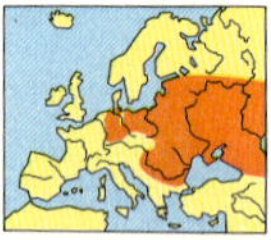

Verbreitung: etwa vom Rhein ab ostwärts in Mittel-, Ost-, Südosteuropa; Schleswig-Holstein lokal; *fehlt:* Süden der Bundesrepublik Deutschland, Österreich, ČSSR, Schweiz, Mittelmeerländer, südlicher Balkan. **Lebensraum und Lebensweise:** feuchte Wiesen, Waldränder mit Gebüsch, Parkanlagen, Gärten; am Tag und bei Nacht tätig; guter Kletterer; gräbt Gänge, baut Wohnnest, Vorratskammern; lebt im Winter in Stallungen, Strohmieten. **Nahrung:** Samen, Nüsse, Kräuter, Regenwürmer. **Fortpflanzung:** *Brunstzeit* März bis September; *Tragzeit* 21–23 Tage; wirft von April–Oktober 3–4mal je 4–8 (2–12) *Junge* (Augen 9 Tage geschlossen), die 14–15 Tage *gesäugt,* nach 21 Tagen *selbständig,* nach 7–8 Wochen *geschlechtsreif* werden. **Lebensdauer:** 2–4 Jahre.

Waldmaus

Apodémus sylváticus (LINNÉ)

Etwa so groß wie Hausmaus; Oberseite braungrau, Unterseite grauweiß; Kehle mit gelbem Längsfleck; Ohren groß; **9,5 cm** *(7,7–11 cm)* + **9 cm** *(6,9–11,5 cm).*

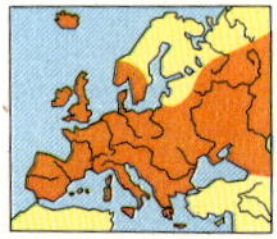

Verbreitung: fast ganz Europa; *fehlt:* Mittel- und Nordskandinavien, Finnland, Ostseegebiete der UdSSR. **Lebensraum und Lebensweise:** Gärten, Parkanlagen, Felder, Waldränder; überwiegend nachts tätig; guter Kletterer, flüchtet in Sprüngen; baut unter der Erde Wohnnest, Vorratskammer; lebt im Winter in Stallungen, Mieten. **Nahrung:** Samen, Nüsse, Eicheln, Bucheckern, Pflanzentriebe, Insekten. **Fortpflanzung:** *Brunstzeit* März–August; *Tragzeit* 23 Tage; wirft von April–September 3–4mal je 3–9 *Junge* (Augen 12–14 Tage geschlossen), die 14–15 Tage *gesäugt,* nach 21 Tagen *selbständig,* nach 7–8 Wochen *geschlechtsreif* werden. **Lebensdauer:** 2–4 Jahre. **Stimme:** leise piepend.

Felsenmaus
Apodémus mystácinus (Danford u. Alston)

Verbreitung: lokal Südjugoslawien, Albanien, Griechenland; vorwiegend asiatisch. **Lebensraum:** bevorzugt felsiges, trockenes Gelände mit Buschwerk. **Lebensweise, Nahrung** und **Fortpflanzung:** nicht genügend bekannt; baut Nest unter größeren Felsen.

So groß wie Maulwurf; Rücken braungrau; Unterseite weiß, scharf abgesetzt; Ohren sehr groß (1,9 cm und länger); **14 cm** *(12,8–15 cm)* + **13 cm** *(11,5–14,6 cm).*

Gelbhalsmaus
Apodémus flavicóllis (Melchior)

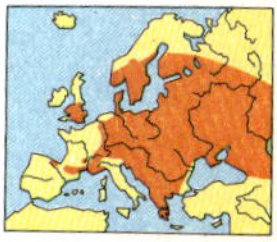

Verbreitung: Mittel-, Südskandinavien, Südfinnland, Ostseeinseln, Dänemark, Mittel-, Südengland, Bundesrepublik Deutschland, DDR, Süd-, Ostfrankreich, Schweiz, ČSSR Österreich, Ungarn, Polen, Balkanstaaten, UdSSR. **Lebensraum** und **Lebensweise:** feuchte Laubwälder, Erlenbrüche, Parkanlagen; bei Dämmerung und nachts tätig; guter Kletterer und Springer; wohnt in Baumlöchern, Felsspalten, Nistkästen, Maulwurfsgängen; baut auch Wohnnest, Vorratskammer unter Baumwurzeln, aber seltener; lebt im Winter in Strohmieten, Stallungen. **Nahrung:** Samen, Insekten. **Fortpflanzung:** *Brunstzeit* März bis September; *Tragzeit* 23–26 Tage; wirft von März–Oktober 3–4mal je 2–8 *Junge* (Augen 12 bis 14 Tage geschlossen), die 14–15 Tage *gesäugt,* nach 21 Tagen *selbständig,* nach 7–8 Wochen *geschlechtsreif* werden. **Lebensdauer:** 2–4 Jahre. **Stimme:** leise piepend.

Etwas größer als Hausmaus; Oberseite rostbraun, Unterseite blendendweiß, scharf abgesetzt; gelbes Kehlband; Ohren sehr groß, bis 1,9 cm lang; **11 cm** *(8,8–13 cm)* + **11,5 cm** *(9,2–13,4 cm).*

43.1 Waldmaus

43.2 Gelbhalsmaus

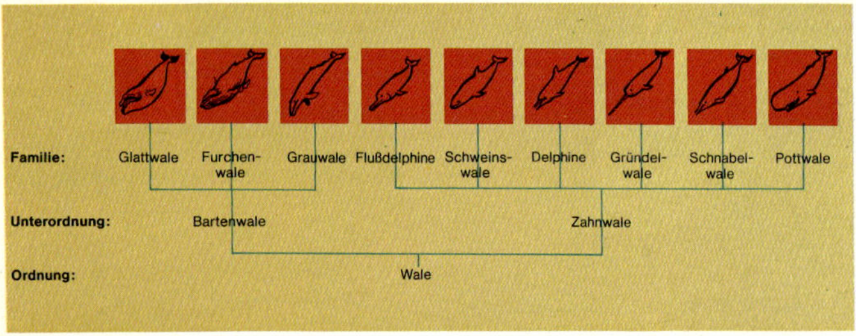

44.1 System der Wale

IX. Ordnung: Wale *(Cetácea)*

Wale sind wie Flossenfüßer an das Wasserleben angepaßte Säugetiere. Vorderbeine zu Flossen (Brustfinnen) umgewandelt, Hinterbeine bis auf kleine Reste im Körper verkümmert; in der Regel Rückenflosse (Rückenfinne) vorhanden. Schwimmorgan ist der Schwanz; er ist wie eine waagerecht liegende Flosse gebaut.

2 Unterordnungen: **Zahnwale** und **Bartenwale.** *Zahnwale* haben auf ihren Kiefern mehr oder weniger zahlreiche Zähne, *Bartenwale* am Gaumen hängende, an ihren Rändern ausgefranste, wie Fangreusen wirkende Hornplatten, *Barten.* An europäischen Küsten sind Vertreter der Schweinswale oder Tümmler sowie einige Delphine regelmäßige Bewohner. Andere Wale kommen nur gelegentlich in die europäischen Küstengewässer. Der Grauwal wurde schon bald nach Beginn der Walfängerei im Atlantik ausgerottet, lebt aber gegenwärtig noch im Nordpazifik. Grönlandwale, einstmals das Hauptfangobjekt europäischer Walfänger, kommen im europäischen Teil des Eismeeres nicht mehr vor. Einige Arten aus der Familie der Delphine sind an europäischen Küsten nur sehr vereinzelt beobachtet worden (meistens gestrandete Exemplare). Zu ihnen gehören der Langschnauzen-, Streifen- und Fleckendelphin. Sie werden in diesem Buche nicht beschrieben. Dasselbe gilt für den Cuvier-Schnabelwal, den Gervais- und Gray-Zweizahnwal (aus der Familie der Spitzmausdelphine oder Schnabelwale) sowie den Zwergpottwal (dreimal an europäischen Küsten gestrandet) aus der Familie der Pottwale. Flußdelphine sind primitive Zahnwale, die vorwiegend in Flüssen leben (Ganges, Amazonas, La Plata) und in Europa nicht vertreten sind.

I. Unterordnung: Bartenwale *(Mystacocéti);* groß bis sehr groß; Zähne ganz im Kiefer verborgen; als Fangwerkzeuge dienen hornige Barten, die senkrecht im Maul stehen und wie Reusen wirken. **S. 45**

1. Familie: Glattwale *(Balaenidae);* groß (Länge bis 18 m, beim Grönlandwal 21 m, selten bis 24 m); meist ohne Rückenfinne; Kehle und Bauch glatt (ohne Längsfurchen); Oberkiefer und Mundspalte stark nach oben gewölbt. **S. 45**

2. Familie: Furchenwale *(Balaenoptéridae);* groß bis sehr groß; unter ihnen die größten lebenden Säugetiere (Länge bis 33 m); Kehle und Bauch meist mit vielen Längsfurchen; Rückenfinne vorhanden, klein; Brustfinnen spitz endend; Barten verhältnismäßig kurz; Kopf flach, ziemlich kurz, mit mehr oder weniger gerader Mundspalte. **S. 45**

3. Familie: Grauwale *(Eschrichtiidae);* mittelgroß, relativ kleiner Kopf; Rückenfinne fehlt; auf Hinterrücken Reihe (8–10) von niedrigen Buckeln; Barten kurz, dick. **S. 47**

II. Unterordnung: Zahnwale *(Odontocéti);* fast immer mit (meist zahlreichen) Zähnen im Ober- und Unterkiefer, zuweilen nur im Unterkiefer; auf der Stirn nur 1 Nasenloch (Blasloch); Männchen größer als Weibchen; orientieren sich wie Fledermäuse durch Aussenden von Ultraschallwellen, orten dadurch Feinde, Beutetiere; meist kennzeichnende Lautäußerung. **S. 47**

1. Familie: Flußdelphine *(Plathistidae);* Europa keine Vertreter. **S. 47**

2. Familie: Schweinswale oder **Tümmler** *(Phocoenidae);* klein (1,85 m); meist Rückenfinne hinter Körpermitte, dreieckig, Hinterrand nicht oder wenig eingebuchtet. **S. 47**

3. Familie: Delphine *(Delphinidae);* Rückenfinne meist vorhanden, vor oder hinter Rückenmitte sitzend; Zähne gewöhnlich in beiden Kiefern; Schnauze mehr oder weniger schnabelartig, nicht so stark wie bei den Schnabelwalen ausgeprägt. **S. 47**

4. Familie: Gründelwale *(Monodóntidae);* Körper sehr hell, zuweilen weißlich; Rückenfinne fehlt oder schwach angedeutet; Zahl der Zähne gering; Brustfinne auffallend kurz, breit. **S. 49**

5. Familie: Spitzschnauzdelphine oder **Schnabelwale** *(Ziphiidae);* mittelgroß (Länge bis 9,5 m); Schnauze schnabelartig abgesetzt (Name); Kopf etwas aufgetrieben. **S. 50**

6. Familie: Pottwale *(Physetéridae);* klein bis sehr groß (2 m–25,5 m); funktionsfähige Zähne nur im Unterkiefer; Oberkopf groß, kantig, enthält in zwei Hohlräumen ein helles Öl, den Walrat. **S. 51**

I. **Unterordnung: Bartenwale** *(Mystacocéti);* in Europa 3 Familien:

1. Familie: Glattwale *(Balǽnidae);* in Europa fast ausgerottet; früher in kleineren und größeren „Schulen" (30–100 Tiere umfassend) in europäischen Meeren verbreitet; Europa 1 Gattung:

Gattung: Nordkaper *(Eubalǽna);* ohne Rückenfinne; Europa 1 Art:

Nordkaper
Eubalǽna glaciális (Borovski)

Stirn mit horniger gelblichweißer Warzenplatte; Körper schwarz, Bauchseite zuweilen weiß gefleckt; Rückenfinne fehlt; **16 m** *(14–18 m).*

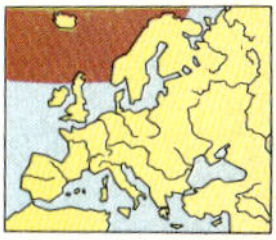

Verbreitung: nördlicher Atlantik von Neufundland bis Norwegen. **Lebensraum** und **Lebensweise:** offenes Meer; nur noch einzeln oder in Paaren zu beobachten; kann lange tauchen (15–20 Minuten); schnellt auch über Wasseroberfläche hinaus. **Nahrung:** Meeresplankton. **Fortpflanzung:** *Brunstzeit* Dezember–April; *Tragzeit* 9–10 Monate; wirft von Oktober–Februar 1mal 1–2 *Junge,* die 12 Monate *gesäugt,* nach $1^{3}/_{4}$ Jahren *selbständig,* nach 2 Jahren *geschlechtsreif* werden. **Lebensdauer:** 30–40 Jahre.

2. Familie: Furchenwale *(Balaenoptéridae);* Europa 3 Gattungen:

Gattung: Finnwale *(Balaenóptera);* relativ große Rückenfinne; Europa 3 Arten:

Finnwal
Balaenóptera physális (Linné)

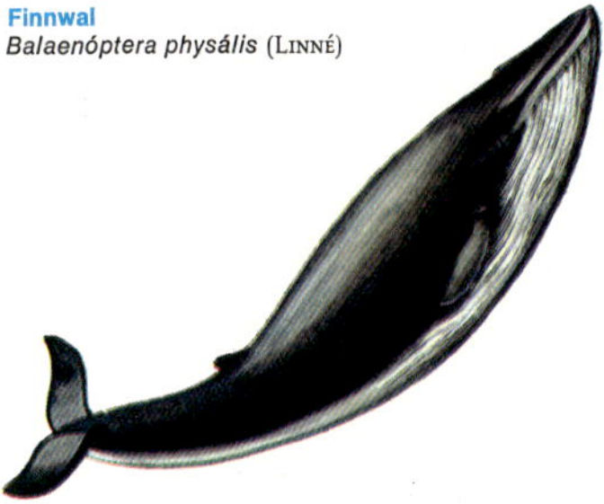

Oberseite grau, Unterseite weiß; Rückenfinne ziemlich klein, aber verhältnismäßig größer als beim Blauwal; Brustfinnen an Unterseite weiß; **22 m** *(18,5–25 m).*

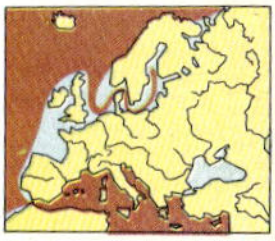

Verbreitung: nördlicher Atlantik bei Island, Norwegen, Westgrönland, Neufundland, bei den Färöern; bei Nowaja Semlja, gelegentlich Nord- und Ostsee, oft Mittelmeer. **Lebensraum** und **Lebensweise:** offene See; meidet Treibeisgebiete; lebt paarweise in größeren Herden; in Paarungszeit schwimmt ♀ voran; schwimmt schnell, kann lange tauchen (4–15 Minuten); der „Blas" dauert 2–4 Sekunden, erreicht eine Höhe von 4–6 m. **Nahrung:** kleine Krebse (Krill), kleine Fische. **Fortpflanzung:** *Brunstzeit* November–März im Norden, Mai–September im Süden; *Tragzeit* $11^{1}/_{2}$ Monate; wirft von Oktober–Februar im Norden, von April–September im Süden 1mal je 1–3 *Junge,* die 6 Monate *gesäugt,* nach 2 Jahren *selbständig* und nach weiteren 2 Jahren *geschlechtsreif* werden. **Lebensdauer:** 30–35 Jahre.

Seiwal
Balaenóptera boreális Lesson

Oberseite blauschwarz, Unterseite weiß bis rötlich; Grenze zwischen Rücken- und Bauchfarbe wellig; Rückenfinne verhältnismäßig groß; **15 m** *(12–18,5 m).*

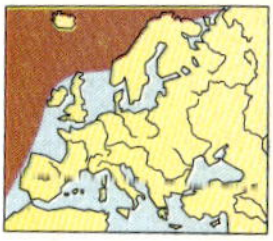

Verbreitung: Meere der nördlichen und südlichen Halbkugel; Nordatlantik: Küsten von Island, den Färöern, Norwegen. **Lebensraum** und **Lebensweise:** offenes Meer; lebt gesellig in größeren Herden; kann sehr schnell schwimmen; schnellt selten über Wasseroberfläche; bewegt sich bei Nahrungsaufnahme langsam durch das Wasser; taucht 5–10 Minuten; „Blas" kurz (1–2 Sekunden), 2–3 m hoch. **Nahrung:** kleine Krebse (vor allem Krill), kleine Fische. **Fortpflanzung:** *Brunstzeit* November–März im Norden, Mai–September im Süden; *Tragzeit* $12^{1}/_{2}$ Monate; wirft von Dezember–März im Norden, von Mai–Oktober im Süden 1mal 1–2 *Junge,* die 5–6 Monate *gesäugt,* nach 18 Monaten *selbständig* und nach weiteren 18 Monaten *geschlechtsreif* werden. **Lebensdauer:** 25–30 Jahre.

Zwergwal
Balaenóptera acutorostráta Lacépède

Kleinster Furchenwal; Oberseite blaugrau bis schwarzgrau, Unterseite weiß bis rötlichweiß, in vorderer Hälfte längsgefurcht; Brustfinnen mit breiter weißer Querbinde; **9 m** *(8–10,5 m).*

Verbreitung: In der Nähe der Küsten aller europäischen Meere. **Lebensraum** und **Lebensweise:** Küstennähe, meidet offenes Meer; einzeln oder paarweise zu beobachten; schnellt oft über Wasseroberfläche; taucht 3–5 Minuten; „Blas" kurz, unauffällig. **Nahrung:** Krill, kleine Fische. **Fortpflanzung:** *Brunstzeit* Januar–Mai; *Tragzeit* 10 Monate; wirft von November–März 1mal 1–2 *Junge,* die 4 Monate *gesäugt,* nach 10–12 Monaten *selbständig* und nach 2 Jahren *geschlechtsreif* werden. **Lebensdauer:** 25–30 Jahre.

Gattung: Blauwale *(Sibbáldus);* größte Wale und größte lebende Säugetiere; 1 Art:

Blauwal
Sibbáldus músculus (Linné)

Körper ziemlich einfarbig graublau; meist mehr oder weniger hell gefleckt; Rückenfinne sehr klein; Brustfinne unten weiß; **26 m** *(22–30 m).*

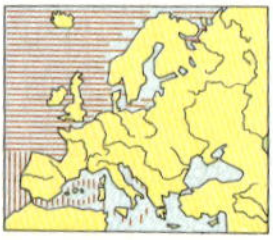

Verbreitung: im Sommer arktische und antarktische, im Winter subtropische Meere. **Lebensraum** und **Lebensweise:** offenes Meer; wandert in jedem Jahr in nördlicher und südlicher Richtung; legt bei einer Durchschnittsgeschwindigkeit von 10–18 km/Std. weite Strecken zurück; lebt meist paarweise; kann lange (10–20 Minuten) tief tauchen; sehr schreckhaft, scheu; „Blas" 3–7,5 m hoch. **Nahrung:** nur Krill. **Fortpflanzung:** *Brunstzeit* November–März im Norden, Mai–September im Süden; *Tragzeit* $10\frac{1}{2}$ Monate; wirft von September–Januar im Norden, von März–Juli im Süden 1mal 1–2 *Junge,* die 7 Monate *gesäugt,* nach 21 Monaten *selbständig,* nach 2 Jahren *geschlechtsreif* werden. **Lebensdauer:** 35 bis 40 Jahre.

Gattung: Buckelwale *(Megáptera);* Höcker auf Kopf und an Brustfinnen; Europa 1 Art:

Buckelwal
Megáptera nóvae-ángliae (Borovski)

Oberseite schwarz, Unterseite weißlich; manchmal mit Marmelzeichnung; auffällige Höcker auf dem Kopf und Rand der sehr langen Brustfinnen; **13,5 m** *(11–16 m).*

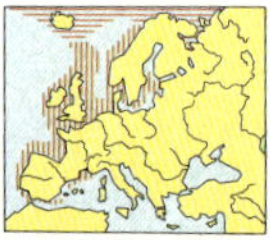

Verbreitung: fast alle Meere. **Lebensraum** und **Lebensweise:** Meeresküsten; gern in Buchten, Hafeneinfahrten, an Flußmündungen; wandert im Frühjahr in nördlicher Richtung; lebt gesellig in kleinen Herden; kann lange (15–20 Minuten) und tief tauchen; flache Gewässer werden ihm nicht zur Gefahr; schnellt über Wasseroberfläche; lauter, kurzer „Blas", meist nur 2 m hoch. **Nahrung:** Krill, kleine Fische. **Fortpflanzung:** *Brunstzeit* März–April im Norden, September im Süden; *Tragzeit* 11 Monate; wirft von Februar bis März im Norden, im Oktober im Süden 1mal 1–2 *Junge,* die 5 Monate *gesäugt,* nach 10–12 Monaten *selbständig,* nach 22 Monaten *geschlechtsreif* werden. **Lebensdauer:** 30–35 Jahre.

3. Familie: Grauwale *(Eschrichtiidae);* früher in europäischen Meeren, zu Beginn der Walfängerei ausgerottet.

II. Unterordnung: Zahnwale *(Odontocéti);* Kiefer meist mit Zähnen bewaffnet.

1. Familie: Flußdelphine *(Plathistidae);* Europa keine Vertreter.

2. Familie: Schweinswale oder Tümmler *(Phocóenidae);* Europa 1 Gattung:

Gattung: Tümmler *(Phocóena);* Europa 1 Art:

Schweinswal oder Braunfisch
Phocoena phocóena (LINNÉ)

Kleinster europäischer Wal; Oberseite dunkelgraublau bis schwarz, Unterseite weiß; Rückenfinne kurz, dreieckig; **2 m** *(1,35–1,85 m).*

Verbreitung: vom Weißen Meer, Grönland in südlicher Richtung bis Gibraltar und Ostküste Amerikas; Europa: Atlantikküste, Nord-, Ostsee, seltener Mittelmeer, häufiger Schwarzes Meer; auch Flußmündungen. **Lebensraum** und **Lebensweise:** Küstennähe; lebt paarweise oder in kleinen Herden; verfängt sich oft bei Nahrungssuche in Netzen und ertrinkt; taucht 3–4 Minuten. **Nahrung:** Heringe, kleine Dorsche, Tintenfische, Krebstiere, Meerespflanzen. **Fortpflanzung:** *Brunstzeit* August–September; *Tragzeit* 10–11 Monate; wirft von Juni–Juli 1mal 1*Junges,* das etwa 6 Monate *gesäugt,* nach 1 Jahr *selbständig,* mit $1^{1}/_{4}$ Jahren *geschlechtsreif* wird. **Lebensdauer:** 15 Jahre.

3. Familie: Delphine *(Delphinidae);* in europäischen Meeren Familie mit meisten Arten; 7 Gattungen:

Gattung: Delphine *(Delphinus);* Europa 1 Art:

Gemeiner Delphin
Delphinus délphis LINNÉ

Körper sehr schlank; Oberseite grauschwarz, Unterseite hell; Seiten mit verschieden gefärbten Bändern; Schnauze sehr spitz; **2 m** *(1,8 bis 2,6 m).*

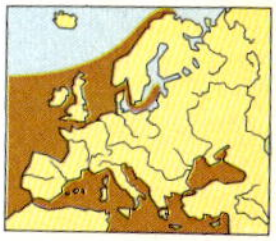

Verbreitung: Atlantischer Ozean, Mittelmeer, nordeuropäische Meere. **Lebensraum** und **Lebensweise:** offene See; lebt in großen Herden, begleitet gern Schiffe; kann sehr schnell schwimmen, springt oft über Wasseroberfläche. **Nahrung:** Fische aller Art, Tintenfische. **Fortpflanzung:** *Brunstzeit* Juli–August; *Tragzeit* 11 Monate; wirft von Juni–Juli 1mal 1 *Junges,* das nach der *Säugezeit* (wahrscheinlich nach 1 Jahr) *selbständig,* nach 1 weiteren Jahr *geschlechtsreif* ist. **Lebensdauer:** 20–30 Jahre.

Gattung: Langflnnendelphine *(Lagenorhýnchus),* Finnen verhältnismäßig lang; in Europa 2 Arten:

Weißseitendelphin
Lagenorhýnchus acútus (GRAY)

Oberseite dunkel, mit großem, weißem bis gelblichem Flankenfleck; Schnauze kurz; **2,5 m** *(1,95 bis 2,8 m).*

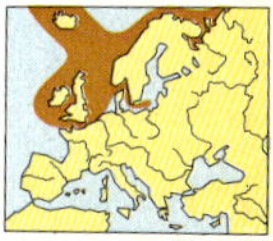

Verbreitung: Nordatlantik, besonders bei Orkney- und Shetlandinseln, Grönland, Spitzbergen, Norwegen; seltener Nord- und Ostsee. **Lebensraum** und **Lebensweise:** Küstennähe; lebt gesellig in großen Herden. **Nahrung:** Fische (besonders Makrelen, Heringe). **Fortpflanzung:** *Brunstzeit* Juli–August; *Tragzeit* 10 Monate; wirft von Mai–Juni 1mal 1 *Junges; Säugezeit, Geschlechtsreife,* **Lebensdauer:** unbekannt.

Langfinnendelphin
Lagenorhýnchus albiróstris GRAY

Ähnlich voriger Art, aber Rückenfinne sehr lang; Oberseite schwarz, Flanken mit grauen Streifen; Schnauze weißlich; **3 m** *(2,35–3,1 m).*

Verbreitung: Nordatlantik; hauptsächlich Nordsee, wo er oft strandet; besucht auch Ostsee. **Lebensraum** und **Lebensweise:** Küstennähe; lebt gesellig in großen Herden; schwimmt gewandt, springt oft über Wasseroberfläche. **Nahrung:** Heringe, Wittlinge. **Fortpflanzung:** *Brunstzeit* August–September; *Tragzeit* 10 Monate; wirft von Juni–Juli 1mal 1 *Junges. Säugezeit, Geschlechtsreife,* **Lebensdauer:** unbekannt.

Gattung: Rundkopfdelphine *(Grampidélphis);* Kopf rundlich, ohne Schnabelschnauze; Europa 1 Art:

Rundkopfdelphin
Grampidélphis gríseus (CUVIER)

Kopf vorn stumpf abfallend; Brustfinnen auffallend lang, schmal; Oberseite hell- bis dunkelgrau; Unterseite hellgrau bis weiß; **3 m** *(2,5 bis 4 m).*

Verbreitung: Atlantik der nördlichen und südlichen Halbkugel; *Europa:* an Küsten Frankreichs; Irland, Nord-, Ostsee, Mittelmeer. **Lebensraum** und **Lebensweise:** offene See; lebt einzeln oder in kleinen Herden bis zu 12 Tieren. **Nahrung:** Tintenfische. **Fortpflanzung** und **Lebensdauer:** unbekannt.

Gattung: Großtümmler *(Túrsiops);* Europa 1 Art:

Großtümmler
Túrsiops truncátus (MONTAGU)

Unterkiefer länger als Oberkiefer; Körperoberseite braungrau bis dunkelviolett, Unterseite schmutzigweiß bis weiß; **3,5 m** *(2,8–4,1 m).*

Verbreitung: Atlantikküste Amerikas von Maine bis Florida; *Europa:* Bucht von Biskaya, vor West- und Südküste Englands, südliche Nordsee, seltener an Küsten Norwegens, Ostsee. **Lebensraum** und **Lebensweise:** Meeresküsten mit Flußmündungen; lebt gesellig in kleinen und großen Herden; kann schnell schwimmen, gut springen. **Nahrung:** Fische. **Fortpflanzung:** *Brunstzeit* vom Frühjahr bis zum Sommer; *Tragzeit* 10–12 Monate; wirft von Juni–Juli 1mal 1 *Junges,* das 16 Monate *gesäugt* wird, nach etwa 1½ Jahren *selbständig,* mit 6 Jahren *geschlechtsreif* wird. **Lebensdauer:** unbekannt.

Gattung: Schwertwale *(Grámpus);* Rückenfinne sehr groß, ziemlich dreieckig; Europa 1 Art:

Großschwertwal oder Schwertwal
Grámpus órca (LINNÉ)

Oberseite blauschwarz, über dem Auge weißer Fleck; Unterseite weiß; ♂ **8 m** *(6,4–9,5 m),* ♀ **4 m** *(3,8–4,6 m).*

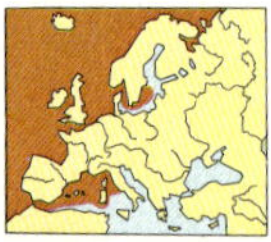

Verbreitung: Arktis, Antarktis, warme Meere; *Europa:* atlantische Küsten, Nord-, Ostsee, Mittelmeer, sogar Flußmündungen. **Lebensraum** und **Lebensweise:** bevorzugt vor allem die nahrungsreichen zirkumpolaren Meere; lebt, jagt in großen Herden; schwimmt sehr schnell, ist das gefürchtetste *Raubtier* aller Meereswarmblütler. **Nahrung:** Wale, Delphine, Tümmler, Robben, Pinguine. **Fortpflanzung:** *Brunstzeit* Oktober bis Dezember; *Tragzeit* 12 Monate; wirft von Oktober–Dezember 1mal 1 *Junges; Säugezeit, Geschlechtsreife,* **Lebensdauer:** unbekannt.

Gattung: Kleinschwertwale *(Pseudórca);* Kleiner als vorige Gattung; Größenunterschiede zwischen Männchen und Weibchen geringer; Europa 1 Art:

Kleinschwertwal
Pseudórca crássidens (Owen)

Körper schwarz, gelegentlich durch sternförmige weiße Flecken unterbrochen; Rückenfinne klein; ♂ **5 m** *(4,25–6 m)*, ♀ **4,5 m** *(3,65–5,2 m).*

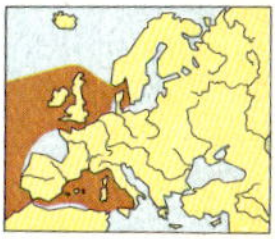

Verbreitung: fast alle Meere, *fehlt:* Polargebiete. **Lebensraum** und **Lebensweise:** offene See; lebt gesellig in großen Herden; flache Meeresstrände werden ihm bei Ebbe oft zum Verhängnis. **Nahrung:** hauptsächlich Tintenfische, auch Fische. **Fortpflanzung:** wenig erforscht. **Lebensdauer:** unbekannt.

Gattung: Grindwale *(Globicéphala);* Stirn stark vorgewölbt; Europa 1 Art:

Grindwal
Globicéphala meláena (Traill)

Kopf halbkugelig vorgewölbt, mit kurzem Schnabel; Brustfinnen lang, schmal; Körper meist schwarz mit schmalen, helleren Unterseitenstreifen; **6,5 m** *(4,3–8,7 m).*

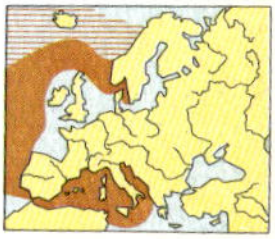

Verbreitung: nördlicher Atlantik; *fehlt:* Polargebiet; hauptsächliche Fanggebiete bei den Färöer-, Shetland-, Orkneyinseln. **Lebensraum** und **Lebensweise:** offene See; lebt gesellig in großen Herden, die von einem alten, kräftigen ♂ angeführt werden. **Nahrung:** Tintenfische. **Fortpflanzung:** *Brunstzeit* Oktober–März; *Tragzeit* 10–12 Monate; wirft von September–Dezember 1mal 1 *Junges;* das ♀ soll nach Slijper mit 6 Jahren, das ♂ mit 13 Jahren *geschlechtsreif* sein; die Lebensdauer wird von demselben Autor auf 25 Jahre geschätzt.

4. Familie: Gründelwale *(Monodóntidae);* Europa 2 Gattungen:

Gattung: Weißwale *(Delphinápterus);* Gründelwale ohne Stoßzahn; Europa 1 Art:

Weißwal
Delphinápterus léucas (Pallas)

Erwachsene Tiere weiß, junge dunkelgrau, gesprenkelt oder gelb; Kopf gegen Rumpf abgesetzt; **4,5 m** *(3,6–5,5 m).*

Verbreitung: allgemein zirkumpolar; Ost-, Westküste Amerikas, Weißes Meer, Karasee, Ochotskisches Meer, in strengen Wintern auch Nordküste Norwegens, Färöer-Inseln, schottische, englische Küste, vor Dänemark, sogar Ostsee. **Lebensraum** und **Lebensweise:** Flußmündungen arktischer Meere; lebt gesellig in Herden von 3 bis 10 Tieren; bewegt sich wellenförmig fort, stößt beim Atmen brüllende Laute aus; sucht Nahrung auch im flachen Küstengewässer. **Nahrung:** große Fische, Tintenfische, Krebse. **Fortpflanzung:** *Brunstzeit* Juni–Oktober; *Tragzeit* 10 Monate; wirft von Juni–Juli 1mal 1 *Junges,* das 12 Monate *gesäugt,* nach 12 Monaten *selbständig* ist, mit 2 (♀)–3 (♂) Jahren *geschlechtsreif* wird. **Lebensdauer:** unbekannt.

Gattung: Narwale *(Monódon);* mit langem Stoßzahn; Europa 1 Art:

Narwal
Monódon monóceros Linné

Oberseite weiß bis rahmfarben, mit vielen großen und kleinen dunklen Flecken, Unterseite hell, weniger gefleckt; Körperlänge (ohne Zahn) **5 m** *(4–5,5 m).*

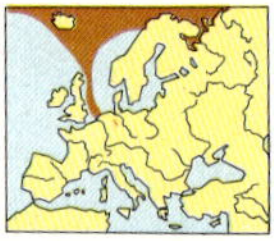

Verbreitung: arktisches Meer von Ostgrönland bis Spitzbergen, Franz-Joseph-Land, Nowaja Semlja, südwärts bis Island, Färöer-Inseln, Norwegen. **Lebensraum** und **Lebensweise:** Nähe der arktischen Eisregion; lebt gesellig in kleinen oder großen Herden; schwimmt sehr schnell, verhält sich beim Atmen mehrere Minuten bewegungslos. **Nahrung:** Tintenfische, Fische, Krebse. **Fortpflanzung:** *Brunstzeit* ganzes Jahr; Stoßzahn der ♂♂ wahrscheinlich sekundäres Geschlechtsmerkmal, dient zum Kampf um ♀♀; *Tragzeit* 10–12 Monate; wirft, an keine Zeit gebunden, 1mal 1 *Junges,* das wahrscheinlich nach 1 Jahr *selbständig* und *geschlechtsreif* wird. **Lebensdauer:** unbekannt.

5. Familie: Spitzmauldelphine oder Schnabelwale *(Ziphiidae);* Europa 2 Gattungen:

Gattung: Zweizahnwale *(Mesóplodon);* kleiner Kopf, nur 2 Zähne im Unterkiefer; Europa 1 Art:

Sowerby-Zweizahnwal
Mesóplodon bidens (Sowerby)

Oberseite blauschwarz, Unterseite heller, zuweilen schmutzigweiß bis weiß; Kopf sehr klein; Schnabel spitz, schlank; **5 m** *(4,2–5,6 m).*

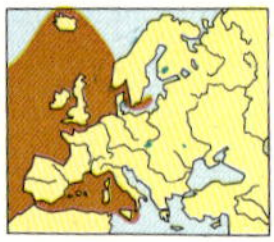

Verbreitung: nördlicher Atlantik, Nordsee, Mittelmeer, selten Ostsee. **Lebensraum** und **Lebensweise, Nahrung, Fortpflanzung, Lebensdauer:** unbekannt.

Gattung: Döglinge *(Hyperóodon);* Stirn stark aufgetrieben; Europa 1 Art:

Dögling
Hyperóodon ampullátus (Forster)

Oberseite schwarz bis grauschwarz, Unterseite heller; Stirn stark vorgewölbt; Schnabel kurz; Unterkieferspitze mit zwei kleinen runden Zähnen; **8 m** *(7,0–9,5 m).*

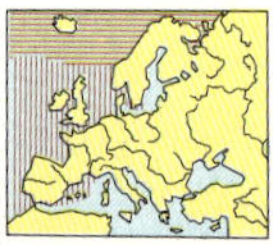

Verbreitung: im Sommer bei Island, Jan Mayen, bei Färöer-Inseln; nördlichstes Vorkommen bei Spitzbergen, Grönland, Nowaja Semlja; auch in Nord-, Ostsee beobachtet, selten im Mittelmeer. **Lebensraum** und **Lebensweise:** offene See; lebt in kleinen oder großen Herden bis zu 1000 Tieren; schwimmt sehr schnell, kann tief, sehr lange tauchen (20 min und länger); „Blas" sehr laut, etwa 1 m hoch. **Nahrung:** Tintenfische, Heringe. **Fortpflanzung:** *Brunstzeit* unbekannt; *Tragzeit* wahrscheinlich 10–12 Monate; wirft von März bis Mai 1mal 1 *Junges, Säugezeit* unbekannt; über Beginn der Selbständigkeit, Geschlechtsreife fehlen genaue Angaben. **Lebensdauer:** unbekannt.

6. Familie: Pottwale *(Physetéridae);* Europa 1 Gattung:

Gattung: Pottwale *(Phýseter);* groß (bis 25,5 m lang); Europa 1 Art:

Pottwal
Phýseter macrocéphalus (LINNÉ)

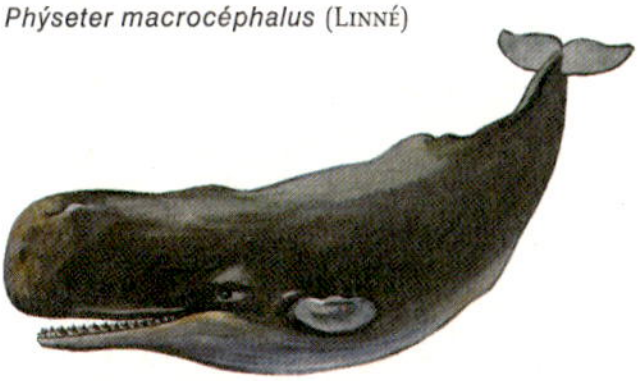

Oberseite dunkelgrau; Kopfseiten fast schwarz; Unterseite silbergrau; Kopf klobig, rechteckig; Hinterrücken mit kleinen Buckeln; Rückenfinne fehlt; ♂ **19 m** *(13,0–25,5 m),* ♀ **11 m** *(9,0–12,5 m).*

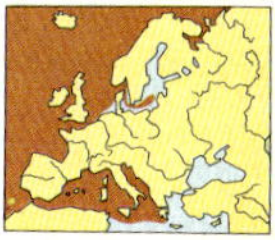

Verbreitung: fast alle Meere, besonders Tropen, Subtropen. **Lebensraum** und **Lebensweise:** warme Meere; nur ältere ♂ ♂ in kalten Gewässern anzutreffen; lebt in kleinen Herden; schwimmt schnell, kann tief (bis 1000 m) und lange (über 1 Stunde) tauchen; „Blas" schräg nach vorn, 5–15 m hoch. **Nahrung:** große Tintenfische; auch Fische. **Fortpflanzung:** *Brunstzeit* ganzes Jahr; *Tragzeit* 16 Monate; wirft 1mal im Jahr 1–2 *Junge,* die 6 Monate *gesäugt,* nach etwa 12 Monaten *selbständig* und nach weiteren 12 Monaten *geschlechtsreif* werden. **Lebensdauer:** 25 bis 30 Jahre.

51.1 Delphine

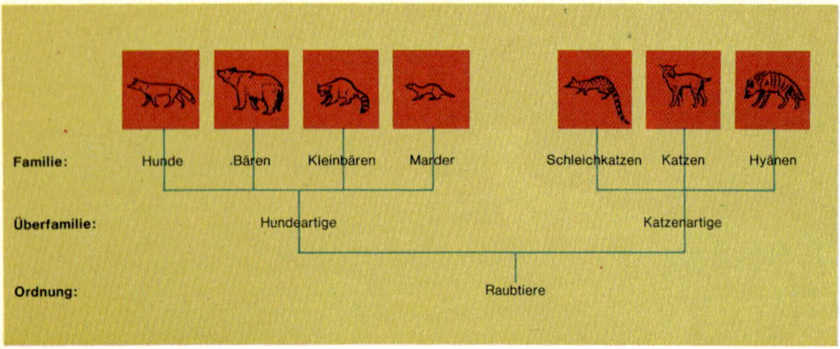

52.1 System der Raubtiere

X. Ordnung: Raubtiere *(Carnivora)*

Raubtiere, Flossenfüßer und *Huftiere* faßt man zu einer Gruppe, der *Cohorte Ferrungulata,* zusammen. Sie lassen sich (trotz der großen Verschiedenheit ihrer rezenten Arten) von gleichen oder doch sehr ähnlichen Urformen ableiten, bei denen man oft nicht sagen kann, ob es sich um ein Urraubtier oder um ein Urhuftier handelt. Raubtiere haben sich auf Fleischnahrung, Huftiere auf Pflanzennahrung spezialisiert. Entsprechend sind die Gebisse der Raubtiere hochspezialisierte Fleischfresser-, die der Huftiere sehr einseitige Pflanzenfressergebisse. Über die Herleitung der Flossenfüßer von den Raubtieren vergleiche Seite 63.

Die *Zähne* der Raubtiere dienen mehr zum Greifen und Zerreißen als zum Zerkauen der Beute. Auch werden sie als Waffen zur Verteidigung gegen Feinde und Nebenbuhler gebraucht. Besonders die großen, dolchartigen Eckzähne *(Fangzähne)* jederseits im Ober- und Unterkiefer sind vorzüglich zum Packen und Töten der Beutetiere geeignet. Die letzten Vorbackenzähne *(Praemolaren)* im Oberkiefer und die ersten Backenzähne *(Molaren)* im Unterkiefer werden *Reißzähne* genannt. Sie sind wesentlich größer als alle anderen Backenzähne (Abb. 52.2 und 52.3). Der Unterkiefer kann sich gegenüber dem Oberkiefer nur senkrecht auf- und abbewegen, also kein mahlendes Kauen wie bei dem auch seitwärts beweglichen Unterkiefer der Pflanzenfresser erzeugen.

Die *Zahl der Zähne* im Gebiß der Raubtiere tendiert zur *Reduktion.* Aus der *Palaeontologie* weiß man, daß die ältesten Raubtiere 44 Zähne hatten; Zahnformel: $\frac{3\ 1\ 4\ 3}{3\ 1\ 4\ 3}$. Wolf und Fuchs haben 42, Dachse und Marder 38, Otter 36, Iltis und Wiesel 34, Katzen nur 30 Zähne. Die Verringerung der Zähne betrifft nur die Vorbacken- und Backenzähne, die Zahl der Schneide- und Eckzähne blieb (bisher) unverändert.

52.2 Hundeschädel

52.3 Katzenschädel

52.4 Hundeskelett

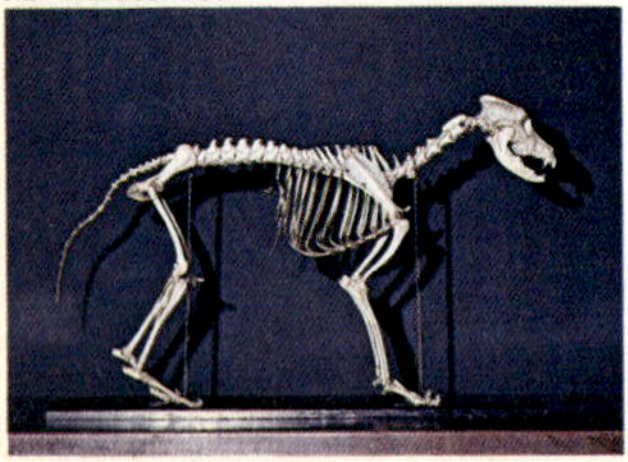

52.5 Katzenskelett

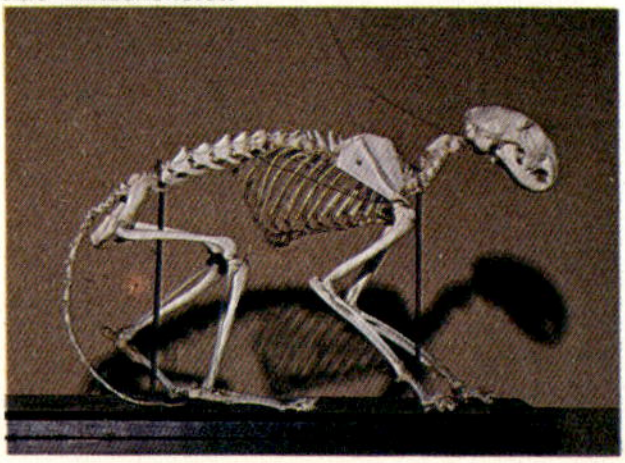

Nach dem Grad der *Reduktion der Zähne* im Gebiß gliedert man die Raubtiere in 2 *Unterordnungen*, die **Hundeartigen** *(Canoidea)* und die **Katzenartigen** *(Feloidea)*.

Auf die unterschiedlichen *Bewegungstypen* bei den Raubtieren kann man schon beim Vergleich der *Skelette* schließen. Die hochbeinigen Hunde und Wölfe (Abb. 52.4) sind ausgesprochene Läufer *(Hetzjäger)*, Katzen (Abb. 52.5) sind Schleicher *(Schleichjäger)*. Die schlanken Wiesel sind *Schlüpfer*, Baummarder *Kletterer* und *Springer* (Sprungkletterer), Dachse sind *Gräber* (mit kurzen Läufen und großen Grabkrallen), Otter *Schwimmer* (mit Schwimmhäuten zwischen den Zehen). Die Zehen der Raubtiere sind mit Krallen bewaffnet, die bei den Katzenartigen zurückziehbar sind.

Die *Größe* der europäischen Raubtiere schwankt zwischen 13 cm (Mauswiesel) und 2,50 m Körperlänge (Eisbär).

Wichtige Hinweise auf das Vorkommen heimlich lebender Raubtiere sind *Losungen* (Abb. 53.1), *Spuren* (Abb. 53.2) und *Hinterlassenschaften* bei gerissenen Beutetieren (Haare, Federn, Knochen).

Alle Raubtiere halten *keinen Winterschlaf*, einige jedoch eine *Winterruhe*.

I. Unterordnung: Hundeartige *(Canoidea); Vorderfüße* mit 5, *Hinterfüße* mit 4 Zehen, oder alle Füße mit 5 Zehen; Zehen-, Halbsohlen- oder Sohlengänger; Gebiß mit 34–42 Zähnen. **S. 54**

1. Familie: Hunde *(Cánidae)*; mittelgroß, langgestreckter Kopf, spitze Schnauze; bei allen europäischen Arten *Vorderfüße* mit 5, *Hinterfüße* mit 4 Zehen; *Zehengänger;* Duftdrüsen am Hinterrücken oder Oberseite der Schwanzwurzel; Gebiß mit 42 Zähnen. **S. 54**

2. Familie: Marder *(Mustélidae)*; klein bis mittelgroß; Ohren kurz, rundlich, *Stinkdrüsen* in der Aftergegend; *Vorder-* und *Hinterfüße* mit je 5 Zehen; Zehen-, Halbsohlen- oder Sohlengänger; 38 oder 34 Zähne. **S. 56**

3. Familie: Bären *(Ursidae)*; groß (größte Raubtiere Europas); Ohren klein; Schwanz sehr kurz; *Vorder-* und *Hinterfüße* mit je 5 Zehen; Sohlengänger; Gebiß mit 42 oder 36 Zähnen. **S. 60**

4. Familie: Kleinbären *(Procónidae)*; mittelgroß; Ohren ziemlich groß; Schwanz in der Regel lang, meist geringelt; *Vorder-* und *Hinterfüße* mit je 5 Zehen; Sohlengänger; Gebiß mit 40 Zähnen. **S. 61**

II. Unterordnung: Katzenartige *(Feloidea)*; Vorder- und Hinterfüße mit 5 oder Vorderfüße mit 5, Hinterfüße mit 4 Zehen. Gebiß in der Regel mit nur 30 Zähnen. **S. 61**

1. Familie: Schleichkatzen *(Vivérridae)*; ziemlich klein, schlank gebaut, langer Schwanz, nach äußeren Merkmalen schwer gegen Marder abzugrenzen; *Vorder-* und *Hinterfüße* mit je 5 Zehen; *Zehengänger; Stinkdrüsen* in der Aftergegend; Gebiß mit 40 Zähnen. **S. 61**

2. Familie: Katzen *(Félidae)*; ziemlich klein bis groß; Kopf rundlich; Schnauze kurz; *Vorderfüße* mit 5, *Hinterfüße* mit 4 Zehen; *Zehengänger;* Krallen bei allen Arten (bis auf den Gepard) zurückziehbar; Gebiß mit 30 Zähnen; Eckzähne sehr kräftig, Backenzähne alle scharf schneidend. **S. 62**

3. Familie: Hyänen *(Hyaenidae)*; in Europa keine Vertreter.

53.1 Fuchslosung

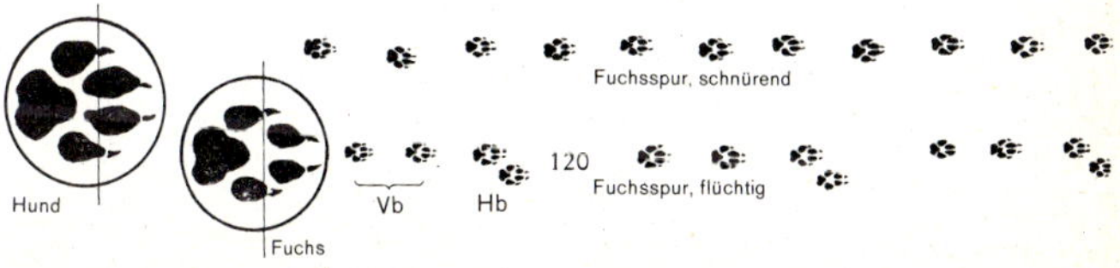

53.2 Trittsiegel (Pfotenabdrücke) von Hund und Fuchs sowie Spuren vom Fuchs

I. Unterordnung: Hundeartige *(Canoídea);* 4 Familien: *Hunde, Bären, Kleinbären, Marder.*

1. Familie: Hunde *(Cánidae);* Europa 4 Gattungen:

Gattung: Wölfe *(Cánis);* hochbeinig; 42 Zähne; Zahnformel: $\frac{3\,1\,4\,2}{3\,1\,4\,3}$; Europa 2 Arten:

Wolf
Cánis lúpus LINNÉ

Größte europäische Art; ähnelt Deutschem Schäferhund; graubraun, dunkel schattiert; Schwanz dunkel schattiert; **1 m** *(1,1–1,4 m)* + **35 cm** *(30–40 cm).*

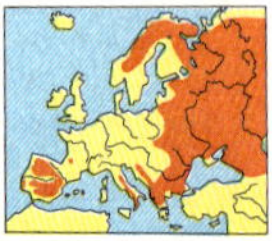

Verbreitung: Norden Skandinaviens, Finnlands, UdSSR; Pyrenäenhalbinsel, Sizilien, Italien; von Balkanstaaten, Ungarn und Polen ostwärts in UdSSR; im übrigen Mitteleuropa fast ausgerottet; Einzelgänger wandern aus Osten ein. **Lebensraum** und **Lebensweise:** ausgedehnte Waldgebiete, meidet menschliche Siedlungen; besonders bei Dämmerung und nachts tätig; lebt im Sommer einzeln, im Winter in Rudeln; kann weite Strecken zurücklegen, auch schwimmen; Lager unter Felsen, Wurzeln, in Büschen, gelegentlich in verlassenem Fuchsbau. **Nahrung:** Wild- und Haustiere, auch Aas und pflanzliche Kost; große Tiere werden durch Jagd im Rudel erbeutet. **Fortpflanzung:** *Brunstzeit* Dezember bis Februar; *Tragzeit* 63 Tage; wirft von März bis April 1mal 4–6 (12) *Junge* (Augen 10–12 Tage geschlossen), die 2 Monate *gesäugt,* nach 6 Monaten *selbständig,* nach 2 Jahren *geschlechtsreif* werden. **Lebensdauer:** 14–16 Jahre. **Stimme:** knurrend, jaulend; im Winter langgezogenes Heulen.

Schakal
Cánis aúreus LINNÉ

Ähnlich Wolf; kleiner; graugelb; Schwanz buschig, Schwanzende stumpf; **0,9 m** *(0,84–1,05 m)* + **22 cm** *(20–24 cm).*

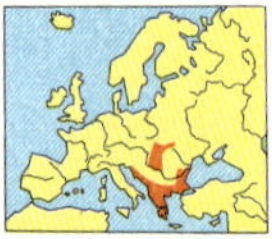

Verbreitung: Balkanstaaten, Ungarn; Asien. **Lebensraum** und **Lebensweise:** Steppengebiete, Sümpfe mit Gebüsch; vorwiegend bei Dämmerung und nachts tätig; kann ausdauernd laufen, gut schwimmen; Lager im Gebüsch über oder unter der Erde; lebt in Rudeln, auch einzeln. **Nahrung:** Wirbeltiere, Aas, Insekten, Obst, Beeren; dringt auch in menschliche Siedlungen ein und raubt Federvieh, Schafe, Ziegen. **Fortpflanzung:** *Brunstzeit* Februar–März; *Tragzeit* 60–63 Tage; wirft von April–Mai 1mal 3–8 (12) *Junge,* (Augen 12–15 Tage geschlossen), die 2 Monate *gesäugt,* nach 3–4 Monaten *selbständig,* nach 1 Jahr *geschlechtsreif* werden. **Lebensdauer:** 12–14 Jahre. **Stimme:** langgezogenes, durchdringendes Heulen; auch kurzes Bellen, Knurren.

54.1 Rotfüchse vor dem Bau

Gattung: Füchse *(Vúlpes);* Europa 1 Art; kommt in verschiedenen Farbformen vor, von denen der *Rotfuchs* (Normalform a) und der wesentlich dunklere *Brandfuchs* (mit dunkler Unterseite b) abgebildet sind:

Rotfuchs
Vúlpes vúlpes (LINNÉ)

Oberseite rotbraun, Unterseite weiß, beim Brandfuchs dunkel; Ohren lang, spitz; Schwanz lang, buschig, mit weißer Spitze; **65 cm** *(58 bis 72 cm)* + **40 cm** *(32–48 cm).*

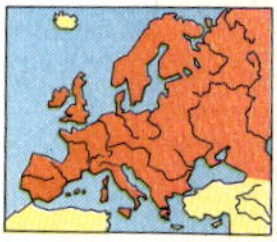

Verbreitung: fast ganz Europa; *fehlt:* Island, Balearen, Kreta, Malta. **Lebensraum** und **Lebensweise:** Wälder, offenes Gelände mit Büschen, scheut Nähe menschlicher Siedlungen nicht; vorwiegend bei Dämmerung und nachts tätig; Einzelgänger, seltener gesellig; gräbt unter Bäumen, Baumstubben und Hängen verzweigte Röhren mit Vorrats- und Wohnhöhle; benutzt manchmal verlassene Dachsbaue; guter Schwimmer; *Hauptüberträger der Tollwut.* **Nahrung:** Mäuse, Geflügel, Junghasen, Aas, Insekten, Beeren, Obst. **Fortpflanzung:** *Brunstzeit* Januar bis März; *Tragzeit* 50–52 Tage; wirft von April–Mai 1mal 3–8 (12) *Junge* (Augen 12–14 Tage geschlossen), die 1 Monat *gesäugt,* nach 3–4 Monaten *selbständig,* nach 10 Monaten *geschlechtsreif* werden. **Lebensdauer:** 10–12 Jahre. **Stimme:** kläffend, knurrend, heiser bellend.

Gattung: Eisfüchse *(Alopex);* Europa 1 Art:

Eisfuchs
Alopex lagópus (LINNÉ)

Oberseite grau bis graubraun, Unterseite graugelb; im Winter schneeweiß; Ohren klein; Schwanz ohne weiße Spitze; **57,5 cm** *(50–65 cm)* + **30,5 cm** *(28–33 cm).*

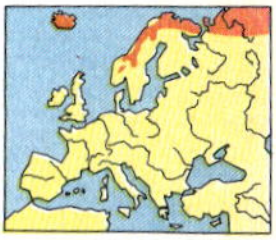

Verbreitung: Norwegen, Nordskandinavien, Nordfinnland, Island, Norden der UdSSR; wandert im Winter in südöstlicher Richtung. **Lebensraum** und **Lebensweise:** Tundra, Gebirge oberhalb Baumgrenze; am Tag und nachts tätig; lebt gesellig in mehreren Paaren; gräbt verzweigte Röhren mit Vorrats- und Wohnhöhle; bewohnt auch Felsspalten. **Nahrung:** Mäuse, Lemminge, Vögel, Aas, Insekten, Beeren. **Fortpflanzung:** *Brunstzeit* März–April; *Tragzeit* 50–52 Tage) wirft von Mai–Juni 1mal 2–8 (12) *Junge* (Augen 12–14 Tage geschlossen), die 1 Monat *gesäugt,* nach 3–4 Monaten *selbständig,* nach 1 Jahr *geschlechtsreif* werden. **Lebensdauer:** 12–14 Jahre. **Stimme:** heiser bellend, heulend.

Gattung: Marderhunde *(Nyctereutes);* Europa 1 (eingewanderte) Art:

Marderhund
Nyctereutes procyonoides (GRAY)

So groß wie Schakal; langhaarig, graubraun; Kopfzeichnung ähnlich wie Waschbär; Beine kurz, dünn; **60 cm** *(55–65 cm)* + **16 cm** *(15 bis 17,5 cm).*

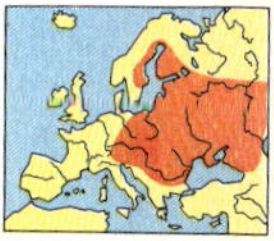

Verbreitung: Ostasien; in UdSSR als Pelztier eingeführt, von dort bis Finnland, Schweden, BR Deutschland, Holland verbreitet. **Lebensraum** und **Lebensweise:** feuchtes Gelände mit Gebüsch in Gewässernähe; meist bei Dämmerung und nachts tätig; guter Schwimmer. **Nahrung:** Fische, kleine Wirbeltiere, Weichtiere, Insekten, Aas, Beeren, Obst. **Fortpflanzung:** *Brunstzeit* Februar bis März; *Tragzeit* 60–63 Tage; wirft von April bis Mai 1mal 5–8 (12) *Junge* (Augen 12–14 Tage geschlossen), die 1 Monat *gesäugt,* nach 3–4 Monaten *selbständig,* nach 10 Monaten *geschlechtsreif* werden. **Lebensdauer:** 10–12 Jahre. **Stimme:** unbekannt.

2. Familie: Marder *(Mustélidae);* sehr klein bis mittelgroß; Europa 6 Gattungen:

Gattung: Wiesel *(Mustéla);* Raubtiere mit 34 Zähnen; Zahnformel: $\frac{3\ 1\ 3\ 1}{3\ 1\ 3\ 2}$; in Europa 7 Arten:

Mink
Mustéla víson (SCHREBER)

Fell wollhaarig, weich, einfarbig tiefbraun; Kinn weiß; viele Farbrassen; **37,5 cm** *(35–40 cm)* + **13,5 cm** *(13 bis 14 cm).*

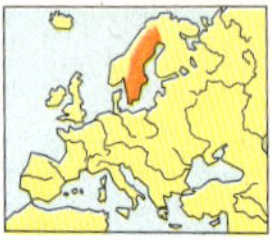

Verbreitung: Amerika vom nördlichen Alaska bis Golf von Mexiko; in Europa als Pelztier gezüchtet; manche Tiere entweichen, leben dann in freier Wildbahn, z. B. in Schweden. **Lebensraum** und **Lebensweise:** Binnenseen; kann zur Abwehr durch Analdrüsen unangenehmen Geruch verbreiten. **Nahrung:** Fische, Frösche, Krebse, Schnecken, Muscheln. **Fortpflanzung:** *Brunstzeit* Mitte März–Anfang April; *Tragzeit* 39–76 Tage; wirft von Mai–Juni 1mal (2mal?) je 5–6 (3–10) *Junge* (Augen 28–35 Tage geschlossen), die 4–5 Wochen *gesäugt,* nach 2½–3 Monaten *selbständig,* nach 9 Monaten *geschlechtsreif* werden. **Lebensdauer:** 8–10 Jahre.

Nerz
Mústela lutréola (LINNÉ)

Fell ähnlich wie beim Mink, aber nicht so weich und wollhaarig; Oberlippe meist weiß; **37,5 cm** *(35 bis 40 cm)* + **13,5 cm** *(13–14 cm).*

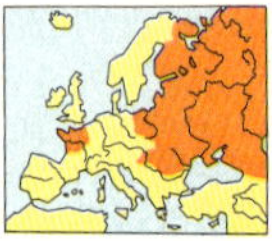

Verbreitung: Mittel-, Südfinnland, Polen, Rumänien, Ungarn, UdSSR; BR Deutschland, DDR nahezu ausgerottet; *lokal:* Nordwestfrankreich. **Lebensraum** und **Lebensweise:** sumpfiges Gelände in Gewässernähe; am Tag und nachts tätig; guter Schwimmer und Taucher; lebt einzeln, auch gesellig; wohnt unter Baumwurzeln, in Baumhöhlen, im Schilf und in selbstgegrabener Erdhöhle am Ufer mit Einschlupfröhre über Wasser. **Nahrung:** Krebse, Fische, Frösche, Insekten, kleine Säugetiere, Vögel. **Fortpflanzung:** *Brunstzeit* Mitte April–Anfang Mai; *Tragzeit* 63 Tage; wirft von Juni–Juli 1mal (2mal?) je 3–7 *Junge* (Augen 30–35 Tage geschlossen), die 4 Wochen *gesäugt,* nach 2½–3 Monaten *selbständig,* nach 9 Monaten *geschlechtsreif* werden. **Lebensdauer:** 8–10 Jahre. **Stimme:** hell pfeifend, trillernd.

Iltis
Mustéla putórius (LINNÉ)

Etwas größer als Nerz; einfarbig schwarzbraun; Unterhaar weißgelb; Gesicht mit Maskenzeichnung; **38 cm** *(31,5–45 cm)* + **16 cm** *(12,5–19 cm).*

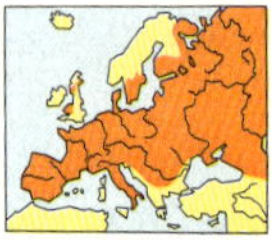

Verbreitung: fast ganz Europa; *fehlt:* Island, Norwegen, Mittel-, Nordschweden, Mittel-, Nordfinnland, Irland, größtenteils England, Südbalkan, Mittelmeerinseln. **Lebensraum** und **Lebensweise:** Felder, Wiesen, Moore in Gewässernähe; im Winter in Nähe menschlicher Siedlungen; bei Dämmerung und nachts tätig; guter Schwimmer und Taucher; wohnt in Scheunen, Baumhöhlen, Mauerlöchern, Kaninchenbauen und selbstgegrabenen Höhlen; entleert zur Abwehr ein stinkendes Analdrüsensekret. **Nahrung:** Mäuse, Ratten, Maulwürfe, Frösche, Reptilien, Fische, Vögel, Insekten, Schnecken, Würmer, Früchte. **Fortpflanzung:** *Brunstzeit* März–Juni (Juli); *Tragzeit* 40–43 Tage; wirft von April–August 1mal (2mal?) je 4–7 (3–9) *Junge* (Augen 28–36 Tage geschlossen), die 4–5 Wochen *gesäugt,* nach 2½ bis 3 Monaten *selbständig,* nach 9 Monaten *geschlechtsreif* werden. **Lebensdauer:** 8–10 Jahre. **Stimme:** fauchend, knurrend.

Steppeniltis
Mústela putórius eversmánni (LESSON)

Ähnlich Iltis; kleiner, heller, besonders an den Flanken; Maskenzeichnung im Gesicht sehr ausgeprägt; **36 cm** *(34,5 bis 37,5 cm)* + **14,5 cm** *(11,5 bis 17,5 cm).*

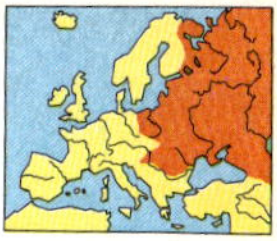

Verbreitung: Polen, Ungarn, Rumänien, UdSSR. **Lebensraum:** Steppengebiete; wohnt in selbstgegrabenen Höhlen. **Lebensweise, Nahrung, Fortpflanzung, Stimme:** wahrscheinlich wie Iltis.

Zwergwiesel
Mustéla minúta (POMEL)

Kleinste Marderart (kleiner als Ratte); Oberseite braun, Unterseite weiß; Füße, Zehen weiß; Schwanz ohne schwarze Spitze; ♂ **19 cm** *(17 bis 19,5 cm),* ♀ **15 cm** *(13–17 cm),* + ♂ **4 cm** *(3 bis 5,2 cm),* ♀ **3,5 cm** *(2,8–4 cm).*

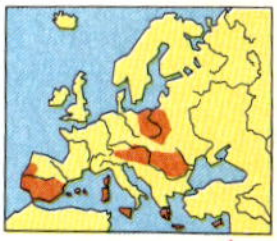

Verbreitung: Süden Portugals, Spaniens; Mittelmeerinseln, Österreich, Ungarn, Polen, Rumänien; *lokal:* Südnorwegen, Nordskandinavien, Frankreich, Belgien. **Lebensraum** und **Lebensweise, Nahrung:** wahrscheinlich wie Hermelin. **Fortpflanzung:** *Brunstzeit* ganzes Jahr; *Tragzeit* 26–35 Tage, 56–63 Tage und 312 Tage; wirft, an keine Jahreszeit gebunden, 1mal (2mal?) je 5–7 (10) *Junge* (Augen 22–25 Tage geschlossen), die 4 Wochen *gesäugt,* nach 2–3 Monaten *selbständig,* nach 9–12 Monaten *geschlechtsreif* werden. **Lebensdauer:** 7–8 Jahre.

Mauswiesel oder Kleines Wiesel
Mustéla vulgaris (LINNÉ)

So groß wie Hausratte; Oberseite rotbraun; Unterseite weiß, brauner Wangenfleck; im Winter ganz weiß (nur in Nordeuropa); Schwanz ohne schwarze Spitze; ♂ **22 cm** *(21–23 cm),* ♀ **17,5 cm** *(16–19 cm)* + ♂ **6 cm** *(6–6,5 cm),* ♀ ♀ **5 cm** *(4–5 cm).*

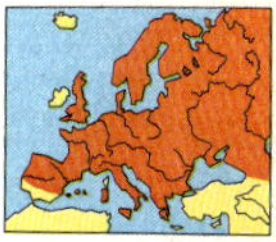

Verbreitung: fast ganz Europa; *fehlt:* Island, Irland, Süden Spaniens und Portugals, Korsika. **Lebensraum** und **Lebensweise:** trockene Wiesen, Felder, lichte Wälder mit Gebüsch; auch in Nähe menschlicher Siedlungen; bei Dämmerung und nachts tätig; kann gut klettern und schwimmen; wohnt in Erd- und Baumlöchern, Fels-, Mauerspalten, unter Baumwurzeln, Steinhaufen. **Nahrung:** wie Hermelin. **Fortpflanzung:** wie Zwergwiesel. **Stimme:** zischend, erregt „kri-kri".

Hermelin oder Großes Wiesel
Mustéla erminea (LINNÉ)

Größer als Wanderratte; Oberseite rotbraun, Unterseite weißlich, im Winter ganz weiß bis auf die immer schwarze Schwanzspitze; **25,5 cm** *(22 bis 29 cm)* + **10 cm** *(8 bis 12 cm).*

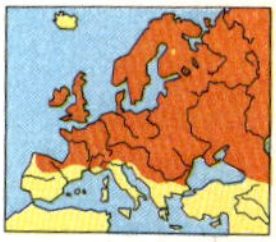

Verbreitung: Europa; *fehlt:* Island, Portugal, Mittel-, Südspanien, Südfrankreich, Italien, südlicher Balkan, Mittelmeerinseln. **Lebensraum** und **Lebensweise:** Wiesen, Felder, lichte Wälder mit Gebüsch in Nähe menschlicher Siedlungen; am Tag und nachts tätig; läuft schnell, kann klettern und schwimmen; wohnt in Erdlöchern (Maulwurfsröhren), Felsspalten, Mauerlöchern, unter Steinhaufen; entleert zur Abwehr stinkendes Analdrüsensekret. **Nahrung:** Mäuse, Ratten, Maulwürfe, Kaninchen, Vögel, Eier. **Fortpflanzung:** *Brunstzeit* Februar–März oder Juni–Juli; *Tragzeit* im Frühjahr 2 Monate, im Sommer 9 Monate; wirft von Mai–Juni 1mal 4–7 *Junge* (Augen 40–45 Tage geschlossen), die 7 Wochen *gesäugt,* nach 3–4 Monaten *selbständig,* nach $1\frac{1}{2}$–2 Jahren *geschlechtsreif* werden. **Lebensdauer:** 10 Jahre. **Stimme:** trillernd, erregt „kri-kri".

Gattung: Tigeriltis *(Vorméla);* Europa 1 Art:

Tigeriltis
Vorméla peregúsna (Güldenstaedt)

Ähnlich Iltis; Oberseite mit großen, weißgelben Flecken; Unterseite schwarzbraun; Ohren ziemlich groß; **34,5 cm** *(31–38 cm)* + **16 cm** *(15 bis 16,5 cm).*

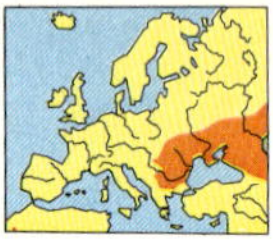

Verbreitung: Ostgriechenland, Bulgarien, Rumänien, Süden der UdSSR. **Lebensraum** und **Lebensweise:** Felder, Wälder, felsiges Gelände; bei Dämmerung und nachts tätig; guter Kletterer; wohnt in selbstgegrabenen Höhlen; entleert zur Abwehr stinkendes Analdrüsensekret. **Nahrung:** wahrscheinlich wie Iltis. **Fortpflanzung:** *Brunstzeit* März–Juni (Juli); *Tragzeit* 40–43 Tage; wirft von April–Mai 1mal (2mal?) je 4–8 *Junge* (Augen 26–28 Tage geschlossen), die 4–5 Wochen *gesäugt,* nach 2½–3 Monaten *selbständig,* nach 9 Monaten *geschlechtsreif* werden. **Lebensdauer:** 8–10 Jahre. **Stimme:** brummend, erregt: laut schreiend.

Gattung: Otter *(Lútra);* Füße mit Schwimmhäuten; 36 Zähne; Zahnformel: $\frac{3\;1\;4\;1}{3\;1\;3\;2}$; Europa 1 Art:

Otter
Lútra Lútra (Linné)

Größte europäische Marderart; Körper schlank, langgestreckt, dicht braun behaart; Schnauze breit; Beine kurz; **72,5 cm** *(62–83 cm)* + **45,5 cm** *(36,5–55 cm).*

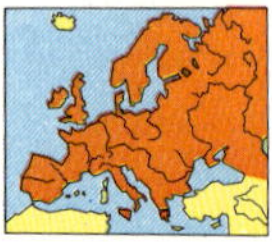

Verbreitung: fast ganz Europt; *fehlt:* Island, Korsika, Sardinien, Balearen; in manchen Gebieten schon ausgerottet. **Lebensraum** und **Lebensweise:** Seen, Fischteiche, Bäche, Gräben, Fjorde; hauptsächlich bei Dämmerung und nachts tätig; guter, schneller Schwimmer, ausdauernder Taucher; wohnt in Uferhöhlen mit Einschlupf unter der Wasseroberfläche; Höhlen mit Gras und Moos ausgekleidet. **Nahrung:** Fische, Krebse, Frösche, Wasserratten, kleine Säuger. **Fortpflanzung:** *Brunstzeit* wahrscheinlich das ganze Jahr; *Tragzeit* 59–63 Tage; wirft 1mal 2–4 *Junge* (Augen 28–35 Tage geschlossen), die 7–8 Wochen *gesäugt,* nach 6–9 Monaten *selbständig,* nach 2–3 Jahren *geschlechtsreif* werden. **Lebensdauer:** 15–18 Jahre. **Stimme:** weiches, helles Pfeifen, Schnaufen, Kreischen und Knurren.

Gattung: Vielfraße *(Gúlo);* Europa 1 Art:

Vielfraß
Gúlo gúlo (Linné)

Fast so groß wie Fischotter; dunkelbraun, mit weißer Stirnbinde und gelblicher Kruppenschabracke; Füße groß; Zehen mit starken Krallen; **76 cm** *(70–82,5 cm)* + **14 cm** *(12,5–15 cm).*

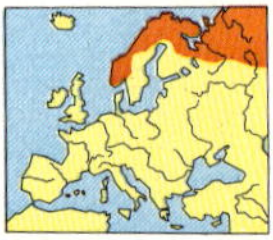

Verbreitung: Norwegen, Norden Schwedens, Finnlands, UdSSR. **Lebensraum** und **Lebensweise:** Nadelwald, Tundra; am Tag und nachts tätig; guter Schwimmer, guter Kletterer und Springer; wohnt in Baumhöhlen, Felsspalten, Büschen; lebt meist einzeln. **Nahrung:** Lemminge, andere Nagetiere, Vögel, Reptilien, Amphibien, Fische, Aas, Beeren; Name bezieht sich nicht auf Nahrungsmenge, sondern leitet sich von skandinavischer Bezeichnung „Fjeldfraß“ = Felsenkatze ab. **Fortpflanzung:** *Brunstzeit* April–Mai; *Tragzeit* 8–9 Monate; wirft von Januar–Februar 1–2-mal je 3–5 (2–7) *Junge* (Augen 28–35 Tage geschlossen), die 2½ Monate *gesäugt,* nach 6–9 Monaten *selbständig,* nach 2¼ Jahren *geschlechtsreif* werden. **Lebensdauer:** 15–18 Jahre. **Stimme:** brummend, knurrend, erregt fauchend.

Gattung: Dachse *(Méles);* Füße mit sehr starken Grabkrallen; Sohlengänger; 38 Zähne; Zahnformel: $\frac{3\,1\,4\,1}{3\,1\,4\,2}$; Europa 1 Art:

Dachs
Méles méles (LINNÉ)

Körper plump, kurzläufig; grau mit auffallend schwarzweißer Kopfzeichnung; Schnauze lang; Krallen an Vorderfüßen besonders groß; **66,5 cm** *(61–72 cm)* + **17 cm** *(15–19 cm).*

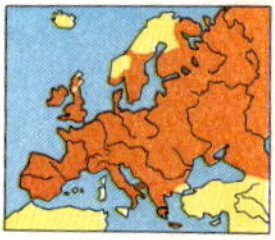

Verbreitung: fast ganz Europa *fehlt:* Island, Nordskandinavien, Nordfinnland, Südwestnorwegen, Mittelmeerinseln, teilweise Nordschottland. **Lebensraum** und **Lebensweise:** meist kleinere Wälder in Wiesen- und Feldnähe; hauptsächlich bei Dämmerung und nachts tätig; kann schnell graben, badet gern; lebt gesellig, auch einzeln; gräbt unter der Erde lange Gänge zu einer tief gelegenen Wohnhöhle (bis 5 m); Winterschlaf kurzzeitig, auch im Winter aktiv. **Nahrung:** Würmer, Insektenlarven, Mäuse, Frösche, Getreide, Eicheln, Beeren, Pilze, Wurzeln, Aas; Nester von Bodenbrütern werden nicht verschont. **Fortpflanzung:** *Brunstzeit* April–August; *Tragzeit* 7–8 Monate; wirft von Januar–April 1mal 3–5 *Junge* (Augen 28–35 Tage geschlossen), die 8 Wochen *gesäugt,* nach 6 Monaten *selbständig,* nach 1,5 bis 2 Jahren *geschlechtsreif* werden. **Lebensdauer:** 15 Jahre. **Stimme:** schnaufend, fauchend, winselnd, brummend; kann laut schreien.

Gattung: Marder *(Mártes);* Raubtiere mit 38 Zähnen; Zahnformel: $\frac{3\,1\,4\,1}{3\,1\,4\,2}$; in Europa drei Arten:

Baum- oder Edelmarder
Mártes mártes (LINNÉ)

So groß wie Hauskatze; schlank; gelbbraun, mit gelbem Kehlfleck; Nase schwarz; Sohlen stark behaart; **47 cm** *(42 bis 52 cm)* + **24 cm** *(22–26,5 cm).*

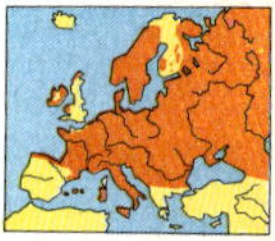

Verbreitung: fast ganz Europa; *fehlt:* Island, Nordskandinavien, England (nur noch vereinzelt zu beobachten), Nordfrankreich, südlicher Balkan, Korsika; Südfinnland lokal; Pyrenäenhalbinsel im Norden. **Lebensraum** und **Lebensweise:** ausgedehnte Waldgebiete, Parkanlagen; am Tag und nachts tätig; guter Kletterer und Springer; wohnt auf Bäumen in verlassenen Vogel- und Eichhornnestern; kennzeichnet sein Revier durch Duftmarken aus den Analdrüsen. **Nahrung:** Säugetiere (Eichhörnchen), Vögel, Insekten, Beeren, Obst, Bucheckern. **Fortpflanzung:** *Brunstzeit* Juni–August; *Tragzeit* 260–305 Tage; wirft von März–April 1mal 3–5 (2–7) *Junge* (Augen 34 bis 38 Tage geschlossen), die 7–8 Wochen *gesäugt,* nach 3 Monaten *selbständig,* nach 1¼–3¼ Jahren *geschlechtsreif* werden. **Lebensdauer:** 10 bis 12 Jahre. **Stimme:** tockernd, zirpend; erregt fauchend, knurrend, schreiend; in Paarungszeit katzenähnliche Laute.

Zobel
Mártes zibellina (LINNÉ)

Etwas kleiner als Steinmarder; Fell sehr dicht, schwarzbraun mit ockergelbem, nicht scharf begrenztem Kehlfleck; Kopf spitz; **39 cm** *(32–46 cm)* + **16 cm** *(14–18 cm).*

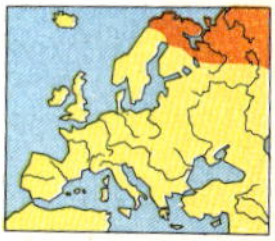

Verbreitung: Norden Skandinaviens, Finnlands, der UdSSR. **Lebensraum** und **Lebensweise:** ausgedehnte Nadelwälder in Gewässernähe; am Tag und nachts tätig; guter Kletterer und Springer, hält sich nicht in oberen Baumregionen auf; Einzelgänger. **Nahrung:** Säugetiere (Eichhörnchen), Fische, Tannensamen, Honig. **Fortpflanzung:** wie Baum- und Edelmarder. **Lebensdauer:** 10–12 Jahre.

Stein- oder Hausmarder
Mártes foina (ERXLEBEN)

Ähnlich voriger Art, mehr graubraun; Kehlfleck weiß, seltener hellgelb; Nase hell fleischfarben; Sohlen unbehaart; **45 cm** *(42–48 cm)* + **24,5 cm** *(23–26 cm).*

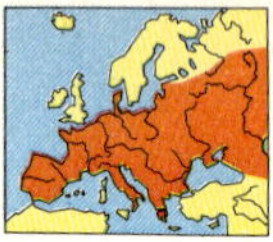

Verbreitung: fast ganz Europa; *fehlt:* Island, Irland, England, Skandinavien, Finnland, Norden der UdSSR, Mittelmeerinseln. **Lebensraum** und **Lebensweise:** menschliche Siedlungen; versteckt in Steinbrüchen, Scheunen, Holzstapeln, Büschen; mehr bei Dämmerung und nachts tätig; ebenso gewandt wie Baummarder. **Nahrung:** Hausgeflügel, Eier, Ratten; sonst wie Baummarder. **Fortpflanzung:** *Brunstzeit* Juli–August; *Tragzeit* 247–280 Tage; wirft von April–Mai 1mal 3–5 (2–7) *Junge* (Augen 34–38 Tage geschlossen), die 7–8 Wochen *gesäugt,* nach 3 Monaten *selbständig,* nach $1^1/_4$–$3^1/_4$ Jahren *geschlechtsreif* werden. **Lebensdauer:** 10–12 Jahre. **Stimme:** ähnlich Baummarder.

3. **Familie: Bären** *(Ursidae);* Europa 2 Gattungen; Zähne: 42 oder 36; Zahnformel: $\frac{3\ 1\ 4\ 2}{3\ 1\ 4\ 3}$ bzw. $\frac{3\ 1\ 3\ 2}{3\ 1\ 3\ 2}$:

Gattung: Braunbären *(Úrsus);* Europa 1 Art:

Braunbär
Úrsus árctos (LINNÉ)

Farbe variiert stark von hell bis dunkelbraun, zuweilen grausilbern überhaucht, fast schwarz oder hell mit dunklen Beinen; Widerrist mit kleinem Hökker; Schwanz sehr kurz; **2 m** *(1,7–2,5 m)* + **10 cm** *(6–14 cm).*

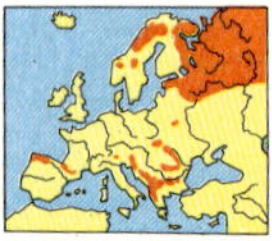

Verbreitung: Norden Skandinaviens, Finnlands; UdSSR, Karpaten, Gebirge der Balkanländer, Abruzzen, Pyrenäen, Gebirge Nordwestspaniens. **Lebensraum** und **Lebensweise:** zusammenhängende, große Waldgebiete, vor allem in Bergen; meidet Nähe von Siedlungen; meist bei Dämmerung und nachts tätig; guter Schwimmer, Kletterer, Läufer; Einzelgänger; ab Herbst Unterschlupf in Felshöhlen und unter umgestürzten Bäumen. **Nahrung:** hauptsächlich Beeren, Eicheln, Pilze, Gras, Wurzeln, Honig, daneben alle Tiere bis Rind, Pferd. **Fortpflanzung:** *Brunstzeit* April–August; *Tragzeit* 7–8 Monate; wirft von Dezember–Februar 1mal 2–4 (1–5) *Junge* (Augen 28–35 Tage geschlossen), die 3–4 Monate *gesäugt,* nach $1^1/_2$–2 Jahren *selbständig,* nach $2^1/_2$–4 Jahren *geschlechtsreif* werden. **Lebensdauer:** 30–35 Jahre. **Stimme:** tiefes Brummen, erregt lautes Schnaufen oder Heulen.

Gattung: Eisbären *(Thalassárctos);* Europa 1 Art:

Eisbär
Thalassárctos maritimus (PHIPPS)

Größter Bär und größtes Raubtier in Europa; Fell im Winter weiß, im Sommer gelblichweiß; Hals verhältnismäßig lang; **2 m** *(♂ 2,0–2,5 m; ♀ 1,6–1,85 m)* + **9 cm** *(8–10 cm).*

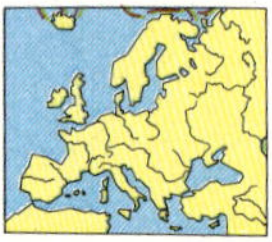

Verbreitung: Eis und Treibeis der Arktis; hauptsächlich Küsten Nord-, Ostgrönlands, auch auf mit Treibeis bedeckten Meeren des amerikanischen, europäischen und asiatischen Kontinents. **Lebensraum** und **Lebensweise:** nahrungsreiche Gebiete der Arktis, weniger auf dem Festland; am Tag und nachts tätig; kann tauchen, ausdauernd schwimmen, laufen; verbringt Teil des Winters in selbstgegrabener Schneehöhle mit 2–3 m langem Zugang. **Nahrung:** hauptsächlich Robben, Fische, auch andere Wirbeltiere; gelegentlich Aas, pflanzliche Kost. **Fortpflanzung:** *Brunstzeit* März–Mai; *Tragzeit* 7–8 Monate; wirft von Februar–März 1mal 2 (1–3) *Junge* (Augen 28–30 Tage geschlossen), die 2 bis 3 Monate *gesäugt,* nach 2–3 Jahren *selbständig,* nach 3–4 Jahren *geschlechtsreif* werden. **Lebensdauer:** 25–30 Jahre. **Stimme:** wenig lautfreudig; brüllt und schreit bei Erregung.

4. Familie: Kleinbären *(Procyónidae);* mittelgroß; Ohren ziemlich groß; Schwanz in der Regel lang; Zähne: 40; Zahnformel: $\frac{3\ 1\ 4\ 2}{3\ 1\ 4\ 2}$; Europa 1 Gattung:

Gattung: Waschbären *(Procýon);* Europa 1 (aus Nordamerika eingeführte) Art:

Waschbär
Procýon lótor (LINNÉ)

Graubraun bis grauweiß; Schnauze spitz; Gesicht breit mit schwarzer Maske; Schwanz dick, geringelt; **59 cm** *(48–70 cm)* + **23 cm** *(20–26 cm).*

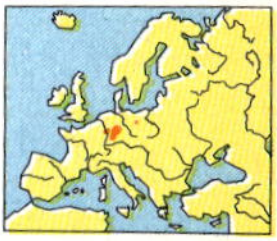

Verbreitung: Heimat Nordamerika; nach Europa *eingeführt,* jetzt wild lebend: Eifel, Hessen, bei Berlin. **Lebensraum** und **Lebensweise:** Wälder, Parkanlagen, Gärten in Wassernähe; bei Dämmerung und nachts tätig; guter Kletterer, Schwimmer; wohnt in Erdhöhlen, hohlen Bäumen, Felsspalten; Winterschlaf in kurzen Intervallen, zehrt dann vom Körperfett. **Nahrung:** Allesfresser; hauptsächlich kleine Wirbeltiere, Eier, Krebstiere, Schnecken, Insekten, Früchte. **Fortpflanzung:** *Brunstzeit* Januar–März; *Tragzeit* 63 Tage; wirft von März–Mai 1mal 4 (2–7) *Junge* (Augen 18–23 Tage geschlossen), die 7 Wochen *gesäugt,* nach 6 Monaten *selbständig,* nach 10 bis 12 Monaten *geschlechtsreif* werden. **Lebensdauer:** 6–8 Jahre.

II. Unterordnung: Katzenartige *(Feloídea);* in Europa 3 Familien:

1. Familie: Schleichkatzen *(Vivérridae);* 40 Zähne; Zahnformel: $\frac{3\ 1\ 4\ 2}{3\ 1\ 4\ 2}$; Europa Vertreter aus 2 Gattungen:

Gattung: Mangusten *(Herpéstes);* Europa 1 Art:

Manguste
Herpéstes ichneumon (LINNÉ)

Etwa mardergroß; einheitlich braungrau; Haare mit silbergrauen Spitzen; Schwanz lang; Beine kurz; Krallen nicht einziehbar; **53 cm** *(51–55 cm)* + **39 cm** *(33–45 cm).*

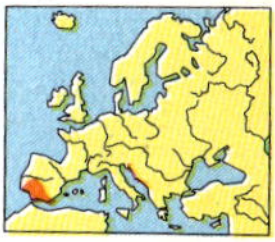

Verbreitung: Südportugal, Südwestspanien, Dalmatien. **Lebensraum** und **Lebensweise:** bergiges Felsengelände mit Gestrüpp, Heide; am Tag und nachts tätig; lebt gesellig, läuft schnell; wohnt in selbstgegrabenen Höhlen. **Nahrung:** kleine Wirbeltiere, Vogeleier, Insekten. **Fortpflanzung:** *Brunstzeit* Februar–März; *Tragzeit* 60 Tage; wirft von Januar–Februar 1mal 2–4 *Junge;* Blindsein nicht bekannt; Junge werden 1 Monat *gesäugt,* nach 3 Monaten *selbständig,* nach 9 Monaten *geschlechtsreif.* **Lebensdauer:** 5–7 Jahre. **Stimme:** scharf pfeifend.

Gattung: Ginsterkatzen *(Genétta);* Europa 1 Art:

Ginsterkatze
Genétta genétta (LINNÉ)

Ähnelt einer schlanken Hauskatze mit spitzem Kopf; Fell bräunlichgrau mit Reihen dunkler Flecken; kurzläufig; Schwanz lang, dunkel geringelt; **52,5 cm** *(47–58 cm)* + **44,5 cm** *(41 bis 48 cm).*

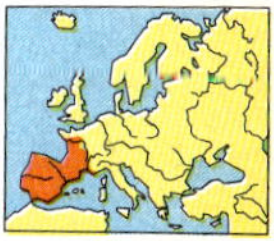

Verbreitung: Pyrenäenhalbinsel, West-, Südfrankreich. **Lebensraum** und **Lebensweise:** buschreiches Gelände, Berghänge mit Geröll, Gestrüpp; hauptsächlich bei Dämmerung und nachts tätig; sehr scheu; guter Springer und Kletterer; wohnt in Fels- und Baumhöhlen, auch im dichten Gestrüpp. **Nahrung:** wie Manguste. **Fortpflanzung:** *Brunstzeit* Februar–März; *Tragzeit* etwa 60 Tage; wirft von April–Mai 1mal (2mal?) je 2 (1–4) *Junge;* Dauer des Blindseins nicht bekannt; Junge werden 1 Monat *gesäugt,* nach 3 Monaten *selbständig,* nach 9 Monaten *geschlechtsreif.* **Lebensdauer:** 10–12 Jahre. **Stimme:** bei Erregung zischendes Schreien.

2. Familie: Katzen *(Félidae);* Europa 2 Gattungen:

Gattung: Luchse *(Lynx);* 28 Zähne (am meisten rückgebildetes, spezialisiertes Raubtiergebiß); Zahnformel: $\frac{3\ 1\ 2\ 1}{3\ 1\ 2\ 1}$; Europa 2 Arten:

Pardelluchs
Lynx párdina (Temminck)

Oberseite rötlich, deutlich schwarz gefleckt; Ohren mit Haarpinsel; weniger hochläufig als folgende Art; **97 cm** *(85–110 cm)* + **13 cm** *(12,5 bis 13 cm).*

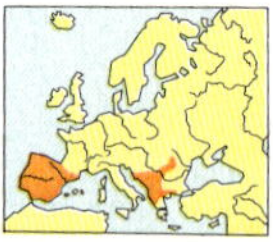

Verbreitung: Pyrenäenhalbinsel, Südjugoslawien, Albanien, Nordgriechenland, Ostkarpaten. **Lebensraum** und **Lebensweise:** bergiges Gelände mit Gestrüpp; Lebensweise und Nahrung sonst wie Luchs. **Fortpflanzung:** *Brunstzeit* Februar; *Tragzeit* 70 Tage; wirft im Mai 1mal 2–3 (4) *Junge* (Augen 16–17 Tage geschlossen), die 2 Monate *gesäugt,* nach 9–12 Monaten *selbständig,* nach 1³/₄–2¹/₂ Jahren *geschlechtsreif* werden. **Lebensdauer:** 16–18 Jahre. **Stimme:** ähnlich Luchs.

Nordluchs
Lynx lynx (Linné)

Größte europäische Katzenart; Oberseite rötlichgrau, nur undeutlich gefleckt; Unterseite weiß; Ohren mit Haarpinsel; hochläufig; Schwanz kurz, Ende schwarz; **1 m** *(0,8–1,3 m)* + **18 cm** *(11 bis 24,5 cm).*

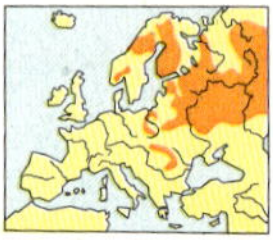

Verbreitung: Finnland; *lokal:* Skandinavien, Polen, Karpaten, UdSSR; im übrigen Europa ausgerottet; einzelne Tiere wandern in westlicher Richtung wieder ein. **Lebensraum** und **Lebensweise:** große, zusammenhängende Wälder; am Tag und nachts tätig; kann gut laufen, klettern, springen; sehr scheu; wohnt in verlassenen Fuchs- und Dachsbauen, im dichten Gestrüpp, in Fels- und Baumhöhlen; lebt nur in Paarungszeit gesellig. **Nahrung:** alle Säugetiere von der Maus bis zum Großwild, Vögel; schlägt auch Haustiere, Ziegen, Kälber; tötet große Beutetiere durch Genickbiß. **Fortpflanzung:** *Brunstzeit* Februar–März; *Tragzeit* 70 Tage; wirft von Mai bis Juni 1mal 2–3 (4) *Junge* (Augen 16–17 Tage geschlossen), die 2 Monate *gesäugt,* nach 9–12 Monaten *selbständig,* nach 1³/₄–2¹/₂ Jahren *geschlechtsreif* werden. **Lebensdauer:** 16–18 Jahre. **Stimme:** fauchend, knurrend.

Gattung: Katzen *(Félis);* 30 Zähne; Zahnformel: $\frac{3\ 1\ 3\ 1}{3\ 1\ 2\ 1}$; Europa 1 Art:

Wildkatze
Félis silvéstris (Schreber)

♂ fahlgrau bis schwarzgrau, ♀ gelblichgrau, dunkel gebändert und gefleckt, mit gelblichem Unterton des Fells; Unterseite heller; Schwanz kurz, dick, geringelt, mit schwarzer Spitze; Sohle meist mit kleinem schwarzen Fleck; **58 cm** *(47,5 bis 68 cm)* + **31,5 cm** *(26–37 cm).*

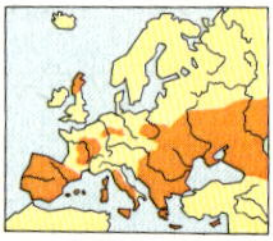

Verbreitung: Schottland, Pyrenäenhalbinsel, Mittelmeerinseln, Mittelfrankreich, Mittelgebirge BR Deutschlands, Mittel-, Süditalien, Südpolen, Ungarn, Balkan, Süden der UdSSR. **Lebensraum** und **Lebensweise:** dichte Wälder, Buschsteppen, mit Büschen bewachsenes, bergiges Gelände; hauptsächlich bei Dämmerung und nachts tätig; guter Kletterer, Springer, Läufer; lebt einzeln im Revier; wohnt in Baum- und Felshöhlen, Fuchs- Dachs- und Kaninchenbauen. **Nahrung:** hauptsächlich Mäuse, auch Hasen, Kaninchen, Rehkitze, kleinere Wirbeltiere, Insekten. **Fortpflanzung:** *Brunstzeit* Februar–März; *Tragzeit* 63 Tage; wirft von April–Mai 1mal (2mal?) je 2–4 *Junge* (Augen 10–12 Tage geschlossen), die 1 Monat *gesäugt,* nach 3 Monaten *selbständig,* nach 9 Monaten *geschlechtsreif* werden. **Lebensdauer:** 12–15 Jahre. **Stimme:** wie Hauskatze.

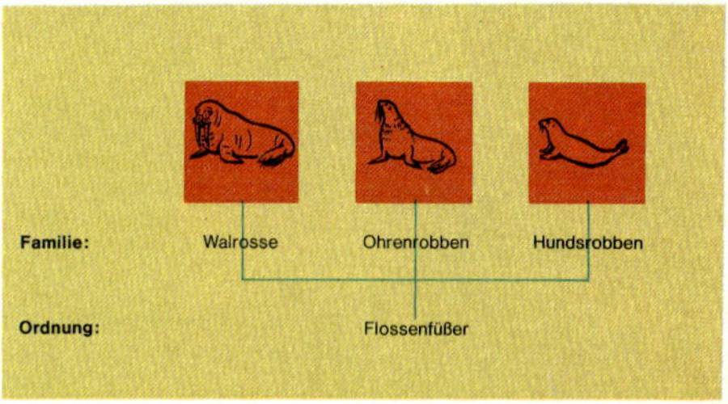

63.1 System der Flossenfüßer

XI. Ordnung: Flossenfüßer *(Pinnipédia)*

Stammesgeschichtlich lassen sich Flossenfüßer von Raubtieren ableiten. Vermutlich haben sie mit den Bären gemeinsame Vorfahren; daher werden die Flossenfüßer oft zur Ordnung der Raubtiere gestellt, die man dann in *zwei Unterordnungen*, die **Landraubtiere** *(Fissipédia)* und die **Flossenfüßer** *(Pinnipédia)*, gliedert. Alle Flossenfüßer sind Wassertiere, die vorwiegend im Meer und an den Meeresküsten leben. An das Leben im Wasser zeigen die Flossenfüßer viele Anpassungen, wie z. B. den kegelförmigen Körper, die zu Flossen umgewandelten Gliedmaßen, die nach hinten gerichteten Hinterbeine, fehlende Ohrmuscheln, verschließbare Ohr- und Nasenöffnungen. Auf dem Lande können Flossenfüßer sich nur schwerfällig bewegen, im Wasser hingegen sind sie schnelle und *gewandte Schwimmer*. Das *Gebiß* besteht in der Regel aus 34 Zähnen; *Zahnformel:* $\frac{3\ 1\ 4\ 1}{2\ 1\ 4\ 1}$; Vorbacken- und Backenzähne sind gleichgestaltet, zuweilen zahlreicher.

1. Familie: Walrosse *(Odobǣnidae);* groß, schwer (Länge bis 4,5 m, Gewicht bis 2200 kg); obere Eckzähne sind lange *Hauer;* Oberlippe mit starken Borsten *(Bartborsten);* Hinterfüße nach vorn aufsetzbar, können zum Gehen verwendet werden. **S. 63**

2. Familie: Ohrenrobben *(Otaríidae);* Ohrmuscheln vorhanden; Hals gut vom Rumpf abgesetzt; Hinterfüße können unter den Leib gebracht werden; bewohnen vorwiegend die Antarktis; in Europa keine Vertreter. **S. 63**

3. Familie: Hundsrobben *(Phócidae);* meist kleiner als Walroß (Länge der an europäischen Küsten vorkommenden Arten bis 3,8 m, Gewicht bis 400 kg); obere Eckzähne nicht zu Hauern verlängert; Hinterbeine nicht nach vorne wendbar, nicht zum Gehen geeignet, aber Hauptschwimmorgane. **S. 64**

1. Familie: Walrosse *(Odobǣnidae);* 1 Gattung:

Gattung: Walrosse *(Odóbenus);* Europa 1 Art:

Walroß
Odóbenus rosmárus (LINNÉ)

Gelbbraun; Eckzähne des Oberkiefers sehr lang, beim ♂ länger als beim ♀; Hinterfüße nach vorn wendbar; ♂ **4 m** *(3–4,5 m)*, ♀ **3 m**; Gewicht 700 bis 2200 kg.

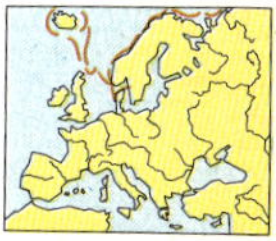

Verbreitung: besonders Küstengebiet von Grönland, Spitzbergen; als zufälliger Gast auch an Küsten der Orkney- und Shetlandinseln, Nordschottlands, Nordnorwegens. **Lebensraum** und **Lebensweise:** Küsten-, Treibeisgebiete der Polarmeere; am Tag tätig; guter Schwimmer, ausdauernder Taucher; gesellig, monogam; alter Bulle ist Oberhaupt der Gemeinschaft; Angriffe werden gemeinsam ausgeführt. **Nahrung:** Schnecken, Muscheln, Krebse, Stachelhäuter, Fische, Aas. **Fortpflanzung:** *Brunstzeit* Juni–Juli; *Tragzeit* 11 Monate; wirft von Mai–Juni 1mal 1 *Junges*, das $1^1/_2$–2 Jahre *gesäugt*, nach $1^1/_2$–2 Jahren *selbständig*, nach 4–5 Jahren *geschlechtsreif* wird. **Lebensdauer:** 20–30 Jahre. **Stimme:** schnaubend und „äwök".

2. Familie: Ohrenrobben *(Otaríidae);* in Europa keine Vertreter.

3. Familie: Hundsrobben *(Phócidae);* Europa 6 Gattungen:

Gattung: Seehunde *(Phóca);* Europa 2 Arten:

Seehund
Phóca vitúlina Linné

Viel kleiner als vorige Art; Rückenseite mit dunklen Flecken auf hellem Grund; Schnurrhaare weiß; Kopf rundlich; Gesamtlänge **1,7 m** *(1,45 bis 1,95 m);* Gewicht 50–100 kg.

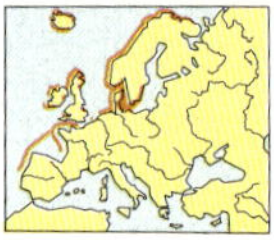

Verbreitung: Küsten Islands, Irlands, Schottlands, Norwegens, Nord-, Ostsee. **Lebensraum** und **Lebensweise:** kleine Inseln und Sandbänke an der Küste und vor Flußmündungen, flache Meeresufer; am Tag tätig, guter Schwimmer, ausdauernder Taucher; gesellig; Jungtiere, die ihre Mutter verloren haben, fallen als „Heuler" auf. **Nahrung:** Fische (oft werden die Netze der Fischer zerstört), auch Muscheln, Krebse. **Fortpflanzung:** *Brunstzeit* Juli–August; *Tragzeit* 11 Monate; wirft von Juni–Juli 1mal 1–2 *Junge,* die 4–6 Wochen *gesäugt,* nach 8 Wochen *selbständig,* nach 3 Jahren *geschlechtsreif* werden. **Lebensdauer:** 15–20 Jahre. **Stimme:** kurzes, klagendes Bellen.

Ringelrobbe
Phóca híspida Schreber

Ähnlich Seehund, etwas kleiner; ausgeprägte helle Ringe auf dunklem Grund; Schnurrhaare braun; Kopf rundlich; Gesamtlänge: **1,5 m** *(1,2 bis 1,8 m);* Gewicht: 36–42 kg.

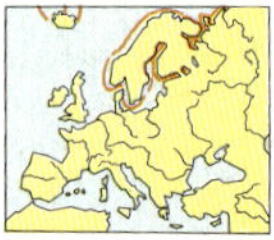

Verbreitung: Küsten Islands, der Shetland- und Orkneyinseln, Irlands, Norwegens, der Nordsee und nördlichen Ostsee. **Lebensraum** und **Lebensweise:** kleine Inseln und Sandbänke an der Küste, flache Meeresufer; Lebensweise und Nahrung wie Seehund. **Fortpflanzung:** *Brunstzeit* Mai bis Juni; *Tragzeit* 11 Monate; wirft von April–Mai 1mal 1–2 *Junge,* die 3–4 Wochen *gesäugt,* nach 6 Wochen *selbständig,* nach 3–4 Jahren *geschlechtsreif* werden. **Lebensdauer:** 15–20 Jahre. **Stimme:** bellend, knurrend.

Gattung: Sattelrobben *(Pagóphilus);* Europa 1 Art:

Sattelrobbe
Pagóphilus groenlándicus Erxleben

Größer als Seehund; ♂ mit langgezogenem Sattelfleck am Rücken; ♀ bräunlicher, kleiner Sattel weiß; Junge weiß; Gesamtlänge: **1,9 m** *(1,5 bis 2,2 m);* Gewicht: 115–180 kg.

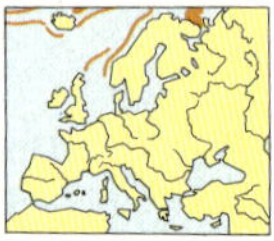

Verbreitung: überwiegend Küste der Halbinsel Kola, Ostküste Grönlands. **Lebensraum** und **Lebensweise:** Treibeis; guter Schwimmer und Taucher; gesellig. **Fortpflanzung:** *Brunstzeit* März–Juni; *Tragzeit* 11 Monate; wirft von Februar–Mai 1mal 1 *Junges,* das 8–10 Tage *gesäugt,* nach 2 Wochen *selbständig,* nach 3–4 Jahren *geschlechtsreif* wird. **Lebensdauer:** 20 bis 30 Jahre. **Stimme:** bellend, knurrend.

Gattung: Bartrobben *(Erignáthus);* Europa 1 Art:

Bartrobbe
Erignáthus barbátus (Erxleben)

Wesentlich größer als Seehund; Oberseite einheitlich braun, Unterseite heller; Oberlippe mit sehr langen, hellen Barthaaren; Gesamtlänge: **2,6 m** *(2,2–3,1 m);* Gewicht: 500–700 kg.

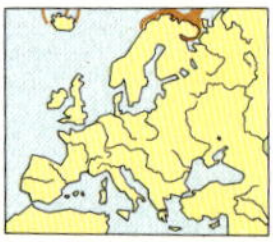

Verbreitung: Küsten von Spitzbergen, Grönland, Nordnorwegen, Nowaja Semlja. **Lebensraum** und **Lebensweise:** Küstennähe, Treibeis; guter Schwimmer und Taucher; lebt in kleineren Verbänden; nicht so gesellig wie Sattelrobbe. **Fortpflanzung:** *Brunstzeit* August–November; *Tragzeit* 11 Monate; wirft von Juni–Juli 1mal 1 *Junges,* das 3–4 Wochen *gesäugt,* nach 6 Wochen *selbständig,* nach 3–4 Jahren *geschlechtsreif* wird. **Lebensdauer:** 20–30 Jahre. **Stimme:** pfeifend, heulend, besonders in der Paarungszeit.

Gattung: Kegelrobben *(Halichoërus);* Europa 1 Art:

Kegelrobbe
Halichoërus grýpus (Fabricius)

Etwa so groß wie Bartrobbe; meist grau mit größeren schwarzen Flecken; Unterseite weißgrau; ♀ meist großfleckiger als ♂; Jungen weiß; Gesamtlänge: **3 m** *(2,1–3,3 m);* ♀ kleiner; Gewicht: 125–290 kg.

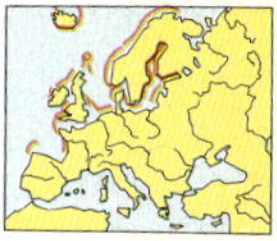

Verbreitung: Küsten der Ost- und Nordsee, nördlicher Atlantik. **Lebensraum** und **Lebensweise:** felsige Küsten, vorgelagerte Inseln; guter Schwimmer und Taucher; lebt in kleineren Verbänden; Junges wird an der Küste geboren, kann erst nach 2–4 Wochen schwimmen. **Nahrung:** Fische, Krabben. **Fortpflanzung:** *Brunstzeit* November–März; *Tragzeit* 11 Monate; wirft von Oktober–Februar 1mal 1 *Junges,* das 3–4 Wochen *gesäugt,* nach 6 Wochen *selbständig,* nach 3–4 Jahren *geschlechtsreif* wird. **Lebensdauer:** 40 Jahre. **Stimme:** jaulend, erregt schnaufend, brummend.

Gattung: Klappmützen *(Cystóphora);* Europa 1 Art:

Klappmütze
Cystóphora cristáta (Erxleben)

Etwas größer als Seehund; hellgrau, Unterseite heller; Kopf, Flossen schwarz; ♂ mit aufblasbarem Nasenaufsatz; Gesamtlänge: **2,2 m** *(2 bis 2,4 m);* Gewicht: 350–400 kg.

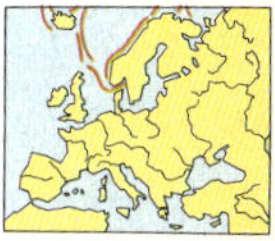

Verbreitung: Polargebiet zwischen Island, Grönland, Spitzbergen, gelegentlich südlicher (bis Färöer-Inseln). **Lebensraum** und **Lebensweise:** Treibeis; schwimmt schnell, taucht lange und sehr tief; monogam oder in kleinen Verbänden; scheu, wenig verträglich. **Nahrung:** Tintenfische, Krebse, Fische. **Fortpflanzung:** *Brunstzeit* April bis Mai; *Tragzeit* 11 Monate; wirft von März bis April 1mal 1 *Junges,* das 2–3 Wochen *gesäugt,* nach 5 Wochen *selbständig,* nach 3–4 Jahren *geschlechtsreif* wird. **Lebensdauer:** 20–30 Jahre. **Stimme:** brüllend.

Gattung: Mönchsrobben *(Monáchus);* Europa 1 Art:

Mönchsrobbe
Monáchus monáchus (Hermann)

Wesentlich größer als Seehund (auch größer als Bartrobbe); Oberseite graubraun bis dunkelbraun; Körperseiten mit großen hellen Flecken; Gesamtlänge **3 m** *(2,3–3,8 m).*

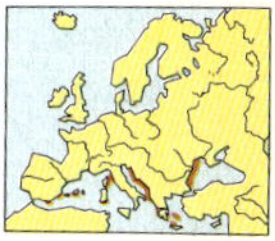

Verbreitung: Küsten des nördlichen und östlichen Mittelmeeres, Schwarzes Meer. **Lebensraum** und **Lebensweise:** geschützte Meeresbuchten mit kurzem Strand; lebt mit Vorliebe in kleinen Verbänden, meist nur einzeln zu beobachten, weil fast ausgerottet. **Fortpflanzung:** *Brunstzeit* Juli bis August; *Tragzeit* 11 Monate; wirft von August bis September 1mal 1 *Junges,* das 3–4 Wochen *gesäugt,* nach 6 Wochen *selbständig,* nach 3–4 Jahren *geschlechtsreif* wird. **Lebensdauer:** 20 bis 30 Jahre. **Stimme:** tief bellend.

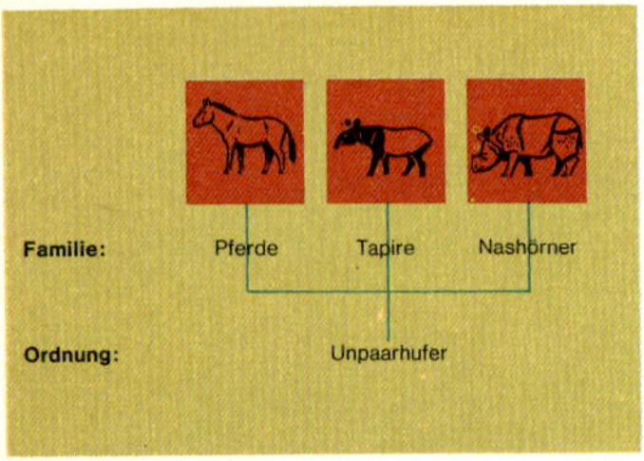

66.1 System der Unpaarhufer

XII. Ordnung: Röhrenzähner *(Tubulidentáta);* in Europa keine Vertreter.

XIII. Ordnung: Rüsseltiere *(Proboscídea);* in Europa keine Vertreter.

XIV. Ordnung: Schliefer *(Hydracoídea);* in Europa keine Vertreter.

XV. Ordnung: Seekühe *(Siréna);* in Europa keine Vertreter.

XVI. Ordnung: Unpaarhufer *(Perissodáctyla)*

Kommen in Europa nicht mehr wildlebend vor, wohl aber als Haustiere (Hauspferd und Hausesel). An jedem Fuß ist nur eine Zehe, die mittlere, stark entwickelt, alle anderen Zehen sind rückgebildet. Das letzte Glied der Mittelzehe ist mit einem Huf umkleidet (Huftiere; Abb. 66.2).

Das Hauspferd stammt wahrscheinlich vom Mongolischen Wildpferd ab. Es bevölkerte früher in großen Herden die weiten Steppen Europas und Asiens. Wie zahlreiche Höhlenzeichnungen zeigen, spielten Wildpferde schon in der älteren Steinzeit eine Rolle. Etwa vor 4000 Jahren fingen die Menschen Wildpferde lebend und lernten sie zu zähmen, auf ihnen zu reiten und sie vor den Pflug zu spannen. Durch fortlaufende Züchtung entstand so das Hauspferd. Das kleine Mongolische Wildpferd lebt noch jetzt in den weiten Grasebenen Asiens.

Eine Zeitlang hielten die Forscher den Tarpan (Abb. 66.4) für die Stammform des Hauspferdes. Wahrscheinlich war er aber ein ehemals in Südrußland verwildertes Hauspferd. Der letzte Tarpan der freien Wildbahn wurde im Jahre 1871 am Schwarzen Meer erlegt. Jetzt gibt es Tarpane nur noch in großen Freigehegen und in Tierparks.

1. Familie: Pferde *(Equidae);* groß bis mittelgroß, hochläufig, mit Halsmähne; in Europa keine wildlebenden Vertreter.

2. Familie: Tapire *(Tapíridae);* mittelgroß; Vorderfüße mit 4, Hinterfüße mit 3 Zehen, die dritte Zehe (Mittelzehe) jeweils am stärksten entwickelt; in Europa keine Vertreter.

3. Familie: Nashörner *(Rhinocerótidae);* sehr groß, schwer; Nase mit eigenartigen Hautbildungen, die man Hörner nennt; in Europa keine Vertreter.

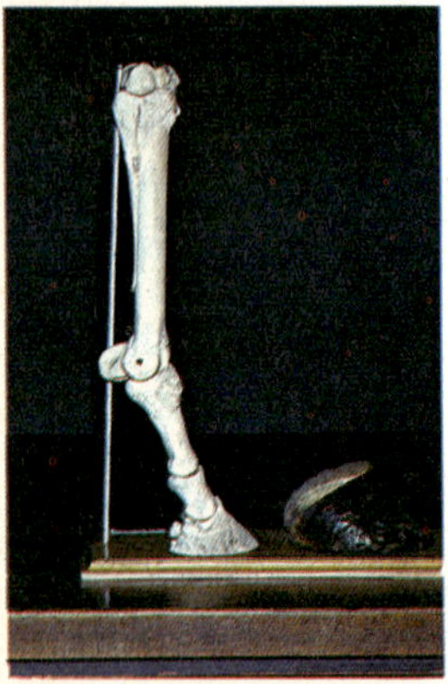

66.2 Fuß eines Pferdes; rechts der Huf, welcher das letzte Zehenglied umkleidet

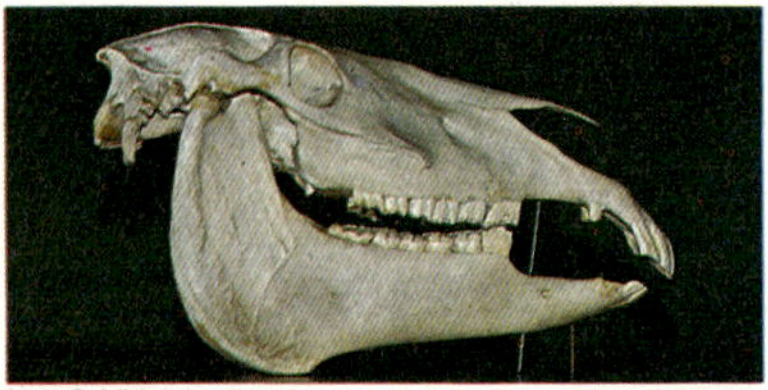

66.3 Schädel des Pferdes

66.4 Tarpan

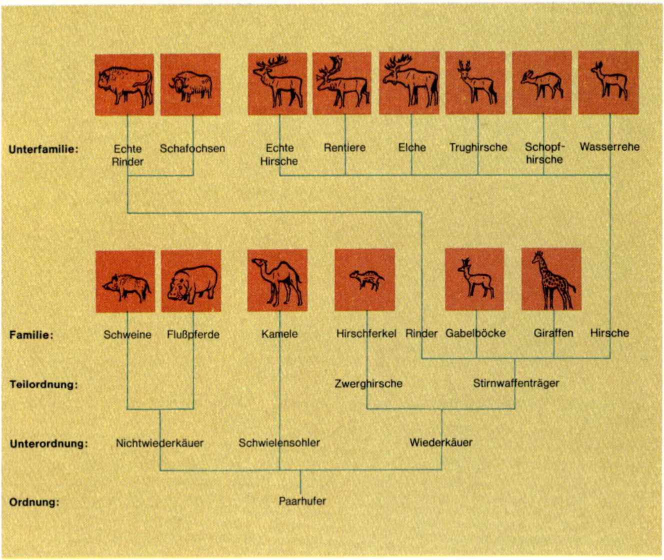

67.1 System der Paarhufer

XVII. Ordnung: Paarhufer *(Artiodáctyla)*

Tiere mit 2 oder 4 *paarig angeordneten Zehen,* deren letztes Glied jeweils mit einem *Huf* umkleidet ist (Huftiere). Mit Ausnahme der *Nichtwiederkäuer* tragen die Paarhufer in der Regel *Hörner* oder *Geweihe. Wiederkäuer* sind durchweg schnelle und ausdauernde Läufer. Bei Gefahr setzen sie sich meist nicht zur Wehr, sondern ergreifen die Flucht *(Fluchttiere).* Auch die *Stirnwaffen* werden gegen angreifende Feinde (z. B. Raubtiere) nur eingesetzt, wenn keine Flucht mehr möglich ist. Stirnwaffen dienen vor allem zum Ausfechten von *Rivalitätskämpfen.* Dabei geht es weniger um Leben und Tod als vielmehr um Ausscheidungskämpfe zur Ermittlung des Stärkeren. Trotzdem werden jährlich etwa 5 % der rivalisierenden Hirsche zu Tode „geforkelt".
Ein scharf ausgeprägter Fußabdruck von Tieren (im Schnee oder auf weicher Erde) heißt *Trittsiegel.* Die vier zusammengehörigen Trittsiegel eines Säugetieres bilden ein *Trittebild.* Die Reihe der aufeinanderfolgenden Trittebilder nennt man beim niederen Jagdwild *Spur* (vgl. Abb. 24.6), beim Hochwild *Fährte* (Abb. 67.2). Zum *niederen Jagdwild* gehören Wildkaninchen, Hase, Fuchs, Dachs, Marder, Iltis, Wiesel und Fischotter (Zehen- und Sohlengänger). Rotwild, Rehwild und Wildschweine (die Hornhufer, Zehenspitzengänger) gehören zur *Hochjagd.* Die Trittreihe der Vögel nennt man *Geläufe.*

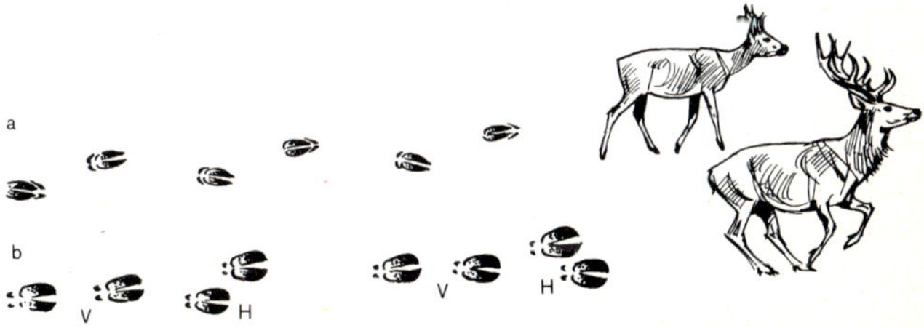

67.2 Fährten vom Reh und vom Hirsch. a Ein vertraut ziehendes Reh. b Fluchtfährte eines Hirsches (V Schalenabdrücke der Vorderbeine, H der Hinterbeine).

68.1 Fuß vom Schwein

68.2 Schädel vom Wildschwein

I. Unterordnung: Nichtwiederkäuer *(Nonruminántia);* einziger wildlebender Vertreter in Europa ist das Wildschwein. **S. 69**

1. Familie: Schweine *(Súidae);* mittelgroß; 3. und 4. Zehe gleichstark entwickelt; 2. und 5. Zehe vorhanden, aber schwächer entwickelt als die 3. und 4. und nur wenig den Boden berührend; Kopf keilförmig; Eckzähne wurzellos, stark verlängert (besonders beim ♂), ständig nachwachsend; Schnauze mit kurzem, beweglichem Rüssel, der mit einer rundlichen Scheibe endet, in welcher die Nasenlöcher liegen. **S. 69**

2. Familie: Flußpferde *(Hippotámidae);* große, massige Tiere; in Europa keine Vertreter.

II. Unterordnung: Schwielensohler *(Tylopóda);* in Europa keine Vertreter.

III. Unterordnung: Wiederkäuer *(Ruminántia);* mittelgroß bis groß; 3. und 4. Zehe stark entwickelt, 2. und 5. verkümmert; Kopf mit Hörnern (Hornträger) oder Geweih (Geweihträger); Zahl der Zähne: 32 (34); Gebißformel: $\frac{0\ 0\ 3\ 3}{3\ 1\ 3\ 3}$ oder $\frac{0\ 1\ 3\ 3}{3\ 1\ 3\ 3}$; *Wiederkäuermagen* mit Pansen, Netz-, Blätter-, Labmagen; *Zelluloseverdauung* mit Hilfe von Mikroorganismen; 4 Familien:

1. Familie: Rinder *(Bóvidae);* Hornträger; in der Regel tragen beide Geschlechter auf der Stirn zwei knöcherne Zapfen, über welchen je eine Scheide aus Hornstoff sitzt; Hörner werden nicht abgeworfen, sondern bleiben zeitlebens. **S. 69**

2. Familie: Gabelböcke *(Antilocápridae);* Paarhufer mit *gegabelten Hörnern;* in Europa keine Vertreter. **S. 72**

3. Familie: Giraffen *(Giráffidae);* große Paarhufer mit auffallend *langem Hals* und *langen Vorderbeinen;* in Europa keine Vertreter. **S. 72**

4. Familie: Hirsche *(Cérvidae); Geweihträger;* nur die ♂♂ mit Geweih, beim Ren auch die ♀♀. Die Geweihstangen bestehen aus Knochenstoff und entsprechen den Knochenzapfen der Rinder; doch wachsen bei den Rindern die Hornscheiden von innen her, die Geweihstangen hingegen sind zunächst mit Haut überzogen, dem Bast, der das Geweih von außen her bildet; wenn die Stangen fertig sind, wird der Bast abgerieben, „gefegt"; Geweihe werden alljährlich abgeworfen, bilden sich, ausgehend von zwei Knochenzapfen auf der Stirn (den Rosenstöcken) alljährlich neu; zunächst nimmt das Geweih mit jedem Jahr an Stärke und Zahl der Enden zu (Abb. 77,1), bei alternden Tieren „setzt es zurück", d. h. das Geweih wird wieder schwächer. **S. 73**

68.3 Ur- oder Auerochs (♂ u. ♀)

I. Unterordnung: Nichtwiederkäuer *(Nonruminántia)*; Europa 1 Familie:

1. Familie: Schweine ***(Súidae)*;** Europa 1 Gattung:

Gattung: Schweine *(Sus)*; Gebiß mit 44 Zähnen; Zahnformel: $\frac{3\ 1\ 4\ 3}{3\ 1\ 4\ 3}$ (Abb. 79,1); Europa 1 Art:

Wildschwein
Sús scrófa Linné

Fell langborstig, dunkel- bis hellgrau; Eckzähne *(Hauer)* des Oberkiefers nach oben gekrümmt, stark verlängert, besonders beim ♂; Kopf lang, mit knorpeliger Rüsselscheibe; „Frischlinge" längsgestreift; Gewicht ♂ 100–175 kg, ♀ 35 bis 150 kg; **1,3 m** *(1,1–1,6 m)* + **17,5 cm** *(15–20 cm)*.

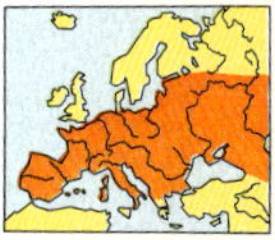

Verbreitung: fast ganz Europa; *fehlt:* Island, Irland, England, Skandinavien, Finnland, Sizilien, Südgriechenland. **Lebensraum** und **Lebensweise:** feuchte Wälder mit dichtem Unterholz, Gebüsch; hauptsächlich bei Dämmerung und nachts tätig; kann gut riechen, hören; sehr scheu; gesellig in Rudeln; „suhlt" sich gern im Schlamm, wühlt im feuchten Waldboden und auf Feldern. **Nahrung:** Allesfresser; hauptsächlich Eicheln, Bucheckern, Pilze, Feldfrüchte, Wurzeln, kleine Wirbeltiere, Aas. **Fortpflanzung:** *Brunstzeit* November–Januar; *Tragzeit* 16–17 Wochen; wirft von April–Mai 1mal (2mal) je 4–12 *Junge,* die 2–3 Monate *gesäugt,* nach 6 Monaten *selbständig,* nach 9–18 Monaten *geschlechtsreif* werden. **Lebensdauer:** 20–25 Jahre. **Stimme:** grunzend, quiekend, schnaubend; bei Erregung Scheuern der Eckzähne gegeneinander *(„Gewehrwetzen")*.

III. Unterordnung: Wiederkäuer *(Ruminántia)*; Europa 2 Familien:

1. Familie: Rinder *(Bóvidae)*; Europa 4 Unterfamilien:

1. Unterfamilie: Echte Rinder *(Bovinae)*; meist groß, schwer (Kopf-Rumpflänge bis 2,80 m); 32 Zähne; Zahnformel: $\frac{0\ 0\ 3\ 3}{3\ 1\ 3\ 3}$; Europa 3 Gattungen:

Gattung: Auerochsen *(Bós)*; Europa 1 (ausgestorbene) Art:

Ur oder Auerochs
Bós taurus primigénius Bojanus

♂ schwarzbraun, ♀ viel kleiner, rotbraun; Hörner hell mit schwarzer Spitze; **♂ 2,8 m + 0,8 m.**

Seit 1627 *ausgerottet; Stammform des Hausrindes (Bós primigénius taurus;* Linné) war in fast ganz Europa verbreitet; lebte in kleinen Herden in Wäldern, war bei Dämmerung und nachts tätig. Seit 1928 versucht man, mit primitiven Rinderrassen eine Rückzüchtung zu erreichen; die Gestalt (Phaenotyp) des Auerochsen ist durch diese Versuche annähernd erzielt worden; diese Rinder sind auch resistenter gegenüber Seuchen, die oft unsere Hausrinder befallen.

Gattung: Wisente *(Bison)*; ♂♂ stets, ♀♀ oft mit Hörnern; Europa 1 Art:

Wisent
Bison bonásus (Linné)

Einfarbig dunkelbraun; Vorderkörper einschließlich Kopf langwollig, Hinterkörper kurz behaart; Kopf breit, dreieckig, mit Kinnbart; Gewicht 800 bis 900 kg; **2,7 m + 80 cm.**

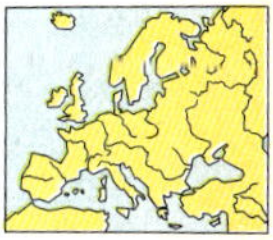

Verbreitung: freilebend nur noch in polnischen Urwäldern, sonst ausgerottet. **Lebensraum** und **Lebensweise:** zusammenhängende Laub- und Mischwälder mit Büschen und Lichtungen; am Tag und nachts tätig; gesellig in Herden; starkes ♂ ist Leittier. **Nahrung:** Blätter, Zweige, Gras, Kräuter, Baumrinde. **Fortpflanzung:** *Brunstzeit* August bis September; *Tragzeit* 41 Wochen; wirft von Mai–Juni 1mal 1–2 *Junge,* die 6 Monate *gesäugt,* nach 9–12 Monaten *selbständig,* nach 1¼–2¼ Jahren *geschlechtsreif* werden. **Lebensdauer:** 25–30 Jahre. **Stimme:** brummend, blökend, brüllend.

Gattung: Wasserbüffel *(Búbalus);* Europa 1 Art:

Wasserbüffel
Búbalus búbalis (LINNÉ)

Einfarbig grauschwarz; Hörner weit ausladend; Kopf-Rumpflänge **1,9 m** *(1,9–2 m).*

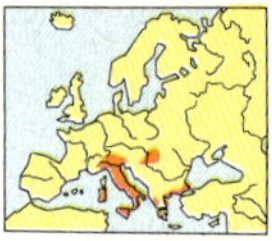

Verbreitung: Heimat Südasien, Nordafrika; *Europa:* eingebürgert in Ungarn, Italien, südlichem Balkan. **Lebensraum** und **Lebensweise:** offenes Gelände mit Wiesen und Wasserstellen; am Tag und nachts tätig; gesellig in Herden; suhlt gerne im Wasser; wehrt sich gegen Angriffe. **Nahrung:** Blätter, Gras, Kräuter. **Fortpflanzung:** *Brunstzeit* April–Mai; *Tragzeit* 45 Wochen; wirft von Februar–März 1mal 1–2 *Junge,* die 6 Monate *gesäugt,* nach 9–12 Monaten *selbständig,* nach $1\frac{1}{4}$–$2\frac{1}{4}$ Jahren *geschlechtsreif* werden. **Lebensdauer:** 25–30 Jahre. **Stimme:** brummend, blökend.

Gattung: Wildschafe *(Óvis);* Europa 1 Art:

Mufflon
Óvis áries músimon (PALLAS)

Oberseite braun, Unterseite weiß, ♂ im Winter mit weißem Rückenfleck; ♂ mit Schneckengehörn, ♀ Hörner klein; Gewicht 25–50 kg; **1,2 m** *(1,1–1,3 m)* + **5 cm** *(3,5–6 cm).*

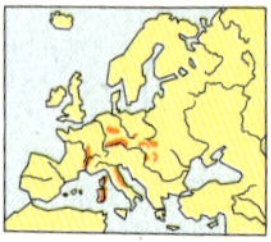

Verbreitung: Heimat Korsika, Sardinien; in Wäldern BR Deutschlands, Frankreichs, Italiens, Ungarns und der ČSSR ausgesetzt, jetzt dort wildlebend. **Lebensraum** und **Lebensweise:** Mischwälder der Berge, fühlt sich auch in der Ebene wohl; sehr scheu; hauptsächlich bei Dämmerung und nachts tätig, seltener am Tag; lebt in Rudeln unter Führung eines alten Mutterschafes. **Nahrung:** Gras, Kräuter, Laub. **Fortpflanzung:** *Brunstzeit* Oktober–November; *Tragzeit* 21–23 Wochen; wirft von März–April 1mal 1–2 *Junge,* die 6 Monate *gesäugt,* nach 6 Monaten *selbständig,* nach $1\frac{1}{2}$ Jahren *geschlechtsreif* werden. **Lebensdauer:** 15–20 Jahre. **Stimme:** wie Hausschaf „bääh“, erschreckt: pfeifend; Lämmer meckern.

2. Unterfamilie: Saigaantilopen *(Saigínae);* 30 Zähne; Zahnformel: $\frac{0\ 0\ 3\ 3}{3\ 1\ 2\ 3}$; Europa 1 Gattung:

Gattung: Saiga *(Saiga);* Europa 1 Art:

Saiga
Saiga tatárica (LINNÉ)

Im Sommer rötlichgelb, im Winter grau; Kopf plump, mit aufgewölbter Rüsselnase; Körper im übrigen zierlich; ♂ mit Leiergehörn, ♀ meist ohne Gehörn; Gewicht 40–45 kg; **1,3 m** *(1,2 bis 1,3 m)* + **9 cm.**

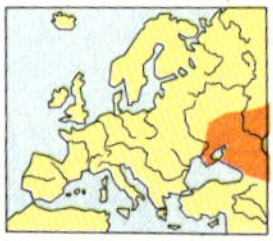

Verbreitung: Südost-Ukraine, Grenzgebiete zwischen China und UdSSR. **Lebensraum** und **Lebensweise:** Steppen, sandiges und hügeliges Gelände; hauptsächlich morgens und abends tätig; kann ausdauernd laufen, gut springen und schwimmen; gesellig in großen Rudeln; verträgt Gefangenschaft in Tiergärten nicht; alte ♂♂ meist Einzelgänger. **Nahrung:** Wermut, Melden, Süßholz, Salzpflanzen, Gräser. **Fortpflanzung:** *Brunstzeit* Dezember; *Tragzeit* 20–21 Wochen; wirft im Mai 1mal 1–2 *Junge,* die 5 Monate *gesäugt,* nach 6 Monaten *selbständig,* nach $1\frac{1}{2}$ Jahren *geschlechtsreif* werden. **Lebensdauer:** 15–20 Jahre. **Stimme:** blökend.

3. Unterfamilie: Böcke *(Caprinae)*; 32 Zähne; Zahnformel: $\frac{0\ 0\ 3\ 3}{3\ 1\ 3\ 3}$; Europa 2 Gattungen:

Gattung: Gemsen *(Rupicápra)*; Europa 1 Art:

Gemse
Rupicápra rupicápra (LINNÉ)

♂ und ♀ mit an der Spitze hakenförmig gebogenen Hörnern; Fell im Sommer rötlich-braun, im Winter braunschwarz; **1,2 m** *(1,1–1,3 m)* + **3,5 cm** *(3–4 cm)*; Gewicht der ♂♂ 30–50 kg, der ♀♀ 25–42 kg.

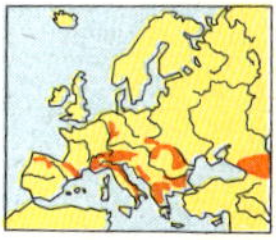

Verbreitung: Alpen, Pyrenäen, Berge Nordspaniens, im Apennin, Karpaten, Tatra, Berge des Balkans, Kaukasus; im Schwarzwald und in Schwäbischer Alb ausgesetzt. **Lebensraum und Lebensweise:** Hochgebirge; klettert im Sommer bis zur Schneegrenze; am Tage tätig; ruht in der Mittagszeit; sehr guter Kletterer, Springer; gesellig in großen Rudeln, die von altem ♀ angeführt werden; sehr scheu; achtet auf Warnpfiffe der Murmeltiere; alte ♂♂ meist Einzelgänger. **Nahrung:** Gräser, Kräuter, Zweige; im Winter meist Flechten, Moose, Baumrinde, Koniferennadeln; im Magen der Gemse befinden sich auch „Bezoarsteine" (s. Bezoarziege). **Fortpflanzung:** *Brunstzeit* November–Dezember; *Tragzeit* 25 bis 27 Wochen; wirft im Mai 1–2 *Junge,* die 6 Monate *gesäugt,* nach 6 Monaten *selbständig,* nach 1½ Jahren *geschlechtsreif* werden. **Lebensdauer:** 15–20 Jahre. **Stimme:** meckernd (das Meckern des ♂ in der Brunstzeit wird auch „Blädern" genannt), scharf pfeifend.

Gattung: Ziegen *(Cápra)*; ♂ in der Regel mit Kinnbart; Europa 2 Arten *(Capra hircus* mit mehreren Unterarten):

Alpensteinbock
Cápra hircus ibex LINNÉ

Kinnbart kurz; fahlbraun bis fahlgrau; ♂ Hörner gebogen, bis 1 m lang, oben mit gleichmäßig starken Querwülsten; ♀ mit kurzen, nur schwach gebogenen Hörnern; Gewicht ♂ 75–120 kg, ♀ 50–55 kg; **1,3 m** *(1,3 bis 1,4 m)* + **13,5 cm** *(12–15 cm).*

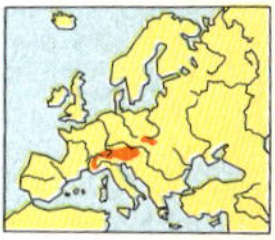

Verbreitung: Alpen, Tatra. **Lebensraum und Lebensweise:** Gebirge oberhalb Baumgrenze; hauptsächlich am Tag tätig; guter Kletterer und Springer; gesellig in Rudeln; alte ♂♂ Einzelgänger. **Nahrung:** im Sommer Gräser, Kräuter, Blätter, Knospen; im Winter Flechten, Moos, Latschennadeln. **Fortpflanzung:** *Brunstzeit* Januar; *Tragzeit* 21–23 Wochen; wirft im Juni 1–2 *Junge,* die 6 Monate *gesäugt,* nach 6 Monaten *selbständig,* nach 1½ Jahren *geschlechtsreif* werden. **Lebensdauer:** 15–20 Jahre. **Stimme:** meckernd, schrill pfeifend.

Bezoarziege
Cápra hircus aegagrus ERXLEBEN

Kinnbart lang; Körper an der Oberseite rötlichbraun bis grau, an der Unterseite heller; Hörner säbelförmig, Querwülste nur schwach angedeutet; **1,2 + 0,2 m.**

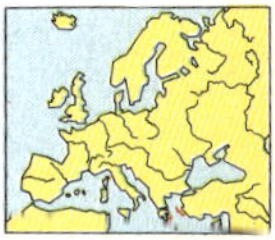

Verbreitung: Monte Cristo, Kykladen, Sporaden, Kreta; *Stammform der Hausziege;* war früher in Gebirgen Südosteuropas verbreitet, inzwischen dort ausgerottet. **Lebensraum und Lebensweise:** im Sommer Gebirge oberhalb der Baumgrenze; wandert im Winter in tiefere Lagen; guter Kletterer und Springer; gesellig in Rudeln; alte ♂♂ Einzelgänger; Tiere wurden hauptsächlich wegen der *„Bezoarkugeln"* gejagt, die sich im Magen als apfelgroße Ablagerungen befinden und in der Volksmedizin eine wichtige Rolle spielten. **Nahrung:** Laub, junge Baumtriebe, Gras, Flechten. **Fortpflanzung:** *Brunstzeit* November; *Tragzeit* 21–23 Wochen; wirft von April bis Mai 1mal 1–3 *Junge,* die 6 Monate *gesäugt,* nach 6 Monaten *selbständig,* nach 1½ Jahren *geschlechtsreif* werden. **Lebensdauer:** 15–20 Jahre. **Stimme:** meckernd, schrill pfeifend.

Iberiensteinbock
Cápra hircus pyrenáica SCHINZ

Kinnbart wie beim Alpensteinbock; graubraun bis grau, am Rücken mit schwarzem Aalstrich; Unterseite weiß; Hörner am Ende aufwärts geschwungen; ♂ **1,3 m** *(1,2–1,4 m)* + **12,5 cm** *(12–13 cm)*; ♀ kleiner.

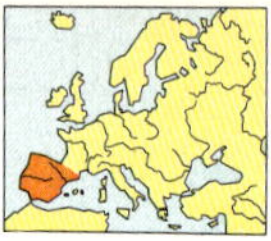

Verbreitung: nur noch Iberien; in Pyrenäen ausgerottet. **Lebensraum** und **Lebensweise:** Hochgebirge; Lebensweise wie Alpensteinbock; hauptsächlich am Tag tätig. **Nahrung:** wie Alpensteinbock. **Fortpflanzung:** *Brunstzeit* November; *Tragzeit* 21–23 Wochen; wirft von April–Mai 1mal 1–2 *Junge,* die 6 Monate *gesäugt,* nach 6 Monaten *selbständig,* nach $1\frac{1}{2}$ Jahren *geschlechtsreif* werden. **Lebensdauer:** 15–20 Jahre. **Stimme:** wie Alpensteinbock.

Ostkaukasischer Tur
Cápra ibex caucásica (GÜLDENSTAEDT und PALLAS)

Kinnbart kaum vorhanden; im Sommer rötlich grau bis braun, im Winter dunkler; Hörner geschweift, im Querschnitt dreieckigrund; **1,5 m + 0,1 m.**

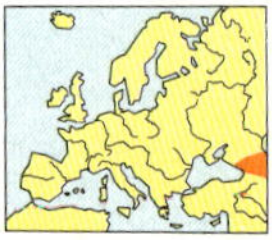

Verbreitung: Kaukasusgebiet; erscheint in 3 Formen: *Capra ibex caucasica* (GÜLDENSTAEDT), *Capra ibex sewertzowi* (MENZBIER) und *Capra ibex cylindricornis* (BLYTH). **Lebensraum, Lebensweise, Nahrung, Fortpflanzung, Stimme:** wie Alpensteinbock.

4. Unterfamilie: Schafochsen *(Óvibovinae)*; 32 Zähne; Zahnformel: $\frac{0\ 0\ 3\ 3}{3\ 1\ 3\ 3}$; Europa 1 Gattung:

Gattung: Moschusochsen *(Óvibos)*; gedrungen, ziemlich niedrig; eiszeitlich im nördlichen Europa heimisch; ausgerottet, neuerdings in Norwegen und Spitzbergen wieder eingebürgert; nur 1 Art:

Moschusochse
Óvibos moschátus (ZIMMERMANN)

Dunkelbraun, langhaarig; Ohren und Schwanz ganz vom Fell bedeckt; Hörner abwärts gebogen; während der Brunstzeit moschusartiger *Geruch;* **2,2 m** *(2 bis 2,4 m)* + **10 cm;** Gewicht 225–400 kg.

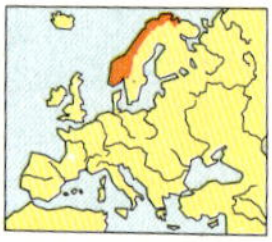

Verbreitung: Nordwestkanada, Grönland, Island, Spitzbergen, Norwegen. **Lebensraum** und **Lebensweise:** arktische Tundragebiete; am Tag und nachts tätig; lebt meist in Rudeln von 6–8 Tieren, die sich in schlechter Jahreszeit zu großen Herden vereinigen können; bei Bedrohung stellen sich ♂♂ mit gesenktem Kopf im Kreis auf, Kälber und ♀♀ befinden sich in der Mitte. **Nahrung:** Gras, Moos, Polarweiden. **Fortpflanzung:** *Brunstzeit* Juli–September; *Tragzeit* 34 bis 36 Wochen; wirft von April–Mai 1–2 *Junge,* die $1–1\frac{1}{2}$ Jahre *gesäugt,* nach $1\frac{1}{2}–2$ Jahren *selbständig,* nach 3–4 Jahren *geschlechtsreif* werden. **Lebensdauer:** 20–25 Jahre. **Stimme:** blökend, brüllend.

2. Familie: Gabelböcke *(Antilocápridae)*; in Europa keine Vertreter.

3. Familie: Giraffen *(Giráffidae)*; in Europa keine Vertreter.

4. **Familie Hirsche** *(Cérvidae)*; Europa 6 Unterfamilien:

1. **Unterfamilie: Echte Hirsche** *(Cervínae)*; Europa 4 Gattungen:

Gattung: Rothirsche *(Cérvus)*; 34 Zähne; Zahnformel: $\frac{0\ 1\ 3\ 3}{3\ 1\ 3\ 3}$; Europa 1 Art:

Rothirsch
Cérvus élaphus LINNÉ

Sommerfell rotbraun, *Winterfell* braungrau; Hirschkalb gefleckt; Kopf länglich; ♂ mit Stangengeweih, je Stange bis zu 10 und mehr Enden; ♀ ohne Geweih; **2 m** *(1,6–2,5 m)* + **13,5 cm** *(12 bis 15 cm)*; Gewicht 160–220 kg.

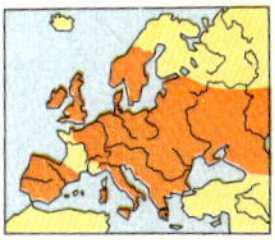

Verbreitung: lokal fast ganz Europa; *fehlt:* Island, Nordskandinavien, Finnland, Nord-UdSSR, Südwestfrankreich, auf einigen Mittelmeerinseln. **Lebensraum** und **Lebensweise:** ausgedehnte Waldgebiete der Ebene und des Gebirges; hauptsächlich bei Dämmerung tätig, ruht am Tag in geschützten Einständen; kann gut laufen, springen und schwimmen; sehr scheu; gesellig in Rudeln; starke ♂♂ sind Einzelgänger, sie kämpfen in der Brunstzeit um die Führung eines Rudels, das aus mehreren ♀♀ und jungen ♂♂ besteht; dieser „Platzhirsch" wird nach der Paarung wieder Einzelgänger; Führung übernimmt dann ein erfahrenes ♀. **Nahrung:** Gräser, Heidekraut, Eicheln, Bucheckern, Pilze, Laub, Baumrinde, Feldfrüchte. **Fortpflanzung:** *Brunstzeit* September bis Oktober; *Tragzeit* 33–34 Wochen; wirft im Mai bis Juni 1–2 *Junge,* die 3–4 Monate *gesäugt,* nach 9–12 Monaten *selbständig,* nach 1½ Jahren *geschlechtsreif* werden. **Lebensdauer:** 15 bis 20 Jahre. **Stimme:** ♂ in der Brunstzeit dröhnendes Röhren, daneben auch Brummen und Grunzen.

Gattung: Damhirsche *(Dáma)*; 32 Zähne; Zahnformel: $\frac{0\ 0\ 3\ 3}{3\ 1\ 3\ 3}$; gewöhnliche Farbenspielart (braun) im Sommer gefleckt; Europa 1 Art:

Damhirsch
Dáma dáma (LINNÉ)

Braun mit weißen Punktreihen oder einfarbig von schwarz bis weiß; ♂ mit Schaufelgeweih; ♀ ohne Geweih; **1,4 m** *(1,3–1,6 m)* + **17,5 cm** *(16–19 cm)*; Gewicht: ♂ 60–85 kg, ♀ 30–50 kg.

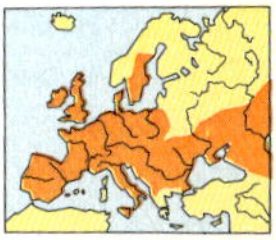

Verbreitung: beheimatet in Südeuropa, Kleinasien, Nordpalästina; jetzt lokal fast ganz Europa; *fehlt:* Island, Norwegen, Nordschweden, Finnland, Griechenland, meisten Mittelmeerinseln, Norden der UdSSR. **Lebensraum** und **Lebensweise:** Laub- und Mischwälder, ausgedehnte Parkanlagen; hauptsächlich am Tag tätig; kann gut laufen, springen und schwimmen; gesellig in großen oder kleinen Rudeln; starke Hirsche bilden außerhalb der Brunstzeit eigene Rudel. **Nahrung:** Gräser, Kräuter, Bucheckern, Eicheln, Pilze, Feldfrüchte, Schößlinge, Baumrinde. **Fortpflanzung:** *Brunstzeit* Oktober–November; *Tragzeit* 31–32 Wochen; wirft von Mai–Juli 1mal 1–3 *Junge,* die 3–4 Monate *gesäugt,* nach 9–12 Monaten *selbständig,* nach 1½ Jahren *geschlechtsreif* werden. **Lebensdauer:** 20–25 Jahre. **Stimme:** in der Brunstzeit ♂ rasselndes Knörren, ♀ bellend „haii".

Gattung: Rehe *(Capréolus);* 32 oder 34 Zähne; Zahnformel: $\frac{0\,0\,3\,3}{3\,1\,3\,3}$ oder $\frac{0\,1\,3\,3}{3\,1\,3\,3}$; Geweih verhältnismäßig klein, gabelig verzweigt, endet meist mit der Sechserstufe; Europa 1 Art:

Reh
Capréolus capréolus (LINNÉ)

Sommerfell rotbraun, Winterfell graubraun; Rehkitz weiß gefleckt; Kopf rundlich; ♂ mit Stangengeweih, ♀ ohne Geweih; **1,1 m** *(0,95–1,35 m)* + **2,5 cm** *(2–3 cm);* Gewicht: 15–27 kg.

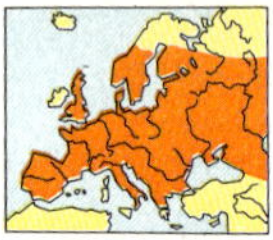

Verbreitung: fast ganz Europa; *fehlt:* Island, Irland, Norden Skandinaviens, Finnlands, auf Mittelmeerinseln. **Lebensraum** und **Lebensweise:** Wälder mit Unterholz, Wiesen, Felder mit Gebüsch; am Tag und nachts tätig; äst hauptsächlich bei Dämmerung; kann gut springen, durch Dickicht schlüpfen, schwimmen; sehr scheu; gesellig in kleinen Rudeln; alte ♂♂ werden Einzelgänger; ♂♂ kämpfen in Brunstzeit um ♀♀. **Nahrung:** Gräser, Kräuter, Laub, Eicheln, Pilze, Getreide. **Fortpflanzung:** *Brunstzeit* Juli–August; *Tragzeit* 40 Wochen; wirft von Mai–Juni 1mal 1–3 *Junge,* die 2–3 Monate *gesäugt,* nach 9–12 Monaten *selbständig,* nach 14 Monaten *geschlechtsreif* werden. **Lebensdauer:** 15 Jahre. **Stimme:** ♂ erschreckt, in Brunstzeit „böh-böh", ♀ fiepend „pieh-pieh".

Gattung: Sikahirsche *(Sika);* 34 Zähne; Zahnformel: $\frac{0\,1\,3\,3}{3\,1\,3\,3}$; in der Regel Achtender, selten auch Zehnender; Europa 1 Art:

Sikahirsch
Sika nippon (TEMMINCK)

Rotbraun, weiß gefleckt, Rücken mit schwarzem Aalstrich; Winterkleid fast einfarbig; ♂ mit Stangengeweih; ♀ ohne Geweih; Kopf-Rumpf-Länge **1,2 m;** Gewicht ♂ 55 kg, ♀ 45 kg.

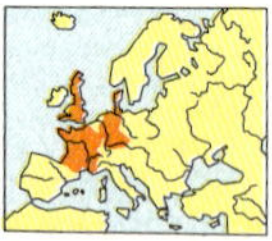

Verbreitung: beheimatet in Japan und Nordchina; nach Europa eingeführt; jetzt in Gehegen oder in freier Wildbahn in Dänemark, England, Schottland, Frankreich und BR Deutschland. **Lebensraum** und **Lebensweise:** Mischwälder mit Lichtungen; überwiegend nachts tätig; gesellig in Rudeln. **Nahrung:** wie Rothirsch. **Fortpflanzung:** *Brunstzeit* Oktober–November; *Tragzeit* 30–32 Wochen; wirft im Juni 1–2 *Junge,* die 3–4 Monate *gesäugt,* nach 9–12 Monaten *selbständig,* nach 1½ Jahren *geschlechtsreif* werden. **Lebensdauer:** 15–20 Jahre.

2. Unterfamilie: Rentiere *(Rangiferina);* 34 Zähne; Zahnformel: $\frac{0\,1\,3\,3}{3\,1\,3\,3}$; anders als bei allen anderen Hirschen ♂♂ und ♀♀ mit Geweih; Europa 1 Gattung:

Gattung: Rene *(Rángifer);* Europa 1 Art:

Ren
Rángifer tarándus (LINNÉ)

Geweih sehr groß, breit ausladend, mit vielen Enden, beim ♀ kleiner; Sommerfell dunkelgraubraun, Winterfell weißgrau; **2 m** *(1,85–2,15 m)* + **15 cm;** Gewicht: ♂ 120–150 kg, ♀ weniger.

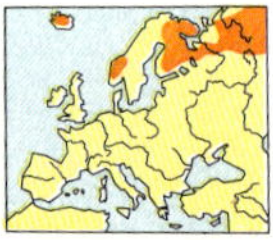

Verbreitung: Island, Norwegen, Norden Finnlands und UdSSR. **Lebensraum** und **Lebensweise:** Tundra, Taiga; hauptsächlich am Tag tätig; kann ausdauernd laufen und schwimmen; wird meist zahm in großen Herden gehalten; Rudel wird von altem ♀ geführt. **Nahrung:** Rentiermoos, Gräser, Kräuter, Pilze, auch Mäuse, Lemminge. **Fortpflanzung:** *Brunstzeit* September–Oktober; *Tragzeit* 32 Wochen; wirft von Mai–Juni 1mal 1–2 *Junge,* die 6 Monate *gesäugt,* nach 9–12 Monaten *selbständig,* nach 1½ Jahren *geschlechtsreif* werden. **Lebensdauer:** 15 Jahre. **Stimme:** ♂ in der Brunstzeit 3mal wiederholtes Knören, auch Brummen.

3. Unterfamilie: Elche *(Alcínae);* 32 Zähne; Zahnformel: $\frac{0\,0\,3\,3}{3\,1\,3\,3}$; Schaufelgeweih bis fast 2 m ausladend, mit bis zu 44 Enden; nur eine Gattung:

Gattung: Elche *(Alces);* nur ♂♂ mit Geweih; in Europa nur eine Art:

Elch
Álces álces (LINNÉ)

Größer als Pferd; Fell grau- bis schwarzbraun; Muffel lang, überhängend; ♂ mit langer Nacken- und Halsmähne, ♀ mit kurzer Halsmähne; **2,4 m** *(2–2,9 m)* + **4,5 cm** *(4–5 cm);* Gewicht: ♂ 320 bis 450 kg, ♀ 275–375 kg.

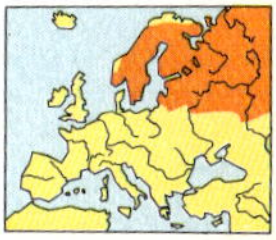

Verbreitung: Skandinavien, Finnland, Polen, UdSSR, von Ostseegebieten ab bis zum Baikalsee. **Lebensraum** und **Lebensweise:** sumpfige Laub- und Mischwälder, auch Dünengelände (Ostseeküste); am Tag und nachts tätig; kann ausdauernd laufen und weite Strecken schwimmen; lebt in Familien oder einzeln; verbirgt sich im Wald und Gebüsch, meist sehr scheu. **Nahrung:** Zweige, Schößlinge, Blätter von Laubhölzern, Wasserpflanzen, gelegentlich Fichten. **Fortpflanzung:** *Brunstzeit* September; *Tragzeit* 36 Wochen; wirft im Mai 1–3 *Junge,* die 3–4 Monate *gesäugt,* nach 9–12 Monaten *selbständig,* nach 2½–3 Jahren *geschlechtsreif* werden. **Lebensdauer:** 20–25 Jahre. **Stimme:** in Brunstzeit langgezogenes Stöhnen.

4. Unterfamilie: Trughirsche *(Odocoilínae);* 32 Zähne; Zahnformel: $\frac{0\,0\,3\,3}{3\,1\,3\,3}$; Europa 1 Gattung:

Gattung: Weißwedelhirsche *(Odocōilus);* Europa 1 Art:

Weißwedelhirsch
Odocōilus virginiánus (ZIMMERMANN)

Im Sommer rotbraun, im Winter grau; Schwanz lang; Geweih mehrendig, nach oben und vorne gebogen; ♀ ohne Geweih; **1,8 m** + **0,3 m;** Gewicht: 80–125 kg.

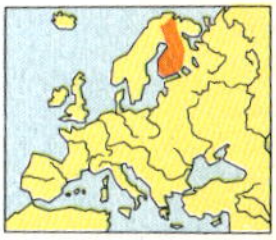

Verbreitung: beheimatet in Kanada, in USA und Mittelamerika; von dort nach Finnland eingeführt, wo er jetzt zum einheimischen Wild gehört. **Lebensraum:** Mischwälder mit Gebüsch und in Wassernähe. **Nahrung:** Gräser, Kräuter, Laub, Pilze, Flechten, Nüsse. **Fortpflanzung:** *Brunstzeit* November–Dezember; *Tragzeit* 26–28 Wochen; wirft von Mai–Juni 1mal 1–4 *Junge,* die 2 Monate *gesäugt,* nach 9–12 Monaten *selbständig,* nach 9–18 Monaten *geschlechtsreif* werden. **Lebensdauer:** 15–20 Jahre. **Stimme:** schnaubend, prustend; Kitze blökend.

5. Unterfamilie: Schopfhirsche *(Muntiacínae);* Geweih sehr einfach, kurz; Eckzähne beim ♂ verlängert, ragen hauerartig aus dem Maule heraus; 34 Zähne; Zahnformel: $\frac{0\,1\,3\,3}{3\,1\,3\,3}$; Europa 1 Gattung:

Gattung: Muntjakhirsche *(Muntíacus);* Europa 1 Art:

Südostchinesischer Muntjak
Muntíacus reévisi (OGILBY)

Geweih einfach gegabelt, schräg nach rückwärts gerichtet; Rosenstöcke sehr lang; ♀ ohne Geweih; **1,1 m** + **17 cm** *(15–18 cm).*

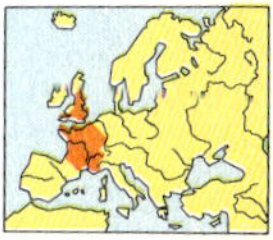

Verbreitung: beheimatet in Vorderindien, Burma, Sumatra, Borneo, Java, nach Europa eingeführt; jetzt in Frankreich und England in Gehegen oder freier Wildbahn. **Lebensraum:** hügeliges, bergiges Gelände. **Nahrung:** Blätter, Kräuter. **Fortpflanzung:** *Brunstzeit* ungeregelt (wohl hauptsächlich Januar, Februar); *Tragzeit* 6 Monate; Wurfzeit entsprechend der ungeregelten Brunstzeit (wohl vorwiegend Juni, Juli); jährlich 1 Wurf mit meist 1 *Jungen* (selten auch 2), das vermutlich 2 Monate *gesäugt,* nach 4–5 Monaten *selbständig,* nach 9–12 Monaten *geschlechtsreif* wird. **Lebensdauer:** 10–12 Jahre. **Stimme:** bellend.

6. Unterfamilie: Wasserrehe *(Hydropotinae);* ♂ und ♀ ohne Geweih; Oberkiefer mit langen Eckzähnen; nur 1 Gattung:

Gattung: Wasserrehe *(Hydrópotes);* 34 Zähne; Zahnformel: $\frac{0\,1\,3\,3}{3\,1\,3\,3}$; nur 1 Art:

Chinesisches Wasserreh
Hydrópotes inérmis SWINHOE

Widerristhöhe etwa 60 cm; obere Eckzähne beim ♂ nach unten verlängert; Fell im Sommer hell rotbraun, im Winter dunkler; Unterseite weiß.

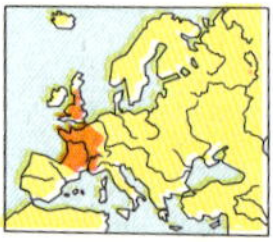

Verbreitung: beheimatet in China und Korea; nach Europa eingeführt, jetzt in Frankreich und England lokal in Gehegen und freier Wildbahn. **Lebensraum:** einzeln oder paarweise im hohen Grase von Flußniederungen. **Nahrung:** Kräuter, Blätter. **Fortpflanzung:** *Brunstzeit* Dezember; *Tragzeit* 6 Monate; wirft im Mai–Juni 1mal 2–4 *Junge,* die vermutlich 2 Monate *gesäugt,* nach 3–4 Monaten *selbständig,* nach 1 Jahr *geschlechtsreif* werden. **Lebensdauer:** 10–12 Jahre.

76.1 Elch

76.2 Rentierherde

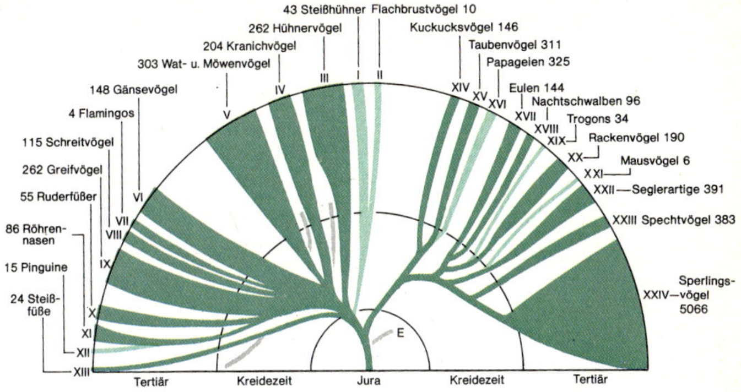

77.1 Hypothetischer Stammbaum der Vögel (nach W. Meise). Aus den römischen Ziffern ersieht man die Reihenfolge, in der die Ordnungen I bis XXIV im Text erscheinen. Der blind endende Ast E weist auf die im Jura ausgestorbenen Erstvögel hin. Die neben den Ordnungsnamen der Vögel stehenden Ziffern geben die Anzahl der rezenten (noch jetzt lebenden) Arten an. Über die Bedeutung der Farben vgl. untenstehenden Text.

2. Klasse: Vögel *(Áves)*

Die Abbildung 77.1 vom hypothetischen Stammbaum der Vögel vermittelt eine Vorstellung davon, wie die 24 Ordnungen dieser Wirbeltierklasse möglicherweise stammesgeschichtlich zusammenhängen. Ausgehend von den fossilen Formen im Jura mit den Erstvögeln (E), wird eine Aufzweigung nach der Peripherie des Halbkreises zu den heutigen (rezenten) Ordnungen vorgenommen. Die Flächengrößen drükken nicht nur die Zahlen der heute lebenden Arten aus, sondern machen auch Angaben über die mutmaßliche zahlenmäßige Entwicklung im Laufe der Erdgeschichte. Aus Raumgründen mußte allerdings manche sehr artenreiche Ordnung (wie z. B. die Sperlingsvögel) viel kleinflächiger dargestellt werden als ihrer Artenzahl zukäme, wie aus den beigefügten arabischen Zahlen neben den rezenten Ordnungen abzulesen ist. Die 18 Ordnungen, welche auch in Europa Vertreter haben, wurden dunkel, die 6 nichteuropäischen Ordnungen hell gezeichnet. Von der Mitte der Peripherie des Halbkreises aus wurden die Ordnungen erst nach links (in Richtung auf die spezialisierten Meeresvögel; die Ordnungen I bis XIII), dann nach rechts (auf die Sperlingsvögel zu; Ordnungen XIV bis XXIV) fortlaufend numeriert.

Systematische Übersicht über die Klasse der Vögel

Nach Bernd/Meise unterteilt man die Klasse der Vögel in 2 Unterklassen:

1. Unterklasse: Erstvögel *(Palaeórnithes);* ausgestorbene Arten; zu ihnen gehören die beiden Urvögel (Archaeópteryx und Archaeórnis) mit langer, eidechsenartiger Schwanzwirbelsäule.

2. Unterklasse: Neuvögel *(Neórnithes);* mit typischem Vogelschwanz; 2 Überordnungen:

I. Überordnung: Boden- oder Wasservögel *(Geórnithes);* leben vorwiegend auf dem Boden oder halten sich auf dem Wasser auf; sie umfassen im hypothetischen Stammbaum der Vögel (Abb. 77.1) die Ordnungen I bis XIII; sie werden auf den Seiten 79 bis 157 aufgeführt.

I. Ordnung: Steißhühner *(Crýpturi);* in Europa keine Vertreter

II. Ordnung: Flachbrustvögel *(Rátitae);* in Europa keine Vertreter

III. Ordnung: Hühnervögel *(Gálli);* **S. 79**

IV. Ordnung: Kranichvögel *(Grues)* **S. 85**

V. Ordnung: Wat- und Möwenvögel *(Limícolae – Lári)* **S. 91**

VI. Ordnung: Gänsevögel *(Ánseres)* **S. 116**

VII. Ordnung: Flamingos *(Phoenicópti)* **S. 130**

VIII. Ordnung: Schreitvögel *(Cressóres)* **S. 130**

IX. Ordnung: Greifvögel *(Accipitres)* S. 135

X. Ordnung: Ruderfüßer *(Stegónopes)* S. 148

XI. Ordnung: Röhrennasen *(Tubináres)* S. 151

XII. Ordnung: Pinguine *(Sphenisci);* in Europa keine Vertreter

XIII. Ordnung: Steißfüße *(Pygódes)* S. 154

II. Überordnung: Baumvögel *(Dendrórnithes);* leben vorwiegend auf Bäumen und Büschen; sie werden auf den Seiten 158 bis 231 aufgeführt S. 158

XIV. Ordnung: Kuckucksvögel *(Cúculi)* S. 158

XV. Ordnung: Taubenvögel *(Colúmbae)* S. 159

XVI. Ordnung: Papageien *(Psittaci);* in Europa keine Vertreter

XVII. Ordnung: Eulen *(Striges)* S. 162

XVIII. Ordnung: Nachtschwalben *(Caprimúlgi)* S. 167

XIX. Ordnung: Trogons *(Trógons);* in Europa keine Vertreter

XX. Ordnung: Rackenvögel *(Corácii)* S. 168

XXI. Ordnung: Mausvögel *(Cólii);* in Europa keine Vertreter

XXII. Ordnung: Seglerartige *(Macróchires)* S. 171

XXIII. Ordnung: Spechtvögel *(Píci)* S. 172

XXIV. Ordnung: Sperlingsvögel *(Pásseres)* S. 174

78.1 Balzender Birkhahn (♂)

78.2 Balzender Auerhahn (♂)

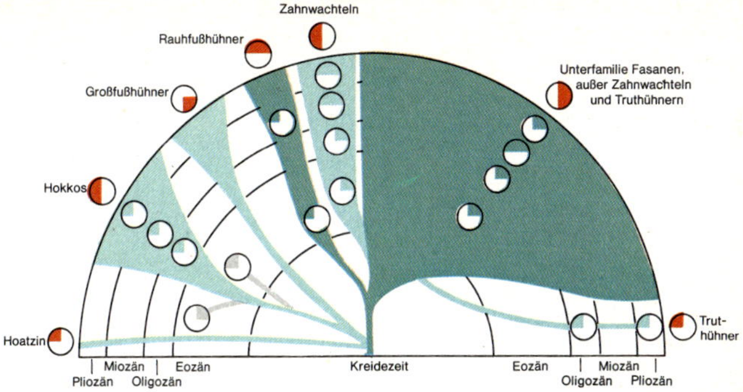

79.1 Hypothetischer Stammbaum der Hühnervögel (nach W. Meise); für die Farben der Felder gilt, was schon auf Seite 77 gesagt wurde. Die Verteilung der Arten über die Erdoberfläche ist in den Kreisen wiedergegeben: Verbreitung über die westliche Halbkugel (linke Hälfte gefüllt), die östliche Halbkugel (rechte Hälfte gefüllt), die nördliche Faunenregion (obere Hälfte gefüllt), die südliche Faunenregion (untere Hälfte gefüllt); weiterhin bedeuten: Kreis links oben gefüllt: Nordamerika; links unten gefüllt: Südamerika; rechts oben gefüllt: Polararktis; rechts unten gefüllt: Alte Welt südlich der Sahara und (oder) südlich des Himalajas.

III. Ordnung: Hühnervögel (*Gálli*)

5 Familien mit 262 Arten, davon 14 in Europa. Alle europäischen Arten gehören zur 3. Familie, den **Fasanenvögeln** (Unterfamilien: *Rauhfußhühner* und Fasanen oder *Echte Hühner*). Aus der 1. Familie **(Großfußhühner),** der 2. Familie **(Hokkos)** und der 4. Familie **(Hoatzin)** gibt es keine in Europa als Brutvögel ansässige Arten. Alle Vertreter der 5. Familie sind ausgestorben (vgl. Abb. 79.1).

Urvögel waren Baumvögel, die von Zweig zu Zweig und auch von einem Baum zum andern *fliegen* konnten. Die sich von ihnen ableitenden Hühnervögel sind *Bodenläufer* geworden. Ihre Füße sind kräftig gebaut (*Lauf-* und *Scharrfüße*), der Schnabel ist ein *Pickschnabel*, die Flügel sind rundlich und zum Fliegen wenig geeignet. Nur die Nacht verbringen die meisten Hühnervögel gern auf Bäumen. Die Nahrung wird mit dem Schnabel aufgelesen oder abgezupft. Als Scharrvögel nutzen die Hühner die oberen Bodenschichten intensiv aus. Hühnervögel baden nicht im Wasser, sondern im Staub *(Staubbad)*. Sie wühlen sich etwas in den Bodenstaub oder in Sand ein und werfen den Staub mit schüttelnden Bewegungen des Körpers, vor allem der Flügel, durch das Gefieder.

80.1 Auerhuhn: Gelege mit Jungen

1. Familie: Fasanenvögel *(Phasiánidae);* 198 Arten; artenreichste Familie in der Ordnung der Hühnervögel; plumpe *Bodenvögel;* Hinterzehe entspringt etwas höher als Vorderzehen; europäische Arten sind *Bodenbrüter;* Nestflüchter, schlüpfen mit voll entwickeltem Dunenkleid; Eltern locken Junge durch besondere Rufe zum Futter, das am Boden gesucht wird.
Den beiden Unterfamilien (*Rauhfußhühner* und *Fasanen*) wird von manchen Systematikern der Rang von Familien gegeben.

1. Unterfamilie: Rauhfußhühner *(Tetraonínae);* Lauf befiedert, ohne Sporen; obere Augenlidwülste („Rosen") scharlachrot; 18 Arten, davon 6 in Europa; Bewohner der nördlichen Faunenregion; Europa 4 Gattungen:

Gattung: Auerhühner *(Tétrao);* groß; Europa 1 Art:

Auerhuhn
Tétrao urogállus LINNÉ

Zehen unbefiedert; ♂ mit Kinnbart, Gefieder schwarzgrün, stumpf metallglänzend, Schwanz rund, fächerförmig; ♀ braun, dunkel gebändert; Brust rostfarben; **♂ 86 cm, ♀ 61 cm.**

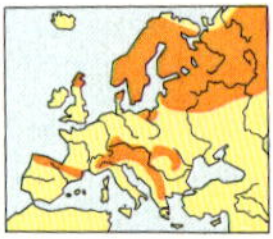

Verbreitung: Bundesrepublik Deutschland und DDR fast nur noch Mittelgebirge und Alpen; Schottland, Skandinavien, Finnland, Nord-UdSSR, Jugoslawien, Pyrenäen. **Lebensraum und Lebensweise:** zusammenhängender Mischwald mit viel Nadelbäumen und dichter Bodenvegetation aus Farnen und Heidekraut; liebt stille, einsame Wälder. *Jahresvogel.* **Nahrung:** Blatt-, Blütenknospen, Samen, Beeren; im Winter Kiefern- und Fichtennadeln. **Fortpflanzung:** Nest in Bodenmulde in hohem Gras, Heidekraut, Farnen; *Nestauslage:* Nadeln, Moos, Halme, Federn; 1 *Brut* April–Juni; *Eier* 6–10, rahmfarben, rostgelb gefleckt; *Brutdauer* 26–28 Tage; ♀ brütet allein, bedeckt beim Verlassen das Gelege mit Gras, führt die *Jungen* (mit 13–14 Tagen flügge); *Nestflüchter.* **Ruf:** ♂ bei der Balz „telactelac" oder „gleck-gleck-gleck", danach schneller „ticktick-ticktick-tikok" mit anschließendem Geräusch (wie beim Schleifen einer Sense); Ruf des ♀ „qua-qua-qua".

Gattung: Birkhühner *(Lyrúrus);* mittelgroß; Europa 1 Art:

Birkhuhn
Lyrúrus tétrix (LINNÉ)

Kleiner als Auerhuhn; Gefieder beim ♂ glänzend blauschwarz, beim ♀ braun; Schwanz beim ♂ leierförmig, Flügel mit weißer Binde; **♂ 53 cm, ♀ 41 cm.**

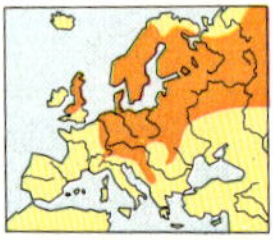

Verbreitung: fast ganz Europa; *fehlt:* Spanien, Westfrankreich, Italien, Südbalkan, Irland, Südengland. **Lebensraum und Lebensweise:** bevorzugt Heide, Moore, lichte Wälder. *Jahresvogel.* **Nahrung:** wie Haselhuhn. **Fortpflanzung:** Nest in Bodenmulde im Schutz von Heidekraut und Büschen; *Nestauslage:* Gras, Moos, Federn; 1 *Brut:* Mai; *Eier* 6–10, ockergelb, dunkel gefleckt; *Brutdauer* 25–27 Tage; ♀ brütet allein, bedeckt beim Verlassen das Gelege mit Gras, führt die *Jungen* (mit 14 Tagen flügge); *Nestflüchter.* **Ruf:** ♂ „turr-turr-turr" und „tschuschwi", ♀ „gagga". Beim Balzen richten sich die ♂♂ unter Kullern und Zischen hoch auf.

Gattung: Haselhühner *(Tetrástes);* Europa 1 Art:

Haselhuhn
Tetrástes bonásia (LINNÉ)

Größer als Rebhuhn; Zehen unbefiedert; ♂+♀ vorwiegend braun und grau, dunkel gefleckt und gebändert; ♂ Kinn, Kehle schwarz, weiß umsäumt; ♀ Kehle weiß; **36 cm.**

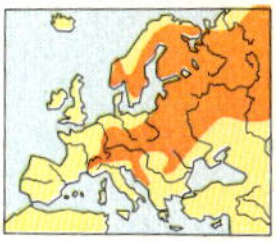

Verbreitung: Bundesrepublik Deutschland und DDR: Mittelgebirge, Alpengebiet, vereinzelt in der Ebene; Südnorwegen, Schweden, Finnland, UdSSR ohne Süden und Norden, Jugoslavien. **Lebensraum:** Mischwald mit dichtem Unterholz. *Jahresvogel.* **Nahrung:** im Frühjahr hauptsächlich pflanzlich (Blatt- und Blütenknospen, Kätzchen von Pappeln, Haseln und Erlen, Samen, Früchte, Beeren), im Sommer Insekten und deren Larven, Spinnen, Schnecken. **Fortpflanzung:** Nest in Bodenmulde im Schutz von Bäumen, Farnen, Felsen; *Nestauslage:* Blätter, Federn; 1 *Brut* April–Mai; *Eier* 8–10, rötlichgelb, hellbraun gefleckt; *Brutdauer* 21–25 Tage; ♀ brütet allein, beide Eltern führen die *Jungen* (mit 14–15 Tagen flügge); *Nestflüchter.* **Ruf:** meisenähnlich „tsitsi-tseri-tsitsi-tsui", im Flug „pit-pit-pit".

Gattung: Schneehühner *(Lagópus);* Zehen befiedert; Europa 3 Arten:

Alpenschneehuhn
Lagópus mútus (MONTIN)

♂ Sommerkleid Körper grau, ♀ braun, Flügel weiß, Schwanz schwarz; Winterkleid ♂+♀ bis auf Schwanz weiß, ♂ schwarzer Augenstreif; Füße weiß befiedert; **36 cm.**

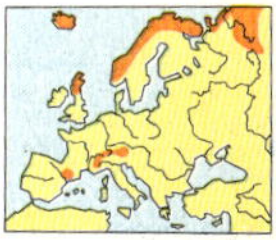

Verbreitung: West-, Nordskandinavien, Nord-UdSSR, Island, Schottland, Alpengebiet. **Lebensraum:** Geröllhalden oberhalb der Baumgrenze. *Jahresvogel.* **Nahrung:** Blatt-, Blütenknospen, Samen, Moose, Flechten, Tannennadeln. **Fortpflanzung:** Nest in Bodenmulde im Schutz von Felsvorsprüngen; spärliche *Nestauslage:* Wurzelfasern, Moos, Flechten; 1 *Brut* Mai bis Juni; *Eier* 6–10, ockergelb, mit wenigen hellbraunen Flecken; *Brutdauer* 21–24 Tage; ♀ brütet allein, führt die *Jungen,* ♂ hält sich in der Nähe auf; *Nestflüchter.* **Ruf** des ♂ knarrend.

Moorschneehuhn
Lagópus lagópus (LINNÉ)

Ähnlich Alpenschneehuhn, jedoch ♂ (+♀) im Winter ohne schwarzen Augenstreif und Schnabel kräftiger; größer als Alpenschneehuhn; **41 cm.**

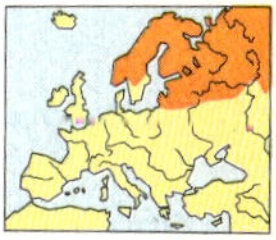

Verbreitung: Nordskandinavien (Tundrabewohner), Finnland, Norden der UdSSR. **Lebensraum:** Moorgebiete, Heiden mit Weiden, Birken, Wacholdern. *Jahresvogel.* **Nahrung:** Blatt-, Blütenknospen, Samen, Beeren; bei Aufzucht der Jungen auch Insekten. **Fortpflanzung:** Nest in Bodenmulde zwischen Büschen; *Niststoffe:* Nadeln, Blätter, Halme usw.; 1–2 *Bruten* Mai–Juni; *Eier* 8–12 (7–14), ockergelb, mit vielen schwarzen und rotbraunen Flecken; *Brutdauer* (in der nördlichen Tundra) 18–20 Tage; *Nestflüchter;* ♂+♀ führen *Junge;* fliegen mit 10 Tagen etwa 10 m, mit 20 Tagen bis zu 100 m weit; mit 50–60 Tagen ausgewachsen. **Ruf:** leise mit „ou-ou" beginnend, dann laut „kouk-ok-ok-ok".

Schottisches Moorschneehuhn
Lagópus lagópus scóticus (LATHAM)

Ähnlich Moorschneehuhn, aber Flügel dunkel (nicht weiß); keine weiße Winterfärbung; **38 cm.**

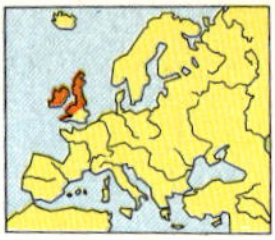

Verbreitung: Schottland, Nordengland, Irland; im Hohen Venn (wieder eingeführt). **Lebensraum:** Moore, Heideflächen; *Jahresvogel.* **Nahrung:** Blatt-, Blütenknospen, Samen, Beeren, bei Aufzucht der Jungen auch Insekten. **Fortpflanzung:** Nest in Bodenmulde zwischen Grasbüscheln und Heidekraut; spärliche *Nestauslage* aus einigen Halmen; 1 *Brut* April–Mai *Eier* 6–11, gelblichweiß, dicht dunkelbraun gefleckt; *Brutdauer* etwa 23 Tage; ♀ brütet allein, führt die *Jungen,* ♂ beteiligt sich; *Nestflüchter.* **Ruf:** ♂ „go-bäck" und „bäck-bäck-bäck"; ♀ „jap-jap".

2. Unterfamilie: Fasanen oder Echte Hühner *(Phasianinae); Lauf unbefiedert,* bei den ♂♂ meist, bei den ♀♀ zuweilen mit Sporen; 180 Arten, davon 6 Gattungen mit 8 Arten in Europa; *Schwanz* mehr oder weniger *kurz,* nur bei der Gattung Fasanen auffällig lang.

Gattung: Rebhühner *(Pérdix);* Europa 1 Art:

Rebhuhn
Pérdix pérdix (LINNÉ)

Kopf hell rostfarben; Seiten braun gebändert; Unterseite grau; Schwanz kurz, rötlichbraun; ♂ mit dunkelbraunem Hufeisenfleck am Bauch, beim ♀ nur angedeutet; **30 cm.**

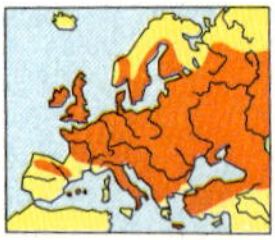

Verbreitung: fast ganz Europa; *fehlt:* Island, Norden Skandinaviens, Finnlands und der UdSSR, Südgriechenland, Sizilien, Sardinien; Norden Spaniens lokal. **Lebensraum:** Felder, Wiesen, verunkrautetes Brachland; *Jahresvogel.* **Nahrung:** Samen, Knospen, Triebe; im Sommer auch Insekten. **Fortpflanzung:** Nest in Bodenmulde, wenig Halme und Federn als *Nestauslage;* 1 *Brut* im Mai; *Eier* 10–20, rund, hell olivbraun bis graugrün; *Brutdauer* 23–24 Tage; ♀ brütet allein, ♂ wacht daneben; beide Eltern führen die Jungen; *Nestflüchter.* **Ruf:** „girr-rreck", beim Auffliegen „gröck-gröck".

Gattung: Wachteln *(Cotúrnix);* Europa 1 Art:

Wachtel
Cotúrnix cotúrnix (LINNÉ)

Ähnlich Rebhuhn, aber viel kleiner, Seiten nicht gebändert, sondern dunkel und hell längsgestreift; ohne Hufeisenfleck; **18 cm.**

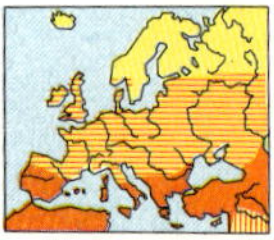

Verbreitung: fast ganz Europa; *fehlt:* Island, Irland (ausnahmsweise nur lokal), Skandinavien (vereinzelt im Süden), Finnland, Norden der UdSSR. **Lebensraum:** Ebenen mit Wiesen, Feldern, Brachland; *Teilzieher.* **Nahrung:** Blatt-, Blütenknospen, Samen, bei Aufzucht der Jungen auch Insekten. **Fortpflanzung:** Nest in Bodenmulde zwischen Gras und Kräutern; 1 *Brut* im Juni; *Eier* 7–14, rahmfarben und braungelb, mit schwarzen Flekken und Punkten; *Brutdauer* 17 Tage; ♀ brütet und führt die *Jungen; Nestflüchter.* **Ruf:** ♂ „bickbibick", ♀ „quip-quip".

83.1 **Wachtel** ♂

83.2 **Wachtel;** Nest und Gelege

Gattung: Königshühner *(Tetraogállus);* Europa 1 Art:

Königshuhn
Tetraogállus caucásicus (PALLAS)

Größer als Birkhuhn; Oberkopf rötlichbraun; Kehle weiß; Brust grau, fein quergestreift; Geschlechter fast gleich; **58 cm.**

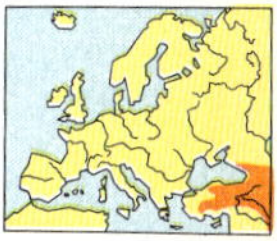

Verbreitung: hochalpine Zone des Kaukasus sowie Gipfelgegenden Hochasiens. **Lebensraum:** freie Hochgebirgshänge. *Jahresvogel.* **Nahrung:** wahrscheinlich ähnlich Laufhühnchen. **Fortpflanzung:** *Eier* 8–10 (–15), hellgrünlich rahmfarben, fein braun gefleckt. *Nestflüchter.*

Gattung: Felsenhühner *(Aléctoris);* Füße rot oder rötlich; Europa 3 Arten:

Felsenhuhn
Aléctoris bárbara (BONNATERRE)

Etwas größer als Rebhuhn; Wangen, Kehle, Brust graublau; Schnabel rot; Halsband kastanienbraun, weiß gesprenkelt; Flanken auffallend schwarzweiß gebändert; Oberseite rehfarben braun; **33 cm.**

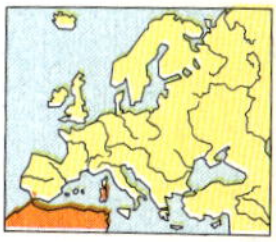

Verbreitung: Sardinien, Gibraltar. **Lebensraum:** trockene Hänge mit spärlicher Vegetation; *Jahresvogel.* **Nahrung:** wie Steinhuhn. **Fortpflanzung:** *Nest* in Bodenmulde im Schutz von Kräutern, Wurzeln und überhängenden Felsen; *Nestmaterial:* Gras, Moos, Kräuter, Federn; 1 *Brut* im Jahr; *Eier* 10. *Nestflüchter.* **Ruf:** „käkelik" und „tschuk-tschuk-tschuk-tschukor".

Rothuhn
Aléctoris rúfa (LINNÉ)

Etwas größer als Rebhuhn; Kehle weiß, mit schwarzer Umrandung, die sich nach unten in dunkle Streifen auflöst; Schnabel und Beine rot; Flanken weiß, schwarz gebändert; Oberseite rotbraun; **34 cm.**

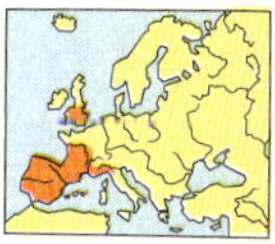

Verbreitung: Portugal, Spanien, Westfrankreich, Südengland, Küste des Ligurischen Meeres, Korsika, Balearen. **Lebensraum:** trockenes Gelände mit Gestrüpp, Wiesen, Weingärten. *Jahresvogel.* **Nahrung:** Blatt-, Blütenknospen, Samen, Beeren, Insekten, Spinnen. **Fortpflanzung:** *Nest* in Bodenmulde, wenige Halme als *Nestauslage; Eier* 10–18, rahmfarben, mit wenigen rotbraunen Flecken; *Brutdauer* 23 Tage; *Nestflüchter;* **Ruf:** „tschek-tschek-tschek-errr", erregt „gock-gock-gock-gock".

Steinhuhn
Aléctoris graeca (MEISNER)

Etwas größer als Rebhuhn; weißer Kehlfleck mit schmaler schwarzer Umrandung; Oberseite grau; Unterseite hell, von den Flanken her kräftig dunkel quergebändert; **34 cm.**

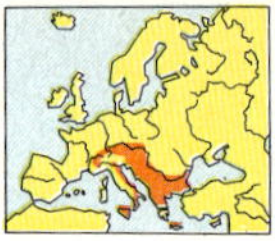

Verbreitung: Alpen, Berge Mittel-, Süditaliens, Sizilien, Jugoslawien, Griechenland. **Lebensraum:** trockenes, felsiges Gelände mit wenig Vegetation. *Jahresvogel.* **Nahrung:** Samen, Blattsprosse, Beeren, Insekten, Spinnen. **Fortpflanzung:** *Nest* in Bodenmulde, im Schutz von überhängenden Felsen, Wurzeln und Kräutern; *Nestmaterial* Gras, Moos, Kräuter, Federn; 2 *Bruten* Mai–Juni; *Eier* 8–12, rahmfarben, mit rotbraunen Punkten und Flecken; *Brutdauer* 24–26 Tage; *Junge* mit 20 Tagen halb flügge; *Nestflüchter.* **Ruf:** „witt-witt-witt“, erregt „pitschi-i“.

Gattung: Fasanen *(Phasiánus);* Europa 1 Art:

Fasan
Phasiánus cólchicus (LINNÉ)

Etwa so groß wie Haushuhn; ♂ sehr bunt; Kopf und Hals dunkelgrün, beim Ringfasan mit schmalem weißem Halsband; „Rosen“ scharlachrot; ♀ braun, dunkel gefleckt; Schwanz kürzer als beim ♂; **♂ 89 cm, ♀ 64 cm.**

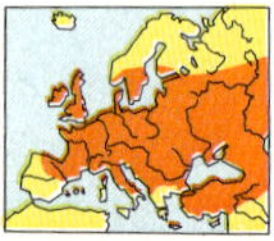

Verbreitung: fast ganz Europa; *fehlt:* Portugal, Norwegen, Nordschweden, Finnland (nur im Süden), Island, Norden der UdSSR, Sardinien, Süden Italiens, Griechenland. **Lebensraum:** von Büschen durchsetzte Felder und Waldränder; *Jahresvogel.* **Nahrung:** Samen, Pflanzenteile, Getreide, Beeren, Insekten, Würmer, Schnecken, kleine Wirbeltiere. **Fortpflanzung:** *Nest* in Bodenmulde, mit Halmen, Blättern, Federn als *Nestauslage;* 1 *Brut* Mai–Juni; *Eier* 10–12 (6–18), glänzend olivbraun bis olivgrau; *Brutdauer* 24 bis 25 Tage; ♀ brütet und führt die *Jungen* (mit 21–28 Tagen flügge); *Nestflüchter.* **Ruf:** ♂ heiser „görr-göck“, ♀ gackert.

84.1 Fasan; Nest und Gelege

84.2 Fasan (♂) mit weißem Halsring (Ringfasan)

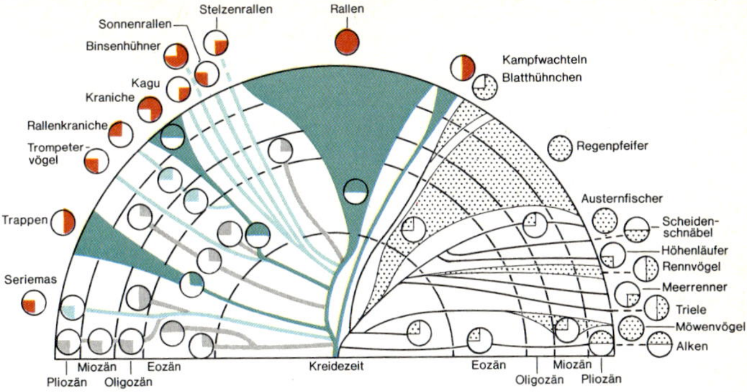

85.1 Hypothetischer Stammbaum der Kranichvögel sowie der Wat- und Möwenvögel (nach W. MEISE); vgl. S. 77 und den Text zu Abb. 79.1.

IV. Ordnung: Kranichvögel *(Grúes)*

22 Familien mit insgesamt 204 Arten; aus obenstehendem (hypothetischem!) Stammbaum geht hervor, daß Kranichvögel stammesgeschichtlich mit *Wat-* und *Möwenvögeln* zusammenhängen, so daß man erwogen hat, beide Ordnungen zu einer zusammenzufassen; doch sind sich die Fachleute darüber nicht einig, zumal einige Gruppen, unter ihnen die *Kampfwachteln, Trappen* und *Triele,* sehr schlecht einzuordnen sind; manche Familien der Kranichvögel haben, zumindest äußerlich, wenig Kranichartiges an sich, gehören aber wegen anatomischer Baueigentümlichkeiten systematisch zusammen.
In Europa Vertreter aus folgenden Familien:

85.2 Kranich

1. Familie: Rallen *(Rállidae);* höchstens hühnergroß, meist kleiner S. 86

2. Familie: Kraniche *(Grúidae);* sehr groß, langer Hals, lange Beine; storchenähnlich S. 89

3. Familie: Kampfwachteln *(Túrnidae);* klein, ähnlich Wachtel S. 89

4. Familie: Trappen *(Otídidae);* groß bis mittelgroß, hühnerähnlich; Hinterzehe fehlt S. 90

1. Familie: Rallen *(Rállidae);* meist versteckt lebend, in Sümpfen und Röhrichten an Binnengewässern; runde Flügel, kurzer Schwanz, daher schlechte Flieger; 128 Arten, 14 in Europa.

Gattung: Wasserrallen *(Rállus);* vorwiegend braun und grau; Europa 1 Art:

Wasserralle
Rállus aquáticus LINNÉ

Größer als Amsel; Schnabel länger als Kopf, rötlich; Rücken dunkelbraun, schwarz gestreift; Flanken schwarzweiß quergebändert; Beine gelbbraun; **28 cm.**

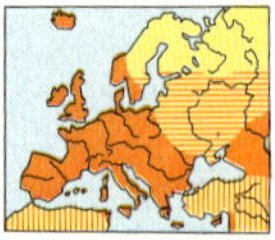

Verbreitung: fast ganz Europa; *fehlt:* Mittel-, Nordskandinavien, Finnland und im Norden der UdSSR. **Lebensraum und Lebensweise:** Teiche, Seen, Gräben mit dichter Ufervegetation; lebt versteckt, selten zu beobachten; *Teilzieher.* **Nahrung:** Jungfische, Frösche, Schnecken, Würmer, Insekten. **Fortpflanzung:** *Nest* aus Schilf, Gras mit Haube aus gleichem Material (versteckt in Ufernähe auf feuchtem Grund); 1 *Brut* April–Mai; *Eier* 6–12, glänzend weißgelb, dunkel gefleckt; *Brutdauer* 19–21 Tage; beide Eltern brüten (♀ wird vom ♂ gefüttert) und führen die *Jungen* (nach 49–50 Tagen flügge); *Nestflüchter.* **Ruf:** „gip-gip-gip“, „kruih-kruih-kruih“ und „tik-tik-tik“.

Gattung: Sumpfhühner *(Porzána);* Schnabel kürzer als Kopf; kleiner als Rebhuhn; Europa 3 Arten:

Zwergsumpfhuhn
Porzána pusilla (PALLAS)

Etwa so groß wie Feldlerche; Halsseiten, Brust grau, ohne weiße Tüpfelung; Flanken schwarzweiß gebändert; Beine bräunlich-fleischfarben; **18 cm.**

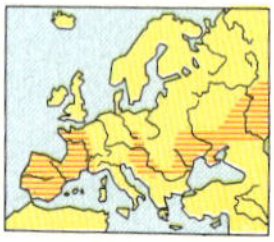

Verbreitung: Portugal, Spanien, Westfrankreich, Oberitalien, Jugoslawien; von Ostrumänien ostwärts Süden der UdSSR. **Lebensraum:** verkrautete, sumpfige Teiche mit dichter Ufervegetation; *Zugvogel.* **Nahrung:** Insekten und deren Larven, Samen der Teichpflanzen. **Fortpflanzung:** *Nest* aus Schilf und Rohr, Polsterung aus Gras; manchmal mit Nesthaube; 1 *Brut* Mai–Juli; *Eier* 6–8, glänzend hellbraun, blaugrau gefleckt; *Brutdauer* 20–21 Tage; beide Eltern brüten und führen die *Jungen; Nestflüchter.* **Ruf:** „ter-rer-rer-rer-er“ als trillerndes Schnarren.

Kleines Sumpfhuhn
Porzána párva (SCOPOLI)

Ähnlich voriger Art, aber etwas größer; Schnabelwurzel mit rotem Fleck; Flanken nicht gebändert; Unterseite beim ♂ schiefergrau, beim ♀ braungelb; **19 cm.**

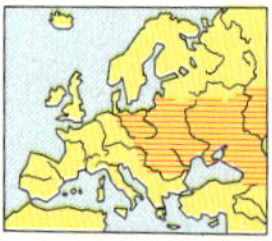

Verbreitung: östlich Elbe in Mittel-, Osteuropa; auch Jugoslawien, Norditalien; *fehlt:* Norden Europas. **Lebensraum:** stehende Gewässer und Sümpfe mit dichter Ufervegetation; *Zugvogel.* **Nahrung:** Insekten, Schnecken, Muscheln. **Fortpflanzung:** erhöhte *Nestmulde* aus Schilf, Gras; langes *Nestmaterial* wird zu schützendem Dach herumgezogen; 2 *Bruten:* Frühjahr, Sommer; *Eier* 6–8, graugelb und braun gefleckt; *Brutdauer* 20–21 Tage; ♂ und ♀ brüten; die *Jungen* werden von beiden Eltern geführt; *Nestflüchter.* **Ruf:** „kekkek“ oder „hu hu hu hu hu“, erregt „kirruk“.

Tüpfelsumpfhuhn
Porzána porzána (LINNÉ)

So groß wie Singdrossel; Halsseiten und Brust weiß getüpfelt; Flanken kräftig gebändert; **23 cm.**

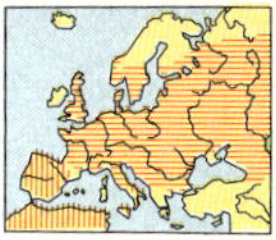

Verbreitung: fast ganz Europa; *fehlt:* Spanien, Portugal, Süditalien, Südgriechenland, Irland, nördliche Gebiete. **Lebensraum** und **Lebensweise:** Sümpfe, kleine Teiche mit dichtem Schilf und Rohr; sehr scheu, schwer zu beobachten; *Teilzieher.* **Nahrung:** Jungfische, Frösche, Schnecken, Würmer, Insekten, Algen. **Fortpflanzung:** *Nest* aus Pflanzen der Uferregion mit Haube aus demselben Material, wird auf höher gelegenem Grasbüschel errichtet; 1 *Brut* im Mai; *Eier* 8–14, hellgrün, graublau gefleckt; *Brutdauer* etwa 20 Tage; ♂ und ♀ brüten und führen die *Jungen* (mit 42–56 Tagen flügge); *Nestflüchter.* **Ruf:** „huit" oder „quit", erregt „kick".

Gattung: Wachtelkönige *(Créx);* fast so groß wie Rebhuhn; vorwiegend bräunlich; Europa 1 Art:

Wachtelkönig oder Wiesenralle
Créx créx (LINNÉ)

Etwas größer als Amsel; Schnabel kurz, spitz und wie die Füße gelblich; Oberseite braun, mit dunklen Längsstreifen; Flanken rostrot gebändert; **27 cm.**

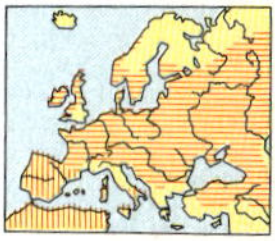

Verbreitung: England, Irland, Frankreich, Bundesrepublik Deutschland und DDR, Jugoslawien, Osteuropa, Südschweden. **Lebensraum:** Wiesen, Felder, die nicht zu feucht sind; *Zugvogel.* **Nahrung:** Insekten, Würmer, Schnecken, Samen der Wiesenpflanzen. **Fortpflanzung:** flache *Nestmulde* zwischen hohen, dichten Gräsern, mit Blättern und Halmen ausgepolstert; 1 *Brut* im Juni–Juli; *Eier* 6–11 (14), gelbgrün, rotbraun gefleckt; *Brutdauer* etwa 19–21 Tage; nur das ♀ brütet und führt (später von dem ♂ unterstützt) die *Jungen* (mit 35–42 Tagen flügge); *Nestflüchter.* **Ruf:** schnarrend „rärrp-rärrp".

Gattung: Teichhühner *(Gallinula);* Gefieder blauschwarz; Stirn mit roter Platte; Europa 1 Art:

Teichhuhn
Gallinula chlóropus (LINNÉ)

Etwas größer als Rebhuhn; Beine grün mit rotem Strumpfband am Unterschenkel; Schnabel rot, an der Spitze gelb; **33 cm.**

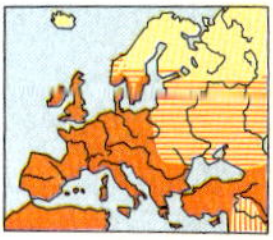

Verbreitung: ganz Europa; *fehlt:* im Norden vom Finnischen Moorbusen an. **Lebensraum** und **Lebensweise:** Teiche, Tümpel, Gräben mit Schilfrand; nickt beim Schwimmen mit Kopf und wippt mit Schwanz; *Teilzieher.* **Nahrung:** Wasserpflanzen, Schnecken, Muscheln, Fischlaich, Wasserinsekten. **Fortpflanzung:** *Nest* aus Schilfstengeln, Gras, Blättern dicht am Ufer im Schutz von Gebüsch; 2 *Bruten:* Frühjahr, Sommer; *Eier* 6–10, weißgelb, dunkel gefleckt; *Brutdauer* 20 bis 23 Tage; ♂ und ♀ brüten; *Junge* werden von beiden Eltern geführt (mit 35 Tagen flügge); *Nestflüchter.* **Ruf:** „ick-ick-ick" oder „djuk", warnend „kürrh", aufgeregt „kick-kick" oder „rrai".

Gattung: Purpurhühner *(Porphýrio);* Europa 1 Art:

Purpurhuhn
Porphýrio porphýrio (Linné)

Etwas größer als Rabenkrähe; Beine und Schnabel rot; **48 cm.**

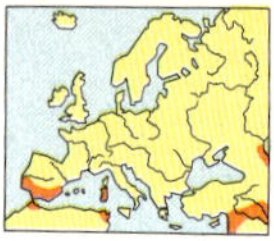

Verbreitung: Südspanien, Sardinien, am Kaspischen Meer; gelegentlich Frankreich. **Lebensraum** und **Lebensweise:** verkrautete Seen mit breitem Schilfgürtel, Sümpfe mit dichtem Röhricht; selten im freien Wasser; versteckt im Schilfrand; schwimmt gut, zeigt oft seine Unterschwanzdecken; *Jahresvogel.* **Nahrung:** wie Teichhuhn; auch Frösche, Fische, Samen, Früchte von Wasserpflanzen. **Fortpflanzung:** *Nest* wie beim Bläßhuhn, aber flacher, unordentlicher; 1 *Brut* März bis Juni; *Eier* 3–4 (2–7), ockerfarben mit braunen und grauen Flecken; *Brutdauer* unbekannt; *Nestflüchter.* **Ruf:** laut kreischend.

Gattung: Bläßhühner *(Fúlica);* Gefieder schwärzlich; Stirn mit weißer Platte; Europa 2 Arten:

Bläßhuhn
Fúlica átra Linné

Etwas größer als Teichhuhn; schieferschwarz; Beine grün, mit breiten Schwimmlappen; über dem Stirnschild keine roten Höcker; **38 cm.**

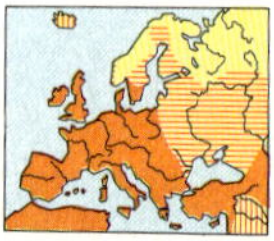

Verbreitung: fast ganz Europa; *fehlt:* Mittel-, Nordskandinavien, Nord-UdSSR. **Lebensraum** und **Lebensweise:** Seen, Teiche mit Schilfrand; flüchtet bei Gefahr (wie Kammbläßhuhn) auf das offene Wasser, was alle anderen Rallen nicht tun; *Teilzieher.* **Nahrung:** Wasserpflanzen, Insekten, Schnecken, Muscheln, Jungfische, Fischlaich. **Fortpflanzung:** *Nest* zwischen Rohr und Schilf am Uferrand; 2 *Bruten* Frühjahr, Sommer; *Eier* 4–10, gelbgrün, dunkel gefleckt; *Brutdauer* 21–24 Tage; ♂ und ♀ brüten; beide führen die *Jungen* (mit 56–63 Tagen flügge); *Nestflüchter.* **Ruf:** „köw", aufgeregt „pütz".

Kammbläßhuhn
Fúlica cristáta Gmelin

Ähnlich Bläßhuhn, aber etwas größer und mit rotem Höcker über jeder Seite des weißen Stirnschildes; **40 cm.**

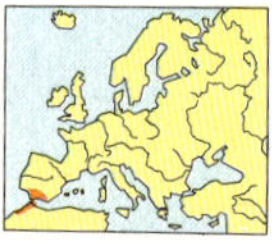

Verbreitung: Südspanien; vereinzelt Portugal, Frankreich, Italien, Sizilien. **Lebensraum** und **Lebensweise:** Seen, Teiche mit Schilfrand; verhält sich sonst wie Bläßhuhn, lebt aber versteckter; *Jahresvogel.* **Nahrung:** wahrscheinlich wie Bläßhuhn. **Fortpflanzung:** *Nest* zwischen Rohr und Schilf am Uferrand; *Nestflüchter.* **Ruf:** „uh-uh".

88.1 Nest und Gelege vom Teichhuhn

88.2 Nest und Gelege vom Bläßhuhn

2. Familie: Kraniche *(Grúidae);* Hals beim Fliegen lang ausgestreckt; Zahl der Halswirbel 19 oder 20 (Zusammenhang mit den langen Beinen); ♂ und ♀ können schmetternd *trompeten;* bis auf 1 Art ausschließlich *Bodenvögel* (halten sich nicht auf Bäumen oder Büschen auf); 14 Arten, 2 in Europa:

Gattung: Jungfernkraniche *(Anthropoides);* kleiner als Arten der folgenden Gattung; Europa 1 Art:

Jungfernkranich
Anthropoides virgo (LINNÉ)

Kleiner als Kranich; Kopf mit großen weißen Federbüscheln hinter jedem Auge; **97 cm.**

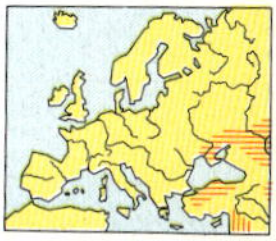

Verbreitung: Südosteuropa; *Teilzieher* bis Deutschland, Dänemark, Schweden, Südeuropa. **Lebensraum:** offenes, ebenes Land mit trockenem Boden. **Nahrung:** Körner, Knospen, Blätterspitzen sowie auch Insekten, Würmer und kleine Wirbeltiere. **Fortpflanzung:** *Nest* am Boden; 1 *Brut* März–Mai; *Eier* meist 2, selten 1 oder 3; *Brutdauer* 27–30 Tage; meist brütet ♀; pflanzt sich auch in Gefangenschaft fort; *Nestflüchter.* **Ruf:** wie Kranich, aber schriller.

Gattung: Kraniche *(Grús);* sehr groß (Flügellänge 65 cm, Spannweite 2,20 m, Gewicht 10 [bis 15] kg); Europa 1 Art:

Kranich
Grús grús (LINNÉ)

Hell schiefergrau; Gesicht und Kehle schwarz, weiße Streifen von den Augen zum Hals; langbeinig, aber relativ kurzer Schnabel; innere Armschwingen verlängert, bilden buschigen, herabhängenden „Schwanz"; **115 cm,** (130 cm).

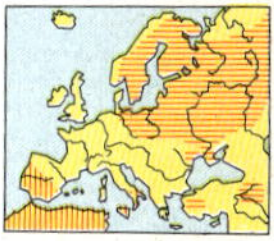

Verbreitung: Bundesrepublik Deutschland, DDR von Elbe bis Nordpolen; Brandenburg, Schlesien, Schweden (vereinzelt Norwegen), Finnland; UdSSR; *Teilzieher* bis Westeuropa (Grenze Portugal), Mittelitalien. **Lebensraum** und **Lebensweise:** zusammenhängende Sumpfgebiete, feuchte Wiesen mit Gestrüpp; ist sehr scheu, besonders in der Brutzeit; Balztänze vor der Paarung. **Nahrung:** Engerlinge, Käfer, Heuschrecken, Mäuse, Eidechsen, Jungvögel, aber keine Frösche; selten pflanzliche Nahrung. **Fortpflanzung:** flaches *Nest* aus Schilf, Moos, Gras an unzugänglichen Stellen am Boden; 1 *Brut* April–Mai; *Eier* 2 (1–3), olivgrau, braun und grau gefleckt; *Brutdauer* 28–31 Tage; ♂ und ♀ brüten und führen die Jungen (mit 65–70 Tagen selbständig); *Nestflüchter. Winterquartier* am Mittelmeer und südlicher. **Ruf:** „kruh", laut und trompetend, bei Gefahr „garr".

3. Familie: Kampfwachteln *(Turnícidae);* wachtelähnliche Vögel, die mit Kranichen und Rallen verwandt sind; Europa 1 Gattung:

Gattung: Laufhühnchen *(Túrnix);* Europa 1 Art:

Laufhühnchen
Túrnix sylvática (DESFONTAINES)

So groß wie Wachtel, dieser sehr ähnlich, aber Brust leuchtend rotbraun; Seiten schwarzweiß gefleckt; Kopfplatte dunkel, mit hellgelbem Mittelstreif; **18 cm.**

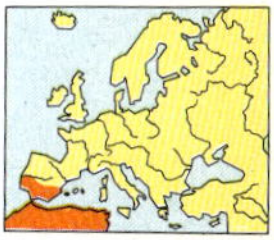

Verbreitung: Südspanien, Südportugal. **Lebensraum:** trockenes Gelände mit Gras, Getreidefeldern und niedrigem Gestrüpp. *Jahresvogel.* **Nahrung:** Samen, Insekten, Spinnen. **Fortpflanzung:** Nest in Bodenmulde zwischen Grasbüscheln, durch Grasdach geschützt; 2 *Bruten* April–August; *Eier* 4 (3–7), rostfarben bis rötlichweiß, braun und dunkelrot gefleckt; *Brutdauer* 12–13 Tage; ♂ brütet (♀ zeitweise) und führt die *Jungen; Nestflüchter.* **Ruf:** tief „krruu", ähnlich Rohrdommel.

4. Familie: Trappen *(Otididae);* scheue *Bodenvögel,* hühnerähnlich; leben in weiträumigen *Grassteppen* und auf ausgedehnten Feldern *(Kultursteppen);* laufen bei Gefahr schnell davon; breite Flügel ermöglichen trotz des schweren Körpers (♂ bis 21 kg: schwerste fliegende Vögel der Jetztzeit; ♀ bis 8 kg) kräftigen Flug; fliegen jedoch selten.

Gattung: Trappen *(Ótis);* Geschlechter verschieden, ohne lang herabhängende Federn am Hals; Europa 2 Arten:

Großtrappe
Ótis tárda Linné

Sehr groß; ♂ bis 21 kg, ♀ bis 8 kg; Kopf und Hals grau; ♂ mit „Bart“ aus langen weißen, borstenartigen Federn; ♂ **102 cm,** ♀ **70 cm.**

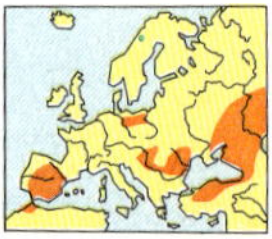

Verbreitung: Portugal, Spanien, DDR (Mecklenburg, Pommern, Brandenburg): 1940 etwa 4500 Großtrappen; östlicher Balkan, Südost-UdSSR; umherstreifend weite Teile Europas. **Lebensraum** und **Lebensweise:** große Weiden, Felder; fliegt tief, mit langsamen Flügelschlägen, wobei viel Weiß im Flügel sichtbar wird; lebt außerhalb der Brutzeit in großen Gesellschaften (bis 250 Tiere), meist nach Geschlechtern getrennt; *Jahresvogel.* **Nahrung:** Jungtiere fressen Insekten, Würmer, Mäuse, Frösche, Alttiere Blätter, Samen der Wiesengräser. **Fortpflanzung:** *Nest* flache Mulde mit Graspolster; 1 *Brut* April oder Mai; *Eier* 2–3 (1), grün, braun gefleckt; *Brutdauer* 21–26 Tage; ♀ brütet und führt die *Jungen* (mit 42 Tagen flügge); wie bei allen Trappen hält das ♀ den Jungen das Futter vor; *Nestflüchter.* **Ruf:** „huh“ oder „päng“.

Zwergtrappe
Otis tétrax Linné

Nur etwa hühnergroß; ♂ im Brutkleid mit schwarzweißer Halszeichnung; **43 cm.**

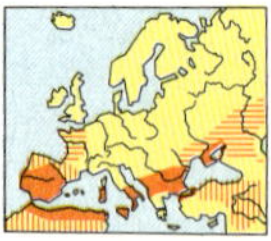

Verbreitung: Portugal, Spanien, Westfrankreich, Süditalien, mittlerer Balkan, Süd-UdSSR. **Lebensraum** und **Lebensweise:** ausgedehnte Felder, Wiesen; fliegt (anders als Großtrappe) mit schnellen, pfeifenden Flügelschlägen, auch hoch; *Teilzieher.* **Nahrung:** vor allem Kräuter und Gräser, auch Insekten und kleine Wirbeltiere. **Fortpflanzung:** 1 *Brut* Juni–Juli; *Eier* 2–5 (1), grün, braun gefleckt; ♀ brütet und führt die Jungen (mit 14 bis 18 Tagen flügge); *Nestflüchter.*

Gattung: Kragentrappen *(Chlamydótis);* Geschlechter gleich; Europa 1 Art:

Kragentrappe
Chlamydótis unduláta (Jaquin)

♂ und ♀ mit kurzer schwarzweißer Haube und mit lang herabhängenden Büscheln von schwarzen und weißen Federn am Halse; **64 cm.**

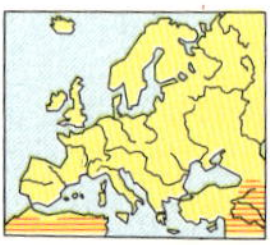

Verbreitung: Kanarische Inseln, Nordafrika; umherstreifend auch in Europa beobachtet. **Lebensraum** und **Lebensweise:** Felder, Steppen, Halbwüsten; kann sehr schnell laufen (35–40 km/h); *Teilzieher.* **Nahrung:** Kräuter, Gräser. **Fortpflanzung:** 1 *Brut* April; *Eier* 3 (1–4); ♀ brütet und führt die *Jungen;* nähern sich Feinde, läuft ♀ von den Jungen weg und hockt sich woanders nieder, als ob sie hudere (Scheinhudern zur Ablenkung); *Nestflüchter.*

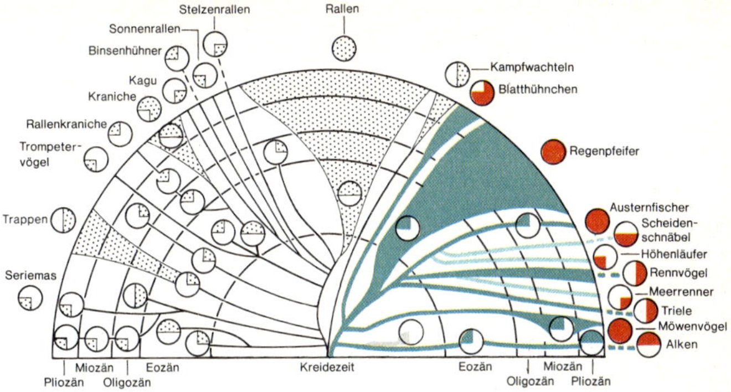

91.1 Hypothetischer Stammbaum der Wat- und Möwenvögel sowie der Kranichvögel (nach W. MEISE); vgl. S. 77 und den Text zu Abb. 79.1.

V. Ordnung: Wat- und Möwenvögel *(Limícolae-Lári)*
5 Unterordnungen (11 Familien) mit insgesamt 304 Arten; in Europa Arten aus 3 Unterordnungen, den *Watvögeln,* den *Möwenvögeln* und den *Alken,* insgesamt 79 Arten.

Obwohl Wat- und Möwenvögel ein sehr verschiedenes Aussehen haben (man vergleiche z. B. die elegant fliegenden Möwen und Seeschwalben mit den schnell dahinrennenden Regenpfeifern), sind sie aus demselben Ast des Vogelstammbaumes entstanden, wie man aus der vergleichenden Anatomie ihrer inneren Organe ziemlich sicher nachweisen kann. Von manchen Ornithologen werden allerdings Blatthühnchen und Alken (sowie auch Höhenläufer und Kreidemöwen [ausgestorbene Familie]) besonderen Ordnungen zugeteilt. Wat- und Möwenvögel umfassen sehr verschieden große Vertreter, solche von weniger als Haussperlingsgröße (kleinste Formen 13 cm) bis gänsegroße Vögel (bis 75 cm). Die meisten Arten bewohnen die Ufer von Gewässern, insbesondere die Meeresküsten, oder lassen sich von solchen Bewohnern herleiten.

91.2 Uferschnepfe

I. Unterordnung: Watvögel oder Schnepfenähnliche Vögel *(Limicolae);* in Europa 4 Familien:

1. Familie: Regenpfeifer *(Charadriidae);* klein bis mittelgroß (14–58 cm); vielgestaltig; Beine meist lang (*Wat-* oder *Stelzbeine*); Schnabel nicht besonders kräftig; Füße *ohne Schwimmhäute* und bis auf die Wassertreter auch ohne Schwimmlappen; in Europa 4 Unterfamilien:

1. Unterfamilie: Regenpfeifer *(Charadriinae);* 32 Gattungen mit 66 Arten; in Europa 6 Gattungen:

Gattung: Kiebitze *(Vanéllus);* Europa 1 Art:

Kiebitz
Vanéllus vanéllus (Linné)

Größe bekannt; Kopf mit langer Federhaube; Oberseite grünschwarz schillernd; Kehle und Brust schwarz; Unterseite reinweiß; **31 cm.**

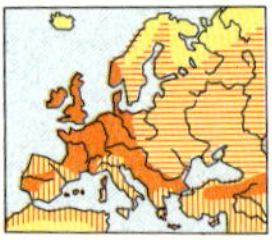

Verbreitung: fast ganz Europa; lokal Portugal, Mittelspanien; *fehlt:* Italien, Griechenland, Nordskandinavien, Nord-UdSSR. **Lebensraum:** Wiesen, Viehweiden; *Teilzieher.* **Nahrung:** Käfer, Mücken, Schnecken, Würmer, Pflanzensamen. **Fortpflanzung:** *Nest* flache, mit Gras gepolsterte Mulde zwischen Grasbüscheln; 1 *Brut* März bis April; *Eier* 4–5, olivgrün bis olivbraun, dunkel gefleckt; *Brutdauer* 24 Tage; beide Eltern brüten (zuerst fast nur ♀) und betreuen die *Jungen* (mit 35 Tagen flügge); *Nestflüchter.* **Ruf:** „kie-wit" oder „gieh".

Gattung: Spornkiebitze *(Hoplópterus);* kleiner Sporn am Flügelbug; Europa 1 Art:

Spornkiebitz
Hoplópterus spinósus (Linné)

Etwas kleiner als Kiebitz; Kopfhaube klein; Oberseite sandbraun; Kehle, Brust und Unterseite schwarz; **27 cm.**

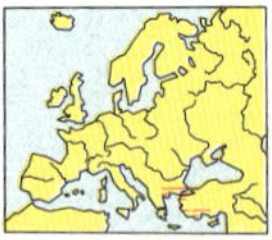

Verbreitung: Nordgriechenland. **Lebensraum:** schlammige, sandige Ufer von Seen und Flüssen; *Zugvogel.* **Nahrung:** Insekten, Schnecken, Würmer. **Fortpflanzung:** flaches Nest in Bodenmulde zwischen Grasbüscheln; 1 *Brut; Eier* 4, olivbraun, dunkel gefleckt; *Brutdauer* 21 Tage; *Nestflüchter.* **Ruf:** „pitt-pitt" und „siksak-siksäh".

Gattung: Kiebitzregenpfeifer *(Pluviális);* Europa 2 Arten:

Kiebitzregenpfeifer
Pluviális squatárola (Linné)

Kleiner als Kiebitz; Bauch schwarz, ohne weißen Seitenstreif; Rücken grau, schwarz gefleckt; **28 cm.**

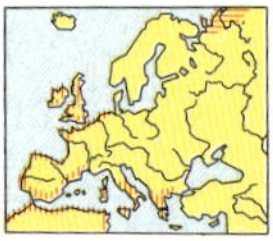

Verbreitung: Tundren der Arktis; als *Zugvogel* an Küsten West- und Südeuropas. **Lebensraum:** sumpfige Ufer von Flüssen und Seen, flache Meeresküsten. **Nahrung:** Insekten, Würmer, Krebse, gelegentlich Tang, Beeren. **Fortpflanzung:** *Nest* mit Gras und Moos, ausgepolsterte flache Bodenmulde; 1 *Brut* Juni–Juli; *Eier* 4 (3), hellgrau, dunkelbraun gefleckt; *Brutdauer* 23 Tage; ♂ und ♀ brüten und führen die *Jungen; Nestflüchter.* **Ruf:** flötend „tleih".

Goldregenpfeifer
Pluviális apricária (Linné)

Kleiner als Kiebitz; Bauch schwarz mit breitem, weißem Seitenstreif; Rücken schwarz, dicht goldgelb gefleckt; **28 cm.**

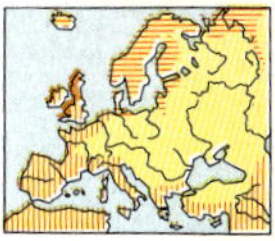

Verbreitung: Island, Irland, England, Skandinavien, Ostseeküsten, Norden der UdSSR. **Lebensraum:** weite Moore mit Wasserstellen; *Teilzieher.* **Nahrung:** Spinnen, Insekten, Würmer, Schnecken, gelegentlich Pflanzensamen, Beeren. **Fortpflanzung:** *Nest* flache Mulde zwischen Heidekraut und Wollgras mit Auslage dieser Pflanzen; 1 *Brut* April–Mai; *Eier* 4 (3–5), gelbgrün, mit grauen und dunkelbraunen Flecken; *Brutdauer* 27 Tage; ♂ und ♀ brüten und führen die *Jungen; Nestflüchter.* **Ruf:** flötend „tlüh-tlüh" oder „tjuih", trillernd „talüdel-talüdel".

Gattung: Mornellregenpfeifer *(Eudrómias);* kleinere Vögel; Europa 1 Art:

Mornellregenpfeifer
Eudrómias morinéllus (Linné)

Fast drosselgroß; Bauch rostbraun, mit weißem Querstreif; Überaugenstreif breit, weiß; **22 cm.**

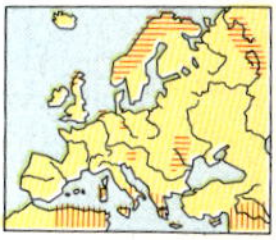

Verbreitung: Ostküste Schottlands, Norden Skandinaviens, Finnlands, der UdSSR; vereinzelt im Pruth-Gebiet, Steiermark, Kärnten. **Lebensraum:** steinige Tundren im Norden, in übrigen Gebieten steinige Bergwiesen; *Zugvogel.* **Nahrung:** Schnecken, Würmer, Insekten, gelegentlich Pflanzensamen, Beeren. **Fortpflanzung:** *Nest* flache Bodenmulde mit Blättern und Flechten als Auslage; 1 *Brut* Juni; *Eier* 3 (2–4), olivbräunlich, dunkel gefleckt; *Brutdauer* 25 Tage; ♂ brütet und führt die *Jungen* (mit 63 Tagen flügge); *Nestflüchter.* **Ruf:** trillernd „dürr-drü-drr-düt-düt" oder „titi-ri-titi-ri".

Gattung: Regenpfeifer *(Charádrius);* kleine Vögel; Europa 3 Arten:

Seeregenpfeifer
Charádrius alexandrinus (Linné)

Etwas größer als Haussperling; Bauch weiß, Brustseiten mit dunklem Fleck; Überaugenstreif weiß, nicht unterbrochen; Beine, Schnabel schwärzlich; ♀ matter; **16 cm.**

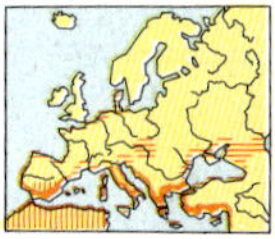

Verbreitung: Küsten Europas; *fehlt:* England, Irland, Skandinavien; Ostsee nur an Küsten Südschwedens, Pommerns. **Lebensraum:** flacher Strand mit niedrigen Dünen. *Teilzieher.* **Nahrung:** Insekten, Spinnen, Würmer, Weichtiere. **Fortpflanzung:** *Nest* flache Bodenmulde, oft im Schutz von Grasbüscheln; *Nestauslage* Tang, Muschelstücke, kleine Steine; 1 *Brut* Mai–Juni; *Eier* 3 (2–4), gelbbraun, mit dunklen Punkten und Linien; *Brutdauer* 24–29 Tage; ♂ und ♀ brüten und führen die *Jungen* (mit 41 Tagen flügge); *Nestflüchter.* **Ruf:** „tjip-tjip-tjip" oder flötend „püit-püit".

Sandregenpfeifer
Charádrius hiaticula (Linné)

Größer als Feldlerche; Bauch weiß, mit schwarzem Brustband (bei Jungvögeln braun); Schnabel gelb mit schwarzer Spitze; Beine orange; **19 cm.**

Verbreitung: Island, Skandinavien, Nord-UdSSR, Ost- und Nordseeküsten, England, Irland. **Lebensraum:** sandige Fluß-, Seeufer, Dünen, Kiesstrand. *Teilzieher.* **Nahrung:** kleine Krebse, Schnecken, Würmer, Insekten. **Fortpflanzung:** *Nest* flache Bodenmulde mit kleinen Steinen und Muschelstücken als Auslage; 2 *Bruten* April–Mai und Juli; *Eier* 4 (3–5), gelbbraun, hell und dunkel gefleckt; *Brutdauer* 21–28 Tage; ♂ und ♀ brüten und führen die *Jungen* (mit 21–25 Tagen flügge); *Nestflüchter.* **Ruf:** „tüih" oder „kuihp".

Flußregenpfeifer
Charádrius dúbius Scopoli

So groß wie Haussperling; vom Sandregenpfeifer außer durch die geringere Größe durch die weiße Linie über dem schwarzen Stirnband zu unterscheiden; **15 cm.**

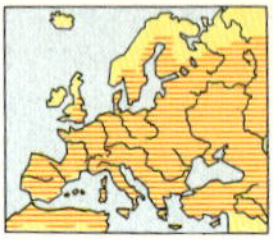

Verbreitung: fast ganz Europa; *fehlt:* Irland, Schottland, Norwegen und im hohen Norden Europas. **Lebensraum:** sandige, kiesige Flächen an Flüssen, Seen, Teichen, auch Kiesgruben. *Zugvogel.* **Nahrung:** Insekten, Spinnen, Würmer. **Fortpflanzung:** *Nest* flache Bodenmulde mit kleinen Steinen, Stengelteilchen und Grashalmen als Auslage; 2 *Bruten* April–Mai und Juli; *Eier* 4, hellgelb, dunkelbraun und grau gefleckt; *Brutdauer* 22–24 Tage; ♂ und ♀ führen die *Jungen* (mit 21–22 [32] Tagen flügge); *Nestflüchter.* **Ruf:** flötend und anschließend trillernd „dü-dü-düdüdrüdrüdrüllrrr" oder „tiu".

Gattung: Steinwälzer *(Arenária);* Europa 1 Art:

Steinwälzer
Arenária intérpres (Linné)

Etwa drosselgroß; Sommerkleid auffällig bunt; Rücken rostbraun; Brustband schwarz; Beine rotgelb; **23 cm.**

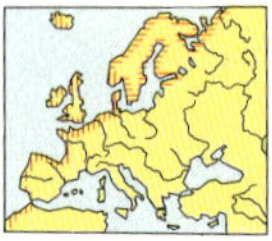

Verbreitung: Küsten Skandinaviens, Finnlands und der meisten Ostseeinseln. **Lebensraum:** steinige Meeresküsten, Inseln; *Teilzieher.* **Nahrung:** Muscheln, Schnecken, Krebstiere, Insekten (durch Umdrehen von Steinen). **Fortpflanzung:** *Nest* mit Gras ausgelegte flache Mulde am erhöhten Ufer; 1 *Brut* Juni; *Eier* 3–4, olivgrün, dunkel gefleckt; *Brutdauer* 23–27 Tage; ♂ und ♀ brüten (nachts ♂); beide Eltern ziehen die *Jungen* auf; *Nestflüchter.* **Ruf:** „tük-e-tük".

2. Unterfamilie: Schnepfenvögel *(Scolopácinae);* meist *langbeinige* Vögel mit *langem Schnabel;* Brutzeit in der Regel 20–24 Tage (Regenpfeifer meist 23–28 Tage); 22 Gattungen mit 75 Arten; in Europa 13 Gattungen:

Gattung: Brachvögel *(Numénius);* Schnabel sehr lang, abwärts gebogen; Europa 3 Arten:

Großer Brachvogel
Numénius aquáta (Linné)

Größer als Lachmöwe; Schnabel abwärts gebogen, sehr lang und kräftig; Gefieder bräunlich, dicht längsgestreift; Kopf ungestreift; **56 cm** (53–58 cm).

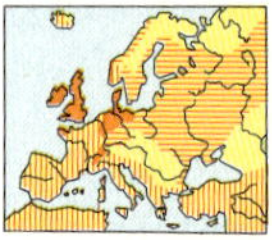

Verbreitung: Irland, Schottland, England, Norwegen, Süd-, Ostschweden, Südfinnland, Dänemark, Bretagne, Holland, BR Deutschland, DDR, ČSSR, Österreich, Polen, UdSSR (nicht im Norden). **Lebensraum:** trockeneres Gelände als Uferschnepfe; liebt trockene Moore mit Heide und nicht zu feuchte Wiesen und Felder. *Teilzieher.* **Nahrung:** Regenwürmer, Insekten, Schnecken, kleine Frösche, Beeren, Samen. **Fortpflanzung:** *Nest* flache Bodenmulde mit wenigen Halmen als Auslage; 1 *Brut* April–Mai; *Eier* 4 (auch 3 und 5), olivbraun bis olivgrün, grau und dunkelbraun gefleckt, besonders am stumpfen Pol; *Brutdauer* 26–29 Tage; ♂ und ♀ brüten und führen die *Jungen* (mit 40–50 Tagen flügge); *Nestflüchter.* **Ruf:** „tlaüh-tlaüh" und „kuikui", erregt „kückkückkück", zur Brutzeit langgezogenes, flötendes Tullern.

Regenbrachvogel
Numénius phaeopus (LINNÉ)

Etwa so groß wie Ringeltaube; ähnlich voriger Art, aber Schnabel relativ kürzer und weniger stark gebogen; Scheitel kräftig längsgestreift, mit hellem Mittelstreifen; **41 cm.**

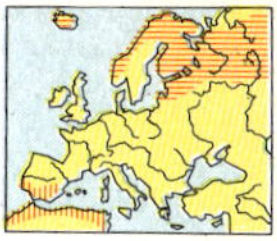

Verbreitung: Island, Inseln nördlich von Schottland, Norwegen, Nordschweden, Mittel-, Nordfinnland, UdSSR von Ostsee bis zum Ural. **Lebensraum:** Sümpfe, Moore mit Moos, Flechten, niedrigen Sträuchern; *Zugvogel.* **Nahrung:** Insekten und deren Larven, Regenwürmer, Schnecken, Samen, Beeren. **Fortpflanzung:** *Bodennest* wie Großer Brachvogel; 1 *Brut* Mai–Juni; *Eier* 4 (3–5), Farbe ähnlich Großem Brachvogel; *Brutdauer* 24 (21–25) Tage; ♂ und ♀ brüten und führen die *Jungen* (etwa mit 28 Tagen flügge); *Nestflüchter.* **Ruf:** wiehernd „bi-bi-bi-bi-bi-bi-bi".

Dünnschnabel-Brachvogel
Numénius tenuiróstris VIEILLOT

Größe wie vorige Art; Schnabel ähnlich Regenbrachvogel, aber dünner; Scheitel ungestreift (wie beim Großen Brachvogel); Flanken mit herzförmigen Flecken; **41 cm.**

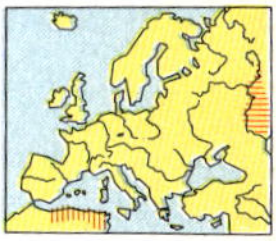

Verbreitung: UdSSR zwischen Wolga und Ural, Westsibirien; *zieht* bis an Küste Nordafrikas; in Deutschland als Irrgast nachgewiesen. **Lebensraum:** bevorzugt sumpfige Steppen. **Nahrung** und **Fortpflanzung** ähnlich Brachvogel.

Gattung: Uferschnepfen *(Limósa);* Europa 2 Arten:

Uferschnepfe
Limósa limósa (LINNÉ)

Etwa so groß wie Ringeltaube; Schnabel lang, dünn, fast gerade (kaum aufwärts gebogen); Kopf, Hals, Brust im Sommer rostbraun; Schwanz weiß, mit breiter dunkler Endbinde; **41 cm.**

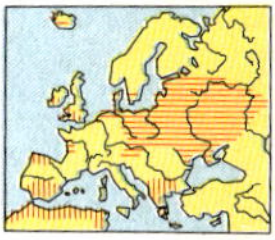

Verbreitung: Island, Dänemark, Norden der Bundesrepublik Deutschland, DDR, Ostseeinseln, Polen, Ungarn, Tschechoslowakei; *lokal:* Bayern, Südostspanien, Bretagne, Mittelfrankreich, UdSSR von Ostsee bis Schwarzes Meer. **Lebensraum:** flaches Land mit sumpfigen Wiesen, Viehweiden mit hohem Gras, die Ufer von Teichen und Seen; *Teilzieher.* **Nahrung:** Insekten und deren Larven, Würmer, Schnecken, kleine Krebstiere, Fisch-, Froschlaich. **Fortpflanzung:** *Bodennest* im hohen Gras mit Halmen als Auslage; 1 *Brut* April–Mai; *Eier* 4, birnenförmig, olivgrün, grau und dunkelbraun gefleckt; *Brutdauer* 24 Tage; ♂ und ♀ brüten und führen die *Jungen* (mit 25–30 Tagen flügge); *Nestflüchter.* **Ruf:** „kwuit" und „gritta".

Pfuhlschnepfe
Limósa lappónica (LINNÉ)

Etwas kleiner als vorige Art; Schnabel etwas aufwärts gebogen; Schwanz quergebändert; ganze Unterseite im Sommer rotbraun, im Winter graubraun; **38 cm.**

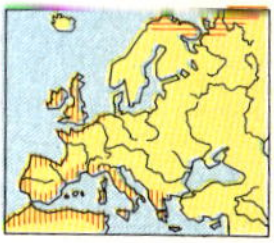

Verbreitung: Norden Schwedens, Finnlands, der UdSSR. **Lebensraum:** sumpfige Strauch- und Moostundra; *Zugvogel.* **Nahrung:** wie Uferschnepfe. **Fortpflanzung:** 1 *Brut* Mai–Juni; *Eier* 4 (2–3), olivbraun, braun und braunviolett gefleckt; *Brutdauer* etwa 21 Tage; ♂ und ♀ brüten (vor allem ♂) und führen die *Jungen; Nestflüchter.* **Ruf:** rauh „gäg-ägägäg", erregt „krick".

Gattung: Kampfläufer *(Philómachus);* Europa 1 Art:

Kampfläufer
Philómachus púgnax (LINNÉ)

♂ größer, ♀ so groß wie Drossel; Füße rot; ♂ im Frühjahr mit großem spreizbarem Federkragen, im Ruhekleid ähnlich ♀; mit Ohrbüscheln; Färbung sehr variabel; ♀ graubraun; ♂ **29 cm,** ♀ **20 cm.**

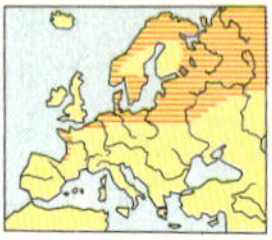

Verbreitung: Norwegen, Nord-, Südschweden, Nordfinnland, Dänemark, Norden BR Deutschland und DDR, Holland, Westfrankreich, Ostseeinseln, Polen, Ungarn, Norden der UdSSR. **Lebensraum:** feuchte Wiesen, Moore mit Sphagnum; *Zugvogel.* **Nahrung:** Insekten, Würmer, Schnecken, gelegentlich Wasseralgen. **Fortpflanzung:** *Bodennest* mit Gras als Auslage; auffällige Balzkämpfe der ♂♂; 1 *Brut* Mai–Juni; *Eier* 4, glänzend graubraun bis olivbraun, hellgrau und dunkelbraun gefleckt; *Brutdauer* 21 Tage; ♀ brütet und führt die *Jungen,* die sich sehr still verhalten und mit 18–20 Tagen flügge sind; *Nestflüchter.* **Ruf:** „gä-gä-gä", „ätsch" und „ticküp"; ruft selten.

Gattung: Wasserläufer *(Tringa);* Europa 8 Arten:

Dunkler Wasserläufer
Tringa erýthropus (PALLAS)

Kleiner als Dohle; ♂ ohne Halskrause, ohne Ohrbüschel; Sommerkleid rußschwarz mit weißen Flecken, Winterkleid aschgrau; **31 cm.**

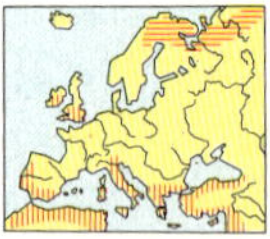

Verbreitung: Norden Skandinaviens, Finnlands, der UdSSR. **Lebensraum:** mooriges Gelände, sumpfige Heidegebiete mit wenig Baumwuchs, lichte Kiefern- und Birkenwälder, Strauchtundra; *Zugvogel.* **Nahrung:** Wasserinsekten und deren Larven, Würmer, Schnecken, kleine Frösche, Fische. **Fortpflanzung:** *Bodennest* zwischen Moos, Flechten, Kräutern, oft unter Bäumen; 1 *Brut* Mai-Juni; *Eier* 4 (3), grünlich, aschgrau und braun gefleckt; *Brutdauer* unbekannt; ♂ und ♀ brüten (hauptsächlich ♂) und führen die *Jungen* (♀ nur in ersten Tagen); *Nestflüchter.* **Ruf:** „kjuit-tjoit", erregt „tjick-tjick-tjick".

Waldwasserläufer
Tringa óchropus LINNÉ

Ähnlich voriger Art, aber kurzläufiger (Lauf kürzer als 4,5 cm); Unterflügel schwärzlich; Rücken schwarz, weitläufig gefleckt; Bürzel weiß; Schwanz breit schwarzweiß gebändert; Beine grünlich; **23 cm.**

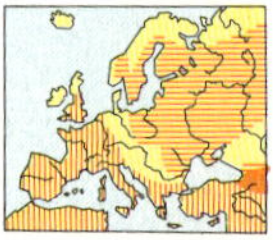

Verbreitung: Südostnorwegen, Schweden, Mittel-, Südfinnland, UdSSR (nicht im hohen Norden), DDR, Polen, Rumänien. **Lebensraum:** sumpfige Nadelwälder mit Moosboden,Wassergräben und kleinen Bächen; auch in Erlenbrüchen; *Zugvogel.* **Nahrung:** Wasserinsekten und deren Larven, auch Schnecken. **Fortpflanzung:** *Nest* meistens auf Bäumen; einziger Wasserläufer, der auf Bäumen nistet; Nestauslage Moos, Wurzelfasern, Kiefernnadeln; 1 *Brut* April–Juni; *Eier* 4 (3), matt glänzend olivgrün, grau, dunkelbraun gefleckt, am dichtesten am stumpfen Pol; *Brutdauer* 21–24 Tage; ♂ und ♀ brüten und führen in den ersten Tagen die *Jungen;* danach übernimmt nur das ♂ die Aufgabe; die *Jungen* sind mit 28 Tagen flügge; *Nestflüchter.* **Ruf:** „dlüi" und „dlü-i-it", erregt „zick" und „dick-dick".

Rotschenkel
Tringa tótanus (LINNÉ)

Größer als Amsel; Schnabelbasis und Beine rot; Flügel mit weißer Binde; Rücken und Bürzel weiß; **28 cm.**

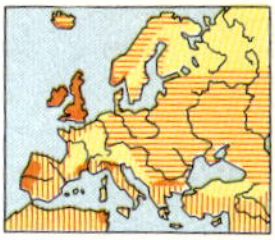

Verbreitung: Island, Irland, Schottland, England, Norwegen, Süd-, Nordschweden, an Küsten der Ostsee, Dänemark, BR Deutschland, DDR, Polen, ČSSR, Balkan, UdSSR (nicht Norden), Portugal, Westspanien, sporadisch Südfrankreich, Oberitalien. **Lebensraum:** sumpfige Wiesen an Flußufern, Teichen, auch schlammige Ufer; *Teilzieher.* **Nahrung:** Insekten und deren Larven, Regenwürmer, Schnecken, Fischbrut. **Fortpflanzung:** tiefes *Bodennest* im Gras mit Grashalmen als Auslage; 1 *Brut* April–Juni; *Eier* 4, birnenförmig, grau bis schmutziggelb, dunkel gefleckt; *Brutdauer* 23 Tage; ♂ und ♀ brüten und führen die *Jungen* (mit 32–35 Tagen flügge); *Nestflüchter.* **Ruf:** flötend „dlüa-dlüa-dlüa", erregt „gip-gip-gip".

Grünschenkel
Tringa nebulária (GUNNERUS)

Größer als vorige Art; Schnabelwurzel und Beine grün; Schnabel etwas nach oben gebogen; Rücken und Bürzel weiß; **31 cm.**

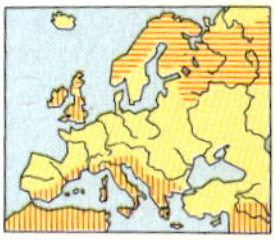

Verbreitung: Schottland, Norwegen, Nordschweden, Nord-, Mittelfinnland, Nord-, Mittel-UdSSR (nicht mehr im arktischen Gebiet). **Lebensraum:** Moorgebiete, Sümpfe; flache, nahrungsreiche Seen; feuchte, mooshaltige Waldlichtungen; *Teilzieher.* **Nahrung:** Wasserinsekten, Krebschen, Kaulquappen, Fischlaich, Weichtiere, Würmer, kleine Frösche, Fische. **Fortpflanzung:** *Nest* in Bodenvertiefung zwischen Gras, Moos; 1 *Brut* Mai–Juni; *Eier* 4 (3), birnenförmig, gelblich oder schmutzigbraun, bräunlich gefleckt; *Brutdauer* 23–25 Tage; ♂ und ♀ brüten und führen die *Jungen* (mit 28 Tagen flügge); *Nestflüchter.* **Ruf:** „tjü-tjü-tjü", erregt „krü".

Teichwasserläufer
Tringa stagnátilis (BECHSTEIN)

Etwas kleiner als Star; Schnabel gerade; sehr hochbeinig (Lauf länger als 4,5 cm); Bürzel weiß; Oberschwanzdecken und Schwanz mit dunkler Fleckung und Bänderung; **23 cm.**

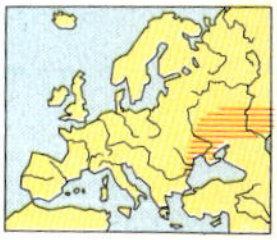

Verbreitung: Österreich am Neusiedler See, Südosten der UdSSR. **Lebensraum:** feuchte, sumpfige Ufer mit Graswuchs an Teichen und Seen. *Zugvogel.* **Nahrung:** Insekten (hauptsächlich Wasserinsekten), Schnecken, Krebstiere. **Fortpflanzung:** *Bodennest* wie Rotschenkel; 1 *Brut* Mai–Juni; *Eier* 4 (5); ♂ und ♀ brüten; *Nestflüchter.* **Ruf:** „tiu", „tju" und „tie", von Trillern unterbrochen.

Bruchwasserläufer
Tringa glaréola LINNÉ

Kleiner als vorige Art, aber größer als Lerche; Unterflügel hell; Schwanz eng schwarzweiß gebändert; Bürzel weiß, Beine grünlichgelb; **20 cm.**

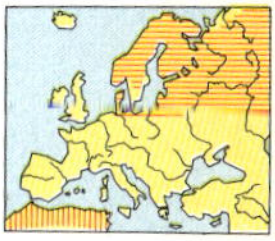

Verbreitung: Nordschottland, Skandinavien (nicht im Süden), Finnland, Dänemark, Norden der Bundesrepublik Deutschland und der DDR, Mittel-, Nord-UdSSR. **Lebensraum:** Moorgebiete mit Torf, Moos, Wollgras, sumpfige, lichte Waldgebiete und überschwemmte Waldränder, Lichtungen; *Zugvogel.* **Nahrung:** Wasserinsekten und deren Larven, Würmer, Weichtiere. **Fortpflanzung:** *Nest* in Bodenmulde mit Blättern und Halmen als Auslage; 1 *Brut* im Mai; *Eier* 4 (3), matt glänzend olivgrün, grau und dunkelbraun gefleckt, am dichtesten am stumpfen Pol; *Brutdauer* 21 bis 24 Tage; ♂ und ♀ brüten und führen die *Jungen; Nestflüchter.* **Ruf:** „gigigig", ♂ beim Balzen „tjille-tjille-tjille".

Flußuferläufer
Tringa hypoleúcos (Linné)

Größer als Lerche; ziemlich kurzläufig; „Schmutzflecken" an den Halsseiten; Rücken braun; Bürzel nur an den Seiten weiß; Unterseite weiß; wippt häufig mit dem Körper; **20 cm.**

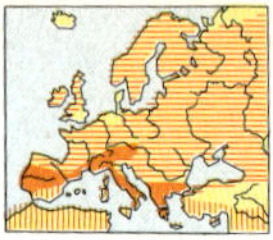

Verbreitung: fast ganz Europa; *fehlt:* Island, Südostengland, Dänemark, Schleswig-Holstein, Norden der Bundesrepublik Deutschland, Holland, Südspanien, Mittelmeerinseln, Norden der UdSSR. **Lebensraum** und **Lebensweise:** sandige Ufer von Teichen, Seen und Flüssen mit Gebüsch und einzelnen Bäumen; kündet seinen Revierbesitz durch lautes „Trihididi" an, wobei er im Zickzackflug dicht über dem Wasser dahinstreicht; *Zugvogel.* **Nahrung:** Insekten und deren Larven, Schnecken, Krebstiere, Würmer, gelegentlich Pflanzensamen. **Fortpflanzung:** tiefes *Bodennest* mit Laub und Halmen als Auslage im Schutz von Büschen, Stauden; 1 *Brut* im Mai; *Eier* 4, matt glänzend lehmgelb, grau und bräunlich gefleckt; *Brutdauer* 20–22 Tage; ♂ und ♀ brüten, oft nur das ♂; die *Jungen* (mit 18–20 Tagen flügge) werden fast nur vom ♂ geführt; *Nestflüchter.* **Ruf:** „di-di-di" und „dieh".

Terek-Wasserläufer
Tringa térek (Güldenstädt)

Etwa so groß wie Star; Schnabel stark aufwärts gebogen; Oberseite hell bläulichbraun; Unterseite weiß; Beine gelb; **23 cm.**

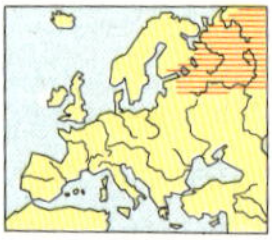

Verbreitung: Mittel-, Nord-UdSSR. **Lebensraum:** grasbewachsene Ufer von Flüssen im Nadelwald; *Zugvogel.* **Nahrung:** Insekten, Würmer, Schnecken; sucht auch in hellen Nächten nach Nahrung. **Fortpflanzung:** *Nest* in Ufernähe unter Weidengestrüpp; 1 *Brut* im Juni; *Eier* 4, kreiselförmig, dunkel olivgrün, mit braunen, verwaschenen Flecken; ♂ und ♀ brüten und führen die *Jungen; Nestflüchter.* **Ruf:** flötend „dü-dü-dü-dü".

Gattung: Sumpfläufer *(Limicola);* ziemlich kurzläufige Vögel, daher schnepfenähnlich; Europa 1 Art:

Sumpfläufer
Limicola falcinéllus (Pontoppidan)

Etwas größer als Haussperling; Oberseite dunkel, mit rahmweißen Streifen; ähnlich Alpenstrandläufer, aber kleiner; **17 cm.**

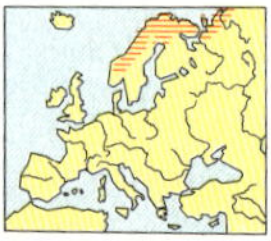

Verbreitung: Skandinavien (nicht Mittel-, Südschweden), Nordfinnland, Nord-UdSSR. **Lebensraum** und **Lebensweise:** sumpfiges, mooriges Wiesengelände, moorige Nadelwälder und Waldtundra; ist nicht sehr gesellig, sondern mehr *Einzelgänger; Zugvogel.* **Nahrung:** hauptsächlich Insekten und deren Larven, auch Würmer, Schnecken. **Fortpflanzung:** *Bodennest* zwischen Kraut und Moos; 1 *Brut* im Juni; *Eier* 4 (5), olivgelb, braun gefleckt; ♂ und ♀ brüten; *Nestflüchter.* **Ruf:** „tjerr-ri", „düid" und „tschrr-tik".

Gattung: Echte Schnepfen *(Scólopax);* Körper gedrungen; kurzläufig; Europa 1 Art:

Waldschnepfe
Scólopax rusticola LINNÉ

Etwa so groß wie Dohle; Körper auffällig plump; Scheitel mit rotbraunen Querbändern; Schnabel sehr lang, gerade; **34 cm.**

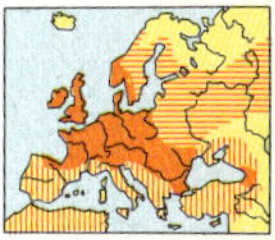

Verbreitung: Nord-, Mittel-, Osteuropa; *fehlt:* Island, Norden Skandinaviens, Finnlands, in Portugal, Spanien, Südfrankreich, Italien, Jugoslawien, Griechenland, im Norden und Süden der UdSSR. **Lebensraum:** Laub- und Mischwälder, auch solche mit sumpfigem Boden; *Teilzieher.* **Nahrung:** kleine Tiere, die im feuchten Waldboden leben (Würmer und Kerbtiere). **Fortpflanzung:** *Bodennest* unter Farnen und Büschen mit Laub und Moos als Auslage; 2 *Bruten* März bis April und Mai–Juni; *Eier* 4, hellbraun, grau und bräunlich gefleckt; *Brutdauer* 20–22 Tage; ♀ brütet allein, und das ♂ führt die *Jungen* (mit 35–42 Tagen flügge); *Nestflüchter.* **Ruf:** „pssiep" und „quorr".

Gattung: Bekassinen *(Gallinágo);* kleiner als Waldschnepfe; Europa 2 Arten:

Große Bekassine (Doppelschnepfe)
Gallinágo média (LINNÉ)

Größer als Amsel; mit 16 Schwanzfedern, die äußeren weiß; **28 cm.**

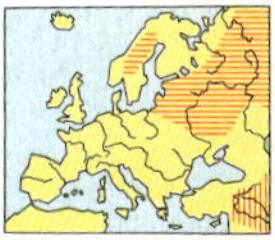

Verbreitung: Mittel-Norwegen, Mittel-Schweden, UdSSR von der Ostsee bis Westsibirien (nicht mehr im hohen Norden und Süden). **Lebensraum** und **Lebensweise:** feuchtes Gelände mit Birken, Weiden, Moos, Flechten, auch trockene Tundra, Viehweiden; lebt oft gesellig, als einzige Bekassine vielehig; *Zugvogel.* **Nahrung:** Insekten und deren Larven, Würmer, Schnecken. **Fortpflanzung:** *Bodennest* zwischen Gräsern und Kräutern, meist unter Bäumen; als Nestauslage dienen wenige Grashalme; 2 *Bruten* Mai–Juni (Juli); *Eier* 4, grau bis gelblich, hellgrau und dunkelbraun gefleckt; *Brutdauer* 22–24 Tage; ♀ brütet, ♂ und ♀ führen die *Jungen* (mit 21–28 Tagen flügge); *Nestflüchter.* **Ruf:** „ticke-ticke"; ruft selten.

Gemeine Bekassine (Sumpfschnepfe)
Gallinágo gallinágo (LINNÉ)

Etwas kleiner als vorige Art; dieser sehr ähnlich, aber Schwanz mit 14 bräunlichen Federn; **27 cm.**

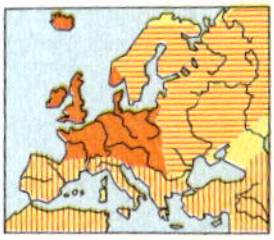

Verbreitung: Nord-, Mitteleuropa; *fehlt:* Spanien, Portugal, Südfrankreich, Italien, Griechenland, Jugoslawien, Süden der UdSSR. **Lebensraum** und **Lebensweise:** Moore, Sümpfe, feuchte Wiesen; sumpfige Fluß- und Seeufer; lebt sehr scheu und verborgen, auch bei der Nahrungssuche; *Teilzieher.* **Nahrung:** Insektenlarven, Würmer, Schnecken, auch Samen, Pflanzentriebe. **Fortpflanzung:** sehr verstecktes *Bodennest* zwischen Gras und Kraut mit hoher Nestauslage aus trockenen Halmen, Blättern; 1–2 *Bruten* April bis Mai; *Eier* 4 (5), birnenförmig, glänzend olivgrün, dunkel gefleckt; *Brutdauer* 19–21 Tage; ♀ brütet, ♂ und ♀ führen die *Jungen* (mit 20–25 Tagen flügge), Futter wird Jungen in den ersten Tagen vorgehalten; *Nestflüchter.* **Ruf:** „ticke-ticke", beim Auffliegen „ätsch", beim Balzflug entsteht durch Vibration der Flügel- und Schwanzspitzen ein meckerndes Geräusch (daher der Name „Himmelsziege").

Gattung: Zwergschnepfen *(Lymnocrýptes);* wesentlich kleiner als Bekassinen; sehr kurzläufig; Europa 1 Art:

Zwergschnepfe
Lymnocrýptes minimus (Brünnich)

Etwa so groß wie Feldlerche; Schnabel verhältnismäßig kurz; Scheitel dunkel, mit heller Einfassung; **19 cm.**

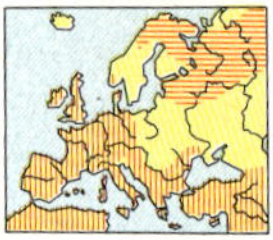

Verbreitung: Norden Skandinaviens, Finnlands; Nord-, Mittel-UdSSR. **Lebensraum:** Sümpfe, Moore mit Graswuchs, Weiden, Erlen; *Zugvogel.* **Nahrung:** Würmer, Insektenlarven, Schnecken. **Fortpflanzung:** *Bodennest* mit tiefer Mulde auf trockenem Untergrund; Nestauslage Blätter, Halme; 2 *Bruten* Mai–August; *Eier* 4 (3), birnenförmig, olivgrün bis olivbraun, grau und dunkelbraun gefleckt; *Brutdauer* 24 Tage; das ♀ brütet; *Nestflüchter.* **Ruf:** selten zu hören; meist leise „ätsch" oder „kitz".

Gattung: Strand- oder Uferläufer *(Cálidris);* sperlings- bis amselgroße Strandvögel; meist schnelle Läufer; Europa 7 Arten:

Knutt
Cálidris canútus (Linné)

So groß wie Amsel; plump; Kopf groß, im Sommer wie die ganze Unterseite rostbraun; Schnabel gerade; **26 cm.**

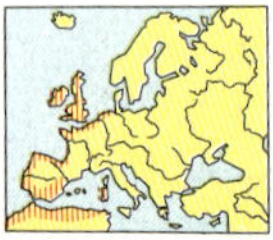

Verbreitung: arktisches Nordamerika, Spitzbergen, Grönland, Nordwestsibirien, einige Inseln des nördlichen Eismeeres. **Lebensraum:** zur Brutzeit Geröll-, Flechtentundra; beim Durchzug schlammige Fluß- und Seeufer, Schlickbänke der Meere. *Zugvogel.* **Nahrung:** Insekten und deren Larven, Spinnen, Krebstiere, Würmer, Schnecken, Muscheln, auch junge Pflanzentriebe, Knospen, Samen. **Fortpflanzung:** *Nest* in Bodenmulde; 1 *Brut* Juni–Juli; *Eier* 4 (3), olivgrün, olivbraun und schwarz gefleckt; *Brutdauer* 20–25 Tage; ♂ und ♀ brüten und führen die *Jungen* (mit etwa 21 Tagen flügge); *Nestflüchter.* **Ruf:** pfeifend „tui", „tui-twih", „wäduet-twiedewät" und „djug-dschög".

Sichelstrandläufer
Cálidris ferruginea Pontoppidan

Etwas größer als Feldlerche; ähnlich voriger Art, aber Schnabel deutlich abwärts gebogen; Bürzel weiß; **19 cm.**

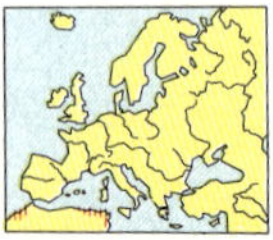

Verbreitung: im arktischen Ostasien; ist beim Durchzug an Küsten der Nord-, Ostsee zu beobachten. **Lebensraum:** die Moostundra; *Zugvogel.* **Nahrung:** unbekannt. **Fortpflanzung:** 1 Brut Juni–Juli; *Eier* 4 (3), olivbräunlich bis olivgrünlich, grau, dunkelbraun und purpurn gefleckt; ♀ brütet und führt auch die *Jungen; Nestflüchter.* **Ruf:** „djürrip".

Temminck-Strandläufer
Cálidris temminckii (Leisler)

So groß wie Feldsperling; Oberseite im Sommer stumpf rostbraun, im Winter grau; Beine grünlich oder gelblich; **14 cm.**

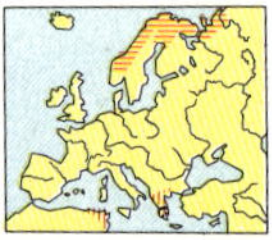

Verbreitung: Norden Skandinaviens bis zur Nordküste des Bottnischen Meerbusens; *lokal:* Südnorwegen, Norden Finnlands, UdSSR. **Lebensraum:** sumpfiges Gelände der Moostundra, mit Gras bewachsene Ufer von Seen und Flußmündungen; *Zugvogel.* **Nahrung:** Insekten und deren Larven. **Fortpflanzung:** *Nest* wie Zwergstrandläufer; 1 *Brut* Juni–Juli; *Eier* 4 (3), hellgrün bis bräunlich, braun gefleckt; *Brutdauer* unbekannt; ♂ und ♀ brüten (am meisten das ♂), das ♂ führt die *Jungen* (mit etwa 21 Tagen flügge); *Nestflüchter.* **Ruf:** ähnlich Feldlerche „tirr", „trieh" und „dsiürr".

Alpenstrandläufer
Cálidris alpina (Linné)

So groß wie Feldlerche; Unterseite weiß, im Sommer mit großem schwarzem Bauchfleck; Brust fein gestrichelt; Rücken rostbraun; Füße schwarz; **18 cm.**

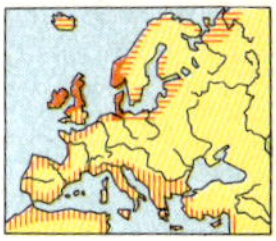

Verbreitung: Island, Irland, Schottland, Nordwestengland, Norwegen, Nordfinnland, Norden der UdSSR, Dänemark, Schleswig-Holstein, Küstengebiete der Ostsee. **Lebensraum:** sumpfiges, mooriges Gelände, beim Durchzug Schlickbänke der Meere; *Teilzieher.* **Nahrung:** Insekten und deren Larven, kleine Krebse, Weichtiere, Würmer, Spinnen, gelegentlich auch Samen. **Fortpflanzung:** napfförmiges *Bodennest* aus Halmen, Moos, Wurzelfasern mit Blättern als Auslage; Nest liegt sehr versteckt zwischen Grasbüscheln, Kräutern; 1 *Brut* April–Juni; *Eier* 4 (5), gelb bis dunkelbraun (auch bläulichgrün), dunkelbraun und hellgrau gefleckt; ♂ und ♀ brüten und führen die *Jungen* (mit 24–28 Tagen flügge); *Nestflüchter.* **Ruf:** „trü-trütrüü" und „wi-wi-wi".

Meerstrandläufer
Cálidris maritima (Brünnich)

Größer als Alpenstrandläufer, fast so groß wie Star; Körper gedrungen; Kopf, Brust und Oberseite im Winter schiefergrau; Beine und Schnabelwurzel gelb; **21 cm.**

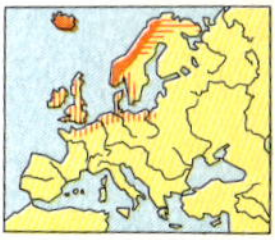

Verbreitung: Island, Norwegen, Nordfinnland, Nordküste der Kola-Halbinsel, Nowaja Semlja. **Lebensraum:** nördliche Moos- und Flechtentundra, sumpfige Heideflächen und Inseln vor der Meeresküste; *Teilzieher.* **Nahrung:** Insekten und deren Larven, Weichtiere und gelegentlich auch Pflanzensprosse und Samen. **Fortpflanzung:** *Nest* in Bodenmulde zwischen Steinen, Kraut, im Moos; Nestauslage Blätter, Moos und einige Federn; 1 *Brut* Mai–Juni; *Eier* 4 (3), birnenförmig, mattglänzend grünlichgrau bis bräunlich, dunkel und hellgrau gefleckt; *Brutdauer* wahrscheinlich 21–22 Tage; ♂ und ♀ brüten, das ♂ führt meist allein die *Jungen* (mit 21 Tagen flügge); *Nestflüchter.* **Ruf:** „wiet-wit" und „tritt-tritt".

Zwergstrandläufer
Cálidris minúta (Leisler)

Sehr klein, etwas kleiner als Feldsperling; ähnlich voriger Art, aber Oberseite im Winter nicht so grau; äußere Schwanzfedern grau, Beine dunkler; **13,5 cm.**

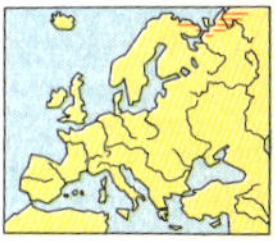

Verbreitung: Norden der UdSSR, äußerster Norden Finnlands. **Lebensraum:** sumpfige Moostundra in Gewässernähe, *Zugvogel.* **Nahrung:** Insekten und deren Larven (hauptsächlich von Mükken), auch Schnecken, kleine Krebstiere. **Fortpflanzung:** *Nest* flache Mulde im Moos zwischen Kräutern; 1 *Brut* Juni–Juli; *Eier* 4 (3), blaß grünlich bis bräunlich, braun gefleckt; *Brutdauer* unbekannt; ♂ und ♀ brüten und führen die *Jungen; Nestflüchter.* **Ruf:** „dürr", „tit" und „tirri-tit-tit".

Sanderling
Cálidris álba (Pallas)

Größer als Feldlerche, aber kleiner als Star; im Winter sehr hell mit schwarzen Schultern, im Sommer vorwiegend rostbraun) Flügelstreif, besonders im Fluge, deutlich; **20 cm.**

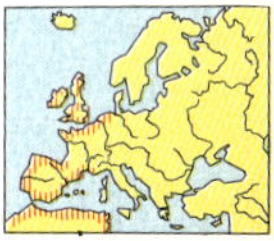

Verbreitung: Spitzbergen, arktische Inseln der UdSSR; Durchzug im Nordseegebiet, an Küsten Westeuropas. **Lebensraum:** *Zugvogel.* **Nahrung:** Insekten und deren Larven, Schnecken, Muscheln. **Fortpflanzung:** *Bodennest* auf felsigem Grund zwischen Geröll; 1 *Brut* Juni bis Juli; *Eier* 4 (3), ähnlich Alpenstrandläufer; *Brutdauer* 23–24 Tage; ♀ brütet, ♂ und ♀ führen die *Jungen* (mit etwa 14 Tagen flügge); *Nestflüchter.* **Ruf:** „pitt" oder „twick".

3. Unterfamilie: Wassertreter *(Phalaropodinae);* etwa lerchengroße Vögel mit gelappten Zehen und lebhaft gezeichnetem Gefieder; schwimmen gut; liegen hoch im Wasser; lassen sich auch auf der Hochsee nieder und überwintern dort in Scharen, weit entfernt von der Küste; sehr artenarm; die Unterfamilie umfaßt nur 2 Gattungen mit insgesamt 3 Arten; Europa 1 Gattung:

Gattung: Wassertreter *(Phalaropus);* Europa 2 Arten:

Thorswassertreter oder **Thorshühnchen**
Phalaropus fulicarius (LINNÉ)

Größer als Lerche; Unterseite im Sommer rostrot, Gesicht weiß, ♂ matter als das ♀; Unterseite im Winter weiß, Rücken grau, ungestreift; **20 cm.**

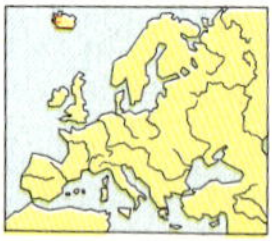

Verbreitung: Island, UdSSR; Semlja. **Lebensraum:** Tümpel, kleine Teiche der Moostundra; *Zugvogel.* **Nahrung:** hauptsächlich Insekten und deren Larven; die Larven der Wasserinsekten und Plankton werden durch Beinbewegungen an die Wasseroberfläche gestrudelt und dann gefressen. **Fortpflanzung:** *Nest* und Neststand wie Odinshühnchen; 1 *Brut* Juni–Juli, *Eier* 4 (3–6), rahmfarben bis umberbraun, braun gefleckt; *Brutdauer* 23–24 Tage; ♂ brütet und führt auch die *Jungen* (selten das ♀) (mit 16 bis 20 Tagen flügge); *Nestflüchter.* **Ruf:** „twiet", „wit" und „prip".

Odinswassertreter oder **Odinshühnchen**
Phalaropus lobatus (LINNÉ)

So groß wie Feldlerche; Schnabel dünner als bei voriger Art; ♂ im Sommer Kehle weiß, Hals rostrot, ♀ matter; Winterkleid Unterseite weiß, Rükken dunkel gestreift; **18 cm.**

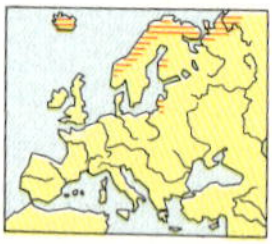

Verbreitung: Island, Inselgruppen nördlich von Schottland, Norwegen, Küstengebiete der Barentsee (UdSSR). **Lebensraum:** mit Gras und Sumpfpflanzen bewachsene Ufer von Teichen und Seen; Flußinseln; *Zugvogel.* **Nahrung:** Wasserinsekten und deren Larven, kleine Krebse. **Fortpflanzung:** *Bodennest* im hohen Gras dicht am Ufer; Nestauslage Grashalme; 1 *Brut* Juni bis Juli; *Eier* 4 (3–7), olivfarben, schwarzbraun gefleckt; *Brutdauer* etwa 20–21 Tage; ♂ brütet und führt auch die Jungen (♀ tut es gelegentlich auch; mit 19–20 Tagen flügge); *Nestflüchter.* **Ruf:** „kitt".

4. Unterfamilie: Säbelschnäbler *(Recurvirostrinae);* ziemlich große, hochbeinige Vögel mit langem Schnabel; die artenarme Unterfamilie umfaßt in 4 Gattungen insgesamt 7 Arten; in Europa 2 Gattungen:

Gattung: Stelzenläufer *(Himantopus);* Europa 1 Art:

Stelzenläufer
Himantopus himantopus (LINNÉ)

So groß wie Lachmöwe; Beine sehr lang, rötlich, im Fluge bis 18 cm über den Schwanz hinausragend; Schnabel gerade; Flügel schwarz, ganze Unterseite weiß; **38 cm.**

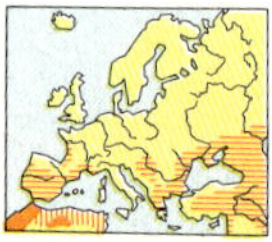

Verbreitung: Südportugal, Mittel-, Südspanien, Nordwest-, Südfrankreich, Balearen, Griechenland, Osten von Rumänien, Bulgarien, Süden UdSSR; *lokal:* Oberitalien. **Lebensraum:** schlammige Ufer von Teichen, Wassergräben, Lagunen; *Teilzieher.* **Nahrung:** Insekten und deren Larven, kleine Krebstiere, Schnecken, Würmer, Fischlaich. **Fortpflanzung:** *Bodennest* in Wassernähe auf trockenem Untergrund; Nestmaterial Pflanzenstengel, Wurzelfasern; 1 *Brut* im Mai; *Eier* 3–4, matt olivgrün, mit hellgrauen und dunkelbraunen Punkten und Schnörkeln; *Brutdauer* 22–26 Tage; ♂ und ♀ brüten und führen die *Jungen* (mit 28 Tagen flügge); *Nestflüchter.* **Ruf:** „bät-bät", „kip-kip" und „tjoit".

Gattung: Säbelschnäbler *(Recurviróstra);* Europa 1 Art:

Säbelschnäbler

Recurviróstra avosétta LINNÉ

Wesentlich größer als vorige Art; Beine lang, bläulichgrau; Schnabel aufgebogen; Gefieder auffällig schwarzweiß; **43 cm.**

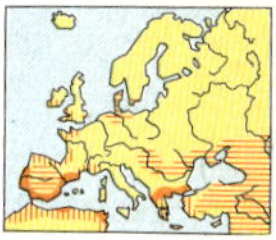

Verbreitung: an Küsten der Nord-, Ostsee (bis Pommern), Portugals, Südspaniens, Südfrankreichs, Sardiniens; Ungarn, Österreich (Neusiedler See), an Küsten des Schwarzen, Kaspischen Meeres. **Lebensraum:** sandige und schlickige Ufer, feuchte Wiesen an Flußmündungen; *Teilzieher.* **Nahrung:** kleine Krebstiere, Laich, Weichtiere, die durch seitliches Hin- und Herschwingen des Schnabels im Wasser erbeutet werden. **Fortpflanzung:** *Bodennest* in flacher Mulde nicht weit vom Wasser; Nestauslage Halme, Steinchen und Muschelstücke; 1 *Brut* April–Juni; *Eier* 4, hellgelb, hellgrau und dunkel gefleckt; *Brutdauer* 23–25 Tage; ♂ und ♀ brüten und führen die *Jungen* (mit 36–40 Tagen flügge); *Nestflüchter.* **Ruf:** wohlklingend „klüht", „tliuh" und „pjüt-Tliuh", erregt „klipit-klipit".

2. Familie: Austernfischer *(Haematopódidae);* nur 1 Gattung mit insgesamt 7 Arten:

Gattung: Austernfischer *(Haemátopus);* Europa 1 Art:

Austernfischer

Haemátopus ostrálegus (LINNÉ)

Größer als Ringeltaube; Kopf, Hals und Rücken schwarz; Unterseite weiß; Schnabel (seitlich abgeflacht) und Füße rot; **43 cm.**

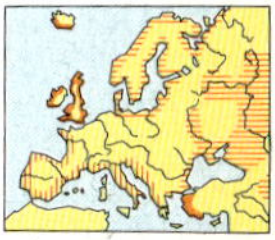

Verbreitung: an Meeresküsten Nordeuropas; an Küsten Nordspaniens, Portugals, der nördlichen Adria, Ostgriechenlands, der südlichen UdSSR. **Lebensraum:** sandige und kiesige Ufer, schlammige Lagunen und Schlickbänke; *Teilzieher.* **Nahrung:** Schnecken, Würmer, Stachelhäuter und Muscheln. **Fortpflanzung:** *Nest* in sandiger Bodenmulde mit wenigen Halmen, Steinchen und Muschelstücken als Auslage; 1 *Brut* Mai (April bis Juni); *Eier* 2–4, schmutziggelb, mit dunklen Punkten, Flecken und Schnörkeln; *Brutdauer* 26 bis 28 Tage; ♂ und ♀ brüten und führen die *Jungen* (mit 30–32 Tagen flügge); *Nestflüchter.* **Ruf:** „pü-lit", „pi-wie" und „pitt-pitt", erregt „pitt".

3. Familie: Scheidenschnäbel *(Chionídidae);* Europa keine Vertreter.

4. Familie: Höhenläufer *(Thinocóridae);* Europa keine Vertreter.

103.1 Kampfläufer: ♀ brütend

103.2 Stelzenläufer

5. Familie: Brachschwalben und Rennvögel *(Glareólidae);* brüten im Binnenland; an Steppen und Wüstengürtel angepaßt; sind wahrscheinlich mit Regenpfeifern verwandt; die Familie umfaßt in 6 Gattungen insgesamt 17 Arten; Europa 2 Gattungen:

Gattung: Rennvögel *(Cursórius);* Europa 1 Art:

Rennvogel
Cursórius cursór (LATHAM)

Etwa so groß wie Star; Schwanz nicht gegabelt; Gefieder vorwiegend rahmfarben; dunkle und helle Augenstreifen; Schnabel spitz, abwärtsgebogen; **23 cm.**

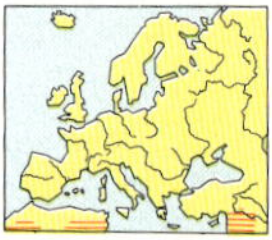

Verbreitung: Wüsten Afrikas, Vorderasiens; umherstreifend in Europa; in Deutschland etwa 25-mal beobachtet. **Lebensraum und Lebensweise:** Wüsten, Sandstrände und Dünen; Verhalten wie Regenpfeifer; rennt schnell; drückt sich bei Gefahr; fliegt schnell mit regelmäßigen Flügelschlägen; *Jahresvogel.* **Nahrung:** vorwiegend Insekten. **Fortpflanzung:** *Nest* eine flache Mulde auf dürrem Boden mit spärlichem Graswuchs; *Eier* 2, selten 3, dünnschalig, matt sandfarben mit hell rotbraunen Wölkchen, Kritzeln und Strichen; *Nestflüchter.*

Gattung: Brachschwalben *(Glaréola);* Europa 2 Arten:

Rotflügelbrachschwalbe (a)
Glaréola pratíncola (LINNÉ)

a) Etwa so groß wie Star, b) so groß wie Amsel; Schwanz gegabelt (seeschwalbenartig); heller Kehlfleck; bei a) Flugspannhaut rostrot, bei b) schwarz; a) **23 cm,** b) **26 cm.**

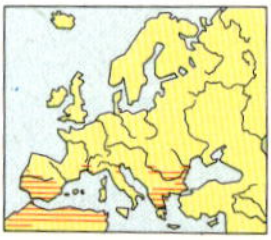

Verbreitung: Süden Portugals, Spaniens; Südfrankreich, Griechenland, Ungarn, Bulgarien. **Lebensraum:** offenes Grasland, breite und sumpfige Ufer von Seen, Teichen und Flußmündungen mit Salzwiesen; *Zugvogel.* **Nahrung:** Insekten. **Fortpflanzung:** *Bodennest* auf Wiesen oder ausgetrocknetem Schlamm im Schutz von Kräutern oder nur in natürlichen Vertiefungen; 1 *Brut* Mai–Juni; *Eier* 3, hellgelb, dunkel gefleckt; *Brutdauer* 17–18 Tage; ♂ und ♀ brüten und führen die *Jungen* (mit 24 Tagen flügge); *Nestflüchter.* **Ruf:** „kyik" oder „kirrä". Die **Schwarzflügelbrachschwalbe** (b) *Glaréola nordmánni* (NORDMANN) kommt im Süden der UdSSR vor.

6. Familie: Meerrenner *(Dromádidae);* Europa keine Vertreter.

7. Familie: Triele *(Burhínidae);* Hinterzehe fehlt; 2 Gattungen mit insgesamt 9 Arten; Europa 1 Gattung:

Gattung: Triele *(Burhínus);* Europa 1 Art:

Triel
Burhínus oedicnémus (LINNÉ)

So groß wie Ringeltaube; Haltung geduckt; Augen groß, gelb; Beine gelb; Flügel mit breiter, heller Binde; Schnabel schwarz, am Grunde gelb; **40 cm.**

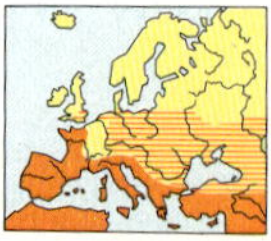

Verbreitung: Europa; *fehlt:* Norden. **Lebensraum und Lebensweise:** sandige und steinige Ebenen mit wenig Pflanzenwuchs, Ödland, Gesteinshalden an Flußufern; steht oft mit fast waagerechtem Körper, den Hals eingezogen, an derselben Stelle; fliegt ruhig, langsam; *Teilzieher.* **Nahrung:** Insekten und deren Larven, Schnecken, Würmer und kleine Säuger. **Fortpflanzung:** *Nest* eine flache Bodenmulde, mit wenig Pflanzenteilen oder kleinen Steinen ausgelegt; 2 *Bruten* April–Mai und Juni–Juli; *Eier* 2, weißlich mit dunklen Flecken und Linien; *Brutdauer* 23–27 Tage; ♂ und ♀ brüten und führen die *Jungen* (mit 42 Tagen flügge); *Nestflüchter.* **Ruf:** kreischend und pfeifend.

II. Unterordnung: Möwenvögel *(Lári);* Möwenvögel haben lange, spitze Flügel, sind gute Flieger und gute Schwimmer; sie vereinigen in einer Familie 18 Gattungen mit insgesamt 85 Arten:

1. Familie: Möwenvögel *(Láridae);* sie umfaßt 4 Unterfamilien:

1. Unterfamilie: Raubmöwen *(Stercorariinae);* mittelste Schwanzfedern sind verlängert (Schwanzspieße); sie überragen die übrigen Schwanzfedern deutlich; Europa 1 Gattung:

Gattung: Raubmöwen *(Stercorárius);* Raubmöwen sind Nahrungsschmarotzer; sie rauben anderen Vögeln die Beute, stürzen sich z. B. auf Möwen, Seeschwalben, zuweilen auch auf Kormorane, Pinguine, Eiderenten und andere Seevögel und jagen ihnen ihren Fang ab; den Fischdampfern folgen die Raubmöwen wegen der über Bord geworfenen Abfälle; Europa 4 Arten:

Große Raubmöwe
Stercorárius skúa (Brünnich)

So groß wie Silbermöwe; mittlere Schwanzfedern überragen die übrigen kaum; Körper plump, dunkelbraun; Handschwingen mit hellem Fleck; **58 cm.**

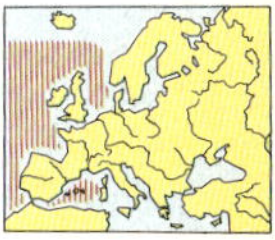

Verbreitung: an Küsten Islands, Färöer-, Shetlandinseln. **Lebensraum:** feuchtes Gelände in Küstennähe, besonders auf Inseln; *Teilzieher.* **Nahrung:** Eier und Junge anderer Seevögel, Fische, Tintenfische, Krebse, Abfälle, Moos und Flechten. **Fortpflanzung:** *Bodennest* zwischen Grasbüscheln im Moos; 1 *Brut* Mai–Juni; *Eier* 2 (1), olivbraun, braun und grau gefleckt; *Brutdauer* 28 Tage; ♂ und ♀ brüten und betreuen die *Jungen; Platzhocker.* **Ruf:** „og-og-og", „skirr" „hüja".

Kleine Raubmöwe
Stercorárius longicaudus Vieillot

Kleiner als Silbermöwe; mittlere Steuerfedern spitz, etwa 19 cm länger als die übrigen Schwanzfedern; **53 cm.**

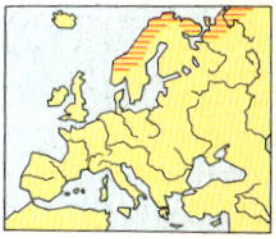

Verbreitung: Mittel-, Nordnorwegen, Norden Finnlands, der UdSSR bis Nowaja Semlja. **Lebensraum:** steinige Hochflächen, Moos- und Flechtentundra; *Zugvogel.* **Nahrung:** Lemminge, Mäuse, Ratten, Insekten und Krebse. **Fortpflanzung:** *Bodennest* zwischen Steinen, Moos und Flechten; 1 *Brut* Juni–Juli; *Eier* 2 (1–3); *Brutdauer* 23 Tage; ♂ und ♀ brüten und betreuen die *Jungen,* die nach 2 Tagen das Nest verlassen, nach etwa 3 Wochen befiedert sind; sie werden aber noch 10 weitere Tage von den Eltern gefüttert, vor allem mit Insekten; *Platzhocker.* **Ruf:** schrill „krih".

Schmarotzerraubmöwe
Stercorárius parasiticus (Linné)

Kleinste Raubmöwe, aber wesentlich größer als Lachmöwe; mittlere Steuerfedern spitz, etwa 9 cm länger als die übrigen; Scheitel schwärzlich; Unterseite weiß; **46 cm.**

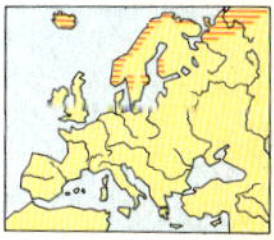

Verbreitung: Island, Färöer- und Shetlandinseln, an Küste Norwegens, Nord-, Westfinnlands, nördlichen UdSSR; Schweden am Skagerrak, vor Stockholm; *Zugvogel.* **Nahrung:** in der Brutzeit Eier und Junge von Wasservögeln (Seeschwalben, Möwen usw.), kleine Vögel, Aas, Fischabfall, Beeren; fängt außerdem Fische und jagt anderen Küstenvögeln die Beute ab. **Fortpflanzung:** *Bodennest* zwischen Gras, Moos und Tundrapflanzen; nistet oft in der Nähe von Küstenseeschwalben; 1 *Brut* Mai–Juni; *Eier* 2 (1–3); Farbe wie bei der Großen Raubmöwe; *Brutdauer* 25–26 Tage; ♂ und ♀ brüten und betreuen die *Jungen* (mit 31–32 Tagen flügge); *Platzhocker.* **Ruf:** quiekend „ih-är".

Mittlere Raubmöwe
Stercorárius pomarinus (Temminck)

Wesentlich kleiner als Silbermöwe; die mittleren, etwas gedrehten Schwanzfedern mit stumpfem Ende überragen die übrigen Schwanzfedern weit; Wangen und Halsband gelblichweiß; Flanken gebändert; **51 cm.**

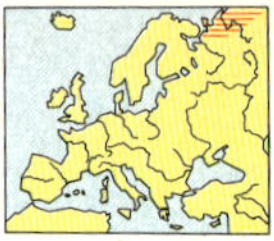

Verbreitung: Norden der UdSSR, Nowaja Semlja. **Lebensraum** und **Lebensweise:** Küste, Moostundra mit Teichen und Seen; lebt ungesellig; sucht mit lautem „i-jäh" anderen Vögeln die Beute abzujagen; *Zugvogel.* **Nahrung:** in der Brutzeit Lemminge, sonst Vögel, Vogeleier und Jungvögel. **Fortpflanzung:** *Bodennest* zwischen Moos und Flechten; mehr *Einzelbrüter;* 1 *Brut* Mai–Juni; *Eier* 2 (1–3); *Brutdauer* 25–26 Tage; ♂ und ♀ brüten und betreuen die *Jungen* (mit 31–32 Tagen flügge); *Platzhocker.* **Ruf:** rauh „witsch-ju".

2. Unterfamilie: Echte Möwen *(Larinae);* Schnabel kräftig; Oberschnabel an der Spitze hakig gebogen; Schwanz nicht gegabelt (mit Ausnahme der Schwalbenmöwe); Europa 4 Gattungen:

Gattung: Schwalbenmöwen *(Xéma);* Schwanz gegabelt (flach eingeschnitten); Europa 1 Art:

Schwalbenmöwe
Xéma sabini (Sabine)

Etwa so groß wie Star; Schnabel kurz, an der Spitze gelb; Kopf schiefergrau, scharf gegen den weißen Hals abgesetzt; Schwanz bei Jungvögeln mit schwarzer Endbinde; **33 cm.**

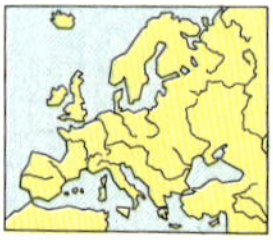

Verbreitung: Nordsibirien, Spitzbergen, Grönland, Nordamerika; umherstreifend bis zu den Küsten Westeuropas, Islands und Englands. **Lebensraum** und **Lebensweise:** sumpfige Moostundra in Küstennähe; brütet in kleinen Kolonien, zuweilen gemischt mit Küstenseeschwalben; kann stoßtauchen und tief ins Wasser hineingreifen; *Teilzieher.* **Nahrung:** Insekten und deren Larven, kleine Krebstiere, Fische. **Fortpflanzung:** *Bodennest* im Moos; sonstige *Brutbiologie* unbekannt; *Platzhocker.* **Ruf:** ähnlich dem der Seeschwalbe.

Gattung: Möwen *(Lárus);* Hinterzehe vorhanden; Flügelenden weiß oder schwarz mit weißen Feldern; Europa 11 Arten:

Eismöwe
Lárus hyperboréus Gunnerus

So groß wie Mantelmöwe; Oberseite und Flügel hellgrau (heller als bei der Silbermöwe), sonst reinweiß; Schnabel gelb, klobig; Beine fleischfarben; **70 cm (66–81 cm).**

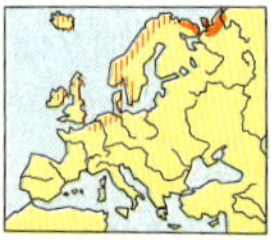

Verbreitung: arktisches Festland bis Island und zum Norden der UdSSR. **Lebensraum:** felsige Küsten der Arktis; *Teilzieher.* **Nahrung:** Eier, Jungvögel, Fische, Krabben, Aas. **Fortpflanzung:** *Bodennest* auf dem Scheitel hoher Felsen; *Kolonienbrüter;* 1 *Brut* Mai–Juli; *Eier* 3 (2–4), in der Färbung denen der Mantelmöwe ähnlich; *Brutdauer* 27–28 Tage; ♂ und ♀ brüten und betreuen die *Jungen; Platzhocker.* **Ruf:** ähnlich Silbermöwe.

Polarmöwe
Lárus glaucóides Meyer

So groß wie Silbermöwe; sehr ähnlich der Eismöwe, aber Schnabel schwächer; Jungvögel braun gestreift; **61 cm (56–66 cm).**

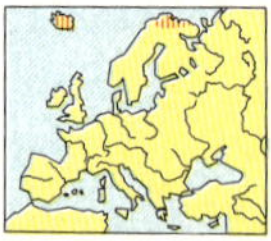

Verbreitung: an Küsten von Südgrönland; umherstreifend bis Island, Nordskandinavien, Färöer-, Shetland- und Orkneyinseln. *Teilzieher.* **Nahrung:** Fische, sonst wie Silbermöwe. **Fortpflanzung:** *Bodennest* in großer Höhe an Felswänden, nicht unmittelbar an der offenen See; *Kolonienbrüter;* sonstige *Brutbiologie* unbekannt; *Platzhocker.*

Mantelmöwe
Lárus marínus (LINNÉ)

Etwa so groß wie Graugans; Oberseite und Flügel schwarzbraun oder schwarz; Beine fleischfarben; Kopf im Winter braun gestreift; **74 cm.**

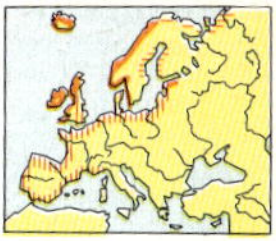

Verbreitung: Island, Küsten Irlands, Schottlands, Westenglands, Bretagne, Norwegens, Schwedens, Finnlands; Ostseeküsten. **Lebensraum:** flache Felsküsten mit vorgelagerten Inseln, seltener Binnenseen; *Teilzieher.* **Nahrung:** Eier und Jungvögel, Fische, Aas, Würmer, Weichtiere, Krebse, Seesterne, Insekten und pflanzliches Material. **Fortpflanzung:** *Bodennest* auf flachen Inseln in Küstennähe; Nestmaterial Gras und Tang mit einigen Federn als Auslage; brütet in kleineren Gruppen; **1** *Brut* Mai–Juni; *Eier* 2–3, schmutziggrau bis olivbraun, mit dunkelbraunen Flecken, Punkten, Linien und Schnörkeln; *Brutdauer* 26 bis 28 Tage; ♂ und ♀ brüten und betreuen die *Jungen* (mit 49–63 Tagen flügge), *Nesthocker.* **Ruf:** heiser „jag", „og" und „auk-auk-auk", erregt „gag-gag-gag".

Heringsmöwe
Lárus fúscus LINNÉ

Ähnlich Mantelmöwe, aber kleiner (etwas kleiner als Silbermöwe); Beine gelb bis orange; **53 cm.**

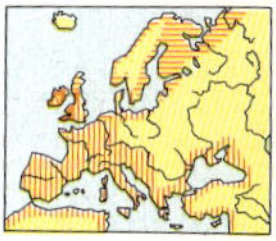

Verbreitung: Island, Irland, Schottland, Westengland, an Küsten Norwegens, Schwedens; Finnland, Norden der UdSSR; *lokal:* Küsten West- und Südeuropas. **Lebensraum:** Meeresküsten, breite Flußmündungen, Binnenseen; *Teilzieher.* **Nahrung:** Vogeleier, Fische, Insekten und deren Larven, Weichtiere, Würmer, Aas und pflanzliches Material. **Fortpflanzung***:* *Nest* in Bodenmulde; Nestauslage Gras, Moos, Pflanzenstengel; *Kolonienbrüter;* 1 *Brut* Mai–Juni (Juli); *Eier* 3, olivgrün, grau und dunkelbraun gefleckt; *Brutdauer* etwa 26 Tage; ♂ und ♀ brüten und betreuen die *Jungen; Nesthocker.* **Ruf:** „hahaag-ag" und „or-jaor-ow".

Lachmöwe
Lárus ridibúndus LINNÉ

Größe bekannt; Oberseite und Flügel hellgrau; Flügelenden weiß mit schwarzen Spitzen; Kopf im Sommer dunkelbraun, im Winter weiß mit braunem Ohrfleck; Schnabel und Beine dunkelrot; **38 cm.**

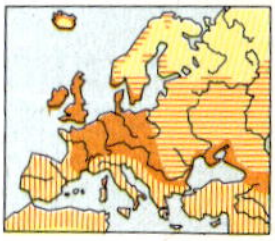

Verbreitung: Island, Färöer-, Shetland-, Orkneyinseln, England, Süden Norwegens, Schwedens, Finnlands; an Nord-, Ostseeküste; Binnenland von Frankreich ab ostwärts bis Mittel-, Süd-UdSSR. **Lebensraum:** an der See Schlick-, Sandstrand, im Binnenland Teiche, Seen, Flüsse; *Teilzieher.* **Nahrung:** Fische, Frösche, Mäuse, Insekten, Würmer, Schnecken. **Fortpflanzung:** *Bodennest* aus Wasserpflanzen, Wurzelfasern; selten Neststand auf Bäumen (England), 1 *Brut* April–Mai; *Eier* 2–4, olivgrün, hell- und dunkelbraun gefleckt; *Brutdauer* 22–24 Tage; ♂ und ♀ brüten (♂ füttert) und betreuen die *Jungen* (mit 35–42 Tagen flügge); *Nesthocker.* **Ruf:** „krrjäh-haha-querrkjwerru", „kr-kr" und „äg".

Korallenmöwe
Lárus audouinii PAYRAUDEAU

Kleiner als Silbermöwe; Kopf weiß; Schnabel rot, vor der gelben Spitze mit schwarzem Band; Beine dunkel olivgrün; **50 cm.**

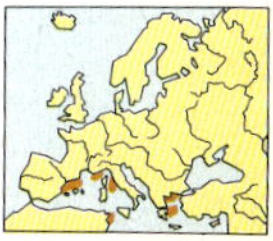

Verbreitung: *lokal:* Mittelmeergebiet. **Lebensraum:** kleine Inseln, Felsküsten; *Jahresvogel.* **Nahrung:** unbekannt. **Fortpflanzung:** *Bodennest* an steilen Hängen, auf Felsen; *Kolonienbrüter; Nesthokker.* **Ruf:** „gi-errk".

Schwarzkopfmöwe
Lárus melanocéphalus Temminck

So groß wie Lachmöwe; mit dieser leicht zu verwechseln, aber durch die reinweißen Handschwingen von ihr zu unterscheiden; Schnabel viel kräftiger als bei der Lachmöwe; **39 cm.**

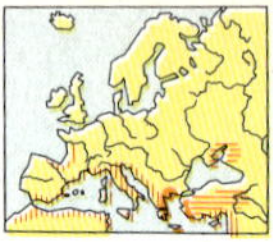

Verbreitung: Niederösterreich, Ostgriechenland, Ägäis, Nordufer des Schwarzen Meeres. **Lebensraum:** Gelände wie die Lachmöwe, liebt besonders Salzsümpfe an Flußmündungen; *Teilzieher.* **Nahrung:** wie Lachmöwe. **Fortpflanzung:** 1 *Brut* Mai–Juni; *Eier* 2–3, weiß bis gelblich, braun und bläulich grau gefleckt, gestrichelt; *Brutdauer* unbekannt; ♂ und ♀ brüten und betreuen die *Jungen; Platzhocker.* **Ruf:** „nasal", „äaa-äaa".

Dünnschnäbelige Möwe
Lárus génei Brème

Größer als Lachmöwe; Kopf weiß; Schnabel schlank, wie die Beine dunkelrot; **43 cm.**

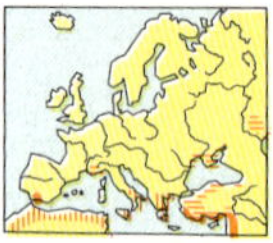

Verbreitung: an Küsten des Schwarzen Meeres, *lokal:* Südwestspanien, Camargue, Sardinien. **Lebensraum:** sumpfiges Grasland, Lagunen, kleine Inseln an Flußmündungen; *Teilzieher.* **Nahrung:** wahrscheinlich kleine Fische. **Fortpflanzung:** *Bodennest* zwischen Gräsern, Stauden; *brütet* in kleinen Kolonien, oft in Gesellschaft von Seeschwalben; *Platzhocker.* **Ruf:** „kröäing".

Silbermöwe
Lárus argentátus Pontoppidan

Größe bekannt; Kopf weiß; Schnabel gelb, mit rotem Fleck am Eck des Unterschnabels; Beine fleischfarben; Jungvögel bräunlich; **56 cm.**

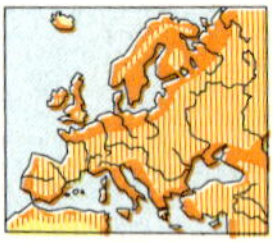

Verbreitung: sehr verbreitet: an fast allen Küsten europäischer Meere; auch im Binnenland; fehlt: Nordspanien, lokal West-, Südfrankreich. **Lebensraum:** Meeresküsten, Binnenseen; *Teilzieher.* **Nahrung:** Muscheln, Krebse, Seesterne, Würmer, Quallen, andere Meerestiere; gelegentlich auch Vogeleier, Jungvögel, Aas. **Fortpflanzung:** *Nest* in Bodenmulde mit Pflanzenteilen, Steinchen, einigen Federn als Auslage; *Kolonienbrüter;* 1 *Brut* Mai–Juli; *Eier* 3 (2), grünlich, bräunlich oder grau (sehr variabel), mit grauen und schwarzen Stricheln und Haken; *Brutdauer* 27 (25–28) Tage; ♂ und ♀ brüten und betreuen die *Jungen* (mit 56–63 Tagen flügge); *Nestflüchter.* **Ruf:** „kiau-kiau-kiau-kiaukjakkjakja" und „gagaga".

Sturmmöwe
Lárus cánus Linné

Ähnlich Silbermöwe, aber viel kleiner (nur wenig größer als Lachmöwe); Beine und Schnabel grüngelb; Unterschnabel ohne roten Fleck; **40 cm.**

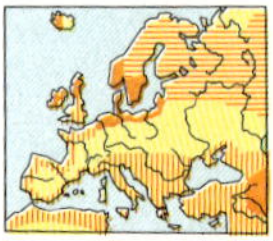

Verbreitung: Nordeuropa; südlich bis Küsten der DDR, Bundesrepublik Deutschland, Hollands; hat in Bayern gebrütet; nicht mehr Mittel-, Südengland. **Lebensraum:** Meeresküsten, große Flüsse, Binnenseen (auch im Gebirge), Waldgebiete; *Teilzieher.* **Nahrung:** Regenwürmer, Schnecken, Muscheln, Fische, Krebse, Insekten und deren Larven; in der Brutzeit auch Eier und Jungvögel. **Fortpflanzung:** meistens *Bodennest* zwischen Gras und Kräutern, seltener Neststand in Bäumen; Nestmaterial Binsen, Gras, Wurzelfasern, Moos; brütet oft in Gesellschaft von Silbermöwen, Austernfischern, Stockenten; 1 *Brut* April–Mai; *Eier* 3 (2–4), olivgrün, dunkelbraun und dunkelgrau gefleckt; *Brutdauer* 24–28 Tage; ♂ und ♀ brüten und betreuen die *Jungen* (mit 35 Tagen flügge); *Platzhocker.* **Ruf:** „gä-gä" und „gie-jä".

Zwergmöwe
Lárus minútus PALLAS

Etwas größer als Amsel (kleinste Möwe); Kopf im Brutkleid pechschwarz; Unterseite der Flügel schwärzlich; **28 cm.**

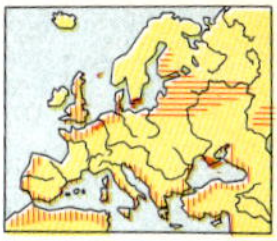

Verbreitung: Südfinnland, von den Ostseegebieten ab östlich in der UdSSR, Ostseeinseln, *lokal:* Dänemark, Holland, Südschweden, Nordküste des Schwarzen Meeres. **Lebensraum:** Moore, grasreiche Sümpfe, Teiche mit vielen Wasserpflanzen; *Teilzieher.* **Nahrung:** Insekten, kleine Fische, Krebse und Würmer. **Fortpflanzung:** *Bodennest* zwischen Grasbüscheln in Wassernähe; Nestmaterial Blätter, Halme und Wurzelfasern; *Koloniebrüter;* 1 *Brut* im Juni; *Eier* 3 (–5), glänzend graugrün bis braun, hellviolett und braun gefleckt; *Brutdauer* 21–23 Tage; ♂ und ♀ brüten und betreuen die *Jungen* (mit 21–24 Tagen flügge); *Nesthocker.* **Ruf:** „kek-kek-kek" und „kei-ih".

Gattung: Dreizehenmöwen *(Rissa);* Hinterzehe stummelförmig; Gefieder weiß, grau und schwarz; Europa 1 Art:

Dreizehenmöwe
Rissa tridáctyla (LINNÉ)

Etwas größer als Lachmöwe; Flügelenden schwarz, ohne weiße Flecken; Schnabel gelb; Beine schwärzlich; **40 cm.**

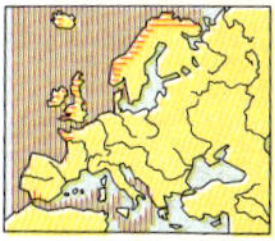

Verbreitung: an Küsten Islands, Irlands, Englands, Helgolands, Norwegens, Nordfinnlands, Nowaja Semlja. **Lebensraum:** offene, fischreiche Seen; *Teilzieher.* **Nahrung:** Fische, Krebse, Tintenfische, gelegentlich Abfälle und Aas. **Fortpflanzung:** *Bodennest* aus Tang, Gras und Moos auf steilen Klippen; 1 *Brut* Mai–Juni; *Koloniebrüter* in Gesellschaft von Eissturmvögeln, Lummen, Polarmöwen; *Eier* 2 (1–3), graugelblich, grau und braun gefleckt; *Brutdauer* 21–26 Tage; ♂ und ♀ brüten und betreuen die *Jungen* (mit 28–36 Tagen flügge); *Platzhocker.* **Ruf:** „kitiweek" und „kek-wihk".

Gattung: Elfenbeinmöwen *(Pagóphila);* Schwanz nicht gegabelt, abgerundet; Gefieder rein weiß, ohne Schwarz; Europa 1 Art:

Elfenbeinmöwe
Pagóphila ebúrnea (PHIPPS)

Wesentlich größer als Lachmöwe; Gestalt im Sitzen plump, taubenartig; Beine schwärzlich; Schnabel ziemlich kurz, bis auf die Spitze und Wurzel gelblich; **45 cm.**

Verbreitung: arktisches Festland; umherstreifend bis Nordskandinavien, Island, England, Nordfrankreich. **Lebensraum:** eisbedeckte Meere der Arktis; *Teilzieher.* **Nahrung:** Fische, Krebse, Tintenfische, gelegentlich Abfälle, Aas. **Fortpflanzung:** brütet in kleinen Kolonien; *Bodennest* aus Tang, Gras und Moos auf steilen Klippen; 1 *Brut* im Jahr; *Eier* 2; *Platzhocker.* **Ruf:** ähnlich Seeschwalbe „ki-er".

3. Unterfamilie: Seeschwalben *(Sterninae)*; schlanker als die Echten Möwen; Flügel länger und spitzer; Flug anmutig, oft schaukelnd oder rüttelnd (beim Jagen auf Fische); Schnabel schlank und spitz, wird im Flug meist abwärts gerichtet; beim Fischen stoßen Seeschwalben im Sturzflug nach unten, tauchen in das Wasser und erheben sich mit der Beute leicht wieder in die Luft (Stoßtaucher); die Unterfamilie umfaßt in 9 Gattungen insgesamt 40 Arten; Europa Vertreter aus 4 Gattungen:

Gattung: Lachseeschwalben *(Gelochélidon)*; Europa 1 Art:

Lachseeschwalbe
Gelochélidon nilótica (GMELIN)

So groß wie Lachmöwe; Oberkopf schwarz; Bauch hell; Schnabel sehr kräftig, schwarz; Beine ziemlich lang, schwarz; Schwanz nur wenig gegabelt; **38 cm.**

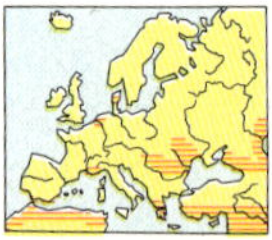

Verbreitung: an Küsten Dänemarks, Hollands, im Süden Portugals, Spaniens, Camargue, Nordufer der Adria, Ungarn, Rumänien, Griechenland, Süden der UdSSR. **Lebensraum:** an Sandküsten und Salzsümpfen, auch an Binnengewässern; *Zugvogel.* **Nahrung:** Insekten, Würmer, Frösche, Eidechsen, Mäuse, Eier, Jungvögel. **Fortpflanzung:** flaches *Bodennest* zwischen Kies, Uferpflanzen; brütet oft in Kolonien mit Seeschwalbenarten; 1 *Brut* im Mai; *Eier* 3 (2), grünlichgelb, grau und braun gefleckt; *Brutdauer* 22–23 Tage; ♂ und ♀ brüten und betreuen die *Jungen* (mit 28–35 Tagen flügge); *Platzhocker.* **Ruf:** lachend „hägägäg".

Gattung: Seeschwalben *(Stérna)*; Oberkopf im Sommer schwarz, z. T. mit weißer Stirn; Europa 6 Arten:

Rußseeschwalbe
Stérna fuscáta (LINNÉ)

Etwas größer als Lachmöwe; als einzige europäische Seeschwalbe ganze Oberseite braunschwarz; Unterseite weiß; Füße schwarz; Schwanz sehr tief gegabelt; **41 cm.**

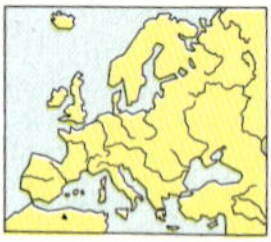

Verbreitung: nistet auf Inseln der tropischen Ozeane; streift weit umher bis England, Frankreich, Italien, ganz vereinzelt nach Deutschland. **Lebensraum** und **Lebensweise:** bewohnt Meeresküsten; ist sehr gesellig; auf den Seychellen wurden 1955 auf einem 39 ha großen Gebiet 1 210 000 Paare gezählt; im Durchschnitt nisten 4,9 Paare auf einem m². **Nahrung:** vorwiegend Fische, die aus bis zu 300 km entfernten Gewässern geholt werden. **Fortpflanzung:** 1 *Brut* Mai bis Juni; *Eier* 1; *Brutdauer* 26–28 Tage; ♂ und ♀ brüten und betreuen die *Jungen* (mit 30–36 Tagen flügge); *Platzhocker.* **Ruf:** „ker-wakywack" oder „wide-awaki"; rauh klingend, auch während der Nacht zu hören.

Brandseeschwalbe
Stérna sandvicénsis LATHAM

Etwas größer als Lachmöwe; Oberseite hellgrau; Schnabel schwarz mit gelber Spitze; Hinterkopf mit zottiger Haube, deren Federn sich bei Erregung sträuben; **40 cm.**

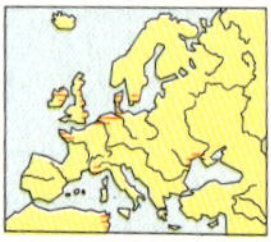

Verbreitung: an Küsten Irlands, Schottlands, Ostenglands, Dänemarks, der Bundesrepublik Deutschland, Hollands, der Bretagne, Südschwedens; Camargue, UdSSR im Küstengebiet von Odessa. **Lebensraum:** fischreiche, flache Meeresküsten; *Zugvogel.* **Nahrung**: hauptsächlich Fische, die durch Stoßtauchen erbeutet werden; daneben Würmer und Weichtiere. **Fortpflanzung:** flaches *Bodennest* im Sand zwischen Grasbüscheln; Nestauslage wenige Halme; *Koloniebrüter* in Gesellschaft von anderen Seeschwalben und Möwen; 1 *Brut* Mai–Juli; *Eier* 2 (3), rahmfarben, grau und dunkelbraun gefleckt; *Brutdauer* etwa 22 Tage; ♂ und ♀ brüten (♀ wird vom ♂ gefüttert) und betreuen die *Jungen* (mit 30–35 Tagen flügge); *Platzhocker.* **Ruf:** „kirrik", auch „krijühb".

Zwergseeschwalbe
Stérna álbifrons Pallas

Etwas größer als Lerche (kleinste Seeschwalbe); Schnabel schlank, im Sommer gelb mit schwarzer Spitze; Oberseite grau; Stirn weiß, Beine gelb; **20 cm.**

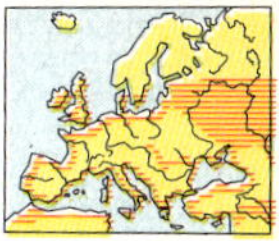

Verbreitung: fast alle Küsten Europas; *fehlt:* Island, Skandinavien, Finnland, Nordküste der UdSSR. **Lebensraum:** flache, sandige Küsten, Lagunen; *Zugvogel.* **Nahrung:** kleine Fische, Krebstiere, Würmer, Insekten. **Fortpflanzung:** flaches *Bodennest* mit Steinchen, Muschelstükken als Auslage; *Kolonienbrüter;* 1 *Brut* Mai bis Juni; *Eier* 2–3, rahmfarben, auch gelbbraun, dunkel gefleckt; *Brutdauer* 20–22 Tage; ♂ und ♀ brüten und betreuen die *Jungen* (mit 15–17 [–28?] Tagen flügge); *Platzhocker.* **Ruf:** „witt", „wätt", „krähik" und „kirrikiki-kirri-kirri".

Küstenseeschwalbe
Stérna macrúra Naumann

So groß wie Lachmöwe; im Sommer kein weißer Stirnfleck; Schnabel blutrot, ohne schwarze Spitze; Beine kurz; Schwanzspieße überragen meist die Flügel ein wenig; **38 cm.**

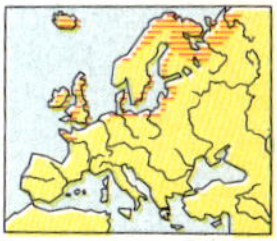

Verbreitung: an Küsten von Island, Irland, Schottland, England, Norwegen, Finnland, Bundesrepublik Deutschland, DDR, Dänemark, Bretagne, nördlichen UdSSR. **Lebensraum:** Meeresküsten mit Schlick- und Sandbänken und grasbewachsenen Hängen; *Zugvogel.* **Nahrung:** kleine Fische, Krabben, Garnelen, Würmer, Insekten, Weichtiere. **Fortpflanzung:** flaches *Bodennest* mit Gras und Tang als Nestauslage; *Kolonienbrüter;* 1 *Brut* im Mai; *Eier* 2–3, braungrün, grau und dunkelbraun gefleckt; *Brutdauer* 20–22 Tage; ♂ und ♀ brüten und betreuen die *Jungen* (mit 20–28 Tagen flügge); *Platzhocker.* **Ruf:** „kitt-kitt-kitt", „serrib" und „sirr".

Flußseeschwalbe
Stérna hirúndo Linné

Etwas kleiner als Lachmöwe; sehr ähnlich voriger Art, aber Schnabel orangerot mit schwarzer Spitze; Beine etwas länger; Flügelspitzen überragen den Schwanz nicht; **36 cm.**

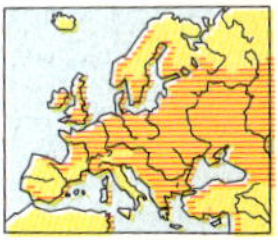

Verbreitung: fast ganz Europa; *fehlt:* Island, Norden Skandinaviens, Finnlands, der UdSSR, in Mittel-, Süditalien, Korsika, Sizilien, Südgriechenland, Nordportugal. **Lebensraum:** Flüsse, Seen, Teiche, Sümpfe; sandige, bewachsene Meeresufer; *Zugvogel.* **Nahrung:** kleine Fische, Insekten und deren Larven, Krebstiere, Würmer. **Fortpflanzung:** flaches *Bodennest* im Sand oder zwischen Grasbüscheln; Nestauslage wenige Halme; 1 *Brut* im Mai; *Eier* 3, bräunlich bis grünlich, grau und dunkelbraun gefleckt; *Brutdauer* 20–22 Tage; ♂ und ♀ brüten und betreuen die *Jungen* (mit 24–30 Tagen flügge); *Platzhocker.* **Ruf:** „kreck-kreck", „ki-ärr" und erregt „kit-kit-kit-kirr".

Rosenseeschwalbe
Stérna dougálli Montagu

Schnabel bis weit über die Mitte schwarz, nur am Grunde rot, im Winter ganz schwärzlich (wie bei der Küstenseeschwalbe); **38 cm.**

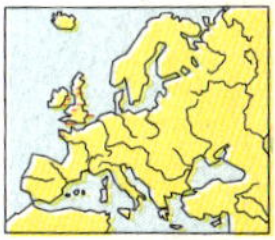

Verbreitung: Küsten Englands, Schottlands, Irlands, Südfrankreich in der Camargue. **Lebensraum:** sandige Felsküsten; *Zugvogel.* **Nahrung:** wahrscheinlich ausschließlich Fische. **Fortpflanzung:** flaches *Bodennest* zwischen Steinen oder Grasbüscheln; *Kolonienbrüter; Nesthocker.* **Ruf:** „aaach", „tschuick" und „kekekekek".

Gattung: Trauerseeschwalben *(Chlidónias);* Körper dunkel bis schwarz; kleinere Arten (etwa amselgroß); Europa 3 Arten:

Trauerseeschwalbe

Chlidónias niger (LINNÉ)

Etwas kleiner als Amsel; Körper im Sommer schwarz, Flügel grau; im Herbst (Ruhekleid) Stirn, Hals und Unterseite weiß; **24 cm.**

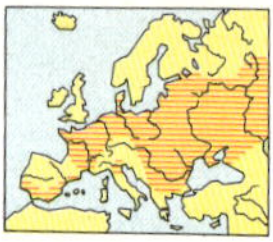

Verbreitung: Südspanien, Nord-, Mittelfrankreich, Belgien, Holland, Deutschland, Dänemark, Ostseeinseln, Polen, ČSSR, lokal Balkanstaaten; Mittel-, Süd-UdSSR. **Lebensraum:** große Seen, Flüsse mit breitem Schilfgürtel, verlandende Teiche mit reichlich Wasserpflanzen, Sümpfe mit freien Wasserflächen; *Zugvogel.* **Nahrung:** hauptsächlich Insekten, auch kleine Fische, Frösche und Kaulquappen. **Fortpflanzung:** *Nest* schwimmt meistens auf Wasserpflanzen im flachen Wasser oder befindet sich am sumpfigen Uferrand zwischen Schilf, Rohr; brütet in kleinen Kolonien; 1 *Brut* Mai–Juni; *Eier* 3 (2), rahmfarben bis olivgrün, mit großen grauen und schwarzbraunen Flecken; *Brutdauer* 14–17 Tage; ♂ und ♀ brüten und betreuen die *Jungen* (mit 21 Tagen flügge); *Platzhocker.* **Ruf:** „krii-äh", „gick-gick" und „kirr", erregt „gack".

Weißflügelseeschwalbe

Chlidónias leucópterus (TEMMINCK)

So groß wie vorige Art; Körper und Kopf im Sommer schwarz; Flügelvorderrand, Bürzel und Schwanz weiß; Ruhekleid sehr ähnlich Trauerseeschwalbe; **24 cm.**

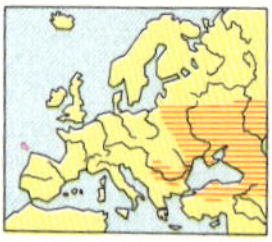

Verbreitung: Polen, Mittel-, Süd-UdSSR, Rumänien, Ungarn, Nordufer der Adria, sporadisch Schleswig-Holstein. **Lebensraum:** große Seen, Flüsse mit breitem Schilfgürtel, verlandende Teiche mit reichlich Wasserpflanzen, besonders Sümpfe, deren Wasserflächen stark verlandet sind; *Zugvogel.* **Nahrung:** wie Trauerseeschwalbe. **Fortpflanzung:** *Nest* schwimmt auf Wasserpflanzen mitten im Sumpf; 1 *Brut* Mai bis Juni; *Eier* 3 (4), ähnlich gefärbt wie von Trauerseeschwalbe; aber Grundfarbe etwas heller, Flecken nicht so groß; *Platzhocker.* **Ruf:** „kerr" oder „cherr".

Weißbartseeschwalbe

Chlidónias hýbrida (PALLAS)

So groß wie Amsel; im Sommer Bauch dunkel, Wangen weiß, Ruhekleid ähnlich Trauerseeschwalbe, aber Schwanz weniger gegabelt; im Genick weniger Schwarz; **25 cm.**

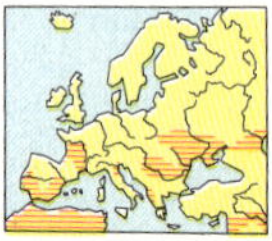

Verbreitung: Portugal, Mittel-, Südspanien, Nordwesten und Süden Frankreichs, Nordufer der Adria, Küste Albaniens, Bulgarien, Rumänien, Süden der UdSSR. **Lebensraum:** Sümpfe mit freien Wasserflächen, dichter Schwimmpflanzenvegetation; *Zugvogel.* **Nahrung:** Wasserinsekten und deren Larven, kleine Fische, Frösche. **Fortpflanzung:** das *Schwimmnest* mitten im Sumpf ist durch Stengel mit den Schwimmpflanzen verbunden; 1 *Brut* April–Juni; *Eier* 3 (2–4), größer als bei Trauerseeschwalbe und weniger gefleckt; *Brutdauer* etwa 18 Tage; ♂ und ♀ brüten und betreuen die *Jungen* (mit 21 Tagen flügge); *Platzhocker.* **Ruf:** „schri-äh" und „kät-kät".

Gattung: Raubseeschwalben *(Hydroprógne);* Europa 1 Art:

Raub- oder Riesenseeschwalbe
Hydroprógne cáspia (LEPECHIN)

Fast so groß wie Silbermöwe; Oberkopf schwarz; Bauch hell; Schnabel kräftig, orangerot, mit schwarzer Spitze; Beine schwarz; **53 cm.**

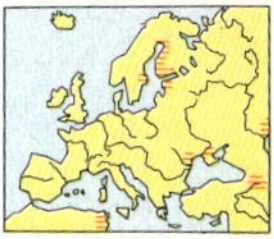

Verbreitung: an Ostseeküste von Ostschweden, Finnland, Ostseeinseln, UdSSR; Nord-, Westküste des Schwarzen Meeres nur lokal. **Lebensraum:** flacher, sandiger Kiesstrand, Lagunen, Binnenseen; *Zugvogel.* **Nahrung:** Fische, die durch Stoßtauchen gefangen werden; in der Brutzeit aber auch Eier, Jungvögel. **Fortpflanzung:** *Bodennest* in Wassernähe zwischen Grasbüscheln, Tangresten; auf dem Nestrand meist Fischgräten; 1 *Brut* Mai–Juni; *Eier* 2 (3), rauhschalig und matt, schmutziggelb, dunkel gefleckt; *Brutdauer* 24–25 Tage; ♂ und ♀ brüten und betreuen die *Jungen* (mit 28–35 Tagen flügge); *Platzhocker.* **Ruf:** kreischend „kri-äh“, „krä-i“ und pfeifend „wiri-wiri“.

III. Unterordnung: Alkenvögel *(Álcae).* Man nimmt an, daß ein Vertreter (der Uralk) aus der Ordnung der Wat- und Möwenvögel (S. 91) schon sehr früh (vor dem Eozän) zum Unterwasserfischer auf hoher See wurde. Wie bei den Pinguinen der Südhalbkugel verkürzten und verschmälerten sich die Flügel zu Rudern (Flügeltaucher), welche die Alken (sie kommen nur auf der Nordhalbkugel vor) im Wasser schnell vorantreiben und es ihnen ermöglicht, Fische zu jagen. Dieselben Flügel sind aber auch (anders als bei den Pinguinen) zum Fliegen tauglich geblieben, eine Fortbewegung, die sich mit dem Flügeltauchen nur schwer vereinbaren läßt. Nur durch schnell flatternde Flügelschläge können sich die Alken in der Luft halten. Im kräftigen Aufwind an den Felsenhängen (Alken sind Felsenbrüter) können sie sogar segeln. Mit den Pinguinen (zur Stellung der Pinguine im System vgl. S. 78) haben die Alken auch die steil aufrechte Körperhaltung an Land gemeinsam. Die Beine sind weit nach hinten eingesetzt; nur eine Familie mit insgesamt 20 Arten:

1. Familie: Alken *(Álcidae);* Europa 5 Gattungen:

Gattung: Papageitaucher *(Fratércula);* Europa 1 Art:

Papageitaucher
Fratércula árctica (LINNÉ)

Etwas kleiner als Dohle; Schnabel auffallend bunt, sehr hoch und seitlich zusammengedrückt; Füße im Sommer rot, im Winter gelb; **30,5 cm.**

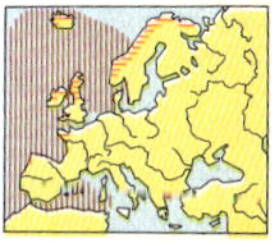

Verbreitung: an Küsten von Island, Irland, Nordengland, West-, Nordskandinavien, Nowaja Semlja, Bretagne. **Lebensraum:** steile Felsküsten; *Zugvogel.* **Nahrung:** kleine Fische, Würmer, Krebstiere, Mollusken. **Fortpflanzung:** *Nest* in selbst gegrabenen Höhlen von 1–2 m Länge, gelegentlich in Felsspalten und unter Steinen; *Kolonienbrüter;* 1 *Brut* April–Juli; *Eier* 1 (selten 2), schmutzigweiß, mit wenigen dunklen Punkten; *Brutdauer* 35–37 (–42) Tage; ♂ und ♀ brüten und betreuen die *Jungen,* die mit 40–51 Tagen (je nach Klimalage) ins Wasser gehen und sich selbst versorgen; *Nesthocker.* **Ruf:** rauh und knurrend „orr“, „arr“ und „rro“.

Gattung: Alken *(Álca);* Europa 1 Art:

Tordalk
Álca tórda Linné

Etwas größer als Lachmöwe; Flügel ohne großes weißes Flügelfeld; Schnabel plump, hoch, seitlich zusammengedrückt, mit weißem Querstreif; **40 cm.**

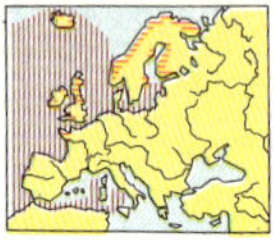

Verbreitung: an Küsten Islands, Großbritanniens, Irlands, Norwegens, Ostschwedens, Finnlands, Ostseeinseln und der nördlichen UdSSR; umherstreifend bis zum Mittelmeer. **Lebensraum:** Meer in Küstennähe; *Teilzieher.* **Nahrung:** Fische, Krebstiere, Mollusken. **Fortpflanzung:** *Nest* an Meeresfelsen; Koloniebrüter (in Gesellschaft von Trottellummen); 1 *Brut* Mai–Juni; *Eier* 1, weißlich bis gelblich, grau und braun gefleckt; *Brutdauer* 34 (32–36) Tage; ♂ und ♀ brüten und betreuen die *Jungen,* die mit 15 (10–21) Tagen in England und 17–23 Tagen im Norden der UdSSR ins Wasser gehen; *Platzhocker.* **Ruf:** schwirrendes Pfeifen und langgezogenes Quarren.

Gattung: Krabbentaucher *(Plautus);* Europa 1 Art:

Krabbentaucher
Plautus álle (Linné)

Etwas größer als Lerche; Schnabel spitz; Kopf, Hals und Kehle im Sommer schwarz; Kehle, Hals und Brust im Winter weiß; **20 cm.**

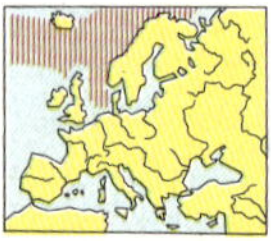

Verbreitung: Norden Islands, Westküste von Nowaja Semlja, Polarinseln des nördlichen Atlantik. **Lebensraum:** offene See und Küsten der Inseln; *Teilzieher.* **Nahrung:** Plankton, das durch tiefes Tauchen erbeutet wird. **Fortpflanzung:** *Nest* in Felsspalten, Felshöhlen, zwischen Steinen und in selbst gegrabenen Erdhöhlen, oft weit vom Wasser entfernt; *Kolonienbrüter;* 1 *Brut* Juni–Juli; *Eier* 1 (selten 2), blaugrün, in der Regel ganz schwach gezeichnet; *Brutdauer* 24 bis 31 Tage; ♂ und ♀ brüten und betreuen die *Jungen,* die mit 31 Tagen ins Wasser gehen (mit 31 Tagen etwa die Größe der Altvögel); *Platzhocker.* **Ruf:** schrill und plärrend.

Gattung: Lummen *(Úria);* Europa 2 Arten:

Trottellumme
Úria aálge (Pontoppidan)

Etwas größer als Ringeltaube; Schnabel dünn, lang und spitz; Kopf, Hals und Oberseite im Sommer schwarzbraun; Unterseite weiß; Kopfseiten und Kehle im Winter weiß; **42 cm.**

Verbreitung: an Küsten von Island, Irland, Schottland, Westengland, West-, Nordskandinavien, Nordfinnland, Portugal, Nordspanien, der Bretagne. **Lebensraum** und **Lebensweise:** steile Meeresküsten; benutzt zum Fortbewegen unter Wasser auch die Flügel; *Teilzieher.* **Nahrung:** kleine Fische, Mollusken, Meereswürmer, Krebstiere. **Fortpflanzung:** brütet auf steilen, schwer zugänglichen Felsen, Felsvorsprüngen, baut kein Nest; 1 *Brut* Mai–Juni; *Eier* 1, schmutzigweiß, gelblichweiß oder grünblau, dunkel gefleckt; *Brutdauer* 28–33 Tage; ♂ und ♀ brüten und betreuen die *Jungen,* die mit 15–25 Tagen ins Wasser gehen (mit 50–70 Tagen flügge); *Platzhocker.* **Ruf:** rauh „arr," „ärra" und „örr", bei dem Brutwechsel „gaa-gahaha".

Dickschnabellumme
Úria lómvia (LINNÉ)

Ähnlich voriger Art, aber Schnabel dick, mit hellem Abzeichen am Spalt; Hals und Kehle im Sommer schwarz, im Winter weiß; **42 cm.**

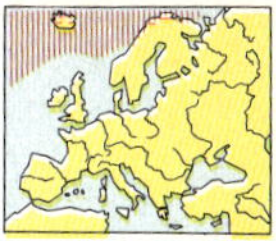

Verbreitung: an Küsten von Island, Nowaja Semlja, Polarinseln des nördlichen Atlantik. **Lebensraum:** steile Meeresküsten, *Teilzieher.* **Nahrung:** wie Trottellumme, aber mehr Krebstiere. **Fortpflanzung:** brütet ebenfalls auf schwer zugänglichen Felsen, begnügt sich aber (im Gegensatz zur Trottellumme) mit noch kleinerem Brutraum; *Kolonienbrüter;* 1 *Brut* Mai–Juni; *Eier* 1; *Brutdauer* 28–36 Tage; ♂ und ♀ brüten und betreuen die *Jungen,* die mit 18–28 Tagen ins Wasser gehen (mit 50–70 Tagen flügge); *Platzhocker.* **Ruf:** wie Trottellumme.

Gattung: Gryllteiste *(Cépphus);* Europa 1 Art:

Gryllteist
Cépphus grýlle (LINNÉ)

Etwa so groß wie Dohle; Schnabel schlank; schwarz; Flügel mit großem, weißem Feld; übriges Gefieder im Sommer schwarzbraun; **34 cm.**

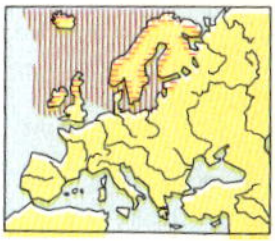

Verbreitung: an Küsten Islands, Irlands, Schottlands, Skandinaviens, Finnlands und der nördlichen UdSSR (Nowaja Semlja). **Lebensraum:** buchtenreiche und felsige Küsten; *Jahresvogel.* **Nahrung:** Fische, Würmer, Mollusken, Plankton. **Fortpflanzung:** brütet in Kolonien zwischen Steinen und Felsspalten; baut kein *Nest;* 1 *Brut* Mai bis Juni; *Eier* 2 (1–3), weiß bis grünlichweiß, braun und grau gefleckt; *Brutdauer* 27–30 Tage; ♂ und ♀ brüten und betreuen die *Jungen* (mit 29–43 Tagen flügge); *Nesthocker.* **Ruf:** pfeifend „ssie“ und „iihp“.

115.1 Trottellummen: links eine Silbermöwe

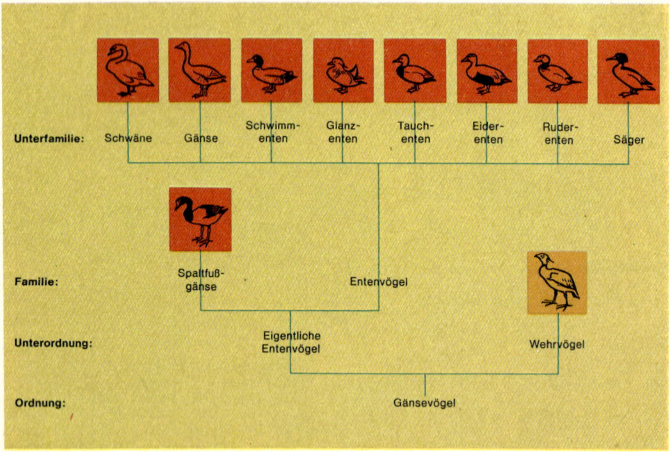

116.1 Systematische Übersicht über die Ordnung der Gänsevögel

VI. Ordnung Gänsevögel *(Anséres)*
Sie umfaßt zwei Unterordnungen, die Wehrvögel und die Eigentlichen Entenvögel. Alle Jungen dieser Ordnung haben ein sehr dichtes Dunenkleid. Wehrvögel kommen in Europa nicht vor. Sie haben die Gestalt von Gänsen, aber einen Schnabel, der dem der Hühner ähnelt. Den Namen haben sie von ihren wehrhaften spitzen Flügeldornen. Eigentliche Entenvögel sind große bis mittelgroße Vögel, zu denen 2 Familien, die Spaltfußgänse und die Entenvögel gehören. Bei letzteren sind die Vorderzehen durch Schwimmhäute verbunden. Der weichhäutige Schnabel ist durch quergestellte Leisten (Lamellen) auf den Rändern und eine feste Hornplatte (Nagel) an der Spitze gekennzeichnet. Der lange Hals wird im Fluge gerade vorgestreckt. Die 3 Typen, Schwäne, Gänse und Enten, sind in der Regel auch vom Laien leicht zu unterscheiden. Insgesamt umfaßt die Ordnung der Gänsevögel in 60 Gattungen 148 Arten. In Europa kommen nur Vertreter aus der Familie der Entenvögel vor:

1. Familie: Entenvögel *(Anátidae);* insgesamt 12 Unterfamilien, von denen 8 in Europa vertreten sind (Abb. 116.1):

1.–3. Unterfamilie: in Europa keine Vertreter.
4. Unterfamilie: Schwäne *(Cygninae);* große Vögel mit sehr langem Hals; nur eine Gattung:

Gattung: Schwäne *(Cýgnus);* Europa 3 Arten:

Höckerschwan
Cýgnus ólor (GMELIN)

Größe bekannt; Hals in der Regel s-förmig gebogen, im Flug gestreckt; Schnabel der Altvögel orangerot, an der Wurzel mit schwarzem Höcker (beim ♀ kleiner); **152 cm.**

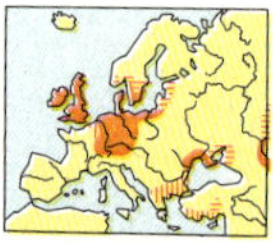

Verbreitung: Irland, England, Südschweden, Bundesrepublik Deutschland, DDR, Dänemark, UdSSR am Kaspischen und am Schwarzen Meer an Flußmündungen. **Lebensraum:** flache Gewässer mit Wasserpflanzen; *Teilzieher.* **Nahrung:** Wasserpflanzen, Fische, Wasserinsekten, Weichtiere, Würmer. **Fortpflanzung:** *Bodennest* auf Inseln und an schwer zugänglichen Uferstellen; Nestmaterial Pflanzenteile mit Federn als Auslage; 1 *Brut* April–Mai; *Eier* 5–7 (9), graugrün; *Brutdauer* 35,5 Tage; ♀ brütet, ♂ wacht daneben, ♂ und ♀ betreuen die *Jungen* (mit 135–140 Tagen einigermaßen flügge); *Nestflüchter.* **Ruf:** „kgi-urr" und „kei-orr".

Zwergschwan
Cýgnus bewíckii (YARREL)

Wesentlich kleiner als Höckerschwan; Hals meistens senkrecht gestreckt; Schnabel an der Wurzel mit wenig Gelb, das nach vorn stumpf endet; **122 cm.**

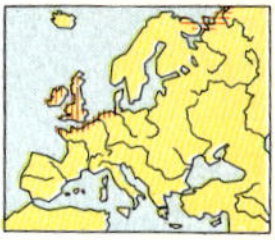

Verbreitung: Norden Finnlands, UdSSR. **Lebensraum:** flache Gewässer der Tundra mit Wasserpflanzen; *Zugvogel;* auf dem Zuge meist nicht in Linien- oder Winkelflugordnung; *Zugzeit* von Oktober–April. **Nahrung:** Wasserpflanzen, Wasserinsekten, Fische. **Fortpflanzung:** 1 *Brut* im Juni; *Eier* 3–7, rahmfarben; *Brutdauer* 29–30 (34–38?) Tage; nur ♀ brütet; die *Jungen* sind mit 40–45 Tagen flügge; *Nestflüchter.* **Ruf:** „kukkuk", „bung-tong" und „kuru".

Singschwan
Cýgnus cýgnus (LINNÉ)

So groß wie Höckerschwan; Hals in der Regel gerade, sonst ähnlich voriger Art, aber Schnabel ohne Höcker und Schnabelwurzel mit viel Gelb, das nach vorn spitz ausgezogen ist; **152 cm.**

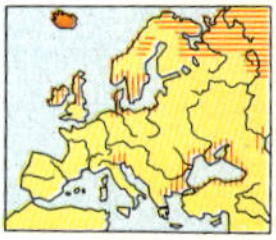

Verbreitung: Island, Norden Schwedens, Finnlands, UdSSR. **Lebensraum:** flache Teiche und Seen; *Zugvogel.* **Nahrung:** Wasserpflanzen, Schnecken, Wasserinsekten, Würmer. **Fortpflanzung:** flaches *Bodennest* auf kleinen Inseln; Nestmaterial Wasserpflanzen, Moos; 1 *Brut* Mai bis Juni; *Eier* 4–6, rahmfarben bis gelbbraun; *Brutdauer* 35–40 Tage; ♀ brütet, ♂ wacht daneben; ♂ und ♀ betreuen die *Jungen* (mit 60 Tagen flügge); *Nestflüchter.* **Ruf:** „ang-hö" und „kil-klieh".

5. Unterfamilie: Gänse (Anserínae); enten- bis gänsegroße Vögel; Hals lang, ziemlich dick, wird aufrecht getragen, beim Angriff weit vorgestreckt; Läufe verhältnismäßig lang; in Europa Vertreter aus 2 Gattungen:

Gattung: Schneegänse *(Chen);* Europa 1 Art:

Schneegans
Chén caeruléscens (LINNÉ)
(= Ánser caeruléscens LINNÉ*)*

Kleiner als Graugans; unverkennbar durch das weiße Gefieder; Flügelspitzen schwarz; Schnabel und Füße rötlich; **70 cm (64–76 cm).**

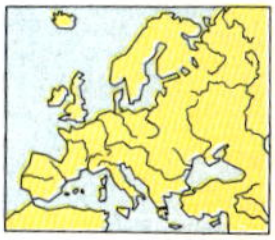

Verbreitung: Norden der UdSSR. **Lebensraum:** sumpfiges Gelände der nördlichen Tundra; *Teilzieher.* **Nahrung:** unbekannt. **Fortpflanzung:** *Eier* 4–8, weiß; *Brutdauer* kurz (22–25 Tage; kurze Zeit in arktischen Gegenden); sonstige *Brutbiologie* ähnlich Graugans, mit der sie sich paart und fruchtbare Bastarde hat; *Nestflüchter.* **Ruf:** „kaahk" und „sang-ang-ang".

Gattung: Meergänse *(Bránta);* Gefieder mehr oder weniger lebhaft gefärbt; Europa 4 Arten:

Nonnengans
Bránta leucópsis (BECHSTEIN)

Etwas kleiner als Mantelmöwe; Gesicht weiß; Hals und Brust schwarz; Bürzel weiß; **69 cm.**

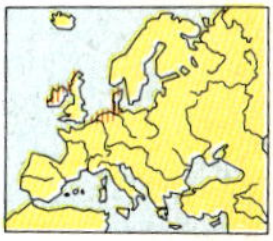

Verbreitung: Spitzbergen, UdSSR Nowaja Semlja; Schleswig-Holstein jährlich 2000–10 000 Exemplare als Wintergäste. **Lebensraum:** von Felsen und Moos durchsetzte Tundra, Ufer von Fjorden; *Zugvogel.* **Nahrung:** niedrigwachsende Pflanzen. **Fortpflanzung:** *Bodennest* zwischen Geröll oder auf Felsen; Nestauslage Daunen; 1 *Brut* im Jahr; *Eier* 4–5, hellgrün; *Brutdauer* im Gehege 24–25 Tage; ♀ brütet, ♂ und ♀ betreuen die *Jungen* (mit etwa 45 Tagen flügge); *Nestflüchter.* **Ruf:** „wröck" und „gra".

Ringelgans

Bránta bernicla (LINNÉ)

Etwas größer als Silbermöwe; Kopf, Hals und Brust schwarz; weißer Fleck an jeder Halsseite; **61 cm.**

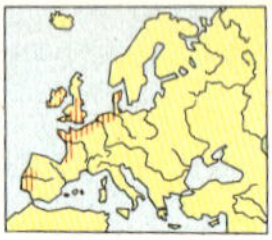

Verbreitung: Polargebiet der UdSSR. **Lebensraum:** sumpfige Tundra des hohen Nordens; häufiger Wintergast an deutschen Küsten (schätzungsweise 20 000 im gesamten Nordseeraum); *Zugvogel.* **Nahrung:** Pflanzen der Tundra, des Meeres, auch Muscheln, Schnecken, Wasserinsekten. **Fortpflanzung:** *Bodennest* aus Pflanzenteilen, Moos; Nestauslage Daunen; 1 *Brut* Anfang Juni; *Eier* 5–9, schmutzigweiß bis graugrün; *Brutdauer* 28 Tage; ♀ brütet, ♂ wacht in der Nähe, ♂ und ♀ betreuen die *Jungen; Nestflüchter.* **Ruf:** „rott-rott-rott" und „ruck".

Kanadagans

Bránta canadénsis (LINNÉ)

Wesentlich größer als Graugans; Kopf und Hals schwarz; weißer Wangenfleck; Brust weißlichbraun; **96,5 cm (91–102 cm).**

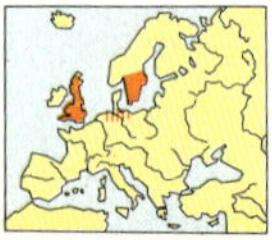

Verbreitung: England, Südschweden; aus Nordamerika eingeführt; zieht im Herbst über den Norden der Bundesrepublik Deutschland nach Holland. **Lebensraum:** sumpfiges Gelände in Wassernähe; *Teilzieher.* **Nahrung:** Sumpfpflanzen, Gras. **Fortpflanzung:** *Nest* auf Seeinseln im Schutz von Gebüsch; 1 *Brut* im Jahr; *Eier* 4–6 (2–10); *Brutdauer* 24–30 Tage; ♀ brütet allein; *Nestflüchter.* **Ruf:** „aa-hong".

Rothalsgans

Bránta ruficóllis (PALLAS)

Etwa so groß wie Silbermöwe; Kopf auffällig gezeichnet; Brust kastanienbraun; Flanken weiß; **54,5 cm (53–56 cm).**

Verbreitung: Halbinsel Yamal, Tundra Nordwestsibiriens; zieht im Winter nach dem Süden der UdSSR und nach Ungarn. **Lebensraum:** Tundra in Küstennähe; *Zugvogel.* **Nahrung:** unbekannt. **Fortpflanzung:** brütet in Kolonien neben dem Wanderfalken; 1 *Brut* im Jahr; *Eier* 5–9; *Brutdauer* 25 Tage; ♀ brütet und bedeckt beim Verlassen des Nestes die Eier mit Dunen und Gras; ♂ beteiligt sich bei der Aufzucht der *Jungen; Nestflüchter.* **Ruf:** „kik-uik" und „kih-kua".

Gattung: Feldgänse *(Anser);* Gefieder vorwiegend grau; Europa 5 Arten:

Graugans

Ánser ánser (LINNÉ)

Größe bekannt; Stammform der Hausgans; Schnabel orange, ohne Schwarz; Kopf hell; Beine fleischfarben; bis **89 cm.**

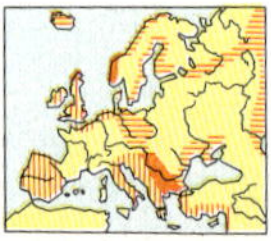

Verbreitung: Island, Schottland, Küste Norwegens, an Ostseeküsten Schwedens, Finnlands; Dänemark, Schleswig-Holstein, DDR, Ostseeinseln, Polen, Ost-Balkanstaaten, Süden der UdSSR in Nähe des Schwarzen Meeres. **Lebensraum:** sumpfiges, mooriges Gelände mit Gras, Schilf; *Teilzieher.* **Nahrung:** Pflanzen, Samen, Wassertiere. **Fortpflanzung:** schwer zugängliches, leicht erhöhtes Bodennest aus Pflanzenteilen mit Federn als Auslage; 1 *Brut* März bis April; *Eier* 5–6, auch mehr, schmutzigweiß; *Brutdauer* 28–29 Tage; nur ♀ brütet; ♂ und ♀ betreuen die *Jungen* (mit 50–60 Tagen die ersten Flugversuche); *Nestflüchter.* **Ruf:** wie Hausgans „gagagag", erregt „tjirp-tjörp".

Saatgans
Ánser fabális (LATHAM)

Ähnlich Graugans, aber Schnabel gelb, mit schwarzem Abzeichen; Kopf dunkel; Beine orange; bis **89 cm.**

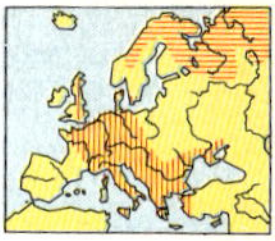

Verbreitung: Mittel-, Nord-Skandinavien, Norden Finnlands, UdSSR. **Lebensraum:** verkrautete, sumpfige Teiche und Seen mit reichlich Graswuchs an den Ufern; *Zugvogel.* **Nahrung:** wie Graugans. **Fortpflanzung:** *Bodennest* am Ufer in Wassernähe oder auf kleinen Inseln; in der Tundra versteckt im Geröll oder auf Felsen; 1 *Brut* im Juni; *Eier* 5–6, schmutzigweiß; *Brutdauer* 28–29 Tage; ♀ brütet, ♂ wacht in der Nähe; ♂ und ♀ betreuen die *Jungen* (mit etwa 60 Tagen flügge); *Nestflüchter.* **Ruf:** „ka-jak", beim Abflug „rat-rat".

Bläßgans
Ánser álbifrons (SCOPOLI)

Kleiner als Graugans; Bauch mit schwarzen Streifen; Altvögel mit weißer Stirn; Schnabel rötlich; **76 cm**

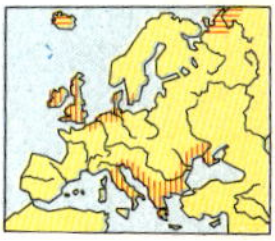

Verbreitung: Norden der UdSSR. **Lebensraum:** sumpfige Seentundra des Nordens; *Zugvogel.* **Nahrung:** wie Graugans. **Fortpflanzung:** *Bodennest* auf kleinen Inseln oder am Ufer in Wassernähe; Nestmaterial Pflanzenteile mit Blättern und sehr viel Daunen als Auslage; 1 *Brut* im Juni; *Eier* 6–10, schmutzigweiß; *Brutdauer* etwa 4 Wochen; ♀ brütet, ♂ und ♀ betreuen anfangs die *Jungen,* ♂ fliegt bald zum gemeinsamen Mausern fort; *Nestflüchter.* **Ruf:** „kläck-kläck", „kou-ljou" und „ljo-ljok".

Zwerggans
Ánser erýthropus (LINNÉ)

Kleiner als Bläßgans (etwa stockentengroß), sonst dieser sehr ähnlich, aber Augen mit gelbem Ring; **56 cm.**

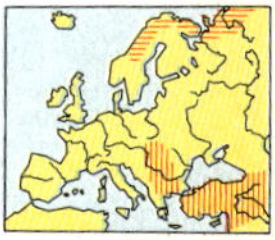

Verbreitung: Norden Skandinaviens, Finnlands, UdSSR. **Lebensraum:** in der felsigen Waldtundra die Region der Zwergbirken, Polarweiden; *Zugvogel.* **Nahrung:** wie Bläßgans. **Fortpflanzung:** *Bodennest* im Schutz von Sträuchern; 1 *Brut* Mai–Juni; *Eier* 4–8; *Brutdauer* 25–28 Tage; nur ♀ brütet, ♂ wacht in der Nähe; die *Jungen* sind mit etwa 35 Tagen befiedert; *Nestflüchter.* **Ruf:** „kju-ju-ju".

Kurzschnabelgans
Ánser brachyrhýnchus (BAILLON)

Ähnlich Graugans, aber kleiner und Schnabel sehr kurz, schwarz und rot, zuweilen etwas Weiß an der Stirn; **76 cm.**

Verbreitung: Island. **Lebensraum:** felsiges Gelände; *Zugvogel.* **Nahrung:** Pflanzen, kleine Wassertiere: **Fortpflanzung:** *Bodennest* aus Pflanzenteilen mit Daunen als Auslage; 1 *Brut* im Jahr; *Eier* 4 (1–9), schmutzigweiß; *Brutdauer* etwa 4 Wochen; *Nestflüchter.* **Ruf:** „oing-oing-oing", sonst ähnlich Saatgans.

6. Unterfamilie: Schwimmenten *(Anatínae)*; in der Regel mit auffällig gefärbtem Spiegel am Hinterrand der Flügel; ♂ und ♀ im Prachtkleid verschieden gefärbt; stehen an Land in waagerechter Körperhaltung; liegen ziemlich hoch im Wasser; tauchen selten oder gar nicht; gründeln bei der Nahrungssuche; lösen sich beim Auffliegen vom Wasser ohne Anlauf; Europa 3 Gattungen:

Gattung: Schwimmenten *(Ánas)*; so groß wie Stockenten oder kleiner; Europa 8 Arten:

Löffelente
Ánas clypeáta (Linné)

Kleiner als Stockente; Schnabel breit, löffelartig; ♂ Kopf grün; Brust weiß, Bauch braun; ♀ vorwiegend braun; **51 cm.**

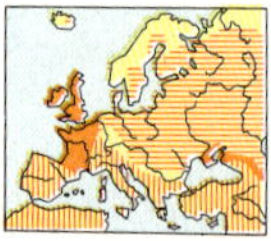

Verbreitung: Ostisland, Irland, England, Süd-, Ostschweden, Mittel-, Südfinnland, Ostseeinseln, Dänemark, Norden der Bundesrepublik Deutschland, DDR, ČSSR, Polen südwärts bis Rumänien, UdSSR, Frankreich. **Lebensraum:** verkrautete Teiche und Bäche mit dichter Ufervegetation aus Schilf, Rohr, Binsen; *Teilzieher.* **Nahrung:** vegetabilisch und animalisch (Plankton), wobei der ausgeprägte Seihschnabel gute Dienste leistet. **Fortpflanzung:** *Bodennest* im Schutz von Büschen; Nestmaterial wie Knäkente; 1 *Brut* Mai–Juni; *Eier* 8–12, rahmfarben bis graugrün; *Brutdauer* 22–23 Tage; ♀ brütet und betreut auch die *Jungen* (mit 42 Tagen flügge); *Nestflüchter.* **Ruf:** ♂ „rro-rro" und „chat", ♀ „wa-ak" und „kre-op-kre-op".

Spießente
Ánas acúta (Linné)

Etwas kleiner als Stockente; ♂ Kopf schwarzbraun; Hals lang, mit weißem Streif; Schwanz (besonders beim ♂) mit langem Spieß; ♀ braun; **56 cm.**

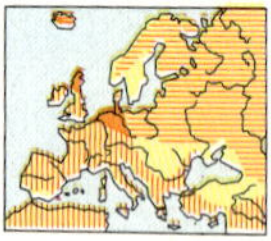

Verbreitung: Island, Nordirland, Norden und Osten Englands, Norwegen, Mittel-, Nordschweden, Finnland, Dänemark, Holland, Norden der Bundesrepublik Deutschland, DDR, Polen, Ungarn, UdSSR. **Lebensraum:** sumpfiges Gelände (Moore), flache Teiche und Seen; *Teilzieher.* **Nahrung:** hauptsächlich vegetabilisch, auch Wasserinsekten, Fische, Frösche, Weichtiere, Würmer. **Fortpflanzung:** *Bodennest* auf trockenem Untergrund im Schutz von Büschen, Stauden; Nestmaterial Pflanzenteile mit Daunen als Auslage; 1 *Brut* April–Mai, im Norden im Juni; *Eier* 7–11, rahmfarben bis gelbgrün; *Brutdauer* 22–23 Tage; ♀ brütet und betreut die *Jungen,* ♂ hält sich in der Nähe auf; die *Jungen* werden mit 42 Tagen flügge; *Nestflüchter.* **Ruf:** ♂ pfeifend „pfüb" und „krlüe", ♀ knarrend „rärr-rärr-rärr" und „kro-kro-kro".

Pfeifente
Ánas penélope Linné

Viel kleiner als Stockente; ♂ Kopf rotbraun, mit hellem Scheitelstreif; Brust weinrot; ♀ unscheinbarer gefärbt; **46 cm.**

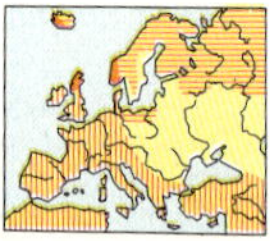

Verbreitung: Island, Schottland, Skandinavien, Finnland, Norden und Osten der DDR, Nord- und Mittel-UdSSR. **Lebensraum:** kleine Gewässer, Sümpfe und Moore mit dichter Ufervegetation; *Teilzieher.* **Nahrung:** fast ausnahmslos vegetabilisch. **Fortpflanzung:** *Bodennest* im Schutz von Büschen, Wurzeln, Gestrüpp am Wasser; Nest Pflanzenteile mit Daunen als Auslage; 1 *Brut* Mai–Juni; *Eier* 7–10, rahmfarben bis rötlichgelb; *Brutdauer* 22–23 Tage; ♀ brütet und betreut die *Jungen,* ♂ hält sich in der Nähe auf; die Jungen werden mit etwa 42 Tagen flügge; *Nestflüchter.* **Ruf:** ♂ pfeifend „huihu" oder „wiwwiwiw-wibwiü", ♀ knarrend „rärr".

Stockente

Anas platyrhýnchos (LINNÉ)

Größe bekannt; Schnabel nicht löffelförmig; ♂ Kopf blaugrün; Brust kastanienbraun; Flanken grau; weißer Halsring; ♀ braun; ♂ und ♀ mit stahlblauem Flügelspiegel; **58 cm.**

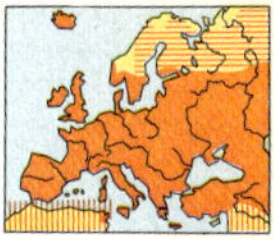

Verbreitung: fast ganz Europa. **Lebensraum:** Seen, Teiche, Wassergräben mit dichter Ufervegetation; Parkanlagen; *Teilzieher.* **Nahrung:** wie Spießente. **Fortpflanzung:** *Bodennest* am Ufer im Schutz von Büschen und Baumstümpfen; 1 *Brut* März–April; *Eier* 9–13, grau, hellgrün und rahmfarben; *Brutdauer* 22–26 Tage; ♀ brütet allein und betreut auch die *Jungen* (mit 53–56 Tagen flügge); *Nestflüchter.* **Ruf:** ♂ „räb-räb", ♀ „waak-waak-waak".

Schnatterente

Ánas strépera LINNÉ

Wesentlich kleiner als Stockente; ♂ Kopf graubraun; Brust schwarzweiß gesprenkelt; Bauch weiß; Hinterende des Körpers auffällig schwarz; ♀ graubraun; Schnabel gelblich; **51 cm.**

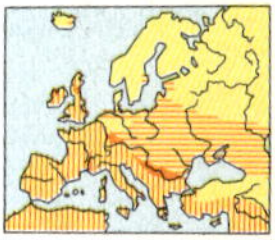

Verbreitung: Ostisland, *lokal:* Irland, England, Ostschweden, ferner Gebiet der Weser-Elbmündung, DDR, Polen, ČSSR, Ungarn, Rumänien, Mittel-, Süd-UdSSR. **Lebensraum:** bevorzugt große Gewässer mit dichter, breiter Ufervegetation; *Teilzieher.* **Nahrung:** Wasserpflanzen, Samen, Wasserinsekten, Fisch-, Froschlaich, kleine Fische, Frösche, Kaulquappen, Schnecken, Würmer, Muscheln. **Fortpflanzung:** *Bodennest* im Schutz von Stauden und Schilf dicht am Wasser; Nestmaterial Pflanzenteile mit Daunen als Auslage; 1 *Brut* Mai–Juni; *Eier* 8–12 (13), rahmfarben; *Brutdauer* 26 Tage; ♀ brütet und betreut die *Jungen* (mit 49 Tagen flügge); *Nestflüchter.* **Ruf:** ♂ „uit-räb", ♀ „gagagag" und „räck-räck-räck".

Marmelente

Ánas angustiróstris (MÉNÉTRIÈS)

So groß wie Lachmöwe; Gefieder beim ♂ und ♀ vorwiegend braun; ♂ mit kleinem Nackenschopf; dunkler Augenstreif; **38 cm.**

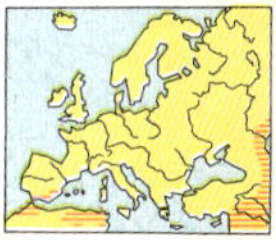

Verbreitung: Südspanien, Camargue, Cypern, Osten der UdSSR. **Lebensraum:** flache Teiche und Seen mit dichter Ufervegetation; *Zugvogel.* **Nahrung:** wenig bekannt; wahrscheinlich Insekten und deren Larven, Schnecken, Würmer, Pflanzen, Samen. **Fortpflanzung:** *Bodennest* im Schutz von Büschen, Binsen, Schilf; 1 *Brut* Mai–Juni; *Eier* 7–14, rahmfarben bis rötlichgelb, glänzend; *Brutdauer* 25–27 Tage; *Nestflüchter.* **Ruf:** ♂ „jiiib", ♀ „pliip-pliip".

Krickente

Ánas crécca LINNÉ

Kleiner als Lachmöwe; ♂ Kopf und Hals kastanienbraun; breiter grüner Augenstreif (vom Auge bis zum Hinterkopf); weißer Streif auf den Flügeln; ♀ dunkelbraun; Spiegel grün; **36 cm.**

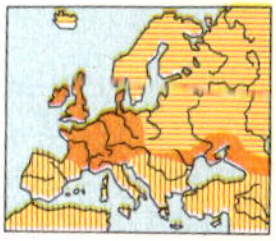

Verbreitung: fast ganz Europa, *fehlt:* Spanien, Mittel-, Süditalien, Jugoslawien, Albanien, Griechenland, Bulgarien. **Lebensraum:** kleine Gewässer mit dichter Ufervegetation; *Teilzieher.* **Nahrung:** hauptsächlich vegetabilisch, auch Wasserinsekten, Fische, Frösche, Weichtiere, Würmer. **Fortpflanzung:** *Bodennest* im Schutz von Büschen und Stauden auf trockenem Untergrund, oft auch weit entfernt vom Gewässer; 1 *Brut* Mai bis Juni; *Eier* 8–10, gelblichgrün; *Brutdauer* 23 Tage; ♀ brütet und betreut die *Jungen* (mit etwa 23 Tagen flügge); ♂ begleitet die Familie; *Nestflüchter.* **Ruf:** ♂ „krilük" und „krück", ♀ „gä-gä-gä".

Knäkente
Ánas querquédula LINNÉ

So groß wie Lachmöwe; ♂ Kopf dunkelbraun mit weißem Augenstreif, der bis in den Nacken reicht; ♀ ähnlich dem der Krickente; **38 cm.**

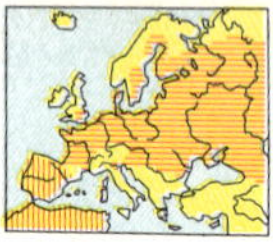

Verbreitung: Südostengland, Frankreich, Holland, Belgien, Dänemark, Süden Schwedens, Finnlands, Ostseeinseln, Bundesrepublik Deutschland, DDR, Polen, ČSSR, Österreich, Ungarn, Rumänien, Oberitalien, UdSSR. **Lebensraum:** kleine Gewässer, wie Teiche und Gräben, mit dichter Ufervegetation; *Zugvogel.* **Nahrung:** hauptsächlich vegetabilisch, auch Wasserinsekten, Fische, Frösche, Weichtiere, Würmer. **Fortpflanzung:** *Bodennest* auf trockenem Untergrund im Schutz von hohem Gras und Kraut; 1 *Brut* Mai–Juli; *Eier* 8–11 (6–16); rahmfarben; *Brutdauer* 21–23 Tage; ♀ brütet und betreut auch die *Jungen; Nestflüchter.* **Ruf:** ♂ „knäk-knak-knäk-knäk" oder „klerrb", ♂ und ♀ auch „jäck-jäck-jäck".

Gattung: Halbgänse *Tadórna;* Gestalt gänseähnlich (Halbgänse); Europa 2 Arten:

Rostgans
Tadórna ferrugínea (PALLAS)

Wesentlich größer als Stockente; Gefieder einfarbig rostrot; Schwanz schwarz; ♂ mit dünnem schwarzem Halsring; **64 cm.**

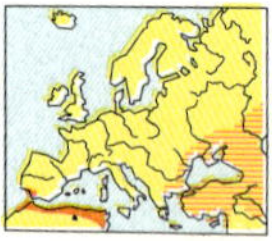

Verbreitung: an Küsten Ostgriechenlands, Bulgariens; Türkei, Süden der UdSSR; *lokal:* Spanien. **Lebensraum:** flache Seen, Teiche; nistet zuweilen auch an salzhaltigen Binnengewässern. *Teilzieher.* **Nahrung:** Krebse, Strandschnecken, Würmer. **Fortpflanzung:** *Nest* sehr versteckt in Höhlen und Felsspalten der Ufer, auf hohen Felsen, in hohlen Bäumen und zuweilen auf Dachböden; von Ägyptern und Griechen zeitweise in Gehegen gehalten; 1 *Brut* im Jahr; *Eier* 8–16; *Brutdauer* 28–30 Tage; *Nestflüchter.* **Ruf:** wie Kanadagans.

Brandente
Tadórna tadórna (LINNÉ)

Etwas größer als Stockente; Kopf und Hals dunkel metallgrün; Vorderkörper mit fuchsrotem Gürtel; Schnabel rot, beim ♂ mit Höcker; **61 cm.**

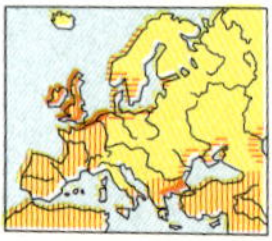

Verbreitung: an Küsten Großbritanniens, Norwegens, Südschwedens, Dänemarks, Nordostfrankreichs, Hollands, Norden der Bundesrepublik Deutschland und der DDR, Nordufer des Schwarzen Meeres. **Lebensraum:** flache Meeresküsten, auch Süßwasserseen in Meeresnähe; *Teilzieher.* **Nahrung:** Schnecken, Muscheln, Wasserinsekten, Würmer, Froschlaich, Tang. **Fortpflanzung:** *Nest* in Sandhöhlen und Löchern (auch Kaninchenlöchern); 1 *Brut* Mai–Juni; *Eier* 7–12, rahmfarben; *Brutdauer* etwa 28 Tage; ♀ brütet, ♂ und ♀ betreuen die *Jungen* (mit 56 Tagen fast erwachsen); *Nestflüchter.* **Ruf:** ♂ pfeifend „dju-dju-dju", ♀ „arr" oder „arra", erregt „ga-ga-gag".

7. Unterfamilie: Glanzenten *(Cairininae);* in Europa nur eine (eingebürgerte) Art aus der Gattung Aix:

Gattung: Mandarinenten *(Aix):*

Mandarinente

Aix galericuláta (LINNÉ)

Etwas größer als Krickente; ♂ wegen des auffälligen orangefarbenen „Segels" auf jedem Flügel unverkennbar; ♀ Kinn weiß; **43 cm.**

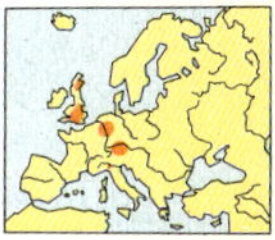

Verbreitung: beheimatet Ostasien, Mitteleuropa (England) eingebürgert, wo sie jetzt schon teilweise wild lebt und an Teichen von Parkanlagen zu beobachten ist. **Lebensraum und Lebensweise:** Flußtäler, Seen, auch in hohen Lagen; während der Mauser vergesellschaften sich die ♂♂ zu kleinen Trupps bis zu 10 Tieren; *Jahresvogel.* **Nahrung:** Schnecken, Würmer, Wasserinsekten, Wasserpflanzen. **Fortpflanzung:** brütet in Baumhöhlen; zuweilen in sehr tiefen Höhlen; die *Jungen* sind mit spitzen Krallen ausgestattet und können gleich nach dem Schlüpfen herausklettern, einem angeborenen Klettertrieb folgend; 1 *Brut* April–Juni; *Eier* 9–13, blaßgrau; *Brutdauer* 28–31 Tage; nur ♀ brütet; *Nestflüchter.* **Ruf:** ♂ pfeift im Fluge scharf „wrrick", ♀ einfach „ack".

8. Unterfamilie: Hühnergänse *(Cereopsinae);* nur 1 Gattung mit nur 1 Art; in Europa keine Vertreter.

9. Unterfamilie: Tauchenten *(Aythyinae);* liegen tief im Wasser, den Schwanz kaum daraus hervorgehoben; Körper breit, etwas plattgedrückt; schlecht zu Fuß; Beine weit nach hinten eingesetzt, breit auseinanderstehend; mit Hautlappen unter der Hinterzehe; Flügelspiegel in der Regel weiß; in Europa Vertreter aus 2 Gattungen:

Gattung: Kolbenenten *(Nétta);* Europa 1 Art:

Kolbenente

Nétta rufina (PALLAS)

Etwas kleiner als Stockente; ♂ Kopf im Prachtkleid hellrotbraun, Schnabel karminrot, beim ♀ nur an der Spitze; ♀ graubraun, Wangen weißlich; **56 cm.**

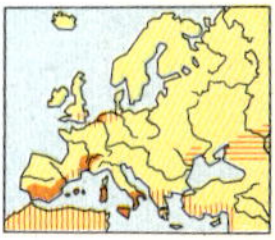

Verbreitung: sehr *lokal:* Dänemark, Niederlande, Südspanien, Südfrankreich (Camargue), Sardinien, Sizilien, Süditalien, Süden der UdSSR. **Lebensraum:** flache Seen, Teiche mit dichter Ufervegetation; *Teilzieher.* **Nahrung:** hauptsächlich vegetabilisch, gelegentlich Wasserinsekten und deren Larven, Schnecken, Würmer, Fische, Frösche und deren Laich. **Fortpflanzung:** *Bodennest* dicht am Wasser im Schutz von Büschen und Röhricht; Nestmaterial Blätter, Stengelteile, Wurzeln; Nestauslage Daunen; 1 *Brut* Mai–Juni; *Eier* 8–9, schmutziggelb; *Brutdauer* etwa 26 Tage; ♀ brütet; *Nestflüchter.* **Ruf:** ♂ „bät", „geng", „tzschi-tzschi" und „chrüü-chrüü", ♀ „rärr-rärr", „kurr" und „guk-guk".

Gattung: Tafelenten *(Aythýa);* Kopf braun oder schwarz, ohne weiße Abzeichen (Ausnahme das der Bergente); Bewohner von Süßgewässern; Europa 4 Arten:

Moorente

Aythýa nyróca (GÜLDENSTÄDT)

Kleiner als Tafelente; ♂ Kopf und Brust dunkelrotbraun; Rücken tief mahagonibraun; Unterschwanzdecken weiß; ♀ matter; **41 cm.**

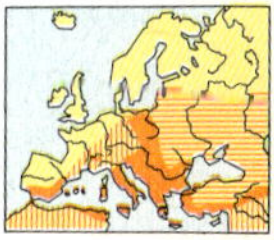

Verbreitung: Südspanien, lokal. Südfrankreich; Mittel-, Süditalien, Mittelmeerinseln ohne Korsika, Polen, Balkanstaaten, Mittel-, Süd-UdSSR. **Lebensraum:** seichte Teiche und Flußbuchten mit dichter Ufervegetation und reichlich Wasserpflanzen; *Teilzieher.* **Nahrung:** hauptsächlich vegetabilisch, weniger animalisch. **Fortpflanzung:** niedriges *Bodennest* im Schutz von Sträuchern; Neststand dicht am Wasser, meist mit Pflanzen überdacht; 1 *Brut* Mai–Juni; *Eier* 8–10, rötlich- bis gelbbraun, schwach glänzend; *Brutdauer* 25–28 Tage; ♀ brütet, ♂ bleibt in der Nähe; *Nestflüchter.* **Ruf:** ♂ leise „firb", „whiuu" und „witt-witt", ♀ schnarrend „gerr-gerr" und „gäk".

Tafelente
Aythýa ferina (LINNÉ)

Wesentlich kleiner als Stockente; ♂ Kopf rotbraun; Brust schwarz; Rücken hellgrau; ♀ bräunlich; Schnabel mit blauem Querband; **46 cm.**

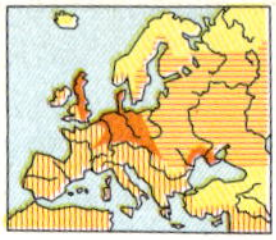

Verbreitung: Westirland, England, Dänemark, Südostschweden, Südfinnland, Holland, Bundesrepublik Deutschland, DDR, Mittelfrankreich, ČSSR, Polen, Rumänien, alle Küsten der Ostsee, ganze UdSSR bis auf den Norden. **Lebensraum:** flache Teiche, Seen mit reichlich Wasserpflanzen und dichter Ufervegetation. *Teilzieher.* **Nahrung:** hauptsächlich vegetabilisch (Wasserpflanzen); außerdem Schnecken, Insekten, Würmer, Fisch-, Froschlaich. **Fortpflanzung:** aufgeschichtetes *Bodennest* im Schilf dicht am Wasser; Nestmaterial Pflanzenteile mit Daunen als Auslage; 1 *Brut* im Mai; *Eier* 8–11, grüngrau bis gelbgrau; *Brutdauer* 23–24 Tage; ♀ brütet und betreut die *Jungen* (mit 49–56 Tagen flügge); *Nestflüchter.* **Ruf:** ♂ pfeifend „bibi-bibi" und „wäck-wäck", ♀ schnarrend „charr-charr" und „ga-ga-gack-grägrä".

Reiherente
Aythýa fuligula (LINNÉ)

Etwas kleiner als Tafelente; ♂ Kopf, Hals, Brust und Rücken schwarz; Kopf mit Federhaube; Bauch weiß; ♀ bräunlicher; **43 cm.**

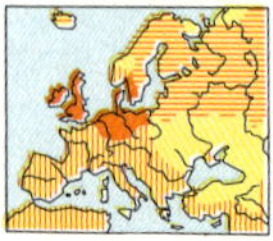

Verbreitung: Island, Irland, England, Dänemark, Bundesrepublik Deutschland, Norden der DDR, Mittel-, Nordnorwegen, Schweden, Finnland, Polen, Mittel-, Nord-UdSSR, nicht mehr im hohen Norden. **Lebensraum:** flache Teiche, Seen mit reichlich Wasserpflanzen und dichter Ufervegetation; *Teilzieher.* **Nahrung:** hauptsächlich animalisch (wie Tafelente), weniger vegetabilisch. **Fortpflanzung:** *Bodennest* im Schutz von hohem Gras und Schilf in Wassernähe; Nestmaterial Gras und Blätter mit Daunen als Auslage; 1 *Brut* Mai–Juli; *Eier* 8–12, grüngrau; *Brutdauer* 25–26 Tage; ♀ brütet und betreut auch die *Jungen* (mit 49 Tagen flügge); *Nestflüchter.* **Ruf:** ♂ „bück-bück-bück" und „gü-gü-gü", ♀ „karr-karr", „quorkork" und „krack".

Bergente
Aythýa marila (LINNÉ)

Ähnlich voriger Art, aber größer; ohne Federschopf; Rücken grau, schwarzweiß quergewellt; Schnabel blau, mit weißem Fleck am Schnabelgrund; **48 cm.**

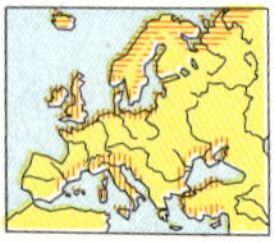

Verbreitung: Island, Norwegen, Ostseeküsten, Norden Schwedens, Finnlands, UdSSR. **Lebensraum:** bevorzugt großflächige Süßwasserseen der Tundra, auch die Strauchtundra in Meeresnähe; *Zugvogel.* **Nahrung:** hauptsächlich animalisch (wie Tafelente) weniger vegetabilisch. **Fortpflanzung:** *Bodennest* im Schutz von Kräutern und Büschen; Nestmaterial Pflanzenteile mit Daunen als Auslage; 1 *Brut* Mai–Juni; *Eier* 8–11, hellgrün bis graubraun, länglich; *Brutdauer* 27–28 Tage; ♀ brütet und betreut die *Jungen* (mit 35 bis 42 Tagen flügge); *Nestflüchter.* **Ruf:** ♂ „wiikwiik-wiu", „kuku" und „arr", ♀ etwas lauter „karr-karr-karr", „rarr" und „gock".

10. Unterfamilie: Eiderenten *(Somateriinae);* stärker an das Meer gebunden als Tauchenten; gute Taucher (Meerenten); Europa 6 Gattungen:

Gattung: Trauerenten *(Melanitta);* Gefieder ganz oder vorwiegend schwarz oder braun; Europa 3 Arten:

Trauerente
Melanitta nigra (LINNÉ)

Wesentlich kleiner als Stockente; ♂ schwarz; Schnabel mit gelbem Fleck; ♀ vorwiegend braun; **48 cm.**

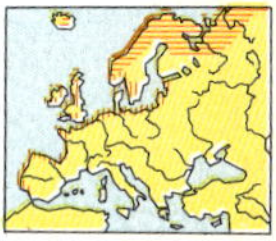

Verbreitung: Ostisland, Schottland, Norwegen, Norden Schwedens, Finnlands, der UdSSR. **Lebensraum:** Nadelwald, Strauchtundra mit tiefen Seen, Meeresküsten mit angrenzendem Nadelwald; *Zugvogel.* **Nahrung:** kleine Meerestiere, Tang. **Fortpflanzung:** *Bodennest* im Schutz von Sträuchern und hohen Stauden in Wassernähe; Nestmaterial Moos, Flechten, Pflanzenstengel; Daunen als Auslage; 1 *Brut* Mai–Juni; *Eier* 6–9 (10), gelb- bis braunrot; *Brutdauer* 27–28 Tage; ♀ brütet, betreut die *Jungen* (mit 42–49 Tagen flügge); *Nestflüchter.* **Ruf:** ♂ „dü-it", „kür-kür-kürlii-kürlii", ♀ „karr", „gre-gre-gre", „gaga-gaga".

Brillenente
Melanitta perspicilláta (LINNÉ)

Kleiner als Stockente; ♂ schwarz; Kopf mit auffällig weißen und roten Abzeichen; ♀ ähnlich dem ♂, aber bräunlich; **53 cm.**

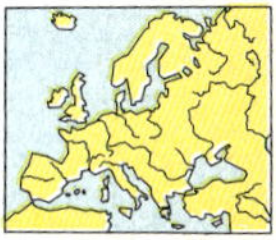

Verbreitung: arktische Region Nordamerikas; auf dem Zuge bis Färöerinseln, Großbritannien. **Lebensraum:** kleine Teiche, Seen der Wald- und Moortundra; *Zugvogel.* **Nahrung:** unbekannt. **Fortpflanzung:** *Bodennest* zwischen Steinen, in Felsspalten; Nestmaterial trockenes Gras, Koniferennadeln, trockene Zweige; Nestauslage Daunen; 1 *Brut* April–Juni; *Eier* 6–7 (9), rahmfarben bis hellbraun; *Brutdauer* unbekannt; *Nestflüchter.* **Ruf:** ♂ gluckernd, ♀ krächzend.

Samtente
Melanitta fúsca (LINNÉ)

Fast so groß wie Stockente; ♂ schwarz, ♀ bräunlich; beide mit weißem Flügelspiegel; unter den Augen kleiner weißer Fleck; **56 cm.**

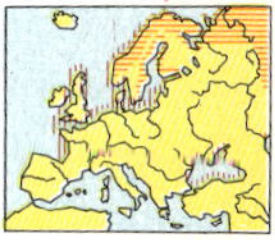

Verbreitung: Nördliche Ostseeküsten, Norwegen, Norden Skandinaviens, UdSSR. **Lebensraum:** Nadelwälder mit Teichen, Seen; Schären und Klippen mit flachem Uferwasser; *Zugvogel.* **Nahrung:** Schnecken, Muscheln, Insekten und deren Larven, kleine Fische, Wasserpflanzen. **Fortpflanzung:** *Bodennest* zwischen Steinen und in Felsspalten; Nestmaterial trockenes Gras, Koniferennadeln und trockene Zweige; Nestauslage Daunen; 1 *Brut* Mai–Juni; *Eier* 5–8 (9), rahmfarben bis gelbbraun; *Brutdauer* 27–29 Tage; ♀ brütet, betreut die *Jungen; Nestflüchter.* **Ruf:** ♂ „kju-kju", „kjuorr-kjuorr", ♀ „kraa kraaa".

Gattung: Kragenenten *(Histriónicus);* sehr bunt; Europa 1 Art:

Kragenente
Histriónicus histriónicus (LINNÉ)

Etwas größer als Ringeltaube; ♂ weiß, blau, schwarz, rot (Harlekinzeichnung); ♀ bräunlich; **43 cm.**

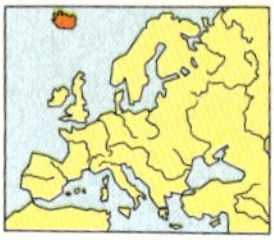

Verbreitung: Island. **Lebensraum:** schnell fließende Gewässer, z. B. Bergbäche, Wasserfälle; *Jahresvogel.* **Nahrung:** Insekten, deren Larven; an der Küste Weichtiere, Krebse. **Fortpflanzung:** *Bodennest* zwischen Kräutern, unter Wurzeln dicht am Wasser; aus wenigen Pflanzenteilen; Nestauslage Daunen; 1 *Brut* Mai–Juli; *Eier* 6–8 (9), rahmfarben bis fast weiß; *Brutdauer* etwa 31 Tage; *Nestflüchter.* **Ruf:** ♂ „he-he-he", „ou-ou-ou", „quäquäquä"; pfeift außerdem mäuseähnlich; ♀ „ek-ek-ek-ek", „tjü-tjü-tjü".

Gattung: Eisenten *(Clángula);* Europa 1 Art:

Eisente
Clángula hyemális (LINNÉ)

♂ kleiner als Stockente, ♀ wesentlich kleiner; ♂ Prachtkleid auffällig schwarzbraun und weiß, Schnabel orange und schwarz, lange Schwanzspieße; ♂ **53 cm,** ♀ **41 cm.**

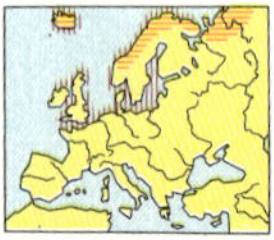

Verbreitung: Island, Mittelnorwegen, Norden Skandinaviens, Finnlands, UdSSR. **Lebensraum:** Küsten der Fjorde, Süßwasserseen der Tundra; *Teilzieher.* **Nahrung:** kleine Muscheln, Schnekken, Fische, Würmer, Wasserinsekten und deren Larven. **Fortpflanzung:** *Bodennest* aus Gras und Pflanzenstengeln im Schutz von Büschen; 1 *Brut* im Juni; *Eier* 5–10, graubraun und weißgrün; *Brutdauer* 24 Tage; ♀ brütet und betreut die *Jungen* (mit 35 Tagen flügge); ♂ begleitet das ♀ bei der Nahrungssuche; *Nestflüchter.* **Ruf:** ♂ „u-u-a-a-au-a" und „a-a-aa-u-li", erregt „ark-ark-ark-äng-äng-äng-guu", das ♀ gibt quakende Laute von sich.

Gattung: Scheckenten *(Polysticta);* Europa 1 Art:

Scheckente
Polysticta stélleri (PALLAS)

Wesentlich kleiner als Stockente; ♂ ohne Schwanzspieß; Kopf weiß; Kinn, Kehle, Oberkörper, Schwanz schwarz; Brust, Bauch rötlich; ♀ dunkelbraun; **46 cm.**

Verbreitung: UdSSR: Nowaja Semlja, Norden der Jamal-Halbinsel. **Lebensraum:** Küstentundra der Arktis mit kleinen Seen, Sümpfen; *Teilzieher.* **Nahrung:** Schnecken, Krebse, Würmer, Insekten, deren Larven. **Fortpflanzung:** *Bodennest* aus Gras, Moos, Flechten in Gewässernähe; Nestauslage Daunen, Federn; 1 *Brut* Juni–Juli; *Eier* 6–8 (10), hell gelbbraun bis olivbräunlich, oft dunkel gefleckt; *Brutdauer* unbekannt; *Nestflüchter.* **Ruf:** ♂ leise knurrend, ♀ „ä-ä-ä-ä-är", „guä-hää".

Gattung: Eiderenten *(Somatéria);* Schnabel fast bis an die Nasenlöcher befiedert; Europa 2 Arten:

Prachteiderente
Somatéria spectábilis (LINNÉ)

Etwas kleiner als Stockente; ♂ im Brutkleid mit orangefarbenem Schild auf der Stirn, Oberkopf grau, Rücken, Flanken, Schwanz schwarz; Brust weißrosa; ♀ ähnlich Eiderente; **56 cm.**

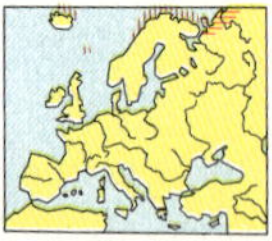

Verbreitung: nördliche Küste der UdSSR, Nowaja Semlja. **Lebensraum:** küstennahe Tundra, Watteninseln; *Teilzieher.* **Nahrung:** kleine Meerestiere, Fische, deren Laich, Algen. **Fortpflanzung:** *Bodennest* aus wenig Nestmaterial; Nestauslage viel Daunen; 1 *Brut* Juni–Juli; *Eier* 4–7 (8), olivgelb bis olivbraun, kleiner als von Eiderente; *Brutdauer* 22 Tage; *Nestflüchter.* **Ruf:** ♂ „huuu-u-u-u", „bru-rruu-rruu", ♀ „gog-gog-gog".

Eiderente

Somatéria mollissima (LINNÉ)

So groß wie Stockente; ♂ Kopf schwarzweiß, Rücken weiß, Brust rahmfarben, Flanken, Unterseite, Schwanz schwarz; ♀ braun, dunkel gebändert; **58 cm.**

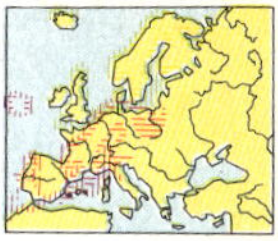

Verbreitung: an Küsten Islands, Schottlands, Skandinaviens, Dänemarks, der Ostseeinseln; UdSSR: Küste von Nowaja Semlja. **Lebensraum:** Meeresküsten mit vorgelagerten Riffen, Schären, sanft abfallenden Ufern; *Jahresvogel.* **Nahrung:** kleine Meerestiere, Fische, deren Laich, Algen. **Fortpflanzung:** *Bodennest* im Schutz von Kräutern, Büschen, meist auf unzugänglichen kleinen Inseln; Nestmaterial Zweige, Blätter, Wurzeln; Nestauslage Daunen; 1 *Brut* Mai–Juni; *Eier* 4–6 (7), graugrün; *Brutdauer* 25–26 (–30) Tage; ♀ brütet, betreut die *Jungen* (mit etwa 60 Tagen flügge); *Nestflüchter.* **Ruf:** ♂ sehr laut „uhú-uhú", „ah-ah", „au-au", ♀ knarrend „korr-r", „krr-krr-krr".

Gattung: Schellenten *(Bucéphala);* Kopf schwarz oder bräunlich, bei ♂♂ mit weißem Abzeichen; Europa 2 Arten:

Spatelente

Bucéphala islándica (GMELIN)

Kleiner als Stockente, aber größer als vorige Art; ♂ weißer Gesichtsfleck (halbmondförmig); ♀ ähnlich Schellente; **53 cm.**

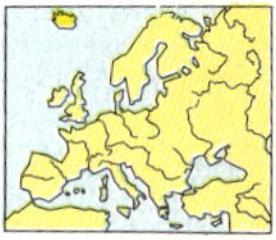

Verbreitung: Island. **Lebensraum:** von Wald umgebene Bergseen; *Strichvogel.* **Nahrung:** Wasserinsekten, deren Larven, Weichtiere, Würmer, Fische, deren Laich; im Meer: Garnelen, kleine Aale, Wasserpflanzen. **Fortpflanzung:** *Nest* in ausgefaulten Baumlöchern, Felsspalten, Ställen; 1 *Brut* April–Juni; *Eier* 6–10 (15), leuchtend blaugrün; *Brutdauer* 30 Tage; junge Spatelenten sind gute Kletterer, werden in den ersten Tagen zum Wasser geführt; *Nestflüchter.* **Ruf:** ♂ „kakaá", ♀ „gä-gä-gä-gärr", „grrr-gärr".

Schellente

Bucéphala clángula (LINNÉ)

Viel kleiner als Stockente; ♂ mit kleinem rundlichem Fleck vor dem Auge; ♀ Kopf braun, weißliches Halsband; **46 cm.**

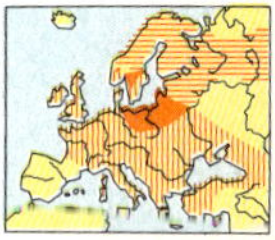

Verbreitung: Skandinavien (*fehlt:* im hohen Norden und Süden); Finnland, vom Norden der DDR durch Mittel-UdSSR. **Lebensraum:** Seen, Teiche mit angrenzendem Baumbestand *(Baumhöhlenbrüter); Zugvogel.* **Nahrung:** Wasserinsekten, deren Larven, Weichtiere, Würmer, Fische, deren Laich; im Meer: Garnelen, kleine Aale, Wasserpflanzen; kann bei Nahrungssuche bis 5 m tief und bis 35 Sek. tauchen. **Fortpflanzung:** *Nest* in ausgefaulten Baumlöchern, Spechthöhlen, Nistkästen; Nestauslage Mulm, Daunen; 1 *Brut* April bis Mai: *Eier* 8–9 (14), blaugrün; *Brutdauer* 30 (27–32) Tage; ♀ brütet, betreut die *Jungen* (mit 56 Tagen flügge, spitzkrallig, können gut klettern, werden schon in den ersten Tagen zum Wasser geführt); *Nestflüchter.* **Ruf:** ♂ „knirr", „qui-rrik", „arr" (ruft aber selten), ♀ „grarr-grarr", „kriän".

11. Unterfamilie: Ruderenten *(Oxyurinae);* tauchen nach Pflanzen; Schnabel breit, Schwanz lang, oft steif hochgerichtet, beim ♂ während der Balz fächerförmig; Europa 1 Gattung:

Gattung: Weißkopfruderenten *(Oxyúra);* Europa 1 Art:

Weißkopfruderente
Oxyúra leucocéphala (Scopoli)

Wesentlich kleiner als Stockente; Schnabel leuchtend blau; Gefieder vorwiegend rotbraun; ♂ Stirn, Wangen weiß; **46 cm.**

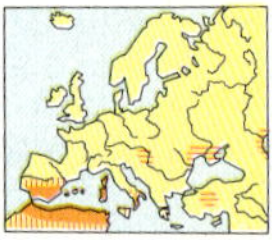

Verbreitung: Südspanien, Korsika, Sardinien, Süditalien, UdSSR: lokal am Kaspischen und Schwarzen Meer; als Irrgast in BR Deutschland beobachtet. **Lebensraum:** flache Teiche mit breitem Schilf- und Rohrgürtel. *Teilzieher.* **Nahrung:** Wasserpflanzen, Insekten, deren Larven, Weichtiere, Krebse. **Fortpflanzung:** *Bodennest* mit tiefer Nestmulde im dichten Rohr und Schilf in unmittelbarer Wassernähe oder über dem Wasser (Nest von Uferpflanzen getragen); Nestmaterial Schilfhalme; Nestauslage Daunen; 1 *Brut* Juni–Juli; *Eier* 5–10 (15), schmutzigweiß bis hellgrün, Schale grobkörnig; *Brutdauer* unbekannt; *Nestflüchter.* **Ruf:** meist quakend, erregt „huu-rugru-u".

12. Unterfamilie: Säger *(Merginae);* Säger liegen tief im Wasser, sind hervorragende Taucher; Europa 1 Gattung:

Gattung: Säger *(Mérgus);* Schnabel lang, schlank, mit gezähnten Rändern, besonders zum Fischfang geeignet; Europa 3 Arten:

Zwergsäger
Mérgus albéllus Linné

Etwa so groß wie Ringeltaube; ♂ auffällig schwarz und weiß gezeichnet; ♀ Kopf mit schokoladenbrauner Kappe, Wangen weiß, Gefieder grauer als beim ♂; **41 cm.**

Verbreitung: Norden Skandinaviens, Finnlands, der UdSSR. **Lebensraum:** ruhige, flache Seen, Flüsse in Wäldern; *Zugvogel.* **Nahrung:** in kalter Jahreszeit fast nur Fische, sonst Insekten, deren Larven, Frösche, Krebse, Würmer. **Fortpflanzung:** *Nest* meist in Baumhöhlen, seltener unter Wurzeln, Steinen; 1 *Brut* im Juni (Mai); *Eier* 6–9 (5–14), hell rostfarben bis rahmfarben, glattschalig; *Brutdauer* 26–28 Tage; ♀ brütet, betreut die *Jungen; Nestflüchter.* **Ruf:** „krrr-eck", „ä-rräg", „rrroh".

Mittelsäger
Mérgus serrátor Linné

So groß wie Stockente; ♂ mit schwarzgrünem, ♀ mit braunem Kopf; beide mit deutlicher Kopfhaube mit strähnigen Federn; ♂ mit weißem Halsband über rostbraunem Brustband; **58 cm.**

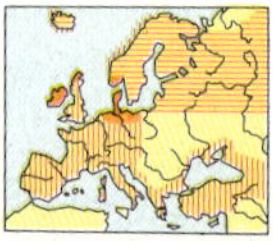

Verbreitung: Island, Irland, Schottland, Skandinavien, Finnland, Dänemark, Norden Bundesrepublik Deutschland, DDR, Polen, UdSSR. **Lebensraum:** Flußmündungen, Haffe, einsame Inseln, Meeresküste; *Teilzieher.* **Nahrung:** Fische, Insekten, deren Larven, Krebse, Frösche, Weichtiere, Ringelwürmer. **Fortpflanzung:** *Bodennest* in Wassernähe, sehr versteckt unter Büschen, Wurzeln, hohem Kraut; Nestmaterial Laub, Reisig, Schilf; Nestauslage Schilf, Daunen; 1 *Brut* Mai–Juli; *Eier* 8–10 (5–16), bräunlich bis olivgrün, seltener rahmfarben; oft bis 56 Eier im Nest (von mehreren ♀♀); *Brutdauer* 32 (26–35) Tage; ♀ brütet, betreut die Jungen, die schon mit 1 Tag tauchen können; *Nestflüchter.* **Ruf:** ♂ „grä", „gnäng", erregt „chworr", ♀ eintönig „rock-rock-rock", „korr", „räg".

Gänsesäger

Mérgus mergánser LINNÉ

Wesentlich größer als Stockente; Schnabel rot; Kopf beim ♂ schwarzgrün, beim ♀ braun; ♂ Rücken schwarz, ♀ dunkelgrau; beide mit Kopfhaube; **66 cm.**

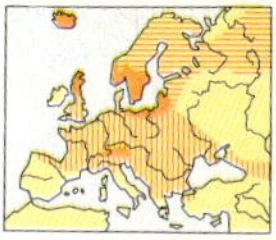

Verbreitung: Island, Schottland, Skandinavien, Finnland, Norden der DDR, Polens und der UdSSR; Schweiz. **Lebensraum:** Seen, Flüsse mit nahem Baumbestand, Parkanlagen; *Teilzieher.* **Nahrung:** Fische, Insekten, Würmer. **Fortpflanzung:** *Nest* in Höhlen alter Laubbäume, in Felsspalten, unter Steinen; 1 *Brut* April–Mai; *Eier* 7–9 (15), rahmfarben, glattschalig; *Brutdauer* 32 Tage; ♀ brütet, betreut die *Jungen* (mit 60 Tagen flügge), wobei es anfangs vom ♂ unterstützt wird; *Nestflüchter.* **Ruf:** ♂ „ereck", „bao-bab", „körr-korr-körr-körr-korr-körr-körr-korr", ♀ „kärr-kärr", „kro-kro-kro", „teck" und „tock", erregt „äck-äck-äck-äck".

129.1 Gänsesäger, ♀

129.2 Stockenten, ♀ und ♂

VII. Ordnung: Flamingos *(Phoenicópteri)*

Verwandt sowohl mit Gänsevögeln (Lamellenschnabel; beim Kampf ertönt Gänsegeschnatter; fliegen mit schnellen Flügelschlägen und ausgestrecktem, etwas gebogenem Hals) als auch mit Störchen (große Lufträume, gekammerte Luftsäcke); insgesamt nur 1 Familie; 4 lebende Arten:

1. Familie: Flamingos *(Phoenicoptéridae);* Europa 1 Gattung:

Gattung: Flamingos *(Phoenicópterus);* Europa 1 Art:

Flamingo
Phoenicópterus rúber Linné

Viel größer als Weißstorch; Oberschnabel winklig abwärts gebogen; Seihschnabel mit Lamellen; Gefieder leicht rosa; Flügel rot, ihre Spitzen schwarz; Beine, Hals sehr lang; **127 cm.**

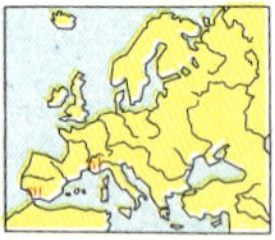

Verbreitung: im Süden Spaniens, Frankreichs. **Lebensraum:** flache Meeresküsten, seichte Lagunen, Überschwemmungsgebiete, flache Seen mit geringer Ufervegetation; *Jahresvogel.* **Nahrung:** Wasserinsekten, deren Larven, Schnecken, Muscheln, Würmer, kleine Fische. **Fortpflanzung:** flaches *Nest* im seichten Wasser oder dicht am Ufer aus Schlamm, aufgehäuften Steinen, Muschelstücken; Nestauslage kleine Zweige, Muscheln, Federn; brütet in Kolonien; 1 *Brut* April bis Juni; *Eier* 1–2 (3), weiß, länglich; *Brutdauer* 30–32 Tage; ♂ und ♀ brüten, betreuen die *Jungen,* die das Nest mit 3–4 Tagen kurzzeitig verlassen und bis zum 14. Tag gefüttert werden; *Platzhocker.* **Ruf:** gänseartig „kä-kä“, „ka-kak“, „honk-a-honk“.

VIII. Ordnung: Schreitvögel *(Cressóres)*

Nesthocker (Beine und Flügel wachsen langsamer als der Körper); die meisten Schreitvögel haben lange Beine, langen Hals sowie langen, kräftigen, spitzen Schnabel; fressen nur tierische Nahrung; Europa 3 Familien:

1. Familie: Ibisse *(Threskiornithidae);* Schnabel entweder schlank, etwas nach unten gebogen oder gerade und an der Spitze breit abgeplattet; Europa 2 Gattungen:

Gattung: Sichler *(Plegádis);* Schnabel lang, spitz, abwärtsgebogen; Europa 1 Art:

Brauner Sichler
Plegádis falcinéllus (Linné)

So groß wie Stockente; einfarbig dunkelbraun; Flügel dunkel metallischgrün; **56 cm.**

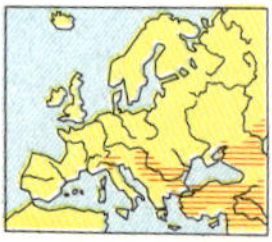

Verbreitung: *lokal:* Süd-UdSSR, Nordwestitalien, Balkan. **Lebensraum:** Sumpfgebiete mit Schilf, Rohr, eingestreutem Weiden- und Erlengebüsch; *Zugvogel.* **Nahrung:** Insekten, deren Larven, Weichtiere, kleine Amphibien, Würmer. **Fortpflanzung:** *Schilfnest* auf dem Boden oder niedrigem Gebüsch; brütet in Kolonien; 1 *Brut* Mai bis Juni; *Eier* 3–4 (–6), blaugrün; *Brutdauer* 21 Tage; ♂ und ♀ brüten, betreuen die *Jungen,* die mit 14 Tagen das Nest verlassen, mit 24 Tagen fliegen können und bis zum 35. Tag ins Nest zurückkehren, um in den *Brutkolonien* wahllos von allen Alten gefüttert zu werden; *Nesthocker.* **Ruf:** „rha“ oder „gra-ak“, daneben ertönen grunzende Laute; selten zu hören.

Gattung: Löffler *(Platálea);* Schnabel löffelförmig; in Europa nur 1 Art:

Löffler
Platálea leucoródia LINNÉ

Etwas kleiner als Graureiher; weiß, Flügelspitzen schwarz; Schnabel schwarz (bei Jungvögeln rot); **86 cm.**

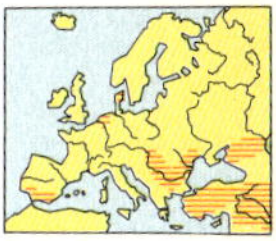

Verbreitung: *lokal:* Südspanien, Holland, Österreich (Neusiedler See), Ostbalkan, Süden der UdSSR. **Lebensraum:** Sumpfgebiete mit Schilf, Rohr und eingestreutem Weiden-, Erlengebüsch; *Zugvogel.* **Nahrung:** Wasserinsekten, deren Larven, kleine Fische, Fischlaich, Schnecken, Muscheln, Kaulquappen. **Fortpflanzung:** *Schilfnest* auf dem Boden oder niedrigem Gebüsch; Nestauslage Gras, Federn; Brütet in Kolonien; 1 *Brut* April–Mai (Juni); *Eier* 4 (3–7), mattweiß, rotbraun gefleckt; *Brutdauer* 21–25 Tage; ♂ und ♀ brüten, betreuen die *Jungen,* die mit 28 Tagen das Nest verlassen und mit 49 Tagen flügge sind; *Nesthocker.* **Ruf:** grunzend „hu-hu-hurhur", erregt schnabelklappernd; selten zu hören.

2. Familie: Störche *(Ciconiidae);* Störche stehen nach Bau und Verhalten den Ibissen näher als den Reihern, obwohl sie mit diesen viel Ähnlichkeit haben; beim Fliegen bewegen sie ihre Flügel langsam (ruhiger Flug, gute Segler), wobei sie den lang vorgestreckten Hals leicht abwärts neigen; Schnabel, Beine rot; Gang gemessen, stelzend; Europa 1 Gattung:

Gattung: Störche *(Cicónia);* Europa 2 Arten:

Weißstorch
Cicónia cicónia (LINNÉ)

Größe bekannt; ♂ und ♀ weiß, schwarze Schwingen; Schnäbel lang, kräftig, rot, bei Jungvögeln schwärzlich; **102 cm.**

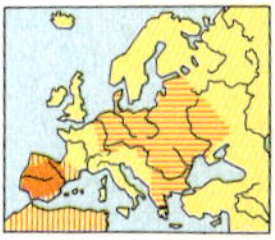

Verbreitung: Portugal, Mittelspanien, Bundesrepublik Deutschland, DDR, Dänemark, Balkan, Mittel- und Süd-UdSSR. **Lebensraum** und **Lebensweise:** feuchte Wiesen mit Teichen, Bächen, Sümpfen; wenig Scheu vor Menschen; besetzt jedes Jahr meist dasselbe Nest; *Zugvogel.* **Nahrung:** Frösche, Fische, Mäuse, Reptilien, Jungvögel, Insekten, Würmer, Schnecken. **Fortpflanzung:** *Nest* auf Bäumen, Dachfirsten, stillgelegten Schornsteinen, Telegraphenmasten; Nestmaterial dornige Zweige (außen), Äste, Knüppel; 1 *Brut* April–Mai; *Eier* 3–5 (1–7), weiß; *Brutdauer* 33–34 (30–32) Tage; ♂ und ♀ brüten, betreuen die *Jungen,* die mit 54–63 Tagen fliegen und mit 70 Tagen selbständig sind; *Nesthocker.* **Ruf:** Zischen, Klappern mit dem Schnabel.

Schwarzstorch
Cicónia nigra (LINNÉ)

Etwas kleiner als Weißstorch; ♂ und ♀ schwarz, Bauch weiß; Kopf, Hals bei Altvögeln purpurn schillernd; Schnabel, Beine dunkelrot, bei Jungvögeln graugrünlich; **97 cm.**

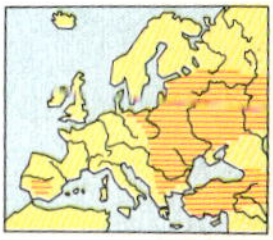

Verbreitung: Mittel-, Osteuropa, Südspanien; *vereinzelt* England, Finnland. **Lebensraum** und **Lebensweise:** feuchte Laub-, Mischwälder abseits menschlicher Siedlungen; sehr scheu; *Zugvogel.* **Nahrung:** Frösche, Fische, Wasserinsekten, kleine Säuger. **Fortpflanzung:** *Nest* in Baumkronen; Nestmaterial Zweige, Äste; 1 *Brut* April bis Mai; *Eier* 4 (3–5), weiß; *Brutdauer* 32–35 (–46?) Tage; ♂ und ♀ brüten, betreuen die *Jungen* (mit 63–76 Tagen flügge); *Nesthocker.* **Ruf:** „huji-ji", „chi-chi", „ha-hi", erregt „fiiich".

3. Familie: Reiher *(Ardéidae);* ähneln Störchen (langer Hals, lange Beine, langer bis mittellanger Schnabel); beim Auffliegen Hals lang ausgestreckt, später aber (anders als bei allen anderen Schreitvögeln) eingewinkelt, so daß der Kopf an den Schultern zu liegen kommt; Beine während des Fluges wie bei Störchen nach hinten gestreckt; fliegen in gemächlichem Ruderflug; segeln nicht; Europa 6 Gattungen:

Gattung: Reiher *(Árdea);* vorwiegend grau oder rotbraun; Europa 2 Arten:

Graureiher
Árdea cinérea LINNÉ

Kleiner als Weißstorch; vorwiegend grau; Flügel schiefergrau; Hinterkopf und Kropf mit verlängerten Federn; **91 cm.**

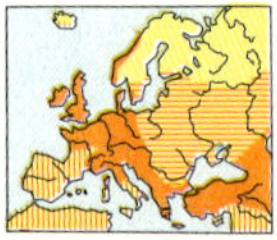

Verbreitung: fast ganz Europa; *fehlt:* Island, Nordeuropa, Südwesteuropa, Mittel- und Süditalien, Sizilien und Sardinien. **Lebensraum:** stehende und fließende Gewässer, hält sich im flachen Wasser der Uferzone auf; *Teilzieher.* **Nahrung:** Fische, Frösche, Eidechsen, Mäuse, Insekten, Schnecken, Würmer. **Fortpflanzung:** *Nest* aus trockenem Reisig mit ausgepolsterter Mulde auf hohen Bäumen, manchmal auch im dichten Röhricht; *Kolonienbrüter;* 1 *Brut* März bis April; *Eier* 4–6 (3–7), blaugrün; *Brutdauer* 23–28 Tage; ♂ und ♀ brüten, betreuen die *Jungen* (mit 45–49 Tagen flügge); *Nesthocker.* **Ruf:** heiser „kräiik".

Purpurreiher
Árdea purpúrea (LINNÉ)

Wesentlich kleiner als Graureiher; vorwiegend rotbraun; Hals rostrot; Scheitel schwarz; Oberseite, Flügel, Schwanz schiefergrau; **79 cm.**

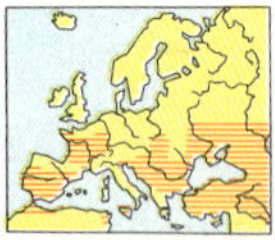

Verbreitung: Portugal, Südspanien, Nord-, Südfrankreich, Norditalien, Neusiedler See, Balkan, Süd-UdSSR. **Lebensraum:** Gewässer mit breiten Rohr-, Schilfbeständen; *Zugvogel.* **Nahrung:** Fische, Frösche, Schlangen, Eidechsen, Insekten. **Fortpflanzung:** flaches Nest im Schilf oder nischigem Weidendickicht; 1 *Brut* Mai–Juli; *Eier* 4–6 (3–7), blaugrün; *Brutdauer* 23–28 Tage; ♂ und ♀ brüten, betreuen die *Jungen* (mit 45–49 Tagen flügge); *Nesthocker.* **Ruf:** „kreck", „korr", erregt „quärr".

Gattung: Silberreiher *(Egretta);* weiß; Europa 2 Arten:

Silberreiher
Egrétta álba (LINNÉ)

Etwa so groß wie Graureiher; Beine und Füße schwärzlich; Schnabel schwarz, am Grunde gelb; **89 cm.**

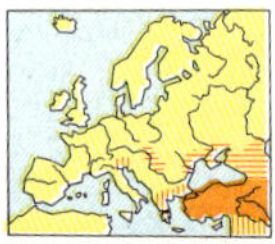

Verbreitung: Österreich (Neusiedler See), Rumänien, Nord-Jugoslawien, Süd-UdSSR. **Lebensraum:** Sümpfe, Ufer von Flüssen und Seen mit breitem Rohr-, Schilfgürtel; *Teilzieher.* **Nahrung:** Fische, Frösche, Insekten, Reptilien. **Fortpflanzung:** *Nest* auf umgebrochenen Halmen über dem Wasserspiegel in der dichten Ufervegetation; Nestmaterial Schilf; 1 *Brut* April–Juni; *Eier* 3–4 (–6), blaugrün; *Brutdauer* 25–26 Tage; ♂ und ♀ brüten, betreuen die *Jungen* (mit 42 Tagen flügge); *Nesthocker.* **Ruf:** „rah", „räh".

Seidenreiher
Egrétta garzétta (LINNÉ)

Ähnlich Silberreiher, aber viel kleiner; im Sommer mit herabhängender Haube und verlängerten, fein zerschlissenen Schulterfedern; Schnabel schwarz, ohne Gelb; Füße gelb; **56 cm.**

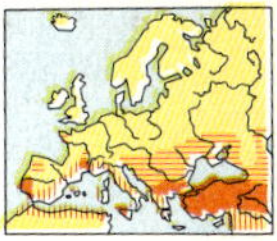

Verbreitung: Südeuropa, vor allem Balkanstaaten. **Lebensraum:** sumpfiges Gelände in Wassernähe; *Teilzieher.* **Nahrung:** Frösche, Fische, Eidechsen, Insekten, Würmer, Schnecken, Wasserinsekten; hält sich bei der Nahrungssuche im flachen Uferwasser auf. **Fortpflanzung:** *Nest* mit tiefer Mulde aus trockenen Zweigen auf Bäumen; 1 *Brut* April–Juni; *Eier* 4–5 (3–6), grünblau; *Brutdauer* 19–25 Tage; ♂ und ♀ brüten und betreuen die *Jungen; Nestflüchter.* **Ruf:** krächzend „ärk“, „ork“, „kre-kre-kre“.

Gattung: Nachtreiher *(Nycticorax);* Europa 1 Art:

Nachtreiher
Nycticorax nycticorax (LINNÉ)

Etwas größer als vorige Art; Gefieder auffällig weiß, schwarz und grau; Brust, Stirn weiß; Scheitel, Rücken schwarz, Flügel grau; Auge rot; lange Nackenfedern; **61 cm.**

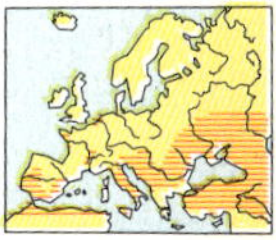

Verbreitung: vorwiegend Südeuropa; lokal: Westfrankreich, Niederlande. **Lebensraum:** sumpfige Wiesen mit Rohr, Gebüsch, niedrigen Baumgruppen; *Zugvogel.* **Nahrung:** Frösche, Fische, Eidechsen, Insekten. **Fortpflanzung:** *Nest* mit flacher Mulde zwischen Weiden oder in dichtem Baumbestand; Nestmaterial trockene Zweige; 1 *Brut* April–Juni; *Eier* 4 (3–5), blaugrün; *Brutdauer* 21 Tage; ♂ und ♀ brüten, betreuen die *Jungen,* die mit 21–28 Tagen das Nest verlassen und mit 49–56 Tagen flügge sind; *Nesthocker.* **Ruf:** „quack“, „krak“, erregt „keck“.

Gattung: Kuhreiher *(Ardéola);* vorwiegend weiß mit braungelben Federn; Europa 2 Arten:

Kuhreiher
Ardéola ibis (LINNÉ)

Kleiner als Nachtreiher; Schnabel, Beine rötlich; braungelbe Federn verschwinden nach der Brutzeit; **51 cm.**

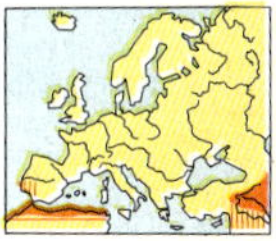

Verbreitung: Südportugal, Südspanien; *umherstreifend:* Dänemark, England, Balkanstaaten. **Lebensraum:** offene Weiden; hält sich gern zwischen dem Vieh auf; *Teilzieher.* **Nahrung:** Heuschrecken, Viehschmarotzer (Zecken). **Brutbiologie** unbekannt. **Ruf:** zur Brutzeit krächzende Laute verschiedener Art.

Rallenreiher
Ardéola ralloides (SCOPOLI)

Etwas kleiner als vorige Art; ähnlich Kuhreiher, aber Schnabel und Beine grünlich; Rücken braungelb; **46 cm.**

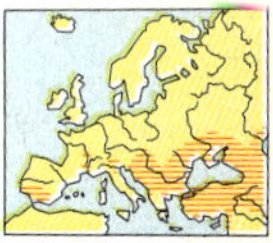

Verbreitung: Portugal, Südspanien, Jugoslawien, Ungarn, Bulgarien, Rumänien, Süd-UdSSR; *umherstreifend* bis England. **Lebensraum:** Sumpfgebiete an Seen und Flüssen mit dichtem Gebüsch, Bäumen; *Zugvogel.* **Nahrung:** Frösche, kleine Fische, Insekten. **Fortpflanzung:** *Nest* aus Reisig und Rohr auf Bäumen, Sträuchern; 1 *Brut* Mai–Juli; *Eier* 4–5 (6), blaugrün; *Brutdauer* 22 bis 23? (16–18?) Tage; ♂ und ♀ brüten, betreuen die *Jungen; Nesthocker.* **Ruf:** heiser „kärr“, „kärr“.

Gattung: Zwergdommeln *(Ixobrýchus);* Grundfarbe braun; Europa 1 Art:

Zwergrohrdommel
Ixobrýchus minútus (LINNÉ)

Etwas kleiner als Lachmöwe; ♂ Scheitel, Rücken, Flügelenden, Schwanz schwarz; Flügel mit großem, rahmfarbenem Feld; ♀ schilffarben, dunkel gefleckt und gestreift; **36 cm.**

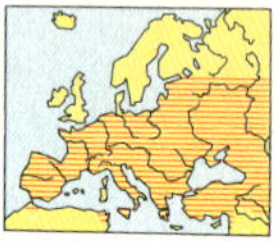

Verbreitung: fast ganz Mittel- und Südeuropa; *fehlt* auch: England, Irland. **Lebensraum:** stehende, aber auch fließende Gewässer mit dichtem Rohr- und Schilfbestand; *Zugvogel.* **Nahrung:** Wasserinsekten, Fische, Frösche, Schnecken, Würmer. **Fortpflanzung:** kegelförmiges *Nest* mit flacher Mulde dicht am Wasser auf Rohr- und Schilfstengeln oder Büschen; 1 *Brut* Juni–Juli; *Eier* 5–6 (4–10), weiß; *Brutdauer* 16 bis 19 Tage; ♂ und ♀ brüten und betreuen die *Jungen,* die mit 7–12 Tagen zeitweise das Nest verlassen und mit 30 Tagen flügge sind; *Nesthocker.* **Ruf:** „wurr", „gru", erregt „gät".

Gattung: Rohrdommeln *(Botáurus);* Europa 2 Arten:

Große Rohrdommel
Botáurus stelláris (LINNÉ)

Etwas größer als Purpurreiher; Gefieder ockergelb, lebhaft gefleckt, gebändert; Flügel auffällig schwarz und braun gestreift; Beine grün; **76 cm.**

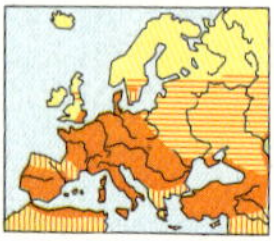

Verbreitung: fast ganz Mittel- und Südeuropa; *fehlt:* Nordspanien, Griechenland; lokal: England, Südschweden. **Lebensraum:** Gewässer mit breitem Schilf-, Rohrgürtel (Ufervegetation darf nicht zu dicht sein); *Teilzieher.* **Nahrung:** Fische, Frösche, Insekten, Würmer, Eidechsen, Mäuse, gelegentlich junge Vögel; junge Rohrdommeln verschlingen verhältnismäßig große Fische; diese reichen oft vom Magen, in welchem der Kopf schon verdaut wird, bis zum Schnabel, aus welchem der Schwanz noch ganz frisch heraussteht. **Fortpflanzung:** niedriges *Nest* im Schilf dicht am Wasser; Nestmulde nicht gepolstert; 1 *Brut* März bis Juni; *Eier* 5–6 (3–7), hellbraun, nicht glänzend; *Brutdauer* 25–26 Tage; ♀ brütet; mit 15 bis 16 Tagen verlassen die *Jungen* das Nest (Ausflüge in die Umgebung), in das sie mit 28 bis 35 Tagen nicht mehr zurückkehren (mit 56 Tagen flügge); *Nesthocker.* **Ruf:** dumpf „üprump", meist nur nachts. – Die sehr ähnliche, aber etwas kleinere (66 cm) **Amerikanische Rohrdommel** *Botáurus lentiginósus* (MONTAGU) (Brutvogel in Kanada und USA) wird zeitweilig in Großbritannien, auf den Färöer und auf Island sowie in Dänemark und Spanien angetroffen.

134.1 Große Rohrdommel am Nest: Pfahlstellung

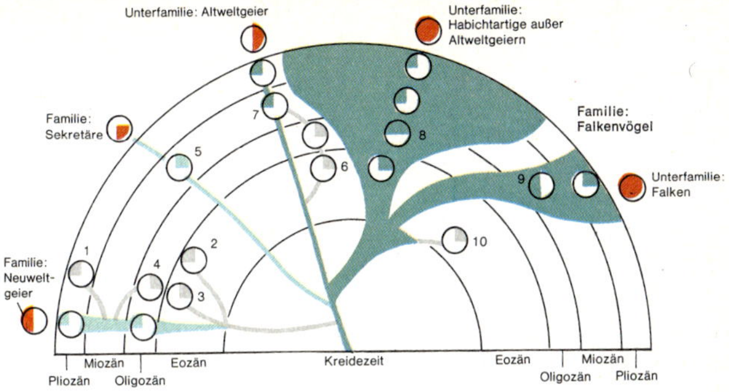

135.1 Hypothetischer Stammbaum der Greifvögel *(nach* W. MEISE*).* Nach dieser Darstellung zweigen sich die *Urgreifvögel* schon in der Kreidezeit in die wichtigsten jetzt lebenden Familien auf: *Neuweltgeier, Sekretäre, Habichtartige, Falken.* Die mit 1–10 numerierten Kreise bezeichnen ausgestorbene Arten oder Gruppen von Greifvögeln; vgl. S. 77 und den Text zu Abb. 79.1

IX. Ordnung: Greifvögel *(Accipitres)*

Hakenförmig abwärts gebogener Oberschnabel **(Greifvogelschnabel);** Beute wird, wie auch bei Eulen, mit den Füßen **(Fängen)** ergriffen, eine bei allen übrigen Vögeln nicht vorkommende Fangweise; Beute wird vor dem Verschlingen zerkleinert, aber nicht bevor ein Teil der Haare oder Federn ausgerupft und als **„Rupfung"** liegengelassen wird; Nahrung wird **gekröpft,** d. h., sie wird zunächst in einer kropfartigen Erweiterung der Speiseröhre gesammelt und nach und nach an den Muskelmagen weitergegeben; ausgespieene **Gewölle** enthalten, im Gegensatz zu Eulengewöllen, in der Regel keine Knochen, da diese im Muskelmagen fast völlig aufgelöst werden; mit Ausnahme der Falken bauen Greifvögel in der Regel ihren **Horst** selbst; alle Greifvögel sind **Nesthocker** (schlüpfen mit offenen Augen und Ohren, sind beim Verlassen des Eies schon mit Dunen bedeckt; der weiße (bis graue) **Flaum** läßt die Jungen in den ersten Wochen wie ein Wollknäuel aus weichen Haaren erscheinen; das erste Federkleid weicht in der Regel sehr vom Alterskleid ab, besonders bei solchen Männchen, die im Alter ein vom Weibchen stark abweichendes Federkleid tragen; Nestjunge mancher Greifvogelarten werden vor dem Flüggewerden durch gute Fütterung so schwer, daß ihr Gewicht das der Altvögel, auch deren Höchstgewicht, übersteigt. Es gibt auf der Erde *262 Greifvogelarten:* **5 Familien** (2 fossile); 1 Familie, *Falkenvögel,* in Europa mit insgesamt 38 Arten; Familien 1–4 nicht in Europa; die meisten Greifvogelarten gehören zur Familie der *Falkenvögel* (5. Familie):

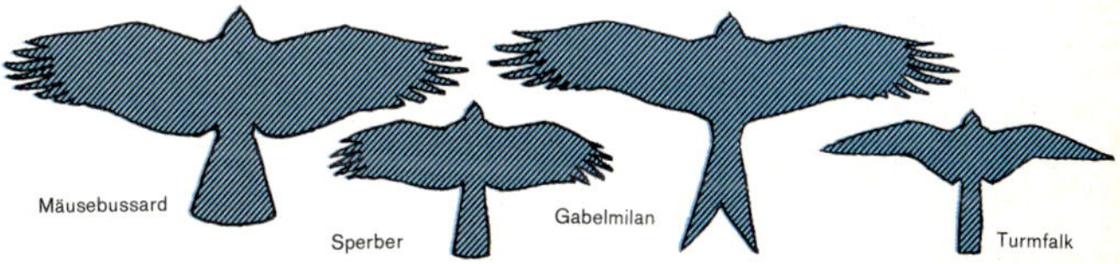

135.2 Greifvögel: Flugbilder

5. Familie: Falkenvögel *(Falcónidae);* in Europa 2 Unterfamilien:

1. Unterfamilie: Habichtartige *(Accipitrinae);* mittelgroß bis sehr groß; Oberschnabel jederseits *ohne Zahn* (eine bei Falken vorhandene zahnartige Ausbuchtung beiderseits am Oberschnabelrand); im *Nasenloch keine Höcker* (vgl. 2. Unterfamilie, S. 145); 68 Gattungen mit 198 Arten, die man in 8 Gruppen *(Gattungsgruppen)* zusammenfaßt; manche Autoren geben den Unterfamilien den Rang von Familien, den Gattungsgruppen den Rang von Unterfamilien; in Europa 7 Gattungsgruppen:

1. Gruppe: Gleitaare; etwa dohlengroß mit kurzem, etwas eingeschnittenem Schwanz; Europa 1 Gattung:

Gattung: Gleitaare *(Élanus);* Europa 1 Art:

Schwarzflügelgleitaar
Élanus caerúleus (DESFONTAINES)

So groß wie Turmfalk, helleres Federkleid als dieser; Rücken hellgrau; Schultern schwarz; Schwanz weißlich; Augen dunkelrot; **33 cm.**

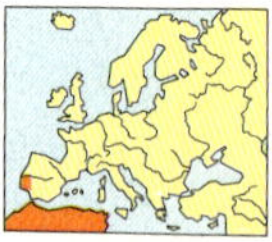

Verbreitung: Südportugal. **Lebensraum** und **Lebensweise:** Kulturland mit Wiesen, Äckern, einzelnen Baumgruppen; auch in der Steppe; rüttelt ähnlich dem Turmfalken; stellt beim Segeln Flügel V-förmig nach oben; *Jahresvogel.* **Nahrung:** kleine Nagetiere, Reptilien, Insekten. **Fortpflanzung:** *Reisignest* in Bäumen, Büschen; *Eier* meist 3–4, gefleckt; *Brutdauer* 30 Tage; ♂ beteiligt sich beim Brüten; die *Jungen* bleiben meist 5 Wochen im Horst; *Nesthocker.* **Ruf:** pfeifend „kri-äh".

2. Gruppe: Milane – Wespenbussarde; Vögel von Bussardgröße; Europa 2 Gattungen:

Gattung: Wespenbussarde *(Pérnis);* Europa 1 Art:

Wespenbussard
Pérnis apivorus (LINNÉ)

Etwa so groß wie Mäusebussard, aber Flügel schmaler und länger; ♂ Kopf aschgrau, ♀ graubraun; Unterseite weißlich mit mehr oder weniger starker dunkler Fleckung; um die Augen kleine schuppenartige Federn; **54,5 cm** (51 bis 58 cm).

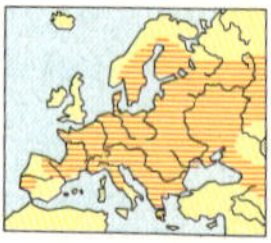

Verbreitung: fast ganz Europa; *fehlt:* Island, Irland, England, Norwegen, Norden Schwedens, Finnlands, der UdSSR; Nord-, Südspanien, Südfrankreich, Süditalien, Korsika, Sardinien, Sizilien. **Lebensraum:** von Wiesen unterbrochene Waldgebiete, Waldränder; *Zugvogel.* **Nahrung:** Honig, Larven, Imagos von Wespen, Hummeln, Bienen; andere Insekten; gelegentlich Frösche, Reptilien, Jungvögel, Mäuse, Würmer. **Fortpflanzung:** hoch gelegenes *Reisignest* auf Laubbäumen; Nestrand mit grünen Zweigen als Sonnenschutz besteckt; 1 *Brut* Mai–Juni; *Eier* 2, fast rund, rahmfarben, braun gefleckt; *Brutdauer* 30 Tage; ♂ und ♀ brüten, betreuen die *Jungen,* die schon mit 40–46 Tagen vom Horst fliegen, aber noch einige Zeit zum Füttern und Übernachten zurückkehren; *Nesthocker.* **Ruf:** „püiihe", „plilihe", „pihä".

136.1 Wespenbussard, Jungvögel beim Mahle

Gattung: Milane *(Milvus)*; Europa 2 Arten:

Roter Milan
Milvus milvus (LINNÉ)

Etwas größer als Mäusebussard; Gefieder vorwiegend fuchsrot; Schwanz tief gegabelt; Oberseite rotbraun, Unterseite heller, schwach gebändert; **60 cm.**

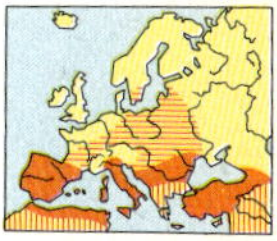

Verbreitung: West-, Süd-, Mitteleuropa; *fehlt:* Nordwestfrankreich, England, Belgien, Holland, Griechenland. **Lebensraum:** alter Baumbestand zwischen Wiesen, Lichtungen; scheut Nähe menschlicher Siedlungen nicht; *Teilzieher.* **Nahrung:** kleine Säuger, Vögel, Frösche, Reptilien, Schnecken, Würmer. **Fortpflanzung:** *Reisignest* in der Krone hoher Bäume; Nestauslage Gras, Wurzelfasern, Stoffreste, Papier, andere geeignete Abfälle; 1 *Brut* April–Mai; *Eier* 3 (2–4), schmutzigweiß, mit wenigen bräunlichen Flecken und Linien; *Brutdauer* 28 Tage; ♀ brütet hauptsächlich, ♂ zeitweise im Nest, füttert ♀; ♂ und ♀ betreuen die *Jungen* (verlassen mit 40–50 Tagen den Horst); *Nesthocker.* **Ruf:** trillernd „hiäh-hi-hi-hi-hi-hiäh".

Schwarzer Milan
Milvus migrans (LINNÉ)

Etwas kleiner als Mäusebussard; Schwanz wenig gegabelt; Gefieder dunkler als bei voriger Art; Schwanz dunkelbraun, mit Querbändern; **55 cm.**

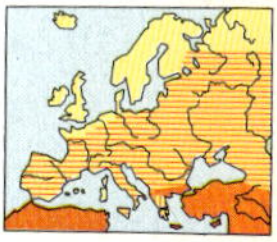

Verbreitung: fast ganz Europa; *fehlt:* Nordeuropa, Nordfrankreich, Belgien, Holland, Korsika, Sardinien, Südbalkan. **Lebensraum:** Flachland mit Wäldern in Gewässernähe; scheut Nähe menschlicher Siedlungen nicht; *Zugvogel.* **Nahrung:** Fische, Wasservögel, kleine Säuger, Frösche, Insekten, Nahrungsabfälle anderer Vögel, Aas. **Fortpflanzung:** *Reisignest* auf Bäumen in Wassernähe; Nestauslage Gras, Wurzelfasern, Stoffreste, Papier usw.; 1 *Brut* April–Juni; *Eier* 2–3 (1–5), weiß, mit spärlichen dunklen Flecken, Schnörkeln; *Brutdauer* etwa 28 Tage; ♀ brütet, ♂ füttert, brütet selten, ♂ und ♀ betreuen die *Jungen* (fliegen mit 42–45 Tagen aus); *Nesthocker.* **Ruf:** trillernd „hiäh-hi-ji-ji-ji-ji", „gih-wi-wi-wi".

3. Gruppe: Habichte; Schwanz nicht gegabelt; Flügel kurz, rundlich; Augen gelb; Altvögel Unterseite gewellt; in Europa 1 Gattung:

Gattung: Habichte *(Accipiter)*; in Europa 3 Arten:

Habicht
Accipiter gentilis (LINNÉ)

Etwa so groß wie Mäusebussard; ♀ viel größer als ♂; Oberseite dunkel; weißer Überaugenstreif; Schwanz lang, quergebändert; **48–61 cm.**

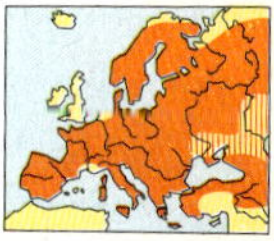

Verbreitung: fast ganz Europa; *fehlt:* Island, Irland, England, Nordkap. **Lebensraum** und **Lebensweise:** zusammenhängende Waldgebiete mit eingestreuten Lichtungen; jagt im Niedrig- und Gleitflug zwischen Bäumen, überrascht so die Beute; *Jahresvogel.* **Nahrung:** Säugetiere, Vögel (die im Flug oder am Boden geschlagen werden), Insekten, Aas. **Fortpflanzung:** flaches, breites *Reisignest* in Bäumen; benutzt Nester anderer Vögel; Nestauslage frische, grüne Zweige; 1 *Brut* April–Mai; *Eier* 3–4 (2–6), grünlichweiß, meist ungefleckt; *Brutdauer* 35–38 (41) Tage; ♂ und ♀ brüten, betreuen die *Jungen*, die mit 36–40 (–47) Tagen ausfliegen; *Nesthocker.* **Ruf:** „gigigig", „hi-ähk", „kirk".

Sperber
Accipiter nisus (LINNÉ)

Etwa so groß wie Turmfalk; ♂ Unterseite rotbraun, quergebändert (gesperbert), viel kleiner als das unterseits graugebänderte ♀; sonst ähnlich Habicht; **28–38 cm.**

Verbreitung: ganz Europa; *fehlt:* Island, Hoher Norden. **Lebensraum** und **Lebensweise:** kleine Wälder, die von Wiesen und Feldern unterbrochen werden; scheut nicht die Nähe menschlicher Siedlungen; jagt dicht über Hecken und Büschen; *Teilzieher.* **Nahrung:** kleine Singvögel, Säuger, auch große Insekten. **Fortpflanzung:** kleines *Reisignest* auf Bäumen in Stammesnähe; benutzt auch verlassene Nester von Tauben und Krähen; 1 *Brut* Mai–Juni; *Eier* 4–6 (–7), weiß, dunkel gefleckt und rundlich; *Brutdauer* 31–35 (–38) Tage; ♀ brütet, ♂ besorgt Nahrung, übergibt sie dem ♀, das die *Jungen* füttert; beim Tode des ♀ müssen die Jungen verhungern; ♂ und ♀ betreuen die Jungen, die mit 24–31 Tagen ausfliegen, aber noch oft in den Horst zurückkehren; *Nesthocker.* **Ruf:** „gigigigigig", „kirrk-kirrk".

Kurzfangsperber
Accipiter bádius (GMELIN)

Sehr ähnlich voriger Art, aber Unterseite kräftiger gebändert, Geschlechter weniger unterschiedlich; ♂ Wangen grau (statt rostfarben wie beim Sperber); **33–38 cm.**

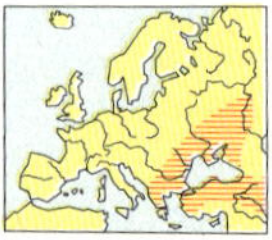

Verbreitung: Balkanstaaten, Nordgriechenland, im Süden der UdSSR, Türkei. **Lebensraum:** trockenes Gelände mit Buschwerk, Parkanlagen, Gärten; *Zugvogel.* **Nahrung:** große Insekten, kleine Säuger, Eidechsen. **Fortpflanzung:** *Nest* in Bäumen. *Brutbiologie* unbekannt. *Nesthocker.* **Ruf:** „ki-wek", „gi-gik".

4. Gruppe: Bussarde im weiteren Sinne; groß bis sehr groß; Lauf befiedert oder unbefiedert; Schwanz gerade abgeschnitten, abgerundet oder keilförmig; in Europa 9 Gattungen:

Gattung: Seeadler *(Haliáetus);* große Vögel; Schwanz keilförmig; in Europa 1 Art:

Seeadler
Haliáetus albicilla (LINNÉ)

Fast so groß wie Weißstorch; Schwanz keilförmig, weiß (Alterskleid); Kopf hellbräunlich; Schnabel sehr kräftig, gelb; Lauf unbefiedert; bis **91 cm.**

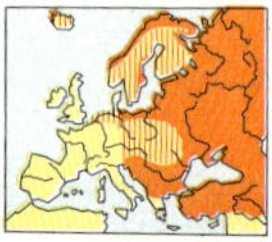

Verbreitung: Westirland, an Küste Norwegens, der Barent- und Ostsee; Balkan ohne Südgriechenland, UdSSR. **Lebensraum:** große Seen, Flüsse, Meeresküste mit Baumwuchs; *Teilzieher.* **Nahrung:** große Fische, die beim Niederstoßen erbeutet werden, Wasservögel, Säugetiere, Aas. **Fortpflanzung:** sehr großes *Baumnest* aus Knüppeln und Ästen; flache Nestmulde mit Moos und Gras gepolstert; 1 *Brut* Februar–Mai; *Eier* 2 (3), weiß; *Brutdauer* 34–40 (–49) Tage; ♂ und ♀ brüten (das ♀ länger) und betreuen die *Jungen,* die mit etwa 70 Tagen ausfliegen, aber noch etwa 28 Tage den Horst besuchen, wo sie von den Eltern gefüttert werden; *Nesthocker.* **Ruf:** „kri-kri-kri", „krau-krau".

Gattung: Adler *(Aquila);* groß; Schwanz nicht keilförmig; Unterseite dunkel; in Europa 5 Arten:

Steinadler
Aquila chrysáetos (LINNÉ)

Etwas kleiner als vorige Art; Alterskleid einfarbig dunkel; Kopf, Nacken goldgelb getönt; Jugendkleid: Schwanz weiß mit breiter, dunkler Endbinde; **76–89 cm.**

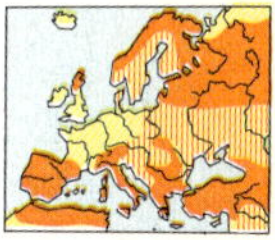

Verbreitung: Schottland, Norwegen, Mittel-, Nordfinnland, Nord-UdSSR, Karpaten, Griechenland, Gebirge des Balkans, Alpen, Apenninnen, meiste Mittelmeerinseln, Pyrenäenhalbinsel; *umherstreifend:* Holland, Belgien. **Lebensraum:** Gebirge mit einsamen und unzugänglichen Felsvorsprüngen und steilen Wänden; *Jahresvogel.* **Nahrung:** große Säugetiere, Vögel, Reptilien, Fische, Aas. **Fortpflanzung:** *Nest* auf Felsvorsprüngen im Schutz überhängender Wand, seltener auf Bäumen; Nestmaterial Äste, Knüppel; Nestauslage kleine Zweige, Kräuter, Flechten; 1 *Brut* März bis April; *Eier* 2 (3–4), rauhschalig, matt, schmutzigweiß, dunkel gefleckt; *Brutdauer* 44 bis 45 Tage; ♂ und ♀ brüten (manchmal nur ♀), betreuen die *Jungen* (mit 77–80 [56–91] Tagen flügge); *Nesthocker.* **Ruf:** „hiäh", „keck-keck-keck".

Kaiseradler
Aquila heliaca (SAVIGNI)

Etwa so groß wie vorige Art; Gefieder schwärzlichbraun; Scheitel, Nacken hellgelblichbraun; Schultern oft mit einigen weißen Flecken; **79 bis 84 cm.**

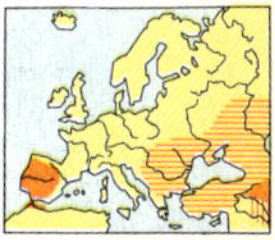

Verbreitung: Südwesten von Portugal, Spanien, Balkanstaaten bis Nordgriechenland, Süden der UdSSR, Türkei. **Lebensraum:** offene Landschaft mit einzelnen hohen Bäumen, Waldränder; *Teilzieher.* **Nahrung:** kleine Säugetiere, Aas. **Fortpflanzung:** *Nest* sehr breit, auf hohen Bäumen; Nestmaterial wie Steinadler; *Brutbiologie* unbekannt; *Nesthocker.* **Ruf:** „kjau-kjau".

Schreiadler
Aquila pomarina BREHM

Wesentlich kleiner als vorige Art; Alterskleid einfarbig erdbraun; Jungvögel fleckig; Lauf vollbefiedert; **61–66 cm.**

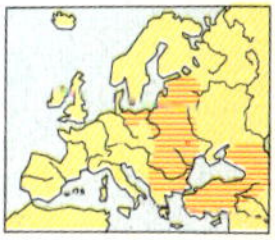

Verbreitung: im Norden der DDR, Polen, Balkanstaaten, UdSSR etwa bis zur Verbindungslinie Leningrad–Kiew. **Lebensraum:** große, einsame Mischwälder mit Seen, Flüssen, Sümpfen; *Zugvogel.* **Nahrung:** kleine Säuger, Fische, Reptilien, Würmer, Aas. **Fortpflanzung:** relativ kleines *Nest* in großer Höhe in alten Bäumen, oft am Rande einer Lichtung; 1 *Brut* April–Juni; *Eier* 2 (1), schmutzigweiß, rosa, blaugrün, dunkelbraun gefleckt; *Brutdauer* 38 (–43) Tage; ♀ brütet (gelegentlich auch ♂), ♂ holt Nahrung für ♀ herbei, ♂ und ♀ betreuen die *Jungen* (mit 56 Tagen flügge); *Nesthocker.* **Ruf:** „jef-jef-jef", „kjü-kjü-kjü".

Schelladler
Aquila clanga PALLAS

Ähnlich voriger Art, aber etwas größer und Alterskleid tiefbraun mit weißen Bürzelflecken; **66–74 cm.**

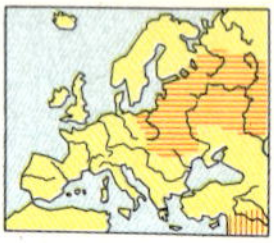

Verbreitung: Polen, Rumänien, von Ostseegebieten ab ostwärts in UdSSR; *umherstreifend:* Großbritannien, Schweden. **Lebensraum:** nicht zu dichte, sumpfige Waldgebiete in Gewässernähe; *Zugvogel.* **Nahrung:** kleine Säuger, Vögel, Reptilien, Fische. **Fortpflanzung:** großes *Nest* aus Knüppeln und Ästen sehr hoch in alten Bäumen; 1 *Brut* April–Mai; *Eier* 2 (1), schmutzigweiß und rauhschalig, gelb bis braun gefleckt; *Brutdauer* 42–44 Tage; ♀ brütet (♂ nur gelegentlich), ♂ und ♀ betreuen die *Jungen* (mit 63 Tagen flügge); *Nesthocker.* **Ruf:** „klück-klück", „kjeff-kjeff" (wie Hundegebell).

Gattung: Schmutzgeier *(Néophron);* Kopf und Kehlhaut nackt, gelblich; in Europa 1 Art:

Schmutzgeier
Néophron percnópterus (LINNÉ)

Etwas größer als Mäusebussard; Schwanz keilförmig, weiß; Unterseite der Flügel weiß, mit schwarzen Handschwingen; **58–66 cm.**

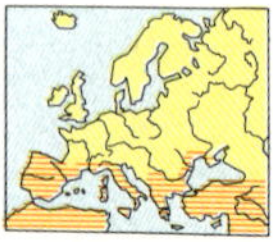

Verbreitung: Portugal, Spanien, Südfrankreich, Balearen, Mittel-, Süditalien, Südbalkan, Türkei, UdSSR am Schwarzen Meer. **Lebensraum:** trockenes, felsiges Gelände, aus Ernährungsgründen Nähe menschlicher Siedlungen; *Teilzieher:* Großbritannien, Dänemark. **Nahrung:** hauptsächlich Unrat, Aas; zuweilen Insekten, Kriechtiere, Säugetiere; auch Datteln; **Fortpflanzung:** *Nest* auf Felsvorsprüngen, in Höhlen; Nestmaterial Reisig, Nahrungsabfälle; *Nesthokker.* **Ruf:** krächzend, pfeifend.

Gattung: Mönchsgeier *(Aegýpius);* Europa 1 Art:

Mönchsgeier
Aegýpius mónachus (LINNÉ)

So groß wie Hausstorch; Schwanz schwach keilförmig, länger als bei voriger Art; Halskrause im Alterskleid braun; Hals über der Halskrause nackt, bläulich fleischfarben; **1,02 m** (0,99 bis 1,02 m).

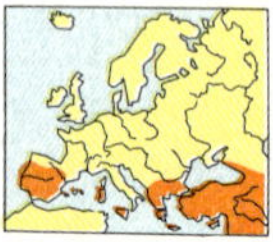

Verbreitung: Südportugal, Mittel-, Südspanien, Südbalkan, Sizilien, Kreta, Sardinien, Süden der UdSSR. **Lebensraum:** trockenes, steppenartiges Gelände; *Teilzieher:* Dänemark, Großbritannien. **Nahrung:** fast ausschließlich Aas, seltener Säugetiere, Schildkröten; Gewölle aus Haut, Haaren, Federn seiner Opfer. **Fortpflanzung:** *Nest* auf einzelnstehenden Bäumen; 1 *Brut* Februar–März; *Eier* 1 (selten 2), weiß, meist rotbraun und grauviolett gefleckt; *Brutdauer* 51–53 Tage; ♂ und ♀ brüten und betreuen die *Jungen; Nesthocker.* **Ruf:** krächzend, pfeifend.

Gattung: Bussarde *(Búteo);* Flügel, Schwanz breit, gerundet; in Europa 3 Arten:

Adlerbussard
Búteo rufinus (CRETSCHMAR)

Etwas kleiner als vorige Art; Schwanz hell zimtfarben, nicht gebändert; Gefieder variiert von rostbraun bis sehr dunkel; **61 bis 66 cm.**

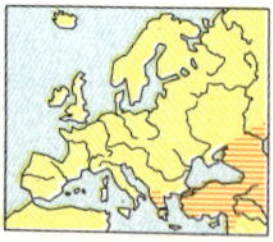

Verbreitung: Mittelgriechenland, Süd-UdSSR. **Lebensraum:** ödes Gelände (Steppen, Wüsten) mit geringem Baumwuchs, kahlen Berghängen; *Zugvogel.* **Nahrung:** kleine Nager, Reptilien, Vögel. **Fortpflanzung:** *Nest* auf Felsen, niedrigen Bäumen, Büschen, auf dem Boden; *Brutbiologie* unbekannt; *Nesthocker.* **Ruf:** ähnlich Mäusebussard.

Mäusebussard
Búteo búteo (LINNÉ)

Größe bekannt; Schwanz an Unterseite mit 10 bis 12 schmalen, dunklen Binden; Lauf gelb, unbefiedert; Oberseite dunkelbraun; Unterseite hell bis sehr dunkel, gefleckt; **51–56 cm.**

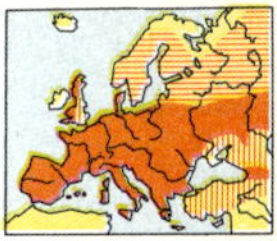

Verbreitung: fast ganz Europa; *fehlt*: Island, Irland, Ostengland, im hohen Norden Europas und im Süden der UdSSR. **Lebensraum:** Waldränder der verschiedenen Landschaftstypen; *Teilzieher;* Winterquartiere selten Nordafrika, meist Westeuropa. **Nahrung:** kleine Säugetiere (Mäuse, Ratten, Maulwürfe), Frösche, Reptilien, Vögel, Insekten, Würmer, Schnecken. **Fortpflanzung:** *Nest* auf Bäumen, meist an Waldrändern; Nestmaterial Zweige und Äste mit Gräsern, Kräutern und Haaren als Auslage; 1 *Brut* März–Juni; *Eier* 3 (1–6), weiß, blaugrau, rosa und braun gefleckt; *Brutdauer* 28–31 Tage; ♂ und ♀ brüten; *Junge* mit 42–49 Tagen flügge; bekanntes Höchstalter 24 Jahre (Ringvogel); *Nesthocker.* **Ruf:** „wie-äh".

Rauhfußbussard
Búteo lagópus (BRÜNNICH)

Etwa so groß wie Mäusebussard; Schwanz weißlich, mit dunkler Endbinde; Lauf befiedert; Unterseite hell mit schwarzer „Bauchbinde"; **51 bis 61 cm.**

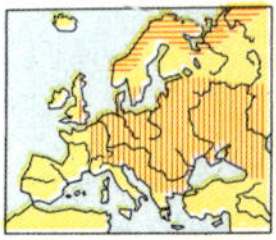

Verbreitung: Norwegen, im Norden Schwedens, Finnlands, der UdSSR. **Lebensraum:** Strauch-, Moostundra; sitzt gern auf Erdhaufen, Steinen; *Teilzieher;* zuweilen Invasion auch in Deutschland (in schlechten Lemmingjahren). **Nahrung:** Nager (vor allem Lemminge), Vögel, Frösche, Aas. **Fortpflanzung:** *Nest* meist am Boden, auch in Klippen und auf niedrigen Bäumen; 1 *Brut* April–Juni; *Eier* 3–6, schmutzig- bis grünlichweiß, dunkel gefleckt; *Brutdauer* 31 Tage; ♀ brütet (vielleicht auch ♂), ♂ und ♀ betreuen die *Jungen* (mit 41 Tagen flügge); *Nesthocker.* **Ruf:** wie Mäusebussard.

Gattung: Bartgeier *(Gypáetus);* in Europa 1 Art:

Bartgeier
Gypáetus barbátus (LINNÉ)

Größer als Weißstorch; Kopf rahmfarben, mit schwarzem Kinnbart; Schwanz lang, dunkel, stark keilförmig; **1,08 m** (1,02–1,14 m).

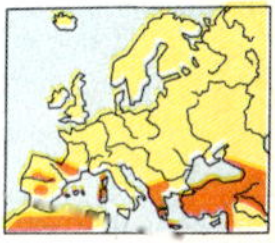

Verbreitung: lokal: Mittel-, Südspanien, Pyrenäen, Korsika, Sardinien, Griechenland, Türkei. **Lebensraum:** Gebirgslandschaften mit schroffen Felsen und tiefen Schluchten; *Jahresvogel.* **Nahrung:** Säugetierknochen, Aas, Abfälle auf Müllplätzen, gelegentlich Säugetiere. **Fortpflanzung:** das relativ kleine *Nest* auf Felsvorsprüngen und in Felsspalten besteht aus Nahrungsabfällen, wenig Reisig und Pflanzenteilen; 1 *Brut* Dezember–Februar; *Eier* 1–2 (3); Brutdauer 55 Tage; ♂ und ♀ brüten und atzen die Jungen sehr oft nicht aus dem Kropf, sondern mit Beuteteilen; die *Jungen,* von denen meist nur eins am Leben bleibt, halten sich etwa 3 Monate im Horst auf; *Nesthocker.* **Ruf:** wispernd „wi-wi-wi", quakend „qua-qua-qua".

Gattung: Gänsegeier *(Gýps);* Europa 1 Art:

Gänsegeier
Gýps fúlvus (HABLIZL)

Etwas größer als Weißstorch; Kopf, Hals und Halskrause weiß; Schwanz kurz, fast rechteckig abgeschnitten; Halskrause bei Jungvögeln braun; **1,04 m** (0,97–1,04 m).

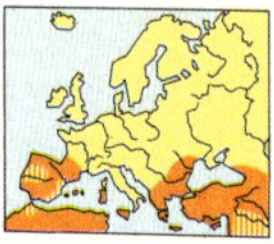

Verbreitung: Portugal, Spanien, Sardinien, Sizilien, an Mittelmeerküste von Jugoslawien, Albanien; Griechenland, Südosteuropa. **Lebensraum:** vegetationsarme, schluchtenreiche Gebirgslandschaften; *Teilzieher* bis Österreich, England, Dänemark, Finnland. **Nahrung:** Aas (besonders gern Brusteingeweide großer Säuger). **Fortpflanzung:** *Nest* auf Felsvorsprüngen, in Felsspalten; Nestmaterial wenig Reisig, Federn; 1 *Brut; Eier* 1, schmutzigweiß, rotbraun gefleckt; *Brutdauer* 48–50 Tage; ♂ und ♀ brüten, Ablösung oft erst nach 2 Tagen; pflanzen sich auch in großen Käfigen (Flugkäfigen) fort; *Nesthocker.* **Ruf:** zischend, krächzend.

Gattung: Zwergadler *(Hieráetus);* Flügel verhältnismäßig lang; in Europa 2 Arten:

Zwergadler
Hieráetus pennátus (GMELIN)

Kleiner als Stockente; Flügelbug im Alterskleid hell, Flügelbasis dunkel; Schwanz fast einfarbig, ziemlich hell; Unterseite hell (helle Form) oder dunkel (dunkle Form); **46 bis 53 cm.**

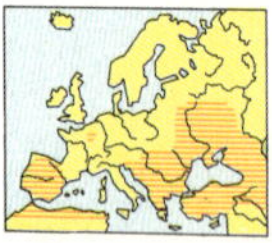

Verbreitung: Portugal, Spanien, *lokal:* Mittelfrankreich, Balkanstaaten, Nordgriechenland, Türkei, Süden der UdSSR. **Lebensraum:** bevorzugt als *Waldvogel* Misch- und reine Laubwälder des Flachlandes, der Mittelgebirge; *Zugvogel;* Winterquartiere bis Südostafrika, Südwestasien. **Nahrung:** kleine Säugetiere, Vögel. **Fortpflanzung:** kleines *Reisignest* in hohen Laubbäumen; 1 *Brut* April–Mai; *Eier* 2 (3), hellgrün, zuweilen mit bräunlichroten Flecken; *Brutdauer* 28 Tage; ♀ brütet, wird vom ♂ gefüttert; ♂ und ♀ betreuen die *Jungen,* die nach 45 Tagen ausfliegen, mit etwa 60 Tagen flügge sind; *Nesthocker.* **Ruf:** „kieh“.

Habichtsadler
Hieráetus fasciátus (VIEILLOT)

Etwa so groß wie Mantelmöwe; Flügel im Alterskleid nur an der Vorderkante hell; Unterseite weißlich; Schwanz mit breiter Binde; **60–74 cm.**

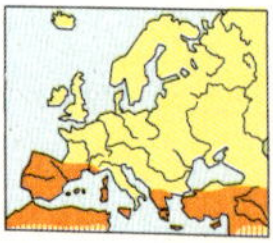

Verbreitung: Portugal, Spanien, Südfrankreich, Korsika, Sardinien, Sizilien, Mittel-, Südgriechenland. **Lebensraum:** hügeliges, bergiges Gelände mit Büschen, wenig Baumbestand, Gebirge mit schroffen Wänden, engen Tälern; *Jahresvogel.* **Nahrung:** kleine Säuger, Vögel. **Fortpflanzung:** *Nest* in schwer zugänglichen Felsspalten, auch auf Bäumen; *Brutbiologie* unbekannt; *Nesthocker.* **Ruf:** „kai-kai-ki-ki-ki“.

5. Gruppe: Weihen; mit kleinem Kopf, langen Flügeln und langem Schwanz; Flug weich, wiegend; Europa 1 Gattung:

Gattung: Weihen *(Circus);* Europa 4 Arten:

Rohrweihe
Circus aeruginósus (LINNÉ)

So groß wie Mäusebussard; ♂ und ♀ vorwiegend braun; ♂ mit großen blaugrauen Flügelflecken, blaugrauem Schwanz; ♀ dunkelbraun, Scheitel, Kehle, Schultern hell; **48–56 cm.**

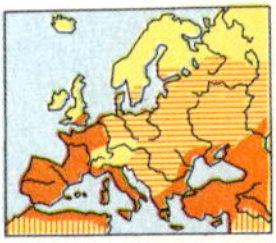

Verbreitung: fast ganz Europa; *fehlt:* Island, Irland, England (bis auf den Südosten), Norwegen, Mittel-, Nordschweden, Mittel-, Nordfinnland, Norden der UdSSR. **Lebensraum:** sumpfiges, mit Schilf durchsetztes Gelände in Wassernähe; seltener in trockener Landschaft; *Teilzieher:* Norwegen, Färöer-Inseln. **Nahrung:** Wasservögel, kleine Säuger, Reptilien, Frösche, Fische. **Fortpflanzung:** hohes *Bodennest* zwischen Schilf, dichtem Gras, durch Büsche geschützt; 1 *Brut* April–Juni; *Eier* 4–5 (3–8), weiß, gelbbraun gefleckt; *Brutdauer* 32–33 Tage; ♀ brütet (seltener auch ♂), ♂ und ♀ betreuen die *Jungen* (mit etwa 56 Tagen flügge); *Nesthocker.* **Ruf:** „quieäh", pfeifend „fieh".

Wiesenweihe
Circus pygárgus (LINNÉ)

Kleiner als vorige Art; ♂ Gefieder vorwiegend graublau; Flügel mit schwarzer Binde; Bürzel hellgrau; Unterseite mit rostfarbenen Abzeichen; ♀ ähnlich dem der Kornweihe, aber weißer Bürzelfleck etwas schmaler; **41–47 cm.**

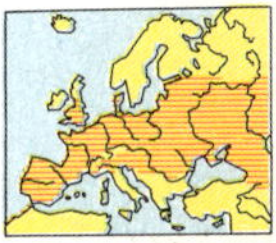

Verbreitung: sehr *lokal:* West-, Mittel-, Osteuropa; nördliche Grenze Südengland, Schleswig-Holstein, Ostseeländer der UdSSR; Südgrenze verläuft: Oberitalien östlich bis Mittel-, Süd-UdSSR. **Lebensraum:** feuchte Wiesen, Moore, aber auch ausgedehnte Trockengebiete, Felder; *Zugvogel.* **Nahrung:** kleine Säuger, Vögel, Insekten, Frösche, Würmer. **Fortpflanzung:** *Bodennest* im Schutze von Stauden, Büschen im hohen Gras (wie Kornweihe); 1 *Brut* Mai–Juni; *Eier* 4–5 (3–10), weiß, spärlich hell gefleckt; *Brutdauer* 28–29 (27–30) Tage; ♀ brütet (seltener auch ♂), ♂ und ♀ betreuen die *Jungen* (mit 35 Tagen flügge); *Nesthocker.* **Ruf:** ähnlich Kornweihe „geggeggeg".

Kornweihe
Circus cyáneus (LINNÉ)

Kleiner als Mäusebussard; ♂ ähnlich voriger Art, aber Flügel ohne schwarzer Binde, Oberschwanzdecken weiß; ♀ ähnlich dem ♀ der Wiesenweihe; **43–51 cm.**

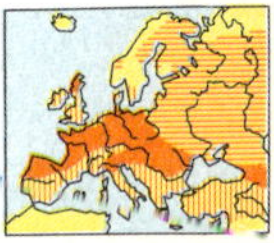

Verbreitung: im Norden Portugals, Spaniens; Mittel-, Nordfrankreich, Schottland, Bundesrepublik Deutschland, DDR, Skandinavien (nicht im Süden), Finnland, Schweiz, Oberitalien, Österreich, ČSSR, Polen, UdSSR. **Lebensraum:** offenes, mit hohem Gras bedecktes Gelände, auch Sumpfgebiete mit Schilf; *Teilzieher.* **Nahrung:** kleine Säuger, Vögel, Frösche, Reptilien, Insekten. **Fortpflanzung:** *Bodennest* aus Ästen und Stengeln im Schutz von Stauden und Büschen; 1 *Brut* April–Juni; *Eier* 4–5 (3–8), weiß, spärlich grau und braun gefleckt; *Brutdauer* 29 bis 30 Tage; ♀ brütet, füttert die *Jungen* (♂ schafft Nahrung herbei), mit 35–42 Tagen flügge); *Nesthocker.* **Ruf:** meckernd „äh-gri-gäggäggäggäg", erschreckt „zrieh".

Steppenweihe
Circus macroúrus (GMELIN)

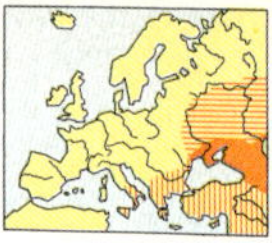

Verbreitung: Südosteuropa. **Lebensraum:** Getreidefelder, auch offenes, mit Gras bedecktes Gelände und Sumpfgebiete mit Schilf; *Teilzieher* bis Großbritannien und Finnland. **Nahrung:** große Insekten, Vögel und kleine Säuger. **Fortpflanzung:** *Bodennest* im Schutz von Stauden und Büschen; 1 *Brut* Mai–Juni; *Eier* 4–5 (3–6), weiß, blaß gefleckt; *Brutdauer* 30 Tage; ♀ brütet; die *Jungen* sind mit 35–40 Tagen flügge; *Nesthocker.* **Ruf:** ähnlich Kornweihe „geggeggegg".

Etwa so groß wie vorige Art; ♂ ähnlich dem der Kornweihe, aber wesentlich heller, Oberschwanzdecken nicht reinweiß, Brust weiß, Bürzel grau; ♀ braun, vom ♀ der Kornweihe kaum zu unterscheiden; **48 cm.**

6. Gruppe Schlangenadler; Europa 1 Gattung:

Gattung: Schlangenadler *(Circáetus);* Nahrung vorwiegend Schlangen (Name); Tagesbedarf schätzt man auf 3 Schlangen; Europa 1 Art:

Schlangenadler
Circáetus gállicus (GMELIN)

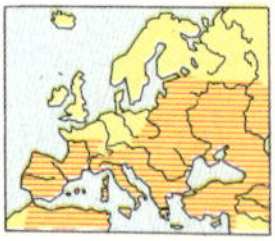

Verbreitung: Portugal, Spanien, Mittel-, Südfrankreich, Schweiz, Italien, Sizilien, Balkan, Griechenland; von Polen, Rumänien und Bulgarien ostwärts in die UdSSR. **Lebensraum:** Waldgebiete mit Moor und Heide, wo Reptilien nicht selten sind; *Teilzieher* bis Finnland, Schweden. **Nahrung:** Reptilien, Frösche, Mäuse, Insekten, gelegentlich Vögel. **Fortpflanzung:** großes *Reisignest* mit flacher Mulde in Baumkronen; Nestauslage frische Zweige und Blätter; 1 *Brut* (April) Mai–Juni; *Eier* 1 (selten 2), weiß und rauhschalig; *Brutdauer* 38 Tage; ♂ und ♀ brüten, betreuen die *Jungen* (mit 63–80 Tagen flügge); *Nesthocker.* **Ruf:** „jü-ock", „ijök-jök".

Größer als Mäusebussard; ♂ und ♀ fast gleich, auch in der Größe; Oberseite graubraun, Handschwingen schwärzlich; Bauch und Flügelunterseiten oft nahezu weiß, nur mit einzelnen Flekken, von der dunklen Vorderbrust und Kehle deutlich abgesetzt; **63–69 cm.**

7. Gruppe Fischadler; Sturzflieger mit schlanken Flügeln; in Europa 1 Gattung:

Gattung: Fischadler *(Pandion);* in Europa 1 Art:

Fischadler
Pandion haliáetus (LINNÉ)

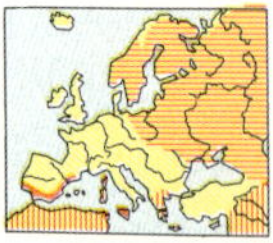

Verbreitung: im Süden Portugals, Spaniens; Sizilien, Skandinavien, Finnland, DDR, Polen, UdSSR (dort nicht mehr im hohen Norden). **Lebensraum:** Waldgebiete mit nahegelegenen fischreichen Gewässern; *Zugvogel.* **Nahrung:** große Fische, selten Wasservögel. **Fortpflanzung:** *Reisignest* in hohen, freistehenden Bäumen; Nestauslage Gras, Moos, Flechten, Blätter und Wurzelfasern; 1 *Brut* April–Juni; *Eier* 2 (3–4), weiß, dunkel gefleckt; *Brutdauer* 35 Tage; ♂ und ♀ brüten (♂ weniger), betreuen die *Jungen* (mit 52–70 Tagen flügge); *Nesthocker.* **Ruf:** „kjü-kjü", „tjip-tjip-tjip-jihpjihp".

Etwas größer als Mäusebussard; Oberseite schwärzlich; Unterseite schneeweiß mit dunklem Brustband; Kopf weiß, mit schwacher Haube; breiter schwarzer Augenstreif; Fänge bläulich; Außenzehe als Wendezehe ausgebildet; **58 cm.**

2. Unterfamilie: Falken *(Falconinae);* mittelgroß bis klein; Kopf rundlich; Oberschnabel mit scharfem Zahn; Nasenloch rund, innen mit Höcker; Schwanz verhältnismäßig lang, schlank; Flügel spitz; Europa 1 Gattung:

Gattung: Falken *(Fálco);* man unterteilt diese Gattung in die *Fangfalken* (Unedle oder Greiffalken) und die *Schlagfalken* (Edle Falken); **Fangfalken** (Rotfuß-, Rötel-, Turmfalk): klein, verhältnismäßig langer, schmaler Schwanz, kurze Zehen (Fänge; Fangfuß); Beute wird auf der Erde geschlagen; **Schlagfalken** (alle übrigen Arten): meist größer (bis 56 cm), Schwanz verhältnismäßig kurz (Basis breit, Ende schmal), Zehen *(Fänge)* sehr lang, vor allem 3. Zehe, Außenzehe wesentlich länger als Innenzehe; Beute wird vorwiegend in der Luft (fliegend) geschlagen; in Europa 10 Arten;

Rotfußfalk

Fálco vespertínus Linné

♀ ♂

Etwas kleiner als Turmfalk; Füße rot; ♂ Schieferschwarz; Unterschwanzdecken und „Hosen" rostgelb; ♀ mit rotgelbem Scheitel, Bauch; Rükken grau gebändert; **30 cm.**

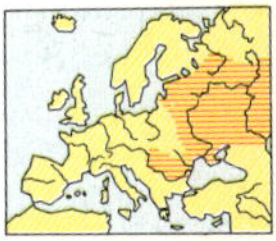

Verbreitung: Rumänien, Bulgarien, Polen, UdSSR. **Lebensraum:** lichte Wälder mit einzelnen, zusammenstehenden Baumgruppen; scheut Nähe menschlicher Siedlungen nicht; *Zugvogel;* umherstreifend: Norwegen, Irland, Spanien. **Nahrung:** große Insekten, Eidechsen, Mäuse, Frösche. **Fortpflanzung:** *Nest* in Bäumen und hohen Sträuchern; benutzt auch oft verlassene Nester von Raben- und Greifvögeln; brütet selten in Kolonien; 1 *Brut* Mai–Juli; *Eier* 4–5 (2–6), gelblichweiß, dicht braun gefleckt; *Brutdauer* (22 bis 23?) 28 Tage; ♂ und ♀ brüten, betreuen die *Jungen* (mit 26–28 Tagen flügge); *Nesthocker.* **Ruf:** „ki-ki-ki-ki".

Rötelfalk

Fálco naumánni Fleischer

♀ ♂

So groß wie vorige Art; Füße gelb; Krallen hell; ♂ Rücken einfarbig rotbraun, Kopf, Schwanz graublau, Schwanz mit breiter schwarzer Binde; ♀ ähnlich dem ♀ der folgenden Art; **30 cm.**

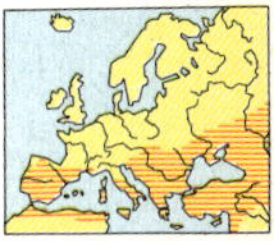

Verbreitung: Portugal, Mittel-, Südspanien, Südfrankreich, Mittel-, Süditalien, Sardinien, Sizilien, Balkanstaaten, Griechenland, Ungarn, im Süden der UdSSR. **Lebensraum:** offenes Gelände mit Buschwerk; scheut Nähe menschlicher Siedlungen nicht; *Zugvogel.* **Nahrung:** kleine Vögel, Säuger, große Insekten. **Fortpflanzung:** *Nest* in Ruinen, Felsspalten, auch unter Dachpfannen, in Baumhöhlen; brütet in Kolonien; 1 *Brut* im Mai; *Eier* 3–5 (2–6); *Brutdauer* 28–30 Tage; ♂ und ♀ brüten, betreuen die *Jungen* (mit 31–32 Tagen flügge); dicht beieinander brütende Paare tauschen manchmal einzelne Junge aus, die dann von den fremden Eltern weitergefüttert werden; *Nesthocker.* **Ruf:** „tchet-tche-tche", „huii".

Turmfalk

Fálco tinnúnculus Linné

Größe bekannt; Füße gelb; Krallen schwarz; ♂ Oberseite rotbraun, dunkel gefleckt; Kopf, Schwanz graublau, letzterer mit breiter schwarzer Binde; ♀ Rücken rotbraun, gebändert; **34 cm.**

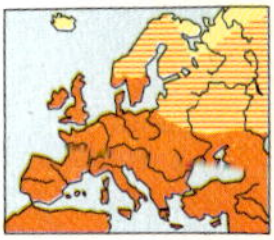

Verbreitung: fast ganz Europa; *fehlt:* Island, Nordkap. **Lebensraum und Lebensweise:** Waldränder, offenes Gelände und menschliche Siedlungen; fliegt schnell und „rüttelt" oft auf der Stelle, um dann steil auf die Beute herabzustoßen; *Teilzieher;* umherstreifend bis Island. **Nahrung:** kleine Säuger (hauptsächlich Mäuse), Reptilien, Lurche, Insekten; die Beute wird auf dem Boden geschlagen. **Fortpflanzung:** *Nest* in Türmen und Ruinen, in der Landschaft in verlassenen Rabenvogel- und Taubennestern; baut kein eigenes Nest; 1 *Brut* April–Mai; *Eier* 5–6 (4–9), dunkel gefleckt; *Brutdauer* 27–32 Tage; ♂ und ♀ brüten, betreuen die *Jungen* (mit 27–32 Tagen flügge); *Nesthocker.* **Ruf:** „kli-kli-kli-kli", „wrrii".

Baumfalk
Fálco subbúteo LINNÉ

Etwa so groß wie der Turmfalk; Kopf mit Bartstreif; Oberseite schiefergrau; Unterseite hell, mit dunkler Längsstreifung;Hosen und Unterschwanzdecken rostrot; **30** bis **36 cm.**

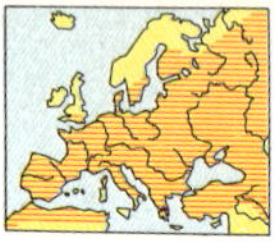

Verbreitung: fast ganz Europa; *fehlt:* Island, Irland, Mittel-, Nordengland, Norwegen, Mittel-, Nordschweden, Nordfinnland, Nord-UdSSR, Sardinien, Sizilien. **Lebensraum:** offenes Gelände mit Baumgruppen und Waldgebiete mit Teichen und kleinen Seen; *Zugvogel.* **Nahrung:** größere Insekten, kleine Vögel und Säuger; schlägt die Beute meist im Flug. **Fortpflanzung:** *Nest* auf Bäumen am Waldrand; meist werden verlassene Nester von Krähen und Greifvögeln benutzt; 1 *Brut* Juni–Juli; *Eier* 3 (2–4), braun gefleckt; *Brutdauer* 28–32 Tage; ♂ und ♀ brüten, betreuen die *Jungen,* die mit 23 Tagen die ersten Flugübungen beginnen, mit 34 Tagen flügge sind; *Nesthocker.* **Ruf:** „gick-gick“, „ki-ki-ki“.

Wanderfalk
Fálco peregrinus TUNSTALL

Wesentlich größer als Turmfalk; Alterskleid mit kräftigen schwarzen Bartstreifen; Unterseite hell, mit Querflecken; Brust weißlich; Jugendkleid bräunlich; **38–48 cm.**

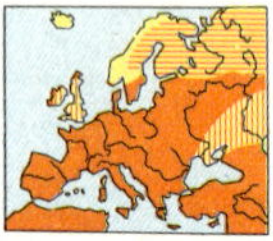

Verbreitung: fast ganz Europa; *fehlt:* Island, England, fast ganz Norwegen, Süd-UdSSR. **Lebensraum:** bergige Waldgebiete mit steilen Felswänden vor offenem Gelände, auch Wälder in der Ebene; *Teilzieher.* **Nahrung:** große Insekten und Vögel, die im Fluge geschlagen werden. **Fortpflanzung:** *Nest* auf Felsvorsprüngen, in der Ebene auf Bäumen; 1 *Brut* März–Mai; *Eier* 3–4 (2–6), weißgelb, dunkel gefleckt; *Brutdauer* 29 (28–31) Tage; ♂ und ♀ brüten; die *Jungen* verlassen nach 28 Tagen zum ersten Mal den Horst (mit 35–40 Tagen flügge); *Nesthocker.* **Ruf:** „gig-gig-gig-gig“, „güu-güu“.

Eleonorenfalk
Fálco eleonórae GÉNÉ

Größer als Turmfalk; helle Form sehr ähnlich jungen Wanderfalken, aber Bartstreifen schmaler, Wachshaut gelb (nicht bläulich); dunkle Form schiefergrau; **38 cm.**

Verbreitung: Inseln des Mittelmeeres. **Lebensraum:** Klippen und steile Felswände; *Teilzieher;* Zug nach Madagaskar und Réunion April–Mai und Oktober. **Nahrung:** große Insekten und kleine Vögel, die im Fluge geschlagen werden; die Jungen werden vorwiegend mit Zugvögeln gefüttert, die vom Norden her über die Mittelmeerinseln ziehen. **Fortpflanzung:** *Nest* in Höhlen, Felsspalten; *Kolonienbrüter;* 1 *Brut* Ende Juli bis August; *Eier* 2–3; *Nesthocker.* **Ruf:** sehr wechselnd, im Fluge „hej-kjerk-kjirk“.

Feldeggsfalk
Fálco biármicus TEMMINCK

Etwa so groß wie Wanderfalk; Kopf mit sandgelber Kappe, Bartstreif sehr schmal; Unterseite weißlich; hell gefleckt; **43 cm.**

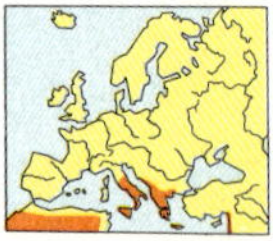

Verbreitung: Mittel-, Süditalien, Sizilien, Küstengebiete Jugoslawiens, Albaniens, Griechenlands. **Lebensraum:** felsige Küsten, offene, trockene Steppengebiete; *Jahresvogel.* **Nahrung:** jagt nur kleinere Vögel; ist bei der Jagd viel weniger kühn als der Wanderfalk. **Fortpflanzung:** *Nest* selten auf Bäumen, meist auf Felsvorsprüngen, in der Ebene auch auf dem Boden; 1 *Brut* im Jahr; *Eier* 2; ♂ und ♀ brüten; *Nesthocker;* **Ruf:** zur Brutzeit „kri, kri, kri“ in schrillen Tönen.

Merlin
Fálco columbárius Tunstall

Kleiner als Turmfalk; ohne Bartstreif; ♂ Rücken und Schwanz graublau; Schwanz mit schwarzer Binde; Unterseite kräftig rostfarben gestreift; ♀ Oberseite dunkelbraun; Schwanz gebändert; **27** bis **33 cm.**

Verbreitung: Island, Irland, . Mittel-, Nordengland, Norwegen, Mittel-, Nordschweden, Mittel-, Nordfinnland, von der Weichsel östlich in der UdSSR. **Lebensraum:** offenes, meist sumpfiges Gelände mit wenig Baumbestand, im Norden mehr die Heide und Tundra mit einzelnen Birken- und Nadelbäumen; *Teilzieher;* Zug bis Westeuropa und Nordwestafrika. **Nahrung:** Vögel (bis zur Größe von Seeschwalben und Tauben), die im Fluge geschlagen werden, seltener Insekten. **Fortpflanzung:** *Nest* meist am Boden im Schutz von Büschen und Stauden, selten in Bäumen, wo dann die verlassenen Nester von Greif- und Rabenvögeln benutzt werden; 1 *Brut* Mai–Juni; *Eier* 4–5, weißgelb, dunkel gewölkt; *Brutdauer* 28–32 Tage; ♂ und ♀ brüten, betreuen die *Jungen* (mit 25–27 Tagen flügge); *Nesthocker.* **Ruf:** „ki-ki-ki-ki", „ip-ip".

Gerfalk
Fálco rusticolus Linné

Wesentlich größer als Wanderfalk; Färbung hell, zuweilen fast weiß; dunklere Form mehr oder weniger blaugrau oder schwärzlich; **51–56 cm.**

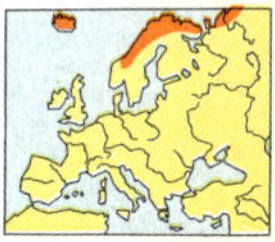

Verbreitung: Island, hoher Norden. **Lebensraum:** einsame Gebirgsregionen oberhalb der Baumgrenze, die Tundra und felsige Steilküsten; *Teilzieher;* Zug bis Ostsee, Mittel-UdSSR, zuweilen auch bis Mitteleuropa. **Nahrung:** kleine Säuger, Vögel, besonders Schneehühner. **Fortpflanzung:** *Nest* meist in Felsspalten und verlassenen Greifvogelhorsten (sehr oft wird der Horst des Rauhfußbussards benutzt); 1 *Brut* April–Mai; *Eier* 4 (3 bis 5), gelblichbraun, zuweilen auch purpurn oder weiß, dicht braun gefleckt; *Brutdauer* 28 bis 29 Tage; ♀ brütet (selten auch das ♂), ♂ und ♀ betreuen die *Jungen* (mit etwa 45 Tagen flügge); *Nesthocker.* **Ruf:** ähnlich dem Ruf des Wanderfalken; ruft selten.

Würgfalk
Fálco chérrug Gray

Etwas größer als vorige Art; Kopf weißlich; Scheitel dunkelbraun gestreift; Bartstreifen schmal und undeutlich; Rücken und Flügel rotbraun; **46 cm.**

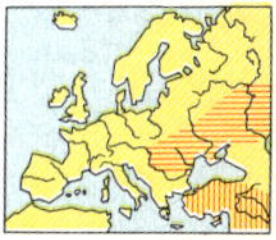

Verbreitung: ČSSR, Österreich, Bulgarien, Rumänien, Süden der UdSSR. **Lebensraum:** Hochebenen, offenes Gelände und Steppen mit geringem Baumbestand; *Zugvogel.* **Nahrung:** Vögel, kleine Säugetiere und Insekten; jagt meist am Boden und greift auch Tiere an, die ihn an Größe übertreffen; wird in Osteuropa zur Beizjagd benutzt. **Fortpflanzung:** *Nest* auf Felsvorsprüngen und in Bäumen; benutzt oft Horste anderer Greifvögel; 1 *Brut* April–Mai; *Eier* 4–5 (3–6); *Brutdauer* etwa 31 Tage, ♀ brütet (selten auch ♂), ♂ und ♀ betreuen die *Jungen* (mit 40 Tagen flügge); *Nesthocker.* **Ruf:** „kiak-kiak-kiak", „ki-ki-ki-ki".

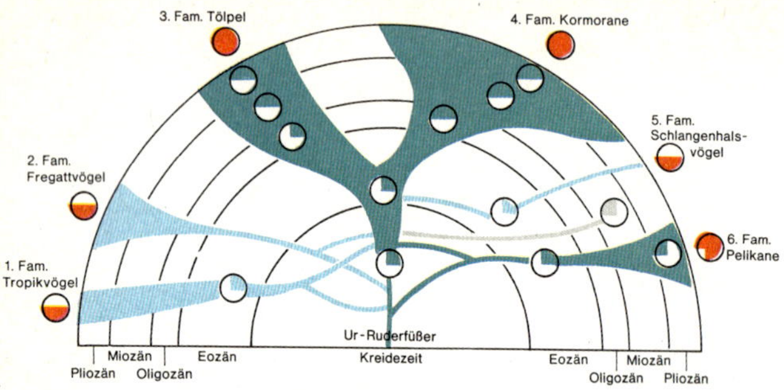

148.1 Hypothetischer Stammbaum der Ruderfüßer (nach W. Meise); vgl. S. 77 und den Text zu Abb. 79.1.

X. Ordnung: Ruderfüßer *(Stegonópes)*

Alle Arten dieser Ordnung besitzen Ruderfüße, bei denen sich die Schwimmhaut von der nach vorn gerichteten 2. Zehe bis an die Hinterzehe fortsetzt (alle 4 Zehen sind also durch die Schwimmhaut miteinander verbunden). Ruderfüßer fressen ausschließlich Tiere, die sie im Wasser jagen, die meisten im Meer, andere aber ganz oder fast ausschließlich im Süßwasser; nur die Fregattvögel rauben auch nestjunge Artgenossen. Die Jungen sind Nesthocker, werden blind und nackt geboren. Beim Füttern stecken sie ihren Kopf tief in den Schlund der fütternden Eltern, die die Bissen aus dem Magen hervorwürgen. Zu den Ruderfüßern gehören 6 rezente Familien mit insgesamt 55 Arten. In Europa sind 3 Familien mit einigen Arten als Brutvögel vertreten.

1. Familie: Tropikvögel *(Phaethóntidae;* Abb. 148.1); 1 Gattung, 3 Arten; in Europa keine Vertreter.

2. Familie: Fregattvögel *(Fregátidae;* Abb. 148.1); Schwanz in 2 lange Spitzen ausgezogen; 1 Gattung, 5 Arten; in Europa nur der Prachtfregattvogel als Irrgast.

3. Familie: Tölpel *(Súlidae);* Meeresvögel; Schnabel spitz, ohne Endhaken, mit gesägten Rändern, ohne Kehlsack; Schwanz lang, keilförmig; stoßen aus Höhen bis zu 40 m ins Wasser, wobei sie Tiefen bis zu 30 m erreichen (beste Stoßtaucher unter den Vögeln); Flügel lang, schmal, ermöglichen schnellen Ruder- und ausgiebigen Segelflug; der Schnabel fängt die Beute (Fische) und hält sie wie mit einer spitzen Pinzette fest; 1 Gattung mit insgesamt 7 Arten:

Gattung: Tölpel *(Súla);* Europa 1 Art:

Baßtölpel
Súla bassána (LINNÉ)

So groß wie Graureiher; Gefieder weiß; Kehle, Handschwingen schwarz; Kopf, Nacken mit gelblichem Anflug; **91 cm.**

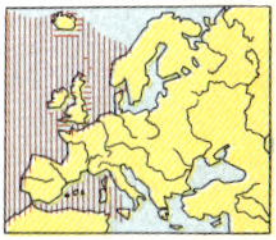

Verbreitung: an Küsten Großbritanniens, Nordirlands, Islands, Norwegens; auf dem Zuge bis zur Ostsee und zum westlichen Mittelmeer. **Lebensraum** und **Lebensweise:** fischreiche Meeresküsten, liebt die offene See; fängt seine Nahrung durch Stoßtauchen aus großer Höhe; *Teilzieher.* **Nahrung:** große Fische, die im Sturzflug erbeutet werden. **Fortpflanzung:** *Nest* auf Felsenklippen in Felsspalten und auf Vorsprüngen; *Kolonienbrüter;* 1 *Brut* März–Juni; *Eier* 1, weiß, mit bläulichem Grund; *Brutdauer* (42) 43–45 Tage; ♂ und ♀ brüten, betreuen die *Jungen,* welche die letzten 10 Tage nicht mehr gefüttert werden (mit 70 [–90?] Tagen flügge); *Nesthokker.* **Ruf:** quakend.

4. Familie: Kormorane *(Phalacrocorácidae);* Schnabel schlank, lang, mit Endhaken, Ränder nicht gesägt; Kehlsack vorhanden, aber klein; Schwanz abgerundet; kommen fast auf der ganzen Erde an Salz- und Süßgewässern vor; Körper schwer (Knochen nur wenig mit Luftsäcken ausgefüllt), liegt tief im Wasser; tauchen aus dem Schwimmen unter Wasser und machen Jagd auf Fische, Krebse zwischen Steinen, Wasserpflanzen; 2 Gattungen mit insgesamt 29 Arten; in Europa Vertreter aus 1 Gattung:

Gattung: Kormorane *(Phalacrócorax);* Europa 3 Arten:

Großer Kormoran
Phalacrócorax cárbo LINNÉ

So groß wie Graureiher; Gefieder bis auf die weißen Wangen schwarz mit metallgrünem Schimmer; Schultern, Flügeldecken bronzebraun; im Brutkleid an Flanken weißer Fleck; **91 cm.**

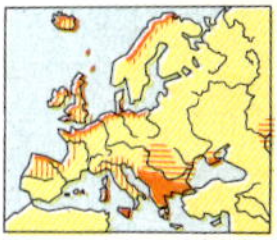

Verbreitung: fast alle Balkanstaaten, Neusiedler See, Ungarn, Norwegen, Dänemark, an Küsten Islands, Englands, Irlands, von Nordspanien bis zur DDR. **Lebensraum** und **Lebensweise:** Ufer flacher, fischreicher Gewässer (Süß- und Salzwasser) mit Baumwuchs; lebt gesellig in Kolonien und spannt beim Sitzen die Flügel etwas aus; *Teilzieher.* **Nahrung:** große Fische; oft Aale, die durch tiefes Tauchen erbeutet werden. **Fortpflanzung:** *Baumnest* aus Knüppeln und Ästen; Auslage grüne Zweige; 1 *Brut* April–Juni (September); *Eier* 3–4 (5), blau, kreidig überzogen; *Brutdauer* 23–24 Tage; ♂ und ♀ brüten, betreuen die *Jungen,* die mit 42–60 Tagen ausfliegen und mit 80 Tagen voll befiedert sind; *Nesthocker.* **Ruf:** „kro-kro-kro“, „korr“.

Krähenscharbe
Phalacrócorax aristotéles (LINNÉ)

Etwas größer als Graugans; Kopf ohne Weiß, mit aufrichtbarer Kopfhaube (nur im Brutkleid vorhanden); Augen grün; Gefieder braunschwarz; **76 cm.**

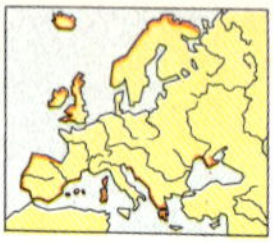

Verbreitung: an Küsten Islands, Großbritanniens, Norwegens, Portugals, Spaniens, Sardiniens, Korsikas, der Balkanstaaten; UdSSR am Nordufer des Schwarzen Meeres. **Lebensraum:** steile Meeresküsten und Inseln in Küstennähe; *Teilzieher.* **Nahrung:** Fische, die nicht nur in Ufernähe, sondern auch im offenen Meer gefangen werden. **Fortpflanzung:** *Bodennest* aus Tang in Felsspalten und zwischen großen Steinen; 1 *Brut* (Februar–)April–Juni; *Eier* 3 (2–7), blau, kreidig überzogen; *Brutdauer* 24–28 Tage; ♂ und ♀ brüten, betreuen die *Jungen; Nesthocker.* **Ruf:** „arrk-arrk-arrk".

Zwergscharbe
Phalacrócorax pygmaeus (PALLAS)

Wesentlich kleiner als Stockente; sehr ähnlich Großem Kormoran, aber wendiger; Kopf im Sommer dunkelrotbraun; Gefieder glänzend grünschwarz, deutlich weiß gefleckt; **48 cm.**

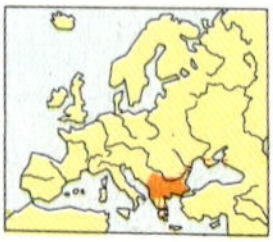

Verbreitung: Balkan, Türkei, Nordufer des Schwarzen Meeres. **Lebensraum** und **Lebensweise:** sumpfige und verschilfte Ufer von Teichen, Seen, Flußmündungen; brütet in Kolonien, oft gemeinsam mit Reihern. *Teilzieher.* **Nahrung:** kleine Fische. **Fortpflanzung:** unordentliches *Nest* aus Ästen und Schilf, entweder am Boden oder in niedrigen Sträuchern und Bäumen; 1 *Brut* Mai–Juni; *Eier* 4–6, blau, kreidig überzogen; *Brutdauer* 23–24 Tage; ♂ und ♀ brüten, betreuen die *Jungen; Nesthocker.*

5. Familie: Schlangenhalsvögel *(Anhingidae);* 1 Gattung mit 4 Arten; in Europa keine Vertreter.

6. Familie: Pelikane *(Pelecánidae);* größer als Schwäne; Schnabel gelb, lang, mit großem Kehlsack; fressen Fische, die sie im Sturzflug fangen oder an den Ufern verschilfter, flacher Binnengewässer gemeinsam jagen, indem sie in Reihen schwimmen, mit den Flügeln schlagen und die Beute vor sich her auf die Küste zutreiben (wie Treiber das Wild bei einer Treibjagd); im flachen Wasser wird dann die Beute mit dem wie eine Schöpfkelle gebauten Schnabel gefangen; durch Muskeln kann der Unterschnabel verkürzt, seitlich ausgeweitet und dadurch der Kehlsack geräumiger gemacht werden; Oberschnabel flach, liegt wie ein Deckel auf dem Unterschnabel, der Kelle; im Flugbild erkennt man die riesigen breiten Flügel; der Hals wird im Fluge eingezogen, der Kopf auf die Schultern gelegt; 1 Gattung mit 7 Arten:

Gattung: Pelikane *(Pelecánus);* in Europa 2 Arten:

Rosapelikan
Pelecánus onocrótalus LINNÉ

Größer als Höckerschwan; Gefieder im Brutkleid bei beiden Geschlechtern rosa; Augen rot; Handschwingen schwärzlich; Flugbild schwarzweiß; Beine fleischfarben; **140–178 cm.**

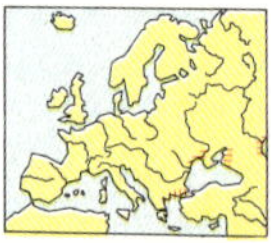

Verbreitung: UdSSR am Kaspischen Meer, am Nordufer des Schwarzen Meeres; umherstreifend: Spanien, Bundesrepublik Deutschland, Schweden. **Lebensraum:** mit Schilf bewachsene Ufer von fischreichen Meeren, Seen, Flußmündungen; *Teilzieher.* **Nahrung:** Fische, die oft von mehreren Artgenossen gemeinsam gejagt und erbeutet werden. **Fortpflanzung:** *Bodennest* aus Schilf am Rande der Gewässer; *Kolonienbrüter;* 1 *Brut* im Jahr; *Eier* 1–2, weiß; *Brutdauer* 30 Tage; *Nesthocker.* **Ruf:** knurrend.

Krauskopfpelikan
Pelecánus crispus Bruck

Im Mittel etwas größer als vorige Art; Hinterkopf mit gekräuselten Federn; Gefieder weißgrau; Handschwingen dunkelbraun; Auge gelb; Flugbild ganz weiß; Beine bleigrau; **140–178 cm.**

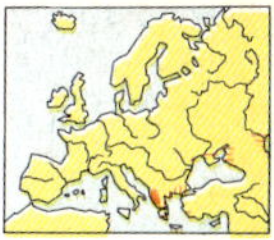

Verbreitung: Nordgriechenland, Albanien, UdSSR am West- und Nordufer des Schwarzen Meeres; umherstreifend bis Spanien. **Lebensraum:** fast derselbe Biotop wie Rosapelikan, liebt aber dichten Schilfgürtel; *Teilzieher.* **Nahrung:** Fische. **Fortpflanzung:** *Bodennest* aus Schilf am Rande der Gewässer; 1 *Brut* im Jahr; *Koloniebrüter; Brutdauer* 42 Tage; *Nesthocker.* **Ruf:** zischend, klappernd.

XI. Ordnung: Röhrennasen *(Tubináres)*

Durch die auf dem Oberschnabel liegenden Nasenröhren gekennzeichnet; Meeresbewohner (Hochseevögel, gute Segelflieger) von zum Teil mövenähnlichem Aussehen; 4 Familien mit 86 Arten; in Europa Vertreter aus 3 Familien:

1. Familie: Albatrosse *(Diomedéidae);* beste Flieger über dem Meere; 2 Gattungen mit zusammen 13 Arten; in Europa nur als Irrgäste beobachtet (5 Arten).

2. Familie: Sturmschwalben *(Hydrobátidae);* kleinere Vögel (Länge 15–21 cm); Aussehen schwalbenähnlich; Flug mehr flatternd als segelnd; Gefieder an Ober- und Unterseite ziemlich dunkel; Bürzel weiß; Schwanz gegabelt oder gerade abgeschnitten; 9 Gattungen mit 18 Arten; in Europa 3 Gattungen:

Gattung: Wellenläufer *(Oceanódroma);* Schwanz gegabelt; in Europa 1 Art:

Wellenläufer
Oceanódroma leucórrhoa (Vieillot)

Etwas größer als Feldlerche; Schwanz tief gegabelt; Flug auffällig hüpfend; Bürzel weiß; auf den Flügeldecken ein fahles Band; **20 cm.**

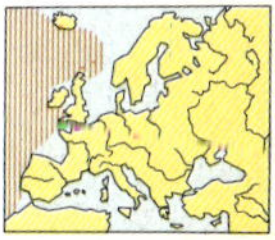

Verbreitung: Inseln nördlich Englands bis Südküste Islands; auf dem Zuge bis Sizilien, Finnland. **Lebensraum:** felsige Inseln vor der Küste und die offene See; *Zugvogel.* **Nahrung:** kleine Fische, Krebse, Weichtiere und Schiffsabfälle. **Fortpflanzung:** *Nest* in Felsspalten oder selbst gegrabenen Erdhöhlen mit einer Ganglänge bis 1,20 m; Nestauslage Pflanzenteile; 1 *Brut* Mai bis Juli; *Eier* 1, weiß, mit wenigen rötlichen Flekken am stumpfen Pol; *Brutdauer* etwa 50 Tage; ♂ und ♀ brüten, lösen sich dabei alle 4-6 Tage ab und betreuen die *Jungen* (nach 50 Tagen flügge); *Platzhocker.* **Ruf:** hauptsächlich nachts „pjurr-witt-pjurr-witt“, fliegend „r-r-r-uuuitschurr“.

Gattung: Sturmschwalben *(Hydróbates);* Schwanz nicht gegabelt; in Europa 1 Art:

Sturmschwalbe
Hydróbates pelágicus (LINNÉ)

So groß wie Haussperling (kleinster europäischer Seevogel); Schwanz gerade abgeschnitten; Flügel lang; Bürzel weiß; Füße schwarz; **15 cm.**

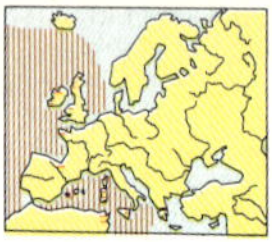

Verbreitung: Seegebiet westlich, nördlich Großbritanniens, westliches Mittelmeer. **Lebensraum:** Inseln mit Felsen, Geröll; *Teilzieher.* **Nahrung:** kleine Fische, Tintenfische, Krebse, Quallen, Fischabfälle. **Fortpflanzung:** *Nest* in Felsspalten, unter Steinen, in Kaninchenlöchern oder in selbst gegrabenen Höhlen; 1 *Brut* Juni–Juli (Mai bis August); *Eier* 1 (selten 2), mit wenigen roten Punkten am stumpfen Pol; *Brutdauer* 38–44 Tage; ♂ und ♀ brüten, lösen sich dabei nach 2–3 Tagen ab und betreuen die *Jungen* (mit 61 (56–74) Tagen flügge); *Platzhocker.* **Ruf:** schnurrend „arr-r-r-r-r-r-r-tschikka-arrr-r-r".

Familie: Sturmvögel *(Procellariidae);* klein bis mittelgroß; Rücken, Flügeldecken grau oder dunkler; Schwanz abgerundet, nicht gegabelt; 12 Gattungen mit 51 Arten; in Europa 2 Gattungen:

Gattung: Sturmvögel *(Fulmárus);* größere Vögel; in Europa 1 Art:

Eissturmvogel
Fulmárus glaciális (LINNÉ)

Etwa so groß wie Sturmmöwe; Kopf und Hals weiß; Schnabel gelb, klobig; Oberrücken und Schultern aschgrau; Flügelspitzen nicht schwarz; **47 cm.**

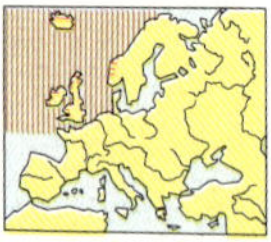

Verbreitung: Küsten Englands, Irlands, Islands und Südwestnorwegens; weit umherstreifend. **Lebensraum:** Meeresküsten mit felsigen Inseln und Klippen; *Teilzieher.* **Nahrung:** Mollusken, Fische und Krebse, Fischabfälle. **Fortpflanzung:** *Bodennest* in Wassernähe auf Felsklippen; 1 *Brut* Mai–Juni; *Eier* 1, weiß, rauhschalig; *Brutdauer* 53 (41–57) Tage; ♂ und ♀ brüten, betreuen die *Jungen* (mit 46 [41–57] Tagen flügge); *Platzhocker.* **Ruf:** schnarrend, gackernd.

Gattung: Sturmtaucher *(Puffinus);* bis zur Größe der Sturmmöwe; in Europa 4 Arten:

Dunkler Sturmtaucher
Puffinus griseus (GMELIN)

Größer als Lachmöwe; Gefieder dunkel; durch den flatternden Sturmtaucherflug von jungen Möwen zu unterscheiden; **41 cm.**

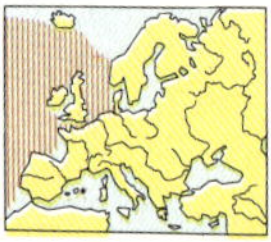

Verbreitung: Südatlantik; im Sommer und Herbst umherstreifend: Island, Norwegen, Großbritannien, Portugal, Frankreich (Atlantikküste); selten auf Helgoland, Ostsee. **Lebensraum:** bevorzugt zur Brutzeit dichten Wald, Wiesen mit hohem Graswuchs, Felsspalten; *Zugvogel.* **Nahrung:** Tintenfische, Fische. **Fortpflanzung:** 1 *Brut* November–Dezember; *Eier* 1 (selten 2), weiß; *Brutdauer* 56 Tage; ♂ und ♀ brüten, betreuen die *Jungen* (mit 97 [86–106] Tagen flügge); *Platzhocker.* **Ruf:** krähend, gurgelnd.

Großer Sturmtaucher
Puffinus grávis (O'Reilly)

Etwa so groß wie Sturmmöwe; Oberseite dunkel, Unterseite hell; Schwanzwurzel mit V-förmigem weißem Fleck; Kopf mit schwarzer Kappe; Schnabel dunkel; **46 cm.**

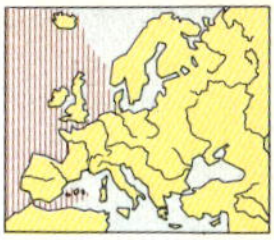

Verbreitung: südlicher Atlantik (Insel Tristan da Cunha); im Sommer und Herbst umherstreifend: Küsten von Irland, Portugal, Frankreich (Atlantikküste), seltener Nordsee, Mittelmeer. **Lebensraum:** zur Brutzeit dichter Wald, Wiesen mit hohem Graswuchs, Felsspalten; *Zugvogel.* **Nahrung:** Fische. **Fortpflanzung:** *Nest* in selbst gegrabener Höhle (Gang etwa 1 m lang); Nestmaterial Gras; 1 *Brut* im November; *Eier* 1, weiß; *Brutdauer* 53 bis 57 Tage; ♂ und ♀ brüten, betreuen die *Jungen* (mit 95–115 Tagen flügge); *Platzhocker.* **Ruf:** rauh, möwenähnlich.

Gelbschnabel-Sturmtaucher
Puffinus kúhlii (Boie)

Ähnlich voriger Art, aber Schwanzwurzel ohne weißen Fleck; Schnabel gelb; Kopfkappe graubraun; Kehle weiß; **46 cm.**

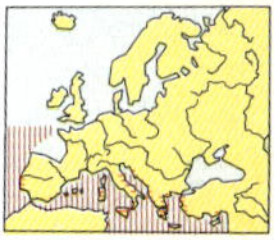

Verbreitung: Mittelmeer (Küsten Spaniens, Mittel-, Süditaliens, Jugoslawiens, Albaniens, Griechenlands, einschl. der Inseln). **Lebensraum:** mit Gras bewachsene Klippen, Inseln; *Teilzieher.* **Nahrung:** Tintenfische, Krebse, Fische, Abfälle. **Fortpflanzung:** *Nest* meist in Felsspalten, seltener in Röhren und unter Steinen; Nestmaterial trockener Tang, Steinchen, Muschelstücke; 1 *Brut* Mai–Juni; *Eier* 1, mattweiß; *Brutdauer* unbekannt; *Platzhocker.* **Ruf:** „ka-ka-ka", „jä-jäjä", „ia-gaua-gou".

Schwarzschnabel-Sturmtaucher
Puffinus puffinus Brünnich

Etwas kleiner als Lachmöwe; Schnabel schwarz; Oberseite rußschwarz, Unterseite weiß; **36 cm.**

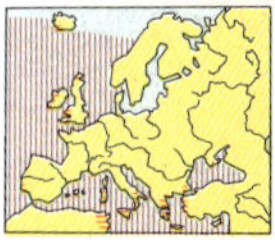

Verbreitung: Westküste Großbritanniens bis Südisland, meiste Mittelmeerküsten; auf dem Zuge bis Nordsee, Schweden, Schweiz. **Lebensraum:** mit Gras bewachsene Inseln, Klippen; *Teilzieher.* **Nahrung:** Weichtiere, Krebse, Fische, Fischabfälle. **Fortpflanzung:** *Nest* in selbst gegrabenen Röhren, in Felsspalten oder zwischen Geröll; Nestauslage Pflanzenteile und einige Federn; 1 *Brut* April–Mai; *Eier* 1, mattweiß; *Brutdauer* 51 bis 61 Tage; ♂ und ♀ brüten, lösen sich dabei alle 1–6 Tage ab und betreuen die *Jungen,* die 59–62 Tage gefüttert werden und mit 70–77 Tagen flügge sind; *Platzhocker.* **Ruf:** krähend „kittiku-ru", „ka-ka-ka-uuu".

153.1 Eissturmvogel

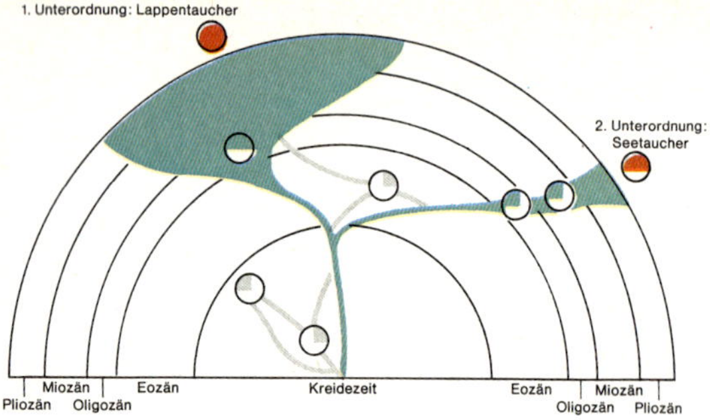

154.1 Hypothetischer Stammbaum der Steißfüße (nach W. MEISE); vgl. S. 77 und den Text zu Abb. 79.1.

XIII. Ordnung: Steißfüße *(Pygódes)*

Im (hypothetischen) Stammbaum der Vögel (Abb. 77.1) schließen sich die Steißfüße an die Pinguine an (2. Ordnung). Pinguine kommen nur auf der Südhalbkugel vor. Sie sind Flügeltaucher, die bis etwa 20 m tief tauchen und unter Wasser Geschwindigkeiten bis zu 36 km pro Stunde erreichen. Steißfüße sind die besten Fußtaucher unter den Vögeln. Zu dieser Ordnung gehören 3 Unterordnungen, die ausgestorbenen Zahntaucher *(Hesperornítidae)* sowie 2 rezente Unterordnungen mit 24 lebenden Arten:

I. Unterordnung: Lappentaucher; Vorderzehen mit breiten, an der Wurzel verbundenen Lappenhäuten (Lappenfuß) und breiten, flachen Nägeln; Kopf in der Regel mit Federschmuck. Lappentaucher meiden das Meer, wenngleich manche Arten an Salzseen des Binnenlandes brüten und während des Zuges an Meeresküsten entlangziehen. Lappentaucher sind schlechte Flieger, aber hervorragende Taucher, die ihr Leben fast ausschließlich auf Binnengewässern zubringen. Alle Lappentaucher liegen flach auf dem Wasser. Anders als die Enten und Bläßhühner tauchen sie gleitend, fast geräuschlos, unter und wieder auf. Unter Wasser grätschen sie mit kräftigen Stößen der Füße (ähnlich den Schwimmbewegungen der Frösche) und verfolgen schnell ihre Beute, insbesondere Fische, aber auch andere Wassertiere (z. B. Wasserinsekten). In Europa Vertreter aus einer Familie, den **Lappentauchern.**

154.2 Haubentaucher: auf Schwimmnest

1. Familie: Lappentaucher *(Podicipédidae);* in Europa 1 Gattung:

Gattung: Lappentaucher *(Pódiceps);* in Europa 5 Arten:

Haubentaucher
Pódiceps auritus (LINNÉ)

Größe bekannt; Kopf mit großen Federohren; Hals und Brust weiß, im Sommer mit rötlicher Halskrause; **48 cm.**

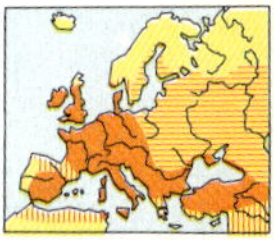

Verbreitung: fast ganz Europa; *fehlt:* Island, Inselgruppen nördlich von Großbritannien, Nordschottland, Norwegen, Mittel-, Nordschweden, Nordfinnland, Portugal, Nordspanien, Südgriechenland, im Norden der UdSSR. **Lebensraum:** Teiche und Seen mit dichter Ufervegetation; *Zugvogel.* **Nahrung:** Fische, Weich- und Krebstiere, Insekten und deren Larven, Frösche und Kaulquappen. **Fortpflanzung:** *Schwimmnest* zwischen Wasserpflanzen und Schilf in Ufernähe; Nestmaterial Wasserpflanzenblätter, Schilf, Rohr; 1 *Brut* Mai–Juli; *Eier* 4 (3–6), bläulichweiß und länglich; *Brutdauer* 25–29 Tage; ♂ und ♀ brüten, betreuen die *Jungen* (mit [8] 10–11 Wochen unabhängig); *Nestflüchter.* **Ruf:** „gröck-gröck“, „kraorr“, „arr“.

Rothalstaucher
Pódiceps griseigéna BODDAERT

Kleiner als vorige Art; Ohrbüschel kurz, wie der Oberkopf schwarz; Wangen weißgrau; Hals an der Vorderseite rotbraun; **43 cm.**

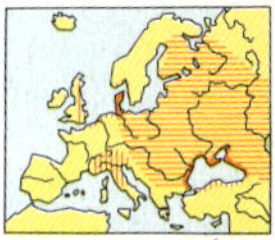

Verbreitung: Dänemark, Südfinnland; etwa von der Linie Westerland bis Saloniki ostwärts; nördlich bis Weißes Meer. **Lebensraum:** verlandende, sumpfige Teiche, Seen mit reichlich submersen Pflanzen; *Zugvogel.* **Nahrung:** Wasserinsekten und deren Larven, Weichtiere, Krebse, Frösche und Kaulquappen, weniger Fische. **Fortpflanzung:** *Schwimmnest* aus Schilf, Rohr, vermodernden Pflanzenteilen in der Nähe des Ufers; 1 *Brut* Mai–Juli; *Eier* 4–5 (3), bläulichweiß, länglich; *Brutdauer* 22–23 Tage; ♂ und ♀ brüten, betreuen die *Jungen; Nestflüchter.* **Ruf:** wiehernd, „keck“.

Zwergtaucher
Pódiceps ruficóllis (PALLAS)

Nur etwas größer als Amsel; Kopf ohne Federbüschel; Gefieder dunkelbraun, nur Wangen, Kehle und Vorderhals rotbraun; **27 cm.**

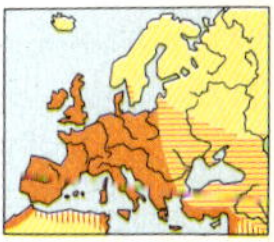

Verbreitung: fast ganz Europa; *fehlt:* Island, Skandinavien (aber Südschweden), Finnland, Nord-, Mitte-UdSSR. **Lebensraum:** nahrungsreiche Seen und Teiche mit breiter Ufervegetation; *Stand-, Strich- und Zugvogel.* **Nahrung:** Insekten und deren Larven, Weichtiere, Krebse, weniger Fische, Frösche und Kaulquappen. **Fortpflanzung:** *Schwimmnest* aus Schilf, Rohr und vermodernden Pflanzenteilen in der Nähe des Ufers; 1 *Brut* April–Juli; *Eier* 5–6 (2–9?), bläulichweiß und länglich; *Brutdauer* 19–21 (–27) Tage; ♂ und ♀ brüten, betreuen die *Jungen; Nestflüchter.* **Ruf:** trillernd „bi-bi-bi-bi“, „dre-dre-dre-dre“.

Ohrentaucher
Pódiceps auritus (Linné)

So groß wie Dohle; Kopf mit großen, goldgelben Federbüscheln; Hals und Flanken rostrot; Gefieder im Winter schwarzweiß; **33 cm.**

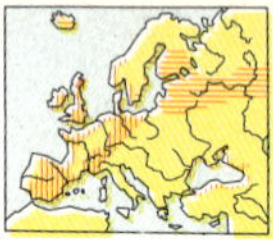

Verbreitung: von Nordschottland ab bis Island; *lokal:* Mittelnorwegen, Ostschweden, Südfinnland, von den Ostseegebieten ab in Mittel-UdSSR; auf dem Zuge bis zum westlichen Mittelmeer. **Lebensraum:** vegetationsarme Teiche und Seen, auch ohne Ufervegetation; *Teilzieher.* **Nahrung:** Insekten und deren Larven, Krebs- und Weichtiere, Fische, Federn. **Fortpflanzung:** *Ufer- oder Schwimmnest* aus verrotteten Blättern, Binsen und Schilf; 1 *Brut* Mai–Juni (auch später); *Eier* 3–4 (6), bläulichweiß; *Brutdauer* 22–25 Tage; *Nestflüchter.* **Ruf:** trillernd (wie Zwergtaucher) „gui", „kru-kru", „tschäck".

Schwarzhalstaucher
Pódiceps nigricóllis Brehm

Kleiner als vorige Art; Kopfbüschel klein, goldgelb; Hals schwarz, im Winter grau; Kopf, Hals und Oberseite schwarz; Unterseite weiß; Flanken bräunlich, schwarz gefleckt; **30 cm.**

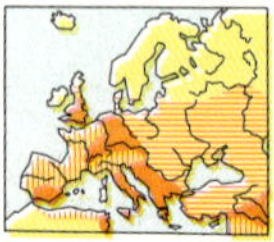

Verbreitung: Dänemark, von der Bundesrepublik Deutschland ab ostwärts bis UdSSR und Balkanstaaten; Mittel-, Süditalien, England, Mittelfrankreich, Südspanien, Oberitalien. **Lebensraum:** nahrungsreiche Seen, Teiche mit breiter Ufervegetation; *Zugvogel.* **Nahrung:** Insekten und deren Larven, Weich- und Krebstiere, weniger Fische, Frösche und Kaulquappen. **Fortpflanzung:** *Schwimmnest* aus Schilf, Rohr und vermodernden Pflanzenteilen in Ufernähe; 1 *Brut* Mai–Juni; *Eier* 3–4 (–6), bläulichweiß; *Brutdauer* 19–23 Tage; ♂ und ♀ brüten, betreuen die *Jungen; Nestflüchter.* **Ruf:** bibbernd „bri-bi-bib", „prüüby", „hu-it".

II. Unterordnung: Seetaucher *(Gáviae);* große Wasservögel, die vorzüglich schwimmen und tauchen; Schwimmhäute zwischen den Vorderzehen; tauchen bei Gefahr schnell unter oder liegen so tief im Wasser, daß nur der Kopf zu sehen ist; Schwanz sehr kurz, beim Fliegen ragen die Füße über ihn hinaus; 1 Familie:

1. Familie: Seetaucher *(Gavíidae);* 1 Gattung:

Gattung: Seetaucher *(Gávia);* von insgesamt 5 Arten kommen in Europa 4 vor:

Eistaucher
Gávia immer Brünnich

Größer als Graugans; Schnabel schlank, gerade, dunkel; Kopf und Hals schwarz; Halsseiten mit weißen Längsflecken; Rücken glänzend schwarz, gleichmäßig weiß gemustert; **69–81 cm.**

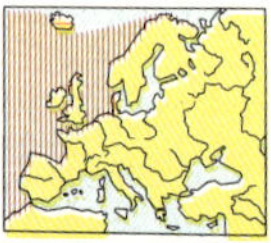

Verbreitung: Binnenseen auf Island; auf dem Zuge bis Italien. **Lebensraum:** große und tiefe Seen; *Zugvogel.* **Nahrung:** Fische, Frösche, Weichtiere, Würmer, Insekten und deren Larven. **Fortpflanzung:** *Bodennest* aus Pflanzenteilen, vor allem Binsen, meist dicht am Uferrand im Wasser; 1 *Brut* Mai–Juni; *Eier* 2 (1–3), braun, dunkel gefleckt; *Brutdauer* 29–30 Tage; ♂ und ♀ brüten, betreuen die *Jungen* (mit 45? Tagen flügge); *Nestflüchter.* **Ruf:** im Flug „quak-quak-quak", sonst lachend, trillernd „ä-ä-huu-quii-qui-huu-qui".

Gelbschnäbeliger Eistaucher

Gávia adámsi GRAY

So groß wie vorige Art; ähnlich Eistaucher, aber Schnabel klobiger, etwas aufgeworfen, weißgelblich; **69–81 cm.**

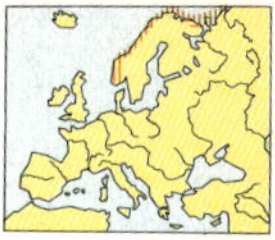

Verbreitung: in Eismeer-Küstengebieten der UdSSR; auf dem Zuge bis Skandinavien, Großbritannien, Österreich, Italien. **Lebensraum:** große und tiefe Seen; *Zugvogel.* **Nahrung:** hauptsächlich Fische; außerdem Weichtiere, Krebse und Würmer. **Fortpflanzung:** *Nest* aus wenig Nestmaterial dicht am Uferrand; 1 *Brut* Juni–Juli; *Eier* 2, braun und dunkel gefleckt; *Brutdauer* unbekannt; ♂ und ♀ brüten, betreuen die *Jungen; Nestflüchter.* **Ruf:** „gok-gok", „gak-gak", den anderen Eistauchern in der Stimme sonst ähnlich.

Sterntaucher

Gávia stellátus PONTOPPIDAN

Etwa so groß wie Silbermöwe; Schnabel sehr schlank, deutlich aufgeworfen; Kopf grau; Kehle dunkelrot; **53–61 cm.**

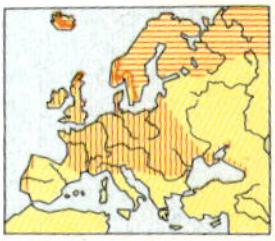

Verbreitung: Island, Schottland, Skandinavien, Finnland, im Norden der UdSSR; auf dem Zuge bis zum Mittelmeer. **Lebensraum:** Seen und Teiche mit flachen, versumpften Ufern und dichter Ufervegetation; *Teilzieher.* **Nahrung:** Fische, Frösche, Wasserinsekten, Krebstiere, Wasserpflanzen. **Fortpflanzung:** *Bodennest* aus Moos, Gras dicht am Wasser; 1 *Brut* Mai bis Juli; *Eier* 2 (1–3), braun und dunkel gefleckt; *Brutdauer* 24–29 Tage; ♂ und ♀ brüten, betreuen die *Jungen* (mit 56? Tagen flügge); *Nestflüchter.* **Ruf:** Prachttaucher ähnlich „ok-ok-ärr", gackernd „grä-gra-grä".

Prachttaucher

Gávia árcticus LINNÉ

Etwas kleiner als Eistaucher; Schnabel nicht aufgeworfen, Scheitel und Nacken grau; Rücken mit weißen Feldern; **69 cm.**

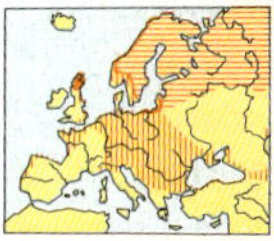

Verbreitung: Nordschottland, Skandinavien, Finnland, Nordpolen, im Norden der UdSSR; auf dem Zuge bis West-, Südeuropa. **Lebensraum:** große Seen und Teiche, nach der Brutzeit auch das Meer; *Teilzieher.* **Nahrung:** Fische, Frösche, Wasserinsekten, Krebstiere, Wasserpflanzen. **Fortpflanzung:** flaches *Nest* aus Gräsern, Schilfstengeln, Schlamm in unmittelbarer Wassernähe; 1 *Brut* April–Juni; *Eier* 2 (3), olivgrün bis dunkelbraun, schwarz gezeichnet; *Brutdauer* 28–32 Tage; ♂ und ♀ brüten, betreuen die *Jungen* (mit 60 Tagen flügge); *Nestflüchter.* **Ruf:** „grau", „kro", „klo-u-klo-klo-klo-u".

157.1 Sterntaucher im Brutkleid

II. Überordnung: Baumvögel *(Dendrornithes)*; siehe Seite 78.
Die Überordnung der Baumvögel umfaßt im hypothetischen Stammbaum (W. MEISE; Abb. 77.1) die Ordnungen 14–24. Keine dieser Ordnungen steht in engerer Verbindung mit den bisher behandelten Ordnungen (Nr. 1–13 im hypothetischen Stammbaum), keine läßt sich von den „Erd- und Wasservögeln" ableiten. Vielmehr muß man annehmen, daß sich die Aufgabelung in die beiden Überordnungen der Vögel schon im Jura abgespielt hat, wie es im hypothetischen Stammbaum (S. 77) dargestellt wird.

XIV. Ordnung: Kuckucksvögel *(Cuculi)*
Von den auf der Erde vorkommenden 146 Arten Kuckucksvögel sind 52 Arten Brutschmarotzer (Brutparasiten), die sich äußerlich von den Selbstbrütern (Nichtschmarotzern) kaum unterscheiden. Die Brutschmarotzer unter den Kuckucksvögeln bauen kein eigenes Nest und bebrüten ihre Eier nicht selber, sondern legen sie in Nester von Singvögeln und lassen sie von diesen ausbrüten. Innerhalb der Ordnung läßt sich fast lückenlos der Übergang von Selbstbrütern zu Brutschmarotzern verfolgen. Die höchste Spezialisierung erreicht das Brutschmarotzertum beim Kuckuck. Er bewohnt innerhalb seines Verbreitungsgebietes alle Lebensräume, in denen er Singvogelarten findet, die seine Jungen großziehen, ist also praktisch überall anzutreffen. In Europa kommen nur 2 Arten, der Kuckuck und der Häherkuckuck, vor. Vom europäischen Kuckuck wurden die Eier in den Nestern von rund 180 verschiedenen Singvogelarten gefunden, bevorzugt werden die Nester von Bachstelze, Gartengrasmücke, Rotrückenwürger, Teichrohrsänger, Baumpieper, Rotkehlchen, Wiesenpieper, Wiesenstelze, Wacholderdrossel, Gartenrotschwanz, Bergfink, Hausrotschwanz, Dorngrasmücke und Heckenbraunelle, wobei bestimmte Arten in bestimmten Gebieten Europas bevorzugt werden, der Gartenrotschwanz z. B. in Finnland, der Wiesenpieper im nordwestdeutschen Flachland und auf den Nordseeinseln.

1. Familie: Kuckucke *(Cucúlidae)*; in Europa 2 Gattungen:

Gattung: Kuckucke *(Cúculus)*; in Europa 1 Art:

Kuckuck
Cúculus canórus LINNÉ

So groß wie Dohle; Kopf ohne Haube; ♂ Kopf und Kehle graublau, Bauch schwarzweiß gesperbert, Schwanz mit Flecken; ♀ grau oder (in der seltenen rotbraunen Form) braun, gebändert; **33 cm.**

Verbreitung: ganz Europa; *fehlt:* Island. **Lebensraum** und **Lebensweise:** nicht zu dichte Wälder, offenes Gelände mit Baumgruppen und Buschlandschaften; baut kein eigenes Nest, sondern läßt die Eier von anderen Vögeln ausbrüten *(Brutschmarotzer)*; jedes ♀ bevorzugt eine bestimmte Vogelart und legt von Mai–Juli in das fremde Nest meist nur 1 *Ei*; *Zugvogel.* **Nahrung:** große Insekten und behaarte Raupen. **Fortpflanzung:** *Eier* 10–12 (–26?); *Brutdauer* 12 (10–14) Tage; die *Pflegeeltern* brüten; sie füttern den Jungkuckuck, der kurz nach dem Schlüpfen durch angeborene Verhaltensweisen Eier und Junge, die neben ihm im Nest sind, hinauswirft; der Jungkuckuck verläßt das *Nest* mit 21–23 (16–24 Tagen); nach weiteren 21 Tagen flügge; *Nesthocker.* **Ruf:** ♂ „kuckuck", ♀ kichert.

Gattung: Häherkuckucke *(Clamátor)*; Kopf mit spitzer Haube; in Europa 1 Art:

Häherkuckuck
Clamátor glandárius (LINNÉ)

Größer als Kuckuck; Kopfhaube grau; ♂ und ♀ gleich; Schwanz lang, gestuft, Federenden weiß gesäumt; Oberseite gefleckt, Unterseite rahmfarben; **40 cm.**

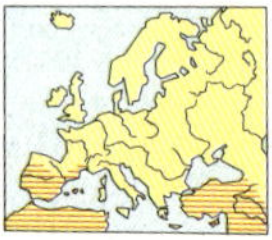

Verbreitung: Portugal, Mittel-, Südspanien, Mittelmeerküste Frankreichs und Oberitaliens, Ostgriechenland, Türkei; auf dem Zuge bis Großbritannien, Dänemark, Bundesrepublik Deutschland, DDR. **Lebensraum:** lichte Kiefern- und Eichenwälder, Parkanlagen und Olivenhaine; *Zugvogel.* **Nahrung:** große Insekten. **Fortpflanzung:** *Brutschmarotzer*, vor allem bei Elstern und Krähen; der junge Häherkuckuck kann mit den Stiefgeschwistern aufwachsen, schlüpft aber meist früher (Brutdauer 13 Tage; Elster z. B. 18 Tage), und die später noch schlüpfenden Stiefgeschwister kommen neben ihm nicht hoch; Eifarbe blaß grünlich, dicht grau und braun gefleckt; *Nesthocker.* **Ruf:** elsterartig „kark", „sri", „kitteräkitterä".

XV. Ordnung: Taubenvögel *(Colúmbae)*

Diese Ordnung umfaßt in 3 Familien mit 59 Gattungen insgesamt 311 Arten. 2 Familien, die *Tauben* und die *Flughühner,* enthalten rezente Arten, 1 Familie, die *Dronten,* enthält nur ausgestorbene Arten. Taubenvögel haben großen Kropf; hauptsächlich Körnerfresser; in Europa Vertreter aus beiden rezenten Familien:

1. Familie: Tauben *(Colúmbidae);* Lauf unbefiedert; Baum- oder Felsenbrüter. Manche Taubenarten bilden während der Brutzeit in ihrem Kropf ein Sekret, die sogenannte Kropfmilch. Die nesthockenden Jungen stecken ihren breiten Schnabel tief in den Rachen der Eltern, so daß sie den Brei aus dem Kropf direkt hinabwürgen können. Tauben sind Nesthocker und brüten nur 11–24 Tage; die kleineren Flughühner hingegen sind Nestflüchter und brüten 22–28 Tage. Alle heimischen Taubenarten legen stets nur 2 Eier (Farbe weiß). Die Jungen halten ihre Augen mehrere Tage geschlossen und sind mit haarigen Dunen besetzt; Europa 2 Gattungen:

Gattung: Ringeltauben *(Colúmba);* in Europa 4 Arten:

Ringeltaube
Colúmba palúmbus Linné

Größe bekannt; Oberseite mehr oder weniger grau; Hals jederseits mit weißem Fleck; Schwanz mit breiter, schwarzer Endbinde; Flügel mit weißem Fleck; Bürzel und Oberschwanzdecken blaugrau; **40 cm.**

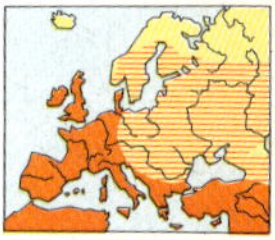

Verbreitung: fast ganz Europa; *fehlt:* Island, im Norden Skandinaviens, Finnlands, der UdSSR. **Lebensraum:** Wälder, Parkanlagen, Gärten, Felder; hält sich auch in menschlichen Siedlungen auf; *Teilzieher.* **Nahrung:** hauptsächlich Samen, aber auch Beeren, junge Pflanzentriebe, Würmer und Schnecken. **Fortpflanzung:** *Nest* aus kleinen trockenen Ästen in Bäumen, Sträuchern und Gebäudeteilen; 2–3 *Bruten* April–September; *Eier* 2, weiß und glänzend; *Brutdauer* 15,5 bis 17 Tage; ♂ und ♀ brüten, betreuen die *Jungen* (mit 21–28 Tagen flügge); *Nesthocker.* **Ruf:** „gru-gru", erschreckt „ru".

Hohltaube
Colúmba oenas Linné

So groß wie Dohle; sonst ähnlich voriger Art, aber Hals jederseits mit glänzend grünem Fleck, Flügel mit zwei schwarzen, unterbrochenen Binden; **33 cm.**

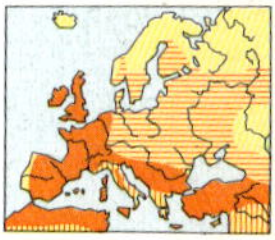

Verbreitung: fast ganz Europa; *fehlt:* Island, Mittel-, Nordskandinavien, Mittel-, Nordfinnland, im Norden der UdSSR; Portugal, Italien (aber in Kalabrien), Mittel-, Südgriechenland. **Lebensraum:** Wälder, Parkanlagen, Gärten; hält sich auch in menschlichen Siedlungen auf; *Teilzieher.* **Nahrung:** hauptsächlich Samen; Beeren, junge Pflanzentriebe, Würmer, Schnecken. **Fortpflanzung:** *Baumhöhlennest;* Nestmaterial trockene Reiser, Wurzelfasern und Moos; verlassene Nester von Raben- und Greifvögeln werden auch benutzt; 3–4 *Bruten* von März bis August; *Eier* 2 (3), weiß, glänzend; *Brutdauer* 16–17 Tage; ♂ und ♀ brüten, betreuen die *Jungen* (mit 18–24 Tagen flügge); *Nesthocker.* **Ruf:** heulend „huuh-huu-hu-hu-huh-huh-huh-huh-huh", erregt „ru".

Felsentaube
Colúmba livia Gmelin

Kleiner als Ringeltaube; Halsseiten ohne besondere Abzeichen; Flügel mit 2 schwarzen, durchgehenden Binden; Bürzel und Unterflügel weiß; **33 cm.** Stammform der Haustaube.

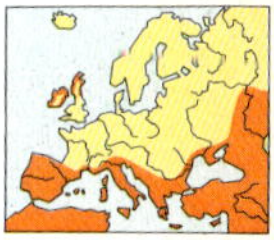

Verbreitung: Portugal, Spanien, Südfrankreich, Mittel-, Süditalien, Korsika, Sardinien, Sizilien, Westjugoslawien, Albanien, Griechenland, Bulgarien, im Süden der UdSSR, an Küste Irlands, Schottlands. **Lebensraum:** felsiges Gelände mit angrenzenden Grasebenen; *Jahresvogel.* **Nahrung:** Samen, trockene Früchte. **Fortpflanzung:** *Nest* in Felsspalten, Felshöhlen und Gebäuden; Nestmaterial Pflanzenstengel, trockenes Gras, Stroh; 2–3 *Bruten* März–September; *Eier* 2 (1); *Brutdauer* 17–17,5 Tage; ♂ und ♀ brüten, betreuen die *Jungen* (mit 28–35 Tagen flügge); *Nesthocker.* **Ruf:** gurrend „u-ru-ku".

Feldtaube (verwilderte Haustaube)
Colúmba lívia doméstica BONNATERRE

So groß wie Felsentaube; Federkleid sehr unterschiedlich, oft ähnlich voriger Art; **33 cm.**

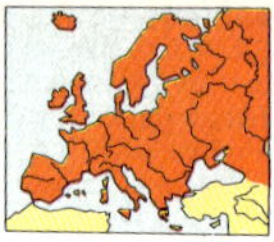

Verbreitung: in ganz Europa. **Lebensraum:** Felder, Gärten, Parkanlagen in Nähe menschlicher Siedlungen; *Jahresvogel.* **Nahrung:** meist Samen, gelegentlich Insekten, Würmer, Schnecken, Pflanzen. **Fortpflanzung:** *Nest* in Mauerlöchern, Nischen und unter Dächern; Nestmaterial Pflanzenstengel, trockenes Gras, Stroh; mehrere *Bruten* ab April; *Eier* 2, weiß, glänzend; *Brutdauer* 17 Tage; *Nesthocker.* **Ruf:** wie bei der Felsentaube.

Gattung: Turteltauben *(Streptopélia);* in Europa 2 Arten:

Turteltaube
Streptopélia túrtur LINNÉ

Etwas größer als Amsel; Rücken braun, schwarz gefleckt; Hals jederseits mit schwarz-weiß gestreiftem Fleck; Schwanz schmal weiß berandet; **28 cm.**

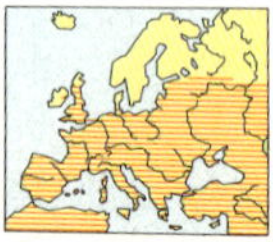

Verbreitung: fast ganz Europa; *fehlt:* Island, Irland, Schottland, Norddänemark, Skandinavien, Finnland, im Norden der UdSSR. **Lebensraum:** Mischwälder (vor allem die Ränder), Parkanlagen mit Buschwerk, Gärten, Felder, meidet aber menschliche Siedlungen; *Zugvogel.* **Nahrung:** hauptsächlich Samen; auch Insekten, Schnecken. **Fortpflanzung:** *Nest* aus trockenen Reisern in Bäumen, Büschen; 1 *Brut* Mai–Juni; *Eier* 2, weiß, glänzend; *Brutdauer* 14,5 Tage; *Nesthocker.* **Ruf:** gurrend „turr-turr-turr".

Türkentaube
Streptopélia decaócto (FRIVALDSKY)

Etwas größer als vorige Art; Oberseite hellbraun, nicht gefleckt; Nacken mit halbmondförmigem Band; Schwanzende breit weiß gesäumt; **30 cm.**

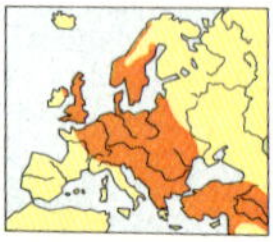

Verbreitung: Dänemark, Bundesrepublik Deutschland, DDR, Westpolen, ČSSR, Österreich, Jugoslawien, Balkanstaaten, Oberitalien, Südwesten der UdSSR; sporadisch auch Südskandinavien, England, Mittel-, Nordfrankreich, Griechenland. **Lebensraum:** offenes, trockenes Gelände mit Bäumen und Büschen; Parkanlagen und Gärten in der Nähe menschlicher Siedlungen; *Jahresvogel.* **Nahrung:** wahrscheinlich wie Turteltaube. **Fortpflanzung:** *Nest* aus trockenen Reisern mit Wurzelfasern und Halmen als Auslage; Neststand in älteren, hohen Bäumen; bis 5 *Bruten* März–Oktober; *Eier* 2, weiß glänzend; *Brutdauer* 14–16 Tage; *Nesthocker.* **Ruf:** „du-du-duh".

160.1 Türkentaube

160.2 Turteltaube

2. Familie: Flughühner *(Pteróclidae);* Lauf (wenigstens an der Vorderseite) befiedert; Bodenbrüter; leben in offenem, baumlosem Gelände, sind also Steppenbewohner („Steppentauben"); laufen mit kurzen Schritten; Gefieder sandfarben mit braunen, schwarzen und weißen Farbtönen, in Steppengebieten gut getarnt; Nasenöffnungen durch eine Hautklappe und durch Federn in der Umgebung geschützt (gegen Sandstaub); trinken wie die Tauben mit gänzlich eingetauchtem Schnabel (saugen das Wasser auf); gesellige Tiere, leben meist in Trupps, zur Brutzeit in benachbart nistenden Paaren; Junge sind Nestflüchter (!) und sofort sehr beweglich; Flughühner fliegen täglich 2–3mal, regelmäßig morgens und abends, zuweilen auch zwischendurch, scharenweise zur Tränke, oft mehrere 100 km weit in schnellem Flug; in Europa 2 Gattungen:

Gattung: Steppenhühner *(Syrrháptes);* dreizehig; Zehensohlen verbreitert, mit Hornschildern; in Europa 1 Art:

Steppenhuhn
Syrrháptes parádoxus (PALLAS)

Etwa so groß wie Lachmöwe; Schwanz wie bei voriger Art; Bauch schwarz; ♂ Kopf und Kehle orangegelb, Oberseite sandfarben, schwarz gebändert; Lauf und Zehen befiedert; **36–40 cm.**

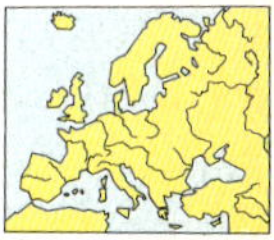

Verbreitung: Mittel-, Westeuropa, nur während der Wanderung; beheimatet in Zentralasien vom Unterlauf der Wolga bis zur westlichen Mandschurei; Wanderungen werden wahrscheinlich durch Nahrungsmangel in den Heimatgebieten verursacht. **Lebensraum:** trockene, warme Steppengebiete, Halbwüsten, Getreidefelder, breite Sandstrände und ausgetrocknete Schlammflächen; *Teilzieher;* in manchen Jahren (z. B. 1863, 1888 und 1908) in den Monaten Februar bis Juni Invasion (zu „Millionen") nach West- und Mitteleuropa; nach solchen Invasionen auch Brutpaare (z. B. auf ostfriesischen Inseln), aber erfolglos. **Nahrung:** Salzpflanzen und Gräser sowie deren Samen. **Fortpflanzung:** 2 *Bruten* Mai–Juni; *Eier* 3 (2–4); *Brutdauer* etwa 30 Tage; ♂ und ♀ brüten, verlassen aber über längere Zeit das Gelege und lassen die Sonne helfen; *Nestflüchter.* **Ruf:** „körki", „kör-kör-ki".

Gattung: Sandflughühner *(Ptérocles);* in Europa 2 Arten:

Sandflughuhn
Ptérocles orientális (LINNÉ)

Etwas größer als Dohle; ♂ Kopf grau, Brust rötlichgrau, mit schwarzem Querband; ♀ sandfarben, Brust ockerfarben, dicht schwarz gefleckt; **35 cm.**

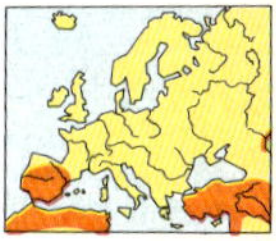

Verbreitung: Südportugal, Mittel-, Südspanien. **Lebensraum:** trockene, warme Steppen; Halbwüsten, Getreidefelder, breite Sandstrände und ausgetrocknete Schlammflächen; *Jahresvogel.* **Nahrung:** Samen, Pflanzentriebe. **Fortpflanzung:** flaches *Bodennest* im Schutz von Grasbüscheln; keine Nestauslage; 1–2 *Bruten* im Jahr; *Eier* 2 bis 3, hellbraun, dunkel gefleckt; *Brutdauer* 21 Tage; die eben geschlüpften *Jungen* mit rötlichbraun und hell geflecktem Dunenkleid; *Nestflüchter.* **Ruf:** „kätarr-kätarr".

Spießflughuhn
Ptérocles alcháta (LINNÉ)

Etwas kleiner als vorige Art; Schwanz mit verlängerten, nadelspitzen Mittelfedern; Bauch weiß; ♂ im Brutkleid mit breitem, kastanienbraunem Brustband; Zehen nicht befiedert; **32 cm.**

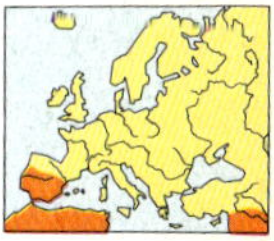

Verbreitung: Südportugal, Mittel-, Südspanien. **Lebensraum:** trockene, warme Steppen; Halbwüsten, Getreidefelder, breite Sandstrände und ausgetrocknete Schlammflächen; *Jahresvogel.* **Nahrung:** Samen, Pflanzentriebe. **Fortpflanzung:** flaches *Bodennest* im Schutz von Grasbüscheln; keine Nestauslage; 1–2 *Bruten* im Jahr; *Eier* 2 bis 3, hellbraun, dunkel gefleckt; *Brutdauer* 21 Tage; die eben geschlüpften *Jungen* mit rötlichbraun und hell geflecktem Dunenkleid; *Nestflüchter.* **Ruf:** „kätarr-kätarr".

XVII. Ordnung: Eulen *(Striges)*

1 Familie mit 3 Unterfamilien (**Schleiereulen,** Echte **Eulen** oder Kauzeulen und die ausgestorbenen **Eozäneulen**) mit 144 Arten, davon 13 als Brutvögel in Europa; stammesgeschichtlich stehen Eulen den Greifvögeln nicht sehr nahe (vgl. S. 135), obwohl auffällige Parallelentwicklung zur Greifvogelnatur vorliegt: Fangen der Beute mit den *Fängen* (Zehen; lange, scharfe Krallen), Besitz eines Hakenschnabels (wenig sichtbar, zwischen Federn verborgen); innerer Bau und Verhalten jedoch wesentlich unterschiedlich zu Greifvögeln: z. B. fehlt der Kropf; Beute wird in der Regel unzerkleinert verschlungen; ausgewürgte *Gewölle* enthalten außer Chitinresten von Insekten, Federn und Haaren auch sauber abverdaute Knochen, *vorwiegend* von Säugern und Vögeln.
Anpassung an vorwiegend *nächtliche Lebensweise* (Greifvögel sind Tagjäger): *Gehör* sehr empfindlich; um Auge und Ohr kreisförmig angeordnete kurze Federn, die Gesicht als Schleier kranzförmig einrahmen, werden als Organe der Schallenkung zur Erhöhung der Hörleistung angesehen (können wie Lamellen nach vorn geklappt werden und Ohröffnung freilegen); sehr große Augen *(Nachtaugen)* von besonderem Bau (können im Dunkeln gut sehen); Gefieder aus weichen Federn ermöglicht fast geräuschlosen Flug; Außenzehe weit abspreizbar, als Wendezehe zu gebrauchen; bei Gefahr richten Eulen ihren Körper steil auf, legen Gefieder und Flügel eng an und nehmen eine Art Pfahlstellung ein (ähnlich wie Rohrdommeln); ♂ und ♀ in der Regel an Größe und in Gefiederfarbe gleich; Eulen bauen keine Nester und tragen kein Nistmaterial herbei; entweder legen die ♀♀ die Eier einfach auf die vorhandene Unterlage, oder sie verwenden die Horste anderer Vögel (Krähen, Greifvögel); in Europa 2 Unterfamilien:

1. Familie: Eulen *(Strigidae);* in Europa 2 Unterfamilien:

1. Unterfamilie: Schleiereulen *(Tytoninae);* Zehen nicht befiedert sondern borstig; Schleier vollständig, herzförmig; Ohrbüschel fehlen; 2 Gattungen mit 11 Arten; in Europa 1 Gattung:

Gattung: Schleiereulen *(Týto);* in Europa 1 Art:

Schleiereule
Týto álba (Scopoli)

Etwas größer als Dohle; Gesicht herzförmig; Oberseite goldgelb, fein gesprenkelt; Unterseite einfarbig hell oder bräunlichgelb; Beine lang; Schleier vorklappbar (Schalltrichter); **34 cm.**

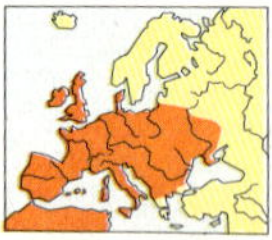

Verbreitung: fast ganz Europa; *fehlt:* Island, Skandinavien, Finnland, Südgriechenland; UdSSR von Memel bis Schwarzem Meer. **Lebensraum** und **Lebensweise:** offene Landschaft mit Parkanlagen, Gärten, menschlichen Siedlungen; verbirgt sich am Tag in dunklen Gebäudeteilen; *Jahresvogel.* **Nahrung:** Mäuse, Ratten, kleine Vögel, Insekten. **Fortpflanzung:** meist 1 *Brut* März bis April in Gebäudeteilen, 2. (seltener) Juni–Juli; *Eier* 4–6 (–12), mattweiß, länglich; *Brutdauer* 30–34 Tage; ♀ brütet allein, wird vom ♂ gefüttert; ♂ und ♀ betreuen die *Jungen* (mit 49–63 Tagen flügge); *Nesthocker;* Lebensdauer meist unter 10 Jahren; bekanntes Höchstalter 15 Jahre. **Ruf:** schnarchend „chrrrüüh“.

2. Unterfamilie: Echte Eulen *(Striginae);* Zehen meist befiedert; Schleier nicht ausgesprochen herzförmig; manche Arten mit Ohrbüscheln; 24 Gattungen mit 133 Arten; in Europa 9 Gattungen:

Gattung: Zwergohreulen *(Ótus);* mit Federohren; etwa 35, meist kleine bis sehr kleine Arten; in Europa 1 Art:

Zwergohreule
Ótus scops (Linné)

Etwa so groß wie Feldlerche; Federohren unauffällig; Gefieder graubraun marmoriert und gesprenkelt; schlanker als Steinkauz; **19 cm.**

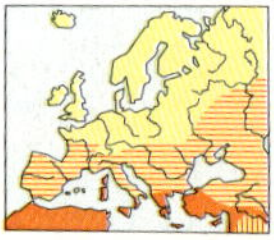

Verbreitung: Südeuropa; auf dem Zuge bis Island, Großbritannien, Dänemark, Schweden. **Lebensraum:** Parkanlagen, Gärten; *Teilzieher.* **Nahrung:** große Insekten, Eidechsen, kleine Vögel. **Fortpflanzung:** *Nest* in Baum-, Mauerlöchern, Felshöhlen, gelegentlich in verlassenen Vogelnestern; 1 *Brut* im Mai; *Eier* 4–5 (3–8), weiß; *Brutdauer* 24–25 Tage; ♀ brütet, wird vom ♂ gefüttert; die *Jungen* fliegen zum 1. Mal mit 21 bis 28 Tagen aus, sind dann noch nicht ganz flügge (werden in der Zeit vom ♀ gefüttert, dem ♂ Nahrung herbeischafft); *Nesthocker.* **Ruf:** „dü-dü-dü“, monoton im Abstand von etwa 3 Sekunden.

Gattung: Uhus *(Búbo);* mit Federohren; 12 Arten, davon 1 in Europa:

Uhu
Búbo búbo (LINNÉ)

Etwa so groß wie Graugans; Federohren sehr groß, auffällig; Gefieder gelbbraun; Oberseite mit dunklen Flecken, Unterseite breit längsgestreift; Augen groß, orangerot; **66–71 cm.**

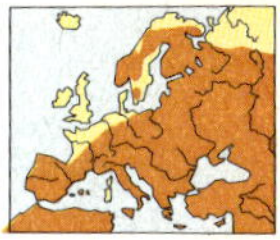

Verbreitung: kam in fast ganz Europa vor; jetzt nur noch etwa 300 Paare in Schweden, Finnland, 300 in Ostseegebieten der UdSSR, 70 in der Bundesrepubik Deutschland und DDR, 10 in Polen, in der ČSSR und im Saalegebiet, 10 im Harz, Mosel- und Ahrtal, 20 im Gebiet Oberpfalz bis obere Donau, wenige Exemplare in den Alpen; neue Ansiedlungen hatten bisher keinen Erfolg. **Lebensraum:** dichte Waldgebiete, schluchtenreiche Gebirge, als Einstand Ruinen; *Jahresvogel.* **Nahrung:** Mäuse, Ratten, Kaninchen, Hasen, Eichhörnchen, Igel, Vögel, Fische, Frösche, Eidechsen, größere Insekten. **Fortpflanzung:** *Nest* in Bodenvertiefungen, auf Bäumen, in verlassenen Greifvogelhorsten, in Baumhöhlen, im Fels; 1 *Brut* April (März bis Mai); *Eier* 2–3 (1–6), weiß, rauhschalig; *Brutdauer* 32–37 Tage; ♀ brütet, wird vom ♂ gefüttert; die *Jungen* verlassen mit 35–49 Tagen das Nest (mit 70 Tagen flügge); *Nesthocker.* **Ruf:** „hu-hu-hu", „widjuk".

Gattung: Sperlingskäuze *(Glaucídium);* sehr klein (kleiner als Star); ohne Federohren; in Europa 1 Art:

Sperlingskauz
Glaucidium passerínum (LINNÉ)

Etwas größer als Haussperling; Oberseite dunkelbraun; Schwanz wippend, weiß gebändert; **17 cm.**

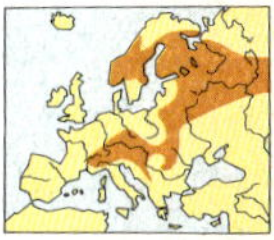

Verbreitung: Südnorwegen, Mittel-, Nordschweden, Finnland, Mittel-UdSSR, Alpen, Mittelgebirge BR Deutschland. **Lebensraum:** lichter Misch- und Nadelwald; *Jahresvogel.* **Nahrung:** kleine Säuger, Vögel, Insekten; jagt auch am Tage. **Fortpflanzung:** *Nest* in Baumlöchern, verlassenen Spechthöhlen; 1 *Brut* April–Mai; *Eier* 3–7 (8), weiß; *Brutdauer* 28 Tage; ♀ brütet, füttert die *Jungen,* die mit 29 Tagen ausfliegen; ♂ trägt Nahrung herbei; *Nesthocker.* **Ruf:** „düh-düh", „ssiiht".

Gattung: Schneeeulen *(Nýctea);* etwa gänsegroß; Unterseite quergebändert; Federohren fehlen; in Europa 1 Art:

Schneeeule
Nýctea scandiaca (LINNÉ)

Fast so groß wie Uhu; Gefieder ♂ schneeweiß, mehr oder weniger stark gebändert, besonders beim ♀; Kopf groß, kugelig; Schleier unauffällig; **55–66 cm.**

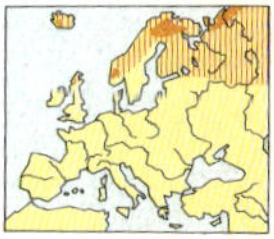

Verbreitung: Island, Shetlandinseln, Norden Norwegens, Finnlands, der UdSSR; *zieht* bis Jugoslawien, Italien, Frankreich. **Lebensraum:** felsige Tundra, Arktis (vorgelagerte, felsige Inseln), Skandinavien (Hochebenen der Gebirge); *Teilzieher.* **Nahrung:** kleine Säuger, vor allem Lemminge, auch Vögel. **Fortpflanzung:** *Bodennest* auf Moos im Schutz von Steinen, Geröll; 1 *Brut* (April) Mai–Juli; *Eier* 6–7 (3–12), weiß; *Brutdauer* 30–37 (38?) Tage; ♀ brütet, wird vom ♂ gefüttert; *Junge* verlassen Nest mit (11–) 18 bis 28 Tagen für immer (mit 50–60 Tagen flügge); bis zum Verlassen des Nestes füttern ♂ und ♀; *Nesthocker.* **Ruf:** „krau-au", „rick" (ruft selten).

Gattung: Sperbereulen *(Súrnia);* ohne Federohren; mittelgroß; in Europa 1 Art:

Sperbereule
Súrnia úlula (Linné)

Etwa so groß wie Ringeltaube; Unterseite gesperbert; Schleier schwarz eingefaßt; **36 bis 40 cm.**

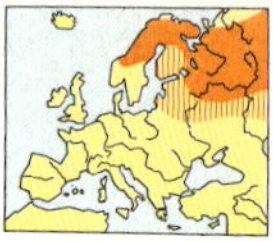

Verbreitung: Mittel-, Nordskandinavien, Mittel-, Nordfinnland, Norden der UdSSR; zieht bis Nordjugoslawien, Rumänien, Schweiz, Großbritannien. **Lebensraum und Lebensweise:** dichte Nadelwälder, verbirgt sich am Tage nicht. *Teilzieher;* **Nahrung:** Lemminge, Mäuse, Eichhörnchen, Vögel; jagt auch am Tage. **Fortpflanzung:** *Nest* in Baumlöchern, verlassenen Spechthöhlen, Rabenvogelnestern; 1 *Brut* April–Juni; *Eier* 5–8 (3–12), weiß; *Brutdauer* unbekannt; ♂ und ♀ brüten, betreuen die *Jungen,* die vor Flüggewerden Nest verlassen; *Nesthocker.* **Ruf:** „ki-ki-ki-ki".

Gattung: Steinkäuze *(Athéne);* ohne Federohren; klein; in Europa 1 Art:

Steinkauz
Athéne nóctua (Scopoli)

Etwas größer als Zwergohreule; Gefieder dunkelbraun, weißgelb gefleckt; Augen schwefelgelb, tiefliegend; **22 cm.**

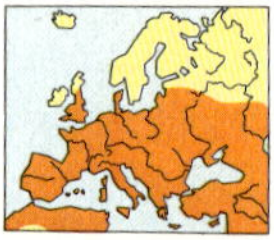

Verbreitung: fast ganz Europa; *fehlt:* Island, Irland, Skandinavien, Finnland; Norden Großbritanniens, der UdSSR. **Lebensraum:** offene Landschaft mit Wiesen, Büschen, Baumgruppen, auch Parkanlagen, Gärten; *Jahresvogel.* **Nahrung:** Mäuse, kleine Vögel, Eidechsen, Frösche, Regenwürmer und große Insekten. **Fortpflanzung:** *Nest* in Baumlöchern, Felsspalten, Gebäudeteilen, Kaninchenlöchern; 1 *Brut* April–Mai; *Eier* 4–5 (3–8), matt glänzend, weiß, fein gekörnt; *Brutdauer* 28–29 Tage; ♀ brütet, ♂ und ♀ betreuen die *Jungen* (fliegen mit 28 Tagen aus, mit 35 Tagen flügge); *Nesthocker.* **Ruf:** „guug", „ku-witt", erregt „kiff-kiff-kiff".

Gattung: Waldkäuze *(Strix);* mittelgroß bis groß; ohne Federohren; in Europa 3 Arten:

Waldkauz
Strix alúco (Linné)

Etwas größer als Schleiereule; Gefieder hell- bis graubraun, dunkel längsgestreift und gebändert; Kopf ziemlich groß; Augen groß, dunkel, „freundlich"; **38 cm.**

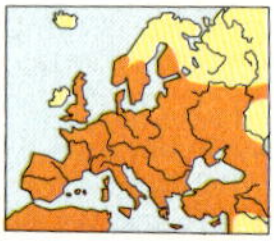

Verbreitung: fast ganz Europa; *fehlt:* Island, Irland, Mittel-, Nordskandinavien, Mittel-, Nordfinnland, Norden und Mittelosten der UdSSR. **Lebensraum:** Misch-, Laubwälder, Parkanlagen, Gärten; scheut Nähe menschlicher Siedlungen nicht; *Jahresvogel.* **Nahrung:** kleine Säuger (hauptsächlich Mäuse), Vögel, Frösche, große Insekten. **Fortpflanzung:** *Nest* in Baumlöchern, Felsspalten, Gebäudeteilen; 1 *Brut* (Februar) März–April; *Eier* 3–4 (2–6), matt glänzend, weiß; *Brutdauer* 28–30 Tage; ♀ brütet, wird vom ♂ gefüttert; die *Jungen* fliegen mit 28–35 Tagen aus; bis dahin betreut ♀ die Jungen, dem das ♂ die Nahrung herbeischafft; *Nesthocker.* **Ruf:** „hu-hu-hu-huuuu" und „ku-witt".

Habichtskauz
Strix uralénsis PALLAS

Etwas kleiner als Graugans; Schleier weiß, zart radial gestreift; Gefieder grauweiß, breit dunkelbraun gestreift (wie beim jungen Habicht); Augen dunkel; **61 cm.**

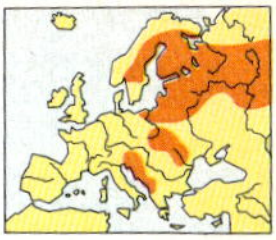

Verbreitung: Mittel-, Nordschweden, Mittel-, Südfinnland, UdSSR von Ostseegebieten und Finnland ab ostwärts, sporadisch Jugoslawien, Karpaten. **Lebensraum:** Misch-, Nadelwälder; *Jahresvogel.* **Nahrung:** kleine Nager, Frösche, Insekten, gelegentlich größere Vögel (Rabenvögel). **Fortpflanzung:** *Nest* in Baumlöchern, verlassenen Greifvogelhorsten; 1 *Brut* (Februar) März–Mai; *Eier* 3–4 (2–6), weiß; *Brutdauer* 27 bis 29 Tage; ♀ brütet, wird vom ♂ gefüttert; die *Jungen* fliegen mit (26) 34 Tagen aus; bis dahin betreut ♀ die Jungen, dem ♂ die Nahrung herbeischafft; *Nesthocker.* **Ruf:** „hu-huhu-uhu", „chwä", erregt „hau-hau-hau" (wie Hundegebell).

Bartkauz
Strix nebulósa FORSTER

Fast so groß wie Uhu, aber schlanker; Schleier zart ringgebändert; dunkler Bartfleck; Augen gelb; **68 cm.**

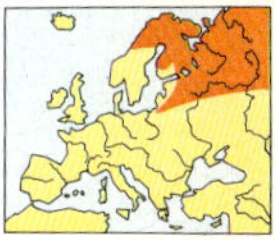

Verbreitung: Norden Skandinaviens, Finnlands, der UdSSR. **Lebensraum:** dichte Nadelwälder; *Jahresvogel.* **Nahrung:** hauptsächlich Mäuse, Eichhörnchen, Lemminge. **Fortpflanzung:** *Nest* meist in verlassenen Greifvogelhorsten; Nestauslage grüne Tannenzweige; 1 *Brut* April–Mai; *Eier* bis 9; *Brutdauer* unbekannt; ♀ brütet allein; *Nesthocker.* **Ruf:** brummend „hu-hu-hu", schrill „ki-wick".

Gattung: Ohreulen *(Ásio)*; mit Federohren; in Europa 2 Arten:

Waldohreule
Ásio ótus (LINNÉ)

Etwas größer als Schleiereule; Federohren lang; Gefieder vorwiegend braun; dunkel längsgefleckt; Augen feuerrot; **36 cm.**

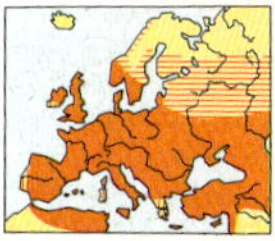

Verbreitung: fast ganz Europa; *fehlt:* Island, Norden Skandinaviens, Finnlands, der UdSSR, Südgriechenland, Korsika, Sardinien, Portugal. **Lebensraum:** lichte Laub-, Nadelwälder, Parkanlagen, Gärten; *Teilzieher.* **Nahrung:** Mäuse, Ratten, kleine Vögel, größere Insekten. **Fortpflanzung:** nistet in verlassenen *Baumnestern* anderer Vögel; Flügelklatschen beim Balzflug des ♂; Nestmaterial wird nicht eingetragen; 1 *Brut* (Februar) März–Juni; *Eier* 4–6 (2–8), weiß, matt glänzend; *Brutdauer* 27–28 (–32) Tage; ♀ brütet, wird vom ♂ gefüttert; die *Jungen* (fliegen mit 23–26 Tagen aus) werden vom ♀ gefüttert, ♂ schafft Nahrung herbei; *Nesthocker.* **Ruf:** „hu-huhu", „humb-wumb".

Sumpfohreule
Ásio flámmeus PONTOPPIDAN

Etwas größer als vorige Art; Ohrbüschel sehr klein; Gefieder gelblichbraun; Unterseite kräftig längsgestreift; **38 cm.**

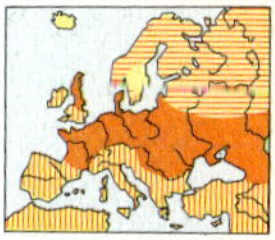

Verbreitung: Norden von Mittel-, Osteuropa; *fehlt:* hoher Norden Skandinaviens, der UdSSR, Irland, Südengland, Südschweden; südlichste Grenze: Pyrenäen, Bulgarien. **Lebensraum:** sumpfige, lichte Wälder, Moore, feuchte Wiesen mit Büschen, Schilf; im Norden Moostundra; *Teilzieher.* **Nahrung:** kleine Nager, Reptilien, Frösche. **Fortpflanzung:** Nest am Boden im Gras, Schilf usw.; 1 *Brut* April–Mai; *Eier* 4–7 (8–10), mattweiß, länglich; *Brutdauer* 24–28 Tage; ♀ brütet, ♂ wacht; ♂ und ♀ betreuen die *Jungen* (verlassen mit 12–17 Tagen das Nest; mit 24–35 Tagen flügge); *Nesthocker.* **Ruf:** „käw-käw", „bububub".

Gattung: Rauhfußkäuze *Aególius);* (ohne Federohren; in Europa 1 Art:

Rauhfußkauz
Aególius funéreus (Linné)

Etwas größer als Steinkauz; diesem ähnlich, aber Kopf größer, Gesicht länger und heller; Schleier scharf begrenzt; **25 cm.**

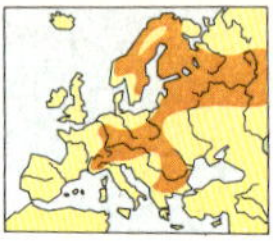

Verbreitung: Skandinavien, Finnland (hoher Norden nicht), von Ostseegebieten ab östlich in der UdSSR; Süden Polens, der Bundesrepublik Deutschland, DDR, ČSSR. Alpen, Österreich, Ostbalkan. **Lebensraum:** dichte Nadel-, lichte Mischwälder; *Jahresvogel.* **Nahrung:** kleine Säuger, Vögel, Frösche, Insekten. **Fortpflanzung:** *Nest* in Baumlöchern, verlassenen Spechthöhlen; 1 *Brut* April–Mai (März–Juli); *Eier* 4–6 (3–8), weiß, fein gekörnt, länglich; *Brutdauer* 25–31 Tage; ♀ brütet, ♂ und ♀ betreuen die *Jungen* (fliegen mit 30 Tagen aus; mit 35–42 Tagen flügge); *Nesthocker.* **Ruf:** melodisch „ug-ug" oder „du-du-du" mit nachfolgendem Triller.

XVIII. Ordnung: Nachtschwalben *(Caprimúlgi)*

Wie Eulen Dämmerungs- und Nachtvögel mit großen Augen, die aber, anders als bei Eulen, mehr seitlich am Kopf stehen; Gefieder eulenartig weich; Schnabel meist klein, besonders bei der Familie der Nachtschwalben mit weitspaltender Öffnung (für den Fang fliegender Insekten gut geeignet), ähnlich wie Schnabel der Schwalben, die aber mit Nachtschwalben nicht näher verwandt sind (vgl. den hypothetischen Stammbaum der Vögel auf S. 77); Kropf nicht vorhanden; die Jungen schlüpfen mit offenen Augen; schon bei der Geburt mit Dunen besetzt.

96 Arten, die sich auf 5 Familien verteilen: *Fettschwalme, Tagschläfer, Schwalme, Höhlenschwalme, Nachtschwalben.* In Europa nur letztgenannte Familie (mit 69 Arten die bedeutendste), mit 2 Arten als Brutvögel:

1. Familie: **Nachtschwalben** *(Caprimúlgidae);* Bodenbrüter ohne Nestunterlage; Eier und Junge in der Farbe der Umgebung angepaßt; in Europa 1 Gattung:

Gattung: Ziegenmelker *(Caprimúlgus);* in Europa 2 Arten:

Ziegenmelker (a)
Caprimúlgus europaeus Linné

Etwa so groß wie Amsel; Oberseite rindenfarbig, kräftig dunkelbraun, rostfarben gebändert; Unterseite quergebändert; Handschwingen, äußere Schwanzfedern beim ♂ mit weißen Flecken (im Fluge deutlich zu sehen); **27 cm.**

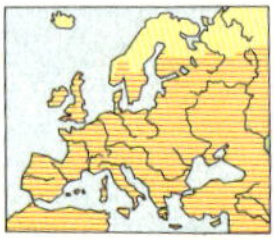

Verbreitung: fast ganz Europa; *fehlt:* Island, Nord-, Mittelskandinavien, Nord-, Mittelfinnland, Norden der UdSSR. **Lebensraum:** trockene Nadelwälder mit Gebüsch, Heide; *Zugvogel.* **Nahrung:** große Insekten, die nachts gefangen werden. **Fortpflanzung:** baut kein *Nest;* Eier werden auf trockenen Sand, Moos oder Kiefernnadeln gelegt; 2 *Bruten* Mai–Juli; 2 *Eier,* weiß, grau oder braun marmoriert; *Brutdauer* 16–18 Tage; ♂ grenzt einige Tage vor Ankunft des ♀ Revier ab; ♂ und ♀ brüten; die *Jungen* laufen schon mit 3 Tagen umher, verlassen mit 17–19 Tagen den Brutplatz, nach 31 Tagen selbständig; *Nesthocker.* **Ruf:** schnurrend „errrrörrrrerrrr".

Der ähnliche **Rothalsziegenmelker (b)** *(Caprimulgus ruficollis* Temminck*)* ist heller, Rücken ohne schwarze Streifen; ♂ ohne weiße Flecken an Flügeln und Schwanz; brütet in trockenen Baum-, Buschlandschaften in Süd-Iberien, selten in Südfrankreich.

XX. Ordnung: Rackenvögel *(Corácii)*
Gefieder in der Regel lebhaft bunt mit blauen, violetten, grünen sowie hell- und rotbraunen Farben, in die auch Weiß eingestreut sein kann; Beine verhältnismäßig kurz; Vorderzehen am Grund mehr oder weniger stark verwachsen; Höhlenbrüter; Nesthocker (beim Schlüpfen gewöhnlich nackt).
8 Familien (weltweit, meist tropisch oder subtropisch) mit 190 Arten; in Europa 4 Familien:

1. Familie: Racken *(Coraciidae);* Gestalt, Schnabel ähnlich wie bei Krähen; Gefieder lebhaft bunt, vorwiegend blau, violett, grün; Insektenfresser, daneben auch Früchte als Nahrung; mit Ausnahme der Erdracken selten oder nie auf dem Boden; 6 Gattungen mit 17 Arten; in Europa 1 Gattung:

Gattung: Blauracken *(Corácias);* in Europa 1 Art:

Blauracke
Corácias gárrulus (Linné)

Etwas kleiner als Dohle; Gestalt häherähnlich; Gefieder vorwiegend hellblau; Rücken leuchtend kastanienbraun; Flügel lebhaft blau; **31 cm.**

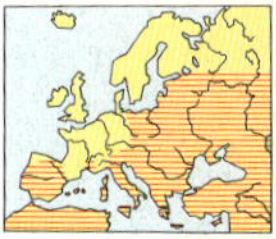

Verbreitung: Mittel-, Südspanien, Südfrankreich, Korsika, Sardinien, Sizilien, Mittel-, Süditalien, von Mitteleuropa (einschl. Jugoslawien, Nordgriechenland) ostwärts; *nicht mehr:* Finnland, Norden der UdSSR. **Lebensraum** und **Lebensweise:** offenes Gelände mit alten Baumgruppen, lichte Eichen-, Birken-, Kiefernwälder; hüpft am Boden; verhält sich sehr laut; *Zugvogel* (bis Südafrika). **Nahrung:** große Insekten (Heuschrecken, Grillen). **Fortpflanzung:** *Nest* in Baumhöhlen (oft Spechthöhlen), Erdlöchern; Nestauslage Haare, Federn; 1 *Brut* Mai–Juni; *Eier* 4 (3–7), weiß, glänzend; *Brutdauer* 17–20 Tage; ♂ und ♀ brüten, betreuen die *Jungen* (mit 28 Tagen flügge); *Nesthocker.* **Ruf:** „racke-rack", „krak-ak", „rä-rä-rä".

2. Familie: Eisvögel (Alcedínidae); sitzen in aufrechter Haltung; Kopf verhältnismäßig groß; Schnabel kräftig; Gefieder sehr lebhaft bunt (blau, grün, rot, rotbraun); 15 Gattungen mit 84 Arten; in Europa 1 Gattung:

Gattung: Eisvögel *(Alcédo);* in Europa 1 Art:

Eisvogel
Alcédo átthis Linné

Etwas größer als Haussperling; Oberseite prächtig blaugrün; Wangen, Unterseite kastanienbraun; Kehle weiß; weißer Halsfleck; Füße sehr klein, rot; **16 cm.**

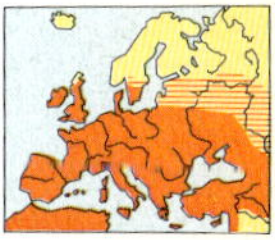

Verbreitung: fast ganz Europa; *fehlt:* Island, Nordschottland, Norwegen, Mittel-, Nordschweden, Finnland, Norden der UdSSR. **Lebensraum** und **Lebensweise:** klare Gewässer (Flüsse, Bäche, Gräben, Waldseen), die von Bäumen, Gebüsch umsäumt sind; fliegt meist niedrig über Gewässer hinweg; taucht nach Fischen im Stoßflug; sehr ungesellig, beansprucht großes Revier; *Teilzieher.* **Nahrung:** kleine Fische, Wasserinsekten, deren Larven, kleine Frösche, Kaulquappen. **Fortpflanzung:** brütet in einer in das Steilufer gegrabenen Röhre von 60–90 cm Länge; Nestraum ohne Auslage; 1 *Brut* Mai–Juni; *Eier* 4 (3–7), weiß; *Brutdauer* 17–20 Tage; ♂ und ♀ brüten, betreuen die *Jungen* (mit etwa 28 Tagen flügge); *Nesthocker.* **Ruf:** „tieht" oder „tieht-tieht".

3. Familie: Bienenfresser *(Merópidae);* Kopf nicht besonders groß; Schnabel lang, pfriemenförmig, leicht abwärts gebogen; Körper schlank; Gefieder bunt; meist gesellig lebend; jagen wie Schwalben fliegende Insekten, vor allem Bienen, deren Gift ihnen nicht schadet; ♂ in der Regel grün mit gelben, roten, blauen, kastanienbraunen Feldern sowie schwarzen Augenstreifen; 7 Gattungen mit 24 Arten; in Europa 1 Gattung:

Gattung: Bienenfresser *(Mérops);* in Europa 1 Art:

Bienenfresser
Mérops apiáster LINNÉ

Etwas größer als Amsel; Oberseite kastanienbraun, gelb; Schwingen, Schwanz blaugrün; Kehle leuchtend gelb; mittlere Schwanzfedern verlängert (Schwanzspieße); **28 cm.**

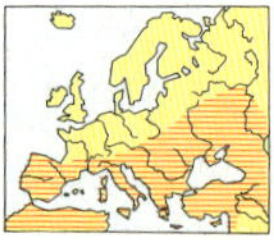

Verbreitung: Pyrenäenhalbinsel, Mittelmeerinseln, Südfrankreich, Italien, Neusiedler See, Balkanstaaten, Süden der UdSSR; *zieht* bis Lappland. **Lebensraum:** offenes, trockenes, sonniges Gelände mit Seen, Flüssen und geringem Baumbestand; *Zugvogel.* **Nahrung:** große Insekten (Libellen), Bienen, Hummeln, Wespen. **Fortpflanzung:** *Nestanlage* ähnlich Uferschwalbe: 1–2 m lange waagerechte Röhren in Lehm-, Sandwänden, die sich am Ende zu einem Brutraum erweitern; manchmal werden auch zu ebener Erde Gänge von Nagetieren benutzt; *Kolonienbrüter;* 1 *Brut* Mai–Juni; *Eier* 4 (2–4), weiß; *Brutdauer* unbekannt; *Nesthocker.* **Ruf:** „prürr-prürr-prürr", „brü-brü-brü", „pitt".

Der Blauwangenbienenfresser *Mérops superciliósus* LINNÉ, Gefieder fast einfarbig grün; Oberseite ganz ohne braun; mit rostrotem Kehlfleck; Unterflügel kupferfarben; kommt in der UdSSR am Kaspischen Meer vor.

4. Familie: Hopfe *(Upúpidae);* vorwiegend rostgelb; Flügel, Schwanz schwarzweiß gebändert; Kopf mit großer, aufrichtbarer Haube aus bräunlichen Federn mit schwarzer Spitze; 1 Gattung:

Gattung: Hopfe *(Upupa);* in Europa 1 Art:

Wiedehopf
Upupa épops LINNÉ

Etwas größer als Amsel; auffälliges Flugbild; Flug träge, Flügelschläge eigentümlich ruckweise, schmetterlingsartig; **28 cm.**

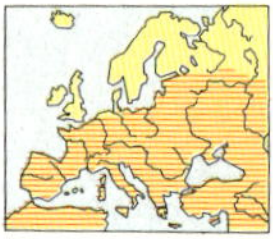

Verbreitung: In fast ganz Europa; *fehlt:* Island, Großbritannien, Skandinavien, Dänemark, Finnland, Norden der UdSSR. **Lebensraum** und **Lebensweise**: Mischwald Lichtungen, Waldränder mit altem Baumbestand, auch in Parkanlagen; hält sich sehr oft am Boden auf (Nahrungsuche); Nestlinge sondern aus Bürzeldrüse ein stinkendes Sekret ab und verspritzen dünnflüssigen Kot bei Gefahr; *Zugvogel* (bis tropisches Afrika). **Nahrung:** Insekten, Spinnen, Eidechsen, andere kleine Tiere. **Fortpflanzung:** *Nest* in Mauerlöchern, Baumhöhlen, Nistkästen, unter Dachziegeln; Nestauslage Moos, Gras, Wurzelfasern; 1–2 *Bruten* Mai–Juli; *Eier* 6–7 (4–12) grünlichbraun bis rötlichgrau, weiß gefleckt; *Brutdauer* 16–20 Tage; ♀ brütet, wird vom ♂ stündlich 3–4mal gefüttert; die Jungen sind mit 24–27 (–32) Tagen flügge; in 1. Woche vom ♂, danach auch vom ♀ gefüttert; *Nesthocker.* **Ruf:** „upup", „pu-pu-pu", erregt „wieh-wieh".

XXII. Ordnung: Seglerartige *(Macrochíres)*
Artenreich; 2 Familien mit 135 Gattungen (391 Arten); Familie *Segler,* Familie *Kolibris;* zu letzteren gehören die kleinsten Vögel (atmende Oberfläche und Herzgewicht etwa 3mal so groß wie bei der Taube; kleine Kolibris atmen in der Minute 360mal); in Europa 1 Familie:

1. Familie: Segler *(Apódidae);* sehen infolge ihrer schmalen, langen und sichelförmigen Flügel schwalbenähnlich aus, obwohl sie mit den Schwalben nicht verwandt sind; jagen pfeilschnell fliegende Insekten nach Art der Schwalben; Schnabel sehr kurz, mit weitem Spalt (wie bei den Schwalben bis unter die Augen reichend); Beute wird allerdings einzeln gesehen und geschnappt, fliegt also nicht in den offenen Rachen; Beine sehr kurz; Füße zum Gehen nicht geeignet; insgesamt 14 Gattungen mit zusammen 70 Arten; in Europa 1 Gattung:

Gattung: Segler *(Ápus);* in Europa 3 Arten:

Alpensegler
Ápus melbá (LINNÉ)

Größer als Rauchschwalbe Bauch, Kehle weiß; breites, dunkles Brustband; im übrigen fahlbraun bis grau; **21 cm.**

Verbreitung: im Süden, Südwesten Europas; *fehlt* Nord-Spanien, Nord-Balkan. **Lebensraum:** trockenes, felsiges Gelände in den Bergen oder an der Küste; *Zugvogel.* **Nahrung:** fliegende Insekten. **Fortpflanzung:** *Nest* unter Dachpfannen, in Felsspalten; *Kolonienbrüter;* 1 *Brut* Mai–Juni; *Eier* 3 (1–4), matt weiß, länglich; *Brutdauer* 20 (18 bis 23) Tage; ♂ und ♀ brüten, betreuen die Jungen (mit 55 [42–70] Tagen flügge, kehren aber noch 2 Wochen ins Nest zurück); *Nesthocker.* **Ruf:** laut trillernd, dem Mauersegler nicht ähnlich.

Mauersegler
Ápus ápus (LINNÉ)

Etwas kleiner als Rauchschwalbe; rußschwarz; Kinn weißlich; **17 cm.**

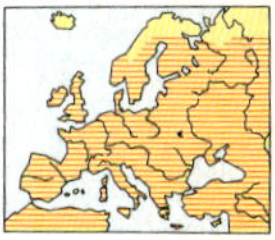

Verbreitung: fast ganz Europa; *fehlt:* Island, im Norden Schottlands, Skandinaviens, Finnlands, UdSSR. **Lebensraum:** jedes Gelände, das Nahrung und Nistmöglichkeit bietet, auch Großstadt; *Zugvogel.* **Nahrung:** Insekten (im Fluge erbeutet). **Fortpflanzung:** *Nest* in Mauerlöchern, Felshöhlen, unter Dachpfannen; Nestmaterial Blätter-, Stengelteile, Wurzelfasern, Wolle, Haare, Federn (mit Speichel verbunden); *Kolonienbrüter;* 1 *Brut* Mai–Juni; *Eier* 2 (1–4), mattweiß, länglich; *Brutdauer* 18–20 (–24) Tage; ♂ und ♀ brüten, gelegentlich nur ♀; die *Jungen* sind mit 42 (38–56) Tagen flügge, kehren danach nicht mehr ins Nest zurück; *Nesthocker.* **Ruf:** schrill und langgezogen „srieh-srieh".

Fahlsegler
Ápus pállidus (LINNÉ)

So groß wie Mauersegler; ähnlich diesem, aber viel heller; graubraun; Kehlfleck sehr groß; **17 cm.**

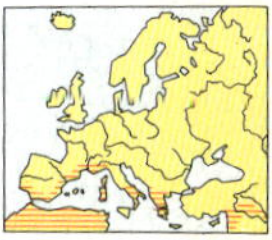

Verbreitung: Südküste Portugals, Mittelmeerküste Spaniens, Frankreichs, Oberitaliens; Korsika, Sardinien, Süden Italiens, Griechenlands, *nicht mehr:* Sizilien. **Lebensraum:** trockene, sonnige Felswände, hauptsächlich an der Küste; *Zugvogel.* **Nahrung:** Insekten (im Fluge erbeutet). **Fortpflanzung:** *Nest* in Felshöhlen, Mauerlöchern, unter Dachpfannen; Nestmaterial Blätter-, Stengelteile, Wurzelfasern, Wolle, Haare, Federn (mit Speichel verbunden); *Kolonienbrüter;* oft in Gemeinschaft mit Mauer- und Alpenseglern; *Nesthocker.* **Ruf:** wie Mauersegler.

XXIII. Ordnung: Spechtvögel *(Pici)*

Durch Wendezehe ausgezeichnet; 2 Zehen (2. und 3.) nach vorn, 2 nach hinten (1. und 4.) gerichtet (Kletterfuß); 2 Unterordnungen mit 6 Familien und 383 Arten; in Europa 1 Familie aus der Unterordnung *Spechtartige* (Picoidea), die insgesamt 4 Familien umfaßt.

1. Familie: Spechte *(Picidae);* artenreichste Familie der Spechtvögel (209 Arten); Unterteilung in 3 Unterfamilien, 2 davon in Europa:

1. Unterfamilie: Wendehälse *(Jynginae);* Schwanzfedern am Ende abgerundet, ihre Schäfte weich; Schnabel spitz, relativ kurz; Zunge klebrig, ohne Widerhaken an der Spitze, aber wie bei den Echten Spechten herausstreckbar; Gefieder braun; in Europa 1 Gattung:

Gattung: Wendehals *(Jynx);* in Europa 1 Art:

Wendehals
Jynx torquilla LINNÉ

Etwas größer als Haussperling; rindenfarben, grau, braun, rotgelb gemustert; Kopf sehr beweglich (14 Halswirbel); **17 cm.**

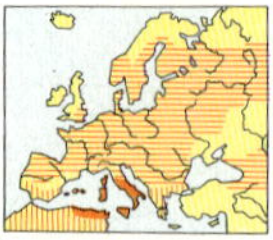

Verbreitung: fast ganz Europa; *fehlt:* Island, Irland, Nord-, Mittelengland, Norden Skandinaviens, Finnlands, der UdSSR; Südspanien, südlicher Balkan. **Lebensraum:** Mischwälder, Parkanlagen, Gärten; *Zugvogel.* **Nahrung:** Ameisen, deren Larven, auch andere Insekten. **Fortpflanzung:** *Nest* in Baumlöchern, Mauerhöhlen, Nistkästen; 1 *Brut* Mai–Juni; *Eier* 6–10, weiß; *Brutdauer* 11–14 Tage; ♂ und ♀ brüten (♂ meist nur mittags), betreuen die *Jungen* (mit 19–24 Tagen flügge); *Nesthocker.* **Ruf:** monoton „gäh-gäh-gäh", erregt „täck-täck", „ti-ti-ti".

2. Unterfamilie: Echte Spechte *(Picinae);* Schwanzfedern spitz, mit starren Schäften *(Stützschwanz);* Schnabel keilförmig, lang, hart, mit scharfkantigem First (Hack- oder *Meißelschnabel*); Zunge klebrig, mit Widerhaken an der Hornspitze, weit herausstreckbar; *Klettervögel* an Baumstämmen; klettern nur stammaufwärts; manche Spechte bewegen sich auch am Boden (Bodenspechte); fliegen in der Regel im Bogenflug, indem sie sich mit schnellen Flügelschlägen schräg nach oben bewegen und dann mit angelegten Flügeln abwärts gleiten, dann Wiederholung des Vorgangs; nisten in Baumhöhlen, die sie meistens mit ihrem Schnabel selbst zimmern *(Zimmerleute des Waldes);* der Meißelschnabel dient auch zum Aufhämmern der Rinde und von morschem Holz bei der Nahrungssuche; Eier werden einfach auf den Mulm der Nisthöhle gelegt; in Europa Vertreter aus 4 Gattungen:

Gattung: Dreizehenspechte *(Picoides);* 3 Zehen; in Europa 1 Art:

Dreizehenspecht
Picoides tridactylus (LINNÉ)

So groß wie Buntspecht; 2 Zehen nach vorn, eine nach hinten gerichtet; Gefieder schwarzweiß, ganz ohne Rot; ♂ Scheitel zitronengelb, beim ♀ silbergrau; Rücken, Bürzel weiß; **22 cm.**

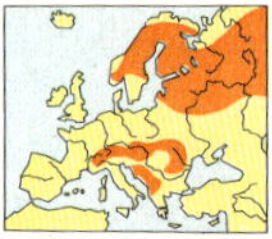

Verbreitung: Mittel- und Nordskandinavien, Finnland, in der UdSSR von den Ostseegebieten und der finnischen Grenze ab ostwärts, östliches Alpengebiet, Westbalkan, Karpaten. **Lebensraum:** Gebirgswälder bis zur Baumgrenze; *Jahresvogel.* **Nahrung:** unter der Baumrinde lebende Insekten und deren Larven. **Fortpflanzung:** zimmert *Nisthöhle* in morschen Nadelbäumen; Einflugloch relativ hoch; 1 *Brut* Mai–Juni; *Eier* 4–5, weiß, glänzend; ♂ und ♀ brüten und betreuen die *Jungen; Nesthocker.* **Ruf:** „kek-ek-ek-ek", „ügg", „kjak" und „grä-grä-grä".

Gattung: Schwarzspechte *(Dryócopus);* 4 Zehen; in Europa 1 Art:

Schwarzspecht
Dryócopus mártius (LINNÉ)

Fast so groß wie Rabenkrähe; schwarz; ♂ rote Kopfplatte bis ins Genick reichend, ♀ nur Hinterkopf rot; **46 cm.**

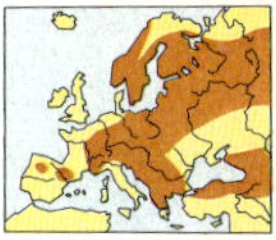

Verbreitung: Nord-, Mittel-, Südosteuropa; Westgrenze Mittelfrankreich, Italien; sehr *lokal:* Spanien. **Lebensraum:** zusammenhängender alter Wald mit Nadel-, Laubbäumen; *Jahresvogel.* **Nahrung:** unter Baumrinde lebende Insekten, deren Larven, Ameisen. **Fortpflanzung:** zimmert *Nisthöhle* in alten Bäumen; Einflugloch meist oval; 1 *Brut* April–Juni; *Eier* 4–5 (3–6, 9), weiß, glänzend; *Brutdauer* 12–14, im Norden 16–18 Tage; ♂ und ♀ brüten (♂ mehr), füttern die *Jungen;* Fütterung nur alle 90 Minuten; Junge mit 23–28 Tagen flügge; *Nesthocker.* **Ruf:** „kli-öh", „klück-lück-lück", fliegend „rürrürrürrürr".

Gattung: Grünspechte *(Picus);* 4 Zehen; vorwiegend grün oder graugrün; in Europa 2 Arten:

Grünspecht
Picus viridis LINNÉ

Etwa so groß wie Dohle; ♂ und ♀ Oberkopf bis Nacken rot; Backenstreif breit, schwarz, beim ♂ mit rotem Kern; Wangen hell; Rücken grün; Bürzel grüngelblich; **32 cm.**

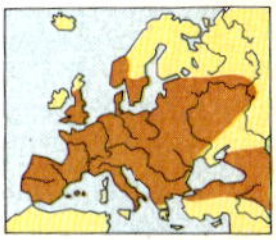

Verbreitung: fast ganz Europa; *fehlt:* Island, Irland, Schottland, Nordskandinavien, Finnland, Norden der UdSSR, Korsika, Sardinien, Südgriechenland. **Lebensraum:** lichte Mischwälder, Parkanlagen, Gärten; *Jahresvogel.* **Nahrung:** Ameisen, deren Larven, andere Insekten; gelegentlich Beeren, Samen. **Fortpflanzung:** zimmert *Nisthöhle* in alten Laubbäumen; 1 *Brut* April–Juni; *Eier* 5–7 (8), weiß, glänzend; *Brutdauer* 15–17 Tage; ♂ und ♀ brüten, füttern abwechselnd die *Jungen* (mit 27 Tagen flügge); *Nesthocker.* **Ruf:** laut „glück-glück-glück".

Grauspecht
Picus cánus GMELIN

Etwa so groß wie Amsel; ♂ Stirn bis etwa Mitte des Kopfes rot; ♀ ohne Rot; Bartstreif schmal, schwarz; Gefieder mehr grau, das Grün weniger leuchtend als bei voriger Art; **25 cm.**

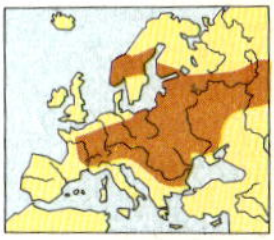

Verbreitung: Mittelskandinavien, Südfinnland, West-, Süd-, Mittel-UdSSR, Polen, Balkan (nicht im Süden), Österreich, ČSSR, Mittelfrankreich, Süden der Bundesrepublik Deutschland, DDR. **Lebensraum:** lichte Laub-, Mischwälder, meidet reinen Nadelwald; *Jahresvogel.* **Nahrung:** Ameisen, deren Larven, Früchte, Samen. **Fortpflanzung:** zimmert *Nisthöhle* in alten Laubbäumen! 1 *Brut* (April) Mai–Juni; *Eier* 6–7 (5–10), weiß, glänzend; *Brutdauer* 17–18 Tage; ♂ und ♀ brüten (♂ nachts), betreuen die *Jungen* (mit 24–25 Tagen flügge); *Nesthocker.* **Ruf:** „gück-gück-gück", im Frühjahr „küü-küü-küü-kü", ähnlich Grünspecht, aber leiser und absinkend langsamer werdend; trommelt ausdauernd.

Gattung: Buntspechte *(Dendrócopus)*; bunt mit viel Weiß; in Europa 5 Arten:

Kleinspecht
Dendrócopus minor (LINNÉ)

Sehr klein, nur wenig größer als Haussperling; Bauch, Unterschwanzdecken ganz ohne Rot; ♂ Scheitel rot, ♀ weißgelb; Rücken weiß gebändert; **16 cm.**

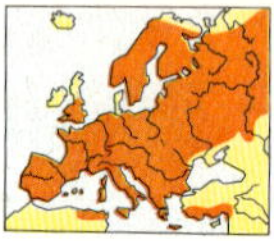

Verbreitung: fast ganz Europa; *fehlt:* Island, Irland, Nordengland, Schottland, Dänemark, Schleswig-Holstein, Norden Skandinaviens, Finnlands, der UdSSR. **Lebensraum:** Laub- und Mischwald, Auwälder, Parkanlagen, Gärten; *Jahresvogel.* **Nahrung:** unter Baumrinde lebende Insekten, deren Larven, Blattläuse, Raupen, selten Samen, Früchte. **Fortpflanzung:** zimmert *Nisthöhle* in morschen Laubbäumen; 1 *Brut* April bis Mai; *Eier* 5–6, weiß, glänzend; *Brutdauer* wahrscheinlich 14 Tage; ♂ und ♀ brüten und betreuen die *Jungen; Nesthocker.* **Ruf:** „kjückkjück-kjück", „ki-ki-ki-ki-ki-ki-ki".

Mittelspecht
Dendrócopus médius (LINNÉ)

Etwas kleiner als Buntspecht; Hinterrücken schwarz; Oberkopf rot; Flügel schwarzweiß gebändert; **22 cm.**

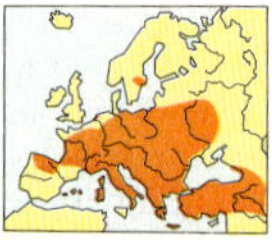

Verbreitung: Mittel-, Südosteuropa; Westgrenze: Pyrenäen, Nordspanien; *fehlt:* Sizilien; *lokal:* Südschweden. **Lebensraum:** Laubwald mit alten, morschen Bäumen, Parkanlagen, Gärten; *Jahresvogel.* **Nahrung:** Käfer, Ameisen, deren Larven. **Fortpflanzung:** selbstgezimmerte *Nisthöhle* nicht nur in morschen, sondern auch gesunden Bäumen; 1 *Brut* April–Juni; *Eier* 5–6 (–8), weiß, glänzend; *Brutdauer* 12 Tage; ♂ und ♀ brüten (♂ öfter); ♂ hudert nachts bis zum 12. Tag die Jungen; ♂ und ♀ betreuen die *Jungen* (mit 20 bis 25 Tagen flügge), füttern sie noch 8 Tage nach dem Ausfliegen; *Nesthocker.* **Ruf:** „ptiktjek-tjek-tjek-tjek", im Frühjahr „ääk-ääk".

Buntspecht
Dendrócopus májor (LINNÉ)

Größe bekannt; ähnlich voriger Art, aber Scheitel schwarz; ♂ mit rotem Fleck am Hinterkopf; Schultern mit großem weißem Fleck; **23 cm.**

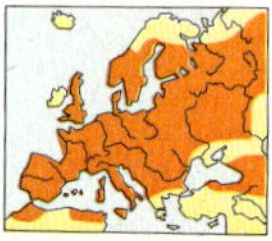

Verbreitung: fast ganz Europa; *fehlt:* Island, Irland, im Norden Skandinaviens, Finnlands, der UdSSR, in Südgriechenland, Süd-UdSSR. **Lebensraum:** alle Waldarten, Parkanlagen, Gärten; *Jahresvogel.* **Nahrung:** unter Baumrinde lebende Käfer, deren Larven, Raupen, Nüsse, Beeren, Obst, Nadelholzzapfen, an deren Samen er dadurch gelangt, daß er den Zapfen in einen selbstgezimmerten Baumspalt klemmt *(Spechtschmiede).* **Fortpflanzung:** selbstgezimmerte *Nisthöhle* nicht nur in morschen, sondern auch in gesunden Bäumen; 1 *Brut* Mai–Juni; *Eier* 6 (3–8), weiß, glänzend; *Brutdauer* 12–13 Tage; ♂ und ♀ brüten (♂ öfter), betreuen die *Jungen* (mit 17–19 [21–23] Tagen flügge); *Nesthocker.* **Ruf:** „gick", erregt „rärr-rärr", im Fluge „rürrürrürrürr".

Weißrückenspecht
Dendrócopus leuconótus (BECHSTEIN)

Etwas größer als Buntspecht; Hinterrücken weiß; Schultern schwarz; Unterschwanzdecken rötlich; Flanken schwarz längsgefleckt; **25 cm.**

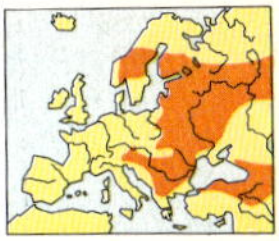

Verbreitung: Südosten Norwegens; Mittelschweden, Südfinnland, Mittel-UdSSR, Polen, Jugoslawien, Albanien, Ostbalkan; *lokal:* Apennin, Pyrenäen. **Lebensraum:** Laubwald mit hohen, alten Bäumen; *Jahresvogel.* **Nahrung:** Käfer, deren Larven, Raupen, Ameisen. **Fortpflanzung:** zimmert *Nisthöhle* sehr hoch in alten Bäumen; 1 *Brut* April–Mai; *Eier* 3–5, weiß, glänzend; *Brutdauer* unbekannt; ♂ und ♀ brüten, betreuen die *Jungen; Nesthocker.* **Ruf:** „ki-ki-ki“, „kjück“.

Blutspecht
Dendrócopus syríacus (HEMPR u. EHRENBERG)

So groß wie Buntspecht; ähnlich diesem, aber Wangen ohne schwarzes Querband, Unterschwanzdecken heller rot; **23 cm.**

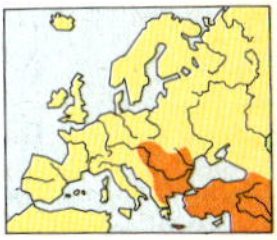

Verbreitung: Balkan, Südwest-UdSSR; breitet sich nach Norden und Westen aus. **Lebensraum:** offener Baumbestand, Parkanlagen, Gärten; *Jahresvogel.* **Nahrung:** wahrscheinlich wie Buntspecht. **Fortpflanzung:** selbst gezimmerte *Nisthöhle* in Bäumen; 1 *Brut* April–Mai; *Eier* 5–7; *Brutdauer* unbekannt; *Nesthocker.* **Ruf:** „chig“ oder „kirruk“; ruft nicht so laut wie Buntspecht.

173.1 Schwarzspecht (♂)

173.2 Buntspecht

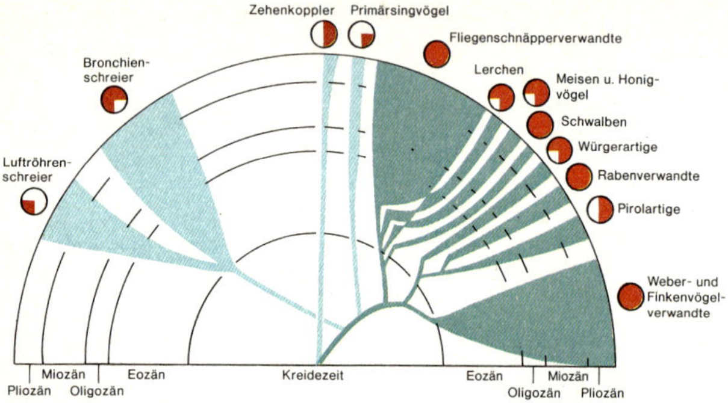

174.1 Hypothetischer Stammbaum der Sperlingsvögel (nach W. Meise), vgl. S. 77 und den Text zu Abb. 79.1).

XXIV. Ordnung: Sperlingsvögel *(Pásseres)*
Zu den Sperlingsvögeln gehören 5066 Arten (also weit mehr als die Hälfte aller etwa 8100 lebenden Vogelarten; ihre Körperlänge reicht von 7,5 cm bis 110 cm; alle sind Nesthocker; die eben geschlüpften, noch blinden Jungen recken bei der geringsten Erschütterung des Nestes, etwa beim Anflug eines Elternvogels, den Hals senkrecht nach oben und sperren den Schnabel weit auf. Der Altvogel steckt das Futter tief in den Rachen der sperrenden Jungen, die den Schnabel schließen und die Nahrung verschlucken, sobald das Futter bestimmte Stellen des Rachens berührt. Nicht gefütterte Junge schließen den Schnabel nach einiger Zeit, ziehen den Hals ein und kuscheln sich mit den Nestgenossen zusammen.

Systematik
Die Sperlingsvögel werden von den Vogelforschern unterschiedlich geordnet. Hier wird im wesentlichen die Systematik von Bernd/Meise verwendet; sie untergliedern die Ordnung der Sperlingsvögel in 4 Unterordnungen mit zusammen 10 Überfamilien, die insgesamt 58 Familien umfassen.
I. Unterordnung: Zehenkoppler *(Desmodáctylae);* 1 Familie mit 14 Arten; in Europa keine Vertreter.
II. Unterordnung: Schreivögel *(Clamátores);* 2 Überfamilien mit 1034 Arten:
1. Überfamilie: Luftröhrenschreier *(Furnarióidae);* 5 Familien mit 531 Arten; in Europa keine Vertreter.
2. Überfamilie: Bronchienschreier *(Tyrannóidae);* 7 Familien mit 29 Arten; in Europa keine Vertreter.
III. Unterordnung: Primärsingvögel *(Subóscines);* 2 Familien mit 4 Arten; in Europa keine Vertreter.
IV. Unterordnung: Singvögel *(Oscines);* 8 Überfamilien, 44 Familien, 3965 Arten:
1. Überfamilie: Fliegenschnäpperverwandte *(Muscicapóidae);* zu ihnen gehören u. a. die Grasmücken, Fliegenschnäpper, Drosseln, Zaunkönige, Wasseramseln, Braunellen und Stelzen **S. 176**
2. Überfamilie: Lerchen *(Alaudóidae);* Bodenvögel; schnellste Läufer und Renner unter den Singvögeln **S. 201**
3. Überfamilie: Meisenartige und Honigvögel *(Paróidae);* Meisen klettern unermüdlich kopfüber-kopfunter im Gezweig von Büschen und Bäumen; Kleiber laufen gewandt auf Baumrinden und in Felsen, auch kopfabwärts; Baumläufer klettern nur stammaufwärts, wobei der Schwanz als Stütze dient S. 204
4. Überfamilie: Schwalben *(Hirundinóidae);* die einzigen Singvögel, welche ihre Nahrung fast ausschließlich im Fluge fangen (Luftsuchjäger) **S. 210**
5. Überfamilie: Würgerartige *(Lanióidae);* Schnabel kräftig, gekrümmt, in der Regel mit starkem Zahn an der Schneide (Zahn fehlt z. B. bei den Seidenschwänzen) **S. 212**
6. Überfamilie: Rabenverwandte *(Corvóidae);* durch ein über den Nasenlöchern stehendes, nach vorn gerichtetes Borstenbüschel gekennzeichnet; enthält die größten Singvögel (bis 1,10 m lang) **S. 214**
7. Überfamilie: Pirolartige *(Oriolóidae);* die einzige in Europa vorkommende Art ist ein kurzfüßiger Baumvogel **S. 218**
8. Überfamilie: Weber- und Finkenvögel *(Fringillóidae);* verwenden beim Bau ihrer oft kunstvollen Nester die Technik von Kette und Schuß, wie sie bei Geweben üblich ist, daher der Name Webervögel **S. 218**

175.1 **Junge Blaumeisen**

175.2 **Bachstelze:** ihre Jungen fütternd

1. Überfamilie: Fliegenschnäpperverwandte *(Muscicapóidae);* 9 Familien mit 1483 Arten; in Europa 7 Familien mit 77 Arten. Die systematische Stellung dieser Familien wird von den Ornithologen sehr unterschiedlich vorgenommen. Wir folgen auch hier der Gliederung von *Bernd-Meise.*

1. Familie Grasmücken *(Sýlvidae);* 423 Arten; gute Nestbauer, meist ausgezeichnete Sänger; Nest freistehend oder hängend (keine Höhlen- oder Halbhöhlenbrüter); die unterscheidenden Merkmale morphologischer Art bei vielen sich nahestehenden Arten oft wenig kennzeichnend, zumal sich Gefieder schnell abnutzt; manche Arten im Freien (feldornithologisch) nur am Gesang zu unterscheiden; bei anderen spielt Länge der Handschwingen eine Rolle bei der Bestimmung (Abb. 178.1). In Europa 37 Arten aus 2 Unterfamilien:

1. Unterfamilie: Eigentliche Grasmücken *(Sylviinae);* kleine, lebhaft bewegliche Vögel; Schnabel dünn, gerade; vorwiegend Insektenfresser, im Herbst werden auch Beeren verzehrt; Geschlechter meist sehr ähnlich; manche Arten schwer bestimmbar; doch Gesang oft charakteristisch; auch Schwingenformeln bieten wichtige Unterscheidungsmerkmale (Abb. 178.1); in Europa 1 Gruppe:

1. Gruppe: Rohrsänger *(Acrocephalíni);* Schwanz abgerundet oder gestuft; Oberseite bräunlich; Unterschwanzdecken kürzer als die mittelsten Schwanzfedern; in Europa 8 Gattungen mit 35 Arten:

Gattung: Mariskensänger (Lusciniola); in Europa 1 Art:

Mariskensänger
Lusciniola melanópogon (Temminck)

Kleiner als Feldsperling; Kopfplatte vorhanden; sehr dunkel, fast schwarz; Augenstreif sehr hell; Rücken hellbraun, dunkel gestreift; **13 cm.**

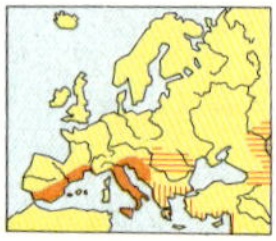

Verbreitung: Ostspanien, Südfrankreich, Italien, Österreich (Neusiedler See), Nordjugoslawien, Sizilien. **Lebensraum:** Schilfränder von sumpfigen Teichen, Seen; *Teilzieher.* **Nahrung:** Insekten. **Fortpflanzung:** *Nest* wie Teichrohrsänger (im Schilf aufgehängt, auch in Rohrkolben, Büschen); Nestmulde jedoch flacher; 2 *Bruten* April–Juni; *Eier* 3–4 (5–6); ♂ und ♀ brüten, betreuen die Jungen; *Nesthocker.* **Ruf:** „t-trrt", „tschack"; **Gesang:** wohltönend, laut, Nachtigall und andere gute Sänger kombinierend.

Gattung: Cistensänger *(Cisticola);* in Europa 1 Art:

Cistensänger
Cisticola júncidis (Rafinesque)

Etwas größer als Goldhähnchen; ohne Kopfplatte; Scheitel deutlich längsgestreift; ohne hellen Augenstreif; Schwanz kurz, die äußeren Steuerfedern mit schwarzweißen Spitzen; **10 cm.**

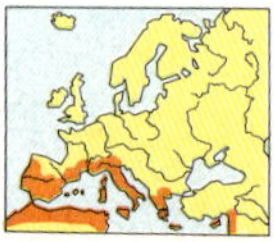

Verbreitung: Portugal, Südspanien, Südfrankreich, Korsika, Sardinien, Sizilien, Italien, Griechenland. **Lebensraum:** Sumpfgebiete mit Schilf, hohem Gras; *Teilzieher.* **Nahrung:** kleine Insekten. **Fortpflanzung:** *Nest* flaschenförmig, zwischen Schilf, hohem Gras aufgehängt; Nestmaterial Schilffasern, Pflanzenwolle, mit Spinnweben verflochten; *Brutbiologie* unbekannt. *Nesthocker.* **Ruf:** „tju". **Gesang:** „dsip-dsip-dsip", „dsii-dsii-dsii"; im Singflug oder von hoher Sitzwarte.

Gattung: Seidensänger *(Céttia);* Scheitel nicht gestreift oder doch anders gestreift als bei voriger Art; oft mit hellem Augenstreif; Oberseite einfarbig, ungestreift; in Europa 1 Art:

Seidensänger
Céttia cétti (Marmora)

Etwa sperlingsgroß; ganze Oberseite schlicht dunkelrotbraun, dunkler als bei anderen Vertretern dieser Gruppe; Schwanz oft gestelzt; **14 cm.**

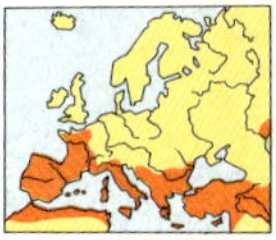

Verbreitung: Pyrenäenhalbinsel, West-, Südfrankreich, Italien, Südjugoslawien, Bulgarien, Albanien, Griechenland, Mittelmeerinseln. **Lebensraum und Lebensweise:** feuchtes, sumpfiges Gelände mit Buschwerk, Schlingpflanzen; scheu, lebt sehr versteckt; *Jahresvogel.* **Nahrung:** Insekten, Spinnen, Schnecken, Würmer. **Fortpflanzung:** napfförmiges *Nest* in Erdnähe in dichten Büschen; 2 *Bruten* April–Juni; *Eier* 3–5, rötlich, dunkel gewölkt; *Brutdauer* 13 Tage; ♀ brütet, betreut die *Jungen; Nesthocker.* **Ruf:** „tschi" oder „hüt". **Gesang:** auffallend laut „tschjuih-tschjuih-tschjuih".

Gattung: Rohrsänger *(Acrocéphalus);* an das Schlüpfen zwischen Schilf- und Getreidehalmen angepaßt; Nest oft zwischen mehreren Halmen aufgehängt; Lieder sehr kennzeichnend, gleichmäßig rhythmisch· in Europa 6 Arten:

Seggenrohrsänger
Acrocéphalus paludicola (Vieillot)

Etwas kleiner als Feldsperling; Kopf mit hellem gelblichem Mittelstreif und jederseits mit dunklem Seitenstreif; Augenstreif braungelblich; Rücken bis zum Bürzel hin kräftig schwarz gestreift; **13 cm.**

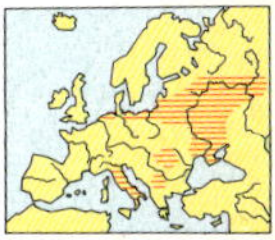

Verbreitung: Italien, Nordseeküste der Niederlande, BR Deutschland; DDR, Polen, Ungarn, Bulgarien, Mittel-, Süd-UdSSR. **Lebensraum:** Ufer von sumpfigen Teichen mit Schilf, Rohrkolben, Seggen als Randvegetation; *Zugvogel.* **Nahrung:** Insekten, kleine Schnecken. **Fortpflanzung:** *Nest* dicht über dem Boden auf Seggen; Nestmaterial Gräser, Halme; Nestauslage Federn, Gras; 1 *Brut* (selten 2) Mai–Juni; *Eier* 5–6 (4), grünlich-grau, mit verlaufenen gelbbraunen Flekken; *Brutdauer* unbekannt; wahrscheinlich brütet nur ♀, aber ♂ und ♀ betreuen die *Jungen* (fliegen mit 19 Tagen aus; mit 28 Tagen flügge); *Nesthocker.* **Ruf:** „teck", „trrr-trrr". **Gesang:** „errr-dü-di-errr-dü-di".

Schilfrohrsänger
Acrocéphalus schoenobaenus (Linné)

Größe wie vorige Art; Kopf ohne hellen Mittelstreif; Augenstreif rahmfarben, auffallend; Bürzel rostrot, ungestreift; **13 cm.**

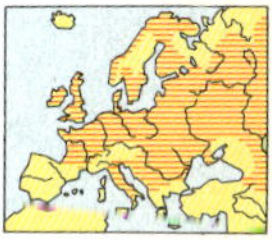

Verbreitung: fast ganz Europa; fehlt: Island, Mittelschweden, Nord-UdSSR, Pyrenäenhalbinsel, Griechenland, Mittelmeerinseln. **Lebensraum:** Ufer von sumpfigen Teichen mit Schilf, Rohrkolben, Seggen als Randvegetation; *Zugvogel.* **Nahrung:** Insekten, kleine Schnecken. **Fortpflanzung:** *Nest* dicht über dem Boden auf Seggen; Nestmaterial Gräser, Halme; Nestauslage Federn, Gras; 1 *Brut* (selten 2) Mai–Juni; *Eier* 5–6 (4), grünlichgrau, mit verlaufenen gelbbraunen Flecken; *Brutdauer* unbekannt; wahrscheinlich brütet nur ♀, aber ♂ und ♀ betreuen die *Jungen* (fliegen mit 19 Tagen aus; mit 28 Tagen flügge); *Nesthocker.* **Ruf:** „teck", „trrr-trrr". **Gesang:** „errr-dü-di-errr-dü-di".

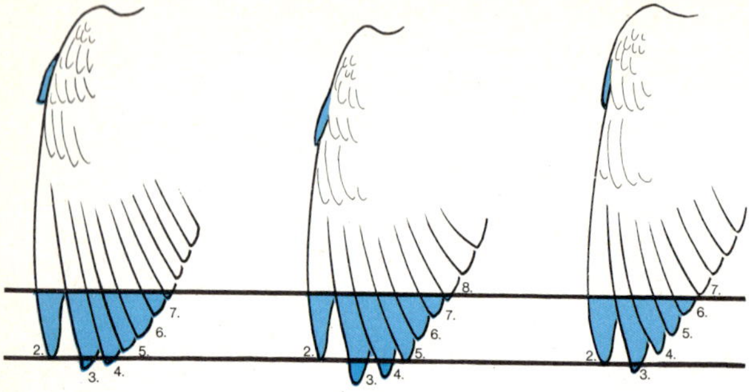

178.1 Schwingenformeln von Rohrsängern: zu beachten ist die Länge der 2. Handschwinge im Verhältnis zu den übrigen Handschwingen sowie die Tiefe der Verschmälerung an ihrer Innenfahne.

Drosselrohrsänger

Acrocéphalus arundináceus (LINNÉ)

Wesentlich größer als Haussperling; Oberseite ungestreift, hell olivbraun, Unterseite hell sandfarben; heller Augenstreif; Schnabel lang; **19 cm.**

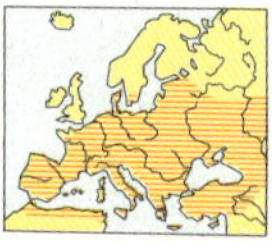

Verbreitung: fast ganz Europa bis Mittel-, Süd-UdSSR; *fehlt:* Nordeuropa (auch nicht mehr in Großbritannien). **Lebensraum:** ausgedehnte Schilfsümpfe an Flüssen, Seen; *Zugvogel.* **Nahrung:** Insekten, deren Larven, gelegentlich auch Beeren. **Fortpflanzung:** *Nest* wie Teichrohrsänger, aber größer und meist im Schilf; 1 *Brut* Mai bis Juli; *Eier* 5 (3–6), bläulich- oder grünlichweiß, aschgrau und olivbraun gefleckt; *Brutdauer* 13 bis 15 Tage; ♂ und ♀ brüten, betreuen die *Jungen,* die mit 8, wenn gestört 12–14 Tagen das Nest verlassen und mit 16 Tagen die ersten Flugversuche wagen; *Nesthocker.* **Ruf:** „karr", „tack" oder „zäck-zäck". **Gesang:** „karre-karre-karre-kied-kied-kied".

Sumpf- oder Getreiderohrsänger
Acrocéphalus palústris (Bechstein)

Kleiner als Feldsperling; 2. Handschwinge länger als 4.; Einschnitt zwischen 2. und 3. Handschwinge kurz (Abb. 178.1); Beine fleischfarben; voriger Art sehr ähnlich; **13 cm.**

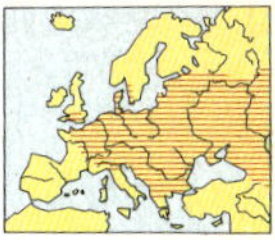

Verbreitung: Ab Ostfrankreich in Mittel-, Osteuropa; *fehlt:* Island, Großbritannien (nur Süden), Skandinavien, Finnland, Norden der UdSSR, Pyrenäenhalbinsel, Westfrankreich, Italien, Griechenland, Mittelmeerinseln. **Lebensraum:** sumpfige, buschreiche Ufergebiete von Teichen, Seen, Flüssen; auch Gärten, Getreidefelder. **Fortpflanzung:** *Nest* napfförmig aus Zweigen, Getreide-, Grashalmen; Nestauslage Wolle, Federn; 1 *Brut* Juni–Juli; *Eier* 4–5 (3–6), bläulich- oder grünlichweiß, aschgrau, olivfarben gefleckt; *Brutdauer* 12–13 (14) Tage; ♀ brütet (gelegentlich auch ♂), ♂ und ♀ betreuen die *Jungen,* die mit (9–) 11–13 Tagen ausfliegen; *Nesthocker.* **Ruf:** „tschätsch", „krr". **Gesang:** wohltönend, melodienreich von erhöhtem Standort (Vogelstimmenimitator).

Teichrohrsänger
Acrocéphalus scirpáceus (Hermann)

Kleiner als Feldsperling; 2. Handschwinge fast so lang wie 3.; Einschnitt zwischen 2. und 3. Handschwinge tief (Abb. 178.1); Augenstreif unscharf; **13 cm.**

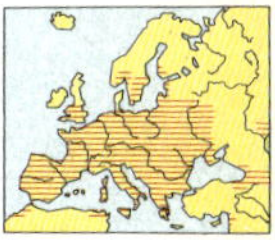

Verbreitung: fast ganz Europa; *fehlt:* Norden. **Lebensraum:** Schilf-, Rohrränder von Teichen, Seen, Wassergräben, ausnahmsweise Parkanlagen, Getreidefelder; *Zugvogel.* **Nahrung:** Insekten, deren Larven. **Fortpflanzung:** *Nest* napfförmig, mit tiefer Mulde, an Schilf, Rohr hängend; 1 *Brut* (selten 2) Mai–August; *Eier* 4 (3–6), grünlichweiß, braun, grau gefleckt; *Brutdauer* 11–12 (13) Tage; ♂ und ♀ brüten, betreuen die *Jungen,* die mit 11–13 (14) Tagen ausfliegen; *Nesthocker.* **Ruf:** „tschätsch", „scharr". **Gesang:** „tiri-tiri-tiri-zäck-zäck-zäck".

Gattung: Schwirle *(Locustélla);* Unterschwanzdecken annähernd so lang wie die mittelsten Schwanzfedern; in Europa 3 Arten:

Feld- oder Heuschreckenschwirl
Locustélla naévia (Boddin)

Kleiner als Feldsperling; Unterseite des Schwanzes ohne schwarzes Querband; Rücken olivbraun mit dunklen Fleckenreihen; Schwanz fein quergestreift; **13 cm.**

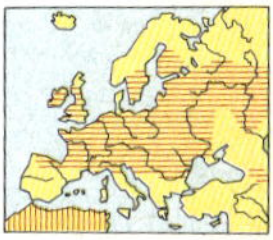

Verbreitung: Irland, England, Südschweden, Südfinnland; von Nordspanien, Frankreich ab in östlicher Richtung bis Mittel-, Süd-UdSSR; *fehlt:* Kaukasus. **Lebensraum:** feuchte Wiesen mit hohem Pflanzenwuchs, Schilf und Büschen, sumpfige Waldwiesen, ausgedehnte Felder; *Zugvogel.* **Nahrung:** Insekten. **Fortpflanzung:** unter Büschen und Gras verstecktes *Bodennest;* Nestmaterial breite Grasblätter und Moos, Innenmulde glatt; 1 *Brut,* oft auch 2 (3?) Mai–August; *Eier* 6 (3–7), rötlichweiß, rotbraun gefleckt; *Brutdauer* 12–15 Tage; ♂ und ♀ brüten, betreuen die *Jungen,* die mit 9–12 Tagen ausfliegen; *Nesthocker.* **Ruf:** „tze-tze", „si-si-si-si-si" oder „tipp". **Gesang:** heuschreckenähnlich zirpend „sirr-sirr-sirr" (auch nachts).

Fluß- oder Schlagschwirl
Locustélla fluviátilis (Wolf)

Kleiner als Feldsperling; Oberseite dunkel olivgrün, ungestreift; Vorderbrust mit verwaschener, aber deutlicher Längsstreifung; Schwanz gerundet; **13 cm.**

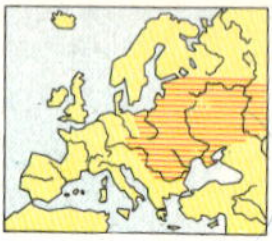

Verbreitung: von DDR, Ostösterreich, nördlichen Balkanstaaten östlich bis Ural. **Lebensraum:** sumpfige Wälder mit Erlen, Weiden, Birken, dichtem Unterholz; auch in Parkanlagen mit Gebüsch; *Zugvogel.* **Nahrung:** Insekten. **Fortpflanzung:** *Bodennest* aus Gras, Schilf, Laub; Nestauslage Moos, Fasern, Haare; 2 *Bruten* Mai bis August; *Eier* 4–5 (3–6), weiß bis rötlichweiß, mit rotbraunen Punkten; *Brutdauer* 16 Tage; ♂ und ♀ brüten, betreuen die *Jungen,* die mit 13 Tagen ausfliegen; *Nesthocker.* **Ruf:** laut, rauh. **Gesang:** von Baumspitzen (auch nachts) „dze-dze-dze-dze".

Rohrschwirl
Locustélla luscinoídes (Savi)

Etwa so groß wie Feldsperling; Gefieder ungefleckt; Oberseite dunkel olivbraun, Unterseite bräunlichweiß; Schwanz keilförmig, breit, gestuft; **14 cm.**

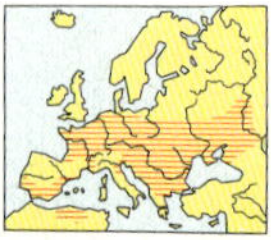

Verbreitung: Süden Portugals, Spaniens, Mittel-, Nordfrankreich, von Linie Brest–Bordeaux ostwärts bis Kaspisches Meer; Balkan ohne Südgriechenland. **Lebensraum:** Uferdickicht von flachen Seen mit Schilf, Binsen (gute Versteckmöglichkeiten); *Zugvogel.* **Nahrung:** Insekten. **Fortpflanzung:** *Nest* dicht über sumpfigem Untergrund am Schilfrand; Nestmaterial Schilfblätter; Nestboden flach, glatt; 2 *Bruten* Mai bis August; *Eier* 4 (3–6), weiß, mit braungrauen Flecken, Punkten; *Brutdauer* 12–14 Tage; ♀ brütet, betreut die *Jungen* (in den letzten Tagen vom ♂ unterstützt), die mit 12–14 Tagen ausfliegen; *Nesthocker.* **Ruf:** „zick-zick". **Gesang:** zirpend „örrr-örrr" oder „ürrr-ürrr" (auch nachts).

Gattung: Spötter *(Hippoláis);* Nester werden in Astquirlen angeschlauft; Gesang rohrsängerähnlich; in Europa 4 Arten, davon 3 erwähnt:

Orpheusspötter
Hippoláis polyglótta (Vieillot)

Sehr ähnlich der vorigen Art, aber an Stimme und Aufenthalt zu unterscheiden; Oberseite etwas brauner, Flügel kürzer und runder als beim Gelbspötter; **13 cm.**

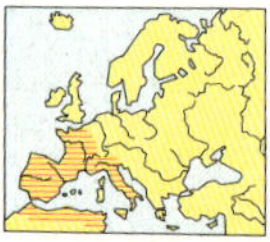

Verbreitung: Pyrenäenhalbinsel, Frankreich, Italien, Sizilien. **Lebensraum:** Waldränder, Parkanlagen mit Laubbäumen, Gebüsch; *Zugvogel.* **Nahrung:** wahrscheinlich Insekten. **Fortpflanzung:** Nest wie Gelbspötter; *Nesthocker.* **Ruf:** „hüid", „titt-titt". **Gesang:** schnell, abwechslungsreich, nicht so gepreßt wie Gelbspötter.

Gelbspötter
Hippoláis icterina (VIEILLOT)

Kleiner als Haussperling; Unterseite sowie Augenstreif leuchtend zitronengelb; Oberseite gelblich olivfarben; Beine blaugrau; **13 cm.**

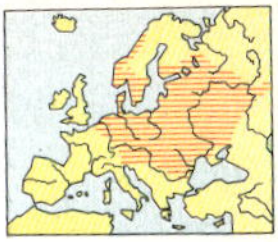

Verbreitung: Mittel-, Osteuropa; westlich bis Frankreich, nördlich bis Südschweden, -finnland (auch im Küstengebiet Norwegens), südlich bis Alpengebiet, Ostjugoslawien, Bulgarien; Mittel-, Süd-UdSSR. **Lebensraum:** Waldränder, Parkanlagen, Gärten mit hohen Bäumen; *Zugvogel.* **Nahrung:** Insekten, Beeren, Kernobst. **Fortpflanzung:** *Nest* napfförmig, mit Astwerk verflochten; Nestmaterial Zweige, Stengel, Wurzelfasern, außen mit Birkenrinde beklebt, innen mit Wolle, Federn ausgelegt; 1 *Brut* Mai–August; *Eier* 5 (4–6), rosa, mit dunklen Flecken und Punkten; *Brutdauer* 13 (12–14) Tage; ♀ brütet (♂ selten); ♂ und ♀ betreuen die *Jungen* (verlassen mit 12 bis 13 (9–14) Tagen das Nest, mit 14 Tagen flügge); *Nesthocker.* **Ruf:** „däck-däck-däckdewih". **Gesang:** schnell, abwechslungsreich, „knäik-knäik-deluisih" (Vogelstimmenimitator).

Blaßspötter
Hippoláis pállida (HEMPRICH u. EHRENBERG)

Kleiner als Haussperling; Unterseite hell rahmweißlich, ohne Gelb; Oberseite einfarbig hell erdbraun; Schwanz und Flügel wesentlich dunkler; **13 cm.**

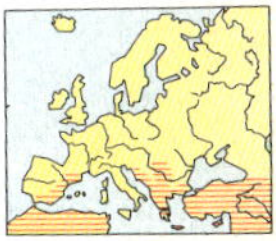

Verbreitung: Südspanien, Südwestfrankreich, an der Küste Jugoslawiens; Rumänien, Bulgarien, Griechenland, Türkei. **Lebensraum:** Obstgärten, Parkanlagen, Tamariskendickichte, lockerer Laub- und Nadelwald; *Zugvogel.* **Nahrung:** wahrscheinlich Insekten. **Fortpflanzung:** *Nest* in Büschen, Hekken, auf Palmen. **Ruf:** „däck-däck" (ähnlich Gelbspötter). **Gesang:** laut, ähnlich Schilfrohrsänger, nicht so abwechslungsreich.

Gattung: Grasmücken *(Sýlvia);* Name durch Verunstaltung von Gra-Smiege entstanden, was soviel wie Grauschlüpfer bedeutet (gra = grau, smiegen = schlüpfen), ein grauer Vogel, der durch das Gebüsch schlüpft; in Europa 12 Arten:

Sperbergrasmücke
Sýlvia nisória (BECHSTEIN)

So groß wie Haussperling; Unterseite gesperbert (beim ♀ undeutlich); ♂ Oberseite aschgrau, ♀ bräunlich; Flügel dunkelbraun, mit 2 weißlichen Binden; Auge hellgelb; **15 cm.**

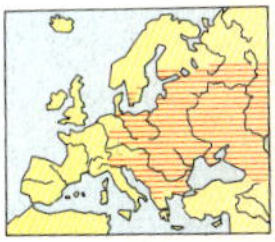

Verbreitung: Oberitalien, Dänemark, Südschweden, vom Nordwesten der Bundesrepublik Deutschland ab in östlicher Richtung bis zum Balkan und zur UdSSR; *fehlt:* Griechenland. **Lebensraum:** Waldränder mit dornigem Gestrüpp und angrenzenden Wiesen, Feldern, Seen; *Zugvogel.* **Nahrung:** Insekten, Beeren. **Fortpflanzung:** *Nest* napfförmig, locker, groß, sehr verborgen; Nestmaterial Stengel, Halme mit Fasern und Haaren als Auslage; 1 *Brut* Mai–Juni; *Eier* 5 (4–6), schmutzigweiß, grau und bräunlich gefleckt; *Brutdauer* 14–15 Tage; ♂ und ♀ brüten, betreuen die *Jungen* (mit 14–16 Tagen flügge); *Nesthocker.* **Ruf:** „tscheck", „err". **Gesang:** ähnlich Gartengrasmücke, mit „err" vermischt.

Mönchsgrasmücke
Sýlvia atricapilla (LINNÉ)

So groß wie Feldsperling; Unterseite nicht gesperbert; Kopf mit schwarzer (♂) oder mit brauner (♀) Platte, bis zum Auge heruntergezogen; Oberseite graubraun; **14 cm.**

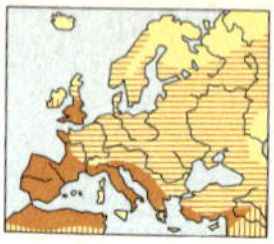

Verbreitung: fast ganz Europa; *fehlt:* Island, Irland, Schottland, im Norden Skandinaviens, Finnlands, der UdSSR; Mittelmeerinseln. **Lebensraum:** Laubwälder mit Unterholz, Parkanlagen, Gärten mit altem Baumbestand; *Zugvogel.* **Nahrung:** Insekten, Beeren. **Fortpflanzung:** napfförmiges *Nest* im oberen Bereich von Sträuchern, in unterer Baumregion; Nestmaterial Halme, Wurzelfasern, Pflanzenwolle; Pferdehaare als Auslage; 2 *Bruten* Mai–Juli; *Eier* 5 (3–6), bräunlichweiß, mit dunklen Punkten, Flekken; *Brutdauer* 12–13 (10–15) Tage; ♂ und ♀ brüten, betreuen die *Jungen* (mit 10–14 Tagen flügge); *Nesthocker.* **Ruf:** „tack“, „rrää“. **Gesang:** zwitschernd, flötend, von hoher Warte.

Provencegrasmücke
Sýlvia undáta (BODDAERT)

Kleiner als Feldsperling; ♂ Kopf schiefergrau; Oberseite dunkel graubraun; Unterseite (auch Kehle) dunkelpurpurbraun; **13 cm.**

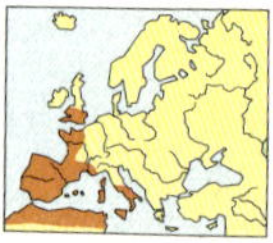

Verbreitung: Portugal, Spanien, Westfrankreich, Südküste Englands; Korsika, Sardinien, Sizilien, Mittel-, Süditalien. **Lebensraum** und **Lebensweise:** dichtes, dorniges Gestrüpp; Heide; lebt sehr versteckt; *Jahresvogel.* **Nahrung:** Insekten, Spinnen. **Fortpflanzung:** napfförmiges, festes *Nest* dicht über dem Boden im Gebüsch; Nestmaterial Zweige, Fasern; Auslage: Haare; 2 *Bruten* April–Juli; *Eier* 4 (3–7); *Brutdauer* 12–13 Tage; ♂ und ♀ brüten, betreuen die *Jungen,* die mit 11–13 Tagen ausfliegen; *Nesthocker.* **Ruf:** „tschir--r-tak-tak“, „tjäi“. **Gesang:** flötend, zwitschernd.

Gartengrasmücke
Sýlvia bórin (BODDAERT)

So groß wie Feldsperling; ohne Bartstreif; Oberseite ziemlich einfarbig bräunlich; Unterseite hellgelblichbraun; **14 cm.**

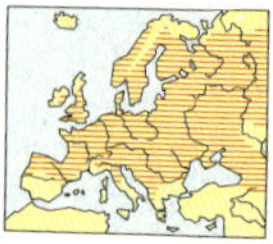

Verbreitung: fast ganz Europa; *fehlt:* Island, Nordirland, Schottland, im Norden Skandinaviens, Finnlands, der UdSSR, im Süden Portugals, Spaniens, Frankreichs, Italiens, Griechenlands, Bulgariens. **Lebensraum:** Misch- und Nadelwald, Parkanlagen, Gärten mit Büschen. *Zugvogel.* **Nahrung:** Insekten, deren Larven, Spinnen, Beeren, Früchte. **Fortpflanzung:** *Nest* wie Mönchsgrasmücke, aber dem Erdboden näher, versteckter; 1 *Brut* (selten 2) Mai–Juli; *Eier* 5 (3–6), gelblich oder grünlichweiß, variabel gezeichnet, marmoriert; *Brutdauer* 13–14 (11–15) Tage; ♂ und ♀ brüten, betreuen die *Jungen* (mit 9–10 [–14] Tagen flügge); *Nesthocker.* **Ruf:** „täck-täck“, „wäd-wäd-wäd“. **Gesang:** laut flötend, von höherer Warte wie Mönchsgrasmücke.

Brillengrasmücke
Sýlvia conspicilláta Temminck

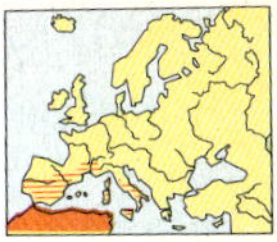

Verbreitung: Portugal, Südspanien, Südwestfrankreich, Mittel-, Süditalien, Korsika, Sardinien, Sizilien. **Lebensraum:** niedriges Gestrüpp in der Ebene und Gebirge, auch Salzkrautflächen an der Küste; *Zugvogel.* **Nahrung:** kleine Insekten. **Fortpflanzung:** *Nest* napfförmig, fest, dicht über dem Boden im Gebüsch; *Nesthocker.* **Ruf:** schnurrend wie Zaunkönig. **Gesang:** zwitschernd.

Kleiner als Feldsperling; Kopf braungrau, mit weißem Bartstreif, der in die weißliche Kehle übergeht; Brust rötlichbraun; Augenring weiß; **13 cm.**

Bartgrasmücke
Sýlvia cántillans (Pallas)

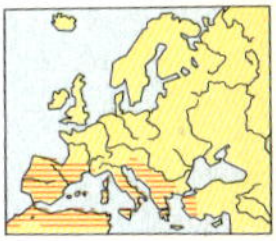

Verbreitung: Portugal, Mittel-, Südspanien, Südfrankreich, Mittel-, Süditalien, Korsika, Sardinien, Sizilien, Westen Jugoslawiens; Griechenland. **Lebensraum:** trokkene, sonnige Berghänge mit dornigem Gestrüpp. *Zugvogel.* **Nahrung:** Insekten, Beeren. **Fortpflanzung:** *Nest* napfförmig, fest, dicht über dem Boden im Gebüsch; Nestmaterial Zweige, Fasern mit Haaren als Auslage; 2 *Bruten* April–Juni; *Eier* 3–4 (5); *Brutdauer* 11 bis 12 Tage; ♀ brütet, ♂ und ♀ betreuen die *Jungen* (mit 11–12 Tagen flügge); *Nesthocker.* **Ruf:** „täk-täk". **Gesang:** ähnlich dem der Samtkopfgrasmücke.

Wesentlich kleiner als Feldsperling; Kopf grau; Bartstreif weiß, sticht von der rostroten Kehle scharf ab; **12 cm.**

Dorngrasmücke
Sýlvia commúnis Latham

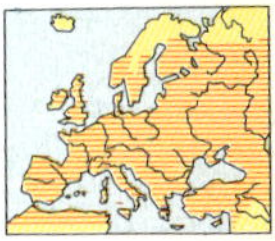

Verbreitung: fast ganz Europa; *fehlt:* Island, Mittel-, Nordskandinavien, Nordfinnland und im Norden der UdSSR. **Lebensraum:** dichtes Buschwerk, dorniges Gestrüpp an Waldrändern, Feldern. *Zugvogel.* **Nahrung:** Insekten, Beeren. **Fortpflanzung:** napfförmiges, festes *Nest* dicht über dem Boden; Nestmaterial Halme, Zweige, Wurzelfasern; Nestauslage Haare; 2 *Bruten* Mai–Juli; *Eier* 4–6, grünlichweiß, braun, grau gefleckt; *Brutdauer* 11–13 Tage; ♂ und ♀ betreuen die *Jungen* (mit 9–14 Tagen flügge); *Nesthocker.* **Ruf:** „wäd-wäd", „scharr", „tze-tze". **Gesang:** zwitschernd, kurz, schnell.

So groß wie Feldsperling; ♂ mit hellgrauem, ♀ mit bräunlichem Kopf; Kehle weiß; Unterseite hellrötlich; **14 cm**

Orpheusgrasmücke
Sýlvia horténsis (Gmelin)

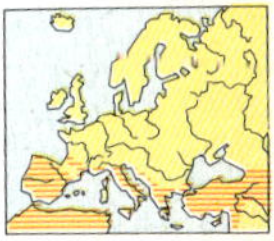

Verbreitung: Pyrenäenhalbinsel, West-, Südfrankreich, Italien, Westjugoslawien, Griechenland, Korsika; Irrgast bis Helgoland, England. **Lebensraum:** lichte Eichen-, Kiefernwälder, Olivenanpflanzungen. *Zugvogel.* **Nahrung:** Insekten. **Fortpflanzung:** 1 (?) *Brut* April–Juni; *Eier* 4–5 (6), weiß oder gelblichweiß, mit dunklen Flecken, Punkten; *Brutdauer* 12–13 Tage; ♂ und ♀ brüten, betreuen die *Jungen* (mit 12–13 [?] Tagen flügge); *Nesthocker.* **Ruf:** „gä-gä", „zä-zä-zä-zä", „schürr". **Gesang:** ähnlich Gartengrasmücke, aber voller, schneller.

So groß wie Haussperling; Kopf bis unter das Auge mattschwärzlich; Augen hell strohgelb; Kehle und äußere Schwanzfedern weiß; **15 cm.**

Klappergrasmücke
Sýlvia cúrruca (LINNÉ)

Etwas kleiner als Feldsperling; ganze Oberseite dunkelgrau; Ohrdecken schwärzlich; Schwanz weiß berandet; Kehle und Brust weiß; **13,5 cm.**

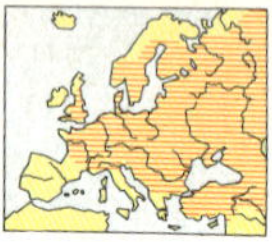

Verbreitung: Mittel-, Osteuropa; *fehlt:* Westfrankreich, Spanien, Portugal, Irland, Schottland, Island, Norden Skandinaviens, Finnlands, der UdSSR; Italien, Südalbanien, Griechenland, Mittelmeerinseln. **Lebensraum:** niedriges Gebüsch an Waldrändern, in Parkanlagen, Gärten. *Zugvogel.* **Nahrung:** Insekten, Beeren. **Fortpflanzung:** *Nest* locker, napfförmig; Nestmaterial Halme, Wurzelfasern, Pflanzenwolle; Auslage Haare; 2 *Bruten* Mai–Juli; *Eier* 5 (4–6), weiß oder gelblichweiß, mit dunklen Flecken, Punkten, Schnörkeln; *Brutdauer* 10, 5–12 (–14) Tage; ♂ und ♀ brüten, betreuen die *Jungen* (mit 9–15 Tagen flügge); *Nesthocker.* **Ruf:** „tze". **Gesang:** von verborgener Warte zwitschernd „tji-tji-tji" mit klapperndem Endtriller.

Samtkopfgrasmücke
Sýlivia melanocéphala (GMELIN)

♂

Ähnlich Orpheusgrasmücke, aber kleiner; Kopf bis unter das Auge schwarz; Augenring auffallend leuchtend rötlich; Schwanzkanten weiß; **14 cm.**

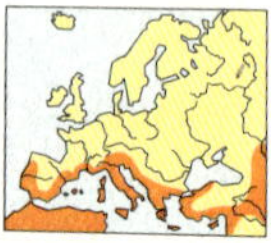

Verbreitung: Süden Portugals, Spaniens, Frankreichs; Italien, Griechenland, Küste Jugoslawiens, Albaniens; Mittelmeerinseln. **Lebensraum:** Parkanlagen, Gärten mit hohen Bäumen, dornigen Büschen. *Jahresvogel.* **Nahrung:** Insekten, Spinnen, Früchte, Samen. **Fortpflanzung:** schüsselförmiges *Nest* dicht über dem Erdboden im Gebüsch; 2 *Bruten* März–Juli; *Eier* 3–5, grünlichweiß; *Brutdauer* 12–15 Tage; ♂ und ♀ brüten, betreuen die *Jungen* (mit 11–12 Tagen flügge); *Nesthocker.* **Ruf:** „tscha-tscha-tscha-tscha". **Gesang:** ähnlich Dorngrasmücke, lang, melodisch, aus dem Gebüsch ertönend.

Gattung: Laubsänger *(Phyllóscopus);* schlüpfende Junge sind gewöhnlich mit Dunen versehen (im Gegensatz zu meisten Grasmückenjungen); in Europa 7 Arten:

Gelbbrauensänger
Phyllóscopus inornátus (BLYTH)

Kleiner als Blaumeise; Unterseite weiß mit gelblichem Anflug; Flügel mit 2 weißlichen Binden; Überaugenstreif blaßgelb, auffallend; **10 cm.**

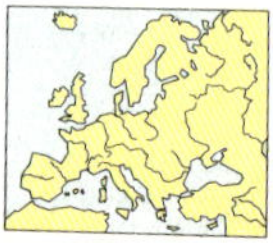

Verbreitung: Nord-, Mittelasien; Irrgast bis Großbritannien, Helgoland, Norwegen, Dänemark, Irland, Holland, Bundesrepublik Deutschland, DDR, Frankreich, Schweiz, Österreich, Polen. **Lebensraum:** Laub- und Mischwälder mit dichtem Unterholz. *Zugvogel.* **Nahrung:** unbekannt. **Fortpflanzung:** 1 *Brut* Juni–Juli; *Eier* 5–7; *Nesthocker.* **Ruf:** „dje-ist", „wies-ziest". **Gesang:** „fiti-fiti-fiti-fiti", oft mit Schlußtriller.

Waldlaubsänger

Phyllóscopus sibilátrix (BECHSTEIN)

Etwas kleiner als Feldsperling; Kehle und Brust leuchtend schwefelgelb; Bauch weiß; Überaugenstreif breit, hellgelb; **13 cm.**

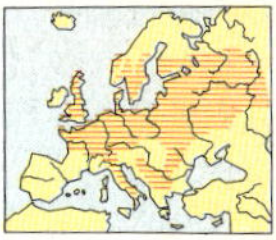

Verbreitung: Mittel-, Osteuropa; *fehlt:* Irland, Norden Skandinaviens, Finnlands, der UdSSR, Pyrenäenhalbinsel, Südwestfrankreich, West-, Südbalkan, Süd-UdSSR, Mittelmeerinseln. **Lebensraum:** Laubwälder, selten Nadelwald. *Zugvogel.* **Nahrung:** Insekten, gelegentlich Beeren. **Fortpflanzung:** kugelförmiges *Bodennest* (wie Fitislaubsänger); Auslage Haare; meist 1 *Brut* Mai bis Juni; *Eier* 6–7 (4–8), fein braun gefleckt, gestrichelt; *Brutdauer* 13–14 Tage; ♀ brütet, ♂ und ♀ betreuen die *Jungen* (mit 10–12 Tagen flügge); *Nesthocker.* **Ruf:** „düh“, „hüid“. **Gesang:** „sib-sib-sib-sib-sirrr“.

Berglaubsänger

Phyllóscopus bonélli (VIEILLOT)

So groß wie Blaumeise; ganze Unterseite, auch Kehle und Brust, reinweiß; Oberseite grünlichbraun; Augenstreif undeutlich, rahmweißlich; Bürzel gelblich; **12 cm.**

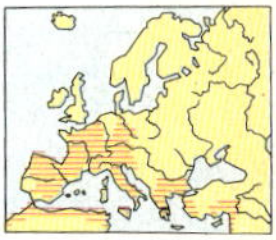

Verbreitung: Süd-, Westeuropa; nördliche Grenze Südbelgien, Süden der Bundesrepublik Deutschland und der DDR. **Lebensraum:** lichte Laub-, Mischwälder an sonnigen Berghängen. *Zugvogel.* **Nahrung:** Insekten, auch Beeren. **Fortpflanzung:** überdachtes *Bodennest* wie Grüner Laubsänger; 1 *Brut* Mai–Juli; *Eier* 5–6 (4–7), weiß, braunrot gefleckt, gestrichelt; *Brutdauer* 13 (–15) Tage; ♀ brütet, ♂ und ♀ (♂ nicht regelmäßig) betreuen die *Jungen* (mit 10–12 Tagen flügge); *Nesthocker.* **Ruf:** scharf „hwieb“. **Gesang:** „zep-zep-zep ...“, ähnlich Waldlaubsänger.

Grüner Laubsänger

Phyllóscopus trochiloídes SUNDEVALL

So groß wie Blaumeise; Flügel nur mit einer weißlichen Binde; Augenstreif weiß, 2. Handschwinge kürzer als die 7. (Abb. 190.1 a); Beine dunkel; **11 cm.**

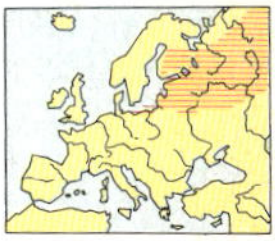

Verbreitung: Nordosten Europas; westliche Grenze Ostseegebiete der DDR, Polens, der UdSSR. **Lebensraum:** Mischwälder, Parkanlagen, Gärten. *Zugvogel.* **Nahrung:** Insekten. **Fortpflanzung:** *Nest* in Bodennähe oder auf dem Boden; zur Tarnung mit Blättern oder Blattstückchen überdacht; Einflugloch seitlich; 1 *Brut* im Juni; *Eier* 4–6, weiß; *Brutdauer* unbekannt; *Nesthocker.* **Ruf:** „psi-psi“ oder „tji-eh“. **Gesang:** ähnlich Zaunkönig.

Nordischer Laubsänger

Phýlloscopus boreális

Ähnlich der vorigen Art, aber größer; Beine hellgelblichbraun; 2. Handschwinge so lang wie die 5. (Abb. 190.1b), viel länger als bei voriger Art; **12 cm.**

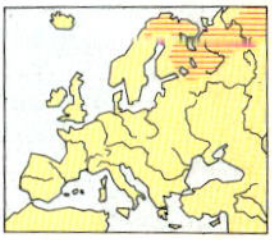

Verbreitung: im Norden Skandinaviens, Finnlands, der UdSSR. **Lebensraum:** Birkenwälder mit dichtem Unterholz, Moos; auch Mischwald der Taiga. *Zugvogel.* **Nahrung:** Insekten. **Fortpflanzung:** *Bodennest* auf dem Moos; sonstige *Brutbiologie* unbekannt; *Nesthocker.* **Ruf:** „tzick“ oder „tssp“. **Gesang:** schwirrend, Zaunammer ähnlich.

Weidenlaubsänger oder Zilpzalp
Phyllóscopus collýbita (Vieillot)

So groß wie Blaumeise; Flügel ohne Binden; Füße schwärzlich; am besten am monotonen Gesang zu erkennen; 2. Handschwinge kürzer als 6.; **11 cm.**

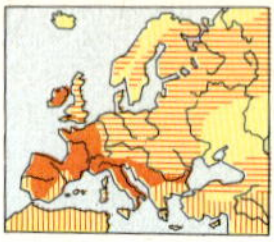

Verbreitung: fast ganz Europa; *fehlt:* Südspanien, Island, Schottland, Süd-, Nordskandinavien, Nord-UdSSR, Griechenland, Mittelmeerinseln (außer Sizilien). **Lebensraum:** lichte Laubwälder mit dichtem Unterholz, Parkanlagen und die mit Buschwerk bedeckten Ufer von Seen, Flüssen. *Zugvogel.* **Nahrung:** Insekten, deren Larven, gelegentlich Beeren. **Fortpflanzung:** *Nest* kugelförmig mit seitlichem Einflugloch; Nestmaterial Halme, Blätter, Moos, Fasern; Auslage Federn; 2 *Bruten* April–Juli; *Eier* 5–6 (4–7), weiß, mit dunklen Punkten; *Brutdauer* 13 (–16) Tage; ♀ brütet, betreut die *Jungen* (mit 12–15 Tagen flügge); *Nesthocker.* **Ruf:** „hüid". **Gesang:** monoton „zilpzalp".

Fitislaubsänger
Phyllóscopus tróchilus (Linné)

So groß wie Blaumeise; sehr ähnlich der vorigen Art, aber Füße braun; am besten durch den Gesang vom Zilpzalp zu unterscheiden; 2. Handschwinge so lang wie die 6.; **11 cm.**

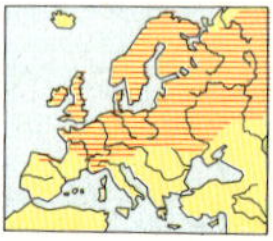

Verbreitung: Nord-, Mittel-, Westeuropa bis Pyrenäen; südliche Grenze Oberitalien, Nordjugoslawien; *fehlt:* Island. **Lebensraum:** lichte Laubwälder mit dichtem Unterholz, Parkanlagen, mit Buschwerk bedeckte Ufer von Seen, Flüssen. *Zugvogel.* **Nahrung:** Insekten, gelegentlich Beeren. **Fortpflanzung:** kugelförmiges *Nest* am Boden unter Büschen, Stauden; Nestmaterial Halme, Blätter, Moos, Flechten mit Federn; Auslage Wolle; 1 *Brut* April–Juni; *Eier* 6–7 (4–8), gelblichweiß, rötlich gefleckt; *Brutdauer* 13 (12 bis 16) Tage; ♀ brütet, ♂ und ♀ betreuen die *Jungen* (mit 12–19 Tagen flügge); *Nesthocker.* **Ruf:** „huid" oder „füt". **Gesang:** „di-di-di-di-düe-dea-dea-düe-deida-da", ähnlich Buchfink, aber viel weicher.

2. Unterfamilie: Goldhähnchen *(Regulinae);* kleinste europäische Singvögel (Länge 9 cm; Zaunkönig 9,5 cm); in Verhalten und Gestalt Verwandtschaft mit Laubsängern; bauen dickwandige Nester an waagerechten Zweigen hoch in Tannen, Fichten, durch die Nadeln gut gegen Sicht geschützt; Baumaterial vorwiegend Moos (Moosnester); Europa 1 Gattung:

Gattung: Goldhähnchen *(Régulus):* Europa 2 Arten:

Sommergoldhähnchen
Régulus ignicapíllus (Temminck)

Kopf beim ♂ mit orangefarbenem, beim ♀ mit gelblichem Scheitelstreif mit schwarzen Seitenstreifen; weißer Augenstreif scharf abgesetzt; **9 cm.**

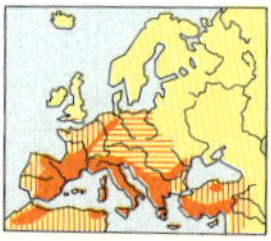

Verbreitung: West-, Süd-, Mitteleuropa; *fehlt:* Portugal, England, Irland, Island, Skandinavien, Finnland; nur *lokal:* Südspanien; östliche Verbreitungsgrenze etwa die Weichsel. **Lebensraum:** Parkanlagen, Mischwald, vor allem Nadelwald. *Teilzieher.* **Nahrung:** Insekten, Samen. **Fortpflanzung:** fast kugelförmiges *Nest* mit kleinem Einflugloch am Oberteil; Nestmaterial Moos, Flechten, Fasern und Gespinstfäden von Raupen, mit Haaren, Federn; Auslage Wolle; 2 *Bruten* Mai bis Juli; *Eier* 7–11 (5–12), weiß bis rötlichweiß, rostfarben gefleckt; *Brutdauer* 13–15 Tage; ♀ brütet, ♂ und ♀ betreuen die *Jungen* (mit 19–20 Tagen flügge); *Nesthocker.* **Ruf:** „sieh-sieh-sieh". **Gesang:** monoton „si-si-si-si-si".

Wintergoldhähnchen
Régulus régulus (LINNÉ)

Ähnlich der vorigen Art, aber ohne den scharf abgesetzten weißen Augenstreif; **9 cm.**

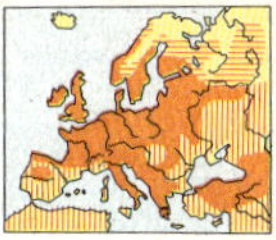

Verbreitung: Mittel-, Nord-, Osteuropa; *fehlt:* Pyrenäenhalbinsel, Küsten des Schwarzen Meeres, Mittelmeerinseln (nur Korsika), Balkanstaaten (lokal), Norden Skandinaviens, Finnlands, Nord-, Süd-UdSSR. **Lebensraum:** Parkanlagen, Misch-, Nadelwald. *Teilzieher.* **Nahrung:** Insekten, Insekteneier, Samen. **Fortpflanzung:** *Nest* wie Sommergoldhähnchen; 2 *Bruten* April–Juli; *Eier* 8 bis 11 (6–13), mattgelblich bis weißlich, dunkel gewölkt; *Brutdauer 16* (12–17) Tage; ♀ brütet, ♂ und ♀ betreuen die *Jungen* (mit 14–18 [21] Tagen flügge); *Nesthocker.* **Ruf:** „sieh-sieh-sieh-sieh". **Gesang:** monoton, auf- und absteigend „si-sis-si-sis".

2. Familie: Fliegenschnäpper *(Muscicápidae);* 330 Arten, davon 4 in Europa; man bezeichnet sie gewöhnlich einfach als *„Schnäpper";* ihr länglicher Schnabel ist am Grunde breit, abgeflacht, mit kräftigen Borsten besetzt; überfallen von ihrer Warte aus (einem hervorragenden Zweig oder einem Mauervorsprung), meist in kurzem Jagdflug, fliegende oder sitzende Kleintiere (Insekten, Spinnen usw.), die sie mit deutlich hörbarem Schnappen fangen; kehren im Gleitflug zu ihrer Warte zurück; Flügel der Insekten werden noch im Fluge abgebissen und fallen zur Erde; in Europa 2 Gattungen:

Gattung: Grauschnäpper *(Muscicapa);* Brust gestreift; in Europa 1 Art:

Grauschnäpper
Muscicapa striáta (PALLAS)

So groß wie Feldsperling; Brust längsgestreift; Rücken graubraun; **14 cm.**

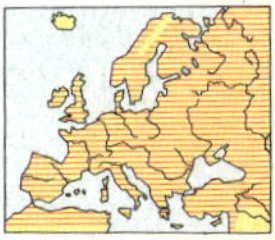

Verbreitung: ganz Europa; *fehlt:* Island, in nördlichen Gebirgen Skandinaviens. **Lebensraum:** Misch- und Nadelwälder, Parkanlagen, Gärten. *Zugvogel.* **Nahrung:** Insekten, selten Beeren. **Fortpflanzung:** lockeres *Nest* in offenen Höhlungen, Astgabeln und Nistkästen; Nestmaterial Halme, Wurzelfasern, Moos, Flechten; Auslage Federn und Haare; 1 (2–3) *Bruten* Mai bis Juli; *Eier* 5 (3–7), gelblich- oder bläulichweiß, rostrot gefleckt; *Brutdauer* 12–13 (11–15) Tage; ♀ brütet (oft auch ♂), ♂ und ♀ betreuen die *Jungen* (mit 13–14 (10–16) Tagen flügge); *Nesthocker.* **Ruf:** „pst", „pst-teck-teck" und „zieh". **Gesang:** ein Aneinanderreihen von „pst", „sipp" und „tse".

Gattung: Schnäpper *(Ficédula);* Brust nicht gestreift; in Europa 4 Arten:

Zwergschnäpper
Ficédula párva (BECHSTEIN)

So groß wie Blaumeise; Unterseite weiß, beim ♂ Kehle orangerot; Wangen grau; Schwanz mit weißen Flecken; **12 cm.**

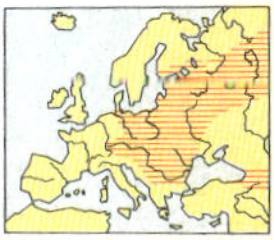

Verbreitung: Südfinnland, Gotland, vom Unterlauf der Elbe ostwärts bis Polen, UdSSR; ČSSR, Ostösterreich, Balkan. **Lebensraum:** schattiger und dichter Laub-, Mischwald, Waldlichtungen mit Bächen. *Zugvogel.* **Nahrung:** Insekten, deren Larven, Beeren. **Fortpflanzung:** *Nest* in Baumspalten, Astgabeln; Nestmaterial Halme, Moos; Auslage Haare; 1 *Brut* Mai–Juni; *Eier* (4–) 5–7, gelblich- bis grünlichweiß, rotbraun gefleckt; *Brutdauer* 13 (?) Tage; ♀ brütet, wird vom ♂ gefüttert; ♂ und ♀ betreuen die *Jungen* (mit 13 Tagen flügge); *Nesthocker.* **Ruf:** „djüh", „zrr", „fuid". **Gesang:** hell, wohlklingend „tink-tink-eida-eida-eida-wied-wied-wied".

Trauerschnäpper
Ficédula hypoleuca (Pallas)

Kleiner als Feldsperling; Unterseite weiß; ♂ Oberseite bis auf weißen Stirnfleck schwarz; Flügel mit großem weißem Bezirk; ♀ Oberseite olivbraun; **13 cm.**

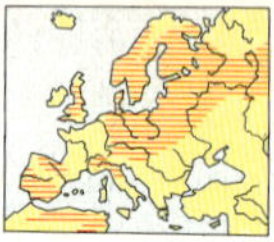

Verbreitung: Mittel-, Nord-, Osteuropa, Spanien; *fehlt:* Island, Irland, Nordskandinavien; *lokal:* England, Mittelfrankreich; *südliche Verbreitungsgrenze:* Oberitalien, nördlicher Balkan. **Lebensraum:** dichter Laubwald mit altem Baumbestand, Parkanlagen, Gärten; *Zugvogel.* **Nahrung:** Insekten, Beeren. **Fortpflanzung:** *Nest* in Baumhöhlen (Spechthöhlen), Nistkästen; Nestmaterial Halme, Wurzelfasern; Auslage Federn, Haare; 1 *Brut* Mai–Juli; *Eier* 3 (5–8), bläulichgrün; *Brutdauer* 12–15 Tage; ♀ brütet, ♂ und ♀ betreuen die *Jungen* (mit 14–17 Tagen flügge); *Nesthocker.* **Ruf:** „bitt-bitt" oder „teck". **Gesang:** „writja-writja". – Dem weiblichen Trauerschnäpper sehr ähnlich ist der **Halbringschnäpper** *(Ficédula semitorquáta).* **Verbreitung:** Griechenland, Bulgarien, Türkei; *Zugvogel.* **Lebensraum:** Buchen-, Eichenwälder, Parkanlagen, Gärten mit altem Baumbestand. **Nahrung** und **Brutbiologie:** unbekannt. **Ruf:** ♂ „drrk", dadurch wird ♀ zum Nestbau angeregt. **Gesang:** ähnlich Trauer- und Halsbandschnäpper.

Halsbandschnäpper
Ficédula albicóllis (Temminck)

Kleiner als Feldsperling; ähnlich Trauerschnäpper, aber mit weißem Halsband, weißem Bürzel; **13 cm.**

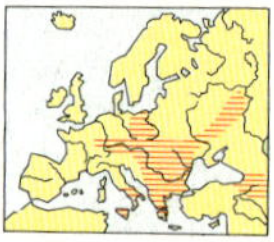

Verbreitung: Gotland, Südostfrankreich, Süden der Bundesrepublik Deutschland und der DDR, Österreich, ČSSR, Balkan, Süditalien, Sizilien. **Lebensraum:** Laubwälder, Gärten, seltener Nadelwald; *Zugvogel.* **Nahrung:** im Sommer Insekten, im Winter Beeren. **Fortpflanzung:** *Nest* in Baumhöhlen; Nestmaterial Halme, Wurzelfasern; Auslage Federn; 1 *Brut* April–Juni; *Eier* 6 (2–8), glänzend bläulichgrün, ohne Zeichnung; *Brutdauer* 13–15 Tage; ♀ brütet, ♂ und ♀ betreuen die *Jungen* (mit 16–17 Tagen flügge); *Nesthocker.* **Ruf:** „sibs" oder „zieh". **Gesang:** „zit-zit-zit-zju-si", ähnlich Gartenrotschwanz.

188.1 Ringdrossel (♀)

188.2 Wacholderdrossel

3. Familie: Drosseln *(Túrdidae);* 5 Unterfamilien mit 294 Arten, davon 23 als Brutvögel in Europa; daneben weitere 5 Arten – besonders zur Zugzeit – als Irrgäste beobachtet; alle europäischen Arten (sowie die aufgeführten Irrgäste) gehören zur Unterfamilie der *Eigentlichen Drosseln* (unter ihnen die besten Sänger, z. B. Nachtigallen). Verhältnismäßig langbeinig; schlanker, ziemlich langer, spitzer Schnabel (Oberschnabel am Ende etwas rundlich abwärts gebogen); Schwanz gerade abgeschnitten, ragt beim sitzenden Vogel mehr oder weniger weit über die Flügelspitzen hinaus; die meisten vorwiegend oder ausschließlich Bodenvögel; in Europa 9 Gattungen:

Gattung: Drosseln *(Túrdus);* mittelgroß (21–27 cm); in Europa 6 (14) Arten:

Amsel
Túrdus mérula (LINNÉ)

Größe bekannt; ♂ Gefieder schwarz, Schnabel gelb; ♀ braun, Schnabel schwärzlich; **26 cm.**

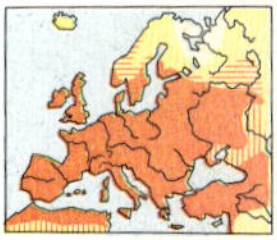

Verbreitung: fast ganz Europa; *fehlt:* im Norden Skandinaviens, Finnlands, der UdSSR; Island; **Lebensraum** und **Lebensweise:** Wälder, Parkanlagen, Gärten; häufiger Stadtvogel; wenig Scheu, bis anbrechender Dunkelheit auf Erdboden tätig (Nahrungssuche); *Teilzieher.* **Nahrung:** Würmer, Beeren, Obst. **Fortpflanzung:** *Nest* halbkugelig in Bäumen, Sträuchern, Gebäudeteilen; Nestmaterial Halme, Stengel, Lehm; Auslage Wurzelfasern, Gräser; 2 (3) *Bruten* März–Juli; *Eier* 5–6 (2–7), blaugrün, mit kleinen rostroten Flecken, Strichen; *Brutdauer* 13–14 (11–15) Tage; ♀ brütet (selten ♂), ♂ und ♀ betreuen die *Jungen* (mit 13–14 [11–15] Tagen flügge; werden 3 Wochen weitergefüttert); *Nesthocker.* **Ruf:** „tack-tack", „tix-tix" oder „tschuck", erregt „tsrieh". **Gesang:** von hoher Warte flötend, melodienreich.

Ringdrossel
Túrdus torquátus LINNÉ

Ähnlich Amsel, aber ♂ mit breitem, weißem, halbmondförmigem Brustschild; ♀ brauner, Brustschild schmaler, matter; **24 cm.**

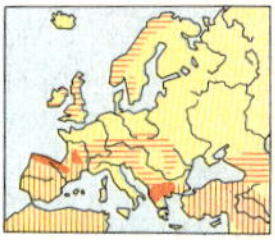

Verbreitung: Skandinavien, Nordwestengland, Irland, Pyrenäen, Alpen, Karpaten, Gebirge des Balkans; Kaukasus. **Lebensraum** und **Lebensweise:** bergiges Gelände, auch Moore; sehr scheu; schneller Flieger, weicht dabei geschickt Hindernissen aus; *Teilzieher.* **Nahrung:** Kerbtiere, Würmer, Beeren. **Fortpflanzung:** *Nest* am Boden zwischen Kräutern, Büschen, in Felsspalten; 1 (2?) *Bruten* April–Juni; *Eier* 4–5 (3–6), bläulichgrün; *Brutdauer* 14–15 Tage; ♂ und ♀ brüten, betreuen die *Jungen* (mit 14 Tagen flügge); *Nesthocker.* **Ruf:** „piiu", „täck", „zip-tack-tack-tack". **Gesang:** ähnlich Singdrossel „tschere-tschere" oder „tschiwi-tschiwi".

Wacholderdrossel
Túrdus piláris (LINNÉ)

So groß wie Amsel; Oberseite dreifarbig (grau, braun, schwarz); Kopf, Bürzel hellgrau; Kehle, Brust rostgelb mit dunklen Punktreihen; **26 cm.**

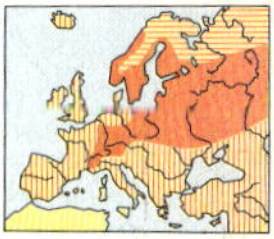

Verbreitung: Nordschweiz, Bundesrepublik Deutschland, DDR, Norwegen, Nordschweden, Finnland, Mitte, Norden der UdSSR. **Lebensraum:** Waldränder mit feuchten Wiesen, Teichen, im Winter häufig in Obsthöfen, an Wegrändern (Weichfutterfresser); *Teilzieher.* **Nahrung:** Insekten, Würmer, Schnecken, Beeren, Früchte. **Fortpflanzung:** *Nest* auf Bäumen, in Gebäudeteilen, Heuschobern, im Norden auch auf dem Boden; Nestmaterial Stengel, Zweige, Moos, Lehm; 1–2 *Bruten* April–Juli; *Eier* 5 (4–7), hellgrün, rotbraun gefleckt; *Brutdauer* 13–14 Tage; ♀ brütet, ♂ und ♀ betreuen die *Jungen* (mit 14 Tagen flügge); *Nesthocker.* Ruf: „zieh", „schack-schack-schack". **Gesang:** zwitschernd.

Rotdrossel
Túrdus iliacus Linné

Wesentlich kleiner als Amsel; Flanken rostrot; Überaugenstreif auffallend, rahmfarben; Brust Flanken gestreift, nicht gefleckt; **21 cm.**

Verbreitung: Island, Schottland, Skandinavien, Finnland, ab Ostseegebieten in nördlicher UdSSR. **Lebensraum:** lichte Wälder, zur Brutzeit sumpfige Waldgebiete; *Teilzieher.* **Nahrung:** unbekannt. **Fortpflanzung:** *Nest* am Boden unter Bäumen, Sträuchern, auch auf Bäumen dicht über dem Boden; Nestmaterial kleine Zweige, Fasern, Flechten, Moos; Bindemittel Erde, Lehm; 2 *Bruten* Mai–Juli; *Eier* 5–6 (4–8), blaugrün, mit kleinen braunen Flecken, Punkten; *Brutdauer* 12–13 Tage; ♂ und ♀ brüten, betreuen die *Jungen* (mit 11–14 Tagen flügge); *Nesthocker.* **Ruf:** „zieh", erregt „täck-täck". **Gesang:** melodienreich, laut.

Misteldrossel
Túrdus viscívorus (Linné)

Größer als Amsel; Flanken nicht so auffällig rostrot wie bei voriger Art; Schwanz fast schwarz; Unterseite rahmweiß mit Reihen aus großen breiten braunen Flecken; Unterflügel weiß; **27 cm.**

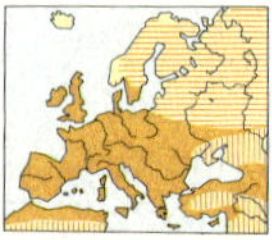

Verbreitung: Europa; *fehlt:* Norwegen, Island, Süd-UdSSR. **Lebensraum:** Misch-, Nadelwald, Parkanlagen, Gärten; *Teilzieher.* **Nahrung:** Insekten, Schnecken, Würmer, Beeren, Früchte. **Fortpflanzung:** *Baumnest* aus Pflanzenfasern, Stengeln, Auslage Lehm mit Halmen; 2 (3) *Bruten* März bis Juli; *Eier* 4–5 (3–6), hellblaugrün bis rötlichbraun, violettgrau, braunrot gefleckt; *Brutdauer* 14 (12–15) Tage; ♀ brütet, ♂ und ♀ betreuen die *Jungen* (fliegen mit 13–17 Tagen aus; mit etwa 20 Tagen flügge); *Nesthocker.* **Ruf:** schnarrend „schnärr", auch „sih-ip". **Gesang:** amselähnlich.

Singdrossel
Túrdus philomélos Brehm

Kleiner als Amsel, sonst ähnlich Misteldrossel, aber Flecken an Unterseite kleiner und länglicher, meist nicht so dicht stehend; Oberseite olivbraun; **23 cm.**

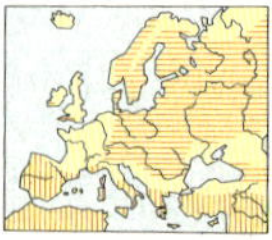

Verbreitung: fast ganz Europa; *fehlt:* Island, im hohen Norden, Süden Griechenlands, Italiens, Frankreichs, der Pyrenäenhalbinsel; Süd-UdSSR. **Lebensraum:** Wälder, Parkanlagen, Gärten; *Teilzieher.* **Nahrung:** Insekten, Schnekken, Würmer, Beeren. **Fortpflanzung:** *Nest* in Bäumen, Sträuchern; Nestmaterial Halme, Fasern, Moos; Bindemittel Erde, Speichel; 2 *Bruten* April–Juli; *Eier* 5 (3–6), blau, dunkel gefleckt; *Brutdauer* 12–13 (11–16) Tage; ♀ brütet, ♂ und ♀ betreuen die *Jungen* (mit 12–16 Tagen flügge); *Nesthocker.* **Ruf:** „zipp" oder „dackdack". **Gesang:** wohltönend, melodienreich.

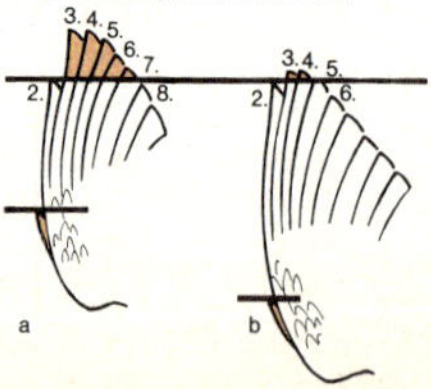

190.1 Schwingenformel: a Grüner Laubsänger, b Nordischer Laubsänger

191.1 Rotkehlchen am Nest

191.2 Braunkehlchen

191.3 Schwarzkehlchen

Gattung: Steinschmätzer *(Oenánthe)*; Ödlands-, Wiesenvögel mit langen Beinen; sitzen gern auf erhöhten Punkten; knicksen oft und wippen dabei mit dem sich öffnenden Schwanz; in Europa 5 Arten:

Isabellsteinschmätzer
Oenánthe isabellina (TEMMINCK)

Etwas größer als Haussperling; Brust, Flügel isabellfarben; weder am Kopf noch Rücken schwarz; **16 cm.**

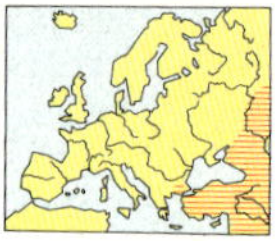

Verbreitung: UdSSR zwischen Schwarzem und Kaspischem Meer; ausnahmsweise Großbritannien, Griechenland. **Lebensraum:** steppenartiges Gelände, steinige und sandige Gebiete; *Zugvogel.* **Nahrung:** Insekten. **Fortpflanzung:** Nistet häufig in Erdhöhlen, etwa vom Ziesel; *Nesthocker.* **Ruf:** laut „huit-wit" (Lockruf). **Gesang:** gepreßte, flötende Töne.

Steinschmätzer
Oenánthe oenánthe (LINNÉ)

So groß wie Haussperling; ♂ Oberkopf, Rücken grau (Sommer) oder bräunlich (Winter); Ohrdecken schwarz; Bürzel weiß; **15 cm.**

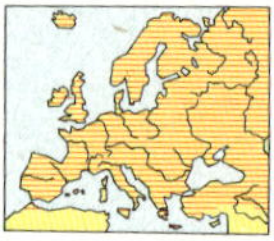

Verbreitung: ganz Europa. **Lebensraum** und **Lebensweise:** sandiges, steiniges Gelände; sehr unruhig, läuft schnell umher, knickst, fächert den Schwanz. *Zugvogel.* **Nahrung:** Insekten, Spinnen, Schnecken, Würmer, Beeren; fliegende Beutetiere werden in der Luft, auf der Erde sich bewegende im Laufen gefangen; Jagdrevier 1,5 ha. **Fortpflanzung:** flaches *Nest* in Felsspalten, Steinhaufen; seltener Kaninchenhöhlen, Mauer-, Baumlöcher; Nestmaterial Grashalme, Wurzelfasern; Auslage Wolle, Haare, Federn; 1–2 *Bruten* Mai–Juni; *Eier* 4–6, weißblau, zuweilen mit rotbraunen Punkten; *Brutdauer* 13–14 Tage; meist brütet ♀, selten ♂, das zuweilen das ♀ füttert; ♂ und ♀ betreuen die *Jungen* (verlassen nach 12–15 [19] Tagen das Nest; mit 19 Tagen flügge, 26 Tagen selbständig); *Nesthocker.* **Ruf:** „töck-töck" oder „jiew-jiew-jiew". **Gesang:** kurz, schnarrend.

Mittelmeersteinschmätzer
Oenánthe hispánica (LINNÉ)

So groß wie Haussperling; ♂ Rücken rötlich sandfarben; Kehle schwarz (schwarzkehlige Form) oder weiß (weißkehlige Form); **15 cm.**

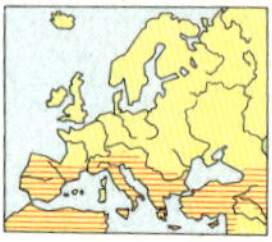

Verbreitung: Pyrenäenhalbinsel, Südfrankreich, Italien, Westjugoslawien, Albanien, Griechenland, Bulgarien. **Lebensraum:** trockenes, steiniges, felsiges Gelände; *Zugvogel.* **Nahrung:** kleine Insekten. **Fortpflanzung:** *Nest* in Felsspalten, gern in Zieselhöhlen. **Ruf:** kratzend, pfeifend. **Gesang:** hoch, schnell, von hoher Warte, auch im Balzflug kurze, lerchenartige Strophen.

Trauersteinschmätzer
Oenánthe leucúra (GMELIN)

Wesentlich größer als Haussperling; ♂ und ♀ bis auf weißen Bürzel und die weißen Schwanzflecken schwarz; **18 cm.**

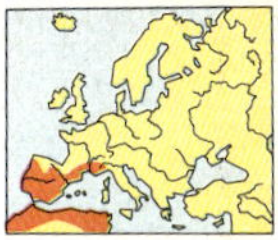

Verbreitung: Portugal, Mittel-, Südspanien, Südfrankreich. **Lebensraum** und **Lebensweise:** Gebirgsschluchten, Geröllhalden; stelzt und fächert häufig den Schwanz; *Jahresvogel.* **Nahrung:** Insekten, Spinnen, Beeren. **Fortpflanzung:** *Nest* meist in Felsspalten; Nestmaterial Halme; Auslage Federn; 1 *Brut* Mai–Juni; *Eier* 4–5, weißblau, mit grauroten Punkten; *Brutdauer* 16 Tage; *Nesthocker.* **Ruf:** „tschäck", erregt „pie-pie-pie". **Gesang:** kurz, flötend, von erhöhter Warte oder während des Balzfluges.

Nonnensteinschmätzer
Oenánthe pleschánka (LEPECHIN)

So groß wie Haussperling; ♂ Scheitel, Nacken im Sommer weiß, im Winter braun; Unterseite, Bürzel weiß; weiße Schwanzflecken; **15 cm.**

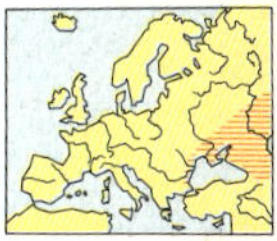

Verbreitung: Rumänien, Bulgarien, Süden der UdSSR. **Lebensraum** und **Lebensweise:** ödes, steiniges Gelände an Küsten, im Gebirge; setzt sich häufig auf sehr dünne Zweige; *Zugvogel.* **Nahrung:** wahrscheinlich Insekten. **Fortpflanzung:** *Nest* in Höhlen. **Ruf:** „säck". **Gesang:** ähnlich Mittelmeersteinschmätzer.

Gattung: Braun- oder Schwarzkehlchen *(Saxicola);* in Europa 2 Arten:

Braunkehlchen
Saxicola rubétra (LINNÉ)

Etwas kleiner als Feldsperling; ♂ Wangen, Scheitel, Oberseite gestreift; Augenstreif breit, weiß; Brust rahmgelb; ♀ mattere Farben; **13 cm.**

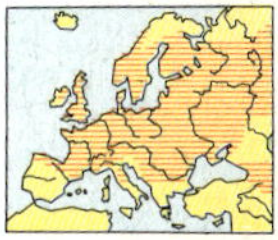

Verbreitung: fast ganz Europa; *fehlt:* Island, Westirland, Mittel-, Südspanien, Portugal, Italien (dort nur vereinzelt), Griechenland, meisten Mittelmeerinseln, im hohen Norden. **Lebensraum:** feuchte Wiesen mit einzelnen Büschen, Sümpfe und hügeliges, mit Gras bewachsenes Gelände; *Zugvogel.* **Nahrung:** Insekten, deren Larven, Schnecken, Spinnen, Würmer. **Fortpflanzung:** *Nest* am Boden unter Büschen und Stauden; Nestmaterial Halme, Moos und Wurzelfasern mit Haaren und Fasern als Auslage; 1–2 *Bruten* Mai–Juli; *Eier* (4) 5–7, bläulichgrün, mit rostgelben Punkten; *Brutdauer* 13–14 (12–17) Tage; ♀ brütet, ♂ und ♀ betreuen die *Jungen,* die mit 12–14 Tagen das Nest verlassen; *Nesthocker.* **Ruf:** „füid-tick-tick" oder „fied". **Gesang:** kratzendes Pfeifen.

Schwarzkehlchen
Saxicola torquáta (LINNÉ)

Größe wie vorige Art; ♂ Kopf, Kehle schwarz, Brust rostrot; Halsseiten mit weißem Fleck; ♀ bräunlich, Zeichnung des ♂ nur angedeutet; **14 cm.**

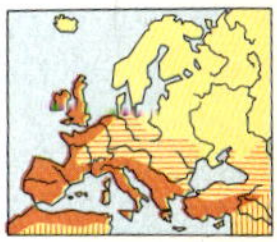

Verbreitung: West- und Südosteuropa; *fehlt:* Island, Skandinavien, Finnland, Nord-, Mittel-UdSSR, Dänemark, im Norden der DDR; Polen. **Lebensraum:** steiniges Ödland mit Gebüsch, Heide und Moor; *Teilzieher.* **Nahrung:** Insekten, Schnecken und gelegentlich Pflanzensamen. **Fortpflanzung:** *Nest* in Bodenvertiefungen zwischen Steinen und Büschen; 2 (–4) *Bruten* April bis Juli; *Eier* (4) 5–6, hellgrün, rostrot gefleckt und gewölkt; *Brutdauer* 14 (13–17) Tage; ♀ brütet (♂ selten), ♂ und ♀ betreuen die *Jungen,* die mit (11–13) 14–15 Tagen das Nest verlassen; *Nesthocker.* **Ruf:** „fit-teck-teck". **Gesang:** kurz, rauh, ähnlich Hausrotschwanz.

Gattung: Steinrötel *(Monticola);* in Europa 2 Arten:

Steinrötel
Monticola saxátilis (LINNÉ)

Kleiner als Star; ♂ Brutkleid: Kopf blau, Bürzel weiß, Brust, Schwanz orangerot; ♀ Brust gebändert; **19 cm.**

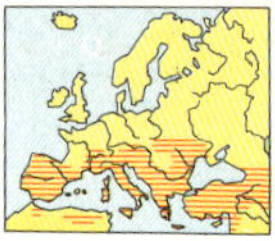

Verbreitung: Pyrenäenhalbinsel, Südfrankreich, Italien, Balkanstaaten, Balearen, Korsika, Sardinien. **Lebensraum:** Gebirge mit Steilhängen, Geröllhalden mit Buschwerk; *Zugvogel.* **Nahrung:** Insekten. **Fortpflanzung:** *Nest* auf sonnigen Steilhängen zwischen Büschen, Steinen; 1 *Brut* Mai–Juni; *Eier* 4–5 (6), blaugräulich, manchmal rostrot gefleckt; *Brutdauer* ~ 14 Tage; ♀ brütet, ♂ und ♀ betreuen die *Jungen,* die mit 14–16 Tagen das Nest verlassen; *Nesthocker.* **Ruf:** „tack-tack". **Gesang:** flötend (spottet, auch Fluggesang).

Blaumerle
Monticola solitárius LINNÉ

Etwas kleiner als Star; ♂ schieferblau, im Winter schwärzlich; ♀ heller, Oberseite bläulichbraun, Unterseite zart braun gebändert; **20 cm.**

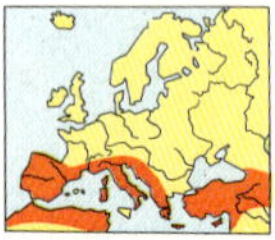

Verbreitung: Pyrenäenhalbinsel, Südfrankreich, Italien, Westen Jugoslawiens, Albaniens, Griechenlands; Mittelmeerinseln. **Lebensraum:** felsige Gebirgsschluchten mit geringer Vegetation; *Jahresvogel.* **Nahrung:** Insekten, Spinnen, kleine Reptilien. **Fortpflanzung:** *Nest* aus dünnen Zweigen, trockenen Grashalmen in Felsspalten, Höhlen; 1 *Brut* im Mai; *Eier* 3–5, bläulichgrün, mit einzelnen hellroten Punkten; *Brutdauer* 14 Tage; *Nesthocker.* **Ruf:** „tschrack" oder „jihp". **Gesang:** flötend, amselähnlich.

Gattung: Heckensänger *(Erythropygia);* in Europa 1 Art:

Heckensänger
Erythropýgia galactótes (TEMMINCK)

So groß wie Haussperling; Schwanz kastanienbraun, lang, gefächert, am Ende schwarzweißer Saum; Oberseite fuchsig rotbraun; **15 cm.**

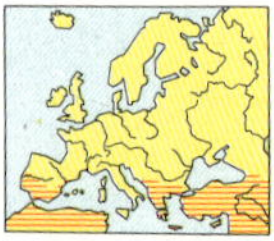

Verbreitung: im Süden Portugals, Spaniens, lokal Südfrankreich, Oberitalien; Albanien, Griechenland. **Lebensraum:** Büsche, Gestrüpp, in Parkanlagen, Gärten, an Straßenrändern; *Zugvogel.* **Nahrung:** Insekten, Spinnen, Würmer. **Fortpflanzung:** *Nest* flach, groß, locker, in dichtem Buschwerk; *Nesthocker.* **Ruf:** „teck". **Gesang:** kurz, melodisch, von hoher Warte.

194.1 Gartenrotschwanz

194.2 Rotsterniges Blaukehlchen

Gattung: Rotschwänzchen *(Phoenicúrus);* in Europa 2 Arten:

Hausrotschwanz
Phoenicúrus ochrúros (GMELIN)

So groß wie Feldsperling; ♂ Gefieder schwarz; Schwanzseiten rostrot; Flügel mit weißem Spiegel; ♀ ähnlich dem des Gartenrotschwänzchens, aber dunkler; **14 cm.**

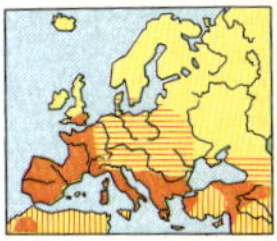

Verbreitung: West-, Mittel-, Südeuropa; *fehlt:* Island, Skandinavien, Finnland, Mittel-, Nord-UdSSR, Irland, Mittel-, Nordengland. **Lebensraum:** menschliche Siedlungen mit Garten- und Parkanlagen; *Teilzieher.* **Nahrung:** Insekten, Spinnen, gelegentlich Beeren. **Fortpflanzung:** *Nest* in Mauerlöchern, Rohren, auf Balken und in Nistkästen; 2 *Bruten* April–Juli; *Eier* (3–4) 5–6, weiß bis hellblau; *Brutdauer* 13–14 (12–15) Tage; ♀ brütet, ♂ und ♀ betreuen die *Jungen,* die mit 12–20 Tagen das Nest verlassen; *Nesthocker.* **Ruf:** „fied-teck-teck“, „fuid“. **Gesang:** ähnlich Gartenrotschwanz, aber nicht so wohlklingend.

Gartenrotschwanz
Phoenicúrus phoenicúrus (LINNÉ)

So groß wie Feldsperling; ♂ Stirn weiß, Kopf, Rücken grau, Kehle schwarz; Brust, Flanken rostrot; ♀ ziemlich einfarbig grau- bis gelblichbraun; **14 cm.**

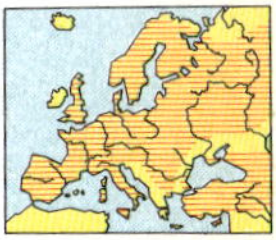

Verbreitung: fast ganz Europa; *fehlt:* Island, Irland, Südostitalien, Westen Jugoslawiens, Albaniens; Griechenland, Nord-, Süd-UdSSR, Balearen. **Lebensraum:** lichter Mischwald mit dichtem Unterholz, Parkanlagen, Gärten; *Zugvogel.* **Nahrung:** Insekten, Beeren. **Fortpflanzung:** *Nest* in Baumlöchern, Nistkästen, hinter Jalousien, auf dem Boden in Erdlöchern; 2 *Bruten* Mai–Juli; *Eier* 6 (4–10), grünlichblau, selten rötlich gefleckt; *Brutdauer* 12–14 (10,5–17) Tage; muß in Finnland öfters Kuckuckseier ausbrüten; ♀ brütet, ♂ und ♀ betreuen die *Jungen,* die mit 14 bis 15 (17) Tagen das Nest verlassen; *Nesthocker.* **Ruf:** „füid-teck-teck“. **Gesang:** mit hohem Ton beginnend, dem 2 tiefere folgen, in einem Triller endend.

Gattung: Nachtigallen *(Luscínia);* beste Sänger; in Europa 3 Arten:

Blaukehlchen
Luscínia svécica (LINNÉ)

So groß wie Feldsperling; ♂ Brutkleid: Kehle leuchtend blau, bei der weißsternigen Form mit weißem, bei der rotsternigen Form mit rotem Fleck; ♀ mit U-förmigem Halsfleck; **14 cm.**

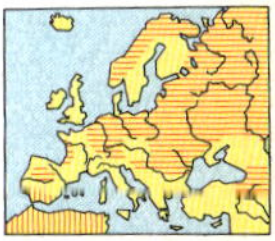

Verbreitung: Mittel-, Westfrankreich, Holland, Belgien, Bundesrepublik Deutschland, DDR, Norwegen bis zum Kap, Polen, nördliche Balkan staaten, Mittel-, Nord-UdSSR. **Lebensraum:** feuchte Wiesen, Heide mit Buschwerk, verlandende Teiche; *Zugvogel.* **Nahrung:** Insekten, Spinnen, Schnecken, gelegentlich Beeren. **Fortpflanzung:** *Nest* am Boden unter Büschen, Stauden, von oben mit Grasbüscheln getarnt; 1 *Brut* April bis Juli; *Eier* (4) 5–6, graugrün, braun, rötlichgelb gefleckt, gewölkt; *Brutdauer* 13–14 Tage; ♀ brütet (♂ selten), ♂ und ♀ betreuen die *Jungen,* die mit 13–14 Tagen das Nest verlassen; *Nesthocker.* Ruf: „teck“ oder „huit“. **Gesang:** sehr melodienreich, melodisch, wird mit „dip-dip-dip“ eingeleitet, ähnelt dem der Nachtigall.

Nachtigall
Luscinia megarhýnchos Brehm

Größer als Haussperling; Kehle weiß bis grauweiß; Brust nicht gewölkt; Rücken, Schwanz kastanienbraun; Unterseite weißlichbraun; Augen groß; Geschlechter gleich; **17 cm.**

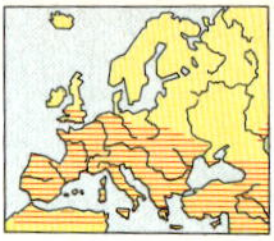

Verbreitung: West-, Mittel-, Südeuropa; *fehlt:* Irland, Mittel-, Nordengland, Skandinavien, Finnland, Nordpolen, Nord-, Mittel-UdSSR. **Lebensraum:** lichte Laub-, Mischwälder, Parkanlagen, Gärten mit niedrigem Gebüsch; *Zugvogel.* **Nahrung:** Insekten, Spinnen, kleine Würmer, Schnecken. **Fortpflanzung:** *Nest* dicht über dem Boden im Gebüsch; Nestmaterial Halme, Moos, Wurzelfasern; Auslage Haare; 1 *Brut* (im Süden 2) Mai–Juni; *Eier* 5 (3–6), olivgrün bis olivbraun, seltener dunkel gefleckt, gewölkt; *Brutdauer* 12–14 Tage; ♀ brütet, ♂ und ♀ betreuen die *Jungen,* die mit 11–12 (–14) Tagen das Nest verlassen; *Nesthocker.* **Ruf:** „krr", „karr". **Gesang:** wohltönend, melodienreich; beginnt meist mit „dü-dü-dü", flötend fortgesetzt; singt von niedriger Warte, auch nachts.

Sprosser
Luscinia luscinia (Linné)

Größe, Gestalt, Färbung sehr ähnlich Nachtigall, aber Brust gewölkt, Rücken mehr olivbraun; Geschlechter gleich; **17 cm.**

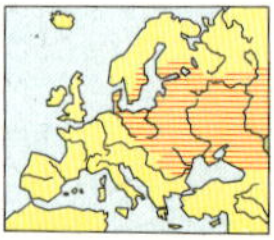

Verbreitung: Südschweden, Südfinnland, Ostholstein, Norden der Bundesrepublik Deutschland, DDR; Polen, östlicher Balkan, Mittel-, Süd-UdSSR bis nördlicher Kaukasus. **Lebensraum:** feuchte Waldränder mit Unterholz, Fluß-, Teichufer mit dichtem Weidengebüsch; *Zugvogel.* **Nahrung:** Insekten, Spinnen, kleine Würmer, Schnecken. **Fortpflanzung:** *Bodennest* aus Halmen, Moos, Wurzelfasern; Auslage Haare; 1 *Brut* Mai–Juni; *Eier* 5; blau- bis olivgrün; *Brutdauer* 13 Tage; Aufzucht der *Jungen* ähnlich Nachtigall; *Nesthocker;* Jungvögel zerstreuen sich sofort, wenn sie Nest verlassen haben. **Ruf:** „huid", „teck", „karr". **Gesang:** ähnlich Nachtigall, aber kräftiger, länger, wobei die langgezogenen Töne fehlen.

Gattung: Rotkehlchen *(Erithacus);* in Europa 1 Art:

Rotkehlchen
Erithacus rubécula (Linné)

So groß wie Feldsperling; Stirn, Brust orangerot; Oberseite olivbraun; Geschlechter gleich; Jungvögel ohne rote Brust, dunkelbraun, rahmfarben gefleckt; **14 cm.**

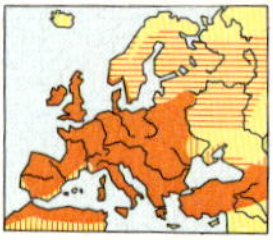

Verbreitung: fast ganz Europa; *fehlt:* Island, Südspanien, Südfrankreich, Nordskandinavien, Nordfinnland, Nord-UdSSR, Süd-UdSSR bis auf Kaukasusgebiet. **Lebensraum:** Laub- und Mischwald mit dichtem Unterholz, auch Parkanlagen, Gärten; *Teilzieher.* **Nahrung:** Käfer, Würmer, kleine Schnecken und Beeren. **Fortpflanzung:** *Bodennest* aus Stengeln und Moos mit Pflanzenfasern als Auslage; 2 *Bruten* April bis Juli; *Eier* 5 (3–9), gelblich, rotbraun gefleckt; *Brutdauer* ~ 15 Tage; ♂ und ♀ brüten, betreuen die *Jungen,* die mit 12–15 (–20) Tagen das Nest verlassen; *Nesthocker.* **Ruf:** „zick". **Gesang:** flötend, trillernd.

4. Familie: Zaunkönige *(Troglodýtidae);* 59 Arten; nur 1 Art (Zaunkönig) in Europa; etwa 20 der 59 Arten so winzig wie unser Zaunkönig; fast alle bauen kugelige Nester mit seitlichem Schlupfloch in Erd- oder Felshöhlen sowie Schlupfwinkel aller Art; in Europa 1 Gattung:

Gattung: Zaunkönige *(Troglodýtes);* in Europa 1 Art:

Zaunkönig
Troglodýtes troglodýtes Linné

Etwas größer als Goldhähnchen; ganz braun, dunkel gewellt, nur Kehle, Brust hell; Schwanz kurz, gestelzt; **10 cm.**

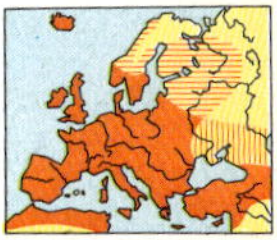

Verbreitung: fast ganz Europa; *fehlt:* im hohen Norden sowie in Ost- und Süd-UdSSR. **Lebensraum** und **Lebensweise:** feuchte Laub-, Nadelwälder mit dichten Büschen, Farnen; Ufer von Bächen, Flüssen, Seen; Parkanlagen, Gärten; hält sich oft auf dem Erdboden auf (Nahrungsuche), badet gern im Wasser oder Sand; baut mehrere Nester (zum Schlafen und als Winterquartier); *Teilzieher.* **Nahrung:** Insekten, Spinnen, Milben, gelegentlich Beeren. **Fortpflanzung:** kugeliges Nest mit seitlichem Einflugloch, meist in Bodennähe, oft unter Baumwurzeln; Nestmaterial Moos; Auslage Federn; 2–3 *Bruten* April–Juni (März–August); *Eier* 5–7 (4–9), weiß, braun bis rötlich gefleckt; *Brutdauer* 14–16 (13 bis 20) Tage; ♀ brütet (♂ füttert selten), betreut die *Jungen,* die mit 15–17 (14–20) Tagen das Nest verlassen; *Nesthocker.* **Ruf:** „zerr", „zick-zick-zick". **Gesang:** wohltönend, verhältnismäßig laut.

5. Familie: Wasseramseln *(Cinclidae);* wie Zaunkönige kurzschwänzig; gedrungener Körper; runde kurze Flügel; kräftige Beine; leben an Bächen mit schnellfließendem Wasser; Nahrung wird auch unter Wasser gesucht (Unterwasserjäger), wobei sie mit dem Schnabel Steine umdrehen und so Insekten freilegen (höchste Unterwasserleistungen: Tauchtiefe 1,5 m, Laufstrecke 20 m); 4 Arten, in Europa 1 Gattung:

Gattung: Wasseramseln *(Cinclus);* in Europa 1 Art:

Wasseramsel
Cinclus aquáticus (Bechstein)

Wesentlich größer als Haussperling; dunkelbraun (bis auf schneeweiße Brust, Kehle); Schwanz kurz; **18 cm.**

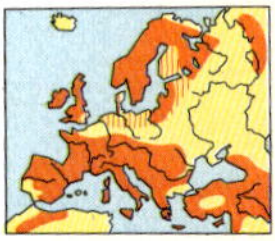

Verbreitung: Irland, England (ohne den Südosten), Skandinavien; südlich der Linie Westfrankreich bis Pruth; Litauen, Lettland, Estland, Nordfinnland, Gebiete um das Weiße Meer; Ural, Kaukasus. **Lebensraum** und **Lebensweise:** schnell fließende, klare Bäche mit felsigen, steinigen Ufern; Gebirgsseen; lebt einzeln, reviertreu; läuft bei Nahrungssuche ins Wasser, auf dem Grund des Gewässers weiter, wobei Flügel zur Fortbewegung gegen die Strömung mit benutzt werden; *Jahresvogel.* **Nahrung:** Ufer-, Wasserinsekten, Flohkrebse, kleine Fische. **Fortpflanzung:** kugeliges *Nest* mit seitlichem Einflugloch in Wassernähe unter Wurzeln, in Felslöchern; 2 *Bruten* (Januar–) April–Juni; *Eier* 4–6 (3–7), weiß, glänzend; *Brutdauer* 14–17 Tage; ♀ brütet (♂ selten), ♂ und ♀ betreuen die *Jungen,* die mit (18–) 24–25 Tagen das Nest verlassen; *Nesthocker.* **Ruf:** „zerb-zerb" oder „sitt-sitt". **Gesang:** zwitschernd, schwatzend.

6. Familie: Braunellen *(Prunéllidae);* Gestalt ähnlich manchen Finken und Ammern, gehören aber nach ihrer Herkunft zu *Drosselverwandten.* 12 Arten; in Europa 1 Gattung:

Gattung: Braunellen *(Prunélla);* in Europa 2 Arten:

Heckenbraunelle
Prunélla moduláris (Linné)

So groß wie Haussperling; Gefieder sperlingsartig; Kehle, Brust bleigrau; **15 cm.**

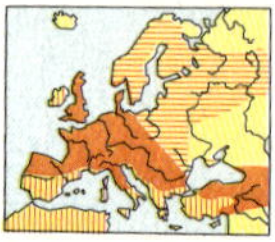

Verbreitung: fast ganz Europa; *fehlt:* Island, Irland, Nord-, Süd-UdSSR, Mittel-, Süd-Pyrenäenhalbinsel, Südfrankreich, Süditalien, Südbalkan, Mittelmeerinseln. **Lebensraum:** Nadelwälder mit Gebüsch, Parkanlagen; *Teilzieher.* **Nahrung:** Insekten, Samen. **Fortpflanzung:** *Nest* in Bodennähe in Büschen, Reisighaufen; Nestmaterial kleine Zweige, Moos; Auslage Haare; 2 *Bruten* April–Juli; *Eier* 4–5 (3–7), blaugrün; *Brutdauer* 12 (11–15) Tage; ♀ brütet, ♂ und ♀ betreuen die *Jungen,* die mit (10–) 12–14 Tagen das Nest verlassen; *Nesthocker.* **Ruf:** „di-di-di" oder „tzi-tzi-tzi". **Gesang:** ähnlich Zaunkönig, aber leiser, kürzer.

Alpenbraunelle
Prunélla colláris Scopoli

Wesentlich größer als Haussperling; Kehle weißlich, schwarz gefleckt; Oberseite graubraun. Unterseite rotbräunlich; Flanken rotbraun gestreift; **18 cm.**

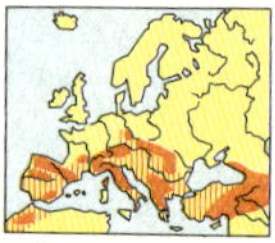

Verbreitung: Gebirge Spaniens, Frankreichs, des Balkans; Apenninen, Alpen, Karpaten, Kaukasus, Korsika. **Lebensraum:** Geröllhalden über der Baumgrenze. *Teilzieher.* **Nahrung:** Insekten, Schnecken, Würmer, Beeren. **Fortpflanzung:** *Bodennest* im Schutz von überhängenden Felsen, Steinen; Nestmaterial Gras, Wurzelfasern, Moos; Auslage Haare, Federn; 1 *Brut* Mai bis Juli; *Eier* 4–5 (3–6), blaugrün; *Brutdauer* etwa 15 Tage; ♂ und ♀ brüten, betreuen die *Jungen,* die mit etwa 16 Tagen das Nest verlassen; *Nesthocker.* **Ruf:** „trrui-trrui" oder „tjürr-tjück-tjück". **Gesang:** zwitschernd, lerchenähnlich.

7. Familie: Stelzen *(Motacíllidae);* schlank; vorwiegend auf dem Boden (Erd- oder Bodenvögel); schneller, trippelnder (nicht hüpfender) Gang; Hinterzehenkralle wie bei Lerchen mehr oder weniger verlängert; insgesamt 50 Arten; in Europa 2 Gattungen:

Gattung: Pieper *(Ánthus);* Schwanz nicht auffallend lang (kürzer als Flügel); unscheinbar braunstreifig; Gestalt lerchenähnlich, aber viel schlanker; Schwanzkanten auffällig hell; Name: von den hellen, scharfen Locktönen; Bodenbrüter auf weiträumigen Ländereien; in Europa 6 Arten:

Rotkehlpieper
Ánthus cervínus Pallas

So groß wie Haussperling; Kehle im Sommer ziegelrot; im Winter sehr ähnlich Wiesenpieper, aber an auffällig gestreiftem Bürzel und kräftigerer Streifung von diesem zu unterscheiden; **15 cm.**

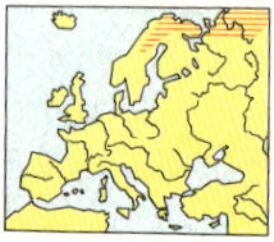

Verbreitung: Norden Skandinaviens, Finnlands, der UdSSR. **Lebensraum:** sumpfige Strauch-, Moostundra des Nordens; *Zugvogel.* **Nahrung:** Insekten, gelegentlich Samen. **Fortpflanzung:** *Bodennest* wie Wiesenpieper; 1 *Brut* April bis Juli; *Eier* 6 (4–7); ♀ brütet (während der *Brutzeit* vom ♂ gefüttert); ♂ und ♀ betreuen die *Jungen; Nesthocker.* **Ruf:** „zieh" und „djie-e". **Gesang:** ähnlich Wiesenpieper.

Wiesenpieper
Ánthus praténsis (LINNÉ)

So groß wie Haussperling; Oberseite olivbraun, heller als bei voriger Art, lebhaft gestreift; Unterseite hellweißlich, viele braune Längsstreifen; vom Baumpieper vor allem durch Ruf und Aufenthalt zu unterscheiden; **15 cm.**

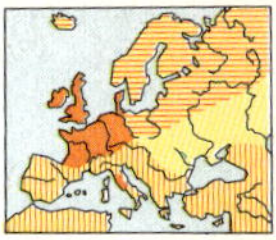

Verbreitung: Nord-, Mittel-, Nordosteuropa; westliche Grenze: Pyrenäen, südliche Grenze: Alpen–Karpaten; *lokal:* Mittelitalien, Ungarn, Jugoslawien. **Lebensraum:** feuchtes Gelände mit Sümpfen, Mooren, hohem Graswuchs; *Teilzieher.* **Nahrung:** Insekten, Samen. **Fortpflanzung:** getarntes *Bodennest* zwischen Gräsern, Kräutern; Nestmaterial Binsen, Schilf, Moos; Auslage Haare; 2 *Bruten* April–August; *Eier* 4–6 (3–7), hellgrau bis gelblichbraun, dunkel gefleckt, gestrichelt; **Brutdauer** 13 (12–14) Tage; ♀ brütet, ♂ und ♀ betreuen die *Jungen,* die mit 11–14 Tagen das Nest verlassen; *Nesthocker.* **Ruf:** „ist-ist". **Gesang:** „dipp-dipp-dipp-dipp-dipp-dipp-dipp-si-si-si" mit Schlußtriller.

Baumpieper
Ánthus triviális (LINNÉ)

So groß wie Haussperling; ähnlich Wiesenpieper, aber durch Stimme und Aufenthalt sicher zu unterscheiden; Kralle der Hinterzehe ziemlich stark gebogen, länger als Zehe selbst, Oberseite gelbbraun, Unterseite gelblichweiß, wenig längsgestreift; **15 cm.**

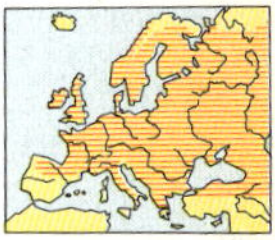

Verbreitung: fast ganz Europa; *fehlt:* Island, Grenzgebirge zwischen Schweden und Norwegen, Portugal, Mittel-, Südspanien, Südfrankreich, Mittelmeerinseln, Südgriechenland, Norden der UdSSR; Italien: nur Apennin, Kalabrien. **Lebensraum:** trockenes Gelände mit Gras, nicht zu dichtem Wald, Büsche. *Zugvogel.* **Nahrung:** Insekten (werden am Boden gefangen), junge Pflanzentriebe. **Fortpflanzung:** *Bodennest* im Schutz von Gras, Büschen; 2 *Bruten* Mai bis August; *Eier* 5 (3–6), schmutzigweiß bis rötlichgrau (sehr variabel), dunkel gefleckt, gestrichelt; *Brutdauer* 11–14 Tage; ♀ brütet (♂?), ♂ und ♀ betreuen die *Jungen,* die mit 12–14 Tagen das Nest verlassen; *Nesthocker.* **Ruf:** „pssieh", auch „itt". **Gesang:** von hoher Warte „zi-zi-zi-zi-wis-wis-wis-rerr-zia-zia-zia".

Brachpieper
Ánthus campéstris (LINNÉ)

Größer als Haussperling; Gefieder sandbraun, nur schwach gestreift; Brust ungestreift; Augenstreif rahmfarben; Beine hell; **17 cm.**

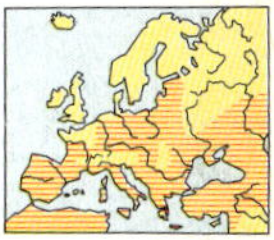

Verbreitung: Mittel-, Ost-, Südeuropa; nördliche Grenze: Südschweden, Schleswig-Holstein, Finnischer Meerbusen; *fehlt:* Alpen, Karpaten. **Lebensraum:** sandiges Gelände mit Kiefern, einzelnen Büschen, spärlichem Graswuchs. *Zugvogel.* **Nahrung:** Insekten, Würmer, Schnecken. **Fortpflanzung:** getarntes *Bodennest* zwischen Gras, Kraut; 1 *Brut* (2?) Mai–Juni; *Eier* 4–5 (2–6), weißlich, grünlich, gelblich oder rötlich, etwas dunkel gefleckt; *Brutdauer* 13–14 Tage; ♀ brütet, ♂ und ♀ betreuen die *Jungen,* die mit 12–14 Tagen das Nest verlassen; *Nesthocker.* **Ruf:** „zschapp". **Gesang:** „zirlui-zirlui" und „gried-liehn, gried-liehn".

Spornpieper
Ánthus richárdi (VIEILLOT)

Viel größer als Haussperling; langbeinig, langschwänzig; dunkler als vorige Art; Brust kräftig gestreift; **18 cm.**

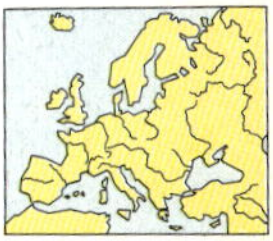

Verbreitung: Australien, Afrika, Asien; Westeuropa Zugvogel. **Lebensraum:** feuchtes Gelände; *Zugvogel.* **Nahrung:** unbekannt. **Fortpflanzung:** 2 *Bruten* Juni–Juli; *Eier* 4–6, grünlich bis rötlichgrau, olivgrün bis grau gefleckt; *Nesthocker.* **Ruf:** „r-rihp".

Wasserpieper (Bergpieper)
Ánthus spinolétta (LINNÉ)

Größer als Haussperling; Gebirgsrasse (Abbildung) Sommer weiße Unterseite mit rötlichem Anflug, ungestreift, Schwanzkanten weiß; Küstenrassen (Strandpieper): dunkler, gestreifte Unterseite, graue Schwanzkanten; **17 cm.**

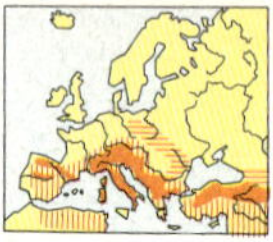

Verbreitung: Gebirge Spaniens, Italiens, des Balkans; Alpen, Karpaten, Korsika, Sardinien. **Lebensraum:** Gebirge, sumpfige Matten in Gewässernähe, Meeresküste: mit Algen bewachsene Felsen, Klippen; *Teilzieher.* **Nahrung:** im Gebirge Insekten, deren Larven, Samen, an Meeresküste Krebstiere, Schnecken. **Fortpflanzung:** *Bodennest* im Schutz von Grasbüscheln, Büschen, Steinen; Nestmaterial Pflanzenteile; Auslage Tierhaare; 2 *Bruten* Juni–Juli; *Eier* 4–6, grünlich bis rötlichgrau, olivgrün bis grau gefleckt; *Brutdauer* ~ 15 Tage; ♀ brütet, ♂ und ♀ betreuen die *Jungen,* die mit 15 Tagen das Nest verlassen; *Nesthocker.* **Ruf:** „sst", „psi", „züt". **Gesang:** „fli-fli-fli-fi-fi-fi-fi-pi-pi-pi-thi-thi-thi"!

Gattung: Echte Stelzen *(Motacilla);* sie sind durch ihren langen, ständig auf- und abwippenden Schwanz ausgezeichnet, der etwa die Hälfte der Gesamtlänge des Körpers ausmacht (niederdeutsch Wippsteert = Wippschwanz); Schnabel lang und spitz; Beine schlank; Gefieder lebhaft gezeichnet; in Europa 3 Arten:

Bachstelze
Motacilla álba álba (LINNÉ)

Größer als Haussperling; Kopfplatte, Nacken, Kehle und Vorderbrust schwarz; Stirn, Wangen und Bauchseite weiß; Rücken grau; kein Gelb im Gefieder; **18 cm.**
Die ähnliche **Trauerbachstelze** *Motacilla álba yaréllii* (GOULD) hat mehr Schwarz im Gefieder; Kopfplatte und Brustlatz sind vereinigt.

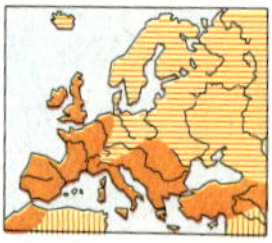

Verbreitung: die weiße Bachstelze ist in ganz Europa verbreitet; die Trauerbachstelze bewohnt die Britischen Inseln. **Lebensraum** und **Lebensweise:** beide Rassen bevorzugen offene, trockene Graslandschaften an Gewässern und Waldrändern und die Nähe menschlicher Siedlungen; laufen flink auf dem Boden umher und wippen dabei mit dem Schwanz; *Teilzieher.* **Nahrung:** Insekten, Würmer und Schnecken. **Fortpflanzung:** lockeres, kunstloses *Nest* sehr versteckt im Astwerk, unter Dachpfannen, Brettern und in Reisighaufen; Nestmaterial kleine Ästchen, Fasern und Moos mit Haaren und Federn als Auslage; 2–3 *Bruten* April–August; *Eier* 5–6 (4–8), weißlich, mit dunklen Punkten und Strichen; *Brutdauer* 12–14 Tage; ♀ brütet, ♂ und ♀ betreuen die *Jungen,* die mit 14–15 (12 bis 17) Tagen flügge sind und von den Eltern geführt werden; *Nesthocker.* **Ruf:** „zilipp" und „zisitt". **Gesang:** zwitschernd.

Gebirgsstelze
Motacilla cinérea (TUNSTALL)

So groß wie Bachstelze; Unterseite gelb, Rücken grau; ♂ im Sommer mit schwarzer, im Winter wie das ♀ mit weißer Kehle; Schwanz sehr lang, schwarz mit auffallend weißen Kanten; **18 cm.**

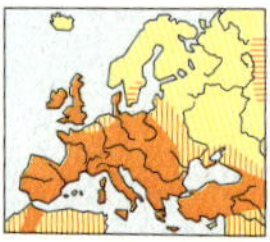

Verbreitung: West-, Süd-, Mitteleuropa; *fehlt:* Island, Skandinavien, Finnland; UdSSR nur lokal. **Lebensraum:** Ufer von Flüssen und Bergbächen bis oberhalb der Baumgrenze; *Teilzieher.* **Nahrung:** Insekten. **Fortpflanzung:** kunstloses, lockeres *Nest* unter Baumwurzeln, Brücken, Schleusenanlagen und in Erdlöchern; Nestmaterial Halme, Fasern und Moos mit Haaren und Wolle als Auslage; 2 *Bruten* April–Mai; *Eier* 4–6 (3–7), weißgelb, mit braunen Punkten, Schnörkeln und Flecken; *Brutdauer* 12–14 (11–15) Tage; ♂ und ♀ brüten und betreuen die *Jungen,* die mit 12–13 Tagen das Nest verlassen und mit 17 Tagen flügge sind; *Nesthocker.* **Ruf:** „zisitt" und „stipstip". **Gesang:** flötend und zwitschernd „zissississ-zier-zi-zi".

Schaf- oder Wiesenstelze (unten)
Motacilla fláva fláva (LINNÉ)

Kleiner als andere Stelzen; Rücken olivgrün; Augenstreif weiß, am Nasenloch beginnend; Unterseite gelb; Kopf, Wangen blaugrau; **17 cm.** **Englische Schafstelze** (oben; *Motacilla fláva flávissima* BLYTH: ähnlich Schafstelze, aber Kopf gelb und olivfarben; Augenstreif gelb; **17 cm.**

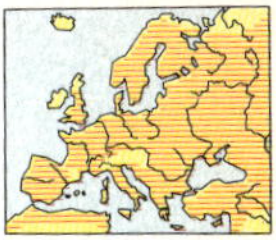

Verbreitung: fast ganz Europa; *fehlt:* Island, Irland, Schottland, Nordkap; *Englische Schafstelze* brütet auf den Britischen Inseln und den angrenzenden Küsten des Festlandes. **Lebensraum und Lebensweise:** tiefliegende feuchte Wiesen und Äcker mit hohem Gras und Schilf; liebt die Nähe von weidendem Vieh; *Zugvogel.* **Nahrung:** Insekten und Würmer. **Fortpflanzung:** *Bodennest* in Vertiefungen; Nestmaterial Halme und Moos mit Haaren und Pflanzenwolle als Auslage; 1 *Brut* Mai–Juni; *Eier* 4–6, weißgelb bis grüngelb, mit dichten dunklen Flecken und wenigen schwarzen Punkten und Schnörkeln; *Brutdauer* 13 Tage; ♀ brütet, ♂ und ♀ betreuen die *Jungen,* die mit 11–13 Tagen das Nest verlassen und mit 17 Tagen flügge sind; *Nesthocker.* **Ruf:** „zisitt-sip-sipssrie-zier". **Gesang:** zwitschernd „zier-zier".

Maskenstelze
Motacilla fláva féldegg MICHAEHLLES

Italienische Schafstelze
Motacilla fláva cinereocapilla SAVI

Nordische Schafstelze
Motacilla fláva thunbérgi BILLBERG

Spanische Schafstelze
Motacilla fláva ibériae HARTERT

Schafstelzen neigen stark zur Bildung geographischer Rassen. Die **Maskenstelze** bewohnt den Balkan. Sie ist an ihrer großen schwarzen Kopfkappe ohne Augenstreif (Brutkleid) zu erkennen. Die **Italienische Schafstelze** (Scheitel grau, Wangen dunkelgrau, kein Augenstreif) brütet in Italien, Albanien, Sardinien und Korsika. **Nordische Schafstelzen** (Scheitel grau, Wangen schwarz, kein Augenstreif) bewohnen Norwegen, Schweden und Finnland. Die **Spanische Schafstelze** ähnelt der Schafstelze, der weiße Augenstreif beginnt aber erst beim Auge. Sie brütet in Südfrankreich, Spanien und Portugal.

2. Überfamilie: Lerchen *(Alaudóidae);* nur 1 Familie:

1. Familie: Lerchen *Alaúdidae).* Vorwiegend Bodenvögel, die sich laufend (nicht hüpfend) fortbewegen; Kralle der Hinterzehe meist sehr lang, gerade oder doch fast gerade *(Lerchensporn).* Bodenbrüter (bauen Nest versteckt zwischen Grasbüscheln, unter Stauden, Gebüschen, Haubenlerche zuweilen auf flachen Dächern); bevorzugen offenes Gelände, Wiesen, Weiden, steinige, sandige Gegenden, Heiden, Hochmoore; Zahl der Eier schwankt zwischen 3–5; Bruten meist 2, in günstigen Sommern 3; Nahrung Samen, Insekten, Blattspitzen (vor allem von Gräsern); Lerchenmännchen singen im Fluge (Singflug) oder von niederer Warte; 15 Gattungen mit 70 Arten; in Europa 6 Gattungen mit 10 Arten:

Gattung: Ohrenlerchen *(Eremóphila);* Schnabel lang, dünn (wie auch bei Gattungen B–D); in Europa 1 Art:

Ohrenlerche
Eremóphila alpéstris (LINNÉ)

Größer als Haussperling; Kopf mit zweispitziger Federhaube (Federhörnchen); schwarzer Gesichts-, Brustfleck; **17 cm.**

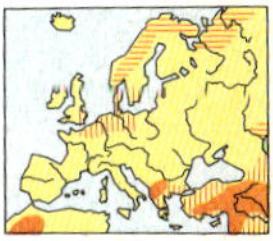

Verbreitung: Norwegen, im Norden Schwedens, Finnlands, der UdSSR; mittlerer Balkan. **Lebensraum:** felsige Bergwiesen bis Schneegrenze, Tundra, steinige Wüsten; *Teilzieher.* **Nahrung:** Insekten, Samen, zarte Pflanzentriebe. **Fortpflanzung:** *Bodennest; 2 Bruten* Mai–Juni; *Eier* 4 (2 bis 5), ähnlich Feldlerche, meist blasser, zuweilen mit dunklen Haarlinien; *Brutdauer* 10–14 Tage (*Junge* nach 9–12 [?] Tagen flügge); *Nesthocker.* **Ruf:** „tsieh-ieh". **Gesang:** im Flug Feldlerche ähnlich, aber kürzer.

Gattung: Heidelerchen *(Lúllula)*; in Europa 1 Art:

Heidelerche
Lúllula arbórea (LINNÉ)

So groß wie Haussperling; Kopfhaube kaum angedeutet; Flügelrand mit schwarzweißem Abzeichen; helle Augenstreifen, am Nacken zusammenstoßend; Schwanz sehr kurz, ohne weiße Kanten; **15 cm.**

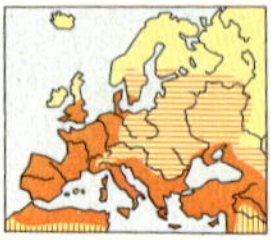

Verbreitung: fast ganz Europa; *fehlt:* Island, Norwegen, Nordschweden, Mittel-, Nordfinnland, im Norden Großbritanniens, der UdSSR. **Lebensraum** und **Lebensweise:** Sandgebiete mit Gras, Heide, einzelnen Bäumen; steigt singend steil in die Luft, stürzt anschließend mit angelegten Flügeln fast bis Erdboden; manchmal auf Bäumen; *Teilzieher.* **Nahrung:** Samen, Insekten. **Fortpflanzung:** tiefe Nestmulde unter Büschen, Heidekraut, Gräsern; Nestmaterial Gräser, Pflanzenfasern, Moos; Auslage Tierhaare, Pflanzenwolle; 2 *Bruten* (auch 3?) März–Juni; *Eier* 3 bis 5 (2–6), glänzend weißlich, braun gefleckt; *Brutdauer* 13–15 (12–16) Tage; ♀ brütet, wird vom ♂ gefüttert; *Junge* verlassen Nest nach 9 bis 15 Tagen (aber noch nicht flügge), von ♂ und ♀ gefüttert; *Nesthocker.* **Ruf:** „didloi". **Gesang:** meist im Fluge, auch sitzend „lülülül" mit abfallender „düdldüdl"-Strophe.

Gattung: Feldlerchen *(Alaúda)*; Federhaube klein; in Europa 1 Art:

Feldlerche
Alaúda arvénsis LINNÉ

Größe bekannt; größer als Heidelerche; Federhaube nur angedeutet; Schwanz lang, mit weißen Kanten; **18 cm.**

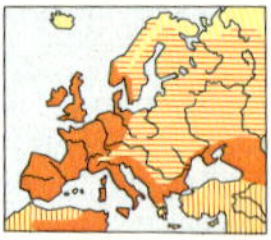

Verbreitung: fast ganz Europa; *fehlt:* Island, Nordskandinavien, Norden Finnlands, der UdSSR, Südgriechenland. **Lebensraum** und **Lebensweise:** feuchte bis sumpfige Wiesen, Felder, selten Heide; steigt singend bis zu bestimmter Höhe empor, singt im Rüttelflug weiter, kehrt anschließend im Sturzflug zum Nest zurück; *Teilzieher.* **Nahrung:** Insekten, Samen, Pflanzenspitzen. **Fortpflanzung:** Bodennest aus Halmen, Wurzeln, Blättern; Auslage Haare; zwischen Grasbüscheln; 2 (3) *Bruten* April–Juli; *Eier* 3–5 (–7), gelblich bis grau, mit dunklen Flecken, Punkten; *Brutdauer* (11–) 14 Tage; ♀ brütet, ♂ und ♀ betreuen die *Jungen* (verlassen mit 9–11 Tagen das Nest, fliegen mit 17 Tagen, mit 31 Tagen richtig flügge); *Nesthocker.* Ruf: „trli", „di-dri-drieh". **Gesang:** trillernd, anhaltend, meistens im Fluge.

Gattung: Haubenlerchen *(Galerída)*; Haube lang und spitz; in Europa 2 Arten:

Theklalerche
Galerída théklae (BREHM)

Ähnlich Haubenlerche, aber etwas kleiner und dunkler; Brust enger gestreift; Schnabel etwas kürzer und dicker; **16 cm.**

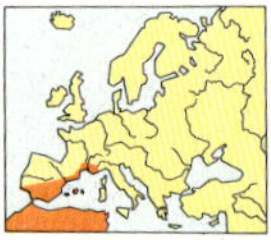

Verbreitung: Mittel-, Nordafrika bis Portugal, Südspanien, Südfrankreich, Balearen. **Lebensraum:** sandiges, steiniges Gelände mit Sträuchern; *Jahresvogel.* **Nahrung:** Insekten, Samen. **Fortpflanzung:** unbekannt; Nesthocker. **Ruf:** „da-düdrieh". **Gesang:** ähnlich Haubenlerche.

Haubenlerche
Galerida cristáta (LINNÉ)

Kleiner als Feldlerche; Schwanz kurz, Kanten gelbbraun; **17 cm.**

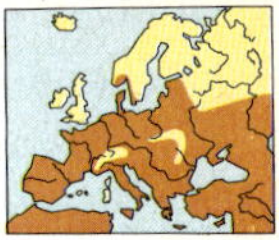

Verbreitung: fast ganz Europa; *fehlt:* Island, England, Irland, Skandinavien (dort nur an Südküste), Finnland, Norden der UdSSR, Korsika, Sardinien, Balearen. **Lebensraum** und **Lebensweise:** sandige Steppen mit spärlichem Graswuchs, einzelnen Büschen, Ödland, Baustellen, Schuttplätze, Eisenbahndämme; scheut Nähe menschlicher Siedlungen nicht, läuft bei Nahrungssuche auf Erdboden umher; *Jahresvogel.* **Nahrung:** Samen, Insekten, Spinnen. **Fortpflanzung:** flaches *Nest* am Boden, auf flachen Dächern; Nestmaterial Halme, Wurzelfasern; Auslage feine Gräser; 2 *Bruten* April–Juni; *Eier* 3–5 (6), gelblichweiß, braun gefleckt; *Brutdauer* 12–13 Tage; ♀ brütet, wird vom ♂ gefüttert; ♂ und ♀ betreuen die Jungen (laufen mit 9–11 Tagen aus dem Nest; nach 16–18 Tagen flügge); *Nesthocker.* **Ruf:** „trürlieh". **Gesang:** ähnlich Feldlerche, aber leiser und meist sitzend, selten im Fluge.

Gattung: Mohrenlerchen *(Melanocorýpha);* Schnabel kurz, dick (wie bei folgender Gattung); in Europa 3 Arten:

Mohrenlerche
Melanocorýpha yeltoniénsis (FORSTER)

Größer als Feldlerche; Schnabel ziemlich groß; ♂ im Sommer schwarz, im Winter weiß beschuppt; ♀ lerchenartig gefärbt; **19 cm.**

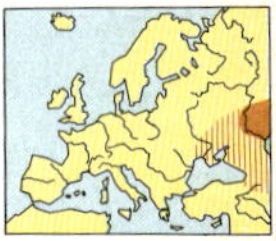

Verbreitung: Südosten der UdSSR. **Lebensraum:** im Sommer trockenes Steppengebiet mit Gras, Gebüsch, im Winter auch Kulturland; *Zugvogel.* **Nahrung:** Insekten. **Fortpflanzung:** meist 1 *Brut* April–Juni; *Eier* 4–8; *Nesthocker.* **Gesang:** ähnlich Feldlerche.

Kalanderlerche
Melanocorýpha calándra (LINNÉ)

Größer als Feldlerche; Rücken, Flügel braun; Halsseiten je ein schwarzer Fleck (Kropffleck; beim ♀ kleiner); **19 cm.**

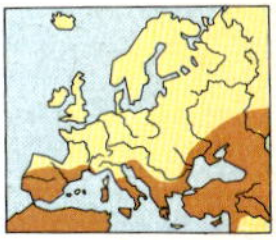

Verbreitung: Südportugal, Mittel-, Südspanien, Südfrankreich, Mittel-, Süditalien, westlicher, mittlerer, südlicher Balkan, Sizilien, Sardinien, Kreta, Süden der UdSSR. **Lebensraum:** Grassteppen, Ackerland; *Jahresvogel.* **Nahrung:** zarte Samen, Insekten (Heuschrecken), Grasspitzen. **Fortpflanzung:** *Bodennest* zwischen Stauden, Grasbüscheln; 2 *Bruten* April–Juni; *Eier* 4–6 (7); *Nesthocker.* **Ruf:** „klytra". **Gesang:** näselnd, laut, ähnlich Feldlerche; singt im Fluge, ahmt andere Vogelstimmen nach.

Weißflügellerche
Melanocorýpha leucóptera (PALLAS)

Größer als Feldlerche; ähnlich voriger Art, aber Flügel mit breitem weißem Spiegel; fast **19 cm.**

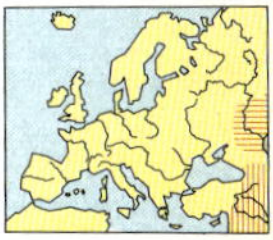

Verbreitung: Südosten der UdSSR; *zieht* bis Malta, England. **Lebensraum:** steinige Halbwüsten, trockene Steppen mit geringer Vegetation; *Zugvogel.* **Nahrung, Brutbiologie und Ruf:** unbekannt.

Gattung: Kurzzehenlerchen *(Calandrélla)*; Körper, Schnabel klein; in Europa 2 Arten:

Kurzzehenlerche
Calandrélla brachydáctyla (Leisler)

So groß wie Feldsperling; Brust weiß, ungestreift, zuweilen deutlicher Halsfleck; **14 cm.**

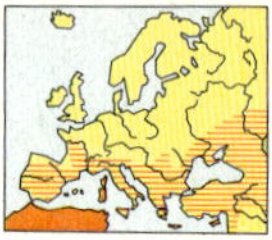

Verbreitung: Portugal, Spanien, West-, Südfrankreich, Italien, Balkan, Mittelmeerinseln, Süd-UdSSR. **Lebensraum:** trockene Grassteppen, steinige Äcker, sandige Fluß-, Seeufer; *Zugvogel.* **Nahrung:** Insekten, zarte Pflanzentriebe. **Fortpflanzung:** *Bodennest* zwischen Grasbüscheln, Stauden; 2 *Bruten* Mai–Juli; *Eier* 3–5 (6); *Brutdauer* 13 Tage; nur ♀ brütet; *Nesthocker.* **Ruf:** „tschi-tschirrp“. **Gesang:** pfeifend, im Fluge.

Stummellerche
Calandrélla rufèscens (Vieillot)

So groß wie Feldsperling; Brust weiß, gestreift; Hinterkralle relativ kurz; **14 cm.**

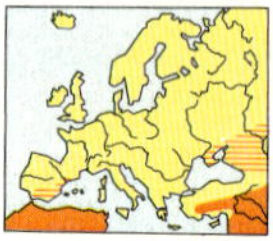

Verbreitung: Kanarische Inseln, Südspanien, Südosten der UdSSR. **Lebensraum:** steinige Steppen, trockenes, lehmiges Gelände; *Zugvogel.* **Nahrung:** Samen, Insekten, zarte Pflanzentriebe. **Fortpflanzung:** 2 *Bruten* Mai–Juni; *Eier* 3–4 (–7); *Nesthocker.* **Ruf:** „prrit“. **Gesang:** im Fluge, ähnlich Kurzzehenlerche.

3. Überfamilie: Meisenartige und Honigvögel *(Paróidae);* artenreiche Überfamilie mit 8 Familien; in Europa 4 Familien:

1. Familie: Meisen *(Páridae);* Schnabel klein, zierlich; Kopf: schwarze, blaue oder weißliche Platte, zuweilen mit Haube; Schwanz lang bis sehr lang; meist Höhlenbrüter; **S. 204**

2. Familie: Kleiber *(Sittidae);* Schnabel lang, spitz, gerade; Körper untersetzt, kurzbeinig; Schwanz kurz; Rücken graublau; Stammkletterer; **S. 208**

3. Familie: Baumläufer *(Certhiidae)* Schnabel lang, dünn, gleichmäßig nach abwärts gebogen; Stamm-, Felsenkletterer; **S. 209**

4. Familie: Beutelmeisen *(Remizidae);* Schnabel klein; bauen an Zweigen hängende geschlossene kugelförmige Nester mit trichterförmigem Eingang; **S. 210**

1. Familie: Meisen *(Páridae);* klein (10–16,5 cm); sehr beweglich; klettern geschäftig kopfüber, kopfunter in den Zweigen; kurzes Schnäbelchen kräftig, zum Bearbeiten der Nahrung (Samen, Insekten, andere Kleintiere) geeignet; fliegen außerhalb Brutzeit in losen Schwärmen; halten durch ständige Locktöne Stimmfühlung; in Europa 2 Unterfamilien:

1. Unterfamilie: Echte Meisen *(Parínae)*; in Europa 2 Gattungen:

Gattung: Meisen *(Párus)*; Schwanz nicht besonders lang; in Europa 9 Arten:

Haubenmeise
Párus cristátus Linné

Kleiner als Kohlmeise; Kopf mit großer schwarzweißer Haube; Wangen weiß; **12 cm.**

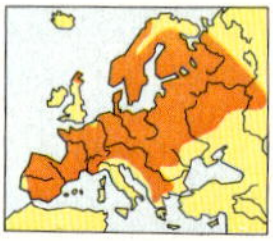

Verbreitung: fast ganz Europa; *fehlt:* Island, Großbritannien, Holland, Südportugal, Italien, Jugoslawien, Südgriechenland, Ostbalkan, Mittelmeerinseln, Norden Skandinaviens, Finnlands, der UdSSR. **Lebensraum:** fast ausschließlich Nadelwald; vorwiegend *Jahresvogel.* **Nahrung:** Insekten, deren Larven, gelegentlich Kiefernsamen. **Fortpflanzung:** *Nest* in Baum-, Stubbenlöchern, Reisighaufen, Spechthöhlen, Nistkästen; Nestmaterial Moos, Flechten, Halme; Auslage Haare und Wolle; 1–2 *Bruten* April–Juni; *Eier* 5–10 (4–11), weiß, grob braunrot gefleckt; *Brutdauer* 13–18 Tage; ♀ brütet, ♂ und ♀ betreuen die *Jungen,* die mit 20–22 Tagen das Nest verlassen; *Nesthocker.* **Ruf:** „zi-zi-gürr“. **Gesang:** zirpend, zwitschernd.

Weidenmeise

Párus atricapillus Linné

So groß wie Blaumeise; Kopfplatte schwarz, ohne Glanz; Kehllatz etwas größer als bei voriger Art; auf dem geschlossenen Flügel heller Fleck; **12 cm.**

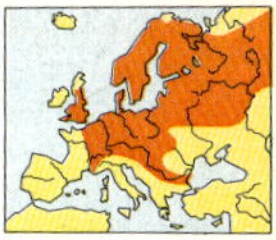

Verbreitung: Mittel-, Nord-, Nordosteuropa; *fehlt:* Island, Irland, Schottland, Norden Skandinaviens, Finnlands, der UdSSR, lokal: Rumänien, Bulgarien; Süd-UdSSR, Italien, Mittelmeerinseln, Portugal, Spanien, Westfrankreich. **Lebensraum:** sumpfige Dickungen, feuchter Nadelwald; *Jahresvogel.* **Nahrung:** wahrscheinlich wie Sumpfmeise. **Fortpflanzung:** *Nest* dicht über dem Boden in Baum-, Stubbenlöchern; Nestmaterial Gras, Moos, Wurzelfasern; Auslage Haare, Federn, Wolle; 1–2 *Bruten* April–Juni; *Eier* 7–8 (6–10), rahmfarben, mit rötlichen Punkten, Flecken, Strichen; *Brutdauer* 14 Tage; ♀ brütet (wird vom ♂ gefüttert), ♂ und ♀ betreuen die *Jungen,* die mit 17–19 Tagen das Nest verlassen; *Nesthocker.* **Ruf:** „deh-deh", „zit-deh". **Gesang:** pfeifend, zwitschernd „djü-djü-djü".

Lasurmeise

Párus cýanus Pallas

So groß wie Kohlmeise; Kopf mit weißer Platte; Augenstreif blau; Flügel blau, mit viel Weiß; Schwanzkanten auffallend weiß; **14 cm.**

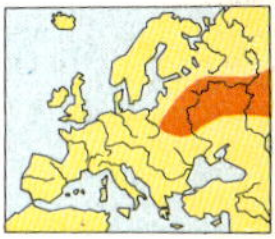

Verbreitung: Mittel-UdSSR bis Asien; zieht: bis Schweden, Frankreich. **Lebensraum:** Ufer von Flüssen, Seen, liebt Weiden-, Pappelsträucher; *Teilzieher.* **Nahrung und Fortpflanzung:** wahrscheinlich wie Blaumeise. **Ruf:** „tsirr", erregt „tscher-pink".

Trauermeise

Párus lúgubris Temminck

So groß wie Kohlmeise; Kopfplatte matt braunschwarz, ohne weißen Nackenfleck; Kehllatz sehr groß, braunschwarz; Schnabel kräftig; **14 cm.**

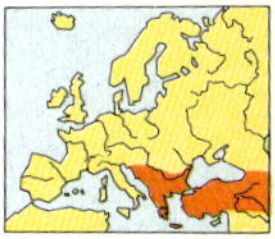

Verbreitung: Balkan bis Persien. **Lebensraum:** lichter Laubwald, Obstgärten; *Jahresvogel.* **Nahrung:** wahrscheinlich wie Weidenmeise. **Fortpflanzung:** *Nest* in Baumlöchern, Felsspalten; *Eier* 6–8, hellblau, mit braunen Punkten; *Nesthocker.* **Ruf:** „sirrah".

Sumpfmeise

Párus palústris Linné

So groß wie Blaumeise; Kopfplatte schwarz, mattglänzend; Kehlfleck sehr klein; **12 cm.**

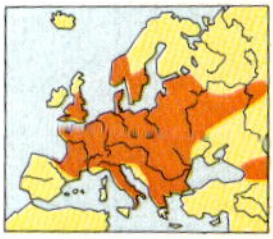

Verbreitung: Mittel-, Süd-, Osteuropa; *fehlt:* Island, Irland, Norden Großbritanniens, Skandinaviens; Finnland, Nord-, Süd-UdSSR, West-, Südbalkan, Süditalien, Portugal, Mittel-, Südspanien, Mittelmeerinseln. **Lebensraum:** Laubwälder mit dichtem Unterholz, Parkanlagen, Gärten; *Jahresvogel.* **Nahrung:** Insekten, deren Larven, Samen. **Fortpflanzung:** *Nest* in Baum-, Stubbenlöchern; Nestmaterial Moos, Flechten, Halme und Federn; 1 *Brut* April–Mai; *Eier* 7–9 (5–13), weiß, rötlich gefleckt; *Brutdauer* 14 (12 bis 15) Tage; ♀ brütet, ♂ und ♀ betreuen die *Jungen,* die mit 17–19 Tagen das Nest verlassen; *Nesthocker.* **Ruf:** „tzji-däh", „däddäddädd". **Gesang:** „djep-djep-djep-djep".

Blaumeise
Párus caerúleus LINNÉ

Größe bekannt; Kopf mit blauer, weißumrandeter Platte; Augenstreif schwarz; Flügel, Schwanz blau; **12 cm.**

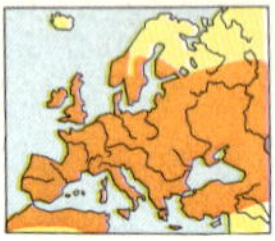

Verbreitung: fast ganz Europa; *fehlt:* Island, Mittel-, Nordskandinavien, Mittel-, Nordfinnland, Norden der UdSSR. **Lebensraum:** Hecken in lichten Laubwäldern, Parkanlagen, Gärten; *Jahresvogel.* **Nahrung:** Insekten, deren Larven, Eier, Spinnen, gelegentlich Beeren, Knospen. **Fortpflanzung:** Nest in Baumlöchern, Spechthöhlen, Mauerspalten, Nistkästen; Nestmaterial Moos, Wurzelfasern, Halme; Auslage Federn und Haare; 1–2 *Bruten* April–Juli; *Eier* 9–13 (7–16), weiß, mit hellroten oder bräunlichen Punkten; *Brutdauer* 13–15 (12–19) Tage; ♀ brütet, ♂ und ♀ betreuen die *Jungen,* die mit 19–20 (16–22) Tagen das Nest verlassen; *Nesthocker.* **Ruf:** „sit-sit", „tgi-tgi-tgi", erregt „zerr-zerr-zerr". **Gesang:** „zi-zi-zi-zi-sirrrr".

Kohlmeise
Párus májor LINNÉ

Größe bekannt; Kopf, Hals schwarz, Wangen weiß; Bauch gelb, in der Mitte mit schwarzem Längsband; **14 cm.**

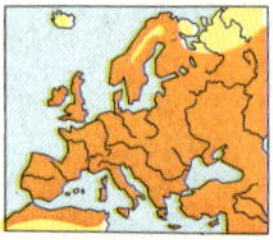

Verbreitung: Europa; *fehlt:* Island, Teile Skandinaviens, Finnlands, Norden der UdSSR. **Lebensraum:** Mischwälder, Parkanlagen, Gärten mit Hecken, Büschen; *Jahresvogel.* **Nahrung:** Insekten, deren Eier und Larven, Spinnen, Samen, Knospen, Beeren; im Winter mit Vorliebe ölhaltige Samen. **Fortpflanzung:** *Nest* in Baumlöchern, Mauerspalten, alten Vogelnestern, Nistkästen; Nestmaterial Moos, Wurzelfasern, Halme; Auslage Federn, Haare, Wolle; 2 (1–3) *Bruten* April bis Juni (August); *Eier* 8–12 (6–15), weiß, ziegelrot gefleckt; *Brutdauer* 12–14 (11–19) Tage; ♀ brütet, ♂ und ♀ betreuen die *Jungen,* die mit 18–20 (15–23) Tagen das Nest verlassen; *Nesthocker.* **Ruf:** „pink-pink". **Gesang:** „zizi-däh, zizi-däh", erregt „dzä-dzä-dzä-dzä".

Tannenmeise
Párus áter LINNÉ

Fast so groß wie Blaumeise; Kopfplatte schwarz, mit auffallend weißem Nackenfleck; Bauch weiß oder rötlich angehaucht; **11 cm.**

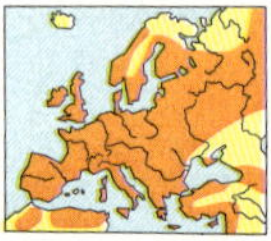

Verbreitung: fast ganz Europa; *fehlt:* Island, Norden Skandinaviens, Finnlands, der UdSSR, *lokal* an Mittelmeerküste Frankreichs, Süd-UdSSR bis auf Krim und Kaukasus. **Lebensraum:** Nadelwälder; *Jahresvogel.* **Nahrung:** Insekten, deren Larven, Samen. **Fortpflanzung:** *Nest* dicht über der Erde in Baum-, Stubbenlöchern, unter Baumwurzeln, Steinen; Nestmaterial Moos, Wurzelfasern; Auslage Wolle, Fasern; 2 (1–3) *Bruten* April–Juli; *Eier* 8–10 (6–16), weißlich mit rötlichen Punkten, Flecken; *Brutdauer* (12–) 14 bis 16 Tage; ♀ brütet (wird vom ♂ gefüttert), ♂ und ♀ betreuen die *Jungen,* die mit 16–17 (–23) Tagen das Nest verlassen; *Nesthocker.* **Ruf:** „tsi", „sit-sit", „sirr". **Gesang:** leise und schnell „zewih-zewih-zewih", „wize-wize-wize".

Lapplandmeise
Párus cinctus Boddaert

Etwas kleiner als Kohlmeise; Scheitel, Nacken braun; Gefieder staubig wirkend; Wangen, Unterseite schmutzig weiß; **13,5 cm.**

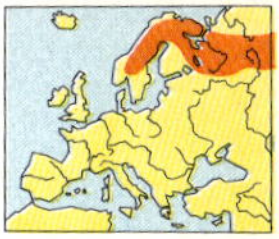

Verbreitung: Mittelnorwegen, im Norden Skandinaviens, Finnlands, der UdSSR. **Lebensraum:** Taiga mit Birken-, Nadelwäldern; *Jahresvogel.* **Nahrung:** kleine Insekten, Spinnen, gelegentlich Samen. **Fortpflanzung:** *Nest* in Baumlöchern, Spechthöhlen; *Nesthocker.* **Ruf:** gedehnt „dih-dih-dih".

2. Unterfamilie: Schwanzmeisen *(Aegithalinae);* Schwanz sehr lang; in Europa 2 Gattungen:

Gattung: Schwanzmeisen *(Aegithalos);* in Europa 1 Art:

Schwanzmeise
Aegithalos caudátus (Linné)

So groß wie Kohlmeise; Kopf weiß (a; nordische Rasse) oder weiß mit schwarzem Augenstreif (b; südliche Rasse); Schwanz länger als der Körper; **14 cm.**

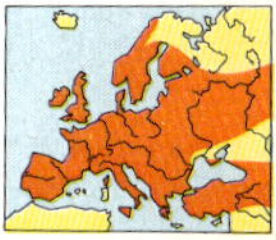

Verbreitung: fast ganz Europa; *fehlt:* Island, Norden Skandinaviens, Finnlands, der UdSSR, Sardinien; Süd-UdSSR. **Lebensraum** und **Lebensweise:** dichte Laub-, Mischwälder mit Unterholz, Parkanlagen, Gärten; auch an baumbestandenen Straßen, sogar in Großstädten anzutreffen; an Fütterung der Brut beteiligen sich oft mehrere Altvögel, die ihre Nachkommen verloren haben; *Jahresvogel.* **Nahrung:** kleine Insekten, Spinnen; mit Vorliebe Blattläuse. **Fortpflanzung:** kugelförmiges, geschlossenes *Nest* mit seitlichem Einflugloch im Gebüsch in Bodennähe; Nestmaterial Moos, Flechten, Pflanzenwolle; Auslage Haare, Wolle, Federn; *Eier* 7–10 (5–14?), hellgelb, mit hellroten Punkten, Flekken (manchmal von 2 ♀♀ bis 21 Eier in einem Nest!); *Brutdauer* 12–14 (–18) Tage; ♀ brütet (♂ nachts meist auch im Nest), ♂ und ♀ betreuen die *Jungen,* die mit 15 (–20) Tagen das Nest verlassen; *Nesthocker.* **Ruf:** „drrr-drrr", „si-si-si", erregt „serrp-serrp". **Gesang:** leise „si-si-siu".

Gattung: Bartmeisen *(Panúrus);* in Europa 1 Art:

Bartmeise
Panúrus biármicus (Linné)

Größer als Kohlmeise; Oberkopf beim ♂ grau, ♀ braun; Oberseite, Schwanz zimtbraun; Unterseite rötlichgrau; Bartstreifen, Unterschwanzdecken schwarz; **17 cm.**

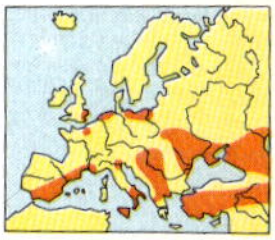

Verbreitung: Südostengland, Holland, Norden der DDR, Polens; Westungarn, Neusiedler See, mittlerer Balkan, Süd-UdSSR, Nordgriechenland, *lokal:* Südspanien, Südwestfrankreich, Italien, Sizilien. **Lebensraum** und **Lebensweise:** Teiche, Seen mit breitem Schilf-, Rohrgürtel, kann zwischen Rohrhalmen gut klettern. *Teilzieher.* **Nahrung:** Insekten, deren Larven, Schnecken, im Winter Samen. **Fortpflanzung:** napfförmiges, von oben gut abgedecktes *Nest* im dichten Schilf in Bodennähe; Nestmaterial Rohr-, Schilfhalme; Auslage Gras, Wolle, Federn, Daunen; 2 *Bruten* April–August; *Eier* 5–7 (4–8), rahmfarben, mit dunklen Strichen, Schnörkeln; *Brutdauer* 12 (11–15) Tage; ♂ und ♀ brüten, betreuen die *Jungen* (verlassen mit [9–] 10–13 Tagen das Nest; kehren noch einige Tage nachts zurück); *Nesthocker.* **Ruf:** „ping-ping", „pit-pit", „tschirr-tschirr". **Gesang:** leise zwitschernd mit Schnarrtönen.

2. Familie: Kleiber *(Sittidae);* gedrungen (untersetzt); klettern wie Spechte an Baumstämmen, können aber auch (anders als Spechte) stammabwärts laufen, mit dem Kopf nach unten; Schwanz sehr kurz, dient nicht als Kletterstütze; ziemlich langer Schnabel, wirkt beinahe wie Spechtschnabel; hämmern wie Spechte an der Rinde, wobei sie viele Insekten finden; 16 Arten (gehören zur Gattung der Kleiber *[Sitta]*):

Gattung: Kleiber *(Sitta);* in Europa 3 Arten:

Korsikanischer Kleiber
Sitta whiteheadi (WHITEHEAD)

Etwa so groß wie Blaumeise; Oberkopf, Nacken schwarz; zwischen Kopfplatte und schwarzem Augenstreif schmaler weißer Überaugenstreif; ♀ matter in der Farbe; **12 cm.**

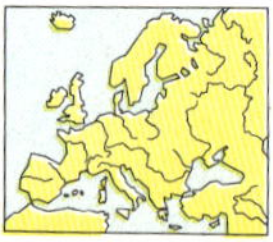

Verbreitung: Korsika. **Lebensraum:** Nadelwälder; *Jahresvogel.* **Fortpflanzung:** Nest und Nestanlage wie Kleiber, aber Eingang wird nicht verkleinert; baut Nisthöhle in faulen Bäumen; *Nesthocker.* **Ruf:** leise „pu-pu-pu-pu", lauter „qui-qui-qui-qui".

Kleiber
Sitta europaea (LINNÉ)

So groß wie Kohlmeise; Oberkopf, Rücken blaugrau; kein weißer Überaugenstreif; Schwanz mit hellen Flecken; Schnabel sehr kräftig; spitz; **14 cm.**

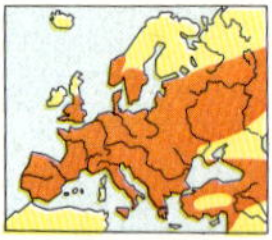

Verbreitung: fast ganz Europa; *fehlt:* Island, Irland, Nordengland, Mittel-, Nordskandinavien, Finnland, Norden der UdSSR, Korsika, Sardinien, Balearen. **Lebensraum** und **Lebensweise:** Mischwald mit alten Laubbäumen, Parkanlagen, Gärten; kann an Bäumen schnell, geschickt auf-, abwärts klettern; klemmt (wie Specht) Nüsse in Rindenspalten, um sie schneller zu öffnen; *Jahresvogel.* **Nahrung:** Insekten, Spinnen, Samen, Haselnüsse; legt Vorräte an; kommt im Winter mit Meisen an Futterplätze. **Fortpflanzung:** *Nest* in Baumlöchern, Spechthöhlen; Eingang mit Lehm verkleinert; Nestmaterial Rinden-, Blattstücke; Auslage Wurzelfasern, Blätter; 1 *Brut* April–Juni; *Eier* 6–8 (4–11), weiß, rötlich, violett gefleckt; *Brutdauer* 14–15 (12–20) Tage; ♀ brütet, (vom ♂ gefüttert), bedeckt Gelege beim Fortfliegen; ♂ und ♀ betreuen die *Jungen,* die mit 22–24 (19–28) Tagen das Nest verlassen; *Nesthocker.* **Ruf:** „sit", „quiht", „quäk". **Gesang:** pfeifend „tüh-tüh-tüh".

Felsenkleiber
Sitta neumayer (MICHAHELLIS)

So groß wie Kohlmeise; Oberkopf, Rücken heller als bei voriger Art; Schwanz ohne helle Flecken; Schnabel länger als beim Kleiber; **14 cm.**

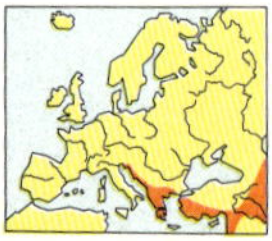

Verbreitung: Küstengebiete Jugoslawiens, Albaniens; Griechenland. **Lebensraum:** sonnige, steile Felswände mit Gestrüpp; *Jahresvogel.* **Nahrung:** Insekten, Spinnen. **Fortpflanzung:** flaschenförmiges *Nest* aus Lehm, Schlamm unter Felsüberhängen; Einflugröhre bis 8 cm lang; Nestauslage Federn, Haare; *Nesthocker.* **Ruf:** schrill, sehr variabel. **Gesang:** trillernd „sia-sia-sia".

3. Familie: Baumläufer *(Certhiidae)*; klein; dünner, bogenförmiger Schnabel, mit dem Gliedertiere sowie deren Eier und Larven aus Ritzen geholt werden; können nur stammaufwärts laufen, wobei Körper der Unterlage dicht anliegt, so daß die ruckartigen Bewegungen mehr einem Rutschen als einem Laufen und Hüpfen gleichen; 6 Unterfamilien mit 15 Arten; in Europa 2 Unterfamilien:

1. Unterfamilie: Mauerläufer *(Trichodrominae)*; Kopf, Rücken grau, Flügel karminrot; in Europa 1 Gattung:

Gattung: Mauerläufer *(Trichodróma)*; in Europa 1 Art:

Mauerläufer
Trichodróma murária (LINNÉ)

Größer als Haussperling; Schwingen, Schwanz mit weißen Flecken; Kehle, Brust im Sommer schwarz, im Winter weißlich; **17 cm.**

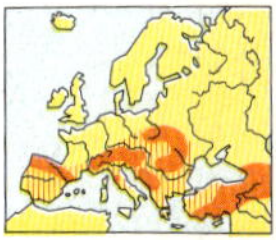

Verbreitung: Pyrenäen, Alpen, Karpaten, oberer Apennin, Gebirge des Balkans. **Lebensraum:** schroffe, zerklüftete Felswände bis Schnee- und Gletschergrenze; *Teilzieher.* **Nahrung:** Insekten, Spinnen, Tausendfüßler. **Fortpflanzung:** napfförmiges *Nest* aus Moos, Flechten, Halmen in Felsspalten, Löchern, Höhlen; Nestauslage Haare, wenige Federn; 1 (2?) *Bruten* Mai–Juni; *Eier* 4 (3–5), glänzend weiß, mit einigen bräunlichen Flecken; *Brutdauer* 15 (?) Tage; ♀ brütet, ♂ und ♀ betreuen die *Jungen*, die mit 19–20 (28?) Tagen das Nest verlassen; *Nesthocker.* **Ruf:** „tieh-tieh". **Gesang:** zart, schnarrend „zi-zi-zi-tüi-zi-zi-zi-tüi".

2. Unterfamilie: Baumläufer *(Certhiinae)*; Rücken, Flügel braun; Unterseite weiß; in Europa 1 Gattung:

Gattung: Baumläufer *(Cérthia)*; in Europa 2 Arten:

Waldbaumläufer
Cérthia familiáris LINNÉ

Größer als Blaumeise; Oberseite braun gestreift; Bürzel rotbraun; Unterseite weiß, ohne bräunliche Flanken; vorwiegend im Gebirge; **13 cm.**

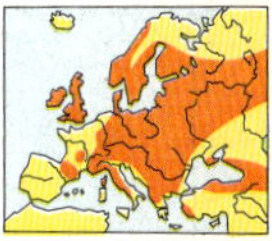

Verbreitung: Mittel-, Süd-, Osteuropa; *fehlt:* Island, Norden Skandinaviens, Finnlands, der UdSSR, Holland, Belgien, Nordwest-, Südfrankreich, Spanien (außer Pyrenäen), Portugal, Südgriechenland, Mittelmeerinseln (außer Korsika); Süden der UdSSR. **Lebensraum:** dichter Fichten-, Tannenwald, ausnahmsweise Laub-, Mischwald. *Jahresvogel.* **Nahrung:** Insekten, deren Larven; Schwanz mit spitzen, steifen Federn dient (wie beim Specht) als Stütze bei Nahrungssuche. **Fortpflanzung:** *Nest* in Baumspalten, Baumlöchern, Holzstapeln; Nestmaterial Fichtenreiser, Fasern; Auslage Federn, Pflanzenwolle; 2 *Bruten* (März) April–Juli; *Eier* 5–7 (8), weiß bis schmutzigweiß, mit braunen Flecken, Punkten; *Brutdauer* 13–15 Tage; ♀ brütet, wird vom ♂ gefüttert; ♂ und ♀ betreuen die *Jungen*, die mit 16–18 Tagen das Nest verlassen; *Nesthocker.* **Ruf:** „sirrr", „tsiht". **Gesang:** leise zwitschernd, trillernd (ähnlich Blaumeise) von Baumspitzen.

Gartenbaumläufer
Cérthia brachydáctyla BREHM

Sehr ähnlich Waldbaumläufer, aber Bürzel nicht rotbraun; Flanken bräunlich; **13 cm.**

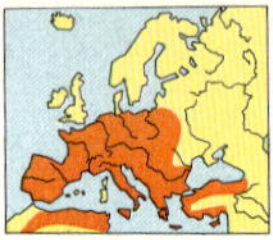

Verbreitung: Mittel-, West-, Südeuropa; *fehlt:* Island, Großbritannien, Dänemark, Skandinavien, Finnland, UdSSR bis auf den äußersten Westen, auf den meisten Mittelmeerinseln. **Lebensraum:** von 1500 m im Gebirge bis herab auf Meereshöhe; Obstgärten, Parkanlagen, Waldränder mit gemischtem Baumbestand; *Jahresvogel.* **Nahrung:** Insekten, Spinnen. **Fortpflanzung:** *Nest* in Baumspalten, Baumlöchern, Holzstapeln, Nistkästen, Gebäudeteilen; Nestmaterial wie Waldbaumläufer; 2 *Bruten* April–Juli; *Eier* 6–7 (4 bis 12), schmutzigweiß, stärker braun gefleckt als beim Waldbaumläufer; *Brutdauer* 14–15 Tage; ♀ brütet, ♂ und ♀ betreuen die *Jungen,* die mit 15–16 Tagen das Nest verlassen; *Nesthocker.* **Ruf:** „tütt", „ti-ti-ti". **Gesang:** „tüt-tüt-tütteroittitt", meist beim Klettern.

4. Familie: Beutelmeisen *(Remizidae);* klein mit kurzem Schwanz, kurzen Flügeln; zeichnen sich durch hohe Nestbaukunst aus; 11 Arten:

Gattung: Beutelmeisen *(Remiz)*; in Europa 1 Art:

Beutelmeise
Remiz pendulinus (LINNÉ)

Etwas kleiner als Blaumeise, Kopf, Kehle grauweiß; Gesicht mit breitem schwarzem Fleck; Rücken kastanienbraun; Bauch rahmfarben; **11 cm.**

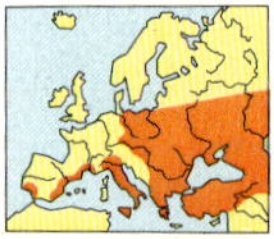

Verbreitung: Süden Spaniens, Frankreichs; Italien, Balkan, Sizilien, von DDR, ČSSR, Österreich ostwärts durch die UdSSR. **Lebensraum:** Busch-, Kleinbaumbestände in Gewässernähe; *Teilzieher.* **Nahrung:** Insekten, Spinnen, Samen. **Fortpflanzung:** kugelförmiges, geschlossenes *Nest* mit seitlichem Einflugloch, an Zweigenden; ♂ beginnt mit dem Bau, danach beteiligt sich auch ♀; Nestmaterial Pflanzenwolle, Wurzelfasern, Haare; 1 *Brut* April–Mai; *Eier* 5–8 (–10), weiß, länglich; *Brutdauer* 12–15 Tage; ♀ brütet, betreut die *Jungen,* die mit 15–20 Tagen das Nest verlassen; *Nesthocker.* **Ruf:** „zieh-zieh". **Gesang:** leise „si-si-si".

4. Überfamilie: Schwalben *(Hirundinóidae);* lange schmale Flügel, gerade abgeschnittener oder mehr oder weniger tief gegabelter Schwanz; Füße winzig, zum Laufen kaum geeignet; fliegen schneller als alle anderen Singvögel; *Luftjäger,* die Beute fliegend fangen; Schnabel zwar kurz, aber breit, Spalt reicht bis unter Vorderrand der Augen; baden, trinken im Fluge, indem sie über oder in der Wasseroberfläche entlangstreichen.

1. Familie: Schwalben *(Hirundinidae);* in Europa 4 Gattungen mit 6 Arten.

Gattung: Rauchschwalben *(Hirúndo);* Schwanz tief gegabelt; in Europa 2 Arten:

Rötelschwalbe
Hirúndo daurica (LINNÉ)

Etwas kleiner als Rauchschwalbe; Schwanz ohne weiße Flecken, mit kürzeren Spießen; Bürzel rotgelblich; Unterseite blaß rostfarben, mit zarter Längsfleckung; **18 cm.**

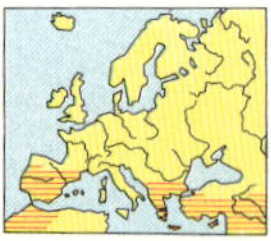

Verbreitung: Portugal, Mittel-, Südspanien, südlicher Balkan; *lokal:* Mittelitalien. **Lebensraum:** felsiges Gelände, menschliche Siedlungen mit Stallungen. *Zugvogel.* **Nahrung:** kleine Insekten. **Fortpflanzung:** retortenförmiges *Nest* mit fingerlanger Eingangsröhre in Höhlen, Felsspalten, unter Dächern; Nestmaterial Lehm; 2 *Bruten* Mai–Juli; *Eier* 5–6 (?); *Nesthocker.* **Gesang:** wie Rauch- und Mehlschwalbe.

Rauchschwalbe
Hirúndo rústica Linné

Größer als Felsenschwalbe; Schwanz mit weißen Flecken und sehr langen Spießen; Oberseite metallisch dunkelblau; Stirn, Kehle braunrot; Kropf mit dunkelblauem Band; Bauch rahmweiß; **19 cm.**

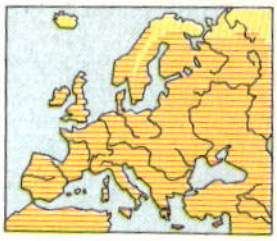

Verbreitung: ganz Europa; *fehlt:* Island, Norden Skandinaviens, Finnlands, der UdSSR. **Lebensraum:** offene Landschaften mit lichtem Baumbestand in unmittelbarer Nachbarschaft menschlicher Siedlungen; *Zugvogel.* **Nahrung:** kleine Insekten. **Fortpflanzung:** *Nest* an die Wand von Häusern, Stallungen geklebter offener Napf aus Lehm, Stengelteilen; Nestauslage Haare, feine Pflanzenfasern, Federn; 2–3 *Bruten* Mai bis August (April–September); *Eier* 4–5 (2–8), weiß, dunkelgrau, rotbraun gefleckt; *Brutdauer* 14–16 (12–18) Tage; ♀ brütet (♂ selten), ♂ und ♀ betreuen die *Jungen,* die mit 20–22 (19–24) Tagen das Nest verlassen; *Nesthocker.* **Ruf:** „zwit", „wittewittewitt". **Gesang:** leise zwitschernd.

Gattung: Mehlschwalben *(Délichon);* Schwanz nur wenig gegabelt, ohne Spieße; in Europa 1 Art:

Mehlschwalbe
Délichon úrbica (Linné)

Wesentlich kleiner als Rauchschwalbe; Bürzel, Unterseite weiß; Kopf, Rücken, Schwanz, Flügel blauschwarz; **13 cm.**

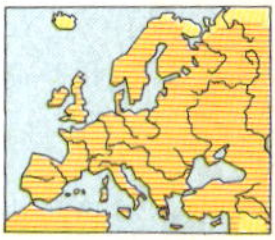

Verbreitung: ganz Europa; *fehlt:* Island, Nordkap. **Lebensraum:** offene Landschaften mit lichtem Baumbestand, liebt die Nähe menschlicher Siedlungen. *Zugvogel.* **Nahrung:** kleine Insekten, die im Fluge erbeutet werden. **Fortpflanzung:** *Nest* (in dichten Kolonien) unter Dachrändern von Häusern und Stallungen geklebte geschlossene Halbkugel mit rundem Einflugloch; Nestmaterial Lehm und Stengelteile mit Haaren und Federn als Auslage; 2 *Bruten* Mai–August; *Eier* 4–5 (2–6), weiß; *Brutdauer* 12–13 (–17) Tage; ♂ und ♀ brüten und betreuen die *Jungen,* die mit (16–) 20–23 Tagen das Nest verlassen; *Nesthocker.* **Ruf:** „tsrr". **Gesang:** leise zwitschernd.

Gattung: Uferschwalben *(Ripária);* Schwanz wie bei voriger Gattung; Nest in Steilwänden; in Europa 1 Art:

Uferschwalbe
Ripária ripária (Linné)

Etwas kleiner als Mehlschwalbe; ganze Oberseite braun; Unterseite weiß, mit braunem Brustband; **12 cm.**

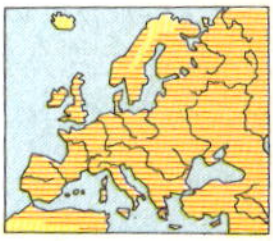

Verbreitung: ganz Europa; *fehlt:* Island, Hochgebirge Skandinaviens, Nord-UdSSR. **Lebensraum** und **Lebensweise:** offene Graslandschaften mit senkrecht abfallenden Sand-, Lehmwänden von Flüssen, Seen, Teichen, Kiesgruben; ♂ und ♀ graben mit Füßen und Schnabel in senkrecht abfallendes Erdreich in 2–3 Tagen 60–160 cm langen Gang mit Durchmesser von 4–6 cm; am Ende befindet sich die *Nestkammer; Zugvogel.* **Nahrung:** kleine Insekten. **Fortpflanzung:** Nestauslage Gras, Pflanzenstengel, Federn; 2 *Bruten* Mai–August; *Eier* 5 (3–7), weiß; *Brutdauer* 12 bis 16 Tage; ♂ und ♀ brüten (manchmal nur ♀), betreuen die *Jungen,* die mit 16–24 Tagen das Nest verlassen; *Nesthocker.* **Ruf:** „dschr", „gräh-gräh". **Gesang:** leise zwitschend.

Gattung: Felsenschwalben *(Ptyonoprógne)*; Felsenbewohner; in Europa 1 Art:

Felsenschwalbe
Ptyonoprógne rupéstris (Scopoli)

Kleiner als Rauchschwalbe; Schwanz abgestutzt, mit weißen Flecken; Oberseite graubraun; Unterseite hell bräunlich; Kehle mit dunklen Längsstricheln; **15 cm.**

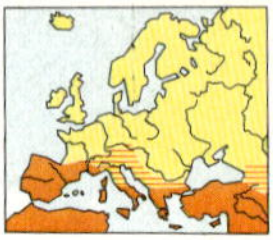

Verbreitung: Pyrenäenhalbinsel, Südfrankreich, Italien, Alpen, West-, Südbalkan, Mittelmeerinseln. **Lebensraum:** trockene Schluchten mit steilen Felswänden; *Teilzieher*. **Nahrung:** kleine Insekten, Schmetterlinge. **Fortpflanzung:** halbkugeliges *Nest* an Felswänden (wie Rauchschwalbe); Nestmaterial Lehm, keine Pflanzenstengel; 1 *Brut* Mai–August; *Eier* 4–5, weiß, grau, rotbraun gefleckt; *Brutdauer* ~ 14 Tage; ♀ brütet (seltener ♂), ♂ und ♀ betreuen die *Jungen,* die mit 25 bis 26 Tagen das Nest verlassen; *Nesthocker.* **Ruf:** „tsrir", „tsit", „psih". **Gesang:** schwalbenartig zwitschernd.

5. **Überfamilie: Würgerartige** *(Lanióidae);* in der Regel hakig herabgebogener Oberschnabel, meist mit kräftigem Zahn jederseits an der Schneide; 4 Familien mit 96 Arten; in Euopa 2 Familien:

1. **Familie: Seidenschwänze** *(Bombycillidae);* Schnabel klein; Oberschnabel nicht hakenförmig abwärts gebogen; Kopf mit langer Haube; in Europa 1 Gattung:

Gattung: Seidenschwänze *(Bombycilla);* kurzbeinige Baumvögel, die ihre Nahrung (Insekten, Früchte) auch am Boden suchen; gesellig, friedlich, nicht scheu; in Europa 1 Art:

Seidenschwanz
Bombycilla gárrulus (Linné)

So groß wie Feldlerche; Gefieder rötlich graubraun; Schwanzfedern, Schwingen mit gelben Spitzen; Schwanz, Flügel mit leuchtend roten Hornplättchen; Augenstreif, Kehlfleck schwarz; **18 cm.**

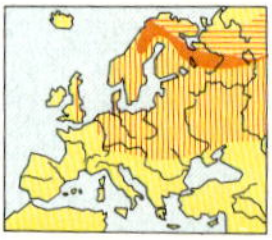

Verbreitung: Norden Skandinaviens, Finnlands, der UdSSR; in manchen Wintern invasionsartig in Westeuropa. **Lebensraum:** dichte Nadelwälder, Ränder von Mooren mit Birkenbestand; *Teilzieher.* **Nahrung:** im Sommer Insekten, im Winter Beeren. **Fortpflanzung:** napfförmiges *Nest* dicht am Stamm in der Baumspitze; Nestmaterial trockene Kiefernzweige mit Flechten, Moos, Pflanzenwolle; Auslage Federn; 1 *Brut* Mai–Juli; *Eier* 4–6 (7), aschgrau bis blaugrau, grau und schwärzlich gefleckt; *Brutdauer* 13–14 Tage; ♀ brütet, wird vom ♂ gefüttert, ♂ und ♀ betreuen die Jungen; *Nesthocker.* **Ruf:** „sirr", „düü". **Gesang:** zirpend, trillernd.

2. **Familie: Würger** *(Laniidae);* sitzen im Gebüsch auf hervorragenden Zweigen abwartend in aufrechter Haltung; jagen Insekten, andere Kleintiere, die sie oft auf Dornen aufspießen; einige Arten überwältigen auch kleine Säugetiere; Gesang wohltönend, Locktöne rauh; in Europa 1 Gattung:

Gattung: Würger *(Lánius);* in Europa 5 Arten:

Grauwürger (Raubwürger)
Lánius excúbitor Linné

Etwas kleiner als Amsel; Rücken, Oberkopf, Stirn grau; schwarzer Augenstreif; Flügel mit viel Weiß (Doppelspiegel); Unterseite weiß; **24 cm.**

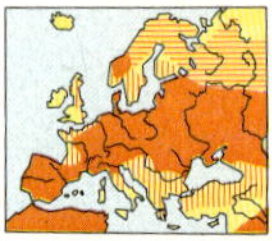

Verbreitung: fast ganz Europa; *fehlt:* Island, Irland, England, Südskandinavien, Südfinnland, Nordkap, Ostseeinseln, Westfrankreich, Mittel-, Süditalien, Balkan, Mittelmeerinseln. **Lebensraum:** offenes Gelände mit Büschen, Waldränder; *Teilzieher.* **Nahrung:** Insekten, kleine Wirbeltiere; Beute wird nicht aufgespießt, sondern in Astgabeln geklemmt. **Fortpflanzung:** großes, flaches *Nest* in Bäumen; Nestmaterial trockene Äste, Wurzelfasern, Halme; Auslage Federn, Haare; 1 *Brut* April–Juni; *Eier* 5–6 (3–8), schmutzigweiß, hellgrau, braun gefleckt; *Brutdauer* 15 (14–18) Tage; ♂ und ♀ brüten (meist ♀), betreuen die *Jungen,* die mit 19–20 Tagen das Nest verlassen; *Nesthocker.* **Ruf:** kurz „äk-äk", „giehr". **Gesang:** leise, sehr variabel (Vogelstimmenimitator).

Schwarzstirnwürger
Lánius minor Gmelin

Wesentlich kleiner als vorige Art; Rücken, Oberkopf grau; Stirn schwarz; kein heller Überaugenstreif; Flügel schwarz, mit weißem Randfleck; Brust, Flanken rötlich überhaucht; **20 cm.**

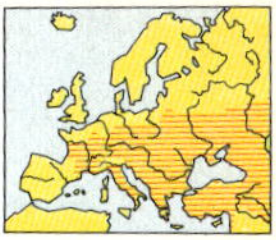

Verbreitung: Mittel-, Südeuropa; *fehlt:* Pyrenäenhalbinsel, Westfrankreich, Süditalien, Mittelmeerinseln, Nordfrankreich, Belgien, Holland, Norden der Bundesrepublik Deutschland und der DDR, Nordpolen, UdSSR nördlich der Linie Moskau–Ural. **Lebensraum:** offenes Gelände mit Büschen, einzelnen Bäumen; Wegränder; *Zugvogel.* **Nahrung:** Insekten, kleine Wirbeltiere; Beute wird gleich verzehrt, nur gelegentlich aufgespießt. **Fortpflanzung:** *Nest* in Büschen, Bäumen; Nestmaterial trockene Äste, Wurzelfasern, grüne Pflanzenteile; Auslage Federn, Haare; 1 *Brut* Mai–Juni; *Eier* 4–5 (–7), weißgrün bis gelblich, grau, braun gefleckt; *Brutdauer* 15–16 Tage; ♀ brütet (♂ oft nicht), ♂ und ♀ betreuen die *Jungen,* die mit 16 Tagen das Nest verlassen; *Nesthocker.* **Ruf:** „scharrek“, „kjäk“, „rräh“. **Gesang:** zwitschernd, flötend (Vogelstimmenimitator).

Rotkopfwürger
Lánius senátor (Linné)

Etwas kleiner als Feldlerche; Scheitel, Nacken kastanienbraun; Schultern, Bürzel weiß; Kehle, Unterseite rein weiß; Geschlechter gleich; **17 cm.**

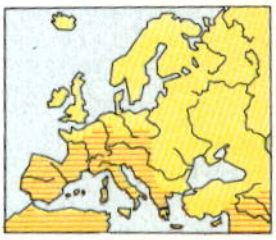

Verbreitung: Westpolen, Küstengebiet Jugoslawiens, Albaniens; Griechenland, Italien, Mittelmeerinseln; von Elbe, Donaumittellauf, Österreich westwärts bis Portugal; *fehlt:* im Küstenbereich der Nord- und Ostsee. **Lebensraum:** offenes Gelände mit Büschen, Waldränder, Parkanlagen, Gärten; *Zugvogel.* **Nahrung:** Insekten, kleine Wirbeltiere; Beute wird auf Dornen aufgespießt. **Fortpflanzung:** *Baumnest* aus trockenen Ästchen, Wurzelfasern, grünen Pflanzenteilen, Federn, Auslage Wolle; 1 *Brut* Mai–Juli; *Eier* 5–6 (7), grünlich- bis gelblichweiß, grau, braun gefleckt; *Brutdauer* 14–16 Tage; ♀ brütet (♂ füttert, beteiligt sich gelegentlich am Brüten), ♂ und ♀ betreuen die *Jungen,* die mit 19–20 Tagen das Nest verlassen; *Nesthocker.* **Ruf:** „kräcks-kräcks“, „wett-wett“. **Gesang:** flötend, schnarrend (Vogelstimmenimitator).

Rotrückenwürger oder Neuntöter
Lánius collúrio Linné

Etwas kleiner als Feldlerche; ♂ Nacken, Scheitel grau; breiter schwarzer Augenstreif; Rücken kastanienbraun; Bürzel grau; ♀ Oberseite matter; Unterseite graubräunlich mit halbmondförmigen Querflecken; **17 cm.**

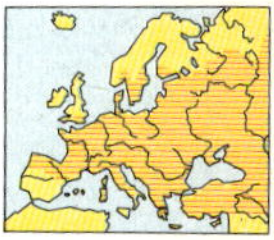

Verbreitung: fast ganz Europa; *fehlt:* Island, Norwegen, Mittel-, Nordschweden, Norden Finnlands, der UdSSR, Island, England (Süden!), Südportugal, Mittel-, Südspanien, Sizilien. **Lebensraum** und **Lebensweise:** offenes Gelände, Parkanlagen mit Büschen (Dornbüschen!); rüttelt über Büschen; fängt Beute meist von erhöhtem Beobachtungsstand; *Zugvogel.* **Nahrung:** Insekten, kleine Wirbeltiere (Frösche, Mäuse, Jungvögel); Beute wird auf Dornen aufgespießt und zum Fressen abgerissen. **Fortpflanzung:** *Nest* aus Wurzelfasern, Pflanzenstengeln, Moos; Auslage Pflanzenwolle; in Büschen; 1 *Brut* Mai–Juni; *Eier* 4 bis 7 (3–8), grünlich- bis gelblichweiß (auch rötlichweiß), mit rostfarbenem Fleckenkranz; *Brutdauer* 14–15 (12–16) Tage; ♀ brütet (♂ gelegentlich), ♂ und ♀ betreuen die *Jungen,* die mit (12–) 14–15 Tagen das Nest verlassen, aber danach noch 18 Tage gefüttert werden; *Nesthocker.* **Ruf:** „wähd-wähd“. **Gesang:** leise zwitschernd (Vogelstimmenimitator).

Maskenwürger
Lánius núbicus LICHTENSTEIN

Etwas kleiner als Feldlerche; Oberseite bis auf weiße Stirn, weiße Flügelschultern und weißen Flügelfleck schwarz; Unterseite weiß mit rötlichen Flanken; Geschlechter gleich; **17 cm.**

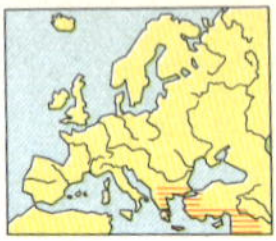

Verbreitung: Südjugoslawien, Mittel-, Ostgriechenland, Westtürkei. **Lebensraum und Lebensweise:** lichte Wälder mit Gestrüpp, Olivenhaine, Weingärten; sehr scheu, lebt versteckt; *Zugvogel.* **Nahrung:** Insekten. **Fortpflanzung:** unbekannt. *Nesthocker.* **Ruf:** „kihr". **Gesang:** schnarrend, kratzend.

6. Überfamilie: Rabenverwandte *(Corvóidae);* 6 Familien mit 185 Arten, davon 1 Familie (Rabenvögel mit 101 Arten) in Europa:

1. Familie: Rabenvögel *(Córvidae);* größte Singvögel; hähergroß oder größer; viele vorwiegend schwarz, grau oder braun, zuweilen mit weißen Feldern, andere bunt, oft sehr auffällig gefärbt; verstecken gern Gegenstände, insbesondere Nahrungsmittel; in Europa 8 Gattungen:

Gattung: Unglückshäher *(Perisóreus);* in Europa 1 Art:

Unglückshäher
Perisóreus infaustus (LINNÉ)

Wesentlich kleiner als Eichelhäher; Flügelfedern, äußere Schwanzfedern, Bürzel fuchsrot; Scheitel, Nacken stumpf nußbraun; sonst mausgrau; **31 cm.**

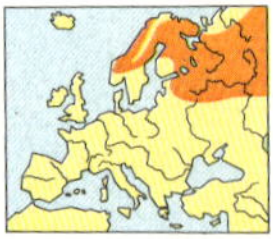

Verbreitung: Norwegen, Nordschweden (außer in hohen Gebirgslagen), Mittel-, Nordfinnland, Norden der UdSSR. **Lebensraum und Lebensweise:** Nadel-, Birkenwälder; klettert meisenartig in den Bäumen; im Winter gern in Nähe menschlicher Siedlungen; *Jahresvogel.* **Nahrung:** Insekten, Samen, Eier, Jungvögel, Mäuse, Abfälle. **Fortpflanzung:** *Reisignest* in Bäumen; Nestauslage Moos, Flechten; 1 *Brut* (März) April–Mai; *Eier* 3–4 (5), grünlichweiß, graubraun gefleckt; *Brutdauer* 16–17 Tage; ♀ brütet, ♂ und ♀ betreuen die *Jungen,* die mit etwa 15 Tagen das Nest verlassen; *Nesthocker.* **Ruf:** „kuk-kuk", „tschär", „huisk-i".

Gattung: Eichelhäher *(Gárrulus);* in Europa 1 Art:

Eichelhäher
Gárrulus glandárius (LINNÉ)

Größe bekannt; Körper rötlichbraun; Flügel mit auffallend weißem Fleck; Flügeldecken blau, schwarz gebändert; Bürzel weiß; Scheitelfedern aufrichtbar, schwarzweiß gestreift; **34 cm.**

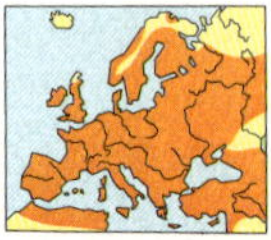

Verbreitung: fast ganz Europa; *fehlt:* Island, Norden Großbritanniens, Skandinaviens, Finnlands, der UdSSR. **Lebensraum und Lebensweise:** Mischwald mit dichtem Unterholz, Parkanlagen, Gärten; hält sich oft am Boden auf; fällt durch lautes Rufen auf; *Teilzieher.* **Nahrung:** Eicheln, die im Boden versteckt werden, Bucheckern, Kiefernsamen, Getreidekörner, Früchte, Raupen, Insekten. **Fortpflanzung:** *Baumnest;* Nestmaterial Reisig; Auslage Halme, Wurzelfasern; 1 *Brut* April–Mai; *Eier* 5–6 (–10), schmutziggrün, mit graubraunen Punkten, Flekken, dunklen Schnörkeln; *Brutdauer* 16–18 Tage; ♂ und ♀ brüten, betreuen die *Jungen,* die mit 19–20 Tagen das Nest verlassen; *Nesthocker.* **Ruf:** sehr laut „rrätsch", „hiäh".

Gattung: Blauelstern *(Cyanópica)*; in Europa 1 Art:

Blauelster
Cyanópica cýanus (PALLAS)

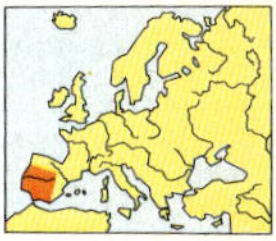

Verbreitung: Portugal, Mittel-, Südspanien. **Lebensraum** und **Lebensweise:** Eichen-, Kastanien- und Kiefernwälder; verhält sich elsterartig, bildet oft Schwärme bis zu 100 Tieren; *Jahresvogel.* **Nahrung:** große Insekten, Beeren, Früchte. **Fortpflanzung:** offenes *Reisignest* (wie kleines Krähennest) in Eichen, Nadelbäumen, Dornbüschen; 1 *Brut* Mai–Juli; *Eier* 5–9, olivbräunlich bis blaßgrau, grau, braun gefleckt; *Nesthocker.* **Ruf:** laut „krrih", „klikki".

So groß wie Eichelhäher; Schwanz länger als Körper, wie Flügel blau; Kopf mit schwarzer Kappe; Oberseite bräunlichgrau; Unterseite hell graubraun; **34 cm.**

Gattung: Elstern *(Pica)*; in Europa 1 Art:

Elster
Pica pica (LINNÉ)

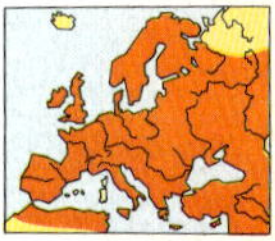

Verbreitung: ganz Europa; *fehlt:* Island, Norden der UdSSR, Korsika, Sardinien, Balearen. **Lebensraum** und **Lebensweise:** Wiesen, Felder mit Büschen und einzelnen Bäumen, Parkanlagen, Gärten in menschlichen Siedlungen; bewegt sich auf dem Boden schreitend fort; nicht gesellig, streitsüchtig; versammelt sich vom Spätherbst bis ~ Februar abends mit Artgenossen an Schlafplätzen (manchmal über 100 Tiere); *Jahresvogel.* **Nahrung:** Insekten, Mäuse, Vogeleier, Jungvögel, Würmer, Schnecken, Aas, Beeren, Samen. **Fortpflanzung:** 1 *Brut* März–April; *Eier* 6–7 (3–10), grünlich- bis bräunlichweiß, mit dunklen Punkten, Flecken, besonders am stumpfen Pol; *Brutdauer* 17–18 Tage; ♀ brütet, ♂ und ♀ betreuen die *Jungen,* die mit 22–24 (–27) Tagen das Nest verlassen; *Nesthocker.* **Ruf:** „schack-schack-schack".

So groß wie Saatkrähe; Schwanz ~ so lang wie Körper; Schultern, Flanken, Bauch weiß, sonst schwarz; **46 cm.**

Gattung: Tannenhäher *(Nucifraga)*; in Europa 1 Art:

Tannenhäher
Nucifraga caryocatáctes (LINNÉ)

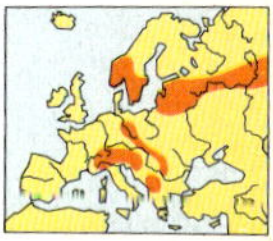

Verbreitung: Südskandinavien, Südfinnland, Mittel-UdSSR von Ostseegebieten ab, in deutschen Mittelgebirgen, Alpen, Karpaten, westlichem Balkan. **Lebensraum:** Nadelwälder; ähnelt sibirischem Tannenhäher (N. macrorhynchos), dessen Schnabel aber schlanker ist; *Jahresvogel.* **Nahrung:** Samen von Nadelbäumen, Eicheln, Bucheckern, Nüsse, Insekten, Regenwürmer. **Fortpflanzung:** *Nest* in Nadelbäumen, dicht am Stamm an der Sonnenseite; Nestmaterial Zweige von Laub-, Nadelbäumen; Auslage Gras, Moos, Flechten; 1 *Brut* März–April; *Eier* 3–4 (2–5), hellgrün, bräunlich, grau gefleckt; *Brutdauer* (16?) 17–19 Tage; ♀ brütet (♂ füttert ♀), ♂ und ♀ betreuen die *Jungen,* die mit 21–25 Tagen das Nest verlassen; *Nesthocker.* **Ruf:** „krräh", „krö-krö-krö-krö", „krrr".

Kleiner als Eichelhäher; Körper dunkelbraun, mit weißer Tropfenfleckung; Flügel und Schwanz schwarzbraun, letzterer mit weißer Endbinde; **32 cm.**

Gattung: Dohlen *(Coloeus);* Schnabel, Füße schwarz; in Europa 1 Art:

Dohle
Coloeus monédula (LINNÉ)

Etwa so groß wie Eichelhäher; schwarz, nur Halsseiten, Ohrgegend, Nacken grau; **33 cm.**

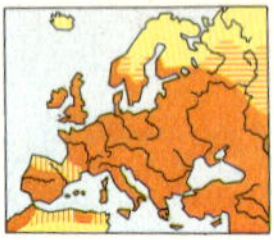

Verbreitung: fast ganz Europa; *fehlt:* Island, Mittel-, Nordskandinavien, Mittel-, Nordfinnland, Nord-UdSSR, Nordspanien, Nordfrankr. **Lebensraum** und **Lebensweise:** offene Parklandschaften mit Wiesen, lichten Wäldern; zum Brüten Ruinen, Burgen, Türme; lebt gesellig, oft in größeren Scharen, liebt Nähe menschlicher Siedlungen; *Teilzieher.* **Nahrung:** Insekten, Würmer, Schnekken, Mäuse, Eier, Jungvögel, Aas, Abfälle, Pflanzensprosse, Obst, Samen. **Fortpflanzung:** *Reisignest;* Auslage Federn, Haare, Heu; 1 *Brut* April bis Mai; *Eier* 4–5 (2–9), blaugrün, grau bis graubraun gefleckt, besonders am stumpfen Pol; *Brutdauer* 17–18 (16–19) Tage; ♀ brütet (seltener das ♂), ♂ und ♀ betreuen die *Jungen,* die mit 30–35 Tagen das Nest verlassen; *Nesthocker.* **Ruf:** „kjack-kjack" oder „kia-kia".

Gattung: Raben und Krähen *(Córvus;* Krähengröße und darüber; Schnabel, Füße schwarz; in Europa 3 Arten:

Kolkrabe
Córvus córax (LINNÉ)

Viel größer als Krähen (größter Sperlingsvogel); Schwanz keilförmig; Schnabel klobig; Kehlfedern gesträubt; **64 cm.**

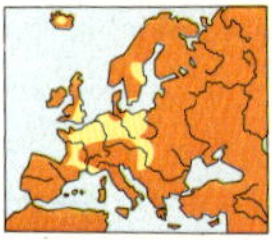

Verbreitung: fast ganz Europa; *fehlt:* im Südosten Englands, Schwedens; Holland, Belgien, Ostfrankreich, Westpolen, Ungarn, ČSSR; in Bundesrepublik Deutschland nur Schleswig-Holstein, in DDR nur Mecklenburg. **Lebensraum** und **Lebensweise:** offenes Gelände mit altem Baumbestand; lebt gesellig, ist aber sehr scheu; *Jahresvogel.* **Nahrung:** Allesfresser (Insekten, Würmer, Schnecken, Muscheln, Kleintiere, Aas, Samen usw.). **Fortpflanzung:** großes *Reisignest* in der Spitze hoher Bäume (meist Buchen), im Gebirge auch in Felsen; Nestauslage Gras, Moos, Flechten, Haare, Wolle; 1 *Brut* Februar–April; *Eier* 5–6 (1–7), grünblau, olivgrün, dunkelbraun gefleckt; *Brutdauer* 20–23 Tage; ♀ brütet (vom ♂ gefüttert), ♂ und ♀ betreuen die *Jungen,* die mit 35–42 Tagen das Nest verlassen; *Nesthokker.* **Ruf:** „rrok", „kork", „klak".

Saatkrähe
Córvus frugilegus (LINNÉ)

Fast so groß wie Rabenkrähe; Gefieder stahlblauschillernd; Schnabel schlank, grauschwarz, am Grunde grindig; **46 cm.**

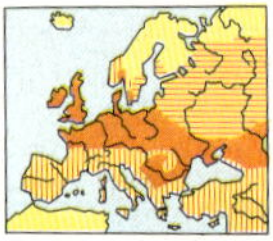

Verbreitung: Großbritannien, Dänemark, Nordfrankreich, Belgien, Holland, Bundesrepublik Deutschland, DDR, ČSSR, Polen, mittlerer, östlicher Balkan, von den Ostseegebieten ab in UdSSR nördlich bis Polarkreis; *lokal:* Südschweden, Südwestfinnland. **Lebensraum:** Weiden, Felder mit einzelnen Bäumen; *Teilzieher.* **Nahrung:** Abfälle, Aas, Würmer, Schnecken, Insekten, deren Larven, junge Pflanzensprosse, Obst, Samen. **Fortpflanzung:** *Reisignest* auf hohen Bäumen, brütet gesellig in Kolonien; Nestauslage Gras, Moos, Haare; 1 *Brut* März–April; *Eier* 3–5 (2–7), graugrün, olivgrün gefleckt; *Brutdauer* 16–20 Tage; ♀ brütet (vom ♂ gefüttert); ♂ und ♀ betreuen die *Jungen* (♀ erst nach 10–14 Tagen), die mit 28–35 Tagen das Nest verlassen; *Nesthocker.* **Ruf:** „ahrg", „ko", „kjak", „arrog".

Rabenkrähe
Córvus coróne coróne (LINNÉ)

Größe bekannt; Westrasse: Gefieder ganz schwarz; Schnabel kräftig; **47 cm.**

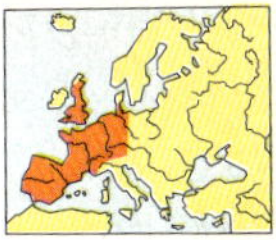

Verbreitung: England, Pyrenäenhalbinsel, Frankreich, Holland, Belgien, Schweiz, Bundesrepublik Deutschland, Westen der DDR und Österreichs. **Lebensraum:** offenes Gelände mit Baumgruppen; *Jahresvogel.* **Nahrung:** Allesfresser (wie Kolkrabe). **Fortpflanzung:** *Reisignest* auf Bäumen, seltener auf Felsen; Nestauslage Gras, Moos, Haare, 1 *Brut* März–Mai; *Eier* 5 (3–7), grünblau, mit dunklen Flecken, Punkten; *Brutdauer* 17–18 (–21) Tage; ♀ brütet, wird vom ♂ gefüttert, ♂ und ♀ betreuen die *Jungen,* die mit 31–34 Tagen das Nest verlassen; *Nesthocker.* **Ruf:** „krrah", „arrg".

Nebelkrähe
Córvus coróne córnix (LINNÉ)

Ostrasse der Rabenkrähe; Gefieder grau und schwarz (Rücken und Unterseite grau); **47 cm.**

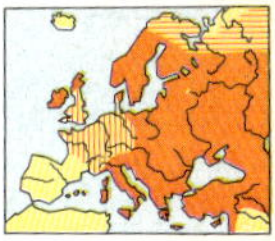

Verbreitung: Irland, Schottland, Skandinavien, Dänemark, Italien, Korsika, Sardinien, Sizilien; DDR, ČSSR, Ostösterreich, Balkan, UdSSR bis auf den Norden. **Lebensraum:** offenes Gelände mit Büschen, Bäumen, Parkanlagen, Gärten; *Teilzieher.* **Nahrung:** Abfälle, Aas, Würmer, Schnecken, Muscheln, Fische, Eier, Vögel, Jungtiere (Hasen, Kaninchen), Insekten, Beeren, Samen. **Fortpflanzung** und **Ruf:** wie Rabenkrähe.

Gattung: Bergkrähen *(Pyrrhócorax)*; Schnabel gelb oder rot; Füße rot; in Europa 2 Arten:

Alpendohle
Pyrrhócorax gráculus (LINNÉ)

Wesentlich größer als Dohle; Schnabel gelb, kürzer als Kopf; glänzend schwarzblau; **38 cm.**

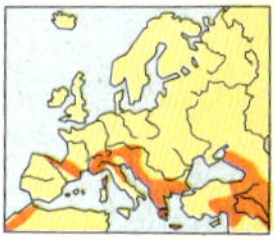

Verbreitung: Nordspanien, Pyrenäen, Alpen, Apennin, Korsika, Westjugoslawien, Albanien, Südbalkan. **Lebensraum** und **Lebensweise:** Steilhänge der Hochgebirge oberhalb der Baumgrenze (guter Segelflieger); *Jahresvogel.* **Nahrung:** Insekten, Schnecken, Beeren, Obst, Knospen, Sämereien, Abfälle. **Fortpflanzung:** *Nest* in Felsspalten; Nestmaterial Reisig; Auslage Wurzelfasern, Haare, Federn; 1 *Brut* April–Mai; *Eier* 4–5 (3–6), weißlich, bräunlich, hellgrau gefleckt; *Brutdauer* 18–19 Tage; ♀ brütet, ♂ und ♀ betreuen die *Jungen; Nesthocker.* **Ruf:** pfeifend „skri", „ziop", erregt „kraah".

Alpenkrähe
Pyrrhócorax pyrrhócorax (LINNÉ)

Etwas größer als Alpendohle; Schnabel rot, gebogen, länger als Kopf; glänzend schwarzblau; **40 cm.**

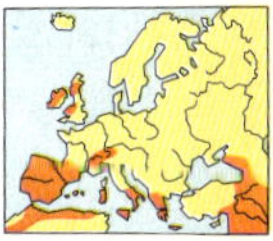

Verbreitung: Westküste Großbritanniens, Pyrenäenhalbinsel, Bretagne, *lokal:* Südfrankreich, Mittel-, Süditalien, Sardinien, Sizilien, Südgriechenland, Süd-UdSSR. **Lebensraum** und **Lebensweise:** Steilküsten, zerklüftete Gebirge mit schroffen Felswänden (guter Segelflieger); *Jahresvogel.* **Nahrung:** Insekten, deren Larven, Spinnen, Samen, Früchte. **Fortpflanzung:** *Reisignest;* Auslage Wurzelfasern, Haare, Federn; in Felsspalten; 1 *Brut* April–Mai; *Eier* 4–6 (2–7), weißlich, gelblich- oder grünlichweiß, dunkel, gelblichbraun, grau gefleckt; *Brutdauer* 21 Tage (im Norden 17–18 Tage); ♀ brütet, (vom ♂ gefüttert); ♂ und ♀ betreuen die *Jungen,* die mit 36–38 Tagen das Nest verlassen; *Nesthocker.* **Ruf:** dohlenartig „gia", „kja", langgezogen „iu".

7. Überfamilie: Pirolartige *(Orioloidae)*; 5 Familien mit 244 Arten; in Europa 1 Familie:

1. Familie: Pirole *(Oriólidae)*; lange, spitze Flügel; Schnabel ähnelt dem der Drosseln, hat aber keine Schnabelborsten; die schön gewebten Napfnester der Pirole werden meist zwischen Astgabeln aufgehängt; in Europa 1 Gattung:

Gattung: Pirole *(Oriolus)*; in Europa 1 Art:

Pirol
Oriolus oriolus (LINNÉ)

Etwa so groß wie Schwarzdrossel; ♂ Gefieder leuchtend gelb; Flügel, Schwanz schwarz, mit kräftigen gelben Zeichnungen; ♀ gelblichgrün mit dunkleren Flügeln, dunklerem Schwanz; Unterseite grauweißlich, dunkel gestreift; **24 cm.**

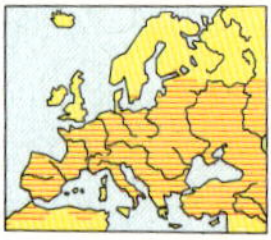

Verbreitung: Süd-, Mittel-, Osteuropa; *fehlt:* Island, Irland, England, Norddänemark, Skandinavien, Finnland (außer Südosten), Griechenland, Korsika, Sardinien, Sizilien. **Lebensraum und Lebensweise:** Laubwälder, Parkanlagen, Gärten; lebt sehr versteckt; *Zugvogel.* **Nahrung:** Insekten, Kirschen, Birnen, Beeren. **Fortpflanzung:** *Nest* napfförmig, mit Halmen, langen Fasern umwikkelt, an waagrechter Astgabel hängend; Nestauslage Moos, Fasern, Gras, Federn; 1 *Brut* Mai bis Juli; *Eier* 3–4 (5–6), weiß, mit rötlichem Schimmer, wenigen dunklen Flecken; *Brutdauer* 14–15 Tage; ♀ brütet (♂ täglich nur kurze Zeit), ♂ und ♀ betreuen die *Jungen,* die mit 14–15 Tagen das Nest verlassen; Nesthocker. **Ruf:** „chrä-chrä", „gä-gä". **Gesang:** flötend „dü-dü-lio".

8. Überfamilie: Weber- und Finkenvögel *(Fringilloidae)*; kegelschnäblige Körnerfresser, die in der Regel außer Körnern auch Insekten, Knospen, Steinfrüchte fressen; 8 Familien mit 1311 Arten; in Europa 3 Familien:

1. Familie: Webervögel *(Plocéidae)*; weben meist kunstvolle Nester (Name!) in der Regel Kugelnester, deren Öffnung seitlich oben, unten oder in der Mitte liegt; **S. 218**

2. Familie: Stare *(Stúrnidae)*; fast amselgroß, langer, spitzer Schnabel; kurzer Schwanz; braun, schwarz, zuweilen rosa; **S. 220**

3. Familie: Finkenvögel *(Fringillidae)*; sperlingsgroß; Kegelschnabel; Färbung teils sperlingsartig, teils farbenfroh; **S. 221**

1. Familie: Webervögel *(Plocéidae)*; 9 Unterfamilien mit 259 Arten; in Europa 1 Unterfamilie:

1. Unterfamilie: Sperlinge *(Passerinae)*; bauen keine kunstvoll gewebten, sondern allenfalls geflochtene Nester; leben meist gesellig, jedenfalls außerhalb der Brutzeit; fallen scharenweise in Grasbestände ein; können in Getreidefeldern als Körnerfresser großen Schaden anrichten; in Europa 3 Gattungen:

Gattung: Sperlinge *(Pásser)*; in Europa 4 Arten:

Haussperling
Pásser domésticus (LINNÉ)

Größe bekannt; Scheitel einfarbig, beim ♂ grau, beim ♀ braun; Kehle beim ♂ schwarz, beim ♀ schmutziggrau; **15 cm.**

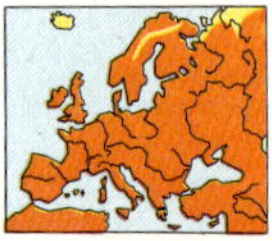

Verbreitung: fast ganz Europa; *fehlt:* Island, Norden Skandinaviens, Finnlands, der UdSSR; Italien, Korsika: Italiensperling. **Lebensraum und Lebensweise:** menschliche Siedlungen; lebt gesellig in Kolonien; am Boden breitbeinig hüpfend; kälteempfindlich, zieht sich im Winter gern in warm gepolsterte Schlafnester zurück; *Jahresvogel.* **Nahrung:** Getreide, Knospen, Insekten, Abfälle. **Fortpflanzung:** halbkugeliges, kunstloses Nest unter Dachpfannen, Mauervorsprüngen, in Nistkästen: 3 (2–4) *Bruten* März–August; *Eier* 5–6 (4–8), weiß, hellgrün, -blau, -grau oder -braun und verschiedenfarbig dunkel gefleckt; *Brutdauer* (11–) 13–14 Tage; ♂ und ♀ brüten, betreuen die *Jungen,* die mit (13–16) 17 Tagen das Nest verlassen. Höchstalter 7, im Durchschnitt 2–3 Jahre. *Nesthocker.* **Ruf:** „tschilp-tschilp", „tetetet", „err". **Gesang:** „dieb-dürr".

Italiensperling
Pásser itáliae VIEILLOT

So groß wie Haussperling, diesem sehr ähnlich, aber Scheitel im Brutkleid (♂) kastanienbraun; ♀ ähnlich dem ♀ des Haussperlings; **15 cm.**

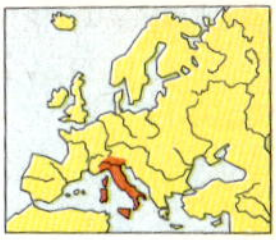

Verbreitung: Italien, Korsika. **Lebensraum, Nahrung, Fortpflanzung, Ruf** und **Gesang:** wie Haussperling.

Weidensperling
Pásser hispaniolénsis TEMMINCK

So groß wie Haussperling; ♂ ähnlich dem Italiensperling, aber Schwarz an Kehle und Brust viel ausgedehnter; ♀ ähnlich dem ♀ des Haussperlings; **15 cm.**

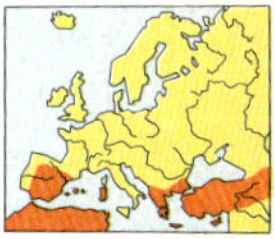

Verbreitung: Mittel-, Südspanien, Griechenland, Sardinien. **Lebensraum:** Wälder, Gebüsche, menschliche Siedlungen; *Jahresvogel.* **Nahrung:** Getreide, Knospen, Insekten, Abfälle. **Fortpflanzung:** *Nest* in Bäumen, unbesetzten Nestern anderer Vögel (z. B. im Unterbau der Nester von Störchen, Adlern, Krähen usw., auch wenn diese besetzt sind); *Kolonienbrüter* und *Nesthocker.* **Ruf** und **Gesang:** ähnlich Haussperling.

Feldsperling
Pásser montánus (LINNÉ)

Etwas kleiner als Haussperling; Geschlechter gleich; Kehllatz klein; Ohrdecken weiß, mit schwarzem Fleck; **14 cm.**

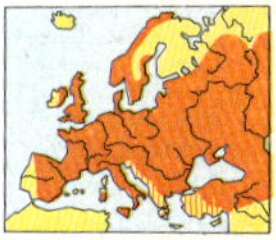

Verbreitung: fast ganz Europa; *fehlt:* Island, gebirgiger Teil Mittel-, Nordskandinaviens, Finnland, Nord-UdSSR, Westirland, Griechenland, Westjugoslawien, Korsika, Balearen. **Lebensraum:** Gärten, Parkanlagen, lichter Laubwald, Nähe menschlicher Siedlungen; *Teilzieher.* **Nahrung:** wie Haussperling, auch Samen. **Fortpflanzung:** unordentliches, überdachtes *Nest* in Baumlöchern, Nistkästen; Nestmaterial Halme; Auslage Federn; 2–3 *Bruten* April–August; *Eier* 4–6 3–8), weißlich, gelblich, grünlich oder bläulich, sehr dicht graubraun gefleckt; *Brutdauer* (11–) 13–14 Tage; ♂ und ♀ brüten, betreuen die *Jungen,* die mit 12–20 Tagen (in England in 12–13, in Süddeutschland mit 13–16 Tagen) das Nest verlassen; *Nesthocker.* **Ruf:** „tett-tett", „lip", „tschop". **Gesang:** wie Haussperling, aber leiser.

Gattung: Steinsperlinge *(Petrónia)*; in Europa 1 Art:

Steinsperling
Petrónia petrónia (LINNÉ)

So groß wie Feldsperling; Scheitel mit zwei dunklen Streifen; Kehle mit gelbem Fleck, beim ♀ weniger sichtbar; Schwanzspitzen weiß gefleckt; **14 cm.**

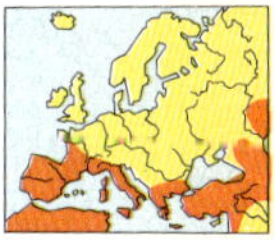

Verbreitung: Pyrenäenhalbinsel, Südwestfrankreich, Italien, Südbalkan, Mittelmeerinseln. **Lebensraum:** trockenes, felsiges Gelände mit Gestrüpp, Weinberge, Burgruinen, menschliche Siedlungen; *Jahresvogel.* **Nahrung:** Samen, Beeren, Obst, Insekten. **Fortpflanzung:** unordentliches, nicht überdachtes Nest in Baum-, Mauerlöchern, Felsspalten; Nestmaterial Pflanzenteile; Auslage Federn; 2 *Bruten* Mai–Juli; *Eier* 4–5 (3–6), weiß bis gelblichweiß, mit braunen bis braunroten Flecken, Punkten; *Brutdauer* unbekannt; ♀ brütet, wird vom ♂ gefüttert; ♂ und ♀ betreuen die *Jungen,* die mit ~ 21 Tagen das Nest verlassen; *Nesthocker.* **Ruf:** „wälid", „guib". **Gesang:** zwitschernd „döidui-döidui".

Gattung: Schneefinken *(Montifringilla)*; in Europa 1 Art:

Schneefink
Montifringilla nivális LINNÉ

Größer als Haussperling; ♂ Kopf grau, Kinn, Kehle schwarz, Oberseite braun, Unterseite rahmweiß, Flügel mit großem weißem Fleck; ♀ matter; **18 cm.**

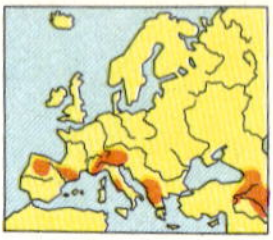

Verbreitung: Pyrenäen, Alpen, mittlerer Apennin, Gebirge des westlichen Balkan. **Lebensraum:** kahle Berggipfel über Baumgrenze; *Jahresvogel.* **Nahrung:** Insekten, Samen, Knospen. **Fortpflanzung:** *Bodennest* zwischen Steinen, in Felsspalten; Nestmaterial Moos, Wurzelfasern, Flechten, Halme; Auslage Federn, Haare; 1 *Brut* April bis Juli; *Eier* 5–6 (4–7), weiß; *Brutdauer* 15–16 Tage; ♀ brütet; die *Jungen* verlassen das Nest mit 20–21 Tagen; *Nesthocker.* **Ruf:** „trr-trr-pit". **Gesang:** zart zwitschernd.

2. Familie: Stare *(Stúrnidae);* fast amselgroß; langer, spitzer Schnabel; kurzer Schwanz; braun, schwärzlich oder schwarz mit rosa; außerhalb der Brutzeit sehr gesellig; halten sich häufig am Boden auf, um dort nach Gliedertieren, deren Larven, nach Schnecken und Würmern zu suchen; fressen auch Vogeleier, Jungvögel, Fischchen, Eidechsen, Lurche; wegen ihrer Vorliebe für fleischige Früchte oft lästig in Obstgärten und Weinbergen (Millionenschäden); ingesamt 103 Arten; in Europa 2 Gattungen:

Gattung: Rosenstare *(Pástor);* in Europa 1 Art:

Rosenstar
Pástor róseus (LINNÉ)

♂ Körper rosenrot; Kopf, Hals, Flügel, Schwanz schwarz mit starkem Erzglanz; Schnabel, Füße rötlich; Kopf mit leichter Haube; ♀ blasser; **22 cm.**

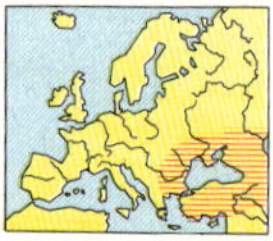

Verbreitung: Südosteuropa; *westliche Grenze:* Rumänien, Bulgarien. **Lebensraum:** ausgedehnte Felder, Steppen mit Viehherden; *Zugvogel.* **Nahrung:** hauptsächlich Heuschrecken, andere Insekten, Würmer, Schnecken, Beeren. **Fortpflanzung:** *Nest* in Fels- oder Mauerhöhlen; *Kolonienbrüter;* 1 *Brut* Mai–August; *Eier* 5–6 (3–9), weißlich blau; *Brutdauer* wahrscheinlich 12–13 Tage; ♀ brütet; die *Jungen* verlassen nach etwa 14–19 Tagen das Nest; *Nesthocker.* Ruf: „hrwit", „tschirr", „switt-hurrwitt". **Gesang:** schneller, schnarrender als Star.

Gattung: Stare *(Stúrnus);* in Europa 2 Arten:

Star
Stúrnus vulgáris vulgáris LINNÉ

Größe bekannt; ganzes Gefieder schwärzlich mit Purpurglanz, dicht weiß getüpfelt, besonders im Winter und bei den ♂♂; Jungvögel bräunlich mit weißlicher Kehle; Schwanz kurz; Schnabel lang, spitz; **22 cm.**

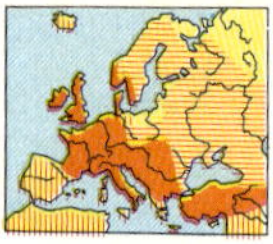

Verbreitung: fast ganz Europa; *fehlt:* Westisland, Pyrenäenhalbinsel, stellenweise Mittel-, Süditalien, im Küstengebiet des Westbalkan; Südgriechenland, mehrere Mittelmeerinseln. **Lebensraum und Lebensweise:** Parkanlagen, Gärten, nicht zu dichter Laubwald; lebt gesellig in großen Scharen, besonders in kalter Jahreszeit; in Obstplantagen oft lästig; *Teilzieher.* **Nahrung:** Insekten, Würmer, Schnecken, Beeren, Kirschen. **Fortpflanzung:** *Nest* in Baumhöhlen, Nistkästen; Nestmaterial Stengelteile, Gras, Reisig; Auslage Fasern, Gras, Federn; 1–2 *Bruten* April–Juni; *Eier* 5–6 (3–10), hellblau; *Brutdauer* 12–14 Tage; ♂ und ♀ brüten (nachts nur ♀), betreuen die *Jungen* (in ersten 3–8 Tagen nur ♀), die mit (16–) 21 (–26) Tagen das Nest verlassen; *Nesthocker.* Durchschnittliche Lebensdauer 3 Jahre. **Ruf:** „spreen", „spett". **Gesang:** schnarrend, pfeifend, schmatzend; dabei flügelschlagend; auch Nachahmung anderer Vogelstimmen. – Der **Einfarbstar** *Stúrnus vulgáris unicolor* TEMMINCK hat weniger, vom Frühling an gar keine hellen Flecken; Spanien, Sizilien, Korsika.

3. Familie: Finkenvögel *(Fringillidae);* meist ~ sperlingsgroß; Kegelschnabel wie Sperlinge; auch Färbung zuweilen sperlingsartig; meist aber mehr oder weniger bunt; die meisten Arten nisten paarweise (nicht in Kolonien) in abgegrenzten Revieren; außerhalb der Brutzeit vereinigen sich die Individuen einer Art oft zu mehr oder weniger großen Scharen; weltweit verbreitet; 5 Unterfamilien mit 439 Arten; in Europa 3 Unterfamilien mit 32 Arten:

1. Unterfamilie: Stieglitzverwandte *(Carduelinae);* Oberschnabel ebenso stark oder stärker als Unterschnabel; Bürzel nicht grün, meist auch nicht weiß (wenn weiß, dann Kopf mit roten Abzeichen oder Rücken grau); 350 Arten mit sehr verschiedener Schnabelform (z. B. sehr groß, klobig, zierlich oder gekreuzt); nur ♀ brüten (während des Brütens von ♂ gefüttert); in Europa 8 Gattungen:

Gattung: Zeisige *(Carduélis);* klein (wesentlich kleiner als Sperling); vorwiegend gelb (wenn nicht, dann mit Rot und Rosa im Gefieder); in Europa 7 Arten:

Zeisig
Carduélis spinus (Linné)

Kleiner als Feldsperling; ähnlich Girlitz, aber Schnabel größer; ♂ Scheitel, Kinn schwarz; Bürzel, Flügelstreif, Schwanzseiten gelb; ♀ grauer, weniger gelb; **12 cm.**

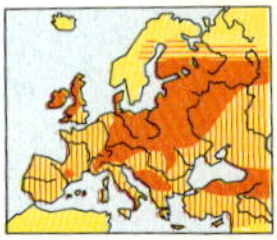

Verbreitung: Irland, England ohne Südosten, Dänemark, Bundesrepublik Deutschland, DDR, Schweiz, ČSSR, Österreich, Polen, Nordschweden, östlich durch Mittel-UdSSR bis Nordpolarkreis, Westjugoslawien, Südwestitalien; *lokal:* Südpyrenäen. **Lebensraum:** Nadel-, Laubwald (Erlen), Parkanlagen, Gärten; *Teilzieher.* **Nahrung:** Samen, Insekten, deren Larven. **Fortpflanzung:** gut getarntes *Nest* in Baumspitzen; Nestmaterial kleine Zweige, Moos, Fasern, Gräser; Auslage Haare, Federn; 2 *Bruten* (März) April–Juli; *Eier* 5 (2–6), weißlichblau, mit wenigen dunkelbraunen Flecken; *Brutdauer* 11–13 (–14) Tage; ♀ brütet (vom ♂ gefüttert); ♂ und ♀ betreuen die *Jungen,* die mit 13–15 (17) Tagen das Nest verlassen; *Nesthocker.* **Ruf:** „tett-tettett", „ssü", „diäh". **Gesang:** langgezogen, lebhaft, mit charakteristischer Schlußmelodie „diddel-diddel-diddel-deidäh".

Zitronenzeisig
Carduélis citrinélla Pallas

Ähnlich voriger Art, aber Scheitel, Kinn nicht schwarz; Scheitel, Nacken grau, ungestreift; 2 gelbliche Flügelbinden, wenig auffallend; Bürzel gelbgrün; **12 cm.**

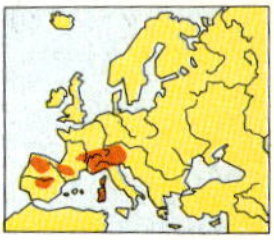

Verbreitung: Pyrenäen; *lokal:* Mittel-, Nordspanien, Schwarzwald, Mittelalpen, Korsika, Sardinien. **Lebensraum:** Gebirge mit Nadelwäldern; *Jahresvogel.* **Nahrung:** Nadelholzsamen, kleine Insekten. **Fortpflanzung:** *Nest* in ~ 6 m Höhe in Fichten (dicht am Stamm), unter Strohdächern; Nestmaterial Halme, Wurzelfasern; Auslage Haare, Federn, Wolle; 1 (2) *Bruten* April–Juli; *Eier* 3 (4–5), blaugrün, mit dunkelbraunen bis rostroten Punkten; *Brutdauer* ~ 14 Tage; ♀ brütet (vom ♂ gefüttert); ♂ und ♀ betreuen die *Jungen,* die mit 17–18 Tagen das Nest verlassen; *Nesthocker.* **Ruf:** „did-did", „si".

Polarbirkenzeisig
Carduélis hornemánni (Holboell)

Ähnlich Birkenzeisig, aber Bürzel weiß, ungestreift (bei Alten rötlich); Scheitel karminrot; Unterseite heller, Rücken grauer als bei Birkenzeisig; **13 cm.**

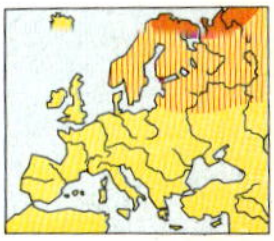

Verbreitung: Norden Skandinaviens, Finnlands, der UdSSR. **Lebensraum:** Strauchtundra mit niedrigem Gestrüpp. *Teilzieher.* **Nahrung:** Samen, Insekten. **Fortpflanzung:** napfförmiges *Nest* im Dickicht; Nestmaterial Zweige, Halme; Auslage Moos, Flechten, Haare, Federn; brütet in kleinen Kolonien; *Nesthocker.* **Ruf** und **Gesang:** wie Zeisig.

Berghänfling
Carduélis flaviróstris (LINNÉ)

Etwas kleiner als Feldsperling; Rücken, Flügel bräunlich, stark gestreift; Kopf ohne Rot; ♂ Bürzel rötlich, ♀ gelblichbraun; Schnabel im Winter wachsgelb; **13 cm.**

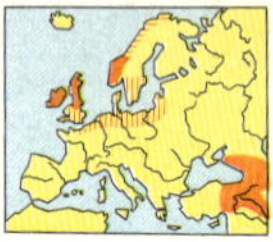

Verbreitung: Norwegen, Irland, Nord-, Mittelengland, Kaukasus und südlicher (Osttürkei). **Lebensraum:** felsiges Gelände mit niedrigen Büschen, Kräutern, Moos; *Teilzieher.* **Nahrung:** Samen, gelegentlich Insekten, deren Larven. **Fortpflanzung:** *Nest* in Sträuchern, auf dem Erdboden; Nestmaterial kleine Zweige, Wurzelfasern; Auslage Moos, Haare, Federn; 1 (2) *Bruten* April–Juli; *Eier* 5–6 (4–7), hellblau, dunkel gefleckt; *Brutdauer* 12–13 Tage; ♀ brütet (vom ♂ gefüttert); ♂ und ♀ betreuen die *Jungen,* die mit 15 Tagen das Nest verlassen; *Nesthocker.* **Ruf:** „gjägjä", „tschui". **Gesang:** zwitschernd mit eingestreuten schnarrenden Tönen.

Hänfling
Carduélis cannábina (LINNÉ)

Kleiner als Feldsperling; ♂ Stirn, Brust karminrot; Kinn, Kehle weißlich, mit braunen Streifen; ♀ ohne Rot; **13 cm.**

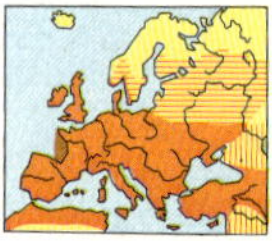

Verbreitung: fast ganz Europa; *fehlt:* Island, Mittel-, Nordskandinavien, Nordfinnland, Nord-, Südost-UdSSR. **Lebensraum** und **Lebensweise:** offenes Gelände mit Büschen, Laubbäumen, Parkanlagen, Gärten; sitzt gern auf Drähten, Baum-, Heckenspitzen; im Winter gesellig in größeren Scharen. *Teilzieher.* **Nahrung:** Samen, seltener Insekten. **Fortpflanzung:** *Nest* in kleinen Bäumen, Büschen, Reisig-, Strohhaufen, zwischen Grasbüscheln auf dem Boden; *Kolonienbrüter;* 2 (3?) *Bruten* April–August; *Eier* 5 (3–7), weißlich, mit rostroten bis schwarzbraunen Flecken, Kritzeln; *Brutdauer* 12–14 Tage; ♀ brütet (vom ♂ gefüttert, das sich gelegentlich auch aufs Nest setzt); ♂ und ♀ betreuen die *Jungen,* die mit (10) 12 bis 14 Tagen ausfliegen; *Nesthocker.* **Ruf:** „gegeg". **Gesang:** leise flötend, pfeifend.

Birkenzeisig
Carduélis flámmea (LINNÉ)

Ähnlich voriger Art, aber beim ♂ und ♀ Kinn, Stirn schwarz; Kopf mit roter Platte; Oberseite bräunlich, längsgestreift; Brust beim ♂ rötlich, beim ♀ und Jungen ohne Rot; Bürzel rötlich, gestreift; **13 cm.**

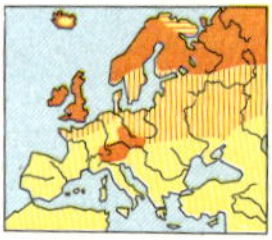

Verbreitung: Island, Großbritannien, Irland, Norwegen, Nordschweden, -finnland, -UdSSR; *lokal:* Alpen, Böhmerwald, Hohe Tatra. **Lebensraum:** Birken-, Erlenwälder, Tundra. *Teilzieher.* **Nahrung:** Samen, Insekten. **Fortpflanzung:** napfförmiges *Nest* in 3–5 m Höhe in Birken; Nestmaterial kleine Reiser, Halme; Auslage Wolle, Haare, Federn; 1 (2) *Bruten* Mai–Juni; *Eier* 5 (4–7), bläulich, mit braunen Punkten, Flekken; *Brutdauer* 11–12 Tage; ♀ brütet, ♂ und ♀ betreuen die *Jungen,* die mit 11–12 (–14) Tagen das Nest verlassen; *Nesthocker.* **Ruf:** „dschädschä". **Gesang:** leise, mit Trillern (wie Grünfink).

Stieglitz
Carduélis carduélis (LINNÉ)

Kleiner als Feldsperling; ♂ und ♀ mit schwarzweißrotem Kopf; Flügel schwarz, mit breiter gelber Binde; **12 cm.**

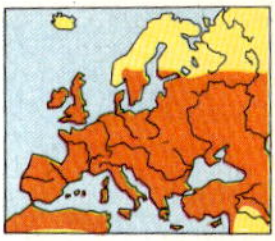

Verbreitung: fast ganz Europa; *fehlt:* Island, Norwegen, Mittel-, Nordschweden, Mittel-, Nordfinnland, Norden der UdSSR. **Lebensraum** und **Lebensweise:** offenes Gelände mit Büschen, Gärten, Mischwald; in kalter Jahreszeit in Scharen, die dann oft an Distelstauden zu beobachten sind. *Teilzieher.* **Nahrung:** Samen (meist von Disteln), Blattläuse, Knospen. **Fortpflanzung:** dickwandiges, gut gepolstertes *Nest,* 5–8 m hoch auf dünnen Zweigen in Laubbäumen; Nestmaterial Fasern, Moos, Wolle; Auslage Haare, Distelwolle; 2 (3) *Bruten* April–September; *Eier* 5 (3–7), bläulich oder weißlich, mit rotbraunen Flecken, dunklen Punkten; *Brutdauer* 12 (13–14) Tage; ♀ brütet (vom ♂ gefüttert); ♂ und ♀ betreuen die *Jungen,* die mit (13–) 14–15 Tagen das Nest verlassen, aber noch lange zusammenbleiben; *Nesthocker.* **Ruf:** „didlit", erregt „a-i". **Gesang:** melodisch zwitschernd.

Gattung: Grünlinge *(Chlóris);* in Europa 1 Art:

Grünling
Chlóris chlóris (LINNÉ)

So groß wie Haussperling; ♂ Scheitel, Nacken, Rücken mattgrün; ♀ matter; Flügel, Schwanz mit großen, gelben Federn; **15 cm.**

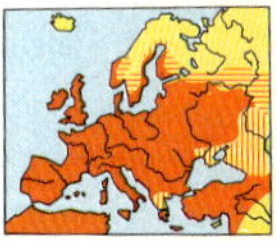

Verbreitung: fast ganz Europa; *fehlt:* Island, Nordeuropa sowie im Südosten der UdSSR. **Lebensraum:** Gärten, Parkanlagen, Felder mit Büschen, Bäumen; *Teilzieher.* **Nahrung:** Samen, Beeren, Knospen. **Fortpflanzung:** *Nest* meist im Gebüsch; Nestmaterial Zweige, Halme; Auslage Haare, Moos, Federn; 2, selten 3 *Bruten* April bis August; *Eier* 4–6, weißlich, mit dunklen Flekken, Punkten; *Brutdauer* 13–14 (12–15) Tage; ♀ brütet, wird vom ♂ gefüttert; ♂ und ♀ betreuen die *Jungen,* die mit 13–14 Tagen das Nest verlassen; *Nesthocker.* **Ruf:** „gü-gü-gü", „gick-gick-gick". **Gesang:** „schüäh-tjoi-tjoi-tjoi-girr-kling-kling-kling" (Naumann).

Gattung: Girlitze *(Serinus);* in Europa 1 Art:

Girlitz
Serinus serinus (LINNÉ)

Kleiner als Feldsperling; vorwiegend gelb; Scheitel, Rücken dicht längsgestreift; Brust, Bürzel gelb; **12 cm.**

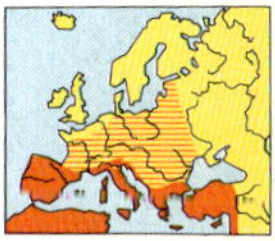

Verbreitung: West-, Mittel-, Südeuropa; *fehlt:* Island, Irland, England, Dänemark, Küstengebiet Frankreichs, Hollands; Skandinavien, Finnland; Verbreitungsgrenze nach Osten ist der Dnjepr. **Lebensraum:** buschreiches, offenes Gelände, Parkanlagen, Gärten; *Teilzieher.* **Nahrung:** Samen, Pflanzenspitzen. **Fortpflanzung:** sehr kleines *Nest* in Bäumen; Nestmaterial Halme, kleine Zweige, Fasern; Auslage Wolle, Federn; 2 (manchmal 3?) *Bruten* April–Juli (März–September); *Eier* 3–4 (5), weißlich oder bläulichweiß, mit rötlichen Punkten, Flecken, Kritzeln; *Brutdauer* 13 (12–14) Tage; ♀ brütet (vom ♂ gefüttert); ♂ und ♀ betreuen die *Jungen,* die mit 14–16 Tagen das Nest verlassen; *Nesthocker.* **Ruf:** „girlitt". **Gesang:** anhaltendes Zwitschern, Trillern von hoher Warte.

Gattung: Kernbeißer *(Coccosthraústes)*; in Europa 1 Art:

Kernbeißer
Coccosthraústes coccosthraústes (Linné)

Größer als Haussperling; Schnabel auffallend groß; ♂ Kopf braun, ohne Rot; Nacken grau; Kehle schwarz; Flügel schwarz, mit auffallend weißer Binde; ♀ heller; **18 cm.**

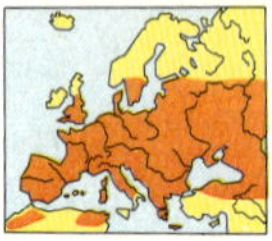

Verbreitung: fast ganz Europa; *fehlt*: Island, Irland, Schottland, Norwegen, Mittel-, Nordschweden, Finnland, Norden der UdSSR (etwa vom Finnischen Meerbusen an ostwärts), Süditalien, Sizilien. **Lebensraum** und **Lebensweise:** Laubwälder, Parkanlagen, Gärten; hält sich oft auf dem Boden auf; sehr scheu. *Teilzieher.* **Nahrung:** Samen, Kerne von Kirschen, Pflaumen, Schlehen, Nüsse, Knospen; beim Zerkleinern der Kerne kann die Kopfmuskulatur eine Kraft von 27 kp (264,87 N) (Kirschkern) bis 72 kp (706,32 N) (Olivenkern) erzeugen. **Fortpflanzung:** unordentliches, flaches *Nest* (hoch in Bäumen); Nestmaterial kleine Zweige, Flechten; Auslage Moos, Fasern, Haare; 1 *Brut* April–Juni; *Eier* 5 (2–7), bläulich, hellgrau, dunkelbraun gefleckt; *Brutdauer* 12–13 (11–14) Tage; ♀ brütet (vom ♂ gefüttert); ♂ und ♀ betreuen die *Jungen* (verlassen mit (9–)12–14 Tagen das Nest; mit 14 Tagen flügge); *Nesthocker.* **Ruf:** „zicks-zicks" oder „zieh". **Gesang:** klirrendes Zwitschern von hoher Warte.

Gattung: Gimpel *(Pýrrhula)*; ♂ mit starken Rottönen; Schnabel kräftig; in Europa 1 Art:

Gimpel oder Dompfaff
Pýrrhula pýrrhula (Linné)

So groß wie Haussperling; Kopf mit schwarzer Kappe; Bürzel weiß; ♂ Oberseite grau, Unterseite rot; ♀ Ober-, Unterseite rötlichgrau; **15 cm.**

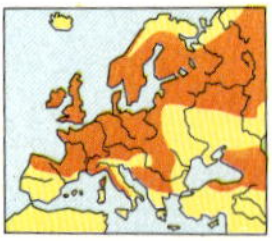

Verbreitung: fast ganz Europa; *fehlt:* Island, Norden Skandinaviens, Finnlands, der UdSSR, Süd-UdSSR, Ostalpen, östlicher Balkan, Griechenland, Oberitalien, Ost- und Süditalien, Portugal, Mittel-, Südspanien, Mittelmeerinseln bis auf Korsika. **Lebensraum** und **Lebensweise:** Mischwald, Buschgelände, Parkanlagen, Gärten; meist paarweise zu beobachten; *Jahresvogel.* **Nahrung:** Samen, Beeren, Blattknospen. **Fortpflanzung:** flaches *Nest* meist bis 2 m hoch in Fichten dicht am Stamm oder in immergrünen Gartenbäumen; Nestmaterial lose Zweige, Halme; Auslage Fasern, Halme; 2 *Bruten* April–August; *Eier* 4–5 (3–6), hellblau, mit dunklen Flekken, Punkten; *Brutdauer* 13–14 Tage; ♀ brütet (selten ♂), wird vom ♂ gefüttert; ♂ und ♀ betreuen die *Jungen,* die mit (12–)16–18 Tagen das Nest verlassen; *Nesthocker.* **Ruf:** „djü-djü", „büt-büt". **Gesang:** leise „di-dü-diüh" mit knarrenden Tönen vermischt.

Gattung: Hakengimpel *(Pinícola)*; Oberschnabel hakig gebogen; Gefieder der ♂ vorwiegend rosa; in Europa 1 Art:

Hakengimpel
Pinícola enucleátor (Linné)

Fast so groß wie Star; ♂ rosarot mit dunklen Flügeln, dunklem Schwanz; Flügel mit 2 weißen Binden; ♀ und Junge grünlichgelb; **20 cm.**

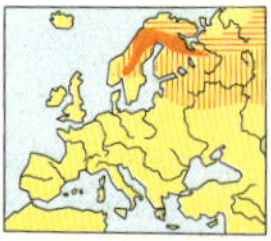

Verbreitung: Mittel-, Nordskandinavien, Mittel-, Nordfinnland, Norden der UdSSR. **Lebensraum:** Nadel-, Mischwald. *Teilzieher.* **Nahrung:** Samen, Beeren, Blattknospen, Insekten. **Fortpflanzung:** *Nest* meist in Nadelbäumen dicht am Stamm; 1 *Brut* Mai–Juli; *Eier* 3–4 (5), grünlichblau, mit rotbraunen oder schwärzlichen Flecken, Punkten; *Brutdauer* 13–14 Tage; ♀ brütet (vom ♂ gefüttert); ♂ und ♀ betreuen die *Jungen; Nesthocker.* **Ruf:** „tüi-tui" oder „düt-düt-düt". **Gesang:** flötend, pfeifend „pil-pil-pilüh".

Gattung: Karmingimpel *(Carpódacus);* Oberschnabel nicht hakig gebogen; Gefieder der ♂♂ vorwiegend rosa; in Europa 1 Art:

Karmingimpel

Carpódacus erythrinus (Pallas)

Etwa so groß wie Haussperling; ♂ Kopf, Brust, Bürzel karminrot; ♀ und Junge bräunlich, Unterseite hell, Kehle, Brust gestrichelt; ♂ und ♀ Flügel mit zwei weißlichen Binden; **15 cm.**

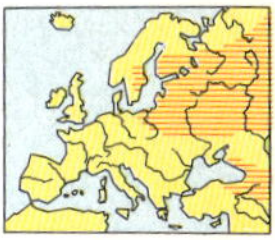

Verbreitung: Südfinnland, Polen, Norden der UdSSR, *lokal:* Mittelschweden, Süd-UdSSR. **Lebensraum:** feuchtes Gelände mit Büschen, Röhricht, Bruchwald. *Jahresvogel.* **Nahrung:** Samen, Insektenlarven. **Fortpflanzung:** flaches *Nest* dicht über dem Boden in Sträuchern; Nestmaterial Zweige, Halme, Gräser; Auslage Wolle, Haare; 1 *Brut* (Mai) Juni–Juli; *Eier* 5 (3–7), hellblau, wenig dunkel gefleckt; *Brutdauer* 12 (10–14) Tage; ♀ brütet (vom ♂ gefüttert); ♂ und ♀ betreuen die *Jungen,* die mit 12–15 (9–17) Tagen das Nest verlassen; *Nesthocker.* **Ruf:** „grräht" und „zlitzlit". **Gesang:** kurz, pfeifend „ziwe-ziwe", „ziwe-ziwe-wüziwe".

Gattung: Kreuzschnäbel *(Lóxia);* Ober-, Unterschnabel gekreuzt; Gefieder der ♂ vorwiegend rosa; in Europa 3 Arten:

Kiefernkreuzschnabel

Lóxia pytyopsíttacus Borkhausen

Größer als Haussperling; Schnabel sehr kräftig; ♂ Gefieder ziegelrot, Flügel, der eingekerbte Schwanz schwarz; ♀ Gefieder olivfarben, Bürzel, Unterseite gelblich; **17 cm.**

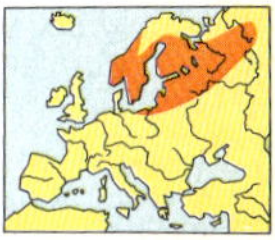

Verbreitung: Mittel-, Südnorwegen, -schweden, von der ganzen Ostküste der Ostsee bis Nordpolen ab ostwärts in der UdSSR bis Ural. **Lebensraum:** Nadelwälder mit Kiefern. *Zugvogel.* **Nahrung:** Samen der Nadelhölzer (hauptsächlich Kiefer). **Fortpflanzung:** *Nest* in Spitze der Nadelbäume; Nestmaterial kleine Zweige, Moos, Flechten; Auslage Wolle, Haare; 1 *Brut* März–Juni; *Eier* 3–4 (2–5); *Brutdauer* 15–16 Tage; ♀ brütet (vom ♂ gefüttert); ♂ und ♀ betreuen die *Jungen,* die mit 15–17 Tagen das Nest verlassen; *Nesthocker.* **Ruf:** hart, tief „köpp-köpp", „tschip-tschip". **Gesang:** ähnlich dem des Fichtenkreuzschnabels.

Fichtenkreuzschnabel

Lóxia curviróstris Linné

Fast so groß wie vorige Art, dieser sehr ähnlich, aber mit viel schwächerem Schnabel; **17 cm.**

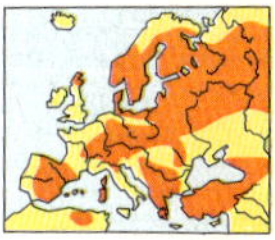

Verbreitung: Schottland, Südnorwegen, Schweden, Finnland, Nord-, Mittel-UdSSR, Polen, Ostseeinseln, Dänemark, Norden und Mittelgebirge der Bundesrepublik Deutschland, DDR; Alpen, Karpaten, ČSSR, Balkan, Oberitalien, Kalabrien, Korsika, Balearen, Spanien. **Lebensraum** und **Lebensweise:** Fichten-, Tannenwald; lebt meist gesellig in größeren Scharen; hängt bei Nahrungsaufnahme an Nadelholzzapfen oder klemmt sie in Rindenspalte ein; sehr salzgierig, sucht deshalb oft im Winter mit Salz gestreute Straßen auf; *Jahresvogel.* **Nahrung:** Samen von Nadelhölzern, Gallen, Apfelstücke, Blattläuse, Blattknospen. **Fortpflanzung:** *Nest* in der Spitze der Nadelbäume; Nestwand bis 3 cm dick; Nestmaterial Reisig, Moos, Flechten; Auslage Federn, Wolle, Haare; 1 (2) *Bruten* (Januar–Februar), März–April (Mai–Juli); *Eier* 3–4 (2–5), grünlichweiß, mit violettgrauen, rotbraunen Flecken, Kritzeln; *Brutdauer* 14–16 Tage; ♀ brütet (vom ♂ gefüttert); ♂ und ♀ betreuen die *Jungen,* die mit 14–20 Tagen das Nest verlassen; *Nesthocker.* **Ruf:** „gib-gib", „gök". **Gesang:** trillernd, zwitschernd, knarrend.

Bindenkreuzschnabel
Lóxia leucóptera Gmelin

So groß wie Haussperling; Flügel mit 2 auffallend weißen Binden; ♂ besonders lebhaft karminrot; **15 cm.**

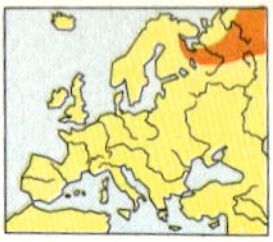

Verbreitung: Nord-UdSSR (ohne hohen Norden) bis Westsibirien. **Lebensraum:** Nadelwälder mit Lärchen, Fichten; streicht in manchen Jahren weit umher bis nach Mittel- und Westeuropa in Gebiete mit reichem Zapfenangebot (Invasionsvogel); vorwiegend *Jahresvogel.* **Nahrung:** Samen der Nadelhölzer. **Fortpflanzung:** 1 *Brut* März bis April; *Eier* 3–4 (5); *Nesthocker.* **Ruf:** „giffgiff", „piht". **Gesang:** trillernd, laut; aufeinanderfolgende Triller in verschiedenen Tonhöhen.

2. Unterfamilie: Buchfinken *(Fringillinae)*; normaler Finkenschnabel; weiße Flügelbinden, moosgrüner oder weißer Bürzel; 3 Arten, die alle derselben Gattung angehören; in Europa 2 Arten (die 3. Art, der **Kanaren-Buchfink** *Fringilla téydea* [Webb und Berthelot] bewohnt Teneriffa):

Gattung: Buchfinken *(Fringilla)*; in Europa 2 Arten:

Buchfink
Fringilla cóelebs Linné

So groß wie Haussperling; Flügel mit 2 auffallend weißen Binden; äußere Schwanzfedern weiß; ♂ Scheitel grau, Wangen rötlich, Unterseite rötlichbraun, Rücken kastanienbraun, Bürzel grünlich; ♀ Oberseite hell olivbraun, Unterseite lichtbräunlich; **15 cm.**

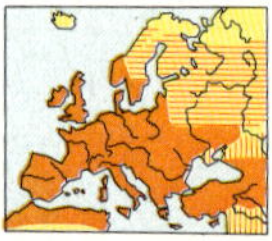

Verbreitung: fast ganz Europa; *fehlt:* Island, Nordskandinavien, -finnland, -UdSSR, Süd-UdSSR. **Lebensraum:** Mischwälder, Parkanlagen, Gärten; *Teilzieher.* **Nahrung:** Samen, Insekten. **Fortpflanzung:** Nest mit tiefer Nestmulde in 2–10 m Höhe in Astquirlen oder auf waagerechten Ästen; Nestmaterial Fasern, Moos, Halme (außen zur Tarnung mit Rindenstückchen, Flechten, Gespinsten); Nestauslage Haare, Wolle, Federn; 2 *Bruten* April–Juni; *Eier* 4–6 (2–7), bräunlich bis grünlich, auch hellblau, rotbraun gewölkt, mit dunklen Flecken, Schnörkeln; *Brutdauer* 12 bis 13 (14) Tage; ♀ brütet (vom ♂ gefüttert); ♂ und ♀ betreuen die *Jungen,* die mit 13–14 Tagen das Nest verlassen; *Nesthocker.* **Ruf:** „pink", „jüb-jüb", „wrid". **Gesang:** schmetternd „ti-ti-tütschu-i-io".

Bergfink
Fringilla montifringilla Linné

So groß wie Haussperling; am Flügel viel weniger weiß als beim Buchfinken; Bürzel auffallend weiß; ♂ Schultern, Brust orangefarben, Kopf, Rükken im Sommer schwarz, im Winter bräunlich; ♀ ähnlich ♂, im Winter aber matter; **15 cm.**

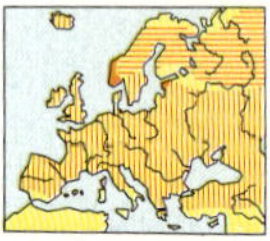

Verbreitung: Skandinavien (fehlt: hoher Norden, Südschweden), Mittelfinnland, Estland, Mittel-UdSSR bis Ural. **Lebensraum:** Waldränder mit Birken, Nadelbäumen, auch Taiga mit Birken, Weiden; *Zugvogel.* **Nahrung:** Samen von Laubbäumen, Beeren. **Fortpflanzung:** *Nest* meist in Birken, auch in Nadelbäumen; Nestmaterial wie Buchfink; 1 *Brut* Mai–Juli; *Eier* 6–7 (4–9), Färbung ähnlich Buchfink; *Brutdauer* 14 Tage; ♀ brütet, ♂ und ♀ betreuen die *Jungen; Nesthokker.* **Ruf:** „ähk", „quähä", „schruü". **Gesang:** monoton zirpend, kratzend.

3. Unterfamilie: Ammern *(Emberizinae)*; Oberschnabel schwächer als Unterschnabel; 72 Gattungen mit 261 Arten, davon in Europa 3 Gattungen:

Gattung: Schneeammern *(Plectróphenax)*; in Europa 1 Art:

Schneeammer
Plectróphenax nivális (LINNÉ)

Größer als Haussperling; Flügel mit großem weißem Feld; Kopf verwaschen braun, beim ♂ Kopf im Sommer weiß, Rücken schwarz; **17 cm.**

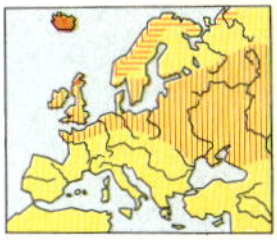

Verbreitung: Norwegen, Norden Schwedens, Finnlands, der UdSSR, Island, Nordschottland. **Lebensraum:** kahle Fels-, Flechtentundra bis Eisregion; *Teilzieher.* **Nahrung:** Samen, Insekten. **Fortpflanzung:** *Nest* im Schutz von Steinen, Felsspalten, Mauerlöchern; Nestmaterial Gräser, Moos; Auslage Federn; 1 *Brut* Mai–Juli; *Eier* 4 bis 6 (–8), weißlich bis bläulich, braun, violett gefleckt; *Brutdauer* 10–14 Tage; ♀ brütet (gelegentlich ♂), ♂ und ♀ betreuen die *Jungen,* die mit 10–14 Tagen das Nest verlassen; *Nesthocker.* **Ruf:** „tsirr", „gü-gü-gü". **Gesang:** lerchenartig „tjuri-tjuri-tjuri-tetiü".

Gattung: Spornammern *(Calcárius)*; in Europa 1 Art:

Spornammer
Calcárius lappónicus (LINNÉ)

So groß wie Haussperling; Oberkopf schwarz; Nacken rostbraun, Flügel bräunlich; ♂ im Frühling Kehle, Brust schwarz; ♂ und ♀ im Winter mit Schmutzfleck auf der Brust; **15 cm.**

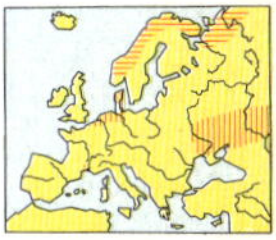

Verbreitung: Mittel-, Nordskandinavien, Nordfinnland, Norden der UdSSR. **Lebensraum:** Sumpf-, Strauchtundra mit Birken, Weiden, Heide; *Zugvogel.* **Nahrung:** Samen, Insekten. **Fortpflanzung:** *Bodennest* zwischen Stauden, Gräsern; Auslage Federn; 1 *Brut* Mai–Juni; *Eier* 5 bis 6 (4–7), grau bis braun, rostfarben bis schwärzlich gefleckt, gewölkt; *Brutdauer* (10?) 13–14 Tage; ♂ und ♀ brüten, betreuen die *Jungen,* die mit 8–10 Tagen das Nest verlassen; *Nesthocker.* **Ruf:** schnarrend „trrr", klirrend „tirr". **Gesang:** lerchenartig.

Gattung: Ammern *(Emberiza)*; ~ sperlingsgroß; Flügel ohne weißes Feld, ohne weiße Binden; in Europa 12 Arten:

Waldammer
Emberiza rústica PALLAS

So groß wie Haussperling; Unterseite weiß, mit rotbraunem Querband auf der Brust; Scheitel, Wangen beim ♂ schwarz, beim ♀ braun; **15 cm.**

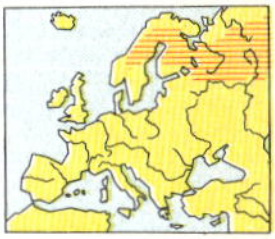

Verbreitung: Nordschweden, Mittel-, Nordfinnland, Norden der UdSSR bis ~ 65. Breitengrad. **Lebensraum:** sumpfige Taigatäler mit Birken, Mischwald; *Zugvogel.* **Nahrung:** Samen. **Fortpflanzung:** *Bodennest* im Schutz von Baumwurzeln, Baumstümpfen; 1 *Brut* Mai–August; *Eier* 5–6; *Nesthocker.* **Ruf:** „twüit". **Gesang:** melodisch, ähnlich Rotkehlchen.

Kappenammer
Emberiza melanocéphala SCOPOLI

Größer als Haussperling; Unterseite gelb; ♂ Kopf mit schwarzer Kappe, Kehle gelb, Rücken rotbraun; ♀ Unterseite gelblichgrau, ungestreift; **17 cm.**

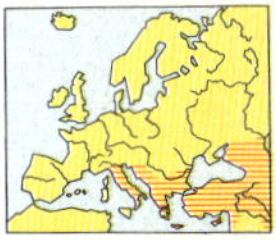

Verbreitung: Südostitalien; westlicher, südlicher Balkan; Süd-UdSSR (Ostukraine), Unterlauf der Wolga. **Lebensraum:** flaches, bergiges Gelände mit Gebüsch, Gärten, Olivenhaine; *Zugvogel.* **Nahrung:** Getreidekörner, Samen, Insekten. **Fortpflanzung:** Bodennest unter Gebüsch; 1 *Brut* Mai–Juni; *Eier* 4–5 (3–7); *Brutdauer* ~ 14 Tage; ♀ brütet; *Nesthocker.* **Ruf:** „zitt", „zieh". **Gesang:** melodisch, mit Trillern endend.

Rohrammer
Emberiza schoéniclus (Linné)

So groß wie Haussperling; ♂ Nacken, Bartstreif weiß; Kopf, Kehle schwarz; ♀ bräunlich, gestreift, mit schwarzweißem Bartstreif; **15 cm.**

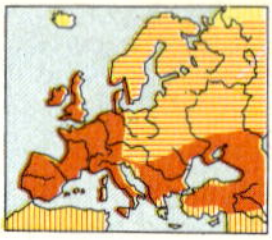

Verbreitung: fast ganz Europa; *fehlt:* Island, Südgriechenland, Küste Jugoslawiens, im hohen Norden der UdSSR. **Lebensraum** und **Lebensweise:** sumpfige, mit Büschen und Schilf bestandene Ufer von Teichen, Seen, Flüssen; lebt oft in Gemeinschaft mit Schilfrohrsängern; im Winter auch auf Wiesen anzutreffen; *Teilzieher.* **Nahrung:** Insekten, kleine Krebse, Weichtiere, auch Samen von Sumpfgräsern. **Fortpflanzung:** lockeres *Nest* am Boden zwischen Grasbüscheln, Sträuchern oder dicht darüber; Nestmaterial Halme, Moos; Auslage Wolle, Haare; 1 (2) *Bruten* April–August; *Eier* 5–6 (3–6), bräunlich, mit braunschwarzen Flecken, Kritzeln, Schnörkeln; *Brutdauer* ~ 12–14 Tage; ♀ brütet (♂ anscheinend auch, aber nur kurze Zeit), ♂ und ♀ betreuen die *Jungen,* die mit 10–13 Tagen das Nest verlassen; *Nesthocker.* **Ruf:** „zieh", „dschäh". **Gesang:** „zjt-tit-tai-zississ-tai-zierzisiss" von höherer Warte.

Weidenammer
Emberiza auréola Pallas

So groß wie Feldsperling; Unterseite gelb; ♂ Kopf, Kehle schwarz, Brust mit schmalem dunklem Querband; ♀ Kopf, Seiten mit starken Längsstreifen; **14 cm.**

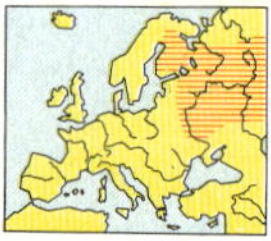

Verbreitung: Mittel-, Südfinnland, Norden der UdSSR bis ~ 65. Breitengrad; *zieht:* bis Großbritannien, Irland. **Lebensraum:** Grasland mit Birken, Weidengestrüpp, auch Steppengebiete; *Zugvogel.* **Nahrung:** Samen, Insekten. **Fortpflanzung:** *Bodennest* im Schutz von Grasbüscheln, Stauden; 1 *Brut* Juni–Juli; *Eier* 4–6; *Brutdauer* 13 Tage; die *Jungen* verlassen mit 13–14 Tagen das Nest; *Nesthocker.* **Ruf:** „zick", „trssit". **Gesang:** laut, melodisch, ähnlich Ortolan.

Goldammer
Emberiza citrinélla Linné

Größer als Haussperling; ♂ Kopf und Nacken gelb, mit schwarzer Zeichnung; Unterseite zitronengelb; ♀ Gefieder weniger gelb, stärker dunkel gestreift; Bürzel beim ♂ und ♀ kastanienbraun; **17 cm.**

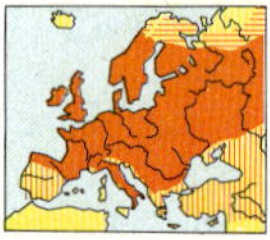

Verbreitung: fast ganz Europa; *fehlt:* Island, Nord-, Süd-UdSSR, Portugal, Mittel-, Südspanien, Südwestfrankreich, Küstengebiete Italiens; West-, Südostbalkan, Mittelmeerinseln. **Lebensraum** und **Lebensweise:** offenes Gelände mit Wegen, Straßen, einigen Bäumen; oft in größeren Scharen anzutreffen; *Teilzieher.* **Nahrung:** Beeren, Insekten, deren Larven (vor allem Schmetterlingsraupen), Samen, Pferdedung. **Fortpflanzung:** napfförmiges *Nest* in Bodennähe in Büschen; Nestmaterial Halme, Moos; Auslage Haare, Federn; 2 (3) *Bruten* April–August; *Eier* 3–5 (1–6), weißlich, mit grauen bis braunen Flecken, Stricheln, Schnörkeln; *Brutdauer* (11) 12–14 Tage; ♀ brütet, ♂ und ♀ betreuen die *Jungen,* die mit 11 (9–14) Tagen das Nest verlassen; *Nesthocker.* **Ruf:** „zrick", „zürr". **Gesang:** klingt wie „wie-wie-wie-wie-wie-hab-ich-dich-lieb".

Fichtenammer
Emberiza leucocéphala (GMELIN)

Größer als Haussperling; ♂ Scheitel und Wangen weiß, schwarz gesäumt; Kehle und Bürzel kastanienbraun; Brust mit weißem Band; ♀ ähnlich dem ♀ der Goldammer, aber statt gelb weißlich; **17 cm.**

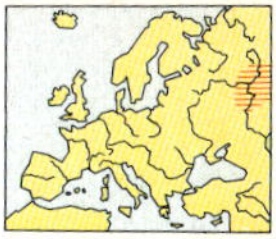

Verbreitung: Sibirien, Osten der UdSSR; selten Nordfinnland, Norden Skandinaviens. **Lebensraum:** Taiga mit niedrigem Gebüsch, Birken; *Zugvogel.* **Nahrung** und **Brutbiologie:** wie Goldammer. – Fichten- und Goldammer besetzen Ost-UdSSR und Sibirien stellenweise schachbrettartig, stellenweise aber auch gemeinsam; in diesen Mischgebieten bastardieren Fichten- und Goldammer häufig miteinander. **Ruf** und **Gesang:** unbekannt.

Zwergammer
Emberiza pusilla PALLAS

Etwas kleiner als Feldsperling; Scheitel und Wangen rotbraun, kräftig schwarz gestreift; Unterseite weißlich, mit zarten weißen Streifen; ♀ matter; **13,5 cm.**

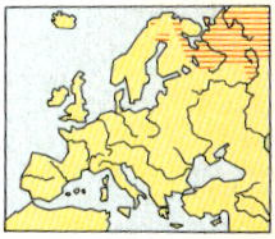

Verbreitung: Norden Finnlands (seltener Nordschweden), der UdSSR bis Ostsibirien. **Lebensraum:** Strauchtundra, Flußgebiete der nördlichen Taiga; *Zugvogel.* **Nahrung:** Samen, Insekten. **Fortpflanzung:** *Bodennest* aus Gras, Moos, Flechten; 1 *Brut* Juni–Juli; *Eier* 4–7; *Brutdauer* 11–12? Tage; ♂ und ♀ brüten, betreuen die *Jungen,* die mit 11–12? Tagen das Nest verlassen; *Nesthocker.* **Ruf:** „tschick". **Gesang:** leise zwitschernd, ähnlich Goldammer.

Zippammer
Emberiza cía LINNÉ

Etwas größer als Haussperling; ♂ Scheitel, Wangen grau, mit auffallend schwarzen Streifen; Kehle, Brust aschgrau, Bauch zimtbraun; ♀ matter, brauner; **16 cm.**

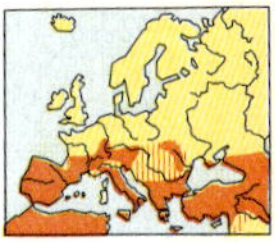

Verbreitung: Pyrenäenhalbinsel, Südfrankreich, Süden der Bundesrepublik Deutschland, Alpen, Italien, Karpaten, Südbalkan. **Lebensraum:** warmes, trockenes, felsiges Gelände mit lichtem Baumbestand, Weingärten; *Zugvogel.* **Nahrung:** Samen, Beeren, Insekten. **Fortpflanzung:** festes *Nest* auf der Erde (selten etwas höher) zwischen Steinen, Felsspalten, unter Büschen; Nestmaterial Halme, Wurzelfasern, Moos; Auslage Gräser, Haare; 1 (2) *Bruten* Mai–Juni; *Eier* 4–5, grauweiß, mit dunklen Punkten, Linien; *Brutdauer* 11–13 Tage; ♀ brütet; *Nesthocker.* **Ruf:** „zip". **Gesang:** „zi-zi-zi-zirr", ähnlich Rohrammer.

Grauammer
Emberiza calándra LINNÉ

Größer als Goldammer; Scheitel, Wangen gelblich, fein gestreift; Flügel, Schwanz ganz ohne Weiß; Bauch gelblichgrau, gestreift; Oberseite dunkler, mit schwarzen Längsstreifen; **18 cm.**

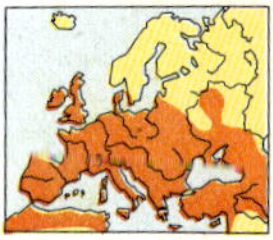

Verbreitung: fast ganz Europa; *fehlt:* Nordeuropa (Island, Skandinavien [außer Südschweden] Finnland, Norden der UdSSR), Wolgagebiet. **Lebensraum:** offenes, trockenes Gelände; *Teilzieher.* **Nahrung:** Samen, Insekten, Spinnen. **Fortpflanzung:** *Nest* in Bodenvertiefungen unter Büschen; Nestmaterial Pflanzenstengel, Wurzelfasern; Auslage Haare, Wolle; 1 *Brut* (mancherorts 2–3) April–Juli; *Eier* 4–5 (2–6), fleischfarben, mit rötlichgrauen, braunen Flecken, Schnörkeln; *Brutdauer* 11–14 Tage; ♀ brütet; die *Jungen* verlassen mit 9–12 Tagen noch nicht flügge das Nest; werden zunächst vom ♀, danach auch vom ♂ gefüttert; *Nesthocker.* **Ruf:** „ticks". **Gesang:** „zick-zick-zick-terirrl".

Zaunammer
Emberiza cirlus LINNÉ

So groß wie Goldammer; ♂ Kopf olivgrün, mit dunklem Scheitel, Gesichtszeichnung auffallend schwarz, gelb, Kehle schwarz, Brust gelb, mit olivgrünem Querband; ♀ matter, stark gestreift; **17 cm.**

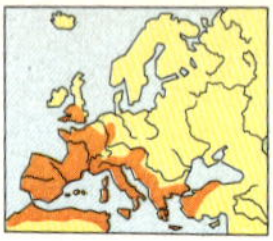

Verbreitung: Pyrenäenhalbinsel, Frankreich, Südengland, Schweiz, Italien, Westen der Bundesrepublik Deutschland; *lokal:* Balkan; Mittelmeerinseln. **Lebensraum:** trockenes, hügeliges Gelände mit Büschen; Getreide-, Kleefelder mit Knicks; *Jahresvogel.* **Nahrung:** Beeren, Insekten, deren Larven, Samen. **Fortpflanzung:** napfförmiges *Nest* in Bodennähe in Büschen oder auf dem Boden; Nestmaterial Halme, Moos; Auslage Haare, Federn; 2 *Bruten* (selten 3) April–August; *Eier* 3–5 (2–6), grauweiß, mit dunklen Flecken, Schnörkeln; *Brutdauer* 11–13 Tage; ♀ brütet, ♂ und ♀ betreuen die *Jungen,* die mit 10–15 (–17) Tagen das Nest verlassen; *Nesthocker.* **Ruf:** „zip", „sissi-sissi-sip". **Gesang:** klirrend „zirl", ähnlich Zaungrasmücke.

Ortolan
Emberiza hortulána hortulána LINNÉ

So groß wie Goldammer; ♂ Kehle, Bartstreif, Augenring gelblich; Kopf, Brust olivgrün, Unterseite zimtfarben; ♀ heller; Jungvögel braungestreift; **17 cm.**

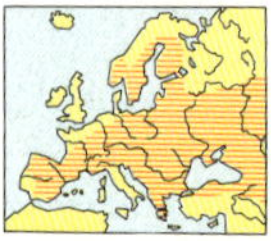

Verbreitung: fast ganz Europa; *fehlt:* Island, Großbritannien, Norden Skandinaviens, Finnlands, der UdSSR; Mittelnorwegen, Dänemark, Norden der Bundesrepublik Deutschland, Nordfrankreich, Süditalien, Südwestspanien, Mittelmeerinseln. **Lebensraum:** offenes Gelände mit Büschen, Baumgruppen, besonders an Landstraßen, Waldrändern; *Zugvogel.* **Nahrung:** Samen, Beeren, Insekten. **Fortpflanzung:** 1 *Brut* Mai–Juni; *Eier* 4–6 (3–7), rötlichgrau bis weißgrau, mit einzelnen dunklen Punkten, Schnörkeln; *Brutdauer* 11–14 Tage; ♀ brütet, ♂ und ♀ betreuen die *Jungen,* die mit 10–15 Tagen das Nest verlassen; *Nesthocker.* **Ruf:** „tzügg", „jüpp". **Gesang:** weich „jif-jif-jif-tjör-tjör-tjör".

Grauer Ortolan
Emberiza hortulána cáesia CRETSCHMAR

Größer als Haussperling; ♂ Kehle zimtbraun; Kopf, Brustband leuchtend blaugrau; ♀ ohne Gelb an der Kehle; **16 cm.**

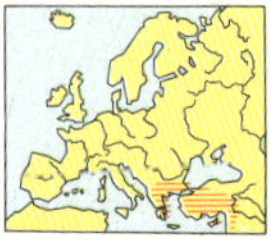

Verbreitung: Albanien, Griechenland, Westtürkei. **Lebensraum:** kahles Felsgelände bis 1200 m mit geringer Vegetation; *Zugvogel.* **Nahrung:** unbekannt. **Fortpflanzung:** nistet am Boden; *Nesthocker.* **Ruf:** „stjip". **Gesang:** wie Ortolan.

231.1 Kohlmeise

231.2 Gelege: Rauchschwalbe

231.3 Gelege: Feldlerche

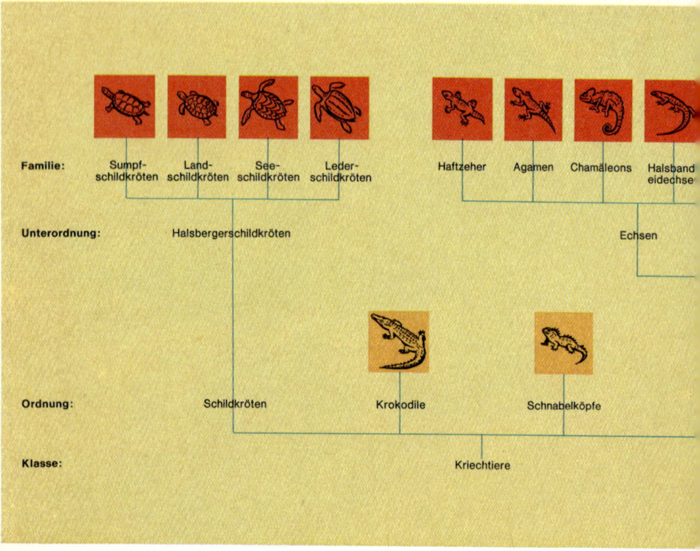

232.1 System der Kriechtiere

Klasse: Kriechtiere *(Reptilia)*

Wechselwarme Tiere *mit Lungenatmung;* vorwiegend *Landtiere;* Körper mit Hornschuppen oder Hornschildern bedeckt oder gepanzert (mit Knochenplatten); fühlen sich niemals feucht oder schlüpfrig an; Gliedmaßen vorhanden oder fehlend; Übertragung des Samens durch Begattungsorgane *(Innenbefruchtung);* oft Geschlechtsdimorphismus; meist sind die ♂♂ prächtiger gefärbt als die ♀♀; vor der Paarung oft artspezifische „Liebesspiele“; Revierkämpfe nicht selten; *kein Larvenstadium;* die *Jungen* schlüpfen *voll entwickelt* aus dotterreichen Eiern oder werden lebend geboren; insgesamt vier Ordnungen (Abb. 232.1). In Europa kommen Vertreter aus zwei Ordnungen, den Schildkröten (I.) und den Schuppenkriechtieren (IV.), vor.

I. Ordnung: Schildkröten *(Testúdines)*

Körper mit knöchernem Hautpanzer (Rücken- und Bauchpanzer), der Öffnungen für Kopf, Gliedmaßen und Schwanz hat; Knochenplatten in der Regel mit Hornschildern überdeckt, deren Zahl und Anordnung wichtige Bestimmungsmerkmale darstellen (Abb. 233.1, 3 u. 4). Kiefer ohne Zähne, aber mit scharfrandigen Hornscheiden; After (Kloake) als Längsspalte oder rundlich geformt. **S. 232**

IV. Ordnung: Schuppenkriechtiere *(Squamáta)*

Körper ohne Knochenpanzer, mit Schuppen und Schildern bedeckt; Kiefer mit Zähnen (Abb. 237.2), ohne Hornscheiden; After als Querspalte ausgebildet. **S. 237**

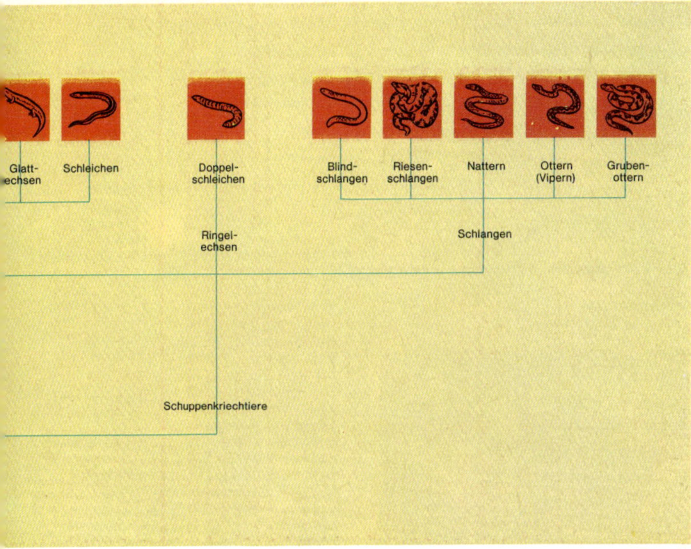

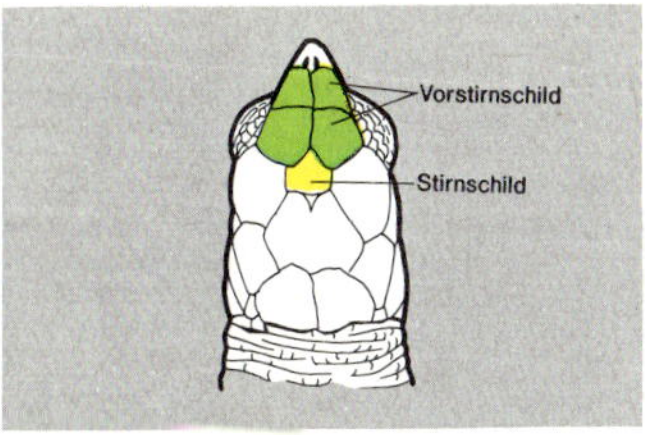

233.1 **Echte Karettschildkröte: Kopf von oben**

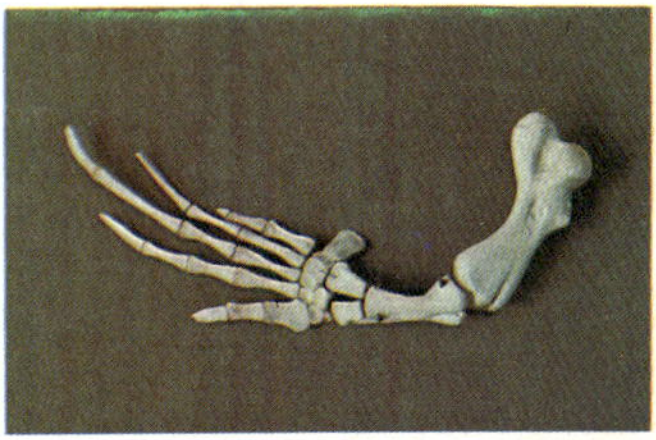

233.2 **Schwimmschildkröte: Hand als „Schwimmflosse" ausgebildet**

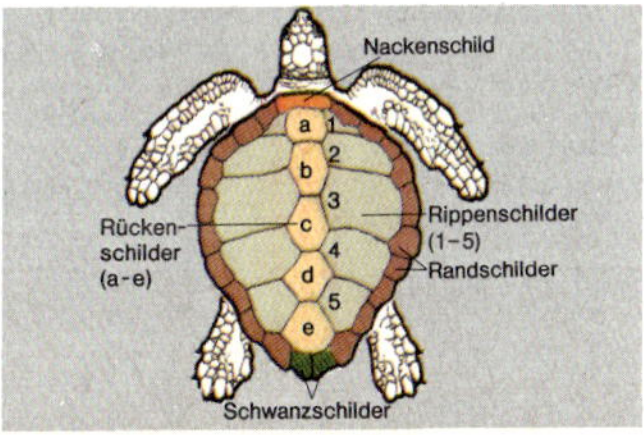

233.3 **Unechte Karettschildkröte: Rückenseite**

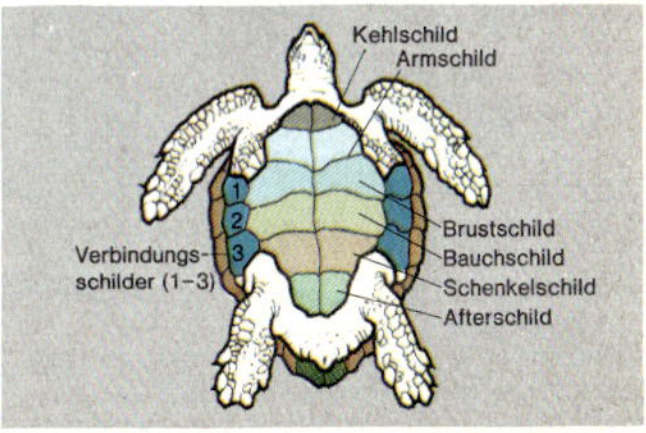

233.4 **Unechte Karettschildkröte: Bauchseite**

I. Ordnung: Schildkröten *(Testúdines);* man teilt die Schildkröten in 12 Familien ein:

I. Unterordnung: Halsbergerschildkröten *(Cryptodíra);* in Europa 4 Familien:

1. Familie: Alligatorschildkröten *(Chelýdridae);* in Europa keine Vertreter.

2. Familie: Schlammschildkröten *(Kinostérnidae);* in Europa keine Vertreter.

3. Familie: Tabasco-Schildkröten *(Dermatemýdidae);* in Europa keine Vertreter.

4. Familie: Großkopfschildkröten *(Platystérnidae);* in Europa keine Vertreter.

5. Familie: Sumpfschildkröten *(Emýidae);* Süßwasser- oder Landbewohner; in Europa Vertreter aus drei Gattungen:

Gattung: Sumpfschildkröten *(Émys);* Hals ohne Längsstreifen; Bauchpanzer bei älteren Tieren aus 2 Teilen bestehend, durch Scharniergelenk beweglich verbunden; in Europa nur eine Art:

Sumpfschildkröte
Émys orbiculáris (LINNÉ)

Panzer elliptisch-eiförmig; Oberseite gelbbraun bis schwarz, mit gelben Flecken und Linien; Unterseite schmutziggelb mit wenigen dunklen Punkten; Vorder- und Hinterfüße mit Schwimmhäuten und je fünf Krallen; Panzer **26–36 cm,** Schwanz beim ♂ **16–24 cm,** beim ♀ **13–18 cm** lang.

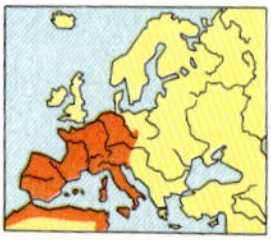

Verbreitung: von Nordwest-Afrika bis Mittel- und Südeuropa; in der DDR vereinzelt östlich der Elbe; Funde in der Bundesrepublik Deutschland sind entlaufene Exemplare. **Lebensraum und Lebensweise:** bevorzugt stehende und langsam fließende Gewässer; lebt amphibisch; flieht bei Gefahr ins Wasser; sehr scheu; sonnt sich gern; Winterschlaf unter Wasser im Bodenschlamm. **Nahrung:** kleine Fische, Lurche, Wasserinsekten und deren Larven, auch Würmer. **Fortpflanzung:** Paarung im April; Eiablage im Mai; Eier 10–15, walzenförmig und taubeneigroß; zunächst weichhäutig, erhärten an der Luft schnell; werden in ein mit den Hinterfüßen und dem Schwanz ausgehobenes etwa 8 cm tiefes Loch gelegt und mit Erde bedeckt. Schlüpfzeit im Herbst oder Frühjahr.

Gattung: Wasserschildkröten *(Clémmys);* Hals abwechselnd dunkel und hell längsgestreift; Bauchpanzer in einem Stück; Vorderfüße mit 5, Hinterfüße mit 4 Krallen; Zehen bis zu den Krallen durch Schwimmhäute verbunden; in Europa zwei Arten:

Maurische Wasserschildkröte
Clémmys leprósa (SCHWEIGGER)

Oberseite braun; Schilder in der Mitte mit rotgelben oder roten Flecken; Unterseite gelblichbraun; Hals mit roten bis orangefarbenen Längsstreifen; Körperlänge **6–7 cm.**

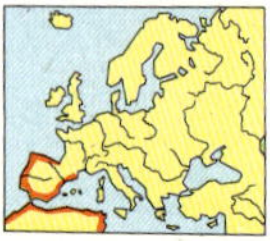

Verbreitung: Pyrenäenhalbinsel, Nordwestafrika. **Lebensraum und Lebensweise:** bevorzugt stehende und langsam fließende Gewässer; sonnt sich auf herausragenden Felsen ihres Wohngewässers; gräbt sich bei Gefahr in den Schlammboden ein; ist sehr scheu; läßt sich auch aus beträchtlicher Höhe ins Wasser fallen; hält kurzen Winterschlaf. **Nahrung:** Kaulquappen, kleine Fische und Insektenlarven. **Fortpflanzung:** Eier weiß, länglich (bis 3,8 cm lang und 2,1 cm dick); die Jungen schlüpfen Ende März bis Anfang April.

Kaspische Wasserschildkröte
Clémmys cáspica rivuláta (VALENCIENNES)

Oberseite olivgrün mit netzförmiger, heller Zeichnung; Unterseite dunkel; Panzer elliptisch; Iris schwarzbraun; Länge bis **25 cm.**

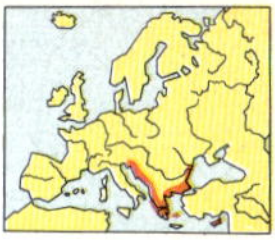

Verbreitung: Kleinasien und Syrien; in Europa: Zypern, Kykladen, Ionische Inseln, Balkanstaaten. **Lebensraum** und **Lebensweise:** bevorzugt sumpfiges Gelände mit stehenden oder langsam fließenden Gewässern; kann gut schwimmen und tauchen, ist auch auf dem Land sehr behende; hält Winterschlaf im Uferschlamm; **Nahrung:** Kaulquappen, kleine Fische und Insektenlarven. **Fortpflanzung:** Eiablage im Juli; Eier 4–5, bis 4,4 cm lang und 2,5 cm dick, werden im Uferbereich verscharrt; Jungtiere schlüpfen nach 2–3 Monaten; die Rückenschildlänge der frisch geschlüpften Jungen bis 2,7 cm.

6. Familie: Landschildkröten *(Testudinidae);* mehr als 40 Arten und Rassen, vor allem in den wärmeren Ländern; kleine bis sehr große Formen (wie z. B. die Elefantenschildkröten); alle mit sehr hartem, hoch gewölbtem Panzer; in Europa nur eine Gattung:

Gattung: Landschildkröten *(Testúdo);* Rückenpanzer der europäischen Arten sehr hart, gleichmäßig hoch gewölbt; in Europa drei Arten:

Griechische Landschildkröte
Testúdo hermánni GMELIN

Beine kurz und plump; Zehen miteinander verwachsen (Klumpfüße); vorne fünf, hinten vier Krallen; Oberseite olivgelb, dunkel gemustert; Unterseite an beiden Seiten mit schwarzem Band; Schwanzende mit Nagel; Panzer **20 cm** lang.

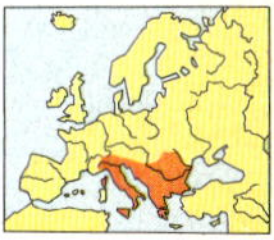

Verbreitung: hauptsächlich Balkan, außerdem Italien, Sizilien und Korsika. **Lebensraum** und **Lebensweise:** ebenes, seltener auch bergiges Gelände (jedoch selten über 700 m); meidet extreme Temperaturen; hält sich jedoch auch in Freilandterrarien in nördlicheren Gegenden; Winterschlaf in der Erde. **Nahrung:** verwesende Tiere und Pflanzen, aber auch Würmer, Schnekken und Kerbtiere; in Gefangenschaft (am besten im Freilandterrarium) füttert man sie mit Obst, Salatblättern und Küchenabfällen. **Fortpflanzung:** Eiablage im Juni; Eier 4–5, weiß, taubeneigroß; werden in der Erde verscharrt; Schlüpfzeit ab September. – Sehr ähnlich der Griechischen Landschildkröte ist die **Breitband-Schildkröte** *(Testúdo margináta),* aber leicht zu unterscheiden durch 4–5 Längsreihen großer, geschindelter Schuppen auf der Vorderseite des Unterarmes; kommt in Südostgriechenland vor.

Maurische Landschildkröte
Testúdo graēca LINNÉ

Ähnlich wie vorige Art, aber Unterseite in der Mitte mit schwarzem Längsstreifen; Oberschenkel mit Hornhöcker; hinteres Randschild ungeteilt; Panzer **20–25 cm** lang.

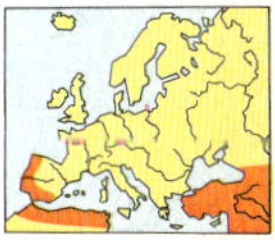

Verbreitung: Südwestspanien, Nordafrika und Südwestasien. **Lebensraum** und **Lebensweise:** bevorzugt trockenes Gelände; sonnt sich gern; hält kurzen Winterschlaf in der Erde. **Nahrung:** hauptsächlich vegetabilisch, gelegentlich auch Würmer und Schnecken. **Fortpflanzung:** wie Griechische Landschildkröte.

7. Familie: Seeschildkröten *(Cheloniidae);* Meeresbewohner; bei manchen Arten kommen die ♂♂ nie, die ♀♀ nur zur Eiablage an Land. In Europa Vertreter aus vier Gattungen:

Gattung: Suppenschildkröten *(Chelónia);* Oberseite des Kopfes hat nur 1 Paar Vorstirnschilder (Praefrontalia; vgl. Echte Karettschildkröte, Abb. 233.1); vollendetes Meerestier; oft mitten auf dem Ozean; in Europa nur eine Art:

Suppenschildkröte
Chelónia mýdas (LINNÉ)

Oberseite dunkel blaugrün, mit hellen Flecken; Unterseite rahmfarben bis schmutzig weiß; jederseits vier Rippenschilder; Vorderfüße meist nur mit einer Kralle; bis **150 cm** lang; bis zu **450 kg** schwer.

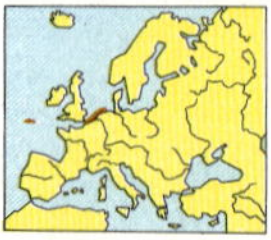

Verbreitung: alle tropischen und subtropischen Meere; in Europa an den Küsten Hollands und Belgiens beobachtet. **Lebensraum** und **Lebensweise:** bevorzugt warme Meere und liebt die offene See, ist aber auch an Flußmündungen anzutreffen. **Nahrung:** Meerestiere, besonders im Alter auch Meerespflanzen. **Fortpflanzung:** Eiablage am Meeresstrand; Eier werden im Sand verscharrt. **Wirtschaftliche Bedeutung:** Fleisch sehr schmackhaft; daher stark bejagt und stellenweise selten geworden.

Gattung: Echte Karettschildkröten *(Eretmóchyles);* Rückenpanzer jederseits mit 4 Rippenschildern; oberseits des Kopfes mit 2 Paar Praefrontalschildern vor dem großen, unpaaren Frontale (vgl. Abb. 233.1); in Europa nur eine Art:

Echte Karettschildkröte
Eretmóchyles imbricáta (LINNÉ)

Oberseite braun, manchmal gelb gefleckt; Unterseite gelb; Panzer bis **90 cm** lang.

Verbreitung: hauptsächlich Atlantik und Karibisches Meer; gelegentlich Mittelmeer, Nordsee und englische Küste. **Lebensraum** und **Lebensweise:** bevorzugt warme Meere; liebt die offene See. **Nahrung:** Meerestiere. **Fortpflanzung:** Eiablage April bis Juni; Eier etwa 100; werden an den Meeresküsten im Sand verscharrt. **Wirtschaftliche Bedeutung:** Hornschilder werden in der Industrie verwendet (wegen der starken Bejagung ist diese Schildkröte stellenweise selten geworden).

Gattung: Unechte Karettschildkröten *(Carétta);* Rückenpanzer jederseits mit 5 Rippenschildern (Abb. 233.3); in Europa nur eine Art:

Unechte Karettschildkröte
Carétta carétta (LINNÉ)

Oberseite hellbraun, bei Jungtieren dunkler; Unterseite gelbbraun; Kopf groß, dick, mit starken Kiefern; Vorderbeine mit höchstens zwei Krallen; Panzerlänge bis zu **1 m.**

Verbreitung: Atlantik, Mittelmeer; auch französische, belgische, holländische und englische Küsten; selten in der Nordsee. **Lebensraum** und **Lebensweise:** bevorzugt warme Meere; liebt die offene See. ♂♂ leben ausschließlich im Wasser; auch Paarung im Wasser; ♀♀ suchen nur zur Eiablage die Küste auf. **Nahrung:** Meerestiere verschiedenster Art. **Fortpflanzung:** Eiablage April–Juni. Eier etwa 100; werden an den Meeresküsten im Sand verscharrt.

8. Familie: Lederschildkröten *(Dermochelýidae);* Panzer mit lederartiger Haut überzogen, stromlinienförmig, hinten verschmälert, Vorderbeine lang, flach, verbreitert, als Schwimmflossen ausgebildet; Rückenpanzer mit sieben, Bauchpanzer mit fünf Längskielen; nur eine Gattung:

Gattung: Lederschildkröten *(Dermóchelys);* nur eine Art:

Lederschildkröte
Dermóchelys coriácea (LINNÉ)

Oberseite braun, hell gefleckt; Panzer aus vielen kleinen Knochenplatten, die mit lederartiger Haut bedeckt sind; Panzer bis **200 cm** lang; Gewicht **500–600 kg.**

Verbreitung: hauptsächlich im Atlantik; gelegentlich im Mittelmeer sowie an der englischen und französischen Küste, seltener in der Nordsee. **Lebensraum und Lebensweise:** bevorzugt warme Meere; ♂♂ leben ausschließlich im Wasser; ♀♀ gehen nur zur Eiablage an Land. **Nahrung:** Meerestiere (z. B. Medusen) und Algen. **Fortpflanzung:** Eier 90–150; werden an den Meeresküsten im Sand verscharrt. **Wirtschaftliche Bedeutung:** gering.

II. Ordnung: Schnabelköpfe *(Rhynchocephália);* in Europa nicht vertreten.

III. Ordnung: Krokodile *(Crocodýlia);* in Europa keine Vertreter.

IV. Ordnung Schuppenkriechtiere *(Squamáta)*
Langgestreckte Tiere; Hornschuppen und -schilder können glatt oder gekielt sein; die Zahl der Schuppenreihen an der Rückenhaut wird an der dicksten Stelle des Körpers oder etwas weiter vorn von Bauchrand zu Bauchrand gezählt; sie beträgt z. B. 19 bei den **Wassernattern** *(Nátrix),* 21 (zuweilen 23) bei den Kletternattern. Äußere Schicht der Oberhaut wird periodisch abgeworfen, je nach Alter und Ernährung verschieden oft (in ein- bis mehrmonatigen Abständen; Häutung); Eier mit Pergamentschale; manche Arten sind lebendgebärend; 3 Unterordnungen:

I. Unterordnung: Echsen *(Saúria);* Gliedmaßen meist vorhanden, zuweilen fehlend (Schleichen); Augen gut sichtbar, nicht unter Kopfschildern verborgen; Augenlider können geschlossen werden, sind nicht untereinander verwachsen; **S. 238**

II. Unterordnung: Ringelechsen *(Amphisbaénidae);* Gliedmaßen ganz zurückgebildet; Augen nur undeutlich sichtbar; vor der Afterspalte liegt eine Querreihe von Poren (Analporen); Körper durch Querfurchen geringelt; **S. 247**

III. Unterordnung: Schlangen *(Serpéntes);* Gliedmaßen fast ganz oder völlig zurückgebildet; Augenlider können nicht geschlossen werden, sind zu einer durchsichtigen Kapsel miteinander verwachsen; vor dem After liegt keine Querreihe von Analporen; Körper nicht durch Querfurchen geringelt. **S. 248**

237.1 Eidechse: Skelett

237.2 Eidechse: Schädel; Kiefer bezahnt

238.1 Eidechse: Portrait

I. Unterordnung: Echsen *(Saúria)*; Schädelknochen ziemlich starr verbunden (vgl. Schlangen); Unterkieferhälften fest miteinander verwachsen; Echsen legen Eier oder sind lebendgebärend; alle europäischen Art sind ungiftig; insgesamt 16 Familien; in Europa Vertreter aus 6 Familien:

1. Familie: Haftzeher *(Gekkónidae)*; meist kleinere Echsen mit zarter Haut; Körper rundlich oder von oben nach unten abgeflacht; Augenlider verwachsen, bilden vor dem Auge eine starre, durchsichtige Kapsel; Pupille elliptisch, senkrecht stehend; die bei der Häutung abgestreifte Oberhaut wird in der Regel aufgefressen; in Europa Vertreter aus 4 Gattungen:

Gattung: Nacktfinger-Geckos *(Gymnodáctylus)*; Endglieder der Finger und Zehen nicht geradlinig gestreckt, sondern winklig nach oben gebogen, ohne Haftscheiben; in Europa nur eine Art (mit vielen [16] Rassen):

Ägäischer Nacktfinger-Gecko
Gymnodáctylus kótschyi STEINDACHNER

Körper klein, hellgrau, auf dem Rücken mit zakkigen, schwarzbraunen Querbinden; Oberseite mit Längsreihen aus gekielten Schuppen; **10 cm.**

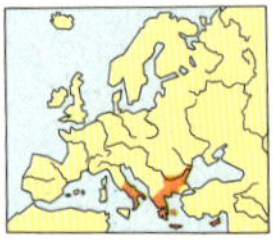

Verbreitung: Griechenland, Bulgarien, Süditalien, Kreta, Zypern, Kykladen. **Lebensraum** und **Lebensweise:** lebt unter Steinen und in Mauerlücken; ist in der Nacht tätig, sonnt sich morgens und am späten Nachmittag; meidet die heiße Mittagssonne. Meistens sitzt er an der Unterseite von Steinen, also mit der Rückenseite zur Erde gekehrt. **Nahrung:** kleine Insekten. **Stimme:** laut tönend.

Gattung: Halbfinger-Geckos *(Hemidáctylus)*; nur die Grundglieder der Finger und Zehen an der Unterseite mit Haftscheiben; in Europa nur eine Art:

Europäischer Halbfinger-Gecko (Scheibenfinger)
Hemidáctylus túrcicus (LINNÉ)

Oberseite fleischfarben, braun gefleckt, mit mehreren Warzenreihen; Unterseite weißlich; Augen groß; Pupille senkrecht; **8–10 cm.**

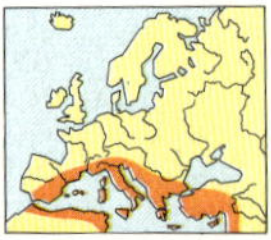

Verbreitung: Mittelmeerländer, Rotes Meer, Westasien. **Lebensraum** und **Lebensweise:** bevorzugt trockenes Gelände mit Geröll und Mauerwerk; hält sich auch gern in Häusern auf; ist in der Nacht tätig; kann geschickt klettern und sich schnell bewegen. **Nahrung:** allerlei kleine, weichhäutige Insekten und Spinnen. **Stimme:** laut quakend.

Gattung: Blattfinger-Geckos *(Phyllodáctylus);* Endglieder der Finger und Zehen mit je zwei blattartigen Haftscheiben, die zu einer Herzform verbunden sind; in Europa nur eine Art:

Europäischer Blattfinger-Gecko
Phyllodáctylus europaeus GENÉ

Oberseite gleichmäßig fein beschuppt; Kopf eiförmig, Rumpf kurz, gedrungen; Körper graugelb; Rücken und Schwanz dunkel graubraune Querbinden; bis **7 cm** lang.

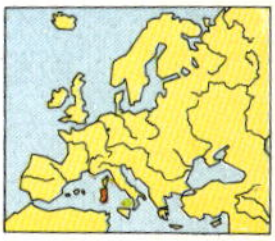

Verbreitung: Korsika, Sardinien, Inseln südöstlich vor Marseille, Monte Argentario bei Orbetello, Tyrrhenische Inseln. **Lebensraum** und **Lebensweise:** bevorzugt trockenes, felsiges Gelände mit Büschen und Bäumen; lebt sehr versteckt unter Steinen und Baumrinde; kann schnell laufen und 20–25 cm weit springen; klettert gut; Schwanz bricht leicht ab, wächst aber sehr schnell nach. **Nahrung:** Insekten. **Fortpflanzung:** Eiablage im Juni; Eier sind etwa so groß wie eine Erbse. **Stimme:** ein leises Piepsen, das besonders bei Beunruhigung des Tieres zu hören ist.

Gattung: Breitzehen-Geckos *(Taréntola);* ganze Unterseite der Finger und Zehen zu Haftscheiben verbreitert; in Europa nur eine Art:

Mauergecko
Taréntola mauritánica (LINNÉ)

Oberseite hellgrau über braun bis schwarz (sehr variabel), mit mehreren Schuppenreihen; Unterseite rahmfarben; Körper plump, abgeflacht; Pupille senkrecht; **10–16 cm.**

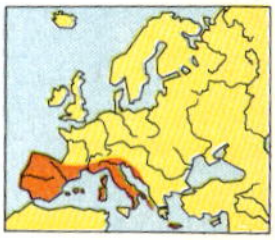

Verbreitung: in den westlichen Mittelmeerländern; östliche Grenze Dalmatien, Ionische Inseln und Kreta. **Lebensraum** und **Lebensweise:** bevorzugt trockenes, sonniges und felsiges Gelände; hält sich auch gern in Gärten und Gebäuden auf; sonnt sich gern; kann gut kettern und bewegt sich schnell. **Nahrung:** allerlei Insekten und Spinnen. **Fortpflanzung:** legt weichschalige und klebrige Eier, die eine Liegezeit von 120 Tagen haben. **Stimme:** leise quiekend.

2. Familie: Flossenfüßer *(Pygopódidae);* in Europa keine Vertreter.

3. Familie: Agamen *(Agámidae);* Oberseite des Kopfes mit kleinen, unregelmäßig verteilten Schuppen oder Schildern; Körper rundlich oder abgeflacht; Pupille rund; in Europa Vertreter aus zwei Gattungen:

Gattung: Eigentliche Agamen *(Agáma);* Ohröffnung deutlich sichtbar; in Europa 3 (davon 2 hier nicht erwähnte im südöstlichen Teil der UdSSR) Arten:

Hardun oder Schleuderschwanz
Agáma stéllio (LINNÉ)

Oberseite hell bis dunkelbraun, mit schwarzen Punkten und hellgelben Flecken; Unterseite rahmfarben; Schwanzende mit dunklen Ringen; **28–30 cm.**

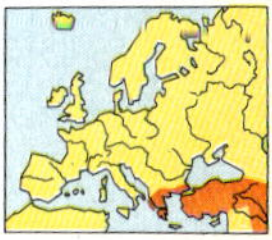

Verbreitung: Griechenland, Ionische Inseln, Ägypten, Mesopotamien, Syrien, Türkei. **Lebensraum** und **Lebensweise:** trockenes, sonniges Gelände mit Geröll und Bäumen; ist trotz seiner plumpen Gestalt sehr beweglich; klettert geschickt auf hohe Bäume und an geneigten Felsen; ändert bei Erregung seine Farbe und nickt mit dem Kopf. **Nahrung:** allerlei Insekten. **Fortpflanzung:** legt zur Paarungszeit ein Prachtkleid an (Oberseite des Kopfes und Nacken z. B. werden ziegelrot); legt Ende April bis Anfang Mai etwa 10 Eier.

Gattung: Krötenkopf-Agamen *(Phrygocéphalus);* ohne äußere Ohröffnung; in Europa drei Arten, alle im äußersten Südosten des Gebietes; davon eine hier behandelt:

Sonnengucker
Phrynocéphalus helióscopus (PALLAS)

Oberseite ungleichmäßig beschuppt; Rücken und Schwanzoberseite mit dunklen Querbinden; knapp **12 cm.**

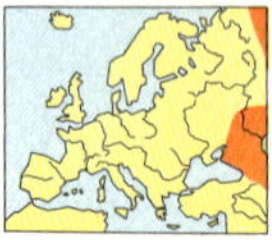

Verbreitung: Süd-UdSSR (im unteren Wolgagebiet) bis Persien und Westsibirien. **Lebensraum und Lebensweise:** in Lehmsteppen ohne Vegetation; läuft stoßweise mit erhobenem Kopf, immer nur kurze Strecken, hält dann an und rollt den Schwanz ein und aus. **Nahrung:** erdbewohnende Ameisen und Asseln, kleine Insekten, die auf dem harten Boden ausruhen. – Im äußersten Südosten der UdSSR leben 2 weitere Krötenkopf-Agamen, der **Gefleckte** und der **Bärtige Krötenkopf,** *Phrynocéphalus guttátus* und *Ph. mystáceus.*

4. Familie: Chamäleons *(Chamaeleónidae);* Oberseite des Kopfes mit kleinen, unregelmäßig gestellten Schuppen oder Schildern; Körper seitlich abgeflacht; Finger und Zehen zu je zwei Gruppen verwachsen, die zusammen eine Greifzange bilden: in Europa nur eine Gattung:

Gattung: Eigentliche Chamäleons *(Chamaeleo);* in Europa nur eine Art:

Europäjsches Chamäleon
Chamaeleo chamaeleon (LINNÉ)

Rückenkante spitzwinkig; Kopf deutlich vom Rumpf abgesetzt und fast kegelförmig; Augen können sich unabhängig voneinander bewegen; Körperfarbe ständig wechselnd; **24–30 cm.**

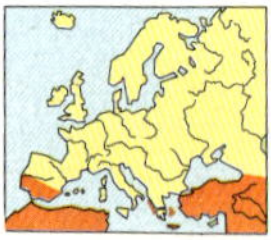

Verbreitung: im Süden Spaniens und Portugals, auf einigen griechischen Inseln und auf Kreta; beheimatet in Nordafrika, in den arabischen Staaten, in Syrien und Kleinasien. **Lebensraum und Lebensweise:** bevorzugt warmes, trockenes Gelände mit Bäumen und Sträuchern; paßt sich jeder Umgebung durch Verändern der Körperfarbe an; bewegt sich sehr langsam, kann gut klettern und benutzt den Schwanz oft zum Festhalten. **Nahrung:** Insekten aller Art, aber nicht stark gepanzerte Käfer; fängt Beute mit hervorschießender etwa 10 cm langer Schleuderzunge. **Fortpflanzung:** etwa 20 Eier werden in selbstgegrabenem Erdloch verscharrt und mit Blättern zugedeckt.

240.1 Eidechse: Schwanzende regeneriert

5. Familie: Leguane *(Leguánidae);* in Europa keine Vertreter.

6. Familie: Nachtechsen *(Xanthusiidae);* in Europa keine Vertreter.

7. Familie: Gürtelschwänze *(Cordýlidae);* in Europa keine Vertreter.

8. Familie: Schienenechsen *(Teiidae);* in Europa keine Vertreter.

9. Familie: Halsbandeidechsen *(Lacértidae);* Körper nicht durch Querfurchen geringelt; Beine alle gut entwickelt; Schwanzschuppen in Wirteln (regelmäßige Querringelung) angeordnet; Oberseite des Kopfes mit großen, symmetrisch verteilten Schildern, die mit Knochentafeln unterlegt sind; Augen freiliegend (nicht von den Kopfschildern verdeckt); Schwanz bricht an vorgebildeten Stellen bestimmter Wirbel leicht ab, wird aber mehr oder weniger vollständig neu gebildet (regeneriert); bei der Häutung wird die alte Oberhaut in Fetzen abgestoßen; Eier pergamentschalig, werden in lockerer Erde eingegraben; in Europa Vertreter aus 6 Gattungen:

Gattung: Halsbandeidechsen *(Lacérta);* beiderseits vier Überaugenschilder *(Supraocularia);* Rückenschuppen klein, rundlich, schwach oder kaum gekielt; in Europa viele Arten, davon 8 aufgeführt:

Mauereidechse
Lacérta murális (LAURENTI)

Oberseite braun, schwarz gefleckt; Unterseite grauweiß bis gelbrot, blau und schwarz gefleckt; ♂ **19 cm,** ♀ **17,5 cm.**

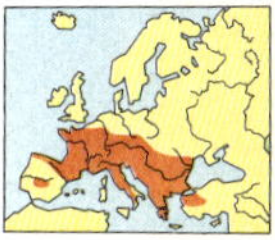

Verbreitung: in Mittel- und Südeuropa; westliche Grenze die Pyrenäen. **Lebensraum** und **Lebensweise:** bevorzugt trockenes, sonniges Gelände mit Felsen und Geröll; bewegt sich schnell und kann gut klettern; hält Winterschlaf unter Steinen. **Nahrung:** allerlei Insekten und deren Larven, Würmer und Schnecken. **Fortpflanzung:** Eiablage Mai–Juni (Juli) in selbstgegrabenen Erdlöchern; Eizahl: 2–8; Schlüpfzeit: nach 6–8 Wochen; Geschlechtsreife: mit 2 Jahren. **Lebensdauer:** 6–8 Jahre.

Südliche Ruineneidechse
Lacérta sícula sícula RAFINESQUE

Oberseite blaugrün bis schmutziggelb, mit Längsreihen schwarzer Punkte; Unterseite rahmfarben bis grün; bis **25 cm.**

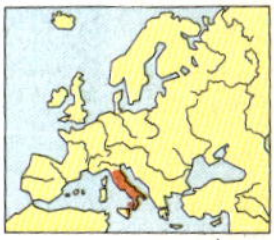

Verbreitung: in Mittel- und Süditalien, Ostsizilien und auf den Liparischen Inseln. **Lebensraum** und **Lebensweise:** bevorzugt trockenes Gelände und hält sich besonders auf Mauern und Steinen auf; ist besonders in Weinbergen zu beobachten; geht auch an sandigen Stränden ihrer Nahrungssuche nach. **Nahrung:** Insekten aller Art.

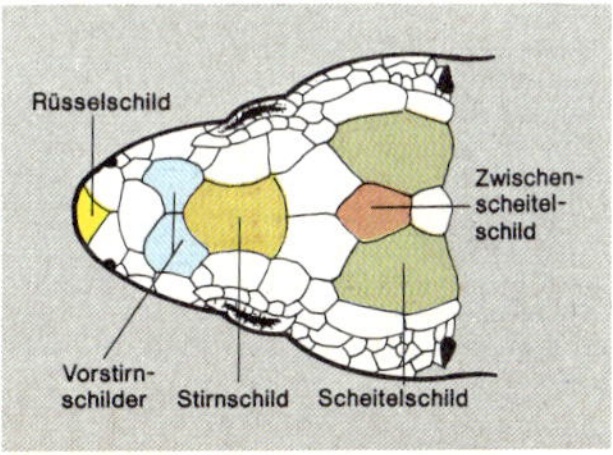

241.1 Zauneidechse: Kopf von oben

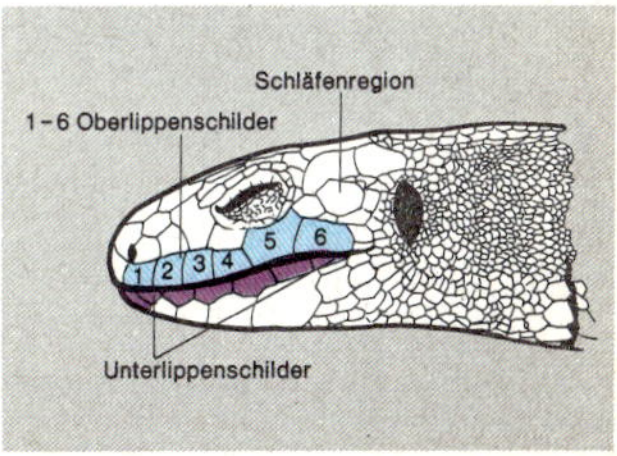

241.2 Zauneidechse: Kopf von der Seite

Nördliche Ruineneidechse
Lacérta sicula campéstris (BETTA)

Oberseite grasgrün bis hellolivgrün; Rücken mit mehr oder weniger dunkler Längsbinde und seitlichen Fleckenreihen; bis **25 cm.**

Verbreitung: in Nord-, Ost- und Süditalien, auf Elba, Korsika, Monte Christo, in Istrien und Dalmatien. **Lebensraum** und **Lebensweise:** wie Südliche Ruineneidechse.

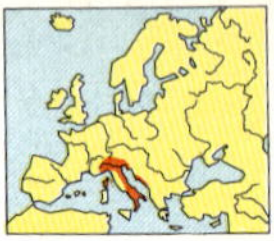

Berg- oder Waldeidechse
Lacérta vivípara JACQUIN

Oberseite graubraun; Unterseite beim ♂ rötlich, beim ♀ grau oder rahmfarben; jederseits ein breites, dunkles Längsband; bis **18 cm.**

Verbreitung: in Nord-, Mittel- und Südeuropa; fehlt in Portugal, Mittel- und Südspanien, Italien und in den südlichen Balkanstaaten. **Lebensraum** und **Lebensweise:** bevorzugt feuchtes, sonniges Gelände in Gewässernähe; ist sehr scheu, klettert wenig und flieht bei Gefahr auch in das Wasser; ist besonders an Waldrändern, Sümpfen und Mooren zu beobachten; hält sich auf den Nordseeinseln auch zwischen der Dünenvegetation auf; in den Alpen bis 3000 m hoch. **Nahrung:** allerlei Insekten und Würmer. **Fortpflanzung:** Paarungszeit Mai–Juni; lebendgebärend, wirft von Juni–August 3–10 Junge.

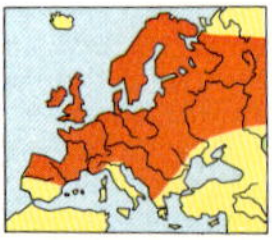

Zauneidechse
Lacérta ágilis LINNÉ

Oberseite grau bis braun, mit einem Längsband schwarzer (♂) oder brauner (♀) Flecken; Unterseite beim ♂ grünlich, beim ♀ weiß bis rahmfarben; **20–24 cm.**

Verbreitung: in Nord- und Mitteleuropa; westliche Grenze in Frankreich; fehlt in Italien und in den Balkanstaaten. **Lebensraum** und **Lebensweise:** bevorzugt Gärten, Böschungen, Wiesen, Feld- und Waldränder; klettert wenig und ist in den Bewegungen nicht so flink; verbirgt sich in Erdlöchern und unter Steinen. **Nahrung:** Kerbtiere und deren Larven. **Fortpflanzung:** Paarungszeit April–Juni; Eiablage Mai–Juli; Eizahl: 5–14, haselnußgroß; Schlüpfzeit: nach 8 Wochen.

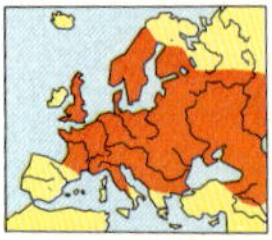

Perleidechse
Lacérta lépida DAUDIN

Größte und farbenprächtigste europäische Eidechse; Flanken mit großen blauen, schwarz eingefaßten Flecken in mehreren Längsreihen; **50 cm** und länger.

Verbreitung: auf der Pyrenäenhalbinsel, in Südfrankreich, auf den Inseln von Hyères und in Ligurien. **Lebensraum** und **Lebensweise:** bevorzugt trockenes Gelände mit Bäumen und Büschen; kann gut klettern und springen; hält sich gern in Bäumen auf; fällt für kurze Zeit in Winterstarre. **Nahrung:** Insekten und kleine Wirbeltiere sowie saftige Früchte (Kirschen, Weinbeeren). **Fortpflanzung:** ♂♂ führen zur Paarungszeit heftige Rivalenkämpfe aus; legt 6–10 Eier in Baumhöhlen (z. B. im Mulm der Ölbäume) ab.

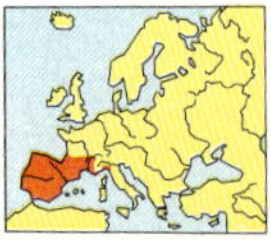

Smaragdeidechse

Lacérta viridis (LAURENTI)

Größte deutsche Eidechse; Oberseite grün bis gelbgrün; Unterseite hellgelb; in der Paarungszeit mit blauer Kehle; Schwanz lang; **40 cm.**

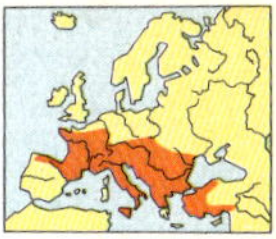

Verbreitung: in Mittel- und Südeuropa; in der Bundesrepublik Deutschland und der DDR am Oberlauf des Rheins, bei Passau und in der Mark Brandenburg. **Lebensraum** und **Lebensweise:** bevorzugt sonniges, steiniges und mit Pflanzen bedecktes Gelände in Gewässernähe; ist sehr scheu und flink; verbirgt sich in Büschen und unter Steinen. **Nahrung:** Insekten und deren Larven, Spinnen, Würmer und kleine Artgenossen. **Fortpflanzung:** Eiablage ein- bis zweimal im Jahr; Eizahl: 5–20, rahmfarben.

Spanische Smaragdeidechse

Lacérta schreiberi BEDRIAGA

Oberseite olivgrün und heller, mit mehreren Reihen größerer, dunkler Flecken; auch Flanken und Unterseite dunkel gefleckt; **20–30 cm.**

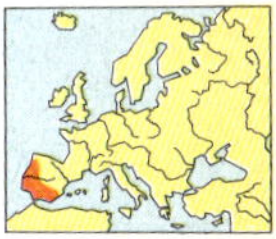

Verbreitung: im Westen und Süden der Pyrenäenhalbinsel. **Lebensraum** und **Lebensweise:** bevorzugt sonnige Berghänge mit Büschen und Geröll; steigt im Gebirge bis 800 m auf.

Gattung: Kieleidechsen *(Algyroides);* Rückenschuppen groß (etwa doppelt so groß wie an den Seiten), stark gekielt, sich dachziegelartig deckend; Halsband deutlich zu erkennen; Bauchschilder rechteckig; in Europa vier Arten:

Prachtkieleidechse

Algyroides nigropunctátus (DUMERIL & BIBRON)

Rückenschuppen groß, stark gekielt, dachziegelartig deckend; Hinterbeine lang; Rückenschuppen doppelt so groß wie die Seitenschuppen; Unterseite beim ♂ hellrot mit blauer Kehle, beim ♀ hellgrün; **14–20 cm.**

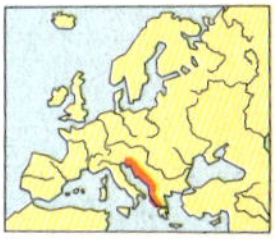

Verbreitung: in Krain, Istrien (mit vorgelagerten Inseln), Westkroatien, Dalmatien, in der Herzogowina, in Montenegro, Albanien, Epirus und auf den Ionischen Inseln. **Lebensraum** und **Lebensweise:** bevorzugt trockenes Gelände mit Steinen und Felsen, Schlupfwinkel in Mauern in der Nähe von Dörfern; ist sehr scheu und flink. **Fortpflanzung:** legt meistens nur 2 große Eier.

Gattung: Sandläufer-Eidechsen *(Psammodrómus);* Lider nicht miteinander verwachsen; Augen können geschlossen werden; Halsband undeutlich oder fehlend; Hautschuppen groß, scharfgekielt, dachziegelartig übereinanderliegend; in Europa zwei Arten:

Algerischer Sandläufer

Psammodrómus algirus algirus (LINNÉ)

Rückenseiten mit je einem durchgehenden gelben Längsstreifen; Schwanz mehr als doppelt so lang wie Kopf und Rumpf zusammen; **20–27 cm.**

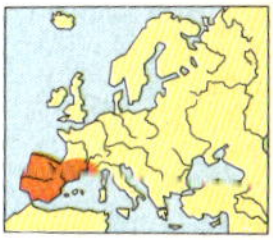

Verbreitung: von Pyrenäenhalbinsel bis Mittelmeerküste Frankreichs. **Lebensraum** und **Lebensweise:** liebt trockene, warme Orte in Gestrüpp und an Kalkfelsen; sehr schnell, schwer zu fangen, schlüpft bei Gefahr sofort in Verstecke (Jungtiere weniger behende, lassen sich leichter fangen); beißt beim Ergreifen in den Finger oder die Hand (wie es viele Eidechsen tun); klettert beim Sonnen auf Büsche; gräbt oft im Sande herum; hält langen Winterschlaf. **Nahrung:** Insekten, insbesondere Heuschrecken, Kleinschmetterlinge, Fliegen, kleine Libellen; in der Gefangenschaft gerne Mehlwürmer. **Fortpflanzung:** während der Paarungszeit heftige Kämpfe der ♂♂, beißen sich unter wütenden Schreien; Eiablage im Mai; Eier 8, kugelrund, verhältnismäßig klein.

Spanischer Sandläufer
Psammodrómus hispánicus (Fitzinger)

Oberseite grau bis braun, jung mit 6, erwachsen mit zwei hellen Längsstreifen; Schwanz höchstens doppelt so lang wie Kopf und Rumpf zusammen; **10–12,5 cm.**

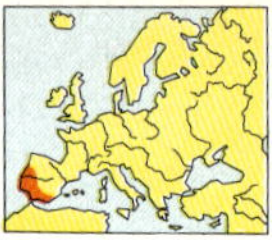

Verbreitung: im Westen und Süden der Pyrenäenhalbinsel; in Südfrankreich. **Lebensraum** und **Lebensweise:** bevorzugt trockenes, sandiges Gelände mit Steinen und Büschen; ist sehr scheu, verbirgt sich im Sand und kann gut klettern.

Gattung: Schlangenaugen *(Óphisops);* Lider vor dem Auge zu einer glasklar durchsichtigen Kapsel verwachsen (vgl. Schlangenauge); in Europa nur eine Art:

Schlangenauge
Óphisops élegans ehrenbérgii (Wiegmann)

Oberseite graubraun bis olivgrün; mit kleinen schwarzen Flecken; Körperseiten mit je zwei hellen Längsstreifen; **14–16 cm.**

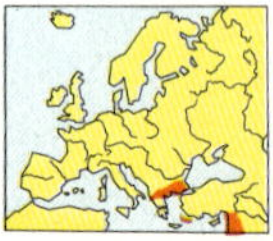

Verbreitung: Südbulgarien, europäische Türkei, Nordostgriechenland, südliche Sporaden; außerdem Syrien, Israel und Mesopotamien. **Lebensraum** und **Lebensweise:** bevorzugt offenes, steiniges Gelände mit Graswuchs; ziemlich flink, aber dennoch leicht zu fangen, da sie sich unter Wurzeln im Gebüsch zu verstecken trachtet, wo man sie leicht findet. **Fortpflanzung:** Eiablage gegen Ende April; Eizahl gering.

Gattung: Fransenfinger-Eidechsen *(Acanthodáctylus);* Augenlider nicht miteinander verwachsen; Auge kann geschlossen werden; Zehen seitlich mit stacheligem Schuppenkamm; in Europa nur eine Art:

Europäischer Fransenfinger
Acanthodáctylus erythrúrus (Schinz)

Schwanz 1½- bis 2mal so lang wie der Körper; Körperoberseite sehr dunkel, mit 7–9 hellen und dunkel punktierten Längsstreifen, ♂♂ an den Seiten blau, ♀♀ gelb gefleckt, Finger und Zehen mit Fransenschuppen; **18–20 cm.**

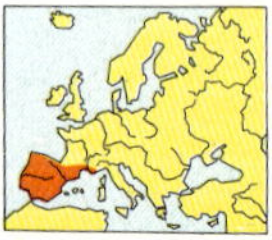

Verbreitung: Pyrenäenhalbinsel, französische Mittelmeerküste. **Lebensraum** und **Lebensweise:** bevorzugt trockenes, sandiges Gelände; ist sehr scheu; bewegt sich schnell, versteckt sich unter Steinen oder in selbstgegrabenen Erdlöchern; sehr schwer zu fangen; läuft stoßweise; ist nur im hellen Sonnenschein sehr aktiv; meidet Nässe, trinkt aber viel. **Nahrung:** allerlei Insekten, hauptsächlich Heuschrecken, aber auch Jungtiere der eigenen Art und anderer Eidechsenarten; verschlingt Beute mit großer Hast.

Gattung: Wüstenrenner-Eidechsen *(Eremias);* Rückenschuppen klein, rundlich und glatt; Zehen seitlich ohne Stachelkamm; in Europa zwei Arten:

Schneller Wüstenrenner
Eremias vélox (Pallas)

Oberseite gelb- bis braungrün, mit vier Längsreihen dunkler Punkte und Flecken; Unterseite weiß oder rahmfarben; Schwanz in der Jugend unterseits korallenrot; **18–20 cm.**

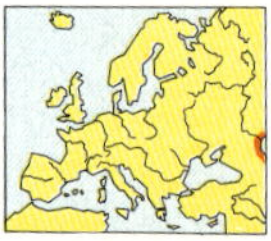

Verbreitung: in der UdSSR an der Ost- und Nordküste des Kaspischen Meeres, in Transkaukasien, Ostturkestan und in der Mongolei. **Lebensraum** und **Lebensweise:** wie *E. arguta deserti.*

Steppenrenner
Eremias argúta desérti (GMELIN)

Oberseite grau oder graubraun, in der Regel mit sechs Längsreihen aus großen, schwarzen Flekken; Unterseite einfarbig; **15 cm.**

Verbreitung: an der Moldau, in der Dobrudscha und im Süden der UdSSR. **Lebensraum** und **Lebensweise:** bevorzugt lehmiges und sandiges Gelände; bewegt sich schnell und verbirgt sich in Erdrissen.

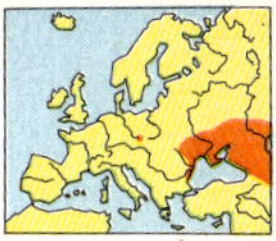

10. Familie: Glattechsen *(Scincidae)*; Oberseite des Kopfes mit großen, symmetrisch angeordneten Schildern; Augen freiliegend, nicht unter den Kopfschildern verborgen; Körper ohne Ringelung; Schwanzschuppen nicht in regelmäßigen Querreihen; Gliedmaßen vorhanden oder fehlend; in Europa drei Gattungen:

Gattung: Natternaugenskinke *(Ablépharus)*; Körper mehr oder weniger eidechsenähnlich; Gliedmaßen vorhanden, aber mitunter stark rückgebildet; Ohröffnungen sichtbar; Lider verwachsen, eine durchsichtige Kapsel bildend; in Europa nur eine Art:

Johannisechse
Ablépharus kitaibéllii BIBRON & BORY

Körper langgestreckt, walzenförmig (ähnlich Blindschleiche); Beine weit voneinander abstehend; Oberseite glänzend hellbraun; in der Regel mit zwei dunklen Längsstreifen; Unterseite glänzend grünlich-weiß; **9–11 cm.**

Verbreitung: Balkan, Kykladen und Südliche Sporaden. **Lebensraum** und **Lebensweise:** sandige Orte und grasbewachsene Hügel; erinnert in ihrem Verhalten mehr an Blindschleichen als an Eidechsen; horcht z. B. wie Blindschleichen bei Gefahr längere Zeit starr auf, bevor sie flüchtet, schlängelt aber sehr gewandt; erklimmt auch rauhe Wände; Tagtier; besonders am Nachmittag tätig! **Nahrung:** kleinere Insekten aller Art. **Fortpflanzung:** legt Eier.

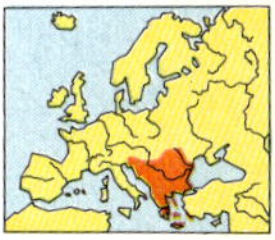

Gattung: Schlangenskinke *(Ophiomórus)*; Körper lang, schlangenartig gestreckt, ganz ohne äußere Gliedmaßen; Ohröffnungen nicht sichtbar; in Europa nur eine Art:

Gesprenkelter Schlangenskink
Ophiomórus punctatissimus (BIBRON & BORY)

Körper äußerlich blindschleichenähnlich; mit feinen Längslinien oder Punktreihen; **16–18 cm.**

Verbreitung: Griechenland und Kleinasien. **Lebensraum** und **Lebensweise:** lebt unter Steinen.

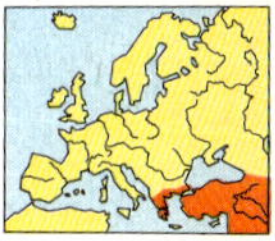

Gattung: Walzenskinke *(Chálcides)*; Körper mit vier (mitunter stark rückgebildeten) Gliedmaßen; mehr oder weniger eidechsenähnlich; Ohröffnung sichtbar; Lider nicht verwachsen, sondern frei beweglich; in Europa vier Arten:

Spanische Walzenechse
Chálcides bedriagae (BOSCA)

Beine mit je fünf Fingern bzw. Zehen, kurz, die vorderen schwächer ausgebildet; Oberseite hell- bis olivbraun, metallisch glänzend, dunkel gefleckt; Unterseite hellgrau; **12 cm.**

Verbreitung: auf der Pyrenäenhalbinsel. **Lebensraum** und **Lebensweise:** noch wenig bekannt; hält sich unter Steinen auf, wühlt sich in den Boden ein; kommt bei Sonne und zur Nahrungssuche hervor.

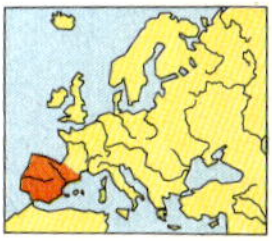

Westliche Walzenechse
Chálcides ocellátus tiligugu (Gmelin)

Größer und plumper als vorige Art; Oberseite grau- bis dunkelbraun; Körperseiten mit dunkler Längsbinde; Unterseite einfarbig weißlich; **25 cm.**

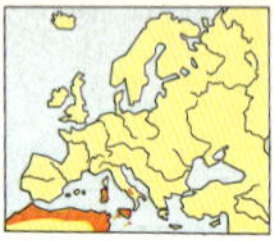

Verbreitung: bei Neapel, auf Sardinien, Sizilien, Malta, Pantelleria und in Nordwest-Afrika. **Lebensraum** und **Lebensweise:** bevorzugt trockenes, sandiges Gelände mit Steinen und Felsen; auch an wüsten Plätzen mit allerlei Unrat (fliegenreiche Orte); bewegt sich sehr flink, gräbt sich geschickt in lockeres Erdreich ein. **Nahrung:** allerlei Insekten. **Fortpflanzung:** bringt lebendige Junge zur Welt.

Walzenechse
Chálcides ocellátus ocellátus (Forskål)

Körper plump, eidechsenähnlich; Beine ziemlich kurz; Oberseite graugrün oder gelbbraun, mit schwarzen, durch einen weißen Strich geteilten Flecken; Unterseite weiß; **16–20 cm.**

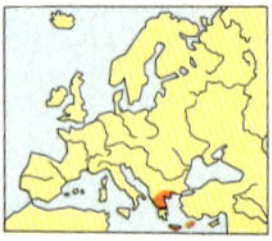

Verbreitung: Griechenland, Euböa, Karpathos, Kea, Kreta und Rhodos. **Lebensraum** und **Lebensweise:** bevorzugt trockenes, sandiges Gelände; wühlt sich bei Gefahr schnell in den Sand ein. **Nahrung:** allerlei Insekten. **Fortpflanzung:** lebendgebärend; wirft 3–10 Junge.

Erzschleiche
Chálcides chálcides striátus (Cuvier)

Körper walzenförmig, an eine Blindschleiche erinnernd; Gliedmaßen stummelförmig, vordere und hintere mit je drei Zehen; 9–13 dunkle Längslinien über den Körper hinziehend; 26 cm.

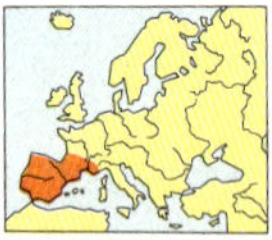

Verbreitung: westliche Mittelmeerländer. **Lebensraum** und **Lebensweise:** bevorzugt feuchte Wiesen; bewegt sich schnell, zuweilen blitzartig (also ganz anders als die Blindschleiche); wird von großen Eidechsen und Schlangen gejagt; ruhende Tiere rollen sich wie eine Natter zusammen; sehr wärmebedürftig, sonnt sich gern; kriecht bei zu niedriger Temperatur in den Erdboden; fällt von Anfang Oktober bis zum Frühling in Winterstarre tief im Boden. **Nahrung:** allerlei Insekten, Spinnen, Würmer und Schnecken. **Fortpflanzung:** ♂♂ raufen sich oft, besonders zur Paarungszeit; lebendgebärend; wirft etwa 15 Junge.

11. Familie: Schleichen *(Angúidae);* Oberseite des Kopfes mit großen, symmetrisch angeordneten Schildern; Augen freiliegend; Beine vorhanden oder fehlend; in Europa Vertreter aus zwei Gattungen:

Gattung: Panzerschleichen *(Ophisāurus);* an jeder Seite des Rumpfes vom Hals bis zum After eine tiefe Furche; in Europa nur eine Art:

Panzerschleiche oder **Scheltopusik**
Ophisāurus ápodus Pallas

Vorderbeine fehlend, Hinterbeine als winzige Schüppchen ausgebildet; Oberseite bräunlich; Unterseite heller; Körper mit harten Schuppen besetzt; bis **110 cm.**

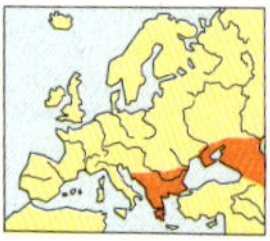

Verbreitung: Balkanstaaten von Nordjugoslawien bis zum Donaudelta, Süden der UdSSR. **Lebensraum** und **Lebensweise:** offenes Gelände mit Wiesen, Feldern und Buschwerk, auch im vegetationsarmen Karst; kann sich schnell bewegen und versteckt sich gern unter Geröll. **Nahrung:** Eidechsen, kleine Warmblüter (vor allem Mäuse), Vogeleier, Schnecken, Heuschrecken und Insekten. **Fortpflanzung:** Paarungskämpfe der ♂♂; Eier werden unter dichtem Gebüsch und unter Laub abgelegt. Junge nehmen erst im 3. Lebensjahr (bei etwa 30 cm Länge) die Färbung erwachsener Tiere an.

Gattung: Eigentliche Schleichen *(Ánguis);* Rumpfseiten ohne Furchen; in Europa nur eine Art:

Blindschleiche
Ánguis frágilis (Linné)

Keine äußerlich sichtbaren Spuren von Beinen; von den Schlangen durch die Beschuppung mit glatten, gleichartigen Schildern und bewegliche Augenlider zu unterscheiden; Oberseite blaugrau bis dunkelgraubraun, mitunter mit schwarzer Mittellinie; Unterseite dunkler; **40–50 cm.**

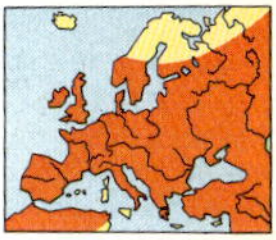

Verbreitung: fast ganz Europa; fehlt auf den meisten Mittelmeerinseln und auf der Krim. **Lebensraum** und **Lebensweise:** bevorzugt feuchte Wiesen und Wälder; meidet trockenes Gelände; lebt einzeln und hält Winterschlaf in Erdlöchern; bewegt sich langsam. **Nahrung:** Regenwürmer, Nacktschnecken und kleine Insekten. **Fortpflanzung;** lebendgebärend; wirft von Juli–August 5–26 Junge. **Lebensalter:** bis 46 Jahre.

12. Familie: Beinlose Eidechsen *(Anniéllidae);* in Europa keine Vertreter.

13. Familie: Höckerechsen *(Xenosaúridae);* in Europa keine Vertreter.

14. Familie: Krustenechsen *(Helodermátidae);* in Europa keine Vertreter.

15. Familie: Warane *(Varánidae);* in Europa keine Vertreter.

16. Familie: Taubwarane *(Lanhanótidae);* in Europa keine Vertreter.

II. Unterordnung: Ringelechsen *(Amphisbaénia);* Oberseite des Kopfes mit großen, symmetrisch angeordneten Schildern; Augen liegen unter den Kopfschildern verborgen, sind äußerlich kaum zu erkennen; in Europa nur eine Familie:

1. Familie: Doppelschleichen *(Amphisbaénidae);* Körper wurmförmig; Schwanz dick, walzenförmig, stumpf; in Europa nur eine Gattung:

Gattung: Netzwühlen *(Blánus);* in Europa nur eine Art:

Ringelschleiche oder **Netzwühle**
Blánus cinéreus (Vandelli)

Oberseite gelbrot bis rötlich-grau und braun (Färbung sehr variabel); Unterseite heller; Körper wie beim Regenwurm in Ringe unterteilt, mit Längsfurchen; **22 cm.**

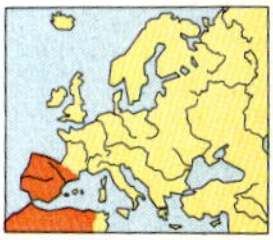

Verbreitung: auf der Pyrenäenhalbinsel, in Algerien und Marokko. **Lebensraum** und **Lebensweise:** bevorzugt nicht zu harten Boden, der mit Steinen bedeckt ist; lebt sehr versteckt und ist selten zu beobachten; gräbt wie ein Regenwurm unter der Erde Gänge; bewegt sich in den Gängen sowohl vorwärts als auch rückwärts; jagt nur nachts, bei Regenwetter auch am Tage über der Erde. **Nahrung:** Insekten und (hauptsächlich) Tausendfüßler. **Fortpflanzung:** legt Eier, meist nur sehr wenige.

III. Unterordnung: Schlangen *(Serpéntes);* die Oberkieferknochen sind nicht mit den Schädelknochen und die Unterkieferhälften nicht miteinander verwachsen, sondern durch Sehnen beweglich miteinander verbunden; daher Maul sehr dehnbar, wodurch das Verschlingen relativ großer Beutetiere möglich wird; Giftschlangen mit aufrichtbaren Giftzähnen (Abb. 248.2); Gliedmaßen fehlen; Haut (auch die oberen Schichten der durchsichtigen Augenlider) wird, am Kopf beginnend, bei der Häutung in einem Stück (Natternhemd; Abb. 248.3) abgestreift (an Zweigen, Unebenheiten des Bodens usw.); bewohnen fast alle warmen und gemäßigten Gebiete der Erde, auf dem Lande, im Süß-, Brack- und Meerwasser, auf und im Boden sowie auf Bäumen; fallen in kälteren Gegenden unter Moos, Steinen sowie in Erd- und Baumhöhlen in Winterstarre; Lebensdauer unterschiedlich, werden in der Regel wohl nicht älter als 6–8 Jahre. Wie bei den Eidechsen ist die Beschilderung des Körpers, insbesondere des Kopfes (Abb. 251.1–3) für die Bestimmung der Schlangenarten von Bedeutung; insgesamt 12 Familien (Abb. 232.1); aus der 1., 6., 8., 11. und 12. Familie kommen Vertreter in Europa vor.

248.1 Kreuzotter, mit abgestreifter Haut

248.2 Schädel einer Giftschlange

248.3 Natternhemd

248.4 Schlangenskelett

1. Familie Blindschlangen *(Typhlópidae);* klein, wurmförmig; Beckenreste vorhanden; Körper mit einförmigen Rundschuppen bedeckt, die am Rücken und Bauch etwa gleich groß sind; Augen von den Kopfschildern verdeckt; in Europa nur eine Gatttung:

Gattung: Eigentliche Blindschlangen *(Týphlops);* in Europa nur eine Art:

Wurmschlange
Týphlops vermiculáris MERREM

Oberseite gelbbraun, mit kleinen braunen Punkten; Unterseite heller; Schwanz mit Dorn; bis **33 cm.**

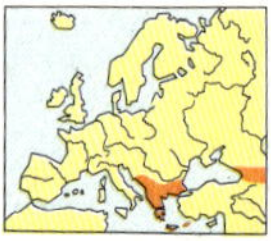

Verbreitung: Südjugoslawien, Albanien, Südbulgarien, Griechenland, auf Naxos und Rhodos; in der UdSSR im Kaukasus; außerdem in Persien und Afghanistan. **Lebensraum** und **Lebensweise:** bevorzugt feuchtes Gelände mit Steinen; lebt sehr versteckt im Erdreich und unter Steinen, wo sie ihre Nahrung findet; bewegt sich flink. **Nahrung:** Insekten und Würmer.

2. Familie: Schlangenblindschleichen *(Leptotyphlópidae);* in Europa keine Vertreter.

3. Familie: Rollschlangen *(Aniliidae);* in Europa keine Vertreter.

4. Familie: Schildschwänze *(Uropéltidae);* in Europa keine Vertreter.

5. Familie: Erdschlangen *(Xenopéltidae);* in Europa keine Vertreter.

6. Familie: Riesenschlangen *(Bóidae);* kleinere bis sehr große Schlangen (4 m und mehr); Bauchschilder viel größer als Rückenschilder; Schilder auf der Schwanzunterseite in einer einzigen Längsreihe angeordnet; Schwanzende stumpf, abgerundet; Augen freiliegend; in Europa nur eine Gattung:

Gattung: Sandboas *(Éryx);* in Europa zwei Arten:

Westliche Sandboa
Éryx jáculus túrcicus (OLIVIER)

Körper kräftig, walzenförmig, auf ganzer Länge etwa gleich dick; Schnauze aufgestülpt, weit über den Unterkiefer hinausragend; Augen an den Kopfseiten liegend; Pupille senkrecht; **80 cm.**

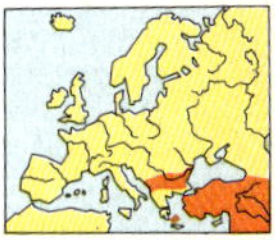

Verbreitung: Nordwesten der Balkanstaaten bis Korfu und Südalbanien, im Norden bis Südjugoslawien, Nordgriechenland, Bulgarien, Dobrudschagebiet, im Osten bis Konstantinopel, Kykladen, westliches Kleinasien. **Lebensraum und Lebensweise:** bevorzugt sandiges Gelände; gräbt sich schnell und mit großem Geschick in lockerem Boden ein; oft schauen nur die Augen und die Nasenlöcher hervor, so daß die Tiere schwer zu finden sind; meiden das Wasser. **Nahrung:** kleine Eidechsen und Nager; tötet (erstickt) die Beute durch Umschlingen, jagt tagsüber; bei größeren Beutetieren dauert das Verschlingen eine halbe Stunde und länger, bei kleineren nur wenige Minuten. **Fortpflanzung:** durch Eiablage.

Östliche Sandboa
Éryx miliáris (PALLAS)

Größer als vorige Art; Augen an der Oberseite des Kopfes liegend; Körper weißlichgrau bis gelb, mit grauen bis weißgrauen Flecken; **100 cm.**

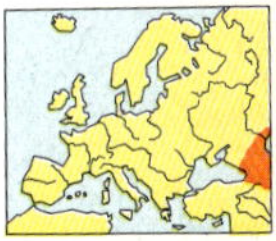

Verbreitung: vom nördlichen Kaukasusgebiet bis Uralsk. **Lebensraum und Lebensweise:** bevorzugt Wald- und Steppengebiete; verbirgt sich in den Erdlöchern von Feldmäusen; ist sehr kälteempfindlich. **Nahrung:** kleine Eidechsen und Nager, jagt gewöhnlich erst mit Beginn der Dämmerung; tötet die Beute durch Umschlingen. **Fortpflanzung:** durch Eiablage.

7. Familie: Warzenschlangen *(Acrochórdidae);* in Europa keine Vertreter.

8. Familie: Nattern *(Colúbridae);* Bauchschilder seitswärts deutlich verbreitert, viel größer als die Rückenschuppen, umspannen seitwärts die gesamte Bauchfläche; Augen groß, freiliegend; Unterschwanzschilder in zwei Reihen; Oberkiefer ohne aufrichtbare Giftzähne; in Europa Vertreter aus 8 Gattungen:

Gattung: Zornnattern *(Colúber);* Körper schlank; Schwanz lang; Kopf deutlich vom Hals abgesetzt; Pupillen rund; Oberkieferzähne nehmen nach hinten etwas an Größe zu; in Europa 5 Arten:

Gelbgrüne Zornnatter
Colúber víridi-flávus LACÉPÈDE

Oberseite schwarz, grünlichgelb gesprenkelt, zum Schwanzende hin mit Längslinien; Unterseite schmutzig gelblichgrün; bis **180 cm.**

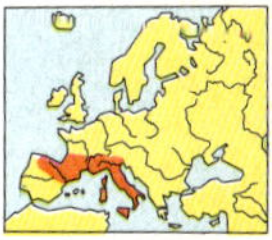

Verbreitung: Nordost-Spanien, Süd-Frankreich, -Schweiz, Nordwesten und Süden Italiens, Sardinien, Korsika und Sizilien. **Lebensraum und Lebensweise:** bevorzugt sonniges, felsiges Gelände mit Büschen, ist auch in Weingärten anzutreffen; bewegt sich sehr schnell. **Nahrung:** Eidechsen, gelegentlich auch kleine Warmblüter, Schlangen, Frösche und Eidechsen; die Beutetiere werden entweder durch Umschlingen getötet oder sofort heruntergewürgt. **Fortpflanzung:** legt 8–15 Eier.

Balkan-Zornnatter
Colúber gemonénsis (LAURENTI)

Oberseite grau- oder olivbraun, mit 3 Reihen dunkler Flecken; Rückenschuppen mit schmalen weißen Rändern; Flanken mit einer Reihe dunkler Punkte; Unterseite rahmfarben, ungefleckt; bis **100 cm.**

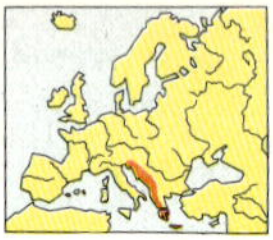

Verbreitung: Istrien, an der adriatischen Küste der Balkanstaaten bis zum Peloponnes, auf Kithira, Euböa und Kreta. **Lebensraum** und **Lebensweise:** bevorzugt trockenes, sonniges Gelände; kann sich schnell bewegen und schwimmen; klettert auch auf Bäume. **Nahrung:** Mäuse und Eidechsen.

Kaspische Pfeilnatter
Colúber juguláris cáspius (GMELIN)

Oberseite gelbbraun; Zeichnung wie bei voriger Art, aber ausgeprägter; Unterseite hellgelb oder hellrot; bis **300 cm.**

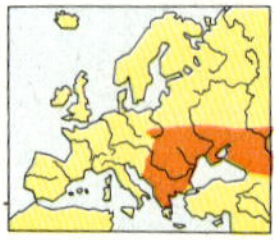

Verbreitung: Südpolen, Ungarn, Rumänien, Südostjugoslawien, Albanien, Bulgarien, Griechenland, auf vielen griechischen Inseln, im Süden der UdSSR. **Lebensraum** und **Lebensweise:** bevorzugt trockenes, felsiges Gelände mit Büschen und Bäumen; kann sich schnell bewegen und schwimmen; klettert auch auf Bäume. **Nahrung:** Mäuse, Ratten, Eidechsen und Vögel.

Hufeisennatter
Colúber hippocrépis LINNÉ

Augen durch eine Reihe kleiner Schildchen von den Oberlippenschildern getrennt; Oberkopf mit hufeisenförmiger Figur (Name!); Oberseite gelb oder rötlichbraun, gefleckt; Unterseite weißgelb, orange oder rot; bis **175 cm.**

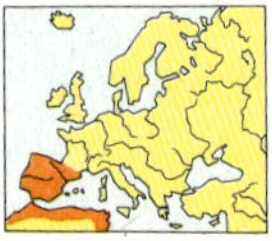

Verbreitung: auf der Pyrenäenhalbinsel, in Nordwest-Afrika und auf Pantelleria. **Lebensraum** und **Lebensweise:** bevorzugt trockenes, bergiges Gelände; bewegt sich sehr schnell und versteckt sich in Felsspalten und Bodenlöchern. **Nahrung:** Eidechsen, Mäuse, Ratten und Vögel.

Dahlsche Natter
Colúber nájadum (EICHWALD)

Körper schlank, zierlich; Rumpf kaum dicker als ein Bleistift; Kopf und Hals hellgrau, nach hinten in Sandfarbe übergehend; Halsseiten mit auffallend dunklen Flecken; **100–130 cm.**

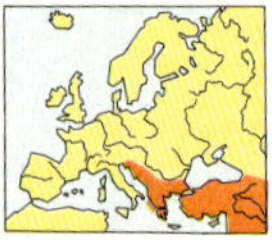

Verbreitung: in den Balkanstaaten von Istrien und Südbulgarien, auf den Ionischen Inseln, auf den küstennahen Inseln der Ägäis und in Kleinasien. **Lebensraum** und **Lebensweise:** bevorzugt trockenes, bergiges Gelände mit Büschen; ist auch in Weingärten und an Mauern zu beobachten; kann sich sehr schnell bewegen und gut klettern; liebt sehr die Wärme und ist am Tage tätig. **Nahrung:** Eidechsen und Insekten (hauptsächlich Grillen und Heuschrecken).

Gattung: Kletternattern ***(Élaphe);*** kräftige Schlangen; leichter zähmbar als Zornnattern; Pupillen rund; unterer Augenrand unmittelbar an die Oberlippenschilder grenzend (Abb. 251.1); Oberkieferzähne untereinander gleich groß; in Europa 6 Arten:

Vierstreifennatter
Élaphe quatuorlineáta saurómates (PALLAS)

Eine der längsten Schlangen Europas; Oberlippenschilder 8–9, das 4. und 5. (5. und 6.) an das Auge grenzend; Oberseite hellgrau, in 5 Längsreihen dunkel gefleckt; bis **200 cm.**

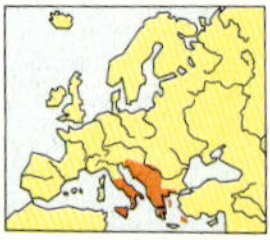

Verbreitung: in Mittel- und Süditalien, Sizilien, Istrien, Jugoslawien, Albanien, Südwest-Griechenland, auf den nördlichen Sporaden und auf den Kykladen. **Lebensraum** und **Lebensweise:** bevorzugt sowohl trockenes, felsiges Gelände als auch lichte Waldgebiete und Flußtäler; kann gut klettern und ist nicht angriffslustig. **Nahrung:** Eidechsen, kleine Nager, Vögel und Eier.

Treppennatter
Élaphe scaláris (SCHINZ)

Sehr starke Natter; Schwanz kurz, stumpf, höchstens 1/6 der Körperlänge; Rostrale schiebt sich weit zwischen die beiden Internasalia (Abb. 251.2); Oberseite mit mehreren Längsreihen dunkler Querflecken; bis **150 cm.**

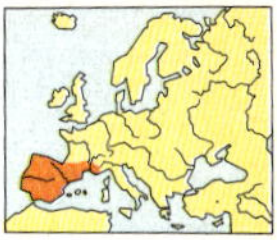

Verbreitung: an der Mittelmeerküste Frankreichs, auf den Inseln Hyères, auf der Pyrenäenhalbinsel und auf Menorca. **Lebensraum und Lebensweise:** trokkenes, sonniges Gelände mit Büschen und Weingärten, wo sie zusammengerollt in der heißesten Tageszeit zu finden ist; klettert gut, gehört zu den schnellsten und gewandtesten Schlangen Westeuropas. **Nahrung:** Feldmäuse, aber auch Eidechsen und Vögel. **Fortpflanzung:** Paarung dauert 8 Minuten bis zu mehreren Stunden; Eiablage nach 25 Tagen; Eier etwa 10, rund 52 mm lang, 20 mm dick.

Leopardennatter
Élaphe sítula (LINNÉ)

Oberseite lichtgrau, mit auffallend großen rotbraunen, schwarz umrandeten Flecken oder Längsbändern; Unterseite rahmfarben, dunkel gefleckt; etwa **100 cm.**

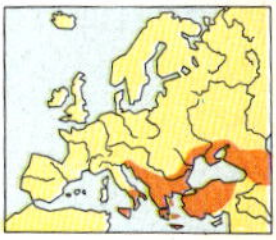

Verbreitung: in Süditalien, auf Sizilien, Malta, in den Balkanstaaten, auf den nördlichen Sporaden, Kykladen, auf Kreta; in der UdSSR im Kaukasus und auf der Krim; außerdem in Kleinasien. **Lebensraum** und **Lebensweise:** bevorzugt felsiges, vegetationsarmes Gelände. **Nahrung:** fast ausschließlich Mäuse.

Aeskulapnatter
Élaphe longíssima (LAURENTI)

Beiderseits des Bauches mit Längskante, hervorgerufen durch Abknicken der Bauchschilder an den Seiten; bis **180 cm.**

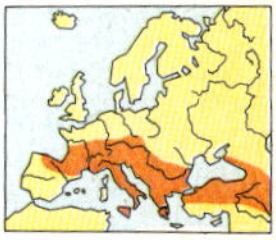

Verbreitung: in Mittel- und Südeuropa; westliche Verbreitungsgrenze in Nordost-Spanien, Bundesrepublik Deutschland bei Schlangenbad und Passau; die in Mittel- und Süditalien lebende Rasse ist *E. longissima romana*. **Lebensraum** und **Lebensweise:** bevorzugt lichte Laubwälder, im Süden Steinhaufen und Gemäuer; kann gut klettern und im Notfall auch gut schwimmen; verkriecht sich meistens schon im September zum Winterschlaf. **Nahrung:** hauptsächlich Mäuse; gelegentlich auch Frösche, Jungvögel und Maulwürfe; tötet die Beute durch Umschlingen. **Fortpflanzung:** Paarungszeit Mai–Juni; Eiablage Ende Juni; Eier 5–8, weiß, länglich; Schlüpfzeit August–September.

Gattung: Zwergnattern *(Eirenis);* Körper klein, schlank; Boden- und Gebüschbewohner; in Europa nur zwei im äußersten Südosten vorkommende Arten: **Halsband-Zwergnatter** *Eirenis collaris* (MENETRIES), nur im südlichsten Daghestan, und **Kopfbinden-Zwergnatter** *Eirenis modestus* (MARTIN), beide nur sehr sporadisch auftretend.

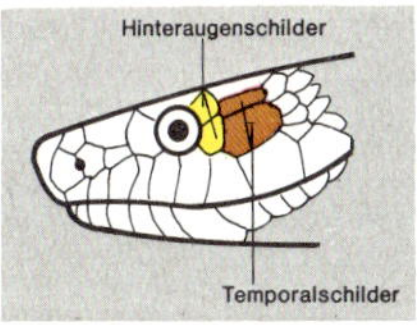

251.1 Treppennatter: Kopf von der Seite

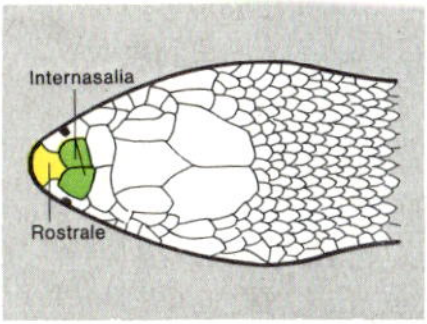

251.2 Treppennatter: Kopf von oben

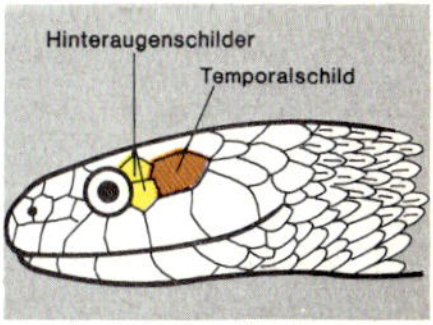

251.3 Vipernatter: Kopf von der Seite

Gattung: Schwimmnattern *(Nátrix)*; Rückenschuppen mit starken, scharfen Kielen; Hinteraugenschilder grenzen an ein einziges Temporalschild (Abb. 251.3); in Europa drei Arten; z. T. mit vielen Unterarten (die Ringelnatter z. B. mit 12, davon drei abgebildet).

Ringelnatter
Nátrix nátrix nátrix (LINNÉ)

Rücken ohne Zickzackband; Seiten ohne Augenflecken; 3–4 Hinteraugenschuppen; Oberseite grau bis braun; Hinterkopf jederseits mit hellem, meist gelbem Mondfleck; Unterseite weiß; bis **150 cm.**

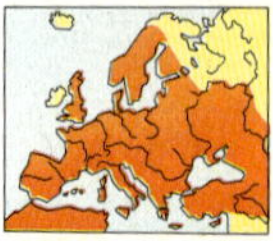

Verbreitung: in fast ganz Europa, fehlt im Norden und Nordosten. **Lebensraum** und **Lebensweise:** bevorzugt feuchtes und sumpfiges Gelände in Gewässernähe; hält sich aber manchmal auch abseits der Gewässer auf Feldern, in Parkanlagen, Gärten und in Heidegebieten auf; kann gut schwimmen, tauchen und auch klettern; verbirgt sich unter Steinen, Wurzeln und in Erdlöchern. **Nahrung:** Frösche, Fische, gelegentlich auch Molche; verschlingt die Beute unzerstückelt, meistens mit dem Kopf voran; trinkt gerne Wasser. **Fortpflanzung:** Paarungszeit April–Mai, zuweilen auch noch einmal im Herbst; Eiablage Juli bis August im Moos, Kompost- und Dunghaufen; Eier: 11–25 bei jungen Tieren, bei älteren bis 40; Farbe weiß, Schale pergamentartig; Schlüpfzeit nach 8–10 Wochen.

Barrenringelnatter
Nátrix nátrix helvética LACÉPÈDE

Ähnlich Ringelnatter, aber robuster und größer; Oberseite mit zwei Längsreihen kleiner Flecken; Seiten mit senkrechten dunklen Flecken („Barren"); Mondflecken können fehlen; bis **200 cm.**

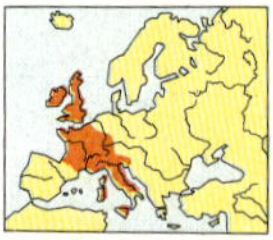

Verbreitung: in England, im Rheingebiet, in Frankreich, in den West- und Südalpen, auf der Apennin-Halbinsel, mit Ausnahme des Südens, und in Istrien. **Lebensraum** und **Lebensweise:** bevorzugt feuchtes und sumpfiges Gelände; hält sich manchmal auch abseits der Gewässer auf Feldern, in Parkanlagen, Gärten und in Heidegebieten auf; kann gut schwimmen, tauchen und auch klettern; verbirgt sich unter Steinen, Wurzeln und in Erdlöchern. **Nahrung:** Frösche, Fische, gelegentlich auch Molche; verschlingt die Beute mit dem Kopf voran; trinkt gerne Wasser. **Fortpflanzung:** Paarungszeit April–Mai, zuweilen auch noch einmal im Herbst; Eiablage Juli-August in Moos, Kompost- und Dunghaufen; Eier: 11–25 bei jungen Tieren, bei älteren bis 40; Farbe weiß, Schale pergamentartig; Schlüpfzeit nach 8–10 Wochen.

Würfelnatter
Nátrix tesselláta (LAURENTI)

Kopf lang und schmal; Oberseite olivgrau bis braungrün, dunkel gewürfelt, oft mit winkelförmigem Nackenfleck; Unterseite weiß bis gelblichweiß, schwarz gewürfelt; bis **150 cm.**

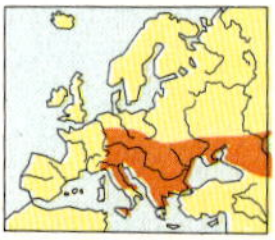

Verbreitung: in der Bundesrepublik Deutschland im Mosel-, Rhein-, Lahn- und Nahegebiet, in der DDR bei Meißen; außerdem in der ČSSR, in Österreich, in der Südschweiz, in Italien (nicht im Süden), Ungarn, in den Balkanstaaten und im Süden der UdSSR; auch in West- und Zentralasien. **Lebensraum** und **Lebensweise:** bevorzugt Gelände in unmittelbarer Gewässernähe; ist sehr beweglich, kann gut tauchen und hält sich auch längere Zeit unter Wasser auf; ist am Tage tätig und flüchtet bei Gefahr ins Wasser. **Nahrung:** kleine Fische, Frösche, Molche und Amphibienlarven; die Beute wird lebendig verschlungen. **Fortpflanzung:** Paarungszeit April–Mai; Eiablage Juli–August; Ablageort wie bei Ringelnatter; Eier 5–25; Schlüpfzeit Ende September.

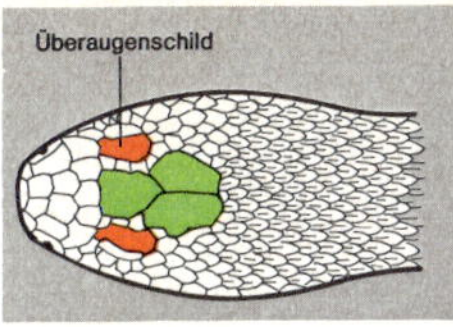

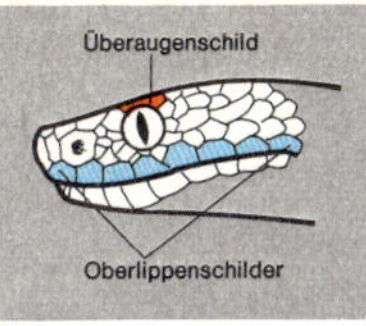

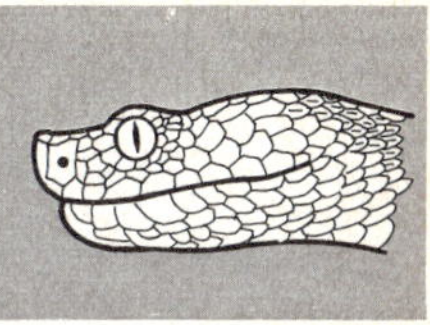

253.1 Kreuzotter: Kopf von oben

253.2 Kreuzotter: Kopf von der Seite

253.3 Aspisviper: Kopf von der Seite

Vipernatter
Nátrix maura (LINNÉ)

Rücken in der Regel mit Zickzackband; Rumpfseiten mit dunklen Augenflecken; ♂ bis **83 cm,** ♀ fast **100 cm.**

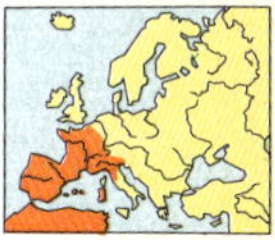

Verbreitung: Frankreich, Inseln von Hyères, Südwest-Schweiz, Nordwest-Italien, Pyrenäenhalbinsel, Balearen, Sardinien, Nordwest-Afrika. **Lebensraum** und **Lebensweise:** bevorzugt Gelände in unmittelbarer Gewässernähe; kann gut schwimmen und tauchen; ist am Tage tätig; verbirgt sich im Moos, in der Ufervegetation oder unter Steinen. **Nahrung:** kleine Fische, Frösche, Molche und Regenwürmer; die Beute wird lebend verschlungen. **Fortpflanzung:** Zeit der Paarung und Eiablage ähnlich Würfelnatter; Eier 4–20.

Gattung: Glattnattern *(Coronélla);* Kopfseiten mit auffallend dunklem Längsband; vor dem Auge nur ein Praeoculare; in Europa zwei Arten:

Glatt- oder Schlingnatter
Coronélla austríaca austríaca LAURENTI

Dunkles Schläfenband, von der Schnauze quer durch das Auge bis hinter die Mundwinkel; 3. und 4. Oberlippenschild grenzen an den Augenrand; ♂ Oberseite rötlichbraun, ♀ graubraun, dunkel gefleckt; ♂ Unterseite gelbbraun, ♀ grau; bis **75 cm.**

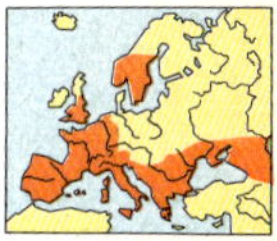

Wird leider oft mit Kreuzotter verwechselt. **Verbreitung:** Mittel- und Südeuropa; fehlt in Irland und Schottland; lebt in Skandinavien bis zum 64. Breitengrad; in der Bundesrepublik Deutschland im Rhein-Maingebiet sehr oft zu beobachten. **Lebensraum** und **Lebensweise:** bevorzugt trockenes, steiniges Gelände mit Büschen und lichtem Wald, auch Heide, Geröllhalden und Weingärten; bewegt sich langsam und beißt bei Gefahr sofort zu; sondert dabei aus den Analdrüsen oft ein stinkendes Sekret ab; kann gut klettern, im Notfall auch ebensogut schwimmen. **Nahrung:** hauptsächlich Eidechsen und Blindschleichen; gelegentlich auch Mäuse und kleine Artgenossen; Beute wird durch Umschlingen gefesselt und dann verschlungen. **Fortpflanzung:** Paarungszeit im April; Wurfzeit August–September; Anzahl der Jungen: 3–15.

Girondische Glattnatter
Coronélla giróndica (DAUDIN)

Dunkles Schläfenband erst hinter dem Auge beginnend; 4. und 5. Oberlippenschild grenzen an den unteren Augenrand; Oberseite gelb- bis graubraun; Unterseite gelbrot, mit zwei dunklen Längsstreifen oder Fleckenreihen; **60–70 cm.**

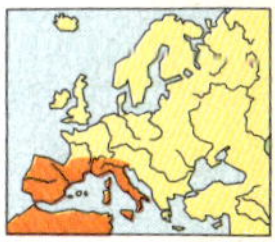

Verbreitung: Pyrenäenhalbinsel, Südfrankreich, Italien und Nordwest-Afrika. **Lebensraum** und **Lebensweise:** bevorzugt trockenes Gelände mit Gebüsch in der Ebene und im Bergland; ist hauptsächlich in der Morgen- und Abenddämmerung tätig; meidet direkte Sonnenbestrahlung. **Nahrung und Fortpflanzung:** wie Coronella austriaca.

Gattung: Kapuzennattern *(Macroprótodon);* Loreale durch 1–2 Praeocularschilder vom vorderen Augenrand getrennt; in Europa nur eine Art:

Kapuzennatter
Macroprótodon cucullátus (GEOFFROY)

Ähnelt einer Schlingnatter, aber Pupille elliptisch, senkrecht stehend; Hinterkopf mit dunklem, kapuzenförmigem Fleck; bis **50 cm.**

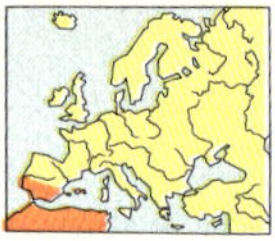

Verbreitung: im Süden der Pyrenäenhalbinsel, auf den Balearen, auf Lampedusa und in Nordafrika. **Lebensraum** und **Lebensweise:** bevorzugt trockenes, sandiges Gelände; ist nur in der Nacht tätig; verbirgt sich am Tage unter Steinen oder gräbt sich in den Sand ein. **Nahrung:** Eidechsen; ist sehr gefräßig und findet auch Tageidechsen in ihren Verstecken.

Gattung: Eidechsennattern *(Málpolon);* Stirn zwischen und vor den Augen mit Vertiefung (unterscheidet diese Gattung von allen anderen Gattungen der Familie Nattern); in Europa nur eine Art:

Eidechsennatter
Málpolon monspessulánus (HERMANN)

Körper groß, walzenförmig; Oberseitenfärbung sehr variabel; Seiten hellgelb; Unterseite gelblich, in vier Längsreihen dunkelgrau gefleckt; bis **200 cm.**

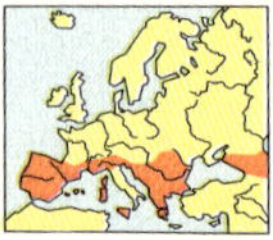

Verbreitung: in den Mittelmeerländern; in Italien nur in Ligurien; auch in Westarabien, Persien und im Kaukasus. **Lebensraum** und **Lebensweise:** bevorzugt trockenes, sonniges Gelände mit niedrigem Pflanzenwuchs; kommt auch in lichten Laubwäldern, Parkanlagen, auf Steinhaufen und an Straßenrändern mit Gebüsch vor; zischt sehr laut bei der geringsten Erregung und beißt sofort zu; sonnt sich gern und bewegt sich schnell; verbirgt sich in Erdlöchern und unter Steinen. **Nahrung:** Ratten, junge Kaninchen, Vögel, Eidechsen. **Fortpflanzung:** Eiablage im Juli; Eier 4–12; Schlüpfzeit im Oktober.

Gattung: Katzennattern *(Teléscopus);* zwischen Nasenschild und vorderem Augenrand nur 1–2 hintereinanderliegende Schilder; in Europa nur eine Art (mit drei Rassen):

Europäische Katzenschlange
Teléscopus fállax fállax (FLEISCHMANN)

Lorealschild langgestreckt, reicht bis zum vorderen Augenrand (Abb. 256.1); Oberseite grau; Rücken mit vielen kleinen schwarzen Punkten und großen braunen Flecken; etwa **80 cm.**

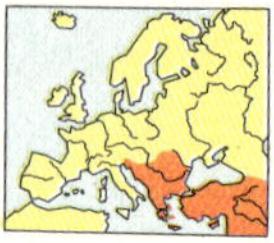

Verbreitung: in den Balkanstaaten, auf Kreta, den Kykladen, den nördlichen Sporaden, auf Malta, in Kleinasien und Nordsyrien. **Lebensraum** und **Lebensweise:** bevorzugt Felswände, Geröllhalden, sonnige Hänge und altes Gemäuer; meidet die Mittagshitze und ist hauptsächlich in der Dämmerung und Nacht tätig; kann gut klettern. **Nahrung:** hauptsächlich Eidechsen, aber auch Mäuse; ist sehr gefräßig. **Fortpflanzung:** Eier 7–8.

9. Familie: Giftnattern *(Elápidae);* in Europa keine Vertreter.

10. Familie: Seeschlangen *(Hydrophéidae);* in Europa keine Vertreter.

11. Familie: Ottern oder Vipern *(Vipéridae);* Oberkiefer mit zwei aufrichtbaren Giftzähnen; Oberseite des Kopfes mit fünf bis gar keinen großen Schildern und zahlreichen kleinen, unregelmäßig verteilten Schuppen (Abb. 253.1); unterer Augenrand durch kleine Schilder von den Oberlippenschildern getrennt; in Europa Vertreter aus nur einer Gattung:

Gattung: Ottern *(Vípera);* in Europa acht Arten:

Kreuzotter
Vípera bérus bérus (LINNÉ)

Drei Kopfschilder deutlich größer als die umgebenden Schuppen (Abb. 253.1); Nasenloch groß, in der Mitte des Nasenschildes; Oberseite grau, braun oder fast schwarz; mit dunklem Zickzackband auf dem Rücken; ♀ **84 cm,** ♂ bis **60 cm.**

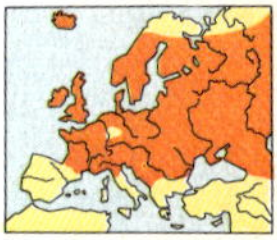

Verbreitung: in fast ganz Europa; fehlt im Rhein-Main-Gebiet, außerdem auf der Pyrenäenhalbinsel, in Mittel- und Süditalien und im südlichen Balkan; nördlichste Verbreitungsgrenze ist etwa der 67. Breitengrad. **Lebensraum** und **Lebensweise:** bevorzugt Heidemoore mit Gestrüpp und lichte, trockene Wälder mit Bodenvegetation; ist am Tag, bei schwülem Wetter auch in der Nacht tätig; sonnt sich gern; verbirgt sich in Reisighaufen, unter Baumwurzeln und in Mäuselöchern; hält langen Winterschlaf, oft mit mehreren Ottern, in Felsspalten und unter Baumwurzeln. **Nahrung:** hauptsächlich Mäuse und Frösche; gelegentlich auch Eidechsen. **Fortpflanzung:** Paarungszeit im Mai; wirft von August bis September 5–18 Junge.

Aspisviper
Vípera áspis áspis (LINNÉ)

Oberkopfschuppen nicht größer als die übrigen Kopfschuppen; zwei Reihen Unteraugenschilder zwischen unterem Augenrand und Unterlippenschildern; Schnauzenspitze deutlich aufgebogen (Abb. 253.3); Farben ähnlich Kreuzotter, aber dunkle Flecken am Rücken verschmelzen nur selten zu einem Zickzackband; ♂ bis **75 cm;** ♀ kleiner.

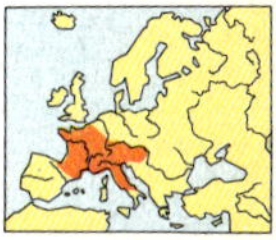

Verbreitung: in den Pyrenäen, in Frankreich, in den Alpenländern, in Italien (nicht im Süden) und auf Elba; in der Bundesrepublik Deutschland nur im Süd-Schwarzwald. **Lebensraum** und **Lebensweise:** bevorzugt felsiges Gelände mit Geröllhalden, sonnige Waldränder und Lichtungen; ist am Tag und in der Nacht tätig; bewegt sich langsam; zieht sich vor Beginn der kalten Jahreszeit in die Täler zurück. **Nahrung:** Mäuse und Eidechsen. **Fortpflanzung:** Paarungszeit im Mai; wirft im August 4–18 Junge.

Sandotter
Vípera ammodýtes ammodýtes (LINNÉ)

Schnauzenspitze aufgebogen, zapfenartig verlängert; Oberseite grau, gelb oder braun, mit dunklem Zickzackband auf dem Rücken; ♂ bis **90 cm,** ♀ kleiner; sehr giftig.

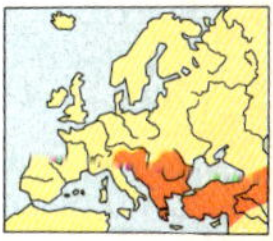

Verbreitung: in Venetien, Süd-Tirol, Istrien, Südost-Österreich, Balkanstaaten und bis zum Schwarzen Meer. **Lebensraum** und **Lebensweise:** bevorzugt trockenes, felsiges Gelände mit Büschen; ist hauptsächlich in der Nacht tätig, seltener am Tag; liebt sehr die Wärme und kann gut klettern; nähert sich oft menschlichen Siedlungen und kriecht in Gebäude; ist sehr standorttreu und bewegt sich langsam. **Nahrung:** hauptsächlich Mäuse und Maulwürfe; gelegentlich auch Eidechsen, kleine Vögel und Schlangen.

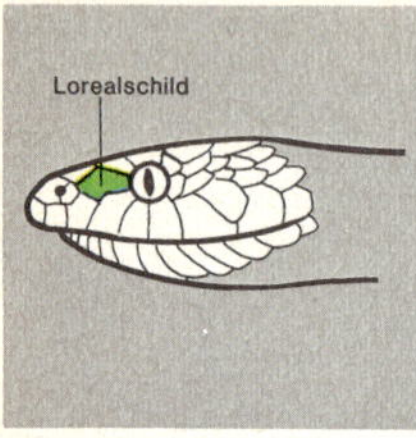

256.1 **Europäische Katzenschlange: Kopf von der Seite**

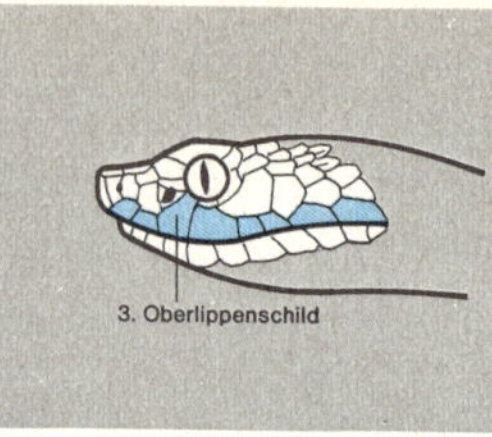

256.2 Halys-Grubenotter: Kopf von der Seite

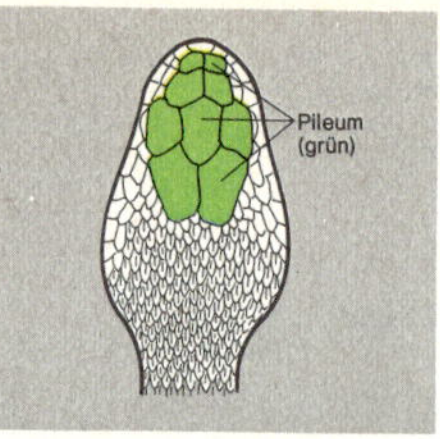

256.3 Halys-Grubenotter: Kopf von oben

Levanteotter
Vipera lebétina (LINNÉ)

Augen ganz von einem Kreis kleiner Schuppen umgeben; Oberseite hell- oder gelblichgrau, mit dunkel gesäumtem Zickzackband oder 5–6 Reihen brauner Flecken; Flanken braun gefleckt; bis **150 cm;** giftig.

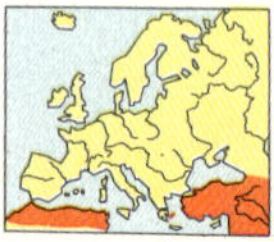

Verbreitung: auf den Kykladen, in Nordwest-Afrika und in Kleinasien. **Lebensraum** und **Lebensweise:** bevorzugt Steppen, Halbwüsten, Palmenhaine und felsiges Gelände; verbirgt sich am Tage in Felsspalten und Mäuselöchern. **Nahrung:** hauptsächlich Mäuse und Ratten. **Fortpflanzung:** Paarung März–April; Geburt der Jungen August–Oktober.

Wiesen- oder Spitzkopfotter
Vipera ursini (BONAPARTE)

Nasenloch klein, im unteren Teil des Nasenschildes gelegen; Zickzackband auf der Rückenmitte von dunkler Kopfoberseite getrennt; **40** bis **50 cm;** giftig.

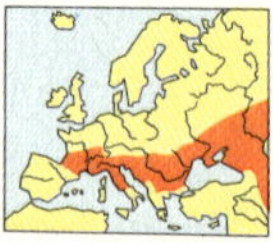

Verbreitung: in Südost-Frankreich, Mittelitalien, Niederösterreich, Ungarn, Jugoslawien, Rumänien und Bulgarien; in der Süd-UdSSR bis zum Kaspischen Meer und zum Uralfluß. **Lebensraum** und **Lebensweise:** bevorzugt ebenes Gelände mit Gras und Kräutern; ist bei Tage tätig; verbirgt sich bei Gefahr in Mäuse- und Maulwurfslöchern. **Nahrung:** hauptsächlich Eidechsen; daneben auch Mäuse.

12. Familie: Grubenottern *(Crotálidae);* Oberseite des Kopfes mit großen Schildern vollständig bedeckt (Abb. 256.2); zwischen vorderem Augenrand und Nasenloch eine tiefe Grube (Name); unterer Augenrand grenzt unmittelbar an das 3. Oberlippenschild (Abb. 256.3); in Europa nur eine Gattung:

Gattung: Dreiecksköpfe *(Agkistrodon);* in Europa nur eine Art:

Halys-Grubenotter
Agkístrodon hálys caragánus (EICHWALD)

Kopf eiförmig, abgeplattet; Färbung variiert stark; Rücken mit Querstrichen, Binden oder Flecken, alternierend oder ein Netzwerk bildend; **60–70 cm;** giftig.

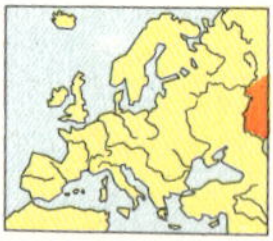

Verbreitung: UdSSR zwischen Wolga und Uralfluß. **Lebensraum** und **Lebensweise:** bevorzugt die Grassteppe; ist nur in der Nacht tätig; sonnt sich nur morgens und abends und verkriecht sich vor der Mittagshitze unter Büschen und Steinen. **Nahrung:** wahrscheinlich Mäuse, Eidechsen und kleine Vögel.

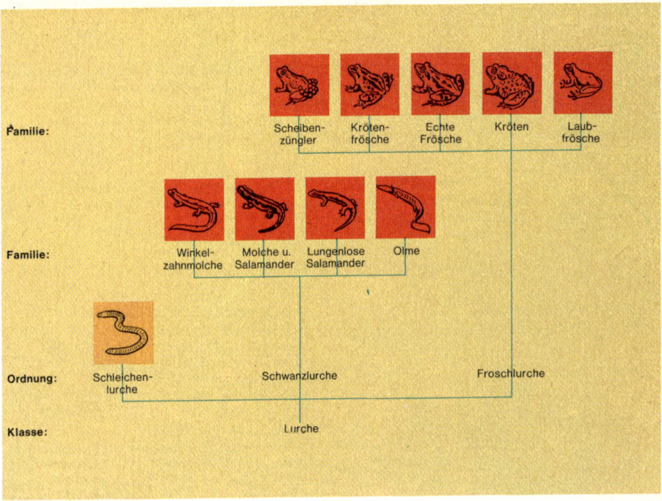

257.1 System der Lurche

Klasse: Lurche *(Amphibia)*
Wechselwarme Tiere; Jugendstadien *(Larven)* atmen in der Regel durch *Kiemen, erwachsene Lurche* durch *Lungen* und durch die *Haut;* Haut weich und drüsenreich, fühlt sich feucht oder schlüpfrig an; wird durch Sekrete aus zahlreichen Schleimdrüsen in der Unterhaut feucht gehalten; Gliedmaßen in der Regel vorhanden; meist mit 4 Fingern und 5 Zehen; fast ausschließlich getrenntgeschlechtlich; Paarung der europäischen Arten im allgemeinen im Frühling; Tiere wandern dann an ihre Laichplätze (kleinere Wasserlachen, Gräben oder Teiche), wo die Eier in das Wasser abgelaicht werden; oft Geschlechtsdimorphismus; ♂♂ meist prächtiger gefärbt als die ♀♀; Schleichenlurche (Abb. 257.1) haben eine *echte Begattung;* auch Schwanzlurche in der Regel Innenbefruchtung, wobei ein vom ♂ abgesetzter Samenträger (Spermatophor) vom ♀ mit seinen Kloakenlippen aufgenommen wird; ♀♀ der Froschlurche laichen Eier ab – gewöhnlich im Wasser; erst dann findet die Besamung durch die ♂♂ statt; diese hocken auf den ♀♀ und ergießen ihren Samen über die aus der Kloake der ♀♀ austretenden Eier (Außenbefruchtung); insgesamt 3 Ordnungen:

I. Ordnung: Schleichenlurche *(Gymnophióna)* **S. 258**
Gliedmaßen fehlen

II. Ordnung: Schwanzlurche *(Caudáta)* **S. 258**
Körper langgestreckt, zeitlebens mit Schwanz; Vordergliedmaßen fast so lang wie die Hintergliedmaßen; Rückenlänge der Embryonen größer als Bauchlänge. Larven haben 3 Paar äußere Kiemen; vordere Gliedmaßen erscheinen früher als die hinteren.

III. Ordnung: Froschlurche *(Saliéntia)* **S. 264**
Erwachsene Tiere Körper gedrungen, ohne Schwanz; Hintergliedmaßen deutlich länger als Vordergliedmaßen; Rückenlänge der Embryonen kürzer als Bauchlänge; Larven (Kaulquappen) mit 2 Paaren von äußeren Kiemen, die bald durch innere ersetzt werden; vordere Gliedmaßen erscheinen später als die hinteren.

10 15 0941

I. Ordnung: Schleichenlurche *(Gymnophióna);* in Europa keine Vertreter.

II. Ordnung: Schwanzlurche *(Caudáta)*
Körper wird beim Kriechen mit den Hinterbeinen vorwärts geschoben (Schiebkriechen), beim Schwimmen durch schlängelnde Bewegungen des Körpers und des seitlich abgeflachten Schwanzes bewegt; Fleischfresser (kleine Tiere); starkes Regenerationsvermögen, auch bei erwachsenen Tieren; Vorkommen auf nördliche Halbkugel begrenzt, nur in Amerika auch südlich des Äquators; leben auf dem Lande und im Süßwasser; insgesamt 8 Familien: davon aus 4 Familien Vertreter in Europa (Abb. 257.1).

1. Familie: Winkelzahnmolche *(Hynobiidae);* Körper mehr oder weniger eidechsenähnlich; 4 Finger und in der Regel auch 4 Zehen; Rücken braun, mit Längsstreifen; Schwanz höchstens so lang wie die Kopf-Rumpflänge; in Europa nur 1 Gattung:

Gattung: Winkelzahnmolche *(Hynóbius);* in Europa nur eine Art:

Sibirischer Winkelzahnmolch
Hynóbius keyserlingii (Dybowski)

Oberseite oliv- oder bronzefarben, mit schmalem, *dunklem Längsstreifen; Flanken schmutzig* hellbraun, dunkel marmoriert; Unterseite graugelb, hellgrau gefleckt; etwa **13 cm.**

Verbreitung: vom Ural-Fluß bis zur Mandschurei. **Lebensraum** und **Lebensweise:** bevorzugt feuchte und sumpfige Wiesen, auch feuchte Mischwälder; verbirgt sich im Moos, unter Holzstücken oder in vermodernden, liegenden Baumstämmen; ist in der Laichzeit sehr scheu und taucht schon bei leisestem Geräusch unter, um sich im Bodenschlamm zu verbergen. **Nahrung:** Würmer, Nacktschnecken, Wasserflöhe und Larven von Wasserinsekten. **Fortpflanzung:** Eiablage April bis Mai; je 50–60 Eier befinden sich in etwa 15 cm langen Gallertsäckchen, die an Wasserpflanzen befestigt werden und etwas über den Wasserspiegel herausragen; Larvenzeit 2–3 Wochen.

2. Familie: Riesensalamander *(Cryptobránchidae);* in Europa keine Vertreter.

3. Familie: Querzahnmolche *(Ambystomátidae);* in Europa keine Vertreter.

4. Familie: Molche und Salamander *(Salamándridae);* Körper annähernd eidechsenförmig; stets vier Finger und 4–5 Zehen, ohne Schwimmhäute; in Europa 6 Gattungen:

Gattung: Rippenmolche *(Pleurodéles);* Hinterkopf ohne helle Winkelzeichnung; Hinterbeine mit je 5 Zehen; Schwanz seitlich abgeflacht zweischneidig; Flanken mit einer Längsreihe spitzer Höcker; in Europa nur 1 Art:

Spanischer Rippenmolch
Pleurodéles waltl Michahelles

Oberseite schmutzig ockergelb; Flanken an den Rippen mit roten und gelben Warzenhöckern; Kopf krötenähnlich und kurz; Unterseite hell; Zehenenden gelborange; **15–30 cm.**

Verbreitung: im Süden der Pyrenäenhalbinsel und in Marokko. **Lebensraum** und **Lebensweise:** bevorzugt Tümpel, Teiche und Zisternen; ist in der Nacht tätig; hält sich außerhalb der Laichzeit in feuchtem Gelände auf; ist sehr gefräßig. **Nahrung:** Flohkrebse, Wasserschnecken. **Fortpflanzung:** Eiablage an Wasserpflanzen und Steinen; 200–1000 Eier befinden sich in einer gallertartigen Hülle; Schlüpfzeit, je nach Witterung, innerhalb von 5–14 Tagen.

Gattung: Wassermolche *(Tritúrus)*; ähnlich voriger Gattung, aber Flanken ohne Höckerreihe; Kopf nicht auffallend flach; während der Brunst mit Rückenleiste oder -kamm; in Europa 9 Arten:

Marmormolch
Tritúrus marmorátus (LATREILLE)

Oberseite grün, schwarz marmoriert, auch am Bauch; Rückenkamm quergebändert; Bauch grau bis dunkelbraun, hell getüpfelt und dunkel gefleckt; bis **16 cm.**

Verbreitung: auf der Pyrenäenhalbinsel und in Mittel- und Südfrankreich. **Lebensraum** und **Lebensweise:** bevorzugt kleine stehende Gewässer, wie Gräben, Tümpel und Teiche; befindet sich nur im Frühjahr im Wasser und hält sich die übrige Zeit in der schattigen und feuchten Ufervegetation auf; ist in der Nacht tätig; bildet oft mit dem Kammolch Bastarde. **Nahrung:** wie Kammolch. **Fortpflanzung:** *Laichzeit* Februar bis Mai; die Larven haben eine grünliche Färbung.

Teich- oder Streifenmolch
Tritúrus vulgáris vulgáris (LINNÉ)

Kopfseiten mit dunklen Längsstreifen; Rücken hell olivbraun, ♂ mit welligem Kamm; Bauch orangefarben bis gelb, dunkelgefleckt, auch längs der Mitte; ♂ bis **11 cm,** ♀ bis **9.5 cm.**

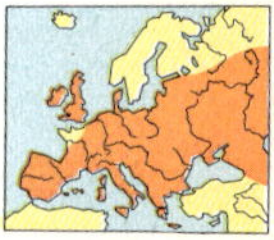

Verbreitung: von Irland, England und Mittelfrankreich ab ostwärts bis Sibirien; in Südeuropa durch die verwandte Rasse T. vulgaris meridionalis vertreten. **Lebensraum** und **Lebensweise:** bevorzugt kleine, stehende Gewässer, wie Wassergräben, Kiesgruben, Teiche, Tümpel und sogar Pfützen; begibt sich oft schon im Februar in das Wasser und laicht dort bis zum Mai; verbirgt sich danach in der Ufervegetation. **Nahrung:** Wasserflöhe, Insektenlarven, Würmer und Schnecken. **Fortpflanzung:** *Laichzeit* April–Mai; Larvenlänge bis 3 cm; Entwicklungszeit 2½ bis 4 Monate.

Fadenmolch
Tritúrus helvéticus (RAZOUMOWSKY)

Ähnlich voriger Art, aber Bauch wenigstens längs der Mitte ohne dunkle Flecken; dunkler Längsstreifen durch das Auge; ♂ mit Schwanzfaden (Name!); ♂ bis **7,5 cm,** ♀ bis **9,2 cm.**

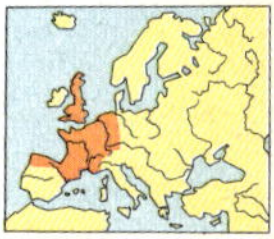

Verbreitung: Nord-Pyrenäenhalbinsel, in Frankreich, England, Holland, Belgien, in der Schweiz und in der Bundesrepublik Deutschland, hier nur etwa bis zur Weser. **Lebensraum** und **Lebensweise:** bevorzugt Gräben, Teiche, Tümpel und langsam fließende Bäche in hügeligem, bewaldetem Gelände; hält sich nur von März bis zum Sommeranfang im Wasser auf; verbirgt sich außerhalb dieser Zeit in der Ufervegetation. **Nahrung:** Wasserflöhe, Insektenlarven, Würmer und Schnecken. **Fortpflanzung:** *Laichzeit* März April; Eier werden einzeln an Wasserpflanzen angeheftet; Larven ohne Schwanzfaden.

Bosca's Molch
Tritúrus bóscai (LATASTE)

Kopfoberseite mit einer Längsfurche; Oberseite olivgrün bis braun; dunkel gefleckt; ♂ ohne Rückenkamm; Unterseite orange, schwarz gefleckt; bis **9 cm.**

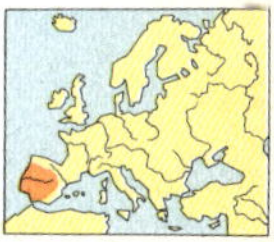

Verbreitung: im Westen und im Zentrum der Pyrenäenhalbinsel. **Lebensraum** und **Lebensweise:** bevorzugt klare Gewässer; hält sich fast das ganze Jahr im Wasser auf; verbirgt sich auf dem Lande unter Steinen; bewegt sich und schwimmt langsam. **Nahrung:** Wasserflöhe, Würmer, Nacktschnecken. **Fortpflanzung:** Eiablage vom Frühjahr ab; Eizahl: 100–500, mit Gallerthülle, werden an Wasserpflanzen angeklebt.

Bergmolch
Tritúrus alpéstris (LAURENTI)

Kopfseiten ohne dunkle Längsstreifen; Oberseite beim ♂ schieferblau, beim ♀ graugrün bis bräunlichgrau, dunkel marmoriert; Unterseite beim ♂ orangerot, beim ♀ gelbrot, immer ungefleckt; **8–12 cm.**

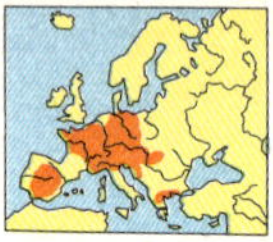

Verbreitung: in den Bergen von Mittelspanien, Nord- und Mittelfrankreich, Belgien, Bundesrepublik Deutschland, DDR, der Schweiz, Norditalien, Österreich, Ungarn, Bosnien und Nordgriechenland. **Lebensraum** und **Lebensweise:** bevorzugt stehende und fließende Gewässer der Berglandschaft; ist auch in hohen Gebirgslagen (bis 3000 m) noch zu finden; überwintert meistens in Wassernähe unter Laub und Steinen, bleibt aber manchmal auch im Wasser. **Nahrung:** wahrscheinlich Flohkrebse und Wasserschnecken. **Fortpflanzung:** die Larven entwickeln sich meistens sehr langsam und bleiben auch noch im Winter im Wasser (Neotenie).

Kammolch
Tritúrus cristátus (LAURENTI)

Bauch gelb bis orangefarben, schwarz gefleckt; ♂ mit „Kamm" auf Rücken und Schwanz; ♀ mit heller Rückenlinie; Flanken mit kleinen weißen Punkten; ♂ bis **14 cm,** ♀ **16–18 cm.**

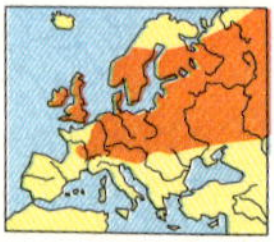

Verbreitung: in Großbritannien und von Mittel- und Ostfrankreich ab in Mittel- und Nordeuropa bis zum Ural. **Lebensraum** und **Lebensweise:** bevorzugt stehende Gewässer, wie Gräben, Tümpel und Teiche mit Pflanzenwuchs; hält sich meistens nur zum Laichgeschäft im Wasser auf; verbringt die übrige Zeit in der Ufervegetation und verbirgt sich unter faulem Holz, Steinen und in Erdlöchern. **Nahrung:** Wasserflöhe, Wasserasseln, Insektenlarven, Würmer und Schnecken. **Fortpflanzung:** *Laichzeit* März–Mai; Eizahl bis 50, braun mit gallertartiger Hülle; Paarung und Eiablage wiederholen sich einige Male; Entwicklungszeit der ausgeschlüpften Larven 8–10 Wochen.

Süditalienischer Molch
Tritúrus itálicus (PERACCA)

Kleinster europäischer Molch; ♂ Oberseite olivgrün bis braun, ♀ olivbraun; ♂ ohne Rückenkamm; Rücken dunkel punktiert; Flanken bräunlich oder grau gefleckt; Rückenmittellinie vertieft; ♂ **4,5–6 cm,** ♀ **5–8 cm.**

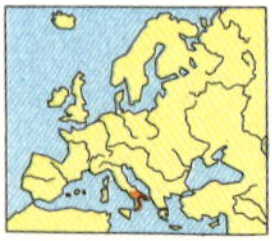

Verbreitung: etwa von Neapel ab in Süditalien. **Lebensraum:** bevorzugt Wassergräben, Tümpel und sumpfige Teiche; lebt oft in Zisternen und Bewässerungsanlagen. **Nahrung:** Wasserflöhe, Nacktschnecken und Würmer. **Fortpflanzung:** Zur Brunstzeit haben beide Geschlechter in der Schläfengegend einen gelben Fleck.

Karpathenmolch
Tritúrus montándoni (BOULENGER)

Kopfoberseite mit drei Längsfurchen; Oberseite olivbraun bis grünlichgelb, dunkel gefleckt oder marmoriert; Flanken mit dunkler Längsbinde; Unterseite hell- bis orangegelb, ungefleckt; ♂ **7 cm,** ♀ **10 cm.**

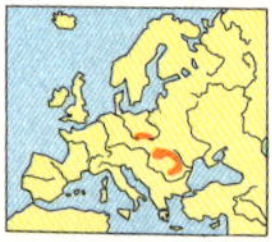

Verbreitung: in den Karpaten, in der Tatra und im Odergebirge (ČSSR). **Lebensraum** und **Lebensweise:** bevorzugt Tümpel und kleine Teiche des Berglandes bis zu einer Höhe von 800 m; hält sich zur Fortpflanzung von März bis Anfang Mai im Wasser auf; verbirgt sich anschließend in Wassernähe unter Steinen, Baumrinde und Moos; sucht im Herbst wieder Teiche und Tümpel auf, um im Bodenschlamm Winterschlaf zu halten. **Nahrung:** Larven von Wasserinsekten und Fliegen. **Fortpflanzung:** Paarungszeit Ende April; anschließend Eiablage.

Gattung: Salamander *(Salamándra);* Hinterbeine mit je fünf Zehen; Schwanz im Querschnitt rundlich, kürzer als die Kopf-Rumpflänge; in Europa zwei Arten:

Feuersalamander
Salamándra salamándra (LINNÉ)

Körper schwarz, mit großen gelben Flecken, die bei der gebänderten Rasse *Salamándra salamándra quadrivirgáta* DÜRIGEN am Rücken zu zwei gelben Längsbändern zusammenfließen können; **15–20 cm.**

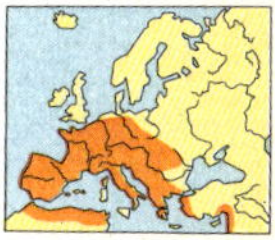

Verbreitung: in mehreren Rassen in Mittel- und Südeuropa bis Kleinasien und Syrien. **Lebensraum** und **Lebensweise:** bevorzugt hügeliges Gelände und das Mittelgebirge mit Laubwald und Gestrüpp in Gewässernähe; liebt sehr die Feuchtigkeit und ist hauptsächlich bei Regenwetter tätig; verbirgt sich unter Moos, Baumwurzeln, Laub und Steinen; hält von Oktober–April Winterschlaf in denselben Verstecken; lebt gesellig. **Nahrung:** Würmer, Nacktschnecken und Kerbtiere. **Fortpflanzung:** Paarung im Frühjahr oder Sommer; *Tragzeit* sehr unterschiedlich, oft bis zum nächsten Frühjahr; wirft 30–70 Larven im flachen Wasser.

Alpensalamander
Salamándra átra LAURENTI

Körper einfarbig schwarz, ohne gelbe Flecken; **14–16 cm.**

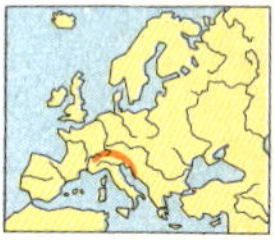

Verbreitung: im Alpengebiet und in den Gebirgen des westlichen Balkans; in den Bayr. Alpen, im Württemberger Allgäu und in der Schwäbischen Alb. **Lebensraum** und **Lebensweise:** bevorzugt feuchte Waldgebiete und Matten oberhalb der Baumgrenze; ist nicht an Gewässer gebunden; ist nur bei feuchtem Wetter tätig und verkriecht sich bei Trockenheit unter Steinen, Baumwurzeln und in Erdlöchern; lebt gesellig, oft in großer Anzahl. **Nahrung:** Würmer, Schnecken. **Fortpflanzung:** *Tragzeit* 2–3 Jahre; bringt am Land 2 lebende Junge zur Welt, die keine Kiemen besitzen.

Gattung: Gebirgsmolche *(Eupróctes);* Schwanz seitlich zusammengedrückt, zweischneidig; Flanken ohne Höckerreihe (vgl. Rippenmolche; S. 258); Kopf flach; immer ohne Rückenkamm; in Europa drei Arten:

Hechtkopfmolch
Eupróctes platycéphalus GRAVENHORST

Haut glatt, höchstens mit einzelnen Höckern; Kehle dunkel gefleckt; Oberseite hell- bis dunkelbraun, kastanien- oder nußbraun gefleckt; Unterseite gelblich, schwarz gefleckt; **12–14 cm.**

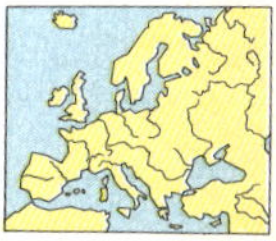

Verbreitung: in den Hochgebirgen Sardiniens (bis 2000 m). **Lebensraum** und **Lebensweise:** bevorzugt flache Tümpel des Hochgebirges; ist sehr lebhaft; meidet direkte Sonnenbestrahlung; richtet sich oft auf den Vorderbeinen auf und dreht dabei den Kopf abwärts. **Nahrung:** Insekten und Würmer. **Fortpflanzung:** Paarung auf dem Lande; die der Kloakenrand (zur Begattung) beim ♂ einen spitzen Kegel mit aufwärts gerichteter Öffnung, beim ♀ ist er ein nach hinten und unten verlängertes Rohr. Zur Paarungszeit im Frühling suchen ♂♂ und ♀♀ die eisig kalten Wasser der reißenden Bäche und der Hochgebirgsseen auf.

Korsischer Gebirgsmolch
Eupróctes montánus (SAVI)

Haut wie bei voriger Art; Kehle ungefleckt; Oberseite grünlichgrau bis braun, dunkel getüpfelt und marmoriert, mit braunem Rückenstreifen; Schnauze kürzer als bei voriger Art; **8–10 cm.**

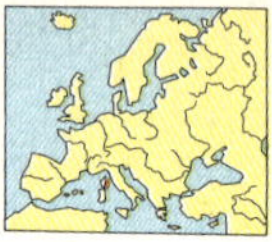

Verbreitung: im Hügelland und Hochgebirge von Korsika (bis 2000 m). **Lebensraum** und **Lebensweise:** bevorzugt noch flachere Tümpel als E. platycephalus; da er sonst ertrinkt; ist ebenfalls sehr lebhaft und meidet direkte Sonnenbestrahlung. **Nahrung:** Fliegen und andere Insekten, Würmer. **Fortpflanzung:** hält sich während der Paarungszeit im Wasser auf und verbirgt sich danach unter Steinen. Paarung wie bei voriger Art im eiskalten Wasser der Gebirgsbäche und Hochgebirgsseen.

Pyrenäen-Gebirgsmolch
Eupróctes ásper (DUGÈS)

Haut am ganzen Körper körnig und rauh; Oberseite grau, grünlichgrau oder braun, mit zitronengelben Rückenstreifen; Unterseite beim ♂ schwarz gefleckt, beim ♀ ungefleckt; **10–16 cm.**

Verbreitung: im Hügelland und Hochgebirge der Pyrenäen. **Lebensraum** und **Lebensweise:** bevorzugt flache Tümpel mit klarem Wasser; ist sehr bewegungsträge, schwimmt nicht gern und ist in der Nacht beweglicher. **Nahrung:** Wasserflöhe und Würmer. **Fortpflanzung:** legt verhältnismäßig große Eier ($2^1/_2$ mm) mit Gallerthülle; Entwicklungsdauer der Larven 1 Monat.

Gattung: Goldstreifen-Salamander *(Chioglóssa);* Hinterbeine mit je fünf Zehen; Schwanz im Querschnitt rundlich, bei erwachsenen Tieren viel länger als die Kopf-Rumpflänge; in Europa nur eine Art:

Goldstreifen-Salamander
Chioglóssa lusitánica BOCAGE

Oberseite schwarzbraun, mit zwei metallisch glänzenden Längsbinden, die am Schwanz zusammenlaufen; Unterseite hellgraubraun, ohne Metallglanz; **14–16 cm.**

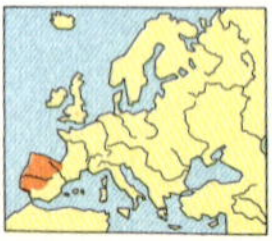

Verbreitung: im Nordwesten der Pyrenäenhalbinsel und in Portugal. **Lebensraum** und **Lebensweise:** bevorzugt Quellen und Sümpfe des bewaldeten Gebirges; ist hauptsächlich in der Dämmerung tätig; verbirgt sich in der Nähe von Bächen unter Moos, Steinen und Laub; ist sehr lebhaft, besonders im Wasser; kann an glatten Flächen emporklettern. **Nahrung:** Fliegen. **Fortpflanzung:** Paarung im Februar im Wasser.

Gattung: Brillensalamander *(Salamandrina);* Hinterkopf mit heller, winkelförmiger Zeichnung, deren Spitze nach rückwärts zeigt; Hinterbeine mit je vier Zehen; in Europa nur eine Art:

Brillensalamander
Salamandrina terdigitáta (LACÉPÈDE)

Oberseite mattschwarz, mit rötlicher Brillenzeichnung über den Augen; Unterseite hell, unregelmäßig schwarz gefleckt; Kehle schwarz, weiß gefleckt; Schwanzunterseite karminrot; **7–8 cm.**

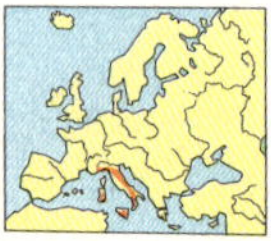

Verbreitung: im Hügel- und Bergland Italiens, besonders bei Genua. **Lebensraum** und **Lebensweise:** bevorzugt geschützte Berghänge mit Bächen und Quellen; ist hauptsächlich bei Regenwetter tätig; sucht das Wasser nur zur Fortpflanzung auf und versteckt sich sonst unter Steinen und Uferhängen in Wassernähe; bewegt sich langsam, auch im Wasser; verkriecht sich bei großer Hitze und Trockenheit unter Laub und Gestein und hält dann einen kurzen „Sommerschlaf". **Nahrung:** Tausendfüßler, Käfer, Fliegen. **Fortpflanzung:** Paarung auf dem Lande; nur die ♀♀ legen von März–April im Wasser ihre Eier einzeln oder in Klumpen an Steinen und Pflanzen ab; Entwicklungsdauer der Larven 21–22 Tage.

5. Familie: Aalmolche *(Amphiúmidae);* in Europa keine Vertreter.

6. Familie: Lungenlose Molche *(Plethodóntidae);* Körper eidechsenähnlich; Hinterbeine mit 5 Zehen; Schwanz im Querschnitt rundlich; Finger und Zehen mit kurzen Schwimmhäuten; in Europa nur durch 1 Gattung vertreten:

Gattung: Höhlensalamander *(Hydromántes);* in Europa nur eine Art:

Brauner Höhlensalamander
Hydromántes génei itálicus Dunn

Oberseite braun, glänzend, gelb oder rötlichgelb gefleckt; Unterseite graubraun, in der Regel dunkel gefleckt; bis **10 cm.**

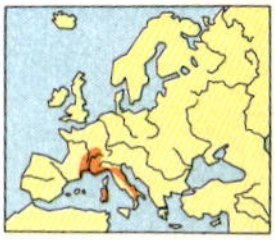

Verbreitung: in Südost-Frankreich und in Italien im Apennin bis zur Adria; die Nominatform *H. génei* existiert nur auf Sardinien. **Lebensraum** und **Lebensweise:** bevorzugt feuchte Felsspalten, Höhlen und Grotten; ist hauptsächlich in der Dämmerung und Nacht tätig und erscheint am Tage nur bei regnerischem Wetter; bewegt sich sehr langsam und verläßt seinen Schlupfwinkel nur auf kurzen Strecken. **Nahrung:** Fliegen, Käfer und Spinnen; Beute wird mit langer Schleuderzunge gefangen. **Fortpflanzung:** bringt wahrscheinlich *lebendige Junge* zur Welt.

7. Familie: Olme *(Protéidae);* Körper verlängert, aalähnlich; auch erwachsene Tiere mit äußeren Kiemen; je drei Finger und Zehen; in Europa nur 1 Gattung:

Gattung: Grottenolme *(Próteus);* in Europa nur eine Art:

Grottenolm
Próteus anguinus Laurenti

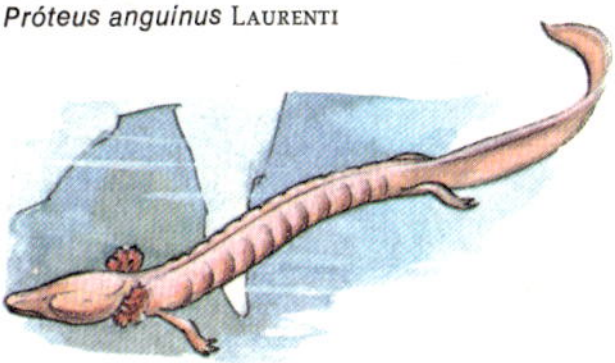

Körper farblos, da Pigmente fehlen; Kopf birnförmig, ohne Augen; Schwanz mit Hautsaum; Beine klein, Finger und Zehen schwach entwikkelt; **20–25 cm.**

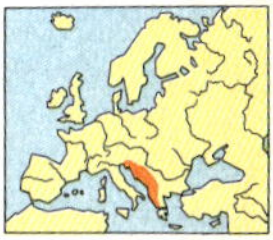

Verbreitung: in unterirdischen Gewässern der Karstgebiete nordöstlich und östlich der Adria. **Lebensraum** und **Lebensweise:** bevorzugt Gewässer ohne Tageslicht und mit gleichbleibender Temperatur; kann sich schnell in den Bodenschlamm einwühlen. **Nahrung:** Flohkrebse und Würmer. **Fortpflanzung:** soll bei niedrigen Temeraturen (unter 15 Grad) *lebendige Junge* zur Welt bringen, in wärmerem Wasser aber Eier legen.

8. Familie: Armmolche *(Sirénidae);* in Europa keine Vertreter.

III. Ordnung: Froschlurche *(Saliéntia);* ♂♂ oft kleiner als ♀♀; Paarung im Wasser (mit Ausnahme der Geburtshelferkröte); während der Paarungszeit ♂♂ vieler Froscharten mit Brunstschwielen (Verhornungen) vor allem auf den beiden ersten Fingern; Brunstschwielen erleichtern das Festhalten in reitender Stellung bei der Paarung; Schallblasen der ♂♂ ermöglichen laute Froschkonzerte zum Anlocken der ♀♀; ♀♀ ohne Schallblasen; bei Wasserfröschen sind die Schallblasen paarig (jederseits in den Mundwinkeln), bei den Laubfröschen unpaar (an der Kopfunterseite); Froschlurche leben auf dem Lande und im Süßwasser; bewegen sich auf dem Lande meist springend, seltener gehend (Kröten), im Wasser rudernd fort, einige Arten können klettern, andere graben; Fleischfresser (kleinere Tiere aller Art); insgesamt 15 Familien, davon aus 5 Familien Vertreter in Europa:

1. Familie: Urfrösche *(Leiopelmátidae);* primitivste Formen unter den Froschlurchen; insgesamt nur zwei Arten; in Europa keine Vertreter.

2. Familie: Zungenlose *(Pipidae);* zu dieser Familie gehören die Wabenfrösche (Pipa) in Südamerika und die Korallenfrösche (Xénopus) in Afrika; in Europa keine Vertreter.

3. Familie: Scheibenzüngler *(Discoglóssidae);* Finger und Zehen ohne endständige Haftscheiben; Pupille senkrecht elliptisch oder herz- bzw. dreieckförmig mit nach unten gerichteter Spitze; Zunge scheibenförmig, mit der ganzen Unterfläche angewachsen; in Europa und Asien sowie im nördlichsten Afrika verbreitet; teils Wasserbewohner, teils Landtiere; in Europa Vertreter aus drei Gattungen:

Gattung: Eigentliche Scheibenzüngler *(Discoglóssus);* Pupille dreieckig mit nach unten weisender Spitze; Bauchseite meist einfarbig gelblichweiß; in Europa nur eine Art:

Gemalter Scheibenzüngler
Discoglóssus pictus Otth

Bauchseite einförmig gelblichweiß, mitunter grau gesprenkelt; Oberseite rot, hell- oder dunkelbraun, graubraun oder grau, mit dunkelbraunen, hell umrandeten Flecken, oft in 2–3 Längsreihen angeordnet; **6–7 cm.**

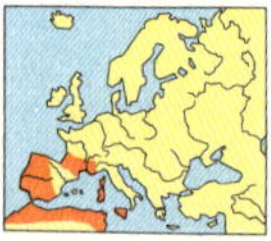

Verbreitung: auf der Pyrenäenhalbinsel (nicht im Osten und Nordosten), in Südfrankreich, auf Korsika, Sardinien, Sizilien, Malta, den Inseln des Tyrrhenischen Meeres und in Nordwestafrika. **Lebensraum** und **Lebensweise:** ist mit Gewässern aller Art zufrieden und nicht wählerisch; lebt gesellig und ist am Tag und in der Nacht tätig; sitzt meistens an flachen Stellen im Wasser oder am Uferrand. **Nahrung:** Insekten, Würmer. **Fortpflanzung:** Paarungszeit vom Frühjahr bis zum Sommer (von der geogr. Lage abhängig); Eizahl: etwa 500. **Stimme:** „ha-a, ha-a“ oder „wa-wa-wa“.

Gattung: Geburtshelferkröten *(Alýtes);* Pupille senkrecht elliptisch; Trommelfell gut sichtbar; in Europa zwei Arten:

Geburtshelferkröte
Alýtes obstétricans (Laurenti)

Oberseite blaugrau, mit Warzen, dunkel und hellgrau gefleckt; Unterseite gelblich- bis hellgrau; Handfläche mit drei Warzen; **4,5–5,5 cm.**

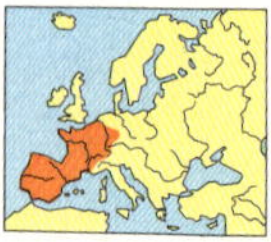

Verbreitung: auf der Pyrenäenhalbinsel, in Frankreich, Belgien, ostwärts bis zum Harz und West-Thüringen sowie in der Schweiz. **Lebensraum** und **Lebensweise:** bevorzugt bergiges und hügeliges Gelände; versteckt sich tagsüber unter flachen Steinen; ist in der Dämmerung und Nacht tätig, nicht aber bei trockenem, heißem Wetter. **Nahrung:** Würmer, Schnecken und Insekten. **Fortpflanzung:** Paarungszeit vom Frühjahr bis zum Sommer; Eizahl 20–100; Eiablage an Land; das ♂ wickelt sich die Eischnüre um die Hinterbeine, wo sich die Eier in 3–6 Wochen entwickeln; danach bringt es die Eier ins Wasser, wo sofort die Larven schlüpfen, die auch überwintern können. **Stimme:** sehr melodisch, wie der Klang einer Glasglocke (wird deshalb in manchen Gegenden auch „Singfrosch“ oder „Glokkenfrosch“ genannt). Die im Süden der Pyrenäenhalbinsel vorkommende nahe verwandte Art Iberische Geburtshelferkröte *Alýtes cisternásii* Boscá hat auf der Handfläche nur 2 Warzen (Tuberkel).

Gattung: Unken *(Bombina)*; Pupille wie bei voriger Art; Bauchseite blauschwarz, mit leuchtend roten oder gelben Flecken; in Europa zwei Arten:

Rotbauchige Unke
Bombina bombina (LINNÉ)

Oberseite hell- bis dunkelgrau, seltener grün, schwarz gefleckt; zwischen den Schultern oft zwei grüne Randflecken; Unterseite leuchtend rot gefleckt; **4–4,5 cm.**

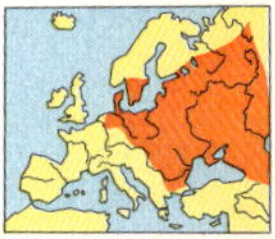

Verbreitung: von Niedersachsen über Schleswig-Holstein bis Dänemark und Südschweden, nach Osten bis zum Ural, nach Süden bis zum Kaukasus und Bulgarien. **Lebensraum und Lebensweise:** bevorzugt Gewässer des Tieflandes und hält sich hauptsächlich in stehenden Gewässern mit reichlichem Pflanzenwuchs auf; ist am Tag und in der Dämmerung tätig; kann gut schwimmen, taucht bei Gefahr und verbirgt sich im Uferschlamm. **Nahrung:** animalisch (kleinere Tiere aller Art). **Fortpflanzung:** Paarungszeit vom Frühjahr bis zum Sommer; ♀♀ laichen mehrere Male ab; der Laich wird in Klumpen an Pflanzenstengeln angeheftet; die Larven leben von Algen. **Stimme:** hauptsächlich in der Dämmerung und nach Regen „ung-ung".

Gelbbauchige Unke
Bombina variegáta (LINNÉ)

Oberseite ähnlich voriger Art, aber heller, weniger oder gar nicht gefleckt; Unterseite mit leuchtend gelben Flecken; **4–4,5 cm.**

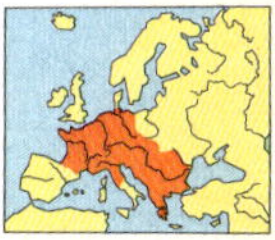

Verbreitung: in Frankreich, Belgien, Holland, Bundesrepublik Deutschland, in der Schweiz, in Ober- und Mittelitalien, Österreich, Ungarn und auf dem Balkan. **Lebensraum und Lebensweise:** bevorzugt Gewässer in bergigem Gelände und ist auch mit den kleinsten Tümpeln und Pfützen zufrieden; ist noch in Höhen bis 1800 m zu finden; ist am Tage und in der Dämmerung tätig. **Nahrung:** animalisch (Insekten, Schnecken und kleine Würmer). **Fortpflanzung:** Paarungszeit vom Frühjahr bis in den Spätsommer; ♀♀ laichen mehrere Male; die Larven entwickeln sich auch in verschlammten Pfützen ohne Vegetation. **Stimme:** hauptsächlich in der Dämmerung und nach Regen: „ung-ung".

4. Familie: Nasenfrösche *(Rhinophrýnidae)*; in Europa keine Vertreter.

5. Familie: Krötenfrösche *(Pelobátidae)*; ohne endständige Haftscheiben an den Fingern und Zehen; Pupille elliptisch, senkrecht stehend; Trommelfell nicht sichtbar oder nur angedeutet; Parotoiden vorhanden oder fehlend; in Europa Vertreter aus zwei Gattungen:

Gattung: Schlammtaucher *(Pelodýtes)*; Parotiden treten deutlich hervor; Trommel sichtbar; Zehen nur mit einem Hautsaum; in Europa zwei Arten, davon eine aufgeführt:

Westlicher Schlammtaucher
Pelodýtes punctátus (DAUDIN)

Gestalt schlank, froschartig; Hinterbeine lang; überragen den Kopf mindestens um Fußlänge; bis **4,5 cm.**

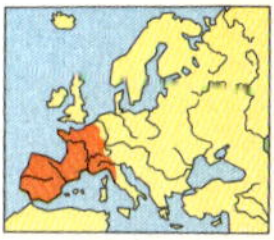

Verbreitung: Pyrenäenhalbinsel, Frankreich, Nordwest-Italien und lokal in Belgien. **Lebensraum und Lebensweise:** Hält sich mit Vorliebe an Gewässerrändern auf; ist nachts tätig; kann gut schwimmen und springen; läßt sich auch in Gefangenschaft halten und zur Fortpflanzung bringen. **Nahrung:** Insekten aller Art, Würmer und Schnecken. **Fortpflanzung:** laicht im Süden Europas im Frühjahr und Herbst, paart sich aber auch gelegentlich im Sommer; während der Brunstzeit sind bei den Männchen die Innenseiten der 1. und 2. Finger, die Arme und die Brustseite mit dunkelbraunen Warzen bedeckt.

Gattung: Schaufelkröten *(Pelóbates)*; ohne Parotiden; Trommelfell nicht sichtbar; Hinterfuß mit hartem Fersenhocker, der als Grabschaufel benutzt wird; Zehen mit gut ausgebildeten Schwimmhäuten; in Europa drei Arten, davon eine aufgeführt:

Knoblauchskröte
Pelóbates fúscus (Laurenti)

Grabschaufel gelblich; Oberseite hellgrau bis hellbraun, mit kleinen Warzen, gefleckt; Unterseite weißlich, dunkel gefleckt; **5–8 cm.**

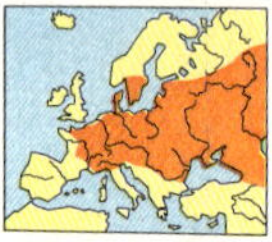

Verbreitung: in Südschweden, auf Gotland, in Dänemark, Bundesrepublik Deutschland, DDR, Belgien, Südholland, Nord- und Ostfrankreich, Norditalien, Österreich, Ungarn und in der UdSSR bis zum Uralfluß. **Lebensraum und Lebensweise:** bevorzugt sandiges Gelände in der Ebene; ist nur in der Nacht tätig; kann gut schwimmen und springen; verbringt den Tag in selbstgegrabenen Erdhöhlen; scheidet bei Gefahr ein nach Knoblauch riechendes Sekret aus. **Nahrung:** Insekten, Spinnen, Raupen, Würmer und Schnecken. **Fortpflanzung:** Paarungszeit von April–Mai; Paarung im Wasser; die Eischnüre werden an Wasserpflanzen angeheftet; Larven schlüpfen nach 5–6 Tagen und werden sehr groß (bis 12 cm!). **Stimme:** nur in der Paarungszeit glucksend und grunzend.

6. Familie: Echte Frösche *(Ránidae)*; Finger und Zehen ohne endständige Haftscheiben; Pupille waagerecht-elliptisch; Parotiden fehlen; Haut oberseits glatt; Wasserbewohner oder Landtiere, einige Arten auch typische Grabfrösche; in Europa Vertreter aus nur einer Gattung:

Gattung: Eigentliche Frösche *(Rána)*; insgesamt etwa 150 Arten umfassend; weltweit verbreitet; in Europa 10 Arten:

Teich- oder Wasserfrosch
Rána esculénta Linné

Oberseite in der Regel grün (bis hellbraun), oft schwärzlich gefleckt, mit heller Mittellinie; kein dunkler Schläfenfleck; Hinterseite der Oberschenkel gelb und dunkel marmoriert; ♂ **5–6 cm,** ♀ **bis 10 cm.**

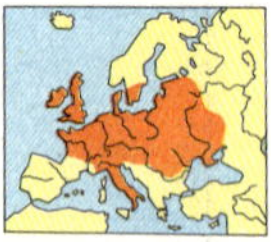

Verbreitung: von England, Belgien, Frankreich ab bis zum Westen der UdSSR; nördliche Grenze Dänemark und Südschweden, südliche Rumänien, Ungarn und Italien. **Lebensraum und Lebensweise:** bevorzugt kleine und größere Gewässer mit reichlich Wasserpflanzen und dichter Ufervegetation; ist am Tag, aber hauptsächlich in der Dämmerung und Nacht tätig; verharrt gern am Ufer und auf Blättern von Schwimmpflanzen; springt bei Gefahr ins Wasser und versteckt sich im Bodenschlamm, wo er auch überwintert. **Nahrung:** Insekten, Schnecken, Würmer, Fische, Kaulquappen, Molche, kleine Frösche und Vögel. **Fortpflanzung**: Paarungszeit April–Juni; *Paarung* im Wasser; Laich wird in Klumpen abgegeben und bleibt auf dem Boden der Gewässer liegen; der Larvenzustand dauert bis August oder September. **Stimme:** sehr laut „brek-kek-kek-kek-kek-uarr-uarr" und „koax-koax-koax".

Moorfrosch
Rána arvális Nilsson

Hinterbeine nicht auffallend lang; Fersengelenk reicht höchstens bis zur Schnauzenspitze; Fersenhöcker groß; **4–7,5 cm.**

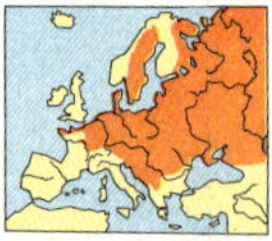

Verbreitung: von Belgien, Nordost-Frankreich, Dänemark und Schweden bis Sibirien; südliche Grenze Österreich, Ungarn, Jugoslawien und Rumänien. **Lebensraum und Lebensweise:** bevorzugt feuchte Wiesen, Moore, lichte Wälder in Gewässernähe; ist hauptsächlich in der Nacht tätig; hält sich im Wasser nur zum Überwintern und zur Paarung auf. **Nahrung:** Insekten und alle Arten kleiner Tiere. **Fortpflanzung:** Paarungszeit März–April; Laich wird in 1–2 Klumpen abgegeben, die 1000–2000 Eier enthalten. **Stimme:** ♂ „ueg-ueg-ueg" und „groe-groe-groe".

Seefrosch
Rána ridibúnda Pallas

Färbung ähnlich voriger Art, aber Hinterseite der Oberschenkel hellgrau, olivgrau marmoriert; Fersenhöcker schwach entwickelt (höchstens 1/3 so lang wie die 1. Zehe); bis **15 cm.**

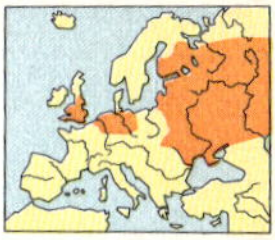

Verbreitung: in Südost-England, Holland, Bundesrepublik Deutschland, DDR, Südwest-Finnland, auf Bornholm und in der UdSSR bis Kasachstan. **Lebensraum** und **Lebensweise:** bevorzugt größere stehende und fließende Gewässer mit reichlichem Pflanzenwuchs; ist am Tag und auch in der Nacht tätig; hält sich gern in der Ufervegetation auf; kann ausdauernd schwimmen und ist sehr gefräßig; überwintert im Bodenschlamm der Gewässer. **Nahrung:** Insekten, Würmer, Schnecken, Fische, kleine Frösche und Vögel. **Fortpflanzung:** Paarungszeit April–Mai; *Paarung* im Wasser; Laich wird in nicht zu großen Klumpen abgesetzt. **Stimme:** auch außerhalb der Paarungszeit „kre-kre-kre-kre" oder quakend „näck-näck-näck-näck".

Italienischer Frosch
Rána latástei Boulenger

Schläfenfleck vorhanden; Kehle grau bis dunkelbraun, mit hellem Längsband über die Mitte, das unten auf ein helles Querband stößt; **4–5 cm.**

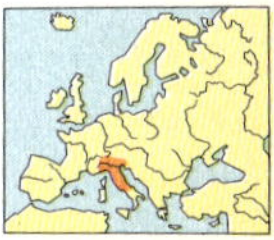

Verbreitung: in der Südschweiz und in Ober- und Mittelitalien. **Lebensraum** und **Lebensweise:** bevorzugt lichte, sandige Laubwälder mit kleinen Bächen; kann gut springen; verläßt zur Laichzeit das Waldgebiet und sucht wärmere Wiesengewässer auf. **Fortpflanzung:** Paarungszeit im März. **Stimme:** leise und in schneller Folge „keck-keck-keck".

Spanischer Frosch
Rána ibérica Boulenger

Ähnlich voriger Art, aber Kehle dunkelgrau, ohne helles Querband; Trommelfell gut sichtbar; Fersenhöcker klein; **4–5 cm.**

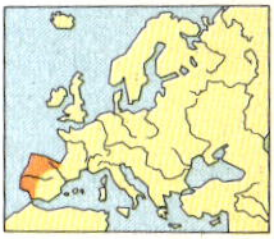

Verbreitung: in Portugal und Nordwestspanien. **Lebensraum:** bevorzugt das Gebirge mit kleinen Bächen und Quellen.

Springfrosch
Rána dalmatina Bonaparte

Kehle ohne helles Längsband über die Mitte; Hinterbeine auffallend lang; Schläfenfleck groß, dunkelbraun; Trommelfell groß; ♂ **6–7 cm,** ♀ **8–9 cm.**

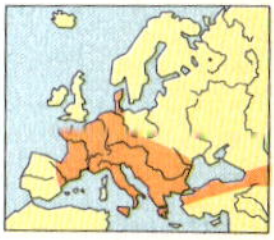

Verbreitung: von Nordost-Spanien und Frankreich in Mittel- und Südeuropa bis zum Schwarzen Meer; auch Südschweden, Italien, Sizilien, Balkanhalbinsel, Peloponnes, Kaukasus; fehlt auf den übrigen Mittelmeerinseln. **Lebensraum** und **Lebensweise:** bevorzugt lichte Laub- und Mischwälder der Ebene in Gewässernähe; ist hauptsächlich am Tage tätig, besonders bei regnerischem Wetter; kann weit (bis 2 m) und hoch (bis 1 m) springen; hält sich nur zur Paarung und zum Überwintern im Wasser auf. **Nahrung:** Insekten. **Fortpflanzung:** Paarungszeit März bis April; *Paarung* im Wasser (nur nachts); Laich wird in Klumpen abgegeben. **Stimme:** ♂ „kor-kor-kor" oder „og-og-og".

Griechischer Frosch
Rána graéca BOULENGER

Kehle ähnlich voriger Art; Fersenhöcker groß (mindestens 1/2 so lang wie die 1. Zehe); Oberseite grau bis bräunlich, meistens etwas gelb gefleckt; Unterseite hell; etwa **7 cm.**

Verbreitung: in den Gebirgen Jugoslawiens, Albaniens, Griechenlands und Mittelitaliens. **Lebensraum** und **Lebensweise:** bevorzugt kleine fließende Gewässer im Gebirge; springt bei Gefahr ins Wasser und verbirgt sich im Uferschlamm oder, wie in manchen Gegenden, trotz der Wassernähe, in der Ufervegetation und unter Steinen. **Fortpflanzung:** Ähnlich wie bei den beiden vorigen Arten.

Grasfrosch
Rána temporária LINNÉ

Ähnlich voriger Art, aber Fersenhöcker klein; Oberseite gelbrot bis rot- und schwarzbraun, oft dunkel gefleckt, manchmal mit hellem Mittelstreifen; Schläfenfleck vorhanden; Unterseite weißlich, beim ♂ grau, braun oder rötlich, beim ♀ gelb marmoriert; bis **10 cm.**

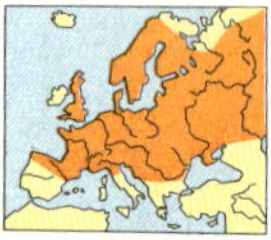

Verbreitung: Pyrenäen bis Japan in den nördlichen und gemäßigten Gebieten Europas und Asiens; fehlt Pyrenäenhalbinsel, in Süditalien und im südlichen Balkan. **Lebensraum** und **Lebensweise:** bevorzugt feuchte Wiesen, sumpfiges Gelände, auch Parkanlagen, stellt aber keine besonderen Ansprüche an die Umgebung; Kälte stört ihn nicht, so daß er auch in höheren Gebirgslagen anzutreffen ist; übermäßige Wärme dagegen meidet er; ist hauptsächlich in der Nacht tätig; überwintert auf dem Bodenschlamm der Gewässer. **Nahrung:** Insekten, Würmer, Nacktschnecken; die Beute wird durch Vorschnellen der klebrigen Zunge gefangen. **Fortpflanzung:** Paarungszeit Ende Februar–April, auch später; Laich wird in Klumpen abgegeben, die an der Wasseroberfläche schwimmen und oft große Flächen bedecken; Larven haben in 2–3 Monaten ihre Entwicklungszeit beendet. **Stimme:** nur in der Paarungszeit dumpf knurrend und grunzend.

7. Familie: Ruderfrösche *(Racophóridae);* in Europa keine Vertreter.

8. Familie: Engmaulfrösche *(Microhýlidae);* in Europa keine Vertreter.

9. Familie: Wendehalsfrösche *(Phrynoméridae);* in Europa keine Vertreter.

10. Familie: Harlekinfrösche *(Pseúdidae);* in Europa keine Vertreter.

11. Familie: Kröten *(Bufónidae);* Finger und Zehen ohne endständige Haftscheiben; Pupille waagerecht-elliptisch; Parotiden stark ausgebildet; Oberseite warzig; in Europa nur Vertreter aus einer Gattung:

Gattung: Kröten *(Búfo);* meist plumpe Tiere; Haut warzenreich, sich trocken anfühlend; vorwiegend Dämmerungs- und Nachttiere; oft Kulturfolger; in Europa drei Arten:

Erdkröte
Búfo búfo (LINNÉ)

Oberseite lederbraun bis gelbbraun, warzig, oft dunkel geflekt; Rückenmitte ohne gelben Längsstreifen; Unterseite schmutzigweiß, bräunlich gefleckt; ♂ **8 cm,** ♀ **13 cm.**

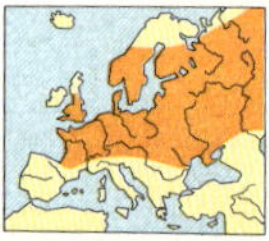

Verbreitung: Europa ohne den Norden und Süden. **Lebensraum** und **Lebensweise:** stellt keine besonderen Ansprüche an den Lebensraum; ist in der Nacht tätig, zur Paarungszeit auch am Tag; bewegt sich schwerfällig und langsam; kann schwimmen; ist sehr ortstreu; versteckt sich unter Steinen, Blättern und in Erdlöchern. **Nahrung:** Insekten, Schnecken, Würmer, auch kleine Wirbeltiere. **Fortpflanzung:** Paarungszeit März–April; Paarung im Wasser; Eischnüre sind sehr lang (3–5 m) und werden um Wasserpflanzen gewickelt; Larven schlüpfen nach 12–18 Tagen. **Stimme:** vibrierend „ürrrrrrr" und zirpend „yück-yück".

Kreuzkröte
Búfo calamita LAURENTI

Ähnlich voriger Art, aber Oberseite olivgrün bis olivbraun, Rückenmitte mit gelbem Längsstreifen; Unterseite schmutzigweiß, dunkelgrau gefleckt; bis **8 cm.**

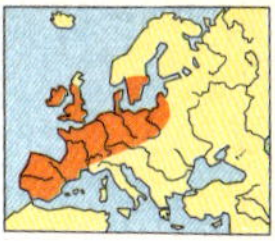

Verbreitung: auf der Pyrenäenhalbinsel, in Frankreich, England ohne Schottland, Irland, Belgien, Holland, Dänemark, Südschweden, der Bundesrepublik Deutschland und der DDR, in Polen, in der ČSSR, im Westen der UdSSR und in der Schweiz; fehlt auf den Mittelmeerinseln. **Lebensraum** und **Lebensweise:** bevorzugt sandiges Gelände; ist hauptsächlich in der Nacht tätig; kann schnell laufen, schwimmen und klettern; versteckt sich unter Steinen; überwintert in selbstgegrabenen tiefen Löchern. **Nahrung:** Insekten, Spinnen, Würmer und Schnecken. **Fortpflanzung:** Paarungszeit April–Mai, manchmal auch später; Paarung im Wasser; Eischnüre sind kurz und doppelreihig; Larven schlüpfen oft schon nach 3–4 Tagen. **Stimme:** sehr laut „ärr-ärr-ärr" oder „ra-ra-ra".

Wechselkröte
Búfo viridis LAURENTI

Oberseite hellgrau bis olivgrün, warzig, mit großen grünen Flecken; Unterseite hellgrau, manchmal dunkel gefleckt; **8–9 cm.**

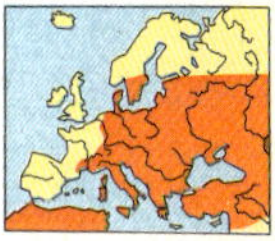

Verbreitung: fast ganz Mittel-, Süd-, Osteuropa; fehlt auf der Pyrenäenhalbinsel, in fast ganz Frankreich, in England, Belgien und Holland; nördlichste Grenze Dänemark und Südschweden. **Lebensraum** und **Lebensweise:** stellt keine besonderen Ansprüche an den Lebensraum und verträgt sogar Trockenheit und salzhaltiges Wasser sehr gut; ist in der Nacht tätig; kann weit springen, gut schwimmen und klettern; versteckt sich am Tag unter Steinen, in Felsritzen und Erdlöchern; überwintert in Erdhöhlen. **Nahrung:** Insekten, Spinnen, Würmer, Schnecken. **Fortpflanzung:** Paarungszeit April–Anfang Juni; Paarung im Wasser; Eischnüre sind lang und mit zahlreichen Eiern besetzt (10000–12000); Larven schlüpfen schon nach 3–4 Tagen. **Stimme:** trillernd „ürrrrr-ürrrrr-ürrrrr".

12. Familie: Stummelfußfrösche *(Atelópidae);* in Europa keine Vertreter.

269.1 Wechselkröte

13. Familie: Laubfrösche *(Hýlidae);* Finger und Zehen mit endständigen Haftscheiben; Pupille waagerecht; in Europa nur Vertreter aus einer Gattung:

Gattung: Echte Laubfrösche *(Hýla);* in Europa nur eine Art:

Laubfrosch
Hýla arbórea (LINNÉ)

Oberseite in der Regel laubgrün, aber auch grau, braun und dunkler, mit schwarzem, oben hell gesäumtem Streifen von der Nase über das Auge bis zu den Oberschenkeln; Unterseite weiß; Kehle beim ♂ goldbraun, beim ♀ weißlich; **4–5 cm.**

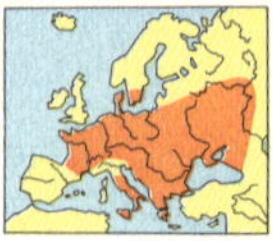

Verbreitung: von den Pyrenäen ab in Mittel- und Nordfrankreich, Belgien, Holland, Dänemark, Südschweden, Bundesrepublik Deutschland, DDR, Österreich, in der UdSSR bis zum Kaukasus; Mittel-, Süditalien. **Lebensraum** und **Lebensweise:** Flachland mit feuchten Wiesen, Waldrändern, Gärten und Parkanlagen; ist am Tag und in der Dämmerung tätig; sonnt sich gern; versteckt sich bei Regen unter Blättern, in Baum- und Erdlöchern und unter Rinde; kann durch Haftscheiben an Fingern und Zehen auch an glatten Flächen hochklettern, gut springen und schwimmen; überwintert unter Steinen, in Erdlöchern und Mauerspalten; hält sich nur zur Paarungszeit im oder am Wasser auf. **Nahrung:** Fliegen, Spinnen, Käfer, Schmetterlinge und glatte Raupen. **Fortpflanzung:** Paarungszeit Ende März bis Juni; *Paarung* im Wasser; Laich wird in walnußgroßen Klumpen abgelegt, die je 800–1000 Eier enthalten; Larven schlüpfen nach etwa 10 Tagen und haben nach fast 3 Monaten ihre Entwicklung beendet. **Stimme:** sehr vernehmlich „äpp-äpp-äpp" und „gäck-gäck-gäck".

14. Familie: Südfrösche *(Leptodactýlidae);* in Europa keine Vertreter.

15. Familie: Glasfrösche *(Centrolénidae);* in Europa keine Vertreter.

270.1 Froschsprung

271.1 Gelbbauchunken: Paarung

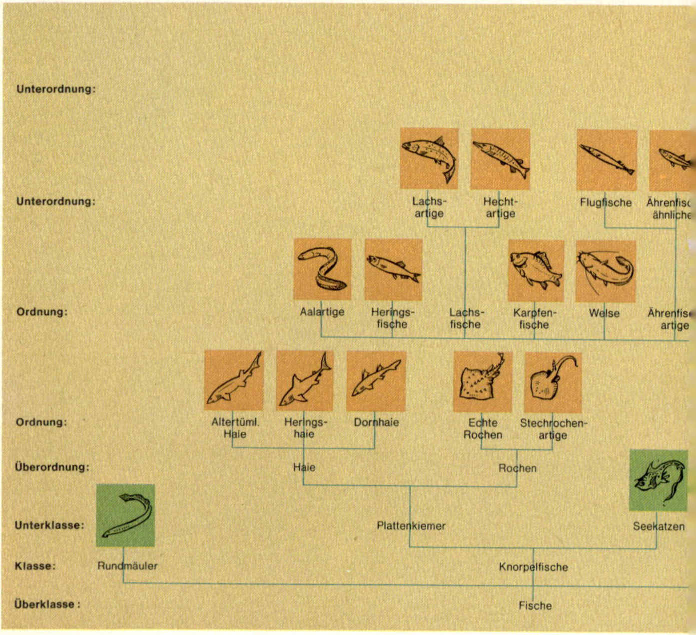

272.1 System der Fische

Überklasse: Fische *(Pisces)*

Als Fische werden *wechselwarme*, durch *Kiemen atmende Wirbeltiere* zusammengefaßt, deren zarte, schleimige Haut in der Regel mit zahlreichen knöchernen (nie hornigen!) Schuppen bedeckt ist. Ihre paarigen Brust- und Bauchflossen entsprechen den Beinen der Vierfüßer. Außerdem sind unpaare Flossen vorhanden (Rücken-, Schwanz-, Afterflosse), die Teile eines ursprünglich einheitlichen Flossensaums am Hinterkörper sind.
Fische besiedeln nahezu alle Gewässer von der Tiefsee bis hin zu periodisch austrocknenden Kleingewässern, in denen ihre Eier überdauern (Saisonfische). Ihre Anpassungen an besondere Lebensbedingungen sind vielfältig, ihre Artenzahl ist groß *(über 20 000 Arten)*, sie stellen die umfangreichste Teilgruppe der Wirbeltiere dar. Im alltäglichen Sprachgebrauch werden einige Tiergruppen, die nicht hierher gehören, wegen ihrer fischähnlichen Funktionsgestalt mit den Fischen verwechselt: etwa die Wal-„fische" unter den Säugern, die Rundmäuler (S. 332) und das Lanzettfischchen (S. 333).

Systematische Übersicht

1. Klasse: Knorpelfische *(Chondrichthyes)*.
Altertümliche Fische mit knorpeligem, oft durch Kalksalze verfestigtem Skelett. Die Schuppen sind *Hautzähne*, die wie echte Zähne Zahnhöhle, Zahnbein und Schmelz aufweisen. Ein echter Kiemendeckel fehlt, meist sind mehrere Kiemenspalten frei sichtbar. Die Bauchflossen der ♂♂ sind zu Begattungsorganen umgewandelt (innere Befruchtung der Eier), die ♀♀ legen große Eier in harten, oft mit Anhängen versehenen Kapseln oder sind lebendgebärend. **S. 274**
1. Unterklasse: Plattenkiemer *(Elasmobránchii)*; mehrere frei sichtbare Kiemenöffnungen vorhanden.
I. Überordnung: Haie *(Selachoídei)*; meist schlanke, torpedoförmige Schwimmer. Bei den wenigen abgeflachten Arten sind die Kiemenöffnungen von der Seite sichtbar. 5 Ordnungen mit 12 Familien, von denen 7 auch in Europa vorkommen. **S. 274**
II. Überordnung: Rochen *(Batoídei)*; meist sehr stark abgeflachte und breite Fische mit stark abgesetztem, dünnem Schwanz. Kiemenspalten (außer dem kleinen Spritzloch hinter dem Auge) nur von der Bauchseite aus sichtbar. Vorderrand der Brustflossen mit dem Kopf verwachsen. 2 Ordnungen mit 7 Familien, davon 5 in Europa. **S. 277**
2. Unterklasse: Seekatzen, Seedrachen *(Holocéphali)*; eine häutig-knorpelige Falte verdeckt die Kiemenöffnungen bis auf eine. Von den 3 Familien 1 in Europa. **S. 278**

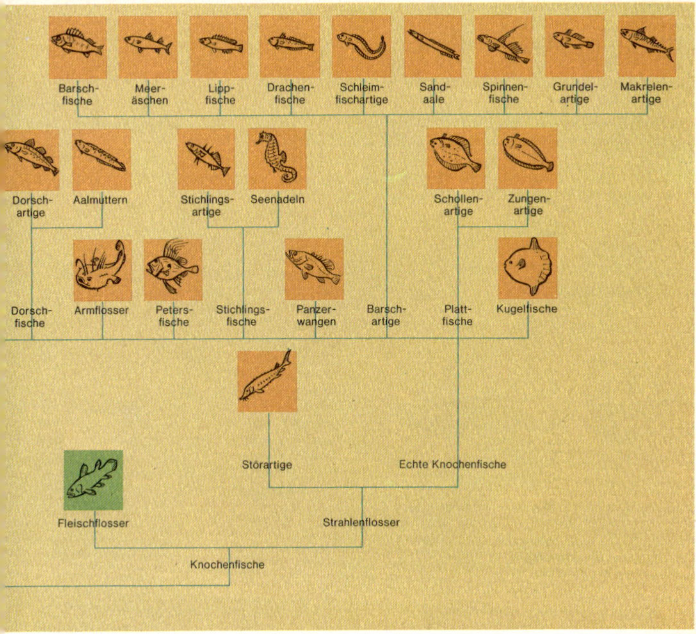

2. Klasse: Knochenfische *(Osteíchthyes).*
Skelett, zumindest der Schädel, knöchern, stets mit festem Kiemendeckel, der die einzelnen Kiemenöffnungen überdeckt, so daß nur eine äußere Kiemenöffnung vorhanden ist. In Europa kommen nur Angehörige der Unterklasse Strahlenflosser *(Actinopterýgii)* vor. Bei ihnen ist die Basis der Flossen in den Körper eingesenkt, die Flossen werden durch knorpelige oder Weichstrahlen (bei den *Protacanthopterýgii*) bzw. durch knorpelige und knöcherne, mitunter stachelartige Hartstrahlen gestützt (bei den *Paracanthopterýgii* und *Acanthopterýgii).* In der anderen, heute nur noch 7 Arten auf der Südhemisphäre umfassenden Unterklasse Fleischflosser *(Sarcopterýgii)* haben die Flossen eine fleischige, beschuppte Basis, die vom Körper absteht. Hierher gehören die Lungenfische und die Quastenflosser (rezent 1 Art!); aus einer Teilgruppe der Quastenflosser sind die vierfüßigen Wirbeltiere hervorgegangen.
1. Unterklasse: Strahlenflosser *(Actinopterýgii);* 3 der 4 Überordnungen sind artenarm und bewahren zahlreiche Primitivmerkmale. Von diesen Gruppen kommen in Europa nur die Störe vor; alle anderen Fische gehören zu den Echten Knochenfischen.
I. Überordnung: Störartige *(Chondróstei);* Schnauze mehr oder weniger verlängert. Die Chorda bleibt zeitlebens erhalten und wird von den Wirbelknochen nur umgeben. Die Wirbelsäule reicht bis in die obere Spitze der Schwanzflosse. Kein Schuppenkleid, nur wenige Reihen von Hautzähnen auf der nackten Haut. Rezent nur 1 Ordnung mit den Familien der Löffelstöre *(Polyodóntidae;* 2 Arten in China und Nordamerika) und den Stören *(Acipenséridae;* 4 Gattungen mit etwa 24 Arten auf der Nordhalbkugel); nur 1 Gattung in Europa. **S. 278**
II. Überordnung: Echte Knochenfische *(Teleóstei); Knöchernes Skelett,* die Chorda wird durch Wirbelknochen ersetzt. Die Wirbelsäule endet symmetrisch an der Basis der Schwanzflosse. Kiemendeckel gegliedert, *knöchern. Schuppen ohne Zahnhöhle* und Schmelzbelag; meist decken sie sich dachziegelartig und bilden ein dichtes Schuppenkleid. Überwiegend eierlegend; wenn lebendgebärend, wird (anders als bei Knorpelfischen!) das Begattungsorgan der ♂♂ aus der Afterflosse gebildet.
Die Vielzahl der Ordnungen wird von den Autoren nicht einheitlich begrenzt und benannt, ihre Zusammenfassung zu größeren Gruppen ist umstritten, die Beziehungen dieser Gruppen untereinander sind noch unklar (Abb. 272.1). Die Merkmale der einzelnen Ordnungen, häufig sogar der Unterordnungen und Familien sind fast durchweg Einzelheiten der inneren Anatomie, die nur bei Spezialuntersuchungen erkannt werden können. Sie sind hier nur genannt, wenn sie dem Nicht-Spezialisten Bestimmungshilfen bieten können. Da die Angehörigen bestimmter systematischer Gruppen in Aussehen und Lebensweise keineswegs immer einheitlich sind, wird die Bestimmung weiter erschwert. Aus der verwirrenden Fülle der Formen kann hier nur eine Auswahl europäischer Fische präsentiert werden. **S. 280**

1. Klasse: Knorpelfische *(Chondríchthyes).*

1. Unterklasse: Plattenkiemer *(Elasmobránchii).*

I. Überordnung: Haie *(Seláchii);* in Europa drei Ordnungen.

I. Ordnung: Altertümliche Haie *(Hexanchifórmes);* noch 6–7 Kiemenspalten, nur eine Rückenflosse. Einzige europäische Familie:

1. Familie: Grauhaie *(Hexánchidae);* in Europa zwei Gattungen mit je einer Art; *Heptránchus pérlo* (Bonnaterre) mit 7 Kiemenspalten:

Gattung: Grauhaie *(Hexánchus):*

Grauhai
Hexánchus griseus (Bonnaterre)

6 Kiemenspalten jederseits. Oberseite dunkelbraun oder grau, Flanken rötlichgrau, Seitenlinie und Unterseite hell; Schwanz macht $^{1}/_{3}$ der Körperlänge aus! Bis **5 m** lang.

Verbreitung: im Mittelmeer, Atlantik, Stillen Ozean und südlichen Indischen Ozean; ist gelegentlich auch an der englischen Küste und in der Nordsee beobachtet worden. **Lebensraum und Lebensweise:** hält sich meist in größeren Tiefen auf; schwimmt schnell und ist sehr wild. **Nahrung:** Fische aller Art; ist sehr gefräßig. **Fortpflanzung:** lebendgebärend; Anzahl der Jungen groß. **Wirtschaftliche Bedeutung:** gering, da Fleisch wenig schmackhaft.

II. Ordnung: Heringshaie, Makrelenhaie *(Lamnifórmes);* zwei stachellose Rückenflossen, Afterflosse vorhanden; wie alle folgenden Ordnungen mit 5 Kiemenspalten. 7 Familien, unter den 4 europäischen sind die Hammerhaie *(Sphýrnidae)* durch ihren flachen, breit ausladenden Kopf ausgezeichnet.

1. Familie: Heringshaie *(Lámnidae);* erste Rückenflosse steht vor den Bauchflossen, Augen ohne Nickhaut oder Hautfalte. In Europa 4 Gattungen, darunter ein Menschenhai von 12 m Länge, der Weißhai *Carchárodon carchárias* (Linné) und der Fuchshai *Alópias vulpinus* (Bonnaterre), dessen oberer Schwanzlappen fast halbe Körperlänge erreicht:

Gattung: Heringshaie *(Lámna);* schmaler, seitlich gekielter Schwanzstiel, Schwanzflosse fast symmetrisch, halbmondförmig, Zähne groß, ganzrandig. In Europa nur 1 Art:

Heringshai
Lámna násus (Bonnaterre)

Vordere Rückenflosse sehr weit vorn, über den Brustflossen. Oben schwarzblau oder grau, Bauch weißlich; **1,5–3 m** lang, 150–200 kg.

Verbreitung: Atlantikküsten von Nordnorwegen bis Gibraltar und südlicher; Nordsee, Mittelmeer. **Lebensraum und Lebensweise:** hält sich meist in den oberen Wasserschichten, selten in Tiefen über 150 m auf; schneller und ausdauernder Schwimmer, der im Winter wahrscheinlich südlicher zieht. **Nahrung:** Heringe, Makrelen, Dorsch, auch Tintenfische, für den Menschen ungefährlich. **Fortpflanzung:** lebendgebärend, meist im Frühjahr, doch kommen trächtige ♀♀ das ganze Jahr hindurch vor. Die Jungen liegen frei in der Gebärmutter, verzehren zunächst ihre eigene Dottermasse und fressen, wenn sie etwa 60 cm lang sind, die nicht befruchteten Eier auf. Wurfzahl 1–4, Größe bei der Geburt etwa 60 cm. Geschlechtsreife bei 1,5 m Länge. Lebensdauer: nicht bekannt. **Wirtschaftliche Bedeutung:** Speisefisch.

Gattung: Riesenhaie *(Cetorhinus);* Schwanz wie bei vorigem gekielt, aber plumper; Kiemenspalten außerordentlich hoch, weit nach oben und unten reichend. 1 Art:

Riesenhai
Cetorhinus máximus (Gunnerus)

Körperoberseite blaugrau bis bräunlich schwarz, Rückenmitte dunkler, Unterseite heller. Zahlreiche sehr kleine, in der Mundschleimhaut verborgene Zähne; mit hornigen Fortsätzen an den Kiemenbögen, die eine Reuse bilden; **9–12 m** lang.

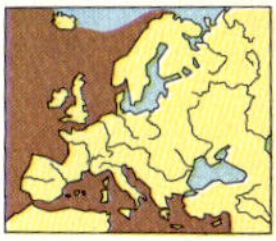

Verbreitung: im Atlantik, Pazifik, Mittelmeer, in der Nordsee, im Ärmelkanal und im Skagerrak. **Lebensraum** und **Lebensweise:** hält sich gern an der Wasseroberfläche auf; schwimmt langsam und sonnt sich gern; lebt einzeln, aber auch gesellig in Schwärmen bis 100 Stück. **Nahrung:** Meeresplankton. **Fortpflanzung:** lebendgebärend; Tragzeit 2 Jahre; Wurfzahl 1–2; die Jungen sind 1,5 m lang; Geschlechtsreife mit 3–4 Jahren und bei einer Körperlänge von etwa 7 m. **Wirtschaftliche Bedeutung:** aus der sehr großen Leber wird Tran gewonnen.

2. Familie: Blauhaie *(Carcharinidae);* erste Rückenflosse steht vor den Bauchflossen, Schwanz ungekielt. Auge mit Nickhaut oder Falte. 3 europäische Gattungen:

Gattung: Blauhaie *(Carchárias);* scharfspitzige dreieckige Zähne; Spritzloch fehlt. Nur 1 Art:

Blauhai, Menschenhai
Carchárias glaúcus (Linné)
(Prionáce glaúca [Linné]*)*

Brustflossen sehr schlank, sichelförmig, oberer Lappen der Schwanzflosse lang, fast wimpelartig. Oberseite blau, blaugrau oder schiefergrau, Unterseite weiß; **3–4,5 m** lang.

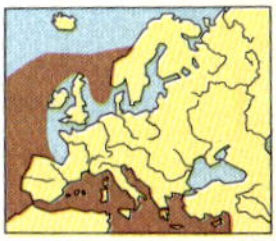

Verbreitung: in allen tropischen und subtropischen Meeren; im Sommer und Herbst in der Nähe der englischen und der südskandinavischen Küste. **Lebensraum** und **Lebensweise:** bevorzugt hauptsächlich das offene Meer, hält sich aber auch gern an Hafeneinfahrten und Flußmündungen auf; ist hauptsächlich in der Nacht tätig; jagt an der Wasseroberfläche; ist sehr gefräßig und für den Menschen gefährlich. **Nahrung:** Schwarmfische (Makrelen, Heringe und Sardinen), aber auch Schiffsabfälle aller Art. **Fortpflanzung:** lebendgebärend; Anzahl der Jungen 25–50; Körperlänge 50–60 cm; Wurfzeit im Atlantik und Mittelmeer Mai–Juni. **Wirtschaftliche Bedeutung:** in Europa keine; das zähe Fleisch wird nur in Japan verwertet.

Gattung: Hundshaie *(Galeorhinus);* Zähne wie bei voriger Gattung, aber hinter dem Auge ein Spritzloch; 1 Art:

Hundshai
Galeorhinus gáleus (Linné)

Vordere Rückenflosse erheblich größer als die hintere. Oberseite bräunlich stahlgrau bis dunkelgrau, Unterseite weiß, mit Perlmutterglanz; bis **2 m** lang.

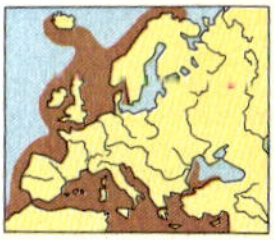

Verbreitung: im Schwarzen, Mittelmeer, an den Küsten Westeuropas bis Island und Nordnorwegen; auch an den Küsten Dänemarks. **Lebensraum** und **Lebensweise:** hält sich am Grunde der Gewässer in 40–100 m Tiefe auf; ist sehr gefräßig und räuberisch. **Nahrung:** Fische, Krebstiere und Weichtiere. **Fortpflanzung:** lebendgebärend; Anzahl der Jungen 20–40; Körperlänge etwa 40 cm; Wurfzeit Juni–September im flachen Wasser. **Wirtschaftliche Bedeutung:** gering; das Fleisch ist tranig und riecht unangenehm; die Haut wird zum Polieren benutzt. Bei den Sportanglern ein beliebter Angelfisch.

Gattung: Glatthaie *(Mustélus)*; unter dem Auge eine Falte, hinter ihm ein Spritzloch; spitzenlose Pflasterzähne. 2 europäische Arten:

Glatthai
Mustélus astérias Cloquet

Rückenflossen fast gleich groß, Kopf spitz und schmal. Oberseite grau, Rücken und Flanken weiß gefleckt, Unterseite hell; bis **1,8 m** lang.

Verbreitung: im Mittelmeer, an den Küsten Westeuropas, bei den Orkney- und Shetlandinseln, gelegentlich vor Norwegen und Dänemark. **Lebensraum und Lebensweise:** bevorzugt die Nähe der Küste in 20–100 m Tiefe; hält sich auf dem Grunde der Gewässer auf. **Nahrung:** kleine Fische, Muscheln und Krebse. **Fortpflanzung:** lebendgebärend; Anzahl der Jungen 20; Körperlänge 30 cm. **Wirtschaftliche Bedeutung:** gering.

3. Familie: Katzenhaie *(Scyliorhinídae)*; Rückenflossen so weit nach hinten gerückt, daß die vordere über oder hinter den Bauchflossen steht; Auge mit Nickhaut; oberer Lappen der Schwanzflosse sehr gering entwickelt. Zwei europäische Gattungen; Gattung *Gáleus* (einzige Art *G. melastómus* Rafinesque) mit Dornen am Oberrand des Schwanzes.

Gattung: Katzenhaie *(Scyliorhinus)*; 2 Arten in Europa:

Kleingefleckter Katzenhai
Scyliorhinus canícula (Linné)

Oberkante des Schwanzes ohne Stacheln. Oberseite graurot, dunkel gefleckt, Flanken graugelb, Unterseite gelblichweiß; bis **1 m** lang.

Verbreitung: vom Schwarzen Meer an bis zur Küste Norwegens; häufig im Kanal; fehlt in der Ostsee und bei Island. **Lebensraum und Lebensweise:** bevorzugt in nicht zu großer Tiefe mit Algen bewachsene Sandbänke; ist in der Nacht tätig; die Augen sind auffallend beweglich (daher der Name!). **Nahrung:** Fische, Würmer und Krebse. **Fortpflanzung:** Paarungszeit April–Juni; legt bis zu 20 gelbbraune, viereckige Eier (etwa 25 x 65 mm), die mit einem 1 m langen Faden an jeder Ecke versehen sind; die Fäden werden an Steinen und Pflanzen befestigt; Entwicklungszeit der Larven 8–9 Monate. **Wirtschaftliche Bedeutung:** gering; das Fleisch ißt man in Mittelmeergebieten; die Haut verwendet man zum Polieren.

III. Ordnung: Dornhaie *(Squalifórmes)*; zwei Rückenflossen, aber keine Afterflosse. In Europa zwei Familien, darunter die rochenähnlichen Meerengel, Familie *Squatinidae* (nur 1 Art).

1. Familie: Dornhaie *(Squálidae)*; von typischer Haigestalt, vordere Rückenflosse steht vor den Bauchflossen. Vier europäische Gattungen (Eishai, *Somniósus*, ohne Flossendornen; *Oxynótus* mit Stacheln in der Mitte der Rückenflossen; *Etmoptérus* mit Leuchtorganen auf der Bauchseite):

Gattung: Dornhaie *(Squálus)*; vor jeder Rückenflosse steht ein scharfer Stachel. In Europa zwei Arten:

Dornhai
Squálus ancánthias (Linné)

Kopf flach und keilförmig. Oberseite schiefergrau, Unterseite gelblichweiß; bis 10 kg schwer; **1** bis **1,2 m** lang.

Verbreitung: Kosmopolit; Schwarzes-, Mittelmeer, an Atlantikküsten, in der Nordsee und seltener an der Küste Norwegens und in der Ostsee; nördliche Verbreitungsgrenze Island; fehlt bei Grönland und im Polargebiet; ist auch in der Ostsee beobachtet worden. **Lebensraum und Lebensweise:** bevorzugt tiefes Wasser über 40 m in Küstennähe; lebt gesellig in großen Schwärmen; ist sehr gefräßig und räuberisch. **Nahrung:** Heringe, Dorsche und wirbellose Meerestiere. **Fortpflanzung:** lebendgebärend; Tragzeit 18–22 Monate; Wurfzahl 4–8; die Jungen sind 20–33 cm lang; Geschlechtsreife der ♂♂ bei einer Körperlänge von 68–80 cm, der ♀♀ von 75–80 cm. **Lebensdauer:** 20–24 Jahre. **Wirtschaftliche Bedeutung:** aus der Leber gewinnt man Tran, das Fleisch wird zu „Seeaal“ und „Schillerlocken“ (geräucherte Bauchlappen) verarbeitet.

II. Überordnung: Rochen *(Batoídei);* in Europa sind beide Ordnungen vertreten, die der mit elektrischen Organen ausgerüsteten Zitterrochen *(Torpediniformes)* mit 2 Arten ihrer einzigen Gattung *Torpédo;* hier nur die Ordnung der Rochen behandelt:

I. Ordnung: Rochen *(Rajifórmes);* alle europäischen Formen mit langen dünnen Schwänzen; niemals mit elektrischen Organen; 2 Unterordnungen:

I. Unterordnung: Echte Rochen *(Rajoídei);* die Körperspitze wird vom Kopf gebildet, der einen unpaaren Knorpelfortsatz besitzt (unter der Haut, von außen nicht sichtbar!). Der Schwanz trägt oben Reihen feiner Stacheln, endet in einer deutlichen Flosse und trägt kurz vor seinem Ende eine kleine Rückenflosse. In Europa 1 Familie:

1. Familie: Echte Rochen *(Rájidae);* in Europa 1 Gattung:

Gattung: Rochen *(Rája);* in Europa mehr als 15 Arten:

Glattrochen
Rája bátis (LINNÉ)

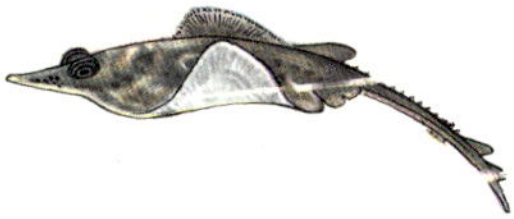

Vorderende spitzwinklig. Körperoberseite dunkelolivgrün bis bräunlichgrün, weiß gefleckt, Unterseite dunkelgrau, dunkel punktiert oder gefleckt. Stacheln nur bei den Augen, längs der Mittellinie und auf dem Schwanz; ♂ bis **2 m,** ♀ bis **2,5 m** lang.

Verbreitung: im westlichen Mittelmeer und von Gibraltar bis Island und zur norwegischen Küste, in der Nordsee und im Kattegat. **Lebensraum** und **Lebensweise:** bevorzugt eine Wassertiefe von 90–200 m; Jungtiere lieben 18–30 m; ist sehr räuberisch und in der Nacht tätig; wühlt sich am Tag in den Bodengrund ein. **Nahrung:** Plattfische, Dorsche, Tintenfische, Krebse und Würmer. **Fortpflanzung:** eierlegend; Eiablage im Herbst und Winter; Eier hellgrün, rechteckig (14 x 24 cm) mit Hörnern an den Ecken; Entwicklungsdauer wahrscheinlich 9–10 Monate. **Wirtschaftliche Bedeutung:** Fleisch wird frisch oder geräuchert für die Ernährung verwendet.

Sternrochen
Rája radiáta (DONOVAN)

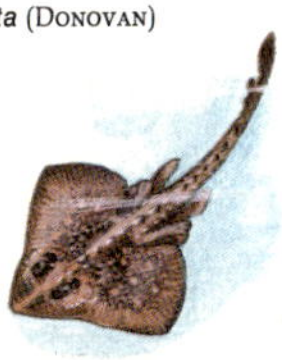

Vorderende stumpfwinklig gerundet. Große und kleine Stacheln hauptsächlich auf der Mittellinie des Rückens. Oberseite braun, gelblichweiß marmoriert; Unterseite weiß, am Schwanzansatz gelegentlich braun gefleckt; bis **90 cm** lang.

Verbreitung: im nördlichen Atlantik; in Europa von der Biskaya bis Island und Nordskandinavien; gelegentlich in der westlichen Ostsee; fehlt in der südlichen Nordsee. **Lebensraum** und **Lebensweise:** hält sich im Sommer im flachen Küstengewässer auf und zieht sich im Winter in die Tiefe zurück; ist in der Nacht tätig und wühlt sich am Tag in den Sand ein. **Nahrung:** kleine Fische, Weichtiere und Krebse. **Fortpflanzung:** eierlegend; Eier verhältnismäßig klein (durchschnittlich 56 x 43 mm), seidig behaart, grünlichschwarz, mit Hörnern an den Ecken; ausgeschlüpfte Junge 9–10 cm lang. **Wirtschaftliche Bedeutung:** keine.

Nagelrochen
Rája claváta (LINNÉ)

Vorderende stumpf, grundet, Oberseite mit drei Reihen großer Dornen auf Rücken und Schwanz. Oberseits grau bis gelblichgrau, dunkel oder hell gefleckt, unterseits weiß; ♂ bis **70 cm,** ♀ bis **125 cm** lang.

Verbreitung: im Mittelmeer, westlichen Schwarzen Meer, von der Westküste Europas bis Island, an der norwegischen Küste, in der Nordsee und selten in der westlichen Ostsee. **Lebensraum** und **Lebensweise:** bevorzugt eine Wassertiefe von 20–100 m mit schlammigem Bodengrund; hält sich in der Paarungszeit in noch flacherem Wasser auf; ist in der Nacht tätig und wühlt sich am Tag in den Schlamm ein. **Nahrung:** kleine Plattfische, Krabben und Garnelen. **Fortpflanzung:** eierlegend; Eiablage Mai–Juni; Eizahl bis 20; Eier schwarz, rechteckig (6 x 4 cm), mit Hörnern an den Ecken; Entwicklungsdauer 4–5 Monate; ausgeschlüpfte Junge 10–12 cm lang. **Wirtschaftliche Bedeutung:** Fleisch und Leber werden für die menschliche Ernährung verwertet.

II. Unterordnung: Stechrochenartige *(Dasyatoidei);* die Körperspitze wird nicht vom Kopf, sondern von den vor dem Kopf miteinander verwachsenen Brustflossen gebildet. Diese können neben dem Munde hornartige Fortsätze, die Kopfflossen der Teufelsrochen (*Mobúlidae,* einzige Gattung in Europa *Móbula* oder *Mánta*) bilden. Der Schwanz endet peitschenartig, ohne Flosse; an seiner Basis kann eine kleine Rückenflosse stehen, wie bei den Adlerrochen (*Myliobátidae,* in Europa zwei Arten):

1. Familie: Stechrochen *(Dasyátidae);* dem peitschenartigen Schwanz fehlen Flossen gänzlich, statt ihrer trägt er oben 1 oder 2 gezähnte starke Giftstacheln. Nur eine Gattung in Europa:

Gattung: Stechrochen *(Dasyátis);* zwei europäische Arten:

Stechrochen
Dasyátis pastináca (LINNÉ)

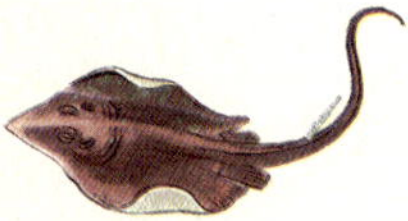

Vorderende etwas spitz. Körperoberseite braungelb oder graugrün, glatt, in der Mitte mit kleinen Höckern; Unterseite schmutzigweiß; bis **2,5 m** lang.

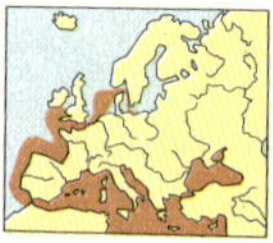

Verbreitung: im Schwarzen Meer, Mittelmeer, an der Nordwestküste Afrikas, an der Westküste Europas bis Irland, im Ärmelkanal, sporadisch in der Nordsee und sehr selten in der westlichen Ostsee. **Lebensraum** und **Lebensweise:** bevorzugt flaches Wasser in Küstennähe; ist in der Nacht tätig und wühlt sich am Tag in den Sand ein; der Schwanzstachel mit Giftdrüse wird als Verteidigungswaffe benutzt. **Nahrung:** kleine Fische, Weichtiere und Krebse. **Fortpflanzung:** lebendgebärend; Anzahl der Jungen 4–5. **Wirtschaftliche Bedeutung:** keine.

2. Unterklasse: Seekatzen oder **Seedrachen** *(Holocéphali),* Kennzeichen siehe S. 272; von den 3 rezenten Familien mit insgesamt nur 28 Arten nur eine einzige Art in Europa.

I. Ordnung: Seekatzen *(Chimaérifórmes).*

1. Familie: Seekatzen *(Chimaéridae);* rezent nur 1 Gattung:

Gattung: Seekatzen *(Chimaéra);* der Körper ist vom dicken Vorderende zum peitschenartig endenden Schwanz konisch verjüngt. Vor der vorderen großen Rückenflosse ein großer Giftstachel; die lange flache zweite Rückenflosse geht in die Schwanzflosse über. ♂ mit lappigen Begattungsorganen und einem beweglichen Stirnanhang. In Europa nur eine Art:

Seeratte oder **Spöke**
Chimaéra monstrósa (LINNÉ)

Oberseite rötlichbraun, mit netzartiger Zeichnung; Flanken silbrig glänzend, mit deutlicher Seitenlinie; bis **1,2 m** lang.

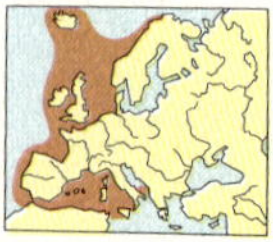

Verbreitung: im westlichen Mittelmeer, an der Westküste Europas bis Island, Norwegen und in der Nordsee. **Lebensraum** und **Lebensweise:** bevorzugt Meerestiefen von 200–500 m; hält sich in Bodennähe auf; schwimmt in der kalten Jahreszeit in flachere Gewässer. **Nahrung:** kleine Fische, Muscheln und Krebse. **Fortpflanzung:** eierlegend; Ei 17 cm, flaschenförmig, mit kurzem Faden; Junge 11 cm lang. **Wirtschaftliche Bedeutung:** gering; nur die große Leber wird zu Öl verarbeitet.

2. Klasse: Knochenfische *(Osteíchthyes).*

1. Unterklasse: Strahlenflosser *(Actinopterýgii).*

I. Überordnung: Störartige *(Chondróstei);* einzige Ordnung:

I. Ordnung: Störe *(Acipenserifómes)*; in Europa nur 1 Familie:

1. Familie: Störe *(Acipensèridae)*, 2 europäische Gattungen, die nach Details der Kiemenstruktur unterschieden werden:

Gattung: Störe *(Acipénser)*; Körper mit wenigen Reihen großer Knochenschilder, Vorderkopf mehr oder weniger langgestreckt und abgeflacht, vor dem kleinen unterständigen Maul Barteln. 6 europäische Arten: Arten:

Stör
Acipénser stúrio (LINNÉ)

Schnauze kegelförmig. Knochenschilder an den Seiten groß, die auf dem Rücken einfach kegelförmig. 4 glatte Barteln ohne Fransen. Oberseite blaugrau, Flanken silbrig grau, Unterseite weiß. Bis 400 kg schwer; bis **6 m** lang.

Verbreitung: im Schwarzen Meer, Mittelmeer, vor der Atlantikküste Europas bis Mittelnorwegen, sporadisch bei Island und in der südlichen Ostsee; durch Verunreinigung der Gewässer selten geworden. **Lebensraum** und **Lebensweise:** bevorzugt die Küstennähe und hält sich auf dem Meeresboden auf; wühlt mit der spitzen Schnauze den Grund auf, um Nahrung zu suchen; schwimmt im Frühjahr die Flüsse aufwärts, um im flachen Wasser zu laichen. **Nahrung:** Weichtiere, Würmer, Krebstiere und Fische. **Fortpflanzung:** eierlegend; Laichzeit April–Juni; Eizahl 200 000–5,7 Millionen; ⌀ 2,6–3,0 mm; Entwicklungsdauer 3–13 Stunden; geschlechtsreif mit 7–10 (♂) und 8 bis 14 (♀) Jahren und einer Körperlänge von 1,20 bis 1,50 m. Lebensdauer wahrscheinlich über 100 Jahre. **Wirtschaftliche Bedeutung:** wertvoller und begehrter Speisefisch; aus dem Rogen wird Kaviar hergestellt.

Sterlet
Acipénser ruthénus (LINNÉ)

Schnauze spitz und lang. Rückenschilder mit einem in eine scharfe Spitze auslaufenden Grat. Barteln gefranst. Oberseite dunkelgrau bis graubraun, Seiten heller, Unterseite weiß. Bis 12 kg schwer; Länge bis **1 m.**

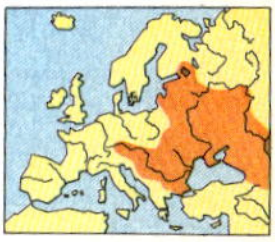

Verbreitung: Mittel- und Süd-UdSSR, im Donaugebiet, in Flüssen Sibiriens; in der Donau nur noch selten. **Lebensraum** und **Lebensweise:** bevorzugt Süß- und Brackwasser, meidet aber das Meer; wühlt mit der spitzen Schnauze den Grund auf, um Nahrung zu suchen; schwimmt zum Laichen flußaufwärts. **Nahrung:** Weichtiere, Würmer, Krebstiere und Fischlaich. **Fortpflanzung:** eierlegend; Laichzeit Mai–Juni; laicht auf Sandboden in 3–4 m Tiefe; Eizahl 4000–137 000; ⌀ 1,5–2,0 mm; Entwicklungsdauer 6–11 Stunden; geschlechtsreif mit 3–7 (♂) und 5–12 (♀) Jahren bei einer Körperlänge von 28–35 cm. **Wirtschaftliche Bedeutung:** wertvoller Speisefisch; aus dem Rogen wird Kaviar hergestellt.

Sternhausen oder Scherg
Acipénser stellátus PALLAS

Sehr lange Schnauze, einfache Barteln. Knochenschilder des Rückens mit scharfer, nach hinten weisender Spitze, seitliche Schilder klein, rundlich. Oberseite rötlichbraun bis blauschwarz, Flanken und Unterseite weiß. Bis 68 kg schwer; bis **2 m** lang.

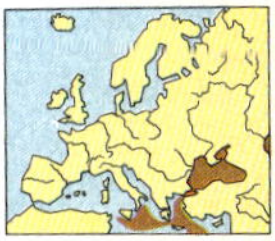

Verbreitung: im Kaspischen und Schwarzen Meer, gelegentlich in der Adria. **Lebensraum** und **Lebensweise:** vorwiegend im Meer; zur Laichzeit auch im Brackwasser. **Nahrung:** wie bei den vorigen Arten. **Fortpflanzung:** eierlegend, Laichzeit Juni–September. Laicht auf Sandbänken im Meer oder steigt in die Flüsse auf, meist nur in die Unterläufe. Entwicklungsdauer wenige Tage; geschlechtsreif mit 5–13 (♂) und 10–17 (♀) Jahren. **Wirtschaftliche Bedeutung:** Fleisch und Rogen geschätzt, in der UdSSR von erheblicher Bedeutung.

II. Überordnung: Echte Knochenfische *(Teleóstei).*

I. Ordnung: Aalartige Fische *(Anguilliformes);* schlanker, schlangenähnlicher Körper, die Bauchflossen fehlen, ebenso äußerlich deutlich sichtbare Schuppen. In Europa nur die Unterordnung der Aalartigen *(Anguilloidei)* mit 3 Familien:

1. Familie: Flußaale *(Anguillidae);* eine einzige Gattung:

Gattung: Flußaale *(Anguilla);* in Europa nur 1 Art:

Europäischer Flußaal
Anguilla anguilla (Linné)

Haut mit winzigen Schuppen, Rückenflosse beginnt weit hinter den Brustflossen. Oberseite dunkelbraun bis grünlichbraun, Unterseite gelblichweiß, bei geschlechtsreifen Tieren silbrig glänzend, Mundspalte groß; Körperlänge ♂ bis **50 cm,** ♀ bis **150 cm.**

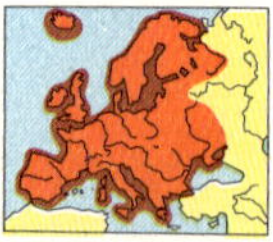

Verbreitung: in fast allen stehenden und fließenden Gewässern Europas bis zum Weißen Meer; fehlt im Wolgagebiet; ist auch in den Küstengewässern heimisch. **Lebensraum und Lebensweise:** bevorzugt Gewässer mit schlammigem Grund; lebt auch in salzhaltigem Wasser; ist in der Dämmerung und Nacht tätig; vergräbt sich am Tag im Bodenschlamm; bewegt sich schlängelnd durch das Wasser; hält Winterschlaf im Boden der Gewässer. **Nahrung:** Raubaale, „Breitköpfe", leben hauptsächlich von kleinen Fischen, „Spitzköpfe" von Würmern, Schnecken, Fischlaich und Insektenlarven. **Fortpflanzung:** eierlegend; Eizahl 500 000/kg; ♂ geschlechtsreif mit 9 Jahren, ♀ mit 15 Jahren; Laichgebiet ist die Sargasso-See; Laichzeit Frühling–Sommer; Eltern sterben nach dem Laichen; die ausgeschlüpften Aallarven sind 5–7 mm lang, durchsichtig und bandförmig; sie gelangen durch die Strömung des Golfstromes in 3 Jahren wieder an die Küsten Europas und verwandeln sich bei der Ankunft zu dem etwa 65 mm langen Glasaal; dieser hält sich an den Flußmündungen so lange auf, bis er eine Länge von etwa 10 cm erreicht hat; danach zieht er als Steigaal flußaufwärts. Lebensalter: 15–20 Jahre und mehr. **Wirtschaftliche Bedeutung:** als Speisefisch sehr begehrt.

2. Familie: Meeraale *(Cóngridae),* mit 1 Gattung in Europa:

Gattung: Meeraale *(Cónger);* der durchgehende Flossensaum des Hinterkörpers beginnt mit der Rückenflosse dicht hinter den Brustflossen. 3 Arten:

Meeraal
Cónger cónger Linné

Haut unbeschuppt. Körperoberseite graubraun, Seitenlinie mit runden weißen Flecken, Unterseite schmutzigweiß; Körperlänge ♂ bis **1 m,** ♀ **1,5–2 m.**

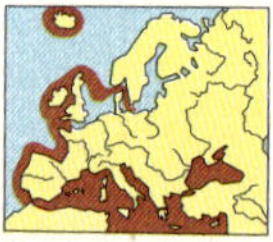

Verbreitung: im Mittelmeer, Schwarzen Meer, an der Westküste Europas bis England, bei Island, seltener in der Nordsee und der westlichen Ostsee. **Lebensraum und Lebensweise:** bevorzugt felsigen und zerklüfteten Grund in Küstennähe und in einer Tiefe von etwa 100 m; ist sehr räuberisch und gefräßig; meidet das Süßwasser; ist nur in der Nacht tätig. **Nahrung:** Fische aller Art, Tintenfische, Krebse und Würmer. **Fortpflanzung:** eierlegend; Laichzeit Mai bis Juni; Laichgebiete Mittelmeer und Ostatlantik; Larve bandförmig und durchsichtig. **Wirtschaftliche Bedeutung:** als Speisefisch begehrt, aber nicht in allen Ländern.

3. Familie: Muränen *(Muraēnidae),* ohne Brustflossen. In Europa 1 Gattung:

Gattung: Muränen *(Muraēna);* Nasenöffnungen mit röhrenartigen Fortsätzen; 2 Arten:

Muräne
Muraēna hélena (LINNÉ)

Kopf spitz, Haut ohne Schuppen, Oberseite und Unterseite bräunlich, gelb marmoriert. Gewicht bis 6 kg; Länge bis **1 m.**

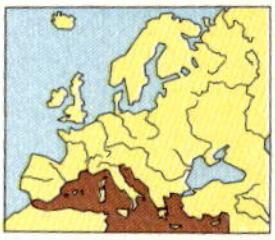

Verbreitung: in Europa im Mittelmeer. **Lebensraum** und **Lebensweise:** bevorzugt steile Felsenküsten; verbirgt sich gern in Felsspalten und Höhlen, wo sie auf Beute lauert; ist sehr gefräßig und räuberisch, der Biß hat Vergiftungserscheinungen zur Folge. **Nahrung:** Fische aller Art, auch Tintenfische. **Fortpflanzung:** eierlegend; ⌀ 5 bis 5,5 mm. **Wirtschaftliche Bedeutung:** im Mittelmeergebiet sehr begehrter Speisefisch.

II. Ordnung: Heringsfische *(Clupeifórmes);* europäische Vertreter ohne Seitenlinie, mit gekielten Schuppen längs der Bauchmitte; in Europa 2 Familien:

1. Familie: Heringe *(Clupéidae);* Mund endständig; hierher auch der allbekannte Hering, *Clupéa haréngus* (LINNÉ); in Europa 3 Gattungen:

Gattung: Heringe *(Clúpea);* Kiemendeckel glatt; längs der Seitenlinie etwa 60 Schuppen; Bauchflosse setzt weiter hinten an als Rückenflosse (bei der ähnlichen Sprotte weiter vorn!); 1 Art.

Hering
Clúpea haréngus (LINNÉ)

Rücken grünblau, Flanken und Bauch silbrig, Flossen bläulich durchscheinend; bis 35 cm lang.

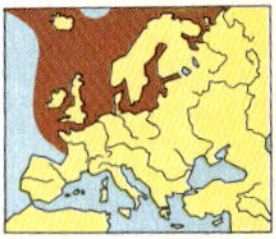

Verbreitung: europäische Atlantikküsten von der Biskaya bis zum Polarmeer, Nordsee, Ostsee; mehrere geographische Rassen, die sich vor allem biologisch unterscheiden. **Lebensraum** und **Lebensweise:** Schwarmfisch, der weite Wanderungen zwischen bevorzugten Nahrungsgründen und Laichgebieten durchführt; tagsüber in Tiefen bis 250 m, nachts auf 30–50 m aufsteigend. **Nahrung:** Meeresplankton. **Fortpflanzung:** Laichzeit im Frühling und Herbst, bei den diversen Rassen verschieden; die 13 000–158 000 Eier haften an Tangen u. ä. in Bodennähe; Entwicklungszeit bei 15° 7 Tage! Jungfische bevorzugt im Küstenbereich; geschlechtsreif nach etwa 5 Jahren; Lebensdauer bis 25 Jahre. **Wirtschaftliche Bedeutung:** einer der wichtigsten Speisefische.

Gattung: Sprotten *(Spráttus).* Kiemendeckel nicht gestreift, Schuppen kleiner, etwa 50 längs der Seitenlinie. Nur 1 Art in Europa:

Sprotte
Spráttus spráttus (LINNÉ)

a

b

(a) Oberseite blaugrün, Flanken und Unterseite silberglänzend, rötlich und golden schimmernd; bis **17 cm** lang.

Verbreitung: an der Westküste Europas von Portugal bis Nordnorwegen; in der Ostsee bis zum Bottnischen Meerbusen; Schwarzes und Mittelmeer (ohne Südosten). **Lebensraum** und **Lebensweise:** bevorzugt die See in Küstennähe; zieht in großen Schwärmen; Wanderwege nicht so ausgedehnt wie beim Hering. **Nahrung:** Meeresplankton. **Fortpflanzung:** eierlegend; Laichzeit April–August; Eier kugelförmig, ⌀ 1 mm; Entwicklungsdauer 3–4 Tage; geschlechtsreif mit 2 Jahren. Lebensdauer bis 8 Jahre. **Wirtschaftliche Bedeutung:** wichtiger Speisefisch. – Die ähnliche **Sardine** (b) *Sardina pilchardus* (WALBAUM), bis 26 cm lang, lebt im Mittelmeer und an der Westküste Südeuropas einschließlich Ärmelkanal; im übrigen ähnlich Sprotte.

Gattung: Alsen *(Alósa)*; Mitte des oberen Mundrandes gekerbt, Körperseiten dunkel gefleckt. An der Wurzel der Schwanzflosse seitlich Schuppenplatten. Etwa 8 Arten, besonders im Schwarzen Meer und Kaspisee:

Finte
Alósa fállax (LACÉPÈDE)

Oberseite blaugrün, Flanken und Unterseite weiß, silberglänzend; hinter dem Kiemendeckel meist 4–8 dunkle Flecke. Bis etwa 600 g schwer; bis **55 cm** lang.

Verbreitung: Schwarzes- und Mittelmeer, an der Westküste Europas bis zu Küsten Englands, Südnorwegens; auch in der Ostsee. **Lebensraum** und **Lebensweise:** bevorzugt die See in Küstennähe; wandert zum Laichen die Flüsse aufwärts. **Nahrung:** Meeresplankton. **Fortpflanzung:** eierlegend; Laichzeit Juni–Juli; Eizahl 100 000 bis 200 000; ⌀ 1,0–1,5 mm; Entwicklungszeit 4–5 Tage; geschlechtsreif mit 2–3 Jahren. Lebensdauer unbekannt. **Wirtschaftliche Bedeutung:** wichtiger Speisefisch.

2. Familie: Sardellen *(Engraulidae)*; Oberkiefer sehr lang, Mund unterständig. 1 europäische Gattung:

Gattung: Sardellen *(Engraulis)*, mit 1 Art in Europa:

Sardelle oder **Anchovis**
Engraulis encrasicólus (LINNÉ)

Oberseite blaugrün, Flanken und Unterseite weiß, silbrig glänzend, beide Farben durch blaue, oben dunkel begrenzte Längslinie getrennt. Bis **20 cm** lang.

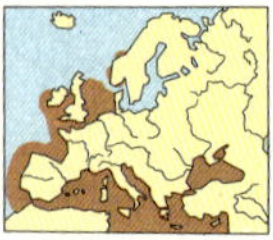

Verbreitung: im Mittelmeer, Schwarzen Meer, an der Küste Westeuropas bis zur Nordsee und selten an der Küste Norwegens und im Skagerrak. **Lebensraum** und **Lebensweise:** bevorzugt die offene See; hält sich in der Laichzeit in Küstennähe auf; sucht in der kalten Jahreszeit tiefes Wasser auf. **Nahrung:** Meeresplankton. **Fortpflanzung:** eierlegend; Laichzeit im Norden Juni–August, im Süden April–September; Eizahl 13 000–20 000; ⌀ oval (1,5 x 0,8 mm); Entwicklungszeit 3–5 Tage; geschlechtsreif mit 2 Jahren. Lebensdauer 3–4 Jahre. **Wirtschaftliche Bedeutung:** in Salz als „Sardellen" im Handel, in besonderer Tunke als „Anchovis".

III. Ordnung: Lachsfische *(Salmonifórmes)*.

I. Unterordnung: Lachsartige *(Salmonoidei)*; Weichflosser mit zweiter, strahlloser Rückenflosse (Fettflosse):

1. Familie: Lachse *(Salmónidae)*; Seitenlinie vollständig, Kopf unbeschuppt; in Europa 3 Unterfamilien:

1. Unterfamilie: Lachse i. e. S. *(Salmoninae)*; kurze Rückenflosse (17 Strahlen oder weniger), Mundspalte groß, starke Zähne; in Europa 2 Familien:

Gattung: Huchen *(Húcho)*; Körper spindelförmig, Kopf lang und flach, Maul reicht bis weit unter das Auge. Flossen klein, Fettflosse aber groß:

Huchen
Húcho húcho (LINNÉ)

Schnauze spitz; Körperoberseite grünlichgrau oder bräunlich, Flanken heller, rötlich getönt und schwarz gefleckt, Unterseite weiß, silbrig glänzend. Gewicht bis 52 kg; Körperlänge **1,5–2 m.**

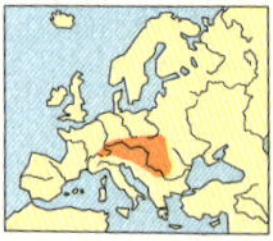

Verbreitung: in der Donau und ihren Nebenflüssen. **Lebensraum** und **Lebensweise:** bevorzugt große Wassertiefen; ist sehr standorttreu und hauptsächlich morgens und abends tätig. **Nahrung:** jung Würmer und Insekten, erwachsen Raubfisch. **Fortpflanzung:** eierlegend; Laichzeit März–April im flachen Wasser; Eizahl 10 000 bis 25 000; ⌀ 5 mm; geschlechtsreif mit 4–5 Jahren und einer Körperlänge von 50–60 cm. **Wirtschaftliche Bedeutung:** wertvoller Speisefisch, der aber schon sehr selten geworden ist.

Gattung: Lachse und **Forellen** *(Sálmo);* Körper höher als breit, Fettflosse relativ kleiner: Platte des Pflugscharbeins beim Lachs ohne Zähne, bei der Forelle mit Zähnen.

Lachs
Sálmo sálar (LINNÉ)

Oberseite blaugrau, Flanken und Unterseite silbrig glänzend, Seiten schwarz gefleckt, Unterkiefer der ♂♂ zur Laichzeit nach oben gebogen. ♂ bis **1,5 m** lang und 36 kg schwer; ♀ bis **1,2 m** lang und 20 kg schwer.

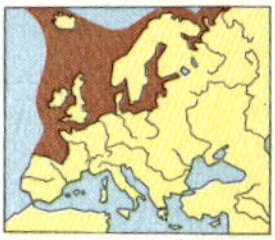

Verbreitung: im Nordatlantik und von der spanischen Nordküste bis zur Nord- und Ostsee; norwegische Küste bis zur Barentssee; außerdem bei Island. **Lebensraum** und **Lebensweise:** streift im Meer umher und hält sich an der Oberfläche auf; schwimmt zur Laichzeit die Flüsse aufwärts und überspringt dabei bis 3 m hohe Hindernisse; diese Wanderung endet erst in der Bachregion des Flusses. **Nahrung:** als Jungfisch Insektenlarven und Würmer, erwachsen ausschließlich Raubfisch. **Fortpflanzung:** eierlegend; Laichzeit November–Januar; Eizahl 10 000–40 000; ⌀ 5,0–5,6 mm; Entwicklungszeit 70–200 Tage; geschlechtsreif mit 4–7 Jahren und einer Körperlänge von 50–75 cm; nimmt in der Laichzeit keine Nahrung auf. Lebensdauer 8–10 Jahre. **Wirtschaftliche Bedeutung:** wertvoller Speisefisch; kommt frisch, geräuchert oder als Konserve in den Handel.

Forelle *Sálmo trútta* (LINNÉ); bildet im Süßwasser eine Reihe von Formen aus, die nicht mehr ins Meer wandern:

Bachforelle
Sálmo trútta fário (LINNÉ)

Körperoberseite olivbraun und dunkler; dunkel gefleckt, Flanken hellblau, hellgelb oder goldfarben, mit roten, weiß und bläulich umrandeten Punkten, Unterseite weiß oder gelblich. Körperlänge bis **50 cm.**

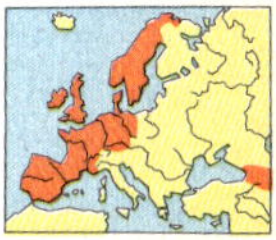

Verbreitung: im westlichen Europa von Spanien bis Skandinavien; in der UdSSR im Kaukasus; in den meisten außereuropäischen Ländern beliebter Zuchtfisch. **Lebensraum** und **Lebensweise:** bevorzugt als Standfisch schnell fließende, saubere und klare Bäche; der Grund muß sandig und kiesig sein; verbirgt sich gern unter Baumwurzeln, Steinen und Uferausspülungen; stellt große Ansprüche an Sauerstoffgehalt und Temperatur des Wassers (nicht über 20 Grad C). **Nahrung:** Insekten, Würmer, Flohkrebse, Fische und deren Laich. **Fortpflanzung:** eierlegend; Laichzeit Oktober–Januar; Eizahl 500–1500; ⌀ 4,5 mm; Geschlechtsreife der ♂♂ mit 2–3 Jahren (Körperlänge 20–25 cm), der ♀♀ mit 2–3 Jahren (Körperlänge 25–30 cm). Lebensdauer bis 15 Jahre. **Wirtschaftliche Bedeutung:** wertvoller Speise- und Zuchtfisch.

Seeforelle
Sálmo trútta lacústris (LINNÉ)

Körperoberseite grün bis graublau, Flanken silbrig glänzend, mit runden oder eckigen dunklen Flecken, Unterseite jung von weißer Farbe, im Alter hell- bis dunkelgrau. Gewicht bis 30 kg; Körperlänge bis **1 m.**

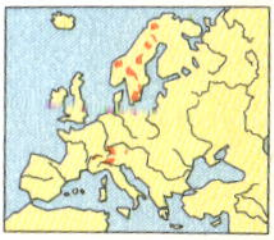

Verbreitung: in tiefen Seen der Alpen und Voralpen; auch in Seen Skandinaviens. **Lebensraum** und **Lebensweise:** bevorzugt Gebirgsseen bis 1800 m ü. M.; hält sich jung mehr an der Oberfläche und in Ufernähe auf, erwachsen in Tiefen bis 40 m. **Nahrung:** jung Insekten, erwachsen hauptsächlich Raubfisch. **Fortpflanzung:** eierlegend; Laichzeit Oktober–Dezember; laicht in Bachoberläufen, aber auch im See selbst; Eizahl 20 000–30 000; ⌀ 5,0–5,5 mm; geschlechtsreif mit 4 Jahren und einer Körperlänge von 65 bis 70 cm. **Wirtschaftliche Bedeutung:** wertvoller Speisefisch. Er richtet großen Schaden unter anderen Besatzfischen an.

Meerforelle
Sálmo trútta trútta (LINNÉ)

Körperoberseite graubraun bis grünlichgrau, Flanken silbrig glänzend, mit vielen x-förmigen dunklen Flecken, Unterseite weiß. Körperlänge bis **100 cm.**

Verbreitung: von Portugal bis zum Norden der UdSSR, an der Ostküste Schottlands und in der Ostsee; selten bei Island und den Färöer-Inseln; im Schwarzen Meer. **Lebensraum** und **Lebensweise:** hält sich mehr in Küstennähe und an Flußmündungen auf; schwimmt zur Laichzeit die Flüsse aufwärts und überspringt dabei Hindernisse; dringt noch weiter in die Bachregion vor als der Lachs. **Nahrung:** als Jungfisch Kleinkrebse, Insektenlarven und Würmer, erwachsen ausschließlich Raubfisch. **Fortpflanzung:** eierlegend; Laichzeit Dezember–März; Eizahl bis 30 000; ⌀ 5–6 mm; Entwicklungszeit 60–90 Tage; geschlechtsreif mit 4–7 Jahren und einer Körperlänge von 50–60 cm. Lebensdauer bis zu 15 Jahren. **Wirtschaftliche Bedeutung:** wertvoller Speisefisch; das Fleisch ist durch den Fettgehalt rot.

Regenbogenforelle
Sálmo gairdneri (RICHARDSON)

Flanken mit bläulich-rotem Längsband; Oberseite braungrün und dunkler, Unterseite silbrig glänzend; Rücken und Seiten mit vielen dunklen Flecken; Körperlänge **25–60 cm.**

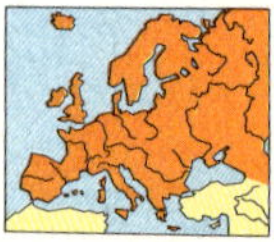

Verbreitung: wird in fast ganz Europa in Teichen gezüchtet; Heimat USA. **Lebensraum** und **Lebensweise:** wird nur in Zuchtteichen gehalten; ist auch mit verhältnismäßig warmem Wasser zufrieden; ist sehr gefräßig und lebhaft. **Nahrung:** jung Insekten, erwachsen Raubfisch; wird in Teichen mit durchgedrehtem Fleisch gefüttert. **Fortpflanzung:** eierlegend; Laichzeit März–April, auch früher; Eizahl 500–2000; ⌀ 4 mm; geschlechtsreif mit 2–3 Jahren und einer Körperlänge von 20–25 cm. Lebensdauer unbekannt. **Wirtschaftliche Bedeutung:** wertvoller Speisefisch.

Gattung: Saiblinge *(Salvelinus);* Körperseiten weißlich gefleckt, Vorderkanten von Brust-, Bauch- und Afterflossen weiß. Einheimisch ist in Europa nur 1 Art, 1 weitere aus Amerika eingeführt:

Seesaibling
Salvelinus alpinus (LINNÉ)

Oberseite blaugrau bis blaugrün, Flanken gelblichweiß, mit hellen Punkten, Unterseite weiß (♂ in der Laichzeit rot); **40–60 cm** lang.

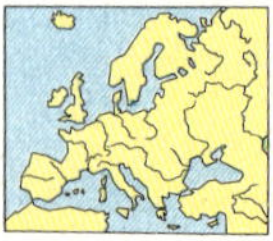

Verbreitung: in klaren und kalten Hochgebirgsseen; auch in Skandinavien, Finnland, Island, Grönland und in der UdSSR. **Lebensraum** und **Lebensweise:** bevorzugt große Tiefen ab 20 m; liebt kiesigen Bodengrund und ist Standfisch. **Nahrung:** hauptsächlich Raubfisch; kleine Formen („Schwarzreuter") auch Plankton, Schnecken und Muscheln. **Fortpflanzung:** eierlegend; Laichzeit Oktober–Januar (Uferlaicher) und Juli–August (Grundlaicher); Eizahl 3000–6000; ⌀ 4,0–4,5 mm; Entwicklungsdauer 65–72 Tage; geschlechtsreif mit 2–3 Jahren und einer Körperlänge von 15 bis 30 cm. **Wirtschaftliche Bedeutung:** wertvoller Speisefisch.

2. Unterfamilie: Renken *(Coregoninae);* Rückenflosse kurz, Mundspalte klein, Zähne fehlen oder sind klein. 1 Gattung:

Gattung: Renken oder Maränen *(Coregónus);* 2 Arten:

Kleine Maräne
Coregónus álbula (Linné)

Unterkiefer länger als der Oberkiefer, verdickt, Maul oberständig. Körperoberseite blaugrün bis blaugrau, Flanken und Unterseite silbrig glänzend; **20–35 cm** lang.

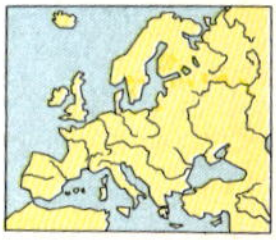

Verbreitung: in tiefen Seen fast aller an die Ostsee grenzenden Staaten; außerdem in Südost-Norwegen und in der UdSSR in Seen am Wolgaoberlauf. **Lebensraum** und **Lebensweise:** bevorzugt tiefe, planktonreiche Seen, die nicht großen Temperaturschwankungen unterworfen sind und genügend Sauerstoff bieten; lebt in Schwärmen und hält sich meistens in der Seemitte in Oberflächennähe auf. **Nahrung:** Plankton, seltener Kleinkrebse. **Fortpflanzung:** eierlegend; Laichzeit November–Dezember; Eizahl 8000–20 000; ⌀ 1,8–2,3 mm; geschlechtsreif mit 2 Jahren und einer Körperlänge von 15–20 cm. Lebensdauer bis 9 Jahre. **Wirtschaftliche Bedeutung:** wertvoller Speisefisch, der oft geräuchert angeboten wird.

Große Maräne (*Coregónus lavarétus* [Linné]); Maul end- oder unterständig. Bildet 3 Hauptformen: Schweberenken, Bodenrenken und Wandermaränen oder Schnäpel. Schnäpel steigen aus der See in die Flüsse auf; ihr Oberkiefer ist nasenartig verlängert. Jeder dieser 3 Typen bildet zahlreiche, schwer trennbare Lokalformen:

Blaufelchen
Coregónus lavarétus wartmánni Bloch

Oberseite olivgrün bis blaugrün, Flanken silbrig glänzend, Unterseite weiß, in der Laichzeit beide Geschlechter mit Hautverdickungen (Laichausschlag) auf den Schuppen. Mund endständig, klein; 30–56 Reusendornen auf dem 1. Kiemenbogen. Körperlänge bis **60 cm.**

Verbreitung: in den Seen der Voralpen. **Lebensraum** und **Lebensweise:** bevorzugt tiefe Gebirgsseen; hält sich in Tiefen von 12–30 m auf. **Nahrung:** Plankton, vor allem Wasserflöhe. **Fortpflanzung:** eierlegend; Laichzeit November–Dezember; laicht an der Oberfläche über der tiefsten Stelle des Sees; geschlechtsreif mit 3–4 Jahren. **Wirtschaftliche Bedeutung:** sehr begehrter Speisefisch.

Kleine Schweberenke
Coregónus lavarétus macrophthálmus Nüsslin

Oberseite dunkelgrün bis graubraun, Flanken und Unterseite silbrig weiß, Auge groß, Kiemenbogen mit 36–44 Reusendornen. Körperlänge **20–32 cm.**

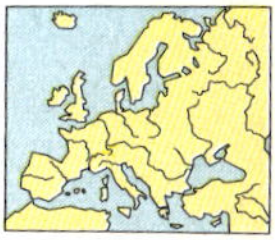

Verbreitung: in den Voralpenseen. **Lebensraum:** hält sich mehr in Ufernähe auf. **Nahrung:** Kleintiere. **Fortpflanzung:** eierlegend; Laichzeit November–Januar. **Wirtschaftliche Bedeutung:** gering.

Kleine Bodenrenke
Coregónus lavarétus acrónius v. Rapp

Ähnlich den vorigen, Kiemenbogen mit 15–28 *kurzen* Reusendornen. Körperlänge **15–30 cm.**

Verbreitung: im Boden-, Ammer- und Chiemsee. **Lebensraum:** bevorzugt Wassertiefen von 50 bis 80 m; hält sich nach dem Laichen in noch größerer Tiefe auf. **Nahrung:** Kleintiere und Fischlaich. **Fortpflanzung:** eierlegend; Laichzeit Mai–Juli, im Bodensee später; Laichabgabe in etwa 20 m Tiefe. **Wirtschaftliche Bedeutung:** gering.

Schnäpel
Coregónus lavarétus oxyrhýnchus THIENEMANN

(a) Schnauze kegelförmig und lang. Körperoberseite olivgrün, Flanken silbrig weiß, zum Rücken blaugrün, Unterseite weiß. Körperlänge bis **60 cm.**

Verbreitung: als Nordseeschnäpel (a) von der Südostküste Englands bis zur Westküste Jütlands; als Schleischnäpel (b; Nase kaum vorgezogen) in der Schlei und vereinzelt in der Geltinger Bucht. **Lebensraum** und **Lebensweise:** hält sich im Sommer vor und in den Flußmündungen auf und schwimmt im Herbst die Flüsse aufwärts; lebt in größeren Schwärmen. **Nahrung:** kleine Bodentiere. **Fortpflanzung:** eierlegend; Laichzeit November–Dezember in den Oberläufen der Flüsse; ⌀ der Eier 2–3 mm; Entwicklungsdauer etwa 4 Monate. Lebensdauer 7–10 Jahre. **Wirtschaftliche Bedeutung:** wertvoller Speisefisch.

3. Unterfamilie: Äschen *(Thymallinae);* Rückenflosse lang (19 oder mehr Strahlen). Nur 1 Gattung:

Gattung: Äschen *(Thymállus),* mit der einzigen Art:

Äsche
Thymállus thymállus LINNÉ

Kopf klein und spitz, das enge Maul mit Hakenzähnen, Rückenflosse sehr lang, purpurrot. Körperoberseite bläulichgrau oder blaugrün, meist dunkel gefleckt, Flanken silbrig weiß bis hellgelb, Unterseite weiß, in der Laichzeit auffallend gefärbt (mit grünen Streifen auf rotem Grund); **25–50 cm** lang.

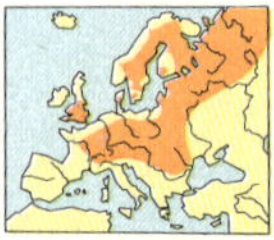

Verbreitung: von Lappland bis Norditalien, von der UdSSR und Ostpolen bis England und Ostfrankreich; in Deutschland in einigen Flüssen der Lüneburger Heide, der Mittelgebirge und Süddeutschlands. **Lebensraum** und **Lebensweise:** bevorzugt klare, fließende Gewässer; lebt in kleinen Schwärmen und ist sehr lebhaft. **Nahrung:** Kleintiere, Anflug, Fischlaich und Kleinfische. **Fortpflanzung:** eierlegend; Laichzeit März–Mai; Eizahl 3000–6000; ⌀ 3,2–4,0 mm; Entwicklungsdauer 14–25 Tage; geschlechtsreif ♂ mit 2–3, ♀ mit 3–4 Jahren bei einer Körperlänge von 30 cm; laicht auf steinigem und kiesigem Boden. Lebensdauer bis zu 14 Jahren. **Wirtschaftliche Bedeutung:** wertvoller Speisefisch.

2. Familie: Stinte *(Osméridae);* Seitenlinie nur vorn erkennbar. In Europa nur 1 Gattung:

Gattung: Stinte *(Osmérus);* in Europa nur 1 Art:

Stint
Osmérus eperlánus (LINNÉ)

Mundspalte groß, Unterkiefer vorstehend. Im Leben teilweise durchsichtig. Oberseite grüngrau, Flanken silbrig, matt, Unterseite weiß; bis **33 cm** lang.

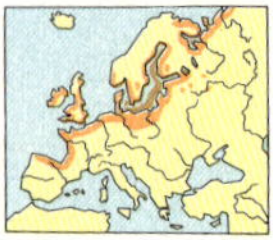

Verbreitung: als Seestint von der Biscaya bis zur nördlichen Ostsee; Küsten der Barentssee und Irlands; als Binnenstint in größeren Seen Schwedens, Finnlands und Norddeutschlands. **Lebensraum** und **Lebensweise:** der Seestint bevorzugt Wassertiefen von 14–32 m; er ist sehr lichtempfindlich; der Binnenstint ist auch im flachen Wasser zu beobachten; alle Stinte leben in großen Schwärmen. **Nahrung:** Plankton, Krebstiere und kleine Fische. **Fortpflanzung:** eierlegend; Laichzeit März–April; Eizahl 25 000 bis 50 000; ⌀ 0,8–1,0 mm; Entwicklungsdauer 30 bis 44 Tage; geschlechtsreif mit 2 Jahren und einer Körperlänge von 7–10 cm; laicht in den Unterläufen der Flüsse (Seestint) und in Gräben und kleinen Zuflüssen (Binnenstint). Lebensdauer 5–9 Jahre. **Wirtschaftliche Bedeutung:** wegen seines Geruchs (nach Gurken) nicht überall gegessen, aber in Massen zu Viehfutter verarbeitet oder zur Trangewinnung verwendet.

II. Unterordnung: Hechtartige Fische *(Esocoídei);* keine Fettflosse, Hinterkopf teilweise beschuppt:

1. Familie: Hechte *(Esócidae);* Schnauze entenschnabelartig, groß. Körper pfeilförmig, Rücken- und Afterflosse stehen einander gegenüber dicht vor dem tief gegabelten Schwanz. In Europa 1 Gattung:

Gattung: Hechte *(Ésox);* in Europa 1 Art:

Hecht
Ésox lúcius (Linné)

Körperoberseite dunkelgrün, Flanken gelblichgrün und heller, dunkel gefleckt oder marmoriert, mit dunklen Querbinden; Unterseite weiß bis gelblichweiß; Körperlänge ♂ bis **90 cm,** ♀ bis **150 cm.**

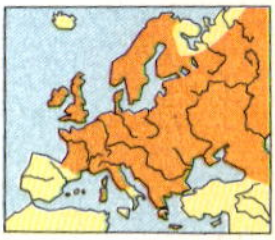

Verbreitung: in fast ganz Europa; fehlt auf der Pyrenäenhalbinsel, in Süditalien, auf Island, auf den Färöern und im Weißmeergebiet. **Lebensraum** und **Lebensweise:** bevorzugt die Uferränder von Seen und Flüssen; lauert hier fast regungslos zwischen Wasserpflanzen auf Beute; ist sehr räuberisch und gefräßig; schießt schnell auf das Opfer zu, kann aber nicht ausdauernd schwimmen. **Nahrung:** Fische, junge Wasservögel, Frösche und Wasserratten. **Fortpflanzung:** eierlegend; Laichzeit Februar–Mai; Eizahl 17 000 bis 215 000; ⌀ 2,5–3,0 mm; Entwicklungsdauer 14 bis 21 Tage; geschlechtsreif mit 2–3 Jahren und einer Körperlänge von 30–40 cm. Lebensdauer bis zu 40 Jahren. **Wirtschaftliche Bedeutung:** wertvoller Speisefisch; wird auch in Zuchtteichen ausgesetzt, um die Vermehrung unerwünschter Fische zu verhindern.

2. Familie: Hundsfische *(Úmbridae);* Schnauze nicht auffällig gestaltet; Brustflosse rundlich, tief unten nahe der Kehle ansetzend. Rückenflosse weit hinten sitzend, sehr lang. 1 Gattung:

Gattung: Hundsfische *(Úmbra);* 1 Art:

Hundsfisch
Úmbra krámeri (Fitzinger)

Körperoberseite dunkel rotbraun, an den Flanken und an der Unterseite heller werdend, dunkelbraun gefleckt und punktiert, Körper gedrungen, fast ganz mit großen Schuppen bedeckt; **9–13 cm** lang.

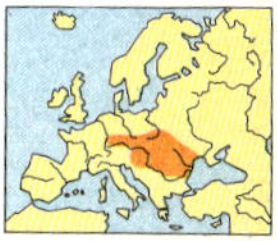

Verbreitung: Südost-Europa (Plattensee, Neusiedlersee, Unterlauf des Dnjestr). **Lebensraum** und **Lebensweise:** bevorzugt sumpfige und moorige Gewässer; ist sehr scheu und verbirgt sich bei Gefahr im Bodenschlamm; schwimmt wie ein Hund durch abwechselnden Gebrauch der Brust- und Bauchflossen. **Nahrung:** Schnecken, Insektenlarven und Insekten. **Fortpflanzung:** eierlegend; Eizahl etwa 200; geschlechtsreif mit 2 Jahren. **Wirtschaftliche Bedeutung:** keine.

IV. Ordnung: Karpfenfische *(Cypriniformes);* alle europäischen Vertreter gehören zur Unterordnung der Karpfenähnlichen, *Cyprinoídei;* der zahnlose Mund ist weit vorstreckbar, Zähne nur auf den Schlundknochen; oft mit Bartfäden.

1. Familie: Weißfische oder Karpfen *(Cyprinidae);* artenreichste aller Fischfamilien. Höchstens 4 Barteln. Von den 10 Unterfamilien 6 in Europa:

1. Unterfamilie: Weißfische *(Leuciscinae);* in Größe und Gestalt unterschiedlich. Schuppen meist klein, silbrig; ohne Barteln (Ausnahme: Schleie), Flossen oft rötlich; Afterflossen der Gattungen I–N länger als Rückenflossen.

Gattung: Elritzen *(Phoxinus);* langgestreckt, kleinschuppig, Rücken mit dunkler Zeichnung; 2 Arten:

Sumpfelritze
Phoxinus percnúrus (Pallas)

Gedrungener und plumper als vorige Art. Rücken dunkelbraun bis braungrün, Seiten gelblich, Bauch weiß. Oberseite mit unregelmäßigen dunklen Flecken; bis **12 cm** lang.

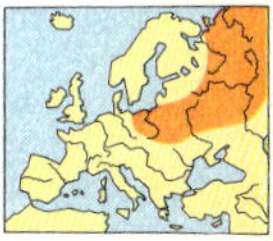

Verbreitung: in Nordosteuropa, auch in einigen Gewässern von Polen. **Lebensraum:** bevorzugt moorige Teiche, ist aber auch in Tümpeln und schlammigen Gräben zu finden. Ernährung wie bei der Elritze. **Fortpflanzung:** Eiablage erfolgt auf Wasserpflanzen. **Wirtschaftl. Bedeutung:** keine.

Elritze
Phoxinus phoxinus (Linné)

Oberseite olivbraun bis dunkelgrün, mit 15 dunklen Querbinden, Flanken über der Seitenlinie mit messingfarbenen Längsstreifen, unterhalb der Seitenlinie dunkelbraun gefleckt, Unterseite hell, Maul endständig; Körperlänge bis **12 cm.**

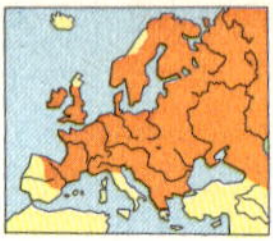

Verbreitung: in fast ganz Europa; fehlt in Mittel- und Süditalien, im schottischen Hochland, in Mittelnorwegen und auf dem Peloponnes; auf der Pyrenäenhalbinsel nur im Nordosten. **Lebensraum und Lebensweise:** bevorzugt schnell fließende Gewässer und nährstoffarme Seen, besonders der Alpen; liebt sandigen und steinigen Bodengrund; lebt gesellig als Schwarmfisch und ist sehr lebhaft. **Nahrung:** Anflug, Insektenlarven und Würmer. **Fortpflanzung:** eierlegend; Laichzeit April–Juli; Eizahl bis 1000; ⌀ 1,3–1,5 mm; Entwicklungsdauer 7–14 Tage; geschlechtsreif mit 2–3 Jahren und einer Körperlänge von 6–8 cm. Lebensdauer bis zu 4 Jahren. **Wirtschaftliche Bedeutung:** gering; dient hauptsächlich als Forellenfutter.

Gattung: Moderlieschen *(Leucáspius);* schlank, Maul oberständig, Seitenlinie verkürzt; 3 europäische Arten, davon eine aufgeführt:

Moderlieschen
Leucáspius delineátus Heckel

Oberseite graugrün, Flanken silbrig glänzend, mit blauem Schimmer, Unterseite weiß, Maul steil hochgestellt; Körperlänge bis **8 cm.**

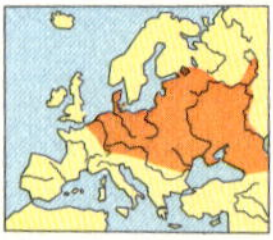

Verbreitung: in Mittel- und Osteuropa vom Rhein bis zur Wolga; fehlt in Höhen über 200 m. **Lebensraum und Lebensweise:** bevorzugt flache Seen, Teiche und Torfgräben mit sumpfigem Boden; hält sich bei warmem Wetter in kleinen Schwärmen an der Wasseroberfläche auf. **Nahrung:** Anflug, kleine Wassertiere und Algen. **Fortpflanzung:** eierlegend; Laichzeit April–Juni; Eizahl unbekannt; ⌀ 1 mm; Entwicklungsdauer 9–12 Tage; geschlechtsreif mit einem Jahr und einer Körperlänge von 4–5 cm. Lebensdauer bis zu 4 Jahren. **Wirtschaftliche Bedeutung:** keine.

Gattung: Schleien *(Tinca);* 2 kurze Barteln; 1 Art:

Schleie
Tinca tinca (Linné)

Schuppen klein, in der schleimigen Haut verborgen. Flossen abgerundet, Rückenflosse kurz. Oberseite grünlichbraun bis olivgrün, Flanken flaschengrün, messingfarben glänzend, Unterseite rahmfarben. Bis 4 kg schwer; bis **50 cm** lang.

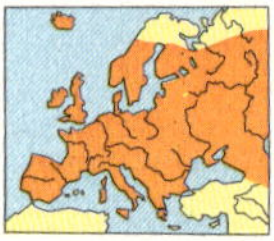

Verbreitung: in fast ganz Europa; in Skandinavien, Finnland und in der UdSSR nicht im Norden. **Lebensraum und Lebensweise:** bevorzugt stehende und langsam fließende Gewässer mit schlammigem Bodengrund und dichtem Pflanzenwuchs; ist hauptsächlich in der Dämmerung und Nacht tätig und ruht am Tag über dem Grund; bewegt sich langsam. **Nahrung:** kleine Bodentiere und Pflanzenteile. **Fortpflanzung:** eierlegend; Laichzeit Mai–Juli; Eizahl 100 000 bis 300 000; ⌀ weniger als 1 mm; Entwicklungsdauer 4–5 Tage; geschlechtsreif mit 2 (♂) oder 3 (♀) Jahren und einer Körperlänge von 12–30 cm. Lebensdauer bis zu 10 Jahren. **Wirtschaftliche Bedeutung:** wertvoller Speisefisch; wird mit dem Karpfen auch in Teichen gezüchtet.

Gattung: Strömer *(Teléstes);* schlank, spindelförmig, Rückenflosse nur mit 2 Hartstrahlen (in der Regel sonst 3). 1 Art:

Strömer
Teléstes agassízii (HECKEL)

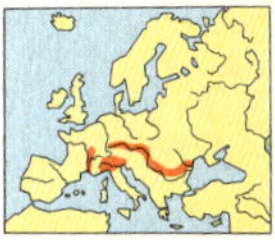

Körperfarbe silbrig weiß, Oberseite etwas dunkler, mit dunkler Längsbinde (auffällig in der Laichzeit), Maulspalte fast horizontal; **15–24 cm** lang.

Verbreitung: Bodensee, Nebenflüsse von Donau, Oberrhein, Rhône; auch in Oberitalien. **Lebensraum** und **Lebensweise:** bevorzugt schnell fließendes, klares Wasser; lebt gesellig in Schwärmen. **Nahrung:** Plankton und kleine Bodentiere. **Fortpflanzung:** eierlegend; Laichzeit März–Mai; Eizahl 4000–6000; laicht auf kiesigem Grund. **Wirtschaftliche Bedeutung:** keine; wird als Köder benutzt.

Gattung: Nasen *(Chondróstoma);* vorspringendes Profil, Maul stark unterständig, Lippen hornartig, scharfkantig. 9 Arten; hier 1 aufgeführt:

Nase
Chondróstoma násus (LINNÉ)

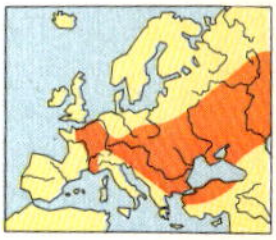

Schnauze vorragend; Oberseite schwärzlichgrün, Flanken und Unterseite silbrig weiß, Rückenflosse grau, die übrigen rot, Schwanzflosse dunkel umrandet; **25–50 cm** lang.

Verbreitung: in Mitteleuropa; vom Ural, Schwarzen und Kaspischen Meer bis Ostfrankreich; häufig in Donau und Rhein. **Lebensraum** und **Lebensweise:** bevorzugt schnell fließende Gewässer mit reichem Pflanzenwuchs; hält sich am Grund auf und lebt hauptsächlich in der Barbenregion der Flüsse. **Nahrung:** kleine Bodentiere und Pflanzenteile. **Fortpflanzung:** eierlegend; Laichzeit März–Mai; Eizahl 50 000–100 000; ⌀ 2 mm; laicht in Nebenflüssen und Bächen; geschlechtsreif mit 3 Jahren und einer Körperlänge von 15–27 cm. Lebensdauer etwa 8 Jahre. **Wirtschaftliche Bedeutung:** gering; Fleisch grätenreich.

Gattung: Rotfedern *(Scardínius);* Flossen dunkelrot; zwischen Bauch- und Afterflosse bilden geknickte Schuppen einen Kiel. 3 Arten; hier 1 aufgeführt:

Rotfeder
Scardínius erythrophthálmus (LINNÉ)

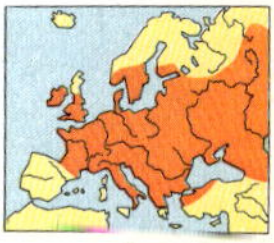

Oberseite braungrün bis flaschengrün, Flanken messingfarben glänzend, Unterseite silbrig weiß, Schuppen groß, dunkelgrün gefleckt, Augenkreis goldglänzend; **20–40 cm** lang.

Verbreitung: in fast ganz Europa; Skandinavien, Finnland nur im Süden; fehlt: Island, Nord-UdSSR, Schottland, südlich der Pyrenäen, auf den Mittelmeerinseln, Italien bis zum Tiber und im Balkan bis Mazedonien. **Lebensraum** und **Lebensweise:** bevorzugt langsam fließende Gewässer, Seen und Teiche mit Wasserpflanzen in der Uferregion; bewegt sich schnell und ist sehr scheu; lebt gesellig in großen Schwärmen, oft dicht an der Oberfläche. **Nahrung:** Kleintiere und Pflanzenteile. **Fortpflanzung:** eierlegend; Laichzeit Mai–Juli; Eizahl bis 100 000; ⌀ kleiner als 1 mm; Entwicklungsdauer 7–14 Tage; geschlechtsreif mit 4–5 Jahren und einer Körperlänge von 14–15 cm. Lebensdauer bis 19 Jahre. **Wirtschaftliche Bedeutung:** für den menschlichen Verzehr gering, da sehr grätenreich; wird daher oft als Viehfutter und zum Düngen benutzt.

Gattung: Plötzen *(Rútilus);* alle Flossen rot, jedoch kein Kiel vor der Afterflosse. 9 Arten; hier eine der bekanntesten aufgeführt:

Plötze oder Rotauge
Rútilus rútilus (LINNÉ)

Oberseite blaugrün, Flanken silbrig glänzend, zum Rücken bräunlich, Unterseite weiß; Augen mit rotem Ring; **15–40 cm** lang.

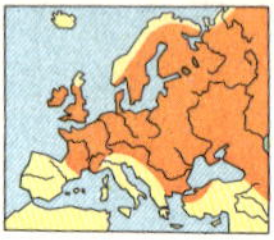

Verbreitung: in fast ganz Europa; fehlt: auf Island, in Schottland, Westschweden, Norwegen, südlich der Pyrenäen und Alpen, auf dem Westbalkan. **Lebensraum** und **Lebensweise:** bevorzugt fließende, klare Gewässer; fühlt sich auch im brackigen Salzwasser der östlichen Ostsse und der Haffe wohl; lebt in größeren Schwärmen; bewegt sich schnell und hält sich oft an der Wasseroberfläche auf. **Nahrung:** Kleintiere und Pflanzenteile. **Fortpflanzung:** eierlegend; Laichzeit April–Mai; Eizahl bis 100 000; ⌀ 1,0–1,5 mm; Entwicklungsdauer 10–14 Tage; geschlechtsreif mit 4–5 Jahren und einer Körperlänge von 12 bis 14 cm. Lebensdauer bis zu 18 Jahren. **Wirtschaftliche Bedeutung:** wichtiger Speisefisch, obwohl sehr grätenreich.

Gattung: Weißfische i. e. S. *(Leuciscus);* Flossen oft rötlich oder gelblich, stets mit Ausnahme der Rückenflosse. Oberhalb der Seitenlinie weniger als 9 Schuppenreihen. Zahlreiche Arten und Unterarten:

Hasel
Leuciscus leuciscus (LINNÉ)

Rundlicher Körper, Maul klein, unterständig; in der Rückenflosse nur 7 Weichstrahlen, Schwanzflosse tief eingeschnitten. Oberseite dunkelgrün, mit bläulichem Glanz, Flanken silbrig grau, Unterseite weiß. Bis **27 cm** lang.

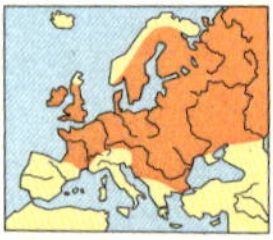

Verbreitung: in fast ganz Europa nördlich der Alpen, Pyrenäen, Karpaten; fehlt: Schottland, Norwegen, Island. **Lebensraum** und **Lebensweise:** bevorzugt klare und schnell fließende Gewässer mit steinigem Grund; schwimmt sehr schnell und versteckt sich gern hinter Steinen; zieht sich im Winter in tiefes Wasser zurück. **Nahrung:** Anflug, Insektenlarven und Pflanzenteile. **Fortpflanzung:** eierlegend; Laichzeit März–Mai; Eizahl nicht sehr groß; ⌀ 2 mm; Entwicklungsdauer etwa 10 Tage; geschlechtsreif mit 3 Jahren. Lebensdauer bis zu 9 Jahren. **Wirtschaftliche Bedeutung:** keine, weil sehr grätenreich; findet als Futterfisch für Forellenzuchten Verwendung.

Perlfisch
Leuciscus meidingeri (HECKEL)

Körper torpedoförmig, fast drehrund, Maul klein, endständig; 8–9 Weichstrahlen in der Rückenflosse. Oberseite blaugrün, Flanken heller, Unterseite silbrig weiß; ♂ zur Laichzeit mit „Perlen" auf der Körperoberfläche; **40–70 cm** lang.

Verbreitung: in den Voralpenseen. **Lebensraum:** hält sich auf dem Boden der tiefen Seen auf; steigt nur in der Laichzeit in flaches Wasser der Zuflüsse auf. **Nahrung:** Fische und Kleintiere. **Fortpflanzung:** eierlegend; Laichzeit April–Mai; Laichabgabe auf kiesigem Bodengrund. **Wirtschaftliche Bedeutung:** gering.

Frauennerfling
Leuciscus virgo (HECKEL)

Körper flach, Maul unterständig; Oberseite und Flanken bläulichgrün, metallisch glänzend, Unterseite heller; Schwanzflosse grau gerandet; **20–40 cm** lang.

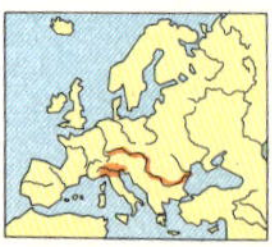

Verbreitung: in der Donau und Norditalien. **Lebensraum:** hält sich am Grunde der Gewässer auf. **Nahrung:** wahrscheinlich kleine Bodentiere. **Fortpflanzung:** eierlegend; Laichzeit April bis Mai. **Wirtschaftliche Bedeutung:** keine.

Döbel
Leuciscus céphalus (LINNÉ)

Körper im Querschnitt fast rund, Kopf dick, Maul endständig, groß; Oberseite dunkelgrün, Flanken gelblichweiß, Unterseite silbrig weiß, Schuppen mit dunklem Rand; Gewicht bis 3 kg; bis **60 cm** lang.

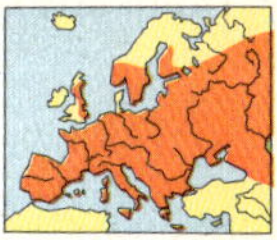

Verbreitung: in fast ganz Europa; fehlt in Irland, Nordschottland, Südwestengland und in Dänemark; in Skandinavien nur im Süden, in Finnland nur in einigen westlichen Flüssen. **Lebensraum** und **Lebensweise:** bevorzugt schnell fließende Gewässer, auch Seen; lebt in der Jugend gesellig, im Alter einzeln; hält sich gern hinter großen Steinen, Sandbänken und Brückenpfeilern auf; schwimmt schnell und gewandt. **Nahrung:** Würmer, Arthropoden, Fische und Fischlaich. **Fortpflanzung:** eierlegend; Laichzeit April–Juni; Eizahl bis 100 000; ⌀ 1,5 mm; Entwicklungsdauer 14–21 Tage; geschlechtsreif mit 5 (♂) und 5–6 (♀) Jahren bei einer Körperlänge von 30 cm. Lebensdauer wahrscheinlich bis zu 20 Jahren. **Wirtschaftliche Bedeutung:** Speisefisch; Fleisch aber sehr grätenreich.

Gattung: Alande *(Idus);* ähnlich Gattung *Leuciscus,* aber zwischen Seitenlinie und Rückenkante 9 Reihen Schuppen. 1 Art:

Aland oder Nerfling
Idus ídus (LINNÉ), *(Leuciscus ídus* [LINNÉ])

Maul endständig; Oberseite blaugrün, Flanken silbrig weiß, Unterseite weiß; **30–75 cm** lang.

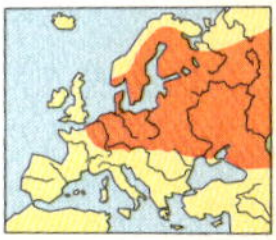

Verbreitung: in fast ganz Europa nördlich des Balkans und der Alpen; westliche Grenze Nordostfrankreich; fehlt: Norwegen, Nord-UdSSR, in Großbritannien. **Lebensraum** und **Lebensweise:** lebt in Flüssen in Ufernähe; ist auch in Seen zu beobachten, die mit Flüssen in Verbindung stehen; auch im Brackwasser; zieht sich im Winter in tiefes Wasser zurück. **Nahrung:** kleine Krebstiere, Muscheln, Schnecken, Insektenlarven und kleine Fische. **Fortpflanzung:** eierlegend; Laichzeit März–Mai; zieht zum Laichen stromaufwärts zu flachen, kiesigen Stellen mit starker Strömung; Eizahl 39 000–100 000; ⌀ 1,5–2,3 mm; Entwicklungsdauer 14–21 Tage; geschlechtsreif mit 5–6 Jahren und einer Körperlänge von 30 cm. Lebensdauer bis zu 18 Jahren. **Wirtschaftliche Bedeutung:** gering; Fleisch sehr grätenreich; wird auch in Zierteichen gehalten.

Gattung: Rapfen *(Áspius);* gestreckte Gestalt; Afterflosse relativ kurz, weniger als 17 Weichstrahlen; Oberlippe einfach. Maul groß, erstreckt sich bis unter die Augen. 1 Art:

Rapfen oder Schied
Áspius áspius (LINNÉ)

Maul tief gespalten; Oberseite dunkelgrün, Flanken silbrig glänzend, blauschimmernd, Unterseite weiß; Körperlänge **40–80 cm,** gelegentlich auch über **100 cm.**

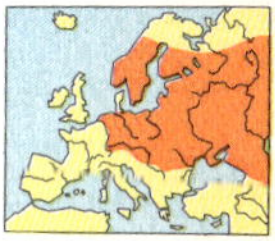

Verbreitung: in Ost- und Mitteleuropa; westliche Grenze Rhein und Eider; im Süden bis zu den Alpen und dem nördlichen Balkan, auch in den Flüssen des Kaspischen und Schwarzen Meeres; fehlt: Dänemark, Nord-Skandinavien, Nord-UdSSR. **Lebensraum** und **Lebensweise:** bevorzugt Flüsse und Haffe und hält sich auch in Seen auf, die mit Flüssen in Verbindung stehen; lebt jung gesellig, erwachsen einzeln; gefräßiger Raubfisch. **Nahrung:** Fische, Frösche, kleine Wasservögel. **Fortpflanzung:** eierlegend; Laichzeit April–Juni; Eizahl 80 000–100 000; ⌀ 1,6 mm; Entwicklungsdauer 6 Tage; geschlechtsreif mit 3 Jahren und einer Körperlänge von 35–40 cm. Lebensdauer unbekannt. **Wirtschaftliche Bedeutung:** Speisefisch, aber sehr grätenreich.

Gattung: Güster *(Blicca);* dem Brassen ähnlich, aber Schlundzähne zweireihig gestellt. 1 Art:

Güster
Blicca bjórkna (Linné)

Afterflosse kürzer als beim Brassen (19–23 Weichstrahlen), Brustflossen kürzer, reichen nicht bis zum Ansatz der Bauchflossen. Oberseite olivgrünlich und bräunlich blau, Flanken silbrig glänzend mit bläulichem Schimmer, Unterseite weiß. Höchstgewicht 1 kg; **20–30 cm** lang.

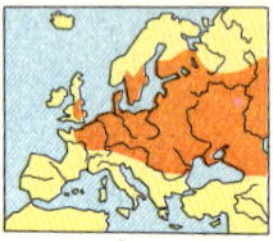

Verbreitung: vom Ural und der Wolga bis Mittelfrankreich; fehlt südlich der Alpen, im Balkan, im Norden Europas, Island, Irland, im Norden und Westen Großbritanniens. **Lebensraum** und **Lebensweise:** bevorzugt Seen und langsam fließende Flüsse mit Pflanzenwuchs; kommt, wie der Brassen, auch im Brackwasser der Ostsee vor; lebt gesellig in größeren Schwärmen und hält sich in der warmen Jahreszeit in Ufernähe auf; zieht sich im Winter an tiefe Stellen zurück. **Nahrung:** kleine Bodentiere und Pflanzenteile. **Fortpflanzung:** eierlegend; Laichzeit Mai–Juni; Eizahl 11 000 bis 100 000; ⌀ 1,6 mm; laicht zwischen Pflanzen der Uferregion; geschlechtsreif mit 3–4 Jahren und einer Körperlänge von 8–10 cm. Lebensdauer bis zu 16 Jahren. **Wirtschaftliche Bedeutung:** Speisefisch, aber grätenreich.

Gattung: Ukelei und Verwandte *(Albúrnus);* wie Gattung *Áspius,* aber mit kleinem Maul, das nicht bis unter das Auge reicht; hier 3 Arten behandelt:

Ukelei oder Laube
Albúrnus albúrnus (Linné)

17–20 Weichstrahlen in der Afterflosse, die direkt unter dem Ende der Rückenflosse beginnt; Maul endständig; Oberseite blaugrün bis dunkelblaugrau, Flanken und Unterseite silbrig glänzend, Schuppen lösen sich leicht; **10–20 cm** lang.

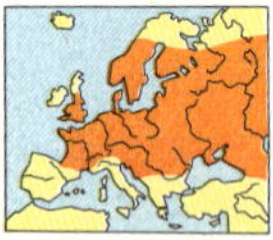

Verbreitung: von der Wolga und den Zuflüssen des Schwarzen Meeres bis Frankreich; südliche Grenze Alpengebiet und Mazedonien; fehlt in Schottland, Irland und im Norden Skandinaviens, Finnlands und der UdSSR; kommt in der östlichen Ostsee im Brackwasser vor. **Lebensraum** und **Lebensweise:** bevorzugt langsam fließende und stehende Gewässer; lebt gesellig in größeren Schwärmen und hält sich in der warmen Jahreszeit an der Oberfläche auf; sucht im Winter tiefes Wasser auf; schwimmt schnell und dreht sich dabei um die Körperachse. **Nahrung:** Anflug, Algen und kleine Bodentiere. **Fortpflanzung:** eierlegend; Laichzeit April–Juni; Eizahl 3000–10 500; ⌀ 1,5–1,9 mm; Entwicklungsdauer etwa 3 Tage; geschlechtsreif mit 2–3 Jahren und einer Körperlänge von 8–10 cm. Lebensdauer bis zu 8 Jahren. **Wirtschaftliche Bedeutung:** für den Verzehr unbedeutend; wird mehr als Viehfutter verwendet; die Guaninkristalle in den Schuppen dienen zur Herstellung künstlicher Perlen.

Mairenke
Albúrnus ménto (Agassiz)

Afterflosse kürzer, setzt etwas hinter der Rückenflosse an, hat nur 14–16 Weichstrahlen; Unterkiefer vorstehend, verdickt. Oberseite dunkelgrün, bläulich schimmernd, Flanken und Unterseite silbrig weiß, Rücken- und Schwanzflosse dunkel umrandet; **15–25 cm** lang.

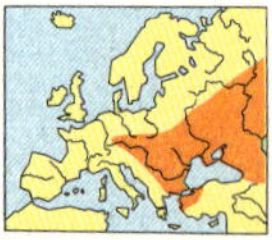

Verbreitung: im Südosten Europas und in Voralpenseen. **Lebensraum** und **Lebensweise:** bevorzugt klares, kaltes Wasser mit steinigem Boden; schwimmt schnell und gewandt; laicht an flachen Stellen. **Nahrung:** Anflug, Plankton und kleine Bodentiere. **Fortpflanzung:** eierlegend; Laichzeit Mai–Juni. **Wirtschaftliche Bedeutung:** keine.

Schneider
Albúrnus bipunctátus (Bloch),
(*Alburnoides bipunctátus* [Bloch])

Seitenlinie nach unten gebogen, durch zwei Reihen schwarzer Punkte eingefaßt; Oberseite dunkelgrün bis braungrün, Flanken heller, mit dunklem Seitenband, Unterseite silbrig weiß; **9–15 cm** lang.

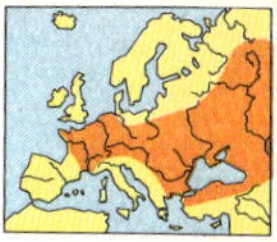

Verbreitung: in Mittel- und Osteuropa; fehlt: im Norden, in Spanien, Italien, Westbalkan. **Lebensraum** und **Lebensweise:** bevorzugt klare und schnell fließende Gewässer; lebt gesellig in Schwärmen; hält sich am Boden der Gewässer auf. **Nahrung:** kleine Bodentiere. **Fortpflanzung:** eierlegend; Laichzeit Mai–Juni; laicht auf kiesigem Grund. **Wirtschaftliche Bedeutung:** keine; wird als Köder benutzt.

Gattung: Zährten *(Vímba);* wie die beiden folgenden Gattungen mit Ausschnitt der Oberlippe, in die sich der Unterkiefer einfügt, und mit langer Afterflosse (17 oder mehr Weichstrahlen). Mund der Zährte unterständig, Rücken hinter der Rückenflosse gekielt. 1 Art:

Zährte oder Rußnase
Vímba vímba (Linné)

Schnauze spitz vorragend, schwärzlich. Körperoberseite dunkelblau bis braun, Flanken heller, Unterseite silbrig weiß; **25–40 cm** lang.

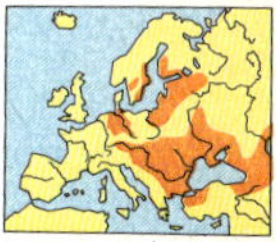

Verbreitung: Südosteuropa; in Mitteleuropa nur gebietsweise; im Ostseeraum, Norden der BR Deutschland; DDR; Donaugebiet. **Lebensraum:** bevorzugt die Mündungsgebiete größerer Flüsse; ist auch im Salz- und Brackwasser heimisch; wandert zum Laichen flußaufwärts. **Nahrung:** Bodentiere. **Fortpflanzung:** eierlegend; Laichzeit Mai–Juli; Zahl der Eier bis 30 000; ⌀ 2 mm; Entwicklungsdauer 1 Tag; geschlechtsreif mit 4–5 Jahren und einer Körperlänge von 24–28 cm. **Wirtschaftliche Bedeutung:** Speisefisch, besonders in Osteuropa.

Gattung: Brassen *(Abrámis);* hochrückige Tiere, Afterflosse mit mindestens 23 Weichstrahlen, Schlundzähne einreihig angeordnet. 3 Arten:

Brassen oder Blei
Abrámis bráma (Linné)

Afterflosse nicht ganz so lang (23–28 Weichstrahlen), zurückgelegte Brustflossen erreichen die Wurzel der Bauchflossen. Oberseite gelbgrau bis dunkel graugrün, Flanken bei jungen Tieren silbrig weiß, bei Erwachsenen messingfarben, glänzend, Unterseite rötlichweiß. Höchstgewicht bis 6,5 kg; **30–50,** selten **70 cm** lang.

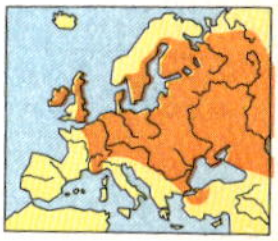

Verbreitung: vom Ural, Kaspischem Meer bis Ostfrankreich; fehlt: südlich der Alpen, im Westbalkan, in Südwestengland, im Norden und Westen Skandinaviens, Nordfinnland. **Lebensraum** und **Lebensweise:** bevorzugt Seen und langsam fließende Flüsse mit Pflanzenwuchs und nicht zu geringer Tiefe; lebt gesellig in größeren Schwärmen am Bodengrund und wühlt bei der Nahrungssuche im Schlamm; ist sehr scheu und bewegt sich langsam; zieht sich im Winter an tiefe Stellen zurück. **Nahrung:** kleine Bodentiere und Pflanzenteile. **Fortpflanzung:** eierlegend; Laichzeit Mai–Juli; Eizahl 200 000–300 000; ⌀ 1,0 bis 1,5 mm; laicht im flachen Uferwasser zwischen Pflanzen; geschlechtsreif mit 4–8 (♂) und 5–8 (♀) Jahren und einer Körperlänge von 20–35 cm. Lebensdauer bis zu 18 Jahren. **Wirtschaftliche Bedeutung:** wertvoller Speisefisch, aber grätenreich; wird hauptsächlich im Winter unter dem Eis mit Netzen gefangen.

Zope
Abrámis bállerus (LINNÉ)

Afterflosse ungewöhnlich lang, 38–45 Weichstrahlen; unterer Lappen der Schwanzflosse sehr lang. Auf der Seitenlinie 66–73 Schuppen. Oberseite blaugrün, Flanken silbrig weiß, rötlich oder bläulich schimmernd, Unterseite rötlich weiß; bis **30 cm** lang.

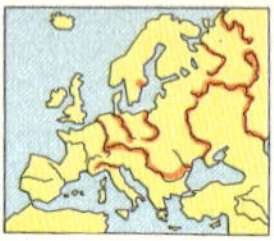

Verbreitung: in allen größeren Flüssen Ost- und Mitteleuropas, von der Wolga bis zum Rhein; in Skandinavien nur im Mälar-See. **Lebensraum:** hält sich in Flußmündungen am Boden auf; wandert in der Laichzeit stromaufwärts. **Nahrung:** kleine Bodentiere. **Fortpflanzung:** eierlegend; Laichzeit April–Mai; Eizahl 4200–76 000; ⌀ 1,3–1,5 mm; Entwicklungsdauer 12–13 Tage; geschlechtsreif mit 4 Jahren bei einer Körperlänge von 18 bis 20 cm. **Wirtschaftliche Bedeutung:** gering; Fleisch wenig schmackhaft.

2. **Unterfamilie: Bitterlinge** *(Acheilognáthinae);* kleine, hochrückige Fische mit spitzem Kopf und schmaler Schwanzwurzel; bei uns nur 1 Art:

Gattung: Bitterlinge *(Rhódeus);* Seitenlinie stark verkürzt, erstreckt sich nur über die vorderen 5 bis 6 Schuppen:

Bitterling
Rhódeus amárus BLOCH

Oberseite graugrün, Flanken und Unterseite silbrig glänzend, mit blaugrünem Längsstreifen von Körpermitte bis Schwanz; **8–9 cm** lang.

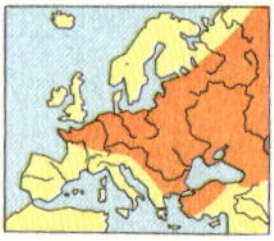

Verbreitung: Mittel-, Osteuropa nördlich der Alpen; fehlt: Großbritannien, Dänemark, Skandinavien, Finnland und im Norden der UdSSR. **Lebensraum** und **Lebensweise:** bevorzugt stehende oder langsam fließende Gewässer mit Bodenvegetation; ist an das Vorhandensein der Malermuschel gebunden; hält sich in Tiefen von 1–2 m auf und stellt in der kalten Jahreszeit die Nahrungsaufnahme ein. **Nahrung:** kleine Bodentiere, Würmer und Pflanzenteile. **Fortpflanzung:** eierlegend; Laichzeit April–Mai; Eizahl bis 40; Eier werden mit langer Legeröhre zwischen die Kiemenblätter der Malermuschel gedrückt; ⌀ 2–3 mm; Entwicklungsdauer in dem Wirtstier 30 Tage; Jungfische verlassen mit 11 mm Länge die Muschel; geschlechtsreif mit 2–3 Jahren und einer Körperlänge von 4–5 cm. Lebensdauer etwa bis zu 4 Jahren. **Wirtschaftliche Bedeutung:** keine; nur für Aquarianer interessant.

3. **Unterfamilie: Kielkarpfenfische** *(Cúltrinae);* mit scharfer, unbeschuppter Bauchkante. Seitenlinie des einzigen europäischen Vertreters stark gewellt.

Gattung: Ziegen *(Pelécus);* 1 Art:

Ziege
Pelécus cultrátus (LINNÉ)

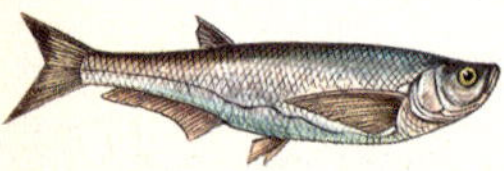

Rücken fast gerade, Bauch nach unten gewölbt; Brustflossen sehr lang, ebenso die Afterflosse, Rückenflosse kurz. Oberseite graubraun, Nacken blaugrün, Flanken silbrig weiß, Unterseite weiß. **25–40 cm** lang.

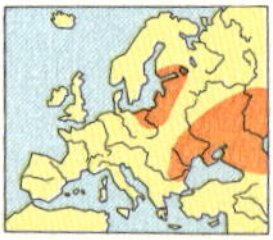

Verbreitung: Zuflüsse der Ostsee, des Kaspischen und Schwarzen Meeres, im Plattensee, in der Donau bis Passau. **Lebensraum** und **Lebensweise:** hält sich an der Wasseroberfläche auf; lebt gesellig in Schwärmen; wandert zum Laichen flußaufwärts. **Nahrung:** Plankton, kleine Fische und Laich. **Fortpflanzung:** eierlegend; Laichzeit Mai–Juni; Eizahl 10 000–100 000; ⌀ 3,8–5,9 mm; Entwicklungsdauer 7–8 Tage; geschlechtsreif mit 3–4 Jahren bei einer Körperlänge von 19–29 cm. **Wirtschaftliche Bedeutung:** gering; Fleisch grätenreich.

4. Unterfamilie: Gründlinge *(Gobiòninae)*; langgestreckt, klein, mit 1 Paar Barteln.

Gattung: Gründlinge ***(Góbio)***; 5 Arten:

Gründling
Góbio góbio (LINNÉ)

Oberseite graugrün bis graubraun, in mehreren Reihen dunkel gefleckt, Flanken silbrig grau, Seitenlinie schwarz gefleckt, Unterseite weiß; Körper fast drehrund; bis **20 cm** lang.

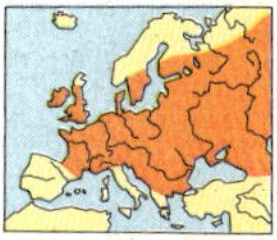

Verbreitung: von Mittel- und Südsibirien bis Pyrenäen und England; südliche Grenze Norditalien und Mazedonien; fehlt: in Schottland, Island und im ganzen Norden Europas. **Lebensraum und Lebensweise:** bevorzugt fließende, klare Gewässer mit sandigem und steinigem Grund; selten in stehenden Gewässern mit schlammigem Boden; lebt in kleinen Schwärmen; flieht mit der Strömung; zieht sich im Winter in tiefes Wasser zurück. **Nahrung:** kleine Bodentiere und Pflanzenteile. **Fortpflanzung:** eierlegend; Laichzeit Mai–Juni; Eizahl 1000–3000; ⌀ 2 mm; Entwicklungsdauer 10 Tage; geschlechtsreif mit 2 Jahren und einer Körperlänge von 7–10 cm. Lebensdauer wahrscheinlich nur 3 Jahre. **Wirtschaftliche Bedeutung:** in manchen Ländern wertvoller Speisefisch; wird sonst zum Füttern und Ködern verwendet.

5. Unterfamilie: Barben *(Bárbinae)*; groß, langgestreckt, 2 Paar Barteln.

Gattung: Barben ***(Bárbus)***; in Europa 5 Arten:

Barbe
Bárbus bárbus (LINNÉ)

Oberlippe mit 4 Barteln; Oberseite olivbraun bis olivgrün, Flanken silbrig grau, Unterseite weiß; Körperlänge bis **75 cm.**

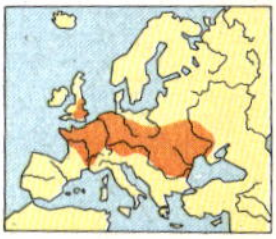

Verbreitung: nördlich der Alpen von Frankreich bis Rumänien und den Nordrand des Schwarzen Meeres; im Norden bis etwa 52° n. Br. **Lebensraum und Lebensweise:** bevorzugt den Mittellauf der Flüsse (Barbenregion); hält sich am Grunde der Gewässer auf und liebt kiesigen und sandigen Boden; lebt gesellig in Schwärmen. **Nahrung:** Bodentiere, gelegentlich auch kleine Fische. **Fortpflanzung:** eierlegend; Laichzeit Mai–Juli; Eizahl 3000–8000; ⌀ 2 mm; Entwicklungsdauer 14 Tage; geschlechtsreif mit 4 Jahren und einer Körperlänge von 30–40 cm. Lebensdauer bis zu 9 Jahren. **Wirtschaftliche Bedeutung:** wertvoller Speisefisch. Gonaden (Rogen, Milch) giftig.

6. Unterfamilie: Karpfen i. e. S. *(Cyprinae)*; hochrückige Fische mit langer Rückenflosse (mehr als 17 Weichstrahlen).

Gattung: Karpfen ***(Cyprinus)***; mit 4 Bartfäden; 1 Art mit ihren Zuchtformen:

Karpfen (Lederkarpfen)
Cyprinus cárpio LINNÉ

Die Stammform (Schuppenkarpfen) ist vollständig beschuppt, der Lederkarpfen fast schuppenlos; der Spiegelkarpfen trägt wenige sehr große Schuppen; bis **120 cm** lang.

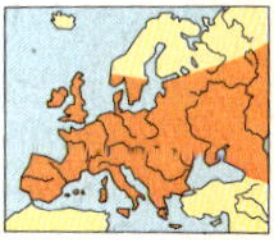

Verbreitung: Europa bis 60° n. Br. als Teich- und Flußfisch. **Lebensraum und Lebensweise:** bevorzugt warme, ruhige Gewässer bis 700 m über Meereshöhe; hält sich meistens in kleinen Schwärmen auf dem Bodengrund auf, sonnt sich aber auch gern; bewegt sich langsam und stellt in der kalten Jahreszeit die Nahrungsaufnahme ein. **Nahrung:** kleine Bodentiere und Pflanzenteile. **Fortpflanzung:** eierlegend; Laichzeit Mai–Juli; Eizahl 200 000–700 000; ⌀ 1,5 bis 2,0 mm; Entwicklungsdauer 3–8 Tage; geschlechtsreif mit 3–4 Jahren und einer Körperlänge von 25–30 cm. Lebensdauer bis zu 45 Jahren. **Wirtschaftliche Bedeutung:** wertvoller Speisefisch.

Gattung: Karauschen *(Carássius);* 2 Arten ohne Bartfäden:

Karausche
Carássius carássius (Linné)

Rand der Rückenflosse leicht nach oben gewölbt, ihre Enden gerundet; an der Basis der Schwanzflosse ein dunkler Fleck. Oberseite olivgrün bis braun, Flanken hell, Unterseite gelblich; bis **40 cm** lang.

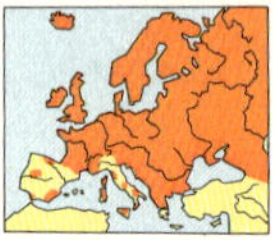

Verbreitung: in fast ganz Europa; vereinzelt auf der Pyrenäenhalbinsel und in Italien. **Lebensraum** und **Lebensweise:** bevorzugt langsam fließende und stehende Gewässer von nicht zu großer Tiefe; ist auch in kleinen Tümpeln und Teichen zu finden und mit geringem Sauerstoffgehalt zufrieden; ist sehr zählebig und stellt in der kalten Jahreszeit die Nahrungsaufnahme ein. **Nahrung:** Kleintiere und Pflanzenteile. **Fortpflanzung:** eierlegend; Laichzeit Mai–Juni; Eizahl 200 000–300 000; Ø 1,0–1,5 mm; Entwicklungsdauer 2–4 Tage; geschlechtsreif mit 2 Jahren und einer Körperlänge von 13–15 cm. Lebensdauer unbekannt. **Wirtschaftliche Bedeutung:** große Karauschen sind wertvolle Speisefische.

Giebel
Carássius aurátus gibélio (Bloch)

Rand der Rückenflosse nach unten gebogen, ihre Enden spitz. Oberseite gefärbt wie bei der Karausche, Flanken und Unterseite silbrig glänzend, kein Fleck an der Basis der Schwanzflosse. Schuppen größer als bei der Karausche; bis **35 cm** lang.

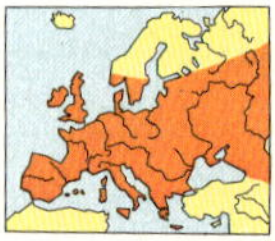

Verbreitung: fast ganz Europa; im Norden bis 60° n. Br. **Lebensraum** und **Lebensweise:** bevorzugt langsam fließende, flache und verkrautete Gewässer, ist aber auch in großen Seen und Flußmündungen beheimatet; ist ebenfalls mit geringem Sauerstoffgehalt zufrieden, sehr zählebig und stellt in der kalten Jahreszeit die Nahrungsaufnahme ein. **Nahrung:** Kleintiere und Pflanzenteile. **Fortpflanzung:** eierlegend; in manchen Gewässern sind nur ♀♀ vorhanden; sie pflanzen sich aber parthenogenetisch fort, indem sie das Sperma artverwandter ♂♂ als Entwicklungsanstoß benutzen; die Nachkommenschaft besteht dann wieder nur aus ♀♀; Laichzeit Mai–Juli; Eizahl etwa 200 000. **Wirtschaftliche Bedeutung:** wie Karausche. Als Goldfisch mit zahlreichen Formen beliebter Aquarienfisch.

2. Familie: Schmerlen *(Cobitidae);* langgestreckt; 6 oder mehr Bartfäden, Schuppen schwer erkennbar, klein:

1. Unterfamilie: Bachschmerlen *(Noemachéilniae);* unter dem Auge kein Stachel; nur 6 Barteln. 1 Gattung:

Gattung: Schmerlen *(Noemácheilus);* Oberkiefer mit 4 kürzeren und 2 längeren Barteln. 3 Arten:

Schmerle oder Bartgrundel
Noemácheilus barbátulus (Linné)

Oberseite und Flanken graubraun, dunkel marmoriert, Unterseite rahmfarben bis rötlichgelb; Körperlänge **10–15 cm.**

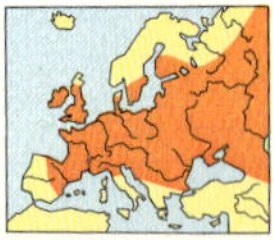

Verbreitung: Europa etwa zwischen 40° und 60° n. Br. **Lebensraum** und **Lebensweise:** bevorzugt strömende klare Gewässer mit steinigem Boden; verbirgt sich am Tag unter Steinen; ist in der Nacht tätig. **Nahrung:** kleine Bodentiere, Fischlaich und Pflanzenteile. **Fortpflanzung:** eierlegend; Laichzeit April–Mai; Eizahl unbekannt; Ø 1,0–1,5 mm; Entwicklungsdauer, Geschlechtsreife und Lebensdauer unbekannt. **Wirtschaftliche Bedeutung:** keine.

2. Unterfamilie: Steinbeißer *(Cobitinae);* unter dem Auge ein zweispitziger Dorn, der aufgerichtet werden kann; andernfalls 10 Barteln vorhanden. 2 Gattungen:

Gattung: Steinbeißer *(Cobitis);* mit Dorn unter dem Auge. Alle 6 Barteln kurz. 8 Arten:

Steinbeißer
Cobitis taenia LINNÉ

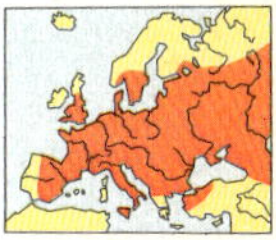

Verbreitung: in fast ganz Europa bis 60° n. Br.; fehlt: Irland, Schottland, Portugal, Griechenland, Mittelmeerinseln. **Lebensraum** und **Lebensweise:** bevorzugt klare fließende und stehende Gewässer mit sandigem Boden; ist in der Nacht tätig und verbirgt sich am Tag im Bodengrund. **Nahrung:** kleine Bodentiere und Pflanzenteile. **Fortpflanzung:** eierlegend; Laichzeit April–Juni; Eizahl 100 000–150 000; ⌀ und Entwicklungsdauer unbekannt; geschlechtsreif bei einer Körperlänge von 6–8 cm. Lebensdauer in Gefangenschaft über 10 Jahre. **Wirtschaftliche Bedeutung:** keine; beliebt als Köderfisch.

Körperfarbe blaßgelb, unter der Seitenlinie Reihe von 10–20 großen dunklen Flecken; Körperlänge **8–10 cm.**

Gattung: Schlammpeitzger *(Misgúrnus);* kein Augenstachel; Oberkiefer mit 6 langen, Unterkiefer mit 4 kurzen Barteln. 1 Art:

Schlammpeitzger
Misgúrnus fossilis (LINNÉ)

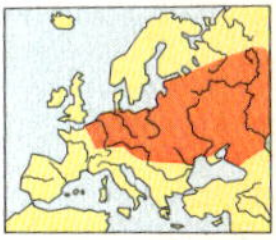

Verbreitung: in Europa von der Wolga bis Holland; fehlt: Großbritannien, auf den Inseln Dänemarks, in Skandinavien, Finnland und im Norden der UdSSR; südliche Grenze Alpen und Balkan. **Lebensraum** und **Lebensweise:** bevorzugt stehende, schlammige Gewässer; gräbt sich im Winter und beim Austrocknen der Gewässer bis zu 1/2 m in den Bodenschlamm ein; ist in der Nacht tätig; wird bei Gewitter unruhig; Sauerstoffmangel wird durch Darmatmung überbrückt. **Nahrung:** kleine Bodentiere, besonders Schnecken und Muscheln. **Fortpflanzung:** eierlegend; Laichzeit April–Juni. Eizahl 100 000–150 000; ⌀ 1,5 mm; Entwicklungsdauer 7–8 Tage; geschlechtsreif mit 2 Jahren. Lebensdauer in Gefangenschaft über 21 Jahre. **Wirtschaftliche Bedeutung:** gering; als Aquarienfisch interessant.

Körperoberseite gelb- bis dunkelbraun, Flanken mit breitem dunkelbraunem Seitenband, oben und unten durch hellgelbes Band begrenzt; Unterseite orangefarben; **20–30 cm** lang.

V. Ordnung: Welse *(Siluriformes);* Haut nackt, Mund groß, mit sehr langen Barteln. Rückenflosse klein, vor den Bauchflossen ansetzend. 1 einheimische, 1 eingeschleppte Familie.

1. Familie: Echte Welse *(Silúridae);* Afterflosse sehr lang, keine Fettflosse. 1 Gattung:

Gattung: Welse *(Silúrus);* 2 Arten:

Wels
Silúrus glánis LINNÉ

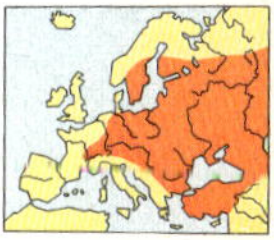

Verbreitung: nördlich der Alpen vom Aralsee bis Holland; fehlt: Norwegen, Mittel-, Nordschweden, Finnland, Nord-UdSSR; häufig in den Flußmündungen des Schwarzen Meeres. **Lebensraum** und **Lebensweise:** bevorzugt große und tiefe Seen und Flüsse; ist in der Nacht tätig und verbirgt sich am Tag an tiefen Stellen; wühlt sich im Winter in den Bodenschlamm ein; ist sehr räuberisch und zählebig. **Nahrung:** Fische aller Art, auch Wasservögel. **Fortpflanzung:** eierlegend; Laichzeit Mai–Juli; Eizahl 11 000–480 000; ⌀ 3,0–3,5 mm; Entwicklungsdauer 7–14 Tage; geschlechtsreif mit 2–3 (♂) und 3–4 (♀) Jahren bei einer Körperlänge von 60–70 cm. Lebensdauer bis zu 80 Jahren. **Wirtschaftliche Bedeutung:** in vielen Ländern, trotz des modrigen Geschmacks, sehr geschätzter Speisefisch.

Kopf breit und platt, Maul sehr breit, mit 2 langen Barteln am Ober- und 4 kurzen Barteln am Unterkiefer. Oberseite schwarzblau, Flanken schwarzgrün, Unterseite hellgelb oder rötlichgelb; Flanken und Unterseite dunkel marmoriert. Gewicht bis 100 kg; Körperlänge bis **2,5 m.**

2. Familie: Zwergwelse *(Ameiúridae = Ictalúridae)*; vordere Strahlen von Brust- und Rückenflossen stachelartig, eine zweite Rückenflosse (Fettflosse) vorhanden. 1 Gattung nach Europa eingeführt und eingebürgert:

Gattung: Zwergwelse *(Ameiúrus)*; 1 Art:

Zwergwels
Ameiúrus nebulósus (Rafinesque)

Ober- und unterhalb der Mundspalte je 4 Barteln; Pupille weiß umrandet; Körperoberseite bräunlich bis olivgrün, mit violettem Schimmer, Flanken grau, Unterseite silbrig weiß. Gewicht bis 2 kg; Körperlänge bis **45 cm.**

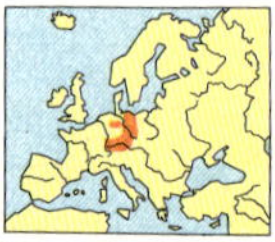

Verbreitung: beheimatet in den Seen der USA; seit 1885 nach Deutschland eingeführt; kommt jetzt sporadisch in Teichen und Seen der Lüneburger Heide, Süddeutschlands und der DDR vor. **Lebensraum** und **Lebensweise:** bevorzugt stehende und langsam fließende Gewässer mit schlammigem Boden; ist in der Nacht tätig. **Nahrung:** kleine Fische, Würmer und Wasserinsekten. **Fortpflanzung:** eierlegend; Laichzeit im Frühjahr; Eizahl 4000–5000; ⌀ 3 mm; Eier werden in flachen Bodenmulden abgelegt und, wie auch der Jungfischschwarm, vom ♂ und ♀ bewacht; Entwicklungsdauer 4–6 Tage. Lebensdauer in Gefangenschaft über 13 Jahre. **Wirtschaftliche Bedeutung:** in Deutschland gering; in Amerika geschätzter Speisefisch; Fleisch orange-gelblich.

VI. Ordnung: Ährenfischartige *(Atheriniformes).*

I. Unterordnung: Flugfische *(Exocoetoidei)*; Rücken- und Afterflossen stehen einander gegenüber und sind weit nach hinten verlagert; hierher die Fliegenden Fische mit extrem vergrößerten Brustflossen.

1. Familie: Hornhechte *(Belónidae)*; Kiefer sehr lang, schnabelförmig, spitz; Rücken- und Afterflosse einfach:

Gattung: Hornhechte *(Belóne)*; 1 Art:

Hornhecht oder **Grünknochen**
Belóne belóne (Linné)

Körperoberseite blaugrün, Flanken gelbgrün, Unterseite silbrig weiß; Länge bis **90 cm.**

Verbreitung: im Schwarzen Meer, Mittelmeer, an der Atlantikküste Europas, in der Nordsee und in der Ostsee bis Gotland; weiter östlich nur noch vereinzelt. **Lebensraum** und **Lebensweise:** hält sich als Schwarmfisch meistens an der Oberfläche auf; Jungfische lieben die Küstennähe; ist am Tage tätig; kann schnell schwimmen und springt auch über die Wasseroberfläche. **Nahrung** erwachsen Fische, jung Krebstiere, Fischbrut und Anflug. **Fortpflanzung:** eierlegend; Laichzeit Mai–Juni, im Norden März–April; Eizahl 1000–35 000; ⌀ 3,0–3,5 mm; Eier werden mit Haftfäden an Pflanzen befestigt; Entwicklungsdauer etwa 5 Wochen; geschlechtsreif mit 2 Jahren und einer Körperlänge von 45 cm. Lebensdauer etwa 5 Jahre. **Wirtschaftliche Bedeutung:** Speisefisch; wegen der grünen Gräten aber nicht sehr beliebt.

2. Familie: Makrelenhechte *(Scomberesócidae)*; Kiefer weniger stark verlängert; hinter Rücken- und Afterflosse stehen einige kleinere Flößchen:

Gattung: Makrelenhechte *(Scomberésox)*; 1 Art:

Makrelenhecht
Scomberésox sáurus (WALBAUM)

Körperoberseite blaugrün bis graublau, seitlich grünlich, Flanken und Unterseite silbrig weiß, mit blauem Längsband über den Flanken; Länge bis **40 cm.**

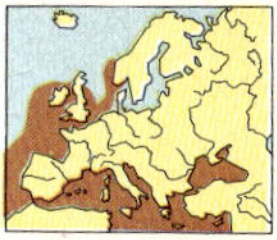

Verbreitung: Schwarzes und Mittelmeer, Atlantikküste Europas, hauptsächlich an der Westküste Großbritanniens und Irlands und an der Südküste Norwegens; seltener in der Nordsee. **Lebensraum** und **Lebensweise:** hält sich als Schwarmfisch meistens an der Oberfläche auf; sucht in den Sommermonaten nördliche Gewässer auf; ist am Tage tätig; kann schnell schwimmen und springt auch über die Wasseroberfläche. **Nahrung:** Fische und Krebstiere. **Fortpflanzung:** eierlegend; Laichzeit unbekannt; Eier haben kürzere Haftfäden als beim Hornhecht; Eizahl, Entwicklungsdauer, Geschlechtsreife und Lebensdauer unbekannt. **Wirtschaftliche Bedeutung:** gering; Gräten nicht grün.

II. Unterordnung: Ährenfischähnliche *(Atherinoidei):*

1. Familie: Ährenfische *(Atherinidae);* mit zwei Rückenflossen; unterscheiden sich durch große Augen und fast durchsichtigem Körper von den großen Meeräschen *(Múgil),* denen sie gestaltlich ähneln; 2 Gattungen:

Gattung: Ährenfische *(Atherina);* 3 Arten:

Ährenfisch
Atherina hepsétus (LINNÉ)

Oberseite grau, silbrig glänzend, Flanken heller, meistens mit dunklem Längsband, Unterseite weiß, Schuppen am Rand schwarz punktiert, Augen sehr groß; Körperlänge **10–15 cm.**

Verbreitung: im Mittelmeer und an der Atlantikküste bis Nordirland; im Kanal und an der Ostküste Englands. **Lebensraum** und **Lebensweise:** bevorzugt flaches und ruhiges Wasser in Küstennähe; lebt gesellig in Schwärmen und liebt sandigen Boden. **Nahrung:** kleine Meerestiere und Pflanzenteile. **Fortpflanzung:** unbekannt. **Wirtschaftliche Bedeutung:** im Mittelmeer beliebter Speisefisch.

Streifenfisch
Atherina présbyter (CUVIER)

Körperoberseite durchscheinend graugrün, Flanken und Unterseite weiß, zweite Rückenflosse eingekerbt; Länge bis **15 cm.**

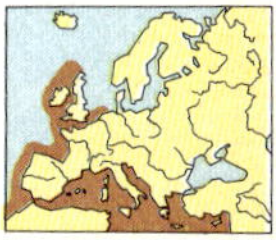

Verbreitung: im Mittelmeer und von der Atlantikküste Europas bis Schottland und Holland; selten in der östlichen Nordsee; fehlt in der Ostsee. **Lebensraum** und **Lebensweise:** bevorzugt flaches Wasser in Küstennähe; lebt gesellig in kleinen Schwärmen; liebt sandigen Boden. **Nahrung:** kleine Krebstiere. **Fortpflanzung:** eierlegend; Laichzeit Juni–August; Eier haften mit Anhängen an Pflanzen; ⌀ fast 2 mm. **Wirtschaftliche Bedeutung:** gering.

VII. Ordnung: Dorschfische *(Gadifórmes);* Bauchflossen kehlständig, Brustflossen normal, Rücken- und Afterflossen sehr lang oder in je 2 bis 3 Abschnitte unterteilt.

I. Unterordnung: Dorschartige *(Gadoídei);* Schwanzflosse frei, nicht mit Rücken- oder Afterflosse verbunden:

1. Familie: Schellfische *(Gádidae);* die Form der Flossen liefert wichtige Merkmale: Gattungen A–F mit 3 Rücken- und zwei Afterflossen; G–M mit je 2 Rücken- und Afterflossen, Gattung N mit 1 Rücken- und 1 Afterflosse:

Gattung: Dorsche *(Gádus);* langer Bartfaden am zurücktretenden Unterkiefer; hintere Rücken- und Afterflossen nicht kürzer als die davorliegenden Flossen; 1 Art:

Dorsch oder **Kabeljau**
Gádus mórhua (Linné)

Oberseite graubraun bis olivbraun, dunkel gefleckt, Seitenlinie hell, Unterseite weiß bis weißgrau. Gewicht bis 40 kg; **80–150 cm** lang.

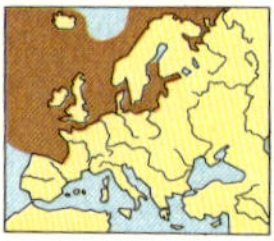

Verbreitung: Europäisches Nordmeer bis zur Biskaya, in der Nord- und Ostsee; fehlt im Nordteil des Bottnischen Meerbusens. **Lebensraum** und **Lebensweise:** bevorzugt Meerestiefen bis zu 600 m, hält sich aber auch in Küstennähe auf; lebt in größeren Schwärmen; ist sehr gefräßig und räuberisch; wandert weit zwischen Nahrungsgründen und Laichplätzen. **Nahrung:** Fische, Fischlaich, Krebstiere, Würmer und Kopffüßler. **Fortpflanzung:** eierlegend; Laichzeit von der Wassertemperatur abhängig (Januar–Mai oder Mai bis August); Eizahl 4–5 Mill.; ⌀ 1,16–1,89 mm; Entwicklungsdauer 1–3 Wochen; Larven 4 mm lang; geschlechtsreif bei einer Körperlänge von 30–40 cm. Lebensdauer bis zu 15 Jahren. **Wirtschaftliche Bedeutung:** wichtiger und wertvoller Speisefisch; Abfälle werden zu Fischmehl verarbeitet, aus der Leber wird Tran gewonnen.

Gattung: Zwergdorsche *(Trisópterus);* langer Bartfaden; 1. Rückenflosse zugespitzt, letzte Rücken- und Afterflossen kürzer als die vorhergehenden Flossen. 2 Arten:

Zwergdorsch
Trisópterus minútus (Linné)

Großäugig; 2. Rückenflosse etwa so lang wie 1. Afterflosse. Oberseite gelbbraun, Flanken und Unterseite silbergrau, dunkel punktiert. Bis **25 cm** lang.

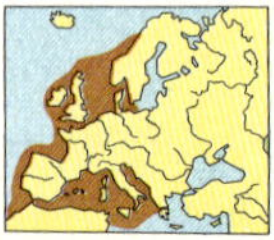

Verbreitung: im westlichen Mittelmeer und von der Atlantikküste Europas bis Mittelnorwegen und zu den Färöer-Inseln; auch im Kanal, in der Nordsee, im Skagerrak und Kattegat; selten in der westlichen Ostsee. **Lebensraum:** bevorzugt Meerestiefen von 25–300 m in Küstennähe; liebt sandigen und felsigen Boden. **Nahrung:** Krebstiere und kleine Fische. **Fortpflanzung:** eierlegend; Laichzeit März–Juni; ⌀ der Eier etwa 1 mm. **Wirtschaftliche Bedeutung:** gering; wird als Beifang zu Fischmehl verarbeitet.

Französischer Dorsch
Trisópterus lúscus (Linné)

2. Rückenflosse kürzer als 1. Afterflosse. Oberseite rotbraun, Flanken silbrig grau, mit kleinen schwarzen Punkten oder mit vier dunklen Querbinden, Unterseite weiß; Körperlänge bis **30 cm.**

Verbreitung: im westlichen Mittelmeer, von der Atlantikküste Europas bis zu den Shetland-Inseln, im Kanal, an der Küste Südnorwegens, im Skagerrak und Kattegat; selten in der Nordsee; fehlt in der Ostsee. **Lebensraum** und **Lebensweise:** bevorzugt geringe Meerestiefen und liebt felsigen Boden; hält sich als Jungfisch in Küstennähe auf; lebt meistens einzeln. **Nahrung:** Krebstiere und gelegentlich kleine Fische. **Fortpflanzung:** eierlegend; Laichzeit Juni–August; ⌀ der Eier 0,97–1,23 mm; Entwicklungsdauer 10–12 Tage. Lebensdauer unbekannt. **Wirtschaftliche Bedeutung:** gering.

Gattung: Schellfische *(Melanográmmus);* Bartfaden kurz, Oberkiefer steht vor, 1. Rückenflosse zugespitzt:

Schellfisch
Melanográmmus aeglefinus (LINNÉ)

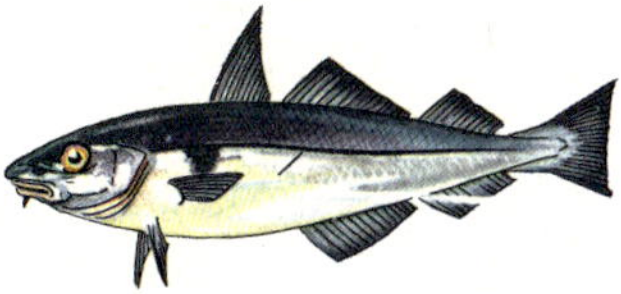

Oberseite graubraun bis graugrün, violett schimmernd, Flanken hellgrau, Seitenlinie schwarz, Unterseite weiß; über der Brustflosse ein schwarzer Fleck. Gewicht bis 12 kg; Körperlänge **50 bis 80,** selten **100 cm.**

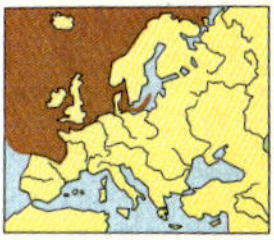

Verbreitung: in der Nordsee, im Skagerrak und Kattegat, von der Murmanküste, Grönland, Spitzbergen und Island bis zur Biskaya; fehlt in der östlichen Ostsee und kommt in der mittleren und westlichen Ostsee nur sporadisch vor. **Lebensraum** und **Lebensweise:** bevorzugt Meerestiefen von 40–100 m; liebt sandigen und schlickigen Boden; lebt gesellig in größeren Schwärmen. **Nahrung:** kleine Fische, Würmer und Mollusken. **Fortpflanzung:** eierlegend; Laichzeit Februar bis Juni; Eizahl 100 000 bis 1 Mill.; ⌀ 1,2–1,7 mm; Entwicklungsdauer 10–20 Tage; Larven 4 mm lang; geschlechtsreif etwa mit 3–4 Jahren und einer Körperlänge von 30–40 cm. Lebensdauer bis zu 20 Jahren. **Wirtschaftliche Bedeutung:** wichtiger und wertvoller Speisefisch.

Gattung: Seelachse *(Polláchius);* Bartfaden kurz oder fehlend, Unterkiefer vorragend:

Pollack
Polláchius polláchius (LINNÉ)

1. Afterflosse so lang wie die beiden ersten Rückenflossen zusammen; Seitenlinie zwischen 1. und 2. Rückenflosse gebogen. Oberseite bräunlich gelb, mit goldgelben Längs- und Querlinien, Flanken heller, Unterseite weiß; bis **1 m** lang.

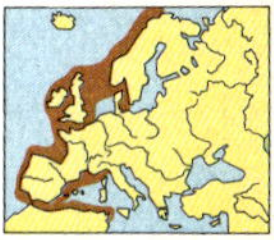

Verbreitung: im westlichen Mittelmeer und von der Atlantikküste Europas bis zum Nordkap, im Kanal, in der nördlichen Nordsee, im Skagerrak und Kattegat. **Lebensraum:** bevorzugt Meerestiefen bis 200 m; liebt felsigen Boden. **Nahrung:** Fische und Garnelen. **Fortpflanzung:** eierlegend; Laichzeit März–Juni. **Wirtschaftliche Bedeutung:** Speisefisch.

Köhler oder Seelachs
Polláchius virens (LINNÉ)

1. Afterflosse kürzer als die beiden ersten Rückenflossen zusammen, Seitenlinie gerade, hell. Körperoberseite dunkelgrün bis dunkelgrau, Flanken und Unterseite grau bis weiß; Körperlänge bis **125 cm.**

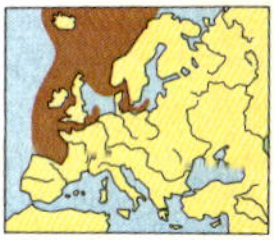

Verbreitung: Europäisches Nordmeer bis zur Biskaya, in der nördlichen Nordsee, im Skagerrak und Kattegat; seltener in der südlichen Nordsee, sporadisch in der westlichen Ostsee. **Lebensraum** und **Lebensweise:** lebt in größeren Tiefen und bevorzugt steinigen Meeresboden; ist in großen Schwärmen anzutreffen; ist erwachsen sehr gefräßig und räuberisch. **Nahrung:** Fische (besonders Heringe und Sprotten), Würmer und Bodentiere. **Fortpflanzung:** eierlegend; Laichzeit Januar–April; Eizahl unbekannt; ⌀ 1,03 bis 1,22 mm; Laich wird in Tiefen von 150–200 m abgegeben; Entwicklungsdauer 6–9 Tage; Larven 3,6 mm lang; geschlechtsreif mit 5–10 Jahren. Lebensdauer bis zu 18 Jahren. **Wirtschaftliche Bedeutung:** wichtiger Speisefisch.

Gattung: Wittlinge *(Merlángius);* ohne Bartfaden, Kiefer nicht ungleich lang:

Wittling
Merlángius merlángus (LINNÉ)

Oberseite graugrün bis olivbraun, mit Messingglanz, Flanken hellbraun bis silbrig weiß, Unterseite weiß; ein dunkler Fleck vor der Basis der Brustflosse; Seitenlinie unter der 2. Rückenflosse gebogen; **40,** selten bis **50 cm** lang.

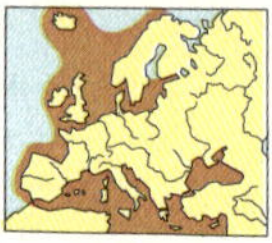

Verbreitung: im Schwarzen Meer, Mittelmeer und von der Atlantikküste Europas bis Island und zum Nordkap; auch in der Nordsee, im Skagerrak und Kattegat; in der Ostsee nicht im Bottnischen Meerbusen und südlich von Finnland. **Lebensraum** und **Lebensweise:** bevorzugt Meerestiefen bis 200 m in Küstennähe; liebt sandigen Boden; ist auch in Flußmündungen anzutreffen; lebt einzeln und nur zur Laichzeit gesellig in kleinen Schwärmen; Jungfische halten sich zwischen Nesselquallen auf, von deren Ovarien sie wahrscheinlich leben. **Nahrung:** Garnelen, Laich und kleine Fische. **Fortpflanzung:** eierlegend; Laichzeit Dezember–Juli; Hauptzeit März–Mai; ⌀ der Eier 0,97–1,32 mm; Entwicklungsdauer 12–15 Tage; geschlechtsreif mit 2 Jahren. Lebensdauer bis zu 7 Jahren. **Wirtschaftliche Bedeutung:** wichtiger und schmackhafter Speisefisch.

Gattung: Blaue Wittlinge *(Micromesístius);* ohne Bartfaden; 1. und 2. Rückenflosse klein, weit von der 3. getrennt:

Blauer Wittling
Micromesístius poutásso (RISSO)

Seitenlinie gerade; Schwanz tief ausgeschnitten; Oberseite blaugrau, Flanken und Unterseite silbrig; Körperlänge bis **50 cm.**

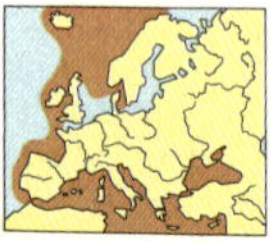

Verbreitung: im Schwarzen Meer, Mittelmeer, von der Atlantikküste Europas bis Island und zum Nordkap; selten in der Nordsee, im Skagerrak und Kattegat. **Lebensraum** und **Lebensweise:** bevorzugt Tiefen von 80–300 m und die offene See; lebt in kleinen Schwärmen. **Nahrung:** kleine Fische und Krebstiere. **Fortpflanzung:** eierlegend; Laichzeit im Frühjahr. Lebensdauer bis zu 4 Jahren. **Wirtschaftliche Bedeutung:** Speisefisch.

Gattung: Fünfbärtelige Seequappen *(Ciliáta);* 1. Rückenflosse (wie bei den beiden folgenden Gattungen!) besteht aus einzelnen, in einer Vertiefung verborgenen Strahlen; 5 Barteln:

Fünfbärtelige Seequappe
Ciliáta mustéla (LINNÉ)

1 Bartel am Unter-, 4 Barteln am Oberkiefer. Oberseite dunkelbraun, Flanken graubraun bis gelblich, Unterseite silbrig weiß; bis **30 cm** lang.

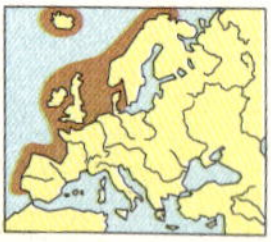

Verbreitung: von der Küste Portugals bis Nordnorwegen, bei Island, in der Nordsee, im Skagerrak und Kattegat; fehlt in der Ostsee. **Lebensraum** und **Lebensweise:** bevorzugt flaches Wasser in Küstennähe; liebt sandigen und felsigen Boden; hält sich am Boden zwischen Tang und Algen auf. **Nahrung:** kleine Fische und Krustentiere. **Fortpflanzung:** eierlegend; Laichzeit Januar bis Juni; laicht in sehr flachem Wasser; Entwicklungsdauer 5–6 Tage. Lebensdauer unbekannt. **Wirtschaftliche Bedeutung:** keine.

Gattung: Vierbärtelige Seequappen *(Enchelýopus);* 1. Rückenflosse wie bei voriger Gattung; nur 3 Barteln am Oberkiefer:

Vierbärtelige Seequappe
Enchelýopus címbrius (LINNÉ)

Vier Barteln, davon 1 am Unterkiefer. Oberseite dunkelbraun bis graugelb, Flanken gelbbraun, Unterseite weißgrau; bis **35 cm** lang.

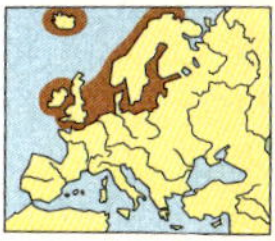

Verbreitung: vom Ärmelkanal und der Küste Großbritanniens bis Nordnorwegen, bei Island und in der südlichen Ostsee; in der nördlichen Ostsee selten. **Lebensraum** und **Lebensweise:** bevorzugt Meerestiefen von 20–250 m; liebt sandigen Boden; lebt einzeln. **Nahrung:** kleine Krebstiere und Würmer. **Fortpflanzung:** eierlegend; Laichzeit Februar–August; ⌀ der Eier 0,6–0,8 mm. **Wirtschaftliche Bedeutung:** keine.

Gattung: Dreibärtelige Seequappen *(Gaidrópsarus);* Rückenflosse wie bei beiden vorherigen Gattungen; am Oberkiefer nur 2 Barteln:

Dreibärtelige Seequappe
Gaidrópsarus vulgáris (YARR)

Oberseite rotbraun bis gelbgrau, Flanken und Unterseite heller; Oberseite und Flanken dunkel gefleckt; Körperlänge bis **50 cm.**

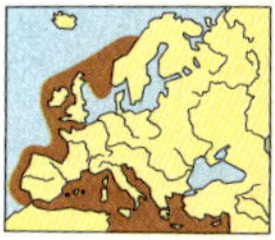

Verbreitung: im Mittelmeer und von der Atlantikküste Europas bis Mittelnorwegen; in der Nordsee selten; fehlt bei Island und in der Ostsee. **Lebensraum:** bevorzugt Meerestiefen bis 250 m; ist aber oft im flachen Wasser anzutreffen. **Nahrung:** Krebstiere und kleine Fische. **Fortpflanzung:** eierlegend; Laichzeit im Sommer. **Wirtschaftliche Bedeutung:** gering.

Gattung: Froschdorsche *(Rániceps);* 1. Rückenflosse bis auf 3 niederliegende, verborgene Strahlen reduziert; am Vorderrand der Bauchflossen freie Flossenstrahlen:

Froschdorsch oder Froschquappe
Rániceps ráninus (LINNÉ)

Körper keilförmig, Kopf breit, mit kurzem Bartfaden am Unterkiefer. Oberseite, Flanken und Unterseite tiefschwarz, mit dicker, bläulich schimmernder Schleimschicht; **20–30 cm** lang.

Verbreitung: Küsten Englands, Irlands, Südnorwegens, im Ärmelkanal, in der südlichen Nordsee, im Skagerrak, Kattegat und in der westlichen Ostsee. **Lebensraum** und **Lebensweise:** bevorzugt Tiefen bis 100 m und liebt steinigen, mit Tang bewachsenen Boden; hält sich am Meeresboden auf und bewegt sich langsam. **Nahrung:** Stachelhäuter, Würmer und Fische. **Fortpflanzung:** eierlegend; Laichzeit Mai–September in Küstennähe; Eizahl unbekannt; ⌀ 0,75–0,90 mm; Entwicklungsdauer und Geschlechtsreife unbekannt, ebenfalls Lebensdauer. **Wirtschaftliche Bedeutung:** keine.

Gattung: Hechtdorsche *(Merlúccius);* 1. Rückenflosse normal; kein Bartfaden; schlank, Maul groß:

Seehecht
Merlúccius merlúccius (LINNÉ)

Unterkiefer länger als der Oberkiefer, 2. Rückenflosse und Afterflosse sehr lang, hinten höher als vorn. Oberseite dunkelgrau oder graubraun, Flanken grau, Unterseite silbrig weiß. Gewicht über 10 kg; Körperlänge bis **1,25 m.**

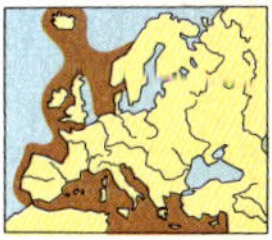

Verbreitung: im Mittelmeer und von der Atlantikküste Europas bis Island und Mittelnorwegen; hauptsächlich an der Westküste Großbritanniens und Frankreichs; auch in der Nordsee und im Skagerrak; selten in der westlichen Ostsee. **Lebensraum** und **Lebensweise:** bevorzugt Meerestiefen von 100–300 m; hält sich am Tag in Bodennähe auf und jagt nachts nahe der Oberfläche. **Nahrung:** Schwarmfische. **Fortpflanzung:** eierlegend; Laichzeit Juli–September; laicht in großer Tiefe; ⌀ der Eier 0,94–1,03 mm. Lebensdauer bis zu 12 Jahren. **Wirtschaftliche Bedeutung:** wichtiger Speisefisch.

Gattung: Lengfische *(Mólva);* sehr langgestreckte Gestalt, Afterflosse und 2. Rückenflosse sehr lang, letztere länger als die Afterflosse. Nur 1 Bartfaden am Unterkiefer. 2 Arten:

Lengfisch
Mólva mólva (LINNÉ)

Oberkiefer vorragend, Bartfaden lang. Vordere Rückenflosse rundlich, so hoch wie 2. Rückenflosse. Oberseite und Flanken grau bis braun, Seitenlinie hell, Unterseite weiß. Gewicht bis 30 kg; Körperlänge bis **1,8 m.**

Verbreitung: Nordkap bis in den Golf von Biskaya; hauptsächlich in der nördlichen Nordsee und im Skagerrak; seltener in der westlichen Ostsee. **Lebensraum und Lebensweise:** bevorzugt Meerestiefen von 200–600 m; hält sich im Frühjahr in Küstennähe und flacherem Wasser auf; ist sehr gefräßig. **Nahrung:** Grundfische, Stachelhäuter und Krustentiere. **Fortpflanzung:** eierlegend; Laichzeit März–Juni; Eizahl sehr groß, von 5–60 Mill.; Ø 1,0–1,1 mm; Entwicklungsdauer etwa 10 Tage; Larven etwa 3,2 mm lang. **Wirtschaftliche Bedeutung:** wichtiger Speisefisch.

Blauleng
Mólva dipterýgia (PENN.)
(= *M. byrkelánge* [WALBAUM])

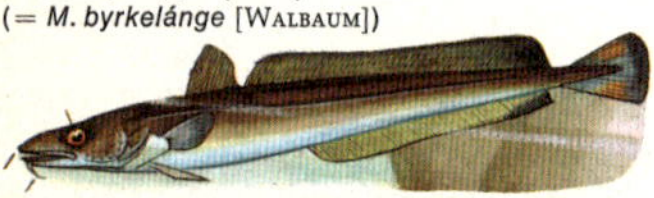

Bartfaden kurz; die kurze 1. Rückenflosse höher als die lange 2. Rückenflosse. Augen sehr groß. Oberseite und Flanken grau bis braun, Unterseite weiß; bis **1,50 m** lang.

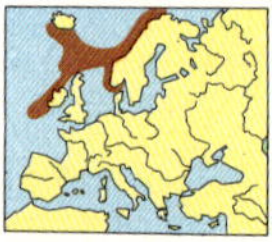

Verbreitung: Südnorwegen bis zum Nordkap, Südküste Islands, im Westen der Färöer-Inseln und Irlands. **Lebensraum:** bevorzugt Meerestiefen von 200–1500 m. **Fortpflanzung:** eierlegend; Laichzeit April–Mai. Entwicklungs- und Lebensdauer unbekannt. **Wirtschaftliche Bedeutung:** geschätzter Speisefisch.

Gattung: Quappen *(Lóta);* sehr langgestreckt, 1 Bartfaden am Unterkiefer und 2 kleine Barteln vor den Nasenöffnungen; Afterflosse etwa so lang wie die lange 2. Rückenflosse. 1 Art im Süßwasser:

Quappe
Lóta lóta (LINNÉ)

Kopf flach; Schuppen sehr klein; Oberseite dunkelgrün bis graugelb, dunkel marmoriert (auch die Flossen), Flanken heller, Unterseite grauweiß. Bis 4 kg schwer; bis **75 cm** lang.

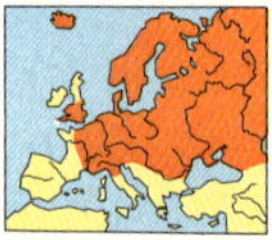

Verbreitung: Nord-, Mitteleuropa bis Norditalien und Ostfrankreich; in ganz UdSSR und Ostasien. **Lebensraum und Lebensweise:** bevorzugt fließende, klare Gewässer mit steinigem Grund; seltener in Seen; ist in der Nacht tätig und verbirgt sich am Tag unter Steinen; ist sehr gefräßig und zählebig. **Nahrung:** Fische, Würmer, Bodentiere. **Fortpflanzung:** eierlegend; Laichzeit November–Februar; Eizahl bis 1 Mill., Ø 0,8 bis 1,5 mm; Entwicklungsdauer 14 Tage; geschlechtsreif mit 3 (♂) und 4 (♀) Jahren bei einer Körperlänge von 20–30 cm. Lebensdauer bis zu 12 Jahren. **Wirtschaftliche Bedeutung:** wichtiger und geschätzter Speisefisch.

Gattung: Lumbs *(Brósme);* nur 1 sehr lange Rückenflosse, 1 lange Afterflosse:

Lumb
Brósme brósme (MÜLLER)

1 Bartfaden am Unterkiefer; den Lengfischen ähnlich, aber etwas plumper. Oberseite und Flanken schmutzig gelb bis bräunlich grau, Unterseite gelblich weiß. Rücken-, Schwanz- und Bauchflossen mit schwarzem, ganz außen mit weißem Saum; Körperlänge bis über **1 m.**

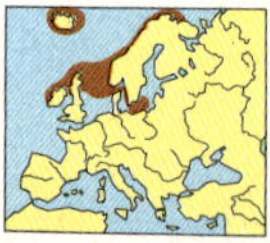

Verbreitung: in der nördlichen Nordsee, an den Küsten Norwegens, Westirlands, Schottlands, Islands und vereinzelt im Skagerrak. **Lebensraum und Lebensweise:** bevorzugt Meerestiefen von 50–1000 m; liebt als Grundfisch felsigen Boden; lebt gesellig in größeren Schwärmen. **Nahrung:** Fische und Krebse. **Fortpflanzung:** eierlegend; Laichzeit April–Juni; Eizahl etwa 2 Millionen; Ø 1,25–1,50 mm; Entwicklungsdauer etwa 10 Tage; geschlechtsreif mit 8–10 Jahren und einer Körperlänge von 40–50 cm. Lebensdauer über 10 Jahre. **Wirtschaftliche Bedeutung:** wertvoller Speisefisch; aus der Leber wird Tran gewonnen.

II. Unterordnung: Aalmuttern *(Zoarcoídei);* Rücken-, Schwanz- und Afterflossen bilden einen einheitlichen Saum:

1. Familie: Aalmuttern *(Zoárcidae):*

Gattung: Aalmuttern *(Zoárces);* Bauchflossen bis auf jederseits 3 Strahlen zurückgebildet. Am Ende der Rückenflosse ein paar verkürzte Stachelstrahlen. 1 Art:

Aalmutter
Zoárces vivíparus (LINNÉ)

Kopf groß, plump, Maul groß, Lippen dick. Oberseite und Flanken gelbbraun, mit 10–20 Schrägbinden über Rückenflosse und Rücken, Unterseite weißlich; Haut schleimig; Gräten grün. Bis **45 cm** lang.

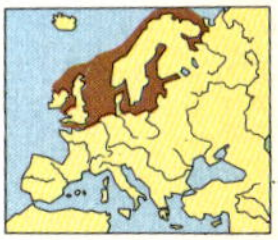

Verbreitung: von der Südküste Norwegens bis zum Weißen Meer, in der Ost- und Nordsee, im Kanal und bei den Shetlandinseln; fehlt an der Küste Frankreichs und Westirlands. **Lebensraum und Lebensweise:** bevorzugt Meerestiefen bis 10 m; liebt steinigen, mit Seegras bewachsenen Boden; verbirgt sich in der Bodenvegetation und ist sehr standorttreu. **Nahrung:** Würmer, Weichtiere, Flohkrebse und kleine Fische. **Fortpflanzung:** lebendgebärend; Paarungszeit August–September; Wurfzeit Dezember–Februar; Anzahl der Jungen 20–400; geschlechtsreif mit 2 Jahren. Lebensdauer bis zu 9 Jahren. **Wirtschaftliche Bedeutung:** gering; wird als Köder benutzt.

VIII. Ordnung: Armflosser *(Lophiifórmes);* Brustflossen armartig verlängert, Kriechorgane; Bauchflossen kehlständig; 1. Flossenstrahl der Rückenflossen steht einzeln, beweglich.

1. Familie: Anglerfische, Seeteufel *(Lophiidae);* 1 Gattung:

Gattung: Seeteufel *(Lóphius);* plump, schuppenlos; sehr großer Kopf mit gewaltigem Maul und vorstehendem Unterkiefer. 1 Art:

Seeteufel
Lóphius piscatórius (LINNÉ)

1. Strahl der Rückenflosse am Ende mit fleischigem Hautlappen; Augen auf der Kopfoberseite. Körperoberseite grau bis graubraun, dunkel marmoriert, Unterseite weiß. Bis 40 kg schwer; bis **1,80 m** lang.

Verbreitung: im Mittelmeer, an der Atlantikküste Europas bis nach Island und Narvik, in der Nordsee, im Ärmelkanal und gelegentlich auch in der westlichen Ostsee. **Lebensraum und Lebensweise:** hält sich in Tiefen bis zu 600 m auf dem Meeresboden auf und liebt weichen Bodengrund; vergräbt sich teilweise im Schlamm und lockt die Beute mit dem beweglichen vordersten Flossenstrahl an; ist sehr gefräßig und räuberisch. **Nahrung:** Fische bis zur eigenen Körpergröße, aber auch Tauchervögel. **Fortpflanzung:** eierlegend; Laichzeit Februar–August; laicht in größeren Tiefen; Eizahl über 1 Mill.; ⌀ 2,1–2,4 mm; Eier sind in 2–3 m langes Schleimband eingebettet; Larven mit großem Dottersack; sie leben pelagisch bis zu einer Körperlänge von 6–8 cm. Lebensdauer unbekannt. **Wirtschaftliche Bedeutung:** Speisefisch; wird ohne Kopf und Haut als „Forellenstör" verkauft; aus der Bauchspeicheldrüse gewann man früher das Insulin.

IX. Ordnung: Petersfische und **Eberfische** *(Zeifórmes);* scheibenartig flacher Körper, stark vorstreckbares Maul, lange Stachelstrahlen am Vorderrand von Rücken- und Afterflossen. 2 Familien:

1. Familie: Petersfische *(Zéidae);* 1 Gattung:

Gattung: Petersfische *(Zéus);* Bauchflosse kehlständig; 1 Art:

Petersfisch oder **Heringskönig**
Zéus fáber LINNÉ

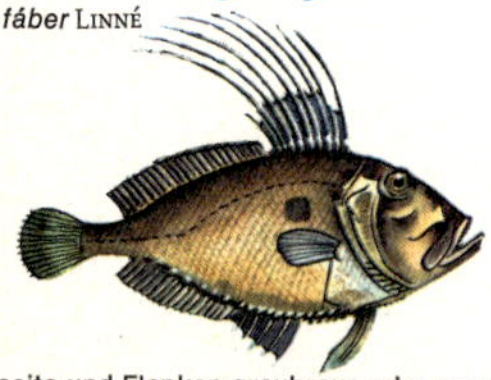

Oberseite und Flanken graubraun oder graugelb, oft mit breiten gelben Längsstreifen; ein großer schwarzer, gelb umrandeter Fleck auf den Seiten. Seitenlinie stark gebogen Gewicht bis 9 kg; Körperlänge bis **70 cm.**

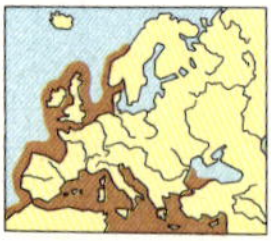

Verbreitung: im Mittelmeer, an der Atlantikküste bis an die Küsten Irlands, Englands und Schottlands; südliche Nordsee; seltener an der Westküste Norwegens. **Lebensraum** und **Lebensweise:** bevorzugt mäßige Tiefen mit sandigem und schlammigem Boden; bewegt sich langsam; lebt gesellig in kleinen Schwärmen. **Nahrung:** kleine Fische. **Fortpflanzung:** eierlegend; Laichzeit wahrscheinlich Juni–August; Eizahl und Entwicklungsdauer unbekannt; geschlechtsreif bei einer Körperlänge von 25 (♂) und 34 (♀) cm. Lebensdauer unbekannt. **Wirtschaftliche Bedeutung:** begehrter Speisefisch.

X. Ordnung: Stichlingsfische *(Gasterosteifórmes);* schuppenlos, meist mit Panzer aus Knochenplatten; nur eine geringe Zahl von Kiemenbögen.

I. Unterordnung: Stichlingsartige *(Gasterosteoídei);* 1 Familie:

1. Familie: Stichlinge *(Gasterostéidae);* isoliert stehende Stacheln vor der Rückenflosse, Bauchflossen in Stacheln umgewandelt. 3 Gattungen:

Gattung: Dreistachelige Stichlinge *(Gasterósteus);* 2–5 (meist 3) aufrichtbare Stacheln vor der Rückenflosse. 1 Art:

Dreistachliger Stichling
Gasterósteus aculeátus LINNÉ

Körperfarbe und Ausmaß der seitlichen Panzerung mit Knochenschildern nicht konstant. Färbung vom Standort, dem Geschlecht und der Jahreszeit abhängig; ♂ in der Laichzeit mit blaugrüner Körperoberseite, roter Kehle und Brust; Körperlänge **8–10 cm.**

Verbreitung: als marine Form an fast allen Küsten Europas; als Süßwasserform in Seen, Teichen und Flüssen mit schwacher Strömung. **Lebensraum** und **Lebensweise:** bevorzugt die mit Pflanzen bewachsene Uferregion; kann nicht ausdauernd schwimmen, ist aber sehr angriffslustig; lebt außerhalb der Laichzeit gesellig in großen Schwärmen. **Nahrung:** kleine Krebse, Würmer und Fischlaich. **Fortpflanzung:** eierlegend; Laichzeit im See- und Süßwasser März bis Juli; ♂ baut Nest aus Pflanzenteilen am Boden und treibt mehrere ♀♀ zur Eiablage hinein; Eizahl 300–1000; ⌀ 1,5–1,7 mm; ♂ übernimmt die Brutpflege; Entwicklungsdauer 6–10 Tage; geschlechtsreif nach 1 (Süßwasserform) und 2 (Salzwasserform) Jahren. Lebensdauer 2–3 Jahre. **Wirtschaftliche Bedeutung:** keine; wird vereinzelt als Düngemittel verwendet.

Gattung: Neunstachelige Stichlinge *(Pungítius);* 9–11 aufstellbare Stacheln vor der Rückenflosse; kein Knochenpanzer, Haut nackt. 1 Art:

Neunstacheliger Stichling oder **Zwergstichling**
Pungítius pungítius (LINNÉ)

Oberseite dunkelbraun bis grünlichbraun, Flanken heller, dunkel quergebändert, Unterseite silbrig glänzend. ♂ in der Laichzeit am ganzen Körper samtschwarz. **5–7 cm** lang.

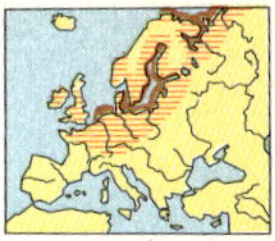

Verbreitung: Ostsee, Weißes Meer und Barentssee mit den angrenzenden Landgebieten, Nordsee nur im Süden, aber in allen angrenzenden Landgebieten, oft tief ins Binnenland; Nordfrankreich, Irland. **Lebensraum** und **Lebensweise:** bevorzugt das Süßwasser und ist in Flüssen, Seen, Gräben und Tümpeln zu finden; im Salzwasser seltener; lebt gesellig in Schwärmen. **Nahrung:** Mückenlarven, Fischlaich, Plankton. **Fortpflanzung:** eierlegend; Laichzeit April bis August; ♂ baut Hängenest über dem Boden in Pflanzen und sorgt auch für die Brutpflege; Eizahl 80; Ø 1 mm; Entwicklungsdauer 9–13 Tage; geschlechtsreif nach einem Jahr und einer Körperlänge von 3–4 cm. Lebensdauer wahrscheinlich 2–3 Jahre: **Wirtschaftliche Bedeutung:** keine.

Gattung: Seestichlinge *(Spinàchia);* 14–17 aufstellbare Stacheln vor der Rückenflosse. Schwanzstiel extrem lang, Rücken- und Afterflosse stehen einander gegenüber etwa in der Mitte des sehr schlanken Körpers. 1 Art:

Seestichling
Spinàchia spinàchia (LINNÉ)

Seiten mit gekielten Schildern, Körper mit Längskanten. Oberseite dunkel- bis hellbraun oder dunkel- bis hellgrün (sehr variierend), Flanken heller, Unterseite rahmfarben; bis **17 cm** lang.

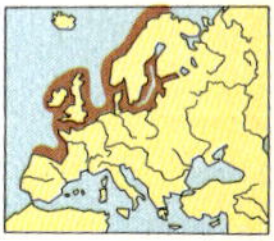

Verbreitung: an den Küsten Europas vom Nordkap bis zur Biskaya; in der Ostsee bis auf den Norden; in der Nordsee seltener. **Lebensraum** und **Lebensweise:** bevorzugt mit Algen bewachsene Küstengewässer bis 10 m Tiefe; lebt meistens einzeln oder paarweise; ♂ baut zur Eiablage Nest aus Algen. **Nahrung:** kleine Fische und Krebstiere. **Fortpflanzung:** eierlegend; Laichzeit April–Juni; Eizahl 150–200; Ø 2 mm; ♀ stirbt nach der Eiablage; Entwicklungsdauer 4–5 Wochen; geschlechtsreif nach 1 Jahr. Lebensdauer wahrscheinlich fast 2 Jahre. **Wirtschaftliche Bedeutung:** keine.

II. Unterordnung: Seenadeln und **Verwandte** *(Syngnathoidei);* Mund am Ende einer langen, starren Röhre; Kiemenöffnung eng, lochartig. 1 Familie:

1. Familie: Seepferdchen und **Seenadeln** *(Syngnàthidae);* Körper mit Längsreihen von Knochenschildern, die sich zu Ringen verbinden. Bauchflosse fehlt, Afterflosse klein oder fehlend. Außer Seepferdchen *(Hippocàmpus)* schlangenförmig:

Gattung: Seepferdchen *(Hippocàmpus);* Kopf dick, in etwa rechtem Winkel zum plumpen Rumpf stehend, dünner Greifschwanz ohne Flosse. 2 Arten:

Langschnäuziges Seepferdchen
Hippocàmpus guttulàtus (CUVIER)

Schnauze lang und röhrenartig, Rumpfschilder mit langen Fortsätzen; ♂ auf der Bauchseite mit Bruttasche. Dunkel- bis hellbraun, auch andersfarbig; besonders zur Fortpflanzungszeit mit kleinen weißen Tüpfeln; Körperlänge **12 cm.**

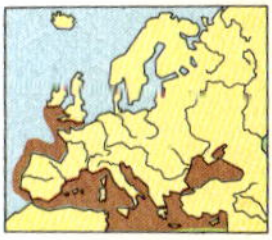

Verbreitung: im Schwarzen Meer, Mittelmeer und an der Atlantikküste Europas bis zum Kanal und Irland; selten in der Nordsee. **Lebensraum** und **Lebensweise:** bevorzugt Meeresboden mit Algen und Seegras; schwimmt langsam, meistens mit dem Kopf nach oben; klammert sich mit dem Schwanz an Pflanzen fest. **Nahrung:** Kleinkrebse. **Fortpflanzung:** eierlegend; Laichzeit Mai–Juli; Eizahl bis 500; Ø etwa 1 mm und birnenförmig; ♀ legt die Eier in die Bruttasche des ♂, wo sie sich bis zum fertigen Fisch entwickeln; Entwicklungsdauer 4–5 Wochen; Geschlechtsreife und Lebensdauer nicht genau bekannt. **Wirtschaftliche Bedeutung:** keine.

Gattung: Große Schlangennadeln *(Entelúrus)*; ohne Brustflossen, Rückenflosse vorwiegend rumpfständig, Schwanzflosse winzig. Keine Bruttasche beim ♂:

Große Schlangennadel
Entelúrus aequóreus (LINNÉ)

Körper drehrund (♂) oder seitlich abgeplattet (♀), olivbraun bis gelbbraun, mit silbrigen, dunkel gesäumten Querbinden. Schnauze lang und röhrenförmig. ♂ bis **40 cm,** ♀ bis **60 cm** lang.

Verbreitung: von Küste Mittelnorwegens und den Küsten Irlands bis zur Küste Portugals; auch im Skagerrak und der südlichen und östlichen Ostsee; selten an der Südküste Islands; fehlt im Mittelmeer. **Lebensraum** und **Lebensweise:** bevorzugt die Küstennähe mit Algen und Tang; schwimmt schlecht, klammert sich mit dem Schwanzende an der Bodenvegetation fest und verharrt aufrecht. **Nahrung:** Kleinkrebse. **Fortpflanzung:** eierlegend; Laichzeit Juni–Juli; Eizahl 400–1000; ⌀ 1,2 mm; ♀ klebt die Eier an die Bauchseite des ♂, wo sie sich entwickeln; Entwicklungsdauer etwa 4 Wochen; Geschlechtsreife und Lebensdauer unbekannt. **Wirtschaftliche Bedeutung:** keine.

Gattung: Kleine Schlangennadeln *(Neróphis)*; lediglich die Rückenflosse ist vorhanden, sie ist überwiegend schwanzständig. ♂ ohne Bruttasche:

Kleine Schlangennadel
Neróphis ophídion (LINNÉ)

Körper drehrund (♂) oder seitlich abgeplattet (♀); Körper einheitlich gelbgrün mit hellen Flekken, in der Laichzeit ♀ mit blauer Seitenzeichnung; ♂ bis **20 cm,** ♀ bis **30 cm** lang.

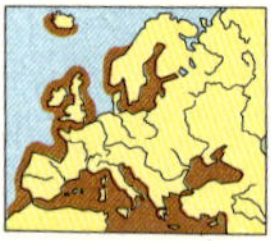

Verbreitung: im Schwarzen Meer, Mittelmeer, an der europäischen Atlantikküste, in der Ostsee, an der Westküste Mittel- und Südnorwegens, an den Küsten Irlands, Englands, Südislands; fehlt in der Nordsee. **Lebensraum** und **Lebensweise:** bevorzugt die Algen- und Seegrasregion in Küstennähe; hält sich in einer Tiefe von 2 bis 15 m auf; klammert sich mit dem Schwanz an der Bodenvegetation fest und verharrt aufrecht. **Nahrung:** Kleinkrebse. **Fortpflanzung:** eierlegend; Laichzeit Mai–August; Eizahl 200–300; ⌀ 1 mm; ♀ klebt etwa 50–200 Eier an die Bauchseite des ♂, wo sie sich entwickeln; Geschlechtsreife und Lebensdauer unbekannt. **Wirtschaftliche Bedeutung:** keine.

Gattung: Seenadeln *(Syngnáthus)*; Rücken-, Bauch- und Afterflossen vorhanden. Mehrere Arten, ihre Mundröhre im Querschnitt rund, Körper kantig:

Große Seenadel
Syngnáthus ácus (LINNÉ)

a

b

(a) 19–21 Knochringe am Rumpf. Schnauze dünn und abgerundet. Körperfarbe braun bis rotbraun; bis **46 cm** lang.

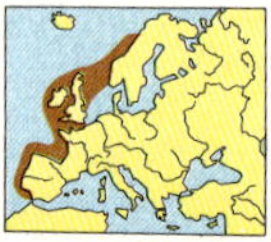

Verbreitung: von der Atlantikküste Portugals bis Mittelnorwegen, an den Küsten Großbritanniens und seltener in der südlichen Nordsee; fehlt in der Ostsee. **Lebensraum** und **Lebensweise:** bevorzugt flache, mit Algen und Seegras bewachsene Küstengewässer; liebt sandigen Boden; schwimmt auch in Flußmündungen. **Nahrung:** Kleinkrebse und Fischlarven. **Fortpflanzung:** eierlegend; Laichzeit Juni–August; Eizahl 200 bis 400; ⌀ 2,4 mm; ♀ legt die Eier in die Bruttasche des ♂; Entwicklungsdauer 5 Wochen. **Wirtschaftliche Bedeutung:** keine. – Die ähnliche Kleine Seenadel (b) *(Syngnáthus rostellátus)* (NILSSON), 13–15 Knochenringe am Rumpf, Schnauze ½ der Kopflänge, Körper bis 17 cm lang, kommt vereinzelt auch in der westl. Ostsee vor; sonst ähnlich S. acus.

Gattung: Schmalschnauzige Seenadeln *(Siphonóstoma)*; Flossen wie bei voriger Gattung; Schnauze seitlich stark zusammengedrückt; ♂ mit einer Bruttasche. Körper mit Längskanten. 1 Art:

Schmalschnauzige Seenadel oder **Grasnadel**
Siphonóstoma týphle (LINNÉ)
(= *Syngnáthus týphle* [LINNÉ])

Schnauze fast doppelt so lang wie Kopf, stark flachgedrückt; Oberseite gelblichgrün bis dunkelbraun, sehr variabel, Unterseite silbrig weiß bis messinggelb; Körperlänge bis **30 cm.**

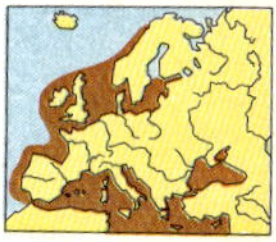

Verbreitung: im Schwarzen Meer, Mittelmeer, an der Atlantikküste Europas bis Norwegen und in der Ostsee bis Südfinnland. **Lebensraum** und **Lebensweise:** bevorzugt flache, mit Seegras bewachsene Küstengewässer; schwimmt zwischen dieser Vegetation mit dem Kopf nach oben herum. **Nahrung:** Kleinkrebse und kleine Fische. **Fortpflanzung:** eierlegend; ♀ legt 50–100 Eier in die Bruttasche des ♂, wo sie sich in etwa 4 Wochen entwickeln; Eizahl 100–250; ⌀ 2 mm; geschlechtsreif bei einer Länge von 13 cm (♂♂). Lebensdauer bis zu etwa 3 Jahren. **Wirtschaftliche Bedeutung:** keine.

XI. Ordnung: Panzerwangen *(Scorpaenifórmes)*; der Name bezieht sich auf einen Knochensteg, der unter dem Auge beginnt und zum Vorkiemendeckel zieht. Bauchflossen brustständig.

I. Unterordnung: Panzerwangen i. e. S. *(Scorpáenoidei)*; Körper beschuppt:

1. Familie: Drachenköpfe oder **Skorpionsfische** *(Scorpáenidae)*; Brustflossen normal gestaltet:

Gattung: Drachenköpfe oder **Meersauen** *(Scorpáena)*; Kopf sehr groß, mit Anhängen und Stacheln; Rückenflosse mit einem niedrigen mittleren Teil. Mehrere Arten; Flossenstacheln mit Giftdrüsen verbunden:

Große Meersau
Scorpaena scrófa (LINNÉ)

Auge relativ klein, zwischen Auge und Oberkiefer kein Knochenstachel, Hautläppchen am Kinn. Körperfarbe rötlich, braun gefleckt; Körperlänge bis **50 cm.**

Verbreitung: im Mittelmeer und Atlantik. **Lebensraum:** bevorzugt Meerestiefen bis 50 m; liebt felsigen Boden mit Seegras. **Nahrung:** Fische. **Fortpflanzung:** eierlegend; Laichzeit Mai bis August. Geschlechtsreife und Lebensdauer unbekannt. **Wirtschaftliche Bedeutung:** keine.

309.1 Blauer Knurrhahn

Gattung: Rotbarsche *(Sebástes)*; Kopf ohne Anhänge, weniger groß; hinterer Teil der Rückenflosse höher

Rotbarsch
Sebástes marinus (LINNÉ)

Körperoberseite und Flanken leuchtend zinnoberrot, Unterseite rötlichweiß, Kiemendeckel dunkel gefleckt; Körperlänge bis **1 m.**

Verbreitung: im Weißen Meer, an der Küste Norwegens, Islands, an der Ostküste Schottlands und im Skagerrak; selten in der Nordsee. **Lebensraum und Lebensweise:** lebt als Raubfisch in Tiefen bis 400 m; bevorzugt Felsboden. **Nahrung:** Fische, Krebse und Weichtiere. **Fortpflanzung:** lebendgebärend; Wurfzeit Juli–August; Anzahl der Jungen 12 000–30 000; Länge bei der Geburt 4–5 mm; Geschlechtsreife und Lebensdauer unbekannt. **Wirtschaftliche Bedeutung:** wichtiger Speisefisch.

2. Familie: Knurrhähne *(Triglidae)*; erste Strahlen der Brustflossen ohne Flossenhaut, frei beweglich; hintere Strahlen der Brustflossen sehr lang, Flossen flügelähnlich, auffällig gefärbt:

Gattung: Knurrhähne *(Trigla)*; vorspringendes großes Maul; sind zur Erzeugung knurrender Töne befähigt. Mehrere Arten, die von manchen Autoren verschiedenen Gattungen zugerechnet werden, die von *Trigla* abgetrennt wurden:

Roter Knurrhahn
Trígla córax (BONAPARTE)

Brustflossen länger als Bauchflossen, bis zum Ansatz der Afterflosse reichend. Oberseite und obere Flanken rotbraun oder graurot, Unterseite weiß; bis **75 cm** lang.

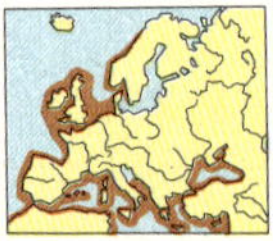

Verbreitung: Schwarzes- und Mittelmeer, Atlantikküsten Europas, Küste Norwegens von Lofoten südwärts bis Skagerrak und Kattegat; in der Nordsee nur in der warmen Jahreszeit. **Lebensraum und Lebensweise:** bevorzugt sandigen Grund in Küstennähe; kann gut schwimmen, bewegt sich aber auch oft mit Hilfe der Flossenstrahlen schreitend auf dem Meeresboden. **Nahrung:** Taschenkrebse, Garnelen, Fische und Weichtiere. **Fortpflanzung:** eierlegend; Laichzeit Juni–Oktober; Eizahl 200 000–300 000; ⌀ 1,1 bis 1,6 mm; Entwicklungsdauer etwa 5 Tage; Geschlechtsreife und Lebensdauer unbekannt. **Wirtschaftliche Bedeutung:** Speisefisch.

Grauer Knurrhahn
Trigla gurnárdus (LINNÉ)
(= *Eútrigla gurnárdus* [LINNÉ])

Brust- und Bauchflossen etwa gleich lang; Schuppen der Seitenlinie gekielt, aber nicht stark vergrößert. Oberseite und Flanken schiefergrau, hell punktiert, Unterseite weiß; bis **50 cm** lang.

Verbreitung: vom Schwarzen Meer, Mittelmeer und der Atlantikküste Europas bis Island und zur Murmanküste; auch im Skagerrak und Kattegat; in der südlichen Nordsee nur im Sommer; selten in der westlichen Ostsee. **Lebensraum und Lebensweise:** bevorzugt Meerestiefen von 10 bis 150 m mit sandigem und steinigem Boden; hält sich im Sommer in Küstennähe auf; unternimmt weite Wanderungen und schwimmt gut. **Nahrung:** kleine Fische, Garnelen und Krabben. **Fortpflanzung:** eierlegend; Laichzeit April–August; Eizahl 200 000–300 000; ⌀ 1,1–1,6 mm; Entwicklungsdauer etwa 5 Tage; geschlechtsreif mit 3 Jahren (♂) bei einer Körperlänge von 18 cm und 4 Jahren (♀) bei einer Körperlänge von 24 cm, Lebensdauer unbekannt. **Wirtschaftliche Bedeutung:** gering; wird gelegentlich als Speisefisch verwendet.

Blauer Knurrhahn

Trígla lastovízza (Brünnich)
(= *Triglopórus lastovizza* [Brünnich])

Kopfprofil stumpfer (etwa 50°) als bei den anderen Arten. Oberseite und Flanken bläulichgrau, Unterseite hell, Rumpf mit schrägen roten Streifen; bis **35 cm** lang.

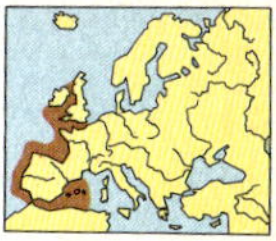

Verbreitung: im westlichen Mittelmeer und an der Atlantikküste Europas bis Irland und Südwestengland. **Lebensraum** und **Lebensweise:** wahrscheinlich wie *T. gurnárdus.* **Fortpflanzung:** eierlegend. Laichzeit Juni–Juli. **Wirtschaftliche Bedeutung:** keine.

Gattung: Seebulle *(Táurulus);* Kopf gehöckert; Kiemenspalte eng; längster Stachel des Kiemendeckels überragt dessen Rand. Eine Reihe Knochenschuppen entlang Seitenlinie. 1 Art:

Seebull

Táurulus búbalis (Euphrasen)

Oberseite braun, dunkel gefleckt, Flanken heller, Unterseite gelblich. ♂ in der Paarungszeit mit kirschrot und gelblich gefleckter Unterseite; Körperlänge bis **18 cm.**

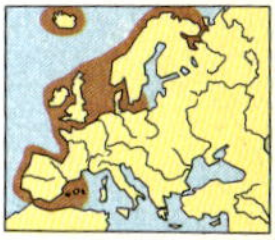

Verbreitung: vom Weißen Meer bis zur Biskaya, bei Island, in der Nordsee und in der westlichen Ostsee, sporadisch im westlichen Mittelmeer. **Lebensraum** und **Lebensweise:** bevorzugt die Küstennähe und liebt steinigen Boden; ist räuberisch; kann knurrende Laute hervorbringen. **Nahrung:** kleine Krebstiere und Laich. **Fortpflanzung:** eierlegend; Laichzeit Januar–April; Ø der Eier 1,45–1,75 mm; das Gelege, in kleinen Klumpen zwischen Steinen und Pflanzen, wird vom ♂ bewacht; Entwicklungsdauer etwa 6 Wochen; geschlechtsreif mit 2 Jahren. Lebensdauer über 3 Jahre. **Wirtschaftliche Bedeutung:** keine.

2. Familie: Panzergroppen *(Agónidae);* mit vielen Bartfäden, Körper gepanzert. In Europa 1 Gattung:

Gattung: Steinpicker *(Ágonus);* in Europa 1 Art:

Steinpicker

Ágonus cataphráctus Linné

Unterkiefer mit vielen Barteln. Schwanzstiel lang. Körperoberseite und Flanken braun bis graubraun, mit 4 dunklen Querbinden, Unterseite weiß; bis **20 cm** lang.

Verbreitung: an den Küsten Großbritanniens, in der Nordsee, an der Küste Norwegens bis zum Weißen Meer, bei Island und in der westlichen Ostsee. **Lebensraum** und **Lebensweise:** bevorzugt Tiefen von 5–200 m und liebt weichen Boden; meidet die Strandnähe und zieht sich im Winter in tieferes Wasser zurück. **Nahrung:** Würmer und Kleinkrebse. **Fortpflanzung:** eierlegend; Laichzeit Dezember–März; Eier werden in Klumpen zwischen Wasserpflanzen abgelegt; Ø 1,8 bis 2,2 mm; Entwicklungsdauer fast 1 Jahr. Lebensdauer unbekannt. **Wirtschaftliche Bedeutung:** keine.

Familie: Scheibenbäuche *(Cyclopteridae);* die Bauchflossen sind zu einem kehlständigen Saugnapf umgewandelt:

1. Unterfamilie: Lumpfische *(Cyclopterinae);* 2 Rückenflossen (vordere sehr klein), Haut mit einzelnen Knochenplatten. In Europa 1 Gattung:

Gattung: Lumpfische, Seehasen *(Cyclópterus);* in Europa 1 Art:

Seehase
Cyclópterus lúmpus LINNÉ

Körper hochrückig, mit 7 Längskanten aus dornigen Platten. Oberseite und Flanken dunkelgrau bis schwarz, Unterseite weißlich. In der Laichzeit ♂ mit roter, ♀ mit grauer Unterseite. Gewicht 1–5 kg; ♂ bis **35 cm,** ♀ bis **50 cm** lang.

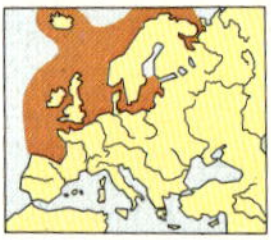

Verbreitung: vom Weißen Meer bis zur Biskaya, in der westlichen und mittleren Ostsee und in der Nordsee nur auf felsigem Boden. **Lebensraum** und **Lebensweise:** bevorzugt Tiefen von 20–200 m und liebt felsigen Boden; lebt im Sommer in der Tangregion, sucht aber im Winter größere Tiefen auf; kann sich mit den Haftscheiben der umgewandelten Bauchflossen an Steinen festsaugen. **Nahrung:** Würmer, Jungfische, Krebstiere und Quallen. **Fortpflanzung:** eierlegend; Laichzeit Januar–April; laicht im flachen Küstenwasser; Eizahl 200 000; ⌀ 2,5 mm; Farbe anfangs gelbrot, später grün; Eier werden in Klumpen zwischen Steinen und Tang abgelegt und vom ♂ bewacht; Entwicklungsdauer 60–70 Tage. Lebensdauer unbekannt. **Wirtschaftliche Bedeutung:** aus dem Rogen wird Kaviar-Ersatz angefertigt; das Fleisch findet weniger Verwendung.

II. Unterordnung: Groppen *(Cottoidei);* Körper unbeschuppt, nackt oder mit Knochenpanzer:

1. Familie: Groppen i. e. S. *(Cóttidae);* ohne Bartfäden; Körperhaut nackt:

Gattung: Groppen oder Koppen *(Cóttus);* Kopf oben glatt, Kiemendeckel ohne Stacheln. 2 Arten des Süßwassers:

Groppe oder Koppe
Cóttus góbio LINNÉ

Seitenlinie reicht bis zur Schwanzflosse, Bauchflossen einfarbig. Flossen groß, weichstachlig. Oberseite und Flanken steingrau bis bräunlich, dunkel gefleckt, Unterseite weiß; **15–20 cm** lang.

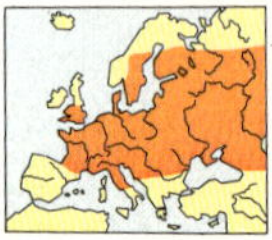

Verbreitung: von den Zuflüssen des Kaspischen Meeres westwärts bis Westfrankreich und Südengland; südliche Grenze Dalmatien und Mittelitalien; fehlt in Irland, Schottland, Norwegen, Nordschweden und im Norden der UdSSR. **Lebensraum** und **Lebensweise:** bevorzugt klare und schnell fließende Gewässer mit steinigem Boden; verbirgt sich unter Steinen und in Uferlöchern. **Nahrung:** Würmer, Insektenlarven, kleine Fische und Laich. **Fortpflanzung:** eierlegend; Laichzeit Februar–Mai; Eizahl 100 bis 10 000; ⌀ 2,0–2,5 mm; Eier werden in Klumpen unter Steinen abgegeben und vom ♂ bewacht; Entwicklungsdauer 28–35 Tage; geschlechtsreif mit 2 Jahren und einer Körperlänge von 8–10 cm. Lebensdauer wahrscheinlich bis zu 3 Jahren. **Wirtschaftliche Bedeutung:** keine. – Die **Buntflossenkoppe** *Cóttus poecilópus* (HECKEL) ähnelt der Groppe sehr, hat aber eine kürzere Seitenlinie, Körper bis 12,5 cm lang; ist östlich der Elbe bis zum Amur verbreitet, kommt auch in Finnland, Schweden und Südost-Norwegen vor. **Nahrung:** Flohkrebse; sonst im wesentlichen wie C. gobio.

Gattung: Seeskorpione *(Myoxocéphalus);* Kopf mit Höckern; Kiemenspalte weit; der längste Stachel des Kiemendeckels überragt dessen Rand nicht. 2 Arten:

Seeskorpion
Myoxocéphalus scórpius (LINNÉ)

Oberseite dunkelbraun, Flanken gelblichweiß marmoriert, Unterseite weiß; in der Laichzeit ♂ rötlich, hell gefleckt, ♀ rötlichgelb, weiß marmoriert; Körperlänge bis **36 cm,** ♀ kleiner.

Verbreitung: Atlantikküste Europas, bei Island, Küste Norwegens bis in das Weiße Meer, im Skagerrak und Kattegatt, in der Ostsee und (nicht so häufig) in der Nordsee. **Lebensraum** und **Lebensweise:** bevorzugt sandigen, steinigen und mit Tang bewachsenen Meeresboden in Küstennähe; verbirgt sich zwischen Steinen mit nach vorn gebogenem Schwanz; ist sehr räuberisch; kann knurrende Töne hervorbringen. **Nahrung:** Fischlaich, kleine Fische und Krebstiere. **Fortpflanzung:** eierlegend; Laichzeit Oktober–März; Laich wird in Klumpen zwischen Steinen und Pflanzen abgegeben und vom ♂ bewacht; ⌀ 2–2,5 mm; Entwicklungsdauer etwa 5 Wochen; geschlechtsreif mit 2 Jahren. Lebensdauer bis zu 6 Jahren. **Wirtschaftliche Bedeutung:** dient zur Herstellung von Fischmehl, gelegentlich auch als Speisefisch.

2. Unterfamilie: Scheibenbäuche *(Liparidinae);* 1 Gattung mit 2 Arten in Europa. Mit 1 langen Rückenflosse; Haut schleimig, weich, verschiebbar:

Gattung: Scheibenbäuche (Líparis); in Europa 2 Arten:

Kleiner Scheibenbauch
Liparis montágui (DONOVAN)

Einer Kaulquappe ähnlich. Färbung sehr variierend, Oberseite und Flanken gelblich, rötlich oder bräunlich, Flanken unregelmäßig dunkel gefleckt, Unterseite heller. Mit 1 Paar Nasenöffnungen; bis **12 cm** lang.

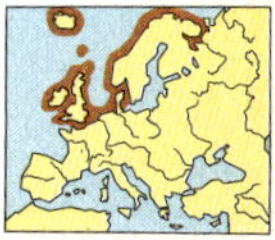

Verbreitung: vom Kanal bis zum Weißen Meer und Island, in der südlichen Nordsee und im Kattegat; fehlt in der Ostsee. **Lebensraum** und **Lebensweise:** bevorzugt geringe Meerestiefen und liebt festen Boden; hält sich in der Algenregion auf. **Nahrung:** kleine Krebstiere. **Fortpflanzung:** eierlegend; Laichzeit Februar–April; Eier rötlich, ⌀ etwa 1,1 mm; sie werden in Klumpen zwischen Algen abgelegt. Entwicklungsdauer etwa 6 Wochen. Lebensdauer unbekannt. **Wirtschaftliche Bedeutung:** keine.

Großer Scheibenbauch
Lipáris lipáris (LINNÉ)

Gestaltlich dem vorigen ähnlich, aber mit 2 Paaren Nasenlöchern. Färbung sehr veränderlich, fleckig gelbbraun, Unterseite heller; Körperlänge bis **20 cm.**

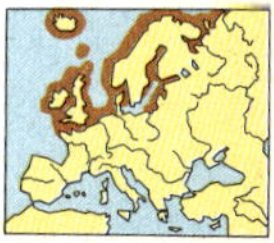

Verbreitung: Atlantikküsten von Nordwestfrankreich nordwärts, Küstengebiet der Nordsee, Ostsee. **Lebensraum** und **Lebensweise:** auf weichen Böden unterschiedlicher Tiefe, auch im Wattenmeer. **Nahrung:** vor allem Garnelen und andere kleine Krebse. **Fortpflanzung:** eierlegend; nußgroße Laichklumpen werden an Algen u. ä. abgelegt; Laichzeit November–Februar; Eier durchsichtig; ⌀ 1,4–1,5 mm; Entwicklungsdauer 6–8 Wochen. Lebensdauer unbekannt. **Wirtschaftliche Bedeutung:** keine.

XII. Ordnung: Barschartige Fische *(Percifórmes);* die sehr zahlreichen und unterschiedlich gestalteten Angehörigen dieser Ordnung verbinden Besonderheiten des inneren Baus. Äußerliche Kennzeichen: Vordere Rückenflosse oder vorderer Teil der Rückenflosse mit Stachelstrahlen; Stacheln auch am Vorderrand der brust- oder kehlständigen Bauchflossen und der Afterflosse; ausnahmsweise (Sandaale) ohne Stachelstrahlen. Beachte Gattungen *Zeus* und *Sebástes* mit ähnlichen Kennzeichen in anderen Ordnungen!

I. Unterordnung: Barschfische *(Percoidei):*

1. Familie: Sägebarsche *(Serránidae);* 3 Stacheln in der Afterflosse; stachelstrahliger Teil der Rückenflosse deutlich höher als der weichstrahlige; Kiemendeckel mit einigen starken Stacheln:

Gattung: Wolfsbarsche *(Róccus);* zwischen den Teilen der Rückenflosse ein deutlicher Einschnitt:

Seebarsch oder **Wolfsbarsch**
Róccus lábrax (Linné)

Oberseite bleigrau bis dunkelgrau, Flanken silbrig gelb, Unterseite weiß, Seitenlinie schwärzlich, Kiemendeckel mit dunklem Fleck und zwei starken Stacheln. Gewicht 5–7 kg; Körperlänge bis **100 cm.**

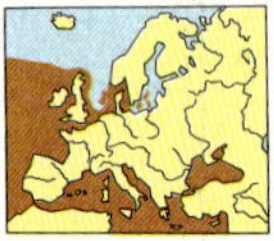

Verbreitung: Schwarzes Meer, Mittelmeer, Atlantikküste Europas bis Südnorwegen, im Skagerrak und Kattegat; selten in der westlichen Ostsee und südöstlichen Nordsee; fehlt bei den Orkney- und Shetlandinseln. **Lebensraum** und **Lebensweise:** bevorzugt die Küstennähe und Flußmündungen; schwimmt auch die Flüsse aufwärts; zieht sich im Winter in tiefes Wasser zurück; lebt in größeren Schwärmen und ist sehr räuberisch. **Nahrung:** Schwarmfische. **Fortpflanzung:** eierlegend; Laichzeit Mai–August; ⌀ der Eier 1,2 mm; Entwicklungsdauer 6 Tage. Lebensdauer unbekannt. **Wirtschaftliche Bedeutung:** Speisefisch.

Gattung: Schriftbarsche *(Serránus);* Teile der Rückenflosse bilden einen einheitlichen Flossensaum:

Schriftbarsch
Serránus scriba (Linné)

Oberseite und Flanken rötlichgelb, mit 7 schwarzblauen Querbinden, Unterseite gelb, mit roten Punkten, Flossen rotgelb, blau gesäumt, Kiemendeckel mit schriftähnlicher Zeichnung; **20–30 cm** lang.

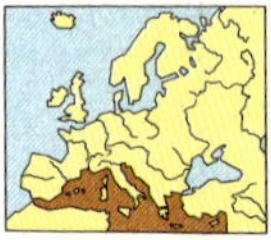

Verbreitung: im Mittelmeer. **Lebensraum** und **Lebensweise:** bevorzugt die mit Algen bewachsene Felsenküste, auch Klippen; versteckt sich in Felsenlöchern, lauert dort auf Beute und verteidigt sein Versteck. **Nahrung:** Fische und Krebse. **Fortpflanzung:** eierlegend; Laichzeit Mai–August; Eier werden an Steine angeheftet. **Wirtschaftliche Bedeutung:** keine.

2. Familie: Sonnenbarsche *(Centrárchidae);* aus Nordamerika eingeführt; vorderer Teil der Rückenflosse deutlich niedriger als der hintere, oder gleich hoch, Afterflosse mit 3 Stacheln:

Gattung: Schwarzbarsche *(Micrópterus);* Rückenflosse vorn deutlich flacher als hinten:

Amerikanischer Forellenbarsch
Micrópterus salmoides (Lacépède)

Oberseite dunkelgrün, Flanken heller, mit dunkelgrünem Längsband, Unterseite silbrig weiß; Schuppen groß; Maul groß, bis unter die Augen reichend; Körperlänge **45–60** cm.

Verbreitung: in Nordamerika; von dort nach Europa eingeführt. **Lebensraum** und **Lebensweise:** bevorzugt stehende und langsam fließende Gewässer; lebt gesellig in Schwärmen; ist sehr räuberisch. **Nahrung:** kleine Fische, Kaulquappen und Insektenlarven. **Fortpflanzung:** eierlegend; Laichzeit März–Juli; ⌀ der Eier 1,0–1,5 mm; Laich wird in Laichmulde abgegeben und bewacht; Entwicklungsdauer 7–14 Tage; geschlechtsreif mit 2–3 Jahren und einer Körperlänge von 18–20 cm. Lebensdauer in Gefangenschaft bis zu 11 Jahren. **Wirtschaftliche Bedeutung:** wertvoller Speisefisch.

Gattung: Sonnenbarsche *(Lepómis);* beide Teile der Rückenflosse fast gleich hoch.

Sonnenbarsch
Lepómis gibbósus (LINNÉ)
(= *Eupómotis gibbósus* [LINNÉ])

Oberseite olivgrün, blau schattiert, Flanken und Unterseite etwas heller, mit orangefarbenen Flecken und Punkten, auf dem Kiemendeckel mit einem schwarzen und scharlachroten Flecken; Körperlänge **10–20 cm.**

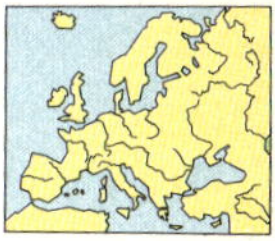

Verbreitung: Heimat USA; nach Europa als Aquarienfisch eingeführt; danach ausgesetzt und jetzt in Teichen und Seen Europas gelegentlich zu beobachten. **Lebensraum und Lebensweise:** bevorzugt klare Teiche und Seen; lebt in Schwärmen zwischen den Wasserpflanzen der Uferregion; ist sehr angriffslustig und räuberisch. **Nahrung:** Fische, Würmer und Schnecken. **Fortpflanzung:** eierlegend; Laichzeit April–Mai; ♂ wühlt mit dem Schwanz Grube in dem Boden aus und bewacht nach dem Laichen das Gelege; Entwicklungsdauer 2–8 Tage; geschlechtsreif mit 3 Jahren. **Wirtschaftliche Bedeutung:** keine.

3. Familie: Echte Barsche *(Pércidae);* Afterflosse mit 1 oder 2 Stacheln:

Gattung: Kaulbarsche *(Acerína);* 1 lange Rückenflosse mit stachel- und weichstrahligem Teil. 3 Arten:

Kaulbarsch
Acerína cérnua (LINNÉ)

Rückenflosse mit 12–16 Hartstrahlen; Schnauze stumpf. Oberseite braungrün, dunkel gefleckt, Flanken heller, Unterseite hell. Augen sehr groß; Körperlänge **15–23 cm.**

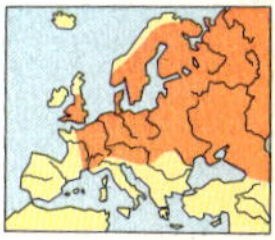

Verbreitung: von der ganzen UdSSR bis Mittelfrankreich; südliche Grenze Balkan, Alpen und Pyrenäen; fehlt in Westfrankreich, Schottland und Irland; ist in Norwegen nur im Südosten vorhanden. **Lebensraum** und **Lebensweise:** bevorzugt tiefe Seen und Flüsse mit nicht zu starker Strömung; liebt sandigen Boden; lebt gesellig in größeren Scharen. **Nahrung:** Kleinkrebse, Insektenlarven, Würmer und Fischlaich. **Fortpflanzung:** eierlegend; Laichzeit März bis April; Eizahl 50 000–100 000; ⌀ 1 mm; Eier bleiben an Steinen und Pflanzen kleben; Entwicklungszeit 12 Tage; geschlechtsreif mit 2 Jahren und einer Körperlänge von 8–12 cm. Lebensdauer bis zu 11 Jahren. **Wirtschaftliche Bedeutung:** in manchen Gegenden beliebter Speisefisch.

Schraetzer
Acerína schraetzer (LINNÉ)

Rückenflosse mit 17–19 Hartstrahlen, Schnauze spitzer. Oberseite und Flanken grüngelb, mit 3 schwarzen, unterbrochenen Längsstreifen, Rükkenflosse in 3 Längsreihen dunkel gefleckt; Körperlänge **15–30 cm.**

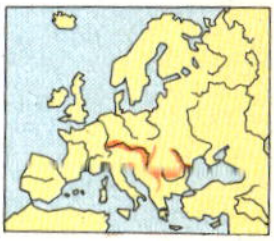

Verbreitung: in der Donau und ihren Nebenflüssen. **Lebensraum:** bevorzugt tiefes Wasser mit sandigem und kiesigem Boden. **Nahrung:** Kleinkrebse, Insektenlarven, Würmer, Fische und deren Laich. **Fortpflanzung:** eierlegend; Laichzeit April–Mai; alle übrigen Angaben sind noch unbekannt. **Wirtschaftliche Bedeutung:** keine.

Gattung: Flußbarsche *(Pérca);* die Teile der Rückenflosse berühren sich; die Bauchflossen stehen eng. Afterflosse mit 2 Stacheln. 1 Art:

Flußbarsch
Pérca fluviátilis Linné

Oberseite olivgrün, mit dunklen Querbinden, Flanken heller, Unterseite messinggelb bis weiß, Rückenflosse am Ende mit einem schwarzen Fleck, Flossen gelbrot; bis **45 cm** lang.

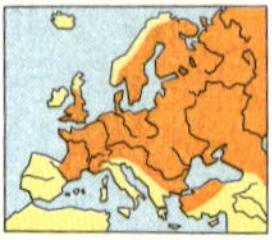

Verbreitung: in fast allen Binnengewässern Europas. **Lebensraum** und **Lebensweise:** bevorzugt klare Bäche, Flüsse und Seen mit Ufervegetation; lebt jung gesellig in Schwärmen; hält sich gern an Untiefen, sogenannten „Barschbergen“ auf; ist erwachsen räuberisch. **Nahrung:** jung Kleintierfresser, erwachsen Fische, Laich und Krebstiere. **Fortpflanzung:** eierlegend; Laichzeit März–Mai; Eizahl 12 000–300 000; ⌀ 2,0–2,5 mm; Laich wird in Schnüren im flachen Wasser abgelegt; Entwicklungsdauer 14–17 Tage; geschlechtsreif mit 2 (♂) und 2–4 (♀) Jahren bei einer Körperlänge von 9–10 cm (♂) und 11–12 cm (♀). Lebensdauer bis zu 18 Jahren. **Wirtschaftliche Bedeutung:** begehrter Speisefisch.

Gattung: Zander *(Luciopérca);* ein freier Raum zwischen den beiden Rückenflossen, Bauchflossen stehen weit, Afterflosse mit 2 Stacheln. Körper seitlich abgeflacht. 1 Art:

Zander
Luciopérca luciopérca (Linné)

Oberseite graugrün bis olivgrün, dunkel quergebändert, Flanken heller, Unterseite silbrig weiß, erste Rückenflosse dunkel längsgestreift. Gewicht bis 5 kg; Körperlänge bis **80 cm.**

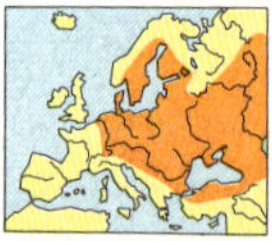

Verbreitung: von der UdSSR westwärts bis Ostfrankreich, in Süd-, Ostschweden, Südfinnland; fehlt: südlich der Alpen und des Balkangebirges, in der Schweiz, im Norden der UdSSR. **Lebensraum** und **Lebensweise:** bevorzugt Flüsse mit hartem Grund, trübe Seen und ist auch im Brackwasser anzutreffen; die Gewässer dürfen nicht zu flach sein; ist sehr räuberisch; hält keine Winterruhe. **Nahrung:** jung Kleintiere, erwachsen Fische; besonders Stint und Ukelei. **Fortpflanzung:** eierlegend; Laichzeit April–Mai; Eizahl 200 000–300 000; ⌀ 1,0–1,5 mm; Eier werden an Steinen und Zweigen abgelegt und bewacht; Entwicklungsdauer 14 Tage; geschlechtsreif mit 2–3 (♂) und 3 (♀) Jahren bei einer Körperlänge von 25–30 cm. Lebensdauer bis zu 16 Jahren. **Wirtschaftliche Bedeutung:** sehr begehrter Speisefisch.

Gattung: Spindelbarsche *(Áspro);* Flossen wie vorige Gattung, aber nur 1 Stachel an der Afterflosse; Körper breiter als hoch. 3 Arten:

Streber
Áspro stréber Siebold

Kopf flach, Schwanzstiel dünn und drehrund. Oberseite und Flanken braungelb, dunkel quergebändert. Unterseite bräunlichgelb; Körperlänge **12–18 cm.**

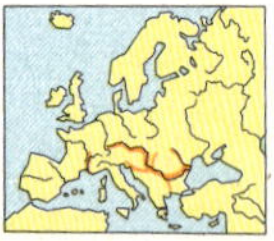

Verbreitung: in der Donau und ihren Nebenflüssen, auch in der Rhône. **Lebensraum** und **Lebensweise:** bevorzugt tiefes, strömendes Wasser mit steinigem Boden; hält sich am Grund auf und stößt sich beim Fortbewegen mit Schwanz- und Brustflossen ab. **Nahrung:** kleine Fische, Würmer und Insektenlarven. **Fortpflanzung:** eierlegend; Laichzeit März–April; alle übrigen Angaben unbekannt. **Wirtschaftliche Bedeutung:** wertvoller Speisefisch, aber selten.

Zingel
Áspro zíngel (LINNÉ)

Körperoberseite und Flanken grau bis braungelb, mit dunklen, verwaschenen Querbändern, Unterseite weiß bis hellgelb; Körperlänge **15** bis **35 cm.**

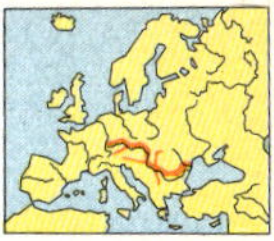

Verbreitung: in der Donau und ihren Nebenflüssen. **Lebensraum** und **Lebensweise:** bevorzugt tiefes, strömendes Wasser mit sandigem und steinigem Boden; hält sich mit Vorliebe hinter Steinen auf. **Nahrung:** kleine Fische, Kleinkrebse, Würmer und Insektenlarven. **Fortpflanzung:** eierlegend; Laichzeit März–April; alle übrigen Angaben sind noch unbekannt. **Wirtschaftliche Bedeutung:** begehrter Speisefisch, aber selten.

4. Familie: Stachelmakrelen *(Carángidae);* Hinterkopf stumpf gekielt, Seitenlinie mit gekielten Schildern:

Gattung: Stachelmakrelen *(Trachúrus):*

Stachelmakrele oder **Stöcker**
Trachúrus trachúrus (LINNÉ)

Oberseite blaugrau bis dunkelgrün, Flanken heller, silbrig glänzend, Unterseite weiß, Seitenlinie mit gekielten Schuppen, Kiemendeckel mit dunklem Fleck; **25–50 cm** lang.

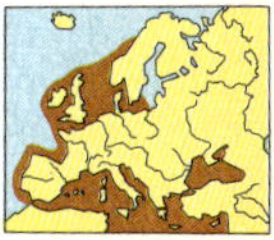

Verbreitung: Schwarzes-Mittelmeer, Atlantikküste Europas bis Mittelnorwegen, in der Nordsee, im Skagerrak, Kattegat und in der westlichen Ostsee. **Lebensraum** und **Lebensweise:** als Jungfisch in größeren Schwärmen zwischen Quallen in Küstennähe; erwachsen in kleinen Schwärmen im offenen Meer; kann gewandt und schnell schwimmen. **Nahrung:** Schwarmfische (Heringe und Sprotten), Jungfische leben von den Ovarien der Quallen. **Fortpflanzung:** eierlegend; Laichzeit Mai–August, im Mittelmeer November–März; Eizahl 3000–139 000; ⌀ fast 1 mm. Lebensdauer unbekannt. **Wirtschaftliche Bedeutung:** Speisefisch.

5. Familie: Meerbrassen *(Spáridae);* hochrückig, kompreß. Lange einheitliche Rückenflosse, Afterflosse halb so lang wie diese. Kiemendeckel ohne Dornen, Mund kaum vorstreckbar, Gebiß kräftig. Eine Reihe von Gattungen und Arten, vor allem im Mittelmeer:

Gattung: Zahnbrassen *(Déntex);* Gebiß mit 4 Fangzähnen:

Zahnbrassen
Déntex déntex (LINNÉ)

Relativ schlank, sehr großes Maul. Oberseite blaugrau, dunkel gefleckt, Flanken gelblich kupferfarben, Unterseite heller; Rückenflosse gelblich, übrige Flossen rötlich. Gewicht bis 10 kg; Länge bis **100 cm.**

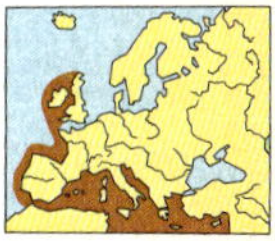

Verbreitung: im Mittelmeer und an der atlantischen Westküste Europas. **Lebensraum** und **Lebensweise:** lebt in Küstennähe in etwa 30 m Tiefe; liebt sandigen Boden mit Neptungras; schwimmt schnell und ist sehr räuberisch. **Nahrung:** Fische. **Fortpflanzung:** eierlegend; Laichzeit im Juni; Eiablage auf felsigem Boden in Küstennähe. **Wirtschaftliche Bedeutung:** begehrter Speisefisch.

Gattung: Pagéllus; keine Fangzähne, Mahlzähne in 2 Reihen:

Nordischer Meerbrassen oder **Graubarsch**
Pagéllus centrodóntus (DELAROCHE)
(= *Pagéllus bogaravec* [BRÜNNICH])

Körperfarbe orangerot, über der Brustflosse dunkler Fleck, Schwanzflosse rot; Körperlänge **50 cm.**

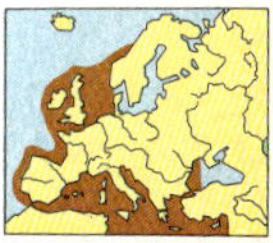

Verbreitung: im westlichen Schwarzen Meer, Mittelmeer und von der Atlantikküste Europas bis Mittelnorwegen; besonders häufig westlich von Großbritannien. **Lebensraum:** bevorzugt Meerestiefen von 200–500 m; liebt sandigen Boden. **Nahrung:** Krebstiere und Schnecken. **Fortpflanzung:** eierlegend; Laichzeit im Winter. **Wirtschaftliche Bedeutung:** Speisefisch.

Gattung: Goldbrassen *(Spárus)*; kleine Fangzähne, Mahlzähne in mehreren Reihen. 1 Art:

Goldbrassen
Spárus aurátus LINNÉ

Oberseite grünlich silbergrau, Flanken silbrig weiß, mit 18–20 graubraunen und gelblichen Längsstreifen, Unterseite silbrig glänzend, Stirn mit goldgelbem, Kiemendeckel mit schwarzem Fleck. 4–8 kg schwer; **50–60 cm** lang.

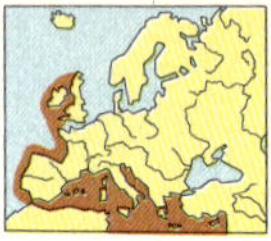

Verbreitung: im Mittelmeer und an der Atlantikküste Europas bis England. **Lebensraum** und **Lebensweise:** bevorzugt flaches Wasser in Küstennähe; lebt gesellig in Schwärmen und wühlt mit dem Schwanz nach Muscheln; zieht sich in der kalten Jahreszeit in tiefes Wasser zurück, da kälteempfindlich. **Nahrung:** Muscheln und kleine Meerestiere. **Fortpflanzung:** eierlegend; Laichzeit Oktober–Dezember. **Wirtschaftliche Bedeutung:** begehrter Speisefisch.

Gattung: Diplódus; Vorderzähne keine Fangzähne, meißelförmig, Mahlzähne in mehreren Reihen:

Geißbrassen
Diplódus vulgáris (GEOFFROY)
(= *Sárgus vulgáris* [GEOFFROY])

Nacken mit schwarzer Binde, Flanken mit goldfarbenen Linien; Körperlänge bis **40 cm.**

Verbreitung: im Mittelmeer, Atlantik und an der Küste von Nordwest-Afrika. **Lebensraum:** bevorzugt felsigen Meeresboden. **Nahrung:** Muscheln, Krustentiere und Fische. **Fortpflanzung:** eierlegend; Laichzeit September–November. **Wirtschaftliche Bedeutung:** Speisefisch.

6. Familie: Schnauzenbrassen *(Maenidae)* (= *Centracánthidae*); schlanken Meerbrassen ähnlich, Maul aber weit vorstreckbar, Kiefer dünn:

Gattung: Schnauzenbrassen *(Maena)*:

Laxierfisch
Maena vulgáris COUVIER und VALENCIENNES
(= *Maena maena* [LINNÉ])

Körperoberseite und Flanken bleigrau, dunkel längsgestreift, mit schwarzem Fleck hinter der Brustflosse, Unterseite grauweiß. Körperlänge ♂ **24 cm,** ♀ **21 cm.**

Verbreitung: im Mittelmeer und Atlantik. **Lebensraum:** bevorzugt die Uferregion mit Pflanzenwuchs. **Nahrung:** Kleintiere und Pflanzenteile. **Fortpflanzung:** Zwitter, die anfangs ♀♀, von einer gewissen Größe an aber ♂♂ sind. Eierlegend; Laichzeit September–Oktober; baut zur Laichzeit Nester von 1/2 m Durchmesser in der Seegrasregion. Lebensdauer unbekannt. **Wirtschaftliche Bedeutung:** Speisefisch.

7. Familie: Umberfische *(Sciaenidae)*; Afterflosse sehr kurz, mit 1 Stachel. 1. Rückenflosse zurücklegbar, 2. Rückenflosse sehr lang; Schwanzflosse gerundet:

Gattung: Umberfische *(Sciaena)*:

Umberfisch oder **Adlerfisch**
Sciaena áquila (LACÉPÈDE)

Körperoberseite bräunlich, Flanken silbergrau, Unterseite weiß; Afterflosse schwach konvex, zweite Rückenflosse doppelt so lang wie erste. Gewicht bis 30 kg; Körperlänge bis **2 m.**

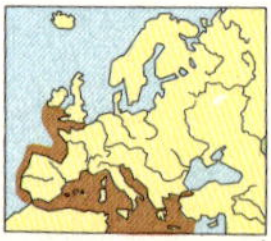

Verbreitung: im nördlichen Mittelmeer, an der Westküste Europas. **Lebensraum** und **Lebensweise:** hält sich an der Meeresoberfläche auf; lebt in kleinen Schwärmen; ist sehr räuberisch; kann mit der Schwimmblase knurrende und krächzende Laute erzeugen. **Nahrung:** Fische. **Fortpflanzung:** eierlegend; Laichzeit unbekannt; Eier ⌀ 0,8–0,9 mm. **Wirtschaftliche Bedeutung:** Speisefisch.

8. **Familie: Meerbarben** *(Múllidae);* am Unterkiefer 2 lange Barteln; die beiden Rückenflossen weit getrennt:

Gattung: Meerbarben *(Múllus):*

Streifenbarbe
Múllus surmulétus (LINNÉ)

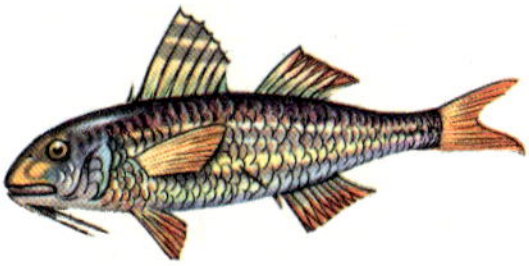

Körperoberseite und Flanken gelbrot, mit 3–5 gelben Längsstreifen, Unterseite rötlichweiß; Schwanzflosse tief eingeschnitten; Körperlänge bis **45 cm.**

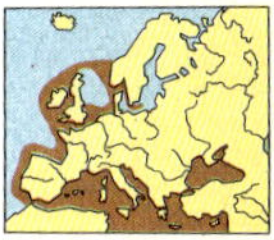

Verbreitung: im Schwarzen Meer, Mittelmeer, von der Atlantikküste Europas bis Südnorwegen, im Kanal und in der südlichen Nordsee; vereinzelt im Kattegat und in der westlichen Ostsee. **Lebensraum** und **Lebensweise:** bevorzugt tiefes Wasser in Küstennähe; lebt gesellig in kleinen Schwärmen; liebt sandigen und steinigen Boden. **Nahrung:** Würmer und kleine Krustentiere. **Fortpflanzung:** eierlegend; Laichzeit Juni–Juli; ⌀ der Eier 0,8–0,9 mm; geschlechtsreif mit 2 Jahren bei einer Körperlänge von 19–20 cm. Lebensdauer etwa 10 Jahre. **Wirtschaftliche Bedeutung:** begehrter Speisefisch.

II. Unterordnung: Meeräschen *(Mugiloídei);* 2 kleine, weit getrennte Rückenflossen, die vordere besteht aus nur 4 Stachelstrahlen; Fettlider über den Augen. 1 Familie:

1. **Familie: Meeräschen** *(Mugílidae):*

Gattung: Meeräschen *(Chélon);* mit wulstiger Oberlippe; Kiemendeckel berühren einander an der Kehle fast:

Graue Meeräsche, Dicklippige Meeräsche
Chélon labrósus (RISSO)

Körperoberseite grünlich dunkelgrau, Flanken heller, Unterseite silbrig weiß, Flossen grau; Oberkiefer dicklippig, mit kleinen Hautwarzen; Körperlänge **60 cm** und mehr.

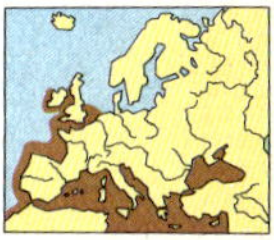

Verbreitung: Schwarzes, Mittelmeer, Atlantikküste Europas bis Irland und Südengland; in der südlichen Nordsee, vereinzelt im Kattegat und in der westlichen Ostsee. **Lebensraum** und **Lebensweise:** bevorzugt die Küstennähe und Flußmündungen; lebt gesellig in kleinen Schwärmen; schwimmt gewandt und hält sich in Bodennähe auf. **Nahrung:** kleine Weichtiere, Würmer und Pflanzenteile. **Fortpflanzung:** eierlegend; Laichzeit im Frühjahr; Eier sollen im Brackwasser abgelegt werden; ⌀ etwa 1 mm. **Wirtschaftliche Bedeutung:** begehrter Speisefisch.

III. Unterordnung: Lippfische *(Labroídei);* eine lange Rückenflosse, deren weichstrahliger Teil nur kurz ist.

1. **Familie: Lippfische** *(Lábridae):*

Gattung: Lippfische i. e. S. *(Lábrus);* Rand des Vorkiemendeckels glatt. Die Tiere machen eine Geschlechtsumwandlung durch und sind anfangs ♀♀, später ♂♂:

Grüner Lippfisch
Lábrus viridis LINNÉ
(= *Lábrus túrdus* LINNÉ)

Körperfarbe grün bis rötlich, sehr veränderlich, Flanken meist mit hellem Längsband. Körperlänge bis **45 cm.**

Verbreitung: im Mittelmeer und Atlantik. **Lebensraum** und **Lebensweise:** bevorzugt Felsküsten und lebt in der Seegrasregion; schwimmt fast nur mit den Brustflossen, das Körperende wird nachgezogen. **Nahrung:** kleine Muscheln und Schnecken, auch Algen. **Fortpflanzung:** eierlegend; Laichzeit April–Juni. Lebensdauer nicht bekannt. **Wirtschaftliche Bedeutung:** keine.

Gefleckter Lippfisch
Lábrus berggýlta ASCANIUS

Körperfarbe blaugrün oder rotbraun, Oberseite dunkel gefleckt, Flanken zum Bauch mit gelbgerandeten Schuppen, Unterseite bläulichweiß; Körperlänge bis **50 cm.**

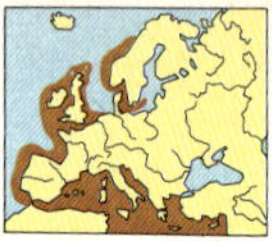

Verbreitung: im Mittelmeer, an der Atlantikküste Europas bis nach Irland, England und Mittelnorwegen; auch an der Westküste Schwedens und selten in der westlichen Ostsee. **Lebensraum** und **Lebensweise:** lebt in Küstennähe in Tiefen bis zu 30 m; liebt felsigen, mit Algen bewachsenen Boden; baut Algennest in Felsspalten. **Nahrung:** Krebstiere und Schnecken. **Fortpflanzung:** eierlegend; Laichzeit Mai–August; ⌀ der Eier 1,0–1,14 mm. Lebensdauer bis 17 Jahre. **Wirtschaftliche Bedeutung:** keine.

Gattung: Klippenbarsche *(Ctenolábrus);* Rand des Vorkiemendeckels gezähnt, Kiefer mit 2 Zahnreihen.

Klippenbarsch
Ctenolábrus rupéstris (LINNÉ)
(= *Ctenolábrus suíllus* [LINNÉ])

Körperoberseite rötlichbraun, Flanken heller, in mehreren Längsreihen dunkel punktiert, Unterseite gelblichweiß, mit schwarzem Fleck auf dem Schwanzstiel; bis **18 cm** lang.

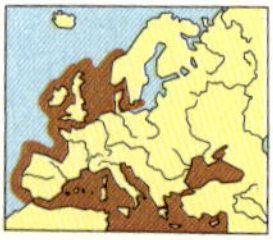

Verbreitung: im Schwarzen Meer, Mittelmeer, an der Atlantikküste Europas, an den Küsten Großbritanniens und Süd-Norwegens, in der Nordsee, im Skagerrak und Kattegat; gelegentlich in der westlichen Ostsee. **Lebensraum:** bevorzugt Meerestiefen bis 20 m; liebt felsigen, mit Algen bewachsenen Boden. **Nahrung:** Würmer und Kleinkrebse. **Fortpflanzung:** eierlegend; Laichzeit Mai bis August in Küstennähe; geschlechtsreif mit 2 Jahren und einer Körperlänge von 15–18 cm. **Wirtschaftliche Bedeutung:** keine.

Gattung: *Crenilábrus (= Symphódes);* Rand des Vorkiemendeckels gezähnt, Kiefer mit 1 Zahnreihe. Artenreich, vor allem im Mittelmeer:

Seerebhuhn oder **Goldmaid**
Crenilábrus mélops (LINNÉ)

Körperfarbe blau, grün oder gelbrot, sehr variabel, Schuppen der Flanken mit einem braunen Fleck, Rücken- und Afterflossen dunkelgrün, rot längsgestreift, schwarzer Fleck an der Flossenbasis; Körperlänge bis **25 cm.**

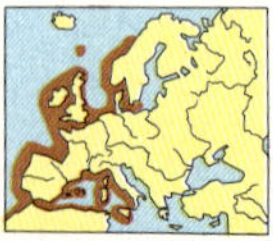

Verbreitung: im westlichen Mittelmeer und von der Atlantikküste Europas bis Mittelnorwegen; häufig bei Großbritannien; auch im Skagerrak und Kattegat; selten in der westlichen Ostsee und südlichen Nordsee. **Lebensraum** und **Lebensweise:** bevorzugt Felsküsten mit nicht zu tiefem Wasser; lebt gesellig in größeren Schwärmen; hält sich gern zwischen Algen und Tang auf. **Nahrung:** kleine Krebstiere und Mollusken. **Fortpflanzung:** eierlegend; Laichzeit im Sommer; Eier werden in Tangnest abgelegt; ⌀ 0,8 mm. Lebensdauer bis 8 Jahre. **Wirtschaftliche Bedeutung:** keine.

IV. Unterordnung: Drachenfische *(Trachinoídei);* Bauchflossen kehlständig, mit mindestens 6 Strahlen; Afterflosse sehr lang, aber ohne Stachelstrahlen; in Europa 1 Familie:

1. Familie: Drachenfische *(Trachínidae);* 2 europäische Gattungen:

Gattung: Petermännchen *(Trachinus):*

Petermännchen
Trachinus dráco LINNÉ

Vordere Rückenflosse mit giftigen Stachelstrahlen, Kiemendeckel oben mit langem Stachel, über dem Auge mit 2–3 kurzen Stacheln. Oberseite und Flanken braun bis rötlich grau, grün, blau und silbrig schimmernd, Flanken dunkel schräggestreift, Unterseite hell; Körperlänge bis **45 cm.**

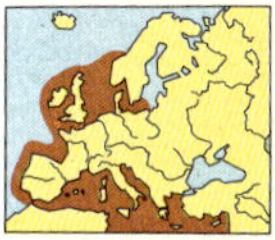

Verbreitung: im Mittelmeer, an der Atlantikküste Europas, im Ärmelkanal, in der Nordsee, an der Küste Norwegens bis Trondheim; in der westlichen Ostsee. **Lebensraum** und **Lebensweise:** bevorzugt die Küstennähe in Tiefen von 5–15 m; ist in der Nacht tätig; wühlt sich am Tag in den Sand ein; lebt in kleinen Rudeln; zieht sich im Winter in tieferes Wasser zurück. **Nahrung:** kleine Fische und Garnelen. **Fortpflanzung:** eierlegend; Laichzeit Juni–August; ⌀ der Eier 0,9–1,1 mm; Entwicklungsdauer 4–5 Tage. Lebensdauer unbekannt. **Wirtschaftliche Bedeutung:** Speisefisch, besonders in Südeuropa.

Kleines Petermännchen oder **Viperqueise**
Trachinus vípera CUVIER

Oberrand des Auges ohne Stacheln. Oberseite graugelb bis rötlich grau, dunkel gefleckt, Flanken und Unterseite silbrig weiß, Flanken nicht dunkel gestreift; Körperlänge bis **20 cm.**

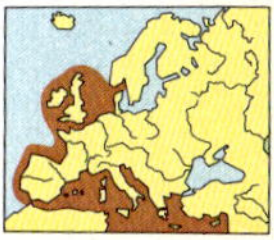

Verbreitung: im Mittelmeer, an der Atlantikküste Europas, im Ärmelkanal, in der Nordsee und im Skagerrak. **Lebensraum** und **Lebensweise:** bevorzugt flaches Wasser mit Sandboden; wandert nur zur Laichzeit in tieferes Wasser ab; ist in der Nacht tätig und wühlt sich am Tag in den Sand ein. **Nahrung:** kleine Bodentiere und Fische, Laich und Garnelen. **Fortpflanzung:** eierlegend; Laichzeit Mai–September; ⌀ der Eier 1,1–1,4 mm; Entwicklungsdauer 9–10 Tage. Lebensdauer unbekannt. **Wirtschaftliche Bedeutung:** keine.

V. Unterordnung: Schleimfischartige *(Blennioídei);* Körper langgestreckt; Brustflossen kehlständig, hinter dem Stachelstrahl höchstens 3 Weichstrahlen:

1. Familie: Schleimfische *(Blenníidae);* Brustflossen sind aus wenigen Strahlen bestehende Stützorgane; Rückenflosse mit Hart- und Weichstrahlen. Vor allem im Mittelmeer mit zahlreichen Arten:

Gattung: Schleimfische i. e. S. *(Blénnius):*

Seeschmetterling
Blénnius ocelláris LINNÉ

Mit verzweigtem Stirnanhang; Vorderteil der Rückenflosse sehr hoch, mit weiß gerandetem Augenfleck. Körperfarbe hellrot bis graugrün, dunkelbraun quergebändert; Körperlänge **17 cm.**

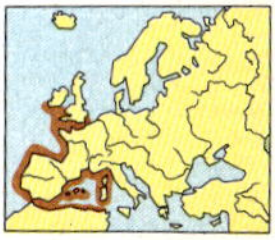

Verbreitung: westliches Mittelmeer, Atlantikküste bis Südengland, Irland. **Lebensraum** und **Lebensweise:** bevorzugt schlammigen und felsigen Grund; versteckt sich unter Steinen und in Felslöchern. **Nahrung:** Fische, Würmer und Muscheln. **Fortpflanzung:** eierlegend; ♂ bewacht die Brut. Lebensdauer unbekannt. **Wirtschaftliche Bedeutung:** keine.

Schleimlerche oder **Schan**
Blénnius phólis LINNÉ

Ohne Stirnanhang, Rückenflosse unauffällig, lediglich eingekerbt. Körperfarbe sehr veränderlich, meistens grünlich, braun gefleckt; Körperlänge **15–18 cm.**

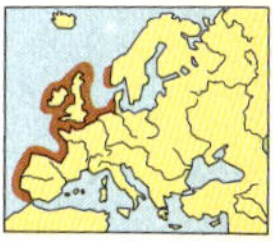

Verbreitung: von Gibraltar bis in den Ärmelkanal; Küsten Irlands, Englands; Südwestküste Norwegens. **Lebensraum** und **Lebensweise:** bevorzugt Felsenküsten; versteckt sich in Felslöchern. **Nahrung:** Fische, Würmer und Muscheln. **Fortpflanzung:** eierlegend; Eier werden in Felslöchern und unter Steinen abgelegt; ⌀ 1,5 mm; werden vom ♂ bewacht. Lebensdauer unbekannt. **Wirtschaftliche Bedeutung:** keine.

2. Familie: Stachelrücken *(Stichaeidae);* Rückenflosse lang, ausschließlich mit Stachelstrahlen. Bauchflossen mit 4 Strahlen:

Gattung: Buschträger *(Chirólophis);* über den Augen verzweigte Hautanhänge, beim ♂ ähnliche Anhänge an den ersten Strahlen der Rückenflosse; 1 Art:

Buschträger oder **Stachelbutterfisch**
Chirólophis ascánii (Walbaum)

Körperoberseite und Flanken aschgrau, rotbraun und dunkler, oft dunkel quergebändert, Unterseite heller; Körperlänge **15–30 cm.**

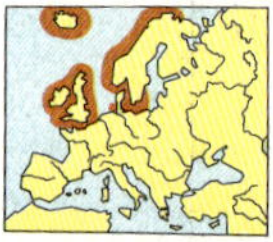

Verbreitung: bei Island, an der Küste Norwegens, um England, Irland, im Kanal, im Kattegat und sporadisch in der westlichen Ostsee. **Lebensraum** und **Lebensweise:** bevorzugt felsigen Meeresboden in Tiefen von 10–20 m, selten mehr; hält sich in der Algenregion auf; Jungfische leben im offenen Meer. **Nahrung:** Krebstiere, Muscheln, Schnecken und Würmer. **Fortpflanzung:** eierlegend; Laichzeit Oktober–Dezember; Eier werden auf Steinen abgelegt; Entwicklungsdauer 5–6 Wochen; ⌀ etwa 2,5 mm; das Gelege wird vom ♀ bewacht. Lebensdauer unbekannt. **Wirtschaftliche Bedeutung:** keine.

Gattung: Bandfische *(Lúmpenus);* ohne Anhänge an Stirn und Flossen; 2 Arten:

Bandfisch
Lúmpenus lampretaefórmis (Walbaum)

Körperoberseite und Flanken gelblichbraun, bläulich schimmernd, mit 8–9 länglichen, braunen Flecken auf der Seitenmitte, Unterseite rahmfarben; Körperlänge bis **40 cm.**

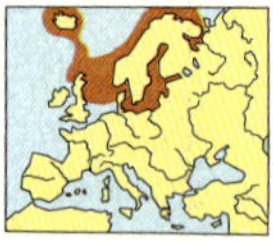

Verbreitung: Island, Ostsee, nördliche und mittlere Nordsee, an den Küsten Norwegens, Weißes Meer. **Lebensraum** und **Lebensweise:** bevorzugt Meerestiefen von mehr als 20 m; liebt sandigen Bodengrund; lebt in größeren Schwärmen und hält sich am Boden auf. **Nahrung:** Würmer und Krebstiere. **Fortpflanzung:** eierlegend; Laichzeit Dezember–Januar; geschlechtsreif mit 3 Jahren und einer Körperlänge von 17–24 cm. Lebensdauer bis zu 5 Jahren. **Wirtschaftliche Bedeutung:** keine; wird als Köder benutzt.

3. Familie: Butterfische *(Phólidae);* Rückenflosse sehr lang, nur mit Stachelstrahlen; Bauchflossen rückgebildet, nur 1 Stachel- und 1 Weichstrahl; 1 Gattung:

Gattung: Butterfische *(Phólis);* 1 Art:

Butterfisch
Phólis gunéllus (Linné)

Körperform bandartig und langgestreckt, Kopf verhältnismäßig klein. Körperfarbe gelbbraun bis rötlichbraun, hell gebändert oder marmoriert, mit 9–13 dunklen Flecken entlang der Rückenflossenbasis; Länge **20–30 cm.**

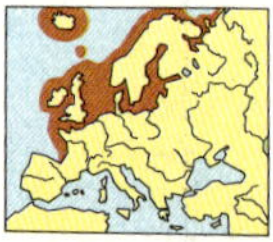

Verbreitung: Küsten Islands, Norwegens, Englands, Irlands, Westfrankreichs, in der Nord- und Ostsee. **Lebensraum** und **Lebensweise:** bevorzugt steinigen Boden in Tiefen bis zu 20 m; hält sich in der Algen- und Tangregion auf; lebt einzeln und versteckt sich unter Steinen. **Nahrung:** Kleintiere, hauptsächlich Flohkrebse und Wasserasseln. **Fortpflanzung:** eierlegend; Laichzeit November–Januar; Eiablage unter Steinen oder in leeren Muscheln; ⌀ 1,2 mm; Entwicklungsdauer etwa 2 Monate; das Gelege wird von beiden Partnern bewacht. Lebensdauer unbekannt. **Wirtschaftliche Bedeutung:** keine.

4. Familie: Seewölfe *(Anarhichádidae);* Bauchflossen fehlen völlig. In Europa 1 Gattung:

Gattung: Seewölfe, Kattfische *(Anarhichas);* große, langgestreckte Fische mit plumpem Kopf; Maul groß, stark bezahnt. 3 Arten:

Gestreifter Seewolf
Anarhichas lúpus LINNÉ

Körperoberseite und Flanken meistens dunkelgrau, aber auch bräunlich, graublau und schwarz, dunkel quergestreift, Unterseite heller. Gewicht bis 25 kg; Körperlänge bis **1,25 m.**

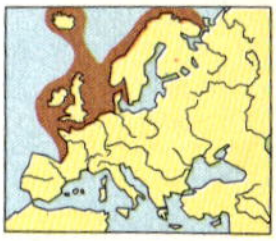

Verbreitung: Halbinsel Kola bis Westküste Frankreichs, um Island, England, im Skagerrak, in der Nordsee; selten westliche Ostsee. **Lebensraum und Lebensweise:** bevorzugt steinigen Meeresboden in mehr als 20 m Tiefe; hält sich am Grunde auf, wo er seine Nahrung findet. **Nahrung:** hartschalige Meerestiere (Krabben, Muscheln, Seesterne, Seeigel, Einsiedlerkrebse). **Fortpflanzung:** eierlegend; Laichzeit November bis Januar; Laich wird in zusammenhängenden Klumpen auf dem Meeresboden abgelegt; ⌀ der Eier 5,5–6 mm. Lebensdauer unbekannt. **Wirtschaftliche Bedeutung:** Speisefisch.

Gefleckter Seewolf
Anarhichas minor OLAFSEN

Körperoberseite und Flanken rötlichgelb, dunkelbraun gefleckt, Unterseite heller; Körperlänge **1,30–1,40 m.**

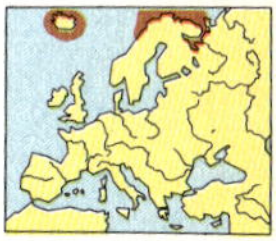

Verbreitung: Europäisches Nordmeer, bei Island und Norwegen. **Lebensraum:** lebt in Tiefen von 200–400 m. **Nahrung:** wie Seewolf. **Fortpflanzung:** eierlegend; Laichzeit Juni–Juli; Eizahl 15 000–35 000; ⌀ 5–6 mm. Lebensdauer bis zu 25 Jahren. **Wirtschaftliche Bedeutung:** wichtiger Speisefisch; die Haut wird zu Leder verarbeitet.

VI. Unterordnung: Sandaale *(Ammodytoidei);* Bauchflossen fehlen, sehr lange Rücken- und halb so lange Afterflosse, alle ohne Stacheln. Maul oberständig, stark vorstreckbar:

1. Familie: Sandaale *(Ammodýtidae):*

Gattung: Sandaale *(Ammodýtes) (= Hyperóplus);* 2 Arten:

Tobiasfisch oder Großer Sandaal
Ammodýtes lanceolátus (LESAUVAGE)

Brustflossen überragen nicht den Ansatz der Rückenflosse. Körperoberseite graubraun bis gelblichgrün, Flanken weiß, bläulich irisierend, Unterseite silbrig weiß, Oberkiefer mit 2 schwarzen Flecken; Länge bis **30 cm.**

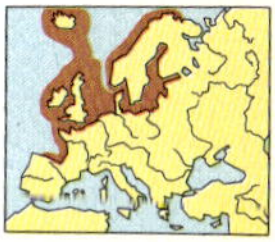

Verbreitung: um Island und Norwegen, Atlantikküste Europas bis in die Biskaya, Nord- und Ostsee. **Lebensraum und Lebensweise:** bevorzugt in der warmen Jahreszeit flaches Wasser mit Sandboden und zieht sich im Winter in Tiefen bis zu 90 m zurück; schwimmt in kleinen Rudeln an der Oberfläche; vergräbt sich bei Gefahr und bewegter See im Bodengrund; ist hauptsächlich in der Nacht tätig. **Nahrung:** Meeresplankton und Fischbrut. **Fortpflanzung:** eierlegend; Laichzeit Mai bis August; Eier sinken auf den Boden und bleiben dort haften; ⌀ 0,7–0,9 und 0,6–0,8 mm (⌀ nicht rund); Entwicklungsdauer 2–3 Wochen; geschlechtsreif mit 2 Jahren. Lebensdauer bis zu 5 Jahren. **Wirtschaftliche Bedeutung:** keine; wird nur als Köder benutzt.

Kleiner Sandaal
Ammodýtes láncea Yarr.

Brustflossen überragen den Ansatz der Rückenflosse; Körperoberseite grün, Flanken und Unterseite silbrig weiß; Körperlänge bis **20 cm.**

Verbreitung: von den Küsten der Biskaya bis Island und Norwegen; auch in der Ostsee. **Lebensraum** und **Lebensweise:** bevorzugt flaches Wasser in Strandnähe; liebt sandigen Boden; lebt gesellig in großen Schwärmen; gräbt sich bei Gefahr schnell in den Sand ein; zieht sich im Winter in Tiefen bis 10 m zurück und hält Winterruhe im Meeresboden. **Nahrung:** kleine Bodentiere. **Fortpflanzung:** eierlegend; Laichzeit verschieden, z. B. in der Ostsee von Mai–Juni und von August–Oktober; Entwicklungsdauer 9–10 Tage; geschlechtsreif mit 2 Jahren. Lebensdauer bis zu 4 Jahren. **Wirtschaftliche Bedeutung:** keine.

VII. Unterordnung: Spinnenfische *(Callionymoídei);* langgestreckt, plattköpfig, Kiemenöffnung ein Loch am Oberrand des Kiemendeckels. Bauchflossen kehlständig, 6strahlig. 1 Familie:

1. Familie: Leierfische *(Callionýmidae);* 1 Gattung in Europa:

Gattung: Leierfische *(Callionýmus);* ♂♂ in der Laichzeit mit stark verlängerten Stachelstrahlen der Rückenflosse:

Gestreifter Leierfisch
Callionýmus lýra Linné

Körperfarbe beider Geschlechter verschieden: ♂ Oberseite und Flanken gelbbraun, Unterseite gelblichweiß, Flanken mit 2 hellblauen Längsstreifen, Rückenflosse farbig längsgebändert, ganzer Körper bunt gefleckt; ♀ Oberseite und Flanken gelbbraun, braun und grün marmoriert, auch bisweilen blau gefleckt, Rückenflosse farbig längsgebändert; Körperlänge ♂ bis **30 cm,** ♀ bis **25 cm.**

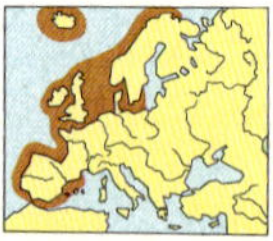

Verbreitung: an der Küste Norwegens, Großbritanniens, Islands, in der Nordsee, im Kanal, im Skagerrak, Kattegat, in der westlichen Ostsee, an der Atlantikküste Europas und an der Mittelmeerküste Spaniens. **Lebensraum** und **Lebensweise:** bevorzugt Meerestiefen von 20–40 m mit sandigem Boden; laicht in Küstennähe in flacherem Wasser; kann schnell schwimmen und gräbt sich oft in den Bodengrund ein. **Nahrung:** Weichtiere und kleine Krebse. **Fortpflanzung:** eierlegend; Laichzeit April–August; die Paare steigen dann mit einander zugekehrten Bauchseiten zur Wasseroberfläche empor; ⌀ der Eier 0,70 bis 0,95 mm. Lebensdauer unbekannt. **Wirtschaftliche Bedeutung:** keine.

Gefleckter Leierfisch
Callionýmus maculátus Rafinesque

Körperfarbe grau oder grünlich, Flanken mit etwa 2 Reihen silbriger Flecken, Unterseite heller, ♂ mit Fleckenreihen auf der zweiten Rückenflosse, ♀ mit braunem Querband über dem Rükken; Körperlänge ♂ bis **16 cm,** ♀ bis **13 cm.**

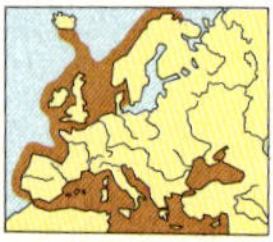

Verbreitung: Island, Shetlandinseln, von Norwegen bis zur Atlantikküste Portugals, im Kanal, Skagerrak, Kattegat, Mittelmeer, Schwarzen Meer und selten in der Nordsee; fehlt in der Ostsee. **Lebensraum:** bevorzugt Meerestiefen bis 100 m mit sandigem Boden. **Nahrung:** wahrscheinlich wie *C. lýra.* **Fortpflanzung:** eierlegend; Laichzeit Juni–August; ⌀ der Eier 0,65–0,80 mm. Lebensdauer unbekannt. **Wirtschaftliche Bedeutung:** keine.

VIII. Unterordnung: Grundelartige *(Gobioídei);* 2 getrennte Rückenflossen; die kehlständigen Bauchflossen sind miteinander verwachsen und bilden ein trichterartiges Saugorgan. In Europa 1 Familie:

1. Familie: Grundeln *(Gobiidae):*

Gattung: Kristallgrundeln *(Crystallogóbius);* Körper durchsichtig; vordere Rückenflosse klein, mit 2 Strahlern:

Kristallgrundel oder Kristallküling

Crystallogóbius nilssónii (v. Düben und Koren)

Körper glasartig durchscheinend, Flanken mit je 3–5 kleinen, dunklen Flecken; Körperlänge **4–5 cm.**

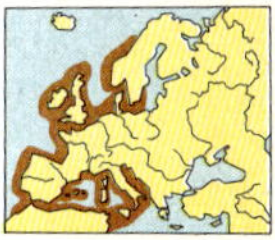

Verbreitung: vom Adriatischen Meer bis zu den Shetlandinseln und Mittelnorwegen, im Kattegat und in der westlichen Ostsee; fehlt bei Island; selten an der Nordseeküste von Holland bis Dänemark. **Lebensraum** und **Lebensweise:** bevorzugt flaches Wasser in Küstennähe; lebt gesellig in größeren Schwärmen und hält sich gern zwischen Seegras auf; sucht in der kalten Jahreszeit tieferes Wasser auf. **Nahrung:** hauptsächlich Ruderfüßler. **Fortpflanzung:** eierlegend; Laichzeit Mai–August; Eier birnenförmig; ⌀ 0,6 und 0,8 mm; Laich wird an Tang abgelegt. Lebensdauer etwa 2 Jahre. **Wirtschaftliche Bedeutung:** keine.

Gattung: Glasgrundeln *(Aphia);* Körper durchsichtig; vordere Rückenflosse sehr klein, zahnartig, doch aus 5 Strahlen gebildet:

Glasgrundel oder Glasküling

Aphia minúta (Risso)

Körper glasartig durchscheinend, in der Laichzeit Oberseite und Flanken fein dunkel punktiert; Körperlänge **5–6 cm.**

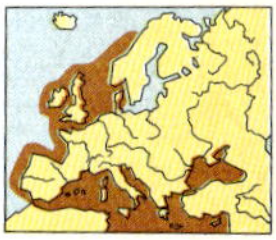

Verbreitung: im Schwarzen Meer, Mittelmeer und an der Atlantikküste Europas bis Mittelnorwegen, im Skagerrak, Kattegat; in der Nordsee seltener; fehlt: in der Ostsee. **Lebensraum** und **Lebensweise:** bevorzugt Meerestiefen von 5–50 m; liebt sandigen Boden; lebt gesellig in großen Schwärmen. **Nahrung:** kleine Krebstiere. **Fortpflanzung:** eierlegend; Laichzeit Mai–August; Eier länglich; ⌀ 0,78–0,95 und 1,06–1,25 mm; geschlechtsreif mit 1 Jahr. Lebensdauer ewa 1 Jahr. **Wirtschaftliche Bedeutung:** keine.

Gattung: Grundeln, Külinge *(Góbius);* 1. Rückenflosse mit 6 oder mehr Stachelstrahlen; wenn nur 5, dann Körper nicht durchsichtig. Besonders im Mittelmeer viele Arten:

Schwarzgrundel oder Schwarzküling

Góbius niger (Linné)

1. und 2. Rückenflosse stoßen aneinander, Körperoberseite bräunlich, dunkel und wolkenartig gefleckt oder dunkel quergebändert, Flanken heller, Unterseite gelblich; bis **14 cm** lang.

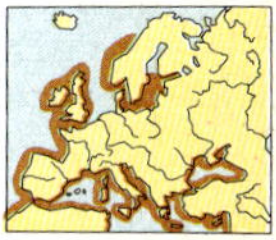

Verbreitung: an den Küsten Großbritanniens, Mittel- und Südnorwegens, im Skagerrak, Kattegat, in der Ostsee (fehlt im Bottnischen Meerbusen), an den Küsten des Atlantiks, Mittelmeeres, Schwarzen Meeres. **Lebensraum** und **Lebensweise:** bevorzugt die Küstenregion, auch Häfen und Flußmündungen mit Tiefen von 1 bis 50 m; liebt sandigen Boden mit Seegras; lebt einzeln oder in Paaren. **Nahrung:** Würmer, kleine Krebstiere und Fische. **Fortpflanzung:** eierlegend; Laichzeit Mai–August; Eier birnenförmig und 0,8 bis 1,5 mm lang; sie besitzen Haftfäden, mit denen sie sich an Steinen, Pfählen und Muschelschalen verankern; ♂ bewacht das Gelege; Entwicklungsdauer 5–6 Tage. Lebensdauer unbekannt; wahrscheinlich über 3 Jahre. **Wirtschaftliche Bedeutung:** keine; wird als Köderfisch verwendet.

Fleckengrundel oder **Gefleckter Küling**
Góbius pictus (MALM)

Körperoberseite und Flanken gelblichbraun, Oberseite mit hellen Flecken, Seitenmitte mit 4–5 bräunlichen Flecken, beide Rückenflossen in 2 Längsreihen schwarz gefleckt, Unterseite gelblichweiß, Kehle dunkel punktiert; Körperlänge bis **5 cm.**

Verbreitung: Küsten Englands, Irlands, der Nordsee, im Kanal, Mittel- und Südnorwegens; fehlt: in der Ostsee. **Lebensraum und Lebensweise:** bevorzugt Meerestiefen bis 100 m; liebt steinigen Boden mit Algen; lebt meistens einzeln. **Nahrung:** wahrscheinlich Kleinkrebse. **Fortpflanzung:** eierlegend; Eier birnenförmig; ⌀ 0,65 und 0,8 mm. Lebensdauer 1–2 Jahre. **Wirtschaftliche Bedeutung:** keine.

Sandgrundel oder **Sandküling**
Góbius minutus (PALLAS)

Ränder der verwachsenen Bauchflossen gesägt. Körperoberseite und Flanken gelblichgrau, Schuppen in diesem Bereich dunkel gerandet, Seitenlinie mit 5 dunklen Flecken, Unterseite gelblichweiß; **7–11 cm** lang.

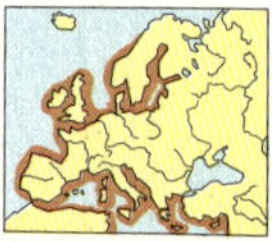

Verbreitung: Atlantikküste Europas bis Mittelnorwegen, Küsten der Nord- und Ostsee; Mittelmeer. **Lebensraum und Lebensweise:** lebt im flachen Wasser in Küstennähe, aber auch in Tiefen bis 300 m; liebt sandigen Boden; kommt in großer Anzahl vor, lebt aber nicht gesellig in Schwärmen. **Nahrung:** kleine Krebstiere. **Fortpflanzung:** eierlegend; Laichzeit April–August; Eier birnenförmig; werden an Muscheln abgelegt und vom ♂ bewacht; ⌀ der Eier 0,7–0,8 und 1,1–1,4 mm; geschlechtsreif mit 1 Jahr. Lebensdauer 1–2 Jahre. **Wirtschaftliche Bedeutung:** keine.

IX. Unterordnung: Makrelenartige *(Scombroídei)*; torpedoförmige Fische mit starrer Oberlippe und daher nicht vorstreckbarem Maul:

1. Familie: Makrelen und **Thunfische** *(Scómbridae)*; brustständige Bauchflossen vorhanden; hinter der 2. Rückenflosse und hinter der Afterflosse Reihen kleiner Flößchen (ähnlich beim Makrelenhecht, dem die vordere Rückenflosse fehlt!):

Gattung: Makrelen *(Scómber)*; Rückenflossen weit voneinander getrennt, auf dem Schwanzstiel oben und unten je 5 Flößchen:

Makrele
Scómber scómbrus LINNÉ

Körperoberseite blaugrün bis dunkelgrün, mit unregelmäßigen, dunklen Querbinden, Flanken mit Perlmutterglanz, Unterseite weiß; Körperlänge bis **50 cm.**

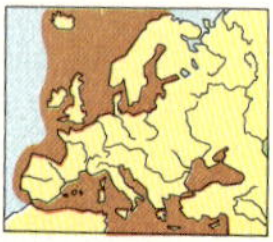

Verbreitung: im Schwarzen Meer, Mittelmeer und an der Atlantikküste Europas bis Island und zum Nordkap, in der Nordsee und westlichen Ostsee (weiter nördlich seltener). **Lebensraum und Lebensweise:** bevorzugt in der warmen Jahreszeit die oberen Wasserschichten und zieht sich im Winter in tiefes Wasser zurück; lebt gesellig in größeren Schwärmen; schwimmt schnell und unternimmt große Wanderungen; nimmt im Winter keine Nahrung zu sich, ist aber nach dem Laichen sehr gefräßig. **Nahrung:** kleine Fische und Fischbrut. **Fortpflanzung:** eierlegend; Laichzeit Mai bis Juli; Eizahl 200 000–450 000; ⌀ 1,0–1,4 mm; Entwicklungsdauer durchschnittlich 6 Tage. Lebensdauer bis zu 11 Jahren. **Wirtschaftliche Bedeutung:** wichtiger und begehrter Speisefisch.

Gattung: Thunfische *(Thúnnus);* vordere Rückenflosse reicht bis dicht an die hintere heran; je 9 Flößchen am Schwanzstiel. 1 europäische Art:

Roter oder Großer Thunfisch
Thúnnus thýnnus (LINNÉ)

Körperoberseite dunkelblau, Flanken grau, Unterseite weiß, vor der halbmondförmigen Schwanzflosse gelbe, schwarz umrandete „Flössel". Gewicht bis 600 kg; Körperlänge **2,60** bis **3,00 m,** in südlichen Breiten bis **5 m.**

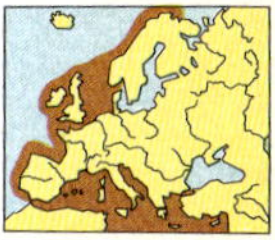

Verbreitung: im Mittelmeer, an den Atlantikküsten Europas, in der Nordsee und an der Küste Norwegens. **Lebensraum und Lebensweise:** streift in großen Schwärmen nahe der Oberfläche umher; unternimmt lange Wanderungen, besonders zur Laichzeit; schwimmt sehr schnell und ist sehr räuberisch. **Nahrung:** vor allem Schwarmfische, aber auch Kopffüßler. **Fortpflanzung:** eierlegend; laicht nur in warmen Meeren; Laichzeit im Mittelmeer z. B. April–Mai; Eizahl unbekannt; ⌀ 1,05 bis 1,12 mm; laicht in Küstennähe. Lebensdauer wahrscheinlich bis zu 15 Jahren. **Wirtschaftliche Bedeutung:** wichtiger und begehrter Speisefisch.

2. Familie: Schwertfische *(Xiphíidae);* Oberkiefer schwertartig verlängert; Bauchflossen fehlen. 1 Gattung:

Gattung: Schwertfische *(Xíphias);* 1 Art:

Schwertfisch
Xíphias gládius LINNÉ

Oberseite dunkelblau bis braun, Flanken graublau, Unterseite weiß. Bei Jungtieren eine einheitliche, sehr lange Rückenflosse, bei Erwachsenen eine hohe vordere Rückenflosse, die außerordentlich weit von der kleinen hinteren Rückenflosse getrennt ist. Gewicht bis 200 kg; Körperlänge bis **4 m.**

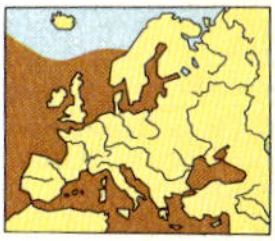

Verbreitung: warme Weltmeere; in Europa im Schwarzen Meer, Mittelmeer, an der Atlantikküste bis Südnorwegen, selten in der Nord- und Ostsee. **Lebensraum und Lebensweise:** bevorzugt das offene Meer und hält sich meistens dicht unter der Oberfläche auf; lebt einzeln oder zu zweien; bewegt sich sehr schnell und unternimmt große Wanderungen. **Nahrung:** Fische, besonders Heringe, Makrelen und Hornhechte; die Bedeutung des „Schwertes" ist noch nicht geklärt; es scheint nicht dem Beutefang zu dienen. **Fortpflanzung:** eierlegend; Laichzeit im Mittelmeer im Sommer; ⌀ der Eier 1,8–1,9 mm; Entwicklung und Lebensdauer unbekannt. **Wirtschaftliche Bedeutung:** wichtiger Speisefisch.

XIII. Ordnung: Plattfische *(Pleuronectifórmes)* (= *Heterosómata);* auf der Seite liegende Grundfische, deren beide Augen auf der pigmentierten Augenseite („Oberseite") stehen, während die Blindseite („Unterseite") farblos ist. Trotz der eigentümlichen Gestalt und dem weitgehenden Fehlen von Hartstrahlen mit den Barschartigen eng verwandt. Die Stellung der Augen ist gruppentypisch, doch kommen abweichende Individuen vor! Die Unterordnungen gründen sich auf Einzelheiten der Anatomie und der Entwicklungsgeschichte bei der Umwandlung von der freischwimmenden Larve (symmetrisch!) zum asymmetrischen Fisch.

I. Unterordnung: Schollenartige *(Pleuronectoídei);* Rand des Vorkiemendeckels frei sichtbar; Rippen vorhanden. 2 Familien, nach anderen Autoren 3:

1. Familie: Schollen *(Pleuronéctidae);* Augen rechts, Basis der Bauchflossen schmal, Maul endständig. Es werden bis zu 8 Gattungen unterschieden:

Gattung: Heilbutte (Hippoglóssus); Maul groß, reicht bis unter das Auge; Bezahnung der Kiefer gleichmäßig:

Heilbutt oder **Weißer Heilbutt**
Hippoglóssus hippoglóssus (LINNÉ)

Seitenlinie stark gebogen, Schwanzflosse leicht ausgekerbt. Augenseite olivbraun bis schwarz, Jungfische dunkel marmoriert, Blindseite weiß. Haut glatt. Höchstgewicht bis 300 kg; Körperlänge bis **2,50 m,** gelegentlich auch darüber.

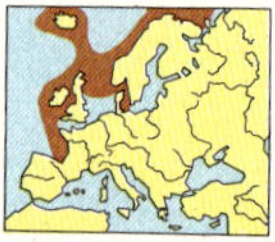

Verbreitung: von der Biskaya bis in das Europäische Nordmeer, Island; auch im nördlichen Teil der Nordsee und im Skagerrak; in der westlichen Ostsee nur sporadisch. **Lebensraum** und **Lebensweise:** bevorzugt felsigen Meeresboden und ist in Tiefen von 50–2000 m anzutreffen; hält sich im Sommer in flacherem Wasser auf; unternimmt oft weite Wanderungen; ist sehr räuberisch. **Nahrung:** Fische, große Krebse und sogar Wasservögel. **Fortpflanzung:** eierlegend; Laichzeit Dezember–April; Eizahl 2–3,5 Millionen; ⌀ 3,0 bis 3,8 mm; Entwicklungsdauer 9–16 Tage; geschlechtsreif mit 7–18 Jahren und einer Körperlänge von 1,10 m (♂) und 1,35 m (♀). Lebensdauer bis zu 40 Jahren. **Wirtschaftliche Bedeutung:** wertvoller Speisefisch.

Gattung: Klieschen, Limanden *(Limánda);* wie vorige Gattung, aber Haut ganz rauh und Seitenlinie stark gebogen:

Kliesche
Limánda limánda (LINNÉ)

Augenseite hellgelb bis braun, auch grünlichbraun, unregelmäßig gefleckt, Blindseite weiß. Fast immer rechtsäugig. Körperlänge **30,** selten **40 cm.**

Verbreitung: von der Biskaya bis in das Europäische Nordmeer, Island; häufig in der Nordsee; auch in der westlichen Ostsee vorhanden. **Lebensraum** und **Lebensweise:** bevorzugt Wassertiefen bis 40 m; liebt sandigen Bodengrund; lebt als Grundfisch gesellig in größeren Scharen. **Nahrung:** Krebstiere, Würmer, Schnecken und Muscheln. **Fortpflanzung:** eierlegend; Laichzeit Mai–Juni, auch März–Juli; Eizahl 50 000 bis 150 000; ⌀ 0,66–0,98 mm; Entwicklungsdauer 3–12 Tage; geschlechtsreif mit 2 Jahren (♂) und einer Körperlänge von 10–12 cm und 3 Jahren (♀) und einer Körperlänge von 15–18 cm. **Wirtschaftliche Bedeutung:** als Speisefisch nicht so begehrt wie Flunder und Scholle.

Gattung: Hundszungen *(Glyptocéphalus);* wie Gattung *Pleuronéctes,* aber sehr viele Flossenstrahlen (85–120 in der Rückenflosse) und Seitenlinie gerade:

Hundszunge oder **Rotzunge**
Glyptocéphalus cynoglóssus (LINNÉ)
(= *Pleuronéctes cynoglóssus* [LINNÉ])

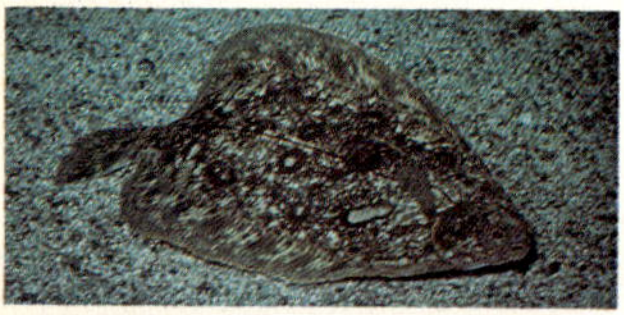

Augenseite graubraun bis rotbraun, Blindseite rötlichweiß, dunkel punktiert, rechte Brustflosse schwärzlich. Haut glatt. Körperlänge bis **50 cm.**

Verbreitung: von der Biskaya bis Island und zur Barents-See, seltener in der südlichen Nordsee und im Kattegat; in der westlichen Ostsee nur sporadisch. **Lebensraum** und **Lebensweise:** bevorzugt Meerestiefen zwischen 40–1000 m; liebt weichen Bodengrund und lebt gesellig in großen Scharen. **Nahrung:** Würmer, Weichtiere, Krebse, auch kleine Fische. **Fortpflanzung:** eierlegend; Laichzeit Mai–Oktober; ⌀ der Eier 1,07 bis 1,25 mm; Entwicklungsdauer 7–8 Tage. Lebensdauer bis zu 15 Jahren. **Wirtschaftliche Bedeutung:** wichtiger Speisefisch.

Gattung: Flundern, Schollen *(Pleuronéctes);* Maul klein, auf der Blindseite mehr Zähne im Kiefer als auf der Augenseite. Weniger als 80 Strahlen in der Rückenflosse. Seitenlinie leicht gebogen:

Scholle
Pleuronéctes platéssa (LINNÉ)

Haut ganz glatt; Kopf mit höckeriger, leistenartiger Verdickung. Augenseite graubraun, orangefarben gefleckt, Blindseite weiß, manchmal dunkel gefleckt. Körperlänge **45–60 cm,** ♂ kleiner als ♀.

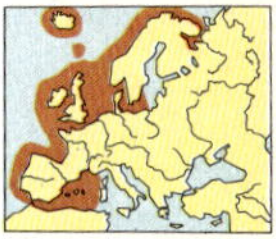

Verbreitung: im westlichen Mittelmeer, an der Atlantikküste Europas, um Island, an den Küsten Großbritanniens, Norwegens (bis ins Weiße Meer), in der Nordsee und in der westlichen Ostsee. **Lebensraum** und **Lebensweise:** bevorzugt Meerestiefen bis 200 m, ist aber meistens in Tiefen von 10–50 m anzutreffen; lebt gesellig in großen Scharen; ist in der Nacht tätig und sucht dann flaches Wasser auf; unternimmt weite Laichwanderungen. **Nahrung:** Borstenwürmer, Muscheln und Flohkrebse. **Fortpflanzung:** eierlegend; Laichzeit vom Standort abhängig, z. B. in der Nordsee von Januar–Juni, in der Ostsee von November–Juni; Eizahl 50 000–520 000; ⌀ 1,7 bis 2,2 mm; Entwicklungsdauer 10–20 Tage; geschlechtsreif bei einer Körperlänge von etwa 22 (♂) und 26 (♀) cm. Lebensdauer bis zu 30 Jahren. **Wirtschaftliche Bedeutung:** einer der wichtigsten Speisefische.

Flunder
Pleuronéctes flésus (LINNÉ)
(= *Platichthys flésus* [LINNÉ])

Haut stellenweise, vor allem an der Seitenlinie, rauh und mit dornigen Hautwarzen bedeckt. 1/3 aller Tiere linksäugig (normal: rechtsäugig)! Augenseite braungrau bis grünlichbraun, dunkel marmoriert und gelbbraun gefleckt, Blindseite weiß. Körperlänge **35–45 cm.**

Verbreitung: vom Schwarzen Meer, Mittelmeer bis zum Weißen Meer; fehlt bei Island. **Lebensraum** und **Lebensweise:** bevorzugt Meerestiefen bis 25 m in Küstennähe; liebt sandigen Boden; lebt gesellig in großen Scharen; wandert auch die Flußmündungen aufwärts; zieht sich im Winter in tieferes Wasser zurück; ist nachts tätig und gräbt sich am Tag in den Sand ein. **Nahrung:** kleine Krebse, Schnecken, Muscheln und kleine Fische. **Fortpflanzung:** eierlegend; Laichzeit im Norden von Januar–Mai, im Süden von Januar bis März; Eizahl 400 000–2 Millionen; ⌀ 0,82 bis 1,13 mm; Entwicklungsdauer 5–11 Tage; geschlechtsreif mit 3 (♂) und 4 (♀) Jahren. Lebensdauer bis zu 16 Jahren. **Wirtschaftliche Bedeutung:** einer der wichtigsten Speisefische.

2. Familie: Butte *(Bóthidae);* Augen auf der linken Seite. Bauchflossen mit breiter Basis, Maul endständig.

Gattung: Stein- und Glattbutte *(Scophthálmus);* Haut glatt oder gehöckert, nicht rauh durch Kammschuppen:

Steinbutt
Scophthálmus máximus (LINNÉ)

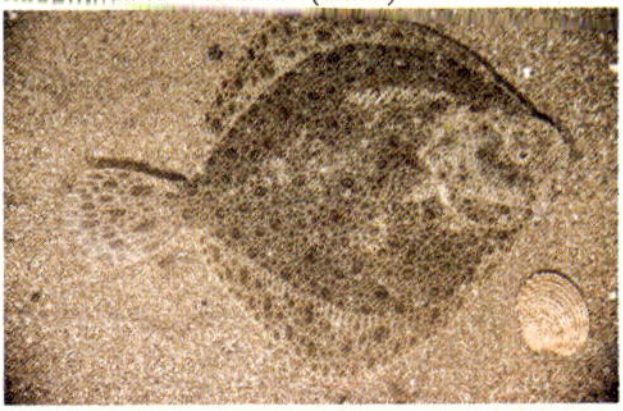

Fast kreisrund, Haut der Augenseite mit harten Knochenwarzen, gelblichgrau oder aschgrau, hellbraun gefleckt oder marmoriert, Blindseite weiß. Gewicht bis 12 kg; Körperlänge bis **100 cm.**

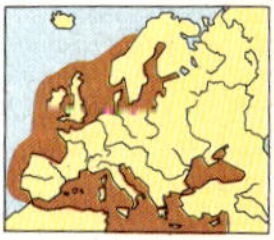

Verbreitung: im Schwarzen Meer, Mittelmeer, an der Atlantikküste Europas bis Mittelnorwegen, in der Nordsee und Ostsee; fehlt bei Island. **Lebensraum** und **Lebensweise:** bevorzugt Meerestiefen bis 70 m und liebt sandigen und steinigen Boden; Jungfische halten sich in flacherem Wasser auf; schwimmt in Bodennähe und ist räuberisch. **Nahrung:** Fische. **Fortpflanzung:** eierlegend; Laichzeit April–August; Eizahl 10–15 Millionen; ⌀ 0,9–1,2 mm; Entwicklungsdauer 7–9 Tage; geschlechtsreif bei einer Körperlänge von 15 (♂) und 20 (♀) cm. Lebensdauer bis zu 22 Jahre. **Wirtschaftliche Bedeutung:** Wertvoller und wichtiger Speisefisch.

Glattbutt
Scophthálmus rhómbus (LINNÉ)

Haut glatt, vordere Strahlen der Rückenflosse verzweigt; Augenseite graubraun, graugrün oder bräunlich, hell und dunkel marmoriert, Blindseite weiß. Körper gestreckter. Länge **60–70 cm.**

Verbreitung: Schwarzes, Mittelmeer, Atlantikküste Europas bis Großbritannien und Mittelnorwegen, in der Nordsee, im Skagerak, Kattegat, in der westlichen Ostsee. **Lebensraum** und **Lebensweise:** bevorzugt Meerestiefen bis 70 m mit sandigem Bodengrund; zieht sich im Winter in tieferes Wasser zurück; hält sich als Jungfisch in Ufernähe auf; lebt einzeln. **Nahrung:** Krebstiere und hauptsächlich kleine Fische. **Fortpflanzung:** eierlegend; Laichzeit März–August; laicht im flachen Wasser bis 20 m Tiefe; ⌀ der Eier 1,16–1,50 mm; Entwicklungsdauer etwa 14 Tage. Lebensdauer unbekannt. **Wirtschaftliche Bedeutung:** begehrter Speisefisch.

Gattung: Flügelbutte *(Lepidorhómbus);* Haut mit Kammschuppen, rauh; Rücken- und Afterflossen laufen hinten bis auf die Blindseite.

Flügelbutt
Lepidorhómbus whiffiágonis (WALBAUM)

Körper dünn, Mundspalte groß und schief, Seitenlinie über der Brustflosse scharf gebogen, Augen groß. Gelbbraun. Körperlänge **50–60 cm.**

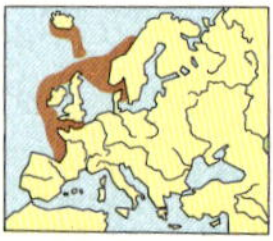

Verbreitung: von der Atlantikküste Frankreichs bis zur Südküste Islands, bei den Färöer- und Shetlandinseln und an der Küste Süd- und Mittelnorwegens. **Lebensraum:** bevorzugt Meerestiefen von 200–500 m. **Nahrung:** kleine Fische. **Fortpflanzung:** eierlegend; Laichzeit März–Juni. **Wirtschaftliche Bedeutung:** wichtiger Speisefisch.

II. Unterordnung: Zungenartige *(Soleoídei);* Rand des Vorkiemendeckels von Haut bedeckt; Rippen fehlen:

1. Familie: Zungen *(Soléidae);* Augen rechts, Mund unterständig, klein. 2 Gattungen:

Gattung: Zungen *(Sólea);* Rücken- und Afterflossen enden hinten frei:

Seezunge
Sólea vulgáris QUENSÉL

Haut rauh; Augenseite grau, grünlich oder bräunlich, unregelmäßig dunkel gefleckt, Blindseite weiß; Körperlänge bis **50 cm.**

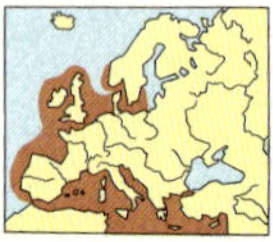

Verbreitung: im Mittelmeer, an der Atlantikküste Europas, an der Küste Großbritanniens, Südnorwegens, in der südlichen Nordsee und westlichen Ostsee; fehlt bei Island. **Lebensraum** und **Lebensweise:** bevorzugt Wassertiefen bis 40 m; im Winter bis 100 m; liebt sandigen und schlammigen Boden; wühlt sich gern in den Grund ein und ist hauptsächlich in der Nacht tätig; kann sich verhältnismäßig schnell bewegen. **Nahrung:** Muscheln, Würmer, Krebse und kleine Fische. **Fortpflanzung:** eierlegend; Laichzeit April–August, im Mittelmeer früher; Eizahl 100 000–150 000; ⌀ 0,95–1,38 mm; Laichabgabe in Küstennähe; Entwicklungsdauer etwa 10 Tage; geschlechtsreif mit 3 Jahren und einer Körperlänge von etwa 24 cm. Lebensdauer der ♂♂ bis zu 12, der ♀♀ bis zu 15 Jahren. **Wirtschaftliche Bedeutung:** begehrter Speisefisch.

Gattung: Zwergzungen *(Buglossidium)*; die Enden von Rücken- und Afterflossen sind mit dem Schwanzstiel verbunden. 1 Art:

Zwergzunge
Buglossidium luteum (Risso)

Augenseite goldgelb oder graugelb, mit kleinen dunklen Flecken in mehreren Reihen, Blindseite bräunlichweiß, Flossensäume schwarz gestrichelt. Körperlänge bis **13 cm.**

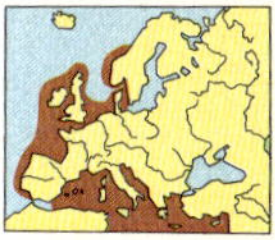

Verbreitung: Mittelmeer, Atlantikküsten Europas, Küsten Großbritanniens und Südnorwegens, im Skagerrak, Kattegat und in der südlichen Nordsee; fehlt in der Ostsee und bei Island. **Lebensraum** und **Lebensweise:** bevorzugt Wassertiefen von 5–20 m; liebt sandigen und schlammigen Boden; wühlt sich ebenfalls in den Grund ein. **Nahrung:** Würmer und Krebse. **Fortpflanzung:** eierlegend; Laichzeit April–August; Eizahl unbekannt; ⌀ 0,69–0,94 mm; Entwicklungsdauer 5–6 Tage; geschlechtsreif bei einer Körperlänge von 7–8 cm. Lebensdauer unbekannt. **Wirtschaftliche Bedeutung:** Speisefisch.

XIV. Ordnung: Kugelfischverwandte *(Tetraodontifórmes)*; die Zähne verwachsen zu einem harten Schnabel, der auch bei geschlossenem Maul sichtbar ist. Stachelteil der Rückenflosse, Bauchflossen fehlen. Haut ohne Schuppen, nackt oder bestachelt. Der einzige europäische Vertreter wird hier in die Unterordnung der Kugelfischartigen *(Tetraodontoidei)* gestellt, mitunter wird er als Angehöriger einer eigenen Unterordnung Mondfische *(Moloidei)* betrachtet.

1. Familie: Mondfische *(Mólidae)*; Körper stark abgeplattet, Schwanz verkümmert, die Rückenflosse verbindet sich hinten mit der Afterflosse. Rumpf und Kopf nicht deutlich gegeneinander abgesetzt. In Europa nur 1 Gattung:

Gattung: Mondfische *(Móla)*; in Europa 1 Art:

Mondfisch
Móla móla (Linné)

Haut rauh, Brustflossen sehr klein, Rücken- und Afterflossen sehr hoch und spitz. Körperoberseite und Flanken dunkelbraun bis dunkelgrau, Unterseite hellgrau bis gelblichweiß. Gewicht bis 1400 kg; Körperlänge bis **2,50 m,** auch **3,0 m.**

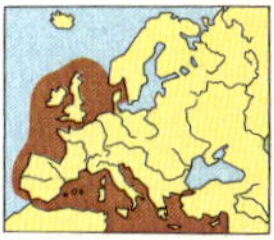

Verbreitung: im Stillen Ozean und im Atlantik; in Europa im Mittelmeer, an der Atlantikküste Europas, besonders bei Irland und Großbritannien; in der Nordsee an den Küsten Hollands und Ostenglands; sporadisch im Skagerrak und Kattegat; fehlt in der Ostsee. **Lebensraum** und **Lebensweise:** bevorzugt die offene See; hält sich gern an der Oberfläche auf und läßt sich von der Strömung treiben. **Nahrung:** Schnecken, Tintenfische, Aallarven, Krustentiere und Quallen. **Fortpflanzung:** eierlegend; Eizahl über 300 Millionen. **Wirtschaftliche Bedeutung:** keine.

331.1 Seezunge: Anpassung

Klasse Rundmäuler *(Cyclostómata)*
Urtümlicher Seitenzweig der Wirbeltiere. Der runde Mund wird lediglich durch die Lippen und die kolbenartige Zunge geschlossen, da ein Kieferapparat fehlt. Daher auch der Name Kieferlose *(Agnátha)*, im Gegensatz zu allen anderen Wirbeltieren, den Kiefermäulern *(Gnathostómata)*, den nächsten Verwandten der Rundmäuler. Ohne paarige Flossen, ein unpaarer Flossensaum am Hinterkörper. Das unpaare Nasenloch, jederseits 7 Kiemenlöcher, zusammen mit dem kleinen Auge gezählt, führten zur Bezeichnung *„Neunaugen"*. Die Chorda bleibt zeitlebens erhalten. Die Haut der rezenten Arten ist nackt. Wegen ihrer Lebensweise und aalartigen Gestalt meist für Fische gehalten, sind sie diesen nur in Primitivmerkmalen und der Lebensform ähnlich, jedoch mit ihnen nicht näher verwandt, als mit irgendwelchen anderen Wirbeltieren. In früheren erdgeschichtlichen Perioden reich entfaltete Gruppe, die rezent nur mit wenigen Arten überlebt.

Systematische Übersicht:

I. Ordnung: Schleimfische *(Myxinifórmes)*; augenlos, ohne Rückenflosse, Nasenöffnung mit der Mundhöhle verbunden. Ausschließlich im Meere, in Europa nur der Inger (*Myxine glutinósa* [LINNÉ]); ohne wirtschaftliche Bedeutung; hier nicht behandelt.

II. Ordnung: Neunaugen i. e. S. *(Petromyzonifórmes)*; paarige Augen, 1 oder 2 Rückenflossen. Nase sackartig, ohne Verbindung zur Mundhöhle. 1 Familie:

1. Familie: Neunaugen *(Petromyzónidae)*; 4 europäische Gattungen, hier 2 behandelt:

Gattung: Meerneunaugen *(Petromýzon)*; in der Mundhöhle stehen Hornzähne in mehreren ringförmigen Reihen. 1 Art:

Meerneunauge, Lamprete
Petromýzon marinus LINNÉ

Körperoberseite graugelb, dunkel marmoriert, Flanken heller, Unterseite gelblichweiß. 2 getrennte Rückenflossen. Gewicht bis 3 kg; Körperlänge bis **1 m**.

Verbreitung: Küsten des westlichen Mittelmeeres, des Atlantiks, der Nordsee, Ostseee, Islands; Norwegen; Weißes Meer. **Lebensraum** und **Lebensweise:** bevorzugt Küstengebiete mit Flußmündungen; wandert zum Laichen die Flüsse aufwärts; saugt sich an Fischen fest, raspelt ein Loch durch die Haut, um von dem Gewebe zu zehren. **Nahrung:** Fische und kleine Bodentiere. **Fortpflanzung:** eierlegend; Laichzeit März–Mai; laicht auf steinigem Boden im Oberlauf der Flüsse; Zahl der Eier 200 000–240 000; ϕ etwa 1 mm; Laich wird mit Steinen bedeckt; Entwicklungsdauer 1–2 Wochen; Eltern sterben nach dem Laichen; die Larven leben etwa 1 Jahr im Bodenschlamm und verwandeln sich danach zu 12–15 cm langen Neunaugen, die zum Meer schwimmen. **Wirtschaftliche Bedeutung:** in manchen Ländern geschätzter Speisefisch.

Gattung: Neunaugen *(Lampétra)*; die Hornzähne des Mundes bilden nur 1 Ring. 2 Arten, 1 weitere von Asien bis ins nordöstlichste Europa vordringend:

Bachneunauge
Lampétra pláneri (BLOCH)

Körper nur bleistiftstark. Oberseite dunkelgrün, Flanken heller, Unterseite weiß. Nur an der geringen Größe und der Lebensweise von voriger Art zu unterscheiden; Körperlänge **15–20 cm**.

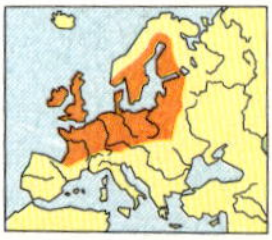

Verbreitung: in Binnengewässern um die Nord- und Ostsee, um den Ärmelkanal. **Lebensraum** und **Lebensweise:** bevorzugt schnell fließende Gewässer mit steinigem und sandigem Boden; meidet Flußmündungen; lebt in kleinen Schwärmen. **Nahrung:** Kleintierfresser. **Fortpflanzung:** eierlegend; Laichzeit April–Mai; Eizahl 500; ϕ 1 mm; Entwicklungsdauer unbekannt; geschlechtsreif mit 4–5 Jahren und einer Körperlänge von 15–20 cm; Elterntiere sterben nach dem Laichen. Lebensdauer 4–5 Jahre. **Wirtschaftliche Bedeutung:** gering; wird auch als Köder benutzt.

Flußneunauge
Lampétra fluviátilis (LINNÉ)

Etwa fingerdick; Rückenflosse während des Lebens im Meer getrennt, in der Laichphase im Süßwasser nicht mehr. Körperoberseite und Flanken dunkelblau oder grünlichschwarz, Unterseite silbrig weiß. Körperlänge **40–50 cm.**

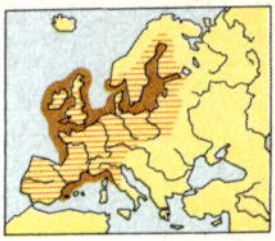

Verbreitung: Meeresküsten West-, Südwesteuropas; in Flüssen und Seen des Binnenlandes. **Lebensraum** und **Lebensweise:** lebt als erwachsener Fisch im Brackwasser der See in Küstennähe und in Flußmündungen; schwimmt im Herbst flußaufwärts und überwintert im Bodenschlamm; laicht anschließend im flachen Wasser von Nebenflüssen und Bächen auf steinigem und kiesigem Bodengrund; die Jungfische („Querder") halten sich 3–4 Jahre im Süßwasser auf und wandern anschließend seewärts, wo sie schnell an Größe zunehmen. **Nahrung:** kleine Bodentiere, Fische und Fischlaich. **Fortpflanzung:** eierlegend; Laichzeit April–Mai; Eizahl 4000–40 000; ⌀ etwa 1 mm; Larvenstadium 3–4 Jahre; geschlechtsreif mit 3–5 Jahren und einer Körperlänge von 15–30 cm. Lebensdauer wahrscheinlich bis zu 5 Jahren. **Wirtschaftliche Bedeutung:** jetzt gering; früher begehrter Speisefisch.

2. Unterstamm und einzige Klasse: Schädellose *(Acránia)*

Klasse: Schädellose *(Acránia)*
Chordatiere ohne Schädelkapsel für das winzige Gehirn, Kopf ist nicht vom Rumpf abgesetzt. Augen und paarige Flossen fehlen, ein unpaarer Flossensaum am Körperende. Nasenöffnung unpaar. Das weit offene Maul ist von Barteln umgeben. Es führt in einen Kiemendarm mit zahlreichen spaltförmigen Öffnungen, der der Atmung und der Abfiltration von Partikeln aus dem Wasser dient, die im anschließenden engen Darmabschnitt verdaut werden. Eine Hautfalte verdeckt die Kiemenspalten, sie mündet bauchseits vor dem After mit einer großen Öffnung. Durch sie gelangen auch die Produkte der Keimdrüsen, die im Bereich des Kiemendarms liegen und bei Reife platzen, ins freie Wasser. 1 einzige Familie mit 2 Gattungen und wenigen (etwa 20) Arten.

1. Familie: Lanzettfischchen *(Branchiostómidae)*; in Europa nur 1 Gattung:

Gattung: Lanzettfischchen *(Branchióstoma) (= Amphióxus)*; in Europa 1 Art:

Lanzettfischchen
Branchióstoma lanceolátum PALLAS

Langgestreckt, einem Weidenblatt ähnlich, Mund unterständig; bis **6 cm** lang.

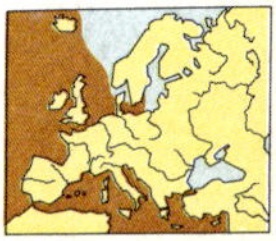

Verbreitung: Mittelmeer, Atlantik, Nordsee, westliche Ostsee. **Lebensraum** und **Lebensweise:** auf Sandböden; ist in Tiefen bis 60 m anzutreffen; gräbt sich bis auf das Vorderende in den Sand ein; bewegt sich in Spirallinien schwimmend fort. **Nahrung:** organische Bestandteile des Meeresbodens, Einzeller. **Fortpflanzung:** getrenntgeschlechtlich; aus den Eiern gehen bewimperte Larven hervor, die frei umherschwimmen. **Wirtschaftliche Bedeutung:** keine.

3. Unterstamm: Manteltiere *(Tunicáta)*
Der 3. Unterstamm der Chordatiere umfaßt Tiere sehr verschiedener Organisation. Mit den anderen Unterstämmen verbindet sie der Besitz einer *Chorda* und eines darüberliegenden *Rückenmarks* (oft nur bei Larven), untereinander stimmen sie in der Fähigkeit überein, eine zelluloseartige Substanz auszuscheiden, die einen Mantel um den Körper bildet. Alle Tunicaten sind *Filtrierer*, die ihre Nahrung mit dem zum Kiemendarm spezialisierten Vorderdarm erlangen. Alle ohne große Sinnesorgane, fast alle zwittrig.

1. Klasse: Geschwänzte Manteltiere *(Appendiculáta)*
Mikroskopisch kleine Plankter, die durch Schlängelbewegungen des langen Schwanzes schwimmen. Ihr Mantel bildet einen Fangapparat für winzigstes Plankton, der häufig erneuert wird. In Europa vertreten, hier aber nicht behandelt.

2. Klasse: Salpen und Feuerwalzen *(Thaliacéa)*
Bis faustgroße, durchsichtige Plankter, die durch Kontraktion weniger, den tonnenförmigen Körper umgebender Ringmuskeln nach dem Rückstoßprinzip schwimmen können. Fast der gesamte Körperraum wird vom Kiemendarm eingenommen, alle übrigen Organe knäuelartig zusammengedrängt, weitgehend reduziert, unauffällig. Vegetative Fortpflanzung führt durch Sprossung zu oft meterlangen Verbänden zwittriger Geschlechtstiere (Kettensalpen), deren Nachkommen ungeschlechtliche Einzeltiere sind, die wiederum zu Kettensalpen heranwachsen. Die typische Chordatenorganisation ist nur bei den Larven einzelner Arten erhalten. In Europa vertreten, hier nicht behandelt.

3. Klasse: Seescheiden *(Ascidiacéa)*
Larve vom typischen Bau der Chordaten, einer Appendiculate ähnlich, jedoch mit Haftorganen am Vorderende. Damit setzt sie sich im Alter von wenigen Stunden kopfunter fest und wandelt sich unter radikaler Umorganisation und teilweisem Verlust von Organen in die festsitzende Form des erwachsenen Tieres um. Die Erwachsenen haben einen U-förmigen Darm mit je 1 Ein- und Ausströmöffnung (Mund, After). Den größten Teil des meist sackartigen Körpers nimmt der Kiemendarm ein, verdauender Darmteil klein. Nervensystem und Muskulatur weitgehend reduziert. Geschlechtsorgane in wechselnder Zahl und Lage, Eier und Samen werden ins Wasser abgegeben. Ungeschlechtliche Vermehrung häufig, durch Sprossung entstehen oft Stöcke. Auch echte Koloniebildung mit gemeinsam genutzten Organen kommt vor. Sichere Bestimmung erfordert anatomische Untersuchung; hier eine Auswahl auffälliger Arten.

1. Klasse: Seescheiden *(Ascidiacéae)*

I. Ordnung: *Aplousobránchia;* Kiemendarm weder gerippt noch gefaltet, die Eingeweide liegen deutlich unter dem Kiemendarm, der Körper erscheint meist auch äußerlich gegliedert; stockbildende Formen.

1. Familie: *Clavelinidae;* Körper deutlich gegliedert, der schmalere Basalteil enthält nebeneinander alle Eingeweide, der Mantel ohne Kalkeinlagerungen.

Gattung: *Clavelina;* rasenartige Kolonien durchsichtiger Tiere; Kiemenspalten einfach, meist in 17 Reihen, Ränder der Darmöffnungen glatt:

Gelbe Seescheide
Clavelina lepadifórmis O. F. Müller

Mantel durchsichtig, Kiemenkorbleisten gelb; bis **3 cm** lang.

Verbreitung: Mittelmeer, Atlantik, Nordsee. **Lebensraum und Lebensweise:** von der Gezeitenzone bis 50 m Tiefe; ist meist unter überhängenden Felsen, an Molenbefestigungen und Bojen zu finden; bildet Kolonien; überdauert die kalte Jahreszeit im Norden im Knospenstadium. **Nahrung:** organische Schwebstoffe. **Fortpflanzung:** geschlechtlich und vegetativ, wie einleitend beschrieben. **Wirtschaftliche Bedeutung:** keine.

II. Ordnung: *Phlebobranchiáta;* Kiemendarm mit Längsrippen, die Eingeweide liegen fast stets neben dem Kiemendarm, Körper ungegliedert. Einzeln oder stockbildend.

1. Familie: *Ciónidae;* Körper ungegliedert, langgestreckt, Mantel dünn, gallertig. Einzeltiere, wenn auch oft in Gruppen stehend:

Gattung: *Cióna;* um die Einströmöffnung 8, um die Ausströmöffnung 6 Lappen des Mantels:

Walzen-Seescheide
Cióna intestinális Linné

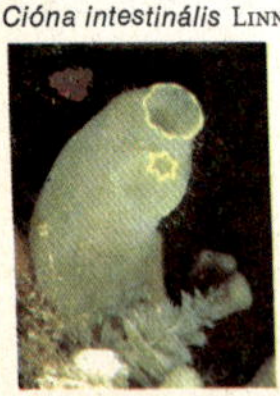

Körper walzenförmig, gelblichweiß, Hinterende breiter bis **12 cm** lang.

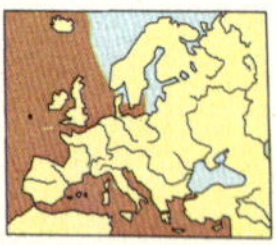

Verbreitung: Mittelmeer, Atlantik, Nordsee, westliche Ostsee. **Lebensraum und Lebensweise:** in flachem und tiefem Wasser auf Steinen, Felsen, Muscheln, an Hafenpfählen und Schiffsböden; resistent gegen Wasserverschmutzung. Meist in Gruppen festsitzend. **Nahrung und Fortpflanzung:** wie *Clavelina*. **Wirtschaftliche Bedeutung:** Inhalt wird in den Mittelmeerländern roh gegessen.

2. Familie: *Ascidiidae;* Körper ungegliedert, sackförmig; Eingeweide links vom Kiemendarm. Einzeln lebend:

Gattung: *Ascidiélla;* Kiemendarm mit Längsrippen, doch diese mit Papillen:

Gemeine Seescheide
Ascidiélla scábra O. F. MÜLLER

Körper sackförmig, mit knorpeligem Mantel und großen Öffnungen; bis **8 cm** lang.

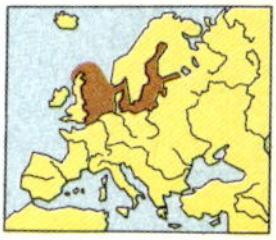

Verbreitung: Nordsee, auch Ostsee. **Lebensraum und Lebensweise:** in flachem und tiefem Wasser auf Steinen, Felsen und Pflanzen; sitzt fest; oft in Gruppen beisammen. **Nahrung und Fortpflanzung:** wie *Clavelína.* **Wirtschaftliche Bedeutung:** keine.

III. Ordnung: *Stolidobranchiáta;* Kiemendarm mit Rippen und Falten; Geschlechtsorgane nicht bei den übrigen Eingeweiden, sondern neben dem Kiemendarm in der Körperwand.

1. Familie: *Pyúridae;* einzeln lebend, mindestens 5 Falten im Kiemendarm. Tentakeln am oberen Rand des Kiemendarmes gefiedert. Ein- und Ausströmöffnung mit je 4 Mantellappen:

Gattung: Seescheiden *(Halocýnthia);* Mantel hart, höckerig, an den Öffnungen Borstenkränze:

Rote Seescheide
Halocýnthia papillósa (LINNÉ)
(= *Cýnthia papillósa* [LINNÉ])

Mantel schön rot, knollenförmig; bis **12 cm** lang.

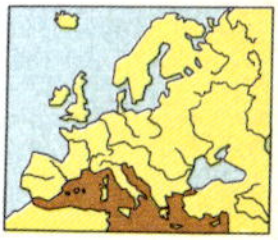

Verbreitung: Mittelmeer. **Lebensraum und Lebensweise:** auf Sandböden ab 15 m Tiefe; hält sich gern unter überhängenden Felsen und in Felshöhlen auf; zieht sich bei Berührung zusammen und verschließt die Leibesöffnungen. **Nahrung und Fortpflanzung:** wie *Clavelína.* **Wirtschaftliche Bedeutung:** keine.

2. Familie: *Styélidae;* Kiemendarm jederseits mit maximal 4 Falten, die Tentakeln an seinem Oberrand einfach, nicht gefiedert. Einzeln lebend oder stock- bzw. koloniebildend:

1. Unterfamilie: *Styélinae;* die Tiere leben einzeln oder bilden Stöcke, aus denen ihr Körper wenigstens teilweise frei hervorragt.

Gattung: Seescheiden *(Dendrodóa);* Längsfalten des Kiemendarms wenig entwickelt. Mantel glatt, Öffnungen warzenartig. Rechts neben dem Darm 1 einzige Keimdrüse:

Stachelbeer-Seescheide
Dendrodóa grossulária VAN BENEDEN

Körper rot, einzelnstehende Tiere halbkugelig, in Gruppen wachsende länger, bis fast zylindrisch gestaltet; ⌀ bis **1,5 cm.**

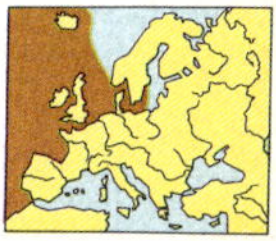

Verbreitung: Atlantik, Nordsee, westliche Ostsee. **Lebensraum und Lebensweise:** auf Tang, Muschelschalen und Steinen vom Flachwasser bis 1100 m Tiefe; meist einzeln, seltener in größeren Gruppen. **Nahrung und Fortpflanzung:** wie bei *Clavelína.* **Wirtschaftliche Bedeutung:** keine.

335.1 Seescheide

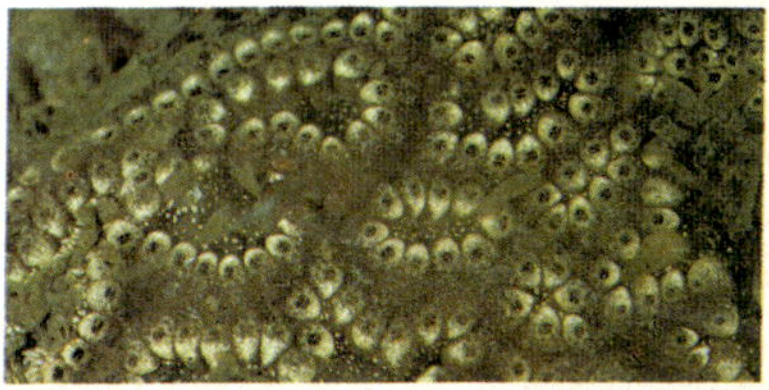

335.2 Gelbe Seescheide

2. Unterfamilie: *Botrýllinae;* bilden Kolonien, deren gemeinsamer Mantel die Körper der Einzeltiere völlig einschließt.

Gattung: Stern-Seescheiden *(Botrýllus);* flache gallertige Krusten mit sternförmigen Kolonien. Angehörige der einzelnen Kolonien jeweils mit einer einzigen gemeinsamen Ausströmöffnung.

Stern-Seescheide
Botrýllus schlósseri (PALLAS)

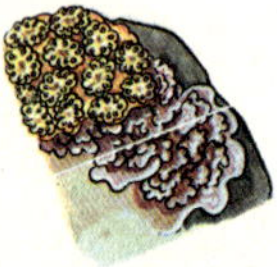

Zu 6–20 sternförmig geordnet; Färbung sehr variabel, oft auffällig bunt; Einzeltier bis **2,5 mm** groß.

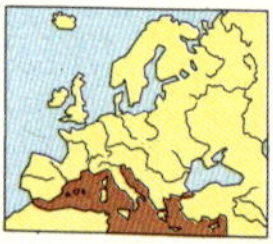

Verbreitung: Mittelmeer. **Lebensraum** und **Lebensweise:** auf Tang, Steinen und Holz vom Flachwasser bis 650 m Tiefe. **Nahrung:** wie bei *Clavelina.* **Fortpflanzung:** die Eier verbleiben einige Zeit in dem den Kiemendarm umgebenden Raum. Wenn die Larve durch die gemeinsame Ausströmöffnung der Kolonie entlassen wird und kurze Zeit frei schwimmt, ehe sie sich festsetzt, hat in ihrem Innern die Knospung einer neuen Kolonie bereits begonnen. **Wirtschaftliche Bedeutung:** keine.

Stamm: *Stomochordáta*
Meerestiere mit auffälliger *Dreigliederung* des Körpers. Das Vorderende enthält einen Blindsack des Darms, der in zellulärem Feinbau und seiner elastischen Beschaffenheit der Chorda der Chordaten ähnelt, ihr aber nur funktionell entspricht. Deswegen, wegen des Besitzes eines Kiemendarms und wegen anderer Einzelheiten, die an Chordaten erinnern, oft Hemichordaten genannt. Die damit suggerierten engen Verwandtschaftsbeziehungen sind unbewiesen. In weiteren Merkmalen, vor allem der Larven, bestehen große Ähnlichkeiten mit Stachelhäutern. Von den 3 Klassen in Europa nur die Eichelwürmer.

Klasse: Eichelwürmer *(Enteropnéusta)*
Wurmförmig. 1. Körperabschnitt (Eichel) dient mit seiner Muskulatur und seinem Stützgewebe als Grab- und Bewegungsorgan. 2. Abschnittt (Kragen) trägt an seinem Vorderrand unten den Mund. Vorderteil des 3. Abschnitts (Rumpf) mit Kiemenöffnungen und den Geschlechtsorganen (diese mitunter in Wülsten oder Falten, die die Kiemenspalten verdecken können), hinterer Teil des Rumpfes mit dem verdauenden Darmteil; dessen Anhangsorgane („Leber") oft als Schwellungen von außen sichtbar. 2 Familien in Europa, nur 1 davon behandelt:

1. Familie: *Ptychodéridae;* Leberregion und Genitalregion mit Wülsten oder Schwellungen.

Gattung: Eichelwürmer *(Balanoglóssus):*

Eichelwurm
Balanoglóssus clavígerus DELLE CHIAJE

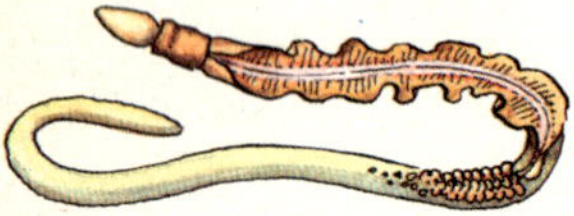

Eichel kegelförmig, kaum länger als der Kragen, Genitalregion mit flügelartigen Seitenfalten; bis **30 cm** lang.

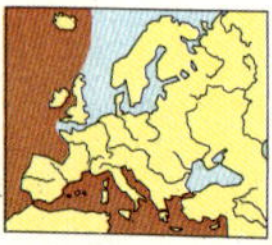

Verbreitung: Mittelmeer, Atlantik. **Lebensraum** und **Lebensweise:** auf Sand- und Schlickböden; ist in Tiefen von 5 m ab zu finden; gräbt U-förmige Wohnröhren bis 50 cm tief, Wände werden durch Schleimabsonderung verstärkt. **Nahrung:** organische Bestandteile des Meeresbodens. **Fortpflanzung:** getrenntgeschlechtig; bewimperte Schwebelarve lebt mehrere Monate von mikroskopischen Algen, ehe sie sich umwandelt. **Wirtschaftliche Bedeutung:** keine.

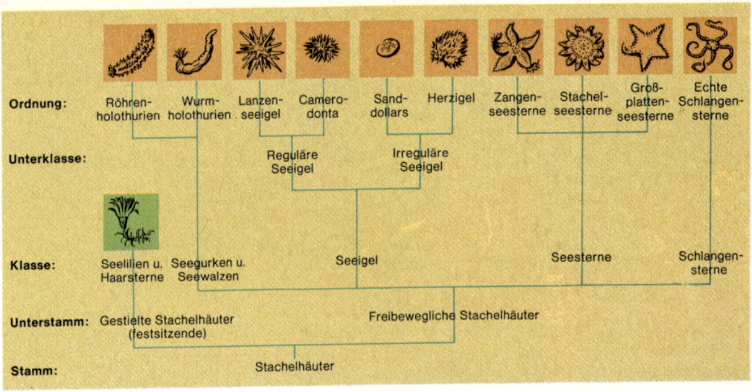

337.1 System der Stachelhäuter

Stamm: Stachelhäuter *(Echinodérmata)*
Ausschließlich *marine Tiere,* weniger als 1000 Arten insgesamt. Der Körper besteht aus 5 weitgehend gleichartigen Sektoren, die symmetrisch um die Linie Mund–After geordnet sind. Mitunter sind die einzelnen Sektoren nach außen zipfel- oder armartig verlängert. Körper sonst ungegliedert (bei exotischen Vertretern mitunter gestielt). Die Beweglichkeit ist in aller Regel gering, große Sinnesorgane fehlen. Ein *Kalkskelett* der Unterhaut stützt den Körper; es ist vielfach schalenartig und bestimmt mit seinen Platten und Stacheln oft das Aussehen der Tiere. Die innere Organisation ist durch Fehlen großer, massiver Gewebe und die außerordentliche Entwicklung der reich gekammerten Leibeshöhle ausgezeichnet. Fortsätze der Leibeshöhle treten durch Öffnungen des Panzers auch nach außen vor und dienen nicht selten der Fortbewegung. Fortpflanzung zumeist getrenntgeschlechtig; Eier und Samen werden in der Regel ins freie Wasser abgegeben. Die bewimperten Larven sind planktisch, häufig sehr bizarr gestaltet. Sie wandeln sich unter dramatischen Veränderungen des äußeren und inneren Baus in die völlig anders aussehenden Erwachsenen um, wobei oft große Teile des Larvenkörpers preisgegeben werden.
Wirtschaftliche Bedeutung hat die Mehrzahl der Arten nicht, das entsprechende Stichwort wird nur bei den wenigen Ausnahmen behandelt.

Systematische Übersicht:
1. Unterstamm: Gestielte Stachelhäuter *(Pelmatozóa);* einzige Klasse:
1. Klasse: Seelilien und Haarsterne *(Crinoídea);*
der mit 5 langen Armen versehene kleine scheibenförmige Körper sitzt auf einem langen Stiel fest, seine Mundöffnung ist nach oben gerichtet, der After steht auf einem Fortsatz neben ihr (Seelilien). Bei den in Europa allein vertretenen Haarsternen löst sich das Tier im Lauf der Jugendentwicklung vom Stiel ab und wird wieder frei beweglich, kann sogar schwimmen. **S. 338**
2. Unterstamm: Freibewegliche Stachelhäuter *(Eleutherozóa);*
frei bewegliche, auch als Larven nicht auf einem Stiel festsitzende Tiere; 4 Klassen:
1. Klasse: Seegurken und Seewalzen *(Holothurioídea);*
der Körper ist wurmförmig, in der Achse Mund–After gestreckt, er liegt auf der Seite. 3 der Körperradien funktionieren als Unterseite, 2 sind nach oben gerichtet. Um die Mundöffnung ein Kranz einziehbarer Tentakeln. Skelett reduziert, besteht aus kleinen Kalkplättchen im Innern der meist weichen bis ledrigen Haut. **S. 338**
2. Klasse: Seeigel *(Echinoídea);*
geschlossenes, aus regelmäßig geordneten Platten aufgebautes kapselartiges Skelett, das mit beweglichen Stacheln besetzt ist. Diese und die Fortsätze des Leibeshöhlensystems dienen gemeinsam der Fortbewegung. **S. 339**
1. Unterklasse: Reguläre Seeigel *(Regulária);* 5strahlig, hoch gewölbt bis fast kugelig, Mund mit kompliziertem Zahnapparat in der Mitte der Unterseite, der kleine After genau über ihm in der Mitte der Oberseite. Stacheln lang bis sehr lang. **S. 339**
2. Unterklasse: Irreguläre Seeigel *(Irregulária);* in Aufsicht oval oder herzförmig, flach. Oft ist der Mund (ohne oder mit reduziertem Zahnapparat) an das Vorderende der Unterseite gerückt und der After an ihr hinteres Ende verlagert; dann oft scheinbar 4strahlig organisiert. Stacheln kurz. **S. 341**
3. Klasse: Seesterne *(Asteroídea);*
abgeflacht; die 5 Körperradien laufen allmählich in Zipfel oder Arme aus, zumeist 5, mitunter mehr. Mund in der Mitte der Unterseite, After in der Mitte der Oberseite oder fehlend. Fortbewegung durch bewegliche Fortsätze („Füßchen“) der Leibeshöhle auf der Unterseite der Arme. **S. 342**
4. Klasse: Schlangensterne *(Ophiuroídea);*
flach, mit scharf gegen die kleine Körperscheibe abgesetzten Armen. Diese sehr beweglich, dienen unmittelbar der Fortbewegung. Mund unterseits, Darm sackförmig, kein After. **S. 344**

1. Unterstamm: Gestielte Stachelhäuter *(Pelmatozóa):*

1. Klasse: Seelilien und Haarsterne *(Crinoídea);* in Europa ist nur die Ordnung der Haar- oder Federsterne (Comatúlida) mit 1 Familie vertreten:

1. Familie: Haarsterne *(Antedónidae);* formenreichste aller Haarsternfamilien. Einige Arten sind an den europäischen Küsten heimisch. Von ihnen wird nur die häufigste hier aufgeführt:

Gattung: Haarsterne *(Antédon);* die 5 Arme gabeln sich unmittelbar am Rand des Körperkelchs. Sie sind seitlich mit feinen federförmigen Fortsätzen besetzt. Auf der unteren Körperseite kleine Cirren, mit denen die Tiere sich festhalten:

Mittelmeer-Federstern
Antédon mediterránea (LAMARCK)

Insgesamt 10 federförmige Arme, Färbung variabel, oft rot, orange, seltener braun oder cremefarben; bis **20 cm** Durchmesser.

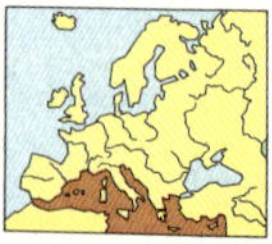

Verbreitung: Mittelmeer. **Lebensraum und Lebensweise:** auf Sand-, Schlamm- und Felsböden; ist in Tiefen von 10 bis 40 m anzutreffen; hält sich gern zwischen Seegras und Algen auf; kann sich durch Auf- und Abwärtsbewegen der Arme schwimmend fortbewegen; Regenerationsvermögen der Körperteile sehr groß. **Nahrung:** Plankton, organische Schwebestoffe. **Fortpflanzung:** getrenntgeschlechtig; Laichzeit April–Mai; die befruchteten Eier bleiben einige Tage an den Armen des ♀ hängen und entwickeln sich danach erst zu Larven.

2. Unterstamm: Freibewegliche Stachelhäuter *(Eleutherozóa):*

1. Klasse: Seegurken und Seewalzen *(Holothurioídea);* die beiden hier besprochenen Arten gehören zur Ordnung *Actinopóda.* Bewegliche Ausstülpungen der Leibeshöhle („Füßchen"), zumindest an den 3 dem Boden aufliegenden Radien vorhanden. Die zweite Ordnung *Paractinopóda* (einzige Familie: Synáptidae) besitzt gar keine Füßchen; sie ist in Europa ebenfalls vertreten(hier aber nicht behandelt):

1. Familie: Holothurien *(Holothuríidae);* Tentakeln schildförmig:

Gattung: Holothurien *(Holothúria);* die Füßchen der Oberseite sind meist zu Papillen umgebildet, jene der Unterseite stehen sehr dicht, die Anordnung in 3 Reihen dadurch undeutlich:

Röhrenholothurie
Holothúria tubulósa GMELIN

Wurstförmig, Haut derb, ledrig, braunviolett bis braunrot. Mundöffnung mit 20 Tentakeln; Körper bis **35 cm** lang.

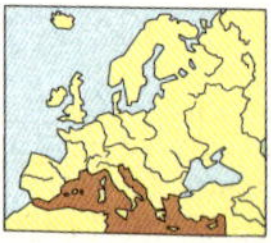

Verbreitung: Mittelmeer. **Lebensraum und Lebensweise:** auf Sand- und Schlammböden; ist in Tiefen von 5–100 m anzutreffen; hält sich gern zwischen Pflanzen auf; kann sich langsam kriechend fortbewegen; stößt bei Gefahr fast sämtliche Eingeweide aus, die aber verhältnismäßig schnell wieder regeneriert werden; sucht zum Laichen flaches Wasser auf und richtet sich dann schräg auf. **Nahrung:** organische Bestandteile des Meeresbodens. **Fortpflanzung:** getrenntgeschlechtig; Laichzeit August–September; Larvenstadium nur 9–14 Tage.

2. Familie: Seegurken *(Cucumariidae);* Tentakeln groß, baumförmig verzweigt:

Gattung: Seegurken *(Cucumária);* an der Mundöffnung 10 Tentakeln. Auf jedem Radius (auch oberseits!) 2 Reihen von Füßchen:

Kletterholothurie
Cucumária plánci Brandt

Gurkenförmig, fünfkantiger Körper, bräunlich bis braun; bis **15 cm** lang.

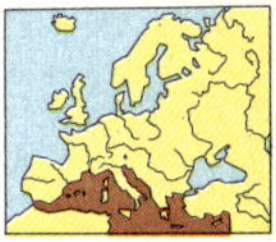

Verbreitung: Mittelmeer. **Lebensraum** und **Lebensweise:** auf Schlamm- und Sandböden; ist in Tiefen von 6–60 m anzutreffen; hält sich oft zwischen Seegras und Algen auf; ersteigt Algen, herausragende Steine u. ä. und hält sich oft wochenlang am gleichen Platz auf. **Nahrung:** Schwebestoffe, die mit der ausgebreiteten Tentakelkrone aufgefangen werden, die Tentakel werden häufig in den Mund geführt. **Fortpflanzung:** zwittrig, erst weibliche, dann männliche Phase. Larve freilebend (bei anderen Arten der Gattung werden sie z. T. in Hauttaschen der Unterseite gehalten).

2. Klasse: Seeigel *(Echinoídea):*

1. Unterklasse: Reguläre Seeigel *(Regulária):*

I. Ordnung: Lanzenseeigel *(Cidaroídea);* Schale hart, an den Polen abgeflacht; Primärstacheln lang und stark; 1 Familie:

1. Familie: Lanzenseeigel *(Cidáridae).* Einzige Familie der Ordnung Cidaroídea, mit sehr langen, weit voneinander getrennten Primärstacheln, die von Kreisen kleiner Sekundärstacheln umgeben sind. Platten des Panzers einfach, jede nur mit einem Füßchen (bzw. 1 Lochpaar bei toten Tieren):

Gattung: Lanzenseeigel *(Cidaris);* Primärstacheln doppelt so lang wie der Schalendurchmesser:

Grauer Lanzenseeigel
Cidaris cidaris (Linné)

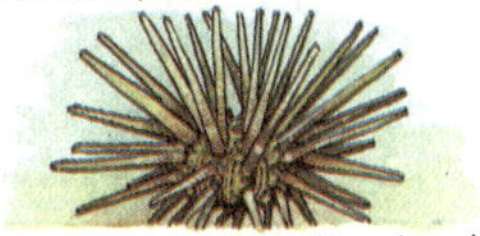

Hellgrau; Primärstacheln bis **13 cm** lang; Körper bis **6,5 cm** Durchmesser, Höhe bis **4 cm.**

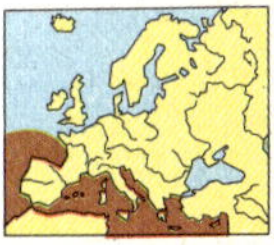

Verbreitung: Mittelmeer, Atlantik bis zur Biskaya. **Lebensraum** und **Lebensweise:** auf Hartböden in Tiefen von 50–700 m anzutreffen; hält sich zwischen Algen auf; benutzt zur Fortbewegung nur die untersten Stacheln. **Nahrung:** Algen. **Fortpflanzung:** wahrscheinlich wie bei den übrigen Seeigeln, d. h. wie einleitend beschrieben.

II. Ordnung: *Camerodónta;* keine besonders gestalteten Stacheln; 2 Familien:

1. Familie: *Toxopneustidae;* Kiemenbuchten am Rande des Mundfeldes tief eingeschnitten, am Afterpol eine größere Zahl von Platten, nicht 4. Platten des Panzers zusammengesetzt, mit mehreren Füßchen bzw. Lochpaaren (dies gilt auch für alle folgenden Familien und die hier nicht behandelten Arbaciidae; nur diese mit 4 Platten am Afterpol):

Gattung: Violette Seeigel *(Sphaeréchinus);* Schale dunkelpurpur mit weißlichen Porenfeldern. Platten der Schale mit 4–6 Füßchen bzw. Lochpaaren.

Violetter Seeigel
Sphaeréchinus granuláris Lamarck

Stacheln violett mit helleren Spitzen, bis **2 cm** lang; Körper bis **13 cm** Durchmesser.

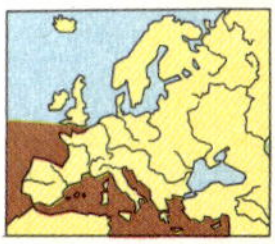

Verbreitung: Mittelmeer, Atlantik. **Lebensraum** und **Lebensweise:** auf Sand- und Felsböden; ist in Tiefen von 1–120 m anzutreffen; Fortbewegung wie *É. esculéntus;* hält sich gern zwischen Seegras und auf Algen auf und versteckt sich zwischen Steinen und in Felsspalten. **Nahrung:** Algen, gelegentlich auch Krebse. **Fortpflanzung:** wie *Échinus esculéntus.* **Wirtschaftliche Bedeutung:** Geschlechtsdrüsen eßbar.

2. Familie: Seeigel *(Echinidae)*; reguläre Seeigel mit seichten oder undeutlichen Kiemenbuchten. Zu ihnen gehören die an den europäischen Küsten am häufigsten vorkommenden Arten:

Gattung: Eßbare Seeigel *(Échinus)*; hoch gewölbt; 3 Füßchen auf den Platten des Panzers. In Europa mehrere Arten:

Eßbarer Seeigel
Échinus esculéntus LINNÉ

Schale meist rot, mitunter violett; Stacheln rot, mit purpurnen Spitzen, bis **2,5 cm** lang; Durchmesser des Körpers bis **16 cm.**

Verbreitung: Atlantik, Nordsee. **Lebensraum und Lebensweise:** auf Hartböden; vom Strand bis in Tiefen von 1200 m anzutreffen; bewegt sich auf den Stacheln der Unterseite langsam kriechend fort. **Nahrung:** Algen, kleine Tiere. **Fortpflanzung:** getrenntgeschlechtig; ♀ kann bis zu 2 Millionen Eier erzeugen; freischwimmende Larve ernährt sich von Plankton; Larvendauer etwa 4–6 Wochen; junger Seeigel etwa 1 mm groß. **Wirtschaftliche Bedeutung:** Geschlechtsdrüsen eßbar; Skelette werden gesammelt.

Gattung: Strandseeigel *(Psamméchinus)*; Platten ebenfalls mit je 3 Füßchen, Schale aber abgeflacht:

Strandseeigel, olivgrüner Strandigel
Psamméchinus miliáris (GMELIN)

Schale und Stacheln grünlich, letztere mit violetten Spitzen, bis **1 cm** lang; Körper bis **4,5 cm** Durchmesser.

Verbreitung: Atlantik, Nordsee, westliche Ostsee. **Lebensraum und Lebensweise:** bevorzugt sandigen bis festen Meeresboden; hält sich gern zwischen Seegras und auf Austernbänken auf; ist in Tiefen bis 100 m heimisch; gräbt sich in den Boden ein. **Nahrung:** Seegras, Algen, kleine Tiere; soll Austernbänken schaden. **Fortpflanzung:** wie *É. esculéntus;* Laichzeit Frühjahr und Sommer. – Im Mittelmeergebiet sind die Strandseeigel durch den etwas kleineren und helleren **Kletterseeigel** *(Psamméchinus microtuberculátus* [BLAINVILLE]), dessen Stacheln meist weiße Spitzen haben, vertreten.

Gattung: Steinseeigel *(Paracentrótus)*; mit je 5 Füßchen auf den zusammengesetzten Schalenplatten; hierher der häufigste europäische Seeigel:

Steinseeigel
Paracentrótus lívidus LAMARCK

Schale und Stacheln meist dunkelviolett, auch bräunlich bis grünlich, Stacheln bis **3 cm** lang; Körper bis **6 cm** Durchmesser.

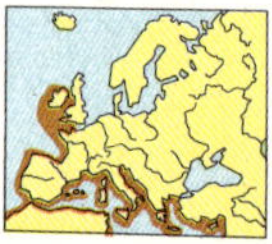

Verbreitung: Mittelmeer, Atlantik. **Lebensraum und Lebensweise:** auf Stein- und Felsböden; ist in Tiefen von 1–30 m anzutreffen; versteckt sich in (mit den Zähnen, vielleicht auch den Stacheln!) selbst gebohrten oder in schon vorhandenen Felslöchern; meidet das Licht; hält sich gern zwischen Seegras und Algen auf; belädt sich mit Muschelschalen und kleinen Steinen (nur die ♂♂?). **Nahrung:** Algen, auch Aas. **Fortpflanzung:** wie *É. ésculentus.* **Wirtschaftliche Bedeutung:** Geschlechtsdrüsen eßbar.

2. Unterklasse: Irreguläre Seeigel *(Irregulária)*; Europa 2 Ordnungen:

I. Ordnung: Sanddollars *(Clypeastroidea)*; Mund in der Mitte der Unterseite, mit Zahnapparat, After unterseits nahe dem Hinterende. Stacheln einheitlich, unmodifiziert. Europa 1 Familie:

1. Familie: Zwergseeigel *(Fibulariidae)*; sehr klein, oval, nach vorn schmaler werdend, abgeflacht. Oberseite 5 Doppelreihen von Füßchen. Europa 1 Gattung:

Gattung: Zwergseeigel *(Echinocýamus)*; 1 Art:

Kleiner Schildigel
Echinocýamus pusillus (O. F. Müller)

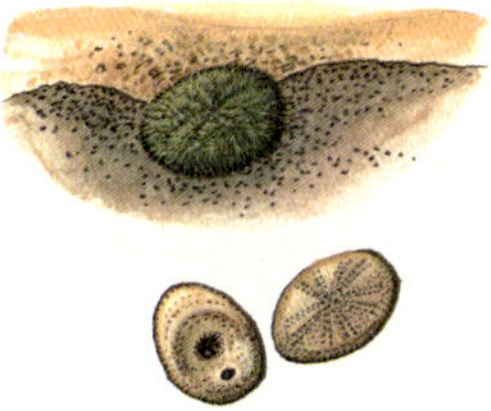

Grau bis grünlich; Stacheln kurz, dicht stehend; Körper bis **1,2 cm** lang.

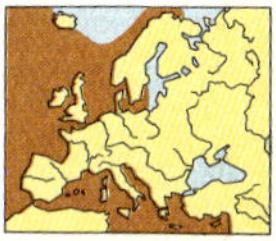

Verbreitung: Mittelmeer, Atlantik, Nordsee, westliche Ostsee. **Lebensraum** und **Lebensweise:** bevorzugt sandigen Meeresboden; gräbt sich ein; ist in Tiefen bis 100 m heimisch; hält sich gern zwischen Seegras auf; leere Schalen werden oft am Strand gefunden. **Nahrung:** nimmt mit den Füßchen in der Nähe des Mundes einzelne Sandkörner auf und schabt mit den Zähnen deren mikroskopischen Belag ab. **Fortpflanzung:** getrenntgeschlechtig; Laichzeit im Frühjahr und Sommer; Eier werden im Wasser befruchtet; sie entwickeln sich über Blastula und Gastrula zur freischwimmenden Larve, die sich von Plankton ernährt. **Wirtschaftliche Bedeutung:** dient vielen Fischen als Nahrung.

II. Ordnung: Herzigel *(Spatangoidea)*; oval, vorn ausgebuchtet; Mund nahe dem Vorderende der Unterseite, ohne Zahnapparat; Füßchen oberseits nur in 4 Paar Reihen. Am Ende abgeflachte und erweiterte Stacheln sind neben den normalen Stacheln vorhanden, in Bändern (Fasciolen) geordnet. Europa 5 Familien:

1. Familie: Herzigel *(Spatángidae)*; Oberseite gewölbt, ohne Fasciolen, Unterseite flach, mit nierenförmigem Fasciolenring vor dem After. Europa 1 Gattung:

Gattung: Herzigel *(Spatángus)*; Europa 1 Art:

Purpur-Herzigel, Violetter Herzigel
Spatángus purpúreus O. F. Müller

Rotviolett. Pelzartig dicht mit kurzen Stacheln besetzt, dazwischen wenige längere; Körper bis **10 cm** lang.

Verbreitung: Mittelmeer, Atlantik, Nordsee. **Lebensraum** und **Lebensweise:** bevorzugt sandigen Meeresboden; ist in Tiefen bis 800 m heimisch; gräbt sich nur flach in den Boden ein; ist ziemlich häufig. **Nahrung:** nur organisches Feinmaterial, Detritus, Schwebstoffe, Foraminiferen, die mit den Stacheln der Fasciolen herbeigestrudelt werden und mit den Füßchen der Unterseite zum Mund geführt werden. **Fortpflanzung:** wie *E. pusillus*.

2. Familie: Herzigel *(Loveniidae)*; auf der Oberseite mit einer Fasciole innerhalb der Füßchenreihen (bei den hier nicht behandelten Schizasteridae und Brissidae umschließt die Fasciole die Füßchen). Europa 1 Gattung:

Gattung: Herzigel *(Echinocárdium)*; Oberseite hoch gewölbt, hinten aber abgeflacht; Schale sehr zerbrechlich. Bei uns mit 2 Arten vertreten, von denen die häufigere aufgeführt wird, die als einzige Seeigelart weltweit vertreten ist:

Herzigel
Echinocárdium cordátum (Pennant)

Schale herzförmig-oval, vorne stark eingedellt; violett; pelzartig dicht mit Stacheln besetzt; Körper bis **6 cm** lang.

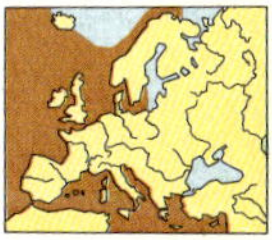

Verbreitung: weltweit verbreitet, bei uns im Mittelmeer, Atlantik, in der Nordsee und westlichen Ostsee. **Lebensraum** und **Lebensweise:** bevorzugt sandigen bis schlammigen Meeresboden; ist in Tiefen bis 150 m heimisch; gräbt sich 10–20 cm in den Boden ein; lebt gesellig in größeren Kolonien. **Nahrung:** wie *Spatángus*. **Fortpflanzung:** wie *Echinocýamus*.

3. Klasse: Seesterne *(Asteroidea):*

I. Ordnung: Zangensterne *(Forcipuláta);* deutliche Randplatten fehlen; Oberfläche mit winzigen gestielten Greifzangen (Pedicellarien), die wie Pinzetten tätig sind; Füßchen mit endständiger Saugscheibe:

1. Familie: Seesterne *(Asteriidae);* die schlanken Arme gehen allmählich in den mäßig großen Rumpf über. Artenreichste Familie. Europa mehrere Gattungen:

Gattung: Gemeine Seesterne *(Astérias);* 5 Arme; Oberseite nur mit kleinen höckerartigen Stacheln; Füßchen in 4 Reihen:

Gemeiner Seestern
Astérias rúbens Linné

Rumpfscheibe klein, Arme zur Basis verjüngt; Farbe variierend; Durchmesser bis **30 cm.**

Verbreitung: Atlantik, Nordsee, westliche Ostsee. **Lebensraum** und **Lebensweise:** auf steinigem Sandboden; ist im Niedrigwasser und in Tiefen bis 600 m anzutreffen; kann bei Gefahr einzelne Arme abwerfen; Fortbewegung mit den Saugfüßchen; ist sehr räuberisch; verdaut die Beute durch Ausstülpen des Magens. **Nahrung:** Muscheln, Schnecken, Seeigel. **Fortpflanzung:** getrenntgeschlechtig; Befruchtung der Eier im Wasser; bewimperte Larve wochenlang schwebend im Wasser, lebt von Plankton; wandelt sich danach am Boden um. **Wirtschaftliche Bedeutung:** schadet den Austernbänken.

II. Ordnung: Stachelsterne *(Spinulósa);* deutliche Randplatten fehlen. Pedicellarien wenig zahlreich, nie gestielt; Füßchen mit Saugscheiben, in 2 Reihen. Stacheln der Oberseite klein, unregelmäßig:

2. Familie: Sonnensterne *(Solastéridae);* Rumpf sehr breit, mit vielen kurzen Armen:

Gattung: Sonnensterne *(Soláster):*

Sonnenstern
Soláster pappósus (Linné)

Rumpfscheibe groß, rot. 8–15 kurze Arme, rot und gelb gebändert; Durchmesser bis **25 cm.**

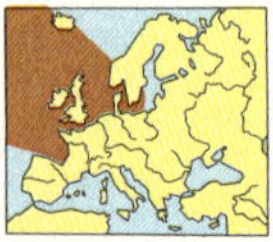

Verbreitung: Arktis, Atlantik bis Kanal, Nordsee, westliche Ostsee. **Lebensraum** und **Lebensweise:** auf steinigem Sandboden; ist in Tiefen bis 1200 m anzutreffen; gegen Temperaturschwankungen unempfindlich; räuberisch. **Nahrung:** kleine Stachelhäuter. **Fortpflanzung:** getrenntgeschlechtig; Befruchtung der Eier im Wasser; die bewimperte Larve setzt sich bald fest und zehrt vom Dottervorrat, bis nach 38 Tagen der junge Sonnenstern seinen Mund entwickelt.

2. Familie: Fünfecksterne *(Asterinidae);* Körper mit sehr kurzen Armen, fünfeckig, fast scheibenförmig:

Gattung: Gänsefußsterne *(Anserópoda);* Oberseite mit 5 Rippen:

Gänsefußstern
Anserópoda placénta (Linck)

Körper fast papierdünn, fünfeckig; rot; Durchmesser bis **15 cm.**

Verbreitung: Mittelmeer, Atlantik. **Lebensraum** und **Lebensweise:** auf Sand- und Schlammböden; ist in Tiefen von 15–200 m anzutreffen; im Atlantik auch im flacheren Wasser; gräbt sich in den Bodengrund ein. **Nahrung:** Garnelen, Flohkrebse, Krabben, Einsiedlerkrebse. **Fortpflanzung:** getrenntgeschlechtig.

3. Familie: Purpursterne *(Echinastéridae);* kleiner Rumpf mit langen, schlanken Armen. Oberseite netzartig aussehend, ohne sichtbare Stacheln, ohne Pedicellarien:

Gattung: Purpursterne *(Echináster):*

Purpurstern, Roter Seestern
Echináster sepósitus Gray

Scheibe klein, 5 (auch 6–7) lange, rundliche Arme, Stacheln in die Haut eingesenkt; ziegel- bis scharlachrot; Durchmesser bis **30 cm.**

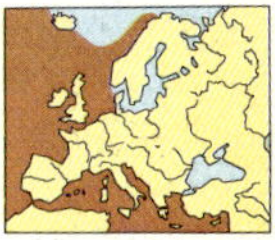

Verbreitung: Mittelmeer, Atlantik. **Lebensraum** und **Lebensweise:** auf Hartböden; ist in Tiefen von 1–100 m und mehr anzutreffen; verbirgt sich zwischen Steinen und Pflanzen. **Nahrung:** Schnecken, Muscheln, Seeigel, Krebse. **Fortpflanzung:** getrenntgeschlechtig; die Eier entwickeln sich direkt, ohne Einschaltung eines Larvenstadiums, zum jungen Purpurstern. Die verwandte Gattung *Henrícia* (auch in der Nordsee) treibt Brutpflege, indem sie die Eier während deren Entwicklung zwischen den zusammengelegten Armen verbirgt.

III. Ordnung: Großplattensterne *(Phanerozónia);* sternförmiger oder fünfeckiger Körper mit großen Randplatten an den Armen. Europa 3 Familien:

1. Familie: Kammsterne *(Astropectínidae);* Randplatten mit Stacheln besetzt; Füßchen ohne Saugscheibe:

Gattung: Kammsterne *(Astropécten);* keine Pedicellarien; Afteröffnung fehlt; mehrere Arten:

Nordischer Kammstern
Astropécten irreguláris (Linck)

Scheibe groß, 5 kurze Arme; Stacheln der unteren Randplatten gekämmt; rot bis rotbraun; Durchmesser des Körpers bis **12 cm.**

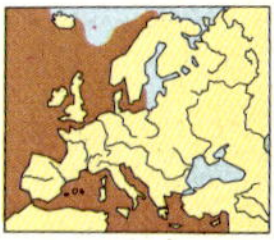

Verbreitung: Mittelmeer, Atlantik, Nordsee, westliche Ostsee. **Lebensraum** und **Lebensweise:** auf Sand- und Schlickböden; ist in Tiefen von 2–1000 m anzutreffen; kann nicht klettern, da den Füßchen Saugscheiben fehlen, ist jedoch zu schneller Fortbewegung auf den Füßchen befähigt; gräbt sich in den Bodengrund ein; ist sehr räuberisch; besitzt eine große Mundöffnung, braucht deshalb den Magen zur Verdauung der Beute nicht auszustülpen, sondern kann die Beute in den Magen aufnehmen. **Nahrung:** See- und Schlangensterne, Seeigel, Weichtiere, Würmer. **Fortpflanzung:** getrenntgeschlechtig; Larven planktisch.

343.1 Kammstern

4. Klasse: Schlangensterne *(Ophiuroídea)*; hier wird nur die formenreiche Ordnung der eigentlichen Schlangensterne behandelt, doch kommen in Europa auch die sogenannten Medusenhäupter oder Gorgonensterne (Ordnung *Euryálae*) vor. Diese können ihre Arme nach allen Richtungen krümmen. Bei vielen sind die Arme reich verzweigt, solche Tiere ähneln flüchtig den Haar- oder Federsternen (s. o., *Comatúlidae*):

I. Ordnung: Echte Schlangensterne *(Ophiúrida)*; 5 unverzweigte Arme, deren Gelenke nur seitliche Bewegungen zulassen. Mehrere Familien, von denen hier eine Auswahl besprochen wird:

1. Familie: Schlangensterne *(Ophiotríchidae)*; Arme mit langen Stacheln besetzt:

Gattung: Schlangensterne *(Ophióthrix)*; Stacheln glasig, scharf gezähnelt:

Zerbrechlicher Schlangenstern
Ophióthrix frágilis (Abildgaard)

Stacheln der Arme *sehr lang*, die längsten so lang wie 3 Armglieder. Durchmesser der Rumpfscheibe bis **2,5 cm,** Arme bis **15 cm** lang.

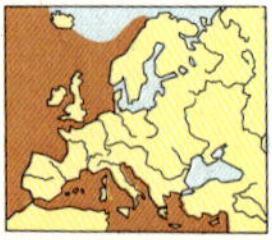

Verbreitung: Mittelmeer, Atlantik, Nordsee. **Lebensraum und Lebensweise:** auf Sand- und Schlickböden; ist in Tiefen von 6–50 m anzutreffen; verbirgt sich gern unter Steinen und zwischen Pflanzen; scheut das Licht; ist hauptsächlich nachts tätig; kann sich mit den Armen verhältnismäßig schnell fortbewegen; schlechter Kletterer; Arme brechen leicht ab, werden aber schnell regeneriert. **Nahrung:** organische Schwebstoffe, Weichtiere, Würmer. **Fortpflanzung:** getrenntgeschlechtig; Laichzeit wahrscheinlich im Spätsommer; Befruchtung der Eier im Wasser; Larve freischwebend, lebt von Plankton.

2. Familie: Fadensterne *(Amphiúridae)*; die zarten, langen Arme sind mit kurzen Stacheln besetzt:

Gattung: Fadensterne *(Amphiúra)*; auf jedem Armglied jederseits mehr als 3 Stacheln:

Fadenstern, Fadenförmiger Schlangenstern
Amphiúra filifórmis O. F. Müller

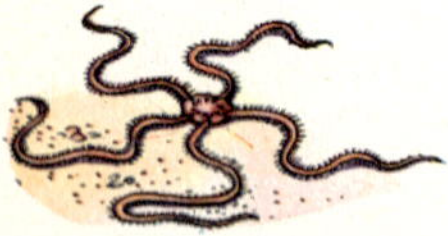

Oberseite nur an den Basen der Arme mit Paaren größerer Platten; rötlich; Durchmesser der Rumpfscheibe bis **1 cm,** Arme bis **8 cm** lang.

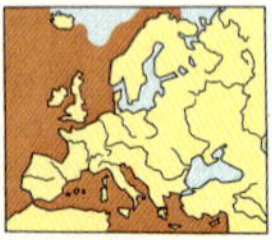

Verbreitung: Mittelmeer, Atlantik, Nordsee. **Lebensraum und Lebensweise:** auf Sandböden; ist in Tiefen von 15 bis 200 m anzutreffen; gräbt sich ein; nur die Armspitzen ragen heraus; Arme brechen leicht ab und leuchten bei Berührung. **Nahrung:** wie *O. frágilis*. **Fortpflanzung:** wahrscheinlich wie *O. frágilis*.

3. Familie: Schuppige Schlangensterne *(Ophiolépidae)*; Scheibe mit großen, stachellosen Platten bedeckt. Arme nur mäßig lang:

Gattung: Schuppensterne *(Ophiúra)*; Dorsalplatten fest verwachsen, einen Panzer bildend:

Heller Schlangenstern
Ophiúra álbida Forbes

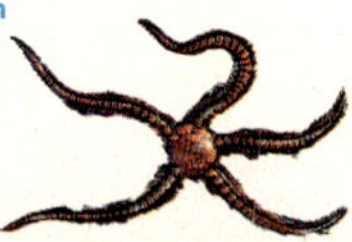

In der Mitte der Oberseite eine Rosette aus 6 größeren Platten; Arme hellorange bis bräunlich; Durchmesser der Rumpfscheibe **1,5 cm,** Arme bis **6 cm** lang.

Verbreitung: Mittelmeer, Atlantik, Nordsee, westliche Ostsee. **Lebensraum und Lebensweise:** auf Schlickböden; ist in Tiefen von 0–500 m anzutreffen; kommt sehr häufig vor; kann kriechen und klettern; gräbt sich ein. **Nahrung:** organische Schwebstoffe. **Fortpflanzung:** getrenntgeschlechtig, Entwicklung führt über freischwebendes, planktonfressendes Larvenstadium.

Stamm: Kranzfühler *(Tentaculáta):*

1. Klasse: Moostierchen *(Bryozóa);* mikroskopische Wassertiere, die nur durch die Größe ihrer Kolonien auffällig werden; mit U-förmigem Darm; um den Mund stehen bewimperte Tentakeln, mit denen ein Wasserstrom erzeugt und filtriert wird:

1. Familie: Blättermoostierchen *(Flústridae);* Kolonien vielreihig, lappig, aufrecht und frei wachsend:

Gattung: *Flústra;* flächige Kolonien, die aus zwei Schichten von Einzeltieren bestehen:

Blättermoostierchen
Flústra foliácea (LINNÉ)

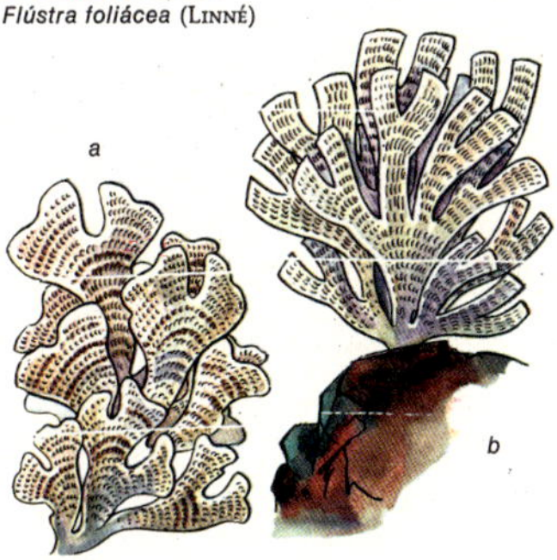

(a) Lappen der Stöcke breit, am Ende abgerundet oder ausgerandet: Kolonien **15–20 cm** hoch.

Verbreitung: Mittelmeer, Atlantik, Nordsee, westliche Ostsee. **Lebensraum** und **Lebensweise:** auf Fels- und Steinböden von der Uferzone bis 100 m Tiefe; bildet zusammenhängende Kolonien; Teile werden oft angespült; riechen nach Bergamotteöl. **Nahrung:** Plankton und organische Schwebestoffe. **Fortpflanzung:** Zwitter; Vermehrung geschlechtlich oder durch Knospung; Larven bewegen sich nur kurze Zeit frei und heften sich danach an. – Das **Beilmoostierchen** (b) *Flústra secúrifrons* (PALLAS), Lappen der Kolonien schmal, am Ende abgestutzt; Einzeltiere rechteckig, an den Enden unbedornt; Kolonien bis **15 cm** hoch. **Verbreitung:** Mittelmeer, Atlantik, Nordsee. **Lebensraum** und **Lebensweise:** auf Fels- und Steinböden, auch Muschelschalen, in Tiefen ab 50 m; bildet zusammenhängende Kolonien; Teile werden selten angespült. **Nahrung** und **Fortpflanzung:** wie *F. foliácea.*

2. Familie: Seekrusten *(Membranipóridae);* Stöcke krustenartig, ganz oder überwiegend Unterlagen aufliegend; 1 Gattung:

Gattung: Seekrusten *(Membranipora):*

Seerinde
Membranipora membranácea (LINNÉ)

(a) Stöcke bis 1 mm dick, großflächig ausgebreitet, oft einige Dezimeter im Durchmesser. (Mikroskopische Vergrößerung).

Verbreitung: Schwarzes Meer, Mittelmeer, Atlantik, Nordsee, westliche Ostsee. **Lebensraum** und **Lebensweise:** auf Algen, Steinen, Muschelschalen in Flachwasser und Brandungszone; wie *F. foliácea.* – Die **Zottige Merrinde** (b) *Membranipora pilósa* (LINNÉ), Kolonien umwachsen vielfach Algensprosse; bis **0,8 mm** dicke Krusten. **Verbreitung:** Mittelmeer, Atlantik, Nordsee, westliche Ostsee. **Lebensraum** und **Lebensweise:** auf Algen, Steinen, Muschelschalen von der Uferzone bis 100 m Tiefe; bildet zusammenhängende Kolonien. **Nahrung** und **Fortpflanzung:** wie *F. foliácea.*

3. Familie: *Crisiidae;* strauchförmige aufrechte Kolonien;

Gattung: *Crisia;* zwischen zwei Gelenkringen liegen stets mehrere, aneinandergewachsene Einzeltiere:

Stacheliges Moostierchen
Crisia ebúrnea (LINNÉ)

Die Zweige der Kolonie sind nach innen gekrümmt; Kolonien bis **2,5 cm** hoch.

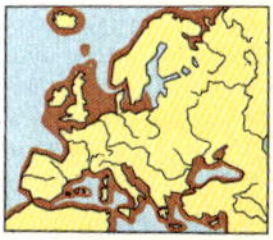

Verbreitung: Schwarzes Meer, Mittelmeer, Atlantik, Nordsee, westliche Ostsee. **Lebensraum** und **Lebensweise:** auf Algen und Steinen in Tiefen bis 100 m; bildet zusammenhängende Kolonien. **Nahrung** und **Fortpflanzung:** wie *F. foliácea.*

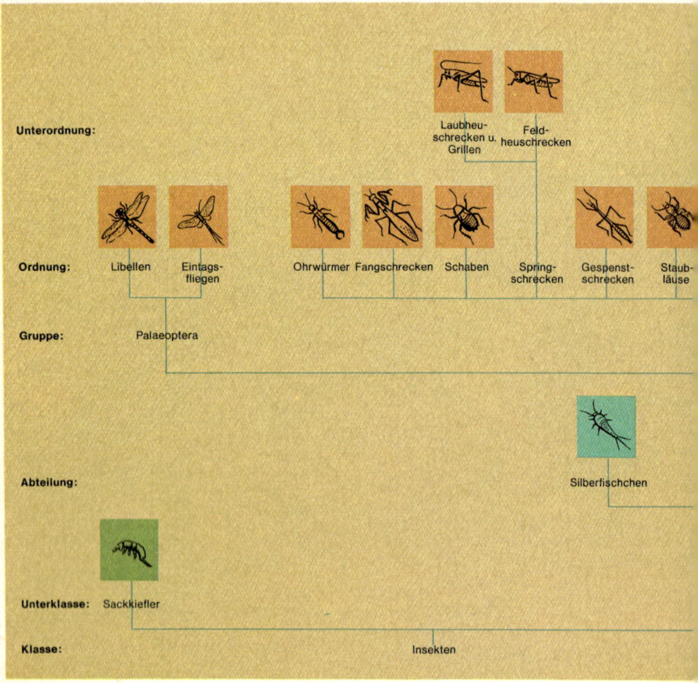

346.1 System der Insekten

Stamm: Gliedertiere *(Articuláta):*
1. Unterstamm: Gliederfüßler *(Arthropóda)*
Die Gliederfüßler sind mit mehr als 1 Million beschriebener, vermutlich aber 1,5 Millionen heute lebenden Arten nicht nur die erfolgreichste Tiergruppe, sondern die erfolgreichsten Organismen schlechthin. Allein die Zahl der Käferarten (etwa 300 000) ist so groß wie die aller – ein- wie mehrzelliger – Pflanzenarten zusammen! Gliederfüßler haben alle Lebensräume der Erde erobert; die Insekten sind die einzigen aktiven Flieger unter den Wirbellosen.
Namengebend sind aus mehreren Abschnitten oder Gliedern bestehende Beine, deren Aufbau bei allen ähnlich ist. Es handelt sich um winzige bis mittelgroße, nur ausnahmsweise auch große (manche Meereskrebse) Tiere. Ihr Körper erhält seine Festigkeit durch ein von der Haut nach außen abgeschiedenes Skelett.
Bei den eigentlichen Gliederfüßlern unterscheidet man:
1. Überklasse: Röhrenatmer *(Tracheáta);* Insekten und Tausendfüßler; atmen mit röhrenartigen, segmental geordneten und meist zu einem komplizierten, regelmäßigen System verbundenen mikroskopischen Einstülpungen, den Tracheen.
Etwa 75 % aller Tiere gehören in diese Überklasse, die in zwei nach Organisation wie Artenzahl sehr verschiedene Teile zerfällt:
1. Klasse: Insekten *(Insécta; Hexapóda);* Körper fast stets sehr deutlich in große Abschnitte gegliedert. Die Segmente des Kopfes sind zu einer einheitlichen Kapsel verschmolzen; die Brust besteht aus 3 Ringen, jeder mit einem Beinpaar, 2. und 3. Brustring oft geflügelt. Hinterleib (oder Abdomen) aus höchstens 11 Ringen, stets ohne Schreitbeine. **S. 347**
2. Klasse: Tausendfüßler *(Myriopóda):* Körper mit vielen Segmenten, darüber hinaus nicht deutlich in Abschnitte gegliedert, vielbeinig, auch vereinzelte Zwergformen mit mehr als 3 Beinpaaren. **S. 430**
2. Überklasse, einzige Klasse: **Krebstiere** *(Crustacéa);* zwei vor dem Mund liegende Gliedmaßenpaare fühlerartig (darum auch gelegentlich *Diantennáta* genannt), es folgen 3 Paar Mundgliedmaßen und meist zahlreiche Beinpaare an Brust und Hinterleib. Brustgliedmaßen mitunter als mächtige Scheren entwickelt. **S. 432**

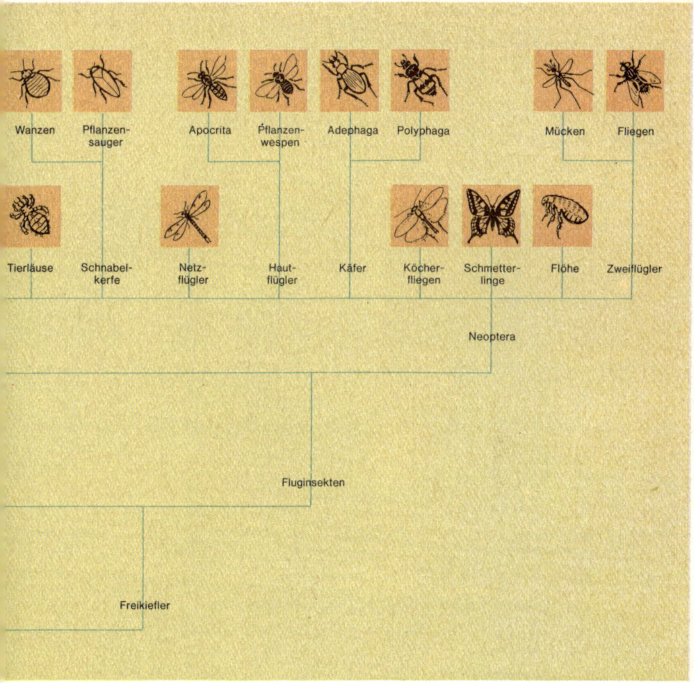

3. Überklasse, einzige Klasse: **Spinnentiere** *(Cheliceráta);* fühlerlose, mit nur 2 Paar Mundgliedmaßen versehene Tiere; Kopf und Brust sind stets miteinander verwachsen, mit 4 Paar Schreitbeinen; der Hinterleib höchstens mit Resten früherer Gliedmaßen. **S. 447**

1. Überklasse: Röhrenatmer *(Tracheáta).*

1. Klasse: Insekten *(Insécta);* die meisten Insekten besitzen ein Paar großer Komplexaugen, die aus wenigen bis vielen Tausend winzigen Facetten zusammengesetzt sind, zudem oft auf dem Scheitel über den Fühlern 3 einzelne Punktaugen oder Ocellen. Für die Bestimmung wichtig ist vielfach der Bau der Beine (Abb. XXII. 1), der bei allen Insekten prinzipiell gleicht ist.
Insekten kommen in ungeheurer Artenfülle auf dem Lande und in Binnengewässern vor, lediglich das Meer ist ihnen fast ganz verschlossen geblieben. Sie stellen nach der Komplikation ihres Körperbaus, den Leistungen ihrer Sinnesorgane, ihren oft ungeheuer verwickelten Instinkthandlungen und den von manchen gebildeten staatenähnlichen Gemeinwesen, nach Arten- und Individuenfülle einen der Höhepunkte tierischer Entwicklung dar.

Systematische Gliederung

1. Unterklasse: Sackkiefler *(Entognátha);* die Mundwerkzeuge sind in einer Höhlung des Kopfes verborgen. **S. 348**

2. Unterklasse: Freikiefler *(Ectognátha);* die Mundwerkzeuge liegen frei. **S. 348**

1. Reihe: *Archaeognátha;* gestaltlich an Silberfische erinnernd. Hier nicht behandelt.

2. Reihe: *Dicondýlia;* die Kiefer haben 2 Gelenkköpfe.

1. Abteilung: *Zygéntoma;* ungeflügelt, langgestreckt, 3 lange Schwanzfäden, wenige Reste von abdominalen Beinanlagen. **S. 348**

2. Abteilung: Fluginsekten, *Pterygóta;* meist geflügelt, selten sekundär flügellos, meist mit Ocellen. Im Gegensatz zu den obigen Gruppen wachsen die Fluginsekten nur während einer Jugendphase (Larven), nach Erreichen der Geschlechtsreife häuten sie sich nicht mehr. **S. 349**

1. Gruppe: *Palaeóptera;* die Flügel können nicht nach hinten umgefaltet werden. **S. 349**

2. Gruppe: *Neóptera;* das Flügelgelenk ist so gebaut, daß die Flügel nach hinten gefaltet werden können; hierher die große Mehrzahl der Insekten. **S. 353**

1. Unterklasse: Sackkiefler *(Entognátha).*
I. Ordnung: Springschwänze *(Collémbola);* ausgezeichnet durch den Besitz eines gabelartigen Hinterleibsanhangs (Sprunggabel), der nach vorn umgeschlagen getragen wird.
I. Unterordnung: *Arthropleóna;* Körper langgestreckt, deutlich segmentiert; 4 Familien.
1. Familie: Wasserspringschwänze *(Podúridae);* 1. Brustring von oben frei sichtbar, mit Borsten; etwa 10 Gattungen:

Gattung: Wasserspringschwänze *(Podúra);* Sprunggabel reicht über den Ansatz der Mittelbeine hinaus nach vorn; 1 Art:

Wasserspringschwanz
Podúra aquática (LINNÉ)

Blauschwarz bis dunkel rostrot, Gabel sehr tief geteilt, ihre Arme zur Mitte gekrümmt; **1–1,2 mm** lang.

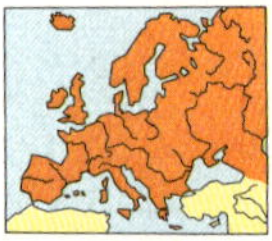

Verbreitung: Europa. **Lebensraum** und **Lebensweise:** bevorzugt stehende Gewässer, ist in großen Scharen auf dem Wasser der stillen Uferränder zu beobachten; bewegt sich hüpfend fort; atmet durch die Haut. **Nahrung:** Mikroorganismen, faulendes Pflanzengewebe. **Fortpflanzung:** das ♂ setzt einen Samentropfen ab, zu dem es das ♀ hinführt, das ♀ nimmt ihn mit der Geschlechtsöffnung auf (indirekte Samenübertragung). Eiablage wahrscheinlich an Uferrändern.

II. Unterordnung: Kugelspringer *(Symphypleóna);* Körper kugelig, Segmentgrenzen undeutlich; hier nicht behandelt.
2. Unterklasse: Freikiefler *(Ectognátha).*
1. Reihe: *Archaeognátha;* hier nicht behandelt.
2. Reihe: *Dicondýlia.*

1. Abteilung: Silberfischchen *(Zygéntoma);* langgestreckt, nach hinten schmaler werdend, flach; rasch laufend, nicht sprungfähig; 1 Familie.

1. Familie: Silberfischchen *(Lepismátidae);* wenige Gattungen.

Gattung: Silberfischen *(Lepisma);* Beschuppung des Körpers einfarbig; 1 Art:

Silberfischchen, Zuckergast
Lepisma saccharina (LINNÉ)

Einheitlich silberglänzend beschuppt; bis **11 mm** lang.

Verbreitung: weltweit. **Lebensraum** und **Lebensweise:** wärmeliebend, bei uns daher vorwiegend in Häusern; tagsüber in Ritzen verborgen, im Dunkeln aktiv. **Nahrung:** Allesfresser, bevorzugt zucker- und stärkehaltiges Material; gelegentlich Schäden an Papier oder Textilien, meist nur lästig. **Fortpflanzung:** die indirekte Samenübertragung erfolgt im Rahmen eines komplizierten Vorgangs, bei dem das ♀ durch einen vom ♂ gesponnenen Faden zum Samenpaket geführt wird. Eiablage einzeln in Ritzen; lebenslang, auch nach Eintritt der Geschlechtsreife, Häutungen; wird mehrere Jahre alt.

348.1 Springschwanz: stark vergr.

2. Abteilung: Fluginsekten *(Pterygóta).*

1. Gruppe: *Palaeóptera;* sehr urtümliche Insekten mit unvollständiger Verwandlung, die ihre Flügel nicht nach hinten umfalten können.

I. Ordnung: Libellen *(Odonáta);* Vorder- und Hinterflügel unterscheiden sich nicht auffällig in der Größe. Die Larven sind räuberisch und leben im Wasser. Sie ergreifen ihre Beute durch Vorschnellen der umgestalteten Unterlippe, die in Ruhestellung gefaltet und unter dem Kopf verborgen wird (Fangmaske).

I. Unterordnung: Großlibellen *(Anisóptera);* die Hinterflügel mit erkennbar größerer Fläche als die Vorderflügel; Flügel bleiben in Ruhe ausgebreitet; Augen sehr groß, berühren sich meist am Scheitel oder sind nur um weniger als Augenbreite getrennt; äußerst rasche und wendige Flieger.

1. Familie: Edellibellen, Teufelsnadeln *(Áeschnidae);* Augen berühren sich auf langer Linie; wenige Gattungen:

Gattung: Königslibellen *(Ánax);* Basis der Hinterflügel auch beim ♂ einfach gerundet; wenige Arten:

Große Königslibelle
Ánax imperátor (LEACH)

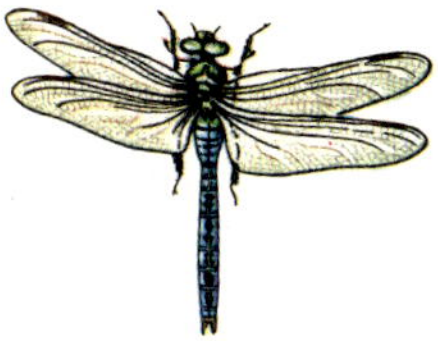

Brust hellgrün, der Hinterleib lebhaft grün (♀) oder blau (♂); **7–8 cm** lang.

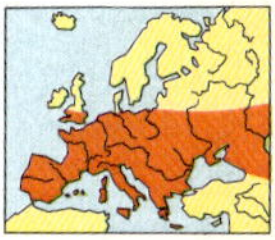

Verbreitung: Europa; nördlich nur bis Linie Südengland – Polen – Saratow. **Lebensraum und Lebensweise:** bevorzugt Uferränder, Waldwege und Lichtungen; ist am Tag tätig und kann sehr schnell und gewandt fliegen; Flugzeit Juni bis September. **Nahrung:** allerlei Insekten, die mit den Beinen gepackt und im Flug verzehrt werden. **Fortpflanzung:** Eiablage mit kurzer Legeröhre in die Stengel von Wasserpflanzen; je 1 Ei wird dicht unter dem Wasserspiegel in das Gewebe hineingedrückt; Larven leben räuberisch im Wasser und erbeuten mit der „Fangmaske" bis zum kleinen Fisch allerlei Wassertiere; Entwicklungsdauer 1 Jahr.

Gattung: Mosaikjungfern, Teufelsnadel *(Áeschna);* innerer Hinterwinkel des Hinterflügels beim ♂ eckig vorspringend; das dreieckige Kopfstück hinter den Augen ist kürzer als die Berührungslinie der Augen vor ihm; etwa 10 Arten:

Grüne Schmaljungfer, Grüne Mosaikjungfer
Áeschna viridis (EVERSMANN)

(a) Brustseiten mit zarten braunen Nähten, sonst grün; bis **7 cm** lang.

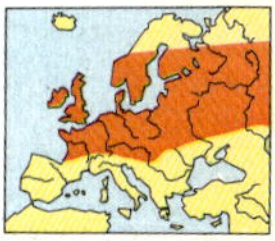

Verbreitung: Mitteleuropa; stark im Rückgang. **Lebensraum und Lebensweise:** bevorzugt die Ränder von Gewässern; ist am Tag tätig; Flugzeit Juli–September. **Nahrung:** Insekten. **Fortpflanzung:** Eiablage dicht unter der Wasseroberfläche in die Stengel der Krebsschere *(Stratiótes);* die grünen Larven leben in der Nähe des Wasserspiegels zwischen Algen und Blättern; Entwicklungsdauer 2–3 Jahre. Die **Blaue Mosaikjungfer** (b) *Áeschna cyánea* (MÜLLER), Brust vorn oben mit 2 hellen Flekken, bis 7 cm lang, lebt in ganz Europa, aber nicht in Skandinavien und im südlichen Balkan; sonst wie *A. viridis,* aber ohne Bindung an Krebsschere.

2. Familie: Quelljungfern *(Cordulegastéridae);* Berührungsstelle der Augen punktförmig; 1 Gattung:

Gattung: Quelljungfern *(Cordulegáster);* 3 Arten:

Gelbfleckige Libelle, Gestreifte Quelljungfer
Cordulegáster bidentátus (SELYS)

Kopfdreieck hinter den Augen schwarz; Körper schwarz, mit gelben Flecken; **7–8,5 cm** lang.

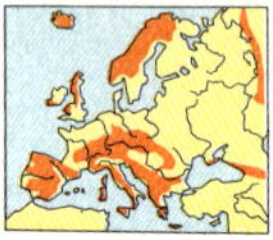

Verbreitung: in den Mittel- und Hochgebirgen Europas. **Lebensraum:** bevorzugt sumpfiges Gelände von Gebirgsquellflüssen; ist am Tag tätig; Flugzeit Juni bis Juli. **Nahrung:** Insekten, die im Flug gefangen werden. **Fortpflanzung:** Eiablage (einzeln) mit Legeröhre in die sumpfigen Wasserränder; Larve lebt sehr versteckt im Schlamm; Entwicklungsdauer wahrscheinlich 3–5 Jahre.

3. Familie: Segellibellen *(Libellúlidae);* die Augen berühren sich, ihre seitlichen Hinterränder sind gerade; wenige Gattungen:

Gattung: Libellen i. e. S. *(Libéllula);* an der Wurzel der Hinterflügel ein ausgedehnter dunkelbrauner Fleck. Wenige Arten:

Vierfleckige Libelle
Libéllula quadrimaculáta LINNÉ

An den Vorderrändern der Flügel außer den Flügelmalen noch ein weiterer dunkler Fleck; **4,5–7,5 cm** lang.

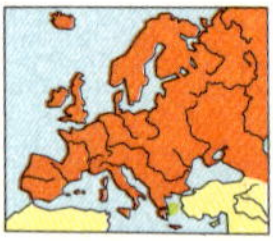

Verbreitung: fast ganz Europa. **Lebensraum** und **Lebensweise:** bevorzugt die Nähe von stehenden moorigen Gewässern; ist am Tag tätig und kann sehr schnell fliegen; bildet oft mit Artgleichen Wanderformationen, Flugzeit Mai bis August. **Nahrung:** Insekten. **Fortpflanzung:** taucht im Fluge kurz mit dem Leibesende in das Wasser und legt jedesmal etwa 20 bis 40 Eier ab; Larven leben räuberisch im Wasser; Entwicklungsdauer 2 Jahre.

Plattbauch-Libelle
Libéllula depréssa LINNÉ

Keine zusätzlichen dunklen Flecke am Flügelrand; Hinterleib breit, platt, gelbbraun mit schwarzer Zeichnung, beim ♂ blau überflogen; bis **3,5 cm** lang.

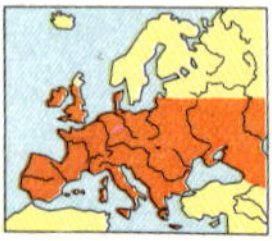

Verbreitung: Europa ohne den Norden. **Lebensraum** und **Lebensweise:** bevorzugt die Nähe von stehenden, lehmigen Gewässern; sonst wie *L. quadrimaculáta*. **Nahrung:** wie *L. quadrimaculáta*. **Fortpflanzung:** wie *L. quadrimaculáta*.

4. Familie: Falkenlibellen *(Cordúlidae);* Augen berühren sich, ihr seitlicher Hinterrand deutlich gewinkelt; wenige Gattungen:

Gattung: Smaragdlibellen *(Cordúlia);* nur 1 Art:

Goldjungfer, Gemeine Smaragdlibelle
Cordúlia aeneaturfósa FÖRSTER

Körper, auch der Kopf, völlig metallgrün; Hinterleib des ♂ an der Basis schmaler als weiter hinten; **3,5 cm** lang.

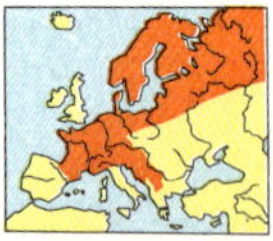

Verbreitung: Mitteleuropa, Teile Nordeuropas, südlich bis Pyrenäen und Jugoslawien. **Lebensraum** und **Lebensweise:** bevorzugt die Nähe von Gewässern und ist in Höhen bis 2000 m zu beobachten; ist tagsüber bis zum späten Abend tätig und fliegt schnell; Flugzeit Mai–Juli. **Nahrung:** Insekten. **Fortpflanzung:** Eiablage in das Wasser oder auf Uferschlamm; Entwicklungsdauer 2 bis 3 Jahre.

Gattung: Smaragdlibellen *(Somatochlóra)*; metallisch grün, zumindest Kopf seitlich mit gelbem Fleck; wenige Arten:

Metalljungfer, Glänzende Smaragdlibelle
Somatochlóra metállica (Vanderlinden)

Die gelbe Kopfzeichnung erstreckt sich bindenartig quer vor den Augen; bis **4,5 cm** lang.

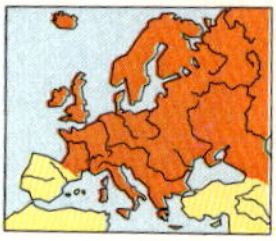

Verbreitung: fast ganz Europa, nicht südlich der Pyrenäen. **Lebensraum** und **Lebensweise:** wie *C. aeneaturfósa.* **Nahrung:** wie *C. aeneaturfósa.* **Fortpflanzung:** wie *C. aeneaturfósa.*

5. Familie: Flußjungfern *(Gómphidae)*; die Augen berühren sich nicht, der Abstand zwischen ihnen aber nicht breiter als ein Auge; wenige Gattungen:

Gattung: Keiljungfern, Nageljungfern *(Gómphus)*; mehrere Arten:

Gemeine Keil- oder Nageljungfer
Gómphus vulgatíssimus (Linné)

Vorderkörper grüngelb mit schwarzer Zeichnung, Hinterleib schwarz, gelb gefleckt; Beine schwarz, nur die Hüften und Innenseiten der Schenkel gelb; bis **37 mm** lang.

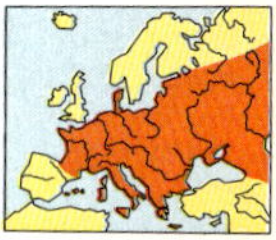

Verbreitung: Europa; fehlt: Irland, England, Iberische Halbinsel; nördl. bis 60° n. Br. **Lebensraum** und **Lebensweise:** bevorzugt die Nähe schnell fließender, klarer Gewässer; ist am Tag tätig und fliegt schnell; Flugzeit Mai–Juni. **Nahrung:** allerlei Insekten, die im Flug gefangen werden. **Fortpflanzung:** Eiablage auf die Wasseroberfläche; Entwicklungszeit 3 Jahre.

II. Unterordnung: Kleinlibellen, Wasserjungfern *(Zygóptera)*; die Fläche von Vorder- und Hinterflügel praktisch gleich; in der Ruhe werden die Flügel nach oben geklappt; 5 Familien:

1. Familie: Prachtlibellen *(Calopterýgidae)*; im basalen Teil des Flügelvorderrandes viele Queradern und Zellen; Flügel ziemlich breit, ihre Basis nicht stielartig; 1 Gattung:

Gattung: Prachtlibellen *(Calópteryx)*; 3 Arten:

Glänzende Schönjungfer, Gebänderte Prachtlibelle
Calópteryx spléndens (Harris)

Flügel des ♂ mit breiter blauer (bei jungen Tieren brauner) Binde, Basis und Spitze hell; beim ♀ ganz transparent, grünlich; bis **4 cm** lang.

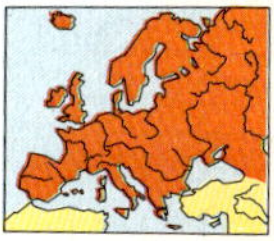

Verbreitung: Europa, in Skandinavien nur punktuell. **Lebensraum** und **Lebensweise:** bevorzugt die Ränder fließender Gewässer; tagaktiv; Flugzeit Mai–September. **Nahrung:** Insekten. **Fortpflanzung:** ♂ begleitet das ♀ bei der Eiablage, ohne es festzuhalten; ♀ steigt unter Wasser und legt in Wasserpflanzen ab; Entwicklungsdauer 2 Jahre.

Gemeine Seejungfer, Blauflügel-Prachtlibelle
Calópteryx virgo (LINNÉ)

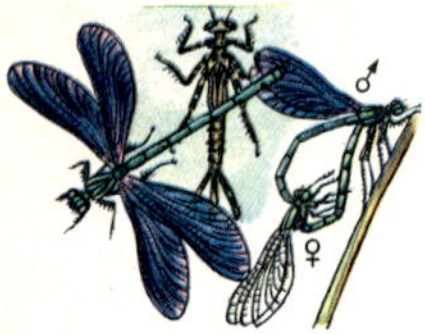

Flügel des ♂ mit Ausnahme der Spitze blau oder grün schillernd, bei jungen Tieren braun; beim ♀ graubraun, trüb; bis **4 cm** lang.

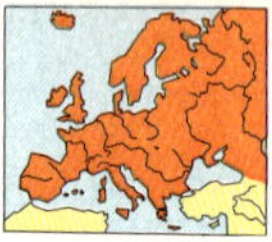

Verbreitung: fast ganz Europa. **Lebensraum** und **Lebensweise, Nahrung** und **Fortpflanzung:** wie *C. spléndens.* Die Paarung verläuft aber anders; das ♂ ergreift mit kurzen Zangen an der Körperspitze das ♀ hinter dem Kopf; die Tiere sind oft bei diesem „Tandemflug" zu sehen. Bei der eigentlichen Paarung bringt das ♀ seine Hinterleibspitze an das ♂ Begattungsorgan, so entsteht das auffällige „Paarungsrad". Auch danach halten bei manchen Arten die ♂♂ die ♀♀ weiterhin fest und begleiten sie bei der Eiablage.

2. Familie: Teichjungfern *(Léstidae);* Flügel schmal, mit stielartig dünner Basis, 3 Gattungen:

Gattung: Binsenjungfern *(Léstes);* das Flügelmal ist im Vorder- und Hinterflügel gleich weit von der Flügelspitze entfernt; mehrere Arten:

Große Binsenjungfer, Grüne Raubjungfer
Léstes viridis (VANDERLINDEN)

Ganzer Körper metallisch grün, das Flügelmal hell gelbbraun, von dunklen Adern umgeben; bis **3 cm** lang.

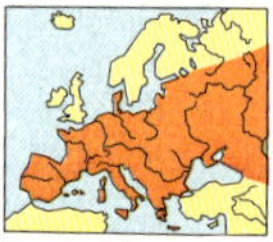

Verbreitung: Europa etwa bis zum 60° nördl. Breite. **Lebensraum:** bevorzugt Ränder stehender Gewässer; tagaktiv; Flugzeit Juli bis Oktober. **Nahrung:** Insekten. **Fortpflanzung:** ♂ behält das ♀ wie bei Calopteryx virgo (vgl. die Abb.) bei der Eiablage im Zangengriff; Eiablage in die Rinde von Weiden und Pappeln, die dicht am Wasser stehen oder darüber hängen; die ausschlüpfenden Larven begeben sich sofort ins Wasser; Entwicklungszeit etwa 1 Jahr.

II. Ordnung: Eintagsfliegen *(Ephemeróptera);* kleine bis mittelgroße, sehr zarte Tiere, deren Hinterflügel viel kleiner sind als die Vorderflügel; ausnahmsweise können sie sogar fehlen. Die Larven leben im Wasser und atmen durch Tracheenkiemen an den Seiten des Hinterleibs; sie haben 3 lange Schwanzfäden (ausnahmsweise nur 2). Die Begattung erfolgt im Flug und dauert nur Sekunden; unmittelbar danach stirbt das ♂, das ♀ gleich nach der anschließenden Ablage der Eier; oft schon nach wenigen Stunden Lebensdauer.

1. Familie: Uferaas *(Polymitárcidae);* Flügel milchig weiß, ohne Haarsaum. Beide Flügelpaare auf ganzer Fläche dicht geadert, überall mit rechteckigen Zellen; 1 Gattung:

Gattung: Uferaas *(Polymitárcis);* 2 Arten:

Uferaas
Polymitárcis virgo (OLIVIER)

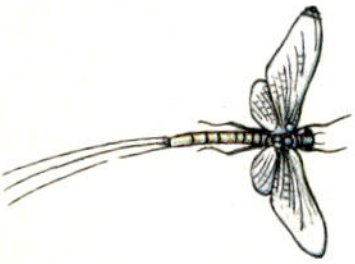

Der ganze Körper fahl, gelblich, nur am Kopf und den Beinen ein bißchen dunkel gezeichnet; ♂ bis **12;** ♀ bis **18 mm** Körperlänge.

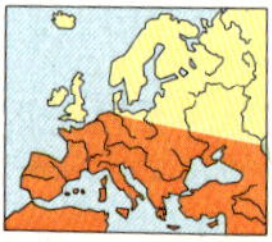

Verbreitung: Mittel- und Südeuropa. **Lebensraum** und **Lebensweise:** bevorzugt größere Flüsse; trat früher in Massen auf, heute durch Gewässerverschmutzung und Kanalisation selten; alle Tiere schwärmen am gleichen Tag, sie sind vom späten Nachmittag bis zur Dunkelheit tätig und werden von Lichtquellen angelockt; Flugzeit Juli–September. **Nahrung:** als Erwachsene keine. **Fortpflanzung:** Larven in selbstgegrabenen Röhren am Grunde der Gewässer; Entwicklung 2jährig.

2. Familie: Eintagsfliegen *(Epheméridae);* ziemlich groß; Flügel klar durchsichtig, aber braun gefleckt; stets 3 Schwanzfäden; 1 Gattung:

Gattung: Eintagsfliegen *(Ephémera)*; 8 Arten:

Gemeine Eintagsfliege
Ephémera vulgáta LINNÉ

Rücken der vorderen Hinterleibsringe mit seitlichen dunklen Dreiecken, auf den hinteren Ringen mit dunklen Seitenlinien; Körperlänge beim ♂ bis **20**, beim ♀ bis **22 mm.**

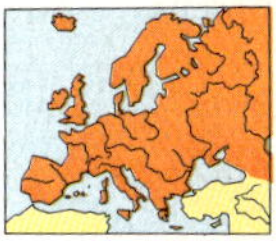

Verbreitung: fast ganz Europa. **Lebensraum und Lebensweise:** in träge strömenden Flüssen und Bächen; ist am späten Nachmittag tätig und dann mitunter in großen Schwärmen beim Hochzeitsflug zu beobachten: Flugzeit Mai bis Juli. **Nahrung:** keine. **Fortpflanzung:** Eiablage (bis 5000) direkt in das Wasser, Eier sinken auf den Grund und entwickeln sich zur Larve, die sich in selbstgegrabenen Röhren versteckt. Sie ernährt sich hauptsächlich von treibenden Algen und feinem Detritus; Entwicklungszeit 2 Jahre.

3. Familie: Kleine Eintagsfliegen *(Baétidae)*; kleine Tiere, Hinterflügel klein, nur mit 2–3 Längsadern:

Gattung: *Baétis*: Zwischen den Enden der Längsadern im Voderflügel paarweise kurze zarte Aderstümpfe; fast 30 Arten, die meisten können nur durch Spezialisten unterschieden werden:

Kleine Eintagsfliege
Baétis púmilus (BURMEISTER)

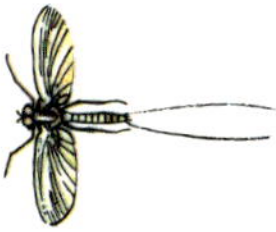

Hinterleib und Schwanzfäden beim ♀ bräunlich, beim ♂ nur Basis und Spitze braun, Mitte und Schwanzfäden weißlich durchsichtig; Körperlänge **5–8 mm.**

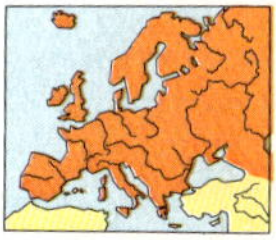

Verbreitung: fast ganz Europa. **Lebensraum und Lebensweise:** in größeren Flüssen, auch in kleinen Bächen; in der Dämmerung aktiv; Flugzeit Juni–August. **Nahrung:** keine. **Fortpflanzung:** Eiablage unter Wasser, das ♀ klebt sie als dünne harte Kruste an Steine in starker Strömung; die Larven schwimmen frei umher und weiden Algen und zerfallendes Pflanzenmaterial ab. Entwicklungsdauer 1 Jahr, unter günstigen Umständen weniger.

2. Gruppe: *Neóptera*

I. Ordnung: Ohrwürmer *(Dermáptera)*; langgestreckte abgeflachte Tiere; Vorderflügel lederartig, stark verkürzt, schuppenartig; dennoch decken sie die großen, doppelt gefalteten Hinterflügel ganz oder fast ganz; Hinterleib mit 2 zangenförmigen Schwanzfäden:

1. Familie: Ohrwürmer *(Forficúlidae)*; Fühler mit nicht mehr als 15 Gliedern, das Mittelglied der Füße herzförmig:

Gattung: Ohrwürmer *(Forficula)*; Spitzen der Hinterflügel ragen kurz unter den einfarbig braunen Deckflügeln vor; ohne Zangen mehr als 6 mm lang:

Gemeiner Ohrwurm
Forficula auriculária LINNÉ

Vorderflügel ohne gelben Fleck; Zangen (Cerci) am Hinterleib beim ♂ kräftiger als beim ♀; ♂ **10–16 mm,** ♀ **10–14 mm** lang.

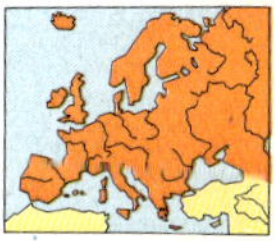

Verbreitung: Europa. **Lebensraum und Lebensweise:** ist unter Steinen, Laub und Baumrinde heimisch; ist nur nachts tätig und versteckt sich am Tag; bewegt sich schnell, fliegt selten; Erscheinungszeit April–Oktober. **Nahrung:** zarte Pflanzensprosse (vor allem Blütenteile) und tote Insekten. **Fortpflanzung:** Eiablage unter Steinen und Holzstücken; ♀ betreibt Brutpflege, indem es nicht nur das Gelege überwacht, sondern sich auch um die ausschlüpfenden Larven kümmert, die sich viermal häuten; Überwinterung als erwachsenes Insekt.

II. Ordnung: Fangschrecken *(Mantódea);* Körper langgestreckt; Vorderflügel etwas ledrig versteift, flach über den Hinterkörper gelegt, die Hinterflügel deckend; die Vorderbeine sind Fangbeine; Europa 3 Familien; wenige Arten:

1. Familie: Gottesanbeterinnen *(Mántidae);* Vorderschenkel und Schienen beide lang und reich bedornt; Europa mehrere Gattungen:

Gattung: Gottesanbeterin *(Mántis);* Halsschild dreimal länger als breit; 1 Art:

Gottesanbeterin
Mántis religiósa LINNÉ

Körperfarbe hellgrün bis blaßgelb, oder ganz graubraun; bis **7 cm** lang.

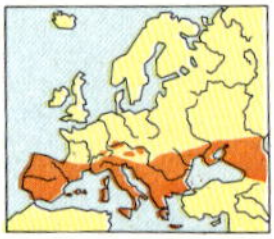

Verbreitung: Südeuropa, nördlich vereinzelt bis Süddeutschland; Nordafrika, Asien; nach Nordamerika verschleppt. **Lebensraum** und **Lebensweise:** trockenes, sonniges Gelände; am Tag tätig; bewegt sich sehr langsam; lebt räuberisch; nimmt bei Gefahr durch Aufrichten des Vorderkörpers Schreckstellung ein, läßt sich in Notlagen auf den Boden fallen; Erscheinungszeit Juni–September. **Nahrung:** Insekten aller Art. **Fortpflanzung:** Begattung meist während der heißesten Tageszeit; dabei werden oft die ♂♂ aufgefressen, Eiablage in braune Kokons, die an Steine und Zweige angeheftet werden; Eizahl pro Kokon 100–300; Larven schlüpfen erst im Frühjahr und ernähren sich von kleinen Insekten, wie Blattläusen.

III. Ordnung: Schaben *(Blattódea);* flache, im Umriß ovale Insekten. Kopf nach unten gerichtet, mit beißenden Mundwerkzeugen; Fühler meist länger als der Körper, peitschenartig:

1. Familie: Schaben *(Bláttidae);* letzter Körperring symmetrisch, unten beim ♂ mit 2 kleinen Fortsätzen, beim ♀ zweiklappig.

Gattung: Küchenschaben *(Blátta);* Flügel des ♂ den Hinterleib kaum bedeckend, des ♀ verkürzt, lappenartig.

Küchenschabe, Kakerlak
Blátta orientális LINNÉ

Oval, flach, schwarzbraun bis rotbraun; **19 bis 30 mm** lang.

Verbreitung: weltweit verschleppt. **Lebensraum** und **Lebensweise:** als wärmebedürftige Tiere nur in Gebäuden, dort an unzugänglichen Orten wie Dielenritzen usw.; im Dunkeln tätig, sehr rascher, huschender Lauf. Besitzt Stinkdrüsen, die willkürlich entleert werden können. **Nahrung:** Allesfresser, der Nahrungsmittel aller Art angeht. **Fortpflanzung:** jedes ♀ legt im Laufe des Lebens mehrere Eikapseln mit 15–37 Eiern, aus denen nach 7–8 Wochen Larven schlüpfen. Diese leben wie die Erwachsenen, nach 6–8 Monaten und mehreren Häutungen erwachsen. **Wirtschaftliche Bedeutung:** auch aus hygienischen Gründen wichtiger Vorratsschädling; durch moderne Bauweise und Verfahren der Bekämpfung zurückgegangen.

354.1 Maulwurfsgrille

354.2 Feldgrillen

IV. Ordnung: Springschrecken *(Saltatória);* Vorderflügel geadert, aber ledrig, deckenartig verfestigt; Hinterbeine lang, mit verdickten Schenkeln, Sprungbeine; Füße 3- oder 4gliedrig.

I. Unterordnung: Laubheuschrecken und **Grillen** *(Ensifera;* d. h. Säbelträger – Legeapparat!); langfühlerig; ♀♀ mit deutlichem Legesäbel oder langer Legeröhre;

Überfamilie: Grillen *(Grylloídea);* Füße 3gliedrig; Schwanzfäden lang:

1. Familie: Maulwurfsgrillen *(Gryllotálpidae);* 1 Gattung:

Gattung: Maulwurfsgrillen *(Gryllotálpa);* Vorderbeine zu Grabbeinen umgestaltet; Hinterbeine kurz, nicht zum Springen befähigt. ♀ ohne Legeröhre; wenige Arten:

Gewöhnliche Maulwurfsgrille, Werre
Gryllotálpa gryllotálpa Linné

Plump, walzenförmig, Halsschild sehr groß, samtartig matt; Hinterflügel lang vorragend; braun; **35–50 mm** lang.

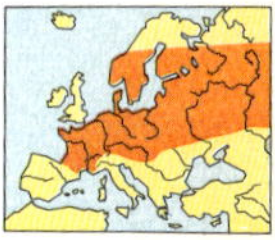

Verbreitung: Mitteleuropa. **Lebensraum** und **Lebensweise:** bevorzugt Gelände mit lockerem Boden; gräbt mit den Vorderbeinen Gänge dicht unter der Erdoberfläche; ist besonders nachts tätig; kann fliegen und läßt sich auch vom Licht anlocken; ♂ erzeugt zirpende Töne; bewegt sich schnell. **Nahrung:** Würmer, Insektenlarven und Pflanzensprosse. **Fortpflanzung:** baut zur Eiablage unter der Erde eine kugelförmige Höhle, deren Wände durch drehende Bewegungen geglättet und gehärtet werden; die Larven, die aus den etwa 300 abgelegten Eiern schlüpfen, werden anfangs noch vom ♀ bewacht und machen sich dann selbständig; sie überwintern in der Erde.

2. Familie: Grillen *(Grýllidae);* Vorderbeine einfach, Hinterbeine befähigen zum Springen, ♀♀ mit Legeröhre:

Gattung: Feldgrillen *(Grýllus);* groß; Vorderschienen außen mit großem, innen mit kleinem Trommelfell; Kopf sehr dick, Halsschild glänzend, kahl; wenige Arten:

Feldgrille
Grýllus campéstris Linné

(a) Schwarz, Basis der Vorderflügel unscharf braungelb, Hinterschenkel unten rot; Hinterflügel verkürzt; **20–26 mm** lang.

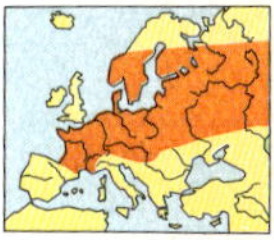

Verbreitung: Mitteleuropa. **Lebensraum** und **Lebensweise:** bevorzugt trockenes, sandiges und hügeliges Gelände; gräbt bis 40 cm lange, schräg nach unten führende Gänge in den Boden; lebt einzeln in abgegrenztem Revier, das gegen Eindringlinge verteidigt wird; ♂ erzeugt zirpende Töne mit den Flügeldecken, um ♀ anzulocken; liebt Sonnenschein und verhält sich bei regnerischem Wetter still; zieht sich bei Gefahr in den Grund der Röhre zurück; Erscheinungszeit Mai–Juli. **Nahrung:** zarte Pflanzensprosse und Insekten. **Fortpflanzung:** Eiablage mit Legeröhre in den Boden der Wohnröhre; die Larven schlüpfen nach 2–3 Wochen, leben anfangs zusammen und trennen sich im Spätsommer, indem sie eigene Gänge bohren, in denen sie überwintern; Ende April, Anfang Mai schlüpft das fertige Insekt. Die **Hausgrille** oder das **Heimchen** (b) *Achéta doméstica* (Linné), hellbraun, Kopf braun, hellgefleckt, **16–20 mm** lang, Legeröhre bis 14 mm, ist wie vorige Art in Mitteleuropa verbreitet. **Lebensraum** und **Lebensweise:** bevorzugt in menschlichen Siedlungen warme Gebäudeteile, wie Küchen und Backstuben; versteckt sich in Nischen und Mauerlöchern; ist nachts tätig; ♂ erzeugen zirpende Töne; ist bei gleichbleibender Wärme das ganze Jahr über zu beobachten. Im Freien an Müllkippen (Fäulniswärme!). **Nahrung:** Nahrungsmittel und deren Reste. **Fortpflanzung:** ähnlich *G. campéstris.*

Gattung: Waldgrillen *(Nemóbius);* nur 1 Trommelfell; Körper kleiner, Hinterflügel fehlen, Vorderflügel nicht länger als der halbe Hinterkörper; wenige Arten:

Waldgrille
Nemóbius silvéstris (Bosc.)

Dunkelbraun, Halsschild gelb mit dunkleren Punkten; ♂ **9,** ♀ **10–11 mm** lang, Legeröhre 8 mm lang.

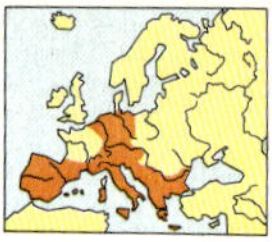

Verbreitung: Mittel- und Südeuropa. **Lebensraum** und **Lebensweise:** bevorzugt lichte Wälder mit Büschen und Moos; verbirgt sich unter Moos und Laub; kann laufen und springen; ♂ erzeugen zirpende Töne; Erscheinungszeit Juni bis Juli. **Nahrung:** wahrscheinlich wie *G. gryllotálpa.* **Fortpflanzung:** Eiablage in den Boden, Überwinterung als Larve, in kühlen Gebieten zwei Überwinterungen: 1. als Ei, 2. als Larve.

2. Überfamilie: Laubheuschrecken *(Tettigonoídea);* Füße 4gliedrig; Schwanzfäden kurz, unscheinbar; Hinterflügel nie als stabartige Anhänge vorragend.

1. Familie: Singschrecken *(Tettigónidae);* vom Gehörorgan an den Vorderschienen nur 1 schmaler Spalt sichtbar; zahlreiche Gattungen und Arten:

Gattung: Heupferde *(Tettigónia);* Vorderflügel einfarbig hellgrün, ungefleckt; mehrere Arten:

Grünes Heupferd
Tettigónia viridíssima Linné

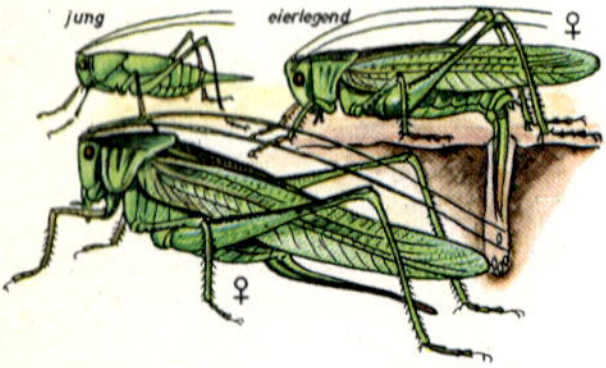

Vorderflügel hellgrün, sehr lang; Hinterschenkel grün, ohne dunkle Flecken; ♀ mit langer Legeröhre; ♂ bis **34,** ♀ bis **36 mm** lang (ohne Flügel!).

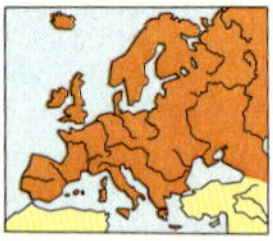

Verbreitung: Europa. **Lebensraum** und **Lebensweise:** bevorzugt Wiesen und Äcker mit Büschen und Bäumen; ist am Tag tätig; kann nicht nur sehr weit springen, sondern auch weite Strecken fliegen, oft im Gleitflug; ♂ erzeugen, meist von Bäumen und Sträuchern, zirpende Töne; Erscheinungszeit Juli–Oktober. **Nahrung:** wie Warzenbeißer. **Fortpflanzung:** Eiablage mit Legeröhre in lockeren Boden; es wird jeweils nur 1 Ei abgelegt; das Gelege überwintert, Larvenentwicklung erst im Frühjahr.

Zwitscher-Heupferd
Tettigónia cántans (Fuessly)

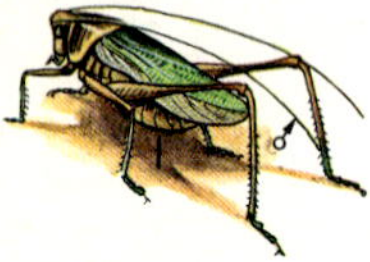

Der vorigen Art ähnlich, doch Flügel kurz, die hinteren Knie kaum überragend: ♂ bis **26,** ♀ bis **28 mm** lang.

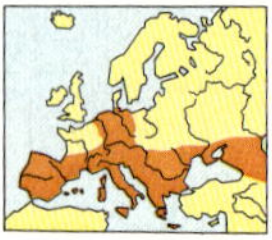

Verbreitung: Mittel- und Südeuropa; nicht so häufig. **Lebensraum und Lebensweise:** wie *T. viridíssima.* **Nahrung:** wie *T. viridíssima.* **Fortpflanzung:** wie *T. viridíssima.*

Gattung: Warzenbeißer *(Décticus);* Vorderflügel dunkel gefleckt:

Warzenbeißer
Décticus verrucivorus (Linné)

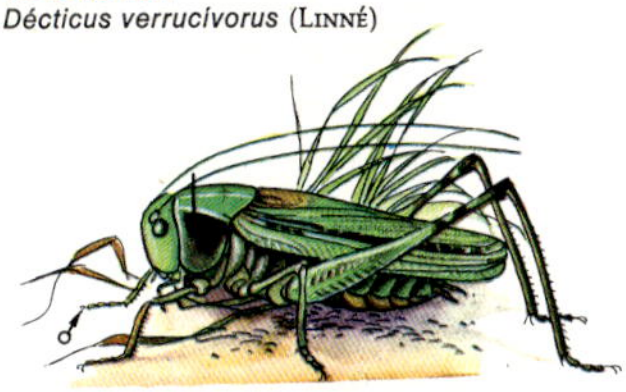

Gedrungen, Flügel reichen höchstens bis zu den hinteren Knien; Körper braun und gelb gefleckt, Untergrund grün; ♂ bis **28,** ♀ bis **30 mm** lang (ohne die lange Legeröhre).

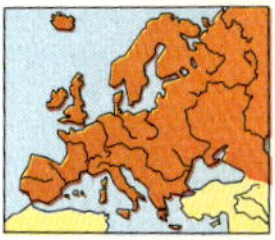

Verbreitung: Europa. **Lebensraum** und **Lebensweise:** bevorzugt vegetationsreiche Wiesen und Äcker; kann sehr weit springen; ist am Tag tätig; ♂ erzeugt zirpende Töne; kann bei Gefahr empfindlich beißen, wobei aus den Mundteilen ein brauner Saft austritt, der (nach dem Volksmund) Warzen beseitigen soll; Erscheinungszeit Juni–September. **Nahrung:** überwiegend Insekten und deren Larven, aber auch Pflanzen. **Fortpflanzung:** Eiablage mit Legeröhre in lockeren Boden; Larven entwickeln bald Stummelflügel und leben in der ersten Zeit gesellig zusammen.

2. Familie: Dornenschrecken *(Ságidae);* 1 Gattung:

Gattung: Dornenschrecken *(Sága);* Vorderbeine dicker als die Hinterbeine, auf der Innenseite mit dichten Reihen scharfer Dornen; 1 Art:

Dornenschrecke, Sägeschrecke
Sága pédo (Pallas)

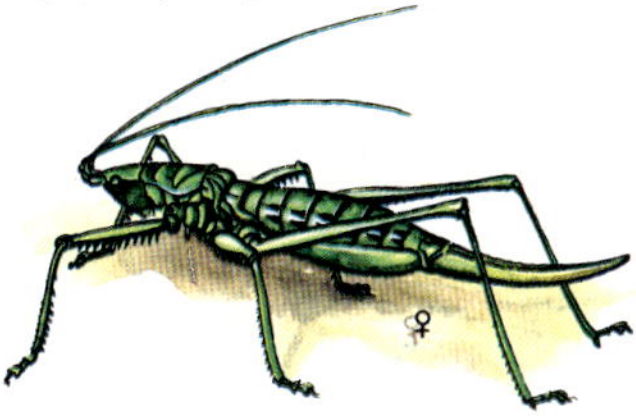

Hinterbeine außerordentlich lang; Flügel zu schwer sichtbaren Schuppen rückgebildet; grün; **65–85 mm** lang.

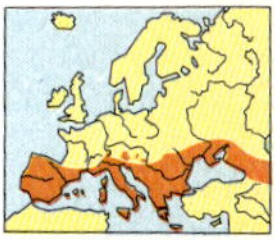

Verbreitung: Südeuropa von den Pyrenäen bis zum Kaukasus, ganz sporadisch im südöstlichen Mitteleuropa (Österreich, Ungarn, Südmähren). **Lebensraum** und **Lebensweise:** bevorzugt trockenes, sonniges Gelände mit Büschen; ist am Tag tätig; lebt räuberisch und benutzt zum Festhalten der Beute die beiden vorderen Beinpaare, die mit Dornen besetzt sind. **Nahrung:** Insekten. **Fortpflanzung:** offenbar parthenogenetisch, da bisher nur ganz vereinzelte ♂♂ gefunden worden sind.

II. Unterordnung: Feldheuschrecken *(Caelifera);* kurzfühlerig; ♀♀ mit kurzem, für Grabarbeit spezialisiertem Legeapparat; ♂♂ zirpen durch Reiben der Hinterbeine an den gefalteten Vorderflügeln; Gehörorgane verborgen an der Basis des Hinterleibs; Füße 3gliedrig; 2 Familien, die kleinen *Tetrigidae* mit stark verlängertem Halsschild werden hier nicht behandelt:

1. Familie: Feldheuschrecken *(Acrididae);* Halsschild ohne dornförmige, den Hinterleib überragende Verlängerung; viele Gattungen und Arten:

1. Unterfamilie: Schönschrecken *(Catantopinae);* zwischen den Basen der Vorderbeine steht ein kegelförmiger oder zapfenartiger Höcker auf der Brust:

Gattung: Schönschrecken *(Calliptamus);* Halsschild in der Mitte und an den Seiten mit 3 feinen Längskielen; Flügel voll entwickelt; wenige Arten:

Italienische Wanderheuschrecke, Schönschrecke
Callíptamus itálicus (Linné)

Braungrau, mit helleren Flecken; Hinterschienen kirschrot; Hinterflügel zart rosenrot; **15 bis 25 mm** lang.

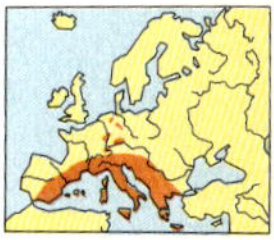

Verbreitung: Mittelmeergebiet, vereinzelt nördlich bis Südwestdeutschland. **Lebensraum** und **Lebensweise:** bevorzugt trockenes Brachland; kann durch Massenvermehrung schädlich werden, Larven mitunter in Schwärmen. **Nahrung:** Pflanzen. **Fortpflanzung:** wie bei *Anacrídium.*

Gattung: *Anacridium;* Halsschild mit hohem, 3fach gekerbtem Mittelkiel, ohne Seitenkiele; 1 Art:

Ägyptische Wanderheuschrecke
Anacridium aegýpticum LINNÉ

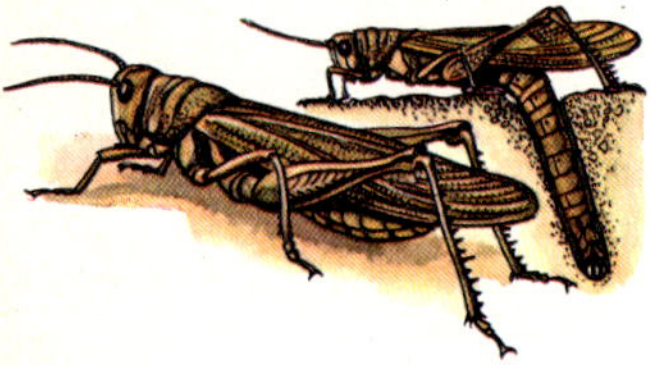

Graubraun, Flügel fein dunkel gefleckt, Hinterschenkel mit dunkleren Querbinden; bis **7 cm** lang.

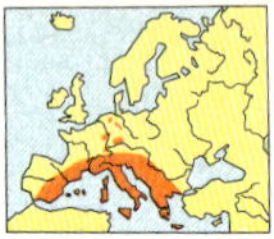

Verbreitung: Mittelmeergebiet, sporadisch in Mitteleuropa (mit Gemüse eingeschleppt). **Lebensraum und Lebensweise:** bevorzugt trockenes Gelände mit Graswuchs; überwintert als erwachsenes Insekt, bildet keine Wanderschwärme. **Nahrung:** Pflanzen. **Fortpflanzung:** das ♀ gräbt mit der Legeröhre ein Loch in den Boden, in das es den Hinterleib senkt, um abzulegen; das Gelege wird mit einem schaumigen Sekret umhüllt.

2. **Unterfamilie: Feldheuschrecken** *(Acridinae);* Vorderbrust zwischen den Hüften ohne kegelartigen Vorsprung:

Gattung: Nasenschrecken *(Acrida);* Kopf stark kegelförmig nach vorn-oben verlängert, Fühler abgeplattet, zugespitzt; wenige Arten:

Nasenschrecke
Acrida nasúta SULZER

Sprungbeine sehr lang und dünn. Grünlich oder bräunlich, mit dunklerer Fleckung; bis **7 cm** lang.

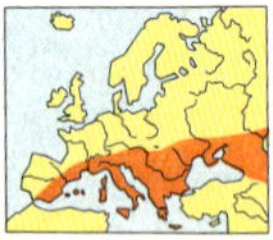

Verbreitung: Mittelmeergebiet, vereinzelt bis südöstliches Mitteleuropa. **Lebensraum:** sonnige, trockene Grasländer. **Nahrung, Fortpflanzung:** wie *Anacridium.*

Gattung: Dickfußschrecken *(Oedipoda);* Oberrand der Hinterschenkel nahe der Mitte mit stufenartigem Absatz, zum Knie hin abfallend; wenige Arten:

Dickfußschrecke
Oedipoda coeruléscens (LINNÉ)

Hellgrau, dunkler marmoriert, der Bodenfärbung angepaßt. Hinterflügel hellblau, Spitze klar, dazwischen ein dunkles, gebogenes Band; ♂ **22,** ♀ bis **27 mm** lang.

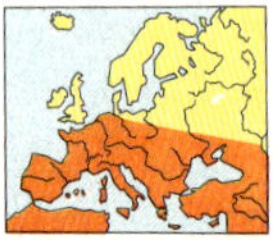

Verbreitung: Süd- und Mitteleuropa. **Lebensraum und Lebensweise:** bevorzugt sonniges, trockenes Gelände mit geringer Vegetation; kann weit hüpfen und fliegen, verläßt aber dabei die offenen, kaum bewachsenen Bereiche nicht; tagaktiv; Erscheinungszeit Juli–September. **Nahrung:** Pflanzen. **Fortpflanzung:** Eiablage wie bei *Anacridium,* Larven schlüpfen erst nach der Überwinterung im Frühjahr.

Gattung: Schnarrschrecken *(Psóphus);* Halsschild mit stark erhobenem, durchgehendem Mittelkiel, daneben jederseits ein deutliches Grübchen; 1 Art:

Rote Schnarrheuschrecke
Psóphus stridulus (LINNÉ)

Dunkelbraun bis schwärzlich; Hinterflügel rot, Spitze schwarz; ♂ **24,** ♀ **30 mm** lang.

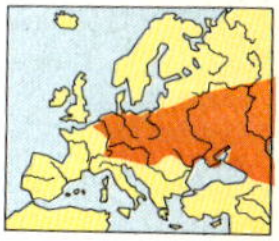

Verbreitung: Mittel- und Osteuropa. **Lebensraum und Lebensweise:** bevorzugt trockenes, sonniges Gelände; kann weit hüpfen; ♂ erzeugt beim Fliegen schnarrendes Geräusch; ist am Tag tätig; Erscheinungszeit Juli–Oktober. **Nahrung:** wie *Anacrídium.* **Fortpflanzung:** wie *Anacrídium.*

Gattung: Grashüpfer *(Stenóbothrus);* Halsschild mit Seitenkielen, Stirn mit grübchenförmigen Eindrücken (mehrere ähnliche Gattungen, zusammen viele schwer bestimmbare Arten); mehrere Arten:

Liniierter Grashüpfer
Stenóbothrus lineátus (PANZER)

Körper grün, beim ♀ mit gelben Längslinien; Hinterflügel farblos; Hinterschienen rot oder braun; ♂ **19,** ♀ **24 mm** lang.

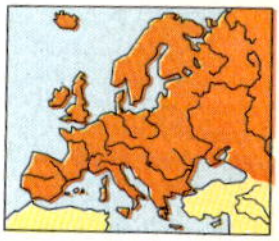

Verbreitung: Europa. **Lebensraum und Lebensweise:** bevorzugt trockene Wiesen und Heideflächen; kann weit hüpfen und fliegen; ist am Tag tätig; ♂ erzeugt zirpende Töne; Erscheinungszeit Juli–September. **Nahrung:** Pflanzen. **Fortpflanzung:** wie *Oedípoda coeruléscens.*

V. Ordnung: Gespenstschrecken *(Phasmatódea);* einfache Schreitbeine, nicht sprungfähig; Füße 5gliedrig; Fühler kurz. Oft ungeflügelt. Etwa 2000 Arten, nur in wärmeren Gebieten, ganz spärlich in Südeuropa.

1. Familie: Stabheuschrecken *(Phasmátidae);* Körper langgestreckt, oft stabförmig, nicht blattartig flach; in Europa nur 1 flügellose Gattung:

Gattung: Stabheuschrecken *(Bacíllus);* wenige Arten:

Stabheuschrecke
Bacíllus róssii FABRICIUS

Langgestreckt, dünn, grünlich; in der Ruhe ähnelt das Tier einem Ästchen; bis **9 cm** lang.

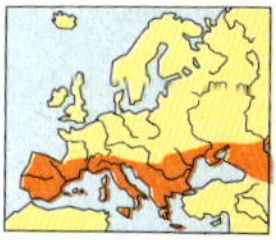

Verbreitung: Südeuropa. **Lebensraum und Lebensweise:** bevorzugt trockenes Gelände mit Büschen und Bäumen; ist nur in der Nacht tätig; sitzt am Tag in starrer Haltung im Laubwerk und ist dann schwer zu erkennen. **Nahrung:** zarte Triebe von Sträuchern und Bäumen. **Fortpflanzung:** meist parthenogenetisch, da ♂♂ sehr selten sind; Eiablage nur nachts; die jungen Larven sehen den erwachsenen Tieren sehr ähnlich.

VI. Ordnung: Staubläuse, Flechtlinge *(Psocóptera);* kleine flügellose oder geflügelte Insekten; etwa 1000 Arten bekannt; auch in Europa zahlreich vertreten; zu ihnen gehört die **Staub-** oder **Bücherlaus** *(Tróctes spec.);* hier nicht vorgestellt.

VII. Ordnung: Tierläuse *(Phthiráptera);* ausschließlich parasitisch im Gefieder oder Fell von Warmblütlern; klein, flügellos, meist abgeplattet:

I. Unterordnung: Federlinge und Haarlinge *(Mallophága).*

II. Unterordnung: Echte Läuse *(Anoplúra);* Mundwerkzeuge stechend, Füße stets Klammerfüße mit nur 1 einklappbaren Kralle; nur auf Säugetieren; 3 Familien:

1. Familie: Menschenläuse *(Pedicúlidae);* mit Augen; Vorderbeine nicht viel kürzer als die übrigen.

Gattung: Körperläuse *(Pediculus);* Beine nicht auffällig stark verdickt, Kralle normal: 1 Art:

Kopf- und Kleiderlaus, Körperlaus
Pediculus humánus LINNÉ

Lang oval, flach, Hinterleib glattrandig; bräunlich; bis **4 mm** lang.

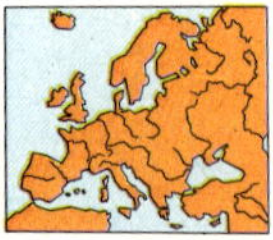

Verbreitung: mit dem Menschen weltweit. **Lebensraum** und **Lebensweise:** nur auf dem Menschen, die kleinere Kopflaus, *P. h. cápitis,* bevorzugt im Haupthaar, die Kleiderlaus, *P. h. humánus,* vor allem in der Wäsche; wegen der schwellenden, juckenden Stichstellen lästig, als Überträger schwerer Krankheiten (u. a. Fleckfieber, Flecktyphus) gefährlich. **Nahrung:** Blut des Menschen; regelmäßige Nahrungsaufnahme ist nötig, Hunger wird nicht ertragen; jeder Saugakt dauert 10–15 Minuten, danach werden die Mundteile aus der Haut des Wirtes gezogen. **Fortpflanzung:** das begattete ♀ klebt bis 300 hartschalige, mit einem Deckel versehene Eier („Nissen") fest an die Haare des Wirtes oder an seine Kleidung; die Larven schlüpfen nach etwa 6 Tagen, nach 3 Häutungen und weiteren 8 Tagen sind sie erwachsen; sie leben wie die erwachsenen Läuse.

Gattung: Filzläuse *(Phthirus);* 1 Art:

Filzlaus, Schamlaus
Phthirus púbis (LINNÉ)

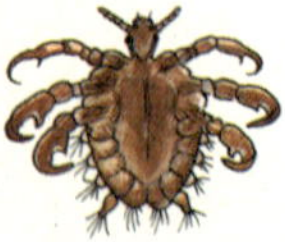

Breit oval, Hinterleib am Rande mit zapfenartigen Vorsprüngen; Beine stark verdickt, Klaue vergrößert; bis **1,6 mm** lang.

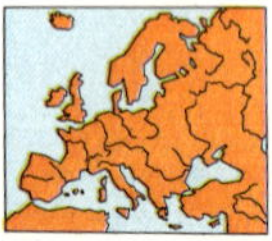

Verbreitung: mit dem Menschen weltweit. **Lebensraum** und **Lebensweise:** nur auf dem Menschen, vor allem in der Schambehaarung. Läßt die Mundwerkzeuge nach dem Saugen oft im Gewebe, sticht nicht jedes Mal neu ein; das führt zu krankhaften Veränderungen der Haut, die als bläuliche Flecke sichtbar werden; Übertragung von Krankheiten ist nicht bekannt. **Nahrung:** Blut des Menschen. **Fortpflanzung:** ♀ legt bis 30 Eier an die Haare des Wirts; gesamte Entwicklung bis zur Imago dauert etwa 3 bis 4 Wochen.

VIII. Ordnung: Schnabelkerfe *(Hemiptera);* meist kleine bis mittelgroße Insekten, deren Mundwerkzeuge einen komplizierten, symmetrischen Saug- und Stechrüssel bilden; insgesamt etwa 73 000 Arten.

Systematische Gliederung

I. Unterordnung: Wanzen *(Heteróptera);* die Vorderflügel sind in ihrem vorderen Teil zu festen Halbdecken umgebildet, ihr scharf abgesetzter hinterer Abschnitt ist häutig-durchsichtig (die sogenannte Membran). S. 361

II. Unterordnung: Pflanzensauger *(Homóptera = Sternorrhýncha);* Flügel nicht zu Halbdecken umgewandelt; Füße 2gliedrig, bei Zikaden 3gliedrig. S. 364

1. Gruppe: Blattläuse *(Aphidina);* meist winzig, zart, mit längeren Fühlern, keine Lauterzeugung. Vielfach ungeflügelt, oft am Hinterleib mit 2 seitlichen Röhrchen, durch die Zucker abgegeben wird: um genügend Eiweiß zu erlangen, müssen die Tiere ein Übermaß zuckerhaltigen Safts aufnehmen. Meist verwickelte Wechsel von Fortpflanzungsweisen (zweigeschlechtlich, Jungfernzeugung; eierlegend, lebendgebärend) und Erscheinungsformen (geflügelt, flügellos), oft gekoppelt mit Übergang von einer bestimmten Futterpflanze zu einer anderen Pflanzenart (Generations- und Wirtswechsel). S. 364

2. Gruppe: Zikaden *(Cicadifórmes);* die Flügel werden dachförmig gefaltet; die Hinterbeine sind Sprungbeine; große Arten erzeugen laute Schrilltöne. S. 365

3. bis 5. Gruppe: Blattflöhe *(Psýllina)*, **Mottenschildläuse** *(Aleuródina)* und **Schildläuse** *(Coccina)*; hier nicht behandelt.

2. Unterordnung: Wanzen *(Heteróptera)*.

Familiengruppe: Wasserwanzen *(Hydrocorísae)*; die Fühler sind sehr kurz, kürzer als der Kopf breit ist, in Rinnen verborgen:

1. Familie: Wasserskorpione *(Néphidae)*; die Vorderbeine sind zu Fangorganen geworden; am Ende des Hinterleibs lange, aus zwei Längshälften bestehende Atemröhren; 2 Gattungen:

Gattung: Wasserskorpione *(Népa)*; Körper platt, lang oval; wenige Arten:

Gemeiner Wasserskorpion
Népa rubra (Linné)

a Halsschild viel breiter als lang; grau, Rücken unter den Flügeln leuchtend rot; ohne Atemrohr **18–22 mm** lang.

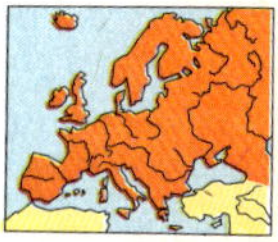

Verbreitung: Europa. **Lebensraum** und **Lebensweise:** bevorzugt stehende, schlammige Gewässer; ist meist am Boden tätig und bewegt sich wenig; klettert zum Atmen an Pflanzen empor und schiebt Atemrohr über die Oberfläche hinaus; lebt räuberisch; kann bei Gefahr mit dem Rüssel stechen. **Nahrung:** Kleinlebewesen, auch Jungfische; die Beute wird mit den Fangarmen ergriffen. **Fortpflanzung:** Eiablage in Pflanzen; die Eier besitzen an einem Polende Atemanhänge; nach dem Larvenstadium überwintert der fertig entwickelte Wasserskorpion am Uferrand unter Steinen. Entwicklungsdauer 1 Jahr. – Die **Wassernadel** oder **Stabwanze** (b) *Ranátra lineáris* (Linné), Halsschild mehrere Male so lang wie breit, ohne Atemrohr 30–35 mm lang; ähnelt im übrigen dem Gemeinen Wasserskorpion.

2. Familie: Schwimmwanzen *(Naucóridae)*; breit oval, ohne Atemrohr; Vorderbeine als Raubbeine:

Gattung: Schwimmwanzen *(Ilyócoris = Naucoris)*; Körper flach, Flügel voll entwickelt:

Schwimmwanze
Ilyócoris cimicoídes (Linné)

Hinterbeine mit dichten Säumen von Schwimmhaaren; glänzend, hell olivbraun; **12–15 mm** lang.

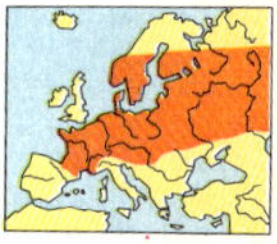

Verbreitung: Mitteleuropa. **Lebensraum** und **Lebensweise:** bevorzugt stehende Gewässer; ist am Uferrand zwischen Wasserpflanzen schwimmend zu beobachten; versorgt sich mit Atemluft durch Herausstrecken des Hinterleibes aus dem Wasser; kann auch fliegen; lebt räuberisch, fängt die Beute mit dem vorderen Beinpaar und tötet sie mit dem Stechrüssel. **Nahrung:** Kleinlebewesen. **Fortpflanzung:** Eiablage in die Stengel von Wasserpflanzen; Entwicklungsdauer 1 Jahr.

3. Familie: Grundwanzen *(Aphelochetridae)*; Gestalt ähnlich den Schwimmwanzen, Vorderschenkel nicht verdickt, Vorderfuß vorhanden; 1 Gattung.

Gattung: Grundwanzen *(Aphelocheirus)*; Vorderflügel in der Regel schuppenförmig.

Grundwanze
Aphelocheirus aestivális Fabricius

Hinterbeine innen mit spärlichem Saum von Schwimmhaaren; braun oder schwarz mit gelblicher Fleckung; **8,5–10 mm** lang.

Verbreitung: Europa. **Lebensraum** und **Lebensweise:** bevorzugt klare, fließende Gewässer; hält sich am Grunde auf und lebt räuberisch. Taucht nicht zum Atmen auf: Larven atmen ohne besondere Atemorgane durch die Haut, Erwachsene mit mikroskopischer Behaarung, die einen (nicht sichtbaren!) extrem dünnen Luftfilm festhält, der als Kieme funktioniert (Plastron-Atmung). **Nahrung:** Kleinlebewesen, saugt vermutlich bevorzugt kleine Muscheln aus. **Fortpflanzung:** Eiablage an Holz oder Muscheln; Entwicklungsdauer 1 Jahr oder länger.

4. Familie: Ruderwanzen *(Coríxidae):* Hinterbeine lange Ruderbeine; Rüssel nicht sichtbar; mehrere Gattungen:

Gattung: Ruderwanzen *(Coríxa);* Schildchen nicht sichtbar; Vorderfuß eingliedrig, spatelartig verbreitert; Halsschild glatt; wenige Arten:

Große Ruderwanze
Coríxa punctáta (LINNÉ)

Flach; olivbraun, zwischen den Augen heller, Halsschild mit feinen gelben Querlinien; Mittelbeine mit kurzen Krallen, ohne Ausschnitt an der Schiene; **13–15 mm** lang.

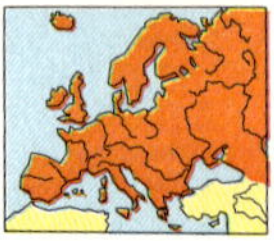

Verbreitung: Europa. **Lebensraum und Lebensweise:** bevorzugt Teiche und Wassergräben; schwimmt schnell und stoßweise; hält sich meist am Bodengrund auf und taucht nur zum Atmen an die Wasseroberfläche auf; speichert Luft hauptsächlich unter den Flügeldecken; kann zur Paarungszeit zirpende Laute von sich geben; kann sehr gut fliegen und verläßt den Aufenhaltsort meist abends, um ein anderes Gewässer zu besuchen. **Nahrung:** Algen, vermodernde Pflanzenreste, die mit dem Rüssel ausgesaugt werden; wühlt deshalb im Bodengrund. **Fortpflanzung:** Eiablage an die Stengel von Wasserpflanzen; Entwicklungsdauer ½ Jahr.

5. Familie: Rückenschwimmer *(Notonéctidae);* Hinterbeine lange Ruderbeine; Rüssel deutlich sichtbar; 1 Gattung:

Gattung: Rückenschwimmer *(Notonécta);* wenige Arten:

Rückenschwimmer
Notonécta glaúca LINNÉ

Hinterleib schwarz, nur an der Spitze gelbbraun, Flügel hell, gelbbraun; **14–16 mm** lang.

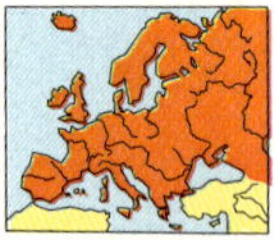

Verbreitung: Europa. **Lebensraum und Lebensweise:** bevorzugt Teiche und Wassergräben; schwimmt auf dem Rükken und benutzt hauptsächlich die langen Hinterbeine als Fortbewegungsorgane; lebt räuberisch; ergänzt die verbrauchte Atemluft, die auf der Bauchseite gespeichert wird, durch Herauschieben des Hinterleibsendes über die Wasseroberfläche; verläßt zeitweise das Gewässer und kann auch fliegen. **Nahrung:** Kleinlebewesen bis zum Jungfisch; packt die Beute mit den Vorderbeinen, tötet sie mit dem Stechrüssel und saugt sie dann aus; der Stich ist auch für den Menschen sehr schmerzhaft. **Fortpflanzung:** Eiablage im Frühjahr in die Stengel der Wasserpflanzen; Entwicklungsdauer 1 Jahr.

2. Familiengruppe: Landwanzen *(Geocorísae);* die Fühler sind deutlich sichtbar:

1. Familie: Wasserläufer *(Gérridae);* langgestreckt, Mittel- und Hinterbeine sehr lang, laufen auf der Wasseroberfläche; 1 Gattung:

Gattung: Wasserläufer *(Gérris);* zahlreiche Arten:

Wasserläufer, Wasserschneider
Gérris nájas DEGEER

1. Fühlerglied länger als 2. und 3. zusammen; ♂ **13,** ♀ bis **17 mm** lang.

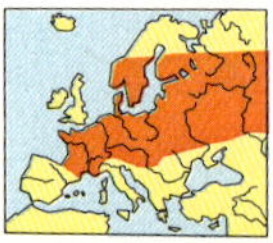

Verbreitung: Mitteleuropa. **Lebensraum und Lebensweise:** stehende Gewässer; bei ruhigem Wetter in großen Scharen auf der Wasseroberfläche; kann sich sehr schnell fortbewegen; sucht bei Regen die schützende Ufervegetation auf; lebt räuberisch. **Nahrung:** Insekten und deren Larven. **Fortpflanzung:** Eiablage dicht unter der Wasseroberfläche an Pflanzenteile; ausschlüpfende Larven nur kurze Zeit unter Wasser; leben danach auch auf dem Wasser; Entwicklungsdauer ½ Jahr; die zweite Generation überwintert als erwachsenes Insekt an geschützten Stellen.

2. Familie: Bachläufer *(Veliidae)*; Gestalt gedrungener, Lebensweise ähnlich der vorigen Art. Hierher der **Bachläufer** (*Vélia cúrrens* FABRICIUS); hier nicht behandelt.

3. Familie: Teichläufer *(Hydrométridae)*; sehr lang und dünn, Gliedmaßen extrem zierlich; 1 Gattung:

Gattung: Teichläufer *(Hydrométra)*; wenige Arten:

Teichläufer
Hydrométra stagnórum (LINNÉ)

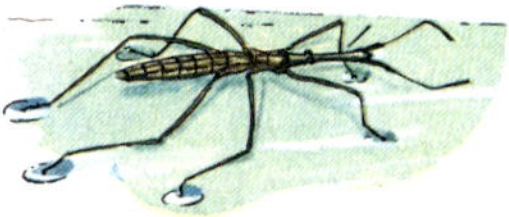

Braunschwarz; der Kopf vor den Augen doppelt so lang wie dahinter, insgesamt fast ⅓ der Gesamtlänge ausmachend; **9–12 mm** lang.

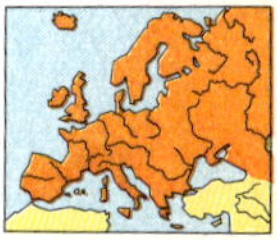

Verbreitung: Europa. **Lebensraum und Lebensweise:** bevorzugt die Uferränder stehender Gewässer; bewegt sich langsam; ist auch auf der Wasseroberfläche anzutreffen. **Nahrung:** kleine Insekten und deren Larven. **Fortpflanzung:** Eiablage einzeln auf Uferpflanzen; Entwicklungsdauer ½ Jahr; die zweite Generation überwintert als erwachsenes Insekt in Verstecken am Ufer.

4. Familie: Feuerwanzen *(Pyrrhocóridae)*; Rüssel und Fühler viergliedrig, Füße dreigliedrig:

Gattung: Feuerwanzen *(Pyrrhócoris)*:

Feuerwanze
Pyrrhócoris ápterus (LINNÉ)

Leuchtend rot, mit schwarzer Fleckung; **9 bis 11 mm** lang.

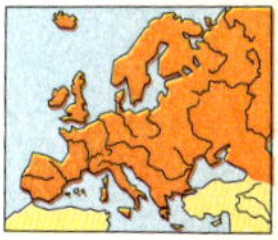

Verbreitung: Europa. **Lebensraum und Lebensweise:** bevorzugt Parkanlagen, Gärten und Wegränder mit Ulmen und Linden; tritt oft sehr zahlreich auf, ist aber nicht schädlich. **Nahrung:** saugt an faulendem Laub, Früchten, toten Insekten und gelegentlich auch an Wurzeln. **Fortpflanzung:** Eiablage in die Erde; die Larven besitzen einen roten Hinterleib und entwickeln sich von Juni bis zum Spätherbst; das fertige Insekt überwintert in Verstecken am Erdboden.

5. Familie: Baumwanzen *(Pentatómidae)*; Fühler fünfgliedrig, Füße dreigliedrig, 3 Unterfamilien, viele Gattungen und Arten:

Gattung: Beerenwanzen *(Dolýcoris)*; 2. Fühlerglied doppelt so lang wie das 3.; Oberseite lang abstehend behaart; 1 Art:

Braune Beerenwanze
Dolýcoris baccárum (LINNÉ)

Färbung veränderlich, meist graubraun; **10 bis 12 mm lang.**

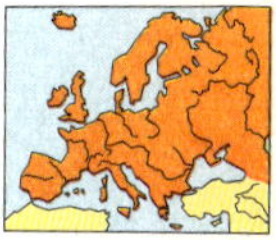

Verbreitung: Europa. **Lebensraum und Lebensweise:** ist auf Bäumen und Beerensträuchern zu beobachten; kann gut fliegen; besitzt abstoßenden Wanzengeruch, der sich bei massenhaftem Auftreten auch auf die Früchte überträgt. **Nahrung:** Pflanzensäfte und kleine Insekten. **Fortpflanzung:** Eiablage im Frühjahr an Blätter; die Larven sind im Sommer bereits erwachsen; das fertige Insekt überwintert am Boden unter Steinen und Laub.

6. Familie: Bettwanzen *(Cimicidae);* Fühler viergliedrg, Füße dreigliedrig; auffallend flacher, im Umriß rundlich-ovaler Körper; ungeflügelt; 2 Gattungen:

Gattung Bettwanzen *(Cimex);* Fühlerglied 1 und 2 auffallend dicker als Glieder 3 und 4; mehrere Arten:

Bettwanze
Cimex lectulárius Linné

Braun; Halsschild mit breitem, durch Furche begrenztem Seitensaum; **5—6 mm** lang.

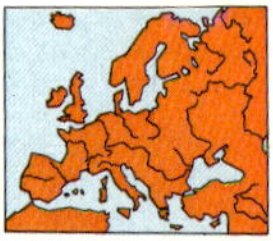

Verbreitung: mit dem Menschen weltweit. **Lebensraum** und **Lebensweise:** menschliche Behausungen, gelegentlich auch Ställe; tagsüber verborgen in Ritzen und Spalten, hinter Tapeten usw.; nachts tätig, saugt Blut; Krankheitsüberträger; Stichstellen geschwollen, stark juckend. **Nahrung:** Blut verschiedener Warmblüter, vor allem des Menschen; vermag monatelang zu hungern. **Fortpflanzung:** nach jeder Blutaufnahme werden in den Schlupfwinkeln einige Eier gelegt; die Larven leben wie die Erwachsenen; vor jeder Häutung zumindest eine ausgiebige Blutaufnahme, 5 Larvenstadien. Bei Zimmertemperatur und guter Ernährung nach etwa 2 Monaten erwachsen.

II. Unterordnung: Pflanzensauger *(Homóptera):*

(Aphidina); 8 Familien. Sehr schwierige Gruppe.

1. Familie: Tannenläuse *(Adélgidae);* ohne Röhren zur Zuckerausscheidung, stets eierlegend; mehrere Gattungen:

Gattung: Fichtengalläuse *(Sacchiphántes);* 1 oder 2 Arten:

Große Fichtengallaus
Sacchiphántes abiétis (Linné)

Körper dunkelgrün; bis **1,5 mm** lang. Galle ananasähnlich, an Kurztrieben von Fichten.

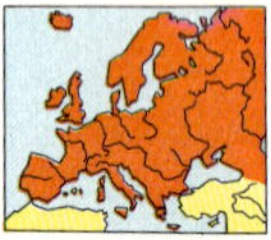

Verbreitung: Europa. **Lebensraum:** Nadelwälder. **Nahrung:** Zellsaft. **Fortpflanzung:** Eiablage auf Fichten, wo die Larven ananasähnliche Gallen an den Triebenden erzeugen; Überwinterung der Fichtengallaus in einer schützenden Wachshülle mit anschließender Eiablage im Frühjahr; die sich daraus entwickelnden Läuse bekommen mit der Zeit Flügel und wechseln im Sommer zu einer neuen Pflanze, der Lärche, über, wo unbefruchtete Eier abgelegt werden; aus ihnen entwickelt sich wieder eine flügellose Generation, die sich im Herbst mit einer schützenden Wachsschicht umgibt und überwintert; nach der Eiablage im Frühjahr entsteht ohne Befruchtung wieder eine geflügelte Nachkommenschaft, die zur Fichte zurückkehrt.

364.1 Schaumzikade: Larve

2. Gruppe: Zikaden *(Cicádina):*

1. Familienreihe: Langkopfzikaden *(Fulgoroidea);* hier nicht behandelt.

2. Familienreihe: Rundkopfzikaden *(Cicadoidea);* Fühler vor oder zwischen den Augen ansetzend; wenige Familien:

1. Familie: Singzikaden *(Cicádidae);* die Vorderbrust überdeckt die Mittelbrust kaum; fast 10 Gattungen:

Gattung: *Lyristes;* Kopf stark verbreitert:

Große Singzikade
Lyristes plebéjus (Scopoli)

(a) Schwarz, mit sparsamer ockergelber Zeichnung an Kopf und Brust: sehr groß, mit Flügeln bis **5 cm** lang.

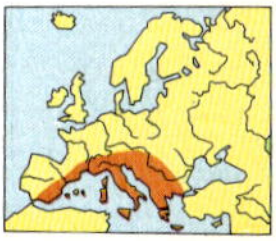

Verbreitung: Mittelmeergebiet, nördlich bis Wien; früher vereinzelt in Süddeutschland. **Lebensraum** und **Lebensweise:** bevorzugt Gärten und Parkanlagen; ♂♂ erzeugen im Rhythmus laut schnarrende Geräusche, besonders in den heißen Mittagsstunden; hält sich meist an Stämmen und auf starken Ästen auf und ist durch Schutzfärbung schwer zu erkennen. **Nahrung:** Baumsäfte. **Fortpflanzung:** Eiablage mit kurzer, harter Legeröhre in die äußeren Gewebeschichten von Sträuchern und holzigen Kräutern; die ausschlüpfenden Larven lassen sich zu Boden fallen, wühlen sich in die Erde ein und saugen an Pflanzenwurzeln; erst nach einigen Jahren arbeitet sich die ausgewachsene Larve an die Erdoberfläche empor und ergibt das fertige Insekt. – Die **Rotadrige Singzikade** (b) *Tibicén haematódes* (Scopoli), Flügelwurzeln hellrot, Adern rot bis bräunlich, bis 4 cm lang, Verbreitung wie vorige Art, aber auch in Süddeutschland; sonst wie *L. plebéjus.*

2. Familie: Schaumzikaden *(Cercópidae);* die Vorderbrust bedeckt die übrige Brust bis auf ein kleines Dreieck zwischen den Flügeln (Scutellum); wenige Gattungen:

Gattung: Schaumzikaden *(Philaenus);* Vorderbrust oben mit flacher Längsfurche:

Schaumzikade
Philaenus spumárius (Linné)

Grau bis schwarzbraun, mit gelblicher oder rötlicher Fleckenzeichnung, marmoriert, sehr veränderlich, **5–6 mm** lang.

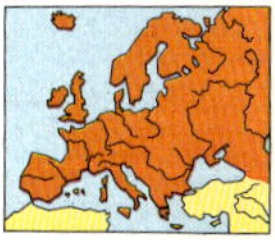

Verbreitung: Europa. **Lebensraum** und **Lebensweise:** bevorzugt Wiesen und Felder; kann gut springen und fliegen; Erscheinungszeit Juni bis Oktober. **Nahrung:** Saft von Gräsern und Kräutern. **Fortpflanzung:** Eiablage an Kräutern; die Larven umgeben sich mit Schaum (im Volksmund „Kuckucksspeichel" genannt), um gegen Austrocknung und Feinde geschützt zu sein; der Schaum wird durch flüssige Exkremente und ausgeatmete Luft erzeugt; nach 5 Häutungen ist das Insekt voll entwickelt, flugfähig und verläßt das schützende Schaumnest.

IX. Ordnung: Netzflügler *(Planipénnia);* beide Flügelpaare membranös, sehr reich netzartig geadert, in der Ruhe dachförmig über den Hinterkörper gefaltet. Etwa 5000 Arten, in Europa 9 Familien mit weniger als 200 Arten; viele nützliche Blattlausfeinde:

1. Familie: Ameisenjungfern *(Myrmeleónidae);* Körper langgestreckt, Flügel lang und schmal, libellenartige Gestalt:

Gattung: Ameisenjungfern *(Myrméleon);* 1 Art:

Ameisenjungfer
Myrméleon europaéus Linné

Matt, braunschwarz mit unauffälliger gelber Zeichnung an Kopf und Brust, Fühler gelb, vorn schwarz, Beine gelb; **2–3 cm** lang, Spannweite 65–75 mm.

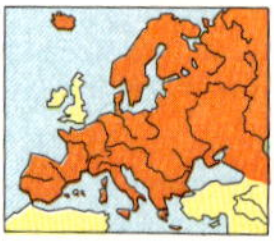

Verbreitung: Europa ohne Britische Inseln; weite Teile Nordasiens. **Lebensraum und Lebensweise:** sonnige Ränder und Lichtungen von Nadelwäldern; in der Dämmerung tätig, selten am Tage; ruht mit dachförmig gefalteten Flügeln; Flugzeit Juli–August. **Nahrung:** kleine Insekten. **Fortpflanzung:** Eiablage in den Erdboden; die Larven als „Ameisenlöwen" bekannt, graben an sonnigen Stellen in den sandigen Erdboden Fangtrichter, in die kleine Tiere, meist Ameisen, hineinrutschen; die am Trichtergrund lauernde Larve packt die Beute mit den großen Kieferzangen und saugt sie aus; die Larve kann nur rückwärts laufen und verpuppt sich nach 2 Jahren im Erdboden; Puppenruhe nur 2–3 Wochen.

X. Ordnung: Hautflügler *(Hymenóptera);* beißende Mundwerkzeuge. 4 Flügel, die nicht dicht behaart oder beschuppt, sondern durchsichtig sind. Die allermeisten Arten mit tiefer Einschnürung zwischen 1. und 2. Hinterleibssegment („Wespentaille"; scheinbar zwischen Brust und Hinterleib); Europa mehr als 30 Familien mit weit über 10 000 Arten (System der Hautflügler siehe Abb. 373.1):

I. Unterordnung: *Apocrita;* Hautflügler mit Wespentaille:

1. Gruppe: Stechende Hautflügler *(Aculeáta):*

1. Familie: Bienen *(Apidae);* 1. Fußglied verbreitert. ♀♀ fast aller Arten sammeln mit speziellen Bürsten Pollen und im Kropf Blütensäfte und tragen sie als Nahrung der fußlosen, madenartigen Larven in ihre Nester. Europa über 40 Gattungen, etwa 1000 Arten:

Gattung: Pelzbienen *(Anthóphora);* groß, stark behaart; Beinsammler; viele Arten:

Wand-Pelzbiene
Anthóphora pariétina Fabricius

Brust gelbbraun, Hinterleib schwarz behaart, der Haarpinsel am Fuß rostrot; **13–15 mm** lang.

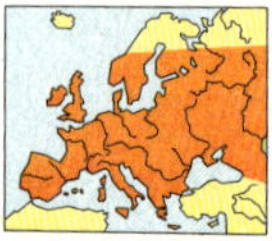

Verbreitung: Süd- und Mitteleuropa. **Lebensraum und Lebensweise:** wie *Osmia papáveris.* **Nahrung:** Nektar; schwebt beim „Saugen" vor der Blüte, setzt sich nicht. **Fortpflanzung:** bohrt für die Brut in senkrechte Lehmwände etwa 3 cm lange Röhren, die sich am Ende seitlich verzweigen; jeder Seitengang enthält mit der Zeit hintereinander 3–4 Brutkammern, die mit Nektar, Pollen und einem Ei gefüllt sind; die ganze Brutanlage wird anschließend am Eingang nicht nur mit Lehm verschlossen, sondern noch mit einem nach unten gekrümmten, schlauchförmigen Anbau versehen, so daß die Brutstätten leicht zu erkennen sind; Feinde werden von den nebeneinander arbeitenden Pelzbienen gemeinsam bekämpft.

Gattung: Schmalbienen *(Halictus);* ♀♀ mit Beinbürste und kahler Längsfurche auf dem vorletzten Hinterleibssegment; sehr zahlreiche Arten:

Vierbindige Schmalbiene
Halictus quadricinctus FABRICIUS

Körper dunkel, lang und schmal. 1.–4. Hinterleibsring am Ende mit weißer Haarbinde; bis **14 mm** lang.

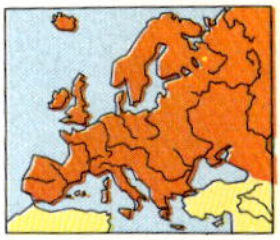

Verbreitung: in Europa weit verbreitet. **Lebensraum** und **Lebensweise:** trockenes, offenes Gelände; Flugzeit beginnt im Frühjahr, zieht sich bis in den Herbst hin. **Nahrung:** Nektar. **Fortpflanzung:** ♀ gräbt in Sand- oder Lehmboden kurze Röhre, an deren Ende sie bis 24 waagerecht nebeneinander liegende Zellen in den Boden gräbt und mit Speichel befestigt. Das die Wabe umgebende Erdreich wird weitgehend weggeräumt, so daß um sie eine Höhle entsteht. Die Zellen werden mit Eiern belegt, die ausschlüpfenden Maden von der Mutter gefüttert und gepflegt, bis die Nachkommen selbst Erwachsene sind. Schmalbienen brüten in großen Kolonien.

Gattung: Hummeln *(Bómbus);* plump, dicht pelzig behaart; Beinsammler; sehr viele Arten, deren exakte Bestimmung nur Spezialisten möglich ist: Färbung variiert, oder mehrere Arten haben das gleiche Farbmuster:

Erdhummel
Bómbus terréstris (LINNÉ)

Körper schwarz behaart, am Vorderrand der Brust und 2. Hinterleibsring gelb behaart, Spitze des Hinterleibs weiß behaart; ♀ bis **28,** ♂ bis **20 mm** lang.

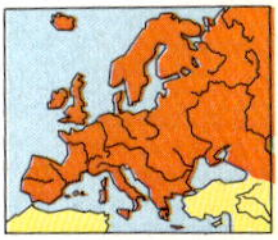

Verbreitung: Europa, häufig. **Lebensraum** und **Lebensweise:** ist an kein besonderes Gelände gebunden; ist ein eifriger Blütenbesucher, Fluggeräusch brummend; sticht bei Gefahr mit Wehrstachel. **Nahrung:** Nektar. **Fortpflanzung:** überwintertes ♀ beginnt im Frühjahr mit dem Bau eines Erdnestes, meist in ehemaligen Mäusenestern in einer Tiefe bis 1½ m; Eiablage in runde Wachszellen; aus den ersten Larven entwickeln sich nur Arbeitshummeln, die beim Nestbau und Beschaffen der Nahrung helfen; im Sommer entwickeln sich aus den Eiern ♂♂ und ♀♀, und das Nest enthält dann etwa 200 Tiere; im Herbst suchen sich die ♀♀ ein Versteck für den Winterschlaf, während die ♂♂ und Arbeitshummeln sterben.

Wiesenhummel
Bómbus pratórum (LINNÉ)

(a) Schwarz, mit gelben Binden wie die Erdhummel, Hinterleibsspitze aber gelb; ♀ bis **20,** ♂ bis **16 mm** lang.

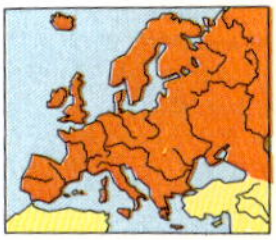

Verbreitung: Europa; häufig. **Lebensraum** und **Lebensweise:** ist an keinen besonderen Lebensraum gebunden; überwintertes ♀ besucht schon im zeitigen Frühjahr die Weidenblüte. **Nahrung:** Nektar (wie *B. terréstris*). **Fortpflanzung:** ♀ baut Nest über der Erde in Büschen; es kann bis 250 Tiere enthalten; weitere Entwicklung wie *B. terréstris.* – Die **Gartenhummel** (b) *Bómbus hortórum* (LINNÉ), wie Erdhummel, aber zusätzlich eine gelbe Binde am Hinterrand der Brust; ♀ bis **30,** ♂ bis **22 mm** lang; sonst wie Erdhummel, aber nicht so häufig.

Steinhummel
Bómbus lapidárius (Linné)

Behaarung lang und glatt, samtartig; einfarbig schwarz, nur die Hinterleibsspitze rot; ♀ bis **23**, ♂ bis **18 mm** lang.

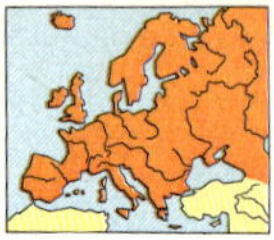

Verbreitung: Europa; sehr häufig. **Lebensraum und Lebnsweise:** ♀ baut Nest unter Steinen, in lockerer Erde und auch in Mauerspalten; das Nest kann bis zu 300 Tiere enthalten; weitere Entwicklung wie *B. terréstris.* **Nahrung:** wie *B. terréstris.* **Fortpflanzung:** wie *B. terréstris.*

Ackerhummel
Bómbus agrórum (Fabricius)

Kopf und Brust braunrot, Hinterleib schwarz mit 2 gelben Querbinden und mit rötlicher Spitze; ♀ bis **22**, ♂ bis **18 mm** lang.

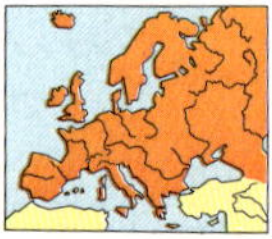

Verbreitung: Europa; sehr häufig. **Lebensraum und Lebensweise:** baut Nest an Hauswänden, in ehemaligen Vogelnestern und auf Dachböden; weitere Entwicklung wie *B. terréstris.* **Nahrung:** wie *B. terréstris.* **Fortpflanzung:** wie *B. terréstris.*

Mooshummel
Bómbus muscórum (Linné)

Pelz kurzhaarig, gelbgrau bis rötlich, an den Seiten heller, Brustmitte dottergelb; ♀ bis **22**, ♂ bis **16 mm** lang.

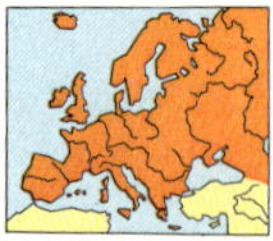

Verbreitung: Europa; selten. **Lebensraum und Lebensweise:** wie *B. terréstris.* **Nahrung:** im Frühjahr an Taubnessel, im Sommer an Klee. **Fortpflanzung:** ♀ baut Nest über der Erde zwischen Gras, Wurzelfasern und Moos; das Volk ist nicht groß; weitere Entwicklung wie *B. terréstris.*

Gattung: Hosenbienen *(Dasýpoda);* Beinsammler, Schiene und 1. Fußglied der Hinterbeine extrem lang und dicht behaart; wenige Arten:

Hosenbiene
Dasýpoda hírtipes (Fabricius)

1. Hinterleibssegment wie die Brust braungelb behaart, die übrigen dunkel, 2. bis 4. Segment mit weißer Randbinde, der lange Haarsaum am letzten Segment schwarz, die Beinbürste rotgelb; **15–17 mm** lang.

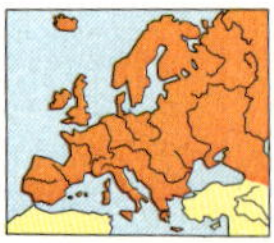

Verbreitung: in Europa weit verbreitet. **Lebensraum und Lebensweise:** sandiges und sonniges, offenes Gelände, im Sommer und Herbst vorwiegend an Korbblütlern. **Nahrung:** Nektar. **Fortpflanzung:** ♀ gräbt für die Brut in sandigen Boden bis 60 cm lange Röhre, die sich am Ende verzweigt; in jeder Abzweigung wird eine Brutkammer angelegt und mit Pollen und Nektar gefüllt; vor der Eiablage wird der Nahrungsvorrat zu einer Kugel geformt und zum Schluß alles mit Sand verschlossen; Hosenbienen brüten in großen Kolonien.

Gattung: Mauerbienen *(Ósmia);* Bauchsammler, d. h., die bürstenartige Behaarung auf der Unterseite des Hinterleibs dient als Sammelapparat. Oberseite des Hinterleibes gewölbt; sehr viele Arten:

Mohn-Mauerbiene
Ósmia papáveris LATREILLE

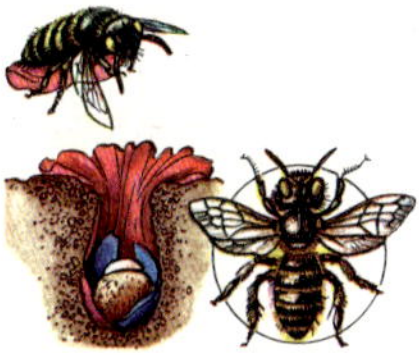

Schwarz, kurz weißlich behaart, Mittelbrust gelb behaart, Bauchbürste weiß; **10–12 mm** lang.

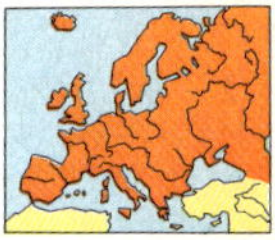

Verbreitung: in Europa stellenweise, selten. **Lebensraum** und **Lebensweise:** bevorzugt trockenes Gelände mit Wiesen und Feldern, ist am Tag tätig; Flugzeit Juni bis Juli. **Nahrung:** Nektar. **Fortpflanzung:** ♀ gräbt in Sandboden bis 4 cm lange Röhre, die sich am Ende bauchig erweitert; die Wände des Hohlraumes bedeckt sie mit Teilen von Mohnblütenblättern; danach trägt sie in den Raum Nektar und Pollen von Kornblumen ein, legt nur 1 Ei auf den Nahrungsvorrat und verschließt die Höhle, in der sich die Larve entwickeln soll, sorgfältig mit Sand.

Zweifarbige Mauerbiene
Ósmia bicolor SCHRANK

Kopf, Brust und Basis des Hinterleibes schwarz, der übrige Hinterleib leuchtend rot behaart; **9–10 mm** lang.

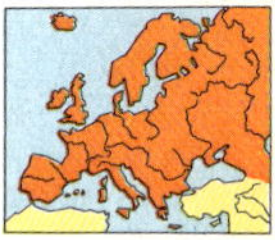

Verbreitung: in Europa, verstreut, mitunter nicht selten. **Lebensraum** und **Lebensweise:** wie *O. papáveris.* **Nahrung:** wie *O. papáveris.* **Fortpflanzung:** ♀ benutzt als Larvenraum leere Schneckenhäuser; der Innenraum wird mit zerkauten Blättern in 3–4 Kammern unterteilt; jede Kammer wird mit Pollen, Nektar und einem Ei gefüllt, nur nicht die dem Eingang nächste, die eine Schutzzone gegen Feinde darstellt; abschließend wird die Eingangsöffnung mit Pflanzenresten zugestopft und das ganze Gehäuse zur Tarnung mit herbeigeschleppten Kiefernnadeln, Moos und Pflanzenresten bedeckt.

Gattung: Blattschneiderbienen *(Megáchile);* ♀♀ mit Bauchbürste, den vorigen ähnlich, aber mit flacher Oberseite des Hinterleibs; viele Arten:

Rosen-Blattschneiderbiene
Megáchile centunculáris (LINNÉ)

Behaarung des Vorderkörpers bräunlichgelb, Hinterleibssegmente mit gelblichen Binden. Bauchbürste ganz braunrot; bis **12 mm** lang.

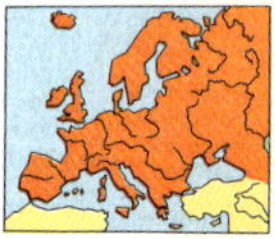

Verbreitung: in Europa weit verbreitet. **Lebensraum** und **Lebensweise:** wie *O. papáveris.* **Nahrung:** wie *O. papáveris.* **Fortpflanzung:** ♀ benutzt als Larvenraum hohle Pflanzenstengel, Mauer- und Baumlöcher; der Innenraum wird mit kreisrunden bis ovalen Rosenblattstücken in mehrere Kammern unterteilt, die mit Pollen und Nektar gefüllt werden; jede Kammer erhält 1 Ei.

2. Familie: Grabwespen *(Sphécidae);* 1. Fußglied nicht verbreitert, Flügel nicht der Länge nach gefaltet; Europa etwa 40 Gattungen mit vielen Arten:

Gattung: Sandwespen *(Ammóphila);* sehr schlank, Hinterleib mit langem, zweigliedrigem Stiel; mehrere Arten in Europa:

Gemeine Sandwespe
Ammóphila sabulósa Linné

Schwarz, Hinterleib bis zur Mitte rot, Spitzenhälfte des eiförmigen Teiles des Hinterleibes schwarz mit bläulichem Metallschein; bis **2 cm** lang.

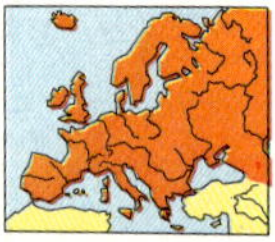

Verbreitung: fast ganz Europa. **Lebensraum** und **Lebensweise:** bevorzugt trockenes, sandiges Gelände; ist am Tag tätig und bei Sonnenschein besonders lebhaft; läuft und fliegt schnell; Flugzeit Juni–Oktober. **Nahrung:** Nektar. **Fortpflanzung:** gräbt schräg in den Boden 2–3 cm langen Gang, der am Ende breiter wird; verschließt den Bau sorgfältig mit Sand und fliegt anschließend fort, um in der Nähe nach Raupen zu suchen; das Opfer wird durch mehrere Stiche gelähmt und meist auf dem Boden mühsam zum vorbereiteten Gang geschleppt; die Raupe wird nur mit einem Ei belegt und der Eingang sorgfältig verschlossen; insgesamt werden höchstens 9–10 solcher „Speisekammern" angelegt, in denen sich auch die ausgewachsene Larve verpuppt.

3. Familie: Papierwespen *(Véspidae);* Fühler kniartig gebogen, Körper meist mit ausgedehnter gelber Zeichnung; Flügel der Länge nach gefaltet:

Gattung: Feldwespen *(Polístes);* Hinterleib vorn und hinten zugespitzt; wenige Arten:

Feldwespe
Polístes gállicus (Linné)

Reich schwarz und gelb gezeichnet; Fühlerbasis schwarz; bis **17 mm** lang.

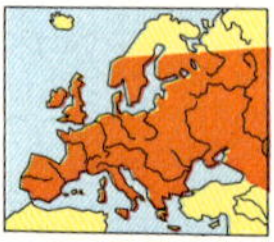

Verbreitung: Mittel- und Südeuropa. **Lebensraum** und **Lebensweise:** ist an kein besonderes Gelände gebunden; ist am Tag tätig und nicht angriffslustig; Flugzeit Mai bis September. **Nahrung:** Insekten. **Fortpflanzung:** ♀ baut an geschützten Stellen unter Balken und Mauervorsprüngen einreihiges Wabennest, das mit einem kurzen Stiel angeheftet wird; die Außenhülle fehlt; Entwicklung sonst wie *V. germánica;* das Nest beherbergt nur etwa 100 bis 140 Tiere.

Gattung: Wespen *(Véspa);* Basis des Hinterleibs fällt fast senkrecht zur Wespentaille ab und ist breit; etwa 1 Dutzend Arten:

Mittlere Wespe
Véspa média Degeer

An der Brust vorn seitlich ein senkrechter gelber Strich; bis **25 mm** lang.

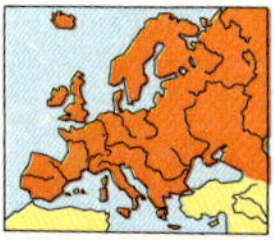

Verbreitung: in Europa weit verbreitet, nicht häufig. **Lebensraum** und **Lebensweise:** ist an kein besonderes Gelände gebunden; Lebensweise sonst wie *V. germánica.* Flugzeit Juni–September. **Nahrung:** wie *V. germánica.* **Fortpflanzung:** ♀ baut krugförmiges Nest in Bäumen und Büschen; zwischen Einflugloch und Nest befindet sich eine flaschenhalsförmige Verengung; sonst wie *V. germánica.*

Deutsche Wespe
Véspa germánica (FABRICIUS)

Unterrand der Augen berührt fast die Basis der Mundwerkzeuge. Die Ausrandung der Augen ganz gelb, Kopf vorn mit 1 oder 3 schwarzen Punkten auf gelbem Grund. Körper reich gelb gezeichnet; bis **20 mm** lang.

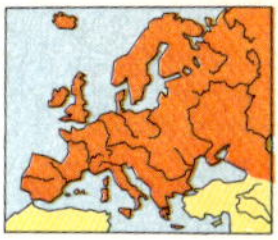

Verbreitung: in Europa weit verbreitet, häufig. **Lebensraum** und **Lebensweise:** ist an kein besonderes Gelände gebunden; ist am Tag tätig; fliegt und bewegt sich schnell, besonders bei Sonnenschein; nur die ♀♀ besitzen einen Stachel, mit dem sie sich bei Gefahr verteidigen; der Stich ist sehr schmerzhaft; Flugzeit Mai–September. **Nahrung:** Obst, Süßigkeiten und zur Fütterung der Larven Fliegen, die getötet und zerkaut werden. **Fortpflanzung:** ♀ beginnt im Frühjahr mit Nestbau unter der Erde und bevorzugt dabei Mäuse- und Maulwurfsgänge; aus zerkautem Holz und Speichel werden die ersten sechskantigen Brutzellen angefertigt und mit je einem Ei besetzt; aus diesen Larven entstehen zunächst nur Arbeiterinnen, die das Nest erweitern, es mit einer schützenden Hülle umgeben, Futter herbeischaffen und die Larven füttern; die Königin legt nur noch Eier, so daß das Volk auf 3000 bis 5000 Tiere anwachsen kann; im Spätsommer entwickeln sich aus den abgelegten Eiern geschlechtsreife ♂♂ und ♀♀, die ♂♂ sterben bald nach der Paarung, während sich die ♀♀ im Herbst ein geschütztes Winterquartier suchen, um im Frühjahr wieder einzeln einen neuen Staat zu gründen.

Hornisse
Véspa crábro LINNÉ

Kopf und Brust ausgedehnt braunrot gezeichnet, ebenso die Basis des Hinterleibs; Kopf hinter den Augen kräftig backenartig verbreitert; ♀ bis **30**, ♂ bis **24 mm** lang.

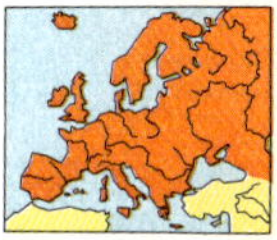

Verbreitung: in Europa weit verbreitet. **Lebensraum** und **Lebensweise:** ist an kein besonderes Gelände gebunden; ist am Tag und auch in der Dämmerung tätig; fühlt sich leicht bedroht und ist sehr angriffslustig; der Stich der mit einem Stachel bewehrten ♀♀ ist besonders schmerzhaft, verursacht starke Schwellungen und kann auch Kreislaufstörungen zur Folge haben; Flugzeit Juni–September. **Nahrung:** allerlei Insekten (auch Bienen), Baumsäfte und Früchte. **Fortpflanzung:** ♀ beginnt im Frühjahr mit Nestbau über der Erde und bevorzugt dabei hohle Bäume, unbesetzte Nistkästen, niedrige Büsche und Gebäudeteile; Baumaterial und Staatenbildung wie bei *V. germánica;* das aschgraue Nest besitzt auch eine Außenhülle, die sehr zerbrechlich ist, kann einen Durchmesser von 30–40 cm haben und bis 5000 Tiere beherbergen; nur die ♀♀ überwintern und gründen im Frühjahr einen neuen Staat.

4. Familie: Ameisen *(Formicidae);* das auf die Wespentaille folgende Segment ist seinerseits von den folgenden Hinterleibsringen abgeschnürt und trägt eine aufrechte Schuppe. Fehlt diese, ist auch das nächste Segment noch abgeschnürt, so daß der Hinterleib einem zweigliedrigen, knotigen Stiel anzuhängen scheint.

Unterfamilie: Knotenameisen *(Myrmicinae);* Hinterleibsstiel zweigliedrig, vorderes Glied ohne Schuppe. Mit Giftstachel. Hierher die Mehrzahl der Gattungen:

Gattung: Knotenameisen *(Myrmica);* Kiefer mit breiter, gezähnter Endkante; 2. Glied des Hinterleibsstiels in Seitenansicht einfach rechteckig, ohne Dornen u. dgl.; etwa 1 Dutzend Arten:

Rote Knotenameise
Myrmica rúbra laevinódis NYLANDER

An der Brust über dem Hinterleibsstiel 2 Dornen, der Raum zwischen diesen glatt, glänzend; Körper rötlichgelb; **4–5 mm** lang.

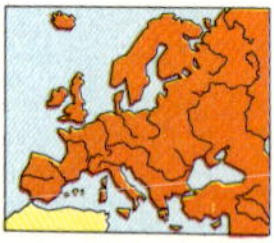

Verbreitung: Europa, Nordasien bis Japan, nach Nordamerika eingeschleppt. **Lebensraum und Lebensweise:** baut Nest unter der Erde; es werden nicht nur die Larven gefüttert, sondern alle Tiere des Volkes versorgen sich gegenseitig mit Nahrung; sie können zirpende Töne von sich geben. **Nahrung:** Blattlaussekrete. **Fortpflanzung:** ähnlich *Lásius niger,* s. u.!

2. Unterfamilie: *Formicinae;* Hinterleibsstiel eingliedrig, mit breiter und hoher aufrechter Schuppe:

Gattung: Riesenameisen *(Camponótus);* Fühler setzen in einiger Entfernung vom Kopfschild an, meist ohne, allenfalls große ♀♀ mit Stirnaugen; 1 Art:

Roßameise
Camponótus herculeánus (LINNÉ)

Brust rotbraun, Hinterleib schwarz; **8–14 mm.**

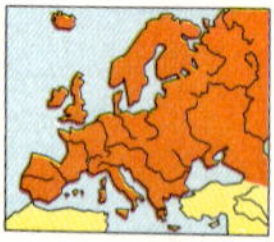

Verbreitung: Europa. **Lebensraum und Lebens weise:** bevorzugt sonniges, trockenes Gelände mit Nadelwald; lebt in Baumstubben, aber auch in noch lebenden Baumstämmen; frißt Gänge und Kammern in das Holz, das dadurch zerstört wird; Flugzeit Mai–Juni. **Nahrung:** nur Ausscheidungen der Blattläuse; ist nicht an der Vertilgung von Schadinsekten beteiligt. **Fortpflanzung:** wie bei *F. rúfa,* siehe unten.

Gattung: Waldameisen *(Formica);* Fühler setzen unmittelbar neben dem Kopfschild an; Scheitelaugen auch bei Arbeitern deutlich; mehrere schwer unterscheidbare Arten:

Rote Waldameise
Formica rúfa LINNÉ

Hinterleib schwarz, Kopf und Brust teilweise rot, Oberrand des Kopfes nicht ausgedellt, Stirnfeld glänzend; **5–11 mm** lang.

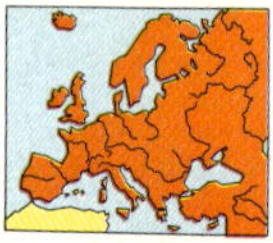

Verbreitung: Europa, nördliches Asien bis Sachalin und Kamtschatka. **Lebensraum und Lebensweise:** bevorzugt Nadelwälder; ist am Tag tätig und bei sonnigem, warmem Wetter besonders lebhaft; errichtet aus Baumnadeln und trockenen Astteilen Nester (Ameisenhaufen), die über 1 m hoch sein können, aber noch tiefer in die Erde hineinragen; Ameisenstaat besteht aus Arbeiterinnen und eierlegenden Königinnen, die bis zu 10 Jahre alt werden; Erscheinungszeit Anfang Juni–September. **Nahrung:** kleine Lebewesen; durch Vertilgung von Schadinsekten sehr nützlich. **Fortpflanzung:** im Sommer schlüpfen nach der Puppenruhe auch geflügelte ♂♂ und ♀♀, die gemeinsam einen Hochzeitsflug antreten; die ♂♂ sterben nach der Rückkehr, die ♀♀ streifen die Flügel ab und gründen einzeln oder zu mehreren neue Kolonien.

Gattung: Wiesenameisen *(Lásius)*; Fühleransatz wie vorige Gattung; mehrere Arten:

Glänzendschwarze Holzameise
Lásius fuliginósus (LATREILLE)

Körper schwarz, sehr stark glänzend, Kopf fast so groß wie der Hinterleib; **4–5 mm** lang.

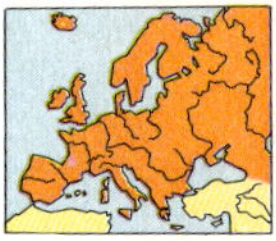

Verbreitung: Europa. **Lebensraum und Lebensweise:** bevorzugt hohle Bäume und morsche Stubben, in denen sie aus zerkautem Holz und Speichel pappartige Wände und Kammern herstellt; fällt durch oft begangene Wanderstraßen auf, die meist zu den Blattlauskolonien in Bäumen und Sträuchern führen. **Nahrung:** hauptsächlich Ausscheidungen der Blattläuse, daneben aber auch kleinere Lebewesen. **Fortpflanzung:** wie *F. rúfa*.

Schwarzbraune Wegameise
Lásius niger (LINNÉ)

(a) Schwarzbraun, nur die Brust ein wenig heller; **3–4 mm** lang.

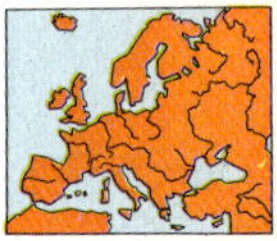

Verbreitung: Europa, Nordafrika, Nordasien einschließlich Japan. **Lebensraum und Lebensweise:** bevorzugt trockenes Gelände auf Feldern, in Gärten und Wäldern; baut unter der Erde Nest mit kleinem Erdhügel; legt dicht unter der Erdoberfläche Gänge an, die meist zu Blattlauskolonien führen. **Nahrung:** Blattlaussekrete u. Allesfresser. **Fortpflanzung:** Hochzeitsflug der ♂♂ und ♀♀ bei günstigem Wetter im Sommer; nach der Paarung gehen die ♂♂ bald zugrunde, die ♀♀ suchen eine günstige Stelle für den Nestbau, beißen ihre Flügel ab und gründen einen neuen Staat; wenn genügend Arbeiterinnen herangewachsen sind, legen sie als Königinnen des Ameisenvolkes nur noch Eier. Die **Gelbe Wiesenameise** (b) *Lásius flávus* (FABRICIUS), Körper einfarbig gelb; **2–4 mm** lang. **Verbreitung:** Europa, ohne den hohen Norden. **Lebensraum und Lebensweise:** bevorzugt Wiesen und Wegränder mit Steinhaufen; baut unterirdisches Nest mit Seitengängen und kleinem Erdhügel; lebt in Symbiose mit Blattläusen, die an Pflanzenwurzeln saugen; Biß sehr schmerzhaft. **Nahrung:** Blattlaussekrete. **Fortpflanzung:** wie *L. niger*.

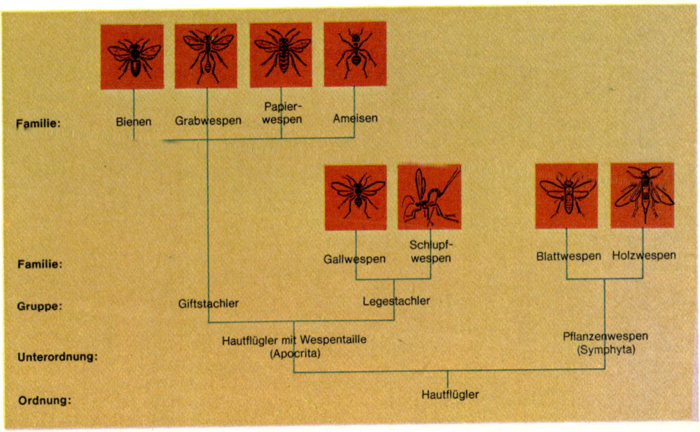

373.1 **System der Hautflügler**

2. Gruppe: Legestachler *(Terebrántia)*; künstliche Sammelgruppe von Hautflüglern mit Wespentaille, die noch über einen oft auffälligen Legebohrer verfügen, aber noch keinen Giftstachel besitzen:

1. Familie: Gallwespen *(Cynipidae)*; Hinterleib seitlich zusammengedrückt, gleichzeitig kurz, in Seitenansicht fast scheibenförmig; viele (nicht alle!) Arten erzeugen Gallen, diese mitunter sehr charakteristisch:

Gattung: Eichengallwespen *(Cýnips)*; letztes Bauchsegment unten vor der Spitze gezähnt; Kopf hinter den Augen stark verbreitert; Krallen mit 2 Zähnchen:

Gemeine Eichengallwespe
Cýnips quercusfólii Linné

Einfarbig braun, glatt, Hinterleib nicht gekielt; bis **4 mm** lang.

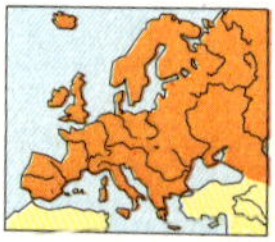

Verbreitung: Europa. **Lebensraum:** Eichenbestände; Flugzeit Mai–Juni und Oktober–Dezember. **Nahrung:** keine. **Fortpflanzung:** mit Generationswechsel; Eiablage in das Blattgewebe der Eichen; an dieser Stelle bildet sich durch Reizung ein Gallapfel (sehr auffällig, kugelrund, bis 2 cm groß), in welchem sich eine einzelne Larve entwickelt und verpuppt; von Oktober bis Dezember schlüpfen daraus nur große ♀♀, die sich parthenogenetisch fortpflanzen; sie legen ihre Eier an Eichenblattknospen, an denen sich unauffällige Knospengallen entwickeln; daraus schlüpfen bis zum Frühsommer kleinere ♀♀ und ♂♂, die sich geschlechtlich fortpflanzen.

Gattung: Rosengallwespen *(Rhodítes)*; letztes Bauchsegment unten glatt, aber in eine scharfe, vorstehende Spitze auslaufend; Kopf einfach, nicht backenförmig erweitert:

Rosengallwespe
Rhodítes rósae (Linné)

Glatt und glänzend, braun, Basis des Hinterleibs rot, sein hinterer Teil oben gekielt; bis **5 mm** lang.

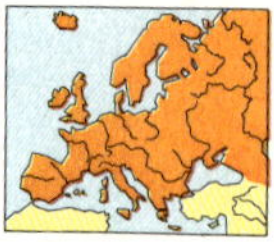

Verbreitung: Europa. **Lebensraum:** Wildrosenbestände; Flugzeit im Frühjahr. **Nahrung:** keine. **Fortpflanzung:** Eiablage meist in die Triebenden der Heckenrose; der sich bildende Gallapfel hat eine moosartige, faserige Oberfläche; in diesem Gebilde verpuppen sich die Larven; das Insekt schlüpft im Frühjahr, und zwar meist ♀♀; ♂♂ sind sehr selten, so daß sich *Rh. rósae* nur parthenogenetisch fortpflanzt.

2. Familie: Schlupfwespen *(Ichneumónidae)*; gestreckt, schlank, ♀ mit oft vorragendem Legebohrer; Fühler lang, mit mehr als 13 Gliedern. Wenn Hinterleib seitlich zusammengedrückt, dann lang. Brustsegmente normal. Schon wegen ihres Umfangs (fast 1 Dutzend Unterfamilien, Hunderte von Gattungen und Tausende von Arten in Europa!) schwierige Gruppe; es werden zwei forstlich wichtige Arten vorgestellt:

Gattung: Sichelwespen *(Exochílum)*; aus der Unterfamilie *Ophioninae*, mit stielartig langem erstem Hinterleibssegment, dessen hintere Partie abgesetzt und verbreitert ist:

Sichelwespe
Exochílum circumfléxum (Linné)

Hinterleib sichelartig gekrümmt, schwarz und rot gezeichnet, ♀ mit kurzem Legebohrer; bis **3,5 cm** lang.

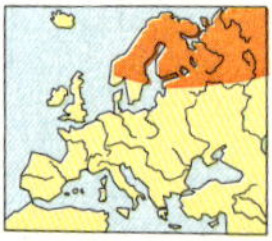

Verbreitung: Nordeuropa. **Lebensraum** und **Lebensweise:** bevorzugt Kiefernwaldungen; ist am Tag tätig; fliegt mit ausgestreckten Beinen und aufgerichteten Fühlern um Bäume und Büsche; Flugzeit Mai–August. **Nahrung:** Ausscheidungen der Blattläuse, daneben Wasser. **Fortpflanzung:** sucht Raupen der Forleule und des Kiefernspinners, in die sie mit Hilfe des Legestachels je 1 Ei ablegt; die Larve schmarotzt in dem Raupenkörper bis zum Puppenstadium; Verpuppung außerhalb des Wirtskörpers in einem lockeren Gespinst.

Gattung: Holzschlupfwespen *(Rhýssa);* Legerohr lang vorragend, von zweiteiliger Scheide umgeben:

Riesenschlupfwespe
Rhýssa persuasória (LINNÉ)

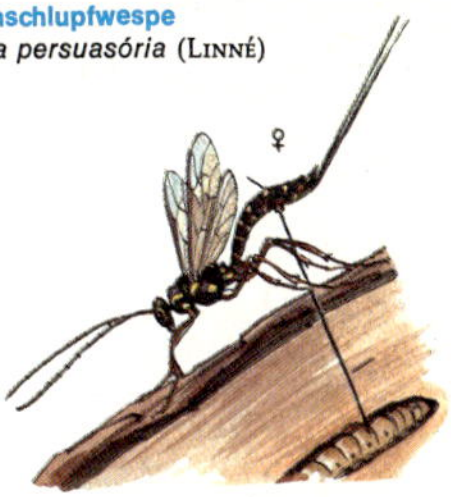

Körper schwarz, Hinterleib mit hellen Flecken; Körper bis **4 cm,** Legebohrer des ♀ bis **6 cm** lang.

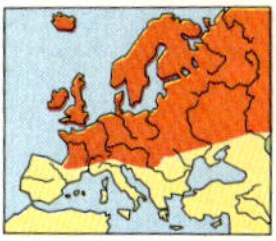

Verbreitung: Mittel- und Nordeuropa. **Lebensraum** und **Lebensweise:** bevorzugt Nadelholzwälder; ist am Tag tätig; Flugzeit Mai–August. **Nahrung:** Ausscheidungen der Blattläuse und Pflanzensäfte. **Fortpflanzung:** Eiablage in die Larven von Holzwespen; sobald das ♀ die in dem Holz arbeitende Larve aufgespürt hat, richtet es den Hinterleib hoch und drückt den langen Legebohrer in minutenlanger Arbeit zielsicher durch das Holz in den Larvenkörper, der mit nur einem Ei belegt wird; Verpuppung im Larvengang in Rindennähe.

II. Unterordnung: Pflanzenwespen *(Symphýta);* vermutlich künstliche Sammelgruppe urtümlicher Hautflügler, denen die Wespentaille fehlt, Brust und Hinterleib stoßen mit breiter Fläche aneinander:

1. Familie: Blattwespen *(Tenthredínidae);* Legeröhre nicht sichtbar; mehrere Hundert Arten in Europa; hier wird einer der größten Vertreter besprochen:

Gattung: Keulhornblattwespen *(Címbex);* wenige große Arten:

Birkenknopfhornblattwespe
Címbex femoráta LINNÉ

Flügel außen mit scharf begrenztem, braunem Saum; bis **2,5 cm** lang.

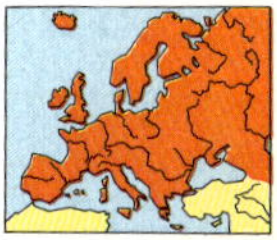

Verbreitung: Europa. **Lebensraum** und **Lebensweise:** ist an keinen besonderen Biotop gebunden; ist am Tag tätig; hält sich gern auf Blüten auf; Flugzeit Mai–Juni. **Nahrung:** Pflanzensäfte. **Fortpflanzung:** Eiablage an den Rand oder die Unterseite der Blätter von Laubbäumen, meist Birken; die raupenähnlichen, grünen, schwarz gefleckten Larven fressen nachts vom Blattrand her; bei Gefahr rollen sie sich zusammen und spritzen Körperflüssigkeit aus; Verpuppung an Zweigen in besonders festem, dunkelbraunem Gespinst.

2. Familie: Holzwespen *(Sirécidae);* ♀ mit vorragender Legeröhre; wenige Gattungen und Arten:

Gattung: *Xéris;* Hinterschiene nur mit 1 Endsporn; Legeröhre körperlang; 1 Art:

Schwarze Fichtenholzwespe
Xéris spéctrum (LINNÉ)

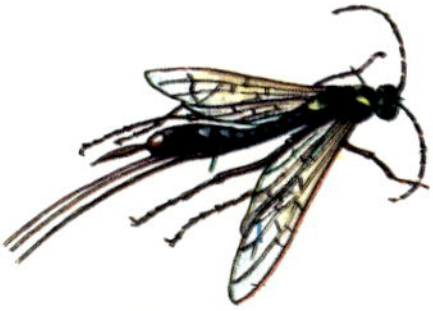

Schlank, schwarz, 2 Flecke am Hinterrand des Kopfes und 2 Längsstreifen am 1. Brustring gelb; bis **4 cm** lang.

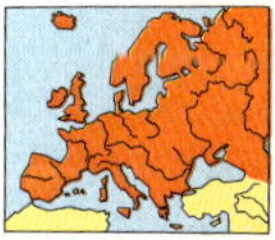

Verbreitung: Europa. **Lebensraum** und **Lebensweise:** bevorzugt Fichtenwälder; ist am Tag tätig; ist bei sonnigem Wetter besonders an gefällten Bäumen und an Holzstapeln zu beobachten; Flugzeit April. **Nahrung:** unbekannt. **Fortpflanzung:** Eiablage mit Legebohrer in das Holz von Fichten und Tannen; Larven fressen Gänge in das Holz und verpuppen sich nach 2–3 Jahren in der Nähe der Rinde.

Gattung: *Sirex;* Hinterschiene mit 2 Endspornen; Körper ausgedehnt gelb gezeichnet; wenige Arten:

Riesenholzwespe
Sirex gigas LINNÉ

Kopfmitte oben schwarz, nur die Schläfen gelb, Hinterleib an der Basis und an der Spitze gelb (♀) oder ganz gelb (♂); bis **4,5 cm** lang.

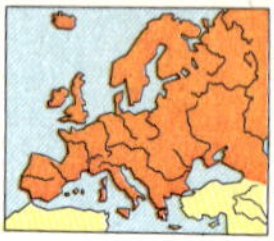

Verbreitung: Europa. **Lebensraum und Lebensweise:** wie *X. spéctrum.* **Nahrung:** wie *X. spéctrum.* **Fortpflanzung:** wie *X. spéctrum.* **Wirtschaftliche Bedeutung:** Schäden entstehen vor allem, wenn befallenes Holz verarbeitet wird und die schlüpfenden Wespen die Holzoberfläche durchlöchern oder andere, dem Holz aufliegende Materialien (selbst dicke Bleiplatten!) durchbohren.

XI. Ordnung: Käfer *(Coleóptera);* Vorderflügel als feste Flügeldecken mit unterschiedlicher Skulptur (oft mit Punktreihen), stets ohne Aderung. Sie verdecken die in der Ruhe zusammengefalteten, langen Hinterflügel, Mittel- und Hinterbrust und den Hinterleib. Artenreichste Organismengruppe, etwa 400 000 Arten bekannt. In Europa etwa 100 Familien mit über 10 000 Arten:

I. Unterordnung: *Adephága;* die Hüften des letzten Beinpaares teilen den 1. Bauchring in 2 seitliche Platten, sein Hinterrand in der Mitte unsichtbar; Bauchringe 1–3 starr miteinander verbunden; Füße stets mit 5 Gliedern; 6 Familien:

1. Familie: Sandlaufkäfer *(Cicindélidae);* schlanke Laufbeine, schlanke borstenförmige Fühler, die vor den Augen frei auf der Stirn ansetzen; Europa 1 Gattung:

Gattung: Sandlaufkäfer *(Cicindéla);* etwa 10 Arten:

Feldsandlaufkäfer
Cicindéla campéstris LINNÉ

Matt grasgrün, Flügeldecken mit veränderlichen hellen Punkten oder Querbinden; bis **15 mm** lang.

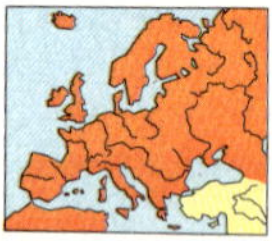

Verbreitung: Europa, Nordafrika, Asien bis zum Baikalsee. **Lebensraum und Lebensweise:** bevorzugt sandiges, sonniges Gelände; ist am Tag, besonders bei Sonnenschein, tätig; kann nicht nur schnell laufen, sondern auch fliegen; verbirgt sich bei ungünstigem Wetter zwischen Laub und Gras. **Nahrung:** verschiedene Insekten, Spinnen und gelegentlich auch Würmer. **Fortpflanzung:** Eiablage im Frühjahr; Larven bohren bis 50 cm lange Röhren senkrecht in die Erde; lauern tagsüber am Eingang auf Beute; ziehen sich nachts auf den Grund der Röhre zurück und verpuppen sich dort auch nach einer Entwicklungsdauer von 2 Jahren; Puppenstadium etwa 4 Wochen; Jungkäfer erscheinen im Spätsommer.

376.1 System der Käfer

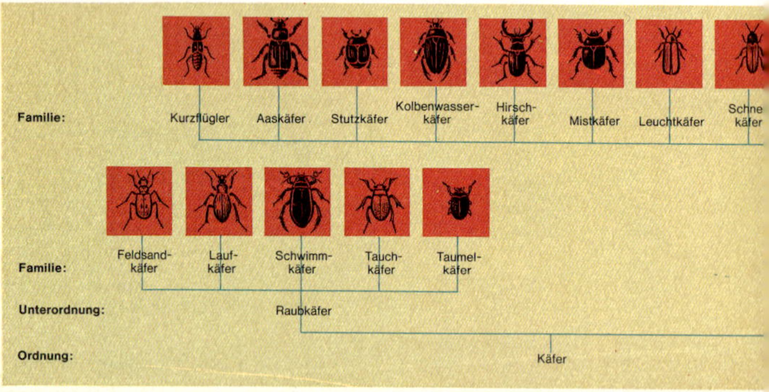

2. Familie: Laufkäfer *(Carábidae);* Fühleransatz unter einer Seitenkante der Stirn zwischen Augen und Basis der Kiefer; mehrere Unterfamilien, viele Gattungen, artenreich:

Gattung: *Cárabus;* viele Arten:

Goldschmied
Cárabus aurátus LINNÉ

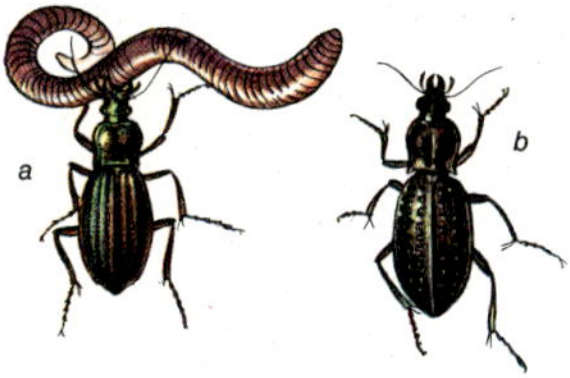

(a) Flügeldecken mit je 3 Längsrippen, einfarbig goldgrün, Beine hell gelbrot; bis **27 mm** lang.

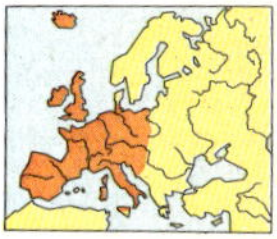

Verbreitung: westliches Mitteleuropa bis Holstein, Schlesien, Alpen; zunehmende Ausbreitung nach Norden. **Lebensraum** und **Lebensweise:** bevorzugt offenes Gelände mit Feldern und Gärten; ist am Tage tätig; kann sehr schnell laufen; ist von April–August zu beobachten. **Nahrung:** lebt räuberisch von Raupen, Puppen, Schnecken und Würmern. **Fortpflanzung:** Eiablage in den Erdboden; Larven leben bereits räuberisch von kleineren Lebewesen; Verpuppung in der Erde; der im Herbst ausschlüpfende Käfer überwintert in der Puppenhöhle. – Der **Gartenlaufkäfer** (b) *Cárabus horténsis* LINNÉ, 3 Reihen goldglänzender Grübchen auf jeder Flügeldecke, bis 28 mm lang, bewohnt das östliche Europa bis zur Weser und den Alpen; bevorzugt Wälder und Waldränder; ist nachts tätig; Nahrung: Schnecken und Insekten. Fortpflanzung: wie *C. auratus.*

Lederlaufkäfer
Cárabus coriáceus LINNÉ

(a) Schwarz, matt, Flügeldecken stark lederartig gerunzelt; bis **40 mm** lang.

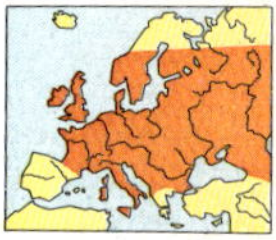

Verbreitung: Europa ohne hohen Norden, Griechenland, iberische Halbinsel. **Lebensraum** und **Lebensweise:** bevorzugt feuchte Wälder; ist nachts tätig, bei regnerischem Wetter auch am Tag; versteckt sich unter Holz und Steinen; hält Sommerruhe von Juni–Juli und ist von Juli–August zu beobachten. **Nahrung:** Schnekken. **Fortpflanzung:** wie *C. aurátus;* Käfer schlüpft schon im Herbst und verläßt die Puppenhöhle. – Der **Große Puppenräuber** (b) *Calosóma sycophánta* (LINNÉ), Flügeldecken lebhaft grün- und rotgoldmetallisch, bis 30 mm lang, kommt in ganz Europa vor.

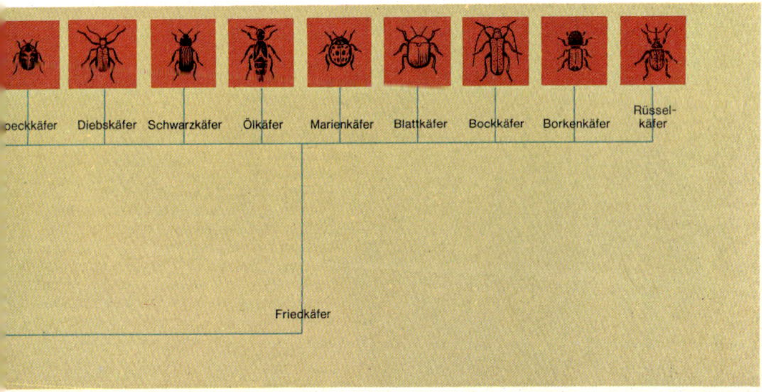

Gattung: Getreidelaufkäfer *(Zábrus)*; oval, hoch gewölbt, plump, Beine und Fühler ziemlich kurz; mehrere Arten:

Getreidelaufkäfer
Zábrus tenebrióides Goeze

Schwarz oder braunschwarz, Beine dunkelbraun; bis **16 mm** lang.

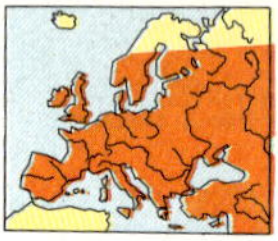

Verbreitung: Mittel- und Südeuropa, Kleinasien. **Lebensraum und Lebensweise:** bevorzugt Getreidefelder mit schweren Böden; ist nachts tätig; verbirgt sich am Tag unter Steinen und in Erdlöchern. **Nahrung:** milchreife Getreidekörner; der Käfer klettert an den Halmen empor und beendet seine zerstörende Arbeit erst im Morgengrauen. **Fortpflanzung:** Eiablage in die Erde; Larven leben dicht unter der Erdoberfläche in selbstgegrabenen Röhren und sind nachts tätig; sie leben von zarten Blättern junger Getreidepflanzen (Getreideschädling).

3. Familie: Schwimmkäfer *(Dytiscidae)*; oval, stromlinienförmig; Vorder- und Mittelbeine kurz, bei den ♂♂ oft mit Saugscheiben oder Haftborsten; Hinterbeine sind Schwimmbeine; 40 Gattungen mit wenigen hundert Arten:

1. Unterfamilie: *Dytiscinae;* Vorderfüße der ♀♀ mit rundlicher Saugscheibe; wenige Gattungen:

Gattung: Gelbrandkäfer *(Dytíscus)*; knapp 10 Arten in Europa:

Gelbrand
Dytiscus marginális Linné

Länglich oval. Oberseite dunkel olivgrün mit gelben Rändern an Halsschild und Flügeldekken, Unterseite gelb, Hinterhüften mit stumpfspitzigen Fortsätzen; bis **35 mm** lang.

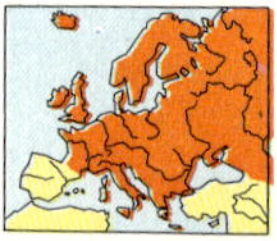

Verbreitung: Europa ohne iberische Halbinsel; Sibirien, Japan, Nordamerika. **Lebensraum und Lebensweise:** bevorzugt kleine Teiche und Wassergräben; kann schnell schwimmen und tauchen, sucht unter ungünstigen Bedingungen abends und nachts fliegend andere Gewässer auf, ausdauernder Flieger. Schlüpft im Herbst, überwintert im Bodenschlamm, kann bis 5 Jahre alt werden. **Nahrung:** fast alle kleinen Wassertiere, sehr räuberisch. **Fortpflanzung:** ♀ drückt mit einem Legesäbel die Eier in das Gewebe von Wasserpflanzen; die Larve lebt zwischen Pflanzen frei im Wasser, ist sehr räuberisch, injiziert durch ihre hohlen Kiefer Verdauungssekret in die Beute und verdaut sie so vor dem Munde, saugt das aufgelöste Gewebe ein. Verpuppung in einer selbstgebauten Erdkammer am Land, in Ufernähe.

Gattung: Furchenschwimmer *(Acilius)*; 4 basale Glieder des Hinterfußes am Endrand beborstet. Körper breit, stark abgeflacht; Flügeldecken des ♂ glatt, des ♀ mit 3 stark behaarten Furchen; wenige Arten:

Furchenschwimmer
Acilius sulcátus (Linné)

Dunkelbraun, Halsschild gelb mit schwarzer Bindenzeichnung, Hinterschenkel gelb, schwarz gefleckt; **16–18 mm** lang.

Verbreitung: fast ganz Europa, Nordafrika, Kleinasien, Sibirien. **Lebensraum und Lebensweise:** bevorzugt kleine Tümpel und Teiche; kann schnell schwimmen und verläßt abends und nachts das Gewässer, um andere Lebensräume aufzusuchen; überdauert den Winter im Wasser. **Nahrung:** Kleinlebewesen des Wassers. **Fortpflanzung:** Eiablage am Uferrand außerhalb des Wassers zwischen Moos, Gras und Baumwurzeln; Larven leben im Wasser von niederen Krebsen und bewegen sich ruckartig vorwärts; Verpuppung außerhalb des Wassers im Erdboden.

2. Unterfamilie: Teichschwimmer *(Colymbetinae);* Vorderfüße der ♂♂ etwas erweitert, doch nicht scheibenförmig; wie bei den vorigen ist an der Basis der Flügeldecken ein Teil der Mittelbrust als kleines dreieckiges Schildchen sichtbar. Viele mittelgroße Arten.

Gattung: Teichschwimmer *(Colymbétes);* Klauen der Hinterfüße ungleich, Seiten des Halsschildes ungerandet; wenige Arten:

Brauner Teichschwimmer
Colymbétes fúscus (LINNÉ)

Lang oval, schlank, braun, Seitenränder undeutlich heller; bis **16 mm** lang.

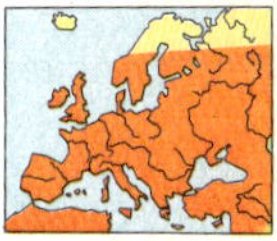

Verbreitung: Europa ohne den hohen Norden; östlich bis Persien; Nordafrika. **Lebensraum und Lebensweise:** in kleineren stehenden Gewässern aller Art; räuberisch; flugfähig; Lebensweise sonst ähnlich *D. marginális;* Eier werden einfach auf und an Wasserpflanzen gelegt.

Gattung: *Platámbus;* mit lebhaft gelb gemusterten Flügeldecken; 1 Art:

Gefleckter Schwimmkäfer
Platámbus maculátus (LINNÉ)

Dunkelbraun, mit sehr veränderlichem gelbem Fleckenmuster; **8 mm** lang.

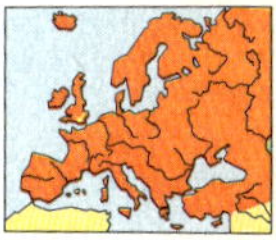

Verbreitung: Europa, Asien bis zur Mongolei. **Lebensraum und Lebensweise:** krautige Uferregion von Flüssen, kleine Bäche; räuberisch. **Nahrung:** Kleintiere aller Art. **Fortpflanzung:** Eier werden in Pflanzen eingebohrt.

3. Unterfamilie: *Hydroporinae;* Schildchen nicht sichtbar; viele Gattungen:

Gattung: *Hydróporus;* sehr viele kleine bis sehr kleine Arten:

Zwergschwimmer
Hydróporus palústris (LINNÉ)

Oberseite schwarz, gelb gefleckt; **3,5–4 mm** lang.

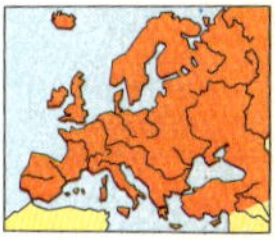

Verbreitung: Europa, Kleinasien, Sibirien. **Lebensraum:** bevorzugt Teiche und Seen; ist aber auch in Flüssen heimisch. **Nahrung:** Kleinlebewesen des Wassers. **Fortpflanzung:** Eiablage an Wasserpflanzen; Larven halten sich am Boden der Gewässer auf und ernähren sich von Kleinlebewesen; Verpuppung an Land.

4. Familie: Tauchkäfer *(Hygrobiidae);* Gestalt manchen Schwimmkäfern ähnlich, ziemlich hoch gewölbt; Hinterbeine nicht auffällig stärker entwickelt als die anderen; 1 Gattung:

Gattung: Tauchkäfer, Schlammschwimmer *(Hygróbia);* 1 Art:

Tauchkäfer
Hygróbia tárda (HERBST)

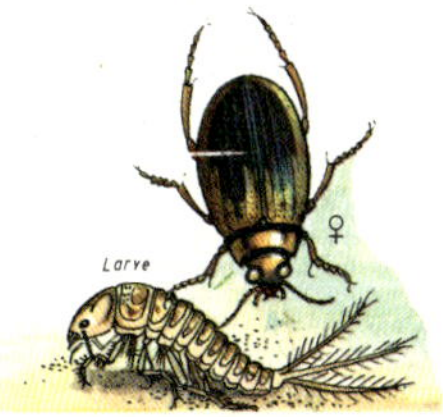

Braunrot, ein unregelmäßig geformter dunkler Zentralfleck auf beiden Flügeldecken; **10 mm.**

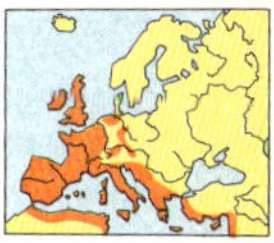

Verbreitung: Westeuropa, sporadisch in Mitteleuropa; Mittelmeergebiet incl. Nordafrika. **Lebensraum und Lebensweise:** schlammige Gräben und Teiche; „paddelt", bewegt die Hinterbeine abwechselnd, kann aber doch recht schnell schwimmen; kann pfeifende Stridulationstöne erzeugen. **Nahrung:** Bodentiere, vor allem der Schlammwurm *(Túbifex).* **Fortpflanzung:** die Eier werden in einer Gallerte in Reihen auf Wasserpflanzen gelegt; die räuberische Larve hat an der Unterseite des Körpers fadenförmige Kiemen.

5. Familie: Taumelkäfer *(Gyrínidae);* lang ovale, metallische Schwimmer der Wasseroberfläche, Antrieb durch die paddelartigen, verkürzten Hinter- und Mittelbeine; Europa 3 Gattungen:

Gattung: Taumelkäfer *(Gyrínus);* Oberseite unbehaart, metallisch, ohne gelben Seitenrand. Etwa 10 Arten in Europa:

Taumelkäfer
Gyrínus substriátus Stephens

Oberseite stark silberglänzend, innere Punktreihen der Flügeldecken viel feiner als die äußeren; unten schwarz, Rand der Flügeldecken aber gelbrot; **5–7 mm.**

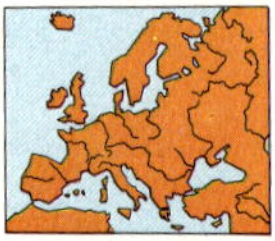

Verbreitung: Europa, Nordafrika, Kleinasien. **Lebensraum und Lebensweise:** bevorzugt ruhige Gewässer, schwimmt schnell und kreisend, oft in großer Schar, auf der Wasseroberfläche; taucht bei Gefahr und versteckt sich im Bodenschlamm und unter Steinen; besucht in der Dämmerung fliegend andere Gewässer. **Nahrung:** lebt räuberisch von kleinen Wassertieren. **Fortpflanzung:** Eiablage an Wasserpflanzen; Larve lebt räuberisch unter Wasser und atmet durch kiemenartige Fortsätze an den Leibesringen; Verpuppung auf dem Ufer in ovalem, selbstgefertigtem Kokon.

II. Unterordnung: Friedkäfer *(Polyphága);* 1. Bauchring einheitlich, die Hinterhüften überragen seinen Rand nicht, er ist mit den folgenden Ringen nicht verwachsen. Oft weniger als 5 Fußglieder. Europa etwa 90 Familien:

1. Familie: Kurzflügelkäfer, Raubkäfer *(Staphylínidae);* Flügeldecken stark verkürzt, lassen den langen beweglichen Hinterleib unbedeckt:

Gattung: Moderkäfer *(Ocýpus);* groß, einfarbig dunkel, die ganze Oberseite matt, fein und dicht behaart; viele Arten:

Schwarzer Moderkäfer
Ocýpus ólens (Müller)

Kopf mit gewaltigen Kiefern, etwa so groß wie das Halsschild oder die kurzen Flügeldecken; einfarbig schwarz; bis **32 mm** lang.

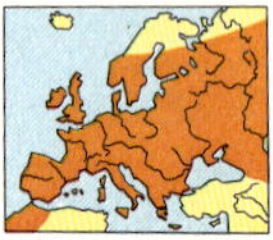

Verbreitung: Europa ohne den Hohen Norden, westliches Nordafrika. **Lebensraum und Lebensweise:** unter Steinen und in der Bodenstreu, besonders in Laubwäldern; flinker, umherstreifender Räuber. **Nahrung:** kleine Bodentiere. **Fortpflanzung:** Larve ebenfalls räuberisch, an den gleichen Orten wie der Käfer, Verpuppung in Erdzelle.

2. Familie: Aaskäfer *(Sílphidae);* Endglieder der Fühler verdickt, mitunter knopfartig; etwa 10 Gattungen, weniger als 50 Arten in Europa:

Gattung: Aaskäfer *(Sílpha);* Flügeldecken bedecken den ganzen Hinterleib, mit 3 Längsrippen, kahl; Halsschild breit, scheibenförmig: mehrere sehr ähnliche Arten:

Schwarzer Aaskäfer
Sílpha obscúra Linné

Matt schwarz, die Punkte außerhalb der äußeren Flügeldeckenrippe viel kleiner als jene innerhalb dieser Rippe; **13–17 mm** lang.

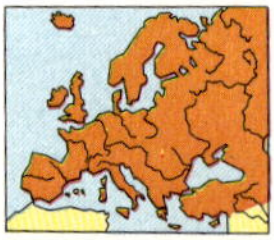

Verbreitung: Europa, Asien südlich bis Nordindien, Mongolei. **Lebensraum und Lebensweise:** bevorzugt offenes Gelände und ist auf Feldern und Wegen zu beobachten; ist nachts tätig und versteckt sich unter Steinen und in Erdlöchern; sondert bei Gefahr aus dem Hinterleib ein stinkendes Sekret ab; Flugzeit April bis August. **Nahrung:** tote Kleintiere, wie Schnecken, Würmer und Insekten. **Fortpflanzung:** die asselförmigen Larven können sich schnell bewegen und ernähren sich wie die Imagines; Verpuppung im Boden.

Gattung: Totengräber *(Necróphorus);* Flügeldecken etwas verkürzt, letzte Hinterleibsringe frei sichtbar; Fühler mit dicker knopfartiger Keule; etwa 10 Arten in Europa:

a **Großer Totengräber**
Necróphorus humátor Olivier
b **Rotgebänderter Totengräber**
Necróphorus vespíllo (Linné)
c **Zweipunktiger Stutzkäfer**
Hister (Páralister) bipustulátus Herbst

Zu a: Bis auf die gelbrote Fühlerkeule völlig schwarz; **18–24 mm.** Zu b: Flügeldecken mit 2 orangeroten Querbinden, Fühlerkeule ebenfalls orangerot, Hinterschienen kräftig gebogen; **12–22 mm** lang. Zu c: Glänzend schwarz, in der Mitte jeder Flügeldecke ein querbindenartiger roter Fleck; **5,5–5,7 mm** lang.

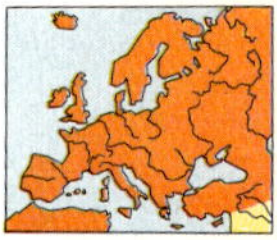

Zu a: **Verbreitung:** Europa, Nordafrika, weite Teile Asiens. **Lebensraum, Lebensweise, Nahrung und Fortpflanzung** wie *N. vespillo*! Zu b: **Verbreitung:** Europa, Asien, Teile Nordamerikas. **Lebensraum** und **Lebensweise:** ist hauptsächlich an kleinen Tierleichen zu beobachten; besitzt einen ausgeprägten Geruchssinn für Aas; ist in der Dämmerung und nachts tätig; Flugzeit April–August. **Nahrung:** Tierkadaver. **Fortpflanzung:** ein Paar schafft unter der Tierleiche die Erde fort (bis 30 cm, meist viel weniger), so daß diese immer tiefer einsinkt und schließlich verschwindet; Eiablage nicht auf den Kadaver, sondern in einem Seitengang in die Erde; ausschlüpfende Larven ernähren sich nicht nur selbständig von dem Aas, sondern werden auch vom ♀ gefüttert, welches die Nahrung durch ein aus dem Mund abgesondertes Sekret vorverdaut; Verpuppung in der Erde. Zu c: **Verbreitung:** Mittel- und Südeuropa, Zentralasien, Sibirien. **Lebensraum** und **Lebensweise:** bevorzugt offenes, sandiges Gelände; hält sich gern auf oder unter Kuhfladen auf; ist auch auf Stalldunghaufen zu beobachten; stellt sich bei Gefahr tot und bewegt sich langsam. **Nahrung:** kleine Insekten im Dung. **Fortpflanzung:** die Larve lebt ebenfalls im Dung, frißt aber nur Fliegenmaden. Der Verpuppung gehen nur 2 Larvenstadien voraus.

3. Familie: Stutzkäfer *(Histéridae);* gedrungene, oft abgeflachte Käfer, extrem hart gepanzert, Flügeldecken etwas verkürzt, 2 letzte Hinterleibsringe liegen frei. Kopf weitgehend einziehbar, Beine fest anlegbar. Fühler stark gekniet, mit knopfartiger Keule. Körper glänzend, unbehaart. Etwa 30 Gattungen, über 100 Arten in Europa:

Gattung: Stutzkäfer *(Hister);* Vorderbrust mit einer Verlängerung, die den Kopf von unten bedeckt; Vorderschienen außen grob gezähnt, zur Spitze dreieckig verbreitert; hintere Schienen außen nur beborstet. Brust seitlich nicht lang behaart, Kiefer gleichlang. Viele (meist schwarze!) Arten: Abbildung und Text siehe unter Gattung Totengräber:

4. Familie: Kolbenwasserkäfer *(Hydrophilidae);* Kiefertaster länger als die Fühler; Körper rundlich oder oval; etwa 20 Gattungen und 100 Arten in Europa:

Gattung: Große Kolbenwasserkäfer *(Hýdrous);* Mittel- und Hinterbeine mit Säumen von Schwimmhaaren; ein langer Stachel ragt auf der Unterseite zwischen den Hinterbeinen nach hinten; 2 Arten:

Großer Kolbenwasserkäfer (geschützt!)
Hýdrous picéus Linné

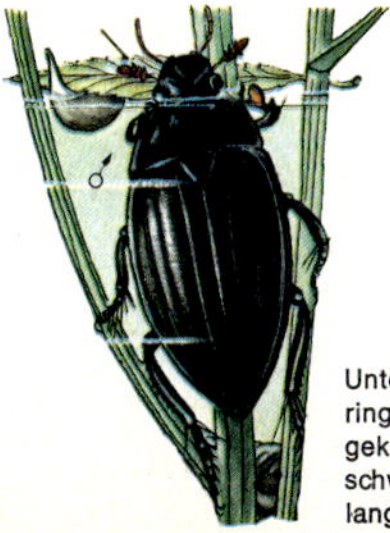

Unterseite der Bauchringe scharf längsgekielt; einfarbig schwarz; **34–50 mm** lang.

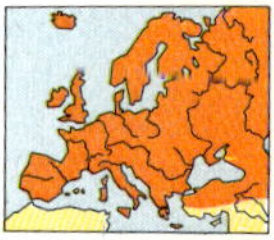

Verbreitung: Europa, Nordasien, südlich bis Nordindien. **Lebensraum** und **Lebensweise:** bevorzugt kleine Teiche und Gräben, ist aber auch in langsam fließenden Bächen heimisch; schwimmt langsam; erneuert die Atemluft durch Herausschieben des Vorderkörpers über die Wasseroberfläche. Guter Flieger. **Nahrung:** Wasserpflanzen. **Fortpflanzung:** ♀ spinnt sackförmiges, schwimmfähiges Gehäuse mit senkrechtem Luftrohr und legt darin etwa 50 Eier ab; Larven leben unter Wasser und ernähren sich von Schnecken und anderen kleinen Wassertieren; Verpuppung außerhalb des Wassers im Uferboden.

Gattung: Kleine Kolbenwasserkäfer *(Hydrophílus)*; kleiner, unterseits ohne Stachel, Füße der ♂♂ ohne Besonderheiten; 2 Arten:

Kleiner Kolbenwasserkäfer
Hydrophilus caraboides (LINNÉ)

Grünlich schwarz, auch die Beine dunkel. Breiter gerundet als der Große Kolbenwasserkäfer; **14–18 mm** lang.

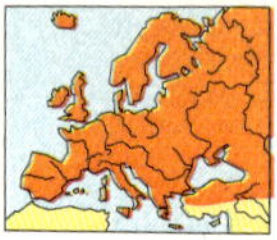

Verbreitung: Europa und nördliches Asien. **Lebensraum:** bevorzugt Tümpel und kleine Teiche. **Lebensweise, Nahrung und Fortpflanzung** ähnlich wie *H. picéus.*

5. Familie: Hirschkäfer *(Lucánidae)*; Fühler stark gekniet, die letzten Glieder einseitig nach vorn erweitert, kammartig; 6 Gattungen mit etwa 10 Arten in Europa:

Gattung: Hirschkäfer *(Lucánus)*; sehr groß, Kopf und Halsschild schwarz, Flügeldecken (und Zangen des ♂) braun; 1 Art:

Hirschkäfer
Lucánus cérvus LINNÉ

♂♂ mit geweihartigen großen Kieferzangen; Länge der ♂♂ bis **7,5 cm.**

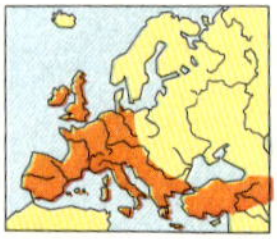

Verbreitung: Mittel- und Südeuropa, Kleinasien; geschützt! **Lebensraum und Lebensweise:** bevorzugt Eichenwälder mit morschen Bäumen und Stubben; ist in der Dämmerung tätig; hält sich am Tag an Saftstellen der Bäume auf; Flugzeit Juni–Juli. **Nahrung:** Baumsäfte. **Fortpflanzung:** Eiablage in die Erde an morsche Eichenstämme; weiße Larve lebt anfangs im Holzmulm, danach mehr im Stammesinnern und wird bis 10 cm lang; Verpuppung nach 5–6 Jahren in großer Holzhöhle; der Käfer schlüpft bereits im Herbst und hält sich bis zur Flugzeit in der Puppenhöhle auf.

Gattung: Balkenschröter *(Dórcus)*; kleiner, einfarbig schwarz, Kiefer nie geweihartig; 1 Art:

Balkenschröter
Dórcus parallelopipedus (LINNÉ)

Kopf sehr groß, breit, besonders beim ♂ (mit deutlich vergrößerten Kiefern), Halsschild so breit wie die Flügeldecken, aber kurz; mattschwarz; **19–32 mm** lang.

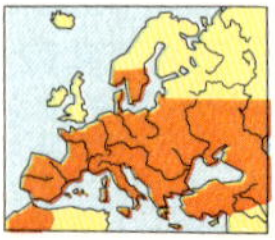

Verbreitung: Mittel- und Südeuropa, südliches Nordeuropa, Marokko, Kleinasien. **Lebensraum und Lebensweise:** bevorzugt Laubwälder mit morschen Bäumen und Stubben, ist am Nachmittag und in der Dämmerung tätig; ruht auf Zweigen und besucht gern Saftstellen der Bäume; Flugzeit Ende April–Juni. **Nahrung:** Baumsäfte. **Fortpflanzung:** Eiablage im Boden an morsche Stämme der meisten Laubbäume; Larve wird 2 cm lang, ist schmutzigweiß, am Körperende rötlichgrau und lebt bis zur Verpuppung im Mulm der Stämme.

Gattung: Rehschröter *(Platýcerus [= Systenócerus])*; Oberseite metallisch grün oder blau; 3 Arten:

Rehschröter
Platýcerus carabóides (LINNÉ)

Kopf klein, auch beim ♂ die Kiefer kaum vergrößert, ihre Spitze kaum vorspringend; **9 bis 13 mm** lang.

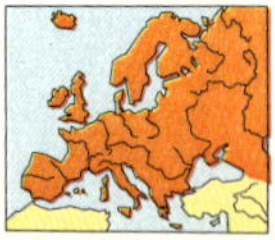

Verbreitung: in Europa weit verbreitet. **Lebensraum und Lebensweise:** bevorzugt Laubwälder und Sträucher; besucht gern blühende Bäume und frißt die Knospen; Flugzeit April–Juni. **Nahrung:** Blattknospen. **Fortpflanzung:** Eiablage an morsche Stämme der meisten Laubbäume, selten auf Nadelhölzer; Larve lebt bis zur Verpuppung im Mulm der morschen Stämme.

6. Familie: Mist- und Laubkäfer *(Scarabáeidae)*; Fühler gekniet, das schaftartige Grundglied aber kurz, die letzten 3–7 Glieder nach vorn verlängert, einen spreizbaren, beweglichen Fächer bildend; Vorderbeine sind Grabbeine; artenreiche Gruppe:

1. Gruppe: Mistkäfer

1. Unterfamilie: Roßkäfer, Mistkäfer *(Geotrupinae)*; am Vorderrand des Kopfes eine deutliche Oberlippe; Hinterschiene mit 2 Endspornen; wenige Gattungen:

Gattung: Roßkäfer *(Geotrúpes)*; Kopf und Halsschild ohne Hörner, Kiefer normal gestaltet, Hinterschiene außen mit 1 oder 2 Querleisten vor dem Ende; mehrere Arten:

Gemeiner Roßkäfer
Geotrúpes stercorárius (LINNÉ)

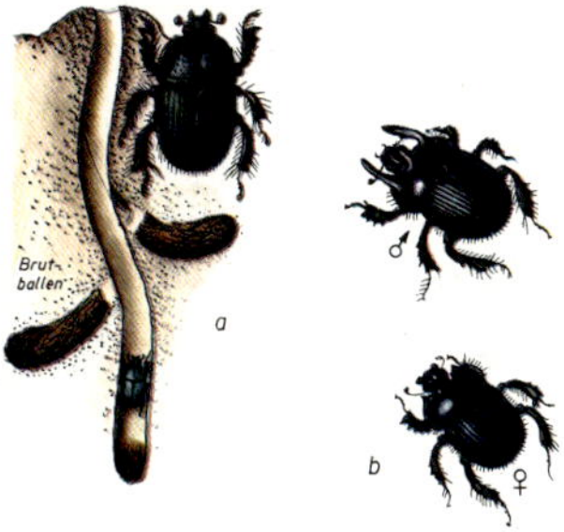

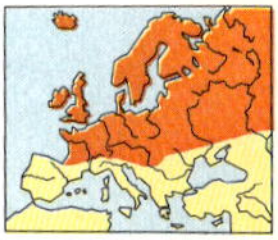

Verbreitung: Nord- und Mitteleuropa, stellenweise Südeuropa; Nordasien incl. Japan, nach Teilen von Nordamerika eingeschleppt. **Lebensraum und Lebensweise:** bevorzugt Wälder und Wiesen; ist in der Dämmerung tätig und verbirgt sich am Tag unter Laub; Flugzeit Juni bis September. **Nahrung:** Dung, Pilze, auch Baumsäfte. **Fortpflanzung:** ♂ und ♀ graben in den Boden bis 80 cm lange senkrechte Röhren mit Seitengängen; die Hauptarbeit leistet dabei das ♀; jeder Seitengang wird mit Dung gefüllt und mit einem Ei belegt; die gelblichweiße, dünn behaarte Larve lebt von dem eingetragenen Material und verpuppt sich im Frühsommer; Puppenstadium 3–4 Wochen. – **Dreihorn** (b) *Typhóeus typhóeus* LINNÉ, mittleres Horn kurz; 15–24 mm lang; in sandigem Gelände (Heide); sonst ähnlich *G. stercorárius* (LINNÉ).

(a) Bauch gleichmäßig dicht behaart und punktiert; Oberseite schwarz mit blauem oder grünlichem Schein; **16–25 mm** lang.

2. Unterfamilie: *Coprinae;* Hinterschienen nur mit 1 Endsporn, Oberlippe nicht sichtbar; etwa 10 Gattungen, viele Arten:

Gattung: Mondhornkäfer *(Cópris)*; Vorderrand des Kopfes glatt oder leicht gewellt, Kopf beim ♂ mit Horn, Halsschild hoch gewölbt; wenige Arten:

Spanischer Mondhornkäfer
Cópris hispánus LINNÉ

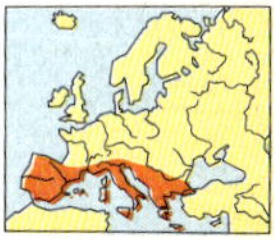

Verbreitung: Südeuropa. **Lebensraum:** wie *Scarabáecus sácer.* **Nahrung:** wie *Sacarabáeus sácer.* **Fortpflanzung:** ♂ und ♀ legen unter der Erdoberfläche eine etwa 15 cm lange und 6 cm hohe Brutkammer an; die eingetragenen Exkremente werden zu durchschnittlich 10 birnenförmigen Brutballen geknetet und mit je einem Ei versehen, das ♀ bleibt danach allein in der Kammer und betreut die Brutanlage bis zum Ausschlüpfen der Jungkäfer.

Schwarz, wenig glänzend; Kopf beim ♀ mit kleinem Höcker, beim ♂ mit sichelartig geschwungenem Horn; bis **25 mm** lang.

383.1 Maikäfer

Gattung: Pillendreher *(Scarabáeus);* Halsschild flach und einfach, Kopf ohne Horn, aber sein Vorderrand lang und scharf gezackt; Mittelschiene nur mit 1 Sporn, Vorderbeine ohne Fußglieder; Europa etwa 10 Arten:

Heiliger Pillendreher
Scarabáeus sácer Linné

Schwarz, matt, sehr fein und dicht punktuliert; **19–38 mm** lang.

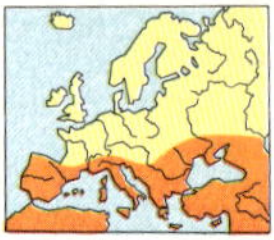

Verbreitung: Südeuropa, Afrika nördlich des Äquators, Arabien. **Lebensraum:** bevorzugt offenes Gelände, auch auf sandigen Straßen und Plätzen menschlicher Ansiedlungen. **Nahrung:** Tierexkremente; hiervon werden kugelförmige Ballen als Nahrungsvorrat in der Erde vergraben. **Fortpflanzung:** ♀ knetet aus Exkrementen eine Kugel, die an einen für das Brutgeschäft geeigneten Ort gerollt wird; beim Rollen wird die Kugel von den Hinterbeinen gehalten und dirigiert, während die Vorderbeine die Fortbewegungsarbeit zu leisten haben; ist das Ziel erreicht, wird die Kugel eingegraben, birnenförmig umgewandelt und mit einem Ei versehen; Eizahl nur 5–10.

2. Gruppe: Laubkäfer; letzte Fühlerglieder glänzend; artenreiche Gruppen verschiedener Lebensweise, aber keine Mistkäfer, zumeist Laubfresser:

1. Unterfamilie: Maikäfer *(Melolonthínae);* Kiefer von oben verdeckt, Flügeldecken außen ohne Ausschnitt, Rand der Mittel- und Hinterschienen einfach, mit Spornen; Füße mit 2 gleichgroßen Krallen; etwa 10 Gattungen:

Gattung: Maikäfer *(Melolóntha);* der letzte Hinterleibsring lang und spitz ausgezogen, Flügeldecken braun oder einheitlich grau bestäubt; 3 Arten:

Maikäfer
Melolóntha melolóntha (Linné)

Vorderkörper schwarz, Flügeldecken braun, Seiten mit schwarzweißer Zackenbinde; Fühlerfächer des ♂ groß (7 Glieder), des ♀ aus 6 kurzen Gliedern; bis **2,5 cm** lang.

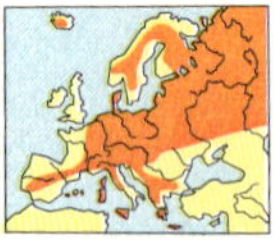

Verbreitung: Mitteleuropa; in Nord- und Südeuropa nur stellenweise. **Lebensraum und Lebensweise:** bevorzugt offenes Gelände, Parkanlagen und Waldränder; ist in der Dämmerung tätig; hält sich am Tag in Laubbäumen auf; Flugzeit Mai–Juni. **Nahrung:** Blätter der Laubbäume, besonders Eichen; kann in Maikäferjahren durch Kahlfraß von Baumbeständen schädlich werden. **Fortpflanzung:** Eiablage etwa 20 cm unter der Erdoberfläche (60–80 Stück); Larve, Engerling genannt, lebt durchschnittlich 4 Jahre in der Erde; schädigt Pflanzen durch Wurzelfraß; Verpuppung in Erdhöhle; schlüpft im Herbst vor dem Flugjahr aus und bleibt bis zur Flugzeit in der Erde.

Gattung: Walker *(Polyphýlla);* Hinterleib ohne Spitze, Flügel scheckig weiß; 1 Art:

Walker
Polyphýlla fúllo (Linné)

(a) Braun bis schwarzbraun, unregelmäßig weiß beschuppt. Fühlerfächer des ♂ mit 7 sehr großen, geschwungenen Gliedern, beim ♀ nur 5 sehr kleine Glieder; **25–36 mm** lang.

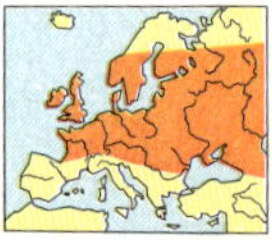

Verbreitung: Mitteleuropa, östliches Südeuropa, Kaukasus. **Lebensraum und Lebensweise:** bevorzugt sandiges Gelände, auch Dünen; ist in der Dämmerung tätig; Flugzeit Juni–Juli; zirpt beim Berühren. **Nahrung:** Kiefernnadeln, aber auch Blätter der Laubbäume. **Fortpflanzung:** Eiablage unter der Erdoberfläche (20–30 Stück); Larve lebt etwa 3 Jahre in der Erde; schädigt Kiefern, Birken und Dünenpflanzen durch Wurzelfraß; Verpuppung in Erdhöhle. – **Der Junikäfer** (b) *Amphimállon solstitiále,* Fühlerfächer nur mit drei Gliedern, Flügeldecken glatt; 14 bis 18 mm, lebt in Europa bis auf den Hohen Norden auf Feldern und an Waldrändern, sonst ähnlich *M. melolóntha.*

2. Unterfamilie: *Rutelinae;* wie vorige Unterfamilie, doch die inneren Fußkrallen stark reduziert; mehrere Gattungen:

Gattung: Gartenkäfer *(Phyllopértha);* Oberseite lang abstehend (aber nicht auffällig!) behaart; 1 Art:

Gartenkäfer
Phyllopértha horticola (LINNÉ)

Vorderkörper schwarz mit blauem oder grünem Metallschein; Flügeldecken dunkelbraun; **8 bis 11 mm** lang.

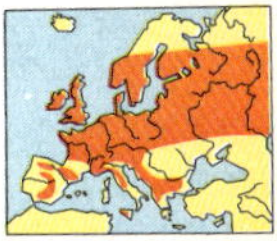

Verbreitung: Nord- und Mitteleuropa ohne den hohen Norden, in Südeuropa vereinzelt im Gebirge; nördliches Asien bis zum Pazifik. **Lebensraum** und **Lebensweise:** Gärten, Wiesen mit Gebüschen; die Käfer oft in großer Zahl in der Sonne aktiv, bei schlechtem Wetter unbeweglich zwischen Blättern; Flugzeit vor allem Juni. **Nahrung:** Blätter und Blüten, mitunter schädlich. **Fortpflanzung:** Eiablage im Boden, Engerling ist Wurzelfresser, mitunter schädlich an Gräsern, Klee, auch Kartoffeln.

3. Unterfamilie: Rosenkäfer, Goldkäfer *(Cetoniinae);* Flügeldecken vorn am Seitenrand mit flachem Ausschnitt, durch den im Flug die Hinterflügel herausgesteckt werden, da die Flügeldecken geschlossen bleiben. Europa 5 Gattungen:

Gattung: Rosenkäfer (Cetónia); hinter den Vorderhüften, zwischen den Mittelhüften, ein stark gewölbter, glänzender Vorsprung; 1 Art:

Rosenkäfer
Cetónia auráta LINNÉ

Körper flach und breit, metallisch goldgrün; auf den Flügeldecken unregelmäßige weiße Schuppenflecke; **14–20 mm** lang.

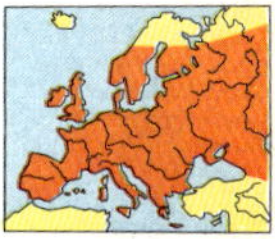

Verbreitung: Europa ohne den hohen Norden, größter Teil Nordasiens. **Lebensraum** und **Lebensweise:** bevorzugt blütenreiche Wegränder und Gärten; ist am Tag tätig, besonders im Sonnenschein; Flugzeit Mai–Juni. **Nahrung:** Blüten von Heckenrosen, Holunder. **Fortpflanzung:** Eiablage in faulendes Holz, besonders Baumstubben; Larve, bis 5 cm lang, lebt 1 Jahr im Mulm und verpuppt sich dann.

4. Unterfamilie: Riesenkäfer *(Dynastinae);* Kiefer von oben sichtbar; Vorderbrust unten vor den Beinen mit einer lang behaarten Beule; vorwiegend tropisch, bizarre Riesenformen; Europa nur 2 Gattungen:

Gattung: Nashornkäfer *(Orýctes);* Kopf gehörnt, beim ♀ zumindest schwache Spuren eines Hornes, Halsschild mit Eindrücken oder Höckern; 1 Art mit vielen Rassen:

Nashornkäfer
Orýctes nasicórnis (LINNÉ)

♂

Körper stark gewölbt; ♂ langes gebogenes Kopfhorn; Vorderkörper schwarzbraun, Flügeldecken kastanienbraun; **20–40 mm** lang.

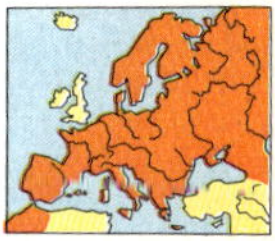

Verbreitung: Europa ohne Britische Inseln, östlich bis Westsibirien, westliches Nordafrika. **Lebensraum** und **Lebensweise:** ursprünglich in faulendem Holz von Laubbäumen, besonders Eichen, im vorigen Jahrhundert in gemahlenen Eichenrinden, die massenhaft zum Gerben gebraucht wurden (Gerberlohe), heute fast nur noch in großen Komposthaufen, Ablagerungen von Sägemehl; im Zusammenhang mit der Umstellung neuerdings häufig. Flugzeit Juni–Juli, nachtaktiv, fliegt ans Licht. **Nahrung:** unbekannt; evtl. kein Nahrungsbedarf. **Fortpflanzung:** Eiablage in Komposthaufen, kaum noch in morsche Eichenstubben; Larve braucht mehrere Jahre bis zur Verpuppung in selbstgefertigtem Kokon; ausgeschlüpfter Käfer verbringt dort noch etwa 2 Monate bis zu seinem Erscheinen.

7. Familie: Leuchtkäfer „Glühwürmchen" *(Lampýridae;* aus der umfangreichen Überfamilie Weichkäferartige, *Malacodérmata);* mit Leuchtorganen; Kopf von oben nicht sichtbar; Europa wenige Gattungen und Arten:

Gattung: Johanniswürmchen *(Phaūsis);* beide Geschlechter mit großen, durchscheinenden „Fenstern" im Halsschild über den Augen; ♂ geflügelt, braungrau, ♀ mit kaum sichtbaren Resten der Flügel, larvengestaltig, elfenbeinfarbig. Leuchtorgane bei ♂ und ♀ unterseits an der Spitze des Hinterleibs; 1 Art:

Johannīswürmchen
Phaūsis splendidula (LINNÉ)

♂ Flügeldecken mit schwachen Längsrippen, Augen stark vergrößert, kugelig gewölbt; ♀ Flügeldecken schuppenförmig, Augen klein, Körper weißlich; **8–10 mm** lang.

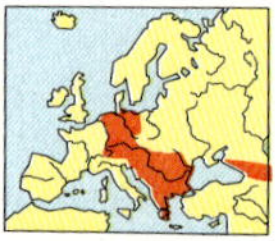

Verbreitung: Südosteuropa, Mitteleuropa, Kaukasus. **Lebensraum und Lebensweise:** bevorzugt gebüschreiche Waldränder und Parkanlagen; ist in der Dämmerung und Nacht tätig; das flugunfähige ♀ lockt mit Leuchtorgan auf der Bauchseite ♂ an; Flugzeit der ♂♂ Juni bis Juli; auch sie besitzen Leuchtorgane. **Nahrung:** Schnecken. **Fortpflanzung:** Eiablage in den Erdboden; Larven, ebenfalls mit Leuchtorganen, leben räuberisch von Nackt- und Gehäuseschnecken; die Beute wird durch Darmsekret, das beim Biß abgesondert wird, gelähmt und verdaut.

Gattung: Leuchtkäfer *(Lampýris);* das flugfähige, langgestreckte ♂ ohne Fensterflecke am Halsschild, ♀ völlig flügellos, aber nicht blaß, farblos wie vorige Art; wenige Arten in Europa:

Großer Leuchtkäfer
Lampýris noctilúca LINNÉ

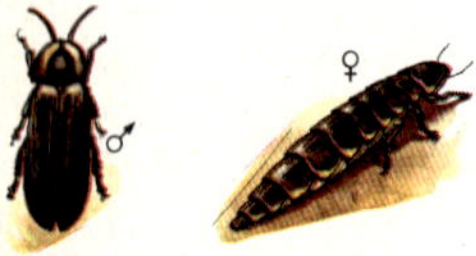

♂ größer, schlanker als Johanniswürmchen, das larvengestaltige ♀ graubraun wie das ♂, die Ränder der Ringe etwas heller; ♂ **11–12,** ♀ **16–18 mm** lang.

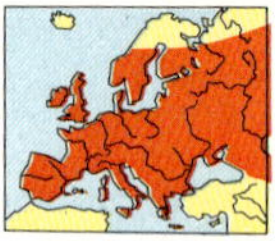

Verbreitung: Europa ohne Hohen Norden; Sibirien, China. **Lebensraum und Lebensweise, Nahrung und Fortpflanzung** wie **Johanniswürmchen.**

8. Familie: Schnellkäfer *(Elatéridae);* langgestreckt, abgeflacht. Zwischen Vorder- und Mittelbrust besondere Strukturen, die es dem Käfer ermöglichen, sich aus der Rückenlage hochzuschnellen; viele Gattungen und Arten in Europa:

Gattung: Schnellkäfer *(Eláter);* überwiegend flache und schlanke Arten mit roten oder braunen Flügeldecken, Halsschild stets schwarz, seitlich scharf gekantet; Fühler fadenförmig, die einzelnen Glieder nur geringfügig erweitert; viele Arten:

Blutroter Schnellkäfer (a)
Eláter sanguíneus LINNÉ

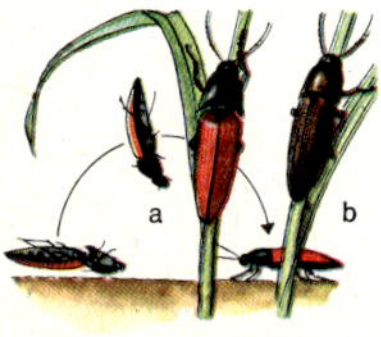

Halsschild schwarz, mit langer Längsrinne, Flügeldecken blutrot, die Punktreihen durch kurze schwarze Haare als feine schwärzliche Linien erscheinend; **12–18 mm** lang.

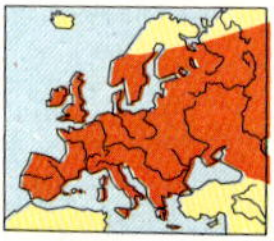

Verbreitung: Europa ohne den Norden, Persien, Sibirien, westliches Nordafrika. **Lebensraum und Lebensweise:** bevorzugt die Ebene und Mittelgebirge, in der Regel in Wäldern; ist am Tag tätig; hält sich gern auf Blüten auf; schnellt sich mit knackendem Geräusch 20 bis 30 cm empor, um sich aus der unbeweglichen Rückenlage zu befreien; Flugzeit April–August. **Nahrung:** Blütenteile, zarte Sproßtriebe. **Fortpflanzung:** Eiablage meist in die Stubben von Kiefern und Fichten. Larve lebt 2–3 Jahre als „Drahtwurm" unter der Rinde oder im Holzmulm und ernährt sich von anderen Insekten. – Der vorwiegend graubraune **Gestreifte Saatschnellkäfer** (b) *Agriótes lineátus* (LINNÉ) wird in Kulturpflanzungen schädlich.

9. Familie: Speckkäfer *(Derméstidae);* klein bis mittelgroß, langgestreckt oder fast rund, Oberseite stets mehr oder weniger dicht beschuppt. Etwa 50 Arten, darunter berüchtigte Schädlinge:

Gattung: Museumskäfer *(Anthrénus);* rundlich-oval, ziemlich flach, Oberseite vollkommen beschuppt; mehrere kleine Arten:

Museumskäfer
Anthrénus museórum (LINNÉ)

Unterseite weiß beschuppt, Oberseite schwarz, mit mehreren gelbgrauen Flecken und Binden auf Halsschild und Flügeldecken; **2–3 mm** lang.

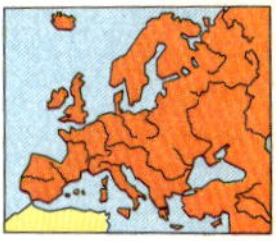

Verbreitung: Europa, Asien, Nordamerika. **Lebensraum** und **Lebensweise:** im Frühjahr auf Umbelliferen-Blüten, Spiraeen und anderen; dringt aber auch in menschliche Behausungen ein. Ursprünglich wohl Bewohner von trokkenen Vogelnestern (Höhlenbrüter), in Ansammlungen toter Insekten in Spinngeweben, unter Rinden usw., wo man im Freien Larven mehrerer Arten findet. **Nahrung:** Erwachsene fressen Pollen. **Fortpflanzung:** in menschlichen Behausungen erfolgt Eiablage auf Wollstoffe, Felle und Federn; Larven bis 5 mm lang, lang behaart, am Hinterende mit sehr dichten Büscheln mit Widerhaken versehener Pfeilhaare, die bei Beunruhigung aufgerichtet und gespreizt werden. Die leeren Larvenhäute und der feinkörnige Kot verraten die Gegenwart der Larven am ehesten; als Schädling in zoologischen Sammlungen (Insektensammlungen, Balgsammlungen) gefürchtet.

Teppichkäfer
Anthrénus scrophuláriae (LINNÉ)

Seiten des Halsschildes ausgedehnt weiß, Naht der Flügeldecken rot oder orangefarben beschuppt; **3–4,5 mm** lang.

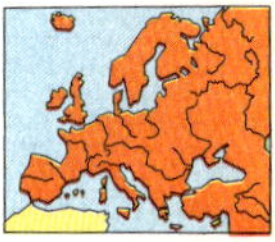

Verbreitung: Europa, Westasien, Nordamerika. **Lebensraum, Lebensweise, Nahrung und Fortpflanzung:** wie *A. museórum,* doch als Schädling noch weit bedeutender.

Gattung: Pelzkäfer *(Attagénus);* langgestreckt, schwarz oder braun, mit kleinen Schuppenflecken; letztes Fühlerglied größer als jedes andere; mehrere Arten:

Gefleckter Pelzkäfer
Attagénus péllio (LINNÉ)

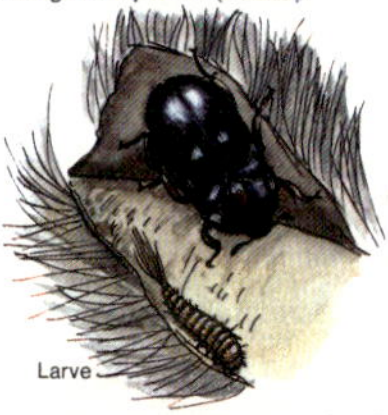

Schwarz, behaart, 3 weiße Schuppenflecke an der Basis des Halsschildes, je 1 in der Mitte der Flügeldecken, mitunter weitere kleinere Flecke; **4–5,5 mm.**

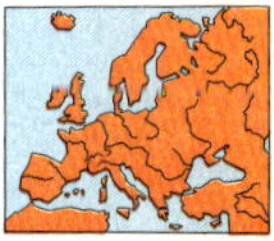

Verbreitung: fast die ganze Erde. **Lebensraum** und **Lebensweise, Nahrung:** wie bei *Anthrénus museórum.* **Fortpflanzung:** Eiablage auf Felle und Wollstoffe; Larve (nur am Körperende mit Haarbüschel) entwertet Pelze und Wollstoffe durch Löcherfraß; Entwicklungsdauer bis zur Verpuppung fast ein Jahr; nicht so häufig und durch Ausklopfen der Bekleidung und Sonnen zu bekämpfen.

Gattung: Speckkäfer *(Derméstes);* größte Arten der Familie, langgestreckt, Schienen kräftig, außen mit mehreren Längskanten; eine Reihe von Arten:

Speckkäfer
Derméstes lardárius LINNÉ

Larve

Schwarz, eine breite, hinten zackige Binde in der Vorderhälfte der Flügeldecken gelbgrau; auf der grauen Binde ein paar kleine schwarze Flecke; Fühler mit kräftiger, 3gliedriger hellroter Keule; **7–8 mm** lang.

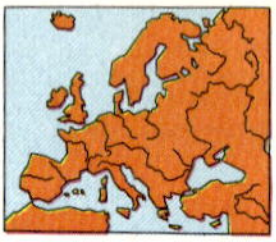

Verbreitung: mit dem Menschen weltweit. **Lebensraum, Lebensweise:** fast nur in menschlichen Behausungen, im Freiland selten in hohlen Bäumen, zeitweise zahlreich in Storchennestern, an trockenem Aas und Knochen. **Nahrung:** trockene tierische Materialien. **Fortpflanzung:** Eiablage auf Lebensmittel, vor allem auf geräuchertes Fleisch und Käse; Larven entwerten nicht nur die Vorräte, sondern können auch durch ihre abgebrochenen Körperhaare die Ursache von Allergien sein (ebenso vor allem auch *Anthrénus*!).

10. Familie: Diebskäfer *(Ptínidae);* klein, zwischen den meist bauchig gewölbten Flügeldecken und dem kleinen Halsschild ein tiefer Einschnitt; Kopf klein, mit langen Fühlern; wenige Gattungen:

Gattung: Messingkäfer *(Níptus);* durch geschlossene messinggelbe Beschuppung unverkennbar; 1 Art:

Messingkäfer
Níptus hololeúcus FALDERMANN

Flügeldecken fast kugelig gewölbt, viel breiter als Brust und Kopf; leuchtend gelb; **4–4,5 mm** lang.

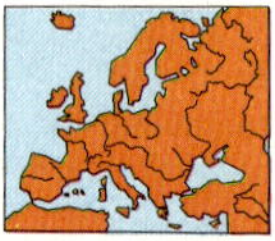

Verbreitung: mit dem Menschen weltweit, angeblich aus Kleinasien stammend. **Lebensraum** und **Lebensweise:** hält sich mit Vorliebe in Wohnungen auf; kann nicht fliegen, ist nachts tätig und wandert dann in benachbarte Räume oder Häuser; ist (besonders in warmen Räumen) fast das ganze Jahr zu beobachten. **Nahrung:** Textilien (frißt kreisrunde Löcher hinein), Federn, Haare, Leder und Lebensmittel; dadurch sehr schädlich. **Fortpflanzung:** Eiablage nur in Lebensmittel; Eizahl 15–40; Larve ist in 3–4 Monaten entwickelt und verpuppt sich in einem Gespinst.

11. Familie: Schwarzkäfer, Düsterkäfer *(Tenebriónidae);* die Fühlerwurzel ist von oben unsichtbar, in Europa über 30 Gattungen, wohl kaum 200 Arten:

Gattung: Mehlkäfer *(Tenébrio);* langgestreckt, parallelseitig, kahl, Fühler ohne deutliche Keule, Augen vorn tief ausgerandet; mehrere Arten:

Mehlkäfer
Tenébrio mólitor LINNÉ

Schwarzbraun oder braun, fettglänzend, letztes Fühlerglied länger als vorletztes; **12–18 mm.**

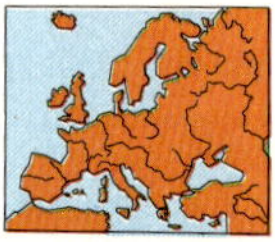

Verbreitung: mit dem Menschen fast weltweit. **Lebensraum** und **Lebensweise:** im Freien in hohlen Bäumen, in Nestern höhlenbrütender Vögel nicht selten; noch häufiger in Lagerräumen für Mehl, Getreide und Teigwaren; ist nachts tätig und fliegt auch zum Licht; ist fast das ganze Jahr zu beobachten, da die Entwicklung meistens in geschlossenen Räumen erfolgt. **Nahrung:** Mehl und Getreide, trockenes Aas, organische Reste aller Art. **Fortpflanzung:** Eiablage in Mehl und Getreide; Larve als beliebtes Tierfutter unter dem Namen Mehlwurm bekannt, ist drehrund, glatt, sehr beweglich und ähnelt dem Drahtwurm: Verpuppung an der Oberfläche der Nahrung.

12. Familie: Ölkäfer, Pflasterkäfer *(Melóidae);* Vorder- und Mittelfüße 5gliedrig; Hinterfüße 4gliedrig; alle Krallen tief gespalten; Flügeldecken klaffen; Europa weniger als 20 Gattungen:

Gattung: Ölkäfer, Maiwurm *(Melóë);* die weichen, klaffenden Flügeldecken bedecken den fleischigen Hinterleib vor allem beim ♀ nicht, er wird nachgeschleppt; Hinterflügel fehlen; etwa 20 Arten:

Gemeiner Ölkäfer
Melóë proscarabaeus LINNÉ

Schwarz, runzlig punktiert, Kopf dicker als der kleine Halsschild, Vorderkörper zierlich gegenüber dem gewaltigen Hinterleib; vorletzte Fühlerglieder der ♂♂ auffallend stark verdickt; **11–35 mm** lang.

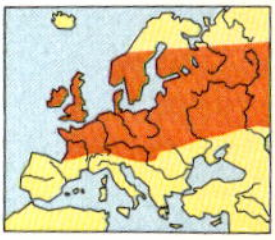

Verbreitung: Mitteleuropa. **Lebensraum** und **Lebensweise:** bevorzugt offenes, trockenes Gelände; ist am Tag tätig; schützt sich vor Feinden durch Absondern einer öligen Flüssigkeit aus den Kniegelenken; Flugzeit April–Juni. **Nahrung:** zarte Pflanzentriebe. **Fortpflanzung:** Eiablage (insgesamt bis 10 000) in kleinen Portionen in Bodenvertiefungen; Junglarven klettern auf Blütenpflanzen, heften sich an den Leib Blüten besuchender Wildbienen und lassen sich in den Bau eintragen; fressen dort zunächst das Ei-, danach den Honig, wobei sie sich zu verschiedenen Larvenformen verwandeln; Verpuppung im Frühjahr; nicht bei der Honigbiene!

13. Familie: Marienkäfer *(Coccinéllidae);* halbkreisförmig gewölbte, runde oder kurz ovale kleine bis mittelgroße Tiere mit auffallend kurzen und zarten Fühlern: Färbung der Arten sehr variabel; Europa etwa 40 Gattungen:

Gattung: *Coccinélla*; hoch gewölbt, kahl, auch am Hinterrand der Flügeldecken ohne Haare; Kopf schwarz; neben den Augen mit weißen Flecken; mehrere Arten:

Siebenpunkt
Coccinélla septempunctáta LINNÉ

(a) Flügeldecken rot, jede mit 4 Punkten, von denen die vorderen innen zu einem gemeinsamen Nahtfleck verschmelzen; **6–8 mm** lang.

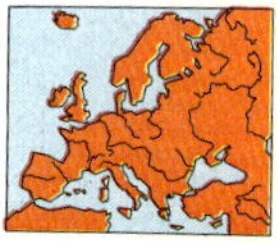

Verbreitung: Europa, Nordafrika, Asien. **Lebensraum** und **Lebensweise:** ist an kein bestimmtes Gelände gebunden; bewegt sich langsam und kann gut fliegen; Flugzeit April bis September. **Nahrung:** Blattläuse; durch ihre Vertilgung sehr nützlich. **Fortpflanzung:** Eiablage in Portionen von 10–12 Stück an Stengel und Blätter in der Nähe von Blattlauskolonien; Larven, anfangs schwarz, später bläulichgrau, stellen ebenfalls den Blattläusen nach; heften sich zum Verpuppen mit Körperende an Blätter und Zweige; Puppenstadium nur wenige Tage; Käfer überwintert unter Baumrinde, sonstigen trockenen Verstecken und auch in Gebäuden. Eizahl bis 700. – Der in Bau und Lebensweise sehr ähnliche, in der Färbung sehr variable **Zweipunkt** (b) *Adália bipunctáta* (LINNÉ) kommt auch in Nordamerika vor.

Gattung: *Anátis*; Gestalt wie vorige Gattungen, am Unterrand der Flügeldecken nahe der Naht aber einige Härchen; Flügeldecken an der Nahtspitze mit kleinem Ausschnitt; 1 Art:

Augen-Marienkäfer
Anátis ocelláta (LINNÉ)

Halsschild weiß mit großer M-förmiger schwarzer Makel in der Mitte und kleinen schwarzen Seitenflecken. Schwarze Flecke der roten Flügeldecken hell umrandet; **8–9 mm,** größte Art unseres Gebietes.

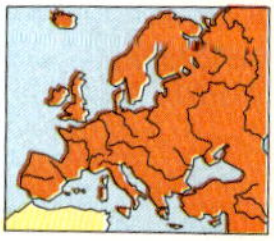

Verbreitung: Europa, Asien, Nordamerika, Antillen. **Lebensraum** und **Lebensweise:** bevorzugt Nadelholzwälder (Kiefern); sonst wie *C. septempunctáta;* Flugzeit April–September. **Nahrung:** Eier und Larven verschiedener von Nadelhölzern lebender Blattläuse, z. B. der Fichten-Gallaus. **Fortpflanzung:** Eiablage auf Nadeln und Rinde der Nadelhölzer; Larven stellen ebenfalls den Eiern und Larven von Blattläusen nach; weitere Entwicklung wahrscheinlich wie *C. septempunctáta.*

14. Familie: Blattkäfer *(Chrysomélidae);* sehr artenreich (auf der Welt etwa 25 000 Arten), Gestalt sehr unterschiedlich, häufig rundlich-oval, gewölbt. Füße nur mit 4 erkennbaren Gliedern; Europa Hunderte von Arten (unter ihnen die Erdflöhe):

Gattung: Kartoffelkäfer *(Leptinotársa);* hoch gewölbt, rundlich-oval, Kopf von oben kaum sichtbar; 1 Art:

Kartoffelkäfer
Leptinotársa decemlineáta (SAY)

Gelb, Halsschild mit ein paar dunklen Flecken, Flügeldecken regelmäßig gelb und schwarz gestreift; etwa **10 mm** lang.

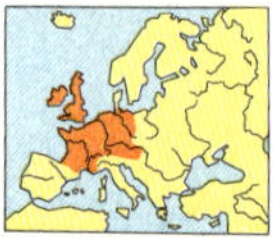

Verbreitung: aus Nordamerika eingeschleppt („Colorado-Käfer"), in West- und Mitteleuropa eingebürgert, sich laufend nach Osten ausbreitend. **Lebensraum:** Kartoffelfelder. **Nahrung:** Blätter der Kartoffelpflanze; oft werden ganze Felder in kurzer Zeit vernichtet; gelegentlich werden auch andere *Solanaceen* gefressen. **Fortpflanzung:** Eiablage (etwa 40) an die Blattunterseite; Gesamteizahl bis 700; Larven, rötlichgelb, an den Seiten schwarz gefleckt, fressen Löcher in die Blätter und verpuppen sich im Boden; Puppenruhe etwa 3 Wochen; in klimatisch günstigen Jahren sind 2 Generationen möglich!

15. Familie: Bockkäfer *(Cerambýcidae);* im Bau der Füße und in anderen anatomischen Einzelheiten den Blattkäfern gleichend, meist aber von ganz anderer Gestalt: langgestreckt, walzenförmig, mit langen, oft mehr als körperlangen Fühlern. Weltweit etwa 20 000 Arten, in Europa einige Hundert:

Gattung: Heldböcke *(Cerámbyx);* Oberseite kahl. Halsschild seitlich mit scharfem Dorn, oben grob quer gerunzelt; vor allem in Südeuropa mehrere Arten:

Großer Eichenbock
Cerámbyx cérdo LINNÉ

Braunschwarz, Flügeldecken zur Spitze heller, am Nahtwinkel mit scharfem Zähnchen; Fühler des ♀ so lang wie der Körper, beim ♂ etwa 1,5mal so lang; **24–53 mm.**

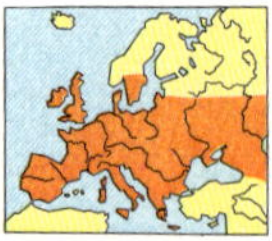

Verbreitung: Süd- und Mitteleuropa, Südschweden; stark im Rückgang! **Lebensraum** und **Lebensweise:** ist an alte Eichen gebunden, ist in der Dämmerung tätig; hält sich tagsüber in den Bohrlöchern der Larven auf; Flugzeit Juni bis Juli; kann zirpende Töne von sich geben. **Nahrung:** Baumsäfte. **Fortpflanzung:** Eiablage in die Rinde von Eichen, selten von anderen Laubbäumen; Larve lebt anfangs in der Rindenschicht und frißt anschließend bis 1 m lange Gänge in den Holzteil; Entwicklungsdauer bis zur Puppe 3–4 Jahre; ausgeschlüpfter Käfer überwintert im Stamm und erscheint erst zur Flugzeit. Holz befallener Stämme ist entwertet.

Gattung: Alpenbock *(Rosália);* Oberseite fein anliegend behaart. Halsschild oberseits mit 2 kleinen aufrechten Dörnchen; 1 Art:

Alpenbock (geschützt)
Rosália alpina (LINNÉ)

Fein blaßblau behaart, auf den Flügeldecken mit schwarzen Querflecken; **15–38 mm** lang.

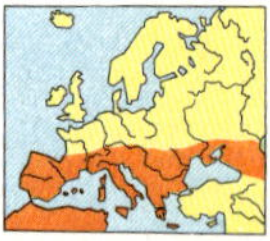

Verbreitung: Südeuropa, südliches Mitteleuropa, Nordafrika; im vorigen Jahrhundert (vermutlich nach Verschleppung mit Holz) lokal und kurzfristig bis Südschweden verbreitet. **Lebensraum** und **Lebensweise:** bevorzugt gebirgiges Gelände mit Buchenbeständen; ist am Tag tätig und liebt Sonnenschein; Flugzeit Juni–September. **Nahrung:** wahrscheinlich Baumsäfte. **Fortpflanzung:** Eiablage unter die Rinde von alten Buchen und Buchenstubben; Entwicklungsdauer 3 Jahre oder länger.

Gattung: Hausbock *(Hylotrúpes);* Halsschild scheibenförmig, ohne Dornen, abstehend behaart, mit 2 kahlen glänzenden Schwielen; 1 Art:

Hausbock
Hylotrúpes bajúlus (LINNÉ)

Fühler kürzer als der Körper; braun bis schwarz, grau behaart, 2 Paar Eindrücke auf den Flügeldecken dichter hell behaart; **7 bis 21 mm.**

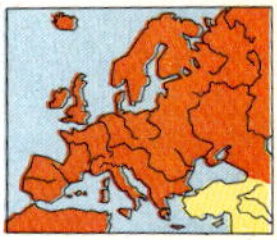

Verbreitung: Europa, Nordafrika, Asien ohne Südosten; eingeschleppt nach Südafrika und Nordamerika. **Lebensraum** und **Lebensweise:** kaum noch im Freiland (Nadelwälder), fast nur noch in verbautem Nadelholz, vor allem in Dachstühlen; Flugzeit Mai–September. **Nahrung:** unbekannt, vermutlich keine. **Fortpflanzung:** Eiablage in Ritzen und Spalten von trokkenem Nadelholz; bis 3 cm lange, schmutzigweiße Larve bohrt Gänge im Splintteil der Hölzer, wirft keinen Bohrmulm aus und läßt (besonders bei Balken u. Brettern) eine dünne Oberflächenschicht stehen, so daß der angerichtete Schaden oft zu spät bemerkt wird; Larvendauer sehr unterschiedlich, meist 2–5 Jahre; sehr schädlich.

Gattung: Pappelböcke *(Sapérda);* Vorderfläche des Kopfes steht senkrecht, Halsschild ohne Dornen, Körper gestreckt, zylindrisch. Fühler 11gliedrig, etwa körperlang; mehrere Arten:

Großer Pappelbock
Sapérda carchárias (LINNÉ)

Dicht gelblichbraun behaart, Behaarung anliegend, dazwischen schwarze kahle Pünktchen; **20–30 mm** lang.

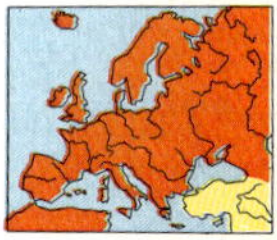

Verbreitung: Europa, Nordasien bis Korea. **Lebensraum** und **Lebensweise:** bevorzugt Pappel- und Weidengehölze; ist in der Dämmerung tätig; Flugzeit Juni bis Juli. **Nahrung:** Blätter, auch Rinde, von Laubbäumen. **Fortpflanzung:** Eiablage in Rindenvertiefungen von Pappeln, Weiden und gelegentlich auch von anderen Laubbäumen; Larve bis fast 3 cm, lebt anfangs unter der Rinde und frißt danach ovale Gänge in das Holz; Späneabfall wird durch die Bohrlöcher nach außen befördert; Entwicklungszeit 2 Jahre. Holzschädling.

16. Familie: Borkenkäfer *(Scolýtidae [= Ipidae]);* klein, walzenförmig; Fühler kurz, mit kompakter Endkeule, in Europa über 200 Arten:

Gattung: Waldgärtner *(Blastóphagus);* Kopf mit deutlichem Rüssel; wenige Arten:

Großer Waldgärtner
Blastóphagus pinipérda (LINNÉ)

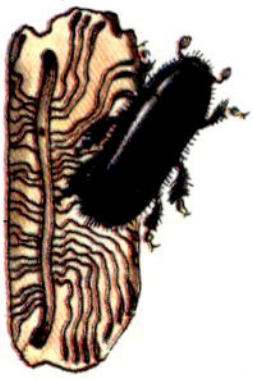

Meist einfarbig schwarzbraun, nur Fühler und Füße gelbrot; **3,8–4,4 mm** lang.

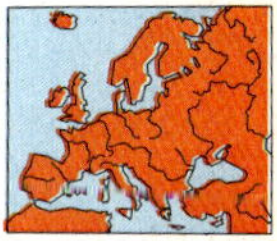

Verbreitung: Europa, Nordasien bis Japan, Nordafrika. **Lebensraum** und **Lebensweise:** bevorzugt Kiefernwälder; Flugzeit März–April. **Nahrung:** Markschicht junger Kieferntriebe, die Kronen der Kiefern werden schwer geschädigt. **Fortpflanzung:** ♂ und ♀ bohren zwischen Rinde und Holz senkrechten Gang, der anfangs gebogen ist (Krückengang); Eiablage in kleinen Ausbuchtungen dieses „Muttergangs“; von hier aus fressen die Larven Gänge in den Bast, die anfangs quer liegen, mit ihren breiteren Enden aber auch in die Längsrichtung des Stammes tendieren. Larvenstadium etwa im Juni beendet; Jungkäfer schlüpfen bereits im Juli und schädigen Kieferntriebe. Gefährlicher Waldschädling, der sich besonders gefällte Bäume für die Fortpflanzung aussucht.

Kleiner Waldgärtner
Blastóphagus minor Hartig

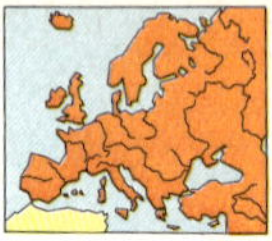

Verbreitung: Europa, Nordasien bis Japan. Nicht so häufig wie vorige Art. **Lebensraum:** bevorzugt Kiefernwälder; Flugzeit April–Mai. **Nahrung:** Markschicht junger Kieferntriebe. **Fortpflanzung:** bohrt unter der dünnen Kiefernborke doppelarmige Gänge; dort Eiablage; Larvengänge verlaufen senkrecht hierzu. Gefährlicher Waldschädling.

Schwarz, Flügeldecken meist, Fühler und Füße immer rotbraun; **3,4–4 mm** lang.

Gattung: Buchdrucker *(Ips);* relativ groß, Flügeldecken länger als der Hinterleib und unten gegen dessen Spitze zurückgebogen; über 10 Arten:

Großer Buchdrucker
Ips typográphus Linné

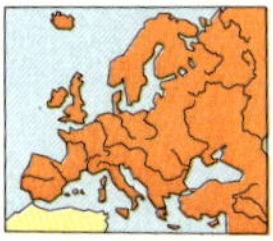

Verbreitung: Europa, Nordasien bis Korea. **Lebensraum:** bevorzugt Fichtenwälder; ist in der Dämmerung tätig; Flugzeit April–Mai. **Nahrung:** Fichtenborke. **Fortpflanzung:** ♂ bohrt im oberen Bereich des Stammes senkrechtes Loch durch die Borke mit höhlenartiger Erweiterung für die Paarung; ♀ legt zur Eiablage eigene, nach oben und unten gerichtete parallele Gänge an; ausschlüpfende Larven fressen unter der Borke von diesen Anlagen aus senkrechte Gänge, so daß das Fraßbild wegen seiner Regelmäßigkeit Ähnlichkeit mit der Druckschrift aufweist.

Schwarz, Flügeldecken braun; **4,2–5,5 mm** lang.

17. Familie: Rüsselkäfer *(Curculiónidae);* Kopf mit deutlichem Rüssel, an dessen Spitze sich die kauenden Mundwerkzeuge befinden; Fühler deutlich gekniet; über 65 000 Arten in der ganzen Welt, in Europa über 2000 Arten, sämtlich Pflanzenfresser:

Gattung: Fichtenrüßler *(Hylóbius);* Rüssel kräftig, etwa so lang wie das Halsschild, die stark geknieten Fühler setzen nahe der Rüsselspitze an; mehrere Arten:

Großer Fichtenrüßler
Hylóbius abiétis (Linné)

Körper braun, matt, mit graugelber fleckiger Beschuppung; **10–13 mm** lang.

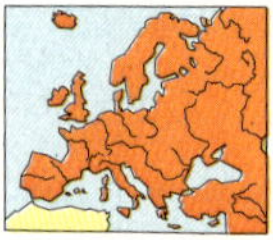

Verbreitung: Europa, Ostasien bis Japan. **Lebensraum:** bevorzugt Nadelwälder; läuft auf dem Waldboden umher und fliegt seltener; Flugzeit April–September. **Nahrung:** Äste, Knospen und Rinde junger Nadelhölzer; Rindenschädigung durch erbsengroße Löcher verursacht Harzfluß und oft das Absterben der Bäume. **Fortpflanzung:** Eiablage in die Stubben von Nadelbäumen; Larven fressen wurzelabwärts Gänge und verpuppen sich nach 2 Jahren; Lebensdauer des Käfers 2–3 Jahre; Waldschädling.

Gattung: *Curcúlio;* Rüssel dünn und sehr lang (bis körperlang), die geknieten Fühler setzen in seiner Mitte an; mittelgroße Käfer, mehrere Arten:

Haselnußbohrer
Curcúlio núcum LINNÉ

Rüssel rostrot, beim ♀ körperlang, beim ♂ etwas kürzer; Länge (ohne Rüssel) **6–9 mm.**

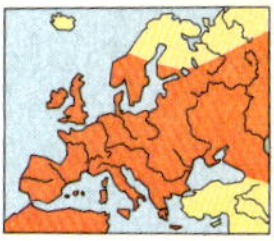

Verbreitung: Europa ohne den Norden, Nordafrika. **Lebensraum:** bevorzugt Haselnußsträucher; Flugzeit Mai–Juni. **Nahrung:** unbekannt. **Fortpflanzung:** ♀ bohrt junge Haselnüsse an und legt in den Kern 1 Ei; die Larve ernährt sich von dem Inhalt, wird bis 10 mm lang, frißt ein rundes Ausgangsloch und läßt sich zur Erde fallen, wo sie sich verpuppt; Überwinterung als Puppe.

Gattung: Eichenblattroller *(Attélabus);* Rüssel kurz und dick, Fühler nicht gekniet; 1 Art:

Eichenblattroller
Attélabus nítens (SCOPOLI)

Gedrungen, breitschultrig; schwarz, Halsschild und Flügeldecken leuchtend rot; **4–6 mm.**

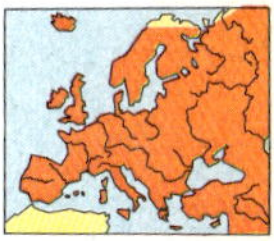

Verbreitung: Europa ohne den Hohen Norden, Kleinasien, Sibirien. **Lebensraum:** bevorzugt Eichenbestände, seltener andere Laubbäume; Flugzeit Mai–Juni. **Nahrung:** Blätter und Sproßtriebe. **Fortpflanzung:** ♀ fertigt Röllchen aus Eichenblättern an und legt 1 Ei hinein; die ausgewachsene Larve überwintert noch im Röllchen, verläßt es im Frühjahr und verpuppt sich in der Erde.

Gattung: Trichterwickler *(Deporáus);* Flügeldecken behaart, Hinterrand des Kopfes breiter als der Vorderrand des Halsschildes, Rüssel kurz; wenige Arten:

Trichterwickler
Deporáus bétulae (LINNÉ)

Einfarbig schwarz, glänzend, Hinterschenkel des ♂ stark verdickt; **2,5–4 mm** lang.

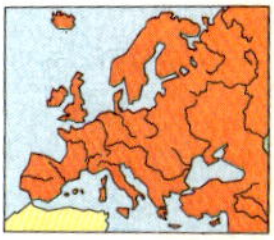

Verbreitung: Europa, Sibirien. **Lebensraum:** bevorzugt Birkengehölze, seltener auf anderen Laubbäumen; Flugzeit Mai–Juli. **Nahrung:** Blätter und Triebe von Laubbäumen, besonders Birken. **Fortpflanzung:** ♀ nagt vom Blattrand bis zur Blattrippe jederseits eine geschwungene Naht, die es ihm erlaubt, den unteren Teil des Blattes zu einem glatten Trichter aufzurollen; in jeden wird ein Ei gelegt, die Larve frißt das trockene Blattmaterial des schließlich zu Boden fallenden Trichters; Verpuppung in der Erde.

Gattung: Rebenstecher *(Byctiscus);* ähnlich vorigem; größer, Kopf nicht so breit, seine Basis in den Halsschild eingesenkt, Rüssel länger, Körper stark glänzend metallisch; 2 Arten, ♂♂ mit seitlichen Dornen am Halsschild.

Rebenstecher
Byctiscus bétulae (LINNÉ)

Ober- und Unterseite gleichermaßen leuchtend metallisch blau oder grün; Kopf zwischen den Augen ohne tiefes Längsgrübchen; **5,5–9,5 mm** lang.

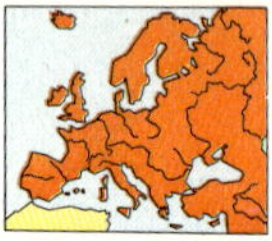

Verbreitung: Europa, Sibirien. **Lebensraum:** bevorzugt Laubbäume, auch Weinreben; Flugzeit April–Mai. **Nahrung:** Blätter und Sproßtriebe. **Fortpflanzung:** ♀ rollt Blätter zu einem „Zigarrenwickel" zusammen; zur Festigkeit wird Blattrand mit besonderem Sekret angeklebt; Eizahl 4–5; Larven leben von der Umhüllung, die im Endstadium zu Boden fällt, wo sich die Larven verpuppen; kann in Weinanbaugebieten großen Schaden anrichten.

XII. Ordnung: Köcherfliegen *(Trichóptera);* Flügel meist dicht behaart, nicht netzadrig; Vorderflügel schmaler als die längs gefalteten Hinterflügel; in Ruhe werden die Flügel dachförmig gefaltet; Fühler lang und schlank. Die Larven sind Wassertiere (1 Ausnahme) und leben teils als Pflanzenfresser, teils als Räuber, als Zernager von Fallaub usw.; leben meist in selbstgebauten Gehäusen (Köchern). Fast 20 Familien, über 900 Arten in Europa.

1. Familie: Wassermotten *(Phryganéidae);* Kiefertaster des ♂ mit 4, des ♀ mit 5 Gliedern, das 2. Glied deutlich länger als das 1.; Grundglied der Fühler kaum länger als breit; 7 Gattungen:

Gattung: Wassermotten *(Phrygánea);* Vorderflügel dicht behaart, nicht glänzend, unregelmäßig gefleckt; zur exakten Bestimmung der 8 Arten ist Untersuchung der Genitalorgane notwendig:

Große Wassermotte
Phrygánea grándis LINNÉ

Groß; Flügel grau, mit verwaschener brauner Fleckung; **2,5 cm** lang.

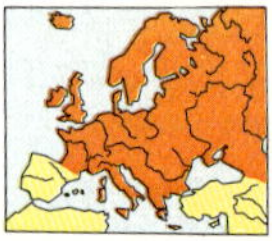

Verbreitung: Europa ohne die Iberische Halbinsel. **Lebensraum** und **Lebensweise:** bevorzugt die Nähe stehender Gewässer; ist in der Dämmerung und nachts tätig und versteckt sich am Tage unter Brücken und Laub; Flug rasch, flatternd; wird auch vom Licht angelockt; Flugzeiten im Frühjahr und Spätsommer. **Nahrung:** keine. **Fortpflanzung:** Eiablage an die Blattunterseite von Wasserpflanzen in stehenden Gewässern; der Köcher der Larven wird mit auf gleiche Länge gebissenen Pflanzenteilen bedeckt, die parallel zur Köcherlängsachse ausgerichtet und spiralig geordnet werden, der Mündungssaum des Köchers darum schräg; Larven leben räuberisch von Kleinlebewesen.

2. Familie: Köcherfliegen *(Limnephilidae)*; Kiefertaster des ♂ mit 3 Gliedern, des ♀ mit 5 Gliedern, mitunter nur 4 gut zu sehen; fast 50 Gattungen:

Gattung: *Limnéphilus;* Vorderschiene mit 1, Mittelschiene mit 3, Hinterschiene mit 4 Spornen; 55 Arten:

Rautenfleckige Köcherfliege
Limnéphilus rhómbicus (LINNÉ)

Grundfarbe der Flügel braun oder gelb, gewölkt, mit großem rhombischem, klarem Fensterflecken in der Mitte; etwa **20 mm** lang.

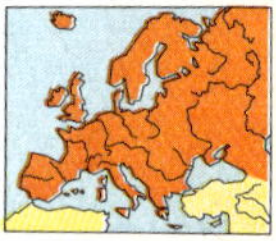

Verbreitung: Europa. **Lebensraum** und **Lebensweise:** wie *Ph. grándis*, an stehenden und langsam fließenden Gewässern. **Nahrung:** keine. **Fortpflanzung:** Eiablage unter Wasser; die Larven bedecken die Oberfläche des geraden Köchers mit kleinen Muschelschalen, Schneckenhäusern und dergleichen.

395.1 Schwarzbraune Wegameise: Blattläuse melkend

395.2 Gelbe Wiesenameise: Arbeiterinnen betreuen Königin und Eier

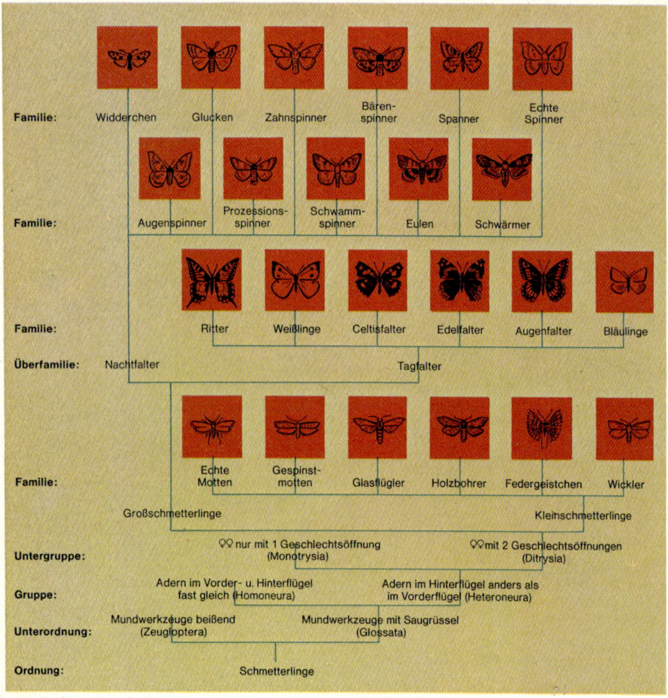

396.1 System der Schmetterlinge

XIII. Ordnung: Schmetterlinge *(Lepidóptera);* 4 Flügel, meist dicht mit mikroskopischen Schuppen bedeckt, die leicht abgerieben werden können; sie entsprechen den Flügelhaaren anderer Insekten. Die beißenden Mundwerkzeuge stark oder gänzlich reduziert, nur die Lippentaster deutlich entwickelt, ihre Innenladen zu einem oft sehr langen, gerollten Leckrüssel umgebildet.
Die Larven der Schmetterlinge sind als Raupen bekannt, viele sind wegen ihrer sprichwörtlichen Gefräßigkeit in unseren Monokulturen als Schädlinge gefürchtet. Sie besitzen außer den üblichen 3 Paaren Gliederfüßen an der Brust Stummelfüße am Hinterleib, nie aber an den 2 vordersten, direkt auf die Brust folgenden Ringen (daran sind sie von den ähnlichen Raupen der Blattwespen zu unterscheiden, bei denen nur der vorderste Hinterleibsring beinlos ist).

Systematische Gliederung: die Schetterlinge sind mit etwa 150 000 Arten die zweitgrößte Insektengruppe.

I. Unterordnung: *Zeuglóptera:* noch mit beißenden Mundwerkzeugen, Pollenfresser; in Europa nur wenige kleine Arten.

II. Unterordnung: *Glossáta;* keine beißenden Mundwerkzeuge, aber ein langer Rüssel.

1. Gruppe: *Homoneūra;* Adern in Vorder- und Hinterflügel fast gleich; auf der ganzen Erde keine 400 Arten.

2. Gruppe: *Heteroneūra;* Hinterflügel anders als Vorderflügel, mit mehr oder weniger ausgeprägter Reduktion der Aderung. Flügelkupplung erfolgt ursprünglich durch lange Haftborsten *(Frenulum)* des Hinterflügels, die an Widerlagern des Vorderflügels fassen; bei umfangreichen Teilgruppen dieser *„Frenatae"* fehlen solche Vorrichtungen sekundär ganz; wo sie vorhanden sind, sind sie bei ♂♂ und ♀♀ und zwischen verschiedenen Gruppen in Einzelheiten unterschiedlich gebaut.

1. Untergruppe: *Monotrýsia;* bei den ♀♀ nur 1 Geschlechtsöffnung (wie auch bei allen vorigen Gruppen); weltweit weniger als 100 Arten, bei uns auffällig die Langhornmotten *(Adélidae).*

2. Untergruppe: *Ditrýsia;* ♀♀ mit 2 Geschlechtsöffnungen, 1 für Eiablage, 1 für Begattung; hierher die Mehrzahl aller Schmetterlinge, auch alle hier besprochenen Arten. Unter den zahlreichen Überfamilien, deren Umfang und Beziehungen zueinander verschiedentlich umstritten sind, heben sich nur die *Papilionoidea (Rhopalócera)* unmittelbar anschaulich als einheitlich ab. Im speziellen Teil wurde auf die hier gegebene Gliederung nicht eingegangen und die angeführten Familien fortlaufend beziffert.

1. Familie: Echte Motten *(Tinéidae);* klein, Hinterflügel nicht auffallend schmal und lang bewimpert; in der Ruhe werden Flügel nach hinten gefaltet, Tiere dann parallelseitig, schmal; Kopf dicht behaart; Hinterschienen außen lang behaart; Unterscheidung der Familie von ähnlichen „Motten" sowie sichere Erkennung ihrer Gattungen und Arten nur nach mikroskopischer Untersuchung der Geschlechtsorgane:

Gattung: Kleidermotten *(Tinéola):*

Kleidermotte
Tinéola biselliélla Hummel

Kopf und Vorderflügel ockergelb, ungefleckt, Hinterflügel graugelb; Spannweite **12 mm.**

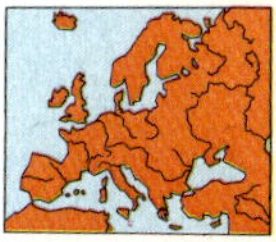

Verbreitung: Kosmopolit. **Lebensraum und Lebensweise:** bevorzugt Wohn- und Lagerräume; ist in der Dämmerung tätig; ♀ verbirgt sich gern zwischen Kleidungsstücken und kann schnell laufen; Flugzeit Mai–September in mehreren Generationen. **Nahrung:** keine. **Fortpflanzung:** Eiablage auf Pelze, Wollstoffe, Federn und Polstermöbel; Raupe madenförmig, rahmfarben, lebt in selbstgefertigter Röhre aus Stoffteilen, die bei der Nahrungsaufnahme mitgeschleppt wird; dort auch Verpuppung.

Gattung: Pelzmotten *(Tinéa):*

Pelzmotte
Tinéa pellionélla Linné

Lehmgelblich, grau marmoriert, Spannweite **12 mm.**

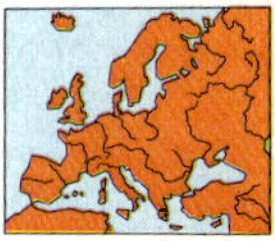

Verbreitung: Kosmopolit. **Lebensraum und Lebensweise:** ähnlich Kleidermotte; Flugzeit Juni bis Juli. **Nahrung:** keine. **Fortpflanzung:** wie Kleidermotte; Raupe madenförmig, weiß.

2. Familie: Gespinstmotten *(Ypomoneútidae);* ähnlich vorigen, aber Rüssel gut entwickelt, Hinterschienen anliegend beschuppt, glatt; wenige Gattungen:

Gattung: Gespinstmotten *(Ypomoneúta = Hypomoneúta);* mehrere ähnliche Arten; Raupen an verschiedenen Futterpflanzen:

Apfelbaumgespinstmotte
Ypomoneúta malinéllus (Linné)

Vorderflügel weiß, mit feinen schwarzen Punkten; Hinterflügel graubraun; Spannweite **2 cm.**

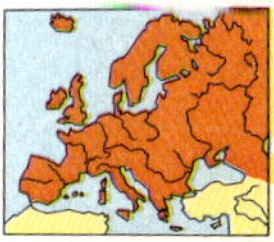

Verbreitung: Europa. **Lebensraum und Lebensweise:** bevorzugt Waldränder, Parkanlagen und Obstplantagen; ist in der Nacht tätig; Flugzeit Juli bis August. **Nahrung:** unbekannt. **Fortpflanzung:** Eiablage auf Kernobstbäume, Weißdorn, Schlehe und Traubenkirsche; Raupe rahmfarben, mit dunklen Warzen; lebt gesellig in großem Gespinst an Zweigenden; Verpuppung im Gespinstnest; Überwinterung als Jungraupe. Obstschädling.

3. Familie: Glasflügler *(Aegerīidae = Sesīidae);* Flügel mit glasklaren, unbeschuppten Partien, Vorderflügel schmaler als die Hinterflügel; mehrere Gattungen:

Gattung: Bienenglasflügler und Verwandte *(Aegéria);* Fühler am Ende mit einem Haarpinsel; Rüssel kurz und weich: wenige Arten:

Bienenglasflügler, Hornissenschwärmer
Aegéria apifórmis CLERCK

Vordere und hintere Segmente des Hinterleibs ganz gelb, Kopf und Seiten der Brust ebenfalls gelb, Flügel klar; wespenähnlich; Spannweite **4 cm.**

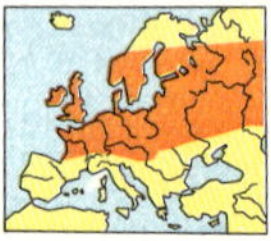

Verbreitung: Mitteleuropa. **Lebensraum** und **Lebensweise:** bevorzugt trockenes, sonniges Gelände mit Laubbäumen; ist am Tag tätig und ist am meisten an Pappelstämmen zu beobachten; Fluggeräusch hornissenartig; Flugzeit Juni bis Juli. **Nahrung:** keine. **Fortpflanzung:** Eiablage (bis 1800!) in Rindenvertiefungen von Laubbäumen, hauptsächlich von Pappelarten; Raupe im Jugendstadium fast farblos, später rahmfarben, mit braunen Punkten und dunklen Rükkenstreifen, lebt zunächst unter der Rinde und bohrt danach lange Gänge durch das Holz; Überwinterung zweimal als Raupe, im dritten Jahr als Puppe in der Mündung eines Bohrloches.

4. Familie: Holzbohrer *(Cóssidae);* groß, plump; Rüssel und Lippentaster ganz verkümmert; wenige Gattungen:

Gattung: Weidenbohrer *(Cóssus);* Fühler auf ganzer Länge fein gekämmt; wenige Arten:

Weidenbohrer
Cóssus cóssus LINNÉ

Fühler mit 1 Reihe von Kammzähnchen; Flügel mit dunklen, gewellten Querlinien; Spannweite bis **9,5 cm.**

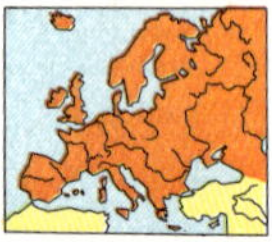

Verbreitung: Europa. **Lebensraum** und **Lebensweise:** Waldränder, Wege und Gärten mit Laubhölzern; in der Dämmerung und nachts tätig; ruht am Tag mit dachförmig gefalteten Flügeln an Baumstämmen und ist durch die Tarnfarbe schwer zu erkennen; Flugzeit Juni–Juli. **Nahrung:** keine. **Fortpflanzung:** Eiablage unter die Rinde von Laubbäumen, meist Pappeln, Weiden und Eichen; Raupe an den Seiten fleischfarben, auf dem Rücken rötlichbraun und schwach behaart; Kopf schwarz; lebt jung unter der Rinde und bohrt danach lange Gänge durch das Holz; Raupenstadium 2 Jahre; danach Verpuppung am Ausgang eines Bohrloches oder außerhalb in der Erde.

398.1 Gespinstmotten

5. Familie: Federgeistchen *(Pterophóridae);* Vorderflügel in 2, Hinterflügel in 3 einzelne „Federn" aufgeteilt; mehrere Gattungen, etwa 50 Arten:

Gattung: Federgeistchen *(Pteróphorus);* Teilung der Flügel reicht nicht bis zur Mitte, die Federn zugespitzt; Schienen dünn:

Federgeistchen
Pteróphorus pentadáctylus LINNÉ

Rein weiß; ruht nur auf Vorder- und Mittelfüßen, die Hinterbeine liegen neben oder auf dem dünnen Leib, Spannweite **22 mm.**

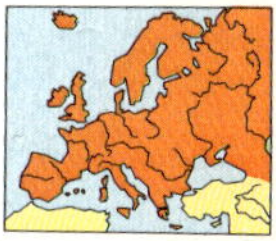

Verbreitung: Europa. **Lebensraum** und **Lebensweise:** bevorzugt Gärten, Parkanlagen und Felder; ist mit beginnender Dämmerung tätig; ruht am Tag mit eingerollten Flügeln an Pflanzen; Flug langsam flatternd, dicht über der Erde; Flugzeit Mai–September. **Nahrung:** Nektar. **Fortpflanzung:** Eiablage auf Windenarten; Raupe hellgrün; lebt verborgen unter dem Blatt oder in der Blüte; Verpuppung an der Futterpflanze; Überwinterung als Raupe.

6. Familie: Wickler *(Tortricidae);* Vorderflügel oft rhombisch, Hinterflügel meist breit dreieckig, am Hinterrand mit Saum innen langer, außen kürzerer Haare:

Gattung: Apfelwickler *(Laspeyrésia):*

Apfelwickler, Obstmade
Laspeyrésia pomonélla (LINNÉ)

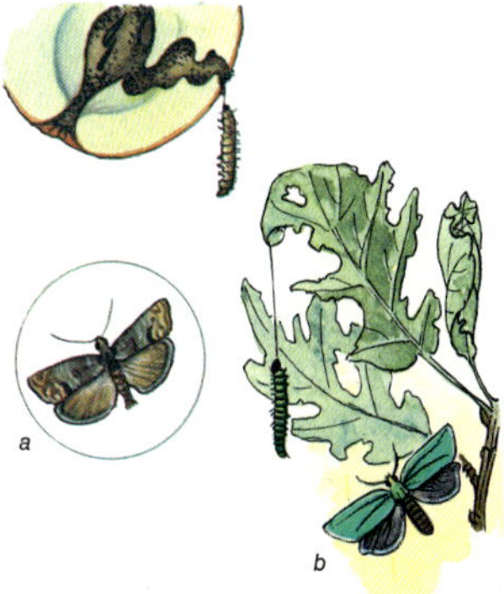

(a) Braune Querbinden auf aschgrauem Grund auf den Vorderflügeln, Hinterflügel bräunlich; Spannweite **27 mm.**

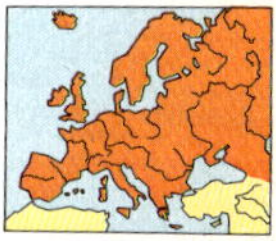

Verbreitung: Europa. **Lebensraum** und **Lebensweise:** bevorzugt Obstplantagen; ist erst in der Dämmerung tätig; ruht tagsüber verborgen unter Blättern; Flugzeit Mai bis August. **Nahrung:** unbekannt. **Fortpflanzung:** Eiablage auf Blätter oder Früchte; Raupe fleischfarben; bohrt Gänge in die Früchte bis zum Kerngehäuse und drückt den Kot durch das Bohrloch hinaus; Verpuppung zwischen Blättern im Gespinst; Überwinterung als Raupe oder Puppe; Obstschädling. – Der **Eichenwickler** (b) *Tórtrix viridána* LINNÉ hat hellgrüne Vorder- und graue Hinterflügel; Spannweite **2 cm; Verbreitung:** Europa. **Lebensraum** und **Lebensweise:** an Eichenbestände gebunden; Forstschädling durch meist massenhaftes Auftreten; fliegt nur in der Dämmerung; ruht tagsüber vorwiegend unter den Blättern mit dachförmig gefalteten Flügeln; Flugzeit Juni bis Juli. **Nahrung:** unbekannt. **Fortpflanzung:** Eiablage in der Nähe der Blattknospe; Raupe graugrün, mit dunklen Warzen; bildet zigarrenförmige Wickel aus Eichenblättern; auffällig sind die Spinnfäden der Raupen, die nach dem Kahlfraß die leeren Zweige wie mit einem Gespinst überziehen; Verpuppung am Stamm; Überwinterung als Ei.

7. Familie: Blutströpfchen, Widderchen *(Zygaenidae);* Fühler allmählich keulenartig verdickt oder kammzähnig; Vorderflügel lang und schmal, rot gefleckt oder metallisch grün:

Gattung: Blutströpfchen *(Zygaena);* Fühler keulig; Vorderflügel gefleckt; Hinterschienen mit End- und Mittelspornen; artenreich:

Gemeines Blutströpfchen

Zygaena filipéndulae Linné

Jeder Vorderflügel mit 3 Paaren (oft verschmolzener!) roter Flecken auf schwarzem Grund; Hinterflügel rot; Spannweite etwa **3 cm.**

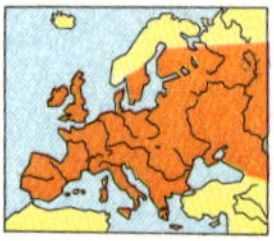

Verbreitung: Mittel- und Südeuropa, bis Südschweden. **Lebensraum** und **Lebensweise:** bevorzugt hügeliges, blütenreiches Wiesengelände; nur im Sonnenschein aktiv. **Nahrung:** Nektar. **Fortpflanzung:** Eiablage an Hornklee, Bergkronwicke, Esparsette; Raupe rötlichgelb, fein behaart, Rücken mit 2 Reihen schwarzer Flecke, Seiten klein schwarz gefleckt; überwintert 1- bis 2mal als Raupe, verpuppt sich an Halmen in einem sehr festen, hellen, glatten Gespinst.

Widderchen

Zygaena éxulans Hoehenw. et Rain.

Vorderflügel bläulichgrün, mit 5 karminroten Flecken, Hinterflügel hellrot; Spannweite **30** bis **32 mm.**

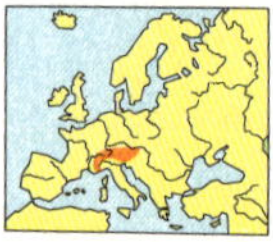

Verbreitung: Alpen. **Lebensraum:** bevorzugt Gebirgsmatten in Höhen bis 3000 m; Flugzeit Juli bis August. **Nahrung:** Nektar. **Fortpflanzung:** Eiablage auf Zwergporst *(Azalea procumbens);* Raupe schwarz, gelb geringelt, an den Seiten gelb gefleckt, ist bis Juni an der Futterpflanze zu finden. Raupen überwintern 2mal, dabei zu vielen in gemeinsamem Gespinst.

8. Familie: Augenspinner, Nachtpfauenaugen *(Saturniidae);* Flügel mit auffallenden bunten Augenflekken; in Europa nur spärlich vertreten:

Gattung: Kleines Nachtpfauenauge *(Eudia):*

Kleines Nachtpfauenauge

Eudia pavonia (Linné)
(= *Satúrnia pavonia* Linné)

Flügel mit je einem bunten Augenfleck; Spannweite des ♂ bis **4,5**, des ♀ bis **6 cm.**

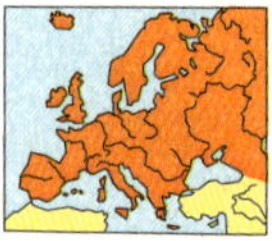

Verbreitung: Europa. **Lebensraum:** bevorzugt trockenes Gelände an Waldrändern; ist nachts tätig; Flugzeit Mai–Juni. **Nahrung:** keine. **Fortpflanzung:** Eiablage auf Brombeere, Heide und Laubhölzer; Raupe grün, jedes Segment mit dunklem Querband und rötlichgelben, kurz behaarten Warzen; Überwinterung als Puppe in birnenförmigem Kokon mit reusenartigem Ausgang.

9. Familie: Glucken, Wollraupenspinner *(Lasiocámpidae);* Fühler deutlich gefiedert; mehrere Gattungen:

Gattung: Ringelspinner *(Malacosóma);* mehrere Arten:

Gemeiner Ringelspinner
Malacosóma neustria (LINNÉ)

Körper und Flügel gelb bis braunrot, ein dunkleres, fast gerades Querband in der Mitte der Vorderflügel hell eingefaßt; Spannweite bis **4 cm.**

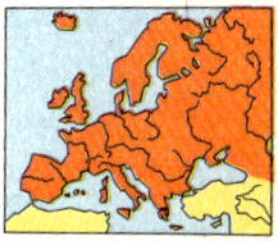

Verbreitung: fast ganz Europa; Obstbaumschädling. **Lebensraum:** bevorzugt Obstplantagen, ist aber auch in Laubwäldern heimisch; fliegt in der Nacht. **Nahrung:** keine. **Fortpflanzung:** etwa 300 Eier werden ringartig um Zweige von Obst- und anderen Laubbäumen gelegt; Raupe gering behaart, braun, blau und weiß längsgestreift; lebt bis zur 3. Häutung gesellig in Gespinstnestern zwischen den Zweigen; Verpuppung in lockerem Gespinst am Stamm; überwintert als Ei.

Gattung: Kiefernspinner *(Dendrolimus);* Vorderflügel mit hellem Punkt auf der Fläche; 1 Art:

Kiefernspinner
Dendrolimus pini (LINNÉ)

Sehr variabel gefärbt, Flügel grau bis braun, meist mit dunklen Querbinden, Spannweite ♂ bis **5,5,** ♀ bis **8 cm.**

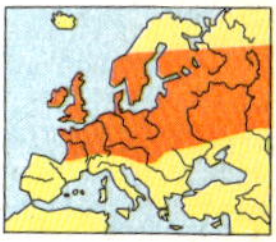

Verbreitung: Mitteleuropa. **Lebensraum** und **Lebensweise:** bevorzugt Kiefernwälder; Forstschädling; fliegt in der Nacht und ruht am Tag mit dachförmig gefalteten Flügeln an Baumstämmen; Flugzeit Juli–August. **Nahrung:** keine. **Fortpflanzung:** Eiablage zu je 50 Stück an Nadeln und Zweige; Raupe braun bis aschgrau, rötlich behaart, braun längsgestreift, mit hellblauem Rückenfleck hinter zweitem Segment; verkriecht sich halb entwickelt ab September in Stammesnähe unter Moos und Laub zum Winterschlaf; Weiterentwicklung April bis Juni; Verpuppung am Stamm in Gespinst.

10. Familie: Prozessionsspinner *(Thaumetopoeidae);* Stirn mit einer Hornleiste; Fühler zweizeilig gekämmt, besonders beim ♂ Europa nur 1 Gattung mit 5 Arten:

Gattung: Prozessionsspinner *(Thaumetopoea):*

Eichenprozessionsspinner
Thaumetopoea processionéa (LINNÉ)

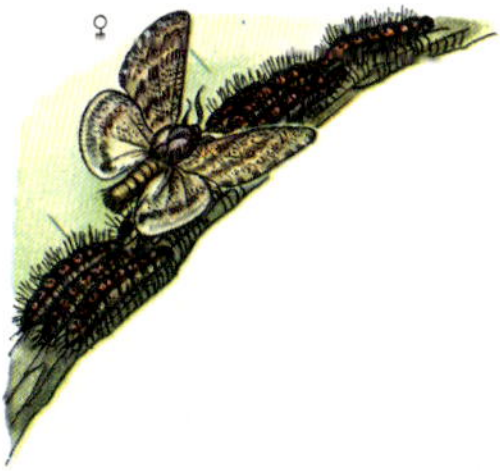

Stirnleiste beulenartig; Vorderschienen einfach; die äußere der braunen Linien im Vorderflügel gebogen, aber nicht zackig; Spannweite ♂ bis **2,9,** ♀ bis **3,2 cm.**

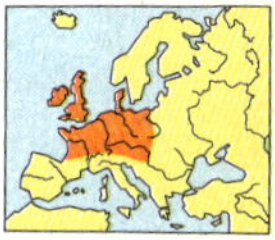

Verbreitung: im westlichen Mitteleuropa; Schädling in Eichenkulturen. **Lebensraum:** bevorzugt Eichenwälder; Flugzeit August–September. **Nahrung:** keine. **Fortpflanzung:** Eiablage auf die Rinde von Eichenbäumen; Raupe lang behaart, aschgrau, Seiten heller, Rücken rötlichbraun; lebt bis zur Verpuppung gesellig in großem Gespinstnest; in der Baumkrone oder am Fuße des Stammes; ist nachts tätig; bei beginnender Dämmerung wandern die Raupen prozessionsartig, eine hinter der anderen, zu den Freßstellen, um bei Tagesbeginn auf dieselbe Weise wieder zum Gespinstnest zurückzukehren, wo auch die Verpuppung erfolgt; die Raupen können durch die brüchigen und mit Widerhaken versehenen Haare dem Menschen und dem Vieh gefährlich werden, da die Haare auf Schleimhäuten schmerzhafte Entzündungen hervorrufen; Überwinterung als Ei.

11. Familie: Zahnspinner *(Notodóntidae);* mehrere Gattungen; in Europa gut 40 Arten:

Gattung: Mondvögel *(Phálera);* 1 Art:

Mondvogel
Phálera bucéphala (LINNÉ)

Vorderflügel silbergrau mit feiner brauner Zeichnung und auffälligem, großem gelbem Spitzenfleck; Spannweite etwa **5 cm.**

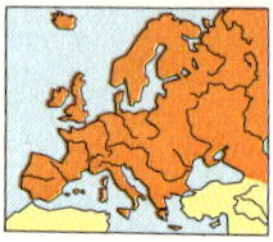

Verbreitung: Europa. **Lebensraum:** Parkanlagen, Gärten und Straßen mit Laubbäumen; Flugzeit Mai–Juli; kann durch massenhaftes Auftreten schädlich werden. **Nahrung:** keine. **Fortpflanzung:** Eiablage auf die Blätter von Laubbäumen; Raupe dunkelbraun, gelb längs- und quergestreift, dünn behaart; lebt in der Jugend gesellig in lockerem Gespinst; Verpuppung in der Erde; Überwinterung als Puppe.

12. Familie: Schwammspinner, Trägspinner *(Lymantriidae);* Rüssel verkümmert; Fühler der ♂♂ lang gefiedert; etwa 10 Gattungen:

Gattung: *Lymántria;* Vorderfüße normal; Hinterschienen mit End- und Mittelspornen; Flügel hell, schwarz gemustert; 2 Arten:

Nonne
Lymántria monácha (LINNÉ)

Weiße Vorderflügel, mit dunklen Zick-zack-Bändern; Spannweite bis **5,5 cm.**

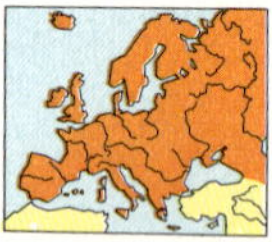

Verbreitung: Europa. **Lebensraum** und **Lebensweise:** bevorzugt Nadelwälder; Forstschädling durch massenhaftes Auftreten; fliegt in der Nacht und ruht am Tag an Baumstämmen; Flugzeit Juli–August. **Nahrung:** keine. **Fortpflanzung:** Eiablage bis 150 Stück in Klumpen in die Ritzen der Baumrinde; Raupe weißbraun, dünn behaart, mit roten und blauen Warzen und schwarz gefleckt auf den letzten 3 Segmenten; versteckt sich am Tag am Boden und wandert nachts in die Baumkronen; Verpuppung am Stamm in dünnem Gespinst; Überwinterung als Ei.

Schwammspinner
Lymántria dispar (LINNÉ)

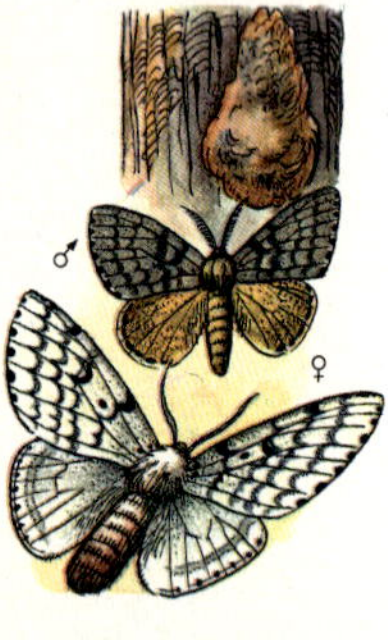

♂: dunkelbraun, Vorderflügel mit dunklen Zakkenbinden; ♀: hell, Vorderkörper weißlich, Hinterleib mit dicker, brauner Afterwolle; Spannweite ♂ bis **4,** ♀ bis **7 cm.**

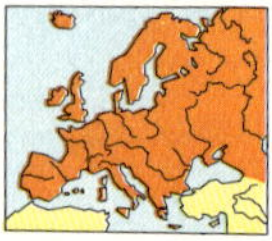

Verbreitung: ganz Europa. **Lebensraum:** Obstplantagen, Laubwälder; Obstbaumschädling; fliegt in der Nacht; Flugzeit Juni–August. **Nahrung:** keine. **Fortpflanzung:** Eiablage auf Obstbäume und andere Laubbäume, da Raupen sehr polyphag; Eier in Häufchen an Stämmen und Ästen, mit den Afterhaaren des ♀ bedeckt; Gelege sieht wie ein „Schwamm“ aus; Eimenge pro ♀ bis zu 2000 Stück; Raupe büschelförmig behaart, braun, mit blauen und roten Warzen und 3 hellen Längslinien; frißt nur in der Nacht; Verpuppung am Stamm in lockerem Gespinst; Überwinterung als Ei.

Gattung: Streckfüße *(Dasychira);* Flügel hell; dunkel gemustert; wenige Arten:

Buchenrotschwanz, Streckfuß
Dasychira pudibúnda (LINNÉ)

Vorderflügel hellgrau, mit dunklen Querlinien, die innere fast gerade, die äußere gebogen; schwarz verdunkelte Exemplare kommen vor; Spannweite etwa **5 cm.**

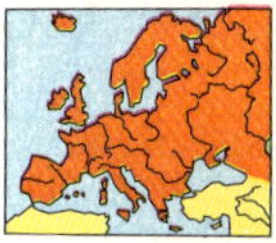

Verbreitung: Europa. **Lebensraum:** Laubwälder, Parkanlagen, Gärten; kann als Schädling auftreten; fliegt in der Nacht; Flugzeit Mai bis Juni. **Nahrung:** keine. **Fortpflanzung:** Eiablage auf Stämme von Laubbäumen (10–300); Raupe gelblichgrün, auf dem Rücken der Segmente gelbe Haarbüschel, elftes Segment mit rosafarbenem Haarbüschel; Verpuppung am Erdboden in lockerem Gespinst; Überwinterung als Puppe.

Gattung: Goldafter *(Euprόctis);* 1 Art.

Goldafter
Euprόctis chrysorrhōēa LINNÉ

Hinterleib am Ende goldbraun behaart, beim ♀ mit einem großen Busch dunkelgelber Afterwolle versehen; Spannweite bis **3 cm.**

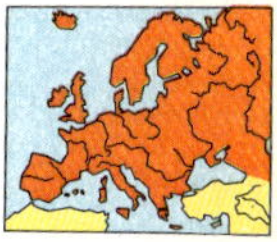

Verbreitung: Europa. **Lebensraum** und **Lebensweise:** bevorzugt Obstplantagen, Alleen und Waldränder; ist in der Dämmerung tätig und verbirgt sich am Tag im Laub der Bäume; Flugzeit Juni–August. **Nahrung:** keine. **Fortpflanzung:** Eiablage in Haufen von 150–300 Stück auf die Unterseite der Blätter von Obst- und anderen Laubbäumen; Gelege wird mit Afterwolle des ♀ bedeckt; Raupe schwarz, bränulich behaart, mit 2 roten Rückenstreifen; lebt bis zur letzten Häutung gesellig in Gespinstnest; Überwinterung als Raupe gesellig in besonderem Gespinstnest; Verpuppung zwischen eingesponnenen Blättern an der Erde.

13. Familie: Bärenspinner *(Arctiidae);* Raupen lang und sehr dicht behaart, mit „Bärenpelz"; viele Gattungen:

Gattung: Bären *(Árctia);* groß, plump; ♂ mit gekämmten Fühlern; mehrere Arten:

Brauner Bär
Árctia cája LINNÉ

Vorderflügel braun mit weißen unregelmäßigen Bändern, Hinterflügel rot, blauschwarz gefleckt; Spannweite bis **7 cm.**

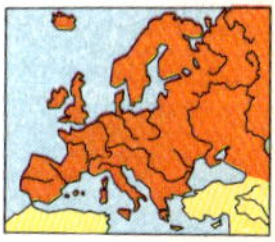

Verbreitung: Europa. **Lebensraum** und **Lebensweise:** bevorzugt schattiges, feuchtes Gelände an Waldrändern und Wegen; ist nachts tätig; ruht am Tag mit dachförmig gefalteten Flügeln unter Blättern; Flugzeit Juli–August. **Nahrung:** keine. **Fortpflanzung:** Eiablage auf die Blätter niederer Pflanzen; Raupe dunkelbraun bis schwarz, lang behaart, mit weißen Warzen; rollt sich bei Gefahr zusammen; Überwinterung als Raupe; Verpuppung in lockerem Gespinst am Erdboden unter Laub.

14. Familie: Eulen *(Noctúidae);* die meisten Arten mit einem sehr gut von Art zu Art vergleichbaren Flecken- und Bindenmuster der Vorderflügel. 25 000 Arten (!); Europa fast 1000 Arten; hier nur wenige Beispiele:

Gattung: Ordensbänder *(Catócala);* Hinterflügel bunt gefärbt; mehrere Arten:

Rotes Ordensband
Catócala núpta (LINNÉ)

Vorderflügel grau, schwarz gemustert; Hinterflügel rot, basal eine geknickte schwarze Binde; Spannweite bis **8 cm.**

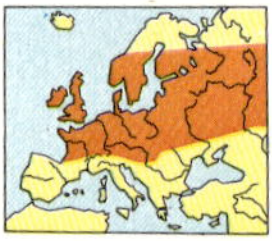

Verbreitung: Mitteleuropa. **Lebensraum und Lebensweise:** bevorzugt Waldränder, Parkanlagen und Gärten; ist nachts tätig; sitzt tagsüber mit dachförmig gefalteten Flügeln an Baumstämmen und ist dann durch die Tarnfarbe der Vorderflügel schwer zu erkennen; Flugzeit August–September. **Nahrung:** Baumsäfte. **Fortpflanzung:** Eiablage auf Weide und Pappel; Raupe grau bis bräunlichgrau, dunkel längsgestreift, achtes Segment mit hellem Querwulst; sitzt am Tag in Stammritzen und wandert nachts zum Futter; Verpuppung in zusammengesponnenen Blättern; Überwinterung als Ei.

Gattung: Erdraupeneulen *(Nóctua);* Hinterflügel gelb, mit schwarzer Zeichnung; mehrere Arten:

Hausmutter
Nóctua pronúba LINNÉ

Hinterflügel gelb, vor dem Saum mit schmaler schwarzer Binde; Spannweite **5,5 cm.**

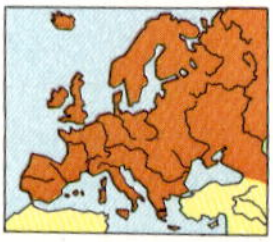

Verbreitung: Europa. **Lebensraum und Lebensweise:** bevorzugt Felder und Gärten; ist nachts tätig und ruht am Tag verborgen unter loser Baumrinde, Brücken und auch in Häusern; Flugzeit Juni–November. **Nahrung:** Baumsäfte und Nektar. **Fortpflanzung:** Eiablage auf niedere Pflanzen und verschiedene Gemüsearten; Raupe gelblich- bis dunkelbraun, hell längsgestreift und dunkel gestrichelt; frißt nur nachts; versteckt sich tagsüber im Erdboden; Überwinterung als Erdpuppe.

Gattung: Forleulen; 1 Art:

Forleule
Panólis flámmea (SCHIFFERMÜLLER)

Flügel sehr bunt gemustert, mit braunen, graugrünen, roten und weißen Zeichnungselementen; Spannweite **3,5 cm.**

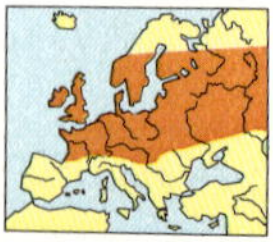

Verbreitung: Mitteleuropa. **Lebensraum und Lebensweise:** bevorzugt Kiefernwälder; tritt manchmal häufig auf und ist dann schädlich; fliegt in der Abenddämmerung in den Baumkronen älterer Bestände und ruht am Tag an Stämmen und Zweigen; Flugzeit März–Mai. **Nahrung:** Nektar. **Fortpflanzung:** Eiablage an die Unterseite der Kiefernadeln; Raupe grün, hell längsgestreift, mit roter Seitenlinie; Überwinterung als Gespinstpuppe unter Moos und Laub.

404.1 Frostspanner (♀)

15. Familie: Spanner *(Geométridae);* Beine lang; Flügel zart, in der Ruhe meist flach ausgebreitet; Raupen lang und dünn, nur mit Brustbeinen und wenigen Füßen am Körperende; bewegen sich „spannend" fort; umfangreiche Familie (Europa an 750 Arten):

Gattung: Frostspanner *(Operóphthera);* Falter im Spätherbst, ♂ mit dünn beschuppten, seidenglänzenden Flügeln; ♀ mit Stummelflügeln; wenige Arten:

Kleiner Frostspanner
Operóphthera brumáta (Hübner)

♂ mit zarten, bräunlichen, dunkel gebänderten Flügeln; Flügelstummel des ♀ sehr kurz, hellgrau, mit dunkler Mittelbinde; Spannweite ♂ **2,5 cm.**

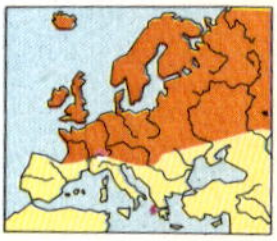

Verbreitung: Nord- und Mitteleuropa. **Lebensraum** und **Lebensweise:** bevorzugt Waldränder und Obstgärten; ist nachts tätig und sucht die an Stämmen sitzenden flugunfähigen ♀♀; Flugzeit Spätherbst bis zum ersten Frost. **Nahrung:** unbekannt. **Fortpflanzung:** Eiablage auf Zweigknospen von Obst- und anderen Laubbäumen; Raupe flaschengrün, mit weißen Seitenlinien, lebt gesellig in Gespinst; Überwinterung als Ei; Verpuppung in der Erde in Gespinst.

Gattung: Kiefernspanner *(Búpalus);* 1 Art:

Kiefernspanner
Búpalus piniárius (Linné)

♂ weißlich oder gelblich, Flügel vor allem vorn und außen schwarz; ♀ braungelb bis braun, die dunklere Zeichnung verwaschener; Spannweite etwa **3,5 cm.**

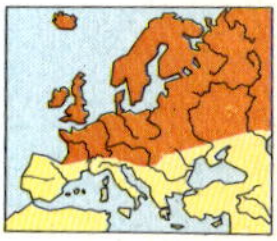

Verbreitung: Nord- und Mitteleuropa. **Lebensraum** und **Lebensweise:** bevorzugt Nadelwälder; kann durch massenhaftes Auftreten in Kiefernbeständen schädlich werden; ist am Tag tätig; Flugzeit Mai–August. **Nahrung:** unbekannt. **Fortpflanzung:** Eiablage auf Kiefernnadeln in Reihen; Raupe grün, hell längsgestreift; ist nur nachts tätig; Verpuppung am Erdboden unter Laub und Moos; Überwinterung als Puppe.

Gattung: Birkenspanner *(Biston);* plump, spinnerähnlich, Flügel in der Ruhe steil dachförmig gefaltet; mehrere Arten:

Birkenspanner
Biston betulárius (Linné)

Rüssel wohl entwickelt; Flügel kreideweiß mit vielen schwarzen Flecken; stark verdunkelte, fast einfarbig braune Exemplare kommen nicht selten vor; Spannweite **5,5 cm.**

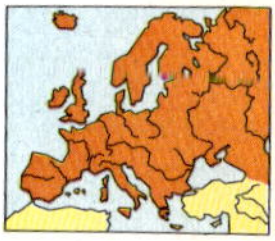

Verbreitung: Europa. **Lebensraum** und **Lebensweise:** bevorzugt Waldränder und Parkanlagen mit Laubhölzern; ist nur in der Nacht tätig; sitzt am Tag mit dachförmig gefalteten Flügeln an Baumstämmen und ist durch seine Färbung schwer auszumachen; Flugzeit Ende April–Juli. **Nahrung:** unbekannt. **Fortpflanzung:** Eiablage auf die Blätter von Laubhölzern, hauptsächlich Birke und Pappel; Raupe grün bis braun (Färbung sehr variabel), mit weißen, warzenförmigen Höckern auf dem achten und elften Segment; nimmt bei Gefahr eine astförmige Haltung ein; Verpuppung in der Erde; Überwinterung als Puppe.

Gattung: *Abráxas;* Flügel weißlich, dunkel gemustert; mehrere Arten:

Stachelbeerspanner
Abráxas grossulariáta (LINNÉ)

Körper gelb, schwarz gefleckt; Flügel weiß, schwarz und gelb gemustert; Spannweite bis **4 cm.**

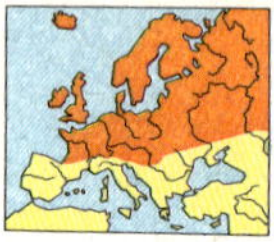

Verbreitung: Nord- und Mitteleuropa. **Lebensraum** und **Lebensweise:** bevorzugt Obstgärten und Waldränder; ist nachts tätig; verbirgt sich am Tag unter Blättern; Flugzeit Juni–August. **Nahrung:** süße und gärende Säfte. **Fortpflanzung:** Eiablage auf die Blätter von Stachel- und Johannisbeere, auch Traubenkirsche und Weide; Raupe weiß, Rücken schwarz gefleckt, Seiten gelblich; Überwinterung als Gespinstpuppe an der Erde.

16. Familie: Schwärmer *(Sphingidae);* Körper kräftig, torpedoförmig; Flügel lang, mit sehr schrägen Spitzenrändern; etwa 800 Arten, in Europa knapp 30:

Gattung: *Hémaris;* abweichend durch weitgehend unbeschuppte, durchsichtige Flügel; gedrungen, mit Haarbüschen am Hinterleib; 2 Arten:

Hummelschwärmer
Hémaris fucifórmis (LINNÉ)

Flügel mit breiten braunen Außenrändern; Brust olivgrün, Basis des Hinterleibs mit braunrotem Gürtel, weiter hinten gelbe Haarbüschel; Spannweite **4,2 cm.**

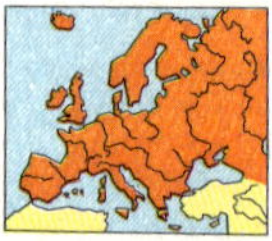

Verbreitung: Europa. **Lebensraum** und **Lebensweise:** bevorzugt sonnige Wiesen und Gärten; ist am Tag tätig und beim Blütenbesuch zu beobachten; Flug leise, trotz äußerer Ähnlichkeit mit einer Hummel; Flugzeit Mai–Juli, im Süden 2. Generation im August. **Nahrung:** Nektar. **Fortpflanzung:** Eiablage auf die Ober- und Unterseiten der Blätter von *Lonicera*-Arten und Schneebeere; Raupe entweder hellgrün, mit gelber Seitenlinie, oder gelbrot ohne Seitenlinie; Horn rot; Verpuppung in lockerem Gespinst an der Erde; Überwinterung als Puppe. – Der nahe verwandte **Skabiosenschwärmer** (b *Hémaris tityus* [LINNÉ]) lebt besonders an Skabiosen und Nelken.

Gattung: Taubenschwänzchen *(Macroglóssa);* Hinterkörper durch Haarbüsche breit und gedrungen; Flügelränder glatt; Flügel ganz beschuppt:

Taubenschwänzchen
Macroglóssa stellatárum (LINNÉ)

Vorderflügel dunkelgrau, mit dunklen Querlinien; Hinterflügel rostrot, schmal braun gesäumt; Spannweite etwa **5 cm.**

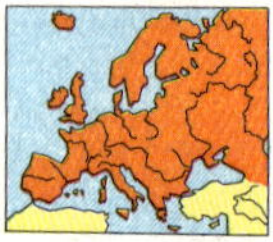

Verbreitung: Europa. **Lebensraum** und **Lebensweise:** bevorzugt blütenreiche Gärten und Wiesen, ist aber auch in der Stadt an Balkonpflanzen zu beobachten; ist am Tag tätig und ruht an Mauern und Felswänden; sehr ausdauernder und schneller Flieger mit langem Saugrüssel; Flugzeit Mai–Juni, in der zweiten Generation August–September. **Nahrung:** Nektar. **Fortpflanzung:** Eiablage auf Blätter und Stengel von Labkraut, Färberkrapp und Sternmieren; Raupe grün, mit kleinen, weißen Pünktchen und heller Seitenlinie; Horn blaugrün mit dunkler Spitze; Verpuppung auf dem Boden zwischen Laub; Überwinterung als Falter.

Gattung: Totenköpfe *(Acheróntia);* 1 Art:

Totenkopf
Acheróntia átropos (LINNÉ)

Brust braun, mit heller, an einen Totenkopf erinnernder Zeichnung; Spannweite **12 cm.**

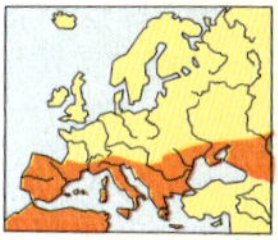

Verbreitung: Südeuropa, Nordafrika. **Lebensraum** und **Lebensweise:** bevorzugt trockenes, sonniges Gelände; ist nachts tätig und legt als schneller Flieger große Strecken zurück, so daß er in warmen Sommern bis nach Nordeuropa vordringt; gibt beim Berühren pfeifende Töne von sich; Flugzeit der 1. Generation Mai–Juli, der 2. September–Oktober. **Nahrung:** Baumsäfte, besonders aber Honig; dringt in Bienenstöcke ein. **Fortpflanzung:** Eiablage auf *Solanaceen,* besonders Kartoffelkraut; ist aber auch auf Stechapfel, Tabak, Jasmin, Oleander und Ölbaum zu finden; Raupe hellgelb, mit blauen Schrägstrichen und dunklen Punkten; letztes Segment mit großem Horn; Raupe gibt beim Berühren knisternde Laute von sich; Verpuppung in der Erde. Raupen in warmen Sommern auch nördlich der Alpen, Nachkommen zugeflogener Stücke, selbst aber nicht fortpflanzungsfähig.

Gattung: Ligusterschwärmer *(Sphinx);* Flügelform wie bei vorigen Gattungen, Rüssel körperlang; Hinterleib mit roten Querflecken:

Ligusterschwärmer
Sphínx ligústri (LINNÉ)

Vorderflügel dunkelbraun, mit dunklen Strichen und hellerem Saum; Hinterflügel rosenrot, mit 2 dunklen Querbändern; Spannweite **9 cm.**

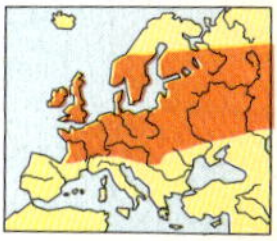

Verbreitung: Mitteleuropa. **Lebensraum** und **Lebensweise:** Gärten, Parkanlagen und Wegränder; ist mit beginnender Dämmerung tätig und ruht am Tag mit dachförmig gefalteten Flügeln an Zäunen, Hauswänden und Baumstämmen, die der Färbung der Vorderflügel entsprechen; Flugzeit Mai–Juni. **Nahrung:** Nektar. **Fortpflanzung:** Eiablage meist auf Liguster, aber auch auf Flieder, Spiraea, Schneeball und Esche; Raupe gelbgrün, mit weißen, violett gerandeten Schrägstrichen und gebogenem Horn am letzten Körpersegment; Verpuppung in der Erde; Überwinterung als Puppe.

Gattung: Windenschwärmer *(Hérse);* ähnlich voriger Gattung, Rüssel aber mehr als körperlang:

Windenschwärmer
Hérse convólvuli (LINNÉ)

Vorderflügel weißlich und grau, mit hellen Zakkenlinien und dunklen Strichen; Hinterflügel dunkelgrau, mit 4 schwärzlichen Querbändern; Spannweite **11 cm.**

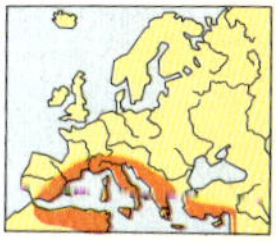

Verbreitung: Heimat Mittelmeergebiet; dringt als ausdauernder und schneller Flieger bis nach Nordeuropa vor. **Lebensraum** und **Lebensweise:** bevorzugt Gärten, Parkanlagen und Wegränder mit Ackerwinde; ist in der Nacht tätig und ruht am Tag an Zäunen und Bretterwänden; Flugzeit Juni–Juli und August–September. **Nahrung:** Nektar, besonders aus Trichterblüten; Saugrüssel von doppelter Körperlänge! **Fortpflanzung:** Eiablage auf die Blattunterseiten von Ackerwinde; Raupe gelblichbraun, seltener grün, mit dunkler Rückenlinie und 7 gelben Schrägstrichen an den Seiten; Horn gelb; frißt nur nachts und versteckt sich am Tag in Erdlöchern; Verpuppung in der Erde; Überwinterung als Puppe.

Gattung: Tannenpfeile *(Hylóicus);* gestaltlich den vorigen ähnlich, aber eintönig, nicht rot gezeichnet:

Kiefernschwärmer, Tannenpfeil
Hylóicus pinástri (Linné)

Vorderflügel graubraun, mit dunklen Keilflecken; Hinterflügel bräunlich; Spannweite **7 cm.**

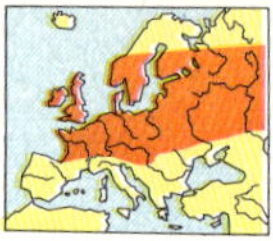

Verbreitung: Mitteleuropa. **Lebensraum** und **Lebensweise:** bevorzugt Nadelwälder; ist nicht schädlich, da kein massenhaftes Auftreten; fliegt in der Dämmerung und in der Nacht; ruht am Tag mit dachförmig gefalteten Flügeln, durch die Schutzfärbung gut getarnt, an Baumstämmen und Zäunen; Flugzeit Mai–August. **Nahrung:** Nektar und Baumsäfte. **Fortpflanzung:** Eiablage auf die Nadeln von Kiefer, Fichte und Lärche; Raupe gelblichgrün, hell längsgestreift, mit rotbrauner Rückenlinie und dunkelbraunem Horn; Stigmen rot umrandet; Überwinterung als Puppe in der Erde.

Gattung: Weinschwärmer *(Deiléphila);* Flügelränder leicht gewellt, so daß die Flügelspitze etwas vortritt; Körper rot und olivgrün gezeichnet:

Mittlerer Weinschwärmer, Mittlerer Weinvogel
Deiléphila élpenor (Linné)

Vorderflügel olivgrün, mit heller Schrägbinde und rötlichem Rand; Hinterflügel rosenrot; Spannweite **6,5 cm.**

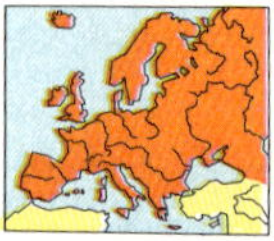

Verbreitung: Europa. **Lebensweise:** bevorzugt trockenes, sonniges Gelände; ist bereits in der Dämmerung tätig (Nahrungsaufnahme) und nach einer Ruhepause um Mitternacht (Fortpflanzung); versteckt sich am Tag zwischen niederen Pflanzen; Flugzeit Mai–Juni, in südlichen Gegenden auch im Spätsommer als 2. Generation. **Nahrung:** Nektar. **Fortpflanzung:** Eiablage auf Blattunterseiten und Stengel von Weidenröschen, Labkraut und Weinstock; Raupe braun oder grün, dunkel punktiert und gestrichelt, mit Augenfleck auf den Seiten des 4. und 5. Segments; Horn am Körperende kurz; Verpuppung in der Erde; Überwinterung als Puppe. – Der in Bau, Verbreitung und Lebensweise sehr ähnliche **Kleine Weinschwärmer** (b) *Deiléphila porcéllus* (Linné) hat olivgrüne Flügel mit rotem Außenrand; Spannweite **4,5 cm;** Raupe ohne Horn am Körperende.

Gattung: *Celério;* Gestalt wie bei den vorigen; Hinterleib auf zwei basalen Segmenten schwarz und weiß gefleckt:

Wolfsmilchschwärmer
Celério euphórbiae Linné

Vorderflügel weißlich, mit schmalem olivgrünem Vorderrand und mehreren ihm ansitzenden Flecken; Spannweite **6,5 cm.**

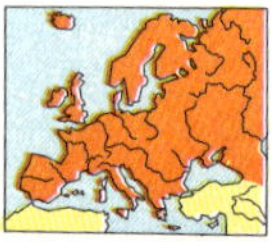

Verbreitung: Europa. **Lebensraum** und **Lebensweise:** bevorzugt trockenes, sonniges Gelände; ist mit beginnender Dämmerung tätig; ist dann an Blüten saugend zu beobachten; ruht am Tag versteckt an niederer Vegetation; Flugzeit Juni bis September. **Nahrung:** Nektar. **Fortpflanzung:** Eiablage auf die Unterseite der Blätter von Wolfsmilch; Raupe dunkelgrün, mit roter Rükkenlinie und rotem Horn, Seiten gelb und weiß punktiert; liebt sonnigen, trockenen Standort und verpuppt sich in der Erde; Überwinterung als Puppe.

Labkrautschwärmer
Celério gálii ROTTEMBURG

Hinterflügel von der Hinterecke aus mit weißlichem, rot geflecktem Band zwischen schwarzer Basis und schwarzer Binde; Spannweite **6,5 cm.**

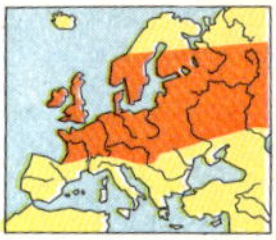

Verbreitung: Mitteleuropa, aber lokal; nördliche Grenze Südskandinavien, Südfinnland und Ostseegebiete der UdSSR. **Lebensraum** und **Lebensweise:** bevorzugt trockenes, sonniges Gelände; ist bei beginnender Dunkelheit tätig und dann beim Blütenbesuch zu beobachten; im Standort sehr wählerisch, daher meist lokal; Flugzeit Mai–Juni, in südlichen Gegenden noch 2. Generation im August. **Nahrung:** Nektar. **Fortpflanzung:** Eiablage auf die Unterseite der Blätter von *Epilobium,* auch *Galium;* Raupe oliv- bis hellgrün, mit rötlichgelbem Rückenstreifen und hellen, dunkel gerandeten Augenflecken an jeder Segmentseite; Horn rot; frißt auch am Tag; Verpuppung in der Erde; Überwinterung als Puppe.

Gattung: Große Oleanderschwärmer *(Dáphnis);* 1 Art:

Großer Oleanderschwärmer
Dáphnis nérii (LINNÉ)

Leib und Flügel vorwiegend grün; Vorderflügel hellgrün, mit wellenförmigen olivgrünen, gelben und rötlichen Querbändern; Hinterflügel graugrün mit klarer grünem Rand; Spannweite bis **10 cm.**

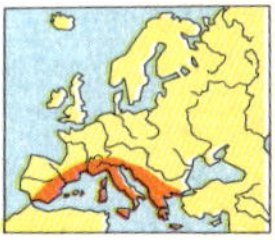

Verbreitung: Mittelmeergebiet; im übrigen Europa nur zugeflogen. **Lebensraum:** bevorzugt trockenes Gelände; ist nur nachts tätig und ein ausdauernder, schneller Flieger; Flugzeit März bis April und Juni–Juli. **Nahrung:** Nektar. **Fortpflanzung:** Eiablage auf Oleander, auch Immergrün; Raupe grün bis gelblichgrün, mit hellem Längsstreifen vom vierten Segment und weißen, dunkel gerandeten Augenflecken auf dem dritten Segment; Verpuppung in der Erde; Überwinterung als Puppe.

Gattung: Lindenschwärmer *(Mímas);* wie die folgenden Gattungen mit geschwungenen, gewellten Außenrändern der Vorderflügel:

Lindenschwärmer
Mímas tíliae (LINNÉ)

Veränderlich gefärbt, Vorderflügel rahmfarben bis rötlichgelb oder grünlich, Saum und Querbinde intensiver grün; Spannweite **7 cm.**

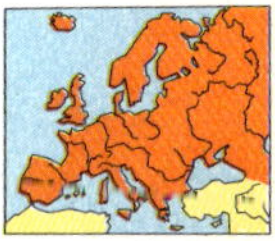

Verbreitung: Europa. **Lebensraum** und **Lebensweise:** bevorzugt Weg- und Waldränder mit Laubhölzern; ist schon in der Dämmerung tätig; verbirgt sich am Tag an Baumstämmen und in Sträuchern; Flugzeit Mai–Juli. **Nahrung:** Nektar. **Fortpflanzung:** Eiablage an die Unterseite der Blätter von Linde, Eiche, Birke, Esche und anderen Laubbäumen; Raupe grün, mit gelben, rot gerandeten Schrägstrichen und blaugrünem Horn; sitzt meist auf der Blattunterseite oder an dem Blattstiel; Verpuppung in Stammesnähe in der Erde; Überwinterung als Puppe.

Gattung: Pappelschwärmer *(Laóthoe);* Flügelränder kräftig gewellt, breit; nur Endsporne an den Hinterschienen:

Pappelschwärmer
Laóthoe pópuli (LINNÉ)

Bräunlichgrau; Vorderflügel mit hellem Zentralfleck in der mittleren dunklen Binde; Hinterflügel mit rötlicher Basis; Spannweite **7 cm.**

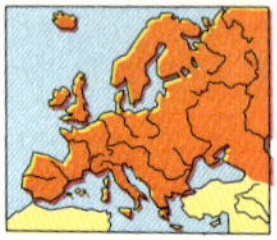

Verbreitung: Europa. **Lebensraum** und **Lebensweise:** bevorzugt Waldränder und Alleen; ist in der Nacht tätig; ruht tagsüber an Baumstämmen und läßt sich bei Gefahr fallen; Flugzeit Mai bis Juni, in südlichen Gegenden auch 2. Generation im Spätsommer. **Nahrung:** keine. **Fortpflanzung:** Eiablage auf die Blattunterseiten von Pappelarten und Weiden; Raupe gelblichgrün, fein gelb punktiert, mit hellen Schrägstrichen und gelblichem Horn am Körperende; Verpuppung in der Erde; Überwinterung als Puppe.

Gattungen: Abendpfauenaugen *(Smerinthus);* Flügel lang und schmal, außen gewellt; Hinterrand der Vorderflügel stark geschwungen; Hinterschienen nur mit Endspornen:

Abendpfauenauge
Smerinthus ocellátus (LINNÉ)

Vorderflügel rötlich braungrau, mit dunklen Querbinden; Hinterflügel hellrot, mit großem, blauem Augenfleck; Spannweite **7 cm.**

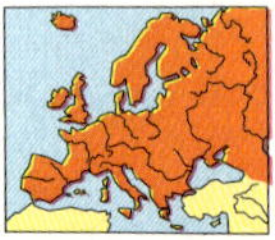

Verbreitung: Europa. **Lebensraum** und **Lebensweise:** bevorzugt Wegränder, Parkanlagen und Gärten; ist nachts tätig; verbirgt sich am Tage an Bäumen, Zäunen und altem Holz; zieht bei Gefahr die Vorderflügel vor, so daß als Abschrekkung die beiden großen Augen der Hinterflügel sichtbar werden; Flugzeit Mai–Juni. **Nahrung:** keine. **Fortpflanzung:** Eiablage auf die Blätter von Apfel, Pappel und Weide; Raupe flaschengrün, mit weißen Schrägstrichen und kurzem Horn am letzten Segment; Verpuppung in der Erde; Überwinterung als Puppe.

Überfamilie: Tagfalter *(Papilionoidea) (= Rhopalócera);* Fühler lang und dünn, zur Spitze keulen- oder knopfartig erweitert:

17. Familie: Ritter, Schwalbenschwänze *(Papiliónidae);* Vorderbeine in beiden Geschlechtern voll entwickelt, mit Krallen; Innenrand der Hinterflügel ausgeschnitten, um den rundlichen Leib aufzunehmen; nur gut 1 Dutzend Arten in Europa:

Gattung: Schwalbenschwänze *(Papílio);* Hinterflügel mit zipfelartigem Fortsatz, kürzer als der Flügel breit; 3 Arten:

Schwalbenschwanz
Papílio macháon LINNÉ

Vorderflügel gelb, Basis, mehrere Flecke vorn und ein breiter Saum schwarz, in diesem Saum 8 gelbe, halbmondförmige Flecke; Spannweite **7 cm.**

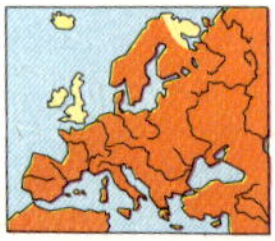

Verbreitung: fast ganz Europa; fehlt: England, Irland, Island, Nord-Norwegen, -Finnland, -UdSSR. **Lebensraum** und **Lebensweise:** bevorzugt offenes Gelände mit Wiesen und Gärten; hält sich gern an Gräben, Dämmen und auf Hügeln auf; Flugzeit Mai–September in 2 Generationen. **Nahrung:** Nektar. **Fortpflanzung:** Eiablage auf Möhre, Bibernell, Kümmel, Dill, Petersilie und Fenchel; Raupe grün, mit schwarzen, rot punktierten Querbändern; Überwinterung als Puppe.

Gattung: Segelfalter *(Iphiclides);* 1 Art:

Segelfalter
Iphiclides podalirius (LINNÉ)

Schwanzanhang fast so lang wie der Hinterflügel breit; Vorderflügel mit schwarzen Querbinden auf blaß graugelbem Grund, ohne Mondflecke; Spannweite **7 cm.**

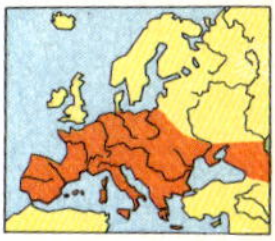

Verbreitung: Mittel- und Südeuropa; nördliche Grenze Küstengebiete der Nord- und Ostsee. **Lebensraum** und **Lebensweise:** bevorzugt offenes, hügeliges Gelände mit Büschen, Wiesen und Gärten; versammelt sich gern auf besonders hohen Kuppen, wo meist auch die Paarung stattfindet; Flugzeit Mai–Juni, im Süden auch noch August–September. **Nahrung:** Nektar. **Fortpflanzung:** Eiablage auf Schlehen; ausnahmsweise aber auch auf Eberesche, Aprikose, Pfirsich, Weißdorn, Pflaume und Mandelbaum; Raupe grün, mit schrägen, gelben Längsstreifen; Überwinterung als Puppe.

Gattung: Apollos *(Parnássius);* Flügel ohne Zipfel, Ränder glatt, gerundet; Flügel weißlich, dünn beschuppt, mit Flecken; 3 Arten:

Roter Apollo
Parnássius apóllo LINNÉ

Sehr veränderlich, viele lokale Formen; Flügel weiß, Vorderflügel meist nur schwarz gefleckt, Hinterflügel mit schwarzen und schwarz umringten roten Flecken; Spannweite bis **7,5 cm.**

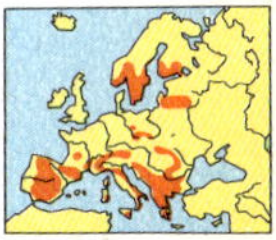

Verbreitung: Gebirge Mittel- und Südeuropas, besonders noch in den Alpen; selten; geschützt! **Lebensraum** und **Lebensweise:** bevorzugt sonnige Matten und Seitentäler der Hochgebirge; fliegt langsam und flatternd in geringer Höhe; saugt gern an Distelblüten; Flugzeit Juni–September. **Nahrung:** Nektar. **Fortpflanzung:** Eiablage auf *Sedum album;* Eizahl gering; Raupe braunschwarz, an den Seiten mit zwei Reihen roter Flecken; Überwinterung als Gespinstpuppe in der Erde.

18. Familie: Weißlinge *(Piéridae);* Vorderbeine normal; Innenrand der Hinterflügel nicht deutlich ausgeschnitten, Hinterleib seitlich abgeflacht; Flügel mit heller Grundfarbe; Europa fast 40 Arten:

Gattung: *Gonépteryx;* Vorderflügel mit vorspringender Spitze, Hinterflügel mit winklig vorspringendem Hinterrand; 3 Arten:

Zitronenfalter
Gonépteryx rhámni (LINNÉ)

Flügel des ♂ oben und unten lebhaft gelb, ♀ grünlichgelb; ♂ und ♀ in jedem Flügel mit kleinem orangerotem Mittelfleck; Spannweite **5,5 cm.**

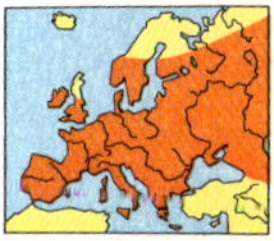

Verbreitung: fast ganz Europa; fehlt im Norden Großbritanniens, Skandinaviens und Finnlands. **Lebensraum** und **Lebensweise:** bevorzugt offenes Gelände mit Gärten, Wiesen und Feldern; Falter ist sehr langlebig und kann durch das Überwintern fast 1 Jahr alt werden; Flugzeit Frühjahr und Juli–Herbst; nur eine Generation. **Nahrung:** Nektar. **Fortpflanzung:** Eiablage (meist einzeln) an Kreuzdorn und Faulbaum; Raupe grün, mit feinem, weißem Seitenstreifen; Verpuppung im Juni; Überwinterung als Schmetterling unter Laub oder in Gebäuden.

Kleopatrafalter
Gonépteryx cleópatra (LINNÉ)

♂ oben intensiv gelb, Vorderflügel mehr oder weniger orangegelb überflogen, unten deutlich orangegelb; ♀ ähnlich Zitronenfalter. Spannweite **5–6 cm.**

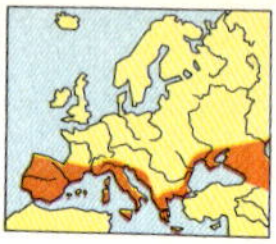

Verbreitung: Südeuropa; im Balkan nur im Küstengebiet. **Lebensraum:** bevorzugt offenes, blütenreiches Gelände; Flugzeit Mai–Juni. **Nahrung:** Nektar. **Fortpflanzung:** Eiablage auf Faulbaumarten *(Rhamnus alpinus, alaternus* und *cathartica);* Raupe hellgrün, Seiten mit hellem Längsstreifen; Überwinterung als Puppe.

Gattung: Kleefalter, Heufalter *(Cólias);* Flügel mehr oder weniger gelblich, Unterseite des Hinterflügels mit hellem, oft umringtem Augenfleck; 12 Arten:

Alpengelbling, Grünlicher Heufalter
Cólias phicomóne ESPER

Oberseits gelbgrün; stark grau überflogen, in den Spitzensäumen hellere Flecke; unterseits Vorderflügel mit gelbem Vorderrand und Außensaum, Hinterflügel gelb; Spannweite etwa **4 cm.**

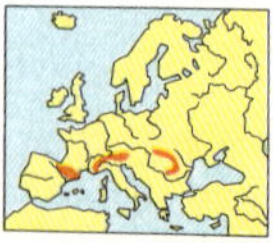

Verbreitung: Pyrenäen, Alpen und Karpathen. **Lebensraum:** bevorzugt Gebirgsmatten in Höhen von 900–3000 m Höhe; Flugzeit Juni–August. **Nahrung:** Nektar. **Fortpflanzung:** Eiablage auf Leguminosen *(Vicia)* und *Hippocrepis comosa;* Raupe dunkelgrün, an den Seiten mit weißem, gelb geflecktem Seitenstreifen; Überwinterung als Raupe.

Gelbe Acht, Goldene Acht
Cólias hyále (LINNÉ)

Oberseite blaßgelb, schwarze Säume, im Vorderflügel mit weißen Flecken durchsetzt; Randfransen der Flügel teilweise rötlich; Fleck im Hinterflügel von oben sichtbar; blaß orange; ♀ blasser, leicht gelbgrün; Spannweite **3,8 cm.**

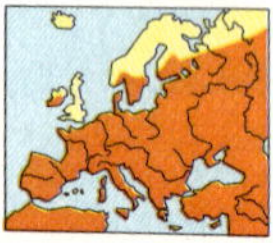

Verbreitung: Südeuropa und Mitteleuropa; fehlt in Großbritannien, Skandinavien, Finnland; kann als Wanderfalter bis nach Südirland, Südschweden und Südfinnland vordringen. **Lebensraum** und **Lebensweise:** bevorzugt offenes Gelände mit Kleefeldern und Wiesen; .ausdauernder Flieger (Wanderfalter!); Flugzeit Mai und Juli–September. **Nahrung:** Nektar. **Fortpflanzung:** Eiablage auf Kleearten, Wicken und Luzerne; Raupe dunkelgrün, mit 4 gelben Längsstreifen; Überwinterung als Raupe.

Postillion
Cólias crócea FOURCROY

Oberseite lebhaft orangegelb mit breiten schwarzen Außenbinden; im Vorderflügel ein schwarzer Zentralfleck; Spannweite **4 cm.**

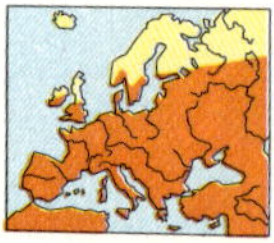

Verbreitung: Südeuropa und im südlichen Mitteleuropa; als Wanderfalter bis zum Ostseeraum und Südengland. **Lebensraum** und **Lebensweise:** bevorzugt offenes Gelände mit Kleefeldern; hält sich gern an sonnigen Hängen auf; kann als ausdauernder Flieger weite Strecken zurücklegen (Wanderfalter!); Flugzeit Frühjahr–Herbst in zwei bis drei Generationen. **Nahrung:** Nektar; saugt auch gern an Wasserpfützen. **Fortpflanzung:** Eiablage auf Esparsette und Kleearten; Raupe dunkelgrün, mit hellem, gelbgeflecktem Seitenstreifen; Überwinterung als Raupe.

Gattung: Baumweißlinge *(Apória);* 1 Art:

Baumweißling
Apória crataegi (LINNÉ)

Flügel weiß, dünn beschuppt und durchscheinend, Adern schwarz; sonst keine schwarze Zeichnung auf der Flügelfläche; Spannweite **5–6 cm.**

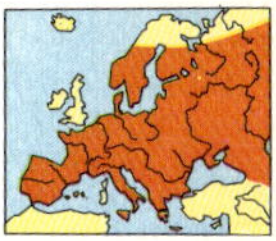

Verbreitung: fast ganz Europa; fehlt: Norden Skandinaviens, Finnlands, UdSSR, in Großbritannien und Irland; auch nicht auf Sardinien und Korsika. **Lebensraum** und **Lebensweise:** bevorzugt Gärten und Anlagen; ist im allgemeinen selten geworden, kommt aber lokal in manchen Jahren häufig vor; hält sich gern an Wasserpfützen auf; Flugzeit Juni–Juli. **Nahrung:** Nektar. **Fortpflanzung:** Eiablage (50–150) auf die Blattoberseite von Obstbäumen, aber auch auf Weißdorn, Eiche und Eberesche; Jungraupen überwintern in Gespinstnest und fressen im Frühjahr zunächst die Knospen der Futterpflanze; Körperfarbe bräunlichgrau, auf dem Rücken schwarz und braun längsgestreift; Verpuppung April–Mai. **Wirtschaftliche Bedeutung:** kann bei massenhaftem Auftreten Obstplantagen schädigen.

Gattung: Echte Weißlinge *(Pieris);* 6 Arten:

Großer Kohlweißling
Pieris brássicae (LINNÉ)

(a) Vorderflügel weiß, mit ausgedehnter, schwarzer Spitze; unterseits zwei schwarze Flecke auf der Fläche, die beim ♀ auch von oben zu sehen sind; Spannweite **5–6 cm.**

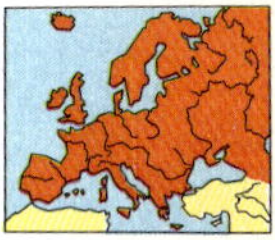

Verbreitung: ganz Europa. **Lebensraum** und **Lebensweise:** offenes Gelände mit Gärten und Feldern; schließt sich oft zu Wanderzügen zusammen, die mehrere Tage dauern können; hält sich gern an Wasserpfützen auf; Flugzeit Frühjahr bis Herbst in mehreren Generationen, je nach Klimalage. **Nahrung:** Nektar. **Fortpflanzung:** Eiablage auf Unterseite der Blätter von Kohlarten; Raupe grün, dunkel punktiert und gelb längsgestreift; wird oft von Schlupfwespen angestochen, deren Larven sich auf der Außenhaut der Raupe in gelben Gespinsttönnchen verpuppen; die letzte Generation des Falters überwintert als Puppe. **Wirtschaftliche Bedeutung:** richtet im Gemüseanbau oft großen Schaden an. – Der **Kleine Kohlweißling** (b) *Pieris rápae* (LINNÉ), Spannweite **4 cm,** ähnelt dem Großen Kohlweißling sehr.

Rapsweißling
Pieris napi (LINNÉ)

Weiß, mit grauem Spitzenfleck am Vorderflügel, vor allem beim ♀ auch mit grauem Fleck auf der Fläche des Vorderflügels; Adern auf der Unterseite des Hinterflügels breit graugrün umschattet; Spannweite **3,7 cm.**

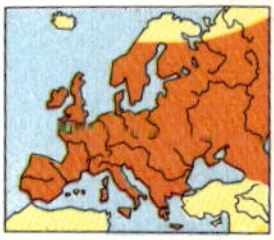

Verbreitung: in fast ganz Europa; fehlt im Norden Skandinaviens und Finnlands. **Lebensraum** und **Lebensweise:** bevorzugt offenes Gelände mit Gärten und Feldern; ist auch an Waldrändern anzutreffen; saugt gern an Wasserpfützen; Flugzeit März–Oktober in mehreren Generationen. **Nahrung:** Nektar. **Fortpflanzung:** Eiablage meist einzeln an Kohlarten und Reseden; Raupe dunkelgrün, schwarz und weiß punktiert, an den Seiten gelb längsgestreift; Überwinterung als Puppe.

Gattung: *Póntia;* im Vorderflügel ein viereckiger, durch helle Linie geteilter Fleck auf der Fläche; Unterseite des Hinterflügels grünlich gefleckt; 3 Arten:

Alpenweißling
Póntia callídice HÜBNER

Weiß, auf dem Vorderflügel außer der Zentralmakel ein breiter durch helle Flecke in Punktreihen aufgelöster schwarzer Spitzensaum; Spannweite **4,6 cm.**

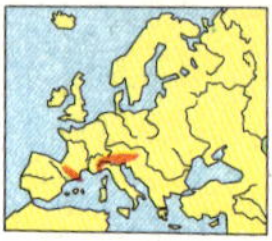

Verbreitung: Pyrenäen und Hochalpen. **Lebensraum:** bevorzugt Gebirgsmatten in Höhen von 2000–3000 m; Flugzeit Juni–August. **Nahrung:** Nektar. **Fortpflanzung:** Eiablage auf Cruciferenarten; Raupe flaschengrün, hellgelb längsgestreift; Überwinterung als Raupe.

Gattung: Aurorafalter *(Anthócharis);* Unterseite des Hinterflügels grün gefleckt; 4 Arten:

Aurorafalter
Anthócharis cardámines LINNÉ

♂: Vorderflügel weiß, mit schwarzer Wurzel und orangefarbener Spitzenhälfte; Spannweite **4 cm.**

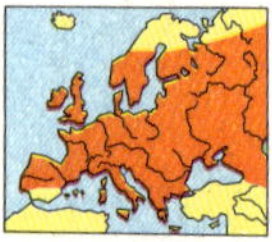

Verbreitung: fast ganz Europa; fehlt im Norden Skandinaviens und Finnlands und in Südspanien. **Lebensraum** und **Lebensweise:** bevorzugt offenes Gelände mit Wiesen und Feldern; fliegt niedrig; Flugzeit April–Juni; nur eine Generation. **Nahrung:** Nektar. **Fortpflanzung:** Eiablage auf Wiesenschaumkraut, Turmkraut und Kresse; Raupe dunkelgrün, dunkel punktiert, mit weißem Längsstreifen an den Seiten; Überwinterung als Puppe, meist an der Futterpflanze.

19. Familie: Celtisfalter *(Libythéidae);* 1 Gattung:

Gattung: Celtisfalter *(Libythéa);* 1 Art:

Celtisfalter, Zürgelbaumfalter
Libythéa céltis LAICHARTING

Palpen sehr lang, länger als der Kopf, vorgestreckt; Flügelränder stark gezackt; Oberseite braun, orangerot gefleckt; Spannweite **4 cm.**

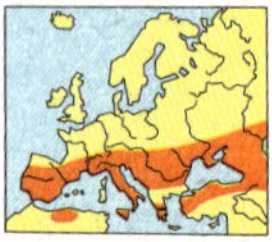

Verbreitung: Südeuropa, Nordafrika, Kleinasien, Sibirien bis Japan. **Lebensraum** und **Lebensweise:** bevorzugt sonnige, trockene Hänge; sitzt gern auf feuchten Wegen; klappt bei Gefahr die Flügel zusammen und ist dann durch die erdbraune Unterseite schwer zu erkennen; Flugzeit Frühjahr und Spätsommer. **Nahrung:** Nektar. **Fortpflanzung:** Eiablage auf Zürgelbaum *(Celtis australis)* und *Prunus;* Raupe verläßt bei Gefahr an einem Spinnfaden das Futter.

414.1 Kleopatrafalter

414.2 Alpengelbling

414.3 Aurorafalter

20. Familie: Edelfalter *(Nymphálidae);* Vorderbeine bei ♂ und ♀ verkümmert, fast 25 Gattungen in Europa:

Gattung: Schillerfalter *(Apatúra);* die Flügelzellen sind nicht durch eine Querader geschlossen, sondern offen; ♂ schillernd; 2 Arten:

Großer Schillerfalter
Apatúra íris (LINNÉ)

Oberseite dunkelbraun, weiß gefleckt; im Hinterflügel mit weißer Binde, die zackig nach hinten vorspringt, ♂ mit intensivem Blauschiller; Spannweite ♂ **6,** ♀ **7–8 cm.**

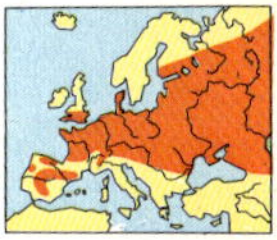

Verbreitung: Mitteleuropa; nördliche Grenze Dänemark, Südengland, Südfinnland; fehlt auch südlich der Alpen und im Balkan; in Spanien nur lokal. **Lebensraum** und **Lebensweise:** fliegt auf Waldwiesen, deren Ränder mit Weiden und Espen bewachsen sind; liebt nicht zu dichten Laubwald; sitzt gern auf Exkrementen und an Wasserlachen; Flugzeit Juli–August. **Nahrung:** Baumsäfte von Eichen, Pappeln, Weiden und Tierexkremente. **Fortpflanzung:** Eiablage auf der Futterpflanze, meist Salweide, seltener Pappel; Raupe hellgrün, Haut gekörnt, mit wenigen hellgelben Schrägstreifen an den Seiten; Kopf mit 2 kurzen bläulichen Hörnchen; sitzt meistens kopfabwärts auf der Blattmittelrippe; überwintert nach der zweiten Häutung in Blattgespinst; Verpuppung Ende Juni.

Gattung: Eisvögel *(Limenitis);* Fühler nicht mit abgesetzter Keule, sondern allmählich zur Spitze verdickt; 3 Arten:

Großer Eisvogel
Limenitis pópuli (LINNÉ)

Auf der Fläche des Vorderflügels weiße Flecken, im Hinterflügel eine weiße Binde, die beim ♂ schwächer vortritt als beim ♀; Spannweite ♂ **6,** ♀ **7,5 cm.**

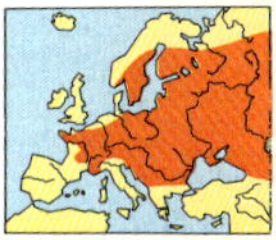

Verbreitung: Mittel-, Ost- und Nordosteuropa; fehlt: Norwegen, Norden Schwedens, Finnlands, UdSSR; Großbritannien. **Lebensraum** und **Lebensweise:** liebt lichte Laubwälder mit Zitterpappeln; fliegt auf Waldwegen und an Waldrändern; sitzt gern auf Tierexkrementen und an Wasserlachen; Flugzeit: Juni–Juli. **Nahrung:** Baumsäfte und Tierexkremente. **Fortpflanzung:** Eiablage auf Zitterpappel; Raupe hellgrün, mit 2 Reihen behaarter Höcker; überwintert nach der zweiten Häutung; Verpuppung im Frühjahr.

Gattung: Scheckenfalter *(Melitǽa);* Augen unbehaart; Zelle im Hinterflügel ohne abschließende Querader, offen; 8 Arten:

Malvogel, Goldener Scheckenfalter
Melitǽa matúrna (LINNÉ)

Dunkelbraun, kontrastreich rotbraun und gelb gescheckt; die gelben und rotbraunen Flecke in beiden Flügeln annähernd bindenartig geordnet; Spannweite **4 cm.**

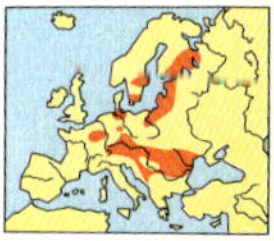

Verbreitung: lokal in den Ostseegebieten der UdSSR und Polens, in Südschweden und von Rumänien, Bulgarien bis Mittelfrankreich. **Lebensraum:** Waldwiesen; Flugzeit Mai–Juni. **Nahrung:** Nektar. **Fortpflanzung:** Eiablage auf Esche, Pappel, Buche; Raupen leben gesellig und spinnen sich nach dem Schlüpfen aus dem Ei ein; überwintern (oft zweimal!) am Fuß der Bäume unter Moos und Gras; Körperfarbe grauschwarz, bedornt, gelb längsgestreift; Verpuppung im Mai.

Gattung: Perlmutterfalter *(Argýnnis);* Augen kahl; Zelle im Hinterflügel geschlossen; eine Reihe von Arten, neuerdings z. T. mehreren Gattungen zugeschrieben:

Kaisermantel, Silberstrich
Argýnnis páphia (LINNÉ)

Oberseite ockergelb, schwarz gefleckt; Unterseite des Hinterflügels mit silbrigem Saum, 2 kurzen und 1 langen silbernen Querbinde; Spannweite ♂ **6 cm,** ♀ etwas größer.

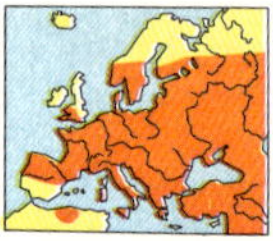

Verbreitung: in fast ganz Europa; im Norden bis zum 63. Breitengrad; fehlt: im Süden der iberischen Halbinsel und in Mittel- und Nordengland. **Lebensraum** und **Lebensweise:** fliegt am Tag auf Waldwegen und an Waldrändern; sonnt sich gern; ruht nachts in Baumkronen; Flugzeit Juli–August. **Nahrung:** Nektar von Disteln und Doldenblüten. **Fortpflanzung:** Eiablage an Baumstämmen in der Nähe der Futterpflanze (Veilchen und Himbeere); Raupe bedornt, hellbraun, dunkel gestrichelt, mit gelbem Rückenstreifen, überwintert im ersten Entwicklungsstadium; Verpuppung im Mai.

Großer Perlmutterfalter
Argýnnis aglája (LINNÉ)
(= *Mesoacidália aglája* [LINNÉ])

Oberseite ockergelb, schwarz gefleckt, die Flecke vor allem außen zu Binden verbunden oder in Reihen geordnet; Spannweite **5,5 cm.**

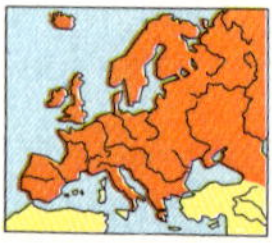

Verbreitung: ganz Europa; fehlt auf den meisten Mittelmeerinseln. **Lebensraum** und **Lebensweise:** bevorzugt in Wäldern, Wiesen und Wegrändern; ist sehr lebhaft und hält sich gern auf Distelblüten auf; Flugzeit Juni–Juli. **Nahrung:** Nektar. **Fortpflanzung:** Eiablage auf Veilchen *(Viola tricolor),* auch Knöterich; Raupe schwarz, schwarz bedornt, mit 2 weißen Längsstreifen auf dem Rücken und roten Flecken an den Seiten; Überwinterung als Raupe an Grasbüscheln.

Gattung: Landkärtchen *(Aráschnia);* 1 Art:

Landkärtchen
Aráschnia levána (LINNÉ)

Im Lauf des Jahres 2 verschiedene Formen, a Frühjahrsform: Flügel rotbraun, schwarz und gelb gefleckt; b Sommerform (Abbildung): schwarzbraun, mit hellen Fleckenreihen; Spannweite **2,7–3,5 cm.**

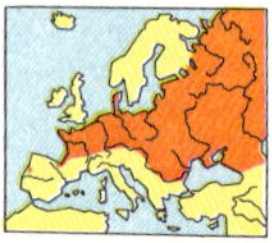

Verbreitung: in Mitteleuropa vom Westen Frankreichs durch die UdSSR; nördliche Grenze Nord- und Ostsee, südliche Alpen und mittlerer Balkan. **Lebensraum:** bevorzugt Lichtungen und Wegränder in Laubwäldern; Flugzeit April–Mai und Juli–September. **Nahrung:** Nektar. **Fortpflanzung:** Eiablage auf Nesseln; Raupe schwarz, schwarz bedornt; hält sich auf der Unterseite der Futterpflanze auf und lebt im Jugendstadium gesellig; Überwinterung als Puppe.

Gattung: Wanderfalter *(Vanéssa);* Augen behaart; Flügelränder meist mit eckigem Vorsprung, mitunter nur im Vorderflügel; etwa 10 Arten:

Distelfalter
Vanéssa cárdui (LINNÉ)

Flügel gelblich rot, schwarz gefleckt, im Spitzendrittel des Vorderflügels auch weiße Flecke; Spannweite **6,5 cm.**

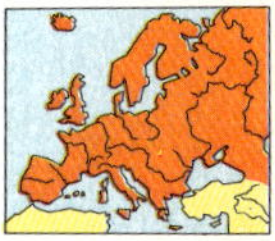

Verbreitung: beheimatet in Südeuropa; als Wanderfalter stets in Mittel- und Nordeuropa anzutreffen, aber selten im Norden Skandinaviens und Finnlands. **Lebensraum** und **Lebensweise:** bevorzugt offenes, trockenes Gelände; liebt sonnige Hänge; ist scheu, fliegt sehr schnell und schließt sich oft zu großen Wanderzügen zusammen; Flugzeit je nach Klimazone, in 2 bis 3 Generationen von Frühjahr bis Herbst. **Nahrung:** Nektar, auch Baumsäfte. **Fortpflanzung:** Eiablage auf Nesseln und Disteln, gelegentlich auch auf Natternkopf, Beifuß, Salbei, Klette und Ochsenzunge; Raupe schwärzlich grau, bedornt, mit gelben Längsstreifen und Punkten; lebt in der oberen Region der Futterpflanze und spinnt die Blätter lose zusammen; Überwinterung in Deutschland als Falter; neue Generation wird im Frühjahr von überwinterten und eingewanderten Faltern gebildet.

Admiral
Vanéssa atálanta (LINNÉ)

Flügel samtschwarz, Vorderflügel mit ziegelroter Schrägbinde; Spannweite **6 cm.**

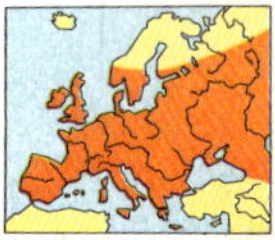

Verbreitung: fast ganz Europa; im Norden nur bis 62° nördlicher Breite. **Lebensraum** und **Lebensweise:** liebt sonnige Gärten und Wiesen mit blühenden Pflanzen; ♂ beherrscht ein bestimmtes Revier, das gegen Rivalen der eigenen Art verteidigt wird; ist im Fluge sehr lebhaft; Flugzeit Mai–Oktober. **Nahrung:** Nektar und Baumsäfte. **Fortpflanzung:** Eiablage auf Brennesseln; Raupe rötlichbraun bis schwarz, bedornt, fein gelb punktiert, Flanken mit gelbem Band; lebt im Anfangsstadium in zusammengesponnenen Blättern; hat in Südeuropa 2–3 Generationen; Überwinterung als Falter.

Tagpfauenauge
Vanéssa io (LINNÉ) (= *Ináchis io* [LINNÉ])

Flügel braunrot, beide mit dunkler Zeichnung und großem Augenfleck mit blauen Schuppen; Spannweite **6–7 cm.**

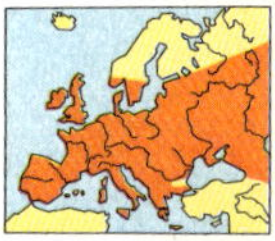

Verbreitung: fast ganz Europa bis 60° nördlicher Breite; fehlt im südöstlichen Balkan. **Lebensraum** und **Lebensweise:** ist sehr häufig und überall da anzutreffen, wo die Futterpflanzen wachsen (Brennesseln); stellt an das Gelände keine besonderen Ansprüche; sonnt sich gern; Flugzeit der überwinterten Falter März bis April, der Sommergeneration Juni–September. **Nahrung:** Nektar und Baumsäfte. **Fortpflanzung:** Eiablage auf junge Brennesseln, selten Hopfen; Raupe schwarz, bedornt und weiß punktiert, lebt gesellig in größerer Anzahl in einem Gespinst auf der Futterpflanze; Überwinterung als Falter in Baumritzen, Kellern und anderen kühlen Gebäudeteilen.

Kleiner Fuchs
Vanéssa urticae (LINNÉ)
(= *Agláis urticae* LINNÉ)

Lebhaft rotbraun, Vorderflügel mit 3 schwarzen Flecken am Vorderrand (dazwischen gelb, außen weiß); Spannweite **5,5 cm.**

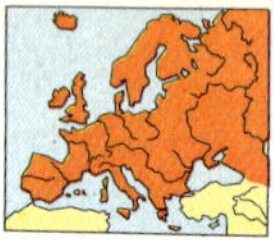

Verbreitung: ganz Europa. **Lebensraum** und **Lebensweise:** liebt sonnige Gärten und Wiesen mit blühenden Pflanzen; kommt oft in großen Scharen vor; ♂♂ jagen sich gern im Fluge; Flugzeit Juni–Oktober. **Nahrung:** Nektar und Baumsäfte. **Fortpflanzung:** Eiablage auf Brennesseln, nicht selten bis 100 Eier an einer Pflanze; Jungraupen leben gesellig in Gespinst zwischen den Blättern; überwintert als Falter und hat in der Flugzeit 2–3 Generationen; Raupe grauschwarz, bedornt, grünlichgelb längsgestreift.

Trauermantel
Vanéssa antíopa (LINNÉ)
(*Nymphális antíopa* [LINNÉ])

Flügel dunkel samtbraun, Saum weißgelb bis gelb, innen daneben eine Reihe blauer Flecke; Spannweite **7 cm.**

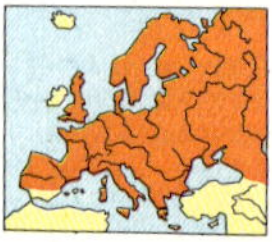

Verbreitung: fast ganz Europa; fehlt: Irland, Island, Südspanien, auf den meisten Mittelmeerinseln. **Lebensraum** und **Lebensweise:** bevorzugt Waldränder mit Birkenbestand; ist verhältnismäßig selten; setzt sich bei Gefahr mit geschlossenen Flügeln an Birkenstämme und ist dann schwer auszumachen; Flugzeit Juli–September. **Nahrung:** Nektar und Baumsäfte, hauptsächlich von Birken. **Fortpflanzung:** Eiablage auf Birken, auch Pappeln, Weiden und Ulmen; Eier werden in größeren Mengen (etwa 100) an den Zweigenden abgelegt; Raupen leben gesellig, sind schwarz, bedornt, auf dem Rücken rot gefleckt; Überwinterung als Falter.

Gattung: *Polygónia;* Flügelränder sehr stark gezackt, Hinterrand des Vorderflügels stark gebogen; 2 Arten:

Weißes C
Polygónia c-álbum (LINNÉ)

Flügel gelb- bis rotbraun, dunkel gefleckt; auf der Unterseite des Hinterflügels ein C-förmiger kleiner weißer Fleck; Spannweite **4 cm.**

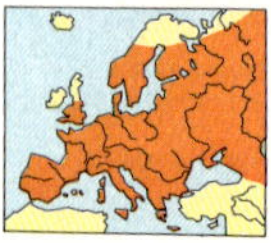

Verbreitung: fast ganz Europa; fehlt in Irland, Nordengland und im Norden jenseits 66° nördl. Breite. **Lebensraum** und **Lebensweise:** bevorzugt Waldränder; auch Gärten; Flugzeit Mai–Oktober. **Nahrung:** Nektar und Baumsäfte. **Fortpflanzung:** Eiablage auf Brennesseln, Johannisbeere, Hopfen, Ulme, Haselnuß u. a.; Raupen leben einzeln, sitzen meist an der Blattunterseite; Körperfarbe vorne rötlich gelb, danach weiß, seitlich rot gestreift und bedornt; hat 2–3 Generationen; Überwinterung als Falter.

21. Familie: Augenfalter *(Satýridae)*; beide Geschlechter mit verkümmerten Vorderbeinen und runden, nicht auffällig durch Schuppenringe betonten Augen; in Europa fast 100 Arten, überwiegend dunkelbraune Falter:

Gattung: Scheckaugen *(Lopinga)*; 1 Art:

Scheckauge, Gelbringfalter
Lopinga achine (Scopoli)

Augen behaart; Flügel braun, außen mit einer Reihe schwarzer, gelb umrandeter Flecke; Spannweite **4,5 cm.**

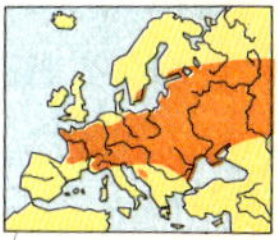

Verbreitung: in Mitteleuropa vom Westen Frankreichs bis zum Ural; nördliche Grenze Süden Schwedens und Finnlands, südliche Alpengebiet und Nordbalkan. **Lebensraum und Lebensweise:** bevorzugt lichte, trockene Laubwälder; Flug hüpfend; Flugzeit Juni bis August. **Nahrung:** Nektar. **Fortpflanzung:** Eiablage auf Rispengras, auch Segge und Taumelgras; Raupe grün, Seiten weiß längsgestreift, Rücken mit einer dunklen Längslinie, Überwinterung als Raupe.

Gattung: Mohrenfalter *(Erébia)*: Vorderbeine lang, aber ohne Krallen; zahlreiche veränderliche, schwer unterscheidbare Arten:

Rundaugen-Mohrenfalter, Kuhauge, Blutgrasfalter
Erébia medúsa Schiffermüller

Flügel oben und unten einfarbig braun, mit einer wechselnden Zahl runder Augenflecke; Spannweite **4 cm.**

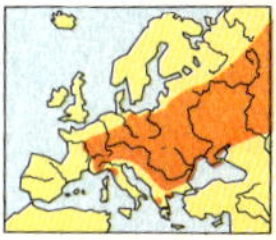

Verbreitung: Mitteleuropa; Zentralfrankreich durch Mitteleuropa bis Ural; südliche Grenze Alpen und Nordgriechenland. **Lebensraum und Lebensweise:** bevorzugt Wiesen auf offenem, hügeligem Gelände; ist nur bei Sonnenschein tätig; saugt auch gerne an Wasserpfützen; Flugzeit Mai–Juni. **Nahrung:** Nektar. **Fortpflanzung:** Eiablage auf Gräsern (Flattergras und Hirse); Raupe hellgrün, weiß längsgestreift, nur auf dem Rücken ein dunkelgrüner Streifen; frißt nur in der Dunkelheit; Überwinterung als Raupe.

Eis-Mohrenfalter, Eis-Alpenschwärzling
Erébia plúto de Prunner

Völlig samtschwarz oder braunrot, ohne Zeichnung; sehr veränderlich, Formen mit mehr oder weniger deutlichen Flecken; Spannweite **4,5 cm**

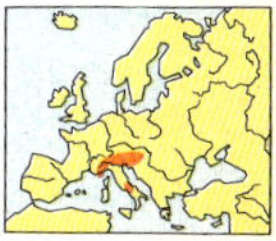

Verbreitung: Alpen und Abruzzen. **Lebensraum und Lebensweise:** bevorzugt Geröllhalden in 2000 bis 3000 m Höhe; Flugzeit Juli–August. **Nahrung:** Nektar. **Fortpflanzung:** Eiablage auf Gräser.

Gattung: Gletscherfalter *(Oenéis)*; 1 geblähte Ader, Zelle nur von ⅓ Flügellänge; 4 Arten:

Gletscherfalter
Oenéis glaciális Moll
(= *Oenéis aéllo* Huebner)

Vorderflügel in der Regel mit 2, Hinterflügel mit 1 Augenfleck; Spannweite fast **5 cm.**

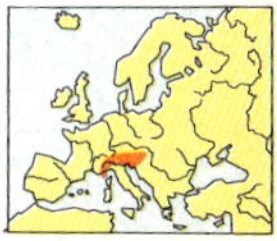

Verbreitung: Alpen. **Lebensraum und Lebensweise:** bevorzugt Geröllhalden und felsiges Gelände in 2000 bis 3000 m Höhe; Flugzeit Juli bis August. **Nahrung:** Nektar. **Fortpflanzung:** Eiablage auf Gräser.

Gattung: Samtfalter *(Hippárchia);* 2 Adern im Vorderflügel mit verdickter Basis; Mittelschienen nur halb so lang wie die Mittelschenkel; mehrere Arten:

Großer Waldportier
Hippárchia fági SCOPOLI
(= *Hippárchia hermione* [LINNÉ])

Flügel schwarzgrau, mit gelblichweißer Flügelbinde und je einem dunklen Augenfleck auf Vorder- und Hinterflügel; Spannweite **6,5 cm.**

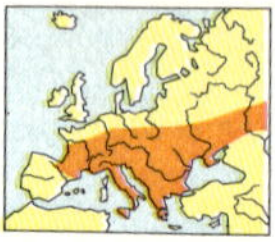

Verbreitung: von Pyrenäen bis Kasp. Meer; nördl. bis 52. Breitengrad; fehlt auf einigen Mittelmeerinseln. **Lebensraum** und **Lebensweise:** bevorzugt lichte Laubwälder mit trockenen Wiesen; Flug hüpfend; versteckt sich bei Gefahr mit geschlossenen Flügeln an Steinen und Baumstämmen; Flugzeit Juli–August. **Nahrung:** Nektar und Baumsäfte. **Fortpflanzung:** Eiablage auf Gräser, besonders auf Honiggras *(Holcus lanatus* und *mollis);* Raupe rötlichgrau, Rücken mit schwarzem, Seiten mit braunem Längsstreifen; Überwinterung als Raupe.

Rostbinde
Hippárchia sémele (LINNÉ)

Flügeloberseite graubraun, mit rostgelber Binde, darin im Vorderflügel 2 dunkle, hell gekernte Flecke; Spannweite **4,5 cm.**

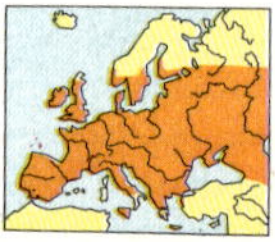

Verbreitung: fast ganz Europa; fehlt: Mittel-, Nordskandinavien, Mittel-, Nordfinnland, Nord-UdSSR, im äußersten Süden Europas. **Lebensraum** und **Lebensweise:** hält sich in trockenem, sandigem Gelände auf; sitzt gern an Baumstämmen mit zusammengelegten Flügeln und ist dann wegen der Unterflügelzeichnung schwer auszumachen; Flug hüpfend; Flugzeit Juli bis August. **Nahrung:** Nektar und Saft wunder Baumstämme. **Fortpflanzung:** Eiablage an Gräser; Raupe sandfarben, mit dunklen Längsstreifen; frißt nur nachts und überwintert nach der 2. Häutung; Verpuppung Mai–Juni.

Gattung: Heufalter *(Coenonýmpha);* 3 Längsadern des Vorderflügels haben verdickte Basen; mehrere Arten:

Kälberauge, Kleiner Heufalter
Coenonýmpha pamphilius (LINNÉ)

Flügel ockergelb, Rand dunkel gesäumt; Vorderflügel mit dunklem Augenfleck; Spannweite etwa **3 cm.**

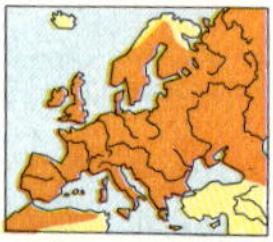

Verbreitung: fast ganz Europa; fehlt: Nord-Skandinavien, -Finnland, -UdSSR. **Lebensraum** und **Lebensweise:** bevorzugt offenes Gelände mit Wiesen und Feldern; Flugzeit in 2–3 Generationen von Mai–September. **Nahrung:** Nektar. **Fortpflanzung:** Eiablage auf Gräser (Rispengras, Kammgras etc.); Raupe grün, mit zwei hellen Längsstreifen auf dem Rücken und einem gelben an den Seiten, Überwinterung als Raupe.

22. Familie: Bläulinge *(Lycaenidae)*; oft lebhaft blau oder rot gefärbte, kleine Arten; in Europa fast 80 Arten, Bestimmung schwierig:

Gattung: Zipfelfalter *(Thécla)*; Hinterflügel deutlich geschwänzt; im Vorderflügel gehen 9 Adern aus der Zelle ab (bei anderen Arten mit gezipfelten Flügeln nur 8); Augen behaart; mehrere Arten:

Blauer Eichenzipfelfalter

Thécla quércus (LINNÉ)
(= *Quercúsia quércus* [LINNÉ])

Flügeloberseite des ♂ dunkel violettblau, des ♀ schwarzbraun, mit kleinem, dunkel violettblauem Fleck; Unterseite aschgrau; Spannweite **3 cm.**

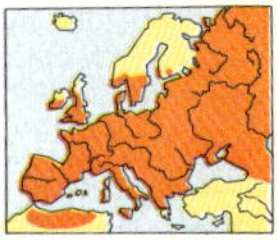

Verbreitung: fast ganz Europa; fehlt: Mittel-, Nordskandinavien, Finnland (nur lokal im Süden), Nord-UdSSR, Großbritannien; Griechenland. **Lebensraum und Lebensweise:** bevorzugt Laubwaldränder mit Eichen; umfliegt gern ältere Eichenbäume und ruht meistens in größerer Anzahl auf einzelnen vorspringenden Ästen; Flugzeit Juni–August. **Nahrung:** Nektar. **Fortpflanzung:** Eiablage auf Eichen; Raupe asselförmig, fleischfarben, mit dunklem Längsstreifen auf dem Rücken; Seiten rot gefleckt, mit gelbem Längsstreifen; frißt in der Dunkelheit Blattknospen und Blätter und versteckt sich am Tag auf der Blattunterseite; Überwinterung als Ei.

Birkenzipfelfalter

Thécla bétulae (LINNÉ)

Schwarzbraun, vor dem Zipfel etwas rotgelb; ♀ außerdem im Vorderflügel mit großem, rostgelbem Fleck; Spannweite ♂ **3,** ♀ **4 cm.**

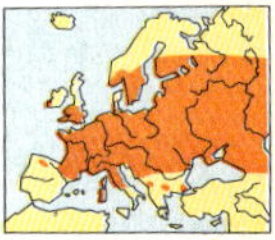

Verbreitung: von den Pyrenäen ab in Mitteleuropa; nördliche Grenze Südskandinvien, Südfinnland, Südengland; südlich bis Mittelitalien und nördlicher Balkan. **Lebensraum und Lebensweise:** bevorzugt Waldränder mit Schlehenbüschen; ruht gern auf höheren Ästen; lebt nicht gesellig; Flugzeit Juli–September. **Nahrung:** Nektar. **Fortpflanzung:** Eiablage auf Schlehe und Pflaume; Raupe grün, mit 2 gelben Längsstreifen auf dem Rücken; Seiten hell schräggestreift; Überwinterung als Ei.

Gattung: Bläulinge i. e. S. *(Lycaena*; heute vielfach aufgeteilt); im Vorderflügel 2 Adern auf gemeinsamem Stiel, der aus der Vorderecke der Zelle abgeht; viele schwierige Arten:

Großer Fleckenbläuling

Lycaena árion (LINNÉ)
(= *Maculinea árion* [LINNÉ])

Unterseite grau, mit weißen Inseln, darin dunkle Flecke; keine braunfleckige Randbinde; Spannweite gut **4 cm.**

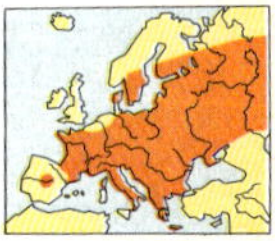

Verbreitung: Mittel- und Südeuropa; nördliche Grenze bis zum 62° nördl. Breite; fehlt in Großbritannien, Holland, auf den meisten Mittelmeerinseln; lokal in Mittelspanien und Griechenland. **Lebensraum:** bevorzugt mit Wiesen bedecktes hügeliges und gebirgiges Gelände; Flugzeit Mai–August. **Nahrung:** Nektar. **Fortpflanzung:** Eiablage auf Thymian; Raupe fleischfarben, hell längsgestreift, Kopf braun; Überwinterung als Raupe in Ameisenhaufen.

Heidebläuling
Lycaena árgus (LINNÉ)
(= *Plebéjus árgus* [LINNÉ])

Unterseite der Flügel mit schwarzen Flecken auf weißen Partien, mit Saum braunroter Mondflecke; Spannweite etwa **3 cm.**

Verbreitung: fast ganz Europa; fehlt: Nord-Skandinavien, -Finnland, -Großbritannien, -UdSSR, in Griechenland und den meisten Mittelmeerinseln. **Lebensraum:** bevorzugt trockenes, offenes Gelände; ist besonders auf Heiden, aber auch auf Mooren zu beobachten; Flugzeit je nach Klimalage von Mai–Juni und Juli–September. **Nahrung:** Nektar. **Fortpflanzung:** Eiablage auf Steinklee, Ginster, Hauhechel und Blasenstrauch; Raupe grün, Rücken mit dunklem Längsstreifen, Seiten dunkel schräggestreift; ist immer von Ameisen umgeben, weil die Raupe ein Sekret absondert, das als zusätzliche Nahrung dient; Überwinterung als Ei.

Deutscher Alpenbläuling
Lycaena orbitulus DE PRUNNER
(= *Albulina orbitulus* [DE PRUNNER])

Flügeloberseite des ♂ silbrigblau, des ♀ braun, beide mit schwarzer Randlinie; Unterseite mit rein weißen Flecken; Spannweite **2,6 cm.**

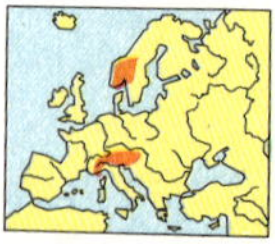

Verbreitung: Alpen und Gebirge Südskandinaviens. **Lebensraum:** bevorzugt Gebirgsmatten in Höhen von 1000 bis 3000 m; Flugzeit Juli bis August. **Nahrung:** Nektar. **Fortpflanzung:** Eiablage auf *Astragalus alpinus* und *frigidus;* Raupe grün, Rücken dunkler und weiß gerandet; jedes Segment mit rotem Punkt und dunklem Schrägstrich; Kopf schwarz; Überwinterung wahrscheinlich als Raupe.

Gattung: *Heódes;* im Vorderflügel gehen 3 Adern mit gemeinsam Stiel aus der Ecke der Zelle ab; mehrere Arten:

Dukatenfalter
Heódes virgaureae (LINNÉ)

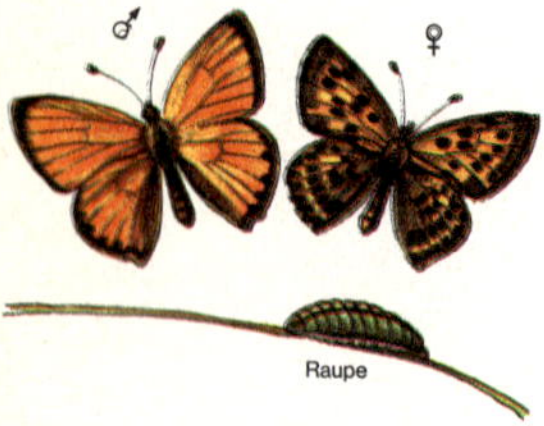

Oberseite der Flügel beim ♂ goldrot; beim ♀ gelblicher und reichlich schwarz gefleckt; Spannweite **3,2–3,5 cm.**

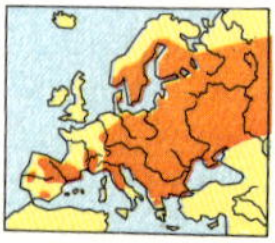

Verbreitung: vom Norden Griechenlands und von Mittelitalien bis zum Süden Skandinaviens und Finnlands; in Westeuropa in Südfrankreich; lokal in Spanien, hauptsächlich im Norden. **Lebensraum** und **Lebensweise:** bevorzugt Wälder, Wiesen und Wegränder, ist aber auch in offenem, blumenreichem Gelände anzutreffen; bewegt sich sehr lebhaft, besonders während der Mittagshitze; Flugzeit Juni–August. **Nahrung:** Nektar. **Fortpflanzung:** Eiablage auf Ampferarten; Raupe flaschengrün, mit gelblichen, warzenförmigen Höckern und einer gelblichen Linie auf dem Rücken; versteckt sich meist an der Blattunterseite; Überwinterung meist als Raupe, gelegentlich auch im Eistadium.

XIV. Ordnung: Flöhe *(Siphonáptera) (= Aphaniptera)*; kleine braune, seitlich stark abgeflachte Insekten mit langen Sprungbeinen, flügellos; Mundwerkzeuge stechend-saugend; ungefähr 1500 Arten Flöhe, in Europa etwa 100:

1. Familie: Flöhe *(Pulicidae)*; jedes Hinterleibssegment nur mit 1 Borstenreihe; an der Innenseite der Hinterhüften eine Anzahl kurzer, starrer Borsten; wenige Gattungen:

Gattung: *Ctenocephálides*; Kopf lang und flach, unten am Vorderrand ein Borstenkamm; ein weiterer Kamm kurzer starrer Borsten am Hinterrand der Vorderbrust; 2 Arten:

Hundefloh
Ctenocephálides cánis (LINNÉ)

Länge des Kopfes nicht doppelt so groß wie seine Höhe; Vorderrand des Kopfes fällt steil ab; etwa **2 mm** lang.

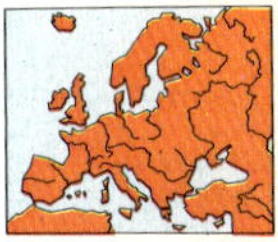

Verbreitung: mit dem Menschen und Haushund weltweit. **Lebensraum** und **Lebensweise:** Erwachsene im Fell des Hundes und in seinem Lager; beweglich und flink im Fell umherwandernd, leicht auf andere Wirte überwechselnd; wenn ungestört, lange Blutmahlzeiten, bei denen überschüssiges Blut durch den After abgegeben wird, das den Larven als Nahrung dient. **Nahrung:** Blut des Hundes, auch anderer Säuger, einschließlich des Menschen. **Fortpflanzung:** Ablage von je etwa 10 Eiern nach einer Blutmahlzeit ins Nest des Wirts; langlebig, insgesamt werden mehrere Hundert Eier gelegt; 3 Larvenstadien, dann Verpuppung; Entwicklungszeit hängt wesentlich von den äußeren Bedingungen, vor allem der Temperatur, ab.

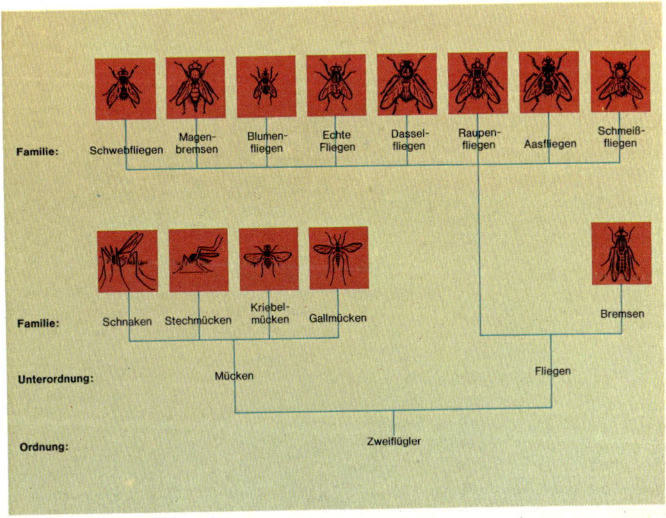

423.1 System der Zweiflügler

XV. Ordnung: Zweiflügler *(Diptera);* kleine bis mittelgroße Insekten, deren Hinterflügel zu kleinen gestielten Schwingkölbchen (Halteren) umgewandelt sind. Die Mundwerkzeuge sind leckend-saugend, mitunter stechend-saugend; bisher sind etwa 85 000 Arten bekannt;

I. Unterordnung: Mücken *(Nematócera,* d. h. Fadenfühlerige!); etwa 20 Familien:

1. Familie: Schnaken *(Tipúlidae);* große, auffallend langbeinige Mücken, keine Blutsauger; mehrere Gattungen:

Gattung: Schnaken *(Típula);* Schienen mit Endspornen, Fühler 13gliedrig, einfach, aber mit wirtelig geordneten langen Haaren; viele Arten:

Kohlschnake
Tipula olerácea LINNÉ

Unscheinbar gelbgrau, matt, sehr langbeinig; in der Ruhe werden die Flügel V-förmig gespreizt; bis **25 mm** lang.

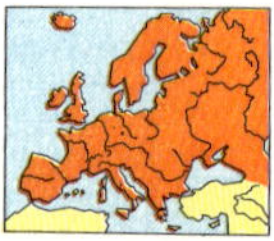

Verbreitung: Europa. **Lebensraum und Lebensweise:** bevorzugt Wiesen und Felder; ist am Tag und in der Dämmerung tätig; fliegt tanzend dicht über dem Erdboden; läßt sich auch vom Licht anlocken; Flugzeit Juni–September. **Nahrung:** ♂ keine, ♀ gelegentlich Nektar. **Fortpflanzung:** ♀ besitzt Legeröhre und legt Eier in die Erdoberfläche; Eizahl sehr groß (über 1000!); die Larven leben tagsüber unter der Erde und fressen Pflanzenwurzeln, in der Nacht die oberirdischen Triebe; sie können bei Massenauftreten landwirtschaftliche Anbaugebiete schädigen; die Larven verpuppen sich in der Erde.

2. Familie: Stechmücken *(Culicidae);* mittelgroße zarte Mücken; besonders in warmen Ländern Zwischenwirte und Überträger gefährlicher Krankheiten wie Malaria, Gelbfieber oder Elefantiasis; zahlreiche Gattungen:

Gattung: Stechmücken *(Cúlex);* Körper in der Ruhe annähernd parallel zur Unterlage. Larven ruhen atmend in schrägem Winkel unter der Wasseroberfläche; zahlreiche Arten:

Gemeine Stechmücke
Cúlex pipiens LINNÉ

Unscheinbar grau, ohne helle Ringelung der Beine oder Fleckung der Flügel; ♂ **5,** ♀ **6 mm** lang.

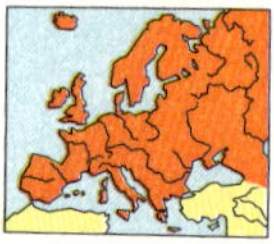

Verbreitung: Europa. **Lebensraum und Lebensweise:** Nähe stehender Gewässer, sumpfiges Gelände; zu jeder Tageszeit tätig; Flugzeit Mai–September. **Nahrung:** ♂♂ saugen gelegentlich Pflanzensäfte, ♀♀ leben ausschließlich vom Blut der Warmblütler; beim Stich wird durch ein Sekret die Blutgerinnung verhindert, Stichstelle schwillt anschließend an. **Fortpflanzung:** Eiablage in schwimmenden Paketen auf Wasseroberfläche; Larven bewegen sich schlängelnd im Wasser, leben von Pflanzenteilen; schwimmen regelmäßig zur Oberfläche, um durch ein Atemrohr am Körperende Luft aufzunehmen; Verpuppung im Wasser; Puppe am dicken Kopfende mit 2 Atemröhren; ruht meistens an der Wasseroberfläche, kann bei Gefahr durch schlängelnde Bewegungen in die Tiefe entfliehen; 5–6 Generationen möglich; Überwinterung als Imago in kühlen Räumen.

Gattung: Fiebermücken *(Anópheles);* mehrere Arten, die mit stark gegen die Unterlage geneigtem Kopf und erhobenem Hinterleib ruhen. Den Larven fehlt ein spezielles Atemrohr, sie ruhen flach unter dem Wasserspiegel.

Fiebermücke
Anópheles maculipénnis MEIGEN

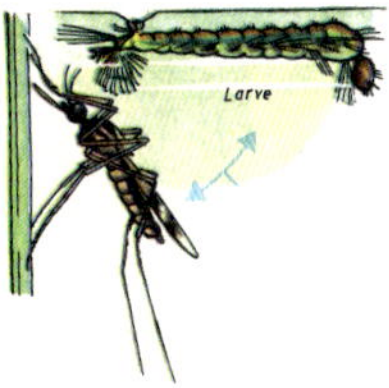

Flügel durch Häufung dunkler Schüppchen deutlich gefleckt; **6 mm** lang.

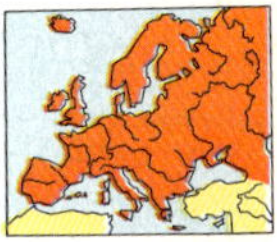

Verbreitung: Europa. **Lebensraum und Lebensweise:** wie *C. pípiens.* **Nahrung:** wie *C. pípiens;* ♀♀ können beim Stich unter gewissen Voraussetzungen die Malaria auf den Menschen übertragen. **Fortpflanzung:** Eiablage einzeln in stehende Gewässer, auch Tümpel, Regentonnen und Dachrinnen; Überwinterung als Imago wie *C. pípiens.*

3. Familie: Kriebelmücken *(Simuliidae);* sehr klein, fliegenähnlich; zahlreiche Arten:

Gattung: Kriebelmücken i. e. S. *(Simúlium):*

Gemeine Kriebelmücke
Simúlium réptans (LINNÉ)

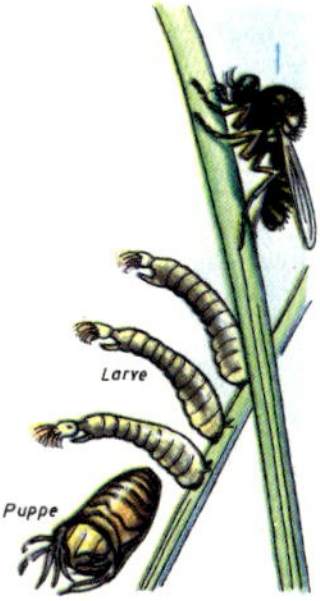

Samtig schwarz, Thorax mit silbrig scheinenden Haarflecken, Flügel klar; ♂ mit sehr großem Kopf und riesigen Augen; abgebildet ist ein ♀; etwa **3 mm** lang.

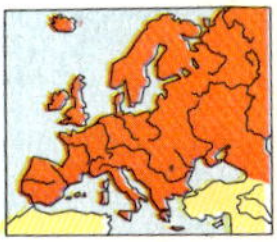

Verbreitung: Europa. **Lebensraum und Lebensweise:** bevorzugt schnellfließende, klare Gewässer; ist nur am Tage tätig; Flugzeit Juli–September. **Nahrung:** ♂♂ nur Pflanzensäfte; ♀♀ nur Blut von Warmblütlern, besonders von Weidevieh; die Stichstellen schwellen sehr stark an; wird Weidevieh an den Augen- und Nasenschleimhäuten massenhaft gestochen, so geht es oft nach wenigen Stunden ein. **Fortpflanzung:** Eiablage in unmittelbarer Nähe des Wasserspiegels von Fließgewässern an Steine und Blätter. Larven sitzen mit verdicktem Hinterende still in der Strömung und filtrieren mit komplizierten Kopffächern Schwebstoffe ab, die ihnen als Nahrung dienen; Verpuppung in einem tütenförmigen Gespinst unter Wasser; Überwinterung auf dem Eistadium.

4. Familie: Gallmücken *(Cecidomyiidae);* winzige zarte Mücken; Larven erzeugen Gallen; zahlreiche Gattungen und Arten.

Gattung: Buchengallmücken *(Mikióla);* 1 Art:

Große Buchengallmücke
Mikióla fági HARTIG

Schwarzbraun, der Hinterleib rötlich; bis **4,5 mm** lang.

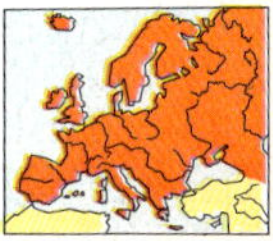

Verbreitung: Europa. **Lebensraum:** Rotbuchenwälder; Flugzeit im Frühjahr. **Nahrung:** unbekannt. **Fortpflanzung:** Eiablage im Frühjahr in die Blattknopsen der Rotbuche; mit Entfalten des Blattes schlüpfen die Larven, die durch ihre Tätigkeit auf der Blattoberseite zwiebelförmige, rötlichgelbe Gallen entstehen lassen, nach dem Laubverfall verbleibt die ausgewachsene Larve in der schützenden Galle und verpuppt sich erst im Frühjahr; bald danach schlüpft das Insekt.

II. Unterordnung: Fliegen *(Brachýcera):*

1. Familie: Bremsen *(Tabánidae);* mittelgroß bis groß, Fühler kurz, aber deutlich 6- oder mehrgliedrig:

Gattung: Bremsen *(Tabánus);* Hinterschienen ohne Endsporne, 3. Fühlerglied vergrößert, nach oben winklig erweitert:

Gemeine Rinderbremse
Tabánus bovínus Linné

Flügel klar mit bräunlichen Adern; matt, Thorax graubraun, Abdomen schwarz mit gelblichen Flecken; **20–25 mm** lang.

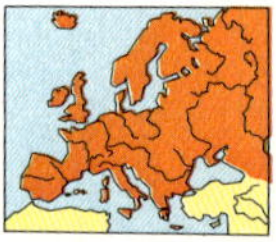

Verbreitung: Europa. **Lebensraum und Lebensweise:** bevorzugt feuchte Viehweiden; ist bei Sonnenschein und Hitze besonders lebhaft; fliegt schnell; nur die ♀♀ stechen und saugen Blut aus Rindern und Pferden; Flugzeit Mai–September. **Nahrung:** ♂♂ Nektar, ♀♀ Tierblut. **Fortpflanzung:** Eiablage an Pflanzen; die Larven verkriechen sich in den Boden und leben dort räuberisch von Insektenlarven; sie verpuppen sich im Frühjahr.

Gattung: Regenbremsen *(Haematópota);* wie vorige Gattung, aber 3. Fühlerglied einfach; mehrere Arten:

Regenbremse
Haematópota pluviális (Linné)

Grau, Körper und Flügel verwaschen dunkel und hell gescheckt; **10 mm** lang.

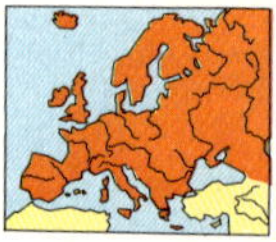

Verbreitung: Europa. **Lebensraum und Lebensweise:** bevorzugt feuchtes Gelände in Wassernähe; fliegt schnell und lautlos; sticht Menschen und Tiere, um Blut zu saugen; Flugzeit Juni bis September; ist auch bei Regenwetter tätig. **Nahrung:** wie *T. bovínus.* **Fortpflanzung:** Eiablage an Pflanzen; Larven kriechen in den Boden und leben dort räuberisch von Insektenlarven und Kleinlebewesen; Verpuppung ohne schützende Hülle.

Gattung: Blinde Fliegen *(Chrýsops);* Flügel mit dunklem Band; mehrere Arten:

Blindbremse
Chrýsops caecútiens (Linné)

Hinterleib dunkel mit gelblichen Flecken; auffallend goldgrün schillernde Augen; bis **10 mm** lang.

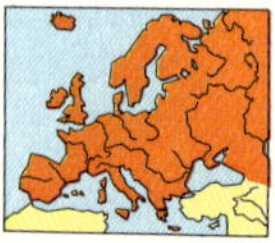

Verbreitung: Europa. **Lebensraum und Lebensweise:** bevorzugt feuchtes Gelände in Wassernähe; ist ebenfalls ein schneller Flieger, der Menschen und Tiere sticht, um Blut zu saugen; Flugzeit Mai–September. **Nahrung:** wie *T. bovínus.* **Fortpflanzung:** Eiablage an Wasserpflanzen; die Larven leben räuberisch am Bodengrund in Ufernähe; sie verpuppen sich außerhalb des Wassers in der Erde.

2. Familie: Schwebfliegen *(Sýrphidae);* sehr verschieden gestaltete, meist lebhaft gefärbte Fliegen; Fühler dreigliedrig mit Fühlerborste; viele Gattungen:

Gattung: Schlammfliegen *(Eristalis);* zahlreiche Arten:

Schlammfliege
Eristalis ténax (LINNÉ)

Körper plump, stark behaart, braun und gelb gezeichnet, bienenähnlich („Mistbiene"); bis **12 mm** lang.

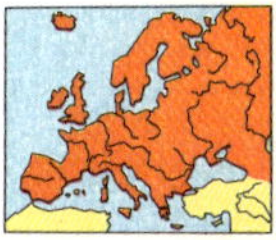

Verbreitung: Europa. **Lebensraum** und **Lebensweise:** bevorzugt die Nähe stehender, faulender Gewässer und Jauchegruben; ist am Tag tätig und als Blütenbesucher auf Doldengewächsen zu beobachten; Flugzeit Frühsommer bis Herbst. **Nahrung:** Nektar. **Fortpflanzung:** Eiablage in faulende, schlammige Gewässer; Larven besitzen rattenschwanzähnliches Atemrohr bis 10 cm Länge, das *teleskopartig* zusammengeschoben werden kann; es paßt sich der jeweiligen Aufenthaltstiefe an; Verpuppung an Bäumen und Wänden in fester, tonnenähnlicher Puppenhülle.

3. Familie: Magenbremsen *(Gasterophilidae);* groß, dicht pelzartig behaart; wenige Gattungen:

Gattung: Magenbremsen; wenige Arten:

Magenbremse, Pferdebiesfliege
Gasterophilus intestinális DEGGER

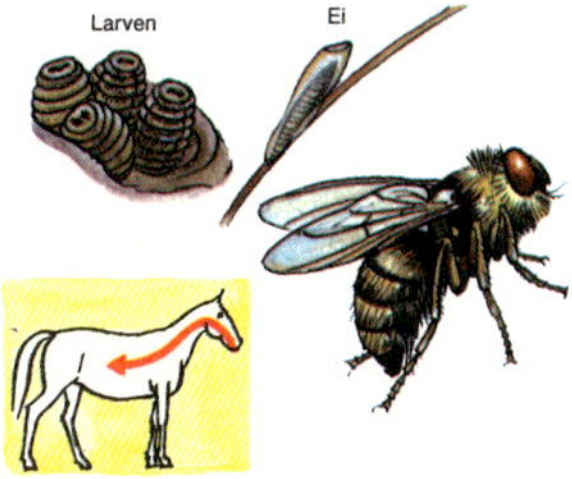

Bräunlich behaart, Brust hinten schwärzlich; Flügel mit brauner Querbinde; **12–15 mm** lang.

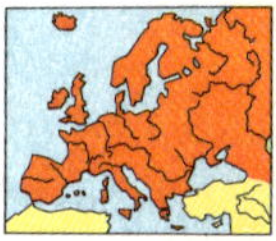

Verbreitung: Europa. **Lebensraum** und **Lebensweise:** bevorzugt Pferdeweiden; ist am Tag tätig; Flugzeit Juni–September. **Nahrung:** keine. **Fortpflanzung:** ♀ besitzt ausstülpbare Legeröhre und legt Eier an Brust- und Vorderbeinhaare der Pferde; die birnenförmigen Eier haften sehr fest, da sie mit einem besonderen Kitt versehen werden; die ausschlüpfenden Larven erzeugen einen Juckreiz auf der Haut und werden von dem befallenen Tier abgeleckt; sie gelangen in den Magen, wo sie sich in der Schleimhaut mit besonderen Haftorganen verankern; dort leben sie fast 1 Jahr als Parasit, bis sie ihre volle Größe erreicht haben; danach werden sie über den Darm ausgeschieden und verpuppen sich in der Erde.

4. Familie: Blumenfliegen *(Anthomyiidae);* Mittellängsader des Flügels grade, Rüssel wohl entwickelt; umfangreiche Gruppe mit mehreren Unterfamilien.

Gattung: *Fánnia;* die hinterste Längsader erreicht den Flügelrand nicht; viele Arten.

Kleine Stubenfliege
Fánnia caniculáris (LINNÉ)

Rücken schwärzlichgrau, mit 3 dunklen Längslinien; bis **6 mm** lang.

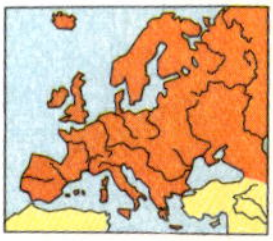

Verbreitung: Europa. **Lebensraum** und **Lebensweise:** bevorzugt Wohnräume, ruht meist an der Stubendecke und führt um Hängelampen tänzelnde Flüge aus; wird dem Menschen nicht lästig. **Nahrung:** wie *M. doméstica,* siehe unten. **Fortpflanzung:** Eiablage in faulende Stoffe; Made mit Dornen; in einem Jahr entwickeln sich nur 4 Generationen; Überwinterung als Larve.

5. Familie: Echte Fliegen *(Múscidae)*; die Mittellängsader der Flügel ist nach vorn gebogen;

Gattung: Stubenfliegen *(Músca)*; Mittellängsader stark geknickt; Taster weich, lappige Tupfer; schwarz; mehrere Arten.

Große Stubenfliege
Músca doméstica Linné

Augen kahl, durch breite (♂) bis sehr breite (♀) Stirn getrennt; Hinterleib schillernd fleckig behaart, seine Basis gelblich; bis **7,5 mm** lang.

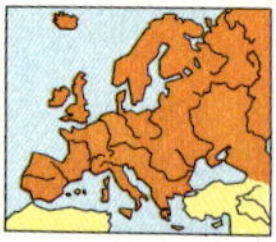

Verbreitung: Europa. **Lebensraum** und **Lebensweise:** bevorzugt menschliche Siedlungen; liebt Wärme und fühlt sich an unsauberen Orten am wohlsten; ist am Tag tätig und putzt sich oft; kann bei der Nahrungssuche sehr zudringlich werden; ist bekannt als Überträger von Krankheitserregern. **Nahrung:** kann nur flüssige Nahrung zu sich nehmen; saugt an Lebensmitteln, aber auch an Exkrementen und faulenden Substanzen. **Fortpflanzung:** Eiablage in faulende Stoffe, vor allem Dunghaufen; die weißlichen Larven entwickeln sich unter günstigen Umständen bereits in einer Woche zur tönnchenförmigen Puppe; Fliegen können deshalb in einem Jahr 8 Generationen haben; Überwinterung als Puppe oder Larve.

Gattung: Stechfliegen *(Stomóxys)*; Mittellängsader nur leicht gebogen; Rüssel glatt, hornig, hart, lang, Taster viel kürzer als er, fadenartig dünn; 1 Art:

Wadenstecher, Gemeine Stechfliege
Stomóxys cálcitrans (Linné)

Der Stubenfliege gestaltlich ähnlich, unscheinbar dunkelgrau, Flügel V-förmig gespreizt; Rüssel steht waagerecht vor; **6,5 mm** lang.

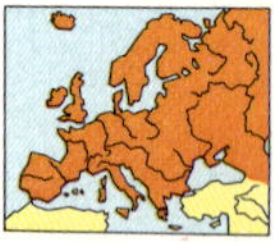

Verbreitung: Europa. **Lebensraum** und **Lebensweise:** bevorzugt menschliche Siedlungen auf dem Lande; ist dort in Viehställen heimisch, aber auch gelegentlich in den naheliegenden Wohnungen zu beobachten; sticht das Vieh, aber auch den Menschen, vornehmlich in die Beine (daher auch der Name „Wadenstecher"); der Stich ist sehr schmerzhaft; dabei können Krankheiten übertragen werden. **Nahrung:** Blut. **Fortpflanzung:** Eiablage in Stalldung, in dem sich danach die kugelförmigen Larven entwickeln.

6. Familie: Dasselfliegen, Rachenbremsen *(Óestridae)*:

Gattung: Dasselfliegen, Biesfliegen *(Hypoderma)*; mehrere Arten.

Rinderbiesfliege
Hypodérma bóvis (Degeer)

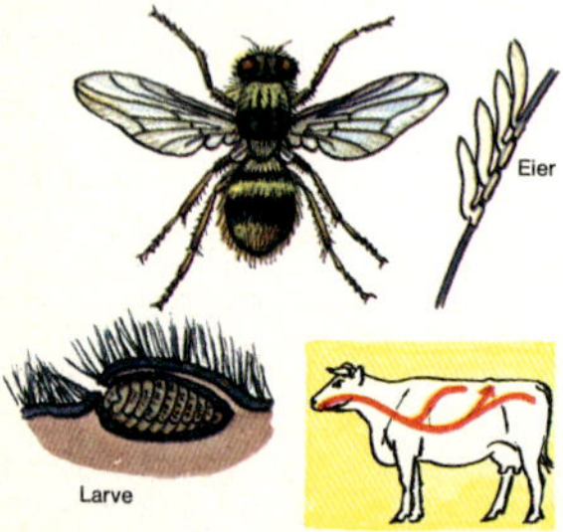

Hinterrand der Brust nur längsgefurcht; lang behaart, Haare der Brust vorn gelb, hinten dunkel; **14–16 mm** lang.

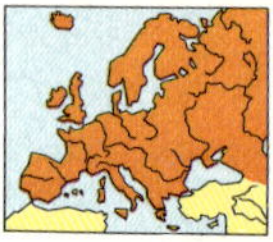

Verbreitung: Europa. **Lebensraum** und **Lebensweise:** bevorzugt Viehweiden; ist am Tag tätig; Flugzeit Juni–Juli. **Nahrung:** keine. **Fortpflanzung:** ♀ besitzt ausstülpbare Legeröhre und legt Eier an Bauch- und Beinhaare der Rinder; die spindelförmigen Eier haften sehr fest; die ausschlüpfenden Larven durchbohren die Haut, siedeln sich im darunterliegenden Zellgewebe an und gelangen während ihres Wachstums bis in die Rückenregion; dort bilden sich durch Stoffwechselreize des Schmarotzers unter der Haut bis taubeneiergroße Verdickungen, die sich nach außen öffnen; durch diese Öffnung verläßt die ausgewachsene Larve das Wirtstier, fällt auf die Erde und verpuppt sich dort; nach etwa 4 Wochen verläßt das fertige Insekt die Puppe; durch den Larvenbefall werden der Gesundheitszustand und die Milcherzeugung der Rinder sehr beeinträchtigt; das Leder wird entwertet.

7. Familie: Raupenfliegen *(Tachinidae);* auffallend stark beborstete Fliegen, die wegen ihrer Lebensweise von großer Bedeutung sind; als Beispiel dafür wird eine Art hier erwähnt:

Gattung: Igelfliegen *(Echinomýia).*

Stachelfliege
Echinomýia gróssa (LINNÉ)

Körper schwarz, dicht stachelborstig; Kopf und Flügelbasis rotgelb; **16–18 mm** lang.

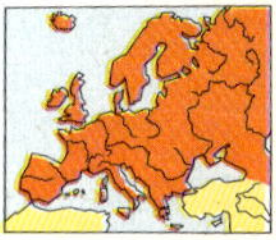

Verbreitung: Europa. **Lebensraum** und **Lebensweise:** ist an kein besonderes Gelände gebunden; liebt Sonnenschein und ist auf blühenden Pflanzen zu beobachten; Flugzeit Juni bis September. **Nahrung:** Nektar und Pflanzensäfte. **Fortpflanzung:** ♀ legt Eier auf Raupen; die auskriechenden Larven durchbohren die Außenhaut und leben parasitisch im Körperinnern; ist ihre Entwicklung beendet, fressen sie sich einen Weg nach außen, wodurch die Raupe getötet wird; die Verpuppung erfolgt meist in unmittelbarer Nähe, oft auch auf dem Wirtstier selbst; Raupenfliegen spielen im Haushalt der Natur eine wichtige Rolle bei der Bekämpfung von Schädlingsraupen.

8. Familie: Aasfliegen *(Sarcophágidae);* etwa 100 Gattungen, Bestimmung schwierig:

Gattung: Fleischfliegen *(Sarcóphaga);* wenige Arten:

Fleischfliege
Sarcóphaga carnária (LINNÉ)

Schwarz, silbrig grau schimmernd, auf der Brust 3 rein schwarze Längsstreifen, **10–15 mm** lang.

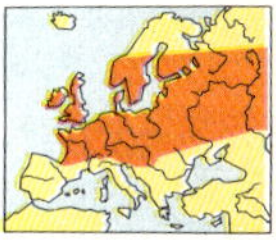

Verbreitung: Mitteleuropa. **Lebensraum** und **Lebensweise:** bevorzugt die Nähe menschlicher Siedlungen; ist auf Blüten und Exkrementen zu beobachten. **Nahrung:** Nektar und Baumsäfte. **Fortpflanzung:** ♀ legt keine Eier, sondern spritzt bereits entwickelte Larven in zum Verzehr freiliegendes frisches Fleisch, aber auch in offene Wunden von Menschen und Tieren; die Larven haben eine kurze Entwicklungsdauer und verpuppen sich in einer schwarzbraunen Tönnchenpuppe.

9. Familie: Schmeißfliegen *(Calliphóridae);* meist metallglänzend; über 30 Gattungen, Bestimmung schwierig:

Gattung: Schmeißfliegen i. e. S. *(Callíphora);* stahlblau, etwas grau bereift, wenige Arten:

Blaue Schmeißfliege
Callíphora erythrocéphala (MEIGEN)

Metallisch blau, Backen und unterer Teil des Gesichts rotgelb; bis **12 mm** lang.

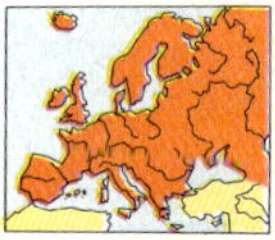

Verbreitung: Europa. **Lebensraum** und **Lebensweise:** bevorzugt die Nähe menschlicher Siedlungen; Fluggeräusch tief brummend; hält sich gern auf Aas, Abfällen und Exkrementen auf und wird dadurch zum Überträger von Bakterien. **Nahrung:** flüssige Substrate tierischer oder pflanzlicher Herkunft. **Fortpflanzung:** Eiablage in kleinen Portionen auf faulendes Fleisch und andere in Fäulnis befindliche eiweißhaltige Stoffe; Eier länglich und weiß; Gesamteizahl bis 800; die gelblichweißen Larven sind in etwa 1 Woche ausgewachsen und verpuppen sich in der Erde in einer Tönnchenpuppe; das fertige Insekt schlüpft bereits nach einer weiteren Woche.

Gattung: Goldfliegen *(Lucilia)*; Körper metallisch grün, schwarz behaart; einige Arten:

Goldfliege
Lucilia caésar (Linné)

Der ganze Körper lebhaft metallisch goldgrün und stark glänzend; bis **12 mm** lang.

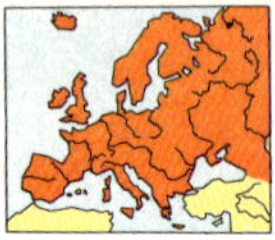

Verbreitung: Europa. **Lebensraum** und **Lebensweise:** bevorzugt menschliche Siedlungen; ist auf faulenden Stoffen, Exkrementen und auch Blüten zu beobachten; Flugzeit Juni–September. **Nahrung:** Nektar. **Fortpflanzung:** Eiablage auf faulende Stoffe tierischer und pflanzlicher Herkunft, gelegentlich auch in eiternde Wunden.

2. Klasse: Tausendfüßler *(Myriópoda)*; flügellose, bodenbewohnende Tracheaten, mit 1 Fühlerpaar und beißenden Kiefern; Körper meist langgestreckt, in Kopf und den meist langen, vielgliedrigen Rumpf gegliedert, bei Erwachsenen stets mehr als 3 Beinpaare, meist viele Beine.

1. Unterklasse: Hundertfüßler *(Chilópoda)*; lang, flach, mit Giftklauen am Vorderende:

I. Ordnung: *Pleurostigmata*; pro Rumpfsegment nur 1 Beinpaar; Stigmen paarig, an den Körperseiten; 1 oder mehr Körperringe; einzelne Punktaugen oder blind.

1. Familie: Skolopender, Riesenläufer *(Scolopéndridae)*; 21 Beinpaare:

Gattung: Riesenläufer *(Scolopéndra)*:

Gürtel-Skolopender
Scolopéndra cinguláta Latreille

(a) Dunkelbraun, mitunter dunkelgrün; jedes zweite der 21 Rumpfsegmente nur undeutlich kürzer als die anderen; bis **17 cm** lang.

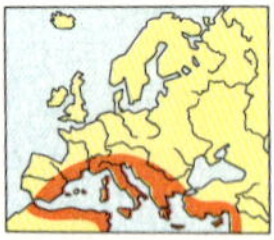

Verbreitung: Mittelmeerländer. **Lebensraum** und **Lebensweise:** lebt verborgen unter Steinen; legt dort viele Gänge und eine Wohnhöhle an; ist nur nachts tätig. **Nahrung:** hauptsächlich Regenwürmer und Insektenlarven. **Fortpflanzung:** das ♂ setzt auf einem kleinen Gespinst eine Spermatophore ab, das ihm folgende ♀ nimmt sie in die Geschlechtsöffnung auf. ♀ umschlingt die Eier in einer Erdhöhle und bewacht und pflegt das Gelege (15–30 Eier) und die frühestens nach 5 Wochen schlüpfenden Jungen; diese haben beim Schlüpfen die volle Segment- und Beinzahl. – Der **Gewöhnliche Steinkriecher** (b; Abb. 430.1) *Lithóbius forficátus* (Linné); jedes 2. Segment auffallend klein; **2–3 cm** lang; bewohnt ganz Europa; im übrigen ähnlich dem Gürtel-Skolopender (Familie *Lithobiidae*).

430.1 Gewöhnlicher Steinkriecher

2. Unterklasse: Doppelfüßler, Eigentliche Tausendfüßler *(Diplópoda);* Körper gewölbt, pro Segment 2 Beinpaare:

I. Ordnung: Schnurfüßler *(Juloídea);* Körper im Querschnitt rund, mehr als 32 Ringe:

1. Familie: Schnurfüßler *(Júlidae);* Ringe seitlich und oben längsgerieft; zahlreiche schwer unterscheidbare Gattungen und Arten, hier 2 Beispiele:

Gattung: *Schizophýllum;* artenreich:

Sand-Schnurfüßler
Schizophýllum sabulósum (LINNÉ)
(= *Július sabulósus* [LINNÉ])

(a) Schwarz, oberseits mit 2 rötlichgelben Längsbinden; **20–50 mm** lang.

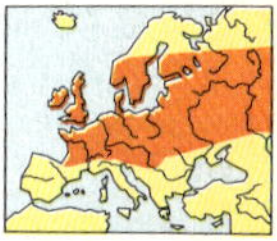

Verbreitung: Mittel- und Nordeuropa. **Lebensraum und Lebensweise:** ist nur nachts tätig; bevorzugt warmen, sandigen Boden; ist eine der wenigen Arten, die Kräuter und Büsche bis 2 m Höhe ersteigt; rollt sich bei Gefahr zusammen und sondert ein stinkendes Sekret ab. **Nahrung:** welkes und faulendes Laub. **Fortpflanzung:** geschlechtlich, Samen wird durch Begattung direkt übertragen; wie bei anderen Angehörigen der Familie wird vermutlich um das umfangreiche Gelege ein kleiner runder Kuppelbau aus Erde gebaut; die schlüpfende Larve hat nur 7 Ringe; bei den Häutungen vermehrt sich ihre Zahl; wird fortpflanzungsfähig, ehe die volle Beinzahl erreicht ist. – Der **Dicke Schnurfüßler** (b) *Pachyiúlus flávipes,* braun und glänzend; jeder Körperring mit 2 gelblichen Beinpaaren; bis **6 cm** lang; lebt in Mittelmeerländern. Lebensweise usw. ähnlich *Schizophyllum.*

II. Ordnung: *Armadillomórpha;* können sich kugelartig einrollen:

1. Familie: Saftkugler *(Gloméridae);* Oberseite der 12 Rückenschilder eben, glatt:

Gattung: Saftkugler *(Glómeris);* mit Ocellen, Körper dunkel gefärbt:

Gerandeter Saftkugler
Glómeris marginàta (VILLERS)

Glänzend, schwarz, ungefleckt, nur die Hinterränder der mittleren Ringe schmal gelbweiß; **7–20 mm** lang.

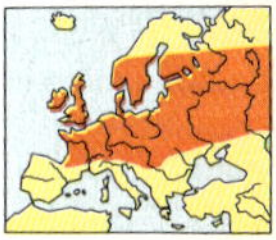

Verbreitung: Mitteleuropa. **Lebensraum und Lebensweise:** lebt verborgen unter Moos und Laub; ist besonders in Buchenwäldern heimisch; rollt sich bei Gefahr zusammen und kann in diesem Zustand viele Stunden verharren; sondert Wehrsekret ab. **Nahrung:** faulendes Laub. **Fortpflanzung:** geschlechtlich; Eiablage einzeln; Larven schlüpfen nach etwa 21–28 Tagen; geschlechtsreif nach 3½ Jahren.

15 150941

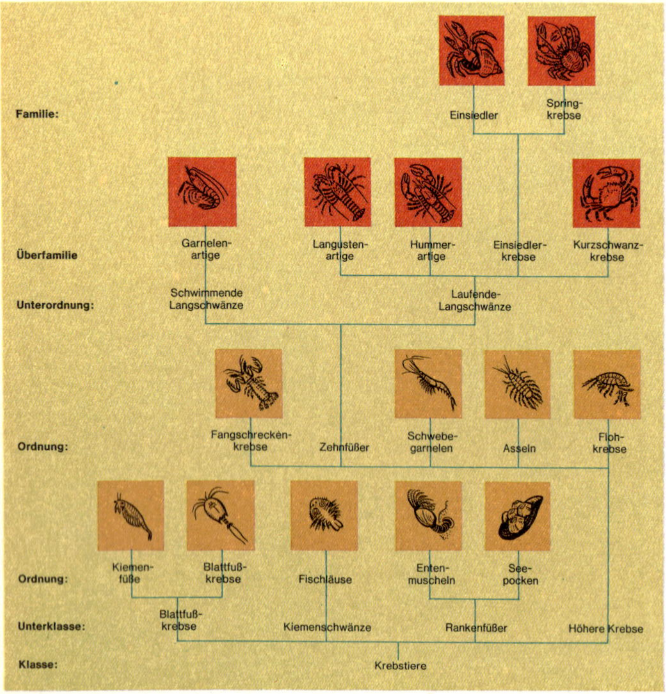

432.1 System der Krebstiere

2. Überklasse, einzige Klasse: **Krebstiere** *(Crustácea);* 9 Unterklassen mit etwa 35 000 Arten:

1. Unterklasse: Blattfußkrebse *(Branchiópoda);* die meisten Extremitäten sind ungegliederte, blattförmige Schwimmfüße:

I. Ordnung: Kiemenfüße *(Anóstraca);* gestreckt, schalenlos, zumindest 11 Paar Blattbeine:

1. Familie: Salinenkrebschen *(Artemiidae);* 1. Antenne einfach, an den 2. Antennen kein Stirnanhang; nur 1 Gattung:

Gattung: Salinenkrebschen *(Artémia);* nur 1 Art:

Salinenkrebschen
Artémia salina (LINNÉ)

Langgestreckt, die gestielten Augen dunkel, sonst durchsichtig, durch Blutfarbe rötlich; bis **15 mm** lang.

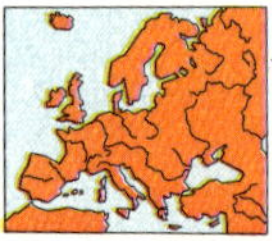

Verbreitung: Europa und darüber hinaus. **Lebensraum** und **Lebensweise:** lebt in salzhaltigen Binnengewässern; Körperform abhängig vom Salzgehalt, hoher Salzgehalt bewirkt Verkürzung der Schwanzgabel; fast ständig umherschwimmend. **Nahrung:** organische Schwebstoffe. **Fortpflanzung:** geschlechtlich oder parthenogenetisch; Eier werden eine Weile in einer Bruttasche am Hinterleib getragen, machen dort einen Teil ihrer Entwicklung durch und werden erst dann abgelegt; sie vertragen langfristig völlige Austrocknung. **Wirtschaftliche Bedeutung:** die trockenen Eier kommen in den Handel, die Larvenstadien bilden ein wichtiges Futter für Zierfische, vor allem bei der Aufzucht.

2. Familie: Kiemenfüße *(Branchipódidae)*; Grundglieder der 2. Antennen miteinander verwachsen, beim ♂ mit langem Stirnanhang; Hinterleib kürzer als die Brust.

Gattung: Kiemenfüße *(Bránchipus)*; Stirnanhang des ♂ fadenartig, lang.

Echter Kiemenfuß
Bránchipus stagnális (Linné)
(= *B. schaefferi* Fischer)

Körper von gelblicher Grundfarbe, meist bunt gezeichnet, z. B. die Ovarien hellrot, die Bruttasche grün und hellblau; bis **2,5 cm** lang.

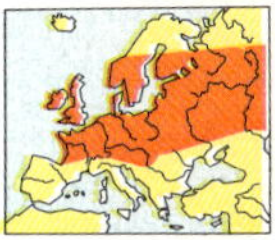

Verbreitung: Mitteleuropa. **Lebensraum** und **Lebensweise:** lebt in kleinen Wiesentümpeln und Gräben; bevorzugt lehmigen Bodengrund; ist vom Frühjahr bis Herbst zu finden; bewegt sich flink in Rückenlage fort. **Nahrung:** organische Schwebeteilchen. **Fortpflanzung:** geschlechtlich; abgelegte Eier überdauern lange Trockenheit.

II. Ordnung: Blattfußkrebse im engeren Sinne *(Phyllópoda)*; der Körper wird von einer Schale, dem sog. *Carapax*, teilweise umhüllt.
I. Unterordnung: Rückenschaler *(Notóstraca)*; der *Carapax* ist schildförmig und liegt dem Vorderkörper flach auf; 1 Familie.
1. Familie: Kiefenfüße *(Triópsidae)*; 2 Gattungen.

Gattung: *Lepidúrus*; wenige Arten.

Tümpel-Kiefenfuß
Lepidúrus ápus (Linné)

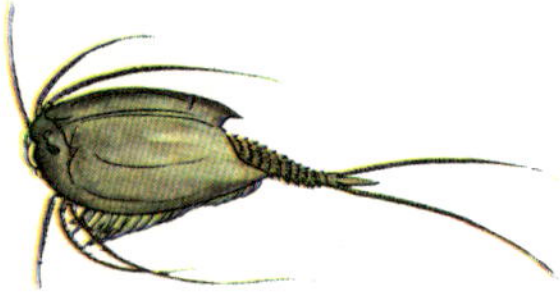

Zwischen die Fäden der Schwanzgabel (Furca) ragt ein plattenförmiger Fortsatz; grünlich braun; ohne Furca bis **6 cm** lang.

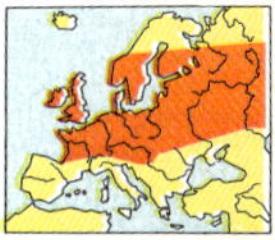

Verbreitung: Mitteleuropa. **Lebensraum** und **Lebensweise:** Kaltwasserform; lebt in kleinen Wiesen- und Waldtümpeln; ist nur im Frühjahr zu finden; schwimmt mit der Bauchseite zum Licht, kriecht aber auch oft am Boden. **Nahrung:** organische Schwebeteilchen. **Fortpflanzung:** geschlechtlich, vielfach auch parthenogenetisch; abgelegte Eier sind sehr widerstandsfähig und vertragen das Austrocknen der Tümpel.

II. Unterordnung: Krallenschwänze *(Onychúra = Diplóstraca)*; Schale zweiklappig, einer Muschelschale ähnlich; hierher u. a. die allbekannten Wasserflöhe *(Cladócera)* und andere Kleinkrebse; hier nicht behandelt.
2. Unterklasse: Fischläuse *(Branchiúra)*; flacher, breiter Panzer, der Hinterleib liegt frei.
1. Familie: Fischläuse *(Argúlidae)*; in Europa nur 1 Gattung:

Gattung: Fischläuse *(Árgulus)*; Antennen und Augen unter Panzer verborgen; wenige Arten:

Karpfenlaus
Árgulus foliáceus (Linné)

Lappen des letzten Segments stumpf abgerundet, ihre Ränder kurz behaart; bis **8,5 mm** lang.

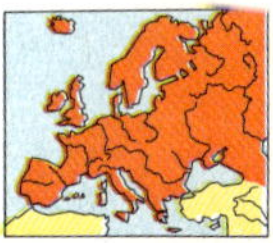

Verbreitung: Europa. **Lebensraum** und **Lebensweise:** lebt in Teichen, Flüssen und Seen; ernährt sich hauptsächlich von dem Blut der Karpfen, fällt aber auch andere Süßwasserfische an; kann schnell schwimmen. **Nahrung:** Fischblut. **Fortpflanzung:** geschlechtlich; Eiablage an Steinen und Pflanzen; Eischlupf nach 4–8 Wochen (von der Temperatur abhängig); Larven ebenfalls blutsaugend. **Wirtschaftliche Bedeutung:** schädigt Fischbestände durch Pilzbefall der Saugwunden.

3. Unterklasse: Rankenfüßer *(Cirripédia);* auf Unterlagen festgewachsene Tiere:
I. Ordnung: Thoraziken *(Thorácica);* freilebende, festsitzende Filtrierer mit Kalkpanzer.
I. Unterordnung: Entenmuscheln *(Lepadomórpha);* Vorderkopf lang, stielartig, übriger Leib muschelähnlich, abgeflacht; 3 Familien.

1. Familie: Entenmuscheln *(Lepádidae);* Stiel scharf abgesetzt, ohne Borsten oder Kalkplättchen; Mantel mit 5 Kalkplatten; wenige Gattungen.

Gattung: Entenmuscheln *(Lépas);* Kalkplatten des Panzers gut entwickelt.

Entenmuschel
Lépas hillii LEACH

(a) Kalkplatten glatt, mit glatten Rändern; bläulichweiß, Stiel gelb; mit Stiel bis **10 cm** lang.

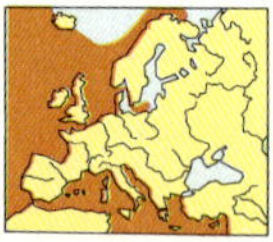

Verbreitung: Mittelmeer, Atlantik, Nordsee, sporadisch westliche Ostsee. **Lebensraum** und **Lebensweise:** heftet sich an Treibholz und Tang an; bildet auf dem Treibgut sehr dichte Kolonien; wird von der Meeresströmung weit herumgetragen; nach Stürmen am Strand zu finden. **Nahrung:** Plankton, das von den Rankenfüßen herbeigestrudelt wird. **Fortpflanzung:** Zwitter; die aus den Eiern schlüpfenden Larven heften sich bald an zusagende Gegenstände an. **Wirtschaftliche Bedeutung:** Verursacht Unkosten durch Ansiedeln an Schiffsböden (erhöhter Reibungswiderstand!). – **Große Entenmuschel** (b) *Lépas anatifera* LINNÉ ist der vorigen Art sehr ähnlich, aber Stiel bis 30 cm lang; Verbreitung usw. wie bei *L. hillii.*

II. Unterordnung: Seepocken *(Balanomórpha);* pyramidenförmiges Gehäuse, 2 Familien:

1. Familie: Seepocken *(Balánidae);* 6 Platten bilden eine „Mauerkrone“, die durch 4 bewegliche Deckplatten verschlossen wird; wenige Gattungen.

Gattung: Seepocken *(Bálanus);* Basis flach; Deckplatten so groß wie die Öffnung der Mauerkrone; artenreich.

Gemeine Seepocke
Bálanus balanoides LINNÉ

(a) Gehäuse weiß, strahlig gerippt; bis **2 cm** breit.

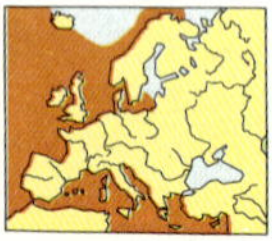

Verbreitung: Mittelmeer, Atlantik, Nordsee, westl. Ostsee. **Lebensraum** und **Lebensweise:** ist an Küsten (besonders an Molen und Hafenmauern) im Brandungsbereich heimisch; setzt sich fest auf Steinen, an Pfählen, Bojen, Muscheln und Krabben; kommt in großen Mengen vor, bei zu dichter Besiedlung gehen viele Artgenossen zugrunde; überlebt auch mehrstündige Trockenheit, z. B. bei Ebbe, durch Gehäuseverschluß und vorherige Wasseraufnahme. **Nahrung und Fortpflanzung:** wie Entenmuschel. – In Bau- und Lebensweise ist die **Gekerbte Seepocke** (b *Bálanus crenatus* BRUGUIERE) ähnlich, aber Schalen außen nicht gerieft.

434.1 Großer Heuschreckenkrebs

4. Unterklasse: Höhere Krebse *(Malacostráca);* Brust mit 8, Hinterleib mit 6 (ausnahmsweise 7) gut erkennbaren Ringen. 13 Ordnungen, zusammen etwa 18 000 Arten.

I. Ordnung: Fangschrecken-Krebse, Maulfüßer *(Stomatópoda);* langgestreckt, Schale klein; 1 Familie:

1. Familie: Fangschrecken-Krebse *(Squillidae);* wenige Gattungen.

Gattung: Heuschrecken-Krebse *(Squilla);* auch die vorderen Segmente des Hinterleibs mit Längskanten; wenige Arten.

Großer Heuschreckenkrebs
Squilla mántis FABRICIUS

Körper hell, auf dem Schwanzfächer aber 2 dunkle Augenflecke; bis **20 cm** lang.

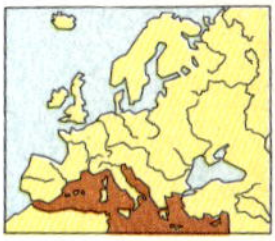

Verbreitung: Mittelmeer. **Lebensraum** und **Lebensweise:** auf Sand- und Schlammböden in 20 bis 100 m Tiefe; hält sich meist zwischen Seegras auf; gräbt Höhlen in den Boden und versteckt sich darin; ist sehr räuberisch; lauert Beutetieren auf und springt sie an. **Nahrung:** Garnelen, Fische, Schnecken, Muscheln. **Fortpflanzung:** getrenntgeschlechtig; Laichzeit Mai–Juni; ♀ treibt Brutpflege; es kittet ein Gelege von etwa 50 000 Eiern zusammen, behält dieses Paket etwa 10 Wochen bei sich und wendet es oft, bis die Larven ausschlüpfen; die im Plankton lebenden Larven verwandeln sich nach etwa 2–3 Wochen zu Krebsen. **Wirtschaftliche Bedeutung:** eßbar.

II. Ordnung: Zehnfüßer *(Decápoda);* Kopf starr mit der Brust verbunden; der Carapax überdeckt die gesamte Brust.

I. Unterordnung: Schwimmende Langschwänze *(Natántia);* Schwimmer mit seitlich abgeflachtem Körper; Hinterleib ausgestreckt, sein erstes Segment nicht verkleinert, die Beine des Hinterleibs sind Schwimmfüße.

1. Überfamilie: *Penaeída;* an den ersten 3 Schreitbeinen befinden sich kleine Scheren.

1. Familie: Geißelgarnelen *(Penaeidae);* das 3. Schreitbein ist nicht vergrößert, 4. und 5. Schreitbein sind nicht verkümmert.

Gattung: Rote Garnelen *(Parapenaeus):*

Rote Garnele
Parapenaeus longiróstris LUCAS

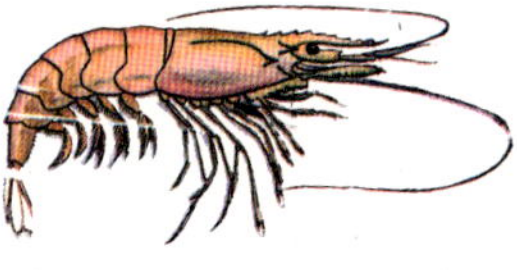

Der Carapax bildet einen den Kopf überragenden Fortsatz, das Rostrum; **12–13 cm** lang.

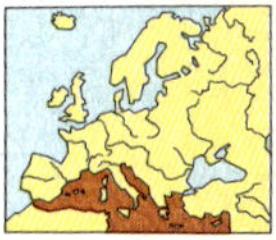

Verbreitung: Mittelmeer. **Lebensraum:** auf Sand- und Schlickböden; kommt in Tiefen von 200 bis 500 m vor. **Nahrung:** wahrscheinlich wie *Crángon*, S. 436. **Fortpflanzung:** getrenntgeschlechtig. **Wirtschaftliche Bedeutung:** eßbar; wird gleich nach dem Fang gekocht und dann erst verkauft.

2. Überfamilie: Garnelen *(Eucyphidea);* 1. Schreitbein meist, 2. stets, 3. nie mit Schere:

1. Familie: Buckelgarnelen *(Hippolýtidae);* 2. Bein größer als das 1., mit Schere.

Gattung: Buckelgarnelen *(Hippólyte);* das Endglied des 2. Beins vor der Schere nur in 3 kleine Segmente unterteilt:

Buckelgarnele
Hippólyte várians LEACH

Hinterleib bucklig gekrümmt; Körperfarbe variiert; bis **2,5 cm** lang.

Verbreitung: Mittelmeer, Atlantik, Nordsee. **Lebensraum** und **Lebensweise:** auf Kies- und Sandböden; ist meist in flachem Wasser anzutreffen, aber auch in Tiefen bis 60 m; hält sich gern zwischen Seegras auf; ist nachts tätig. **Nahrung:** wahrscheinlich wie *C. crángon.* **Fortpflanzung:** getrenntgeschlechtig; Laichzeit junge ♀♀ Mai–Juni, alte ♀♀ Juli–September.

2. Familie: Felsgarnelen *(Palaemónidae);* 1. und 2. Bein mit Schere, Rostrum lang, gezähnt:

Gattung: Felsgarnelen *(Pálaemon) (= Léander);* mehrer sehr ähnliche Arten:

Ostseegarnele
Pálaemon adspérsus fabricii RTK.

(a) Rostrum unten mit 3–4, oben mit 5–7 Zähnen; zart rötlich gestreift; bis **7 cm** lang.

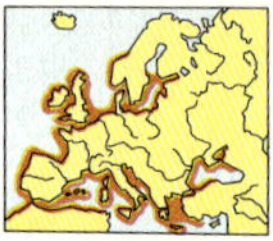

Verbreitung: Küsten europäischer Meere. **Lebensraum** und **Lebensweise:** auf Stein- und Sandböden; hält sich in Küstennähe auf; versteckt sich zwischen Wasserpflanzen; sucht in der kalten Jahreszeit tieferes Wasser auf. **Nahrung:** Algen, kleine Tiere, organische Schwebestoffe, auch Fischlarven. **Fortpflanzung:** getrenntgeschlechtig; Laichzeit Mai–September. **Wirtschaftliche Bedeutung:** eßbar. – Die **Steingarnele** (b *Pálaemon squilla* [LINNÉ], Rostrum unten mit 2–3, oben mit 7–9 Zähnen, bis 5 cm lang, ähnelt der Ostseegarnele sonst in Bau- und Lebensweise sehr.

3. Familie: Sandgarnelen *(Crangónidae);* Rostrum kurz, ungezähnt, flach:

Gattung: Sandgarnelen *(Crángon);* 2. Schreitbein schwächer, aber nicht kürzer als das 1:

Sand- oder Nordseegarnele
Crángon crángon (LINNÉ)

Stirnfortsatz (Rostrum) kurz und flach; keine Stacheln oder Kiele auf dem Hinterleib; **7 cm** lang.

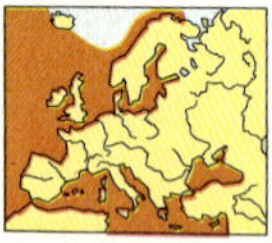

Verbreitung: Mittelmeer, Atlantik, Nordsee, Ostsee, Schwarzes Meer. **Lebensraum** und **Lebensweise:** auf Sand- und Schlickböden; ist im Flachwasser der Küsten und an Flußmündungen anzutreffen; ist nachts tätig und gräbt sich am Tag bis zu den Antennen in den Bodengrund ein; wird bei Ebbe in den Prielen in die See gespült, kehrt danach aber wieder in die Uferregion zurück. **Nahrung:** Algen, Kleintiere und organische Schwebestoffe. **Fortpflanzung:** getrenntgeschlechtig; Laichzeit Januar–Februar und Juli–August. **Wirtschaftliche Bedeutung:** eßbar; findet wegen der geringen Haltbarkeit meistens als Tierfutter Verwendung.

4. Familie: Süßwassergarnelen *(Atýidae);* 1. Schreitfuß mit richtiger Schere:

Gattung: Süßwassergarnelen *(Atyaëphyra);* Europa 1 Art:

Süßwassergarnele
Atyaëphyra desmarésti (MILLET)

Langes Rostrum, oben mit 20 oder mehr beweglichen kleinen Zähnen, unten 5–8 größere Zähne; bis **3 cm** lang.

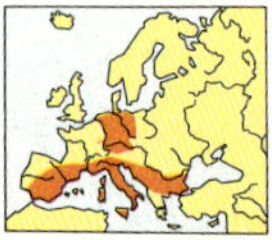

Verbreitung: Heimat Mittelmeergebiet; nach Deutschland eingeschleppt und jetzt in den Gewässern vom Rhein bis Berlin heimisch. **Lebensraum** und **Lebensweise:** lebt in stehenden und langsam fließenden Gewässern; hält sich in Ufernähe auf und verbirgt sich zwischen Wasserpflanzen; ist schwer zu beobachten. **Nahrung:** Algen, Diatomeen, gelegentlich auch Kleinkrebse. **Fortpflanzung:** geschlechtlich; Larvenstadium etwa 3 Wochen.

II. Unterordnung: Laufende Zehnfüßler *(Reptántia);* die Bauchfüße sind keine Schwimmfüße, oft sind sie rückgebildet:

1. Überfamilie: Langustenartige *(Scyllarídea);* derbe, scherenlose Krebse:

1. Familie: Bärenkrebse *(Scylláridae);* die zweite Antenne ist sehr kurz und schildartig verbreitert; 2 Gattungen, 2 Arten:

Gattung: Kleine Bärenkrebse *(Scýllarus);* 1 Art:

Kleiner Bärenkrebs
Scýllarus árctus (LINNÉ)

Plump, massig, dunkelbraun; bis **14 cm** lang.

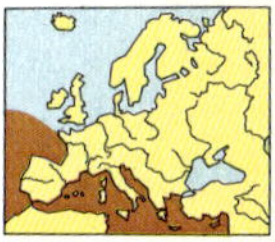

Verbreitung: Mittelmeer, Atlantik (bis Biskaya). **Lebensraum** und **Lebensweise:** auf Stein- und Felsböden; ist in Tiefen von 5–25 m anzutreffen; versteckt sich meist unter Steinen und überhängenden Felsen; hebt sich kaum vom Bodengrund ab, da mit Schlamm und Algen bedeckt. **Nahrung:** unbekannt. **Fortpflanzung:** getrenntgeschlechtig. **Wirtschaftliche Bedeutung:** eßbar.

2. Familie: Langusten *(Palinúridae);* Antennen lang, fadenförmig; 1 Gattung:

Gattung: Langusten *(Palinúrus);* Europa 1 Art:

Languste
Palinúrus vulgáris LATREILLE

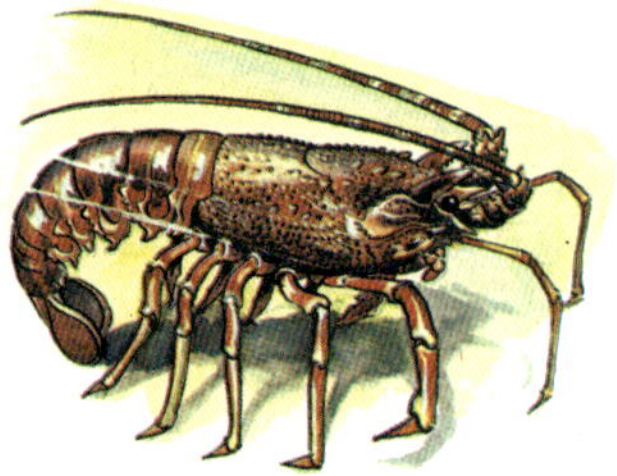

Carapax reich bestachelt; Beine und Fühler rotgelb geringelt; bis **50 cm** lang.

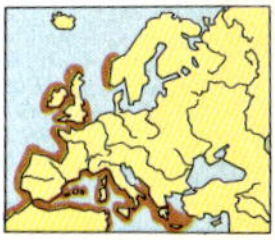

Verbreitung: Mittelmeer; Atlantik bis Schottland; selten Nordsee. **Lebensraum** und **Lebensweise:** auf steinigen Böden und an Felsküsten; versteckt sich in Steinhöhlen und Felsspalten; ist in größeren Tiefen ab 40 m anzutreffen; nur nachts tätig. **Nahrung:** Schnecken, Muscheln, Stachelhäuter und Aas. **Fortpflanzung:** getrenntgeschlechtig; Laichzeit März–Mai und August bis September. **Wirtschaftliche Bedeutung:** eßbar; wird mit Netzen und Körben gefangen.

2. Überfamilie: Hummerartige *(Astacúra);* Scheren an den drei vorderen Beinpaaren, 1. Schere sehr groß; Hinterleib langgestreckt, nicht eingeschlagen:

1. Familie: Hummern *(Nephrópsidae);* letzter Brustring mit den anderen starr verbunden; Rostrum seitlich mit mehreren Zähnen; 2 Gattungen und Arten:

Gattung: Kaisergranat *(Néphrops):*

Kaisergranat
Néphrops norvégicus (LINNÉ)

Scheren langgestreckt, dreikantig; Augen nierenförmig; hellrot bis bräunlich; bis **50 cm** lang.

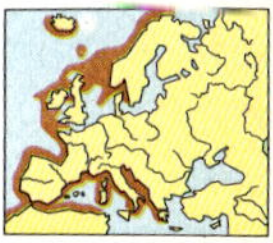

Verbreitung: Mittelmeer, Atlantik, Nordsee. **Lebensraum** und **Lebensweise:** auf Schlick- und Schlammböden; ist in Tiefen von 50–800 m anzutreffen; sucht in der kalten Jahreszeit flacheres Wasser auf; ist in der Nacht tätig; gräbt sich am Tag anscheinend in den Boden ein. **Nahrung:** vorwiegend tote organische Substanzen. **Fortpflanzung:** getrenntgeschlechtig; Laichzeit April–Juni, bis 4000 Eier. **Wirtschaftliche Bedeutung:** als Delikatesse sehr geschätzt; wird mit Schleppnetzen gefangen.

Gattung: Hummern *(Hómarus):*

Europäischer Hummer
Hómarus gámmarus (LINNÉ)
(= *H. vulgáris* MILNE-EDWARDS)

Die Scheren im Querschnitt oval, plump, ungleich: eine massige Knackschere, eine schlankere Greifschere; bis **50 cm** lang.

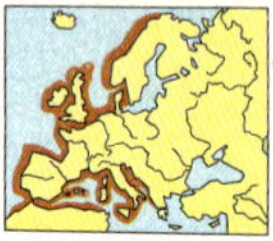

Verbreitung: Mittelmeer, Atlantik, Nordsee. **Lebensraum** und **Lebensweise:** steinige Böden, Felsküsten; versteckt sich in natürlichen oder selbstgebauten Steinhöhlen; in Tiefen bis 40 m anzutreffen, hauptsächlich nachts tätig; häutet sich bis zum 5. Lebensjahr sehr oft (bis 25mal), danach meist nur einmal jährlich. **Nahrung:** Muscheln, Krabben, auch Aas. **Fortpflanzung:** getrenntgeschlechtig; Laichzeit Februar–Juni; ♀ geschlechtsreif zwischen 9 und 14 Jahren; es trägt die befruchteten Eier fast ein Jahr an den Hinterleibsbeinen mit sich herum; ausgeschlüpfte Larven verwandeln sich nach etwa 3 Wochen zum kleinen Hummer. **Wirtschaftliche Bedeutung:** als Delikatesse sehr geschätzt; wird in Hummerkörben gefangen und in Hummerkästen bis zum Verkauf gehältert; Schonzeit vom Spätsommer bis Herbst.

2. Familie: Flußkrebse *(Astácidae);* letzter Brustring beweglich; Rostrum nur mit 1 Seitenzahn; 2 Gattungen:

Gattung: Europäische Flußkrebse *(Ástacus);* Hinterleib einfarbig; ♂ ohne Haken am 3. Bein, ♀ ohne Samentasche; mehrere Arten:

Gemeiner Flußkrebs, Edelkrebs
Ástacus ástacus (LINNÉ)

(a) Gelenke der Beine und Unterseite der Scheren rot; bis **25 cm** lang.

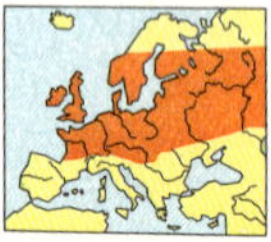

Verbreitung: Mitteleuropa und angrenzende Teile Nord- und Südeuropas; durch eine Pilzkrankheit (Krebspest) und Gewässerverschmutzung sehr zurückgegangen, nur noch lokal anzutreffen. **Lebensraum** und **Lebensweise:** ist nur in sauberem, fließendem Wasser zu finden; hält sich tagsüber unter Steinen und in Uferlöchern verborgen; ist nur in der Nacht tätig; ist sehr räuberisch. **Nahrung:** Wasserinsekten und deren Larven, Schnecken, Muscheln, Fische, Würmer, Lurche und Aas; gelegentlich auch Wasserpflanzen. **Fortpflanzung:** getrenntgeschlechtig; Paarung im Spätsommer; Eiablage November–Dezember (etwa 200 Eier); werden von dem ♀ bis zur Entwicklung an der Unterseite herumgetragen; Jungtiere Mai–Juni; während des Wachstums mehrmalige Häutungen; Festigung des neuen Panzers wird in sicheren Verstecken etwa 8 Tage lang abgewartet; in dieser Zeit wehrlos. **Wirtschaftliche Bedeutung:** als Leckerbissen sehr begehrt und auch aus diesem Grunde stellenweise ausgerottet. – Der ähnliche **Nordamerikanische Flußkrebs** (b) *Cámbarus affínis* (SAY), Hinterleib mit roten Querbändern, bis 25 cm lang, ist von Nordamerika nach Europa eingeführt worden und ist jetzt vorwiegend in Deutschland heimisch.

3. Überfamilie: *Anomúra;* in der Regel am ersten Bein mit Schere; Hinterleib ungegliedert oder stark reduziert:

1. Familie: Einsiedlerkrebse *(Pagúridae);* Hinterleib weich, ungegliedert; der weiche Leib wird in Schneckenhäusern verborgen; etwa 10 Gattungen:

Gattung: *Eupagúrus;* die rechte Schere größer als die linke; mehrere schwierige Arten:

Bernhardskrebs
Eupagúrus bernhárdus (LINNÉ)

Schere mit zahlreichen Dornen; Schreitbeine kaum behaart; bis **10 cm** lang.

Verbreitung: Mittelmeer, Atlantik, Nordsee, westliche Ostsee. **Lebensraum** und **Lebensweise:** auf Sand- und Schlickböden; ist in flachem und tiefem Wasser bis 450 m anzutreffen; bewohnt wegen des weichen Schwanzes leere Schneckengehäuse, die während des Wachstums regelmäßig gewechselt werden; diese Gehäuse sind oft mit Seerosen besetzt, die aber keine Lebensgemeinschaft mit dem Krebs bilden. **Nahrung:** kleine Tiere und organische Schwebestoffe. **Fortpflanzung:** getrenntgeschlechtig; bis 33 000 Eier, trächtige ♀♀ im Februar–März und August–September.

Anemonen-Einsiedler
Eupagúrus prideauxi (LEACH)

Schere relativ schlank, nur selten gehöckert; stets in Symbiose mit der Seerose *Adámsia palliáta;* bis **8 cm** lang.

Verbreitung: Mittelmeer, Atlantik. **Lebensraum** und **Lebensweise:** auf Schlamm- und Sandböden; ist in Tiefen von 20 bis 100 m anzutreffen; bewohnt leere Schneckengehäuse und lebt in Symbiose mit der Seeanemone *Adámsia palliáta,* die sich auf dem Gehäuse ansiedelt; zieht der Krebs in ein anderes Gehäuse um, so nimmt er die Aktinie mit und bringt sie dazu, sich auf der neuen Wohnung anzusiedeln; beide Partner leben in einer Ernährungsgemeinschaft. **Nahrung:** kleine Tiere und organische Schwebestoffe. **Fortpflanzung:** getrenntgeschlechtig; Laichzeit März–Mai und September.

2. Familie: Springkrebse *(Galathéidae);* der Hinterleib gegliedert, symmetrisch; 5. Beinpaar viel kleiner als das 4; einer Garnele mit stark gekrümmtem Hinterleib ähnlich; wenige Gattungen:

Gattung: Springkrebse *(Galathéa);* Rostrum breit, dreieckig, Ränder gezähnt:

Furchenkrebs
Galathéa squamifera (LEACH)

Rot, braungrün oder rotbraun; **3–4,** maximal **6 cm** lang.

Verbreitung: Mittelmeer, Atlantik, Nordsee. **Lebensraum** und **Lebensweise:** auf Stein- und Sandböden; ist in Tiefen von 3–30 m anzutreffen; am häufigsten in Ufernähe; verbirgt sich unter Steinen oder in Felslöchern; ist nur nachts tätig. **Nahrung:** kleine Tiere, auch Artgenossen. **Fortpflanzung:** getrenntgeschlechtig; Laich haftet am ♀ bis zum Schlüpfen der Larven, die sich von Plankton ernähren.

3. Familie: Porzellankrebse *(Porcellánidae);* Körper sehr breit, krabbenähnlich, 1 Gattung:

Gattung: Porzellankrebse *(Porcellána);* wenige Arten:

Grauer Porzellankrebs
Porcellána platychéles (PENNANT)

Scheren breit, durch einen dichten Haarsaum am Außenrand noch breiter wirkend; Carapax etwa **10 mm** breit.

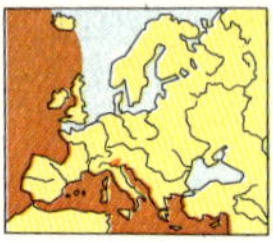

Verbreitung: Mittelmeer, Atlantik. **Lebensraum** und **Lebensweise:** auf Stein- und Felsböden; hält sich in Küstenähe auf; verkriecht sich am Tag unter Steinen und in Felsspalten; läuft rückwärts, kann auch schwimmen. **Nahrung:** Plankton, welches das Tier sich durch Schlagen der lang beborsteten Kieferfüße aus dem Wasser filtriert. **Fortpflanzung:** getrenntgeschlechtig; Laichzeit Mai–Juni und September–Oktober.

4. Überfamilie: Kurzschwanzkrebse, Krabben *(Brachyúra);* der vom panzerartigen Carapax überdeckte Vorderkörper ist sehr breit, der kleine Hinterkörper wird unter ihn geschlagen; er hat keinen Schwanzfächer.

1. Familie: Wollkrabben *(Dromiidae);* die hinteren 2 Beinpaare werden auf dem Rücken getragen und sind kleiner als die anderen; Panzer breit; 1 Gattung:

Gattung: Wollkrabben *(Drómia);* 1 Art:

Wollkrabbe
Drómia vulgáris MILNE-EDWARDS

Mit Ausnahme der Scherenspitzen völlig von kurzer, dichter Behaarung bedeckt; dunkelbraun; bis **15 cm** breit.

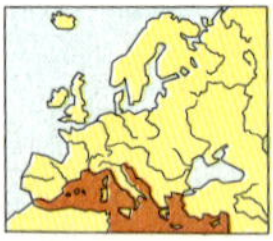

Verbreitung: Mittelmeer. **Lebensraum** und **Lebensweise:** auf Schlamm- und Sandböden; ist in Tiefen von 10–30 m anzutreffen, aber auch in der Gezeitenzone; bepackt sich zur Tarnung mit Algen und Schwämmen, die auf dem Körper festwachsen; bewegt sich langsam. **Nahrung:** hauptsächlich Pflanzen. **Fortpflanzung:** getrenntgeschlechtig; Laichzeit Mai–Juni.

2. Familie: *Atelecýclidae;* alle Beine normal gestellt (ebenso bei allen folgenden Familien!); Panzer mit durchgehendem Borstensaum:

Gattung: Nußkrabben *(Ília);* Europa 1 Art:

Nußkrabbe
Ília núcleus (HERBST)

Körper fast kugelförmig; Scherenbeine lang und dünn; Panzer bis **3 cm** breit.

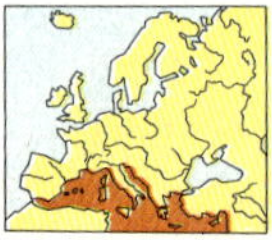

Verbreitung: Mittelmeer. **Lebensraum** und **Lebensweise:** auf Sand- und Steinböden; ist in Tiefen von 40–80 m anzutreffen, kommt aber auch in flacherem Wasser vor und ist nicht sehr häufig; hält sich zwischen Algen und Seegras auf; gräbt sich am Tag bis zu den Fühlern und Augen in den Bodengrund ein. **Nahrung:** unbekannt. **Fortpflanzung:** getrenntgeschlechtig; Laichzeit Mai–August; Eier rot, sehr zahlreich.

3. Familie: Seespinnenartige, Dreieckskrabben *(Májidae)*; Carapax etwa dreieckig bis birnförmig, vorn schmal, mitunter lang vorgestreckt:

Gattung: Gespenstkrabben *(Macropódia)*; Panzer läuft nach vorn in zwei lange, aneinanderliegende Spitzen aus:

Gespenstkrabbe
Macropódia rostráta (LINNÉ)

Gelblich grün; Körper vorn auffällig schmal; sehr lang- und dünnbeinig; Carapax bis **2 cm** breit.

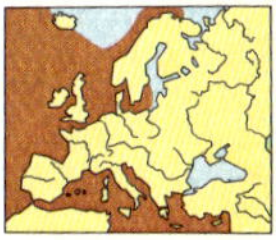

Verbreitung: Mittelmeer, Atlantik, Nordsee, westliche Ostsee. **Lebensraum** und **Lebensweise:** auf Sand-, Stein- und Kiesböden; ist in Tiefen bis 50 m anzutreffen; hält sich gern zwischen Algen auf; bedeckt sich zur Tarnung oft mit diesen Pflanzen. **Nahrung:** Weichtiere, Krebse, Stachelhäuter, Algen. **Fortpflanzung:** getrenntgeschlechtig; Laichzeit Februar–Juni.

Gattung: Meerspinnen *(Hýas)*; Rostrum aus 2 aneinanderliegenden breiten Fortsätzen gebildet:

Meerspinne
Hýas aráneus (LINNÉ)

Carapax plump birnförmig, im vorderen Drittel seitlich nicht kräftig eingekerbt; bis **10,5 cm** lang.

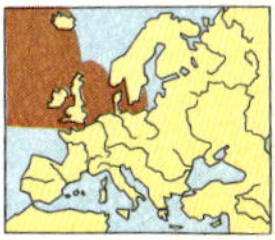

Verbreitung: Nordatlantik bis zum Kanal, Nordsee, westliche Ostsee. **Lebensraum** und **Lebensweise:** auf Fels- und Sandböden; ist in Tiefen bis 100 m anzutreffen; hält sich gern zwischen Algen auf; tarnt die Oberseite mit Algen, Schwämmen und Hydrozoen. **Nahrung:** Weichtiere, Krebse, Stachelhäuter, Algen. **Fortpflanzung:** getrenntgeschlechtig; bis 23 000 Eier, Laichzeit vom Februar bis Herbst.

4. Familie: Taschenkrebse *(Cáncridae)*; Panzer breit:

Gattung: Taschenkrebse *(Cáncer)*; 1 Art:

Taschenkrebs
Cáncer pagúrus LINNÉ

Panzer queroval, der ganze Rand gekerbt; Scherenspitzen schwarz: Unterseite hell; Carapax bis **30 cm** breit.

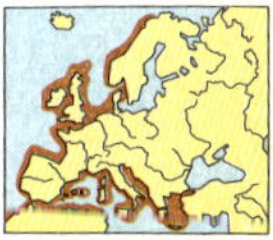

Verbreitung: Mittelmeer, Atlantik bis Nordnorwegen, Nordsee, **Lebensraum** und **Lebensweise:** auf Stein- und Felsböden; ist in Tiefen von 15 bis 20 m anzutreffen; kann nicht schwimmen; läuft auf dem Meeresboden meist seitlich. **Nahrung:** Fische, Muscheln, Stachelhäuter, Krebse. **Fortpflanzung:** getrenntgeschlechtig; ♂♂ begatten nur vor der Häutung stehende ♀♀; sie werden zu diesem Zweck von dem Partner gefangen und etwa 1 Woche unter dem Leib hängend herumgetragen; Eizahl etwa 3 Millionen; nach 8 Monaten freischwimmende Larve. **Wirtschaftliche Bedeutung:** eßbar; als Delikatesse geschätzt.

5. Familie: Schwimmkrabben *(Portúnidae);* das Endglied des letzten Beins ist abgeflacht:

Gattung: Strandkrabben *(Cárcinus);* Endglied des letzten Beines nur wenig verbreitert; 1 Art:

Strandkrabbe, Dwarslöper
Cárcinus máenas (LINNÉ)

Verbreiterung des Endgliedes des letzten Beins nur beim Vergleich mit den anderen Beinen zu erkennen; Carapax bis **4,2 cm** breit.

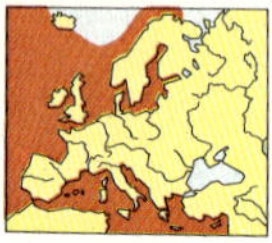

Verbreitung: Mittelmeer, Atlantik, Nordsee, Ostsee. **Lebensraum** und **Lebensweise:** auf Sandböden; ist an der Küste bis 20 m Tiefe anzutreffen; häufig am Strand zwischen Tang zu finden; auch in Flußmündungen; läuft seitlich, schwimmt nur kurze Strecken; gräbt sich in den Boden ein; ist nachts tätig. **Nahrung:** Weichtiere, Würmer, Krebse, kleine Fische. **Fortpflanzung:** getrenntgeschlechtig. **Wirtschaftliche Bedeutung:** eßbar; wird auch zu Dünger verarbeitet.

Gattung: Schwimmkrabben *(Portúnus);* die Endglieder des letzten Beins auffällig abgeflacht und vergrößert:

Gemeine Schwimmkrabbe
Portúnus holsátus FABRICIUS

a

b

(a) Panzer glatt, unbehaart, vorn in der Mitte mit 3 deutlichen Zähnen, der mittlere am längsten; Panzer etwa **4 cm** lang.

Verbreitung: Mittelmeer, Atlantik, Nordsee. **Lebensraum** und **Lebensweise:** auf Sandböden; ist in Tiefen bis 300 m anzutreffen; gräbt sich in den Bodengrund ein, kann aber auch gut schwimmen, vor allem bei der Nahrungsuche und bei Gefahr; hält sich oft in großen Scharen an der Meeresoberfläche auf. **Nahrung:** Weichtiere, Würmer, Krebse. **Fortpflanzung:** getrenntgeschlechtig. **Wirtschaftliche Bedeutung:** eßbar. – Nahe verwandt mit der Gemeinen Schwimmkrabbe ist die **Samtkrabbe** (b) *Portúnus púber* (LINNÉ). Panzer dicht und kurz behaart, vorn in der Mitte mit 6–10 feinen Zähnen; Carapax bis **6 cm** lang. **Verbreitung:** Mittelmeer, Atlantik, Nordsee. **Lebensraum** und **Lebensweise:** auf Fels- und Steinböden; ist in Ufernähe, aber auch in größeren Tiefen anzutreffen; versteckt sich unter Steinen und in Felslöchern. **Nahrung:** wahrscheinlich wie *P. holsátus*. **Fortpflanzung:** getrenntgeschlechtig. **Wirtschaftliche Bedeutung:** eßbar.

Gattung: Neptunschwimmkrabben *(Neptúnus);* 1 Art:

Neptunschwimmkrabbe
Neptúnus hastátus (Linné)

Verbreitung: Mittelmeer. **Lebensraum:** auf Stein- und Sandböden; ist in Tiefen von 40 m und mehr anzutreffen. **Nahrung:** Weichtiere, Würmer, Krebse. **Fortpflanzung:** getrenntgeschlechtig.

Mit verbreiterten Endglied des letzten Fußes, wie vorige Gattung, jedoch an den Seiten des Panzers hinten jederseits ein langer Stachel; Rückenschild **3–4 cm** lang.

6. Familie: Süßwasserkrabben *(Potamónidae);* Panzer annähernd quadratisch, glatte Ränder, kaum gezähnt; Süßwassertiere, bis hoch ins Gebirge verbreitet; Europa nur 1 Gattung:

Gattung: Süßwasserkrabben *(Telphúsa):*

Süßwasserkrabbe
Telphúsa fluviátilis (Rond.)
(= *Pótamon fluviátile* Rond.)

Panzer vorn nur wenig breiter als hinten; der Vorderrand glatt, gerade; bis **5 cm** lang.

Verbreitung: Mittelmeerländer, Balkanhalbinsel. **Lebensraum** und **Lebensweise:** lebt in klaren, sauberen Bächen; verbirgt sich unter Baumwurzeln und Steinen; ist auch auf den Ufern anzutreffen, aber in Wassernähe. **Nahrung:** Schnecken, Muscheln, Lurche und Fische. **Fortpflanzung:** getrenntgeschlechtig; aus den Eiern entwickeln sich unmittelbar kleine Krabben. **Wirtschaftliche Bedeutung:** Schädling; frißt Fischfänge an; frisch gehäutete Exemplare werden gern gegessen.

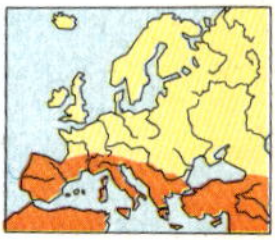

7. Familie: Muschelwächter *(Pinnotéridae);* kugelförmig, auch der Vorderrand des Carapax abgerundet; 1 Gattung:

Gattung: Muschelwächter *(Pinnotéres);* 2 Arten:

Muschelwächter, Erbsenkrabbe
Pinnotéres pisum (Linné)

Augen verkümmert, das ganze Tier gelblich weiß; Endglied des letzten Beins kurz, gekrümmt; Carapax bis **12 mm** breit (♀), beim ♂ nur **4,5 mm.**

Verbreitung: Mittelmeer, Atlantik, Nordsee. **Lebensraum** und **Lebensweise:** hält sich von frühen Larvenstadien an in Muscheln oder Seescheiden auf, die er nur zur Begattung verlassen soll; ist in Tiefen von 5–20 m anzutreffen. **Nahrung:** Plankton aus dem Strudelwasser des Wirtes. **Fortpflanzung:** getrenntgeschlechtig; ein junges Entwicklungsstadium ist hartschalig, verläßt den Wirt zur Begattung, danach sterben die ♂♂; begattete ♀♀ kehren in Muscheln zurück, wachsen und häuten sich dort noch mehrmals, ehe die Eiablage erfolgt; im April–Mai und Oktober–Dezember tragen die ♀♀ etwa 6000 Eier an den Bauchfüßen des Hinterleibs.

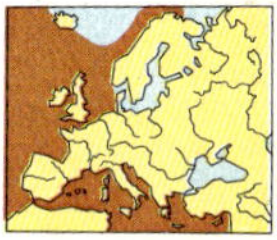

8. Familie: *Grápsidae;* Carapax quadratisch, ziemlich flach; wenige Gattungen:

Gattung: Wollhandkrabben *(Eriocheir);* Scherenhand behaart, beim ♂ pelzig; Körper sonst kahl:

Chinesische Wollhandkrabbe
Eriocheir sinénsis MILNE-EDWARDS

Das Glied vor der wollig behaarten Schere innen mit einem Stachel; olivgrün, dunkel gefleckt; bis **7 cm** lang und **9 cm** breit.

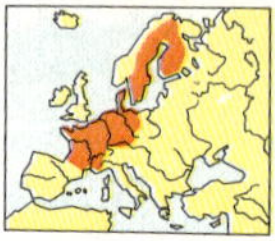

Verbreitung: Ursprungsland China. Um 1900 mit Schiffen nach Deutschland eingeschleppt; über Finnland, Schweden, Dänemark, Holland, Belgien, Frankreich verbreitet. **Lebensraum und Lebensweise:** kann auch in verschmutztem Flußwasser leben; ist hauptsächlich nachts tätig und sehr räuberisch; kann Hindernisse überklettern und über Land wandern, um in neue Gewässer zu gelangen. **Nahrung:** Schnecken, Muscheln, Fische und deren Brut, Pflanzen und Aas. **Fortpflanzung:** wandert etwa mit dem Ende des 4. Lebensjahres zur Fortpflanzung ins Meer zurück, wo auch die Jungen geboren werden; Junge wandern die Flüsse wieder aufwärts. **Wirtschaftliche Bedeutung:** Schädling: zerstört Netze und Reusen, frißt Fischfänge an und zerwühlt Deichanlagen; Bekämpfung verursacht große Unkosten.

III. Ordnung: Schwebegarnelen *(Mysidácea);* bei den ♀♀ eines oder mehrere der Beine mit basalem Fortsatz, die einen Brutraum bilden, Augen gestielt.

1. Familie: *Mýsidae;* langgestreckt, garnelenartig, aber alle Schreitbeine deutlich zweiästig:

Gattung: Ködergarnelen *(Praunus);* Endsegment tief ausgeschnitten; 5. Hinterleibsring ohne Dorn; Fühlerschuppe kahl, am Ende gezähnt:

Ködergarnele
Praunus flexuósus (O. F. MÜLLER)

Fühlerschuppe 7–8mal so lang wie breit; zart, durchsichtig; bis **3 cm** lang.

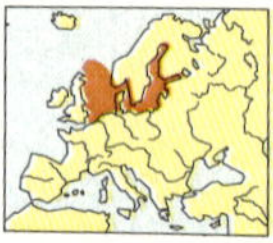

Verbreitung: Nordsee, Ostsee. **Lebensraum und Lebensweise:** in Ufernähe in flachem Wasser; hält sich meist zwischen Algen auf; schwimmt senkrecht dicht über dem Bodengrund; kann durch seine Statozysten auch geringe Erschütterungen registrieren und flieht dann schnell; kommt in manchen Jahren massenhaft vor. **Fortpflanzung:** getrenntgeschlechtig. **Wirtschaftliche Bedeutung:** dient vielen Fischen als Nahrung.

IV. Ordnung: Asseln *(Isópoda);* ohne Carapax; alle Beine des Hinterleibs blattförmig;

1. Familie: Meerasseln *(Idotéidae);* Brustbeine alle gleich groß; am Hinterleib von oben keine Füße sichtbar:

Gattung: *Idótea;* Kopf ohne seitliche Kerben, Augen am Seitenrand des Kopfes; mehrere Arten:

Dreispitzige Meerassel
Idótea báltica (PALLAS)

Letztes Körpersegment dreispitzig, die mittlere Spitze länger als die seitlichen; 7 Beinpaare; bis **3 cm** lang.

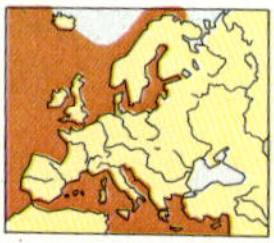

Verbreitung: Mittelmeer, Atlantik, Nordsee, Ostsee. **Lebensraum und Lebensweise:** auf Schlammböden in Ufernähe; hält sich meist in flachen Buchten (auch Hafenbekken) zwischen Algen auf; lebt aber auch in Tiefen bis 300 m; ist sehr häufig; guter Schwimmer. **Nahrung:** Allesfresser, hauptsächlich Pflanzen. **Fortpflanzung:** getrenntgeschlechtig; die frisch aus dem Brutraum geschlüpften Larven haben noch nicht die typische Gestalt des letzten Segments. **Wirtschaftliche Bedeutung:** dient vielen Fischen als Nahrung.

2. Familie: Klippenasseln *(Ligiidae);* Beine des Hinterleibs für sichtbar; vielgliedrige lange Fühler; große Komplexaugen; kein seitlicher Stirnlappen; Schwanzfüße mit griffelartigem Außenast:

Gattung: Klippenasseln *(Ligia);* die beiden Äste der Schwanzfüße stehen einfach nebeneinander auf dem Grundglied und sind etwa gleich gestaltet:

Klippenassel
Ligia oceánica (LINNÉ)

Stiele der Schwanzgabeln breit und kurz; grau, gesprenkelt; bis **3 cm** lang.

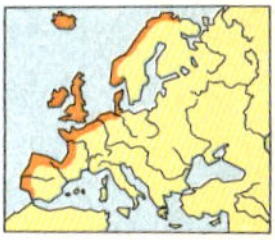

Verbreitung: Küste des Atlantiks von Norwegen bis Spanien, Nordsee, östliches Nordamerika. **Lebensraum** und **Lebensweise:** hält sich am Strand in Wassernähe auf; ist sehr scheu; versteckt sich unter Steinen und Tang; kann sehr schnell laufen und klettern, auch schwimmen. **Nahrung:** faulende Wasserpflanzen. **Fortpflanzung:** getrenntgeschlechtig; ganzjährig, aber besonders im Frühjahr Bruten; etwa 50 Eier werden auf einmal ausgetragen, im Laufe des mehrjährigen Lebens mehrere Bruten.

3. Familie: Wasserasseln i. e. S. *(Aséllidae);* Hinterleib plattenförmig, sein Hinterrand nicht gezähnelt und nicht eingebuchtet; 1. Brustbein mit einschlagbarem, klauenartigem Endglied; 1 Gattung:

Gattung: Wasserasseln i. e. S. *(Aséllus):*

Gewöhnliche Wasserassel
Aséllus aquáticus (LINNÉ)

a Augen vorhanden; Körperfarbe bräunlich grau, weiß gefleckt; Körper flach; die größeren Fühler körperlang; ♂ bis **12,** ♀ bis **8 mm** lang.

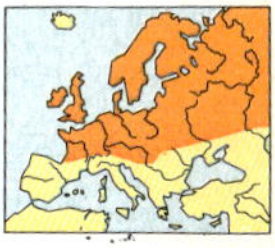

Verbreitung: Mittel- und Nordeuropa. **Lebensraum** und **Lebensweise:** lebt in stehenden oder langsam fließenden Gewässern; hält sich in Ufernähe zwischen Pflanzen auf; bewegt sich langsam auf dem Boden oder an Pflanzen; ist sehr widerstandsfähig und überlebt sogar das Einfrieren und Austrocknen des Gewässers. **Nahrung:** vegetabilisch; frißt mit Vorliebe faulendes Laub und Pflanzenreste. **Fortpflanzung:** geschlechtlich; Eiablage in einen Brutbehälter der vorderen Beinpaare; auch die frisch geschlüpften Jungen werden noch einige Wochen vom ♀ mitgetragen; je nach Größe des ♀ 30 bis 100 Junge. – Die ähnliche **Höhlenassel** (b) *A. caváticus* SCHIÖDTE, augenlos, durchscheinend, **5–8 mm** lang, bewohnt Höhlengewässer in Mitteleuropa; Nahrung und Fortpflanzung wie Gewöhnliche Wasserassel.

V. Ordnung: Flohkrebse *(Amphipoda);* meist hochrückige, seitlich zusammengedrückte Form:

1. Familie: Strandhüpfer *(Talitridae);* den Flohkrebsen (vgl. S. 446) ähnlich, schwierige Gruppe, in allen Lebensräumen vom Meer über das Süßwasser bis zum wasserfernen Land:

Gattung: Strandflöhe *(Orchéstia);* erste Fühler viel kürzer als Basen der zweiten Fühler; in beiden Geschlechtern das erste, beim ♂ auch das zweite Brustbein mit scherenähnlichem Greiffuß:

Strandfloh
Orchéstia gammaréllus (PALLAS)

Stiel der zweiten Fühler beim ♂ nicht verdickt; vorletzte Fußglieder des 7. Beinpaares beim ♂ stark vergrößert; das vergrößerte Glied der „Schere" am 2. Bein gleichmäßig gewölbt; bis **1,7 cm** lang.

Verbreitung: Mittelmeer, Atlantik, Nordsee, Ostsee. **Lebensraum** und **Lebensweise:** auf feuchtem Ufersand in Wassernähe; ist in der Nacht tätig; vergräbt sich am Tag im Sand oder versteckt sich im angespülten Tang; kann bei Gefahr bis 30 cm weit springen. **Nahrung:** angespülte verwesende Pflanzen und Tiere. **Fortpflanzung:** getrenntgeschlechtig.

Gattung: Sandhüpfer *(Talitrus);* 1 Art:

Sandhüpfer
Talitrus saltátor (MONTAGU)

Fühler wie bei voriger Gattung; in beiden Geschlechtern überhaupt keine scherenartigen Greiffüße; bis **1,6 cm** lang.

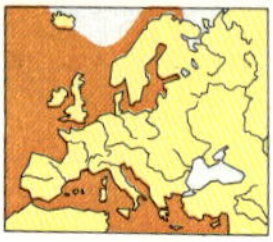

Verbreitung: Mittelmeer, Atlantik, Nordsee, Ostsee. **Lebensraum und Lebensweise:** wie *O. gammaréllus.* **Nahrung:** wie *O. gammaréllus.* **Fortpflanzung:** wie *O. gammaréllus.*

2. Familie: Flohkrebse i. e. S. *(Gammáridae);* erste Fühler länger als der Stiel der zweiten Fühler:

Gattung: Bachflohkrebse *(Rivulogámmarus);* Bauchfüße zweiästig; im Süßwasser, artenreich; ausnahmsweise im Brackwasser:

Bach-Flohkrebs
Rivulogámmarus púlex (LINNÉ)

(a) Antenne mit dichtem Borstensaum; ♂ bis **20,** ♀ bis **15 mm** lang.

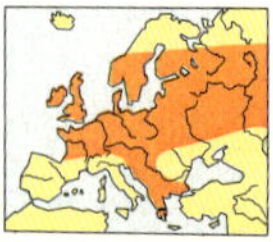

Verbreitung: Mitteleuropa, Teile West- und Nordeuropas, Balkan. **Lebensraum und Lebensweise:** bevorzugt fließende Gewässer mit reichlichem Pflanzenwuchs; ruht am Bodengrund im Schutz von Steinen und Pflanzenteilen in Schräglage; kann gut schwimmen. **Nahrung:** faulende Pflanzenteile. **Fortpflanzung:** geschlechtlich; die aus den Eiern geschlüpften Jungen bleiben noch eine kurze Zeit in dem Brutsack des ♀; nach jedem Eischlupf erfolgt eine Häutung; legt bis zu 30 Eier. **Wirtschaftliche Bedeutung:** dient vielen Fischen als Nahrung. – Der seitlich abgeflachte, sehr schlanke **Höhlen-Flohkrebs** (b) *Nipházgus puteánus* SCHIÖDTE, ♂ **30,** ♀ **18 mm** lang, ist blind, lebt im Grundwasser von Höhlen, Brunnen, Quellen und am Boden tiefer Seen in Mitteleuropa; frißt kleine Tiere; Fortpflanzung wie beim Bach-Flohkrebs.

3. Familie: Schlickkrebse *(Coryphiidae);* Körper nicht seitlich, sondern von oben nach unten abgeplattet:

Gattung: Schlickkrebse *(Corýphium);* zweite Antennen viel länger und viel dicker als die ersten; 7. Bein sehr verlängert:

Schlickkrebs
Corýphium volutátor (PALLAS)

Augen dunkelrot; bis **10 mm** lang.

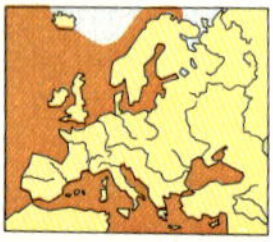

Verbreitung: Schwarzes Meer, Mittelmeer, Atlantik, Nordsee, Ostsee. **Lebensraum und Lebensweise:** schlickiges Wattenmeer; baut U-förmige, 4–8 cm lange Röhren in den schlammigen Meeresboden; kommt meist in dichten Kolonien vor; kriecht bei der Nahrungsuche mit Vorderkörper aus der Röhre heraus und fängt im erreichbaren Umkreis Nahrungspartikel. **Nahrung:** organische Schwebestoffe aus dem Schlamm. **Wirtschaftliche Bedeutung:** dient vielen Fischen als Nahrung.

(Capréllidae); Körper stabartig langgestreckt; der Hinterleib ist nur ein beinloser Stummel; Europa wenige Gattungen:

Gattung: Gespenstkrebse *(Capréllа);* an den Brustringen 3 und 4 nur Kiemenblättchen, Beine fehlen:

Gespenstkrebs
Capréllа lineáris (LINNÉ)

Körper weinrot; Kopf ohne spitzes Rostrum; ♂ bis **3,2**, ♀ bis **1,4 cm** lang.

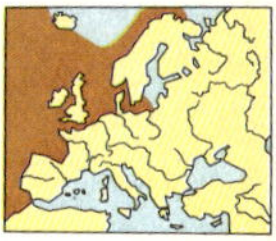

Verbreitung: Atlantik, Nordsee, westliche Ostsee. **Lebensraum** und **Lebensweise:** lebt in Küstennähe auf Pflanzen, auch auf Seeigeln und Krabben; bewegt sich auf der Unterlage wie eine Spannerraupe; lauert auf Beute mit aufgerichtetem Vorderkörper; ist sehr räuberisch; kann auch schwimmen. **Nahrung:** kleine Krebse, Würmer. **Fortpflanzung:** getrenntgeschlechtig.

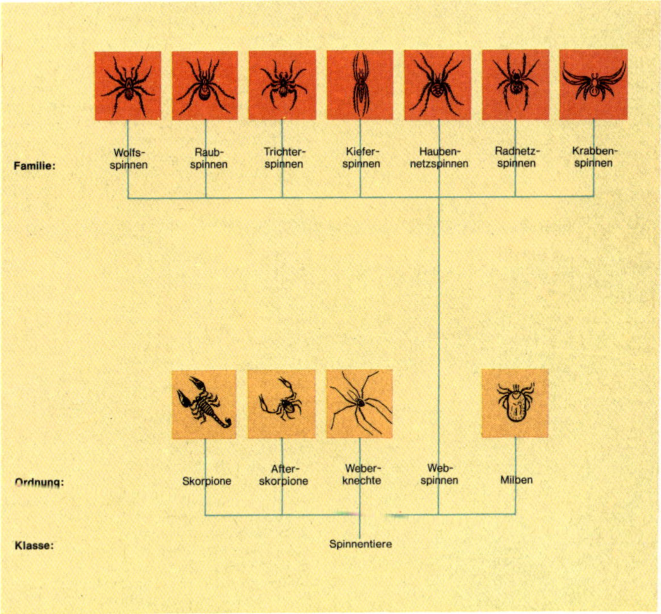

447.1 System der Spinnentiere

3. Überklasse, einzige Klasse: **Spinnentiere** i. w. S., **Scherenhörnler** *(Chelicerata);* erwachsene Tiere stets mit 6 Gliedmaßenpaaren. Die ersten Gliedmaßen sind meist klein, zangenförmig und heißen Cheliceren. Darauf folgen die Pedipalpen, die klein und tasterartig, lang und fühlerartig oder beinähnlich sein können oder auffällig große Scheren tragen; die 4 hinteren Paare sind Schreitbeine.

Spinnentiere sind vorwiegend Landtiere von winziger bis mittlerer Größe, sie atmen durch lungenähnliche Organe, tracheenähnliche Bildungen oder einfach durch die Körperoberfläche. Es werden nur in Europa einheimische Ordnungen erwähnt.

I. Ordnung: Skorpione *(Scorpiónes);* Pedipalpen groß, scherenartig. Hinterkörper lang, sein hinterer Abschnitt dünn, in einen Giftstachel auslaufend; Europa 3 Familien mit wenigen Arten.

1. Familie: Feldskorpione *(Búthidae);* jederseits 5 deutliche Seitenaugen; die Scherenhände sind schlank, ungekielt; 2 Gattungen:

Gattung: Feldskorpione *(Búthus);* 1 Art:

Feldskorpion
Búthus occitánus Amoreux

(a) Giftblase rundlich, so lang wie der Stachel; einfarbig gelbbraun; bis **8 cm** lang.

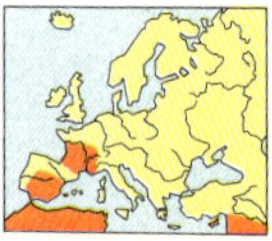

Verbreitung: Süden Frankreichs, Spanien ohne den Norden, Zypern, Länder südlich des Mittelmeers. **Lebensraum** und **Lebensweise:** trokkene, offene Gebiete, Ödländer; tagsüber unter Steinen verborgen oder eingegraben, nur nachts tätig. Nur Beute, die zufällig mit den Pedipalpen oder Beinen berührt wird, wird wahrgenommen und ergriffen. Größere Opfer werden durch einen Stich getötet, ehe sie von den Cheliceren zerrissen werden. Stich ruft beim Menschen stundenlange starke Schmerzen und Fieber hervor, ist aber für Gesunde nicht lebensgefährlich. Skorpione stechen den Menschen nur bei (vermeintlicher) Bedrohung und sind nicht aggressiv. **Nahrung:** Insekten und andere Bodentiere. **Fortpflanzung:** getrenntgeschlechtig; Spermatophore wird bei einer tanzähnlichen Zeremonie vom ♂ auf den Boden abgesetzt und vom an den Pedipalpen geführten ♀ aufgenommen; 30–60 lebende Junge, die eine Zeitlang auf dem Rücken der Mutter leben und an deren Mahlzeiten teilnehmen. – Eine ähnliche Art mit ähnlicher Lebensweise ist der zur Familie *Cháctidae* gehörende **Italienische Skorpion** (b) *Euscórpius flavicaúdis* de Geer, bis **4 cm** lang, beheimatet in Italien, Südfrankreich, Korsika, Sardinien, Nordwestafrika.

II. Ordnung: Moos- oder Afterskorpione *(Pseudoscorpiónes);* an 2000 kleine Arten.

1. Familie: Bücherskorpione *(Chelifĕridae);* alle Füße eingliedrig; Rückenplatten längsgeteilt:

Gattung: Bücherskorpione *(Chélifer);* 11 Hinterleibsringe; mehrere Arten:

Bücherskorpion
Chélifer cancroídes (Linné)

(a) Breit, ganz matt und glanzlos, braunrot; bis **4 mm** lang.

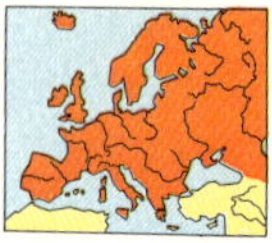

Verbreitung: ganz Europa, fast kosmopolitisch. **Lebensraum** und **Lebensweise:** lebt verborgen zwischen Laub, unter Baumrinde, in Vogelnestern, Häusern, Büchern und Herbarien; ist hauptsächlich in Wohnungen heimisch; ♀ benutzt Fliegen als Transportmittel zur Ortsveränderung. **Nahrung:** Staubläuse, Wanzen, Flöhe, Taufliegen. **Fortpflanzung:** geschlechtlich; Begattung durch Spermatophore; vor der Begattung führt ♂ einen „Werbungstanz" auf; 20 bis 40 Eier werden in einen vorher am Hinterleib gebildeten Brutsack gelegt; bis zum Schlüpfen der Larven verbirgt sich das ♀ in einem selbstgefertigten Gespinstnest; Larven werden durch Drüsensekret im Brutsack ernährt; erwachsen nach mehreren Häutungen erst nach etwa 2 Jahren. – Der sehr ähnliche **Strand-Trugskorpion** (b) *Garýpus beauvóisi* Savigny (Familie: *Garýpidae),* bis **6 mm** lang, grau, lebt in Wassernähe im Mittelmeergebiet. **Nahrung:** kleine Gliederfüßler. **Fortpflanzung:** ähnlich Bücherskorpion.

III. Ordnung: Weberknechte *(Opiliónes);* gedrungene Spinnentiere. Beine meist sehr lang; Europa mehrere Familien.

1. Familie: Eigentliche Weberknechte *(Phalangiidae);* Körper rundlich, etwa 12 Gattungen:

Gattung: Gemeine Weberknechte *(Opilio):*

Gemeiner Weberknecht
Opilio pariétinus HERBST

Langbeinig; hellbräunlich, mit dunkler Zeichnung; Körper **8–10 mm** lang.

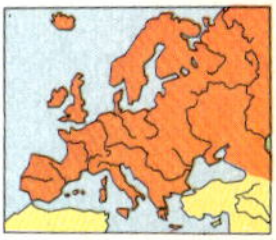

Verbreitung: ganz Europa. **Lebensraum und Lebensweise:** lebt an Mauern, unter Baumrinde, Steinen und Laub; kann schnell laufen und klettern; Beine brechen sehr leicht ab, werden aber nicht regeneriert; wehrt Gegner durch Stinkdrüsen ab; überwintert in Mauerspalten und in Baumstümpfen. **Nahrung:** Kleininsekten, Spinnen, auch tote Kleintiere. **Fortpflanzung:** geschlechtlich; ♀ legt Eier mit langer Legeröhre in Mauer- und Baumritzen ab; Jungtiere müssen sich bis zur normalen Größe sechs- bis siebenmal häuten.

IV. Ordnung: Webspinnen *(Aráneae);* Hinterleib (bei den europäischen Vertretern) gänzlich ungegliedert, sackförmig, am Ende mit Spinnwarzen:

1. Familie: Wolfsspinnen *(Lycósidae);* Augen in 3 Querreihen angeordnet; Klauen mit wenigen Kammzähnen:

Gattung: Taranteln *(Taréntula);* Vorderkörper mit heller Mittellängsbinde; zahlreiche Arten:

Tarantel
Taréntula fasciivéntris

(a) Körperfarbe schokoladenbraun; Hinterleib dunkel gebändert; **3–5 cm** lang.

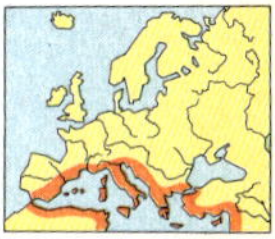

Verbreitung: Mittelmeergebiet. **Lebensraum und Lebensweise:** bevorzugt offenes Gelände, Ackerränder, sonnige Hänge. Gräbt eine mehrere Zentimeter tiefe Wohnröhre in den Boden, darin tagsüber verborgen. Lauert nachts am Röhreneingang oder streift in seiner Nähe umher; Beute wird in der Röhre ausgesogen, die Reste werden daraus entfernt. Überwintert auch in der Röhre, deren Eingang dann mit Pflanzenmaterial verschlossen wird. Der Biß führt beim Menschen zu vorübergehender Erkrankung, ist aber nicht lebensgefährlich; im Volksglauben wird seine Wirkung seit dem Mittelalter stark übertrieben, er sei nur durch ekstatische Tänze (Tarantella!) heilbar, führe sonst zum Wahnsinn. **Nahrung:** Insekten und andere Bodenarthropoden. **Fortpflanzung:** getrenntgeschlechtig; das ♀ umschließt das umfangreiche Gelege mit einem dichten weißen Seidengespinst; dieser Kokon wird – wie bei allen Wolfsspinnen – an die Spinnwarzen geheftet und umhergetragen; die ausschlüpfenden Jungen halten sich längere Zeit auf der Mutter und in deren engster Umgebung auf. – Die **Gebänderte Tarantelspinne** (b) *Taréntula aculeáta* (CLERCK), braun, Vorderkörper **4–5 mm,** mit 3 unscharfen hellen Längsbinden; Verbreitung: Europa. Bevorzugt lichte Waldstellen; sonst wie vorige Art.

Gattung: Wasserjäger *(Piráta);* Vorderkörper mit heller Mittellängsbinde, mehrere Arten:

Wasserjäger
Piráta piráticus (CLERCK)

Am Hinterleib schließen sich Reihen heller Flecken zu Längsbinden zusammen; bis **8 mm** lang.

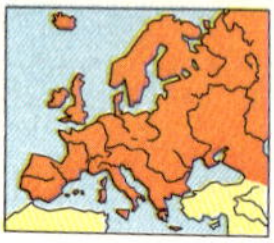

Verbreitung: Europa. **Lebensraum und Lebensweise:** ist am Ufer stehender Gewässer anzutreffen, hält sich aber auch auf der nahen Wasseroberfläche auf; kann schnell laufen und bei Gefahr unter Wasser tauchen. **Nahrung:** Insekten. **Fortpflanzung:** geschlechtlich; ♀ trägt Eikokon mit sich herum, bis Jungspinnen schlüpfen.

2. Familie: Raubspinnen *(Pisauridae);* der vorigen Familie ähnlich, aber Klauen mit vielen Kammzähnen; wenige Gattungen:

Gattung: Raubspinnen *(Pisaura);* die Augen der letzten Querreihe stehen kaum weiter auseinander als die äußeren Augen der ersten Reihe:

Große Raubspinne
Pisaura listeri (SCOPOLI)

Behaart, gelbbraun; Hinterleib oben mit heller, dunkel eingefaßter Zackenbinde: **11–13 mm** lang.

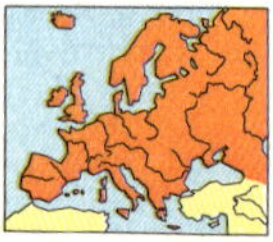

Verbreitung: Europa. **Lebensraum und Lebensweise:** Ist in der Ebene, weniger im Bergland anzutreffen; liebt die offene Landschaft mit Kräutern, Stauden und niederen Büschen; sonnt sich gern auf dem Laub; kann sich schnell bewegen; fertigt kein Fangnetz an. **Nahrung:** Insekten. **Fortpflanzung:** geschlechtlich; ♀ ist paarungsbereit, wenn ♂ eine gefangene Fliege anbietet; Eikokon wird von dem ♀ in der ersten Zeit mit den Cheliceren herumgetragen, kurz vor dem Schlüpfen der Jungen aber unter zusammengesponnenen Grashalmen abgelegt und bewacht.

3. Familie: Trichterspinnen *(Agelénidae);* langbeinig; Spinnwarzen deutlich zweigliedrig, meist lang; Augen in 2 Querreihen geordnet; zahlreiche Gattungen:

Gattung: Wasserspinnen *(Argyronéta);* lebt ständig unter Wasser: 1 Art:

Wasserspinne
Argyronéta aquática (CLERCK)

Einfarbig braun; Hinterleib im Wasser durch Umhüllung mit einer Luftblase silberglänzend; ♂ bis **15,** ♀ bis **8 mm** lang.

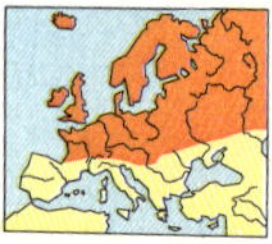

Verbreitung: Mittel- und Nordeuropa. **Lebensraum und Lebensweise:** ist in sauberen, pflanzenreichen und nicht zu tiefen Gräben und kleinen Teichen anzutreffen; baut Taucherglockennetz unter Wasser zwischen Wasserpflanzen; füllt Taucherglocke mit Luft, indem sie mehrmals zur Wasseroberfläche emportaucht, wobei eine Luftblase an der Behaarung des Hinterleibes hängenbleibt; hält sich in der Glocke kopfabwärts auf und lauert dort auf Beute; überwintert unter Wasser in verschlossener Glocke. **Nahrung:** Wassertiere, hauptsächlich Wasserasseln. **Fortpflanzung:** geschlechtlich; 3–4 Eigespinste mit je 30–90 Eiern werden im oberen Teil der Glocke abgelegt und regelmäßig mit frischer Luft versorgt; Jungspinnen bleiben dort, bis nach der 4. Häutung die Behaarung voll entwickelt ist.

4. Familie: Kieferspinnen, Streckerspinnen *(Tetragnáthidae);* Cheliceren mächtig, vorgestreckt und gespreizt; Hinterleib oft auffällig langgezogen, stabförmig:

Gattung: Streckerspinnen *(Tetragnátha);* Hinterleib gestreckt, aber nicht schwanzartig über die Spinndrüsen verlängert:

Langgestreckte Streckerspinne
Tetragnátha exténsa (LINNÉ)

Hinterleib oben mit grünlicher Blattzeichnung; bis **11 mm** lang.

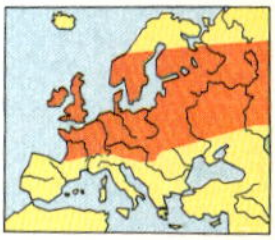

Verbreitung: Mitteleuropa. **Lebensraum** und **Lebensweise:** hält sich in der Nähe von Gewässern, meist in sumpfigem Gelände auf; fertigt senkrechtes Radnetz zwischen Schilf und Kräutern an. **Nahrung:** Insekten. **Fortpflanzung:** geschlechtlich: der lockere Eikokon wird an Pflanzen befestigt.

5. Familie: Haubennetzspinnen *(Theridiónidae);* Fußglied des vierten Beins mit einem deutlichen Borstenkamm; zahlreiche Gattungen:

Gattung: Schwarze Witwen *(Latrodéctes);* der Hinterleib ist kugelförmig; wenige Arten:

Malmignatte
Latrodéctes tredecimguttátus ROSSI

Einfarbig schwarzer Vorderkörper, Hinterkörper schwarz mit 13 blutroten Flecken; bis **1 cm** lang.

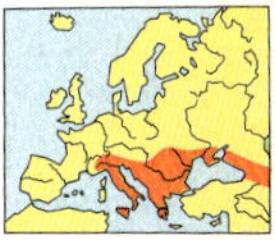

Verbreitung: Italien und Südosteuropa bis zum Kaukasus. **Lebensraum** und **Lebensweise:** hält sich mit Vorliebe in steppenartigen Gebieten auf; der Biß kann durch seine Giftigkeit Menschen und Haustieren gefährlich werden (starke Schmerzen, Fieber, Übelkeit; normalerweise keine Lebensgefahr). **Nahrung:** hauptsächlich Heuschrecken. **Fortpflanzung:** geschlechtlich; zahlreiche Eier in festem, gelbbraunem Kokon, der an einer Seite spitz zuläuft.

6. Familie: Radnetzspinnen, Kreuzspinnen *(Aranéidae);* Augen stehen in 2 Querreihen nahe am Körpervorderrand; große, senkrecht stehende Radnetze mit Klebfäden:

Gattung: Kreuzspinnen *(Aráneus);* Hinterkörper rundlich, nicht höckerartig über die Spinnwarzen verlängert; viele Arten; sichere Bestimmung nur durch Genitaluntersuchung:

Gemeine Kreuzspinne, Garten-Kreuzspinne
Aráneus diademátus (CLERCK)

Hinterleib ist nahe der Basis am breitesten, hier aber nicht gehöckert; ♂ bis **10,** ♀ bis **17 mm** lang.

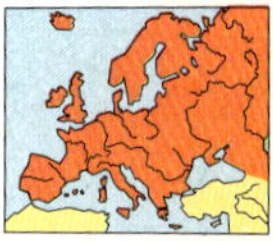

Verbreitung: Europa. **Lebensraum** und **Lebensweise:** stellt keine besonderen Ansprüche an die Umgebung; baut senkrechte Radnetze mit trapezförmigem Rahmen und kreisförmigen Fangfäden zwischen Bäumen, Sträuchern, Zäunen und Gebäudeteilen; lauert in Netzmitte kopfabwärts auf Beute. **Nahrung:** Fluginsekten. **Fortpflanzung:** geschlechtlich; Eiablage im Herbst in gelblichen Kokons; ♀ stirbt danach; Jungspinnen schlüpfen im Frühjahr und beginnen bald damit, kleine Netze zu spinnen; Körperwachstum ist mit mehreren Häutungen verbunden. **Wirtschaftliche Bedeutung:** Spinnfaden tragfähiger und dehnbarer als der der Seidenraupe; im 18. und 19. Jh. wurden aus Spinnfäden Gebrauchsgegenstände, wie Strümpfe und Handschuhe hergestellt; heute finden diese Fäden Verwendung in der optischen Industrie (z. B. Fadenkreuz bei Ferngläsern).

7. Familie: Krabbenspinnen *(Thomisiidae)*; Beine stehen seitlich flach vom Körper ab:

Gattung: Krabbenspinnen *(Misuména)*; Körpervorderrand quer abgestutzt;

Gelbe Krabbenspinne
Misuména vátia (Clerck)

Färbung veränderlich, überwiegend weißlich oder gelblich; ♂ bis **4**, ♀ bis **10 mm** lang.

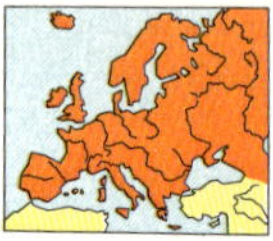

Verbreitung: Europa. **Lebensraum und Lebensweise:** hält sich auf Blütenpflanzen auf und lauert dort auf Beute; tarnt sich durch Anpassen der Körperfarbe an die jeweilige Umgebung; baut keine Fangnetze; kann sich schnell bewegen. **Nahrung:** Insekten; hauptsächlich Bienen und Hummeln. **Fortpflanzung:** geschlechtlich; Eikokons werden von den ♀♀ bewacht.

V. Ordnung: Milben *(Acarina)*; Körper meist sehr klein, vollkommen ungegliedert:

1. Familie: Zecken *(Ixódidae)*; Vorderkörper, beim ♂ fast der ganze Leib von einer festen, schildartigen Platte bedeckt:

Gattung: Zecken, Holzböcke *(Ixódes)*; die Pedipalpen sind auf der Innenseite ausgehöhlt; mehrere Arten.

Gewöhnliche Zecke, Holzbock
Ixódes ricinus (Linné)

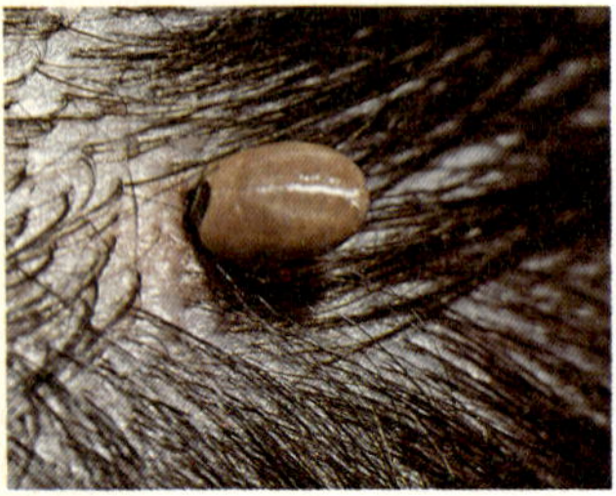

Körper sackförmig, Rückenplatte braun, Leib grau; ♂ bis **2,5**, ♀ bis **4 mm** lang, vollgesogen größer.

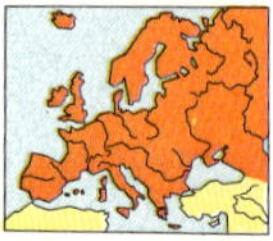

Verbreitung: Europa. **Lebensraum** und **Lebensweise:** ist an keinen bestimmten Lebensraum gebunden; lebt als Parasit vom Blut verschiedener Tiere und des Menschen; bei den erwachsenen Tieren saugen nur die ♀♀ Blut, das Saugen dauert 7–13 Tage, wobei etwa 395 mg Blut aufgenommen werden; die zusagenden Opfer werden durch das „Hallersche Organ“, ein in der Spitze des Vorderbeins gelegenes chemisches Sinnesorgan, erkannt. **Fortpflanzung:** geschlechtlich; ♀ legt auf dem Erdboden etwa 3000 Eier ab; die ausschlüpfenden Larven klettern auf Büsche und lassen sich von den Zweigenden auf ein Wirtstier fallen; danach Häutung am Erdboden und nochmaliges Aufsteigen in die Zweige; der letzte Blutspender ist ein Säugetier, auch der Mensch; erst nach dieser Mahlzeit wird der Holzbock geschlechtsreif.

2. Familie: Krätzmilben *(Acáridae);* annähernd kugelförmige, sehr kurzbeinige Hautparasiten bei Warmblütlern; beim Menschen:

Gattung: Krätzmilben

Krätzmilbe
Ácarus siro LINNÉ

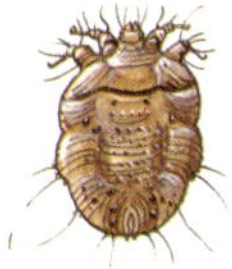

Körper kugelig, dicht gerieft; ♂ bis **0,25 mm**, ♀ bis **0,4 mm** lang.

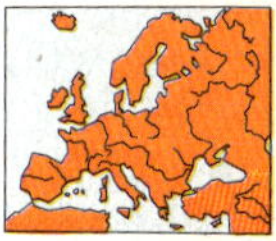

Verbreitung: mit dem Menschen weltweit. **Lebensraum** und **Lebensweise:** legt in der Oberhaut des Menschen (andere Formen der gleichen Art auch bei Hund, Pferd usw.) Gänge an, die im Extrem bis 5 cm lang werden können; die Folge sind Hautkrankheiten mit unerträglichem Juckreiz, auf haarloser Haut Krätze, an behaarten Stellen Räude; in den Gängen werden Kot und Eier abgesetzt, das ♀ stirbt schließlich am Ende des Ganges. Durch die Hautreizung wird das Gewebe zur Verhornung angeregt, es bilden sich u. U. Krusten und Schorfe. **Nahrung:** Lymphe und Zellen der Lederhaut. **Fortpflanzung:** getrenntgeschlechtig; die ♀♀ legen im Laufe von etwa 2 Monaten angeblich bis 50 Eier, die Larven leben wie die Erwachsenen; in weniger als 3 Wochen erwachsen, ♀♀ durchlaufen ein Stadium mehr als ♂♂.

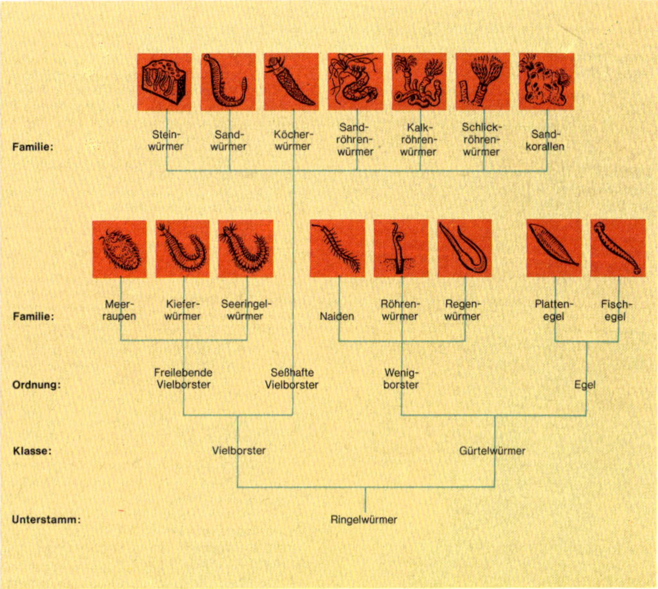

453.1 System der Ringelwürmer

3. Unterstamm: Ringelwürmer, Gliederwürmer *(Annelida);* meist runde, regelmäßig segmentierte Würmer. Ihr Körper kann an den Seiten lappige, beborstete Ruder, sog. Parapodien, besitzen. Fehlen diese, sind statt ihrer meistens wenige, segmental angeordnete (oft unauffällige!) Borsten auf der cuticularisierten, unbewimperten Haut vorhanden.

1. Klasse: Vielborster *(Polychaéta);* Körper (fast stets) mit beborsteten seitlichen Rudern (Parapodien); im Meer oder Brackwasser. Meist getrenntgeschlechtlich, ohne besondere spezialisierte Kragenregion des Vorderkörpers. Im typischen Fall werden Eier und Samen frei ins Wasser abgegeben. Die Eier entwickeln sich zu planktischen, mit Hilfe eines Wimperkranzes schwimmenden Larven, aus denen durch Segmentsprossung allmählich der Wurm hervorgeht.

I. Ordnung: Freilebende Vielborster *(Errántia);* Körper gleichförmig gegliedert, keine auffälligen Regionen.

1. Familie: Meerraupen *(Polynóidae);* Parapodien oben mit verbreiterten Borsten, die den Körper schuppenartig überdecken:

Gattung: Seemaus *(Aphrodite);* die Rückenschuppen sind ihrerseits durch Borstenfilz schwer sichtbar; die randständigen Körperborsten gerade, glatt:

Seemaus, Seeraupe
Aphrodite aculeáta LINNÉ

Körper gedrungen, breit, mit 2 seitlichen Borstenreihen, **10–20 cm** lang.

Verbreitung: Mittelmeer, Atlantik, Nordsee, westliche Ostsee. **Lebensraum und Lebensweise:** auf Sand- und Schlickböden von der Uferzone bis in tieferes Wasser; versteckt sich zwischen Steinen und Muschelschalen; gräbt sich auch mit dem Kopf voran in den Bodengrund ein, und zwar so weit, daß nur noch das Hinterende etwas herausragt; ist sehr räuberisch. **Nahrung:** kleine Meerestiere, vor allem Würmer und Weichtiere. **Fortpflanzung:** siehe oben!

Gattung: Schuppenwürmer *(Gattyána);* 15 Paare nierenförmiger, unbeborsteter Schuppen verdecken fast den ganzen Körper; seitliche obere Borsten schwächer als die unteren:

Schuppenwurm
Gattyána cirrósa (PALLAS)

Gelbbraun bis sandfarben, die großen Rückenschuppen außen oft mit dunklem Fleck; **2,5 bis 5 cm** lang.

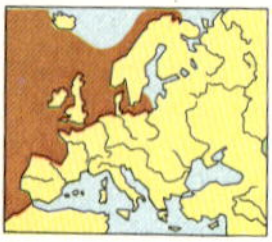

Verbreitung: Atlantik, Nordsee, westliche Ostsee. **Lebensraum und Lebensweise:** auf Schlickböden von der Gezeitenzone bis in tieferes Wasser; versteckt sich zwischen Steinen und unter Muschelschalen; ist sehr räuberisch. **Nahrung:** Würmer, Weichtiere. **Fortpflanzung:** s. oben!

2. Familie: Kieferwürmer *(Eunicidae);* langgestreckt, mit einfachen seitlichen Rudern, über diesen oft Kiemenanhänge:

Gattung: Palolowürmer *(Eunice);* groß, mit mehreren Paaren langer Fühler:

Eunice
Eunice harássii AUDOUIN ET MILNE-EDWARDS

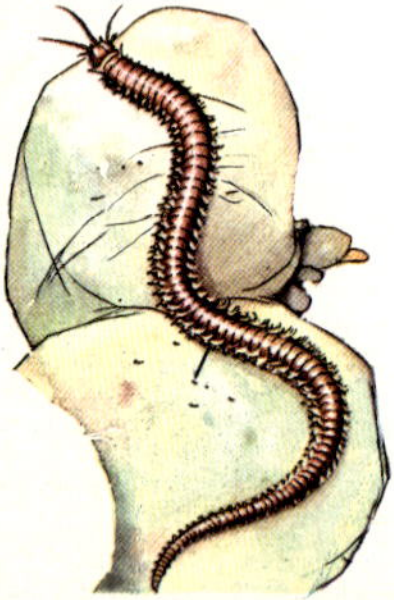

Kammförmige Kiemen vom 3. oder 4. Parapodium an auf jedem Segment; **25–30 cm** lang.

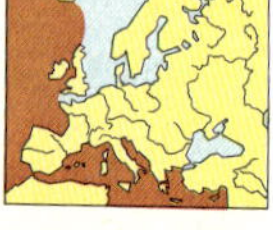

Verbreitung: Mittelmeer, Atlantik. **Lebensraum und Lebensweise:** auf Sand- und Felsböden von der Uferzone bis in tieferes Wasser; hält sich meist zwischen Tang und Algen auf; versteckt sich unter Steinen und in Felslöchern; ist sehr räuberisch. **Nahrung:** kleine Meerestiere. **Fortpflanzung:** zu bestimmten Mondphasen erscheinen nachts Schwärme laichreifer Individuen an der Meeresoberfläche; weitere Entwicklung wie einleitend angegeben. – Der **Durchsichtige Röhrenwurm** (b) *Hyalinoécia tubícola* (O. F. MÜLLER) schleppt eine durchsichtige, beiderseits offene Röhre mit sich umher; **5–6 cm** lang; lebt auf Schlickböden in über 50 m Tiefe (Mittelmeer, Atlantik, Nordsee). **Nahrung:** räuberisch. **Fortpflanzung:** unbekannt.

3. Familie: Seeringelwürmer *(Neréidae);* langgestreckt, mit gegabelten Parapodien, ohne Kiemen:

Gattung: Seeringelwürmer *(Neréis);* der längste Fühler reicht etwa bis zum 6. Segment.

Gemeiner Seeringelwurm
Neréis pelágica LINNÉ

Der fühlerartige Anhang (Cirrus) am Oberrand des Parapodiums ist länger als der kleine, stumpf dreieckige oberste Lappen des Parapodiums; bis **20 cm** lang.

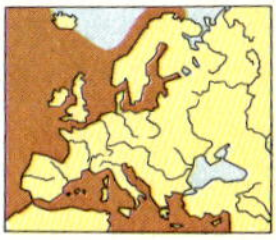

Verbreitung: Mittelmeer, Atlantik, Nordsee, Ostsee. **Lebensraum und Lebensweise:** auf Stein- und Felsböden von der Gezeitenzone bis in tieferes Wasser; hält sich gern zwischen Algen auf; kann schnell kriechen und schwimmen; ist sehr räuberisch. **Nahrung:** Würmer, Weichtiere, Krebse, Hohltiere. **Fortpflanzung:** getrenntgeschlechtig; laicht nachts an der Oberfläche, wo sich große Schwärme einfinden; in dieser Zeit haben sich die Parapodien stark vergrößert, so daß das Tier leichter schwimmt.

Farbiger Seeringelwurm
Neréis diversícolor O. F. MÜLLER

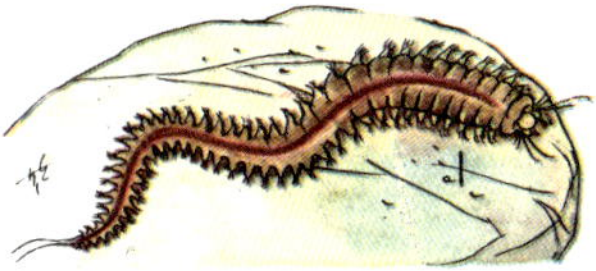

Körper bräunlich, seitlich rötlich oder grünlich; bis **15 cm** lang.

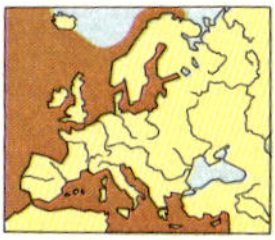

Verbreitung: Mittelmeer, Atlantik, Nordsee, Ostsee. **Lebensraum und Lebensweise:** auf Schlamm- und Schlickböden in Ufernähe; ist auch im Brackwasser vor Flußmündungen zu finden; baut verzweigte, etwa 30 cm lange Gänge in den Bodenschlamm; ist unempfindlich gegen kurzzeitiges Austrocknen des Lebensraumes bei Ebbe. **Nahrung:** Mikroorganismen und organische Schwebestoffe. **Fortpflanzung:** getrenntgeschlechtig; Eier werden im Körper des ♀ befruchtet; nach etwa 3 Monaten hat sich aus den Larven ein neuer Wurm entwickelt.

II. Ordnung: Seßhafte Vielborster *(Sedentária);* (vielfach ortsfeste) Bodenbewohner, der Körper in der Regel deutlich in unterschiedliche Regionen gegliedert.

1. Familie: *Spiónidae;* Körper nicht deutlich in Regionen gegliedert; nur 1 Paar lange Fühler:

Gattung: Steinwürmer *(Polydóra);* Borsten des 5. Segments zu verdickten Bohrorganen umgestaltet, anders als die übrigen Borsten.

Wimper-Steinwurm
Polydóra ciliáta (JOHNSTON)

2 Fühler, vom 7. Segment an mit Kiemen, Herz scheint rot durch; bis **2 cm** lang.

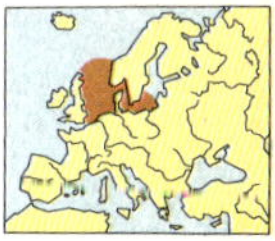

Verbreitung: Nordsee, westliche Ostsee. **Lebensraum und Lebensweise:** auf Sand- und Schlickböden; bohrt U-förmige Röhren in Kalk, Torf und Muschelschalen; siedelt sehr dicht; auf 1 m^2 sollen manchmal 200 000 Steinwürmer leben. **Nahrung:** Mikroorganismen und organische Schwebestoffe, die mit den langen Tentakeln herbeigestrudelt werden. **Fortpflanzung:** jedes Segment legt seine Eier separat in ein aus Nierensekret gebildetes Kapselchen; so entsteht in der Wohnröhre eine Reihe von Eikapseln, die jede 15–70 Eier enthalten; die ausschlüpfenden Larven haben mehrere Wimperkränze, sind aber sonst ungegliedert; nach 6 Wochen planktischen Lebens sind ihnen 18 Segmente gewachsen, sie gehen zur bodenbewohnenden Lebensweise über.

2. Familie: Sandwürmer *(Arenicólidae);* Kopf ohne Anhänge und Fühler; die mittlere der 3 Körperregionen mit Kiemenbüscheln auf der Rückseite; 1 Gattung:

Gattung: Sandwürmer *(Arenicola);* wenige Arten.

Köderwurm, Sandpier
Arenicola marina (LINNÉ)

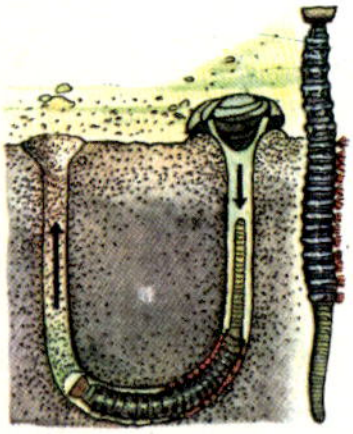

Braunrot; mittlere Region mit 12–13 Paaren blutroter Kiemenbüschel; **35 cm** lang.

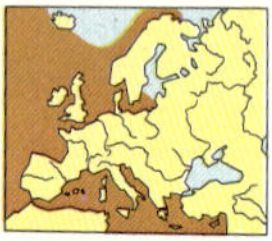

Verbreitung: Mittelmeer, Atlantik, Nordsee, westliche Ostsee. **Lebensraum** und **Lebensweise:** auf Sand- und Schlickböden im Flachwasser der Küsten; gedeiht besonders gut zwischen Tang; baut U-förmige Röhren, innen mit Schleim ausgekleidet; hält sich im waagerechten Abschnitt der Röhre auf; eine Mündung der Röhre dient der Nahrungsaufnahme, die andere der Ausscheidung der wurstförmigen Exkremente. **Nahrung:** Mikroorganismen und organische Schwebestoffe, die mit dem eingefressenen Sand aufgenommen werden. **Fortpflanzung:** mit 2 Jahren geschlechtsreif; Eier werden auf dem Meeresboden befruchtet; Anfangsgröße der Larve 0,25 mm; entwickelt sich in etwa 4 Monaten zum Jungwurm von 3 mm Länge, der eine Röhre anlegt, aber erst mit 8 mm Länge die Gewohnheiten der Elterntiere aufnimmt. **Wirtschaftliche Bedeutung:** begehrter Angelköder der Fischer.

3. Familie: Köcherwürmer *(Amphicténidae);* gedrungen; leben in schlanker, lang trichterförmiger Röhre:

Gattung: Köcherwürmer *(Amphicténe)*:

Köcherwurm
Amphicténe coréni MALMGREN

Röhre mit gleichgroßen Sandkörnern bedeckt; bis **10 cm** lang.

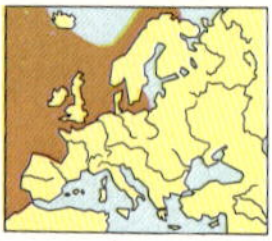

Verbreitung: Atlantik, Nordsee, westliche Ostsee. **Lebensraum** und **Lebensweise:** auf Sand- und Schlickböden von der Gezeitenzone bis in tieferes Wasser; die auf beiden Seiten offene Röhre wird bei der Nahrungssuche von dem Tier mitgeschleppt; bohrt sich senkrecht in den Meeresboden ein, so daß nur ein kurzes Stück der Röhre mit dem Endkörper herausragt. **Nahrung:** Mikroorganismen und organische Schwebestoffe. **Fortpflanzung:** Larven leben eine Zeilang im Plankton.

4. Familie: *Terebéllidae;* mit Schopf unverzweigter, nicht einziehbarer langer Fühler:

Gattung: Sand-Röhrenwürmer *(Polýmnia);* gewundene Röhre liegt dem Untergrund an:

Sand-Röhrenwurm
Polýmnia nebulósa MONTAGU

a

(a) Schleimröhre mit aufgekitteten Steinchen, Muschelschalen u. dgl.; bis **30 cm** lang.

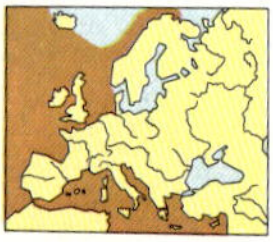

Verbreitung: Mittelmeer, Atlantik, Nordsee. **Lebensraum** und **Lebensweise:** auf Sand- und Schlickböden von der Uferzone bis in tieferes Wasser; baut aus Schleim und Steinen Röhren, die bei ungünstigen Lebensbedingungen verlassen werden. **Nahrung:** Mikroorganismen und organische Schwebestoffe. **Fortpflanzung:** Larven planktonisch. – Der ähnliche **Bäumchen-Röhrenwurm** (b) *Lanice conchiléga* (PALLAS), bis **30 cm** lang, lebt in senkrechten Röhren im Boden; Verbreitung, Lebensraum und Lebensweise sowie Nahrung und Fortpflanzung wie Sand-Röhrenwurm.

5. Familie: Kalk-Röhrenwürmer *(Serpúlidae);* Bewohner harter Kalkröhren ohne Fremdkörperbelag:

Gattung: *Sérpula;* Körper symmetrisch, mindestens 5 beborstete Segmente bilden den Vorderkörper:

Kalk-Röhrenwurm
Sérpula vermiculáris LINNÉ

(a) Deckel der Röhre knorpelig, Rand gezähnt, rundlich; Röhren am Ende frei erhoben; Ø **5 mm.**

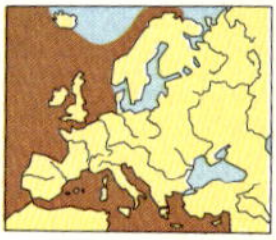

Verbreitung: Mittelmeer, Atlantik, Nordsee. **Lebensraum** und **Lebensweise:** auf Felsböden, Muschelschalen, Korallen, Krabben vom Flachwasser bis etwa 100 m Tiefe. **Nahrung:** Plankton, das mit den Tentakeln herbeigestrudelt wird. **Fortpflanzung:** durchläuft planktische Larvenstadien. – Der **Blutrote Röhrenwurm** (b) *Prótula intestinum* RISSO, Tentakelkrone doppelt blutrot; Röhren rundlich, frei über den Untergrund erhoben; Ø **8–10 mm. Verbreitung:** Mittelmeer. **Lebensraum** und **Lebensweise:** auf Felsböden von der Uferzone bis in tieferes Wasser; ist nicht sehr häufig; baut Kalkröhren von etwa 1 cm Durchm., die an Steinen und Korallen angeheftet werden und am Ende senkrecht emporragen. **Nahrung:** Plankton, organische Schwebstoffe. **Fortpflanzung:** zwittrig; Larve planktonisch.

Gattung: Dreikantwürmer *(Pomatóceros);* Röhre dreikantig:

Dreikantwurm
Pomatóceros triquéter (LINNÉ)

Drei halbkreisförmige Tentakelkronen, rot, blau oder gelb; bis **5 cm** lang.

Verbreitung: Mittelmeer, Atlantik, Nordsee, sporadisch westliche Ostsee. **Lebensraum** und **Lebensweise:** auf Fels- und Steinböden von der Uferzone bis in große Tiefen; baut 5–12 cm lange dreikantige, weiße Röhren aus Kalk, die an Treibgut, Bojen, Schiffsböden, Muscheln und Steinen angeheftet werden. **Nahrung:** Plankton und organische Schwebestoffe. **Fortpflanzung:** vermutlich zwittrig, mit pelagischen Larven.

Gattung: Posthörnchen-Röhrenwürmer *(Spirórbis);* asymmetrisch, klein; Röhren regelmäßig spiralig gewunden, flach aufliegend; mehrere schwer unterscheidbare Arten:

Posthörnchen-Röhrenwurm
Spirórbis spec.

Kleine Würmer mit gefiederten Tentakeln; Gesamtdurchmesser der Spirale nur wenige Millimeter, Gesamtlänge knapp **5 mm.**

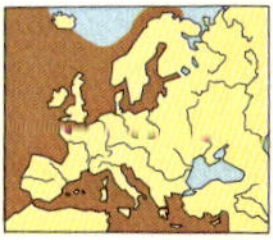

Verbreitung: Mittelmeer, Atlantik, Nordsee, Ostsee. **Lebensraum** und **Lebensweise:** festgewachsene Filtrierer auf Steinen, Tang und anderen harten Unterlagen, meist im flachen Wasser. **Nahrung:** Plankton und organische Schwebstoffe. **Fortpflanzung:** Zwitter, dennoch mit Fremdbefruchtung; die Larven wachsen – je nach Art in der Röhre oder deren Deckel – weit heran und führen nur ein kurzes freies Leben, setzen sich bald fest.

6. Familie: Schlick-Röhrenwürmer *(Sabéllidae);* Röhren ledrig oder pergamentartig, biegsam, mitunter mit Fremdkörpern belegt; nie mit Deckelapparat:

Gattung: *Sabélla:* am Vorderende zwei gleiche, nicht spiralig gerollte Tentakelgruppen:

Schlick-Röhrenwurm
Sabélla pavónina SAVIGNY

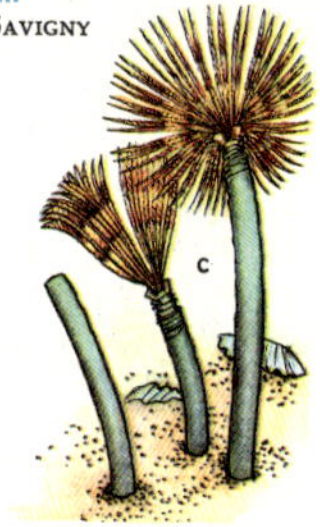

(a) Tentakeln bunt quergebändert; bis **30 cm** lang.

Verbreitung: Mittelmeer, Atlantik, Nordsee. **Lebensraum und Lebensweise:** auf Sand- und Schlickböden im Flachwasser; baut senkrechte Wohnröhren in den Meeresboden; oberes Ende überragt den Bodengrund; bei Erschütterungen werden die der Ernährung dienenden, fächerartigen Tentakeln schnell eingezogen. **Nahrung:** Mikroorganismen und organische Schwebestoffe. **Fortpflanzung:** Zwitter; Larven nur kurze Zeit planktonisch. – **Der Seenelkenwurm** (b) *Spirográphis spallanzánii* VIVIANI mit teils kleiner, teils sehr großer spiralig gerollter Tentakelrolle lebt im Mittelmeer und Atlantik ähnlich Schlick-Röhrenwurm, aber auch in größeren Tiefen; sonst wie Schlick-Röhrenwurm.

7. Familie: Sandkorallen *(Sabellariidae);* 1 Gattung:

Gattung: Sandkorallen *(Sabellária):*

Pümpwurm, Sandkoralle
Sabellária spinulósa LEUCKART

Die äußeren Plattborsten jeweils mit 5–9 Zähnen, der mittlere gezackt, sehr groß; rot, vorne mit braunen Flecken; bis **4 cm** lang.

Verbreitung: Mittelmeer, Atlantik, Nordsee. **Lebensraum und Lebensweise:** außerhalb der Gezeitenzone auf Sand- und Steinböden; baut bis 30 cm lange Röhren aus verkitteten Sandkörnchen; lebt in großen Kolonien, die schnell zu „Riffen“ anwachsen; siedelt sich gern auf Austernbänken und Muschelschalen an. **Nahrung:** Plankton und organische Schwebestoffe. **Fortpflanzung:** Eier werden durch Wimperschlag aus der Röhre ins freie Wasser befördert, die Larven leben etwa 2 Monate planktonisch.

458.1 Bäumchenröhrenwurm

2. Klasse: Gürtelwürmer *(Clitelláta);* Ringelwürmer ohne Parapodien und Fühler; Geschlechtsorgane auf bestimmte Segmente beschränkt, die zumindest in der Fortpflanzungsperiode gürtelartig vortreten; Zwitter, dennoch ist Fremdbefruchtung die Regel. Entwicklung der Eier in Kokons, keine freien Larvenstadien.

I. Ordnung: Wenigborster *(Oligochaeta);* äußerlich und innerlich gleichartig sehr deutlich in Segmente gegliedert, jedes Segment mindestens mit 4 Borsten.

1. Familie: Naïden *(Náidae);* klein, überwiegend Süßwassertiere; äußere und innere Gliederung gut entwickelt; durchsichtig; Gürtel an den Segmenten 6–8:

Gattung: *Stylária;* Vorderkörper mit langem, scharf abgesetztem fühlerartigem unpaarem Fortsatz:

Gezüngelte Naïde
Stylária lacústris (LINNÉ)

Augen vorhanden; mit langen, haarförmigen Borsten; bildet Tierketten; bis **1,8 cm** lang.

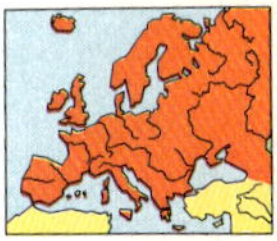

Verbreitung: in ganz Europa. **Lebensraum und Lebensweise:** lebt in Teichen und Seen; hält sich meist zwischen Wasserpflanzen auf; schwimmt schlängelnd durch das Wasser; ist auch im Brackwasser der Ostsee heimisch. **Nahrung:** organische Bestandteile des Bodenschlamms. **Fortpflanzung:** hauptsächlich ungeschlechtlich; dabei entstehen etwa 2 cm lange Tierketten; erst im Herbst geschlechtlich; Eikokons werden dann an Wasserpflanzen angeheftet.

2. Familie: Röhrenwürmer *(Tubificidae);* 1 Paar Ovarien und Hoden in den Segmenten 10–12; rote Bewohner des Bodenschlamms der Gewässer:

Gattung: Röhrenwürmer *(Túbifex);* ♂ Geschlechtsöffnungen am 11. Segment; Arten nur mikroskopisch bestimmbar, als Beispiel:

Bachröhrenwurm
Túbifex túbifex O. F. MÜLLER

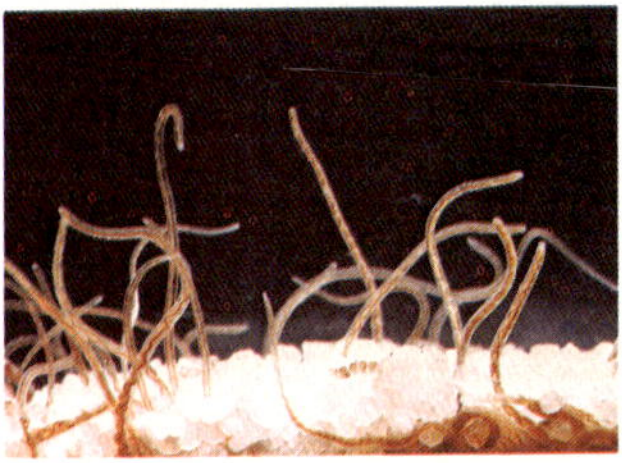

Lang und dünn; rötlichgelb; bis **8,5 cm** lang.

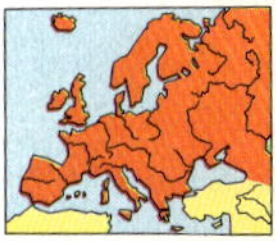

Verbreitung: in ganz Europa. **Lebensraum und Lebensweise:** lebt auf dem Bodengrund schlammiger Gewässer in selbstgebauten senkrechten Röhren; Hinterende ragt aus der Röhre heraus und vollführt ständig schwingende Bewegungen, die der Sauerstoffzufuhr dienen (Darmatmer); bei der geringsten Erschütterung zieht sich der Wurm schnell in die Röhre zurück. **Nahrung:** organische Bestandteile des Bodenschlamms; bevorzugt deshalb Abwässergräben von Zuckerfabriken und Brauereien. **Fortpflanzung:** Zwitter; Eiablage Juni–August in Kokons; Jungtiere im Herbst. **Wirtschaftliche Bedeutung:** bei den Aquarianern beliebtes Fischfutter; Bodenverbesserer.

3. Familie: Regenwürmer *(Lumbricidae);* keine langen Haarborsten, nur kurze Hakenborsten, je Segment meist 4 Paare; ♂ Geschlechtsöffnung auf dem 15. Segment; Gürtel noch weiter hinten.

Gattung: *Eisénia;* Körper rund, Kopf nur vorn geteilt, Gürtel bis Segment 32:

Dungwurm
Eisénia foetida SAVIGNY

Längsschwellungen auf der Unterseite des Gürtels von Segment 27–28 bis Segment 30; bis **13 cm** lang.

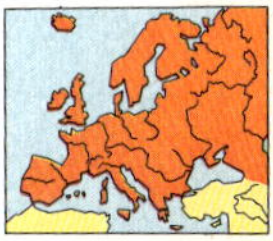

Verbreitung: ganz Europa. **Lebensraum und Lebensweise:** lebt in Dung- und Komposthaufen; ist dort in großer Anzahl zu finden, besonders in den feuchten Lagen; riecht widerlich; wird von den Anglern auch „Goldschwanz" genannt. **Nahrung:** wie *L. terréstris.* **Fortpflanzung:** wie *L. terréstris.* **Wirtschaftliche Bedeutung:** wie *L. terréstris.*

Gattung: Vierkantwürmer *(Eiseniélla);* Körper vierkantig; Kopfsegment vorn dreigeteilt, hinten aber einheitlich:

Vierkantwurm
Eiseniélla tetraédra (SAVIGNY)

a

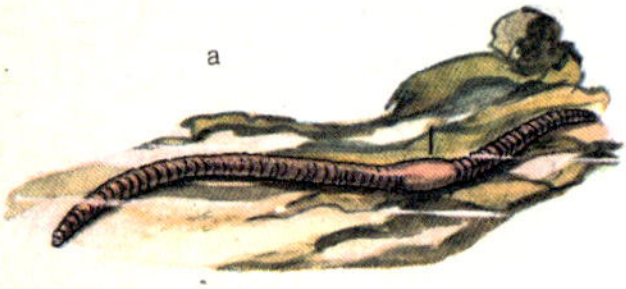

b

(a) Gürtel ziemlich weit vorn, erreicht höchstens das 27. Segment; etwa 90 Segmente oder **3 bis 5 cm** lang.

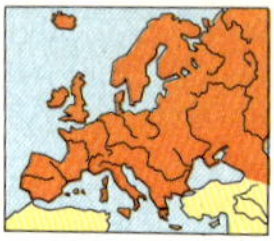

Verbreitung: ganz Europa. **Lebensraum** und **Lebensweise:** lebt amphibisch; bevorzugt feuchtes Erdreich unter Moos und an Grabenrändern; ist hauptsächlich nachts tätig; überdauert Kälte und anhaltende Trockenheit in tieferen Erdschichten. **Nahrung:** organische Bestandteile der Erde; frißt ständig Erde, die nach der Verdauung an der Oberfläche als Kothäufchen ausgeschieden wird; verträgt kein Tageslicht. **Fortpflanzung:** Zwitter; Paarung nachts außerhalb der Wurmgänge; Eiablage in Kokons an der Erdoberfläche. **Wirtschaftliche Bedeutung:** sehr groß; durchlüftet und verbessert den Ackerboden durch seine Ausscheidungen; auch für Angler als Köder wichtig. – Der **Kleine Regenwurm** (b) *Allobóphora rósea* (SAVIGNY), Gürtel auf den Segmenten 26–32, bis **6 cm** lang, ist an keinen bestimmten Boden gebunden, verhält sich aber sonst wie der Vierkantwurm; Fortpflanzung wie Großer Regenwurm.

Gattung: Echte Regenwürmer *(Lumbricus);* Kopf auf ganzer Länge durch Furchen in 3 Lappen geteilt; die Längsschwellungen an den Unterseiten des Gürtels erstrecken sich über mindestens 4 Segmente:

Großer Regenwurm
Lumbricus terréstris LINNÉ

(a) Gürtel an den Segmenten 32–37; Körperoberseite am Kopf rotviolett, hinten heller; bis **30 cm** lang.

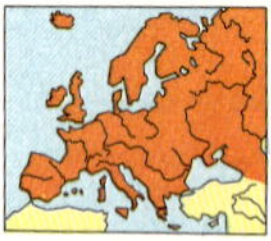

Verbreitung: ganz Europa. **Lebensraum** und **Lebensweise:** hält sich mit Vorliebe in Lehmböden auf; meidet das Tageslicht, das tödlich wirkt; überdauert Trockenheit und Kälte in größeren Tiefen; registriert feinste Bodenerschütterungen; kommt nur nachts aus den Gängen heraus. **Nahrung:** organische Bestandteile des Erdbodens; frißt daher dauernd Erde, deren unverdaute Bestandteile als Kothäufchen über den Gangenden zu finden sind; frißt aber auch vermoderndes Laub, das in den Gang hineingezogen wird. **Fortpflanzung:** Zwitter; Paarung nachts über der Erde; jedes Ei in Eikapsel; Jungwürmer schlüpfen nach 3–4 Wochen. **Wirtschaftliche Bedeutung:** durchlüftet und verbessert den Ackerboden durch seine Ausscheidungen; ist auch als Angelköder wichtig. **Feinde:** Maulwurf, Käfer, Vögel und Pflanzenschutzmittel. – **Der Rote Regenwurm** (b) *Lumbricus rubéllus* HOFFMEISTER, Gürtel an den Segmenten 27–32; bis **12 cm** lang, hat eine ähnliche Verbreitung, Lebensweise usw. wie der Große Regenwurm.

II. Ordnung: Egel *(Hirudinéa);* in der Regel borstenlose Würmer; kräftiger Saugschlund; am Körperende ein Saugnapf:

1. Familie: Plattenegel *(Glossiphoniidae);* Körper gedrungen, abgeflacht:

Gattung: Schneckenegel *(Glossiphónia);* am Vorderende 2–3 Paare Augen:

Großer Schneckenegel
Glossiphónia complanáta (LINNÉ)

Rücken mit Papillen; die 6 Augen in zwei fast parallelen Reihen; **1–3 cm** lang.

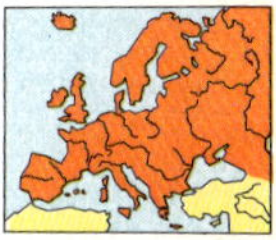

Verbreitung: in ganz Europa sehr häufig. **Lebensraum und Lebensweise:** lebt in Tümpeln, Teichen, Seen und Flüssen; versteckt sich unter Pflanzen und Steinen; ist sehr räuberisch. **Nahrung:** Blut von Weichtieren und Würmern. **Fortpflanzung:** Zwitter; Kokons und junge Egel haften an dem Elterntier und werden versorgt (Brutpflege).

2. Familie: Fischegel *(Piscicólidae);* Körper schlank, Mundscheibe kreisförmig:

Gattung: Fischegel *(Piscicola);* Körperquerschnitt rund; jedes Segment in 14 Ringe geteilt:

Gemeiner Fischegel
Piscicola geométra (LINNÉ)

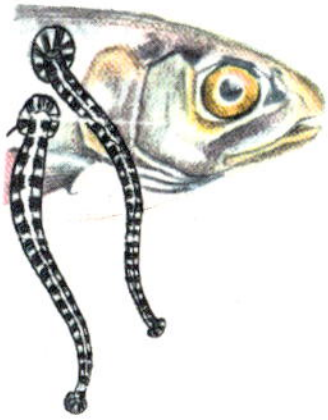

Auf der vorderen Haftscheibe 4 Augen; **1–5 cm** lang.

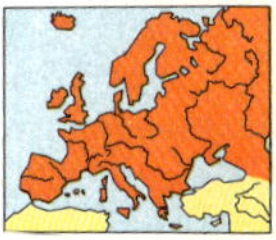

Verbreitung: in ganz Europa sehr häufig. **Lebensraum und Lebensweise:** ist in allen Süßwassergewässern heimisch, auch im Brackwasser der See, besonders an Flußmündungen; hält sich mit Vorliebe in der Uferregion auf, wo er, an Pflanzenteilen oder Steinen angeheftet, regungslos auf Beute lauert; saugt sich an vorbeischwimmenden Fischen fest, oft in Vielzahl. **Nahrung:** Fischblut; saugt mehere Tage und kann bis 150 mm^3 Blut aufnehmen. **Fortpflanzung:** Zwitter; Paarung mehrmals im Jahr, meist auf dem Beutetier; nach jeder Paarung werden 50–90 Kokons mit je einem Ei an Wasserpflanzen und Steinen angeheftet. **Wirtschaftliche Bedeutung:** richtet besonders in Zuchtteichen, die zu dicht besetzt sind, großen Schaden an; Fische verenden durch starken Blutverlust; verbreitet außerdem die infektiöse Bauchwassersucht der Fische.

461.1 Gemeiner Fischegel

3. Familie: Blutegel *(Hirudinidae);* 5 Augenpaare, zwischen dem 3. und 4. Paar 1 augenloser Ring:

Gattung: Medizinische Blutegel *(Hirúdo);* hinterer Saugnapf fast so breit wie der Körper:

Medizinischer Blutegel
Hirúdo medicinális LINNÉ

(a) Rücken rötlich braun bis dunkel olivgrün, mit 6 rötlichen Längsstreifen; Flanken hellgelb; bis **20 cm** lang.

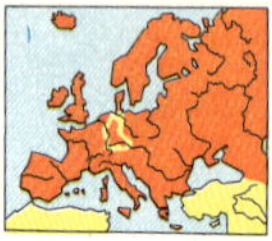

Verbreitung: in ganz Europa, aber selten. In Deutschland nur lokal. **Lebensraum** und **Lebensweise:** bevorzugt pflanzenreiche, moorige Teiche, Gräben und Seen; lebt verborgen unter Steinen und Pflanzen; kann gut schwimmen; wird bis 27 Jahre alt. **Nahrung:** jung Blut von Lurchen, erwachsen Blut von Säugetieren und vom Menschen; scheidet beim Blutsaugen aus seinen Speicheldrüsen Hirudin aus, das die Gerinnung verhindert; kann bis zum 10fachen Körpervolumen Blut aufnehmen, da Außengewebe sehr dehnbar. **Fortpflanzung:** Zwitter; geschlechtsreif nach der ersten Warmblutaufnahme nach etwa 3 Jahren; Eiablage im Erdreich der Uferregion; bis zu 15 Eier befinden sich in festen Kokons, von denen jeder Egel etwa 8 Stück erzeugt; Paarung im Spätsommer, Eischlupf im Frühjahr. **Wirtschaftliche Bedeutung:** früher größer, aber auch heute noch in der Medizin als „Schröpfegel" gefragt. Auch für die Hirudingewinnung wichtig. – Der **Pferdeegel** (b) *Haemópis sanguisúga* (LINNÉ) wird über **10 cm** lang; saugt niemals Blut; frißt Kaulquappen, Schnekken, Würmer, Larven von Wasserinsekten; sonst ähnlich dem Medizinischen Blutegel.

Stamm: Igelwürmer *(Echiurida);* der Körper ist gedrungen, meist wurmförmig, ungegliedert und trägt an seinem Vorderende vor dem Mund einen Kopflappen, der unterseits mit einer Wimperrinne ausgerüstet ist.

I. Ordnung: Igelwürmer *(Echiurinea),* mit den obigen Kennzeichen; 1 Familie.

1. Familie: Igelwürmer *(Echiúridae);*

Gattung: Quappwürmer *(Echiúrus);* Körperende mit zwei Borstenkränzen, Kopflappen kurz, ungegabelt:

Quappwurm
Echiúrus echiúrus PALLAS

Kopflappen röhrenartig, von etwa ¼ Rumpflänge; der plumpe Rumpf mit Ringen größerer und kleinerer Warzen; grünlich oder gelblich; ohne Kopflappen bis **12 cm** lang.

Verbreitung: Atlantik, Nordsee. **Lebensraum** und **Lebensweise:** auf Sandböden in Ufernähe; übersteht auch kurzzeitige Trockenheit bei Ebbe; gräbt U-förmige Röhren in den Boden; nur Kopfende ragt aus der Röhre heraus und sucht die Umgebung nach Nahrung ab. **Nahrung:** verwesende Tier- und Pflanzenreste. **Fortpflanzung:** getrenntgeschlechtig; Eier und Samen werden ins Wasser abgegeben. Es entwickeln sich Larven mit einem Wimperkranz, die denjenigen der Ringelwürmer sehr ähneln. Nach einigen Wochen planktischen Lebens sinken sie zu Boden, innerhalb 1–2 Tagen streckt sich der Leib und erfolgt die Umwandlung zum mit Borsten versehenen warzigen Wurm.

Gattung: Sternwürmer *(Bonéllia);* 1 Art:

Grüner Sternwurm
Bonélla viridis ROLANDO

Kopflappen gegabelt, mehrfach länger als der Rumpf; intensiv bläulich grün; Rumpflänge des ♂ **1–2 mm,** des ♀ bis **15 cm,** Kopflappen des ♀ bis **1,5 m** lang.

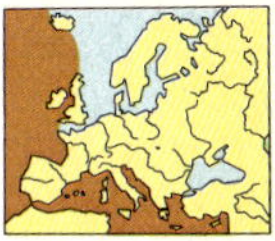

Verbreitung: Mittelmeer, Atlantik. **Lebensraum** und **Lebensweise:** auf Sand- und Schlickböden, auch in Felsspalten, Muschellöchern und zwischen Algen; lebt sehr versteckt und scheut das Tageslicht; ist in Ufernähe bis in Tiefen über 100 m anzutreffen; verläßt selten den Standort; mit dem Kopflappen wird Nahrung gesucht. **Nahrung:** Mikroorganismen und organische Schwebestoffe. **Fortpflanzung:** getrenntgeschlechtig; ♂♂ existieren nur zur Fortpflanzungszeit von Mai bis August; die sich aus den Eiern entwickelnden Larven sind noch nicht geschlechtlich vordifferenziert; gelangen sie auf den Kopflappen eines weiblichen Elterntieres, dann verwandeln sie sich zu winzigen ♂♂, die sich zu mehreren im Uterus der ♀♀ wiederfinden und dort für die Befruchtung der Eier sorgen; alle anderen Larven werden zu ♀♀.

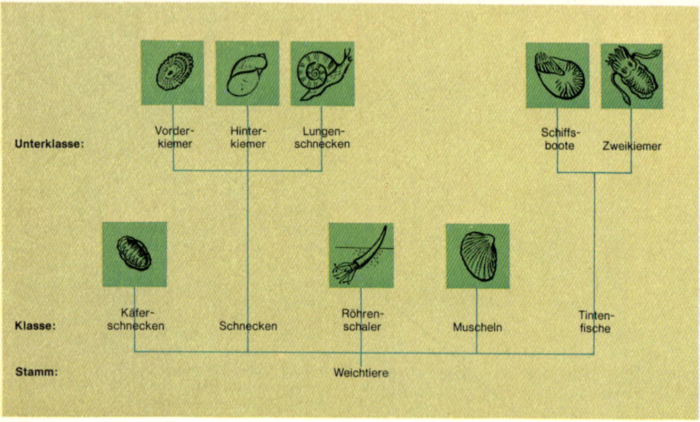

464.1 System der Weichtiere

Stamm: Weichtiere *(Mollúsca)*
Zum Stamm der Weichtiere (Mollúsca) gehören außer den allgemein bekannten Muscheln und Schnecken auch ganz anders aussehende Tiergruppen wie die Kopffüßer, meist unter dem Namen Tintenfische aufgeführt, die Käferschnecken und die Röhrenschaler, so daß wir 5 Weichtierklassen unterscheiden können:

1. Klasse: Käferschnecken *(Placóphora);* Schale besteht aus 8 Platten; Kriechsohle vorhanden; Meeresbewohner.
S. 464

2. Klasse: Schnecken *(Gastrópoda);* Kopf deutlich vom Körper abgesetzt; maximal mit 2 Paar Fühlern; Kriechsohle vorhanden; Schale meist vorhanden, aus einem Stück bestehend, in der Regel gewunden; Land-, Süßwasser-, Brackwasser- und Meerwasserbewohner.
S. 465

3. Klasse: Röhrenschaler, Grabfüßer oder **Elefantenzahnschnecken** *(Scaphópoda);* Kopf nur undeutlich vom Rumpf abgesetzt; Schale röhrenförmig, aus einem Stück bestehend, leicht gebogen, an beiden Enden offen; Meeresbewohner.
S. 488

4. Klasse: Muscheln *(Lamellibranchiáta* oder *Biválvia);* Kopf fehlt; Schale immer aus 2 Teilen (Klappen) bestehend (zweiklappig), die den Weichkörper meist ganz umschließen; Süß-, Brack- und Meerwasserbewohner.
S. 489

5. Klasse: Kopffüßer oder **Tintenfische** *(Cephalópoda);* Kopf deutlich vom Körper abgesetzt, mit 8 oder 10 Fangarmen, die mit Saugnäpfen besetzt sind; Fuß an der Bauchseite zum sogenannten Trichter umgebildet, der Fortbewegung durch Rückstoß ermöglicht; eine äußere Schale fehlt; Meeresbewohner.
S. 512

1. Klasse: Käferschnecken *(Placóphora).* Die Klasse enthält etwa 1000 marine Arten, die alle durch eine aus 8 Teilstücken bestehende Rückenschale ausgezeichnet sind.

Gattung: Käferschnecken *(Lepidochiton).* Platten 2–7 mit schuppiger Skulptur.

Käferschnecke
Lepidochiton cinéreus (LINNÉ)

Rückenplatten graugrün bis rötlichbraun; **1–2 cm** *lang.*

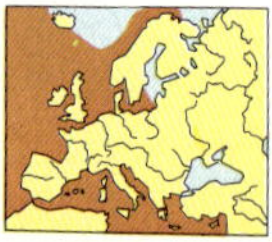

Verbreitung: Atlantikküsten bis Narvik, Nordsee; fehlt: Island. **Lebensraum** und **Lebensweise:** bevorzugt die Gezeitenzone; heftet sich an Steinen, Felsen und Muscheln an; scheut das Licht. **Nahrung:** Algen. **Fortpflanzung:** *getrenntgeschlechtig;* Eier werden in zwei Gallertschnüren in das Wasser abgegeben; aus ihnen entsteht für nur wenige Stunden eine *Schwimmlarve,* die danach den Boden aufsucht und sich zur Schnecke verwandelt. **Wirtsch. Bed.:** keine. Im Altertum wurden manche Arten als glückbringendes Amulett getragen.

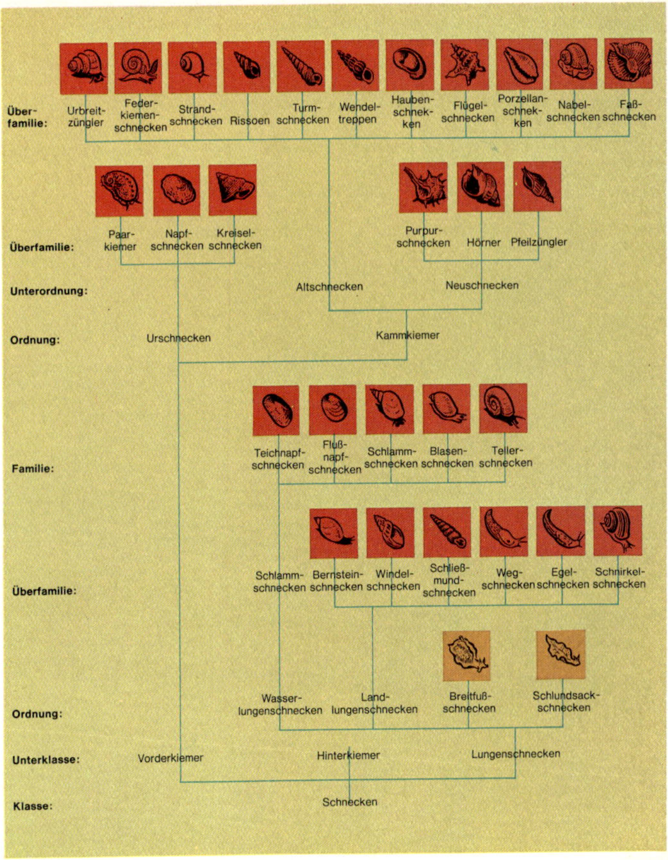

465.1 System der Schnecken

9. Klasse: Schnecken *(Gastrópoda)*
Über den Bau der Schneckenschale vgl. S. XXVIII und XXIX.

Systematik:
Nach der Art der Atmungsorgane unterteilt man die Schnecken in drei Unterklassen:

1. Unterklasse: Vorderkiemer *(Streptoneúra);* Arten getrenntgeschlechtlich, fast ausschließlich durch Kiemen atmend; Schale meist mit Deckel. **S. 466**

2. Unterklasse: Hinterkiemer *(Opisthobránchia);* vorwiegend (in der Regel sehr kleine) Nacktschnecken (ohne Schale); Atmung meist mit Kammkiemen, zuweilen auch nur durch die Haut oder mit sekundären Kiemen (Rückenpapillen, Kiemenrosetten); unter ihnen polypenfressende Arten, die die mitaufgenommenen Nesselkapseln in die Rückenanhänge einlagern und ähnlich wie bei den Polypen zur Verteidigung verwenden; Zwitter mit wechselseitiger Befruchtung; Laich in band- oder wurstförmigen, spiralig gewundenen Gallertschnüren; Arten werden hier nicht beschrieben.

3. Unterklasse: Lungenschnecken *(Pulmonária);* Schale immer ohne Deckel; die verschließbare Mantelhöhle als eine Lunge wirkend, da ihre Wände mit einem feinen Netz von Blutgefäßen durchzogen sind. **S. 480**

1. Unterklasse: Vorderkiemer *(Streptoneúra)*. Kiemenatmende Schnecken mit spiraligen, napf- oder ohrförmigen Schalen, die meist mit einem Deckel verschließbar sind. Arten im Meer-, Brack- oder Süßwasser.

I. Ordnung: Urschnecken *(Diotocárdia)*. Primitive, meist im Meer lebende Schnecken.

1. Überfamilie: Paarkiemer *(Pleurotomariácea)*. In der Nabelhöhle zwei doppelfiedrige Kiemen, Schale mit Schlitz oder Löchern.

1. Familie: Seeohren *(Haliótidae)*. Große ohrförmige Schnecken. Gehäuse mit wenigen Windungen und einer Reihe von Löchern. Deckel fehlt.

Gattung: Seeohren *(Haliótis)*. Gehäuse mit spiralig und radiär verlaufenden Skulpturen.

Großes Seeohr
Haliótis tuberculáta (LINNÉ)

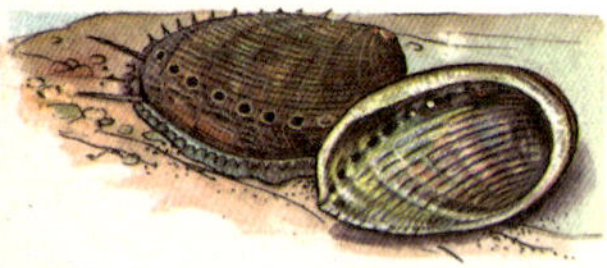

Schale flach, nur im obersten Teil gewunden, mit starkem Perlmutterglanz; **6–9 cm** *hoch*.

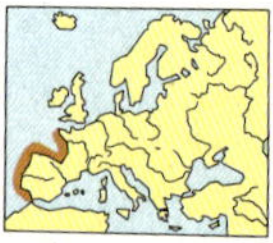

Verbreitung: Atlantikküste von Gibraltar bis Brest. **Lebensraum** und **Lebensweise:** bevorzugt festen Meeresboden; lebt in flachem Wasser, besonders in der Brandungszone; kann sich mit dem Fuß sehr fest an Steinen und Felsen verankern. **Nahrung:** an Steinen, Felsen und Hafenmauern anhaftende Algen. **Fortpflanzung:** Bei der Paarung führt das Männchen, auf der Schale des Weibchens sitzend, den Penis in dessen Vagina ein; eierlegend. **Wirt. Bed.:** eßbar; leere Gehäuse von Sammlern begehrt.

Seeohr
Haliótis lamellósa (LAMARCK)

Gehäuse mit Radiärfalten, innen mit Perlmutterglanz; **4–8 cm** *hoch*.

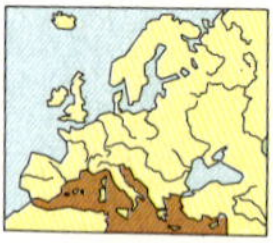

Verbreitung: Mittelmeer. **Lebensraum** und **Lebensweise:** bevorzugt flaches Wasser in Küstennähe und liebt harten Meeresboden; sitzt sehr fest an der Unterseite von Steinen; auch an Felsen und Hafenmauern. **Nahrung:** Algen. **Fortpflanzung:** Paarung wie beim Großen Seeohr; eierlegend. **Wirtsch. Bed.:** eßbar; auch als Schmuck verwendet.

2. Familie: Schlitzschnecken *(Fissuréllidae)*. Napfförmige Schnecken mit einem Schlitz am Vorderrand oder einem Loch an der Spitze.

Gattung: Schlitzschnecken *(Fissurélla)*. Gehäuse mit einem Loch für das Atemrohr.

Schlitzschnecke
Fissurélla costária (LAMARCK)

mit dunklen Querbändern; *bis* **3 cm** *lang*.

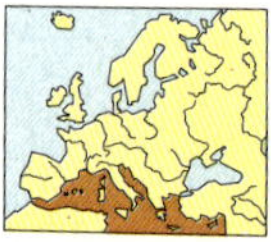

Verbreitung: Mittelmeer. **Lebensraum** und **Lebensweise:** bevorzugt felsige Küsten; hält sich zwischen Steinen und Felsen auf; bewegt sich langsam. **Nahrung:** Algen. **Fortpflanzung:** Paarung wie beim Großen Seeohr; eierlegend. **Wirtsch. Bed.:** eßbar.

2. Überfamilie: Napfschnecken *(Patellácea)*. Napfförmige Schalen, ohne Löcher, ohne Deckel.

1. Familie: Napfschnecken *(Patéllidae)*. Mittelgroße Schnecken mit radiären Rippen.

Gattung: Napfschnecken *(Patélla)*.

Gemeine Napfschnecke
Patélla vulgáta (LINNÉ)

Gehäuse stumpf kegelförmig, mit starken radiären Rippen; *∅ bis* **5,5 cm.**

Verbreitung: Atlantik, Nordsee. **Lebensraum und Lebensweise:** bevorzugt die Gezeitenzone; liebt festen Meeresboden; saugt sich mit dem Fuß auf der Unterlage fest; ist *standorttreu*. **Nahrung:** Algen. **Fortpflanzung:** eierlegend. **Wirtsch. Bed.:** eßbar.

Blaue Napfschnecke
Patélla coerúlea (LINNÉ)

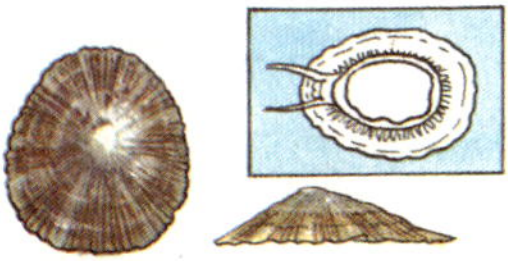

Gehäuse flach, mit leicht gewellten Radiärrippen, innen mit Perlmutterglanz; *bis* **4,5 cm** *hoch.*

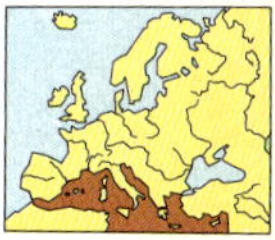

Verbreitung: Mittelmeer. **Lebensraum und Lebensweise:** bevorzugt die Gezeitenzone der Küste und liebt harten Meeresboden; schützt sich vor dem Austrocknen während der Ebbe durch fest angezogene Schale und durch Aushöhlen der Unterlage; kehrt nach der Nahrungssuche in diese Aushöhlung wieder zurück. **Nahrung:** Algen. **Fortpflanzung:** Laichzeit Januar–Mai. **Wirtsch. Bed.:** eßbar; recht schmackhaft; am besten roh gegessen.

Lusitanische Napfschnecke
Patélla lusitánica (GMELIN)

Gehäuse flach kegelförmig, mit strahlenförmigen, dunkel punktierten Rippen und konzentrischen Streifen; **2–3,5 cm** *hoch.*

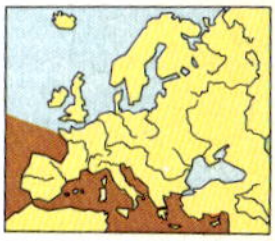

Verbreitung: Mittelmeer und Atlantik bis zur Biskaya. **Lebensraum und Lebensweise:** bevorzugt die Gezeitenzone der Küste und liebt harten Meeresboden; sitzt sehr fest an Steinen und Felsen; verläßt den Platz nur zur Nahrungssuche. **Nahrung:** Algen. **Fortpflanzung:** legt Eier. **Wirtsch. Bed.:** eßbar (siehe Patélla coerúlea).

Gattung: Häubchenschnecken *(Hélcion)*. Napfschnecken mit dünnem, durchscheinendem Gehäuse.

Durchscheinende Häubchenschnecke
Hélcion pellúcidum (LINNÉ)

Gehäuse gelblich bis ockerbraun, blaugrün irisierende Streifen; *∅ bis* **2 cm.**

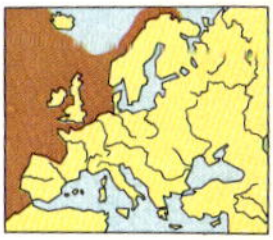

Verbreitung: Atlantik, Nordsee. **Lebensraum und Lebensweise:** bevorzugt die Tangregion der Meere. **Nahrung:** Tang. **Fortpflanzung:** *zweigeschlechtig;* aus freischwimmenden Eiern entwickeln sich *bewimperte Larven.* **Wirtsch. Bed.:** keine.

3. Überfamilie: Kreiselschnecken *(Trochácea).* Kreisel- oder kegelförmige Gehäuse mit Deckel.

1. Familie: Kreiselschnecken *(Tróchidae).* Von der großen Anzahl von Arten kann nur eine beschränkte Anzahl gebracht werden.

Gattung: Kreiselschnecken *(Callióstoma).* Kegelförmige Gehäuse ohne Nabel.

Bunte Kreiselschnecke
Callióstoma conuloíde (LAMARCK)

Gehäuse marmoriert; *bis* **3 cm** *hoch.*

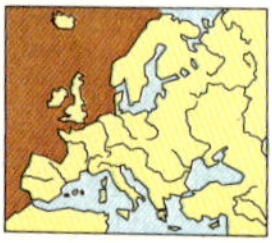

Verbreitung: von Norwegen bis zum Mittelmeer. **Lebensraum** und **Lebensweise:** bevorzugt tiefes Wasser an Felsküsten; die Fußsohle ist in der Lage, rechts und links verschiedene Bewegungen auszuführen. **Nahrung:** Algen. **Fortpflanzung:** eierlegend. **Wirtsch. Bed.:** keine.

Spitze Kreiselschnecke
Callióstoma zizíphinus (LINNÉ)

Gehäuse spitz kegelförmig, 11 etwas abgesetzte Umgänge; **2,5–3 cm** *hoch.*

Verbreitung: Mittelmeer, Atlantik, Nordsee. **Lebensraum:** bevorzugt flaches bis sehr tiefes Wasser; liebt Geröll- und Schlickboden. **Nahrung:** Algen. **Fortpflanzung:** eierlegend. **Wirtsch. Bed.:** keine.

Gattung: Kreiselschnecken *(Gíbbula).* Kegelförmige Gehäuse mit treppenförmig abgesetzten oder gewölbten Umgängen, genabelt.

Aschgraue Kreiselschnecke
Gíbbula cineráría (LINNÉ)

Gehäuse aschgrau, schräg grau gestreift; *bis* **1,8 cm** *hoch.*

Verbreitung: Atlantik, Nordsee. **Lebensraum** und **Lebensweise:** bevorzugt felsigen Meeresboden; kommt in *Tiefen bis 100 m* vor. **Nahrung:** Algen, Aufwuchs. **Fortpflanzung:** eierlegend. **Wirtschaftl. Bed.:** Schale wird zu Schmuck verarbeitet.

Zauberbuckel
Gíbbula mágus (LINNÉ)

Umgänge treppenartig, oben mit buckligen Knoten; **2–3 cm** *hoch.*

Verbreitung: Mittelmeer, Atlantik, Nordsee. **Lebensraum** und **Lebensweise:** bevorzugt *Tiefen* von *mehr als 10 m;* liebt Böden mit Korallen und Seegras; wühlt sich tief in den Sand ein. **Nahrung:** Algen. **Fortpflanzung:** *Laichzeit* Mai–Juni. **Wirtsch. Bed.:** Schale wird zu Schmucksachen verarbeitet.

2. Familie: Turbanschnecken *(Túrbidae)*. Kreiselförmige Schnecken mit dickem Deckel, ohne Nabel.

Gattung: Turbanschnecken *(Túrbo)*. Große, festwandige Schnecken mit aufgewölbten Umgängen.

Turbanschnecke
Túrbo rugósus Linné

Gehäuse außen rauh, mit Knotenreihen, innen porzellanartig, mit Kalkdeckel; **6–7 cm** *hoch.*

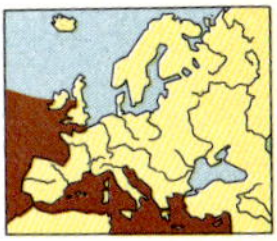

Verbreitung: Mittelmeer, Atlantik. **Lebensraum** und **Lebensweise:** bevorzugt festen Meeresboden; lebt in Küstennähe, aber auch in tiefem Wasser. **Nahrung:** Algen. **Fortpflanzung:** *Laichzeit* März bis August. **Wirtsch. Bed.:** eßbar; Schale wird auch zu Schmucksachen verwendet.

II. Ordnung: **Kammkiemer** *(Monotocárdia)*. Arten mit einseitig gefiederten Kiemen, die am Mantelhöhlendach festgewachsen sind. Spiralige Gehäuse.

I. Unterordnung: **Altschnecken** *(Mesogastrópoda)*.

1. Überfamilie: **Urbreitzüngler** *(Cyclophorácea)*.

1. Familie: Sumpfdeckelschnecken *(Vivipáridae)*. Rundliche bis kegelförmige Gehäuse mit Deckel. Süßwasserbewohner. Mehr als 2,5 cm hoch.

Gattung: Sumpfdeckelschnecken *(Vivíparus)*.

Sumpf-Deckelschnecke
Vivíparus viviparus (LINNÉ)

Windungen stark gewölbt, Gehäuse grünlichbraun mit 3 rotbraunen Bändern; **2,5–4 cm** *hoch,* **2,4–3 cm** *breit.*

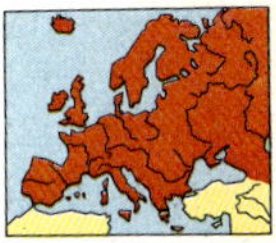

Verbreitung: Europa. **Lebensraum** und **Lebensweise:** bevorzugt schlammige Teiche, Seen und Gräben mit reichlichem Pflanzenwuchs; hält sich auf dem Boden der Gewässer auf, gelegentlich auch an der Oberfläche; kann Austrocknen der Gewässer durch Gehäuseverschluß längere Zeit überstehen; ist empfindlich gegen Verunreinigung des Lebensraumes. **Nahrung:** Algen, organische Schwebstoffe, Plankton. **Fortpflanzung:** getrenntgeschlechtig, lebendgebärend. **Wirtsch. Bed.:** keine.

2. Überfamilie: **Federkiemenschnecken** *(Valvatácea)*.

1. Familie: Federkiemenschnecken *(Valvátidae)*. Scheiben-, kugel- oder kreiselförmige Gehäuse mit Deckel bis 0,7 cm hoch. Im Süßwasser lebend.

Gattung: Federkiemenschnecken *(Valváta)*. 3,5 bis 5 Windungen mit tiefer Naht, Nabel vorhanden. Federkiemen herausstreckbar.

Scheibenförmige Federkiemenschnecke
Valváta cristáta (O. F. MÜLLER)

Gehäuse flach, wie Posthornschnecke, aber mit Deckel; **0,1–0,2 cm** *hoch,* **0,3–0,4 cm** *breit.*

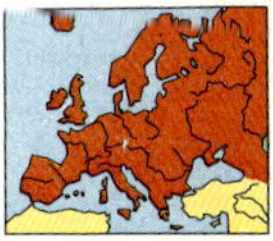

Verbreitung: Europa. **Lebensraum** und **Lebensweise:** bevorzugt wenig bewegte oder stehende Gewässer mit reichlichem Pflanzenwuchs; hält sich am Boden auf. **Nahrung:** organische Stoffe des Bodenschlammes. **Fortpflanzung:** *Zwitter;* Eiablage. **Wirtsch. Bed.:** keine.

Teich-Federkiemenschnecke
Valváta piscinális (O. F. Müller)

Gewinde so hoch wie die Mündung, Gehäuseform recht variabel; *bis* **0,6 cm** *hoch,* **0,5 cm** *breit.*

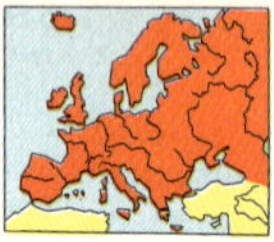

Verbreitung: Europa. **Lebensraum** und **Lebensweise:** bevorzugt wenig bewegte Gewässer mit schlammigem Grund; hält sich auf dem Boden auf; ist auch im Brackwasser zu finden. **Nahrung:** organische Stoffe des Bodenschlammes. **Fortpflanzung:** *Zwitter;* Eiablage. **Wirtsch. Bed.:** dient vielen Fischen als Nahrung.

3. Überfamilie: Strandschnecken *(Littorinácea).* Kleine, kegelförmige Schnecken mit Deckel, ohne Nabel. Bewohner der Spritzzone an den Meeresküsten. Nur eine Familie im Gebiet.

1. Familie: Strandschnecken *(Littorinidae).*

Gattung: Strandschnecken *(Littorina)*

Gemeine Strandschnecke
Littorina littórea (Linné)

Gehäuse spitz, olivbraun, hell gebändert, letzter Umgang größer als die übrigen zusammen; **2–3 cm** *hoch.*

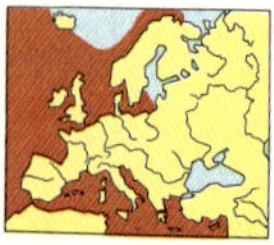

Verbreitung: Mittelmeer, Atlantik, Nordsee, westliche Ostsee. **Lebensraum** und **Lebensweise:** bevorzugt flaches Wasser bis zur Brandungszone; hält sich dort zwischen Steinen und Algen auf; wechselt nicht den Standort; versteckt sich vor direktem Sonnenlicht. **Nahrung:** Algen. **Fortpflanzung:** Eier von Gallertschicht umhüllt; werden in großer Anzahl ins Wasser abgegeben. **Wirtsch. Bed.:** eßbar; dienen in Weißwein gedünstet als wohlschmeckende Vorspeise.

Stumpfe Strandschnecke
Littorina obtusáta (Linné)

Gehäuse stumpf, spiralig gebändert, Färbung sehr variabel; *bis* **1.5 cm** *hoch.*

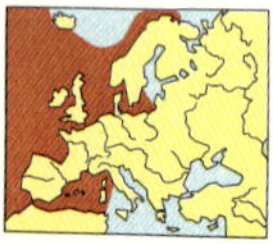

Verbreitung: Atlantik, Nordsee, westliche Ostsee, westliches Mittelmeer. **Lebensraum** und **Lebensweise:** bevorzugt die untere Gezeitenzone; lebt auf den dort vorkommenden Tangen. **Nahrung:** Algen. **Fortpflanzung:** Eier werden auf den Tang abgelegt. **Wirtsch. Bed.:** werden in Seewasseraquarien gehalten.

Kleine Strandschnecke
Littorina neritoides (Linné)

Gehäuse stumpfkegelig, wenige gewölbte Umgänge; **0,6 cm** *hoch.*

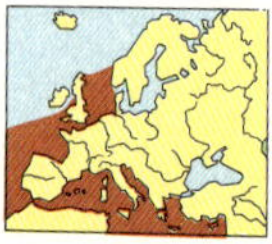

Verbreitung: Mittelmeer und Atlantik bis zum Kanal, wahrscheinlich auch Nordsee. **Lebensraum** und **Lebensweise:** bevorzugt die Spritzwasserzone von Felsenküsten; hält sich gern in Ritzen und Felsspalten versteckt; ist sehr widerstandsfähig gegen Trockenheit. **Nahrung:** Algenüberzug der Felsen. **Fortpflanzung:** *Laichzeit* März bis Mai; lebendgebärend. **Wirtsch. Bed.:** eßbar.

4. Überfamilie: Rissoen *(Rissoácea)*. Kleine bis mittelgroße kegelförmige oder auch turmförmige Schnecken mit Deckel, Schale glatt oder skulpturiert, ohne Nabel.

1. Familie: Hydrobien *(Hydrobiidae)*. Schalen fast immer höher als breit. Die meisten Arten im Süßwasser, einige im Brackwasser und im Watt.

Gattung: Wattschnecken *(Hydróbia)*. Gehäuse spitzkonisch mit 6–8 Umgängen.

Wattschnecke
Hydróbia úlvae (PENNANT)

Letzte Windung so groß wie die ersten 7 zusammen, Mündung oval; *bis* **0,6 cm** *hoch.*

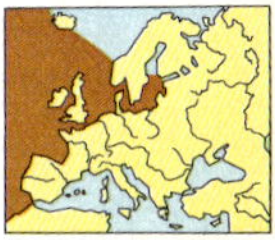

Verbreitung: Atlantik, Nordsee, Ostsee. **Lebensraum und Lebensweise:** bevorzugt sandigen und schlickigen Boden mit Algen und Seegras; kommt in flachem und tiefem Wasser vor; siedelt sich gern in der Nähe von Flußmündungen an. **Nahrung:** Algen. **Fortpflanzung:** Eier gallertartig, oft mit Sand verklebt, werden auf Muschelschalen abgelegt; nächstes Stadium Veliger-Larve. **Wirtsch. Bed.:** keine.

2. Familie: Deckelschnecken *(Bulimidae)*. Kegelförmige, 6–13 mm hohe Gehäuse, Mündung eiförmig.

Gattung: Deckelschnecken *(Búlimus)*.

Kleine Sumpfdeckelschnecke
Búlimus tentaculátus (LINNÉ)

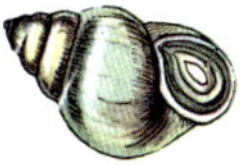

Umgänge flach; *etwa* **1 cm** *hoch,* **0,7 cm** *breit.*

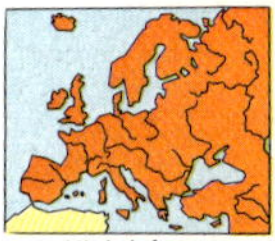

Verbreitung: Europa bis Westasien. **Lebensraum und Lebensweise:** bevorzugt stehende und langsam fließende Gewässer des Flachlandes. **Nahrung:** Algen und mit dem Atemwasser aufgenommene Kleinlebewesen. **Fortpflanzung:** Laich bandförmig und gallertartig. **Wirtsch. Bed.:** dient Fischen als Nahrung.

5. Überfamilie: Turmschnecken *(Cerithácea)*. Kleine bis mittelgroße hochgetürmte Gehäuse.

1. Familie: Turmschnecken *(Turritéllidae)*. Turmförmige Schnecken mit vielen Windungen. Deckel rund,

Gattung: Turmschnecken *(Turritélla)*.

Gewöhnliche Turmschnecke
Turritélla commúnis RISSO

Gehäuse mit etwa 15 schwach gewölbten Umgängen; *bis* **5 cm** *hoch.*

Verbreitung: Mittelmeer, Atlantik und Nordsee. **Lebensraum und Lebensweise:** bevorzugt Tiefen bis 30 m und liebt Sand- und Schlickböden; gräbt sich bis zur Spitze in den Grund ein; leere Gehäuse dienen Einsiedlerkrebsen als Unterschlupf. **Nahrung:** Algen und Bodenschlamm. **Fortpflanzung:** *Laichzeit* Januar–Dezember **Wirtsch. Bed.:** werden in Seewasseraquarien gehalten.

1. Familie: Nadelschnecken *(Cerithiidae).* Deckel oval bis halbmondförmig, Öffnung an der Unterseite mit einer Ausbuchtung.

Gattung: Nadelschnecken *(Cerithidium).* Starke, festwandige Schnecken mit knotiger Skulptur.

Gewöhnliche Nadelschnecke
Cerithidium vulgáta Bruguière

Gehäuse kegelförmig, rauher Mundrand gezähnt; *etwa* **7 cm** *hoch.*

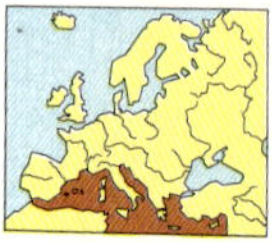

Verbreitung: Mittelmeer, seltener auch im Atlantik. **Lebensraum** und **Lebensweise:** bewohnt Steine, Sand- und Schlammgrund; kommt auch im Brackwasser vor. **Nahrung:** Algen und Aas. **Fortpflanzung:** eierlegend. **Wirtsch. Bed.:** eßbar.

Gattung: Nadelschnecken *(Bittium).* Kleine, schlanke Gehäuse mit körniger Oberfläche.

Genetzte Nadelschnecke
Bittium reticulátum Da Costa

Umgänge mit gekörnten Spiralstreifen; *bis* **1,5 cm** *hoch.*

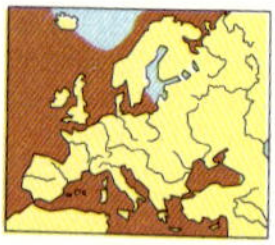

Verbreitung: Alle europäischen Küsten; Ostsee nur im Westen. **Lebensraum** und **Lebensweise:** bevorzugt weichen Meeresboden und hält sich gern zwischen Algen und Seegras auf; siedelt in größeren Kolonien. **Nahrung:** Algen und Bodenschlamm. **Fortpflanzung:** eierlegend. **Wirtsch. Bed.:** keine.

6. Überfamilie: Wendeltreppen *(Ptenoglóssa).* Mittelgroße getürmte oder rundliche Schnecken.

1. Familie: Wendeltreppen *(Scálidae).* Turmförmige Schalen, die durch radiäre, hervortretende Rippen gekennzeichnet sind.

Gattung: Wendeltreppen *(Scála).* Oberfläche zwischen den Rippen glatt.

Wendeltreppe
Scála commúnis Lamarck

Spitzkegelig mit vorgewölbten Umgängen; **3,4 cm** *hoch.*

Verbreitung: Mittelmeer, Atlantik, Nordsee und westliche Ostsee. **Lebensraum** und **Lebensweise:** bevorzugt tiefes Wasser und liebt Sand- und Schlammböden; gräbt sich tief ein und ist nicht sehr häufig. **Nahrung:** Fleischfresser; auf Nesseltiere spezialisiert, vor allem auf Aktinien (Seerosen). **Fortpflanzung:** eierlegend. **Wirtsch. Bed.:** keine.

7. Überfamilie: Haubenschnecken *(Calyptrácea).* Schnecken mit boot- oder napfförmigen Schalen.

1. Familie: Mützenschnecken *(Calyptraéidae).* Napfförmige Schalen mit mittel- oder endständiger Spitze, innen mit einer Platte.

Gattung: Pantoffelschnecken *(Crepídula).* Spitze endständig. Mündung eiförmig.

Pantoffelschnecke
Crepidula fornicáta (LINNÉ)

Gehäuse schüsselförmig, durch die Innenplatte entsteht eine tütenförmige Höhlung; ⌀ *etwa* **5 cm.**

Verbreitung: Atlantik, Nordsee. **Lebensraum und Lebensweise:** bevorzugt geringe Tiefen; setzt sich häufig auf Muschelschalen fest und bildet übereinanderliegende Ketten von 6–10 Tieren; besonders im Wattenmeer; macht der Auster die Nahrung streitig. **Nahrung:** Plankton. **Fortpflanzung:** *Zwitter;* Eier sind in Kapseln eingeschlossen, befinden sich unter dem Gehäuse der Mutter und sind so geschützt. **Wirtsch. Bed.:** schadet den Miesmuschel- und Austernkolonien als Nahrungskonkurrent; für Seewasseraquarien geeignet.

Gattung: Mützenschnecken *(Calýptraea).* Spitze fast mittelständig, Mündung rund.

Chinesische Mütze
Calýptraea chinénsis (LINNÉ)

Gehäuse flach kegelförmig; ⌀ *bis* **2 cm.**

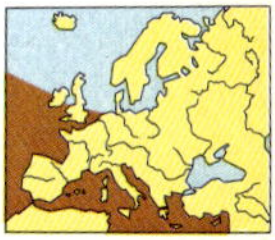

Verbreitung: Mittelmeer, Atlantik und Nordsee bis zur holländischen Küste. **Lebensraum und Lebensweise:** bevorzugt weiche Böden und saugt sich an leeren Muschelschalen fest. **Nahrung:** Algen. **Fortpflanzung:** Laichzeit Mai–Juni; eierlegend. **Wirtsch. Bed.:** keine.

2. Familie: Hutschnecken *(Capúlidae),* hutförmige, kegelige Schalen mit mittelständiger, etwas spiraliger Spitze. Innenplatte fehlt.

Gattung: Hutschnecken *(Cápulus).* Spitze nach hinten eingerollt.

Ungarn-Kappe
Cápulus hungáricus (LINNÉ)

Oberfläche radiär und konzentrisch gestreift; ⌀ *bis* **5 cm.**

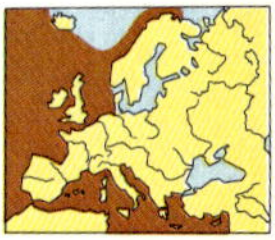

Verbreitung: Mittelmeer, Atlantik und Nordsee. **Lebensraum und Lebensweise:** bevorzugt größere Tiefen und saugt sich an leeren Muschelschalen, Steinen und Felsen fest. **Nahrung:** Algen. **Fortpflanzung:** Laichzeit Mai–Juni; eierlegend. **Wirtsch. Bed.:** keine.

8. Überfamilie: Flügelschnecken *(Strombácea).* Turmförmige Schnecken, deren Mundsaum bei erwachsenen Tieren lappenartig ausgezogen ist.

1. Familie: Pelikanfüße *(Aporrháidae).*

Gattung: Pelikanfüße *(Aporrhais).* Sehr festwandige Schale mit etwa 10 Umgängen mit knotigen Spiralstreifen.

Pelikanfuß
Aporrháis pes-pelecáni (LINNÉ)

Mündung mit 3 fingerförmigen Fortsätzen; *bis* **5 cm** *hoch.*

Verbreitung: Mittelmeer, Atlantik, Nordsee. **Lebensraum:** bevorzugt Meerestiefen über 10 m; liebt sandige und schlammige Böden; meist eingegraben. **Nahrung:** Bodenschlamm. **Fortpflanzung:** Laichzeit Juli–August; eierlegend. **Wirtsch. Bed.:** eßbar; wird in Seewasseraquarien gehalten.

9. Überfamilie: Porzellanschnecken *(Cypraeácea).* Eiförmige, sehr festwandige Schalen mit porzellanartiger Oberfläche. Gewinde vom letzten Umgang eingeschlossen. Mündung lang, spaltförmig. Im Gebiet eine Familie.

1. Familie: Porzellan- oder Kaurischnecken *(Cypraeácidae).*

Gattung: Birnporzellane oder Kauri *(Cypraea).*

Birnporzellane
Cypraea pýrum Gmelin

Mündung in der Mitte erweitert, Gehäuse bräunlich-golden, braun gefleckt; *bis* **4 cm** *lang.*

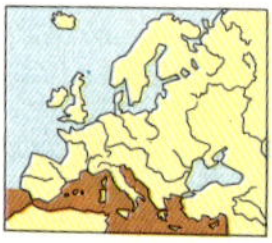

Verbreitung: Mittelmeer und Atlantik bis zum Golf von Cadiz. **Lebensraum** und **Lebensweise:** bevorzugt Schlamm- und Hartböden; hält sich zwischen Algen und Seegras auf; ist selten. **Nahrung:** Korallen und Schwämme. **Fortpflanzung:** eierlegend. **Wirtsch. Bed.:** wird zu Schmuck verarbeitet; wurde im Altertum als Amulett gegen Unfruchtbarkeit und Geschlechtskrankheiten verwendet.

Gattung: Porzellanschnecken *(Talpária).*

Braune Maus
Talpária lúrida (Linné)

Mündung weit, braun bis grau, oft mit helleren Bändern; *bis* **5 cm** *lang.*

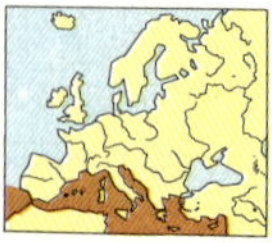

Verbreitung: Mittelmeer, Atlantik bis zum Golf von Cadiz. **Lebensraum** und **Lebensweise:** bevorzugt mäßige Tiefen und liebt sekundäre Hartböden; hält sich gern unter Steinen verborgen. **Nahrung:** Korallen, Schwämme. **Fortpflanzung:** eierlegend. **Wirtsch. Bed.:** keine.

10. Überfamilie: Nabelschnecken, Mondschnecken *(Naticácea).* Festwandige, glatte, rundliche oder eiförmige Schnecken mit Nabel. Mündung halbmondförmig.

1. Familie: Nabelschnecken *(Naticidae).*

Gattung: Bohrschnecken *(Nática).* Nabel weit offen, obere Umgänge stumpf.

Hebräische Bohrschnecke
Nática hebraea (Martyn)

Gehäuse fast kugelig, mit starkem Nabelwulst; *⌀ bis* **4,5 cm.**

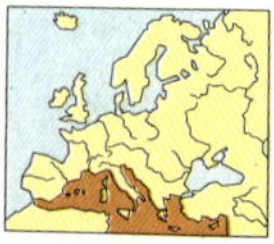

Verbreitung: Mittelmeer. **Lebensraum** und **Lebensweise:** bevorzugt größere Tiefen und liebt sandigen und schlammigen Boden; bohrt mit Hilfe der Radula Löcher in Muscheln, die anschließend ausgesaugt werden; angebohrte Schalen werden oft am Strand gefunden. **Nahrung:** Muscheln; Schalen werden angebohrt und die Weichteile ausgefressen. **Fortpflanzung:** Laichzeit April; Eigelege in hufeisenförmigem Schleimband von 10 cm Länge und 4 cm Breite. **Wirtsch. Bed.:** keine.

Tausendpunkt-Bohrschnecke
Nática millepunctáta Lamarck

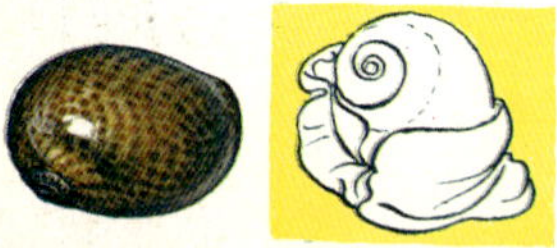

Gehäuse fast kugelig, mit schwachem Nabelwulst; *⌀* **3,5 cm.**

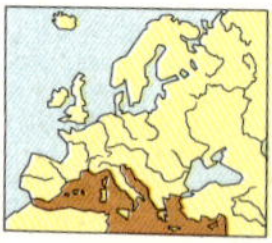

Verbreitung: Mittelmeer. **Lebensraum** und **Lebensweise:** wie N. hebraea. **Nahrung:** Muscheln; Schalen werden angebohrt und die Weichteile ausgefressen. **Fortpflanzung:** Laichzeit Februar bis Juni. **Wirtsch. Bed.:** eßbar.

Gattung: Nabelschnecken *(Lunátia)*.

Nabelschnecke
Lunátia caténa (DA COSTA)

Gehäuse bauchig, rötlichbraun gefleckt; **3,5 bis 4,5 cm** *hoch und lang.*

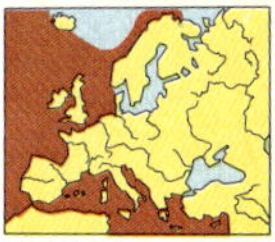

Verbreitung: Mittelmeer, Atlantik, Nordsee. **Lebensraum** und **Lebensweise:** bevorzugt sandigen und schlammigen Meeresboden; gräbt sich dort ein; bohrt Muscheln und Schnecken an. **Nahrung:** lebt räuberisch von Muscheln und Schnecken. **Fortpflanzung:** Eigelege spiralig aufgerollt. **Wirtsch. Bed.:** eßbar.

Glänzende Nabelschnecke
Lunátia nitida (DONOVAN)

Gehäuse bauchig, glänzend, mit braunroten Punkten; *bis* **1,5 cm** *hoch.*

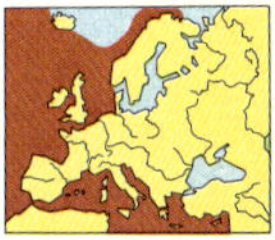

Verbreitung: Mittelmeer, Atlantik, Nordsee. **Lebensraum** und **Lebensweise:** bevorzugt sandigen und schlammigen Meeresboden; gräbt sich dort ein; bohrt Muscheln und Schnecken an. **Nahrung:** Muscheln und Schnecken. **Fortpflanzung:** Eigelege. **Wirtsch. Bed.:** keine.

11. Überfamilie: Faßschnecken *(Tonnácea).* Große eiförmige Schnecken mit großem letztem Umgang und weiter Mündung.

1. Familie: Tonnenschnecken *(Doliidae).* Letzter Umgang sehr bauchig. Deckel fehlt.

Gattung: Tonnenschnecken *(Dólium)*.

Tonnenschnecke
Dólium gálea (LINNÉ)

Relativ dünne, kugelige Schale mit 5 Umgängen, zum Teil spiralig gerippt; *bis* **25 cm** *hoch.*

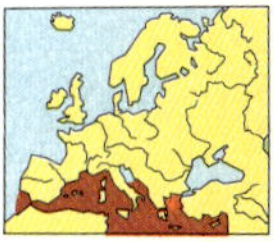

Verbreitung: Mittelmeer, angrenzende Atlantikküste. **Lebensraum** und **Lebensweise:** Raubschnecke; bevorzugt tiefes Wasser und hält sich in dem Biotop ihrer Beutetiere auf, deren Kalkpanzer durch säurehaltiges Speicheldrüsensekret aufgelöst werden; liebt weichen Untergrund und sekundäre Hartböden. **Nahrung:** Muscheln, Seeigel, Seegurken und andere kleine Tiere. **Fortpflanzung:** Laichzeit August–Oktober. **Wirtsch. Bed.:** keine.

2. Familie: Knotenschnecken *(Cássidae).* Umgänge mit knotigen Spiralstreifen; mit Deckel; Raubschnecken.

Gattung: Knotenschnecken *(Cassidária)*.

Knotenschnecke
Cassidária echinóphora (LINNÉ)

7 gewölbte Umgänge, Mündungsrand verdickt, poliert; *bis* **11 cm** *hoch.*

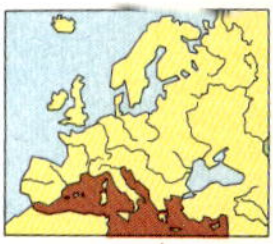

Verbreitung: Mittelmeer. **Lebensraum** und **Lebensweise:** bevorzugt weiche und sekundäre Hartböden und hält sich in Tiefen über 10 m auf; betätigt sich als Raubschnecke. **Nahrung:** kleine Schnecken und Muscheln. **Fortpflanzung:** eierlegend. **Wirtsch. Bed.:** eßbar.

II. Unterordnung: Neuschnecken *(Neogastrópoda, Stenóglossa).* Schalenmündung mit basalem Siphonalkanal.

1. Überfamilie: Purpur- oder Leistenschnecken *(Muricácea).* Festwandige, eispindelförmige Schalen mit sehr stark skulpturierter Oberfläche; Gehäuse mit Horndeckel verschließbar. Im Gebiet eine Familie.

1. Familie: Stachelschnecken *(Muricidae).*

Gattung: Stachelschnecken *(Múrex).* Gehäuse mit starken stacheligen und knotigen Wülsten.

Brandhorn oder Herkuleskeule
Múrex brandáris Linné

Gehäuse mit langen Stacheln, langes Siphonalrohr, Mundrand gezähnt; *bis* **10 cm** *lang.*

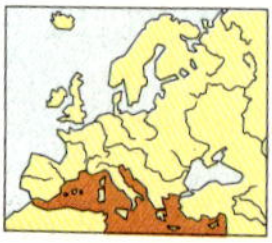

Verbreitung: Mittelmeer. **Lebensraum** und **Lebensweise:** bevorzugt Meeresboden mit Sand oder Geröll; hält sich gern zwischen Seegras auf und scheidet ein helles Drüsensekret aus, das sich im Licht violett färbt. **Nahrung:** Schnecken und Aas. **Fortpflanzung:** Laichzeit Mai–Juni. **Wirtsch. Bed.:** eßbar; das violette Drüsensekret wurde im Mittelalter zum Färben von Stoffen benutzt; wird in Seewasseraquarien gehalten.

Purpurschnecke
Múrex trúnculus Linné

Gehäuse mit kurzen Stacheln, Siphonalrohr kurz, braun gebändert; *bis* **8 cm** *lang.*

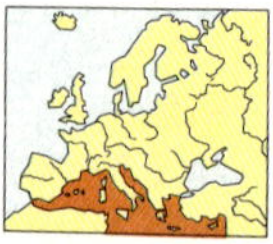

Verbreitung: Mittelmeer. **Lebensraum:** bevorzugt flaches bis tiefes Wasser und liebt harten Meeresboden; auch auf Algen sitzend. **Nahrung:** Schnecken und Aas. **Fortpflanzung:** Laichzeit Mai bis Juni. **Wirtsch. Bed.:** eßbar; wurde im Altertum zur Herstellung von Purpurfarbe benutzt; für Seewasseraquarien geeignet.

Gattung: Tritonshörner *(Tritonália).* Umgänge mit breiten Wülsten und Streifen; Raubschnecken.

Knotiges Tritonshorn
Tritonália nóditer (Lamarck)

Größte Schnecke des Mittelmeeres, Gehäuse starkwandig, letzter Umgang sehr groß; *bis* **40 cm** *lang.*

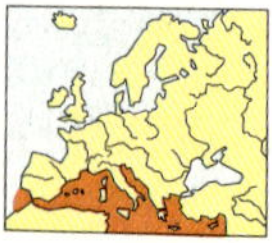

Verbreitung: Mittelmeer, Golf von Cadiz. **Lebensraum:** bevorzugt sandigen und felsigen Meeresboden. **Nahrung:** hauptsächlich Stachelhäuter, die ganz verschlungen werden; daneben auch Aas. **Fortpflanzung:** eierlegend. **Wirtsch. Bed.:** die leeren Gehäuse der Tritonen wurden im Altertum als Signalhörner verwendet; man soll sie auch heute noch zu diesem Zweck gelegentlich in Italien benutzen (bei den Fischern).

2. Überfamilie: Hörner *(Buccinácea).* Ei- oder spindelförmige Gehäuse mit glatter oder skulpturierter Oberfläche.

1. Familie: Wellhornschnecken *(Buccínidae).*

Mittelgroße oder große Schnecken mit kurz-spindelförmigem Gehäuse, durch Horndeckel verschließbar.

Gattung: Wellhornschnecken *(Búccinum).*

Wellhornschnecke
Búccinum undátum (Linné)

Gehäuse dickwandig, mit wellenförmig gerunzelten Umgängen; *bis* **12 cm** *hoch.*

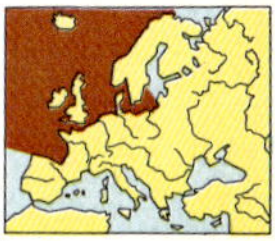

Verbreitung: im Atlantik von der Biscaya bis zum Polargebiet (Spitzbergen), Nordsee. **Lebensraum** und **Lebensweise:** bevorzugt sandigen und schlammigen Meeresboden mit Algen; lebt in flachem und auch tiefem Wasser; kann Molluskengehäuse durchbohren. **Nahrung:** Aas, Kleinlebewesen. **Fortpflanzung:** Eiablage in flachen, gelblichen Kapseln; sie werden in großen Klumpen an Felsen, Muschelschalen und Taschenkrebsen angeklebt; nur wenige Eier sind befruchtet; der überwiegende Rest dient den sich entwickelnden Embryonen als Nahrung; ausschlüpfende Schnecken mit 3 mm hohem Gehäuse. **Wirtsch. Bedeutung:** eßbar; dient auch als Köder beim Fischfang.

Gattung: Spindelschnecken *(Neptúnea).*

Gemeine Spindelschnecke
Neptúnea ántiqua (Linné)

Gehäuse bauchig, mit dünnen Querstreifen, Mündung sehr weit; *bis* **20 cm** *hoch.*

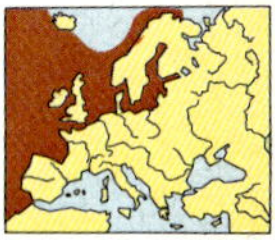

Verbreitung: Atlantik, Nordsee, Ostsee. **Lebensraum** und **Lebensweise:** bevorzugt sandigen und schlickigen Meeresboden. **Nahrung:** Allesfresser. **Fortpflanzung:** Eileger. **Wirtsch. Bed.:** Gehäuse wurde früher als Tranbehälter für Lampen benutzt.

Gattung: Spindelhörner *(Éuthria).*

Gemeines Spindelhorn
Éuthria córnea (Linné)

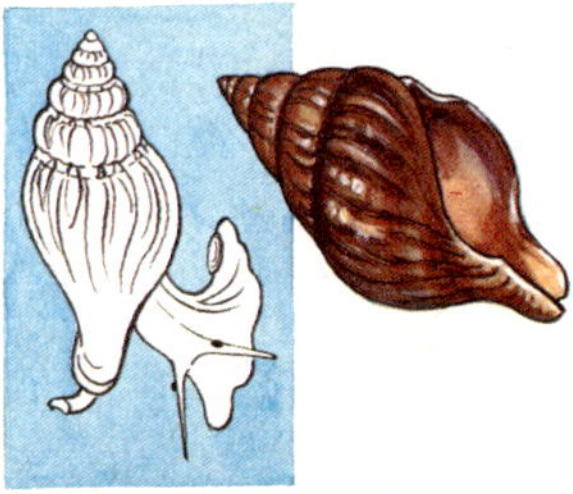

Umgänge glatt oder mit feinen Spirallinien, springen an den Nähten wulstig vor; *bis* **6 cm** *hoch.*

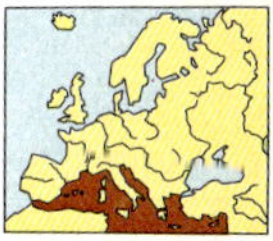

Verbreitung: Mittelmeer. **Lebensraum:** bevorzugt harten Meeresboden, kommt aber auch auf Schlamm- und Sandgrund vor und lebt in flachem bis tieferem Wasser; leere Gehäuse werden oft von Einsiedlerkrebsen bezogen. **Nahrung:** Schnecken. **Fortpflanzung:** Laichzeit Juli–September; Eileger. **Wirtsch. Bed.:** keine.

Gattung: Steinchen, Nordische Purpurschnecken *(Púrpura).*

Steinchen
Púrpura lapillus (LINNÉ)

Festes eiförmiges Gehäuse, oft schwarz oder gelb gebändert, Lippe dick, gezähnt; **3–4 cm** *hoch.*

Verbreitung: Atlantik, Nordsee. **Lebensraum und Lebensweise:** bevorzugt festen Meeresboden in Küstennähe; Raubschnecke. **Nahrung:** Miesmuscheln und Seepokken, die angebohrt und ausgesaugt werden. **Fortpflanzung:** an Felsen und Steinen werden gestielte Eikapseln angeheftet, die 400–600 Eier enthalten; aus ihnen entstehen aber nur etwa 25 kleine Schnecken, die den überwiegenden Teil des Geleges für ihre Entwicklung benötigen. **Wirtsch. Bed.:** keine.

2. Familie: Täubchenschnecken *(Columbéllidae).* Kleine bis mittelgroße eiförmige Gehäuse mit glatter Oberfläche, letzter Umgang sehr groß.

Gattung: Columbellen *(Columbélla).*

Schlichte Täubchenschnecke
Columbélla rústica (LINNÉ)

Gehäuse eiförmig, glatt, Umgänge wenig gewölbt, Mundrand gezähnt; *bis* **2 cm** *hoch.*

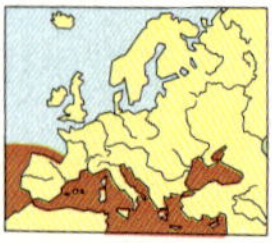

Verbreitung: Schwarzes Meer, Mittelmeer und Atlantik (bis Bordeaux). **Lebensraum:** bevorzugt bewachsene Felsen und hält sich dicht unter der Wasseroberfläche auf. **Nahrung:** Schnecken. **Fortpflanzung:** Eileger. **Wirtsch. Bed.:** keine.

3. Familie: Netzreusenschnecken *(Nássidae).* Kleine bis mittelgroße konisch-eiförmige Gehäuse, glatt oder mit netzartiger Skulptur. Siphonalkanal deutlich, aber sehr kurz.

Gattung: Netzreusenschnecken *(Nássa).*

Netzreusenschnecke
Nássa reticuláta (LINNÉ)

Gehäuse eikegelförmig, 8 Windungen mit zierlichen Querleisten; *bis* **3 cm** *hoch.*

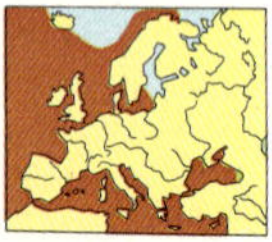

Verbreitung: Alle europäischen Küsten; Ostsee nur im Westen. **Lebensraum und Lebensweise:** bevorzugt sandigen und schlammigen Meeresboden und hält sich mit Vorliebe in flachem Wasser auf; gräbt sich bis zum Sipho ein; kann sich schnell bewegen. **Nahrung:** Schnecken, Aas. **Fortpflanzung:** Eileger. **Wirtsch. Bed.:** werden in Seewasseraquarien gehalten.

Dickmundreuse
Nássa incrassáta (MÜLLER)

Mit kräftigen radiären Skulpturen; *bis* **1,5 cm.**

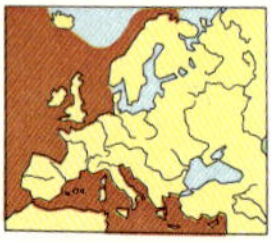

Verbreitung: Mittelmeer, Atlantik, Nordsee. **Lebensraum und Lebensweise:** bevorzugt sandigen und schlickigen Meeresboden; lebt in tiefem Wasser, ist aber auch an Felsküsten anzutreffen. **Nahrung:** wahrscheinlich, wie die Artangehörigen, Schnecken und Aas. **Fortpflanzung:** Eileger. **Wirtsch. Bed.:** keine.

Dosenschnecke
Nássa nerítea (LINNÉ)

Gehäuse flach, spiralig gewunden, letzter Umgang sehr groß; **2–3 cm** *hoch.*

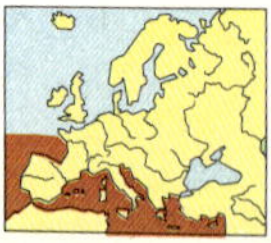

Verbreitung: Mittelmeer und Atlantik bis zur Biskaya. **Lebensraum und Lebensweise:** bevorzugt sandigen und schlammigen Meeresboden; hält sich in flachem Wasser auf. **Nahrung:** Schnecken, Aas (Fleischfresser). **Fortpflanzung:** Eileger. **Wirtsch. Bed.:** keine.

Veränderliche Reusenschnecke
Nássa mutábilis (Linné)

Gehäuse eiförmig, Spitze kegelförmig, Umgänge gewölbt, anfangs gerippt, dann glatt; *bis* **3 cm** *hoch.*

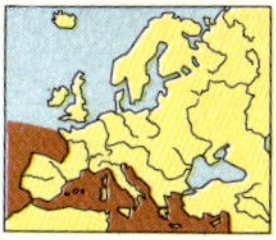

Verbreitung: Mittelmeer und Atlantik bis zur Biskaya. **Lebensraum** und **Lebensweise:** bevorzugt sandigen und schlammigen Meeresboden; gräbt sich bis zum Sipho ein. **Nahrung:** Schnecken, Seesterne. **Fortpflanzung:** Laichzeit Januar–Mai (August); Eileger. **Wirtsch. Bed.:** keine.

4. Familie: Spindelschnecken *(Fasciolariidae).* Mittelgroße Schnecken mit hochgetürmter, langer spindelförmiger Schale, Siphonalkanal meist ziemlich lang.

Gattung: Spindelschnecken *(Fúsus).*

Spindelschnecke
Fúsus rostrátus (Olivi)

Gehäuse mit Radiärwülsten und Spiralstreifen, Siphonalkanal länger als Mündung; **3–5 cm** *hoch.*

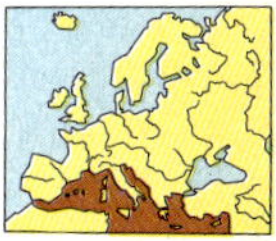

Verbreitung: Mittelmeer. **Lebensraum** und **Lebensweise:** bevorzugt sandigen und schlammigen Meeresboden; hält sich in größerer Tiefe auf. **Nahrung:** Schnecken und Aas. **Fortpflanzung:** Laichzeit Februar–Mai; Eileger. **Wirtsch. Bed.:** keine.

3. Überfamilie: Pfeilzüngler, Giftzüngler *(Conácea).* Kleine bis mittelgroße, spindel- oder kegelförmige Schnecken, deren Schlund mit einer Giftdrüse ausgestattet ist. Radula mit stilettförmigen Zähnen; Horndeckel dünn.

1. Familie: Mitraschnecken *(Mitridae).* Schlanke, spindelförmige, hochgetürmte Gehäuse.

Gattung: Mitraschnecken *(Mitra).*

Ebenholz-Straubschnecke, Brauner Stufenturm
Mitra ébenus Lamarck

Umgänge spiralig, mit Längsrippen; auf den Windungen weißliches Längsband; **2–3 cm** *hoch.*

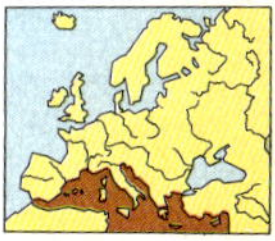

Verbreitung: Mittelmeer. **Lebensraum** und **Lebensweise:** bevorzugt mit Algen und Seegras bewachsenen Meeresboden, auch sekundäre Hartböden; bewegt sich wenig. **Nahrung:** fleischfressende Raubschnecken. **Fortpflanzung:** Eileger. **Wirtsch. Bed.:** keine.

2. Familie: Treppenschnecken *(Cytháridae).* Getürmte Gehäuse mit kräftigen Radiärwülsten.

Gattung: Treppenschnecken *(Lóra).*

Treppige Netzreusenschnecke
Lóra turricula (Montagu)

Umgänge treppenförmig abgesetzt, ohne Nabel; Mündung schmal, mit passendem Deckel; **2 cm** *hoch.*

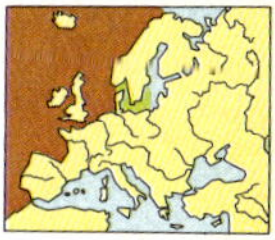

Verbreitung: westliche Ostsee, Nordsee und Atlantik von Gibraltar bis ins Nordmeer. **Lebensraum** und **Lebensweise:** bevorzugt sandigen und schlickigen Meeresboden; kommt in Tiefen bis 270 m vor. **Nahrung:** Schnecken und Aas. **Fortpflanzung:** Eileger. **Wirtsch. Bed.:** keine.

3. Familie: Kegelschnecken *(Cónidae).* Kegelförmige Gehäuse mit langer, schmaler Mündung und kaum erhobenem Gewinde. Oft schön gezeichnet.

Gattung: Kegelschnecken *(Cónus).*

Mittelländische Kegelschnecke
Cónus ventricósus GMELIN

Gewinde etwas erhoben, farblich sehr veränderlich; **1,5–5 cm** *hoch.*

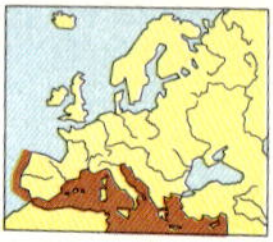

Verbreitung: Mittelmeer, Küste Portugals. **Lebensraum und Lebensweise:** bevorzugt die mit Algen und Seegras bewachsene Region der Felsküste; liebt sandigen Boden; die Radula besitzt Giftzähne, durch deren Sekret die Beute getötet wird. **Nahrung:** hauptsächlich Schnecken. **Fortpflanzung:** Eileger. **Wirtsch. Bed.:** keine.

3. Unterklasse: Lungenschnecken *(Pulmonária):*

I. Ordnung: Wasserlungenschnecken *(Basommatóphora).* Schnecken immer mit Schale, die nur ausnahmsweise einen Deckel besitzt. Augen nicht gestielt. Die meisten Arten im Süßwasser, einige Arten im Strand- oder Küstengebiet des Meeres oder an feuchten Stellen des Binnenlandes.

1. Überfamilie: Schlammschnecken *(Lymnaeoidea).*

1. Familie: Teichnapfschnecken *(Acrolóxidae).* Kleine sessile Schnecken mit mützen- oder schalenförmiger Schale, nicht spiralig gewunden.

Gattung: Teichnapfschnecken *(Acrolóxus).* Länglich-schildförmige Schale, die kleine Spitze nach links hinten gebogen.

Teichnapfschnecke
Acrolóxus lacústris (LINNÉ)

Konzentrische Skulptur; *bis* **2 mm** *hoch,* **6,5 mm** *lang.*

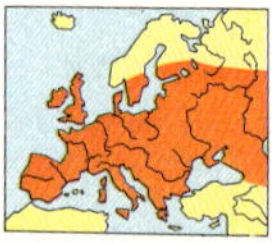

Verbreitung: Europa bis zum 60. Breitengrad. **Lebensraum und Lebensweise:** bevorzugt stehende Gewässer; ist auf Wasserpflanzen und Holzstückchen anzutreffen. **Nahrung:** Algen, wasserbewohnende Flechten. **Fortpflanzung:** legen Eier. **Wirtsch. Bed.:** keine.

2. Familie: Flußnapfschnecken *(Ancýlidae).* Sessile Schnecken mit mützenförmiger Schale.

Gattung: Flußnapfschnecken *(Áncylus),* Spitze nach hinten und rechts gebogen.

Áncylus fluviátilis (O. F. MÜLLER)

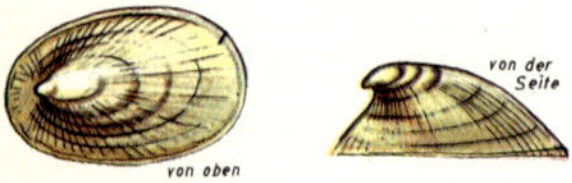

Radiäre Skulpturierung; *bis* **0,3 cm** *hoch,* **0,7 cm** *lang,* **0,5 cm** *breit.*

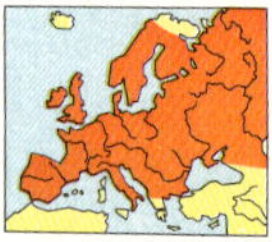

Verbreitung: Europa, vor allem im Berg- und Hügelland; fehlt: Island und im hohen Norden. **Lebensraum und Lebensweise:** bevorzugt fließende Gewässer, selten Teiche und Seen; atmet durch die Haut; sitzt fest auf Steinen in Ufernähe. **Nahrung:** Algen, wasserbewohnende Flechten. **Fortpflanzung:** Laich flach, rund und durchsichtig, ⌀ 2–4 mm. **Wirtsch. Bed.:** keine.

3. Familie: Schlammschnecken *(Lymnaéidae).* Schnecken mit rechtsgewundenen Gehäusen. Form recht unterschiedlich: getürmt, ei- oder kugelförmig.

Gattung: Spitzhornschnecken *(Lymnaéa).* Große spitze Schalen mit bauchigem letzten Umgang, Gewinde so hoch oder höher als die Mündung.

Große Schlammschnecke oder Spitzhorn
Lymnaea stagnális (LINNÉ)

Die ersten 4 von den 6–8 Umgängen sehr klein; **5–6 cm** *hoch.*

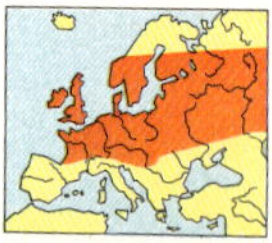

Verbreitung: Mitteleuropa. **Lebensraum und Lebensweise:** bevorzugt stehende Gewässer mit schlammigem Grund; steigt oft an die Wasseroberfläche; kann schnell untertauchen durch Ausstoßen von Luftblasen; Gehäuseform wird der Umgebung angepaßt; in Brandungszonen großer Seen ist das Gehäuse z. B. verkürzt und dickschaliger. **Nahrung:** Algen. **Fortpflanzung:** Zwitter; Laich bandförmig und von Gallerte umhüllt; wird an Steinen und Pflanzen angeheftet. **Wirtsch. Bed.:** keine.

Gattung: Schlammschnecken *(Gálba)*. Getürmte eiförmige Gehäuse mit 5–6 Umgängen. Letzte Windung nicht bauchförmig erweitert.

Sumpf-Schlammschnecke
Gálba palústris MÜLLER

Gewinde konisch mit leicht konvexer Seitenlinie; Größe sehr variabel, *bis* **3,5 cm** *hoch,* **1,5 cm** *breit.*

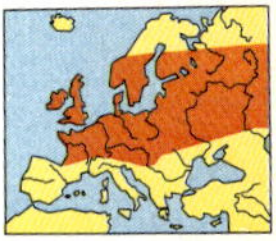

Verbreitung: Mitteleuropa. **Lebensraum** und **Lebensweise:** bevorzugt stehende und langsam fließende Gewässer; begnügt sich auch mit kleinen Tümpeln; kann bei ungünstigen Lebensbedingungen das Wasser für längere Zeit verlassen. **Nahrung:** Algen. **Fortpflanzung:** Eileger. **Wirtsch. Bed.:** keine; anders die nahe verwandte, aber kleinere Leberegelschnecke *(Galba truncátula* MÜLLER), die für die Viehzucht sehr schädlich ist, da Zwischenwirt für parasitische Saugwürmer.

Gattung: Ohrförmige Schlammschnecken *(Rádix)*. Breit-ohrförmige Schale mit kleinem, spitzem Gewinde, das von den ersten 3 Umgängen gebildet wird.

Ohr-Schlammschnecke
Rádix auriculária LINNÉ

Letzter Umgang blasig aufgetrieben, Mundsaum breit erweitert; **2–3 cm** *hoch.*

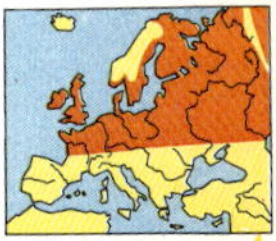

Verbreitung: Nordeuropa, nicht im Hochgebirge. **Lebensraum** und **Lebensweise:** bevorzugt Seen und Teiche mit nicht zu starker Wasserbewegung und reichlich Pflanzenwuchs; hält sich am Boden und an Pflanzenteilen auf; Gehäuseform bei eventueller Wasserströmung variabel. **Nahrung:** Allesfresser. **Fortpflanzung:** Laich wird in Schnüren abgelegt. **Wirtsch. Bed.:** keine.

Eiförmige Schlammschnecke
Rádix ováta DRAPARNAUD

Mündung oben spitz, unten breit. Gehäuse sehr veränderlich; *bis* **2,5 cm** *hoch.*

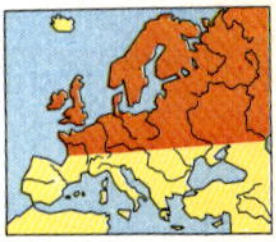

Verbreitung: Nordeuropa, auch im Hochgebirge. **Lebensraum** und **Lebensweise:** bevorzugt Seen, Teiche und Bäche mit reichlich Pflanzenwuchs; fühlt sich auch in fließendem Wasser wohl, verändert dann aber Gehäuseform. **Nahrung:** Allesfresser. **Fortpflanzung:** legt Eier. **Wirtsch. Bed.:** keine.

4. Familie: Blasenschnecken *(Phýsidae)*. Linksgewundene Gehäuse, oval oder eiförmig.

Gattung: Blasenschnecken *(Phýsa)*.

Stumpfe Blasenschnecke
Phýsa fontinális LINNÉ

Dünne Schale, 3 Umgänge sehr klein, letzter sehr groß; *bis* **1 cm** *hoch,* **0,6** *bis* **0,8 cm** *breit.*

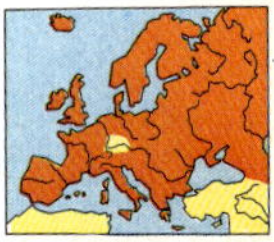

Verbreitung: Europa; fehlt in Deutschland in den Gebirgen. **Lebensraum** und **Lebensweise:** bevorzugt saubere, stehende Gewässer mit reichem Pflanzenwuchs; kann bei Berührung das Gehäuse ruckartig seitlich bewegen und dadurch wahrscheinlich Feinde abwehren. **Nahrung:** Allesfresser. **Fortpflanzung:** legt Eier. **Wirtsch. Bed.:** keine.

5. Familie: Tellerschnecken *(Planórbidae).* Windungen liegen spiralig aufgewunden in einer Ebene, scheibenförmige Gehäuse.

Gattung: Posthornschnecken *(Planórbis).* Große, feste Gehäuse, Durchmesser mehr als 2 cm.

Posthornschnecke
Planórbis córneus LINNÉ

Oben trichterförmig eingesenkt, außen gerundet, olivfarben bis braun, Oberfläche oft mit netzartiger Skulptur; **1,2 cm** *hoch,* **3 cm** *breit.*

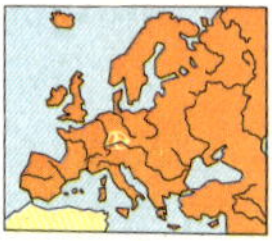

Verbreitung: Europa, Westasien; in Süddeutschland nur lokal. **Lebensraum** und **Lebensweise:** bevorzugt stehende oder langsam fließende Gewässer mit reichem Pflanzenbewuchs; ist *unempfindlich gegen Sauerstoffmangel;* kann durch Gehäuseverschluß lange Trockenzeit überstehen; hält sich auch außerhalb des Wassers auf. **Nahrung:** Algen. **Fortpflanzung:** *Zwitter;* Laich wird an Steinen, Holz und Pflanzen angeheftet; aus den Eiern schlüpfen kleine Schnecken. **Wirtsch. Bed.:** keine.

Gattung: Gekielte Tellerschnecken *(Tropidiscus).* Mittelgroße, unter 2 cm große Schnecken. Letzter Umgang fein gekielt.

Gerandete Tellerschnecke
Tropidiscus planórbis (LINNÉ)

Kiel nahe der Unterseite; **0,4 cm** *hoch, bis* **2 cm** *breit.*

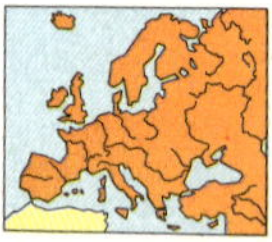

Verbreitung: Europa bis Westasien. **Lebensraum** und **Lebensweise:** bevorzugt stehende oder langsam fließende Gewässer mit schlammigem Boden; fehlt im Hochland; lebt auch in sauerstoffarmem Wasser; kann Austrocknen der Gewässer durch Gehäuseverschluß überdauern. **Nahrung:** Algen. **Fortpflanzung:** Zwitter; Laich an Steinen, Holz usw. **Wirtsch. Bed.:** keine.

Gekielte Tellerschnecke
Tropidiscus carinátus (O. F. MÜLLER)

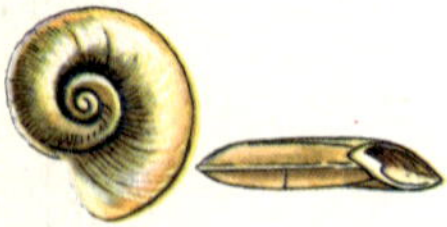

Kiel auf der Mitte der letzten Windung, Gehäuse oben und unten gleich gewölbt; **0,2–0,3 cm** *hoch,* *bis* **1,7 cm** *breit.*

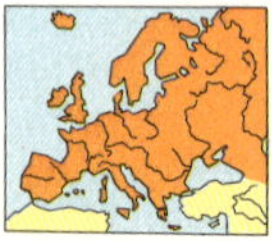

Verbreitung: Europa; nicht so häufig wie Pl. planorbis. **Lebensraum** und **Lebensweise:** bevorzugt stehende oder langsam fließende Gewässer; fehlt im Hochland; ist mehr in sauberem Wasser anzutreffen. **Nahrung:** Algen. **Fortpflanzung:** ähnlich Pl. corneus. **Wirtsch. Bed.:** keine.

Gattung: Tellerschnecken *(Spirálina).* Sehr flache, dünnschalige Gehäuse. Unterer Rand der letzten Windung scharf gekielt.

Flache Tellerschnecke
Spirálina vórtex LINNÉ

Oberseite wenig eingesenkt, Unterseite eben; **0,1 cm** *hoch,* **1 cm** *breit.*

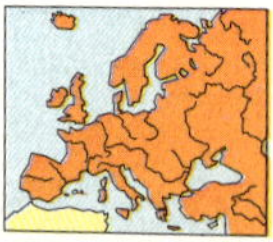

Verbreitung: Europa und West-Asien. **Lebensraum** und **Lebensweise:** bevorzugt stehende Gewässer mit reichem Pflanzenwuchs; kann auch in sauerstoffarmem Wasser existieren. **Nahrung:** Algen. **Fortpflanzung:** *Zwitter;* Laich flach und kuchenförmig; Eizahl 5–30. **Wirtsch. Bed.:** keine.

Gattung: Tellerschnecken *(Bathyómphalus)*. Gehäuse mit 7 bis 8 engen, riemenartig aufgedrehten Windungen.

Dicke Tellerschnecke
Bathyómphalus contórtus (LINNÉ)

Oben flach, unten tief genabelt; **0,2 cm** *hoch*, **0,6 cm** *breit*.

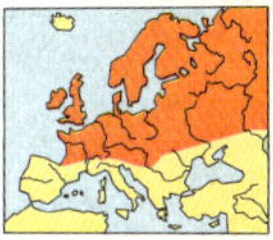

Verbreitung: Mittel- und Nordeuropa. **Lebensraum und Lebensweise:** bevorzugt stehende Gewässer; kommt mit wenig Sauerstoff aus; ist *Hautatmer* und hat Hämoglobin im Blut, das genügend Sauerstoff bindet; kann auch Trockenheit überstehen durch Verschließen des Gehäuses mit Schleimhautdeckel. **Nahrung:** Pflanzen, Algen. **Fortpflanzung:** *Zwitter;* Laich flach und kuchenförmig; Eizahl 5–30. **Wirtsch. Bed.:** keine.

Gattung: Tellerschnecken *(Ármiger)*. Sehr kleine Gehäuse mit stumpfer Außenkante.

Gerippte Tellerschnecke
Ármiger crista LINNÉ

Gehäuse oben fast eben, unten weit genabelt. Oberfläche mit häutigen Rippen (oder nur fein gestreift); *bis* **0,1 cm** *hoch*, **0,3 cm** *breit*.

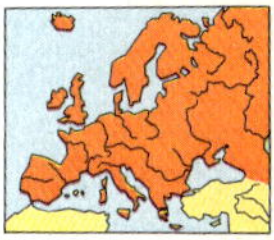

Verbreitung: Europa. **Lebensraum und Lebensweise:** bevorzugt kleine Gewässer mit Pflanzenwuchs. **Nahrung:** Pflanzen, Algen. **Fortpflanzung:** Zwitter; eierlegend. **Wirtsch. Bed.:** keine.

II. Ordnung: Landlungenschnecken *(Stylommatóphora)*.
Landlebende Schnecken mit oder ohne Schale. Kopf mit einstülpbaren Fühlern, auf denen am Ende die Augen sitzen.

1. Überfamilie: Bernsteinschnecken *(Succineoidea)*.

1. Familie: Bernsteinschnecken *(Succinéidae)*. Dünne, eiförmige Gehäuse mit 3 bis 4 schnell zunehmenden Umgängen.

Gattung: Bernsteinschnecken *(Succinea)*. Letzter Umgang breit bauchig. Mündung eiförmig, oben zugespitzt.

Gemeine Bernsteinschnecke
Succinea pútris LINNÉ

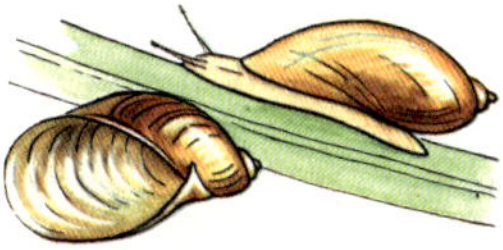

Gehäuse bernsteinfarben, *bis* **2,2 cm** *hoch*, **1,1 cm** *breit*.

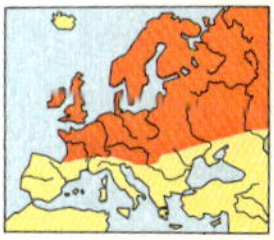

Verbreitung: Nord- und Mitteleuropa; fehlt im Gebirge. **Lebensraum und Lebensweise:** bevorzugt feuchte Wiesen und Wälder in Gewässernähe; ist auf Sumpfpflanzen sitzend anzutreffen; manchmal auch submers; Zwischenwirt eines Saugwurms, der Vögel befällt. **Nahrung:** Pflanzen, Algen. **Fortpflanzung:** *Zwitter;* Laich, mit Gallerte umhüllt, wird an Pflanzen angeheftet; Eizahl 50–100. **Wirtsch. Bed.:** keine.

2. Überfamilie: Windelschnecken *(Pupilloídea).* Weltweit verbreitet mit mehreren Familien. Meist unscheinbare, kleine Schnecken mit hochgetürmten Gehäusen.

1. Familie: Vielfraßschnecken *(Énidae).*

Gattung: Zebraschnecken *(Zébrina).* Weiße, verlängert eiförmige Schalen mit gleichmäßigen Umgängen.

Weiße Turmschnecke
Zébrina detríta O. F. Müller

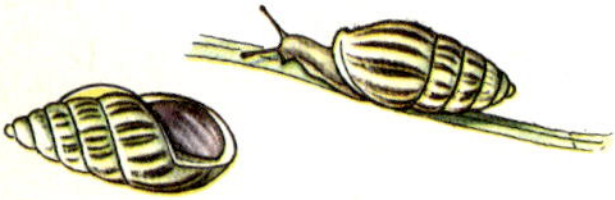

Gehäuse dickschalig, glänzend weiß, zuweilen mit braunen Längsstreifen; **2,1 cm** *hoch,* **1 cm** *breit.*

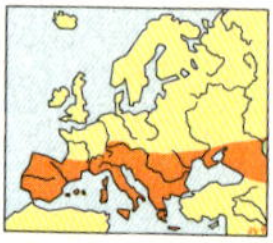

Verbreitung: in Europa südlich der Alpen; in Deutschland nur im Süden. **Lebensraum** und **Lebensweise:** bevorzugt warmes, trockenes Gelände; lebt meistens in größeren Kolonien; kann durch besondere Gehäusekonstruktion auch direktes Sonnenlicht vertragen; liebt Kalkböden. **Nahrung:** welkes Laub und andere Pflanzenteile, Moder. **Fortpflanzung:** Zwitter; Eileger. **Wirtsch. Bed.:** Zwischenwirt des Kleinen Leberegels.

3. Überfamilie: Schließmundschnecken *(Clausilioídea).* Weltweit verbreitet mit mehreren Familien und zahlreichen Arten.

1. Familie: Schließmundschnecken *(Clausilíidae).* Linksgewundene, schlanke, turmförmige Gehäuse. Familie bei uns mit 28 Arten vertreten.

Gattung: Schließmundschnecken *(Clausília).*

Schließmundschnecke
Clausília ventricósa (Draparnaud)

Gehäuse bauchig-spindelförmig, rotbraun, stumpf gerippt, mit 9–14 Umgängen; **1,8 cm** *hoch,* **0,4 cm** *breit.*

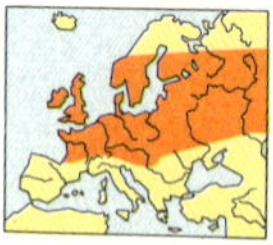

Verbreitung: Mitteleuropa. **Lebensraum** und **Lebensweise:** bevorzugt feuchtes Gelände mit Bäumen, bemoosten Felsen und Steinen; verschließt bei Trockenheit das Gehäuse mit einem Schließknöchelchen (Clausilium). **Nahrung:** Pflanzen. **Fortpflanzung:** eierlegend; über die Paarung ist wenig bekannt, vermutlich ohne Vorspiel. **Wirtsch. Bed.:** keine.

4. Überfamilie: Scheibenschnecken und **Wegschnecken** *(Endodontoídea).* Weltweit verbreitete Gruppe mit sehr kleinen scheibenförmigen Gehäusen oder großen Nacktschnecken ohne Gehäuse.

1. Familie: Wegschnecken *(Ariónidae).* Nacktschnecken ohne Gehäuse mit gedrungenem runzeligem Körper. Rücken gerundet.

Gattung: Wegschnecken *(Árion).* Bis zu 15 cm lange Schnecken.

Wegschnecke
Árion rúfus Linné

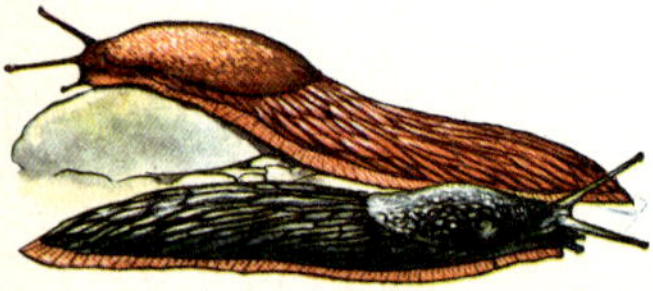

Körper schwarz, ziegelrot oder braun, Atemloch vor der Mitte der rechten Schildseite; **12–15 cm** *lang.*

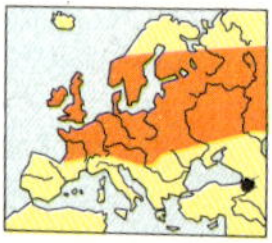

Verbreitung: Mittel- und Westeuropa. **Lebensraum** und **Lebensweise:** bevorzugt feuchtes Gelände und ist besonders bei Regenwetter aktiv; hält sich mit Vorliebe auf dem Erdboden auf; ist in Wäldern, zwischen Büschen und auf Wiesen heimisch; zieht sich beim Berühren in der Längsrichtung zusammen. **Nahrung:** frisches und welkes Laub, Pilze. **Fortpflanzung:** *Zwitter;* Eier mit Kalkschale; sie werden auf dem Erdboden unter Steinen, Laub oder Moos abgelegt. **Wirtsch. Bed.:** schädlich in Gemüsegärten (Blattfresser).

5. Überfamilie: Glas- und **Egelschnecken** *(Zonitoidea).* Wie die Scheiben- und Wegschnecken weltweit mit kleinen Gehäuse- und großen Nacktschnecken vertreten.

1. Familie: Egelschnecken *(Limácidae).* Schlanke Schnecken mit teilweise gekieltem Rücken; bei der Paarung Übertragung des Spermas von Penis zu Penis.

Gattung: Egelschnecken *(Limax).* Der bei Reizung von der Schnecke ausgeschiedene Schleim ist nicht milchweiß.

Große Egelschnecke
Limáx maximus Linné

Atemloch hinter der Mitte der rechten Schildseite; **12–15 cm** *lang.*

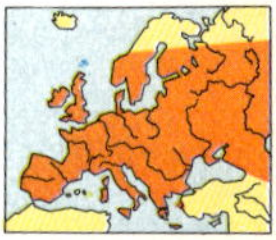

Verbreitung: Süd- und Mitteleuropa. **Lebensraum** und **Lebensweise:** bevorzugt die Nähe menschlicher Siedlungen, auch feuchte Wälder; verbirgt sich unter Rinde, Steinen und Laub; fühlt sich auch in Kellern und Gewächshäusern heimisch. **Nahrung:** Pflanzen, Pilze, Kellervorräte; gelegentlich auch Nacktschnecken. **Fortpflanzung:** *Zwitter;* bei der Paarung hängen beide Partner an einem an einem Ast befestigten Schleimfaden. **Wirtsch. Bed.:** Schädling an Nutzpflanzen.

Kleine Egelschnecke
Limax tenéllus O. F. Müller

Körper durchscheinend gelb, gelegentlich mit dunkler Längsbänderung; **4–6,5 cm** *lang.*

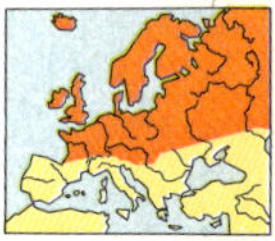

Verbreitung: Mittel- und Nordeuropa. **Lebensraum** und **Lebensweise:** bevorzugt Misch- und Nadelwälder; verbirgt sich unter Laub, morschem Holz und Rinde; hält sich gern auf Pilzen auf. **Nahrung:** hauptsächlich Pilze, auch Pflanzen. **Fortpflanzung:** *Zwitter.* **Wirtsch. Bed.:** Schädling an Gemüsepflanzen.

Gattung: Ackerschnecken *(Deróceras).* Der bei Reizung der Schnecken ausgeschiedene Schleim ist weiß.

Ackerschnecke
Deróceras agréste Linné

Körper dunkel gestrichelt, Grundfarbe rahmfarben bis braun; **3–6 cm** *lang.*

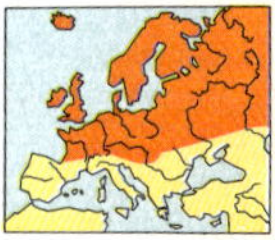

Verbreitung: Mittel- und Nordeuropa. **Lebensraum** und **Lebensweise:** bevorzugt Wälder, Wiesen, Felder und Gärten; liebt kalkhaltigen Boden; verbirgt sich unter Steinen, Laub, Moos und Brettern; verläßt nur bei Dunkelheit das Versteck. **Nahrung:** allerlei Pflanzen, auch Abfälle und Fäkalien. **Fortpflanzung:** *Zwitter;* Eizahl 200–250. **Wirtsch. Bed.:** *Kulturpflanzenschädling;* Überträger von Bakterien.

6. Überfamilie: Schnirkelschnecken *(Helicoidea).* Mit mehr als 5000 Arten weltweit verbreitet. Schnecken mit flachgewundenen bis kugeligen Gehäusen.

1. Familie: Hain- oder Schnirkelschnecken *(Helicidae).* Artenreichste Familie der Landschnecken mit unterschiedlichen Schalenformen.

Gattung: Weinbergschnecken *(Hélix).* Sehr große bauchige, kugelige Schnecken mit 4–5 schnell an Größe zunehmenden Windungen.

Weinbergschnecke
Hélix pomátia Linné

Gehäuse schmutzig strohgelb, zuweilen unscharf braun gebändert, Mundsaum kaum umgebogen, Umgänge mit quer verlaufenden Riefen; *bis* **4 cm** *hoch und breit.*

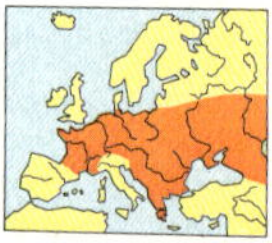

Verbreitung: hauptsächlich in Mittel- und Südosteuropa; in Norddeutschland durch den Menschen angesiedelt. **Lebensraum und Lebensweise:** bevorzugt Garten- und Parkanlagen und liebt kalkhaltigen Boden; Gehäuseverschluß bei Trockenheit durch Schleimhaut, zum Winter durch Kalkdeckel; überwintert von Oktober bis April in der Erde. **Nahrung:** allerlei Kräuter. **Fortpflanzung:** *Zwitter;* Paarungszeit Mai–August; Anzahl der erbsengroßen *Eier* mit Kalkschale *40–60;* Eiablage in selbstgegrabener Erdhöhle, die verschlossen wird; Ausschlüpfen der Jungschnecken, die mit Gehäuse geboren werden, nach einigen Wochen; geschlechtsreif mit 3–4 Jahren. **Wirtsch. Bed.:** *eßbar;* als Delikatesse sehr geschätzt und daher in vielen Gegenden *fast* oder *ganz ausgerottet;* steht aus diesem Grund in einigen Ländern unter Naturschutz.

Gesprenkelte Weinbergschnecke
Hélix aspérsus O. F. Müller

Mündung stark umgebogen, Lippe weiß, Windungen mit grubigen Runzeln, Längsbänder breit, scharf gezeichnet; *bis* **3,5 cm** *hoch,* **4 cm** *breit.*

Verbreitung: im Mittelmeergebiet Westeuropas; in Deutschland am Bodensee und an den Ufern von Nahe, Neckar und Niederrhein. **Lebensraum und Lebensweise,** Nahrung, Fortpflanzung und wirtsch. Bed. wie H. pomátia.

Gattung: Schnirkelschnecken *(Cepǽa).* Mittelgroße kugelige Schnecken. Weißgelb über gelb bis braun, ohne oder mit lebhafter Bänderung.

Hain-Bänderschnecke
Cepǽa nemorális Linné

Einfarbig gelb bis fleischfarben oder mit 1–5 braunen Längsbändern. Mundsaum dunkel; **1,7 cm** *hoch,* **2,3 cm** *breit.*

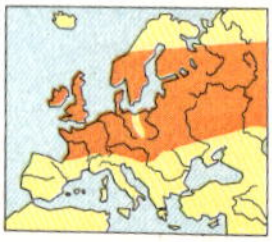

Verbreitung: Mittel- und Westeuropa; fehlt im Odergebiet. **Lebensraum und Lebensweise:** bevorzugt Kulturgelände; ist bei feuchtem Wetter auf Blättern, Früchten und an Baumstämmen zu finden; verschließt bei Trockenheit das Gehäuse mit Schleimdeckel. **Nahrung:** Pflanzen. **Fortpflanzung:** *Zwitter;* Vermehrung durch Eier. **Wirtsch. Bed.:** Schädling an Nutzpflanzen (Grünblattfresser).

Garten-Bänderschnecke
Cepaea horténsis O. F. MÜLLER

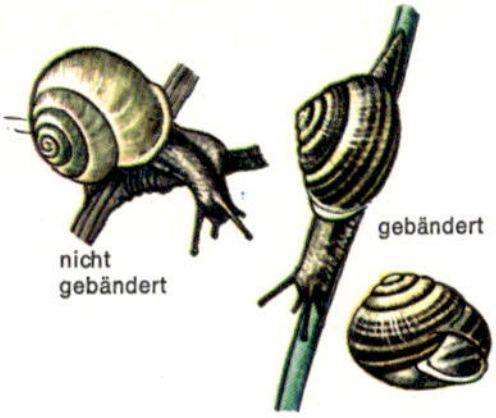

Mundsaum hell; **1,4 cm** *hoch,* **1,9 cm** *breit.*

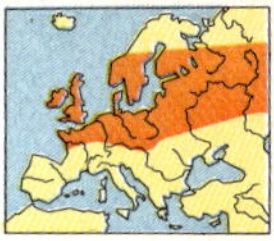

Verbreitung: Mitteleuropa, aber nicht so südlich wie C. nemoralis. **Lebensraum** und **Lebensweise:** bevorzugt lichte Wälder, Hecken, Büsche, Felsen und Mauern; ist nicht an Kulturland gebunden; verhält sich bei Feuchtigkeit und Trockenheit wie C. nemoralia. **Nahrung:** Pflanzen. **Fortpflanzung:** *Zwitter;* Vermehrung durch Eier. **Wirtsch. Bed.:** Schädling an Nutzpflanzen.

Gattung Baumschnecken *(Ariánta).* Mittelgroße Gehäuse, in Form und Farbe variabel.

Baumschnecke
Ariánta arbustórum LINNÉ

Kastanienbraun, gelb gefleckt, mit Nabel, dunkelbraunes Längsband an der Peripherie, Innenlippe weiß; *bis* **2 cm** *hoch,* **2,5 cm** *breit.*

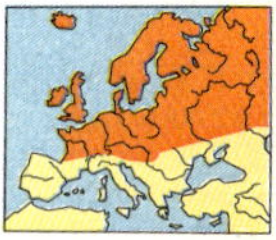

Verbreitung: Mittel- und Nordeuropa. **Lebensraum** und **Lebensweise:** bevorzugt feuchtes Gelände im Flachland und Gebirge; lebt meist in Laubwäldern auf Büschen, Bäumen, Kräutern und Pilzen; liebt den Schatten. **Nahrung:** Blätter, Pilze, Beeren. **Fortpflanzung:** *Zwitter;* Paarungszeit Mai–August; Eier werden in selbstgegrabener Erdhöhle abgelegt. **Wirtsch. Bed.:** keine.

2. Familie: Buschschnecken *(Bradybaenidae).* Sehr artenreiche Familie.

Gattung: Buschschnecken *(Bradybaena* oder *Eulóta).* Mittelgroße kugelige Schnecken mit großem, tiefem Nabel.

Buschschnecke
Eulóta frúticum (O. F. MÜLLER)

Einfarbig weißlich über gelblich bis rötlich. Innenlippe weißlich; **1,7 cm** *hoch,* **2,2 cm** *breit.*

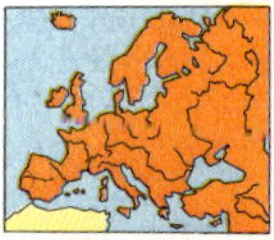

Verbreitung: Europa und Nordasien. **Lebensraum** und **Lebensweise:** bevorzugt feuchtes Gelände; lebt an Bäumen und Sträuchern des Laubwaldes; hält sich bei Trokkenheit an der Unterseite der Blätter auf. **Nahrung:** Blätter und Pilze. **Fortpflanzung:** *Zwitter;* ⌀ der Eier 2,5–3 mm; sie besitzen eine Kalkschale und werden in selbstgegrabenen Erdhöhlen abgelegt. **Wirtsch. Bed.:** keine.

III. Ordnung: Breitfußschnecken *(Anaspidea).* Ausschließlich meeresbewohnende Formen mit breiten, zum Schwimmen befähigenden Seitenlappen.

1. Familie: Seehasen *(Aplysiidae).* Nur kleine, flache und innere Schale vorhanden, die gewöhnlich nicht sichtbar ist.

Gattung: Seehasen: *(Aplýsia).*

Seehase
Aplýsia rósea RATHKE

Körper nackt, Fuß mit Seitenlappen; *bis* **14 cm** *lang.*

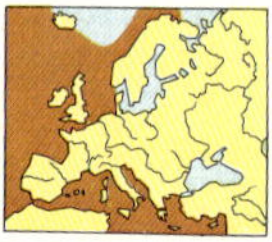

Verbreitung: Mittelmeer, Atlantik, Nordsee. **Lebensraum** und **Lebensweise:** bevorzugt sandige und schlammige Meeresböden mit Algen; hält sich auch in flachem Wasser auf; kann durch Auf- und Abschlagen der Fußseitenlappen auch schwimmen; verteidigt sich durch eine farbige und *giftige Sekretabsonderung.* **Nahrung:** Pflanzen (Algen). **Fortpflanzung:** *Laichzeit* im Sommer; der Laich wird in Schnüren an Algen und Steinen angeheftet. **Wirtsch. Bed.:** keine.

IV. Ordnung: Schlundsackschnecken, Sackzüngler *(Saccoglóssa).* Bunte, meist schalenlose Schnecken mit Rückenanhängen oder seitlichen Lappen am Fuß. Meeresbewohner.

1. Familie: Samtschnecken *(Elysiidae).*

Gattung: Samtschnecken *(Elýsia).*

Grüne Samtschnecke
Elýsia víridis (MONTAGU)

Flach, mit seitlichen Hautlappen, grün, vielfarbig gefleckt; *bis* **3,3 cm** *lang.*

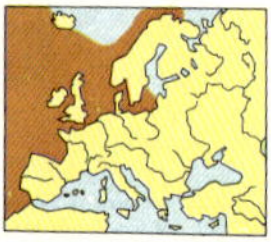

Verbreitung: Atlantik, Nordsee und westliche Ostsee. **Lebensraum** und **Lebensweise:** bevorzugt schlammigen und sandigen Boden; lebt auf Seegras und Algen der Küstenregion und paßt sich in der Färbung der Unterlage an; ist daher schwer zu erkennen. **Nahrung:** Kieselalgen und Seegras. **Fortpflanzung:** *Laichzeit* April–Juli. **Wirtsch. Bed.:** keine.

3. Klasse: Röhrenschaler, Grabfüßer *(Scaphópoda).* Mollusken mit röhrenförmigen, etwas gekrümmten Schalen, die an beiden Enden offen sind. Die Klasse enthält 2 Familien mit etwa 350 Arten, die alle marin leben; in Europa etwa 20 Arten, davon neun in der Adria.

1. Familie: Elefantenzähne *(Dentaliidae).* Schalen gerippt, gestreift oder glatt.

Gattung: Elefantenzähne *(Dentálium).*

Meerzahn oder Röhrenschaler
Dentálium éntalis LINNÉ

Schale glänzendweiß bis gelblich; *bis* **5 cm** *lang.*

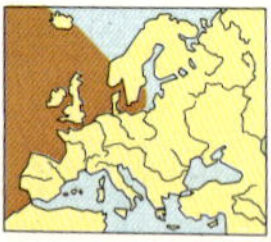

Verbreitung: Atlantik, Nordsee. **Lebensraum** und **Lebensweise:** bevorzugt das Wattenmeer und liebt sandigen und schlammigen Boden; gräbt sich bis zur Spitze ein; Schalen werden oft am Strand angeschwemmt. **Nahrung:** Einzeller. **Fortpflanzung:** getrenntgeschlechtig; aus den Eiern entwickeln sich freischwimmende Larven. **Wirtsch. Bed.:** keine.

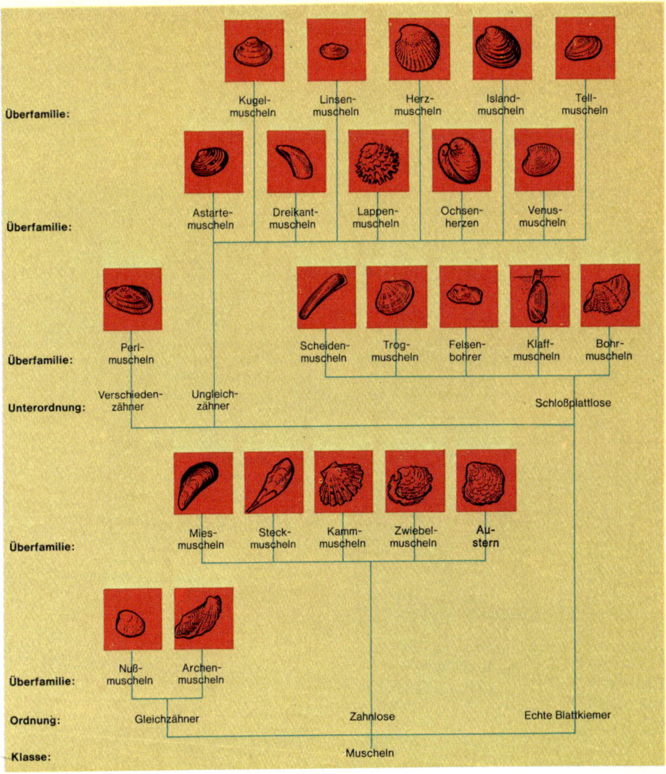

489.1 System der Muscheln

4. Klasse: Muscheln *(Lamellibranchiáta* oder *Biválvia)*
Die Schalen der Muscheln sind zweiklappig, zuweilen ungleichseitig. Der Weichkörper ist seitlich zusammengedrückt und die Kopfregion stark rückgebildet. Zur Bestimmung der Arten reichen in der Regel die Schalen, die an der Oberfläche mit für die Arten kennzeichnenden Skulpturen, Linien und bunten Farbmustern versehen sind. Der Fuß ist meist gut entwickelt, vorstreckbar und zum Graben in weichem Grund geeignet.
Insgesamt sind etwa 20 000 Muscheln bekannt, wovon in Europa an die tausend vorkommen. Hier werden nur solche Arten aufgeführt, deren Schalen man am Strande häufig findet. Alle Muscheln sind Bodenbewohner (gehören also zum Benthos). Die Nahrung der meisten Muscheln besteht aus Kleinlebewesen (Plankton) und organischen Schwebestoffen (Detritus). Mit Hilfe der netzartigen Kiemen wird ein Wasserstrom durch die Muschel geleitet, aus dem die Nahrungsstoffe abfiltriert werden. Fast alle Arten sind eßbar; die größeren Formen werden auf Fischmärkten angeboten; man verzehrt sie teils roh, teils gekocht und gebraten. Muschelschalen sind ein beliebtes Sammelobjekt (Conchyliensammlungen) für Naturfreunde.

Systematik: Nach dem Bau des Schlosses, insbesondere der Schloßzähne, unterscheidet man drei Ordnungen:

I. Ordnung: Gleichzähner *(Taxódonta);* Schloßrand mit zahlreichen, gleichartigen Zähnen (oder ohne Zähne) **S. 490**

II. Ordnung: Zahnlose *(Anisomyária);* Schloß fehlt oder es ist nur schwach entwickelt: Muskeleindrücke in jeder Schalenklappe ungleich groß, zuweilen der eine ganz fehlend **S. 493**

III. Ordnung: Echte Blattkiemer *(Eulamellibranchiáta);* nur wenige, meist ungleich große Schloßzähne, zuweilen ohne Schloß; Kiemen in der Regel blattförmig; Mantel meist mit Siphonen **S. 496**

I. Ordnung: Gleichzähner *(Taxodónta)*. Schloß besteht aus zahlreichen gleichartigen Zähnchen (Abb. XXIX.3); vorderer und hinterer Schließmuskel vorhanden, daher 2 gleich große Muskeleindrücke auf der Innenseite beider Schalenklappen; Schale dreieckig oder mehr oder weniger rundlich; Wirbel etwas hinter der Mitte; Mantellinie undeutlich, Mantelbucht fehlt; in Europa Vertreter aus 2 Überfamilien:

1. Überfamilie: Nußmuscheln *(Nuculácea)*; in Europa Vertreter aus drei Familien:

1. Familie: Nußmuscheln *(Nucúlidae)*. Schale klein (bis 25 mm lang), mehr oder weniger dreieckig; Innenseite der Schale mit starkem Perlmutterglanz; in Europa eine Gattung.

Gattung: Nußmuscheln *(Núcula)* in Europa 4 Arten.

Gemeine Nußmuschel
Núcula núcleus (LINNÉ)

Kirschkerngroß, rundlich; Klappen glänzend, konzentrisch gestreift, ventraler Schalenrand gekerbt; *bis* **12 mm.**

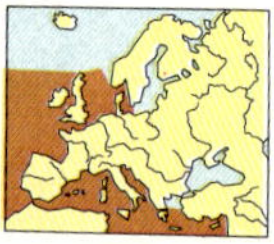

Verbreitung: Mittelmeer, Atlantik, Nordsee, westl. Ostsee. **Lebensraum** und **Lebensweise:** bevorzugt schlickigen Meeresboden; ist in tieferem Wasser (unterhalb 5 m) anzutreffen; gräbt sich flach ein; 2 große Mundlappentaster dienen der Nahrungsaufnahme. **Nahrung:** organische Schwebestoffe. **Fortpflanzung:** Eier. **Wirtsch. Bed.:** beliebte Nahrung für Plattfische.

Glänzende Nußmuschel
Núcula nítida (SOWERBY)

Ähnlich der Gemeinen Nußmuschel, aber Klappen auch radiär gestreift, daher fein gegittert; *bis* **13 mm.**

Verbreitung: Atlantik, Nordsee. **Lebensraum** und **Lebensweise:** bevorzugt schlickigen und sandigen Meeresboden; ist in *Tiefen ab 20 m* anzutreffen; bildet oft große Kolonien; gräbt sich flach ein; Nahrungsaufnahme wie N. nucleus. **Nahrung:** organische Schwebestoffe. **Fortpflanzung:** Eier. **Wirtsch. Bed.:** keine.

Dünnschalige Nußmuschel
Núcula ténuis (MONTAGU)

Ähnlich der Gemeinen Nußmuschel, aber ventraler Schalenrand glatt; Klappen dünn, gerundet dreieckig; *bis* **12 mm.**

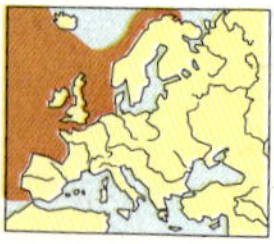

Verbreitung: Nordatlantik, Nordsee. **Lebensraum** und **Lebensweise:** bevorzugt schlickigen und sandigen Meeresboden; ist in *Tiefen ab 25 m* anzutreffen; gräbt sich flach ein; Nahrungsaufnahme wie N. nucleus. **Nahrung:** organische Schwebestoffe. **Fortpflanzung:** Eier. **Wirtsch. Bed.:** keine.

Hohe Nußmuschel
Núcula timídula (MAHN)

Sehr klein, Schale hoch, nur konzentrisch gestreift; *bis* **6 mm.**

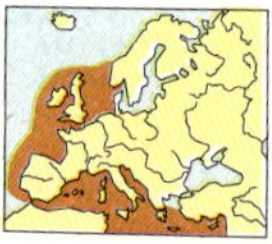

Verbreitung: Mittelmeer, Ostatlantik, Nordsee bis Skagerrak. **Lebensraum:** bevorzugt schlickigen und sandigen Meeresboden; ist in größeren *Tiefen ab 200 m* anzutreffen. **Nahrung:** organische Schwebestoffe. **Fortpflanzung:** Eier. **Wirtsch. Bed.:** keine.

2. Familie: Malletiamuscheln *(Malletíidae);* Schale oval, glänzend, dünn; Wirbel vor der Mitte, Schloßzahnreihen ohne Knick; Mantelbucht vorhanden.

Gattung: Malletiamuscheln *(Mallétia)* in Europa eine Art.

Malletia-Muschel
Mallétia obtúsa (M. Sars)

Schale oval, dünn, durchscheinend, fein konzentrisch gestreift; Siphonen lang, bis auf die Endverzweigung verwachsen; *bis* **13 mm** *lang.*

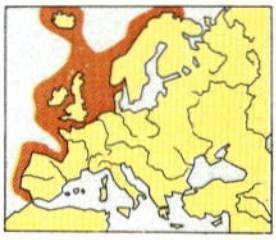

Verbreitung: Atlantik und Nordsee. **Lebensraum:** bevorzugt tiefes Wasser, im Skagerrak bis 600 m. **Nahrung:** Plankton, Detritus. **Fortpflanzung:** Eier. **Wirtsch. Bed.:** keine.

3. Familie: Schnabelmuscheln *(Lédidae);* Schale ungleichseitig verlängert, nach hinten geschnäbelt; fein oder grob konzentrisch gerippt; Schloßzahnreihen unter dem Wirbel nur wenig geknickt; Mantelbucht deutlich!

Gattung: Schnabelmuscheln *(Léda).*

Gemeine Schnabelmuschel
Léda minúta (O. F. Müller)

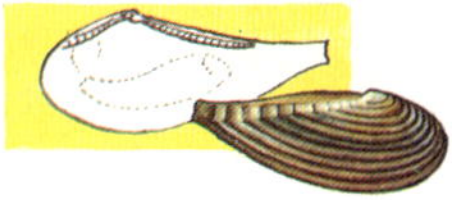

(a) Schale deutlich grob konzentrisch gerippt; Schalenhaut matt; *bis etwa* **14 mm.**

Verbreitung: mittlere Nordsee, Kattegatt und Arktischer Atlantik. **Lebensraum und Lebensweise:** bevorzugt weichen Meeresboden; lebt in Tiefen bis 40 m. **Nahrung:** organische Schwebstoffe; sie werden von den Mundlappenanhängen abfiltriert und in Wimperrinnen zum Mund geleitet. **Fortpflanzung:** Eier. **Wirtsch. Bed.:** keine – Die Gemeine Schnabelmuschel (a) ist von der **Glänzenden Schnabelmuschel** (b) *Léda pérnula* (O. F. Müller) leicht zu unterscheiden, da deren Schale fein konzentrisch gestreift und die Schalenhaut glänzend ist; bis **22 mm.**

4. Familie: Sammetmuscheln *(Glyciméridae);* Schale fast kreisrund, dick, Oberfläche samtartig, filzig, Wirbel in der Mitte, vorgewölbt; Schloßrand schwach gebogen, Zähne zahlreich, von der Mitte nach beiden Seiten kleiner werdend, Mantelbucht fehlt.

Gattung: Sammetmuschel *(Glycímeris);* in Europa eine Art.

Englisches Pastetchen
Glycímeris glycímeris (Linné)

Braune Fleckenzeichnung auf weißgelblichem Grund; **6–10 cm** *lang.*

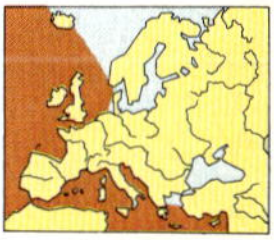

Verbreitung: Mittelmeer, Atlantik, Nordsee. **Lebensraum** und **Lebensweise:** bevorzugt sandige und schlickige Böden; lebt in großen Kolonien in *20–25 m Tiefe;* die leeren Gehäuse sind in großen Mengen am Strand zu finden. **Nahrung:** Kleinlebewesen, Plankton, Detritus. **Fortpflanzung:** Laichzeit Februar–April. **Wirtsch. Bed.:** keine.

2. Überfamilie: Archenmuscheln *(Arcácea);* in Europa Vertreter aus 2 Familien.

1. Familie: Archenmuscheln *(Árcidae);* Schale kahnartig, mehr oder weniger rechteckig, oberer und unterer Schalenrand fast parallel, Schale in der Regel mit kräftigen Skulpturen, mitunter gitterförmig; Wirbel stark aufgewölbt, vor der Mitte liegend, Schloßrand gerade, mit vielen gleichartigen Zähnen; Mantelbucht fehlt; in Europa eine Gattung.

Gattung: Archenmuscheln *(Árca).*

Arche Noah
Árca nóae Linné

Schale dickwandig, stark gerippt, ungleichseitig; **6–9 cm** lang.

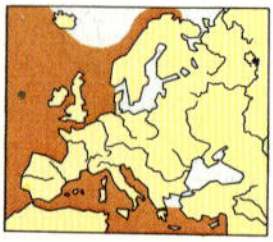

Verbreitung: Im Mittelmeer sehr verbreitet. **Lebensraum** und **Lebensweise:** bevorzugt die felsige und steinige Küstenregion; ist dort in größeren Kolonien anzutreffen; sitzt sehr fest an Steinen, Felsen und Korallen; ist als Jungtier beweglicher. **Nahrung:** Plankton und Detritus. **Fortpflanzung:** Eierlegend; Zahl der Eier sehr groß. **Wirtsch. Bed.:** Eßbar, häufig auf Fischmärkten der Mittelmeerländer; wird roh gegessen.

Weiße Archenmuschel
Árca láctea Linné

Oberer und unterer Schalenrand fast parallel, Gitterskulptur sehr ausgeprägt; Klappen milchweiß, mit samtiger Haut; *bis* **16 mm.**

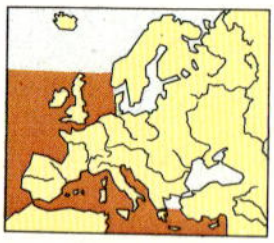

Verbreitung: Mittelmeer, Atlantik und Nordsee. **Lebensraum** und **Lebensweise:** bevorzugt felsigen Meeresboden und hält sich gern in der Brandungszone auf; lebt dort fest angeheftet an Steinen und in Felsspalten. **Nahrung:** Kleinlebewesen, Detritus. **Fortpflanzung:** legen Eier; Larven leben bis zu 4 Wochen pelagisch (freischwimmend); heften sich dann an Felsen an. **Wirtsch. Bed.:** keine. – Die **Bärtige Archenmuschel** *Árca barbáta* Linné , Schale dunkelbraun, feiner gerippt, auf der unteren Hälfte mit langen hornigen Borsten, die über den Rand hinausragen, lebt auf Hartböden, ist aber nicht sehr häufig; **50 mm.**

II. Ordnung: Zahnlose *(Anisomyária);* Schloßzähne fehlend oder nur schwach entwickelt, zwei ungleich große oder nur ein Muskeleindruck in den beiden Schalenklappen, diese häufig ungleich. In Europa Vertreter aus 5 Überfamilien.

1. Überfamilie: Miesmuscheln *(Mytilácea);* in Europa 1 Familie.

1. Familie: Miesmuscheln *(Mytílidae).* Kleine bis große dünnwandige Schalen. Schalenklappen gleich, vorderer Schließmuskel klein, weit nach vorn verlagert, Schloßrand immer zahnlos, Mantelbucht fehlt.

Gattung: Miesmuscheln *(Mýtilus);* in Europa 1 Art.

Miesmuschel
Mýtilus edúlis (LINNÉ)

Schale vorn zugespitzt, nach hinten verbreitert und abgerundet, blauschwarz oder braun, innen weiß mit blauem Rand; **6–8 cm** *lang,* **3,5 cm** *hoch.*

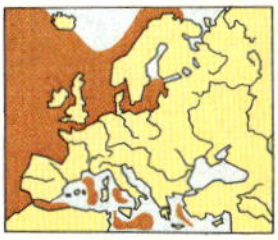

Verbreitung: Ostsee, Nordsee, Atlantik, vereinzelt Mittelmeer. **Lebensraum** und **Lebensweise:** bevorzugt das Wattenmeer; bildet dort große Kolonien; heftet sich mit Byssusfäden an Steinen, Muschelschalen, Hafenpfählen und Schiffsböden fest. **Nahrung:** organische Schwebestoffe, Algen und Plankton. **Fortpflanzung:** Laichzeit März bis Juni; ausgeschlüpfte Larven leben im Plankton. **Wirtsch. Bed.:** wichtige Speisemuschel mit großem Nährwert und Vitamingehalt; wird auch in „Muschelgärten" gezüchtet; jährlicher Verzehr in Europa 100 000 Tonnen!

Gattung: Bohnenmuscheln *(Músculus).*

Marmorierte Bohnenmuschel
Músculus marmorátus (FORBES)

Vorn und hinten mit je einem Feld radiär verlaufender Rippen, dazwischen ein von Rippen freies Feld. Vorderes Rippenfeld mit etwa 16, hinteres mit etwa 25 Rippen; *etwa* **1,7 cm** *lang.*

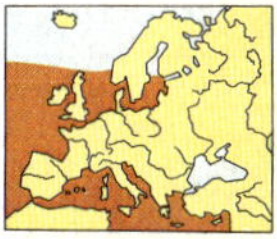

Verbreitung: Mittelmeer, Ostatlantik, Nordsee, westl. Ostsee. **Lebensraum** und **Lebensweise:** bevorzugt Sedimentböden; heftet sich an Seescheiden an; lebt auch an Seegras, leeren Muschelschalen und Steinen. **Nahrung:** Algen, Plankton, organische Schwebestoffe. **Fortpflanzung:** Laichzeit August–September. **Wirtsch. Bed.:** keine.

Schwarze Bohnenmuschel
Músculus níger (GRAY)

Schale ziemlich flach, vorderes Rippenfeld mit etwa 12, hinteres mit etwa 50–60 Rippen; *etwa* **3,5 cm** *lang.*

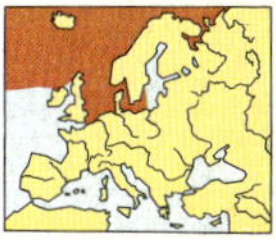

Verbreitung: Nordatlantik (zirkumpolar), Deutsche Bucht, westliche Ostsee. **Lebensraum:** bevorzugt schlammigen Boden in größerer Tiefe. **Nahrung:** Algen, Plankton, organische Schwebestoffe. **Fortpflanzung:** Eier. **Wirtsch. Bed.:** keine.

2. Überfamilie: Steckmuscheln *(Pteriácea);* in Europa 2 Familien.

1. Familie: Steckmuscheln *(Pinnidae).* Große Schalen mit gleichen Klappen, vorderer Schalenmuskel schwach, aber vorhanden.

Gattung: Schinkenmuscheln *(Pinna).*

Schinkenmuschel
Pinna nóbilis LAMARCK

Schalen spitz zulaufend, außen mit Schuppen, innen mit Perlmutterglanz; etwa **90 cm** lang (größte europäische Muschel).

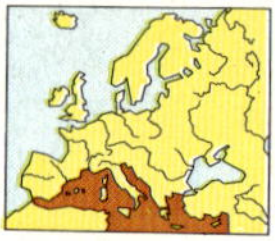

Verbreitung: Mittelmeer, häufig. **Lebensraum und Lebensweise:** bevorzugt sandigen Meeresboden; ist bereits in geringen Tiefen anzutreffen; heftet sich mit Byssusfäden an Steinen und Muschelschalen an; steckt mit dem spitzen Ende im Boden; wird oft vom *Muschelwächter Pinnotéres pinnotéres* bewohnt. **Nahrung:** organische Schwebestoffe. **Fortpflanzung:** Zwitter. **Wirtsch. Bed.:** eßbar; Gehäuse werden gesammelt; aus den Byssusfäden stellt man in Italien Gewebe her.

3. Überfamilie: Kammuscheln *(Pectinácea).*

1. Familie: Kammuscheln *(Pectinidae);* mittelgroße oder sehr große Muscheln mit abgerundeten Schalen, die etwa so lang wie hoch sind, zu beiden Seiten des Wirbels zu Ohren erweitert, vorderer Schalenmuskel fehlt.

Gattung: Kammuscheln *(Pécten)* mit vielen Arten.

Pilgermuschel oder Kammuschel
Pécten operculáris (LINNÉ)

Schale fast kreisrund, Ohren gleich groß; 18–22 Rippen, rahmfarben bis braun, dunkel gebändert; *bis* **9 cm** *lang.*

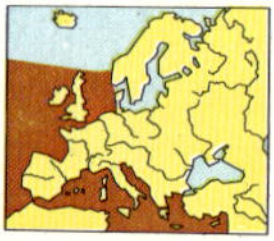

Verbreitung: Mittelmeer, Atlantik, Nordsee. **Lebensraum und Lebensweise:** bevorzugt sandigen Meeresboden; ist in *Tiefen ab 15 m* anzutreffen; kann sich durch schnelles Wasserausstoßen schwimmend fortbewegen. **Nahrung:** organische Schwebestoffe. **Fortpflanzung:** Zwitter. **Wirtsch. Bed.:** eßbar.

Bunte Kammuschel
Pécten várius (LINNÉ)

Schale etwas oval mit etwa 30 Rippen, Ohren ungleich groß. Färbung sehr variabel: gelb bis fast schwarz; *etwa* **4–5 cm** *lang.*

Verbreitung: Mittelmeer, Atlantik, Nordsee. **Lebensraum und Lebensweise:** bevorzugt sandigen Meeresboden; ist in *Tiefen ab 15 m* anzutreffen; kann sich durch schnelles Wasserausstoßen schwimmend fortbewegen. **Nahrung:** organische Schwebestoffe. **Fortpflanzung:** Zwitter. **Wirtsch. Bed.:** eßbar.

Große Pilgermuschel
Pécten máximus (Linné)

Schale rund mit 14–17 breiten Rippen, Ohren gleich; *bis* **13 cm** *lang.*

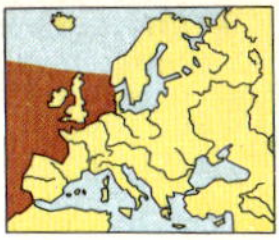

Verbreitung: Atlantik, Nordsee. **Lebensraum und Lebensweise:** bevorzugt sandigen Meeresboden; ist von der Gezeitenzone ab in *tieferem* Wasser anzutreffen; kann sich durch Wasserausstoßen schwimmend fortbewegen. **Nahrung:** organische Schwebestoffe. **Fortpflanzung:** Zwitter; eierlegend. **Wirtsch. Bed.:** eßbar.

Jakobs-Pilgermuschel
Pécten jacóbaeus Linné

Klappen sehr ungleich: rechte tief gewölbt, linke flach, 14–16 Rippen, Ohren gleich, rechte Klappe blaß, linke dunkelbraun; *bis* **15 cm** *lang.*

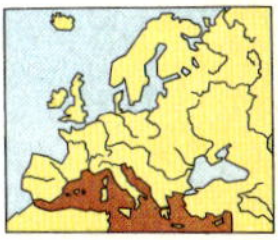

Verbreitung: Mittelmeer. **Lebensraum und Lebensweise:** bevorzugt sandigen Meeresboden mit Seegras; ist in Tiefen ab 10 m anzutreffen; kann sich durch Wasserausstoß schwimmend fortbewegen; besitzt am Mantelrand Augen, mit denen die Umgebung wahrgenommen werden kann. **Nahrung:** organische Schwebestoffe. **Fortpflanzung:** Zwitter; eierlegend. **Wirtsch. Bed.:** eßbar; wird auch für Schmuckzwecke verwendet.

4. Überfamilie: Zwiebelmuscheln *(Anomiácea)*; in Europa 1 Familie.

1. Familie: Zwiebelmuscheln *(Anomiidae);* mittelgroße, runde bis ovale Muscheln, Schalen **mit ungleichen** Klappen, untere Schale unter dem Wirbel mit Loch für die Haftfäden, obere Schale konzentrisch und radiär unregelmäßig gerippt.

Gattung: Zwiebelmuscheln *(Anómia).*

Zwiebel- oder Sattelmuschel
Anómia ephippium Linné

Dünne, durchscheinende rundliche Schale, unregelmäßig konzentrische, oft blättrige Skulptur, gelblich bis braun; *bis* **5 cm** *lang.*

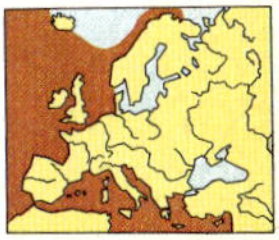

Verbreitung: Mittelmeer, Atlantik und Nordsee. **Lebensraum und Lebensweise:** bevorzugt die Küstenzone; heftet sich an Steinen, Pfählen, Muscheln und Schiffsböden an; ist sehr häufig. **Nahrung:** Plankton, organische Schwebestoffe. **Fortpflanzung:** *Laichzeit Mai–Juli.* **Wirtsch. Bed.:** eßbar; wird auch zu Schmuckzwecken verwendet.

5. Überfamilie: Austern *(Ostreácea);* im Europa eine Familie mit einer Art.

1. Familie: Austern *(Ostréidae).* Große Muscheln mit rundlich bis eiförmigen, dicken Schalen. Klappen ungleich mit blättriger Oberfläche. Vorderer Schalenmuskel fehlt.

Gattung: Austern *(Óstrea).*

Auster
Óstrea edúlis Linné

Linke untere Schale gewölbt, auf der Unterlage festgewachsen, rechte obere Schale flach. Konzentrische Streifung; *bis* **120 mm** *lang.*

Verbreitung: Fast alle Küsten Europas. **Lebensraum und Lebensweise:** bevorzugt festen Meeresboden und nicht zu tiefes Wasser außerhalb der Gezeitenzone; lebt in größeren Kolonien *(Austernbänke)*; heftet sich mit einer Schalenhälfte an fester Unterlage an. **Nahrung:** Plankton und organische Schwebestoffe. **Fortpflanzung:** *Laichzeit* März–Juli und August–Dezember; *Zwitter;* Eier (ca. 1 Million) werden etwa 1 Woche in der Mantelhöhle aufbewahrt; ausgeschlüpfte Larven heften sich nach 2 Wochen an fester Unterlage an. **Wirtsch. Bed.:** eßbar, als Leckerbissen sehr geschätzt.

III. Ordnung: Echte Blattkiemer *(Eulamellibranchiata).* Schloß besteht aus wenigen ungleich ausgebildeten Zähnen oder Schloß fehlend; vorderer und hinterer Schließmuskel vorhanden und meist von gleicher Stärke. In Europa 4 Unterordnungen mit 14 Überfamilien.

I. Unterordnung: Verschiedenzähner *(Heterodónta).* In Europa mit einer Überfamilie, deren Arten nur im Süßwasser vorkommen.

1. Überfamilie: Perlmuscheln *(Unionácea);* mit einer Familie.

1. Familie: Najaden *(Uniónidae).* Artenreiche Familie, Formen sehr variabel. Bestimmung daher oft schwierig.

Gattung: Únio (Flußmuscheln); Schloß mit Haupt- und Nebenzähnen; viele Rassen.

Malermuschel
Únio pictórum (LINNÉ)

Schale schmal, zungenförmig, Wirbel aufgeblasen, Schloß mit Zähnen und Leisten. Olivgelb: **7–10 cm** *lang.*

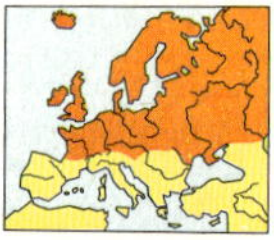

Verbreitung: in Europa nördlich der Alpen; in Deutschland 3 Rassen. **Lebensraum** und **Lebensweise:** bevorzugt Sandboden; lebt in *Teichen, Seen und Flüssen;* meidet schnellfließende Gewässer; wühlt sich etwas in den Bodengrund ein und hinterläßt beim Umherkriechen deutliche Furchen; gedeiht nicht in verunreinigtem Wasser. **Nahrung:** Plankton und organische Schwebestoffe. **Fortpflanzung:** *Laichzeit* im Sommer; Eizahl 300000–400000; Eier bleiben 4–6 Wochen im Kiemenraum; die *Larven* leben danach als *Parasiten* in den Kiemen der Fische. **Wirtsch. Bed.:** die leeren Gehäuse wurden früher von den Malern zum Mischen der Farben benutzt.

Blasige Flußmuschel
Únio túmidus (PHILIPSSON)

Schale keilförmig, vorn bauchig, Wirbel mit Höckern besetzt, grünlich-braun; **6,5 bis 9 cm** *lang.*

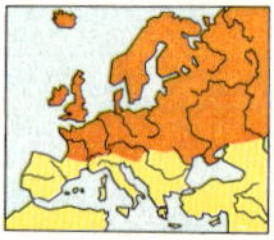

Verbreitung: in Europa nördlich der Alpen; in Deutschland 2 Rassen. **Lebensraum** und **Lebensweise:** bevorzugt Sandboden; hält sich in wenig bewegtem Wasser auf; lebt sonst wie *U. pictorum.* **Nahrung:** Plankton und organische Schwebestoffe. **Fortpflanzung:** wie *U. pictorum.* **Wirtsch. Bed.:** keine.

Gemeine Flußmuschel
Únio crássus (PHILIPSSON)

Schale eiförmig, dickwandig, kurz, Wirbel mäßig aufgetrieben, dunkelbraun bis schwarz; *bis* **6 cm** *lang.*

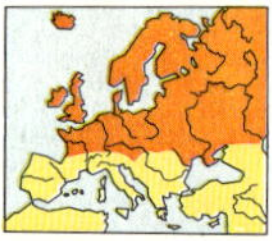

Verbreitung: in Europa nördlich der Alpen; in Deutschland 3 Rassen. **Lebensraum** und **Lebensweise:** bevorzugt Sandboden; lebt in schnell fließendem Wasser; gedeiht nicht in verunreinigten Gewässern; sonstiges Verhalten wie *U. pictorum.* **Nahrung:** Plankton und organische Schwebestoffe. **Fortpflanzung:** wie *U. pictorum.* **Wirtsch. Bed.:** keine.

Gattung: Teichmuscheln *(Anodónta)*; Schloßrand ohne Zähne; viele Standortformen (Rassen), aber nur 2 Arten:

Abgeplattete Teichmuschel
Anodónta complanáta (ROSSMÄSSLER)

Schale elliptisch-eiförmig, sehr flach, dünnwandig, braungrün; *bis* **8 cm** *lang,* **4–5 cm** *hoch.*

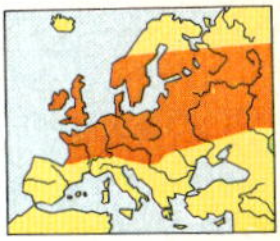

Verbreitung: Mitteleuropa; z. B. 3 Rassen am Rhein, in Norddeutschland und am Oberlauf der Donau. **Lebensraum** und **Lebensweise:** bevorzugt stehende oder langsam fließende Gewässer; kriecht im Bodenschlamm und hinterläßt dabei daumendicke Furchen von 1 m Länge; der beim Kriechen aufgewirbelte Boden enthält Nahrungsbestandteile, die aufgesogen werden. **Nahrung:** Bodenschlamm und Algen. **Fortpflanzung:** *Laichzeit* im Winter; die Eier bleiben mehrere Monate in den Kiemen der ♀♀, wo sie sich zu Larven entwickeln; die *Larven* leben *parasitisch* an der Flossenhaut der Fische. **Wirtsch. Bed.:** keine.

Gemeine Teichmuschel
Anodónta cýgnaea (LINNÉ)

Breit eiförmig, bauchig, größte Höhe unter dem Wirbel, Schale innen stark perlmutterglänzend; *bis* **20 cm** *lang.*

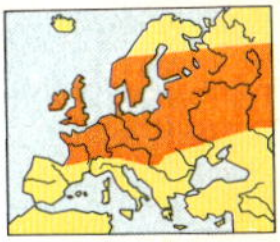

Verbreitung: Mitteleuropa. **Lebensraum** und **Lebensweise:** bevorzugt stehende oder langsam fließende Gewässer bis 20 m Tiefe; kriecht wie vorige Art im Bodenschlamm entlang und erzeugt Furchen. **Nahrung:** Bodenschlamm und Algen. **Fortpflanzung:** Laichzeit im Winter; Eier bleiben mehrere Monate in den Kiemen der ♀♀, entwickeln sich dort zu Larven, die anschließend an der Flossenhaut der Fische leben und sich nach 8–10 Wochen zu unabhängigen, normalen Muscheln verwandeln. **Wirtsch. Bed.:** keine.

2. Familie: Flußperlmuscheln *(Margaritiféridae)*. Schloßrand nur mit kurzen, stumpfen Hauptzähnen.

Gattung: Flußperlmuscheln *(Margaritána)*. Große, dickwandige Schalen. Linke Schale mit 2, rechte mit 1 Schloßzahn.

Flußperlmuschel
Margaritána margaritifera (LINNÉ)

Schale ei- bis nierenförmig, dickwandig, Wirbel kaum hervortretend; *bis* **15 cm** *lang* und **7 cm** *hoch.*

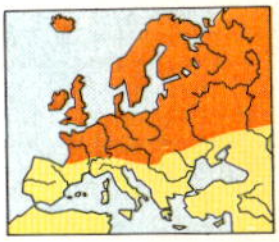

Verbreitung: Mittel- und Nordeuropa. **Lebensraum** und **Lebensweise:** bevorzugt saubere, kalkarme und fließende Gewässer; kommt meistens in größeren Kolonien vor; durch Verunreinigung der Flüsse und Bäche teilweise schon ausgestorben; erzeugt echte Perlen; wurde deshalb im vorigen Jahrhundert oft besonders gehalten und kontrolliert. **Nahrung:** organische Schwebestoffe. **Fortpflanzung:** Laichzeit Juli–August; Entwicklungsdauer der Eier etwa 14 Tage; Larven leben schmarotzend an Kiemen der Fische. **Wirtsch. Bed.:** keine, da die Perlenerzeugung zu gering; die Muschel kann zwar 60–80 Jahre alt werden, würde aber in dieser Zeit im günstigsten Falle 5–6 Perlen erzeugen.

II. Unterordnung: Ungleichzähner *(Heterodónta).* Schloß mit wenigen Hauptzähnen, die wechselständig stehen und ineinandergreifen. Nebenzähne häufig vorhanden. Arten im Süß- und Meerwasser.

1. Überfamilie: Astarte-Muscheln *(Astartácea).*

1. Familie: Astarte-Muscheln *(Astártidae).* Kräftige Schalen ohne Radiärskulptur, glatt oder mit konzentrischen Rippen.

Gattung: Astarten *(Astárte).*

Sandkorn-Astarte
Astárte ellíptica (Brown)

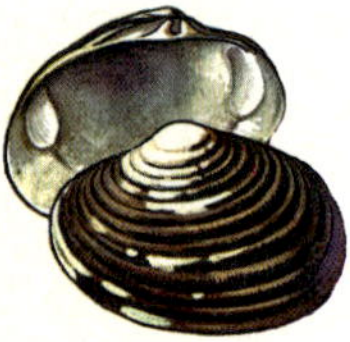

Mit 20–40 kräftigen, konzentrischen Ringen, braun; *bis* **3 cm** *lang.*

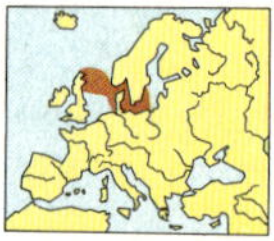

Verbreitung: in der westlichen Ostsee, an der Küste Dänemarks und in der nördlichen Nordsee in größerer Tiefe. **Lebensraum:** bevorzugt tonhaltige Bodenvertiefungen und weichen Meeresboden; lebt in Tiefen von 6–60 m. **Nahrung:** Plankton, organische Schwebestoffe. **Fortpflanzung:** Eileger. **Wirtsch. Bed.:** keine.

2. Überfamilie: Kugelmuscheln *(Sphaeriácea).* In Europa eine Familie.

1. Familie: Kugelmuscheln *(Sphaeriidae).* Artenreiche Familie kleiner bis sehr kleiner, dünnwandiger Süßwassermuscheln.

Gattung: Kugelmuscheln *(Sphaerium).* Schale rundlich, mit mittelständigem, wenig hervorragendem, breit gerundetem Wirbel.

Kugelmuschel
Sphaerium sólidum (Normand)

Schale bauchig, konzentrisch gerippt und weitere ähnliche Arten; *bis* **1,5 cm** *lang.*

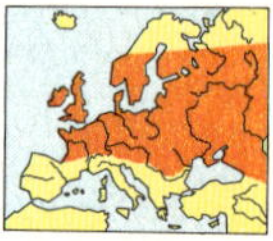

Verbreitung: Mittel- und Osteuropa. **Lebensraum** und **Lebensweise:** bevorzugt fließende Gewässer. **Nahrung:** Plankton, organische Schwebestoffe. **Fortpflanzung:** *Zwitter;* lebendgebärend; Eizahl 12–18; werden bis zur Jungmuschel in besonderen Kiementaschen ausgebrütet. **Wirtsch. Bed.:** keine.

Gattung: Erbsenmuscheln *(Pisídium).* Sehr kleine, linsenförmige Muscheln von höchstens 10 mm Länge. Wirbel hinter der Mitte stehend.

Schiefe Erbsenmuschel
Pisídium ámnicum (O. F. Müller)

Konzentrisch gerippt, und weitere Arten, z. T. schwer unterscheidbar; etwa **0,8 cm** *lang.*

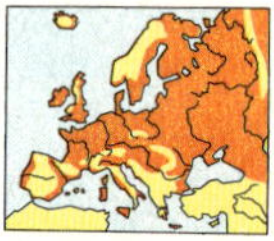

Verbreitung: Europa; fehlt im Gebirge. **Lebensraum** und **Lebensweise:** bevorzugt Bäche und Flüsse; ist auch in Seen anzutreffen; hält sich auf dem Boden der Gewässer auf, oft in großen Tiefen. **Nahrung:** Plankton, organische Schwebestoffe. **Fortpflanzung:** lebendgebärend. **Wirtsch. Bed.:** keine.

Gattung: Häubchenmuscheln *(Muscúlium)*. Wirbel röhrenförmig verlängert, mit deutlich abgesetztem Wirbelhäubchen.

Häubchenmuschel
Muscúlium lacústre (O. F. Müller)

Seitlich zusammengedrückt, in der Form sehr variabel; *bis* **0,8 cm** *lang*, **0,6 cm** *hoch*.

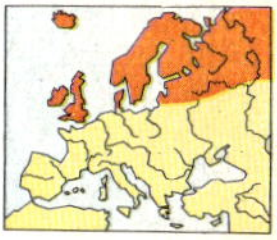

Verbreitung: Nordeuropa. **Lebensraum** und **Lebensweise:** bevorzugt kleine stehende Gewässer, wie Teiche, Gräben und Tümpel; hält sich meistens auf dem schlammigen Boden auf. **Nahrung:** Plankton, organische Schwebestoffe. **Fortpflanzung:** Zwitter; Eizahl gering; die Eier werden lange Zeit in besonderen Kiementaschen zurückgehalten, bis sich daraus Jungmuscheln entwickelt haben (lebendgebärend). **Wirtsch. Bed.:** keine.

3. **Überfamilie: Dreikantmuscheln** *(Dreissenácea)*. Im Süß- und Brackwasser lebende Muscheln mit einer Familie.

1. Familie: Dreikantmuscheln *(Dreissénidae)*. Schale dreieckig bis oval mit zugespitztem Vorderende, Schloß fehlt. Vorderende der Schale innen mit dreieckiger Platte.

Gattung: Wandermuscheln *(Dreisséna)*.

Wandermuschel
Dreisséna polymórpha (Pallas)

Schale dreikantig mit vom Vorder- bis zum Hinterende verlaufendem Kiel; **3–4 cm** *lang*, bis **1,8 cm** *hoch*.

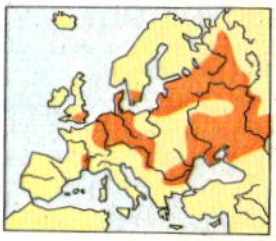

Verbreitung: Mittel- und Osteuropa; Ursprungsheimat Flüsse zum Schwarzen und Kaspischen Meer. **Lebensraum** und **Lebensweise:** bevorzugt Flüsse, Seen und Kanäle; lebt meistens in größeren Kolonien; heftet sich gern an Steine, größere Muscheln, Holz und Schiffsböden an. **Nahrung:** Plankton und organische Schwebestoffe (Filtrierer). **Fortpflanzung:** getrenntgeschlechtig; die freischwimmenden, zahlreichen Larven werden erst nach etwa 8 Tagen seßhaft. **Wirtsch. Bed.:** kann sehr schädlich werden, da die Larve auch feine Wasserfilteranlagen der Fabriken durchdringt und die ausgewachsenen Muscheln bei massenhaftem Auftreten Abflußrohre verstopfen können.

4. **Überfamilie: Linsenmuscheln** *(Erycinácea)*. Kleine, gleichklappige Meeresmuscheln mit rundlichen oder verlängerten dünnen Schalen.

1. Familie: Montacutiden *(Montacútidae)*. Nur jederseits vordere und hintere Nebenzähne vorhanden, keine Hauptzähne. Ohne Mantelbucht.

Gattung: Linsenmuscheln *(Montacúta)*.

Lange Linsenmuschel
Montacúta ferruginósa (Montagu)

Klappen doppelt so lang wie hoch, dünnschalig mit feinen konzentrischen Streifen; *bis* **0,9 cm** *lang*.

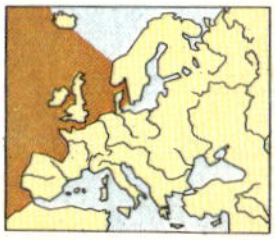

Verbreitung: Atlantik und Nordsee bis Kattegatt. **Lebensraum** und **Lebensweise:** bevorzugt sandigen Meeresboden; lebt gesellig in Nahrungsgemeinschaft mit Seeigeln. **Nahrung:** Plankton, organische Schwebestoffe. **Fortpflanzung:** Zwitter; lebendgebärend. **Wirtsch. Bed.:** keine.

5. Überfamilie: Lappenmuscheln *(Chamácea)*. Mit einer im Mittelmeer vertretenen Familie.

1. Familie: Lappenmuscheln *(Chámidae)*, mittelgroße, sehr festwandige Muscheln, deren ungleichklappige Schalen mit langen Lappen und Stacheln besetzt sind.

Gattung: Hufmuscheln *(Cháma)*:

Stachelige Hufmuschel
Cháma gryphóides Linné

Wirbel spiralig aufgerollt (von links nach rechts); Fortsätze auf den Klappen dornartig; **1,9 cm** *lang*.

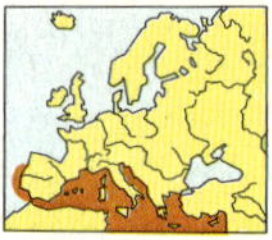

Verbreitung: Mittelmeer. **Lebensraum** und **Lebensweise:** Hält sich in geringer Tiefe auf; lebt auf Felsböden in größerer Zahl zwischen den Steinen. **Nahrung:** Plankton, organische Schwebestoffe. **Fortpflanzung:** Zwitter; lebendgebärend. **Wirtsch. Bed.:** keine.

6. Überfamilie: Herzmuscheln *(Cardiácea)*, Meeresbewohner, in Europa mit einer Familie.

1. Familie: Herzmuscheln *(Cardiidae)*. Kleine bis große gleichklappige, festwandige Muscheln, Schalen mit starken Radialrippen, die oft mit Schuppen oder Stacheln besetzt sind, Schloß mit Haupt- und Nebenzähnen.

Gattung: Herzmuscheln *(Cárdium)*, Schalen länger oder so lang wie hoch.

Eßbare Herzmuschel
Cárdium edúle Linné

In der Form sehr veränderlich, mit etwa 24 dicken Rippen; *bis* **5 cm** *lang*.

Verbreitung: Barentsee bis Schwarzes Meer. **Lebensraum** und **Lebensweise:** bevorzugt flaches Wasser in Küstennähe und liebt sandigen Boden; wühlt sich nur flach in den Grund ein; kommt in größeren Kolonien vor; kann sich mit dem gekrümmten Fuß sprungartig fortbewegen. **Nahrung:** Plankton. **Fortpflanzung:** *getrenntgeschlechtig;* Laichzeit Februar–März; Jungtiere setzen sich auch an Tang und Algen fest. **Wirtsch. Bed.:** *eßbar;* wird meistens bei Ebbe eingesammelt.

Stachelige Herzmuschel
Cárdium echinátum Linné

Schalen am Hinterrand schräg abgestumpft; etwa 20 Rippen, die in den vertieften Längsfurchen mit Stacheln besetzt sind; *bis* **7 cm** *lang*.

Verbreitung: Mittelmeer, Atlantik, Nordsee, westliche Ostsee. **Lebensraum** und **Lebensweise:** bevorzugt *Tiefen von 10–60 m;* liebt sandigen und schlikkigen Boden mit Pflanzen; gräbt sich ein; kommt in größeren Kolonien vor, besonders auf Austernbänken. **Nahrung:** Plankton. **Fortpflanzung:** *getrenntgeschlechtig;* Laichzeit April–Mai. **Wirtsch. Bed.:** eßbar.

Gebänderte Herzmuschel
Cárdium fasciátum (Montagu)

Schalen dünn, mit etwa 25 Radiärrippen, von denen die vorderen und hinteren mit kleinen Querleisten oder Stacheln besetzt sind. Ein oder zwei konzentrische Bänder; *bis* **1,5 cm** *lang*.

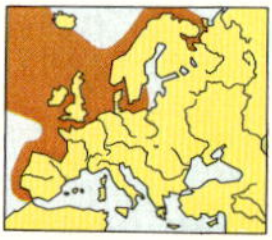

Verbreitung: im nördlichen Atlantik, in der Nordsee und westlichen Ostsee. **Lebensraum** und **Lebensweise:** bevorzugt flaches Wasser und ist oft in Gemeinschaft mit C. edule zu finden; liebt sandigen Boden; gräbt sich flach ein. **Nahrung:** Plankton. **Fortpflanzung:** *getrenntgeschlechtig.* **Wirtsch. Bed.:** eßbar.

Gattung: Norwegische Herzmuscheln *(Laevicárdium).* Große eiförmige Muscheln, die höher als lang sind.

Norwegische Herzmuschel
Laevicárdium norvégicum (Spengler)

Kräftige Schalen mit stark hervortretenden Wirbeln, die etwa 40 Rippen sind wenig ausgeprägt; **3–6 cm** *lang.*

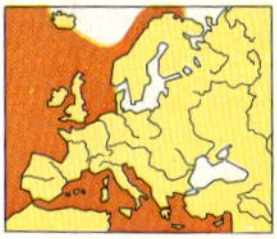

Verbreitung: Mittelmeer, Atlantik, Nordsee. **Lebensraum** und **Lebensweise:** bevorzugt Sandboden; gräbt sich ein. **Nahrung:** Plankton. **Fortpflanzung:** Eileger. **Wirtsch. Bed.:** eßbar.

7. Überfamilie: Ochsenherzen *(Isocardiácea).* In Europa eine Familie.

1. Familie: Ochsenherzen *(Isocardiidae).* Große, stark gewölbte, kugelförmige Muscheln mit konzentrischer Streifung, glatt. Wirbel stark vorstehend und nach vorn eingerollt. Schloß mit 2 leistenartigen Hauptzähnen, die zum oberen Schalenrand parallel laufen, und langem hinteren Seitenzahn.

Gattung: Ochsenherzen *(Isocárdia).*

Ochsenherz
Isocárdia cor (Linné)

Ziemlich dünn, keine Mantelbucht; *bis* **10 cm** *lang.*

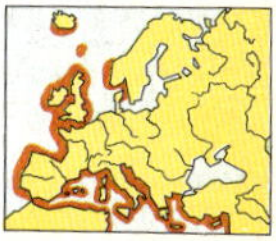

Verbreitung: Mittelmeer, Atlantik (bis Island und Norwegen). **Lebensraum** und **Lebensweise:** bevorzugt sandigen und schlikkigen Meeresboden und lebt in größerer Tiefe; wühlt sich in den Boden ein; ist nicht häufig. **Nahrung:** Plankton, organische Schwebestoffe. **Fortpflanzung:** Eileger. **Wirtsch. Bed.:** eßbar, wird wie Herzmuscheln zubereitet.

8. Überfamilie: Islandmuscheln *(Cyprinácea)* mit zwei Familien.

1. Familie: Islandmuscheln *(Cyprinidae).* Große, stark gewölbte Schalen mit etwas nach vorn gebogenen Wirbeln.

Gattung: Islandmuscheln *(Cyprina).*

Islandmuschel
Cyprina islándica (Linné)

Sehr große, kräftige Klappen mit dunkler Haut, große Haupt- und Nebenzähne, keine Mantelbucht; *bis* **10 cm** *lang.*

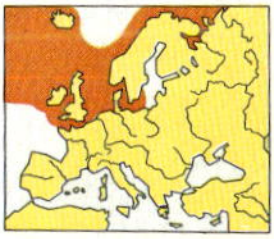

Verbreitung: Atlantik, Nordsee, westliche Ostsee. **Lebensraum** und **Lebensweise:** lebt auf Sandgrund, Weichböden und auf Schlamm in Tiefen von 15–100 m, in der westlichen Ostsee zwischen 6–16 m, meist nur teilweise eingegraben. **Nahrung:** Plankton, organische Schwebestoffe. **Fortpflanzung:** Eileger. **Wirtsch. Bed.:** für Seewasseraquarien geeignet.

2. Familie: Trapezmuscheln *(Trapeziidae)*, mittelgroße, gleichklappige Muscheln mit verlängerten, dünnen Schalen. Wirbel vorn und niedergedrückt.

Gattung: Trapezmuscheln *(Corallióphaga)*.

Gefurchte Trapezmuschel, Kalkesser
Corallióphaga lithophágella (LAMARCK)

Schalen vorn abgerundet, hinten verbreitert und abgestumpft; **2,5 cm** *lang*.

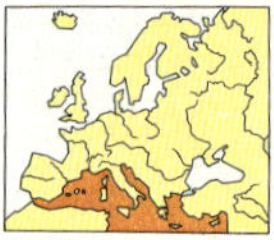

Verbreitung: Mittelmeer. **Lebensraum** und **Lebensweise:** kommt häufig an Felsküsten vor, hält sich dort in Spalträumen sowie auch in leeren Muschelschalen auf. **Nahrung:** Plankton, organische Schwebestoffe. **Fortpflanzung:** Eileger. **Wirtsch. Bed.:** keine.

9. Überfamilie: Venusmuscheln *(Venerácea)*, in Europa Vertreter aus 2 Familien. Meeresbewohner.

1. Familie: Venusmuscheln *(Venéridae)*, mittelgroße, kräftige Muscheln von rundlicher bis ovaler Form, konzentrisch skulpturiert, vor und hinter dem Wirbel ein durch seine Skulptur auffälliges Feld. Kräftiges Schloß mit Haupt- und Nebenzähnen.

Gattung: Venusmuscheln *(Vénus)*, große eiförmige Muscheln mit starker konzentrischer Streifung.

Eiförmige Venusmuschel
Vénus ováta (PENNANT)

Klappen abgerundet, Gitterskulptur mit etwa 50 radiären und 20–25 konzentrischen Streifen; **0,9–1,2 cm** *lang*.

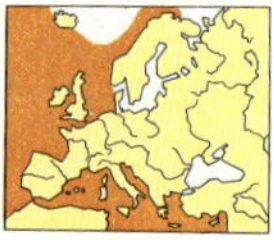

Verbreitung: Mittelmeer, Atlantik, Nordsee. **Lebensraum** und **Lebensweise:** bevorzugt sandigen und schlickigen Meeresboden; lebt meist erst in *Tiefen ab 10 m* auf Sand und Schlicksand, oft zwischen Kalkalgen. **Nahrung:** Plankton, organische Schwebestoffe. **Fortpflanzung:** Eileger. **Wirtsch. Bed.:** eßbar.

Gemeine Venusmuschel
Vénus gállina LINNÉ

Klappen schief dreieckig, dicht konzentrisch und scharf gerippt, Mantelbucht spitz, klein. Wirbel nach vorn gebogen; *bis* **3,5 cm** *lang*.

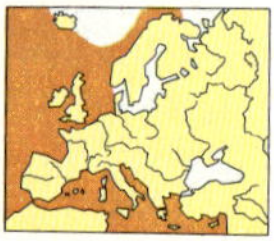

Verbreitung: Mittelmeer, Atlantik, Nordsee. **Lebensraum** und **Lebensweise:** bevorzugt sandigen Meeresboden; lebt in Tiefen über 5 m, meist eingegraben; kommt in der Nordsee sehr häufig vor; kann sich durch Kontraktion des Fußes springend fortbewegen. **Nahrung:** Plankton, organische Schwebestoffe. **Fortpflanzung:** Laichzeit April–Mai; Eileger. **Wirtsch. Bed.:** eßbar, wird wie Miesmuscheln zubereitet.

Warzige Venusmuschel
Vénus verrucósa LINNÉ

Klappen mit knotigen konzentrischen Blättchen; **3–5 cm** *lang*.

Verbreitung: Mittelmeer, Atlantik, Nordsee. **Lebensraum** und **Lebensweise:** bevorzugt sandigen Meeresboden; kommt regelmäßig und sehr häufig in Küstennähe und in größeren Tiefen vor; gräbt sich in den Boden ein. **Nahrung:** Plankton, organische Schwebestoffe. **Fortpflanzung:** Laichzeit April–Mai; Eileger. **Wirtsch. Bed.:** eßbar; häufig auf Fischmärkten der Mittelmeerländer.

Gattung: Teppichmuscheln *(Venerúpis)*, große, quereiförmige Schalen mit etwas eckigem Hinterrand Wirbel dem Vorderrand genähert; zahlreiche Arten, davon zwei aufgeführt.

Rezente Teppichmuschel
Venerúpis pullástra (Montagu)

Klappen abgerundet, rechteckig, fein radiär und konzentrisch gestreift; *bis* **6,5 cm** *lang.*

Verbreitung: Mittelmeer, Atlantik, Nordsee. **Lebensraum und Lebensweise:** bevorzugt sandigen und schlickigen Meeresboden; gräbt sich ein; ist in flachem Wasser anzutreffen. **Nahrung:** organische Schwebestoffe. **Fortpflanzung:** Eileger. **Wirtsch. Bed.:** eßbar; werden besonders überall in den Mittelmeerländern gern gegessen.

Fossile Teppichmuschel
Venerúpis senéscens (Cocconi)

Klappen grob konzentrisch gestreift, hinten und vorne gerundet; *bis* **7 cm** *lang.*

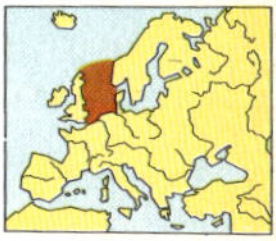

Verbreitung: fossil in der Nordsee; stammt aus eiszeitlichen Ablagerungen.

Gattung: Artemismuscheln *(Dosínia)*, mittelgroße, mehr oder weniger runde Muscheln mit dichter konzentrischer Streifung, Wirbel etwas nach vorn gebogen, deutliche Mantelbucht.

Artemismuschel
Dosínia exoléta (Linné)

Klappen kreisrund, fein konzentrisch gerippt, Mantelbucht lang und spitz; *bis* **5 cm** *lang.*

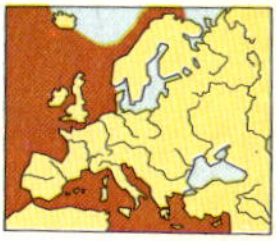

Verbreitung: Mittelmeer, Atlantik, Nordsee. **Lebensraum** und **Lebensweise:** bevorzugt sandigen und schlickigen Boden und lebt eingegraben in Tiefen bis 70 m; an der Atlantikküste oft sehr zahlreich. **Nahrung:** Plankton, organische Schwebestoffe. **Fortpflanzung:** Eileger. **Wirtsch. Bed.:** keine.

Kleine Artemismuschel
Dosínia lincta (Pulteney)

Klappen kreisrund, sehr fein gestreift, Mantelbucht eckig; *bis* **3,5 cm** *lang.*

Verbreitung: Mittelmeer, Atlanik, Nordsee, Kattegatt. **Lebensraum** und **Lebensweise:** auf sandigem und schlickigem Boden. **Nahrung:** Plankton, organische Schwebestoffe. **Fortpflanzung:** Eileger. **Wirtsch. Bed.:** keine.

2. Familie: Engelsflügel *(Petricólidae).* Kleine bis mittelgroße Muscheln, dünne, rundliche oder verlängert eiförmige Schalen mit konzentrischer Streifung oder auch stärker radiär und konzentrisch gestreift. Schloß nur mit Hauptzähnen.

Gattung: Bohrmuscheln *(Petricola),* stark verlängerte Schale, mit Radiärrippen, Mantelbucht vorhanden.

Amerikanische Bohrmuschel
Petrícola pholadifórmis (Lamarck)

Klappen mit Radiärrippen und konzentrischer Streifung, vordere Rippen mit Raspel; *bis* **6,5 cm** *lang.*

Verbreitung: Nordatlantik, Nordsee, westliche Ostsee. **Lebensraum** und **Lebensweise:** bevorzugt festen Meeresboden; ist in flachem Wasser anzutreffen; bohrt mit scharfen, wie eine Raspel wirkenden Schuppendornen auf dem Vorderteil der Schalen in Ton, Torf, Hartböden und Holz; wurde im 19. Jahrhundert aus Amerika eingeschleppt. **Nahrung:** Filtrierer von Plankton und organischen Schwebestoffen. **Fortpflanzung:** Eileger. **Wirtsch. Bed.:** keine.

Steinbohrender Engelsflügel
Petricola lithophága (Retzius)

Schalen vorn aufgewölbt, nach hinten verlängert, konzentrische und radiäre Rippen; **2 cm** *lang.*

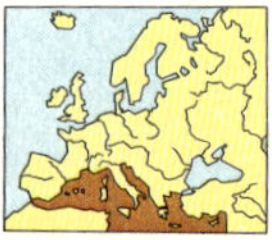

Verbreitung: Mittelmeer. **Lebensraum** und **Lebensweise:** bohrt in Holz und Kalkgestein, zuweilen auch an größeren Muscheln; lebt regelmäßig im oberen Litoral. Beim Sammeln muß man die Tiere mit dem Hammer aus dem Gestein herauslösen. **Nahrung:** filtrieren Plankton und Schwebestoffe aus dem Meerwasser. **Fortpflanzung:** Laichzeit August–September; Eileger. **Wirtsch. Bed.:** eßbar.

Gattung: Mysiamuscheln *(Mýsia),* Schale rund, konzentrisch gestreift, große Mantelbucht.

Mysiamuschel
Mýsia undáta (Pennant)

Weiß, Wirbel vorstehend und nach vorn gebogen; **3 cm** *lang.*

Verbreitung: Nördl. Atlantik, Nordsee, westl. Ostsee. **Lebensraum:** bevorzugt sandigen Meeresboden. **Nahrung:** Plankton, Schwebestoffe. **Fortpflanzung:** Eileger. **Wirtsch. Bed.:** keine.

10. Überfamilie: Tellmuscheln *(Tellinácea).* Meeresbewohner mit 4 Familien in Europa.

1. Familie: Koffermuscheln, Stumpfmuscheln, Dreiecksmuscheln *(Donácidae).* Mittelgroße, mehr oder weniger dreieckige Muscheln, Vorderseite viel länger als Hinterende, Schalenrand gekerbt, Schloß mit Haupt- und Nebenzähnen.

Gattung: Dreiecksmuscheln *(Dónax),* langgestreckte, dreieckige kräftige Schalen.

Dreiecksmuschel, Sägezähnchen
Dónax vittátus (Da Costa)

Ventraler Schalenrand gezähnelt, mit konzentrischen, dunklen Streifen; *bis* **3 cm** *lang.*

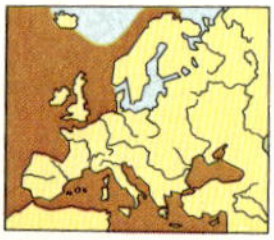

Verbreitung: Schwarzes Meer, Mittelmeer, Atlantik, Nordsee. **Lebensraum** und **Lebensweise:** bevorzugt sandigen und schlikkigen Boden und ist in Tiefen bis 35 m anzutreffen; bildet große Kolonien. **Nahrung:** Plankton, organische Schwebestoffe. **Fortpflanzung:** Eileger. **Wirtsch. Bed.:** eßbar; wird roh gegessen.

2. Familie: Sandmuscheln *(Psammobiidae).* Mittelgroße, länglich-ovale Muscheln. Vorderer Schalenrand abgerundet, hinten abgestutzt und eckig.

Gattung: Sandmuscheln *(Psammóbia),* Schalen konzentrisch gestreift, hinten radiär gerippt.

Violettgestreifte Sandmuschel
Psammóbia feroénsis (Gmelin)

Schale außen rötlich-braun bis violett, innen violett, dünnwandig; *bis* **5 cm** *lang.*

Verbreitung: Mittelmeer, Atlantik, Nordsee. **Lebensraum und Lebensweise:** bevorzugt feinsandigen Meeresboden; ist in Tiefen ab 10 m anzutreffen; gräbt sich ein. **Nahrung:** Plankton, organische Schwebestoffe. **Fortpflanzung:** Eileger. **Wirtsch. Bed.:** eßbar.

3. Familie: Pfeffermuscheln *(Scrobiculariidae).* Mittelgroße rundliche oder eiförmige Muscheln. Schalen dünn, hinten klaffend.

Gattung: Pfeffermuscheln *(Scrobiculária).* Wirbel fast in der Mitte, konzentrisch gestreift. Schloß in der linken Klappe mit 1, in der rechten mit 2 Hauptzähnen. Keine Seitenzähne.

Große Pfeffermuschel
Scrobiculária plána (Da Costa)

Oval, schmutzigweiß; *bis* **5,5 cm** *lang.*

Verbreitung: Mittelmeer, Atlantik, Nordsee, westliche Ostsee. **Lebensraum und Lebensweise:** bevorzugt schlickigen Meeresboden (im Wattenmeer); ist in der Gezeitenzone anzutreffen; gräbt sich etwa 10 cm tief in den Grund ein; bildet große Kolonien; auch an Flußmündungen im Brackwasser. **Nahrung:** Algen, die durch den besonders langen Einströmungssiphon aufgenommen werden. **Fortpflanzung:** Eileger. **Wirtsch. Bed.:** eßbar; oft in großen Mengen auf Fischmärkten der Mittelmeerländer.

Gattung: Pfeffermuscheln *(Ábra).* Lang, eiförmig oder dreieckig. Meist vorn länger als hinten. Schloß mit Haupt- und Nebenzähnen.

Weiße Pfeffermuschel
Ábra álba (Wood)

Klappen dünn, radiär und konzentrisch fein gestreift; *bis* **1,8 cm** *lang.*

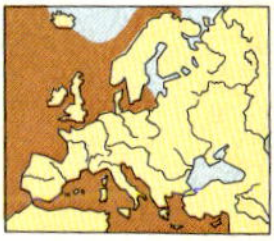

Verbreitung: Mittelmeer, Atlantik, Nordsee, westliche Ostsee. **Lebensraum und Lebensweise:** bevorzugt flaches Wasser (von 3 m an) in Küstennähe; liebt sandigen und schlammigen Boden; dient Plattfischen als Nahrung. **Nahrung:** Algen. **Fortpflanzung:** Eileger. **Wirtsch. Bed.:** keine.

Glänzende Pfeffermuschel
Ábra nítida (Müller)

Langoval, Gehäuse dünnschalig und stark glänzend; *bis* **1,5 cm** *lang.*

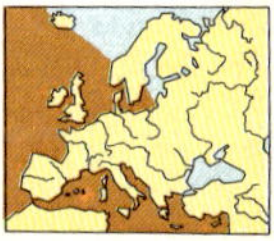

Verbreitung: Mittelmeer, Atlantik, Nordsee, westliche Ostsee. **Lebensraum und Lebensweise:** bevorzugt tieferes Wasser als A. alba; liebt sandigen und schlammigen Boden; gräbt sich tief in den Bodengrund ein. **Nahrung:** Algen. **Fortpflanzung:** Eileger. **Wirtsch. Bed.:** keine.

4. Familie: Plattmuscheln *(Tellinidae).* Mittelgroße, rundliche oder auch eiförmige Muscheln. Schalen dünn und oft ungleichklappig, Hinterende manchmal geschnäbelt.

Gattung: Acropagien *(Acropágia),* rundlich-eiförmig, linke Klappe flacher als die rechte, konzentrisch gestreift.

Dickwandige Plattmuschel
Acropágia crássa (Pennant)

Schale dick, zwischen den konzentrischen Skulpturen fein gerippt. Gelblich bis rötlich. Mantelbucht tief; **5 cm** *lang.*

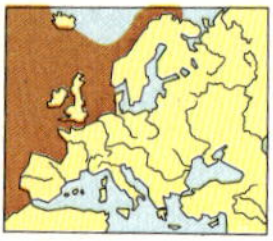

Verbreitung: Atlantik, Nordsee. **Lebensraum und Lebensweise:** bevorzugt sandige Meeresböden; gräbt sich tief in den Boden ein, streckt die langen Siphonen aus und sucht die Umgebung nach Nahrung ab. **Nahrung:** Algen. **Fortpflanzung:** Eileger. **Wirtsch. Bed.:** keine.

Gattung: Plattmuscheln *(Macóma),* dreieckige bis schief-eiförmige Schale, hinten etwas kürzer als vorn, abgeflacht, fein und dicht konzentrisch gestreift. Schloß nur mit Hauptzähnen (2) in jeder Klappe.

Rote Bohne
Macóma báltica (Linné)

Dreieckig-bauchig, gelb, grün, rot oder braun; *bis* **3 cm** *lang.*

Verbreitung: Atlantik, Nordsee, westliche Ostsee. **Lebensraum und Lebensweise:** bevorzugt sandigen und schlammigen Meeresboden; gräbt sich ein; lebt in der Ostsee in Tiefen bis 140 m, in der Nordsee in flacherem Wasser. **Nahrung:** organische Schwebestoffe. **Fortpflanzung:** Eileger. **Wirtsch. Bed.:** keine.

Verlängerte Plattmuschel
Macóma calcárea (Chemnitz)

Schale eiförmig, Wirbel hinter der Mitte, graubraun; *bis* **5 cm** *lang.*

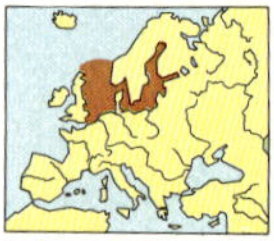

Verbreitung: Ostsee, weniger Nordsee. **Lebensraum:** bevorzugt tiefes Wasser. **Nahrung:** organische Schwebestoffe. **Fortpflanzung:** Eileger. **Wirtsch. Bed.:** keine.

Gattung: Tellmuscheln *(Ángulus).* Stark zusammengedrückte Schalen, 2 Hauptzähne in jeder Klappe, in der rechten ein stumpfer Nebenzahn.

Platte Tellmuschel
Ángulus ténuis (Da Costa)

(a) Konzentrisch gebändert, gelblichweiß-rosa; *bis* **2,5 cm** *lang.*

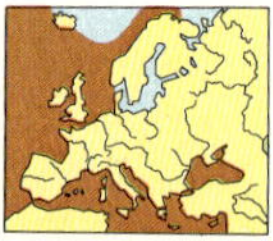

Verbreitung: Schwarzes Meer, Mittelmeer, Atlantik, Nordsee. **Lebensraum und Lebensweise:** bevorzugt flaches Wasser in Küstennähe; liebt sandigen Boden und gräbt sich tief ein. **Nahrung:** Algen. **Fortpflanzung:** Eileger. **Wirtsch. Bed.:** keine. – Die **Gerippte Tellmuschel** (b) *Angulus fábula* (Gronovius), länglich-oval, etwas zugespitzt, rechte Klappe fein schräg gerippt, gelblichweiß, *bis* **2,2 cm** *lang,* hat eine ähnliche Lebensweise wie Á. ténuis.

III. Unterordnung: Schloßplattlose *(Adapedónta).* Klappen ohne deutliche Schloßplatte. Mit oder ohne Hauptzähne im Schloß, Seitenzähne fast immer fehlend. Arten leben im Meerwasser.

1. Überfamilie: Scheidenmuscheln *(Solenácea).* Langgestreckte Muscheln, obere und untere Schalenränder parallel verlaufend, Wirbel nahe dem Vorderende. Schalen an den Enden klaffend.

1. Familie: Scheidenmuscheln *(Solénidae).*

Gattung: Messerscheiden *(Pháxas).* Dünne, langgestreckte Schalen, etwa dreimal so lang wie hoch.

Durchsichtige Messerscheide
Pháxas pellúcidus (PENNANT)

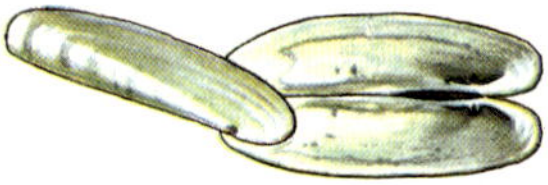

Durchscheinend, schmutzigweiß, jede Klappe mit zwei Hauptzähnen; **3,9 cm** *lang,* **1 cm** *breit.*

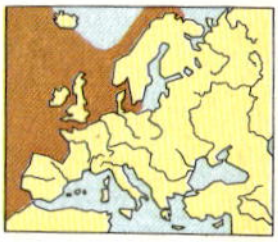

Verbreitung: Atlantik, Nordsee, westl. Ostsee. **Lebensraum** und **Lebensweise:** bevorzugt weichen Meeresboden; ist in tieferem Wasser anzutreffen; kann sich schnell senkrecht eingraben; hält sich in diesen Gängen dicht unter der Bodenoberfläche auf. **Nahrung:** Plankton. **Fortpflanzung:** Eileger. **Wirtsch. Bed.:** eßbar; wird auch gern von Plattfischen gefressen.

Gattung: Messerscheiden *(Énsis).* Schalen kräftiger, schmal, gerade oder etwas gebogen, Schalenränder einander parallel.

Schotenförmige Messerscheide
Énsis síliqua (LINNÉ)

Schale gerade, weiß, an den Wachstumslinien violett gestreift; **20 cm** *lang,* **2,5 cm** *breit.*

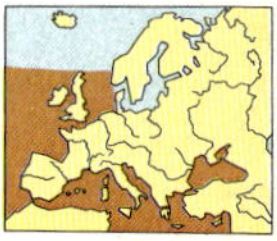

Verbreitung: Schwarzes Meer, Mittelmeer, Atlantik, Nordsee. **Lebensraum** und **Lebensweise:** bevorzugt sandigen Boden; kann sich schnell eingraben. **Nahrung:** Plankton. **Fortpflanzung:** Eileger. **Wirtsch. Bed.:** *eßbar,* Fleisch sehr zart, wird roh (mit Brot) oder gekocht gegessen; wird auch als Fischköder benutzt.

Schwertförmige Scheidenmuschel
Énsis énsis (LINNÉ)

Schale schwach gebogen, weiß bis rahmfarbig, an den Wachstumslinien rötlich bis bräunlich gestreift; **9,3 cm** *lang,* **1,2 cm** *breit.*

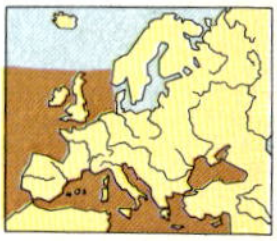

Verbreitung: Schwarzes Meer, Mittelmeer, Atlantik, Nordsee. **Lebensraum** und **Lebensweise:** bevorzugt sandigen Boden und kommt in *Tiefen bis 40 m* vor; kann sich schnell eingraben. **Nahrung:** Plankton. **Fortpflanzung:** Eileger. **Wirtsch. Bed.:** *eßbar* (vgl. É. síliqua); wird auch als Fischköder benutzt.

Gattung: Messerscheiden *(Sólen).* Schalen gerade, langgestreckt, scheidenförmig, Schloß jederseits nur mit einem Hauptzahn.

Gerade Messerscheide
Sólen marginátus (PULTENEY)

Ränder parallel, weiß bis gelb; **12,5 cm** *lang,* **2,1 cm** *breit.*

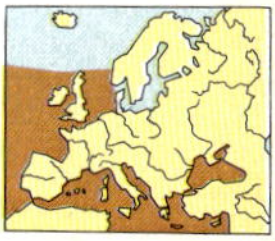

Verbreitung: Mittelmeer, Atlantik, Nordsee (auch Schwarzes Meer). **Lebensraum** und **Lebensweise:** bevorzugt sandigen Meeresboden; bohrt senkrechte Röhren in den Grund; kann sich durch ruckartiges Wasserausstoßen schwimmend fortbewegen; ist sehr häufig. **Nahrung:** Plankton. **Fortpflanzung:** *Laichzeit* April–Mai; Eileger. **Wirtsch. Bed.:** *eßbar* (vgl. É. síliqua); wird gern von Plattfischen gefressen und dient auch als Angelköder.

2. Überfamilie: Trogmuscheln *(Mactrácea)*. Festwandige und gleichklappige Schalen. Wirbel in der Mitte.

1. Familie: Strahlenkörbe *(Máctridae)*.

Gattung: Strahlenkörbe *(Máctra)*. Je ein vorderer und hinterer Seitenzahn. Seitenzähne glatt.

Gemeine Trogmuschel, Strahlenkorb
Máctra corállina cinérea (Montagu)

Dünnschalig mit bunten Radiärstreifen; *bis* **6 cm** *lang.*

Verbreitung: Atlantik, Nordsee; lokal im Mittelmeer; fehlt in der Ostsee. **Lebensraum** und **Lebensweise:** bevorzugt sandigen und schlickigen Boden in 20–30 m Tiefe; gräbt sich ein. **Nahrung:** Plankton, organische Schwebestoffe. **Fortpflanzung:** Eileger. **Wirtsch. Bed.:** eßbar, werden wie Miesmuscheln zubereitet.

Plistocän-Strahlenkorb
Máctra corállina plistoneerlándica (V. R. Altena)

Dicke, konzentrisch gestreifte Schalen, nur fossil; *bis* **7 cm** *lang.*

Verbreitung: Nordsee; an den Strand geworfene Schalen stammen aus deutschen und holländischen Plistozänlagen.

Gattung: Trogmuscheln *(Spisula)*. Seitenzähne gerieft.

Ovale oder **dickschalige Trogmuschel**
Spisula sólida (Linné)

Schale dickwandig, oval, mit konzentrischer Bänderung, Farbe variabel; *bis* **4 cm** *lang.*

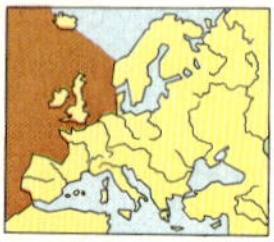

Verbreitung: Atlantik, Nordsee. **Lebensraum** und **Lebensweise:** bevorzugt grobsandigen Meeresboden; ist in Tiefen ab 15 m anzutreffen; siedelt in größeren Kolonien. **Nahrung:** Plankton, organische Schwebestoffe. **Fortpflanzung:** Eileger. **Wirtsch. Bed.:** keine.

Dreieckige oder **gedrungene Trogmuschel**
Spisula subtruncáta (Da Costa)

Schale dreikantig, dunkel gebändert, Wirbel etwas vor der Mitte, gekrümmt; *bis* **3 cm** *lang.*

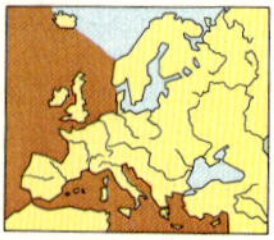

Verbreitung: Mittelmeer, Atlantik, Nordsee. **Lebensraum** und **Lebensweise:** bevorzugt Sand- und Schlickboden; ist in geringen Tiefen anzutreffen; siedelt in größeren Kolonien. **Nahrung:** Plankton, organische Schwebestoffe. **Fortpflanzung:** Eileger. **Wirtsch. Bed.:** eßbar; dient auch Plattfischen als Nahrung.

Gattung: Ottermuscheln *(Lutrária)*. Jederseits ein schwacher hinterer Seitenzahn. Lange, ovale Schale.

Ottermuschel
Lutrária lutrária (Linné)

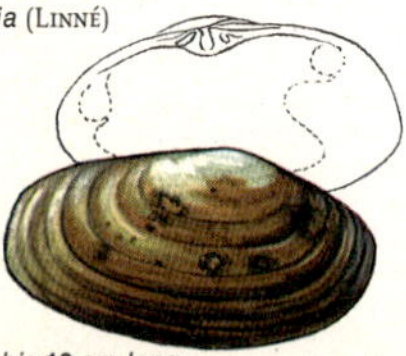

Schale braun; *bis* **12 cm** *lang.*

Verbreitung: Mittelmeer, Atlantik, Nordsee. **Lebensraum** und **Lebensweise:** bevorzugt sandigen Meeresboden und gräbt sich ein. **Nahrung:** Plankton, organische Schwebestoffe. **Fortpflanzung:** Eileger. **Wirtsch. Bed.:** eßbar.

3. Überfamilie: Felsenbohrer *(Saxicavácea)*. Festwandige, mehr oder weniger langgestreckte Schalen, oft unregelmäßig gebaut.

1. Familie: Felsenbohrer *(Saxicávidae)*.

Gattung: Felsenbohrer *(Saxicáva)*. Häufig ungleichklappig und sehr unregelmäßig gebaut. Mantelbucht fehlt.

Nordischer Felsenbohrer
Saxicáva árctica (LINNÉ)

Schalen rhombisch verlängert, oft deformiert, konzentrisch gestreift und gerunzelt, mit zwei kielartigen Kanten; *etwa* **2 cm** *lang*.

Verbreitung: Mittelmeer, Atlantik, Nordsee, westliche Ostsee. **Lebensraum und Lebensweise:** bevorzugt steinigen und felsigen Meeresboden; ist dort frei anzutreffen oder versteckt in Felsspalten, unter Steinen und in selbstgebohrten Löchern; heftet sich mit *Byssusfäden* an; kommt auch auf Schlickböden vor. **Nahrung:** Plankton, organische Schwebestoffe. **Fortpflanzung:** Eileger. **Wirtsch. Bed.:** keine.

Gemeiner Felsenbohrer
Saxicáva rugósa (LINNÉ)

Oft stark deformiert, oberer und unterer Schalenrand nach hinten divergierend, ohne kielartige Kanten, Schloß ohne Zähne; *bis* **5 cm** *lang*.

Verbreitung: Nordatlantik, Nordsee, westliche Ostsee, Mittelmeer, Schwarzes Meer. **Lebensraum und Lebensweise:** bevorzugt auch festen Meeresboden; bohrt Löcher in Ton, Sandstein, Kreide und Muschelkalk und hält sich dort versteckt; streckt nur die Siphonen zur Nahrungssuche heraus. **Nahrung:** Plankton, organische Schwebestoffe. **Fortpflanzung:** Eileger. **Wirtsch. Bed.:** keine.

Gattung: Panopeen *(Panópea)*. Rechteckig bis ovale Muscheln mit parallelen Rändern. Schalenmitte vom Wirbel aus nach unten eingedellt. Unterer Schalenrand in der Mitte eingebuchtet. Mantelbucht deutlich.

Norwegische Panópea
Panópea norvégica (SPENGLER)

Konzentrisch gerippt, braun; *bis* **8 cm** *lang*.

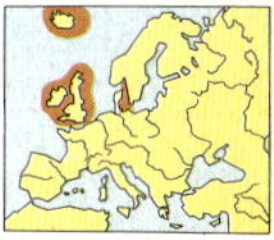

Verbreitung: Island, engl. Küste, Kattegatt und Öresund. **Lebensraum und Lebensweise:** bevorzugt festen Meeresboden. **Nahrung:** Plankton, organische Schwebestoffe. **Fortpflanzung:** Eileger. **Wirtsch. Bed.:** keine.

4. Überfamilie: Klaffmuscheln *(Myácea)*. Schalen ungleich.

1. Familie: Klaffmuscheln *(Mýidae)*. Große, ovale bis langgestreckte Schalen, vorn abgerundet, hinten spitz zulaufend oder abgestutzt. Linke Klappe am Wirbel mit einem senkrecht abstehenden, löffelförmigen Fortsatz.

Gattung: Klaffmuscheln *(Mýa)*.

Abgestutzte Klaffmuschel
Mýa truncáta (LINNÉ)

Klappe hinten abgestutzt; *bis* **7 cm** *lang*.

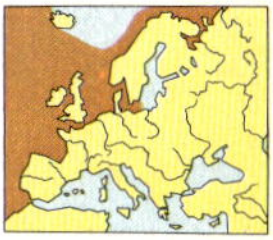

Verbreitung: Atlantik, Nordsee, westl. Ostsee. **Lebensraum und Lebensweise:** bevorzugt sandigen und schlickigen Meeresboden; lebt in tieferem Wasser als *M. arenária*; gräbt sich ebenfalls tief ein. **Nahrung:** Plankton, organische Schwebestoffe. **Fortpflanzung:** Eileger. **Wirtsch. Bed.:** eßbar.

Sand-Klaffmuschel
Mýa arenária (LINNÉ)

Schale hinten spitz zulaufend, dunkel konzentrisch gebändert; **12–15 cm** *lang.*

Verbreitung: Atlantik, Nordsee, westl. Ostsee. **Lebensraum** und **Lebensweise:** bevorzugt sandigen und schlickigen Meeresboden; lebt in flachem Wasser in Küstennähe; gräbt sich tief ein; *Ernährung* und *Atmung* durch besonders lange *Siphonen.* **Nahrung:** Plankton, organische Schwebestoffe. **Fortpflanzung:** Eileger. **Wirtsch. Bed.:** eßbar; wird besonders an der nordamerikanischen Atlantikküste gesammelt und zu Muschelgerichten verarbeitet.

2. Familie: Korbmuscheln *(Aloididae).* Kleine, etwa dreieckige, kugelförmige Muscheln. Ungleichklappig, rechte Klappe größer als linke.

Gattung: Korbmuscheln *(Alóidis).* Rechte Klappe mit einem kräftigen Hauptzahn.

Körbchenmuschel
Alóidis gibba (OLIVI)

Feste Klappen mit konzentrischen Streifen, weiß bis rostbraun; *bis* **1,5 cm** *lang.*

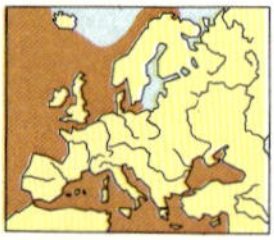

Verbreitung: Alle europäischen Küsten; Ostsee nur im Westen. **Lebensraum** und **Lebensweise:** bevorzugt flaches bis tiefes Wasser; liebt sandigen und schlammigen Boden; gräbt sich in den Bodengrund ein und scheidet einen *Byssusfaden* aus, der alle gröberen Stoffe miteinander verspinnt; ist in manchen Jahren sehr häufig. **Nahrung:** Algen. **Fortpflanzung:** Eileger. **Wirtsch. Bed.:** keine.

5. Überfamilie: Bohrmuscheln *(Adesmácea).* Sehr große, langgestreckte Muscheln, gleichklappige, stark gerippte Schalen, die an den beiden Enden klaffen, oder Schalen stark reduziert. In Holz und weichem Gestein bohrend. Im Gebiet zwei Familien.

1. Familie: Bohrmuscheln *(Pholádidae).* Große, langgestreckte Muscheln.

Gattung: Bohrmuscheln *(Phólas).* Schale am Vorderende fingerförmig, weit klaffend. Konzentrisch gestreift, Rippen gezähnelt.

Dattelmuschel
Phólas dáctylus LINNÉ

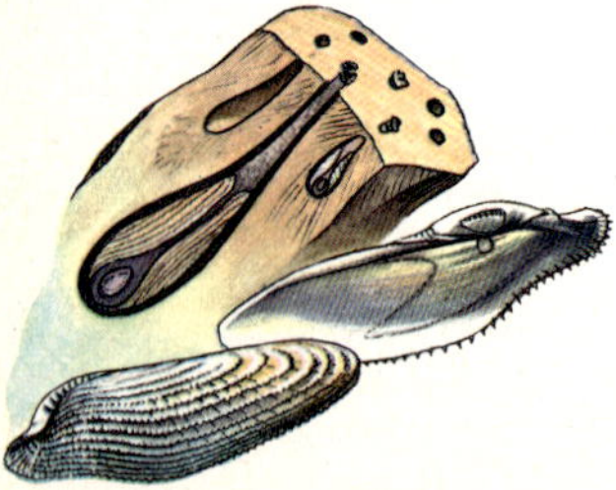

Oberfläche raspelartig rauh. In der Wirbelgegend mit 4 zusätzlichen Schalenstücken; *bis* **12 cm** *lang.*

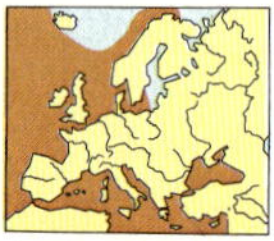

Verbreitung: Fast alle europäischen Küsten. **Lebensraum** und **Lebensweise:** bevorzugt festen Meeresboden; bohrt durch Drehbewegung der Schale lange Gänge in weiches Gestein, Torf, Klei und Holz; mit dem Wachstum der Schale werden die Bohrgänge zunehmend weiter; sondert Schleim ab, der nachts leuchtet. **Nahrung:** Plankton, organische Schwebestoffe. **Fortpflanzung:** Eileger. **Wirtsch. Bed.:** *eßbar;* beschädigt hölzerne Hafenanlagen.

Gattung: Bohrmuscheln *(Bárnea).* Schalen vorn abgerundet, wenig klaffend.

Weiße Bohrmuschel
Bárnea cándida (LINNÉ)

Klappen raspelartig, mit radiären, bestachelten Rippen, Wirbel mit zusätzlichem Schalenstück; *bis* **7 cm** *lang.*

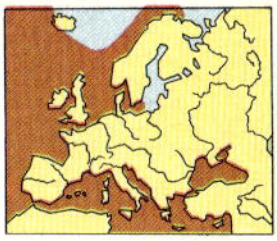

Verbreitung: Europäische Küsten; Ostsee nur im Westen. **Lebensraum und Lebensweise:** bevorzugt die Küstennähe; bohrt in Klei, Torf, Holz und Kalkstein Löcher. **Nahrung:** Schwebestoffe und Algen. **Fortpflanzung:** Eileger. **Wirtsch. Bed.:** *eßbar,* wird wie Miesmuscheln zubereitet, oft aber auch gebacken; schädlich durch Bohrlöcher in Hafenanlagen.

Gattung: Bohrmuscheln *(Zirfāea).* Große, vorn zugespitzte Muscheln, weit klaffend. Schale durch eine Furche in einen vorderen bestachelten und hinteren konzentrisch gestreiften Abschnitt unterteilt.

Krause Bohrmuschel
Zirfāea crispáta (LINNÉ)

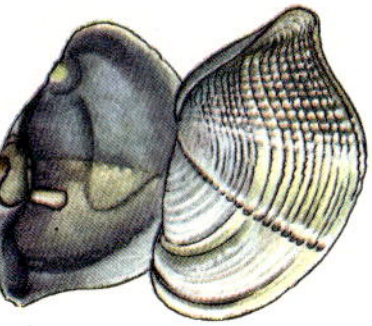

Weiß bis graugelb; *bis* **8 cm** *lang*

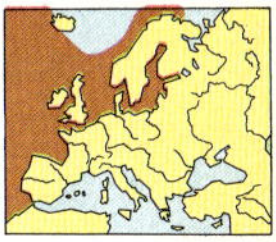

Verbreitung: Atlantik, Nordsee, Ostsee. **Lebensraum und Lebensweise:** bevorzugt die Küstennähe; bohrt in Torf, Kreide und Holz. **Nahrung:** Plankton, organische Schwebestoffe. **Fortpflanzung:** Eileger. **Wirtsch. Bed.:** keine.

2. Familie: Wurmmuscheln oder **Schiffsbohrmuscheln** *(Teredinidae).* Schalen zu sehr kleinen raspelartigen Bohrwerkzeugen umgebildet, von denen nur ein Teil des wurmförmigen Körpers bedeckt wird. An den Siphonen ein Paar löffel- oder federförmige Kalkkörper (Paletten). Bohren in Holz.

Gattung: Schiffsbohrmuscheln *(Terédo).*

Pfahlwurm
Terédo navális (LINNÉ)

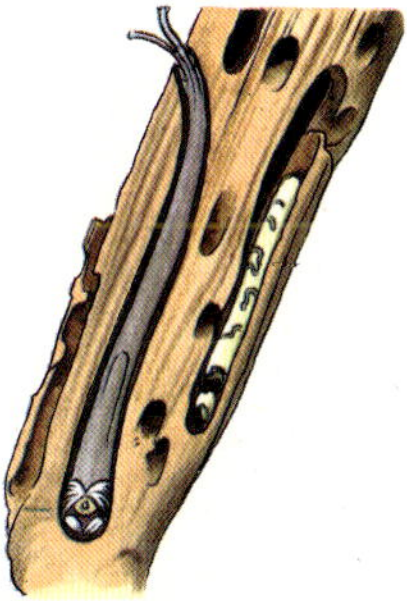

Gehäuse mit feinen Zähnchen bedeckt. Paletten mit 2 Spitzen; *Körper* **20 cm** *lang, Klappe bis* **0,9 cm** *lang.*

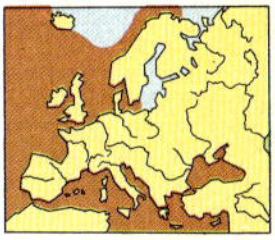

Verbreitung: Europäische Küsten; Ostsee nur im Westen. **Lebensraum und Lebensweise:** bevorzugt die Küstennähe, kommt aber auch in Tiefen bis zu 50 m vor; meidet kühles Wasser und Flußmündungen; bohrt in Holz lange Gänge, meistens in Richtung der Faser. **Nahrung:** Holz, Plankton. **Fortpflanzung:** *Zwitter;* Fortpflanzung drei- bis viermal jährlich; Eizahl 1–5 Millionen; Entwicklung 14 Tage im Kiemenraum, danach 1–3 Wochen freischwimmende Larve, die sich von Plankton ernährt; verankert sich anschließend mit Byssusfäden an Holz und beginnt mit dem Bohren. **Wirtsch. Bed.:** *sehr schädlich;* zerstört vor allem Hafen- und Molenbefestigungen aus Holz. Der in Schiffsplanken (aus Holz) und in Treibholz bohrende **Schiffsbohrwurm** *Terédo megotára* (HANLEY) ist durch seine kräftigere Schale gekennzeichnet.

2. Familie: Thraciamuscheln *(Thrácidae);* Schalen vorne abgerundet, hinten abgestutzt, vorne und hinten klaffend; zahnlos.

Gattung: Thraciamuscheln *(Thrácia).*

Papierartige Thraciamuschel
Thrácia papyrácea (Poli)

Konzentrisch gestreift, vorderer und hinterer Schalenteil mit winzigen Körnchen besetzt; *bis* **3 cm** *lang.*

Verbreitung: Mittelmeer, Atlantik, Nordsee. **Lebensraum** und **Lebensweise:** bevorzugt sandigen Meeresboden; ist in *Tiefen* von *10–50 m* anzutreffen; hält sich zwischen Seegras und Algen auf; gräbt sich ein. **Nahrung:** Plankton. **Fortpflanzung:** Eileger. **Wirtsch. Bed.:** keine.

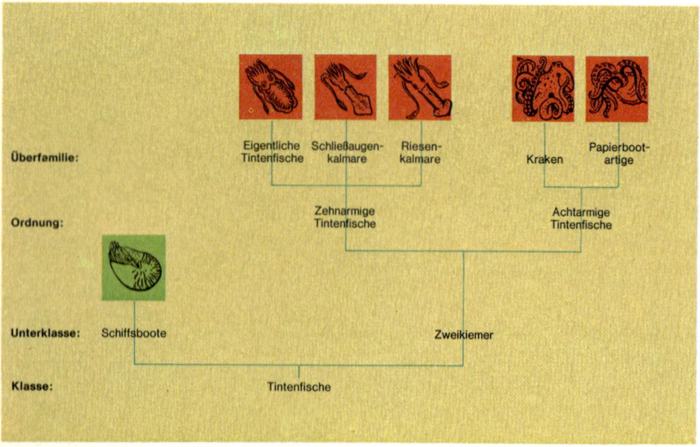

512.1 System der Tintenfische

5. Klasse: Tintenfische oder **Kopffüßer** *(Cephalópoda)*
Zu den Tintenfischen (besser sollte man sie Tintenschnecken nennen) gehören die Tetrabranchiáta (Vierkiemer) mit den drei Arten Schiffsboote (Nautilus) und die Dibranchiáta (Zweikiemer) mit einer größeren Zahl von Arten der bekannten Tintenfische. Wie die deutschen Namen für die beiden Gruppen vermuten lassen, atmen die Tintenfische mit Kiemen. Tintenfische sind zweiseitig-symmetrisch gebaut, haben einen deutlich abgesetzten Kopf mit 8 sogenannten Kopfarmen und bei einigen Arten zusätzlich mit 2 langen Fangarmen (Decabráchia oder Decápoda = Zehnfüßer). Alle sind mit Saugnäpfen bestückt und dienen zum Greifen der Beute. Die meisten Tintenfische haben keine äußere Schale, wohl aber einen unter der Rückenhaut liegenden sogenannten Schulp aus Kalk oder Horn.
Zur Bewegung dient der zu einem Rohr (Trichter) umgebildete Fuß. Durch ihn kann in die Mantelhöhle eingeströmtes Wasser ausgetrieben und durch den entstehenden Rückstoß das Tier bewegt werden (Rückstoß-Schwimmen). Außerdem können die Tintenfische mit Hilfe der Flossen schwimmen und mit den Armen auf dem Boden kriechen. Mit den Armen fangen die Tintenfische auch ihre Beute, vor allem Fische, Krebse und Weichtiere. Bei Gefahr nebeln sich die Tintenfische ein, indem sie dem Wasser der Mantelhöhle vor dem Ausstoßen durch den Trichter ein schwarzes Sekret aus dem Tintenbeutel beimischen.
Tintenfische sind getrenntgeschlechtlich; der Paarung gehen meist längere Zeit (oft über Stunden) anhaltende Balzspiele voraus, die auf dem Höhepunkt zur Übertragung eines in einer Schleimhülle verpackten Samenpaketes führen, das vom Männchen mittels eines seiner Mundarme in die Mantelhöhle des Weibchens geschoben wird; von dort wandern die Samenzellen in die weibliche Geschlechtsöffnung. Die befruchteten Eier durchlaufen kein Larvenstadium, sondern entwickeln sich direkt zu kleinen Tintenfischen.

Systematik:
Klasse: Tintenfische oder **Kopffüßer** *(Cephalópoda);* insgesamt etwa 630 Arten; in deutschen Meeren 13 Arten.

1. Unterklasse: Schiffsboote *(Tetrabranchiáta);* mit äußerer, schneckenförmig gewundener Schale (Abb. 513.1); nur 3 lebende Arten außerhalb Europas.

2. Unterklasse: Zweikiemer *(Dibranchiáta);* nur mit innerer, unter der Rückenhaut liegender Schale (Schulp).

1. Ordnung: Zehnarmige Tintenfische *(Decabráchia);* freischwimmende Arten, die wie die Kalmare (S. 514) gar nicht oder wie die Sepia (S. 513) nur zum Ausruhen auf den Boden kommen. **S. 513**

2. Ordnung: Achtarmige Tintenfische oder **Kraken** *(Octobráchia);* Bodentiere, die auf ihren langen Kopfarmen gut laufen und kriechen können; schwimmen nur bei Gefahr. **S. 516**

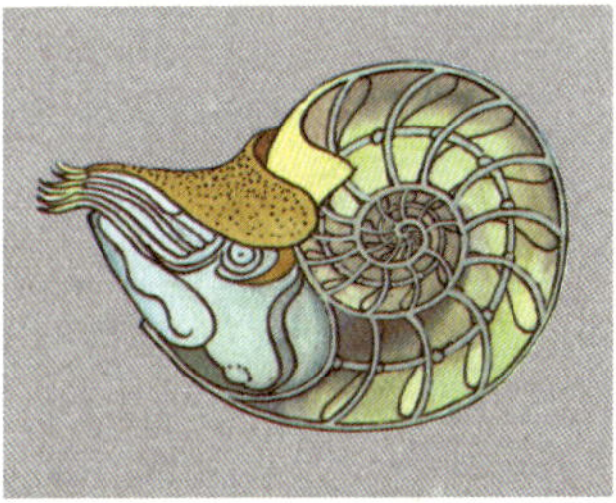

513.1 Schiffsboot *(Nautilus):* Bewegung durch Rückstoß (vgl. 513.2).

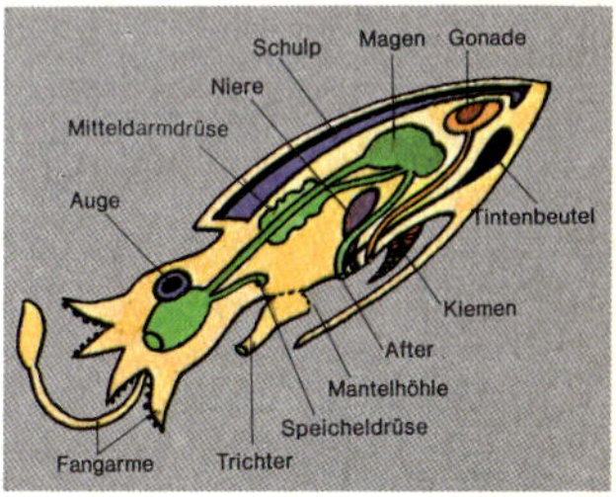

513.2 Tintenfisch: Schemazeichnung (vereinfacht).

1. Ordnung: Zehnarmige Tintenfische, Zehnarmer *(Decabráchia, Decápoda).* Außer 8 Kopfarmen sind noch zwei Fangarme vorhanden, die oft einziehbar sind. Körper mit seitlichen Flossen.

1. Überfamilie: Eigentliche Tintenfische *(Sepiácea).* Körper kurz und gedrungen mit seitlichem Flossensaum oder rundlichen Flossen.

1. Familie: Sepien, Gemeine Tintenfische *(Sepiidae).* Die schmalen Flossen umgeben den Körper saumartig; insgesamt etwa 80, im Gebiet nur wenige Arten.

Gattung: Sepien *(Sépia).*

Gemeiner Tintenfisch
Sépia officinális Linné

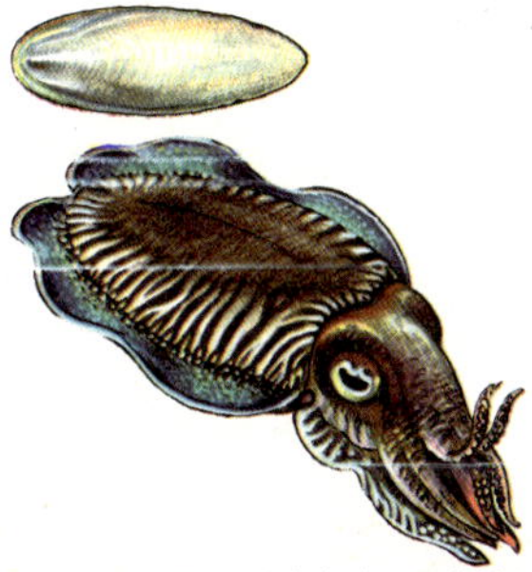

Der kalkige Rückenschulp breiter oval, hinten in einen kurzen spitzen Fortsatz auslaufend, Fangarme mit 5–6 stark vergrößerten Saugnäpfen; *bis* **50 cm** *lang.*

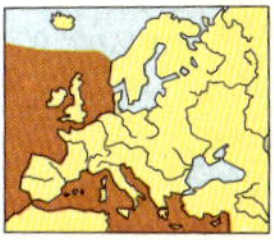

Verbreitung: Mittelmeer, Atlantik, Nordsee. **Lebensraum** und **Lebensweise:** bevorzugt sandigen Meeresboden mit Seegras; hält sich im Frühjahr in Küstennähe auf, in der übrigen Jahreszeit in tieferem Wasser; schwimmt frei umher und sucht den Boden nur zum Ausruhen auf; gräbt sich dann ein; schwimmt durch Flossenschlag und durch Wasserausstoß aus dem Atmungstrichter; stößt ebenfalls Tintenwolke aus; *Hautfarbe* kann sich schnell *verändern.* **Nahrung:** Krebse, Fische. **Fortpflanzung:** *getrenntgeschlechtig;* Laichzeit März–April; Eizahl bis 260; sie werden an Korallen oder Pflanzen angeheftet; Farbe schwarz, Form zitronenähnlich. **Wirtsch. Bed.:** *eßbar;* Rückenschulp dient als Poliermittel und als Kalknahrung für Stubenvögel.

Kleiner Tintenfisch
Sépia élegans D'ORBIGNY

Rückenschulp schlanker als bei voriger Art, Spitze länger, aus der Haut herausragend, auf den Fangarmen 2–3 vergrößerte Saugnäpfe; nur bis **10 cm** *lang.*

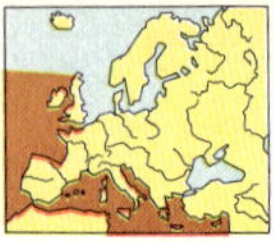

Verbreitung: Mittelmeer, Atlantik. **Lebensraum** und **Lebensweise:** bevorzugt sandigen Meeresboden mit Seegras; hält sich im Frühjahr in Küstennähe auf, in der übrigen Jahreszeit in tieferem Wasser; Lebensweise sonst wie S. officinalis. **Nahrung:** Krebse, Fische. **Fortpflanzung:** *getrenntgeschlechtig;* Eier bläulich und oval; werden an Schwämmen abgelegt. **Wirtsch. Bed.:** *eßbar;* richtig zubereitet sehr wohlschmeckend.

2. Familie: Sepioliden *(Sepiólidae).* Sehr kleine Arten mit abgerundetem Körper und seitlichen, rundlichen Flossen. Fangarme können in Taschen zurückgezogen werden.

Gattung: Zwergsepien *(Sepiola).* Auf den Fangarmen 8 Reihen Saugnäpfe (im Gegensatz zu den Sepietten [**Gattung** *Sepiétta*] mit 13–24 Reihen).

Zwergsepia
Sepiola rondeléti LEACH

Fangarme sehr lang, Oberseite braun; **3–6 cm** *lang.*

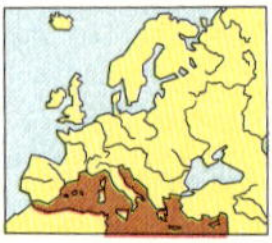

Verbreitung: Mittelmeer. **Lebensraum** und **Lebensweise:** bevorzugt sandigen bis kiesigen Meeresboden; hält sich in Küstennähe auf; bewegt sich durch Auf- und Abwärtsschlagen der Flossen fort; gräbt sich bei Gefahr in den Boden ein oder stößt Tintenwolke aus; muß sich vieler Feinde erwehren. **Nahrung:** Weichtiere, Fische, kleine Krebse. **Fortpflanzung:** *getrenntgeschlechtig;* Laichzeit März–November. **Wirtsch. Bed.:** *eßbar.*

2. Überfamilie: Schließaugenkalmare *(Loliginácea).* Die Flossen sind rhombisch geformt und nehmen 2/3 der Körperseiten ein. Innere Schale hornig, Fangarme sind nicht zurückziehbar.

1. Familie: Kalmare *(Loliginidae).*

Gattung: Kalmare *(Lóligo).* Mundsegel mit 7 saugnapftragenden Zipfeln. Körper konisch, ohne deutliche Spitze.

Gemeiner Kalmar
Lóligo vulgáris LAMARCK

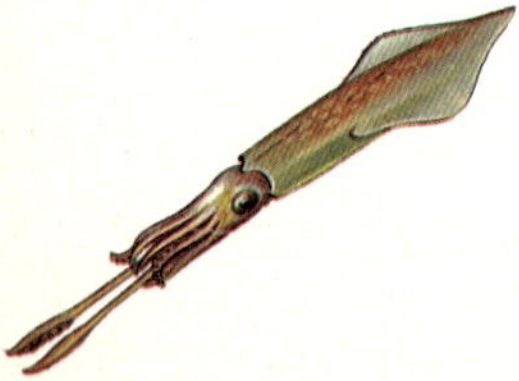

Saugnäpfe der Fangarme in den mittleren Reihen viel größer als an den Seiten. Rosig oder gelblichweiß mit dunkler Sprenkelung; Körper bis **60 cm** *lang.*

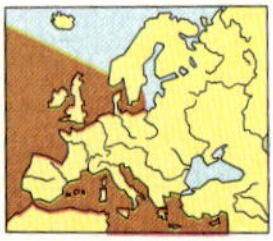

Verbreitung: Mittelmeer, Atlantik. Nordsee und westliche Ostsee nur zum Laichen. **Lebensraum** und **Lebensweise:** bevorzugt warme Gewässer und hält sich meistens in Küstennähe auf; lebt gesellig in größeren Schwärmen; bewegt sich langsam durch Flossenschlag, schnell durch Wasserausstoß aus dem Atmungstrichter; kann die Färbung der Oberseite sehr schnell verändern und dem Untergrund anpassen. **Nahrung:** Fische, Krebse. **Fortpflanzung:** *getrenntgeschlechtig;* Laichzeit März–Juli; Eiablage in 20–30 m Tiefe an Algen, Muschelschalen und Steinen; Eier in Gallertschläuchen eingebettet; ausgeschlüpfte Junge 7–8 mm lang. **Wirtsch. Bed.:** *eßbar.*

Forbes-Kalmar
Lóligo forbési (STEENSTRUP)

Saugnäpfe an den Fangarmen fast gleich groß, rosa, rot, braun gesprenkelt; bis **70 cm** *lang.*

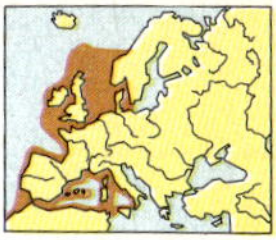

Verbreitung: Nordatlantik, Nordsee, westliche Ostsee; auch im Mittelmeer. **Lebensraum** und **Lebensweise:** bevorzugt kühlere Gewässer; hält sich in Küstennähe und in Tiefen bis 190 m auf; lebt gesellig in Schwärmen. **Nahrung:** Fische, Krebse. **Fortpflanzung:** *getrenntgeschlechtig;* Laichzeit im Herbst; Eiablage wie L. vulgaris. **Wirtsch. Bed.:** *eßbar;* wird schädlich durch Verfolgung der Heringsschwärme.

Gattung: Zwergkalmare *(Allotheutis).* Mundsegel ohne saugnapftragende Zipfel, Körperende pfriemförmig zugespitzt.

Nordsee-Kalmar
Allotheutis subuláta (LAMARCK)

Flossen schmal, kurz, hellgrau mit dunkler Fleckung; Körper nur bis **15 cm** *lang.*

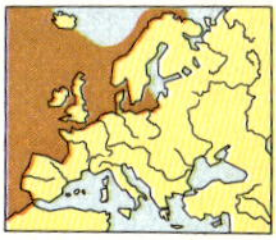

Verbreitung: Atlantik, Nordsee, westl. Ostsee. **Lebensraum** und **Lebensweise:** bevorzugt die Küstennähe; lebt gesellig in größeren Schwärmen; zieht sich in der kalten Jahreszeit in tiefes Wasser zurück. **Nahrung:** kleine Heringe, Stöcker. **Fortpflanzung:** *getrenntgeschlechtig;* Eiablage im Sommer; Laichschnüre von 2,5 cm Länge und 1 cm Breite werden an Hydrozoenkolonien befestigt; ausgeschlüpfte Junge sind im August durchschnittlich 3 cm lang. **Wirtsch. Bed.:** schadet den Heringsschwärmen.

3. Überfamilie: Riesenkalmare *(Architeuthácea).* Schlanke, langgestreckte Körper, bei denen die dreieckigen Flossen hinter der Rumpfmitte ansetzen. Fangarme nicht einziehbar. Innere, hornige Schale. In diese Gruppe gehören die ursprünglich als „Kraken" bezeichneten Riesentintenfische, die sogar Schiffe angreifen sollen. Vor Neuseeland wurde 1933 ein Exemplar mit einer Gesamtlänge von 22 m erbeutet.

1. Familie: Pfeilkalmare *(Omnatostréphidae).*

Gattung: Pfeilkalmare *(Omnatóstrephes).* Der **Pfeilkalmar** *O. sagittátus* (LAMARCK) wird bis zu 100 cm lang. Bläulichrot bis hellviolett. Fangarme sind nicht nur an der Endkeule, sondern auch am Armschaft mit Saugnäpfen besetzt. Mittelmeer, Atlantik. Häufig am Fischmarkt.

Gattung: Kurzflossenkalmare *(Illex).* Der **Kurzflossenkalmar** *I. coindéti* (VERANY) ist kleiner (20 cm) als die vorige Art. Saugnäpfe beschränken sich auf die Keulen der Fangarme. Küstennahe Hochseeform im Mittelmeer. Eßbar.

2. Ordnung: Achtarmige Tintenfische *(Octobráchia, Octópoda).* Körper ohne Flossen und mit nur 8 Kopfarmen. Mit Ausnahme der Papierboote (Argonautácea) ohne Schale.

1. Überfamilie: Kraken *(Óctopodácea).* Im Gebiet mit einer Familie.

1. Familie: Kraken *(Óctopódidae).*

Gattung: Kraken *(Óctopus)* mit 2 Reihen von Saugnäpfen an den Armen.

Gemeiner Krake
Octopus vulgáris LAMARCK

Körperfarbe ändert sich bei Erregung. Hell bis dunkelbraun mit Flecken; **20–60 cm** *lang, selten bis 100 cm.*

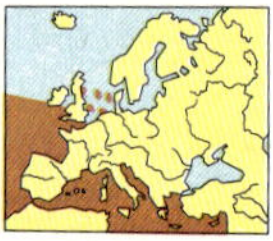

Verbreitung: Mittelmeer, Atlantik; in der Nordsee nur sporadisch. **Lebensraum** und **Lebensweise:** bevorzugt zerklüftete Felsküsten; verbirgt sich in Felsspalten und sichert das Versteck durch herangezogene Steine; geht nachts auf Jagd; Vorwärtsbewegung auf dem Boden durch Kriechen auf den Armspitzen; schnelle Flucht durch Wasserausstoß aus dem Atmungstrichter; stößt Tintenwolke aus; zieht sich nach Möglichkeit immer in dasselbe Versteck zurück. **Nahrung:** Krebse, Muscheln, Fische, Aas; Beute wird durch Gift getötet. **Fortpflanzung:** *getrenntgeschlechtig; Laichzeit* März–August; Eizahl bis *100 000;* Eier durchsichtig, kurz gestielt, werden an fester Unterlage angeheftet und vom ♀ betreut. **Wirtsch. Bed.:** *eßbar.*

Gattung: Moschuspolypen, Moschuskraken *(Elédone).* Eine Reihe von Saugnäpfen an den Armen.

Moschuskrake
Elédone moscháta (LAMARCK)

Mit Armen *bis* **40 cm** *lang,* riecht nach Moschus.

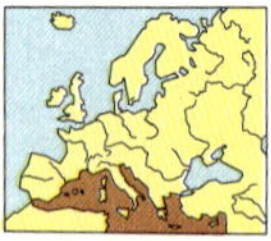

Verbreitung: Mittelmeer. **Lebensraum** und **Lebensweise:** bevorzugt festen und sandigen Meeresboden; hält sich selten an Felsküsten auf; lebt auf dem Meeresboden in *Tiefen ab 10 m;* bewegt sich wie O. vulgaris. **Nahrung:** hauptsächlich Aas, aber auch Krebse. **Fortpflanzung:** ähnlich wie O. vulgaris; ♀ bewacht nicht das Gelege. **Wirtsch. Bed.:** *eßbar.*

I. Überfamilie: Papierbootartige Kraken *(Argonautácea).* Weibchen sind viel größer als die Männchen (Zwergmännchen), die sich durch einen sehr langen Begattungsarm (Hektokótylus) auszeichnen.

1. Familie: Papierboote *(Argonaútidae).* Weibchen mit papierartiger, spiralig aufgerollter Schale, die als Brutbehälter dient.

Gattung: Papierboote *(Argonaúta).*

Papierboot
Argonaúta árgo (LINNÉ)

Schale milchweiß, seitlich zusammengedrückt, mit Querrunzeln; *Weibchen* **20 cm,** *Männchen* **1 cm.**

Verbreitung: Weltweit verbreitet, aber meist überall selten. Schalen werden zuweilen im Spülsaum sandiger Küsten gefunden. **Lebensraum und Lebensweise:** Bewohnt meist einzeln oder in kleinen Schwärmen freischwimmend die hohe See; seltener auch in Küstennähe oder gar am Boden anzutreffen. **Nahrung:** Krebse und andere kleine Wassertiere. **Fortpflanzung:** Der Hektokotylus überträgt bei der Begattung Samenpakete in die Mantelhöhle des Weibchens, in die auch die Eier abgelegt werden. **Wirtsch. Bed.:** eßbar; wird wie alle Tintenfische besonders in den Mittelmeerländern gern gegessen.

Stamm: Plattwürmer *(Plathelmínthes);* meist abgeflachte Würmer, deren Darm keinen After hat oder die gar keinen Darm besitzen; der Körper ist nicht regelmäßig segmentiert, lediglich bei darmlosen Formen kommt es zu einem Zerfall des hinteren Körperendes in sogenannte Glieder, letztlich Eipakete; Zwitter. Verwandtschaftsbeziehungen zu anderen Tieren liegen völlig im Dunkeln.

1. Klasse: Strudelwürmer *(Turbellária);* freilebende, räuberische Plattwürmer, die sich durch Schlag mikroskopischer Hautwimpern gleitend fortbewegen; Mehrzahl der Arten lebt im Wasser; das System ist schwierig und wohl zum Teil künstlich; alle hier besprochenen Arten gehören zur Ordnung *Tricládida.*

I. Ordnung: Trikladen *(Triclådida);* der Darm ist dreiästig gegabelt, wie ein verkehrt stehendes Y geformt; der Mund besitzt ein vorstreckbares, muskulöses Schlundrohr. Die wenigen hier besprochenen Arten sind relativ leicht zu erkennen und stehen als Beispiel für die auch in Europa artenreiche Gruppe.

1. Familie: *Dendrocoélidae;* die Längs- und Ringmuskelfasern des Schlundes vermischt, nicht in verschiedenen Muskellagen geordnet:

Gattung: *Dendrocoélum:*

Milchweiße Planarie
Dendrocoélum lácteum (O. F. Müller)

Milchweiß; Vorderende mit 2 schwarzen Augen, in der Mitte abgestutzt, seitlich mit kurzen, winkligen Seitenlappen; bis **2,6 cm** lang.

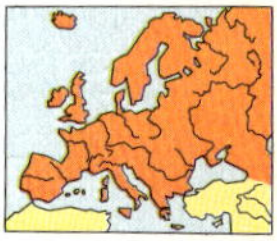

Verbreitung: ganz Europa. **Lebensraum und Lebensweise:** stellt keine besonderen Ansprüche an den Lebensraum; ist deshalb in allen Gewässern zu finden, auch im Brackwasser der Ostsee; hält sich auf Steinen und an Wasserpflanzen auf; ist sehr räuberisch. **Nahrung:** Kleintiere, auch Fischlaich und Tierkadaver. **Fortpflanzung:** Zwitter; Eiablage in Kokons an versteckten Stellen; auch ungeschlechtliche Vermehrung möglich.

2. Familie: *Planaríidae;* die Längs- und Ringmuskeln des Schlundes sind in 2 übereinander liegenden Muskellagen angeordnet, nicht vermischt:

Gattung: *Polycélis;* am Rand des Vorderkörpers viele kleine Augen:

Gehörnte Vieläugige Planarie
Polycélis cornúta (Johnson)

Schwarz oder dunkelgrau, selten braun; Vorderrand in der Mitte leicht gerundet, die Ecken in lange dünne Hörner ausgezogen; bis **1,8 cm** lang.

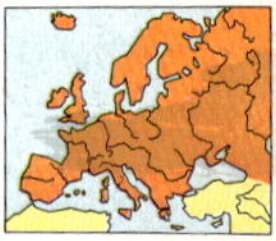

Verbreitung: ganz Europa. **Lebensraum und Lebensweise:** ist in den Mittelläufen klarer und schnell fließender Bäche und Flüsse zu finden; hält sich auf Steinen und an Wasserpflanzen auf. **Nahrung:** Kleintiere, Fischlaich. **Fortpflanzung:** Zwitter; Eiablage in Kokons an versteckten Stellen; auch ungeschlechtliche Vermehrung möglich.

Gattung: *Euplanária:*

Öhrchen-Planarie
Euplanária gonocéphala (Dugès)

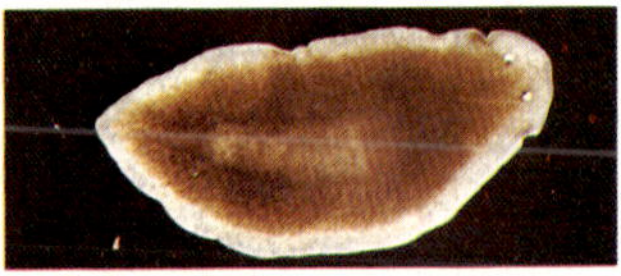

Grau bis dunkelbraun; Vorderende dreieckig zugespitzt; 2 Augen; bis **2,5 cm** lang.

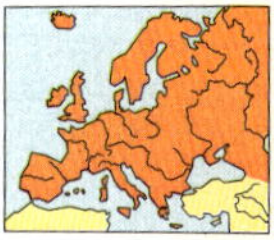

Verbreitung: ganz Europa. **Lebensraum und Lebensweise:** ist in den Unterläufen klarer und schnell fließender Bäche und Flüsse zu finden; hält sich auf Steinen und an Wasserpflanzen auf. **Nahrung:** Kleintiere; auch Fischlaich. **Fortpflanzung:** Zwitter; Eiablage in Kokons; auch ungeschlechtliche Vermehrung möglich.

2. Klasse: Saugwürmer *(Trematóda);* Parasiten an und in Wirbeltieren, die Larvenstadien auch in Wirbellosen; vielfach komplizierte Entwicklungsgänge mit Generations- und Wirtswechseln; Erwachsene meist mit Saugnäpfen, mit Darm; bekannte Vertreter sind Großer und Kleiner Leberegel; in Europa viele Arten, hier nicht behandelt.

3. Klasse: Bandwürmer *(Cestóda);* darmlose Parasiten im Darm von Wirbeltieren, Larven auch in Wirbellosen, komplizierte Generations- und Wirtswechsel; auf einen mit Haftorganen besetzten kleinen „Kopf" folgt ein Körperabschnitt, der ständig wächst und sich hinten in Segmente gliedert, deren jedes die komplizierten zwittrigen Geschlechtsorgane enthält; diese Glieder lösen sich bei der Eireife eins nach dem anderen ab und gelangen mit dem Kot des Wirtes ins Freie; in Europa viele Arten, hier nicht behandelt.

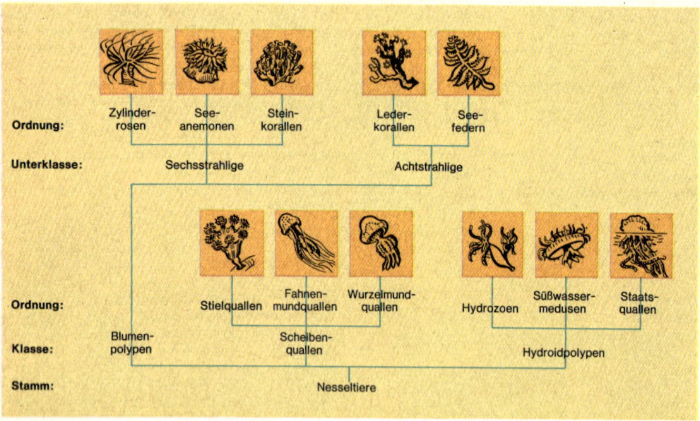

518.1 System der Nesseltiere

Stamm: Nesseltiere *(Chidária);* wie alle bisher behandelten Gruppen gehören die Hohltiere zum Unterreich der Echten Gewebetiere *(Eumetazóa).* Sie sind aber deren primitivste Vertreter, da ihr Körper nur aus zwei jeweils eine Zellage starken Schichten, nämlich der Außenhaut und der Darmwand, besteht; der Raum zwischen beiden Häuten ist gallertig ausgefüllt. Der Darm ist zwar häufig vielfach gegliedert und durchzieht den Körper kanalartig, er ist aber immer afterlos. Weitere Kennzeichen sind Nesselkapseln, höchst komplizierte Einzelzellen, aus denen bei Berührung ein mit Haken versehener, den Angreifer verletzender Schlauch hervorschnellt; gleichzeitig wird aus der Zelle Gift ausgeschüttet; 3 Klassen.

1. Klasse: Blumenpolypen, Blumentiere *(Anthozóa);* festsitzende tentakeltragende Polypen, einzeln oder stockbildend; der Magenraum wird durch Scheidewände (Septen) gekammert (vgl. Abb. XXXI.1). Kein Generationswechsel.

1. Unterklasse: Sechsstrahler *(Hexacorállia);* Septen meist in der Sechszahl oder einem Vielfachen von sechs vorhanden; 3 Ordnungen:

I. Ordnung: Zylinderrosen *(Ceriantháría);* Körper lang, wurmförmig, ohne Fußscheibe, wenig muskulös. Tentakeln lang; 1 Familie:

1. Familie: Zylinderrosen *(Cerianthiidae);* 1 Gattung:

Gattung: Zylinderrosen *(Ceriánthus):*

Zylinderrose
Ceriánthus membranáceus (SPALLANZANI)

Tentakeln zahlreich, ziemlich lang, überhängend, die äußeren sind deutlich kürzer; Färbung außerordentlich veränderlich; bis **20 cm** lang und bis **3 cm** dick.

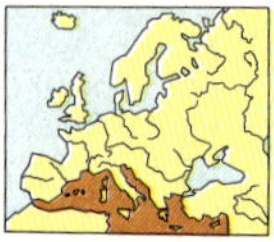

Verbreitung: Mittelmeer. **Lebensraum** und **Lebensweise:** lebt in Kolonien meist in geringer Tiefe; bevorzugt Sand- und Schlickböden mit Seegras; gräbt eine Wohnröhre von fast 1 m Länge, in die sie sich bei Gefahr zurückzieht. **Nahrung:** Plankton, kleine Fische. **Fortpflanzung:** Zwitter; aus den Eiern entwickeln sich freischwimmende Larven, die sich nach kurzer Zeit am Boden ansiedeln und danach Tentakeln ausbilden.

II. Ordnung: Seeanemonen *(Actiniária)*; einzeln lebende, skelettlose Blumentiere mit meist rückziehbaren Tentakeln, die alternierend in Kreisen am Außenrand der Mundscheibe geordnet sind; Polyp meist mit kräftiger Fußscheibe.

1. Familie: Seerosen *(Actiniidae)*;

Gattung: Aktinien *(Actinia)*; Außenwand glatt, ohne Saugwarzen; zwischen den Basen der kurzen Tentakeln stehen nesselkapselreiche Randbläschen; 6 Tentakelringe; Tentakeln gänzlich rückziehbar:

Pferdeaktinie, Erdbeerrose

Actinia equina LINNÉ

(a) Leuchtend purpurrot, seltener grün oder braun; bis **7 cm** lang, Durchmesser bis **6 cm.**

Verbreitung: Mittelmeer, Atlantik, Nordsee. **Lebensraum** und **Lebensweise:** bevorzugt sehr flaches Wasser bis 8 m Tiefe; lebt an Steinen, Felsen und Hafenmolen, meist nahe der Wasseroberfläche; verträgt mehrere Stunden Trockenheit während der Ebbe. **Nahrung:** kleine Seetiere. **Fortpflanzung:** lebendgebärend; auch Teilung möglich. **Wirtschaftliche Bedeutung:** eßbar (im Mittelmeergebiet). – Die **Ringelseerose** (b) *Actinia cári* DELLE CHIAJE ist grün oder braun, mit dunklen Querringen, Haftscheibe Ø bis **7 cm;** bis **5 cm** lang, kommt im Mittelmeer vor; sonst ähnlich Pferdeaktinie, aber eierlegend; bewimperte Schwimmlarven, aus denen nach einiger Zeit die neuen Ringelseerosen entstehen.

Gattung: Wachsrosen *(Anemónia)*; Körper glatt, ohne Warzen; Tentakeln lang, nicht völlig einziehbar, reißen leicht ab; keine Randbläschen:

Wachs- oder Fadenrose

Anemónia sulcáta (PENNANT)

Körperfarbe meist bräunlich, auch grün, nicht selten weißlich; bis **5 cm** lang (ohne Tentakeln!), Durchmesser bis **12 cm.**

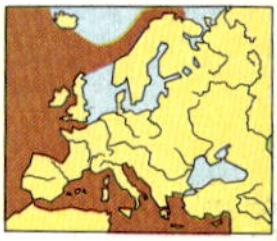

Verbreitung: Mittelmeer, Atlantik. **Lebensraum** und **Lebensweise:** bevorzugt flaches Wasser in Küstennähe bis 20 m Tiefe; bildet größere Kolonien auf steinigem Untergrund; Tentakeln, besonders in seichtem Wasser, lebhaft gefärbt; reißen beim Berühren leicht ab, wodurch die Nesselwirkung stark intensiviert wird. **Nahrung:** Fische, Krabben. **Fortpflanzung:** geschlechtlich, eierlegend, seltener ungeschlechtlich durch Teilung. – Die **Edelsteinrose** (b) *Bunodáctis verrucósa* (PENNANT) ist sehr variabel gefärbt, meist rötlich grau; Außenwand mit in Reihen geordneten Saugwarzen; bis **3 cm** dick und **6 cm** lang. **Verbreitung:** Mittelmeer, Atlantik, Nordsee. **Lebensraum** und **Lebensweise:** bevorzugt flaches Wasser in Küstennähe bis 20 m Tiefe; lebt versteckt zwischen Steinen, Geröll und in Felsspalten. **Nahrung:** Fische, Krabben. **Fortpflanzung:** lebendgebärend; Larven im Winter und Vorfrühling.

2. Familie: Witwenrosen *(Sagartíidae)*; mit 12 oder mehr vollständigen Septen (von der Außenwand bis zum Mundrohr reichende Scheidewände); mit Acontien, das sind nesselkapselreiche Fäden, die bei Reizung ausgestoßen werden:

Gattung: Witwenrosen *(Sagártia)*; Außenseite mit Saugwarzen versehen, die aber keine Fremdkörper halten:

Witwenrose

Sagártia viduáta O. F. MÜLLER

Tentakeln lang, an ihrer Basis auf der Mundscheibe eine verwaschene B-förmige Zeichnung; bis **12 cm** lang.

Verbreitung: Mittelmeer, Atlantik, Nordsee, westliche Ostsee. **Lebensraum** und **Lebensweise:** auf hartem Untergrund, auf Steinen und Muschelschalen sehr festgeheftet. **Nahrung:** Kleinpartikelfresser, verzehrt Plankton und Schwebstoffe. **Fortpflanzung:** eierlegend; auch vegetativ durch Abschnürung.

3. Familie: Aiptasien *(Aiptasiidae)*; 6 Paare vollständiger Septen; Tentakeln nicht rückziehbar, die dem Außenrand der Mundscheibe nahen sehr kurz: mittelgroß; 1 Gattung:
Gattung: Aiptasien *(Aiptásia)*:

Aiptasie
Aiptásia diaphána (RAPP)

(a) Tentakeln glatt, nicht kraus, Körper ohne Zeichnung, bräunlich, durchsichtig; bis **5 cm** lang, Durchmesser bis **1 cm.**

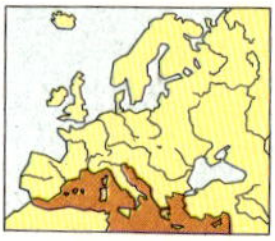

Verbreitung: Mittelmeer. **Lebensraum** und **Lebensweise:** bevorzugt flaches Wasser in Ufernähe; bildet dort größere Kolonien; setzt sich meist in Gesteinsspalten fest; wechselt den Standort durch spannerartige Kriechbewegungen in seitlicher Körperlage. **Nahrung:** wahrscheinlich Plankton. **Fortpflanzung:** geschlechtlich und ungeschlechtlich. – Die **Dickhörnige Seerose** (b) *Teália felína* (LINNÉ), (Körper mit Saugwarzen, Tentakel sehr kurz und dick) aus der Familie der Seerosen kommt im Atlantik, der Nordsee u. der Ostsee vor. **Lebensraum** und **Lebensweise:** hält sich in verschiedenen Wassertiefen auf; bevorzugt sandigen und steinigen Untergrund, auf dem sie sich festsetzt; lebt auch in Symbiose mit dem Einsiedlerkrebs, dessen Schneckengehäuse als Unterlage benutzt wird; die Tentakeln nesseln stark. **Nahrung:** Kleine Krebse und Fische. **Fortpflanzung:** getrenntgeschlechtig; die Larve schwimmt 1–2 Wochen umher und setzt sich dann auf einer passenden Unterlage fest.

4. Familie: *Diaduménidae*; wie vorige Familie; innere Tentakeln nur etwas länger als die äußeren; sehr klein; 1 Gattung:
Gattung: *Diaduméne*:

Gestreifte Seerose
Diaduméne luciae (VERRILL)

Körper grün, durchsichtig, mit 8–20 orangefarbenen Längsstreifen; bis **1,3 cm** lang und **0,5 cm** dick.

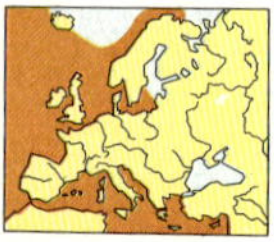

Verbreitung: Mittelmeer, Atlantik, Nordsee, westliche Ostsee. **Lebensraum** und **Lebensweise:** bevorzugt sehr flaches Wasser bis 4 m Tiefe; ist auch mit Brackwasser zufrieden; bildet große Kolonien auf Felsen, Steinen, leeren Muschelschalen und an Hafenmolen. **Nahrung:** Plankton. **Fortpflanzung:** lebendgebärend; auch Teilung möglich.

5. Familie: *Hormathiidae*; meist auf Schneckenhäusern oder Korallen- oder Polypenstöcken:
Gattung: Schmarotzerrosen *(Calliáctis)*; Körper gestreckt, viele Tentakeln:

Schmarotzerrose, Einsiedler-Seerose
Calliáctis parasítica (COUCH)

(a) Körper braungrau, hell und dunkel längsgestreift; Tentakeln hell, kurz; bis **10 cm** lang und **3,5 cm** im Durchmesser.

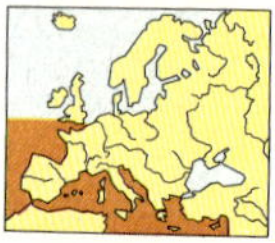

Verbreitung: Mittelmeer und Atlantik bis Kanal. **Lebensraum** und **Lebensweise:** lebt in Tiefen von 20–100 m; siedelt meist auf leeren Schneckenschalen, die von Einsiedlerkrebsen bewohnt werden (Symbiose); 6–8 Tiere können sich auf einer solchen Schale festsetzen. **Nahrung:** kleine Fische, Krebse. **Fortpflanzung:** eierlegend, Entwicklung über planktische Larven. **Wirtschaftliche Bedeutung:** eßbar. – **Mantelaktinie** (b) *Adámsia palliáta* (BOHADSCH), stark abgeflacht, Durchmesser bis **7 cm. Verbreitung:** Mittelmeer, Atlantik, Nordsee. **Lebensraum** und **Lebensweise:** lebt in Tiefen von 4–100 m auf sandigem und steinigem Boden; ist an das Zusammenleben mit dem Einsiedlerkrebs *Eupagúrus prideáuxi* gebunden; geht ohne ihn ein. **Nahrung:** kleine Fische, Krebse. **Fortpflanzung:** eierlegend, schwebende Larven.

6. Familie: Seenelken *(Metridiidae);* groß, auf langem Stiel eine sehr große, gelappte Rundscheibe mit außerordentlich vielen, sehr kurzen Tentakeln; 1 Gattung:

Gattung: Seenelken *(Metridium):*

Gemeine Seenelke
Metridium senile (LINNÉ)

Weiß, gelblich, rötlich oder grünlichbraun; bis **30 cm** lang, Durchmesser bis **20 cm** (Mundscheibe).

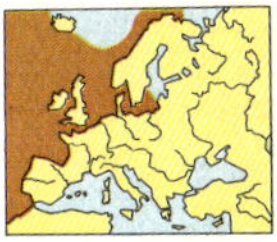

Verbreitung: Atlantik, Nordsee, westliche Ostsee. **Lebensraum** und **Lebensweise:** lebt in Ufernähe in geringen Tiefen; bildet Kolonien auf Steinen, Muschelschalen und an Hafenmolen; verträgt auch kurze Trockenheit. **Nahrung:** Kleine Lebewesen. **Fortpflanzung:** meist geschlechtlich im Hochsommer; aber auch ungeschlechtliche Vermehrung durch Abschnürung eines Teiles der Fußscheibe möglich.

2. Unterklasse: Achtstrahler *(Octocorállia);* koloniebildende Blumentiere (Anthozoen), stets mit 8 gefiederten Tentakeln, gleichzeitig immer 8 vollständige Septen.

I. Ordnung: Lederkorallen *(Alcyonária);* festgewachsene, fleischige Kolonien.

1. Familie: Lederkorallen *(Alcyoniidae);*

Gattung: Meerhände *(Alcyónium);* aufrechte, festgewachsene, massive, fleischige Kolonien, fingerartig gelappt:

Meerhand
Alcyónium digitátum (LINNÉ)

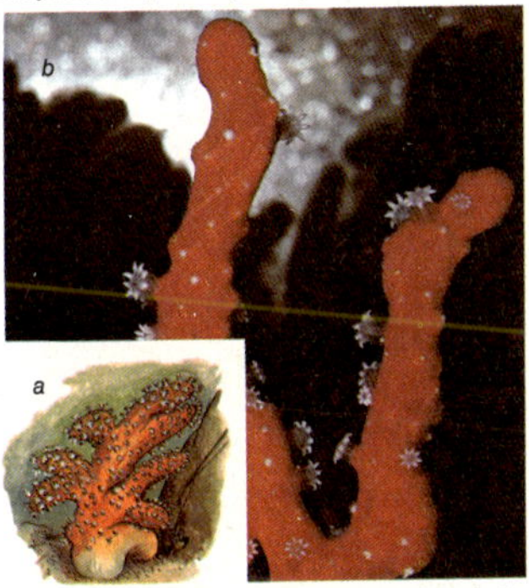

(a) Einzelpolypen weißlich durchscheinend, im Innern der Kolonie durch Ausläufer miteinander verbunden; bis **18 cm** hoch und **15 cm** breit.
(b) **Edelkoralle**
Corállium rúbrum LINNÉ
aus der 2. **Familie,** den **Edelkorallen:** Stock rot, verkalkt, die weißen Polypen sind in ihn zurückziehbar; Stock bis über **50 cm** hoch.

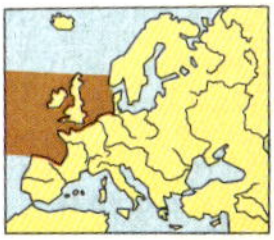

(a) **Verbreitung:** von der Biskaya bis zur Nordsee. **Lebensraum** und **Lebensweise:** lebt in Tiefen von 20 m und mehr; bevorzugt festen Untergrund und setzt sich meist in Kolonien auf Steinen und Muschelschalen fest; starke Volumenveränderung mehrmals am Tage durch Wasseraufnahme und -abgabe. **Nahrung:** unzählige Nährpolypen fangen kleine Krebstiere. **Fortpflanzung:** geschlechtlich. **Wirtschaftliche Bedeutung:** wird getrocknet zu Dünger verarbeitet; durch hohen Jodgehalt auch in der Medizin von Bedeutung. – (b) **Verbreitung:** Mittelmeer. **Lebensraum** und **Lebensweise:** lebt von etwa 20 m an meist in größeren Tiefen; bildet größere Kolonien auf felsigem Untergrund, mit Vorliebe in Felsspalten und unter überhängendem Gestein; in Höhlen. **Nahrung:** unzählige Nährpolypen fangen kleine Krebstiere. **Fortpflanzung:** meist getrenntgeschlechtig; die sich aus den befruchteten Eiern entwickelnden Planula-Larven setzen sich bald auf geeignetem Untergrund fest und verwandeln sich sofort zum stockbildenden Polypen. **Wirtschaftliche Bedeutung:** für Schmuckzwecke sehr begehrt und deshalb in manchen Teilen des Mittelmeeres schon ausgerottet; wird heutzutage fast ausschließlich von Tauchern geerntet.

2. Klasse: Medusen, Scheibenquallen *(Scyphozóa);* schirmförmige oder halbkugelige Nesseltiere.

I. Ordnung: Stielquallen *(Stauromedúsae);* polypenähnlich, auf einem Stiel aufrecht festsitzend, mit 8 randständigen Armen.

1. Familie: *Cleistocárpidae:*

Gattung: Becherquallen *(Craterólophus);* Körper höher als breit, becherförmig; die 8 Arme gleichmäßig um den Rand verteilt:

Gemeine Becherqualle
Craterólophus téthys CLARCK

Dunkelgrün bis bräunlich; jeder Arm mit 60 bis 80 kurzen Tentakeln; Becher bis **3 cm** hoch.

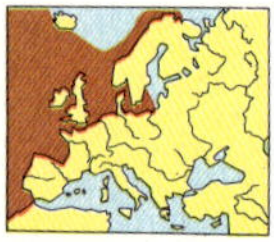

Verbreitung: Atlantik, Nordsee, westliche Ostsee. **Lebensraum** und **Lebensweise:** im Flachwasser der Küsten auf Algen festsitzend; Haftmittel ein klebriger Saft, der von dem Tier ausgeschieden wird; kann sich auch langsam kriechend fortbewegen. **Nahrung:** Plankton. **Fortpflanzung:** geschlechtlich; aus den Eiern entwickeln sich kleine Polypen, die sich allmählich umgestalten, bis sie die Form erwachsener Stielquallen erlangen.

II. Ordnung: Fahnenmundquallen *(Semaeostómeae);* Mundrohr viereckig, Ecken sind ausgezogen.

1. Familie: *Pelágidae;* mit randständigen langen Tentakeln;

Gattung: Leuchtquallen *(Pelágia);* 8 Tentakeln:

Leuchtqualle
Pelágia noctilúca PÉRON ET LESUEUR

(a) Mundlappen lang, so lang wie der Schirm breit; gelblich bis rötlich und violett gefärbt; Durchmesser der Glocke **5–7 cm.**

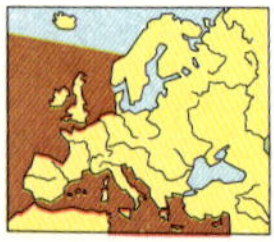

Verbreitung: Mittelmeer, Atlantik. **Lebensraum** und **Lebensweise:** Frei im Wasser treibend oder durch Kontraktion des Schirms schwimmend; tagsüber in tieferem Wasser; ist im Atlantik im Spätsommer zu beobachten; kommt in großen Schwärmen vor; besitzt Leuchtorgane. **Nahrung:** Plankton, Fischlarven, kleine Fische. **Fortpflanzung:** getrenntgeschlechtig; Entwicklung ohne Polypenstadium. – Die **Kompaßqualle** (b) *Chrysaóra hysoscélla* (LINNÉ) hat außerordentlich lange Mundarme; bewegt sich durch Zusammenziehen und Aufweiten der Glocke; Verbreitung, Lebensraum usw. ähnlich voriger Art, aber auch in der Nordsee, vereinzelt auch in der westlichen Ostsee; vorübergehend auch zwittrig; Eier entwikkeln sich zu kleinen Polypen, aus denen sich wie bei Cyanea lamarcki durch Abschnürung der Mundscheibe neue Quallen entwickeln.

2. Familie: Nesselquallen *(Cyanéidae)*; etwas vom Rand des Schirmes entfernt stehen sehr zahlreiche lange Tentakeln auf der Fläche der Mundscheibe:

Gattung: Nesselquallen *(Cyánea)*; Mundarme sehr groß und lang, gardinenartig gefaltet:

Blaue Nesselqualle
Cyánea lamárcki Péron et Lesueur

(a) Schirm flach, kornblumenblau; Durchmesser bis **35 cm.**

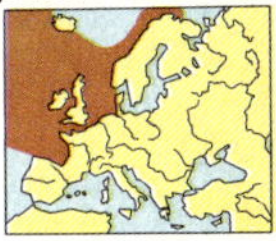

Verbreitung: Atlantik bis Biskaya, Nordsee. **Lebensraum** und **Lebensweise:** in Küstennähe; in der Nordsee im Sommer oft sehr häufig; nesselt stark und kann dadurch dem Menschen gesundheitliche Schäden zufügen. **Nahrung:** Plankton, Flohkrebse, kleine Fische. **Fortpflanzung:** die Eier entwickeln sich zu Polypen, aus denen durch Abschnürung der Mundscheibe junge Quallen hervorgehen. – Die **Feuerqualle** (b) *Cyánea cappilláta* (Linné), ähnelt *C. lamárcki,* ist aber größer und gelbbraun bis rötlich; Ø bis **1 m. Verbreitung:** Nordatlantik (bis Biskaya), Nordsee, Ostsee. **Lebensraum** und **Lebensweise:** in Küstennähe; kann in solchen Mengen erscheinen, daß die Oberfläche des Meeres meilenweit von ihr bevölkert wird; nesselt stark und kann dadurch dem Menschen gefährlich werden. **Nahrung:** Plankton, Flohkrebse, kleine Fische. **Fortpflanzung:** wie *C. lamárcki.*

3. Familie: *Ulmariidae;* Randtentakeln sehr zahlreich, aber kurz; Mundarme sehr kurz, kürzer als der Schirmdurchmesser; 1 Gattung:

Gattung: Ohrenquallen *(Aurélia):*

Ohrenqualle
Aurélia aurita (Linné)

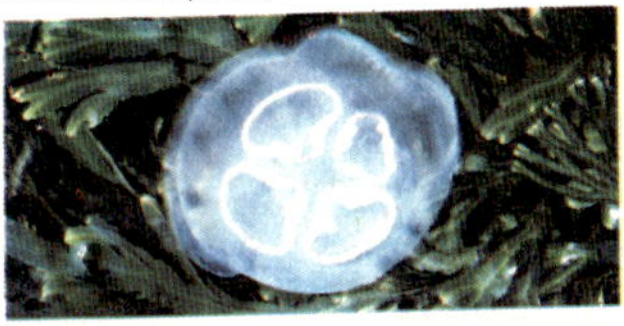

Schirm violett, rötlich oder gelblich; die Geschlechtsorgane (4 hufeisenförmige Flecke an der Basis des Mundrohres), beim ♂ weißlich, beim ♀ rötlich; Durchmesser **30–40 cm.**

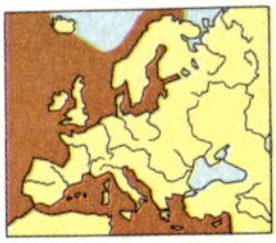

Verbreitung: Mittelmeer, Atlantik, Nordsee, Ostsee. **Lebensraum** und **Lebensweise:** in Küstennähe; besonders in der Nord- und Ostsee vom Sommer bis in den Spätherbst häufig; Oberhaut mit zahlreichen Nesselkapseln. **Nahrung:** Plankton, Flohkrebse, Fische. **Fortpflanzung:** getrenntgeschlechtig; die aus den Eiern entstehenden Larven streben dem Meeresboden zu, wo sie sich festsetzen (vgl. Abb. XXXI.2), sich in hydraähnliche Scyphopolypen verwandeln, die durch Querteilung planktonisch lebende Scheibenquallen (Ephyralarven) abschnüren, welche sich mit der Zeit zu Ohrenquallen umgestalten.

III. Ordnung: Wurzelmundquallen *(Rhizostómeae)*; ohne Tentakeln am Schirmrand; Mundrohr stark gefaltet, die Falten zu Röhren mit zahlreichen Nebenmundöffnungen verwachsen; 1 Familie.

1. Familie: Wurzelmundquallen *(Rhizostomátidae):*

Gattung: Wurzelmundquallen *(Rhizóstoma)*; zwischen den Mundarmen keine tentakelartigen Anhänge:

Wurzelmundqualle, Blumenkohlqualle
Rhizóstoma óctopus (Linné)

Mundrohr auch an seiner Basis gekraust, Mundarme nur oben miteinander verwachsen, unten frei herabhängend; Schirm hoch gewölbt; Durchmesser bis **60 cm.**

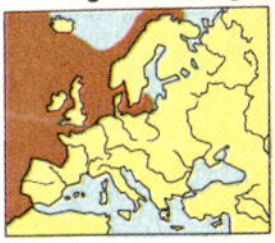

Verbreitung: Atlantik, Nordsee, sporadisch westliche Ostsee. **Lebensraum** und **Lebensweise:** freischwimmend im Küstengebiet; nicht so häufig wie *C. capilláta;* beim Schwimmen wird das Mundrohr weit herausgedrückt; Nesselzellen an den Mundarmen. **Nahrung:** Mikroorganismen; es können aber auch größere Tiere erbeutet werden. **Fortpflanzung:** geschlechtlich zu kleinen Scyphopolypen, vegetativ durch Abschnürung zu Quallen.

3. Klasse: Hydrozoen *(Hydrozóa);* meist mit Generationswechsel zwischen Polypenformen und Medusen; letztere sind Geschlechtstiere, die sich von den Scheibenquallen durch das Velum unterscheiden, eine Hautfalte, die vom Schirmrand waagerecht zur Mitte gerichtet ist und die Mundöffnung ringartig umgibt. Polypen und Medusen einer einzigen Art sind ursprünglich häufig unter zwei verschiedenen Namen beschrieben werden. Man schreibt dann wie bei der Gattung *Coryne/Sarsia* vor den Schrägstrich den Namen des Polypen, hinter dem Schrägstrich den Namen der Meduse; ähnlich wird bei der Kennzeichnung verfahren.

I. Ordnung: Hydroidpolypen *(Hydroídea);* die Polypengeneration dominiert, die Polypen sind meist stockbildend und erzeugen freischwebende oder festsitzende Medusen.

1. Familie: Süßwasserpolypen *(Hýdridae);* Einzelpolypen oder kurzfristig zusammenhängende Knospungsverbände; keinerlei Reste von Medusenbildung; Bestimmung nur durch mikroskopische Untersuchung der Nesselzellen; als Beispiel:

Gattung: *Hydra;* Polypen mit Tentakeln; Körper ungeteilt; oft durch symbiontische Algen grün; als Beispiel:

Grauer Süßwasserpolyp
Hýdra attenuáta PALLAS

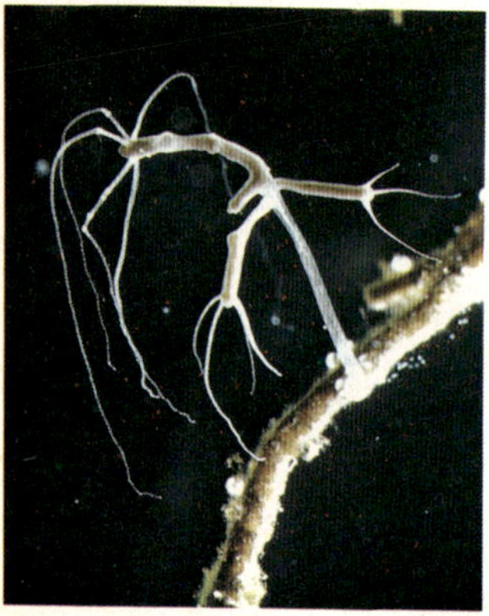

Meist grau, da ohne symbiontische Algen; Eier kugelförmig, Dauereier bestachelt; bis **1 cm** lang.

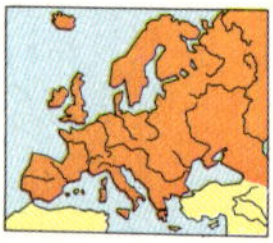

Verbreitung: Europa. **Lebensraum** und **Lebensweise:** lebt in Tümpeln, Teichen und Seen; meidet schnell fließende Gewässer; sitzt auf Wasserpflanzen, Steinen, Holz und Muschelschalen, meist nahe der Wasseroberfläche; benutzt abwechselnd Fußscheibe und Tentakelkranz zur Veränderung des Standortes; ist sehr räuberisch. **Nahrung:** Kleinkrebse, hauptsächlich Wasserflöhe. **Fortpflanzung:** hauptsächlich durch Knospung, aber auch getrenntgeschlechtig.

2. Familie: *Corýnidae;* stockbildende Polypen, alle ihre kurzen Tentakeln am Ende knopfartig erweitert; Medusen: Querschnitt des Mundrohrs rundlich:

Gattung: *Corýne/Sársia;* Polypen wie für die Familie angegeben: Medusen mit Mundrohr, das mehrfach länger ist als die Glocke.

Sarsia
Corýne decípiens (DUJARDIN) /
Sársia tubulósa (M. SARS)

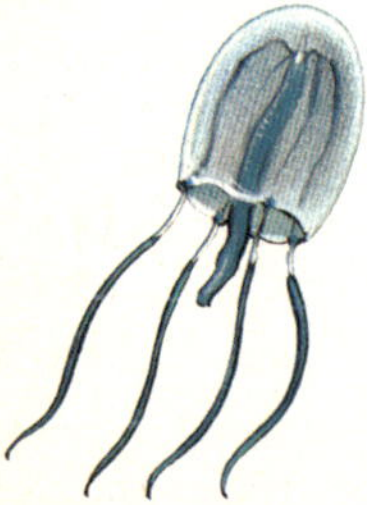

(a) Polypen bilden rasenartige Kolonien; Meduse (a) mit langem blauem Magenstiel; Glocke **15 mm** hoch, **9 mm** breit.

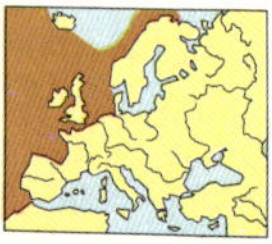

Verbreitung: Atlantik, Nordsee, Ostsee. **Lebensraum** und **Lebensweise:** frei im Wasser treibend; kann sich durch Kontraktion der Glocke ziemlich schnell bewegen; hält sich am Tage meist in tieferem Wasser auf. **Nahrung:** Kleintiere, Medusen fressen vor allem kleine Krebstiere. **Fortpflanzung:** getrenntgeschlechtig; Befruchtung der Eier im Wasser; ausschlüpfende Larven siedeln sich bald auf dem Meeresboden an und werden zu festsitzenden Polypen, die durch Knospung (vegetative Vermehrung) zu Stöcken heranwachsen und schließlich auch Medusen hervorbringen (vgl. Abb. XXXI.3). – Die **Steenstrupia** (b) *Corymórpha nútans* M. SARS (aus der **3. Familie** der **Flaschenpolypen),** Scheitel der Medusenglocke lang zugespitzt, nur 1 Tentakel, Meduse **7 mm** hoch, **3,5 mm** breit, ähnelt in Verbreitung, Lebensraum und Lebensweise, Ernährung und Fortpflanzung der Sarsia, kommt aber auch im Mittelmeer vor.

3. Familie: Flaschenpolypen *(Tubularíidae)*;

Gattung: Flaschenpolypen *(Tubulária)*; Polypen koloniebildend; Geschlechtstiere medusenähnlich, aber am Stock festhängend:

Flaschenpolyp
Tubulária lárynx ELLIS ET SOLANDER

(a) Polypen hellrot, unterer Tentakelkranz mit etwa 20, oberer mit 14–20 Tentakeln; bis **7 cm** hoch.

Verbreitung: Atlantik, Nordsee. **Lebensraum und Lebensweise:** lebt in Tiefen bis 100 m; setzt sich auf Steinen, Muschelschalen und Holz fest; bildet dort Kolonien. **Nahrung:** Kleinlebewesen: **Fortpflanzung:** geschlechtlich; die sich aus dem Ei entwickelnde Larve, die frei umherschwimmt, verwandelt sich bald wieder zu einem Polypen, der sich ungeschlechtlich zum Stock vermehrt. – Der **Keulenpolyp** (b) *Cordylóphora cáspia* (PALLAS) (aus der **4. Familie** der **Keulenpolypen)**; keine freien Medusen, Geschlechtstiere eiförmig, am Stock festgewachsen, Stock bis **5 cm** hoch, lebt im Brackwasser der Ost- und Nordsee sowie in den Unterläufen einiger Flüsse (Weser, Elbe, Oder). **Lebensraum** und **Lebensweise:** Kolonien auf Steinen, Muschelschalen und Holz; aufragender Teil des Stocks stirbt in der kalten Jahreszeit ab und regeneriert im Frühjahr aus dem niederliegenden wurzelähnlichen Teil; ist sehr gefräßig. **Nahrung:** Krebstiere, Fischlarven. **Fortpflanzung:** geschlechtlich; aus frei schwimmenden Larven entwickeln sich festsitzende Einzelpolypen, daraus ungeschlechtlich Polypenstöcke.

5. Familie: Stachelpolypen *(Hydractiníidae)*; 1 Gattung:

Gattung: Stachelpolypen *(Hydractinia/Podocorýne)*:

Stachelpolyp
Hydractinia echináta (FLEMING)

Auf der basalen Platte zwischen den Einzelpolypen kräftige Stacheln; Stock **1,5–5 cm** hoch.

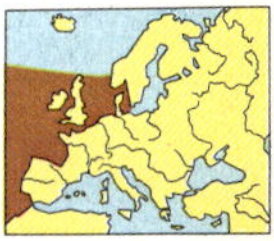

Verbreitung: Atlantikküsten, Nordsee, lokal westliche Ostsee (Kieler Bucht). **Lebensraum** und **Lebensweise:** lebt im Flachwasser der Küste, aber auch in größerer Tiefe; siedelt auf Schneckengehäusen, die von Einsiedlerkrebsen bewohnt werden (Symbiose); bildet dort dichte Kolonien. **Nahrung:** Kleinlebewesen, Abfälle der Krebsnahrung. **Fortpflanzung:** ungeschlechtlich durch Knospung; geschlechtlich über sich bald festsetzende und zu Polypen umwandelnde Larven.

6. Familie: *Bougainvilliidae:*

Gattung: Leuckartiára *Perigónimus/Leuckartiára*; Medusen mit 16–20 einfachen Tentakeln, an deren Basen mit Augenflecken:

Leuckartiara
Perigónimus répens ALLMANN /
Leuckartiára octóna (FLEMING)

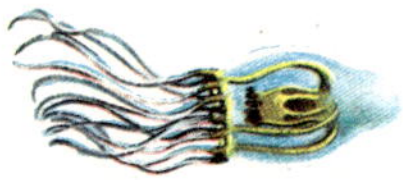

Kriechende, 5–6 mm hohe Polypenstöcke, die große, mit rundlich erweitertem Scheitel versehene Medusen erzeugen; Glocke bis **20 mm** hoch und **14 mm** breit.

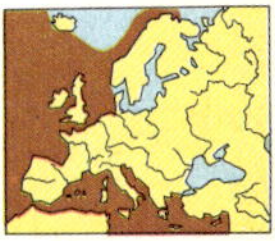

Verbreitung: Mittelmeer, Atlantik, Nordsee. **Lebensraum** und **Lebensweise:** Polypen in Ufernähe bis 50 m Tiefe auf Hartböden oder Molluskenschalen; Medusen im Freiwasser schwimmend, in der Nordsee im Sommer, im Mittelmeer von Dezember bis März. **Nahrung:** Plankton, Kleintiere. **Fortpflanzung:** geschlechtlich und ungeschlechtlich wie die meisten Hydrozoen.

7. Familie: *Eudendriidae;* glockenförmige Polypen, deren Mundfeld sich trichterartig über dem einfachen Tentakelring erhebt; keine freien Medusen; 1 Gattung:

Gattung: *Eudéndrium:*

Ästiges Seemoos
Eudéndrium ramósum (Linné)

Aufrechte verzweigte Stöcke, deren Hauptachse aus mehreren Einzelpolypen bzw. deren Röhren zusammengesetzt ist; rötlichbraun; **5 bis 10 cm** hoch.

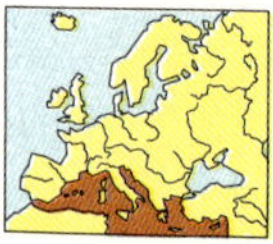

Verbreitung: Mittelmeer. **Lebensraum** und **Lebensweise:** lebt meist in der Uferregion und bildet dort große, zusammenhängende Kolonien, die für Schnecken und Kleinkrebse ein beliebter Aufenthaltsort sind. **Nahrung:** Kleintiere. **Fortpflanzung:** der übliche Wechsel zwischen ungeschlechtlicher Sprossung der Polypen und geschlechtlicher Fortpflanzung der festsitzenden Geschlechtstiere.

8. Familie: *Campanulariidae;* breite Polypen mit frei von den Ästen abstehenden breiten Schutzhüllen (Thecen), deren Stiele geringelt; kleine Medusen mit 4 Radiärkanälen; am Rande keine Augenflecke:

Gattung: Glockenpolypen *(Laomedéa/Obélia);* aufrechte, regelmäßig verzweigte Kolonien; Medusen sehr flach, ohne Mundrohr, aber mit Magen und Tentakeln; Artunterscheidung bzw. Zuordnung der Medusen noch nicht möglich:

Glockenpolyp
Laomedéa geniculáta (Linné)

Öffnungskanten der Thecen glatt; Polypen weißlich; Stöcke bis **4 cm** hoch.

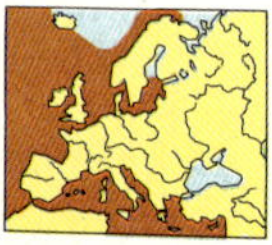

Verbreitung: Mittelmeer, Atlantik, Nordsee, Ostsee. **Lebensraum** und **Lebensweise:** lebt in flachem Wasser, auch in größeren Tiefen; setzt sich auf Algen, Tang, Steinen und Holzteilen fest und bildet Kolonien. **Nahrung:** Kleinlebewesen. **Fortpflanzung:** ungeschlechtliche Polypensprossung im Wechsel mit geschlechtlichen Medusen, deren Larven zu Polypen werden.

9. Familie: Spindelpolypen *(Haleciidae);* Thecen kurz, decken nur die Basen der Polypen, keine freien Medusen; 1 Gattung:

Gattung: Spindelpolypen *(Halécium):*

Spindelpolyp
Halécium halécinum (Linné)

Starr federförmige Kolonien mit aus mehreren Röhren zusammengesetztem Stamm; weißlich bis rahmfarbig; bis **10 cm** hoch.

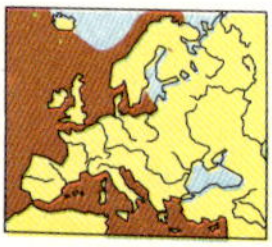

Verbreitung: Mittelmeer, Atlantik, Nordsee, lokal westliche Ostsee. **Lebensraum** und **Lebensweise:** lebt meist in der Tangzone der Küstenregion, aber auch in größeren Tiefen; liebt festen Bodengrund; bildet große Kolonien. **Nahrung:** Kleintiere. **Fortpflanzung:** geschlechtlich; freischwimmende Larve wird zum festsitzenden Polypen, der sich ungeschlechtlich zum Stock vermehrt.

10. Familie: *Sertulariidae:* Thece den Polypen ganz umhüllend, mit Deckel; keine freien Medusen:
Gattung: Korallenmoose *(Hydrallmánia);* Polypen sitzen nur an einer Seite der Zweige:

Korallenmoos
Hydrallmánia falcáta (LINNÉ)

(a) Stämmchen der Stöcke spiralig gewunden; Farbe weißlich bis gelblichbraun; bis **45 cm** hoch.

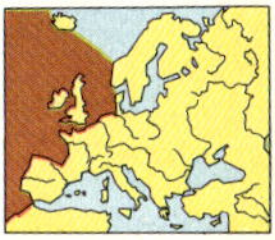

Verbreitung: Atlantik, Nordsee. **Lebensraum** und **Lebensweise:** lebt von der Gezeitenzone bis zu größeren Tiefen; bevorzugt festen steinigen Boden und bildet größere Kolonien. **Nahrung:** Kleintiere. **Fortpflanzung:** ungeschlechtliche Sprossung und geschlechtlich; Geschlechtstiere in eigenen Thecen am Stock festsitzend. **Wirtschaftliche Bedeutung:** wird für Schmuckzwecke geerntet. – Der **Tonnenpolyp** (b) *Sertularélla polyzónias* (LINNÉ), hat tonnenförmige glatte Thecen; bis **3,5 cm** hoch. **Verbreitung:** Mittelmeer, Atlantik, Nordsee. **Lebensraum** und **Lebensweise:** lebt in der Gezeitenzone und in tieferem Wasser; bildet Kolonien; setzt sich an Steinen und Muschelschalen fest. **Nahrung** und **Fortpflanzung:** wie bei *Hydrallmánia.*

Gattung: Seemoose *(Sertulária);* 1 Art:

Seemoos
Sertulária cupréssina LINNÉ

(a) Thecen weit mit den Zweigen verwachsen, mit engen zweizähnigen Mündungen, zweizeilig an den Zweigen stehend; bis **45 cm** hoch.

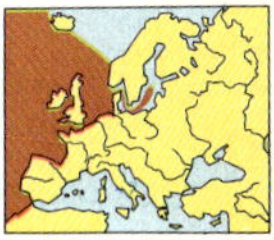

Verbreitung: Atlantik, Nordsee, lokal Ostsee. **Lebensraum** und **Lebensweise:** lebt in der Gezeitenzone und in größeren Tiefen; bevorzugt festen, steinigen Boden und bildet dort geschlossene, größere Mooswiesen. **Nahrung, Fortpflanzung** und **wirtschaftliche Bedeutung:** wie bei *Hydrallmánia.* – Beim **Blindsackpolypen** (b) *Abietinária abiétina* LINNÉ sind die Kolonien nie gedreht; weiß, grau oder bräunlich; bis **30 cm** hoch. **Verbreitung:** Atlantik, Nordsee. **Lebensraum** und **Lebensweise:** lebt in der Tangregion, auch in größeren Tiefen; bildet Kolonien; setzt sich an Steinen und Muschelschalen fest. **Nahrung:** Kleintiere. **Fortpflanzung:** ungeschlechtliche Sprossung, außerdem festsitzende Geschlechtstiere.

527.1 Hydroidpolyp aus der Familie der Sertulariidae

II. Ordnung: *Trachylina;* die Polypengeneration ist unbedeutend oder fehlt ganz, indem sich die Larven direkt wieder zu Medusen entwickeln; hier nur die einzige Süßwassermeduse Europas berücksichtigt:

1. Familie: Süßwassermedusen *(Olindiidae):*

Gattung: Süßwassermedusen *(Microhýdra/Craspedacústa);* 1 Art:

Süßwassermeduse
Microhýdra rýderi (Potts) /
Craspedacústa sowerbyi (Lankester)

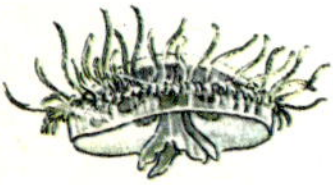

Polyp winzig, tentakellos, in einer schleimigen Hülle, höchstens **2 mm** lang. Meduse flach, hellgelb bis bräunlich, mit vierlippigem kurzem Mundrohr und bis über 600 dünnen Tentakeln; Durchmesser bis **2,2 cm.**

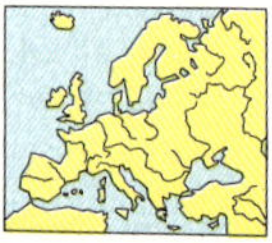

Verbreitung: nur lokal in einigen Flüssen; tritt auch in Warmwasseraquarien und in Seerosenbecken auf. **Lebensraum** und **Lebensweise:** lebt in Teichen, Gräben, Flüssen und oft auch in Wasserpflanzenbecken der botanischen Gärten; hält sich am Boden der Gewässer auf, gelegentlich auch an der Oberfläche. **Nahrung:** Krebstiere. **Fortpflanzung:** geschlechtlich; aus der Planulalarve hervorgehender Polyp setzt sich in fließenden Gewässern auf Steinen und Pflanzen fest und läßt sich Nahrung durch die Strömung herbeitragen; durch Knospung der Polypen entstehen entweder wieder Polypen oder Medusen.

III. Ordnung: Staatsquallen *(Siphonóphora);* freischwimmende Polypenstöcke, deren Einzelpolypen sehr unterschiedlich gestaltet sind; hier nur 2 Beispiele:

1. Familie: Spanische Galeeren *(Physallidae);* am Oberende des Stockes eine sehr große Gasflasche, von der die Polypen ins Wasser hinabhängen; keine Schwimmglocken; 1 Gattung:

Gattung: Spanische Galeeren *(Physália);* 1 Art:

Spanische Galeere
Physália phýsalis Linné

(a) Gasblase bläulich; unter ihr zahlreiche Fäden mit Freß- oder Geschlechtspolypen, außerdem ein sehr langer, stark nesselnder Fangfaden; Ø Gasblase **20–30 cm,** Fangfäden bis **50 m** lang.

Verbreitung: weltweit, in Europa Atlantik und Mittelmeer. **Lebensraum** und **Lebensweise:** meist auf der offenen See mit der Strömung dahintreibend; durch Gasblase nur an der Oberfläche; unter den Fangarmen verstecken sich verschiedene kleine Fische; sie sind anscheinend unempfindlich gegen das Nesselgift, das dem Menschen aber gefährlich wird. **Nahrung:** Krebse, Fische. **Fortpflanzung:** die Eier der Geschlechtstiere werden zu Wimperlarven, die sich zu einem kleinen, ungewöhnlich gestalteten Polypen umwandeln, aus dem durch ungeschlechtliche Vermehrung (Sprossung) der Stock entsteht. – Die **Segelqualle** (b) *Velélla velélla* Linné (aus der Familie der Segelquallen) hat einfache, fadenförmige und kurze Tentakeln, die nicht nesseln. **Lebensraum** und **Lebensweise:** wie Spanische Galeere. **Nahrung:** Plankton. **Fortpflanzung:** die kleinen Polypen erzeugen ungeschlechtlich zahlreiche kleine Medusen, die absinken; in großer Tiefe geben sie ihr Sperma oder ihr einziges Ei frei; die geschlechtlich erzeugte Larve enthält zahlreiche Öltröpfchen und steigt darum langsam auf; sie ist anfangs kugelig, beginnt aber bald ihre Umgestaltung und wächst durch Sprossung zum Stock der adulten Segelqualle, heran.

Stamm: Rippenquallen *(Ctenóphora);* pelagische, durchsichtige Meerestiere, die sich mittels 8 Längsreihen von Wimperplättchen mit dem Mund voran fortbewegen, wobei der Schlag der Wimperplättchen wellenartig über das Band hinläuft.

Unterklasse: Tentakeltragende Rippenquallen *(Tentaculífera);* mit 2 langen Fangtentakeln;

1. Familie: Kugelrippenquallen *(Pleurobrachíidae);* alle 8 Wimperbänder sind gleich lang; 1 Gattung:

Gattung: Kugelrippenquallen *(Pleurobráchia);* hier 2 Arten:

Kugelrippenqualle
Pleurobráchia pileus (O. F. MÜLLER)

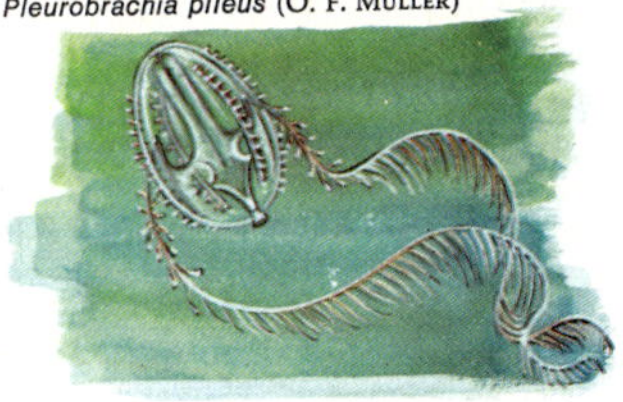

(a) Körper kugelig oder etwas länglich, farblos-durchsichtig; bis **2 cm** hoch. Tentakeln bis **75 cm** lang.

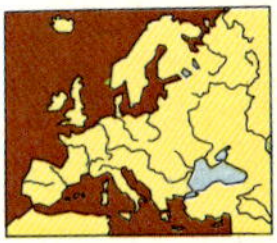

Verbreitung: Mittelmeer, Atlantik, Nord- und Ostsee. **Lebensraum** und **Lebensweise:** in verschiedenen Wassertiefen; von der Meeresströmung oft **zu** großen Scharen zusammengetrieben, bewegt sich durch Wimperplättchen fort. **Nahrung:** Plankton. **Fortpflanzung:** Zwitter; jedes Tier wird zweimal geschlechtsreif; aus Eiern und Spermien entwickeln sich ohne Zwischenstufe Quallen. – Die **Birnenförmige Rippenqualle** (b) *Bolinópsis infundibulum* (O. F. MÜLLER) hat 4 lange und 4 kurze Wimperreihen; bis **15 cm** hoch. Verbreitung usw. ähnlich der Kugelrippenqualle.

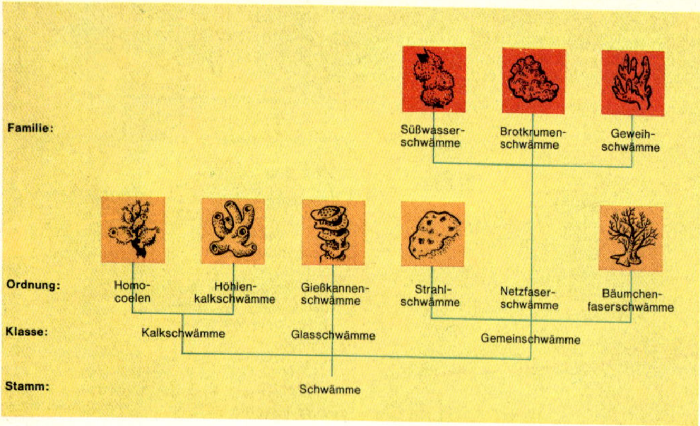

530.1 System der Schwämme

Stamm: Schwämme *(Porifera);* festsitzende, praktisch unbewegliche Wassertiere, die mittels spezieller Geißelzellen einen Wasserstrom durch ihren Körper führen; wichtige Bestimmungsmerkmale sind Skelettelemente (Spicula) im Schwammkörper:

1. Familie: Syconschwämme *(Sycéttidae);* gedrungener Körper, meist mit einer Ausströmöffnung am Körperende; der Körper ist hohl, der zentrale Hohlraum besitzt nur grubenartige Aussackungen: Spiculae aus Kalk (Kalkschwämme):

Gattung: Syconschwämme *(Sýcon);* Körper oval bis rund, mitunter gestielt, um die Ausströmöffnung ein Stachelkranz:

Syconschwamm
Sýcon raphánus Schmidt

Birnförmig, weich, mit stachelig rauher Oberfläche und hohem Stachelkragen; weißlich; **3–4 cm** hoch.

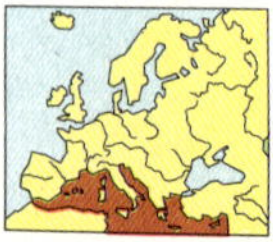

Verbreitung: Mittelmeer. **Lebensraum** und **Lebensweise:** lebt meist in der Uferzone; meidet das Licht und siedelt einzeln unter Felsüberhängen, in Felsspalten und unterseeischen Grotten. **Nahrung:** Plankton. **Fortpflanzung:** geschlechtlich.

2. Familie: Brotkrumenschwämme *(Halichondriidae);* mit Sponginfasern; Spiculae einseitig oder beidseitig stumpf, Spiculae aus Kieselsäure (Kieselschwämme):

Gattung: Brotkrumenschwämme *(Halichóndria);* Spiculae beidseitig stumpf.

Brotkrumenschwamm
Halichóndria panicéa (Pallas)

(a) Unregelmäßige dicke Krusten, mitunter lappig, die Ausströmöffnungen kaminartig erhoben; bis **10 cm** hoch.

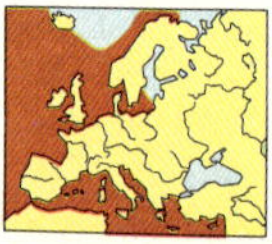

Verbreitung: Mittelmeer, Atlantik, Nordsee, westliche Ostsee. **Lebensraum** und **Lebensweise:** lebt vom Flachwasser bis in größere Tiefen; überwuchert Steine, Felsen und Algen, besonders an lichtarmen Stellen. **Nahrung:** Plankton. **Fortpflanzung:** geschlechtlich. **Wirtschaftliche Bedeutung:** wird als Dünger verwendet. – Der **Geweihschwamm** (b) *Chalina oculáta* (Pallas) ist geweihartig verzweigt; bis **30 cm** hoch. Verbreitung usw. ähnlich Brotkrumenschwamm.

3. Familie: Süßwasserschwämme *(Spongillidae);* mit Hornfasern (Sponginfaserskelett) und Spiculae:

Gattung: *Spongilla;* verzweigt, nur in stark strömendem Wasser krustig:

See-Süßwasserschwamm
Spongilla lacústris (LINNÉ)

(a) Gemmulae (Dauerknospen zur ungeschlechtlichen Vermehrung) einzeln im Schwamm verstreut, starker charakteristischer Geruch; bis **1 m** lang.

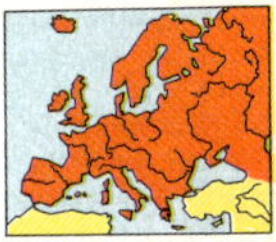

Verbreitung: in Teichen, Seen und Flüssen; häufig. **Lebensraum** und **Lebensweise:** am Boden der Gewässer; setzt sich auf Baumwurzeln, Schwemmholz und Steinen fest; meist mit symbiontischen Algen; liebt ruhiges Wasser. **Nahrung:** Plankton und Detritus. **Fortpflanzung:** geschlechtlich; Larven im Frühsommer bilden neue Schwammkolonie; außerdem gehen aus überwinterten Dauerknospen neue Schwämme hervor. – Der **Fluß-Süßwasserschwamm** (b) *Ephydátia fluviátilis* (LINNÉ) hat keinen auffälligen Geruch; bis **70 cm** lang. Verbreitung usw. ähnlich See-Süßwasserschwamm, aber auch in brackigem Wasser.

4. Familie: Badeschwämme *(Spongiidae);* netzartiges Sponginskelett (Hornschwämme); keine Spiculae:

Gattung: Badeschwämme *(Spóngia);* klumpenförmige Schwämme:

Badeschwamm
Spóngia officinális LINNÉ

Massig, klumpenförmig; meist **10–20 cm** im Durchmesser.

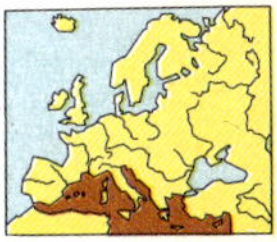

Verbreitung: Mittelmeer. **Lebensraum** und **Lebensweise:** lebt in Tiefen bis 250 m; bildet Kolonien auf Steinen, Felsen, Schneckenschalen, Seegras und Tang; bevorzugt Gebiete mit Meeresströmung und gleichbleibender Temperatur. **Nahrung:** Plankton, Schwebstoffe. **Fortpflanzung:** geschlechtlich. **Wirtschaftliche Bedeutung:** wird schon seit den frühesten Zeiten der Menschheitsgeschichte bis heute aus dem Meere gefischt, gesäubert, getrocknet und zugeschnitten als Badeschwamm gehandelt.

531.1 Geweihschwamm

Bildnachweis

Die farbigen Tierzeichnungen stammen von Wilhelm Eigener, Hamburg. Die systematischen Übersichtstafeln wurden nach Entwürfen von Dr. Garms von Roswitha Löhmer-Eigener, Hannover, und August Eigener, Hamburg, angefertigt. Die Vignetten wurden von der Technisch-graphischen Abteilung Westermann gezeichnet.

Die Nummern zu den Abbildungen werden in der Reihenfolge angegeben, in der die Bilder auf den einzelnen Seiten stehen, auch dann, wenn zusätzliche Fotos mit eigener Bildnummer auftreten.

Die Umschlagfotos stammen von: Bajohr, Christiansen, Jurzitza, Photo-Center, Pfletschinger, Sauer.

Anthony Verlag, Starnberg: 309.3

Bavaria-Verlag, München: 2.6 (Dr. Sauer); 51.2; 283.3 (Reiserer); 287.1 (Dr. Sauer); 309.1 (Dr. Sauer); 312.1; 329.2 (Reiserer); 348.1; 354.3 (Dr. Sauer); 358.2 (Thau); 365.2 (Harstrick); 371.1; 373.2; 373.3 (Dr. Sauer); 390.2; 393.2; 395.2; 397.1 (Harstrick); 407.3 (Lederer); 410.1 (Harstrick); 414.2 (Dr. Skiba); 415.2 (Lederer); 438.1 (Schläpfer); 444.3 (Dr. Sauer); 470.1 (Lederer)

Mit freundlicher Genehmigung des Belser Verlages, Stuttgart, aus Claus König: „Vögel", *Bd. 1:*
Aichhorn: 185.2; 188.3; 209.1; 220.1; 221.1; 227.1
Bajohr: 228.1
Bretzendorfer: 169.1
Christiansen: 188.1; 194.5; 196.2; 198.1; 216.1; 217.2; 224.2; 228.3; 229.3
Eichhorn/Zingel: 178.2; 180.2; 181.3; 210.2
Erdmann: 179.1; 181.1; 186.1; 190.2; 200.2; 201.3; 223.1, 2
Fischer: 173.3
Hinz: 207.2
Hosking: 229.4
Dr. König: 193.1; 194.2
Landvogt: 167.2; 204.3; 208.2; 213.3
Laßwitz: 172–3; 195.1; 199.1; 206.1; 218.1
Limbrunner: 170.1
Makatsch: 211.2
Martin: 219.1
Olsson: 177.3; 182.3; 185.1; 186.2; 188.4; 189.1; 191.1, 2; 201.1; 205.4; 226.2
Quedens: 184.1; 192.2; 231.2
Schmid: 179.2; 225.3
Schrempp: 190.1; 219.4
Schuphan: 229.3
Schwammberger: 203.3; 212.2; 215.3; 219.3; 221.2; 231.3
Simon: 191.3
Skruzny: 190.3
Söding: 224.1
Swanberg: 172.1; 182.1
Thielemann: 183.3
Tomanek: 211.1
Waskala: 214.2
Weber: 168.1; 199.3; 209.2
Wenzel: 187.1; 216.2
Wissenbach: 187.2; 194.4
Zimmermann: 203.1
Zingel: 168.2

Mit freundlicher Genehmigung des Belser Verlages, Stuttgart, aus Claus König „Vögel", *Bd. 2:*
Bajohr: 87.3; 91.2; 107.3; 120.3; 127.1; 132.1; 141.1; 156.2; 159.1
Bettmann: 99.1
Böcker/Hoffer: 105.1; 154.2
Bretzendorfer: 150.3; 151.1
Christiansen: 78.1; 87.1; 88.2; 95.1; 97.2; 101.3; 103.3; 107.1; 109.2; 110.1; 111.2; 115.3; 127.2; 128.2; 129.1, 2; 144.3
Franke: 160.5
Prof. v. Frisch: 134.3
Hanske: 93.3
Kacher: 120.2
Dr. König: 119.4; 163.2
Landvogt: 92.1; 112.1; 124.2
Laßwitz: 136.3; 138.1
Limbrunner: 82.2; 103.4
Makatsch: 131.1, 2
Obländer: 110.3
Olsson: 94.1; 117.2
Quedens: 83.2; 122.1; 123.3; 165.3
Schuster: 131.3
Schwammberger: 83.1; 137.1–3; 138.3; 145.3; 146.1, 2; 162.2; 164.3; 166.1
Siedel: 85.2
Skruzny: 98.1
Dr. Stehle: 142.1; 144.2; 149.2
Steidl: 84.4
Strauß: 164.2
Tomanek: 162.1
Verbruggen: 94.3; 108.1; 112.3; 113.2; 134.3; 149.1; 150.1; 153.4; 155.3; 157.4
Weber: 104.3; 108.2
Dr. Westernhagen: 101.1; 102.2; 121.4; 126.2
Wittenberg: 78.
Zimmermann: 132.3
Zingel: 111.3

Mit freundlicher Genehmigung des Belser Verlages, Stuttgart, aus Claus König: „Vögel", *Bd. 3:*
Bajohr: 88.5; 91.2
Blomgren: 157.3
Bretzendorfer: 84.4
Christiansen: 80.1; 102.1; 125.3
Fischer/Lange: 90.1
Gensbøl: 106.2, 3; 156.3
Hosking: 87.2
Jacana: 92.3
Limbrunner: 88.4; 133.4
Quedens: 100.1; 231.2
Schwammberger: 231.3
Stalla: 130.2
de Vries: 88.1

Mit freundlicher Genehmigung des Belser Verlages, Stuttgart, aus Claus König: „Wildlebende Säugetiere Europas":
Aichorn: 35.2
Bajohr: 55.3
Berger: 11.1
Bisserot: 22.2
Bretzendorfer: 16.3; 38.1; 41.1
Bucher: 55.2
Christiansen: 39.3; 58.3; 62.2; 65.1; 74.2; 76.3
Curth: 15.1; 20.3
Erdmann: 41.3
Fernandez: 62.1
Festetics: 57.1
Gensbøl: 26.3; 63.2
Heinzelmann: 23.1
Prof. Herre: 54.2
Holm: 25.2; 57.4; 60.1
Dr. König: X.1; 10.4; 13.2, 3; 14.1; 15.3; 18.1; 19.3;

20.2; 21.2; 21.4; 37.2, 3
Prof. Kulzer: 14.2; 17.2; 21.3
Landvogt: 15.2
Laßwitz: 29.1
Layer: 29.3
Leidmann: 71.1
Markham: 28.3
Prof. Niethammer: 12.1
Okapia: 61.3
Paysan: 11.3
Quedens: 56.3
Reinhard: 17.3
Reinhard/Rieser: 1.1; 54.3
Rohdich: 30.1
Schwammberger: 8.3; 9.2; 10.2; 16.1; 32.2; 33.1, 2; 34.2; 36.2; 38.3; 39.1; 40.2; 42.1; 43.2, 3; 56.2; 57.3; 70.2
Siedel: X.2; 58.2; 64.1; 76.2
Steidl: 59.2
Tilgner: 63.1
Vogel: 9.1
Wetta: 69.3
Wilsson: 30.3

Prof. Heydemann, Kiel: 26.1; 28.1; 54.1; 60.2; 68.3; 74.3; 84.1; 89.1; 116.2; 118.2; 118.4; 119.2; 155.1; 163.1; 196.1

Hirschberger, Braunschweig: XIX.2; XXIV.2, 3; XXVIII.3; XXIX.1; XXX.2

Dr. Jesse, Köln: 35.1

Jung, Hilchenbach: XXIII.1 b; 348.2; 353.3; 383.3; 410.3; 412.3; 413.2; 417.1; 448.1

Prof. Jurzitza, Karlsruhe: 363.2; 387.2; 402.1; 404.4; 405.1

Kind, Hamburg: X.3, 4; XI.1–3; XVII.3; XXI.2; XXII.3; XXIII.1, 2; XXIV.1; XXVI.1; XXVIII.1; XXIX.3, 4; 2.2; 3.4; 3.7, 8; 6.1; 7.3, 4; 24.1; 24.3, 4; 52.2–5; 53.1; 66.2–4; 68.1, 2; 101.2; 103.1, 2; 108.3; 160.4; 163.3; 217.3; 233.1, 2; 237.2, 3; 238.1; 240.3; 248.2–4; 431.1; 454.1; 464.1; 466.2; 467.1; 468.1; 468.3; 470.2; 471.3; 472.1; 472.3; 473.1; 473.4; 475.1; 475.4; 476.2; 477.1, 2; 478.1, 3; 480.1; 482.1; 490.2; 490.4; 491.3; 492.1; 493.1; 494.1–3; 495.4; 499.2; 500.2; 501.1; 501.3; 502.3, 4; 503.1–4; 504.1; 504.4; 505.1, 2; 506.2; 507.2; 507.4; 509.4; 510.1; 511.1; 512.1; 515.2; 516.1, 2

Roswitha Löhmer-Eigener, Hannover, und August Eigener, Hamburg: 2.1; 3.1; 4.1, 2; 5.1; 7.1; 13.1; 23.1; 24.2; 27.1; 44.1; 52.1; 63.1; 66.1; 67.1; 116.1; 232.1; 257.1; 272.1; 337.1; 346.1; 347.1; 373.4; 376.3; 396.1; 423.2; 432.1; 447.2; 453.2; 464.1; 465.1; 489.1; 512.2; 518.1

Löhmer-Eigener, Hannover: IX.1; XI.4; XII.5; XIII.1–3; XIV.1–6; XV.1–5; XVI.1, 2; XVII.5; XVIII.1–3; XXI.1; XXV.2; 77.1; 79.1; 85.1; 91.1; 135.1; 148.1; 154.1; 174.1; 178.1; 233.1, 3, 4; 24.1.1, 2; 251.4–6; 253.1–3; 256.1–3

Mauritius, Mittenwald: 2.2 (Schrempp); 7.2; 351.3 (Harstrick); 359.1 (Chrile); 368.3; 370.1; 372.3 (Harstrick); 376.2 (Schrempp); 392.3; 400.3; 413.1 (Chrile); 417.2 (Freytag); 428.1; 429.3 (Harstrick)

Osche, aus Osche „Evolution" – Reihe studio visuell – S. 54, 4. Auflage, Verlag Herder, Freiburg, Basel, Wien 1975: XIX.1

Paysan, Stuttgart: 133.3; 264.2; 267.3; 279.3; 288.1; 289.3; 291.1; 292.1; 293.1, 3; 294.2; 295.2; 302.1; 310.2; 328.3

Pfletschinger, Ebersbach: 343.2; 247.1; 259.3; 260.1; 261.2; 268.2; 269.3; 270.2; 271.1

Photo-Center, Braunschweig: 240.2; 242.3; 243.1; 246.4; 252.1, 3; 254.2; 255.1; 261.1; 265.1, 2; 266.1; 268.3; 269.1; 367.2; 382.2, 3; 385.1; 388.3; 389.3; 390.1; 409.3; 410.2; 415.1; 416.3; 417.3; 418.1; 424.2; 426.1; 460.2

Prange, Braunschweig: 175.1, 2; 231.1

Rohdich, Münster: 234.1; 241.3; 248.1; 249.3; 253.6; 255.2; 266.2; 269.2; 270.1; 283.2; 288.3; 290.1; 292.2; 296.1; 298.1; 314.3; 315.1

Dr. Sauer, Karlsfeld: 3.6; 253.5; 279.2; 281.1; 295.3; 312.2; 329.3; 331.1, 3; 334.2; 335.2; 335.4, 5; 338.1; 339.3; 341.2, 3; 344.1; 345.2; 348.3; 350.3; 353.1; 355.2; 357.3; 359.3; 366.1; 367.3; 368.4; 370.2; 395.3; 398.1; 398.3; 399.1; 400.2; 402.2; 404.1; 409.1; 411.2; 414.4–6; 416.1, 2; 418.3; 420.3; 421.3; 427.1;1 430.1, 3; 433.1; 434.1–3; 437.1; 439.1; 441.1; 442.2; 445.2, 3; 448.2; 449.2; 451.1; 452.1; 457.1; 458.3; 459.2; 461.3; 462.1; 517.3; 518.2; 521.1, 2; 523.2; 524.1; 527.1; 531.3

Schmidt, Braunschweig: XIX.3; XX.2

Prof. Schneider, Godramstein: 3.5

Sherwood, Minnesota: 1.2

Siedel, Sande: 259.2; 266.3; 267.1

Szasz, Inge und Istvan, Johannisberg: XVII.4; XVII.6; XX.1; XXII.1; XXIII.3; XXV.1; XXVI.2–4; XXVII.1; XXXII.1

Stümbke, Braunschweig: XI.5; XII.1; XIII.4; XVI.4; XVII.1, 2; XXII.2; XXIII.1; XXV.3; XXVII.2; XXVIII.2; XXIX.2; XXX.1; XXXI.1–3

Tierbilder-Okapia, Frankfurt: 75.1; 275.2 (Gropp); 354.4 (Reinhard); 364.3 (Harstrick); 366.1; 371.2 (Kratz); 451.3 (Zettl); 523.3 (Dulevant)

Zentrale Farbbild Agentur ZE FA, Düsseldorf: 3.7 (Dr. Sauer); 49.3 (Thau); 61.1 (Reinhard); 70.1 (Schröter); 313.1 (Lindner)

Literaturverzeichnis

Allgemeine Literatur

BANG, P. und P. DAHLSTRÖM (1977): Tierspuren; Tiere erkennen an Fährten, Fraßzeichen, Bauen und Nestern. BLV Verlagsgesellschaft, München. 240 S.

Brehms Neue Tierenzyklopädie. Schriftleitung JAHN, TH. Verlag Herder K.G., Freiburg im Breisgau – Basel – Wien. 12 Bände:
Band I–IV (1974): Säugetiere. **1**, 312 S.; **2**, 368 S.; **3**, 308 S.; **4**, 308 S.
Band V–VIII (1975): Vögel. **1**, 328 S.; **2**, 328 S.; **3**, 348 S.; **4**, 308 S.
Band IX (1976): Reptilien, Amphibien, 328 S.
Band X (1976): Fische, 328 Seiten.
Band XI (1976): Wirbellose **1**, 328 Seiten.
Band XII (1977): Wirbellose **2**, 328 Seiten.

Brehms Tierleben, Herausgeber OTTO ZUR STRASSEN (1930, 5. Aufl.). Bibliographisches Institut in Leipzig; 12 Bände:
Bd. I: Niedere Tiere. 722 S.
Bd. II: Fische. 590 S.
Bd. III–IV: Lurche und Kriechtiere. **1**, 572 S.; **2**, 598 S.
Bd. V–VIII: Vögel. **1**, 498 S.; **2**, 492 S.; **3**, 472 S.; **4**, 568 S.
Bd. IX–XII: Säugetiere. **1**, 580 S.; **2**, 654 S.; **3**, 722 S.; **4**, 714 S.

BROHMER, P. (Hrsg.; 1969, 10. Aufl.; fortgeführt von W. TISCHLER): Fauna von Deutschland. Ein Bestimmungsbuch unserer heimischen Tierwelt. Verlag Quelle und Meyer, Heidelberg. 595 S.

BROHMER, P., P. BEHRMANN und G. ULMER (Hrsg.): Die Tierwelt Mitteleuropas. – 7 Bände, seit 1929, mit zahlreichen zumeist undatierten Ergänzungen, Neubearbeitungen oder Nachdrucken.

DAHL, F. (Hrsg., fortgeführt von M. DAHL und F. PEUS): Die Tierwelt Deutschlands und der angrenzenden Meeresteile nach ihren Merkmalen und nach ihrer Lebensweise. – Zahlreiche Bände seit 1925. Fischer Verlag, Jena.

DE HAAS, W. und FR. KNORR (1971; 3. Aufl.): Was lebt im Meer an Europas Küsten? Mittelmeer – Atlantik – Nordsee – Ostsee. Kosmos. Gesellschaft der Naturfreunde. Franckh'sche Verlagshandlung, Stuttgart. 359 S.

EIGENER, W. (1974): Was lebt wo auf dieser Erde? Verlag Olde Hansen, Hamburg. 320 S.

EIGENER, W. (Hrsg.; 1971): Enzyklopädie der Tiere; Georg Westermann Verlag, Braunschweig. 2 Bände:
Bd. I: Einführung, Wirbellose Tiere, Chordatiere, Fische, Lurche, Kriechtiere. 271 S.
Bd. II: Vögel, Säugetiere. 272 S.

FELIX, J. (1975): Kosmos Tierwelt. Europäische Fauna. Franckh'sche Verlagshandlung, Stuttgart. 305 S.

GARMS, H. (1975; 6. Aufl. 221.–260. Tausend): Pflanzen und Tiere Europas, ein Bestimmungsbuch. dtv Deutscher Taschenbuch Verlag, München. 348 S.

GARMS, H. (1973; 5. Aufl.): Pflanzen und Tiere Europas. Ein Bestimmungsbuch; illustriert von W. Eigener. Georg Westermann Verlag, Braunschweig. 348 S.

GRAF, J. (1967; 2. Aufl.): Der Wanderer durch die Binnengewässer. J. F. Lehmanns Verlag München. 223 S.

GRAF, J. (1961): Tierbestimmungsbuch. Verlag J. F. Lehmanns, München.

GRZIMEK, B. (Hrsg.; 1975): Grzimeks Tierleben. Enzyklopädie des Tierreiches; Kindler Verlag, Zürich. 13 Bände:
Bd. I: Niedere Tiere. 613 S.
Bd. II: Insekten. 627 S.
Bd. III: Weichtiere und Stachelhäuter. 546 S.
Bd. IV: Fische **1**, 556 S.
Bd. V: Fische **2** und Lurche. 568 S.
Bd. VI: Kriechtiere. 609 S.
Bd. VII–IX: Vögel **1**, 564 S.; **2**, 597 S.; **3**, 640 S.
Bd. X–XIII: Säugetiere **1**, 614 S.; **2**, 608 S.; **3**, 660 S.; **4**, 600 S.

ILLIES, J. (Hrsg.; 1967): Limnofauna Europaea. Eine Zusammenstellung aller die europäischen Binnengewässer bewohnenden mehrzelligen Tierarten mit Angaben über ihre Verbreitung und Ökologie. G. Fischer Verlag, Stuttgart. 474 S.

KAESTNER, A.: Lehrbuch der Speziellen Zoologie; Gustav Fischer Verlag, Stuttgart. 4 Bände:
Band I: Wirbellose, 1. Teil (1969; 3. Aufl.); 898 S.
Band I: Wirbellose, 2. Teil (1967; 2. Aufl.): Crustacea; 393 S.
Band I: Wirbellose, 3. Teil: Insecta:
A. Allgemeiner Teil (1972; 1. Aufl.); 272 S.
B. Spezieller Teil (1973; 1. Aufl.); 630 S.

Knaurs Tierreich in Farben. Droemersche Verlagsanstalt, Knaur-Nachf., München – Zürich. 7 Bände:
Bd. 1. SANDERSON, J. T.; deutsche Bearbeitung von FRITZ BOLLE (1956): Säugetiere. 350 S.
Bd. 2. GILLARD, E. TH. u. G. STEINBACHER (1959): Vögel. 408 S.
Bd. 3. SCHMIDT, K. P. u. INGER, R. F. (1957): Reptilien. 311 S.
Bd. 4. COCHRAN, D. M.; deutsche Bearbeitung H. Wermuth (1961): Amphibien. 227 S.
Bd. 5. HERALD, S.; deutsche Bearbeitung von D. Vogt (1961): Fische. 359 Seiten.
Bd. 6. KLOTS, A. B. u. E. B. KLOTS (1959): Insekten. 350 S.
Bd. 7. BUCHSBAUM, R. u. L. J. MILNE (1960): Niedere Tiere. 360 S.

KUCKUCK, P. (1962; 9. Aufl.): Der Strandwanderer. Die wichtigsten Strandpflanzen, Meeresalgen und Seetiere der Nord- und Ostsee. J. F. Lehmanns Verlag, München. 148 S.

LUTHER, W. und K. FIEDLER (1967; 2. Aufl.): Die Unterwasserfauna der Mittelmeerküsten. Ein Taschenbuch für Biologen und Naturfreunde. Verlag Paul Parey, Hamburg und Berlin. 260 S.

MILNE, L. und M. sowie F. RUSSEL (1976): Geheimnisvolle Tierwelt. Streifzüge durch die Verhaltensforschung. Georg Westermann Verlag, Braunschweig. 213 S.

MÖHRES, P. (1964): Welt unter Wasser. Tiere des Mittelmeeres. Chr. Belser Verlag, Stuttgart. 256 S.

NORMANN, J. R. u. F. FRASER (1963): Riesenfische, Wale und Delphine. Ein Taschenbuch für Biologen, Sport- und Berufsfischer und für Naturfreunde. Verlag Paul Parey, Hamburg und Berlin. 341 S.

RIEDEL, T. (Hrsg.; 1970; 2. Aufl.): Fauna und Flora der Adria. Ein systematischer Meeresführer für Biologen und Naturfreunde. Verlag Paul Parey, Hamburg und Berlin. 702 S.

SANDHALL, AKE (1974): Insekten u. Weichtiere; niedere Tiere und ihre Lebensräume: Gliedertiere, Würmer, Nesseltiere, Weichtiere, Einzeller. BLV Verlagsgesellschaft, München. 208 S.

Stresemann, E. (Hrsg.): Exkursionsfauna von Deutschland. Volk und Wissen, Volkseigener Verlag Berlin. 4 Bände:
Bd. I: Wirbellose I (1967; 3. Auflage); Klassen der Wirbellosen mit Ausschluß der Insekten. 494 S.
Bd. II/1: Insekten – 1. Halbband (Wirbellose II/1; 1964). 518 S.
Bd. II/2: Insekten – 2. Halbband (Wirbellose II/2; 1969). 476 S.
Bd. III: Wirbeltiere (1961; 2. Aufl.). 352 Seiten.
Todt, D. (1972): Das Leben – Werden und Vergehen. C. Bertelsmann Verlag, München, Gütersloh, Wien. 208 S.
Urania Tierreich. Verlag Harri Deutsch, Frankfurt a. Main und Zürich. 6 Bände:
Bd. I: Wirbellose Tiere 1 (1969; 1. Aufl.). 534 S.
Bd. II: Wirbellose Tiere 2 (1969; 1. Aufl.). 623 S.
Bd. III: Insekten (1971; 2. Aufl.). 630 S.
Bd. IV: Fische, Lurche, Kriechtiere (1971; 2. Aufl.). 630 S.
Vogel, G. und H. Angermann: dtv-Atlas zur Biologie. Deutscher Taschenbuch Verlag, Minden. 2 Bände:
Bd. 1 (1974; 8. Aufl.; 301.–350. Tausend). 275 S.
Bd. 2 (1974; 7. Aufl.; 271.–320. Tausend). 294 S.

Säugetiere

Carrington, R. (1965): Life-Wunder der Natur. Die Säugetiere. Verlag Time-Life International (Nederland) N. V. 192 S.
König, Cl. (1969): Wildlebende Säugetiere Europas. Chr. Belser Verlag, Stuttgart. 256 S.
Koller, G. (1956; 2. Aufl.): Die wildlebenden Säugetiere Mitteleuropas. Carl Winter, Universitätsverlag Heidelberg. 207 S.
Mohr, E. (1954; 3. Aufl.): Die Nagetiere Deutschlands. VEB Gustav Fischer, Jena.
Scheibenpflug, H. (1960; 4. Aufl.): Fährten, Spuren, Losungen. Eine praktische Naturkunde für Jäger und Naturfreunde. Pinguin-Verlag, Innsbruck/Tirol. 82 S.
Stehli, G. u. F. Brohmer (1970; 2. Aufl.): Welches Tier ist das? (Säugetiere). Kosmos – Gesellschaft der Naturfreunde, Franckh'sche Verlagshandlung, Stuttgart. 110 S. u. 62 Tafeln.
van den Brink, F. H. (1975; 3. Aufl.): Die Säugetiere Europas westl. des 30. Längengrades. Ein Taschenbuch für Zoologen und Naturfreunde. Verlag Paul Parey, Hamburg und Berlin. 217 S.
Zimmermann, K. (1961; 2. Aufl.): „Säugetiere" in E. Stresemann: Exkursionsfauna von Deutschland. Berlin.
Zimmermann, K. (1965): Taschenbuch unserer wildlebenden Säugetiere. Urania-Verlag, Leipzig. 174 S.

Vögel

Austin, O. L. (1963): Die Vögel der Welt. Verlag Droemer-Knaur, München. 316 S.
Berndt, R. und W. Meise (Hrsg.): Naturgeschichte der Vögel. Kosmos-Gesellschaft der Naturfreunde, Franckh'sche Verlagshandlung, Stuttgart. 3 Bände:
Bd. 1 (1959): Allgemeine Vogelkunde. 390 S.
Bd. 2 (1962): Spezielle Vogelkunde. 679 S.
Bd. 3 (1966): Bibliographien und Register. 474 S.
Bruce Campbell (1976): Das große Vogelbuch. Übersetzung und deutsche Bearbeitung Ruge, Kl. und R. Ertel, Karlsruhe. Verlag Eugen Ulmer, Stuttgart. 369 Seiten.
Brüll, H. (1977; 3., neubearbeitete und erweiterte Aufl.): Das Leben europäischer Greifvögel. Gustav Fischer Verlag. Stuttgart, New York. 315 S.
Brun, B. und A. Singer, Cl. König (1974; 3. Aufl.): Der Kosmos Vogelführer – Die Vögel Deutschlands und Europas in Farbe. Kosmos-Gesellschaft der Naturfreunde; Franckh'sche Verlagshandlung, Stuttgart. 317 Seiten.
Friedrich (1922; 6. Aufl.): Naturgeschichte der Vögel Europas. Hoffmannsche Buchdruckerei, Felix Kreis, Stuttgart. 884 S.
Frieling, H. (1969; 19. Aufl., 367.–426. Tausend): Was fliegt denn da? Kosmos. Gesellschaft der Naturfreunde, Franckh'sche Verlagshandlung, Stuttgart. 155 S.
Heinroth, O. und M. (1926): Die Vögel Mitteleuropas. Hugo Bermühler Verlag, Berlin-Lichterfelde (Bd. 1–3) und Harri Deutsch Verlag, Frankfurt/Main, Zürich (Bd. 4). 4 Bände:
König, Cl.: Europäische Vögel. Chr. Belser Verlag, Stuttgart. 3 Bände:
Bd. 1 (1966): Ziegenmelker, Segler, Racken, Spechte, Sperlingsvögel. 256 S.
Bd. 2 (1967): Sumpf- und Wasservögel, Greifvögel, Hühnervögel, Kraniche, Tauben, Kuckucksvögel, Eulen. 256 S.
Bd. 3 (1970): Nester und Gelege sowie weitere Brutvögel Europas. 256 S.
v. Lukanus, Fr. (1937): Deutschlands Vogelwelt. Verlag Paul Parey, Berlin. 310 S.
Makatsch, W. (1952): Die Vögel der Seen und Teiche. Neumann-Verlag, Radebeul – Berlin. 380 S.
Makatsch, W. (1953): Die Vögel in Feld und Flur. Neumann Verlag, Radebeul – Berlin. 314 S.
Niethammer, G. u. U. Glutz von Blotzheim (Hrsg.): Handbuch der Vögel Mitteleuropas. Akademische Verlagsgesellschaft, Wiesbaden. Bisher 6 Bände.
Peterson, R. und G. Mountfort, P. A. D. Hollom (1976; 11. Aufl.): Die Vögel Europas. Ein Taschenbuch für Ornithologen und Naturfreunde über alle in Europa lebenden Vögel. Verlag Paul Parey, Hamburg und Berlin. 446 S.
Timmermann, G. (1967): Der Vogelzug. Georg Westermann Verlag, Braunschweig. 116 Seiten.
Voous, K. H. (1962): Die Vogelwelt Europas und ihre Verbreitung. Ein tiergeographischer Atlas über die Lebensweise aller in Europa brütenden Vögel. Verlag Paul Parey, Hamburg und Berlin. 284 S.
Wüst, W. (1970): Die Brutvögel Mitteleuropas. Bayerischer Schulbuchverlag. 519 S.

Kriechtiere und Lurche

Freytag, G. (1955): Feuersalamander und Alpensalamander. Verlag Ziemsen, Wittenberg.
Fromhold, G. (1954): Heimische Lurche und Kriechtiere. Verlag Ziemsen, Wittenberg.
Hellmich, W. (1956): Die Lurche und Kriechtiere Europas. Carl Winter, Universitätsverlag, Heidelberg. 166 S.
Mertens, R. (1968; 4. Aufl.): Kriechtiere und Lurche. Kosmos, Gesellschaft der Naturfreunde. Franckh'sche Verlagshandlung, Stuttgart. 98 S.
Sternfeld, R. und Steiner, G. (1952; 2. Aufl.): Die Reptilien und Amphibien Mitteleuropas. Quelle u. Meyer, Heidelberg. 94 Seiten und 30 farbige Tafeln.

Fische, Rundmäuler, Schädellose, Manteltiere, Vorchordatiere

BAUCH, G. (1966; 5. Aufl.): Die einheimischen Süßwasserfische. Verlag J. Neumann – Neudamm, Melsungen. 200 S.

BERG, L. S. (1958): System der rezenten und fossilen Fischartigen und Fische. VEB Dt. Verl. Wissenschaften, Berlin. 311 S.

BROHMER, P. (Hrsg. 1969; 10. Aufl.): Fauna von Deutschland. Ein Bestimmungsbuch unserer heimischen Tierwelt. Quelle u. Meyer, Heidelberg. 595 S.

DUNCKER, G. und W. LADIGES (1960): Die Fische der Nordmark. Kommissionsverlag Cram, de Gruyter, Hamburg. 432 S.

GRASSÉ, P. P. (Hrsg.; 1958): Traité de Zoologie Anatomie, Systématique, Biologie. – XIII: Agnathes et Poissons. Masson + Cie., Paris. 2758 S.

GRZIMEK, B. (Hrsg.; 1970): Grzimeks Tierleben. Enzyklopädie des Tierreiches. Fische 1, 2. – Bd. 4: 555 S.; Bd. 5: S. 1–273, 464, 466–487, 499–525, 541–556.

HERALD, E. S., bearb. von D. VOGT (1961): Knaurs Tierreich in Farben: Fische. – Droemersche Verlagsanstalt, München, Zürich. 360 S.

HOLCIK, J., J. MIHÁLIK und J. MALY (1970; 2. Aufl.): Das farbige Buch der Süßwasserfische. – Dausien, Hanau. 132 S.

LADIGES, W. und D. VOGT (1965): Die Süßwasserfische Europas bis zum Ural und Kaspischen Meer. Ein Taschenbuch für Sport- und Berufsfischer, Biologen und Naturfreunde. Verlag Paul Parey, Hamburg, Berlin. 260 S.

LUTHER, W. und K. FIEDLER (1967; 2. Aufl.): Die Unterwasserfauna der Mittelmeerküsten. Ein Taschenbuch für Biologen und Naturfreunde. Verlag Paul Parey, Hamburg, Berlin. 260 S.

MICHAELSEN, W. (1930): Seescheiden oder Ascidiae; in Dahl (Hrsg.), Die Tierwelt Deutschlands und der angrenzenden Meeresteile nach ihren Merkmalen und nach ihrer Lebensweise, 17: Musschellinge oder Molluscoidea und Manteltiere oder Tunicata (Kamptozóa – Phoronoídea – Bryozóa – Tunicáta – Ascídiae). S. 164–188.

MUUS, B. J. und P. DAHLSTRÖM (1968; 2. Aufl.): BLV Bestimmungsbuch Meeresfische. – BLV Bayerischer Landwirtschaftsverlag, München. 244 S.

MUUS, B. J. und P. DAHLSTRÖM (1976; 3. Aufl.): BLV Bestimmungsbuch Süßwasserfische. – BLV Verlagsgesellschaft, München. 224 S.

NIKOLSKY, G. W. (1957): Spezielle Fischkunde. – VEB Dt. Verl. Wissenschaften, Berlin. 632 S.

RIEDL, R. (Hrsg. 1970; 2. Aufl.): Fauna und Flora der Adria. Ein systematischer Meeresführer für Biologen und Naturfreunde. – Verlag Paul Parey, Hamburg, Berlin. 702 S.

STRESEMANN, E. (Hrsg.; 1961): Exkursionsfauna von Deutschland. III Wirbeltiere. – Volk und Wissen VEVerl., Berlin. 352 S.

Gliedertiere: Insekten

AMANN, G. (1959; 4. Aufl.): Kerfe des Waldes. Verlag Neumann-Neudamm, Melsungen. 284 S.

BECHYNE, J. und B. BECHYNE (1954): Welcher Käfer ist das? – Kosmos Naturführer, Franckh'sche Verlagshandlung, Stuttgart. 133 S.

CHINERY, M. (1976): Insekten Mitteleuropas. Ein Taschenbuch für Zoologen und Naturfreunde. Verlag Paul Parey, Hamburg und Berlin. 389 S.

DANESCH, O.: Schmetterlinge. Chr. Belser Verlag, Stuttgart. 2 Bände:
Bd. I (1965): Tagfalter. Das vierfache Leben der Falter. 255 S.
Bd. II (1968): Nachtfalter. Das vierfache Leben der Falter. 256 S.

GÜNTHER, K., H.-J. HANNEMANN, F. HIEKE, E. KÖNIGSMANN und H. SCHUMANN (1968): Insekten. – Urania Tierreich **6**, Urania Verlag, Jena. 630 S.

HENNIG, W. (1969): Die Stammesgeschichte der Insekten. Verlag W. Kramer, Frankfurt. 436 S.

HIGGINS, L. G. und N. D. RILEY (1971): Die Tagfalter Europas und Nordafrikas. Ein Taschenbuch für Biologen und Naturfreunde. Verlag Paul Parey, Hamburg und Berlin. 377 S.

HORION, A. (1941): Faunistik der deutschen Käfer. Bd. **1**: Adephaga – Caraboidea. Verlag H. Goecke, Krefeld. 464 S.

HORION, A. (1949–1974): Faunistik der mitteleuropäischen Käfer. – Bände 2–12, verschiedene Verlage und Eigenverlag.

HORION, A. (1951): Verzeichnis der Käfer Mitteleuropas (Deutschland, Österreich, Tschechoslowakei) mit kurzen faunistischen Anlagen. A. Kernen Verlag, Stuttgart. 2 Bände, 536 S.

JACOBS, W. und M. RENNER (1974): Taschenlexikon zur Biologie der Insekten. G. Fischer Verlag, Stuttgart. 635 S.

JACOBS, W. und F. SEIDEL (1975): Wörterbücher der Biologie. Systematische Zoologie: Insekten. G. Fischer Verlag, Stuttgart. 377 S.

KOCH, M.: Wir bestimmen Schmetterlinge. Verlag Neumann, Radebeul. 4 Bände.

REITTER, E. (1908–1916): Fauna Germanica. Die Käfer des Deutschen Reiches. 5 Bde. Lutz Verlag, Stuttgart.

ROBERT, P. A. (1959): Die Libellen (Odonaten); Kümmerly u. Frey, geographischer Verlag, Bern. 404 S.

SCHMIEDEKNECHT, O. (1907; 1. Aufl.): Die Hymenopteren Mitteleuropas. Gustav Fischer Verlag, Jena. 804 S.

STANEK, V. J. (1968): Das große Bilderlexikon der Insekten. Bertelsmann Verlag, Gütersloh. 544 S.

WEBER, H. und H. WEIDNER (1974): Grundriß der Insektenkunde. G. Fischer Verlag, Stuttgart. 640 S.

Weichtiere

ENTROP, B. (1956): Schelpen vinden en herkennen. N. V. W., J. Thieme u. Co, Zutphen. 324 S.

JAECKEL, H. (1957): Kopffüßler (Tintenfische). Die Neue Brehm-Bücherei. A. Ziemsen Verlag, Wittenberg-Lutherstadt. 81 S.

JAECKEL, S. (1955): Bau und Lebensweise der Tiefsee-Mollusken. Die Neue Brehm-Bücherei. A. Ziemsen Verlag. Wittenberg-Lutherstadt.

JANUS, H. (1964): Muscheln – Schnecken – Tintenfische, Weichtiere des Mittelmeeres. Kosmos Gesellschaft der Naturfreunde. Franckh'sche Verlagshandlung, Stuttgart. 68 S.

LINDNER, G. (1975): Muscheln u. Schnecken der Weltmeere. BLV Verlagsgesellschaft, München. 255 S.

ZIEGELMEIER, E. (1962; 2. Aufl.): Die Muscheln (Bivalvia) der deutschen Meeresgebiete. Systematik und Bestimmung der heimischen Arten nach ihren Schalenmerkmalen. Biologische Anstalt Helgoland, Hamburg-Altona. 51 S.

Stichwortregister

Aalartige Fische 280
Aalmolche 263
Aalmutter 305
Aasfliegen 429
Aaskäfer 380
Abendpfauenauge 410
Abendsegler 17
Abgeplattete Teichmuschel 497
Abgestutzte Klaffmuschel 509
Abietinária abiétina 527
Ablépharus kitaibéllii 245
Ábra álba 505
Ábra nitida 505
Abrámis bállerus 294
Abrámis bráma 293
Abráxas grossulariáta 406
Acanthodáctylus erythrúrus 244
Acanthopterýgii 273
Acáridae 453
Acarina 452
Acárus siro 453
Accipiter bádius 138
Accipiter gentilis 137
Accipiter nisus 138
Accipitres 78
Accipitrinae 136
Acerina cérnua 315
Acerina schraetzer 315
Achtarmige Tintenfische 513, 515
Achtstrahler 521
Achtstrahlige XXX
Acipenserifórmes 279
Acipénser ruthénus 279
Acipénser stellátus 279
Acipénser stúrio 279
Acheróntia átropos 407
Achéta doméstica 355
Acilius sulcátus 378
Ackerhummel 368
Ackerschnecke 485
Acomys cahirinus 42
Acránia 333
Acrida nasúta 358
Acridinae 358
Acrocephalini 176
Acrocéphalus arundináceus 178
Acrocéphalus paludicola 177
Acrocéphalus schoenobaenus 177
Acrochórdidae 249
Acrolócidae 480
Acrolóxus lacústris 480
Acropágia crássa 506
Actinia cári 519
Actinia equina 519
Actiniária 519
Actiniidae 519
Actinopterýgii 273, 278
Aculeáta 366
Adália bipunctáta 389
Adámsia palliáta 520
Adapedónta 507
Adélgidae 364
Adephága 376
Adler 139
Adlerbussard 140
Adlerfisch 318
Admiral 417
Aegeriidae 398
Aegithalos caudátus 207
Aegithalinàe 207
Aególius funéreus 166
Aegýpius mónachus 140
Ägyptische Wanderheuschrecke 358
Ährenfisch 299
Ährenfischähnliche 299
Ährenfischartige 298
Ährenmaus 40
Äsche 286
Aeschna 349
Aeschna cyánea 349
Aeschna viridis 349
Aeschnidae 349
Aeskulapnatter 251
Ästiges Seemoos 526
Aethéchinus algirus 11
Afterfüße XXV
Afterplatte XX
Afterskorpione 448
Agáma stéllio 239
Agamen 238, 239
Agámidae 238, 239
Agelénidae 450
Agkistrodon 256
Agkistrodon hálys XV
Agkistrodon hálys caragánus 256
Agláis cárdui 418
Agónidae 311
Agonus cataphráctus 311
Agriótes lineátus 386
Aiptásia diaphána 520
Aiptasie 520
Aiptasiidae 520
Aix galericuláta 123
Aktinien 519
Aláctaga májor 31
Aland 291
Alauda arvensis 202
Alaudidae 201
Alaudóidae 174, 201
Albatrosse 151
Albulina orbitulus 422
Alburnoides bipunctátus 293
Albúrnus albúrnus 292
Albúrnus bipunctátus 293
Albúrnus ménto 292
Álca 114
Alcae 113
Álca tórda 114
Alcedinidae 167
Alcédo átthis 167
Alces álces 75
Álcidae 113
Alcinae 75
Alcyoniidae 521
Alcyónium digitátum 521
Aléctoris bárbara 83
Alectoris graeca 84
Aléctoris rúfa 83
Aleuródina 361
Algerischer Sandläufer 243
Algyroides nigropunctátus 243
Alken 91, 113, 114
Alkenvögel 113
Alligatorschildkröten 234
Allobóphora rósea 460
Allotheutis subuláta 515
Aloididae 510
Alóidis gibba 510
Alopex lagópus 55
Alósa 282
Alpenbock 390
Alpenbraunelle 198
Alpendohle 217
Alpenfledermaus 18
Alpengelbling 412, 414
Alpenkrähe 217
Alpenmurmeltier 30
Alpensalamander 261
Alpenschneehuhn 81
Alpensegler 169
Alpenspitzmaus 8
Alpensteinbock 71
Alpenstrandläufer 101
Alpenweißling 414
Alsen 282
Altersbestimmung XVIII
Altersbestimmung der Fische XVIII
Altertümliche Haie 274
Altschnecken 469
Alýtes XVII
Alýtes obstétricans 264
Amailúrus nebulósus 298
Ambystomátidae 258
Ameisen 372
Ameisenjungfer 366
Amerikanische Bohrmuschel 504
Amerikanischer Forellenbarsch 314
Ammern 227
Ammodýtes láncea 324
Ammodýtes lanceolátus 323
Ammodytoidei 323
Ammóphila sabulósa 370
Amphibia XVI, 257
Amphicténe coréni 456
Amphicténidae 456
Amphimállon solstitiále 384
Amphipoda 445
Amphisbaenidae 237, 247
Amphiúmidae 263
Amsel 189
Anacridium aegýpticum 358
Anarhichas 323
Anarhichas minor 323
Anaspidea 488
Ánas acúta 120
Ánas angustiróstris 121
Ánas clypeáta 120
Ánas crécca 121
Ánas penélope 120
Ánas platyrhýnchos 121
Ánas querquédula 122
Ánas strépera 121
Anátidae 116
Anatinae 120
Anátis ocelláta 389
Ánax 349
Anax imperátor 349
Anchovis 282
Ancýlidae 480
Ancylus fluviátilis 480
Anemonen-Einsiedler 439
Anemónia sulcáta 519
Anglerfische 305
Angúidae 238, 246
Anguilla anguilla 280
Anguillidae 280
Anguis frágilis XIV, 247
Angulus fábula 506
Angulus ténuis 506
Anhingidae 150
Anisomyária 493
Anisóptera 349
Annelida 453
Anniéllidae 247
Aniliidae 248
Anodonta complanáta 497
Anodonta cygnea 497
Anómia ephippium 495
Anomiidae 495
Anópheles maculipénnis 425
Anoplúra 360
Anostráca 432
Anser 118
Ánser álbifrons 119
Ánser ánser 118
Ánser brachyrhýnchus 119
Anser caeruléscens 117
Anséres 77, 116
Ánser erýthropus 119
Anserinae 117
Anthócharis cardámines 414
Anthomyiidae 427
Antóphora pariétina 366
Anthozóa XXX, 518
Anthrénus museórum 387
Anthrénus scrophuláriae 387
Arthropóda 346
Anthropoides virgo 89
Anthus 198
Anthus campéstris 199
Anthus cervinus 198
Anthus praténsis 199
Anthus richárdi 199
Anthus spinolétta 200
Anthus triviális 199
Antilocápridae 68, 72
Apatúra iris 415
Apfelbaumgespinstmotte 397
Apfelwickler 39[illegible]
Aphaniptera 423
Aphelocheiridae 361
Aphelocheirus 361
Aphelocheirus aestvális 361
Aphia minúta 325
Aphidina 360, 364
Aphrodite aculeáta 454
Apidae 366
Aplousobránchia 334
Aplýsia rósea 488
Aplysiidae 488
Apocrita 366
Apodémus 42
Apodémus agrarius 42
Apódemus flavicóllis 43
Apodémus mystácinus 42
Apodémus sylváticus 43
Apódidae 169
Apollos 411
Apória crataegi 413
Aporrháidae 473
Aporrháis pespelecáni 473
Appendiculáta 334
Apus ápus 169
Apus mélba 169
Apus pállidus 169
Aquila chrysáetos 139
Aquila clanga 140
Aquila heliaca 139
Aquila pomarina 139
Aquila rapax 139
Aráneae 449
Aranéidae 451
Aráneus diademátus 451
Aráschnia levána 416
Árca barbáta 492
Arca láctea 492
Arca nóae 492
Arcácea 492
Archaeognátha 347, 348
Archaeópteryx 77
Archaeórnis 77
Archenmuscheln 492
Arche Noah 492
Architeuthácea 515
Arcidae 492
Árctia cája 403
Arctiidae 403
Ardea cinérea 132
Ardea purpúrea 132
Ardéidae 132
Ardéola ibis 133
Ardéola ralloides 133
Arenária intérpres 94
Arenícola marína 456
Arenicólidae 456
Argonáuta árgo 516
Argonautácea 516
Argonautidae 516
Argúlidae 433
Argulus foliáceus 433
Argýnnis aglája 416
Argyronéta aquática 450
Arianta arbustórum 487
Ariónidae 484
Arion rúfus 484
Armadillomórpha 431
Armflosser 305
Ármiger crista 483
Artémia salina 432
Artemiidae 432
Artemismuschel 503
Arten VII, IX
Arthropleóna 348
Articuláta 3, 346
Artiodáctyla 6, 67
Artzugehörigkeit VII
Arvicola sápidus 39
Arvicola terréstris 39
Ascidiacéa 334
Ascidiélla scábra 335
Ascidiidae 335
Aschgraue Kreiselschnecke 468
Aséllidae 445
Aséllus aquáticus 445
Asellus caváticus 445
Asio flámmeus 165
Asio ótus 165
Aspisviper XIV, 253, 255
Áspius áspius 291
Áspro 316
Áspro stréber 316
Aspro zingel 317
Asseln 444
Astacúra 437

Astacus ástacus 438
Astárte elliptica 498
Astarte-Muscheln 498
Astártidae 498
Atelecýclidae 440
Atelópidae 269
Atemhöhle XXIX
Atemloch XXIX
Athéne nóctua 164
Atherina hepsétus 299
Atherina présbyter 299
Atheriniformes 298
Atherinoidei 299
Attagénus péllio 387
Attélabus nitens 393
Atyaephyra desmarésti 436
Atýdae 436
Auerhahn 80
Auerochs 69
Augenfalter 419
Augen-Marienkäfer 389
Augenspinner 400
Aurélia aurita XXXI, 523
Aurorafalter 414
Ausfuhröffnungen XXXI
Außenbefruchtung 257
Ausscheidungskämpfe 67
Ausströmungsöffnung XXX
Auster 495
Austernfischer 103
Autorennamen VIII
Aves XI, 77
Aythýa 123
Aythya ferina 124
Aythýa fuligula 124
Aythýa marila 124
Aythýa nyróca 123
Aythyinae 123

Bachflohkrebs 446
Bachforelle 283
Bachläufer 363
Bachneunauge 332
Bachröhrenwurm 459
Bachstelze VIII, XII, 200
Bacillus róssii 359
Backenzähne 52
Badeschwamm 531
Bären 60, 403
Bärenkrebse 437
Bärenspinner 403
Bärtige Archenmuschel 492
Baétidae 353
Baétis púmilus 353
Bäumchen-Röhrenwurm 456
Balaenidae 44, 45
Balaenóptera acutorostráta 46
Balaenóptera borealis 45
Balaenóptera physális 45
Balaenoptéridae 44, 45
Balánidae 434
Balanoglóssus clavigerus 336
Balanomórpha 434
Bálanus balanoides 434
Balánus crenatus 434
Balkan-Zornnatter 250
Balkenschröter 382
Balzender Auerhahn 78
Balzender Birkhahn 78
Bandfisch 322
Bandwürmer 517
Barbastélla 16
Barbastélla barbastéllus 16
Barbe 295
Bárbus bárbus 295
Bárnea cándida 511
Barrenringelnatter 252
Barschartige Fische 313
Bartenwale 44, 45
Bartfledermaus 21
Bartgeier 141
Bartgrasmücke 183
Bartgrundel 296
Bartkauz 165
Bartmeisen 207
Bartrobbe 64
Basommatóphora 480
Bastardschildkröte XVI
Baßtölpel 149
Bathyómphalus 483
Bathyómphalus contórtus 483
Batoídei 272, 277
Bauchflossen XVIII
Bauchflossen, Stellung der XVII
Baumfalk 146
Baumläufer 204, 209
Baummarder 59
Baumpieper 199
Baumschläfer 32
Baumschnecke 487
Baumvögel 78, 79, 158
Baumwanzen 363
Baumweißling XXIII, 413
Becherpolyp XXXI
Becherquallen 522
Bechsteinfledermaus 22
Beerenwanzen 363
Beflossung XVII, XVIII
Beine von Insekten XXII
Beinlose Eidechsen 247
Beilmoostierchen 345
Bekassinen 99
Belóne belóne 298
Benthos 489
Bergeidechse 242
Bergente 124
Bergfink 226
Berghänfling 222
Bergkrähen 217
Berglaubsänger 185
Berglemming 39
Bergmaus 38
Bergmolch 260
Bernhardskrebs 439
Bernsteinschnecken 483
Beschilderung XV, XIV
Beschuppung XVIII
Bestimmungsmerkmale IX, X
Bestimmungstext VII
Bettwanzen 364
Beutelmeisen 204, 210
Beutelsäuger 5
Beuteltiere 5
Bezoarziege 71
Biber 30
Biberratten 28
Bienen 366
Bienenfresser 168
Bienenglasflügler 398
Biesfliegen 428
Bilche 32
binäre Nomenklatur VIII
Bindenkreuzschnabel 226
Bindeschwänze 13, 14
Binsenjungfern 352
Birkenknopfhornblattwespe 375
Birkenmäuse 31
Birkenspanner 405
Birkenzeisig 222
Birkenzipfelfalter 421
Birkhuhn 80
Birnenförmige Rippenqualle 529
Birnporzellane 474
Bisamratte 36
Bisamrüßler 12
Bison bonásus 69
Biston betulárius 405
Bitterling 294
Bittium reticulátum 472
Bivályia 464, 489
Bläßgans 119
Bläßhuhn 88
Blättchen der Fühler XXII
Blättermagen 68
Blättermoostierchen 2, 345
Bläulinge 421
Blánus cinéreus 247
Blasenschnecken 481
Blasige Flußmuschel 496
Blaßspötter 181
Blastóphagus minor 392
Blastóphagus pinipérda 391
Blátta orientális 354
Blattfinger-Gecko 239
Blattflöhe 361
Blattfußkrebse 432, 433
Blatthühnchen 91
Bláttidae 354
Blattkäfer 390
Blattkiemer 489, 496
Blattläuse 360, 364
Blattódea 354
Blattschneiderbienen 369
Blattwespen 375
Blauelster 215
Blaue Mosaikjungfer 349
Blaue Napfschnecke 467
Blaue Nesselqualle 523
Blaue Schmeißfliege 429
Blauer Eichenzipfelfalter 421
Blauer Knurrhahn 311
Blauer Wittling 302
Blaufelchen 285
Blauflügel-Prachtlibelle 352
Blauhai 275
Blaukehlchen 195
Blauleng 304
Blaumeise 206
Blaumerle 194
Blauracke 167
Blauwal 46
Blei 293
Blennioidei 321
Bléennius ocelláris 321
Bléennius phólis 321
Blicca bjórkna 292
Blindbremse 426
Blinde Fliegen 426
Blindmäuse 33
Blindmaulwurf 12
Blindsackpolyp 527
Blindschlangen 248
Blindschleiche XIV, 247
Blumenfliegen 427
Blumenkohlqualle 523
Blumenpolypen XXXI, 518
Blumentiere XXX, 518
Blutegel 462
Blutgrasfalter 419
Blutroter Röhrenwurm 457
Blutroter Schnellkäfer 386
Blutspecht 173
Blutströpfchen 400
Bobak 30
Bockkäfer 390
Böcke 71
Bodenläufer 79
Bodenvögel 77
Bohnenmuscheln 493
Bohrmuscheln 504, 510, 511
Bohrschnecken 474
Bóidae 249
Bolinópsis infundibulum 529
Bombina XVII
Bombina bombina 265
Bombina variegáta 265
Bómbus agrórum 368
Bómbus hortórum 367
Bombus lapidarius 368
Bómbus muscórum 368
Bómbus pratórum 367
Bómbus terréstris 367
Bombycillidae 212
Bombycilla gárrulus 212
Bonélla viridis 463
Borkenkäfer 391
Bosca's Molch 259
Bós táurus primigénius 69
Botaurus stelláris 134
Bóthidae 329
Botrýllus schlósseri 336
Bougainvilliidae 525
Bóvidae 68, 69
Brachpieper 199
Brachschwalben 104
Brachvögel 94
Brachýcera 426
Brachyúra 440
Bradybaena 487
Bradybaenidae 487
Branchióstoma lanceolátum 333
Branchipódidae 432, 433
Bránchipus stagnális 433
Branchiúra 433
Brandente 122
Brandhorn 476
Brandmaus 42
Brandseeschwalbe 110
Bránta bernicla 118
Bránta canadénsis 118
Bránta leucópsis 117
Bránta ruficóllis 118
Brassen 293
Braunbär 60
Braune Beerenwanze 363
Braunellen 198
Braune Maus 474
Brauner Bär 403
Brauner Höhensalamander 263
Brauner Sichler 130
Brauner Stufenturm 479
Brauner Teichschwimmer 378
Braunes Langohr 16
Braunfisch 47
Braunkehlchen 191, 193
Breitflügelfledermaus 19
Breitfußschnecken 488
Breitzehen-Geckos 239
Bremsen 426
Brillenente 125
Brillengrasmücke 183
Brillensalamander 262
Bronchienschreier 174, 175
Brotkrumenschwämme 530
Bruchwasserläufer 97
Brustabschnitt der Insekten XXI
Brustbeinpaare XXIV
Brustflossen XVIII
Brutparasiten 158
Brutschmarotzer 158
Bryozóa 345
Búbalus búbalis 70
Búbo búbo 163
Buccinácea 477
Buccinidae 477
Búccinum undátum 477
Bucéphala clángula 127
Bucéphala islándica 127
Buchdrucker 392
Buchengallmücke 425
Buchenrotschwanz 403
Buchfink XII, 226
Bücherlaus 360
Bücherskorpion 448
Buckelgarnele 435
Buckelwal 46
Búfo búfo 268
Búfo calamita 269
Bufónidae XVII, 268
Búfo viridis 269
Buglossidium luteum 331
Bulimidae 471
Búlimus tentaculátus 471
Bulldogfledermaus 13, 14
Bunodáctis verrucósa 519
Bunte Kammuschel 494
Bunte Kreiselschnecke 468
Buntspecht 172
Búpalus piniárius 405
Burhinus oedicnémus 104
Buschrohrsänger 178
Buschschnecke 487
Buschträger 322
Bussarde 140
Bussarde im weiteren Sinne 138
Búteo búteo 141
Búteo lagópus 141
Búteo rufinus 140
Búthidae 448
Búthus occitánus 448
Butte 329
Butterfisch 322
Butterkrebs XXIV
Byctiscus bétulae 394

Caelifera 357
Cairininae 123
Calandrélla brachydáctyla 204
Calandrélla rufέscens 204
Calcárius lappónicus 227
Cálidris 100
Cálidris álba 101
Cálidris alpina 101

Cálidris canútus 100
Calidris ferruginea 100
Cálidris maritima 101
Cálidris minúta 101
Calliáctis parasitica 520
Callionymoidei 324
Callionýmus lýra 324
Callionýmus maculátus 324
Callióstoma conuloide 468
Callióstoma ziziphinus 468
Calliphora erythrocéphala 429
Calliphóridae 429
Calliptamus itálicus 357
Calopterýgidae 351
Calópteryx spléndens 351
Calópteryx virgo 352
Calosóma sycophánta 377
Calyptrácea 473
Calyptrácea chinénsis 473
Calyptraeidae 473
Cámbarus affinis 438
Campanulariidae 526
Camponótus herculeánus 372
Cáncer pagúrus 441
Cáncridae 441
Cánidae 54
Cánis aureus 54
Cánis lúpus 54
Canoidea 54
Cápra 71
Cápra hircus aegagrus 71
Cápra hircus ibex 71
Cápra hircus pyrenáica 72
Cápra ibex caucásica 72
Caprélla lineáris 447
Capréllidae 447
Capréolus capréolus 74
Caprimúlgi 78, 166
Caprimulgidae 166
Caprimúlgus europaeus 166
Caprinae 71
Capúlidae 473
Cápulus hungáricus 473
Carábidae 377
Cárabus aurátus 377
Cárabus coriáceus 377
Cárabus horténsis 377
Carássius aurátus gibélio 296
Carássius carássius 296
Carpódacus erythrinus 225
Carchárias glaucus 275
Cárcinus maenas 442
Cardiidae 500
Cárdium echinátum 500
Cárdium edúle 500
Cárdium fasciátum 500
Carduelinae 221
Carduélis cannábina 222
Carduélis carduélis 223
Carduélis citrinélla 221
Carduélis flámmea 222
Carduélis flaviróstris 222
Carduélis hornemánni 221
Carduélis spinus 221
Carétta carétta XV, 236
Carnivora 6, 52
Cássidae 475
Cassidária echinóphora 475
Cástor fiber 30
Castóridae 30
Catantopinae 357
Catócala núpta 404
Caudáta XVI, 257, 258
Cecidomyiidae 425
Celério euphórbiae 408
Celério gálii 409
Celtisfalter 414
Centrárchidae 314
Centrolénidae 270
Cepaea horténsis 487
Cepaea nemorális 486
Cephalópoda 464, 512
Cépphus grýlle 115
Cerambýcidae 390
Cerámbyx cérdo 390
Cerci XXI
Cercópidae 365
Cercopithécidae 23
Cereopsinae 123
Ceriánthus membranáceus 518
Cerithiidae 472, 518
Cerithium vulgátum 472
Cérthia brachydáctyla 210
Cérthia familiáris 209
Certhiidae 204, 209
Certhiinae 209
Cérvidae 68, 73
Cérvus élaphus 73
Cestóda 517
Cetácea 6
Cetónia auráta 385
Cetoniinae 385
Cetorhínus máximus 275
Céttia cétti 177
Chalcides bedriagae 245
Chálcides chálcides XIV
Chálcides chálcides striátus 246
Chálcides ocellátus ocellátus 246
Chálcides ocellátus tiligugu 246
Chalina oculáta 530
Chamaeleo chamaelon 240
Chamaeleónidae 240
Chamäleons 240
Cháma gryphóides 500
Chámidae 500
Charadriidae 92
Charádrius 93
Charádrius alexandrinus 93
Charádrius dúbius 94
Charádrius hiaticula 93
Chelicerata 347, 447
Cheliceren 447
Chélifer cancroides 448
Cheliféridae 448
Chelónia 236
Chelónia mýdas XV, 236
Cheloniidae 236
Chélon labrósus 319
Chelýdridae 234
Chén caeruléscens 117
Chilópoda XXVII, 430
Chimaera monstrósa 278
Chimaeridae 278
Chinesische Mütze 473
Chinesische Wollhandkrabbe 444
Chinesisches Wasserreh 76
Chioglóssa lusitánica 262
Chirólophis ascánii 322
Chiróptera 5, 13
Chitin XXII
Chitinpanzer XXVII
Chlamydótis unduláta 90
Chlidónias hýbrida 112
Chlidónias leucópterus 112
Chlidónias niger 112
Chlonididae 103
Chlóris chlóris 223
Chondrichtyes 272, 274
Chondróstei 273, 278
Chondróstoma násus 289
Chorda 2, 4
Chórdata 2, 4
Chordatiere 2, 333
Chrysaóra hysocélla 522
Chrysomélidae 390
Chrýsops caecútiens 426
Cicádidae 365
Cicadifórmes 360
Cicádina 365
Cicadoidea 365
Cicindéla campéstris 376
Cicindélidae 376
Cicónia cicónia 131
Cicónia nigra 131
Ciconiidae 131
Ciliáta mustéla 302
Cimbex femoráta 375
Cimex lectulárius 364
Cimicidae 364
Cinclidae 197
Cinclus 197
Cinclus aquáticus 197
Ciona intestinális 334
Circus macrourus 144
Circus aeruginósus 143
Circus cyáneus 143
Circus macrourus 144
Circus pygárgus 143
Cirripédia 434
Cisticola 176
Cisticola júncidis 176
Citéllus citéllus 29
Citéllus suslicus 29
Clamátores 174
Clamátor glandárius 158
Clángula hyemális 126
Clausilia ventricósa 484
Clausiliidae 484
Clavelinidae 334
Cleistocárpidae 522
Clémmys 234
Clémmys cáspica rivuláta 235
Clémmys leprósa 234
Clethriónomys glaréolus 35
Clethriónomys rufocánus 36
Clethriónomys rútilus 35
Clitelláta 459
Clitellum XXVI
Clúpea haréngus 281
Clupeifórmes 281
Cnidária 3, 518
Cobitis taenia 297
Coccina 361
Coccinnélla septempunctáta 389
Coccinéllidae 389
Coccosthraustes coccosthraustes 224
Coelenteráta XXX
Coleóptera 376
Cólias crócea 412
Cólias hyále 412
Colias phicomóme 412
Cólii 78
Collémbola 348
Coloeus monédula 216
Colorado-Käfer 390
Colúber 249
Colúber gemonénsis 250
Colúber hippocrepis 250
Colúber juguláris cáspius 250
Coluber najadum 250
Colúber viridi-flávus 249
Colúbridae 249
Colúmba livia 159
Colúmba livia doméstica 160
Colúmba oenas 159
Colúmba palúmbus 159
Colúmbae 78, 159
Columbélla rústica 478
Columbéllidae 478
Colúmbidae 159
Colymbétes fúscus 378
Colymbetinae 378
Conácea 479
Conchiolin XXVIII
Conchyliensammlungen 489
Cónger cónger 280
Cónidae 480
Cónus ventricósus 480
Coprinae 383
Cópris 383
Cópris hispánus 383
Corácias gárrulus 167
Corácii 78, 167
Coraciidae 167
Corallióphaga lithophágella 502
Corállium rúbrum 521
Cordulegáster bidentátus 350
Cordúlia 350
Cordulegastéridae 350
Cordúlia aeneaturfósa 350
Cordúlidae 350
Cordýlidae 241
Cordylóphora 525
Coregóninae 285
Coregónus álbula 285
Coregónus lavarétus 285
Coregónus lavarétus acrónius 285
Coregónus lavarétus oxyrhýnchus 286
Coregónus lavarétus wartmánni 285
Corixa punctáta 362
Corixidae 362
Coronélla 253
Coronélla austriaca XV
Coronélla austriaca austriaca 253
Coronélla giróndica 253
Corvidae 214
Corvóidae 174, 214
Córvus coróne córnix 217
Córvus coróne coróne 217
Córvus frugilegus 216
Corymórpha nútans 524
Corýne decipiens 524
Corýnidae 524
Coryphiidae 446
Corýphium volutátor 446
Cóssidae 398
Cóssus cóssus 398
Cóttus góbio 312
Cotúrnix cotúrnix 82
Crángon crángon 436
Crangónidae 436
Craspedacústa sowerbyi 528
Craterólophus téthys 522
Crenilábrus mélops 320
Crepidula fornicáta 473
Cressóres 77, 130
Créx créx 87
Cricétidae 34
Cricétulus migratórius 34
Cricétus cricétus 34
Crisia ebúrnea 345
Crisiidae 345
Crocidúra 10
Crocidúra leucodon 10
Crocidúra rússula 10
Crocidúra suavéolens 10
Crocodýlia 237
Crotálidae XV, 256
Crustacéa XXIV, 346, 432
Cryptobránchidae 258
Crýpturi 77
Crystallogóbius nilssónii 325
Ctenoidschuppe XVIII
Ctenocephálides cánis 423
Ctenolábrus rupéstris 320
Ctenóphora 3
Cúculi 78
Cucúlidae 158
Cuculli 158
Cúculus canórus 158
Cúlex pipiens 424
Culicidae 424
Cúltrinae 294
Curculiónidae 392
Curcúlio núcum 393
Cursórius cursór 104
Cyánea lamárcki 523
Cyanéidae 523
Cyanópica cýanus 215
Cycloidschuppe XVIII
Cyclophorácea 469
Cycloptéridae 312
Cylópterus lúmpus 312
Cyclostómata 332
Cýgnus 116
Cýgnus bewickii 117
Cýgnus cýgnus 117
Cýgnus ólor 116
Cynipidae 374
Cýnips quercustólii 374
Cypraeácea 474
Cypraeácidae 474
Cypraea pýrum 474
Cyprina islándica 501
Cyprinidae 501
Cyprinifórmes 287
Cyprinus cárpio 295
Cystóphora cristáta 65
Cytháridae 479

Dachs 52, 59, 67
Dahlsche Natter 250
Dáma dáma 73
Dammhirsch 73
Dáphnis nérii 409
Darmlager XXXI

Dasselfliegen 428
Dasyatis pastináca 278
Dasyatoidei 278
Dasychira pudibúnda 403
Dasýpoda hirtipes 368
Dattelmuschel 510
Decabráchia 513
Decápoda 435, 512
Deckelschnecken 471
Decticus verrucivorus 357
Deiléphila élpenor 408
Deiléphila procéllus 408
Délichon úrbica 211
Delphin XIX, 44, 47, 51
Delphinápterus leucas 49
Delphinidae 44, 47
Delphinus délphis 47
Dendrocoelidae 517
Dendrocoelum lácteum 517
Dendrócopus leuconótus 173
Dendrócopus májor
Dendrócopus médius 172
Dendrócopus minor 172
Dendrócopus syriacus 173
Dendrodóa grossulária 335
Dendrolimus pini 401
Dendrórnithes 78, 158
Dentálium éntalis 488
Déntex déntex 317
Deporáus bétulae 393
Dermáptera 353
Dermatemydidae 234
Derméstes lardarius 388
Derméstidae 387
Dermochelýidae 237
Dermóchelys coriácea 237
Dermóptera 5
Deróceras agréste 485
Desmána 12
Desmána moscháta 12
Desmána pyrenáica 12
Desmane 12
Desmodáctylae 174, 175
Detritus 489
Deutsche Wespe 371
Deutscher Alpenbläuling 422
Diaduméne 520
Diaduméne luciae 520
Dibranchiata 512, 513
Dicke Tellerschnecke 483
Dicker Schnurfüßler 431
Dickfußschrecke 358
Dickhörnige Seerose 520
Dickmundreuse 478
Dickschnabellumme 115
Dickwandige Plattmuschel 506
Dicondýlia 347, 348
Diebskäfer 388
Diomedéidae 151
Diotocárdia 466
Diplodus vulgáris 318
Diplópoda XXVII, 431
Diplostráca 433
Diptera 424
Discoglóssidae 264
Discoglóssus pictus 264
Diskoidalzelle XXIII
Distelfalter 417
Ditrýsia 396
Döbel 291
Dögling 50
Dohle 216
Doliidae 475
Dólium gálea 475
Dólomys milleri 38
Dolýcoris 363
Dolýcoris baccárum 363
Dompfaff 224
Donácida 504
Dónax vittátus 504
Doppelfüßler XXVII, 431
Doppelschleichen 247
Doppelschnepfe 99
Dórcus parallelopipedus 382
Dornenschrecke 357
Dorngrasmücke 183
Dornhai 276
Dorsch 300
Dorschartige 300
Dorschfische 300
Dosenschnecke 478
Dosinia exoléta 503
Dosinia lincta 503
Drachenfische 320
Drachenköpfe 309
Dreibärtelige Seequappe 303
Dreieckige Trogmuschel 508
Dreiecksköpfe 256
Dreieckskrabben 441
Dreiecksmuschel 504
Dreihorn 383
Dreikantmuscheln 499
Dreikantwurm 457
Dreispitzige Meerassel 444
Dreisséna polymórpha 499
Dreissénidae 499
Dreistachliger Stichling 306
Dreizehenmöwe 109
Dreizehenspecht 170
Dromádidae 104
Drómia vulgáris 440
Dromiidae 440
Drosseln 189
Drosselrohrsänger 178
Dryócopus mártius 171
Dryomys nitédula 32
Dünnschalige Nußmuschel 490
Dünnschnabel-Brachvogel 95
Dünnschnäbelige Möwe 108
Düsterkäfer 388
Duftschuppen XXIII
Dukatenfalter 422
Dunenkleid 116
Dungwurm 459
Dunkler Sturmtaucher 152
Dunkler Wasserläufer 96
Durchscheinende Häubchenschnecke 467
Durchsichtige Messerscheide 507
Durchsichtiger Regenwurm 454
Dwarslöper 442
Dynastinae 385
Dytiscidae 378
Dytiscus marginális 378

Ebenholz-Straubschnecke 479
Eberfische 306
Ecaudáta XVI
Echinomýla grossa 429
Echiúridae 462
Echiúrus echiúrus 462
Echsen XIV, 237, 238
Echte Barsche 315
Echte Blattkiemer 489, 496
Echte Eulen 162
Echte Fliegen 428
Echte Frösche 266
Echte Hühner 82
Echte Karettschildkröte 233, 236
Echter Kiemenfuß 433
Echte Knochenfische 273, 280
Echte Kröten XVII
Echte Läuse 360
Echte Meisen 204
Echte Möwen 106
Echte Motten 397
Echte Regenwürmer 460
Echte Spechte 170
Echte Stelzen 200
Echte Weißlinge 413
Ectognátha 348
Edelfalter 415
Edelkoralle 521
Edelkrebs 438
Edellibellen 349
Edelmarder 59
Edelsteinrose 519
Edentata 6
Egel 461
Egelschnecken 485
Egrétta álba 132
Egrétta garzétta 133
Eichelhäher XI, 214
Eichelwurm 336
Eichenblattroller 393
Eichengallwespen 374
Eichenprozessionsspinner 401
Eichenwickler 399
Eichhörnchen VII, XI, 29
Eidechse 237
Eidechsennatter 254
Eiderente 125, 126, 127
Eiförmige Schlammschnecke 481
Eiförmige Venusmuschel 502
Eigentliche Agamen 239
Eigentliche Blindschlangen 248
Eigentliche Frösche 266
Eigentliche Grasmücken 176
Eigentliche Säuger 5
Eigentliche Schleichen 247
Eigentliche Tausendfüßler 431
Eigentliche Tintenfische 513
Eigentliche Weberknechte 449
Eileger 5
Einsiedlerkrebse 439
120
Einströmungsöffnung XXX, XXXI
Eintagsfliegen 352, 353
Eirenis collaris 251
Eirenis modestus 251
Eis-Alpenschwärzling 419
Eisbär 60
Eisénia foetida 459
Eiseniélla tetraédra 460
Eisente 126
Eisfuchs 54, 55
Eismöwe 106
Eis-Mohrenfalter 419
Eissturmvogel 152
Eistaucher 156
Eisvögel 167, 415
Ektoderm XXX
Élanus 136
Elanus caerúleus 136
Elaphe quatorlineata sauromates 250
Élaphe longissima 251
Élaphe scaláris 251
Élaphe sítula 251
Elápidae 254
Elasmobránchii 272
Elatéridae 386
Eláter sanguineus 386
Elch X, 75, 76
Elefantenzahnschnecken 464
Eleonorenfalk 146
Elfenbeinmöwe 109
Eliomys quercinus 33
Elritze 287, 288
Elster 215
Elýsia viridis 488
Elysiidae 488
Emberiza auréola 228
Emberiza calándra 229
Emberiza cia 229
Emberiza cirlus 230
Emberiza citrinélla 228
Emberiza hortulána caesia 230
Emberiza hortulána hortulána 230
Emberiza leucocéphala 229
Emberiza melanocéphala 227
Emberiza pusilla 229
Emberiza rústica 227
Emberiza schoeniclus 228
Emberizinae 227
Emýidae 234
Émys orbiculáris 234
Enchelýopus cimbrius 303
Endotontoidea 484
Engelsflügel 504
Englisches Pastetchen 491
Englische Schafstelze VIII
Engmaulfrösche 268
Engráulis encrasicólus 282
Enidae 484
Ensifera 355
Énsis énsis 507
Ensis siliqua 507
Entelúrus aequóreus 308
Entenmuscheln 434
Entenvögel 116
Enteropnéusta 336
Entoderm XXX
Entognátha 347, 348
Eozäneulen 162
Ephémera 353
Ephémera vulgáta 353
Epheméridae 352
Ephemeróptera 352
Ephydátia fluviátilis 531
Ephyralarven 523
Eptésicus 19
Eptésicus nilssonii 20
Eptésicus serótinus 19
Equidae 66
Erbsenkrabbe 443
Erdbeerrose 519
Erdhummel 367
Erdkröte 268
Erdmaus 38
Erdraupeneulen 404
Erdschlangen 248
Erbsenmuscheln 498
Erébia medúsa 419
Erébia plúto 419
Eremias 244
Eremias arguta deserti 245
Eremias velox 244
Eremóphila alpéstris 201
Eretmóchyles imbricáta 236
Erignáthus barbátus 64
Erinacéidae 7, 11
Erináceus 11
Erináceus europaeus 11
Eriocheir sinénsis 444
Eristalis ténax 427
Erithacus rubécula 196
Erkennungsmerkmale VII
Errantia 454
Erstvögel 77
Erycinácea 499
Erytropýgia galactótes 194
Éryx jáculus túrcicus 249
Éryx miliáris 249
Erzschleiche XIV, 246
Eschrichtiidae 47
Ésox lúcius 287
Eßbare Herzmuschel 500
Etruskerspitzmaus X, 10
Eubalaena glaciális 45
Eucyphidea 435
Eudendriidae 526
Eudéndrium ramósum 526
Eudia pavonia 400
Eudrómias morinéllus 93
Eugléna viridis 2
Eulamellibranchiáta 489, 496
Eulen 78, 162, 404
Eulóta frúticum 487
Eumetazóa 518
Eunice 454
Eunice harásii 454
Eunicidae 454
Eupagúrus 439
Eupagúrus bernhárdus 439
Eupagúrus prideauxi 439
Euplanaria gonocéphala 517
Eupomotis gibbósus 315
Eupróctes ásper 262
Eupróctes montánus 262
Eupróctes platycéphalus 261
Euproctis chrysorrhoea 403
Europäisches Chamäleon 240
Europäischer Flußaal 280
Europäischer Flußkrebs 438

Europäischer Fransenfinger 244
Europäischer Hummer 438
Europäischer Igel 11
Europäische Katzenschlange XIV, 254, 256
Europäischer Maulwurf 11
Euscórpius flavicaudis 448
Euthéria 5
Euthria cornea 477
Exochilum circumfléxum 374
Exocoetoidei 298

Fadenmolch 259
Fadenrose 519
Fahlsegler 169
Fahnenmundquallen 522
Fálco biármicus 146
Fálco chérrug 147
Fálco columbárius 147
Fálco eleonórae 146
Fálco naumánni 145
Falcónidae 136, 145
Falco peregrinus 146
Fálco rusticolus 147
Fálco subbúteo 146
Fálco tinnúnculus 145
Fálco vespertinus 145
Falken 145
Falkenlibellen 350
Falkenvögel 136
fállax 282
Familie VII, IX
Fänge; Fangfuß 145
Fangfalken 145
Fangnetz XXV
Fangschrecken 354
Fangschrecken-Krebse 435
Fangzähne 52
Fánnia caniculáris 427
Farbiger Seeringelwurm 455
Fasanen 79, 82, 84
Fasanenvögel 79, 80
Faßschnecken 475
Faunenregion 79
Fazettenaugen XXI
Federgeistchen 399
Federkiemenschnecken 469
Federlinge 360
Feldeggsfalk 146
Feldgänse 118
Feldgrillen 355
Feldhase IX, XI, 25
Feldheuschrecken 357, 358
Feldlerche 202, 231
Feldmaus 38
Feldsandlaufkäfer 376
Feld- oder Heuschreckenschwirl 179
Feldschwirl XIII
Feldskorpion 448
Feldsperling 219
Feldspitzmaus 10
Feldtaube 160
Feldwespe 370
Félidae 62
Félis silvéstris 62
Feloidea 61
Felsenbohrer 509
Felsenbrüter 113
Felsenhuhn 83
Felsenkleiber 208
Felsenmaus 42
Felsenschwalbe 212
Felsentaube 159
Felsgarnelen 436
Ferrungulata 52
Fersenhöcker XVII
Feuersalamander 261
Feuerwalzen 334
Feuerwanzen 363
Ficédula albicóllis 188
Ficédula hypoleuca 188
Ficédula párva 187
Fichtenammer 229
Fichtengalläuse 364
Fichtenkreuzschnabel 225
Fichtenrüßler 392
Fiebermücke 425
Filzlaus 360
Finkenvögel 174, 218, 221
Finnwal 45
Fischadler 144
Fische XVII, XVIII, XIX, 4, 272
Fischegel 461
Fischläuse 433
Fischotter 67
Fischsaurier XIX
Fischschuppen XVIII
Fissipédia 63
Fissurélla costária 466
Fissuréllidae 466
Fitislaubsänger XIII, 186
Flachbrustvögel 77
Flache Tellerschnecke 482
Flamingos 77, 130
Flaschenpolyp 525
Flattertiere 5, 13
Flechtlinge 360
Fleckengrundel 326
Flederhunde 13
Fledermaus XI, 13, 14
Fleischflosser 273
Fliegen 426
Fliegenschnäpper 187
Fliegenschnäpperverwandte 174, 175, 176
Flöhe 423
Flohkrebse 445, 446
Flossenbewegung XIX
Flossenfüßer 6, 52, 63, 239
Fluchtspur 24
Fluchttiere 67
Flügel XXI
Flügeladerung XX, XXI, XXIII
Flügelbutt 330
Flügelschnecken 473
Flügelschuppen XXIII
Flügeltaucher 113
Flugfische 298
Flughörnchen 29
Flughühner 161
Fluginsekten 347, 349
Flunder 329
Flußaale 280
Flußbarsch 316
Flußdelphine 44, 47
Flußjungfern 351
Flußkrebs XXIV, 438
Flußmuscheln 496
Flußnapfschnecke 480
Flußneunauge 333
Fluß- oder Schlagschwirl 180
Flußperlmuschel 497
Flußpferde 68
Flußregenpfeifer 94
Flußseeschwalbe 111
Fluß-Süßwasserschwamm 531
Flußuferläufer 98
Flústra foliácea 345
Flústra secúrifrons 345
Flústridae 345
Forbes Kalmar 515
Forelle 283
Forellenbarsch 314
Forficula auriculária 353
Forficúlidae 353
Forleule 404
Formica rúfa 372
Formicinae 372
Fossile Teppichmuschel 503
Fransenfinger-Eidechsen 244
Fransenfledermaus 21
Französischer Dorsch 300
Fratércula árctica 113
Frauennerfling 290
Fregátidae 148
Fregattvögel 148
Freikiefler 347, 348
Freilebende Vielborster 454
Freischwänze 14
Friedkäfer 377, 380
Fringilla coelebs 226
Fringilla domésticus VIII
Fringilla montifringilla 226
Fringilla teydea 226
Fringillidae 218, 221, 226
Fringillóidae 174, 175, 218
Frösche XVII
Froschdorsch 303
Froschlurche XVI, 257, 264
Froschquappe 303
Froschsprung 270
Frostspanner 404, 405
Fuchs XI, 52, 55, 67
Fühler XXI, XXIV
Fünfbärtelige Seequappe 302
Füßchen XX
Füßchenplatten XX
Fulgoroidea 365
Fúlica átra 88
Fúlica cristáta 88
Fulmárus glaciális 152
Furchenkrebs 439
Furchenschwimmer 378
Furchenwale 44, 45
Furnarióidae 174
Fúsus rostrátus 479
Fußlänge XI

Gabelböcke 68, 72
Gádidae 300
Gadifórmes 300
Gadoidei 300
Gádus mórhua 300
Gänse 117
Gänsegeier 142
Gänsesäger 129
Gänsevögel 77, 116
Gaidrópsarus vulgáris 303
Galathéa squamifera 439
Galathéidae 439
Gálba palústris 481
Galeorhinus gáleus 275
Galerida 202
Galerida cristáta 203
Galerida theklae 202
Gálli 77, 79
Gallinágo 99
Gallinágo média 99
Gallinágo gallinágo 99
Gallinula chlóropus 87
Gallmücken 425
Gallwespen 374
Gammáridae 446
Garnelen 435
Gárrulus glandárius 214
Garten-Bänderschnecke 487
Gartenbaumläufer 210
Gartengrasmücke 182
Gartenhummel 367
Gartenkäfer 385
Garten-Kreuzspinne 451
Gartenlaufkäfer 377
Gartenrotschwanz 195
Gartenschläfer 33
Gartenspitzmaus 10
Gasterophilidae 427
Gasterophilus intestinális 427
Gasterosteifórmes 306
Gasterósteus aculeátus 306
Gastrópoda XXVIII, 464, 465
Gattung VII, IX
Gattyána cirrósa 454
Gávia adámsi 157
Gávia árcticus 157
Gávia immer 156
Gávia stellátus 157
Gáviae 156
Gaviidae 156
Gebänderte Herzmuschel 500
Gebänderte Prachtlibelle 351
Gebänderte Tarantolspinne 449
Gebirgsbachstelze VIII
Gebirgsmolche 261
Gebirgsstelze 200
Geburtshelferkröte XVII, 264
Gedrungene Trogmuschel 508
Gefleckter Küling 326
Gefleckter Leierfisch 324
Gefleckter Lippfisch 320
Gefleckter Pelzkäfer 387
Gefleckter Seewolf 323
Gefleckter Schwimmkäfer 379
Gefurchte Trapezmuschel 502
Gehäuse XXVIII
Gehäuseschnecken XXVIII
Gehörnte Vieläugige Planarie 517
Geißbrassen 318
Geißelgarnelen 435
Gekerbte Seepocke 434
Gekielte Tellerschnecke 482
Gekkónidae 238
Geläufe 67
Gelbbauchige Unke 265
Gelbbauchunken 271
Gelbbrauensänger 184
Gelbe Acht 412
Gelbe Krabbenspinne 452
Gelbe Seescheide 334
Gelbe Wiesenameise 373
Gelbfleckige Libelle 350
Gelbgrüne Zornnatter 249
Gelbhalsmaus 43
Gelbrand 378
Gelbrandkäfer 378
Gelbringfalter 419
Gelbschnabel-Sturmtaucher 153
Gelbschnäbeliger Eistaucher 157
Gelbspötter 181
Gelochélidon nilótica 110
Gemalter Scheibenzüngler 264
Gemeine Becherqualle 522
Gemeine Bekassine 99
Gemeine Bernsteinschnecke 483
Gemeine Eichengallwespe 374
Gemeine Eintagsfliege 353
Gemeine Flußmuschel 496
Gemeine Keil- oder Nadeljungfer 351
Gemeine Kreuzspinne 451
Gemeine Kriebelmücke 425
Gemeine Napfschnecke 467
Gemeine Nußmuschel 490
Gemeiner Delphin 47
Gemeiner Felsenbohrer 509
Gemeiner Fischegel 461
Gemeiner Flußkrebs 438
Gemeiner Kalmar 514
Gemeiner Krake 516
Gemeiner Ölkäfer 389
Gemeiner Ohrwurm 353
Gemeine Rinderbremse 426
Gemeiner Ringelspinner 401
Gemeiner Roßkäfer 383
Gemeiner Seeringelwurm 455
Gemeiner Tintenfisch 513
Gemeiner Wasserskorpion 361
Gemeiner Weberknecht 449
Gemeine Sandwespe 370
Gemeines Blutströpfchen 400
Gemeine Schnabelmuschel 491
Gemeine Schwimmkrabbe 442
Gemeine Seejungfer 352
Gemeine Seenelke 521
Gemeine Seepocke 434
Gemeine Seescheide 335
Gemeine Smaragdlibelle 350
Gemeines Spindelhorn 477

Gemeine Spindelschnecke 477
Gemeine Stechfliege 428
Gemeine Stechmücke 424
Gemeine Strandschnecke 470
Gemeine Teichmuschel 497
Gemeine Trogmuschel 508
Gemeine Venusmuschel 502
Gemse 71
Generationswechsel 360
Genétta genétta 61
Genetzte Nadelschnecke 472
Genitalorgane XXI
Geocorisae 362
geographische Rassen VIII
Geométridae 405
Geórnithes 77
Geotrúpes stercorárius 383
Geotrupinae 383
Gerade Messerscheide 507
Gerandeter Saftkugler 431
Gerandete Tellerschnecke 482
Gerfalk 147
Gerippte Tellerschnecke 483
Gerippte Tellmuschel 506
Gerridae 362
Gérris nájas 362
Gesamtlänge X
Geschlechtsdimorphismus 257
Geschlechtsorgane XXI
Geschwänzte Manteltiere 334
Gespenstkrabbe 441
Gespenstkrebs 447
Gespenstschrecken 359
Gespinstmotten 397, 398
Gesprenkelter Schlangenskink 245
Gesprenkelte Weinbergschnecke 486
Gestreifte Quelljungfer 350
Gestreifte Seerose 520
Gestreifter Saatschnellkäfer 386
Gestreifter Seewolf 323
Getreidelaufkäfer 377
Gewebetiere 2
Geweihe 67
Geweihschwamm 530, 531
Geweihträger 68
Gewöhnliche Maulwurfsgrille 355
Gewöhnliche Nadelschnecke 472
Gewöhnlicher Steinkriecher 430
Gewöhnliche Turmschnecke 471
Gewöhnliche Wasserassel 445
Gewöhnliche Zecke 452
Gewölle 162
Gezüngelte Naide 459
Gibbula cinerária 468
Gibbula mágus 468
Giebel 296
Giftdrüse XXVIII
Giftnattern 254
Giftschlange 248
Giftzangen XX
Giftzüngler 479
Gimpel 224
Ginsterkatze 61
Giraffen 68, 72
Giráffidae 68, 72
Girlitz 223
Girondische Glattnatter 253
Glänzende Nabelschnecke 475
Glänzende Nußmuschel 490
Glänzende Pfeffermuschel 505
Glänzende Schönjungfer 351
Glänzende Schnabelmuschel 491
Glänzende Smaragdlibelle 351
Glänzendschwarze Holzameise 373
Glanzenten 123
Glaréola nordmánni 104
Glaréola pratincola 104
Glareólidae 104
Glasflügler 398
Glasfrösche 270
Glasgrundeln 325
Glasküling 325
Glasschnecken 485
Glattbutt 329, 330
Glattechsen 238, 245
Glatthai 276
Glattnasen 14, 16
Glattnatter XV, 253
Glattrochen 277
Glattwale 44, 45
Glaucidium passerinum 163
Gleichzähner 489, 490
Gleitaare 136
Gletscherfalter 419
Gliederfüßler XXVI, 346
Gliedertiere XXVI, 3, 346
Gliederwürmer 453
Gliederung des XX
Gliedmaßen XXII, XXIV
Glis glis 32
Globicéphala malaena 49
Glockenpolyp 526
Gloméridae 431
Glómeris margináta 431
Glossáta 396
Glossiphónia 461
Glossiphónia complanáta 461
Glossiphoniidae 461
Glucken 401
Glühwürmchen 386
Glyciméridae 491
Glycimeris glycimeris 491
Glyptocéphalus cynoglóssus 328
Gobiidae 325
Góbio góbio 295
Gobioidei 324
Góbius minutus 326
Góbius niger 325
Góbius pictus 326
Goldafter 403
Goldammer 228
Goldaugenbremse 426
Goldbrassen 318
Goldene Acht 412
Goldener Scheckenfalter 415
Goldfliege 430
Goldhähnchen 176, 186
Goldhähnchenarten XI
Goldhamster 35
Goldjungfer 350
Goldkäfer 385
Goldmaid 320
Goldregenpfeifer 93
Goldschmied 377
Goldstreifen-Salamander 262
Gómphidae 351
Gómphus vulgatissimus 351
Gonépteryx cleópatra 412
Gonépteryx rhámni 411
Gottesanbeterinnen 354
Grabfüßer 464, 488
Grabwespen 370
Grampidélphis griseus 48
Grámpus órca 48
Grápsidae 444
Grasfrosch XVI, 268
Grasmücken 176, 181
Grasnadel 309
Grauammer 229
Graubarsch 317
Graue Meeräsche 319
Grauer Knurrhahn 310
Grauer Ortulan 230
Grauer Porzellankrebs 440
Grauer Süßwasserpolyp 524
Graues Langohr 16
Graugans 118
Grauhai 274
Grauhörnchen VIII, 28
Graureiher 132
Grauröteimaus 36
Grauschnäpper 187
Grauspecht 171
Grauwale 44, 47
Grauwürger 212
Greifvögel 78
Greifzangen XX
Griechische Landschildkröte XVI, 235
Griechischer Frosch 268
Grillen 355
Grindwal 49
Groppe 312
Große Bekassine 99
Große Binsenjungfer 352
Große Buchengallmücke 425
Große Egelschnecke 485
Große Entenmuschel 434
Große Fichtengallaus 364
Große Königslibelle 349
Große Maräne 285
Große Meersau 309
Große Pfeffermuschel 505
Große Pilgermuschel 495
Große Raubmöwe 105
Große Raubspinne 450
Große Rohrdommel 134
Große Ruderwanze 362
Große Schlammschnecke 480
Große Schlangennadel 308
Große Seenadel 308
Großes Seeohr 466
Große Singzikade 365
Große Stubenfliege 428
Große Wassermotte 394
Großer Brachvogel 94
Großer Buchdrucker 392
Großer Eichenbock 390
Großer Eisvogel 415
Großer Fichtenrüßler 392
Großer Fleckenbläuling 421
Großer Heuschreckenkrebs 435
Großer Kohlweißling 413
Großer Kolbenwasserkäfer 381
Großer Kormoran 149
Großer Leuchtkäfer 386
Großer Oleanderschwärmer 409
Großer Pappelbock 391
Großer Perlmutterfalter 416
Großer Puppenräuber 377
Großer Regenwurm 460
Großer Sandaal 323
Großer Scheibenbauch 313
Großer Schillerfalter 415
Großer Schneckenegel 461
Großer Sturmtaucher 153
Großer Thunfisch 327
Großer Totengräber 381
Großer Waldgärtner 391
Großflatterer 13
Großfußhühner 79
Großhamster 34
Großhufeisennase 13, 14
Großkopfschildkröten 234
Großlibellen 349
Großmausohr 20
Großtümmler 48
Großschwertwal 48
Grottenolm 263
Grubenottern XV, 256
Gründelwale 44, 49
Gründling 295
Grüne Mosaikjungfer 349
Grüne Raubjungfer 352
Grüne Schmaljungfer 349
Grüne Samtschnecke 488
Grüner Laubsänger 185, 190
Grüner Lippfisch 319
Grüner Sternwurm 463
Grünes Augentierchen 2
Grünes Heupferd 356
Grünknochen 298
Grünlicher Heufalter 412
Grünling 223
Grúes 77, 85
Grünschenkel 97
Grünspecht 171
Grúidae 86, 89
Grundeln 325
Grundelartige 324
Grundwanzen 361
Grús grús 89
Grýllidae 355
Gryllotálpa gryllotálpa 355
Gryllotálpidae 355
Gryllteist 115
Grýllus campéstris 355
Gürtelschwänze 241
Gürtel-Skolopender 430
Gürtelwürmer 459
Güster 292
Gúlo gúlo 58
Gymnodáctylus kótschyi 238
Gymnophióna 257, 258
Gypáetus barbátus 141
Gýps fúlvus 142
Gyrinidae 380
Gyrinus substriátus 380

Haarkleid 4
Haarlinge 360
Habicht 137
Habichtartige 136
Habichtsadler 142
Habichtskauz 165
Häherkuckuck 158
Haemátopus ostrálegus 103
Haematópota pluviális 426
Haemópis sanguisúga 462
Hänfling 222
Häubchenmuschel 499
Haftzeher 238
Haie XVII, XIX, 272, 274
Hain-Bänderschnecke 486
Hainschnecken 486
Hakengimpel 224
Halbfinger-Gecko 238
Halbgänse 122
Haleciidae 526
Halécium halécium 526
Haliátus albicilla 138
Halichoerus grýpus 65
Halichóndria panicéa 530
Halichondriidae 530
Halictus quadricinctus 367
Haliótidae 466
Haliótis lamellósa 466
Haliótis tuberculáta 466
Halocýnthia papillósa 335
Halsbandeidechsen 238, 241
Halsbandschnäpper 188
Halsband-Zwergnatter 251
Halys-Grubenotter XV, 256
Hamster 34
Hardun 239
Harlekinfrösche 268
Hartstrahlen 273
Hase 25, 67
Hasel 290
Haselhuhn 81
Haselmaus 33
Haselnußbohrer 393
Hasenlosung 24
Hasenspuren 24
Hasentiere 6, 24
Haubenlerchen 202, 203
Haubenmeise 204
Haubennetzspinnen 451
Haubenschnecken 473
Haubentaucher 155
Hausbock 391
Hausesel 66
Hausgrille 355
Hausmarder 60
Hausmaus X, 41
Hausmutter 404
Hauspferd 66
Hausratte XI, 41
Hausrotschwanz 195
Haussperling VIII, 218
Hausspitzmaus 9, 10
Hautatmung XXVII
Hautflügler 366
Hautlager XXXI
Hautmuskelschlauch XXVI

Hautschilder XIV
Hautschuppen XIV
Hautskelett XXII
Hautzähnchen XVIII
Hebräische Bohrschnecke 474
Hecht 287
Hechtdorsche 303
Hechtkopfmolch 261
Heckenbraunelle 198
Heckensänger 194
Heidebläuling 422
Heidelerche 202
Heilbutte 328
Heiliger Pillendreher 384
Heimchen 355
Hélcion pellúcidum 467
Heldböcke 390
Helicidae 486
Helicoidea 486
Hélix aspérsus 486
Hélix pomátia 486
Helodermátidae 247
Hémaris fucifórmis 406
Hemaris tityus 406
Hemidáctylus túrcicus 238
Hemiptera 360
Héodes virgaurea 422
Hering 281
Heringsfische 281
Heringshai 274
Heringskönig 306
Heringsmöwe 107
Herkuleskeule 476
Hermelin 57
Herpéstes ichneumon 61
Herrentiere 5, 23
Hérse convólvuli 407
Herzmuscheln 500
Hesperornitidae 154
Heterodónta XXX, 496, 498
Heteronéura 396
Heteróptera 360, 361
Heufalter 412
Heupferde 356
Heuschrecken-Krebse 435
Hexacorállia XXX, 518
Hexanchifórmes 274
Hexánchus griseus 274
Hexápoda XXI, XXV, 346
Hieráetus fasciatus 142
Hieráetus pennátus 142
Himántopus himántopus 102
Hinterfußlänge XI
Hinterkiemer 465
Hippocámpus guttulátus 307
Hippoglóssus hippoglóssus 328
Hippoláis icterina 181
Hippoláis pállida 181
Hippoláis polyglótta 180
Hippólyte várians 435
Hippolýtidae 435
Hippotámidae 68
Hirsch XI, 68, 73
Hirschkäfer 382
Hirudinéa 461
Hirudinidae 462
Hirúdo medicinális 462
Hirundinidae 210
Hirundinóidae 174, 210
Hirúndo daurica 210
Hirúndo rústica 211
Hister bipustulatus 381
Histéridae 381
Histriónicus histriónicus 126
Hoatzin 79
Hochjagd 67
Höckerechsen 247
Höckerschwan 116
Höhenläufer 91, 103
Höhensalamander 263
Höhensteuer XVIII
Höhere Krebse 435
Höhlenassel 445
Höhlen-Flohkrebs 446
Hörnchen 28
Hörnchenähnliche 28
Hörner 67, 477
Hohe Nußmuschel 490
Hohltaube 159
Hohltiere XXX
Hokkos 79
Holocéphali 272
Holzameise 373
Holzbock 452
Holzbohrer 398
Holzschlupfwespen 375
Holzwespen 375
Hómarus gámmarus 438
Hómarus vulgaris 438
Homoneura 396
Homóptera 360, 364
Honigbiene XXII
Hoplópterus spinósus 92
Hormathiidae 520
Hornhecht 298
Hornhufer 67
Hornstoff 4
Hornisse 371
Hornissenschwärmer 398
Hornträger 68
Horst 135
Hosenbiene 368
Huchen 282
Húcho húcho 282
Hühnergänse 123
Hühnervögel 77, 79
Hufeisennasen 14
Hufeisennatter 250
Hufmuscheln 500
Huftiere 52, 66, 67
Hummeln 367
Hummelschwärmer 406
Hummer 437, 438
Hummerartige 437
Hunde 54
Hundeartige 54
Hundefloh 423
Hundertfüßler XXVII, 430
Hundeschädel 52
Hundeskelett 52
Hundsaffen 23
Hundsfisch 287
Hundshai 275
Hundsrobben 63, 64
Hundszunge 328
Hutschnecken 473
Hyalimoecia 454
Hýas aráneus 441
Hýdra attenuáta 524
Hydracoidea 66
Hydractinia echináta 525
Hydractiniidae 525
Hydrallmánia falcáta 527
Hydróbates pelágicus 152
Hydrobátidae 151
Hydróbia úlvae 471
Hydrobien 471
Hydrobiidae 471
Hydrocorisae 361
Hydroidea 524
Hydroidpolypen 524
Hydromantes génei itálicus 263
Hydrométra stagnórum 363
Hydrométridae 363
Hydrophéidae 254
Hydrophilidae 381
Hydróporus palústris 379
Hydrópotes inérmis 76
Hydropotinae 76
Hydroprógne 113
Hydroprógne cáspia 113
Hydrous picéus 381
Hydrozoen 524
Hygróbia tárda 379
Hygrobiidae 379
Hyla arbórea 270
Hýlidae 270
Hylóbius abiétis 392
Hyloicus pinastri 408
Hylotrúpes bajúlus 391
Hymenóptera 366
Hynobiidae XVI, 258
Hynóbius keyserlingii 258
Hyperóodon ampullátus 50
Hypodérma bóvis 428
Hypothetischer Stammbaum (Vögel) 77, 79, 85, 91, 135, 148, 154, 174
(Hyracoidea) 6
(Hystricidae) 28
Hýstrix cristáta 28

Iberiensteinbock 72
Ibisse 130
Ichneumónidae 374
Idótea báltica 444
Idotéidae 444
Igel 7, 11
Igelfliegen 429
Igelwürmer 3, 462
Ilia núcleus 440
Illex coindéti 515
Iltis 52, 56, 67
Ilyócoris cimicoides 361
Inframarginalschilder XV
Innenbefruchtung 257
Insécta 346, 347
Insekten XX, 346, 347
Insektenbeine XXII
Insektenfresser 5, 7
Insektenkörper XX
Insectivora 5, 7
Iphiclides podalirius 411
Ipidae 391
Ips typográphus 392
Isabellsteinschmätzer 192
Islandmuschel 501
Isocárdia cor 501
Isocardiidae 501
Isópoda 444
Italienische Schafstelze 201
Italienische Wanderheuschrecke 357
Italienischer Frosch 267
Italienischer Skorpion 448
Italiensperling 219
Ixobrýchus minútus 134
Ixódes ricinus 452
Ixódidae 452

Jagdwild 67
Jahresvögel IX
Jakobs-Pilgermuschel 495
Johannisechse 245
Johanniswürmchen 386
Júlidae 431
Juloidea 431
Július XXVII
Július sabulósus 431
Jungfernkranich 89
Junikäfer 384
Jynginae 170
Jynx torquilla 170

Kabeljau 300
Käfer XXII, 376
Käferschnecken 464
Kaiseradler 139
Kaisergranat 437
Kaisermantel 416
Kakerlak 354
Kalanderlerche 203
Kalkesser 502
Kalk-Röhrenwurm 457
Kalkschwämme XXXII
Kalmare 514
Kammbläßhuhn 88
Kammkiemen 465, 469
Kammolch XVI, 260
Kammschuppe XVIII
Kammuscheln 494
Kampfläufer 96
Kampfwachteln 85, 86, 89
Kanadagans 1, 118
Kanaren-Buchfink 226
Kaninchen 26
Kaninchenlosung 24
Kaninchenschädel 24
Kaphase 25
Kappenammer 227
Kapuzennattern 254
Karausche 296
Karettschildkröte 233, 236
Karettschildkröte, echte XV, 236
Karettschildkröte, unechte XV, 236
Karmingimpel 225
Karpathenmolch 260
Karpfen 295
Karpfen, Beflossung XVII
Karpfenfische 287
Karpfenlaus 433
Kartoffelkäfer 390
Kaspische Pfeilnatter 250
Kaspische Wasserschildkröte 235
Katzen 52, 62
Katzenartige 61
Katzenhaie 276
Katzennatter 254
Katzenschädel 52
Katzenschlange XV
Katzenskelett 52
Kaulbarsch 315
Kauri 474
Kaurischnecken 474
Kegelrobbe 65
Kegelschnecken 480
Keiljungfern 351
Keratin 4
Kerbtier XXII
Kernbeißer 224
Keulenpolyp 3, 525
Keulhornblattwespe 375
Kiebitz 92
Kiebitzregenpfeifer 92
Kiefernkreuzschnabel 225
Kiefernschwärmer 408
Kiefernspanner 405
Kieferspinnen 451
Kiefernspinner 401
Kieferwürmer 454
Kieleidechsen 243
Kielkarpfenfische 294
Kiemendeckel XVII
Kiemenfüße 432, 433
Kiemenspalten XVII
Kieselschwämme XXXI
Kinostérnidae 234
Klaffmuschel XXIX, 509
Klappen XXIX
Klappergrasmücke 184
Klappmütze 65
Klassen VIII
Kleefalter 412
Kleiber 204, 208
Kleiderlaus 360
Kleidermotte 397
Kleinabendsegler 17
Kleinäugige Wühlmäuse 36
Kleinbären 61
Kleine Artemismuschel 503
Kleine Bodenrenke 285
Kleine Egelschnecke 485
Kleine Eintagsfliegen 353
Kleine Maräne 285
Kleine Raubmöwe 105
Kleiner Bärenkrebs 437
Kleiner Frostspanner 405
Kleiner Fuchs 418
Kleiner Kohlweißling 413
Kleiner Kolbenwasserkäfer 382
Kleiner Regenwurm 460
Kleiner Sandaal 324
Kleiner Scheibenbauch 313
Kleiner Tintenfisch 514
Kleiner Waldgärtner 392
Kleiner Weinschwärmer 408
Kleine Schlangennadel 308
Kleine Schweberenke 285
Kleines Nachtpfauenauge 400
Kleines Petermännchen 321
Kleine Strandschnecke 470
Kleine Stubenfliege 427
Kleine Sumpfdeckelschnecke 471
Kleines Sumpfhuhn 86
Kleinflatterer 13, 14
Kleingefleckter Katzenhai 276
Kleinhufeisennase 15
Kleinlibellen 351
Kleinmausohr 21
Kleinschwertwal 49
Kleinspecht 172
Kleinwühlmaus 36
Kleopatrafalter 412, 414
Kletternattern 250

Kliesche 328
Klippenassel 445
Klippenfisch 320
Klipp-Schliefer 6
Knäkente 122
Knoblauchkröte 266
Knochenfisch XIX, 273, 278
Knochenpanzer XV
Knorpelfisch XIX, 272, 273, 274
Knotenameisen 372
Knotenschnecke 475
Knotiges Tritonshorn 476
Knurrhähne 310
Knutt 100
Köcherfliegen 394, 385
Köcherwurm 454, 456
Ködergarnele 444
Köderwurm 456
Köhler 301
Königshuhn 83
Königslibellen 349
Körpergliederung XX
Körperläuse 360
Körpermaße XVII
Koffermuscheln 504
Kohlmeise 206
Kohlschnake XXI, 424
Kohlweißling 413
Kolbenente 123
Kolbenwasserkäfer 381
Kompaßqualle 522
Kontaktverhalten 1
Kopfbinden-Zwergnatter 251
Kopfbruststück XXIV
Kopffüßler 464, 512, 513
Kopf-Rumpflänge X
Kopflaus 360
Kopfzeichnung XI, XII
Koppe 312
Korallenmöwe 107
Korallenmoos 527
Korallentiere XXX
Korbmuscheln 510
Kormorane 149
Kornweihe 143
Korsikanischer Kleiber 208
Korsischer Gebirgsmolch 262
Krabben 440
Krabbenspinnen 452
Krabbentaucher 114
Krähenscharbe 150
Krätzmilben 453
Kragenente 126
Kragengeißelzellen XXXI
Kragentrappe 90
Kraken 513, 516
Kranich 85, 86, 89
Kranichvögel 77, 85
Kranzfühler 2, 345
Krause Bohrmuschel 511
Krauskopfpelikan 151
Krebsaugen XXIV
Krebse XXIV, XXV, 435
Krebsnase XXIV
Krebspanzer XXIV
Krebsschwanz XXIV
Krebssteine XXIV
Krebstiere 346, 432
Kreidemöwen 91
Kreiselschnecken 468
Kreuzkröte 269
Kreuzotter XIV, 248, 253, 255
Kreuzschnäbel 225
Kreuzspinne XXV, 451
Krickente 121
Kriebelmücken 425
Kriechtiere XIII, XIV, XV, XVI, 4, 232
Kristallgrundeln 325
Kristallküling 325
Kröten 268
Krötenfrösche 265
Krötenkopf-Agamen 240
Krokodile 237
Krustenechsen 247
Kuckuck 158
Kuckucksvögel 78, 158
Küchenschabe 354
Külinge 325
Küstenseeschwalbe 111
Kugelfischverwandte 331
Kugelmuschel 498
Kugelrippenqualle 529
Kugelspringer 348
Kuhauge 419
Kuhreiher 133
Kurzfangsperber 138
Kurzflossenkalmar 515
Kurzflügelkäfer 380
Kurzflügler XXI
Kurzschnabelgans 119
Kurzschwanzkrebse 440
Kurzzehenlerche 204

Labkrautschwärmer 409
Labmagen 68
Labroidei 319
Lábrus berggýlta 320
Lábrus túrdus 319
Lábrus viridis 319
Lacérta agilis XIV, 242
Lacérta lépida 242
Lacérta murális 241
Lacérta schreiberi 243
Lacérta sicula campéstris 242
Lacérta sicula sicula 241
Lacérta viridis 243
Lacérta vivipara 242
Lacértidae 238, 241
Lachmöwe 107
Lachs 282, 283
Lachseeschwalbe 110
Längsmuskeln XXVI
Laevicárdium norvégicum 501
Lagenorhýnchus 47
Lagenorhýnchus acútus 47
Lagenorhýnchus albiróstris 48
Lagerjunge 5
Lagomórpha 6, 24
Lagópus lagópus 81
Lagópus lagópus scóticus 82
Lagópus mútus 81
Lamellibranchiáta XXIX, 464, 489
Lámna násus 274
Lamnifórmes 274
Lampétra fluviátilis 333
Lampétra pláneri 332
Lamprete 332
Lampýridae 386
Lampýris noctilúca 386
Landkärtchen 416
Landlungenschnecken XXIX, 483
Landraubtiere 63
Landschildkröten 235
Landwanzen 362
Lange Linsenmuschel 499
Langfinnendelphine 47, 48
Langflügelfledermaus 20
Langfußfledermaus 22
Langgestreckte Streckerspinne 451
Langkopfzikaden 365
Langohrfledermäuse 16
Langschnauziges Seepferdchen 307
Langschwanzmäuse 40
Langusten 437
Langustenartige 437
Lanhanótidae 247
Lanice conchiléga 456
Laniidae 212
Lanióidae 174, 212
Lánius collúrio 213
Lánius excúbitor 212
Lánius minor 213
Lánius núbicus 214
Lánius senátor 213
Lanzenseeigel 2
Lanzettfischchen 4, 272, 333
Laomedéa geniculáta 526
Laóthoe pópuli 410
Lappenmuscheln 500
Lappenqualle 3
Lappentaucher 154, 155
Lapplandmeise 207
Lári 77
Láridae 105
Larinae 106
Lárus 106
Larus argentátus 108
Lárus audouinii 107
Lárus cánus 108
Lárus fúscus 107
Lárus génei 108
Lárus glaucóides 106
Lárus hyperboréus 106
Lárus marinus 107
Lárus melanocéphalus 108
Lárus minútus 109
Lárus ridibúndus 107
Lasiocámpidae 401
Lásius fuliginósus 373
Lásius niger 373
Laspeyrésia pomonélla 399
Lasurmeise 205
Laterne des Aristoteles XX
Latrodéctes tredecimguttátus 451
Laube 292
Laubfrösche XVI, 270
Laubheuschrecken 355, 356
Laubkäfer 384
Laubsänger 184
Laufbeine XXI, XXII
Laufhühnchen 89
Laufkäfer 377
Laxierfisch 318
Léda minúta 491
Léda pérnula 491
Lederkarpfen 295
Lederkorallen 521
Lederlaufkäfer 377
Lederschildkröte 237
Lédidae 491
Legestachler 374
Leguane 241
Leguánidae 241
Leierfisch 324
Leiopelmátidae 264
Leistenschnecken 476
Lémmus lémmus 39
Lengfisch 304
Leopardennatter 251
Lepádidae 434
Lepadomórpha 434
Lépas anatifera 434
Lépas hillii 434
Lepidochélys olivácea XVI
Lepidochiton cinéreus 464
Lepidóptera 396
Lepidorhómbus whiffiagonis 330
Lepidúrus ápus 433
Lepisma saccharina 348
Lepismátidae 348
Lepómis gibbósus 315
Lepóridae 25
Leptinotársa decemlineáta 390
Leptodactýlidae 270
Leptotyphlópidae 248
Lépus capénsis 25
Lépus europaeus 25
Lépus timidus 25
Lerchen 174, 175, 201
Léstes 352
Léstes viridis 352
Léstidae 352
Leucáspius delineátus 288
Leuchtkäfer 386
Leuchtqualle 522
Leuciscinae 287
Leuciscus céphalus 291
Leuciscus leuciscus 290
Leuciscus meidingeri 290
Leuciscus virgo 290
Leuckartiára 525
Leuckartiára octóna 525
Levanteotter 256
Libellen 349, 350
Libéllula depréssa 350
Libéllula quadrimaculáta 350
Libellúlidae 350
Libythéa 414
Libythéa céltis 414
Ligia oceánica 445
Ligiidae 445
Ligusterschwärmer 407
Limácidae 485
Limánda limánda 328
Limanden 328
Limax tenéllus 485
Limenitis pópuli 415
Limicola falcinéllus 98
Limicolae 77, 92
Limicolae-Lári 91
Limnephilidae 395
Limnéphilus rhómbicus 395
Limósa lappónica 95
Limósa limósa 95
Lindenschwärmer 409
Liniierter Grashüpfer 359
Linsenmuscheln 499
Liparidinae 313
Lipáris lipáris 313
Lipáris montágui 313
Lippfische 319
Lithóbius XXVII
Lithóbius forficátus 430
Littorina littórea 470
Littorina neritoides 470
Littorina obtusáta 470
Littorinidae 470
Locustélla 179
Locustélla fluviátilis 180
Locustélla luscinoides 180
Locustélla naevia 179
Löffler 131
Löffelente 120
Loliginácea 514
Loliginidae 514
Lóligo forbési 515
Lóligo vulgáris 514
Lopinga achine 419
Lophiifórmes 305
Lóphius piscatórius 305
Lóra turricula 479
Lóta lóta 304
Lóxia curviróstris 225
Lóxia leucóptera 226
Lóxia pytyopsittacus 225
Lucánidae 382
Lucánus cérvus 382
Luchse 62
Lucilia caesar 430
Luciopérca luciopérca 316
Luftröhrenschreier 174, 175
Lúllula 202
Lúllula arbórea 202
Lumbricidae 459
Lumbricus 460
Lumbricus rubéllus 460
Lumbricus terréstris 460
Lummen 114
Lúmpenus lampretaefórmis 322
Lumpfische 312
Lunátia caténa 475
Lunátia nitida 475
Lungenfische 273
Lungenlose Molche 263
Lungenschnecken 465, 480
Lurche XVI, XVII, 4, 257
Luscinia luscinia 196
Luscinia megarhýnchos 196
Luscinia svécica 195
Lusciniola melanópogon 176
Lusitanische Napfschnecke 467
Lútra Lútra 58
Lutraria lutraria 508
Lycaena árgus 422
Lycaena árion 421
Lycaena orbitulus 422
Lycaenidae 421
Lycósidae 449
Lymántria dispar 402
Lymántria monácha 402
Lymantriidae 402
Lymnaea stagnális 480
Lymnaeidae 480
Lymnocrýptes minimus 100
Lynx lynx 62
Lynx párdina 62

Lyristes plebéjus 365
Lyrúrus tétrix 80

Macáca sylvána 23
Macóma báltica 506
Macóma calcárea 506
Macróchires 78
Macroglóssa stellatárum 406
Macropódia rostráta 441
Macroprótodon cucullátus 254
Mactrácea 508
Máctra corállina 508
Máctra corállina cinérea 508
Máctridae 508
Maculinéa árion 421
Maena maena 318
Maena vulgáris 318
Maenidae 318
Mäuseähnliche 31
Mäusebussard 141
Magenbremse 427
Magendarmraum XXX
Magot 23
Maikäfer XXI, XXII, 384
Mairenke 292
Maivogel 415
Maiwurm 389
Májidae 441
Makrele 326
Makrelenhaie 274
Makrelenhecht 298, 299
Malacosóma neustria 401
Malacostráca 435
Malermuschel 496
Malletia-Muschel 491
Mallétia obtúsa 491
Malletiidae 491
Mallophága 360
Malmignatte 451
Málpolon monspessulánus 254
Mammália X, 4, 5
mámma Zitze 4
Mandarinente 123
Manguste 61
Mantel XXIX
Mantelaktinie 520
Mantelhöhle XXIX, 512
Mantellinie XXX
Mantelmöwe 107
Manteltiere 333
Mantidae 354
Mántis religiósa 354
Mantódea 354
Maränen 285
Marder 52, 56, 59, 67
Marderhund 54, 55
Margaritána margaritifera 497
Margaritiféridae 497
Marienkäfer 389
Mariskensänger 176
Marmelente 121
Marmorierte Bohnenmuschel 493
Marmormolch 259
Marmóta bóbak 30
Marmóta marmóta 30
Marsupiália 5
Mártes foina 60
Mártes mártes 59
Mártes zibellina 59
Maskenspitzmaus 9
Maskenstelze 201
Maskenwürger 214
Mauerbienen 369
Mauereidechse 241
Mauergecko 239
Mauerläufer 209
Mauersegler 169
Maulfüßler 435
Maulstellung bei Fischen XVIII
Maulwurf X, 7, 11, 12
Maulwurfsgrillen 355
Maurische Landschildkröte XVI, 235
Maurische Wasserschildkröte 234
Mausohr 13, 20
Mausvögel 78
Mauswiesel 57
Medialzelle XXI
Medizinischer Blutegel 462
Medusen XXXI, 522
Meeraal 280
Meeräschen 319
Meerasseln 444
Meerbarben 319
Meerbrassen 317
Meerenten 125
Meerforelle 284
Meergänse 117
Meerhand 521
Meerneunauge 332
Meerraupen 454
Meerrenner 104
Meerrinde 345
Meersauen 309
Meerspinne 441
Meerstrandläufer 101
Meerzahn 488
Megáchile centunculáris 369
Megáptera nóvae-ángliae 46
Mehely-Hufeisennase 15
Mehlkäfer 388
Mehlschwalbe 211
Meisen 204
Meisenartige Honigvögel 174, 175, 204
Melanitta fúsca 125
Melanitta nigra 125
Melanitta perspicilláta 125
Melanocorýpha calándra 203
Melanocorýpha leucóptera 203
Melanocorýpha yeltoniensis 203
Melanográmmus aeglefinus 301
Méles méles 59
Melitaea matúrna 415
Melóidae 389
Melolóntha melolóntha 384
Melolonthinae 384
Membranipora membranácea 345
Membranipora pilósa 345
Membranipóridae 345
Menschenhai 275
Menschenläuse 360
Merginae 128
Mérgus albéllus 128
Mérgus mergánser 129
Mérgus serrátor 128
Merlángius merlángius 302
Merlin 147
Merlúccius merlúccius 303
Merópidae 168
Mérops apiáster 168
Mesoacidália aglája 416
Mesocricétus aurátus 35
Mesogastrópoda 469
Mesóplodon 50
Mesóplodon bidens 50
Messen XI
Messerscheiden 507
Messingkäfer 388
Messungen X
Metalljungfer 351
Metathéria 5
Metazóa 2
Metridiidae 521
Metridium senile 521
Microhýdra rýderi 528
Microhýlidae 268
Micromesistius poutásso 302
Micromys minútus 40
Micrópterus salmoides 314
Micrótidae 35
Microtus agréstis 38
Microtus arvalis 38
Micrótus guentheri 38
Micrótus nivális 37
Microtus ratticeps 37
Miesmuschel 493
Milane 136, 137
Milben 452
Milchdrüsen 4
Milchweiße Planarie 517
Milvus migrans 137
Mílvus milvus 137
Mimas tiliae 409
Miniópterus 20
Miniópterus schreibérsi 20
Mink 56
Misgúrnus fossilis 297
Misteldrossel 190
Mistkäfer 383
Misuména vátia 452
Mitra ébenus 479
Mitraschnecken 479
Mitridae 479
Mittelländische Kegelschnecke 480
Mittellamelle XXX
Mittelmeer-Feldmaus 38
Mittelmeer-Hufeisennase 15
Mittelmeer-Kleinwühlmaus 37
Mittelmeersteinschmätzer 192
Mittelsäger 128
Mittelspecht 172
Mittlere Raubmöwe 106
Mittlere Wespe 370
Mittlerer Weinschwärmer 408
Mittlerer Weinvogel 408
Moderkäfer 380
Moderlieschen 288
Mönchsgeier 140
Mönchsgrasmücke 182
Mönchsrobbe 65
Möwen 106
Möwenvögel 77, 85, 91, 105
Mohn-Mauerbiene 369
Mohrenfalter 419
Mohrenlerche 203
Móla móla 331
Molaren 52
Molche 258
Mollúsca XXVIII, 464
Molóssidae 13, 14
Mólva dipterýgia 304
Mólva mólva 304
Monáchus monáchus 65
Mondfisch 331
Mondhornkäfer 383
Mondschnecken 474
Mondvogel 402
Monódon monóceros 50
Monodóntidae 44, 49
Monotocárdia 469
Monotremáta 5
Monotrýsia 396
Montacuta ferruginósa 499
Montacútidae 499
Montacutiden 499
Monticola saxátilis 194
Monticola solitárius 194
Montifringilla nivális 220
Moorente 123
Moorfrosch XVI, 266
Moorschneehuhn 81
Moosskorpione 448
Moostierchen 345
Mopsfledermaus 16
Mornellregenpfeifer 93
Mosaikjungfern 349
Moschuskrake 516
Moschuspolypen 516
Motacilla 200
Motacilla álba álba VIII, 200
Motacilla álba yaréllii VIII, 200
Motacilla cinérea cinérea VIII
Motacilla cinérea 200
Motacilla fláva 201
Motacilla flava feldegg 201
Motacilla fláva fláva VIII, 201
Motacilla fláva flavissima VIII
Motacilla fláva ibériae 201
Motacilla fláva thunbérgi 201
Motacillidae 198
Motten 397
Mottenschildläuse 361
Mücken 424, 426
Mützenschnecken 473
Mufflon 70
Mugiloidei 319
Múllidae 319
Múllus surmulétus 319
Mundgliedmaßen XXI
Muntiacinae 75
Muntiacus reévisi 75
Muntjakhirsche 75
Muraena héléna 281
Muräne 281
Múrex brandáris 476
Múrex trúnculus 476
Muricácea 476
Muricidae 476
Múridae 40
Murmeltiere 30
Músca 428
Músca doméstica 428
Muscardinidae 32
Muscardinus avellanárius 33
Muscheln XXIX, 3, 464
Muschelschale XXIX, 489
Muschelwächter 443
Muscicapidae 187
Muscicapóidae 174, 176
Múscidae 428
Muscicapa striáta 187
Muscúlium lacústre 499
Músculus marmorátus 493
Músculus niger 493
Museumskäfer 387
Mús músculus domésticus 41
Mús músculus músculus 40
Mustéla 56
Mustéla erminea 57
Mústela lutréola 56
Mustéla minúta 57
Mustéla putórius 56
Mustéla putórius eversmánni 57
Mustéla vison 56
Mustéla vulgaris 57
Mustélidae 56
Mustelus astérias 276
Mýa arenária 510
Mýa truncáta 509
Mýidae 509
Myocástor cóypus 28
Myocastoridae 28
Myomorpha 31
Myópus schisticolor 40
Myótis 20
Myótis bechsteini 22
Myótis capaccinii 22
Myótis dasycnéme 22
Myótis daubentóni 22
Myótis emarginátus 21
Myótis myótis 20
Myótis mystacinus 21
Myótis nattéreri 21
Myótis oxygnáthus 21
Myoxocéphalus scórpius 313
Myriápoda 430
Myriópoda XXVII, 346
Myrméleon europaeus 366
Myrmeleónidae 366
Mýrmica rúbra laevinódis 372
Myrmicinae 372
Mysiamuschel 504
Mýsia undáta 504
Mysidacéa 444
Mýsidae 444
Mystacocéti 44, 45
Mytilácea 493
Mytilidae 493
Mýtilus edúlis 493
Myxinifórmes 332

Nabelschnecken 474, 475
Nachtaugen 162
Nachtechsen 241
Nachtigallen 195, 196
Nachtpfauenauge 400

Nachtreiher 133
Nachtschwalben 78, 166
Nacktfinger-Gecko 238
Nadelschnecken 472
Nageljungfern 351
Nagelrochen 277
Nagetiere 5, 6
Naiden 459
Náidae 459
Najaden 496
Napfschnecken 467
Narwal 50
Nase 289
Nasenfrösche 265
Nasenschrecke 358
Nashörner 66
Nashornkäfer 385
Nássa incrassáta 478
Nássa mutábilis 479
Nássa neritea 478
Nássa reticuláta 478
Nássidae 478
Natántia 435
Natica millepunctáta 474
Naticidae 474
Nátrix maura XV, 253
Nátrix nátrix helvética 252
Natrix natrix nátrix 252
Nátrix tesselláta 252
Nattern 249
Natternaugenskinke 245
Natternhemd 248
Naucóridae 361
Naucoris 361
Nautilus 512, 513
Nebelkrähe 217
Necróphorus humátor 381
Nematócera 424
Nemóbius silvéstris 356
Neogastrópoda 476
Néomys anómalus 8
Néomys fódiens 8
Néophron percnópterus 140
Neóptera 347, 353
Neórnithes 77
Népa rubra 361
Nephrópsidae 437
Néphrops norvégicus 437
Nepidae 361
Neptúnea ántiqua 477
Neptunschwimmkrabbe 442
Neptúnus hastátus 443
Neréidae XXVII, 455
Neréis diversicolor 455
Nerfling 291
Neróphis ophidion 308
Nerz 56
Nesselkapseln XXX
Nesselquallen 523
Nesseltiere 3, 518
Nestflüchter 5
Nesthocker 5
Nétta rufina 123
Netzaugen XXI, XXII
Netzflügler 366
Netzmagen 68
Netzreusenschnecke 478, 479
Netzwühle 247
Neunaugen 332
Neunstachlige Stichlinge 306, 307
Neuschnecken 476
Neuvögel 77
Nichtwiederkäuer 67, 68
Niphárgus puteánus 446
Niptus hololeucus 388
Nóctua pronúba 404
Noctúidae 404
Noemácheilus barbátulus 296
Nogai-Springmaus 31
Nomenklatur VIII
Nominatform VIII
Nominatrasse VIII
Nonne 402
Nonnengans 117
Nonnensteinschmätzer 193
Nonruminántia 68, 69
Nordamerikanischer Flußkrebs 438
Nordische Fledermaus 20
Nordische Purpurschnecken 478
Nordische Schafstelze 201
Nordischer Felsenbohrer 509
Nordischer Laubsänger 185, 190
Nordischer Meerbrassen 317
Nordkaper 45
Nordluchs 62
Nordseegarnele 436
Nordsee-Kalmar 515
Norwegische Herzmuschel 501
Norwegische Panópea 509
Notodóntidae 402
Notonécta gláuca 362
Notonéctidae 362
Notostráca 433
Nucifraga caryocatáctes 215
Nuculácea 490
Núcula nitida 490
Núcula núcleus 490
Núcula ténuis 490
Núcula timidula 490
Nucúlidae 490
Numénius 94
Numénius aquáta 94
Numenius phaeopus 95
Numénius tenuiróstris 95
Nußkrabbe 440
Nußmuschel XXIX, 490
Nutria 28
Nyctalus leisleri 17
Nyctalus nóctula 17
Nýctea scandiaca 163
Nyctereutes procyonoides 55
Nycticorax nycticorax 113
Nymphálidae 415

Oatrea edúlis 495
Oberlippenschilder XV
Obstmade 399
Occipitalschild XIV, 238
Oceanódroma leucórrhoa 151
Ochótoma pusilla 26
Ochotónidae 26
Ochsenherz 501
Octobráchia 513, 515
Octocorállia XXX, 521
Octópoda XXV, 512
Octopódidae 516
Octopus vulgaris 516
Ocýpus ólens 380
Odinshühnchen 102
Odinswassertreter 102
Odobaenidae 63
Odóbenus rosmárus 63
Odocoilinae 75
Odocoilus virginiánus 75
Odonáta 349
Odontocéti 44, 47
Oedipoda coeruléscens 358
Öhrchen-Planarie 517
Ölkäfer 389
Oenánthe hispánica 192
Oenánthe isabellina 192
Oenánthe leucúra 193
Oenánthe oenánthe 192
Oenánthe pleschánka 193
Oenéis aéllo 419
Oenéis glaciális 419
Oestridae 428
Östliche Sandboa 249
Ohrdeckel 13
Ohrenlerche 201
Ohrenqualle XXXI, 523
Ohrenrobben 63
Ohrentaucher 156
Ohreulen 165
Ohrlänge XI
Ohr-Schlammschnecke 481
Ohrwürmer 353
Oligochaeta 459
Olindiidae 528
Olme XVI, 263
Omnatóstrephes 515
Omnatostréphidae 515
Ondátra zibéthica 36
Onychúra 433
Operóphthera brumáta 405
Ophiomórus 245
Ophiomórus punctatissimus 245
Ophisaurus ápodus 246
Ophisops élegans ehrenbérgii 244
Opiliónes 449
Opilio pariétinus 449
Opisthobránchia 465
Orchéstia gammaréllus 445
Ordensbänder 404
Ordnungen VIII, IX
Oriólidae 218
Oriolóidae 174
Oriolus oriolus 218
Orpheusgrasmücke 183
Orpheusspötter 180
Ortolan 230
Orýctes nasicórnis 385
Oryctólagus cuniculus 26
Oscines 174
Osmérus eperlánus 286
Ósmia bicolor 369
Ósmia papáveris 369
Ostblindmaus 33
Osteichthyes 273, 278
Ostkaukasischer Tur 72
Ostréidae 495
Ostschermaus 39
Ostseegarnele 436
Otariidae 63
Otididae 86
Ótis tárda 90
Otis tétrax 90
Otter 52, 58, 255
Ottermuschel 508
Otus scops 162
Ovale oder Dickschalige Trogmuschel 508
Óvibos moschátus 72
Ovibovinae 72
Óvis áries músimon 70
Oxyúra leucocéphala 128
Oxyurinae 128

Paarhufer 5, 6, 67
paarige Flossen XVIII
Paarkiemer 466
Pagéllus bogáravec 317
Pagéllus centrodóntus 317
Pagóphila ebúrnea 109
Pagóphilus groenlándicus 64
Pagúridae 439
Palaemon adspérsus fabricii 436
Palaemon squilla 436
Palaemónidae 436
Palaeontologie 52
Palaeóptera 347, 349
Palaeórnithes 77
Palinúrus vulgáris 437
Palolowürmer 454
Pandion haliáetus 144
Panólis flámmea 404
Panópea norvégica 509
Panopeen 509
Pansen 68
Pantoffelschnecke 473
Panúrus biármicus 207
Panzergroppen 311
Panzerlurche 4
Panzerschleichen 246
Panzerwangen 309
Papageien 78
Papageitaucher 113
Papierartige Thraciamuschel 512
Papierboot 516
Papierbootartige Kraken 516
Papierwespen 370
Papilio macháon 410
Papilionoidea 410
Papiridae 66
Pappelböcke 391
Pappelschwärmer 410
Paracanthopterygii 273
Parapenaeus longiróstris 435
Parapodien 453
Pardelluchs 62
Páridae 204
Parinae 204
Parnássius apóllo 411
Paróidae 174, 204
Párus áter 206
Párus atricapillus 205
Párus caerúleus 206
Párus cinctus 207
Párus cristátus 204
Párus cýanus 205
Párus lúgubris 205
Párus májor 206
Párus palústris 205
Pásseres 78, 174
Pásser doméstICus 218
Pásser hispaniolénsis 219
Passerinae 218
Pásser itáliae 219
Pásser montánus 219
Pástor róseus 220
Patellácea 467
Patélla coerúlea 467
Patélla lusitánica 467
Patélla vulgáta 467
Patéllidae 467
Pécten jacóbaeus 495
Pécten máximus 495
Pécten operculáris 494
Pécten várius 494
Pectinácea 494
Pectinidae 494
Pedicúlidae 360
Pediculus humánus 360
Pedipalpen 447
Pelágia noctilúca 522
Pelecánidae 150
Pelecánus crispus 151
Pelecánus onocrótalus 150
Pelécus cultrátus 294
Pelikane 150
Pelikanfuß 473
Pelobátes XVII
Pelóbates fúscus 266
Pelobátidae 265
Pelodýtes punctátus 265
Pelzbienen 366
Pelzflatterer 5
Pelzkäfer 387
Pelzmotte 397
Penaidae 435
Pentatómidae 363
Pérca fluviatilis 316
Pércidae 315
Percifórmes 314
Pérdix 82
Pérdix pérdix 82
Perigónimus répens 525
Peripatus XXVII
Perisóreus infaustus 214
Perissodáctyla 6, 66
Perleidechse 242
Perlfisch 290
Perlmuscheln 496
Perlmutterfalter 416
Perlziesel 29
Pérnis apivorus 136
Petermännchen 321
Petersfisch 306
Petricola lithophága 504
Petricola pholadifórmis 504
Petricólidae 504
Petromyzonifórmes 332
Petromýzon marinus 332
Petrónia petrónia 219
Pfahlwurm 511
Pfeifente 120
Pfeifhasen 25, 26
Pfeffermuscheln 505
Pfeilkalmare 515
Pfeilnatter 250
Pfeilzüngler 479
Pferd 66
Pferdeaktinie 519
Pferdebiesfliege 427
Pferdeegel 462
Pferdespringer 31
Pflanzenreich 2
Pflanzensauger 360, 364

Pflanzenwespen 375
Pflasterkäfer 389
Pfuhlschnepfe 95
Phaethóntidae 148
Phalacrocorácidae 149
Phalacrócorax aristotéles 150
Phalacrócorax cárbo 149
Phalacrócorax pygmaeus 150
Phalangiidae 449
Phalaropodinae 102
Phalarópus fulicárius 102
Phalarópus lobátus 102
Phálera bucéphala 402
Phasiánidae 80
Phasianinae 82
Phasiánus cólchicus 84
Phasmátidae 359
Phasmatódea 359
Phausis splendidula 386
Pháxas pellúcidus 507
Philaenus sprumárius 365
Philómachus púgnax 96
Phlebobranchiáta 334
Phóca hispida 64
Phóca vitúlina 64
Phócidae 63, 64
Phocoena phocoena 47
Phocoenidae 44, 47
Phoenicópterus rúber 130
Phoenicoptéridae 130
Phoenicópti 77
Phoenicúrus ochúros 195
Phoenicúrus phoenicúrus 195
Pholádidae 510
Phólas dáctylus 510
Pholidóta 6, 24
Phólis gunéllus 322
Phoxinus percnúrus 287
Phoxinus phoxinus 288
Phrygánea grándis 394
Phryganéidae 394
Phrynocéphalus helióscopus 240
Phrynoméridae 268
Phthiráptera 360
Phthirus púbis 360
Phyllodáctylus europaeus 239
Phyllopértha horticola 385
Phyllópoda 433
Phyllóscopus bonélli 185
Phyllóscopus boreális 185
Phyllóscopus collybita 186
Phyllóscopus inornátus 184
Phyllóscopus sibilátrix 185
Phyllóscopus trochiloides 185
Phyllóscopus tróchilus 186
Phýsa fontinális 481
Physália phýsalis 528
Physaliidae 528
Physetéridae 44
Physetéridae 51
Phýseter macrocéphalus 51
Phýsidae 481
Pica pica 215
Pici 78, 170
Picidae 170
Picinae 170
Pickschnabel 79
Picoides tridáctylus 170
Picus cánus 171
Picus viridis 171
Pieper 198
Piéridae 411
Pieris brássicae 413
Pieris nápi 413
Pieris rápae 413
Pileum XIV
Pileus 238
Pilgermuschel 494
Pillendreher 384
Pinguine XIX, 78, 113
Pinicola enucleátor 224
Pinna squamósa 494
Pinnidae 494
Pinnipédia 6, 63
Pinnotéridae 443
Pinnotéres pisum 443
Pipidae 264
Pipistréllus kúhli 19
Pipistréllus nathúsii 18
Pipistréllus pipistréllus 19
Pipistréllus sávii 18
Piráta piráticus 450
Pirole 218
Pirolartige 174, 218
Pisáura listeri 450
Pisáuridae 450
Pisces XVII
Piscicola geométra 461
Piscicólidae 461
Pisidium ámnicum 498
Pitymys duodecimcóstatus 37
Pitymys sávii 37
Pitymys subterráneus 36
Placoidschuppen XVIII
Placóphora 464
Planarien 517
Planariidae 517
Planipénnia 366
Planktonfresser XXX
Planórbis córneus 482
Planórbidae 482
Platálea leucoródia 131
Platámbus maculátus 379
Plathelminthes 3, 517
Plathistidae 44, 47
Platichtys flésus 329
Plattbauch-Libelle 350
Plattenegel 461
Plattfische XIX, 327
Plattenkiemer 272, 274
Platte Tellmuschel 506
Plattmuscheln 506
Plattwürmer 3, 517
Platýcerus carabóides 382
Platystérnidae 234
Plautus álle 114
Plébejus árgus 422
Plecótus auritus 16
Plectróphenax nivális 227
Plegádis 130
Plegádis falcinéllus 130
Plethodóntidae 263
Pleurobrachiidae 529
Pleurobráchia pileus 529
Pleurodéles waltl 258
Pleuronéctes cynoglóssus 328
Pleuronéctes flésus 329
Pleuronéctes platéssa 329
Pleuronéctidae 328
Pleuronectifórmes 327
Pleuronectoidei 327
Pleurostigmata 430
Pleurotomariácea 466
Plistocän-Strahlenkorb 508
Plocéidae 218
Plötze 290
Pluviális apricária 93
Pluviális squatárola 92
Podiceps cristatus 155
Pódiceps auritus 156
Pódiceps griseigéna 155
Pódiceps nigricóllis 156
Pódiceps ruficóllis 155
Podicipédidae 155
Podúra aquática 348
Podúridae 348
Polarbirkenzeisig 221
Polarmöwe 106
Polarrötelmaus 35
Polistes gállicus 370
Polláchius 301
Polláchius polláchius 301
Polláchius virens 301
Pollack 301
Polycélis cornúta 517
Polychaeta 454
Polydóra ciliáta 455
Polygónia c-álbum 418
Polymitárcidae 352
Polymitárcis virgo 352
Polýmnia nebulósa 456
Polynóidae 454
Polypen XXX, 518
Polypenstock XXXI
Polyphága 380
Polyphýlla fúllo 384
Polysticta stélleri 126
Pomatóceros triquéter 457
Póntia callidice 414
Porcellána platychéles 440
Porcellánidae 440
Porifera XXXI, 530
Porphýrio porphýrio 88
Portúnidae 442
Portúnus holsátus 442
Portúnus púber 442
Porzána 86
Porzána párva 86
Porzána porzána 87
Porzána pusilla 86
Porzellankrebse 440
Porzellanschnecken 474
Posthörnchen-Röhrenwurm 457
Posthornschnecke 482
Postillion 412
Pótamon fluviätile 443
Potamónidae 443
Pottwale 44, 51
Prachteiderente 126
Prachtkieleidechse 243
Prachtlibellen 351
Prachttaucher 157
Praemolaren 52
Praunus flexuósus 444
Primärsingvögel 174
Primátes 5, 23
Prionáce glauca 275
Proboscidea 6, 66
Procellariidae 152
Procyónidae 61
Procýon lótor 61
Protéidae XVI, 263
Próteus anguinus 263
Protothéria 5
Protozóa 2
Prótula intestinum 457
Provencegrasmücke 182
Prozessionsspinner 401
Prunélla colláris 198
Prunélla moduláris 198
Prunéllidae 198
Psammóbia feroénsis 505
Psammobiidae 505
Psammodrómus algirus algirus 243
Psammodrómus hispánicus 244
Pseudidae 268
Pseudórca crássidens 49
Pseudoscorpiónes 448
Psittaci 78
Psocóptera 360
Psóphus stridulus 359
Psýllina 361
Ptenoglóssa 472
Ptérocles alcháta 161
Ptérocles orientális 161
Pteróclidae 161
Ptéromys vólans 29
Pterophóridae 399
Pteróphorus pentádactylus 399
Pterygóta 347, 349
Ptinidae 388
Ptychodéridae 336
Ptyonoprógne rupéstris 212
Puffinus 152
Puffinus grávis 153
Puffinus griseus 152
Puffinus kúhlii 153
Puffinus puffinus 153
Pulicidae 423
Pulmonária 465, 480
Pungitius 306
Pungitius pungitius 307
Pupillen, der Froschlurche XVII
Pupilloidea 484
Púrpura lapillus 478
Purpurhuhn 88
Purpurreiher 132
Purpurschnecke 476
Putzzangen XX
Pygódes 78, 154
Pygopódidae 239
Pyrenäendesman 12
Pyrenäen-Gebirgsmolch 262
Pyrrhócorax gráculus 217
Pyrrhócorax pyrrhócorax 217
Pyrrhocóridae 363
Pyrrhócoris ápterus 363
Pýrrhula pýrrhula 224

Quallen XXXI
Quappe 304
Quappwurm 3, 462
Quastenflosser 4, 273
Quédius XXI
Quédius maurus XXI
Quédius mesomelinus mesomelinus XXI
Quelljungfern 350
Quercúsia quércus 421
Querzahnmolche 258

Rabenkrähe 217
Rabenverwandte 174, 214
Rachenbremsen 428
Rackenvögel 78, 167
Racophóridae 268
Radialplatten XX
Radialzelle XXI
Rádix auriculária 481
Rádix ováta 481
Radnetzspinnen 451
Rája bátis 277
Rája claváta 277
Rája radiáta 277
Rajifórmes 277
Rallen 86
Rallenreiher 133
Rállidae 86
Rállus aquáticus 86
Rána arvális XVI, 266
Rana dalmatina XVI, 267
Rana esculénta 266
Rána graeca 268
Rána ibérica 267
Rána latástei 267
Rána ridibúnda 267
Rána temporária XVI, 268
Ranátra lineáris 361
Randschilder XV
Ràniceps ránius 303
Ránidae XVII, 266
Rangiferina 74
Rángifer tarándus 74
Rankenfüßer 434
Rapfen 291
Rapsweißling 413
Rassenbildungen VIII
Rátitae 77
Ratten 41
Ráttus norvégicus 41
Ráttus ráttus 41
Raubadler 139
Raubkäfer 376, 380
Raubmöwen 105
Raubseeschwalben 113
Raubspinnen 450
Raubtiere 5, 6, 52
Raubwürger 212
Rauchschwalbe 211, 231
Rauchschwalben 210
Rauhfußbussard 141
Rauhfußhühner 79, 80
Rauhfußkauz 166
Rauhhautfledermaus 18
Raupenfliegen 429
Rautenfleckige Köcherfliege 395
Rebenstecher 394
Rebhühner 82
Recurvirósta avosétta 103
Recurvirostrinae 102
Regenbogenforelle 284
Regenbrachvogel 95
Regenbremse 426
Regenpfeifer 92, 93
Regenwurm XXVI
Regenwürmer 459, 460
Regulinae 186
Régulus ignicapillus 186
Régulus régulus 187
Reh 74

Rehschröter 382
Rehwild 67
Reiher 132
Reiherente 124
Reißzähne 52
Remizidae 204, 210
Remiz pendulinus 210
Ren 74
Renken 285
Rennvogel 104
Rentierherde 76
Reptántia 437
Reptil XIX
Reptilia XIII, 232
Rezente Teppichmuschel 503
Rhinocerótidae 66
Rhinolóphidae 14
Rhinólophus euryále 15
Rhinólophus ferrum-equinum 14
Rhinólophus hipposidéros 15
Rhinólophus mehélyi 15
Rhinophrýnidae 265
Rhizóstoma 523
Rhizostomátidae 523
Rhódeus amárus 294
Rhodites rósae 374
Rhynchocephália 237
Rhýssa persuasória 375
Riechgruben XXII
Riechsinnesorgane XXIV
Riesenameisen 372
Riesenhai 275
Riesenholzwespe 376
Riesenkäfer 385
Riesenkalmare 515
Riesenläufer 430
Riesensalamander 258
Riesenschlangen 249
Riesenschlupfwespe 375
Riesenseeschwalbe 113
Rinder 68, 69
Rinderbiesfliege 428
Ringdrossel 189
Ringelechsen 237, 247
Ringelgans 118
Ringelnatter 252
Ringelrobbe 64
Ringelschleiche 247
Ringelseerose 519
Ringelspinner 401
Ringeltaube 159
Ringelwürmer XXVI, 453
Ringmuskeln XXVI
Ripária ripária 211
Rippenmolche 258
Rippenquallen 3, 529
Rippenschilder XV
Rissa tridáctyla 109
Rissoácae 471
Rissoen 471
Rivalitätskämpfe 67
Rivulogámmarus púlex 446
Róccus lábrax 314
Rochen XVII, XIX, 272, 277
Rodéntia 6
Röhrenatmer 346
Röhrennasen 78, 151
Röhrenschaler 464, 488
Röhrenwürmer 459
Röhrenzähner 6, 66
Rötelfalk 145
Rötelmaus 35
Rötelschwalbe 210
Rohrammer 228
Rohrdommeln 134
Rohrsänger 176
Rohrschwirl 180
Rohrweihe 143
Rollschlangen 248
Rosália alpina 390
Rosapelikan 150
Rosen-Blattschneiderbiene 369
Rosengallwespe 374
Rosenkäfer 3, 385
Rosenseeschwalbe 111
Rosenstar 220
Roßameise 372
Roßkäfer 383
Rostgans 122
Rostrum XXIV
Rotadrige Singzikade 365
Rotauge 290
Rotbarsche 310
Rotbauchige Unke 265
Rotdrossel 190
Rote Bohne 506
Rote Garnele 435
Rote Knotenameise 372
Rote Schnarrheuschrecke 359
Rote Seescheide 335
Rote Waldameise 372, 395
Roter Apollo 411
Roter Knurrhahn 310
Roter Milan 137
Roter Regenwurm 460
Roter Thunfisch 327
Rotes Ordensband 404
Rotfeder 289
Rotflügelbrachschwalbe 104
Rotfuchs 1, 55
Rotfußfalk 145
Rotgebänderter Totengräber 381
Rothalsgans 118
Rothalstaucher 155
Rothirsch 73
Rothuhn 83
Rotkehlchen 196
Rotkehlchen am Nest 191
Rotkehlpieper 198
Rotkopfwürger 213
Rotrückenwürger oder Neuntöter 213
Rotschenkel 97
Rotschwänzchen 195
Rotwild 67
Rotzunge 328
Ruderenten 128
Ruderfrösche 268
Ruderfüßer 78, 148
Ruderwanzen 362
Rückenflossen XVII
Rückenpanzer XV
Rückenschwimmer 362
Rückenstab 2, 4
Rückstoß-Schwimmen 512
Rüsselkäfer 392
Rüsseltiere 6, 66
Ruineneidechse 241
Ruminántia 68, 69
Rundaugen-Mohrenfalter 419
Rundkopfdelphin 48
Rundkopfzikaden 365
Rundmäuler XVII, 272, 332
Rundschuppe XVIII
Rupfung 135
Rupicápra rupicápra 71
Rußnase 293
Rußseeschwalbe 110
Rutelinae 385
Rútilus rútilus 290

Saatgans 119
Saatkrähe 216
Saatschnellkäfer 386
Sabélla pavónina 458
Sabellária spinulósa 458
Sabellariidae 458
Sabéllidae 458
Sacchiphántes 364
Sacchiphántes abiétis 364
Saccoglóssa 488
Sackkiefler 347, 348
Sackzüngler 488
Säbelschnäbler 102, 103
Sägebarsche 314
Säger 128
Sägeschrecke 357
Sägezähnchen 504
Säuger 5
Säugetiere X, XIX, 4, 5
Saftkugler 431
Sága pédo 357
Sagártia undáta 519
Sagartiidae 519
Ságidae 357
Saiblinge 284
Saiga 70
Saigaantilopen 70
Saiga tatárica 70
Saiginae 70
Salamander 258, 261
Salamándra átra 261
Salamándra salamándra 261
Salamándridae 258
Salamandrina terdigitáta 262
Saliéntia 257, 264
Salinenkrebschen 432
Sálmo gairdneri 284
Salmónidae 282
Sálmo sálar 283
Sálmo trútta 283
Sálmo trútta fário 283
Sálmo trútta lacustris 283
Sálmo trútta trútta 284
Salpen 334
Saltatória 355
Salvelinus alpinus 284
Sammetmuscheln 491
Samtente 125
Samtkopfgrasmücke 184
Samtkrabbe 442
Samtschnecken 488
Sandaale 323
Sandboa 249
Sanderling 101
Sandflughuhn 161
Sandgarnelen 436
Sandgrundel 326
Sandhüpfer 446
Sand-Klaffmuschel 510
Sandkorallen 458
Sandkorn-Astarte 498
Sandkühling 326
Sandläufer-Eidechsen 243
Sandlaufkäfer 376
Sandmuscheln 505
Sandotter 255
Sandpier 456
Sandregenpfeifer 93
Sand-Röhrenwurm 456
Sand-Schnurfüßler XXVII, 431
Sandwespen 370
Sandwürmer 456
Sapérda 391
Sapérda carchárias 391
Sarcophágidae 429
Sarcopteýgii 273
Sardelle 282
Sárgus vulgáris 318
Sarsia tubulósa 524
Sattelmuschel 495
Sattelrobbe 64
Satúrnia pavonia 400
Saturniidae 400
Satýridae 419
Saugwürmer 517
Sauria 237, 238
Saurier XIX
Savi-Kleinwühlmaus 37
Saxicáva árctia 509
Saxicáva rugósa 509
Saxicávidae 509
Saxicola rubétra 193
Saxicola torquáta 193
Scala commúnis 472
Scálidae 472
Scaphópoda 464, 488
Scarabaeidae 383
Scarabaeus sácer 384
Scardinis erythrophthálmus 289
Schaben 354
Schädel des Pferdes 66
Schädellänge XI
Schädellose 333
Schädel vom Wildschwein 67
Schafochsen 72
Schafstelze VIII, 201
Schakal 54
Schamlaus 360
Schan 321
Scharrvögel 79
Schaufelkröten XVII, 266
Schaumzikade 365
Scheckaugen 419
Scheckenfalter 415
Scheckente 126
Scheibenbäuche 312, 313
Scheibenfinger 238
Scheibenförmige Federkiemenschnecke 469
Scheibenquallen XXXI, 522
Scheibenschnecken 484
Scheibenzüngler 264
Scheidenmuscheln 507
Scheidenschnäbel 103
Schelladler 140
Schellente 127
Schellfisch 300, 301
Scheltopusik 246
Scherenhörnler 447
Scherg 279
Schermäuse 39
Schied 291
Schiefe Erbsenmuschel 498
Schienenechsen 241
Schiffsbohrmuscheln 511
Schiffsbohrwurm 511
Schiffsboote 513
Schildkröten XV, XVI, 232, 234
Schildläuse 361
Schildschwänze 248
Schilfrohrsänger XIII, 177
Schillerfalter 415
Schinkenmuschel 494
Schizophýllum sabulósum 431
Schlafmäuse 32
Schlagfalken 145
Schlammfliege 427
Schlammpeitzger 297
Schlammschildkröten 234
Schlammschnecken 480, 481
Schlammschwimmer 379
Schlammtaucher 265
Schlangen XIV, XV, 237, 248
Schlangenadler 144
Schlangenauge 244
Schlangenblindschleichen 248
Schlangenhalsvögel 150
Schlangennadeln 308
Schlangenskelett 248
Schlangenskinke 245
Schlei 288
Schleichen 238, 246
Schleichenlurche 257, 258
Schleichkatzen 61
Schleiereule 162
Schleimfischartige 321
Schleimfische 332
Schleimlerche 321
Schleuderschwanz 239
Schlichte Täubchenschnecke 478
Schlickkrebs 446
Schlick-Röhrenwurm 458
Schliefer 66
Schließaugenkalmare 514
Schließmundschnecke 484
Schließmuskeleindrücke XXX
Schließmuskeln XXIX
Schlingnatter 253
Schlitzschnecke 466
Schloß XXIX, XXX
Schloßband XXIX
Schloßplattlose 507
Schlundsackschnecken 488
Schlupfwespen 374
Schmalbienen 367
Schmalschnauzige Seenadel 309
Schmarotzerraubmöwe 105
Schmarotzerrose 520
Schmeißfliegen 429
Schmerle 296
Schmetterlinge XXIII, 396
Schmetterlingsflügel XXIII
Schmutzgeier 140
Schnabelkerfe 360
Schnabelköpfe 237
Schnabelmuscheln 491
Schnabelwale 44, 50

Schnäpel 286
Schnäpper 187
Schnaken 424
Schnarrschrecken 359
Schnatterente 121
Schnauzenbrassen 318
Schnecken XXVIII, 464, 465
Schnecke, innerer Bau XXIX
Schneckenegel 461
Schneckenschale XXVIII
Schneeammer 227
Schneeeule 163
Schneefink 220
Schneegans 117
Schneehase 25, 26
Schneehühner 81
Schneemaus 37
Schneider 293
Schneller Wüstenrenner 244
Schnellkäfer 386
Schnepfen 99
Schnepfenvögel 94
Schnirkelschnecken 486
Schnurfüßler 431
Schönschrecke 357
Scholle 328, 329
Schollenartige 327
Schopfhirsche 75
Schotenförmige Messerscheide 507
Schottisches Moorschneehuhn 82
Schraetzer 315
Schreiadler 139
Schreitvögel 77, 130
Schreivögel 174, 175
Schriftbarsch 314
Schulterhöhe XI
Schuppenflügler XXIII
Schuppenkriechtiere 232, 237
Schuppentiere 6, 24
Schuppenwurm 454
Schwäne 116
Schwärmer 406
Schwalben 174, 175, 210
Schwalbenmöwe 106
Schwalbenschwanz 410
Schwalme 166
Schwamm XXI, XXXII, 3, 530
Schwammspinner 402
Schwanzflosse XVIII, XXV
Schwanzformen XII
Schwanzlänge X, XII
Schwanzlurche XVI, 257, 258
Schwanzmeise 207, 231
Schwanzmuster XIII
Schwanz- und Flügelformen XIII
Schwarzbarsche 314
Schwarzbraune Wegameise 373, 395
Schwarze Bohnenmuschel 493
Schwarze Fichtenholzwespe 375
Schwarzer Aaskäfer 380
Schwarzer Milan 137
Schwarzer Moderkäfer 380
Schwarze Witwen 451
Schwarzflügelbrachschwalbe 104
Schwarzflügelgleitaar 136
Schwarzgrundel 325
Schwarzhalstaucher 156
Schwarzkäfer 388
Schwarzkehlchen 191, 193
Schwarzkopfmöwe 108
Schwarzküling 325
Schwarzschnabel-Sturmtaucher 153
Schwarzspecht 171
Schwarzstirnwürger 213
Schwarzstorch 131
Schwebegarnelen 444
Schwebfliegen 427
Schweine 68, 69
Schweinswale 44, 47
Schwertfisch XIX, 327
Schwertförmige Scheidenmuschel 507
Schwertwal 48
Schwielensohler 68
Schwimmen XVIII
Schwimmenten 120
Schwimmkäfer 378
Schwimmkrabben 442
Schwimmnattern 252
Schwimmschildkröte 233
Schwimmwanzen 361
Schwingenformel 178, 190
Schwingenverhältnis XIII
Schwingkölbchen XXI
Schwirle 179
Sciaena áquila 318
Scincidae 238, 245
Sciúridae 28
Sciúrus carolinénsis VIII, 28
Sciúrus vulgáris VIII, 29
Sciúrus vulgáris vulgáris VIII
Scolopácinae 94
Scólopax 99
Scólopax rusticola 99
Scolopéndra cinguláta 430
Scolopéndridae 430
Scolýtidae 391
Scomberesócidae 298
Scomberésox saurus 299
Scómber scómbrus 326
Scombroidei 326
Scophthálmus máximus 329
Scophthálmus rhómbus 330
Scorpaena scrófa 309
Scorpaenifórmes 309
Scorpiónes 448
Scrobiculária plána 505
Scrobiculariidae 505
Scutellum 365
Scyliorhinidae 276
Scyliorhinus canicula 276
Scyllaridea 437
Scýllarus árctus 437
Scyphozóa XXXI, 522
Sebástes viviparus 310
Sechsstrahler 518
Sechsstrahlige XXX
Sedentária 455
Seeadler 138
Seeanemonen XXX, 519
Seebarsch 314
Seebull 311
Seedrachen 272
Seeforelle 283
Seefrosch 267
Seehase 312, 488
Seehecht 303
Seehund 64
Seeigel XIX, 337, 339
Seekatzen 272, 378
Seekrusten 345
Seekühe 6, 66
Seelachs 301
Seemaus 454
Seemoos 526, 527
Seenadeln 307, 308, 309
Seenelken 521
Seeohr 466
Seepferdchen XIX, 307
Seepocken 434
Seequappen 303
Seeratte 278
Seeraupe 454
Seerebhuhn 320
Seeregenpfeifer 93
Seerinde 345
Seeringelwürmer XXVII, 455
Seerosen XXX, 519, 520
Seesaibling 284
Seescheiden 334, 335, 336
Seeschildkröten 236
Seeschlangen 254
Seeschmetterling 321
Seeschwalben 110
Seeskorpion 313
Seespinnenartige 441
Seestern XIX, XX, 337. 342, 343
Seestichling 307
See-Süßwasserschwamm 3, 531
Seetaucher 156
Seeteufel 305
Seewolf 323
Seezunge 330
Segelfalter 411
Segellibellen 350
Segelqualle 528
Seggenrohrsänger 177
Seglerartige 78, 169
Segmente XX, XXVII
Seidenreiher 133
Seidensänger 177
Seidenschwanz 212
Seitenlinie XVII
Seitenlinienorgan XVII
Seitensteuer XVIII
Seiwal 45
Seláchii 274
Selachoidei 272
Semaeostómeae 522
Sepiácea 513
Sépia élegans 514
Sépia officinális 513
Sepien 513
Sepiétta 514
Sepiidae 513
Sepiola rondeléti 514
Sepiólidae 514
Sepioliden 514
Septen XXX
Serinus serinus 223
Serpentes 237, 248
Sérpula vermiculáris 457
Serpúlidae 457
Serránidae 314
Serránus scriba 314
Sertularélla polyzónias 527
Sertulária cupréssina 527
Sertulariidae 527
Sesiidae 398
Seßhafte Vielborster 455
Sibbáldus músculus 46
Sibirischer Winkelzahnmolch 258
Sichelstrandläufer 100
Sichelwespe 374
Sichler 130
Sicista 31
Sicista betulina 31
Sicista súbtilis 32
Siebenpunkt 389
Siebenschläfer 32
Siebplatte XX
Sikahirsch 74
Sika nippon 74
Silberfischchen 348
Silbermöwe 108, 115
Silberreiher 132
Silberstrich 416
Silpha obscúra 380
Silphidae 380
Silurifórmes 297
Silúrus glánis 297
Simuliidae 425
Simúlium réptans 425
Singdrossel 190
Singschrecken 356
Singschwan 117
Singvögel 174, 175
Singzikaden 365
Siphonáptera 423
Siphonen XXX
Siphonóphora 528
Siphonóstoma týphle 309
Sirécidae 375
Siréna 6, 66
Sirex gigas 376
Sitta 208
Sitta europaea 208
Sitta neumayer 208
Sitta whiteheadi 208
Sittidae 204, 208
Skabiosenschwärmer 406
Skinke 245
Skolopender XXVIII, 430
Skorpione 448
Skorpionsfische 309
Smaragdeidechse 243
Smaragdlibellen 350, 351
Smerinthus ocellátus 410
Sohlengänger 67
Sólea vulgáris 330
Solénidae 507
Sólen marginátus 507
Somateria mollissima 127
Somatéria spectábilis 126
Somateriinae 125
Somatochlóra metállica 351
Sommergoldhähnchen 186
Sommervögel IX
Sonnenbarsche 314, 315
Sonnengucker 240
Sórex 8
Sórex alpinus 8
Sórex aráneus 9
Sórex caecútiens 9
Sórex minútus 9
Soricidae 7, 8
Sowerby-Zweizahnwal 50
Spalácidae 33
Spálax leucodon 34
Spálax microphthálmus 33
Spaltfuß XXIV
Spaltfußgänse 116
Spanische Galeere 528
Spanische Schafstelze 201
Spanische Smaragdeidechse 243
Spanische Walzenechse 245
Spanischer Frosch 267
Spanischer Mondhornkäfer 383
Spanischer Rippenmolch 258
Spanischer Sandläufer 244
Spanner 405
Spáridae 317
Sparus aurátus 318
Spatelente 127
Spechtvögel 78, 170
Speckkäfer 387, 388
Sperber 138
Sperbereule 164
Sperbergrasmücke 181
Sperlinge 218
Sperlingskauz 163
Sperlingsvögel 78, 174, 175
Spermatophor 257
Sphaeriidae 498
Sphaerium sólidum 498
Sphécidae 370
Sphenisci 78
Sphingidae 406
Sphinx ligústri 407
Spießente 120
Spießflughuhn 161
Spinàchia spinàchia 307
Spindel XXVIII
Spindelbarsche 316
Spindelhörner 477
Spindelmuskel XXVIII
Spindelpolyp 526
Spindelschnecken 477, 479
Spinndrüsen XXV
Spinnenfische 324
Spinnentiere XXV, 347, 447
Spinnröhrchen XXV
Spinnwarzen XXV
Spionidae 455
Spirálina vórtex 482
Spirórbis 457
Spisula sólida 508
Spisula subtruncáta 508
Spitze Kreiselschnecke 468
Spitzhorn 480
Spitzhornschnecken 480
Spitzkopfotter 256
Spitzmäuse 7, 8, 9
Spitzmauldelphine 50
Spitzschnauzdelphine 44
Spóngiae 3
Spöke 278
Spötter 180
Spóngia officinális 531
Spongiidae 531
Spongila lacústris 531
Spongillidae 531
Spongin XXXII
Spornkiebitz 92
Spornpieper 199

Spráttus spráttus 281
Springfrosch XVI, 267
Springkrebse 439
Springmäuse 31
Springschnecken 355
Springschwänze 348
Sprosser 196
Sprotte 281
Sqamáta 232, 237
Squalifórmes 276
Squálus ancánthias 276
Squilla mántis 435
Squillidae 435
Staatsquallen 528
Stabheuschrecke 359
Stabwanze 361
Stachel XX
Stachelbeer-Seescheide 335
Stachelbeerspanner 406
Stachelbutterfisch 322
Stachelhäuter XIX, XX, 2, 337
Stachelmakrele 317
Stachelmaus 42
Stachelrücken 322
Stachelschnecken 476
Stachelschwein 28
Stachelschweinähnliche 28
Stachelstrahlen XVIII
Stachelige Herzmuschel 500
Stachelige Hufmuschel 500
Stacheliges Moorstierchen 345
Stachelpolyp 525
Stämme VIII
Stammbaum der Hühnervögel 79
Stammbaum der Kranichvögel 85, 91
Stammbaum der Ruderfüßer 148
Stammbaum der Sperlingsvögel 174, 175
Stammbaum der Steißfüße 154
Stammbaum der Vögel 77
Stammbaum der Wat- und Möwenvögel 91
Standjunge 5
Staphylinidae 380
Star 218, 220
Stauromedúsae 522
Staublaus 360
Stechfliegen 428, 429
Stechende Hautflügler 366
Stechmücken 424
Stechrochen 278
Stechrochenartige 278
Steckmuscheln 494
Steenstrupia 524
Stegónopes 78, 148
Steinadler 139
Steinbeißer 297
Steinbohrender Engelsflügel 504
Steinbutt 329
Steinchen 478
Steinfliege XX
Steingarnele 436
Steinhuhn 84
Steinhummel 368
Steinkauz 164
Steinkriecher XXVII, 430
Steinmarder 60
Steinpicker 311
Steinrötel 194
Steinschmätzer 192
Steinsperling 219
Steinwälzer 94
Steinwürmer 455
Steißfüße 78, 154
Steißhühner 77
Stelzen 198
Stelzenläufer 102
Stenobóthrus lineátus 359
Stenóglossa 476
Steppenbirkenmaus 32
Steppenhuhn 161
Steppeniltis 57
Steppenmurmeltier 30
Steppenrenner 245
Steppenweihe 144
Stercorárius longicaudes 105
Stercorárius parasiticus 105
Stercorárius pomarinus 106
Stercorárius skúa 105
Sterlet 279
Stérna 110
Stérna álbifrons 111
Stérna dougálli 111
Stérna fuscáta 110
Stérna hirúndo 111
Stérna maccúra 111
Stérna sandvicénses 110
Sternhausen 279
Sterninae 110
Sternrochen 277
Stern-Seescheide 336
Sterntaucher 157
Sternwürmer 463
Stichaeidae 322
Stichlingsfische 306
Stieglitz XI, 223
Stieglitzverwandte 221
Stielquallen 522
Stint 286
Stirnaugen XXI
Stockente 121
Stöcker 317
Stör 278, 279
Störartige 273, 278
Störche 131
Stomatochordáta 2, 336
Stomóxys cálcitrans 428
Strahlenflosser 273, 278
Strahlenkorb 508
Strahlige Symmetrie XX
Strandfloh 445
Strandhüpfer 445
Strandkrabbe 442
Strandläufer 100
Strandschnecken 470
Strand-Trugskorpion 448
Streber 316
Streckfüße 403
Streckerspinnen 451
Streifenbarbe 319
Streifenfisch 299
Streifenmaus 31
Streifenmolch 259
Streptoneura 465, 466
Streptopélia decaócto 160
Streptopélia túrtur 160
Strickleiternervensystem XXVII
Striges 78
Strigidae 162
Strix alúco 164
Strix nebulósa 165
Strix uralénsis 165
Strobilation XXXI
Strömer 289
Strömungsversuche XIX
Strombácea 473
Strudelwürmer 517
Strudler XXX
Stubenfliegen 428
Stummelfußfrösche 269
Stummellerche 204
Stumpfe Blasenschnecke 481
Stumpfe Strandschnecke 470
Stumpfmuscheln 504
Sturmmöwe 108
Sturmschwalbe 151, 152
Sturmtaucher 152
Sturmvögel 152
Stúrnidae 218, 220
Stúrnus vulgáris vulgáris 220
Stutzkäfer 381
Styléria lacústris 459
Stylommatóphora 483
Subarticular-Tuberkel XVII
Subóscines 174, 175
Subspecies VIII
Succinea pútris 483
Succinéidae 483
Succineoidea 483
Südfrösche 270
Süditalienischer Molch 260
Südostchinesischer Muntjak 75
Südrussischer Bisamrüßler 12
Süßwassergarnele 436
Süßwasserkrabbe 443
Süßwassermeduse 528
Süßwasserschwämme 531
Súidae 68, 69
Súla bassána 149
Súlidae 149
Sumpfdeckelschnecke 469
Sumpfelritze 287
Sumpfhühner 86
Sumpfläufer 98
Sumpfmaus 37
Sumpfmeise 205
Sumpfohreule 165
Sumpfrohrsänger 178
Sumpfschildkröte 234
Sumpf-Schlammschnecke 481
Sumpfschnepfe 99
Sumpfspitzmaus 8
Súncus 10
Súncus etrúscus 10
Suppenschildkröte XV, 236
Supralabiália XV
Súrnia úlula 164
Sús scrófa 69
Sycéttidae 530
Sýcon raphánus 530
Syconschwamm 530
Sýlvia atricapilla 182
Sýlvia bórin 182
Sýlvia cántillans 183
Sýlvia commúnis 183
Sýlvia conspicilláta 183
Sýlvia cúrruca 184
Sýlvia horténsis 183
Sýlvia melanocéphala 184
Sýlvia nisória 181
Sýlvia undáta 182
Sýlvidae 176
Sylviinae 176
Symmetrie XX
Symphypleóna 348
Symphýta 375
Syngnathoidei 307
Syngnáthus ácus 308
Syngnáthus týphle 309
Sýrphidae 427
Syrrháptes parádoxus 161
Systematik-Tafel IX
System der Chordatiere 4
System der Fische 272, 273
System der Flattertiere 13
System der Flossenfüßer 63
System der Gänsevögel 116
System der Hasentiere 24
System der Hautflügler 273
System der Herrentiere 23
System der Insekten 346, 347
System der Insektenfresser 7
System der Käfer 376, 377
System der Krebstiere 432
System der Kriechtiere 232, 233
System der Lurche 257
System der Muscheln 489
System der Nagetiere 27
System der Nesseltiere 518
System der Paarhufer 67
System der Raubtiere 52
System der Ringelwürmer 453
System der Säugetiere 4, 5
System der Schmetterlinge 396
System der Schnecken 465
System der Schwämme 530
System der Spinnentiere 447
System der Stachelhäuter 337
System der Tintenfische 512
System der Unpaarhufer 66
System der Wale 44
System der Weichtiere 464
System der Zweiflügler 423
Systenócerus 382
Tabánus bovinus 426
Tabánidae 426
Tabasco-Schildkröten 234
Tachinidae 429
Tadarida 14
Tadarida teniótis 14
Tadórna ferruginea 122
Tadórna tadórna 122
Tafelenten 123, 124
Tagfalter 410
Tagpfauenauge 417
Talitridae 445
Talitrus saltátor 446
Tálpa caeca 12
Tálpa europaea 11
Talpária lúrida 474
Tálpidae 7, 11
Tannenhäher 215
Tannenläuse 364
Tannenmeise 206
Tannenpfeil 408
Tapire 66
Tarantel 449
Taréntola mauritánica 239
Taréntula aculeáta 449
Taréntula fasciivéntris 449
Tarpan 66
Taschenkrebs 441
Taubenschwänzchen 406
Taufrosch XVI
Täubchenschnecken 478
Tauben 159
Taubenvögel 159
Taubenvögel 78
Taubwarane 247
Tauchenten 123
Tauchenten 123
Tauchkäfer 379
Taumelkäfer 380
Táurulus búbalis 311
Tausendfüßler XXVII, 346, 430
Tausendpunkt-Bohrschnecke 474
Taxodónta XXX, 489, 490
Teália felina 520
Teich-Federkiemenschnecke 470
Teichfledermaus 22
Teichfrosch 266
Teichhuhn 87
Teichjungfern 352
Teichläufer 363
Teichmolch 259
Teichmuscheln XXX, 497
Teichnapfschnecke 480
Teichrohrsänger 178
Teichschwimmer 378
Teichwasserläufer 97
Teiidae 241
Teilzieher IX
Teleóstei 273, 280
Telescopus fállax fállax 254
Teléstes agassízii 289
Tellerschnecken 482, 483
Tellinácea 504
Tellinidae 506
Tellmuscheln 504
Telphúsa fluviátilis 443
Temminck-Strandläufer 100
Temporalschild 252
Tenébrio mólitor 388
Tenebriónidae 388
Tentaculáta 2, 345
Tentaculifera 529
Tentakeln 3
Tentakeltragende Rippenquallen 529
Tenthredinidae 375
Teppichkäfer 387
Teppichmuscheln 503
Terebéllidae 456
Terebrántia 374
Teredinidae 511
Terédo megotára 511
Terédo navális 511
Terek-Wasserläufer 98
Testúdines XV, 232, 234
Testudinidae 235
Testúdo graeca XVI, 235

Testúdo hermánni XVI, 235
Tetrabranchiáta 512, 513
Tetragnátha exténsa 451
Tetragnáthidae 451
Tetraodontifórmes 331
Tetraogállus caucásicus 83
Tetraoninae 80
Tétrao urogállus 80
Tetrástes bonásia 81
Tettigónia cántans 356
Tettigónia viridissima 356
Tettigónidae 356
Tettigonoidea 356
Teufelsnadeln 349
Thalassárctos maritimus 60
Thaliacéa 334
Thaumetopoea processio-
néa 401
Thaumetopoeidae 401
Thécla bétulae 421
Thécla quércus 421
Theklalerche 202
Théria 5
Theridiónidae 451
Thinocóridae 103
Thomisiidae 452
Thorácica 434
Thorshühnchen 102
Thorswassertreter 102
Thraciamuscheln 512
Thrácia papyrácea 512
Thrácidae 512
Thunfische 326, 327
Thúnnus thýnnus 327
Thymállus thymállus 286
Tibicén haematódes 365
Tierläuse 360
Tierreich 2
Tierstöcke XXX, XXXI, 3
Tigeriltis 58
Tinca tinca 288
Tinéola biselliélla 397
Tinéidae 397
Tinnéa pellionélla 397
Tintenbeutel 512
Tintenfische 464, 512, 513
Tipula olerácea 424
Tipúlidae 424
Tobiasfisch 323
Tölpel 149
Tonnácea 475
Tonnenpolyp 527
Tonnenschnecke 475
Topographie XI
Topographie eines Vogels
XI
Tordalk 114
torpedoförmige Gestalt
XVIII
Tortricidae 399
Tórtrix viridána 399
Totengräber 381
Totenkopf 407
Tracheáta 346, 347
Tracheenatmer XXVII
Trachinoidei 320
Trachinus dráco 321
Trachinus vipera 321
Trachúrus trachúrus 317
Trägspinner 402
Tragus 13
Trapeziidae 502
Trapezmuscheln 502
Trappen 85, 86, 90
Trauerbachstelze VIII, 200
Trauerente 125
Trauermantel 418
Trauermeise 205
Trauerschnäpper 188
Trauerseeschwalbe 112
Trauersteinschmätzer 193
Trematóda 517
Treppennatter XIV, XV,
251
Treppenschnecken 479
Treppige Netzreusen-
schnecke 479
Treskionithidae 130
Trichodróma murária 209
Trichodrominae 209
Trichóptera 394
Trichterspinnen 450
Trichterwickler 393
Tricládida 517
Triel 104
Triele 85
Trigla córas 310
Trigla gurnárdus 310
Trigla lastovizza 311
Trigloporus lastovizza 311
Trikladen 517
Tringa 96
Tringa erýtropus 96
Tringa glaréola 97
Tringa hypoléucos 98
Tringa nebulária 97
Tringa óchropus 96
Tringa stagnátilis 97
Tringa térek 98
Tringa tótanus 97
Triópsidae 433
Trisópterus lúscus 300
Trisópterus minútus 300
Tritonália nódifer 476
Tritonshörner 476
Trittebild 67
Trittreihe 67
Trittsiegel 67
Tritúrus alpéstris 260
Triturus bóscai 259
Triturus cristátus XVI, 260
Tritúrus helvéticus 259
Tritúrus itálicus 260
Tritúrus marmorátus 259
Tritúrus montándoni 260
Tritúrus vulgáris vulgáris
259
Trochácea 468
Tróchidae 468
Troglodýtes troglodýtes
197
Troglodýtidae 197
Trogmuscheln 508
Trógons 78
Tropidiscus carinátus 482
Tropidiscus planórbis 482
Tropikvögel 148
Trottellumme 114, 115
Trughirsche 75
Túbifex túbifex 459
Tubificidae 459
Tubináres 78, 151
Tubulária lárynx 525
Tubulariidae 525
Tubulidentáta 66
Tümmler 44, 47
Tümpel-Kiefenfuß 433
Tüpfelsumpfhuhn 87
Türkentaube 160
Tunicáta 333
Turbanschnecke 469
Turbellária 517
Túrbidae 469
Túrbo rugósus 469
Turbulidentáta 6
Túrdidae 189
Túrdus iliacus 190
Túrdus mérula 189
Túrdus philomélos 190
Túrdus piláris 189
Túrdus torquátus 189
Túrdus viscivorus 190
Turmfalk 145
Turmschnecken 471
Turnicidae 89
Túrnidae 86
Turnix sylvática 89
Turritéllidae 471
Turritélla commúnis 471
Tursiops truncátus 48
Turteltaube 160
Tylopóda 68
Typhlópidae 248
Týphlops vermiculáris 248
Typhoeus typhoeus 383
Tyrannóidae 174
Týto álba 162
Tytoninae 162

Überfamilien IX
Überordnungen IX
Uferaas 352
Uferläufer 100
Uferschnepfe 95
Uhu 163
Ukelei 292
Ullmariidae 523
Umberfisch 318
Umbra krámeri 287
Umbridae 287
Unechte Karettschildkröte
233, 236
Ungarn-Kappe 473
Ungleichzähner 498
Unglückshäher 214
Unio crássus 496
Unionácea 496
Unio pictórum 496
Unio túmidus 496
Unken XVII, 265
Unpaare Flossen XVIII
Unpaarhufer 5, 6, 66
Unterarten VIII
Unterartname VIII
Unterfamilien IX
Unterordnungen IX
Upupa épops 168
Upúpidae 168
Ur 69
Uralk 113
Urbreitzüngler 469
Urfrösche 264
Urhuftier 52
Úria 114
Úira aálge 114
Úria lómvia 115
Urinsekten XXI
Ur-Kriechtiere 4
Ur-Lurche 4
Uropéltidae 248
Urraubtier 52
Ursäuger 5
Urschnecken 466
Ursidae 60
Ursus árctos 60
Urtiere 2
Urvögel 79

Valváta cristáta 469
Valváta piscinális 470
Valvátidae 469
Vanéllus vanéllus 92
Vanessa antiopa 418
Vanéssa atálanta 417
Vanéssa cárdui 417, 418
Vanéssa io 417
Varánidae 247
Variationen VIII
Velélla velélla 528
Vélia cúrrens 363
Veliidae 363
Venéridae 502
Venerúpis pullástra 503
Venerúpis senéscens 503
Vénus gállina 502
Venusmuscheln 502
Vénus ováta 502
Vénus verrucósa 502
Veränderliche Reusen-
schnecke 479
Verbindungsschilder XV
Verbreitungsgebiete IX
Verbreitungskarten IX
Verlängerte Plattmuschel
506
Verschiedenzähner 496
Vertebrata 4
Verwandtschaft VIII
Véspa crábo 371
Véspa germánica 371
Véspa media 370
Vespertilio 18
Vespertiliónidae 14, 16
Vespertilio murinus 18
Véspidae 370
Vielborster XXVII, 454
Vielfraß 58
Vielfraßschnecken 484
Vierbärtelige Seequappe
303
Vierbindige Schmalbiene
35, 367
Vierfleckige Libelle 350
Vierkantwurm 460
Vierkiemer 512
Vierstreifennatter 250
Vignetten IX
Vimba vimba 293
Violettgestreifte Sand-
muschel 505
Vipera ammodytes ammo-
dytes 255
Vipera áspis áspis 255
Vipera bérus bérus 255
Vipera lebétina 256
Vipéridae XV, 255
Vipern XV, 255
Vipernatter XV, 251, 253
Viperqueise 321
Vivérridae 61
Vivipáridae 469
Viviparus viviparus 469
Vögel XI, XIII, XIX, 4, 77
Vorbackenzähne 52
Vorchodatiere 2
Vorderkiemer 465, 466
Vorméla peregúsna 58
Vorstirnschilder XV
Vúlpus vúlpus 55

Wacholderdrossel 189
Wachsrose 519
Wachtel 82, 83
Wachtelkönig 87
Wadenstecher 428
Wärmebedürftigkeit XIII
Waldameisen 371, 372
Waldammer 227
Waldbaumläufer 209
Waldbirkenmaus 31
Waldeidechse 242
Waldgärtner 391
Waldgrille 356
Waldkauz 164
Waldlaubsänger 185
Waldlemming 40
Waldmaus 2, 43
Waldohreule 165
Waldschnepfe 99
Waldspitzmaus 9
Waldwasserläufer 96
Waldwühlmaus 35
Wale XIX, 6, 44
Walker 384
Walroß 63
Walzenechse 246
Walzen-Seescheide 334
Walzenskinke 245
Wanderfalk 146
Wanderfalter 417
Wandermuschel 499
Wanderratte 41
Wanderigel 11
Wandpelzbiene 366
Wanzen 360, 361
Warane 247
Warzenbeißer 357
Warzenschlangen 249
Warzige Venusmuschel 502
Waschbär 61
Wasseramsel 197
Wasserasseln 445
Wasserbüffel 70
Wasserfledermaus 22
Wasserfrosch 266
Wasserjäger 450
Wasserjungfern 351
Wasserläufer 96, 362
Wasserlungenschnecken
480
Wassermolche 259
Wassermotten 394
Wassernadel 361
Wasserpieper 200
Wasserralle 86
Wasserrehe 76
Wasserschildkröte 234
Wasserschneider 362
Wasserskorpione 361
Wasserspinne 450
Wasserspitzmaus 8
Wasserspringschwänze 348
Wassertreter 102
Wasservögel 77
Wasserwanzen 361
Wattschnecke 471
Wat- und Möwenvögel 91
Watvögel 77, 85, 91, 92

Weberknechte 448
Webervögel 174, 218
Webspinnen 449
Wechselkröte 269
Wegameise 373
Wegschnecke XXVIII, 484
Wehrvögel 116
Weichstrahlen XVIII
Weichtiere XXVIII, 3, 464
Weidenammer 228
Weidenbohrer 398
Weidenlaubsänger 186
Weidenmeise 205
Weidensperling 219
Weihen 143
Weinbergschnecke XXVIII, 3, 486
Weinschwärmer 408
Weißbartseeschwalbe 112
Weiße Archenmuschel 492
Weiße Bohrmuschel 511
Weiße Pfeffermuschel 505
Weißer Heilbutt 328
Weißes C 418
Weiße Turmschnecke 484
Weißfische 287, 290
Weißflügellerche 203
Weißflügelseeschwalbe 112
Weißkopfruderente 128
Weißlinge 411, 413
Weißrandfledermaus 19
Weißrückenspecht 173
Weißseitendelphin 47
Weißstorch 131
Weißwal 49
Weißwedelhirsch 75
Weißzahnspitzmäuse 10
Wellenläufer 151
Wellhornschnecke 477
Wels 297
Wendehals 170
Wendehalsfrösche 268
Wendeltreppe 472
Wenigborster 459
Werre 355
Wespen 370
Wespenbussard 136
Westblindmaus 34
Westliche Sandboa 249
Westlicher Schlammtaucher 265
Westliche Walzenechse 246
Westschermaus 39
Wetterfrösche XVI
Wickler 399
Widderchen 400
Widerristhöhe XI
Wiedehopf 168
Wiederkäuer 67, 68, 69
Wiederkäuermagen 68
Wiesel 52, 56, 57, 67
Wiesenameisen 373
Wiesenhummel 367
Wiesenotter 256
Wiesenpieper 199
Wiesenralle 87
Wiesenstelze 201
Wiesenweihe 143
Wildkaninchen XI, 26, 67
Wildkatze 62
Wildpferd 66
Wildschafe 70
Wildschwein 67, 69
Wimperfledermaus 21
Wimperspitzmäuse 10
Wimper-Steinwurm 455
Windelschnecken 484
Windenschwärmer 407
Winkelzahnmolche XVI, 258
Wintergebiete IX
Wintergoldhähnchen 187
Wirbel XXIX
Wirbelsäule 4
Wirbeltiere 4
Wirtswechsel 360
Wisent X, 69
Wittling 302
Witwenrose 519
Wolf XI, 52, 54
Wolfsbarsche 314
Wolfsmilchschwärmer 408
Wolfsspinnen 449
Wollhandkrabben 444
Wollkrabben 440
Wollraupenspinner 401
Wühlmäuse 35, 37
Würfelnatter 252
Würger 212
Würgerartige 174, 212
Würgfalk 147
Würmer XXVI, 453
Wüstenrenner-Eidechsen 244
Wurmmuscheln 511
Wurmschlange 248
Wurzelmundquallen 523

Xanthusiidae 241
Xéma sabini 106
Xenárthra 24
Xenopéltidae 248
Xenosauridae 247
Xiphias gládius 327

Ypomoneuta malinéllus 397
Ypomoneutidae 397

Zábrus tenebrióides 377
Zähne 52
Zährte 293
Zahnarme 6, 24
Zahnbrassen 317
Zahnlose 489, 493
Zahnspinner 402
Zahntaucher 154
Zahnwale 44, 47
Zander 316
Zapódidae 31
Zápodus sagitta nogái 31
Zauberbuckel 468
Zaunammer 230
Zauneidechse XIV, 241, 242
Zaunkönig XII, 192
Zebraschnecken 484
Zébrina detrita 484
Zecken 452
Zehnarmer 513
Zehnarmige Tintenfische 513
Zehengänger 67
Zehenkoppler 174
Zehenspitzengänger 67
Zehnfüßer 435, 512
Zehnfußkrebs XXIV
Zeifórmes 306
Zeisig 221
Zelle XXI, XXIII
Zeuglóptera 396
Zeus fáber 306
Ziegen 71, 294
Ziegenmelker 166
Ziesel 29
Zikaden 360, 365
Zilpzalp XIII, 186
Zingel 317
Zipfelfalter 421
Ziphiidae 44, 50
Zippammer 229
Zirfaea crispáta 511
Zistensänger 176
Zitronenfalter 411
Zitronenzeisig 221
Zoárces viviparus 305
Zobel 59
Zonitoidea 485
Zopen 294
Zornnattern 249
Zottige Meerrinde 345
Zuckergast 348
Zürgelbaumfalter 414
Zugvögel IX
Zungenartige 330
Zungenlose 264
Zweifarbfledermaus 18
Zweifarbige Mauerbiene 369
Zweiflügler XXI, 424
Zweikiemer 512, 513
Zweipunkt 389
Zweipunktiger Stutzkäfer 381
Zweizahnwale 50
Zwergadler 142
Zwergammer 229
Zwergdommeln 134
Zwergdorsch 300
Zwergfledermaus 18, 19
Zwerggans 119
Zwerghamster 34
Zwergkalmare 515
Zwergmaus 40
Zwergmöwe 109
Zwergnattern 251
Zwergohreule 162
Zwergpfeifhase 26
Zwergrohrdommel 134
Zwergsäger 128
Zwergschabe 150
Zwergschnäpper 187
Zwergschnepfe 100
Zwergschwan 117
Zwergschwimmer 379
Zwergseeschwalbe 111
Zwergsepia 514
Zwergspitzmaus 9
Zwergstrandläufer 101
Zwergsumpfhuhn 86
Zwergtaucher 155
Zwergtrappe 90
Zwergwal 46
Zwergwels 298
Zwergwiesel 57
Zwergzunge 331
Zwiebelmuscheln 495
Zwischenfüßchenplatten XX
Zwitscher-Heupferd 356
Zygaena éxulans 400
Zygaena filipéndulae 400
Zygaenidae 400
Zygéntoma 347, 348
Zygóptera 351
Zylinderrose 518